光　　学

（第五版）

Optics

Fifth Edition

［美］　Eugene Hecht　著

秦克诚　林福成　译

电子工業出版社·

Publishing House of Electronics Industry

北京·**BEIJING**

内 容 简 介

本书是国际经典光学教材，20 世纪 70 年代末即在国内翻译出版，全球被译为 6 种语言的版本，以其精确、权威、全面的视野和出色的配图而著称，在光学教材中处于领导地位。全书内容在光学理论和光学仪器与器件的介绍方面取得较好平衡，内容基本覆盖我国光学课程的主要教学内容，课程体系也和我国光学教学相接近。

本书主要内容分为四部分。第一部分为第 1～4 章，主要介绍光学基础知识：第 1 章回顾光学的历史；第 2 章介绍波动的知识；第 3 章介绍电磁理论、光子和光的基础知识；第 4 章介绍光的传播。第二部分为第 5、6 章，分别介绍几何光学的基本内容和深入拓展。第三部分为第 7～12 章，是物理光学的内容，分别介绍波的叠加规律、偏振、干涉、衍射、傅里叶变换及其在光学中的应用与相干理论。第四部分即第 13 章，是现代光学的内容。每章最后都有一定量的习题，全书最后附有部分习题的详细解答。

本书可供普通高等学校物理类专业学生作为光学教材使用，也可供其他专业和社会读者参考。

版权贸易合同登记号 图字：01-2016-9466

图书在版编目（CIP）数据

光学：第五版 /（美）尤金·赫克特（Eugene Hecht）著；秦克诚，林福成译. —北京：电子工业出版社，2019.6
书名原文：Optics, 5th edition
ISBN 978-7-121-36467-9

I. ①光…　II. ①尤…　②秦…　③林…　III. ①光学－高等学校－教材　IV. ①O43

中国版本图书馆 CIP 数据核字（2019）第 085293 号

策划编辑：窦　昊
责任编辑：窦　昊
印　　刷：三河市鑫金马印装有限公司
装　　订：三河市鑫金马印装有限公司
出版发行：电子工业出版社
　　　　　北京市海淀区万寿路 173 信箱　　　邮编：100036
开　　本：787×1092　1/16　　印张：54.25　　字数：1388.8 千字
版　　次：2019 年 6 月第 1 版（原书第 5 版）
印　　次：2023 年 11 月第 6 次印刷
定　　价：128.00 元

凡所购买电子工业出版社图书有缺损问题，请向购买书店调换。若书店售缺，请与本社发行部联系，联系及邮购电话：（010）88254888，88258888。

质量投诉请发邮件至 zlts@phei.com.cn，盗版侵权举报请发邮件至 dbqq@phei.com.cn。

本书咨询联系方式：（010）88254466，douhao@phei.com.cn。

译 者 序

国际闻名的光学教材，E. Hecht 的 *Optics*，在 2017 年出了第五版。因为我们曾将它的第一版译为中文，电子工业出版社邀请我们再作冯妇，翻译这一版。我们高兴地承担了这项任务。

据南开大学张立彬和张功两位先生对本书第四版的介绍，第四版于 2002 年出版发行。在 1974—2006 年间，本书共被译为 6 种语言，在世界各国共发行 57 种版本，被全世界 1497 个图书馆收录。这本书基本覆盖了我国光学课程的主要内容，课程体系也和我国的光学教学相接近。首都师范大学的张存林先生曾按照光学课程的教学要求对本书进行过针对性的改编，改编版发行于 2005 年。

作者 E. Hecht 是美国纽约 Adelphi 大学物理系教授，据说他是该校最受欢迎的教授，主要教大学物理和光学课程。他编写了许多物理教材，除本书外，还有著名的 Schaum's Outline 丛书中的 *Schaum's Outline of Theory and Problems of College Physics* 和 *Schaum's Outline of Theory and Problems of Optics* 等。他于 1989 年获得美国艺术图书奖。

本书内容可分为四部分。第一部分（第 1~4 章）介绍一些数学准备知识和光学基础知识，包括光学简史、波动的基本概念、光作为电磁波和量子粒子的二象性等。第二部分（第 5、6 章）是几何光学，第三部分（第 7~12 章）是物理光学，最后的第 13 章介绍现代光学。

作者在第五版序言中说，促使他写第五版的几个迫切原因，一是不断对内容进行现代化（如更多介绍光子、相矢量和傅里叶光学），二是跟上技术革命的步伐，介绍许多光学新技术、新仪器和新材料，三是尽可能改善教学法。译者觉得，这几方面他都完成得很好。

本书的优点既在于它对光学现象讨论的详细，还在于它对这些有趣的新颖内容的介绍和教学法的创新。在对光学新内容以及与光有关的新奇物理现象的介绍方面，介绍了同步加速器辐射、光的盘旋、负折射率、负相速度、引力透镜效应等。对于与光学现象有关的一些学科，如量子场论、量子电动力学，也作了简单介绍。在教学法方面，例如，讨论光的传播时以光在均匀介质中的散射为出发点，将光在均匀介质中的直线传播作为散射在不同方向干涉的结果。虽然一开始有一章讲述光学简史，作者仍然随时穿插物理学史上的一些小故事，如施密特发明校正板的经过（第 283 页）。作者也推出一些随手可做的小实验，例如用一把不锈钢勺的两面观察简单的凹面镜和凸面镜成像。

本书翻译采用的物理学名词根据赵凯华先生主编的《英汉物理学词汇》（北京大学出版社，2002 年）。书中的插图有三种编号：一种是正文中的插图，编号例如 Fig.5.26，译为图 5.26。一种是习题的题图，编号例如 Fig.P.5.47，译为题图 P.5.47。另外，正文中一些照片，没有编号，译文中也不编号。原书每页分两栏，插图或在正文前，或在正文后，有的离得很远，不容易找。中译本每页只一栏，插图与有关正文离得很近。这是对原书版式的一个改进。

序

促使我写第五版的原因是三个迫切要求：只要有可能就改善教学法；不断对讨论的内容进行现代化（例如，更多谈些光子、相矢量和傅里叶光学）；刷新内容，跟上技术进步的步伐（比方说，本书现在也讨论原子干涉仪和超构材料）。光学是一个发展很快的领域，这一版力争为这门学科提供一本现代的入门教材，同时始终集中注意力于教学法。

朝这个方向的努力的具体目标是：（1）使读者能够理解原子散射在光学的几乎每一方面扮演的中心角色；（2）从一开始就建立光（及一切量子粒子）的最基本的量子力学本性；（3）早点介绍傅里叶理论的强大能力，这个理论在现代分析中已如此流行。因此，早在第 2 章中，就伴随着时间频率和周期，介绍并图示了空间频率和空间周期的概念。

在学生用户的要求下，我将超过一百道用每节讨论的原理完全解出的例题，分散在本书从头到尾的各个部分。在各章的末尾，添加了二百多道不带解答的习题，以进一步增加家庭作业用题的选择。完整的教师解题手册承索即寄。因为"一图无声胜千词"，我们用多幅新插图和照片，进一步增强了正文的说明能力。本书在教学上的威力在于它重视对所讨论的东西给出真实实在的解释。这一版进一步加强了这一做法。

自第四版出版以来，作者每年都教光学，深知对书中哪些地方做进一步的阐明，会对今天的学生更有好处。因此，这次修订注意到了几十处讲得不够之处，补上了推导中许多缺失的环节。每一小段都经过仔细审阅以做到准确无误，并且只要合适都做了修改，以提高可读性和教学效率。

书中可以找到许多新增加的材料：在第 2 章（**波动**）里，有一节讨论盘旋的光；在第 3 章（**电磁理论、光子和光**）里，有对散度和旋度的初等介绍，对光子的更多的讨论，以及讨论被压缩的光和负折射的小节；在第 4 章（**光的传播**）里，有对光密度的简短评论，有关于电磁边界条件的一段，有对隐失波的更多讨论，还有讨论点光源发出的光的折射、负折射、惠更斯作图法和古斯-亨辛移位的小节；在第 5 章（**几何光学**）里，有许多新的图片图示透镜和反射镜的行为，还有关于纤维光学的新增文字，以及讨论虚物、焦面光线追迹和空心/微结构光纤的小节；在第 6 章（**几何光学的进一步讨论**）里，有处理穿过厚透镜的简单光线追迹的新思路；在第 7 章（**波的叠加**）里，可以找到关于负相速度的新的一小节，它是对傅里叶分析的扩展讨论，有许多图——而不用微积分——表示这个过程实际上如何进行，并且有关于光频梳（它得到 2005 年诺贝尔奖的承认）的讨论；在第 8 章（**偏振**）里发展了一个有力的方法，用相矢量分析偏振光；还有对起偏器的透射比的新讨论，和关于单轴晶体中的波阵面与光线的小节；第 9 章（**干涉**）一开始就联系杨氏实验，对衍射和相干性作了简短的概念性讨论。它有几个新的小节，其中包括近场/远场、用相矢量表示电场振幅、衍射的显示、粒子干涉、建立光的波动说和测量相干长度。第 10 章（**衍射**）包含一个新小节，标题是相矢量和电场振幅。还有几十幅新绘制的插图和照片，全面显示了形形色色的衍射现象。本版的第 11 章（**傅里叶光学**）有一小节二维像，其中包含引人注意的一系列图，形象地显示了各个空间频率分量如何加在一起生成像。第 12 章（**相干性理论初步**）含有几个新的介绍性的小节，其中包括条纹和相干性及衍射和消失中的条纹。这一章也新增了一些很说明问题的插图。第 13 章（**现代光学：激光器与其他课题**）包含内容更丰富、更现代的对各种激光器的讨论，并伴随有表格、插图和几个新的小节，包括光电子学图像重建。

第五版提供了光学教师会特别感兴趣的大量新材料。例如，现在除了平面波、球面波和柱面波，我们也能生成螺旋波，这种波穿过空间前行时，它的等相面是螺旋前进的（2.11 节，第 41 页）。

除数学困难外，学生们常常还对理解散度和旋度在物理上对应什么有麻烦。因此，本书这一版包含有一小节，用简单的语言探索这两个算符实际上是干什么用的（3.1.5 节，第 56 页）。

负折射现象是现代研究中的一个活跃领域，在本书第 4 章里（第 131 页）现在可以找到对有关的基本物理学知识的简短介绍。

惠更斯设计了一个画折射光线的方法（第 133 页），这个方法本身就很有意思，而且它还让我们能够用方便的方式理解各向异性晶体中的折射（第 433 页）。

在研究电磁波与实物媒质的相互作用时（例如在推导菲涅耳方程时），要用到边界条件。由于一些学生读者可能对电磁学不太熟悉，本书第五版包含有对这些条件的物理起源的简短讨论（4.6.1 节，第 141～142 页）。

本书现在包含有对发生在全内反射中的古斯-亨辛移位的简短讨论。这个题目应当是一篇趣味物理学文章的题目，在入门性质的介绍中是常被忽略的（4.7.1 节，第 159～160 页）。

焦面光线追迹是追踪通过复杂透镜系统的光线的直截了当的方法。这个简单但却功能强大的方法在本书中是新内容，它在课堂上工作得很好，很值得花上几分钟时间介绍（第 209 页）。

几幅新的插图使虚像和通过透镜系统产生的更微妙的虚物的本性变得清楚了（第 208～209 页）。

光纤光学的广泛使用，使得有必要对这个题目的某些方面作一个现代说明（第 246～251 页）。在新增内容中，读者可以找到对微结构光纤及更普遍地对光子晶体的讨论，这二者都需要大量的物理学知识（第 251～253 页）。

对傅里叶级数除进行通常的有些公式化的枯燥的数学处理外，本书也包含有引人入胜的图解分析，它们从概念上表明，这里遇到的那些积分实际上是干什么用的。这对大学本科生很有用（7.3.1 节，第 374～379 页）。

我们广泛使用相矢量来帮助学生想象谐波的相加。这种技巧在处理构成各种偏振态的正交场分量时非常有用（第 448 页）。此外，这个方法也提供了一个很好的图解手段，来分析各种波片的行为。

杨氏实验（更一般地说双束干涉），不论是在经典光学还是在量子光学中都处于中心地位。但是通常对这部分内容的介绍都失之于太简单，忽略了衍射现象和相干性对它的限制。现在的分析早早提到了这些担心（9.1.1 节，第 487 页）。

我们使用相矢量来图示电场的振幅，扩展了对干涉现象的传统讨论，让学生可以用另一种方式想象发生的事情（9.3.1 节，第 496 页）。

通过电场相矢量也可以方便地考察衍射（第 566～568 页）。这种方法学自然导致经典的振动曲线，它使我们想起费曼对量子力学的概率振幅研究方法。无论如何，它给学生们提供了看待衍射的一个互补的手段，它实质上不需要微积分。

对傅里叶光学有兴趣的学生现在可以看到一系列精彩的图,表明各个空间频率的正弦波分量,如何能够相加合在一起生成一幅可以辨认的二维图像——年轻的爱因斯坦的肖像(第667页)。即使是在一堂引论性的课上,哪怕第11章中别的材料可能超出了课程的水平,也应该讨论这一系列不同寻常的图——它对现代图像理论是基础性的,并且概念上很漂亮。

为了让第12章里对相干性的高等讨论能更好地被更广的读者群接受,本书这一版包含有一个实质上非数学的介绍(第711~712页);它搭建了传统表述的平台。

最后,关于激光器的内容,虽然仅是介绍性的,但已加以扩充(第747页),使得其更符合今天的情况。

从第四版出版以后的几年里,世界各处的几十位同事曾为这一新版提供过评论、意见、建议、文章和照片;我由衷地感谢他们所有的人。

任何人想要对本版作出评论或提出建议,或为将来的新版添砖加瓦,可以通过以下地址与作者联系:Adelphi University, Physics Department, Garden City, NY 11530,通过电子邮件genehecht@aol.com 联系更好。

目　　录

第1章 光学简史

1.1 开场白

在下面各章里，我们将正式学习光学这门科学的许多内容，特别着重现代感兴趣的那些方面。这个题目包括了人类大约三千年历史中积累的大量知识。在开始钻研关于光学的近代观点之前，让我们简短回顾人类获得今天的知识走过的路程，即使不为别的，只为对它的全貌有一概括了解。

1.2 初始时期

光学工艺的起源可以追溯到远古。旧约《出埃及记》（约公元前 1200 年）第 38 节第 8 段记述了比撒列（Bezaleel）在准备法柜和会幕时，如何把"妇人照的镜子"重新铸成铜洗礼盆（宗教仪式用的水盆）。早期的镜子用铜和青铜磨光做成，后来用镜合金做成，这是一种富含锡的铜合金。古埃及残存下来一些标本——在尼罗河谷瑟索斯特里斯二世（Sesostris II）金字塔（约公元前 1900 年）附近的工匠区，出土了一面保存完好的镜子连同一些工具。希腊哲学家毕达哥拉斯、德谟克利特、恩培多克勒、柏拉图、亚里士多德和别的人，发展了关于光的本性的几种理论。欧几里得（公元前 300 年）在他的书《反射光学》里已经知道了光的直线传播（本书第 114 页），并宣布了反射定律（第 121 页）。亚历山大里亚的希洛（Hero of Alexandria）试图通过断言光在两点之间走的路程是允许的最短路程，来解释这两种现象。阿里斯托芬在他的喜剧《云》（公元前 424 年）里，曾提到过点火镜（用来点火的正透镜）。在柏拉图的《共和国》一书里讲到过部分浸在水里的物体看起来是弯折的（第 129～130 页）。克里奥默德（Cleomedes，公元 50 年）和后来的亚历山大里亚的托勒密（Ptolemy，公元 130 年）曾研究过折射，后者列举了对几种媒质的入射角和折射角的精确测量结果（第 125 页）。从历史学家普林尼（Pliny，公元 23—79 年）的记述中清楚知道，罗马人也有点火镜。在罗马废墟中曾找到几个玻璃球和水晶球；在庞贝[①]发现了一面平凸透镜。罗马哲学家塞内卡（Seneca，公元前 3 年—公元 65 年）曾指出，一个盛满水的玻璃泡可以用来当放大镜。完全可能，某些罗马工匠也许已经用放大镜来进行非常精巧的工作。

西罗马帝国的灭亡（公元 475 年）大体上标志着黑暗时代的开始，在此之后，欧洲在很长一段时期里很少有或者完全没有科学进步。在地中海周围，希腊-罗马-基督教文化的支配地位由于被征服很快让位于阿拉伯文化，学术中心移到了阿拉伯世界。

在巴格达的 Abasid 法院工作的伊本·萨尔（Abu Sa`d al-`Ala'Ibn Sahl，公元 940—1000 年）研究过折射，他于公元 984 年写了《论点火器具》一书。在这本书里破天荒第一次出现

---

① 庞贝（Pompeii）是意大利的一座古城，位于维苏威火山脚下，公元 79 年因维苏威火山爆发被火山灰掩埋，1763 年开始发掘。
　　——译者注

了他画的精确的折射图。伊本·萨尔描述了抛物面的和椭球面的点火镜，并且分析了双曲面平凸透镜，以及双曲面双凸透镜。学者伊本·阿尔海桑（Abu Ali al-Hasan ibn al-Haytham，公元 965—1039 年），西方世界称他为阿尔哈增（Alhazen），是一位就多个论题写作的高产作家，仅在光学领域内就写了 14 本书。他精密表述了反射定律，将入射角和反射角放在垂直于界面的同一平面内（第 123 页）；他研究过球面镜和抛物面镜，并对人眼作了详细的描述（第 255 页）。他在费马之前，提出光穿过介质时走的是最快捷的路径。

到十三世纪后半叶，欧洲才从理智的麻木中苏醒过来。阿尔哈增的著作被译成拉丁文，它对林肯郡主教格罗塞特斯特（R. Grosseteste, 1175—1253）和波兰数学家维特洛（Vitello 或 Witelo）的著作有很大的影响，这两人对重新点燃光学研究都起过作用。他们的工作被圣

波尔塔（1535—1615）

方济会修士罗杰尔·培根（Roger Bacon, 1215—1294）得知，许多人都认为他是第一个近代意义的科学家。他似乎开创了用透镜来校正视觉的想法，甚至还暗示过把透镜组合成望远镜的可能性。罗杰尔·培根对光线穿过透镜的方式也有一些了解。在他死后，光学又衰落了。尽管如此，到十四世纪中叶，欧洲的绘画中已经出现了戴眼镜的僧侣。炼金术士也找到一种液体的锡-汞合金，把它涂到玻璃板背面制造镜子。达·芬奇（Leonardo da Vinci, 1452—1519）描述过成像暗箱（第 272 页），后来由于波尔塔（G. B. D. Porta, 1535—1615）的工作，成像暗箱得到普及。波尔塔还在其《自然的魔法》（1589 年）一书里讨论过多重反射镜以及正透镜和负透镜的组合。

以上所说的大都是各种事件的朴实列举，它们可以称为光学的第一阶段。它无疑是一个初创阶段——但整个说来也是一个低调的阶段。成就和令人振奋的旋风，是后来在十七世纪才来到的。

一幅很古老的画，画的是欧洲村舍民居的户外景致。左边的男人正在卖眼镜

1.3　十七世纪以来

还不清楚实际上是谁发明了折射望远镜，但是海牙档案馆中的记载表明，一个荷兰的眼镜制作工里佩舍（H. Lippershey, 1587—1619）于 1608 年 10 月 2 日申请这种仪器的专利。伽利略（1564—1642）在帕度亚听到了关于这一发明的消息，在几个月里就做出了他自己的仪器（第 279 页），透镜是他亲手磨制的。复显微镜几乎在同时发明，发明人可能是荷兰人冉森（Z. Janssen, 1588—1632）。那不勒斯的丰塔纳（F. Fontana, 1580—1656）把显微镜的目镜从凹透镜换成凸透镜，开普勒（J. Kepler, 1571—1630）对望远镜做了类似的改变。1611年，开普勒发表了他的著作《折光学》。他发现了全内反射（第 155 页），并且得出了折射定律的小角度近似，这时入射角和透射角成正比。他接着发展了一种对薄透镜系统的一阶光学处理方法，并且在他的书中描述了开普勒望远镜（正目镜）和伽利略望远镜（负目镜）二者的详细操作步骤。莱顿大学教授斯涅耳（W. Snel，他的姓名不知为什么通常拼作 Snell，1591—1626）在 1621 年从经验上发现了长期隐藏的折射定律（第 124 页）——这是光学中的一个重大时刻。精确地知悉光线在穿越两种媒质之间的界面时如何重新取向之后，斯涅耳一举打开了近代应用光学的大门。笛卡儿（René Descartes, 1596—1650）第一个发表了我们现在熟悉的那种用正弦函数表述的折射定律。他是用一个模型推导出折射定律的，在这个模型里，把光看作是由一种弹性媒质传递的压强；他在他的《折光学》（1637）一书中说道：

> 回想我赋予光的本性，当时我说，光不是别的什么东西，而是一种极稀薄的物质中所含的某种运动或作用，这种稀薄物质充塞其他一切物体的毛孔……

宇宙不是真空而是塞满东西的。费马（Pierre de Fermat, 1601—1665）反对笛卡儿的假设，他从自己的最小时间原理（1657 年）出发重新推导出反射定律（第 134 页）。

开普勒（J. Kepler, 1571—1630）

笛卡儿（René Descartes, 1596—1650）

衍射现象，即光前进越过障碍物时发生的偏离直线传播的现象（第 553 页），是波伦那的耶稣会学院教授格里马耳第（F. M. Grimaldi, 1618—1663）首先注意到的。他在一个小光源照明的小棍的阴影中观察到光带。伦敦皇家学会的实验总监胡克（R. Hooke, 1635—1703）后来也观察到衍射效应。他头一个研究了薄膜产生的彩色干涉图样（《显微术》，1665）。他提出这样的观念：光是媒质的一种快速的振动，它以极大的速度传播。而且，"发光物体的每一个脉冲或振动都产生一个球面"——这是波动说的发端。在伽利略去世那年，牛顿（Isaac Newton，1642—1727）诞生了。牛顿的科学工作的推动力是以直接观察为基础而避免推测性的假说。因此他在光的真实本性的问题上犹豫过很久。它究竟是微粒——如某些人所主张的粒子流，还是一种无所不在的媒质（以太）中的波动？在 23 岁那年，牛顿开始做他那个现在很著名的色散实验：

> 我找来一块三角形的玻璃棱镜，用它来试验著名的颜色现象。

牛顿的结论是，白光是由一系列独立颜色混合而成的（第 238 页）。他主张，与各种颜色相联系的光微粒会激发以太进入各种特征振动。虽然牛顿的工作同时遵奉波动说和微粒说（发射说），但是，随着年纪变老，他变得更为信奉后者。也许他拒绝当时那种形式的波动说的主要原因，是无法用向四方散开的波动来解释直线传播这一难题。

在做了一些过于受限制的实验之后，牛顿放弃了试图消除折射望远镜透镜色差的努力，错误地断言这是做不到的，他转而去设计反射望远镜。牛顿的第一架反射望远镜是在 1668 年完成的，只有 6 英寸长，直径 1 英寸，但是能放大约 30 倍。

大约与牛顿在英国强调微粒说的同时，惠更斯（Christian Huygens，1629—1695）在欧洲大陆大力发展波动说。与笛卡儿、胡克和牛顿不同，惠更斯正确地断定，光在进入较密的媒质时，速度实际上会减慢下来。他能够用他的波动说推出反射定律和折射定律，甚至解释方解石的双折射现象（第 426 页）。正是在研究方解石时，他发现了偏振现象（第 409 页）。

> 因为有两种不同的折射，我设想也应当有两种不同的光波射出……

牛顿（Isaac Newton，1642—1727）

惠更斯（Christian Huygens，1629—1695）

于是，光要么是一股粒子流，要么是以太物质的一种快速波动。不论怎样，人们普遍同意，光速是非常大的。的确，有许多人相信，光是在瞬间传播的，这个观念至少可以回溯到亚里士多德。光速有限的事实是丹麦人罗麦（D. O. C. Römer，1644—1710）在 1676 年确定的。木星最邻近的卫星环绕木星的轨道和木星本身环绕太阳的轨道二者的平面几乎重合。罗麦对这颗卫星穿过木星阴影时发生的蚀做了详细的研究。1676 年他预言，11 月 9 日这颗卫星将从木星的阴影中出现，但是时间要比根据其年平均运动预期的晚 10 分钟左右。这颗卫星的行为与他预言的完全一样，精确地准时出现，罗麦正确地解释了这个现象，解释为由光速有限引起的。他能判定，光用了大约 22 分钟来走过地球环绕太阳轨道的直径——这个距离大约是 3 亿千米（转换为公制）。惠更斯和牛顿及别的人很信服罗麦的工作。他们各自独立估计地球轨道的直径，赋予 c 的值为 $2.3×10^8$ m/s 和 $2.4×10^8$ m/s。[①]

在十八世纪，牛顿的意见的沉重份量像一件殓衣罩在波动说上，使它的拥护者几乎透不过气来。尽管如此，卓越的数学家欧拉（Leonhard Euler，1707—1783）却笃信波动说，虽然这不太为人所知。欧拉提出，在透镜中看到的那种不希望出现的彩色效应，在人眼中是不发生的（这可是一个错误的假设），因为不同介质的色散相消。他建议，用这种方法也许能造出消色差透镜（第 339 页）。在这一工作的鼓励下，（瑞典）乌普沙拉（Upsala）大学教授克林延斯切纳（S. Klingenstjerna，1698—1765）重做了牛顿关于消色差的实验，并判定这些实验错了。他和伦敦的一个光学仪器制造商多朗（J. Dollond，1706—1761）有书信来往，多朗当时也在观察类似的结果。多朗最后在 1758 年把两个元件组合起来，一个是冕牌玻璃的，另一个是火石玻璃的，构成一个单独的消色差透镜。附带提一下，多朗的发明在时间上实际上晚于 Essex 郡一名业余科学家霍尔（C. M. Hall，1703—1771）的未发表的工作。

1.4　十九世纪

光的波动说在一名医生托马斯·杨（Thomas Young，1773—1829）手中复活了，杨是那个世纪真正伟大的天才人物之一。他于 1801 年、1802 年和 1803 年，对皇家学会宣读了赞颂波动说的论文，并且对波动说补充了一个基本概念，即干涉原理（第 482 页）：

> 当不同来源的两个波动的方向完全重合或非常相近时，它们的联合效应是各自的运动的组合。

杨能够解释薄膜的彩色条纹，并且用牛顿的数据确定各种颜色的波长。虽然杨一再声称他的观念正是来自牛顿的研究，他还是受到严厉的攻击。在《爱丁堡评论》上的一系列文章里（文章作者可能是 Brougham 勋爵），杨氏的论文被说成"毫无价值"。

杨（Thomas Young，1773—1829）

菲涅耳（Augustin Jean Fresnel，1788—1827）出生在诺曼底区布罗意（Broglie），他在法国开始了他复活波动说的光辉事业，并不知道大约十三年前杨氏在这方面的努力。菲涅耳综合了惠更斯的波动描述和干涉原理这两个概念。他把初波的传播方式看成是相继激发出的一系列次级球面子波互相叠合和干涉而成，叠合和干涉的结果重新形成了将在后一时刻出现的向前推进的初波。用菲涅耳的话来说：

> 一个光波在其任何一点上的振动，可以看作是在同一时刻传到这一点的各个基元运动之和，这些基元运动是未受阻碍的波在其任何一个早先的位置上的所有各部分的分别作用引起的。

菲涅耳（Augustin Jean Fresnel，1788—1827）

---

① A. Wroblewski, *Am. J. Phys.* 53, 620（1985）。

同空气中的声波类比，他假设这些波是纵波。菲涅耳能够计算由各种障碍物和孔径产生的衍射图样，并且满意地说明光在均匀各向同性媒质中的直线传播，从而消除了牛顿对波动理论的主要反对意见。菲涅耳最后获悉，杨提出干涉原理比他早，享有优先权，他虽然有些扫兴，但仍写了一封信给杨，告诉杨说，他由于发现自己处在这样好的团队中而感到安慰——这两位伟大人物成了知友。

惠更斯知道方解石晶体中产生的偏振现象，牛顿也知道。的确，牛顿在其《光学》中说过：

> 因此每一条光线有两个对立的侧面……

直到 1808 年，马吕斯（É. L. Malus，1775—1812）发现，光的这种双侧面性在反射中也出现（第 438 页），这种现象并不是晶态媒质固有的。菲涅耳和阿拉果（D. F. Arago，1786—1853）然后做了一系列实验，以确定偏振对干涉的效应，但是实验结果在他们的纵波图像框架内完全不能解释。这真是一段阴暗的时光。杨、阿拉果和菲涅耳在这个问题上苦干了好几年，直到最后杨提出，以太振动也许是横波，如同弦上的波一样。于是光的双侧面性便只不过是以太在垂直于光线方向上的两个正交振动的显示。菲涅耳接着发展了对以太振动的一种力学描述，由此得出他的关于反射光和透射光振幅的著名公式（第 142 页）。到 1825 年，微粒说只剩下寥寥几个顽固的支持者了。

首次在地面测定光速是斐索（A. H. L. Fizeau，1819—1896）于 1849 年进行的。他的仪器由一个旋转的齿轮和远处（8633 米）的一面反射镜组成，架设在巴黎市郊区，即从 Suresnes 到 Montmartre。穿过齿轮一个开孔的光脉冲射到镜子上后返回。调节已知的齿轮转速，可以使返回的光脉冲或者通过开孔被看到，或者被齿轮的一个齿挡住。斐索得出光速之值等于315 300 km/s。他的同事傅科（J. B. L. Foucault，1819—1868）也从事过对光速的研究。惠斯通（C. Wheastone，1802—1875）在 1834 年曾设计了一个旋转镜装置测量一个电火花的持续时间。阿拉果提议用这种机制来测量稠密媒质中的光速，但是他从未能做出这个实验。傅科接过了这项工作，该工作后来为他的博士论文提供了材料。他在 1850 年 5 月 6 日向科学院报告，水中的光速比空气中的光速小。这个结果直接违反牛顿的微粒说，它是对微粒说剩下不多的支持者的沉重一击。

在光学中发生这些事情时，电磁学研究也独立地结出了硕果。1845 年，实验大师法拉第（Michael Faraday，1791—1867）建立了电磁学与光之间的联系，他发现，一个光束的偏振方向可以被加到媒质上的强磁场改变。麦克斯韦（James Clerk Maxwell，1831—1879）光辉地总结和推广了关于这个题目的全部经验知识，将它变成一组数学方程。从这一特别简洁和具有漂亮的对称性的综合结果出发，他能用纯理论方法证明，电磁场能够作为一个横波在光以太中传播（第 46 页）。

求解波速，麦克斯韦得到一个由介质的电学和磁学性质组成的表示式（$c = 1/\sqrt{\epsilon_0 \mu_0}$）。将从经验测得的这些量的已知值代入，他得到的数值结果正好等于测量到的光速！因此不可避免的结论是：光是一种以波的形式通过以太传播的电磁扰动。麦克斯韦只活到 48 岁就去世了，只差 8 年就可以看到他的天才洞见的实验证实，对物理学来说真是太短寿了。赫兹（Heinrich

麦克斯韦（James Clerk Maxwell，1831—1879）

Rudolph Hertz，1857—1894）证实了长波长的电磁波的存在，他在一系列实验中产生和检测了这种电磁波，实验结果于 1888 年发表。

　　要接受光的波动说，似乎需要同样接受一种无所不在的媒质即光以太的存在。如果真有波动，那么看来明显的是，必须有一种支撑这个波的媒质。当时为了确定以太的物理本性，人们自然做了大量的科学努力，但以太得具有一些相当奇怪的性质。它必须这样稀薄，因为天体的运动显然并未受到阻碍。与此同时，它又能支承以 30 万千米/秒的速度行进的光的极高频（约 10^{15} Hz）振动。这意味着以太物质内有非常强的恢复力。波在媒质中前进的速度取决于受扰动的底层媒质的特性，而与波源的任何运动无关。这同一股粒子流的行为相反，对于粒子流，它相对于粒子源的速度是基本参数。

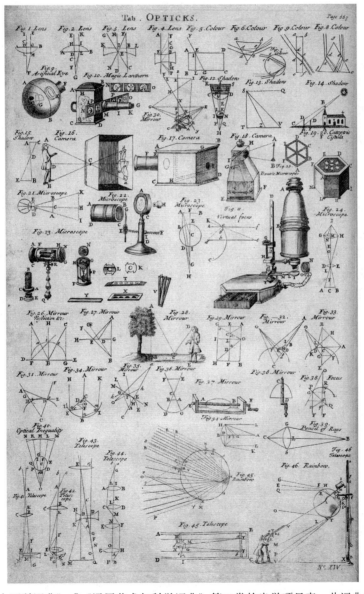

《大百科词典》或《通用艺术与科学词典》第二卷的光学项目表。此词典由
Ephraim Chambers 主编，由 James and John Knapton 于 1728 年在伦敦出版

在研究运动体的光学时，以太本性的某些方面使人困惑，正是这个静悄悄地独自发展的研究领域，最终带来了下一个伟大的转折点。1725 年，牛津大学的天文学教授布拉德雷（J. Bradley，1693—1762），试图通过观测一颗恒星在一年里两个不同时刻的方位来测量这颗恒星离我们的距离。由于地球绕太阳公转，地球的位置在改变，这就提供了一条很长的基线来对这颗恒星进行三角学测量。布拉德雷出乎意料地发现，"恒"星显现出一种表观的系统性运动，这种运动与地球在轨道上运动的方向有关，而与地球在空间的位置无关（人们曾预料与后者有关）。这种所谓恒星光行差的现象与人们熟悉的雨滴下落的情况相似。一个雨滴，虽然相对于一个在地球上静止的观察者垂直下落，但当观察者运动时它射过来的角度就显得有所改变。于是光的微粒模型可以轻易地解释恒星光行差。另一方面，如果假设地球穿越以太时以太完全不受扰动，波动说也对这个现象提供满意的解释。

为了回答下述猜测，即地球穿越以太的运动是否会在地上的光源发出的光与来自天体的光之间带来可观察到的差异，阿拉果打算用实验考察这个问题。他发现没有什么可观察到的差异。光的行为就如同地球相对于以太静止一样。为了解释这些结果，菲涅耳建议，当光穿越运动的透明媒质时，它实际上被这种媒质部分地曳引。斐索做的光束穿越流动水柱的实验，和爱里爵士（Sir G. B. Airy，1801—1892）在 1871 年做的用一个充水的望远镜来观察恒星光行差的实验，似乎都证实了菲涅耳的曳引假说。洛伦兹（H. A. Lorentz，1853—1928）假设以太绝对静止，导出了一个包含菲涅耳的观念的理论。

1879 年，麦克斯韦在致美国天文年鉴局的托德（D. P. Todd）的一封信中，提出了一个测量太阳系相对于光以太的运动速度的方案。当时担任海军教官的美国物理学家迈克耳孙（1852—1931）采纳了这个想法。迈克耳孙在只有 26 岁时，就已经由于对光速进行了一次极其精确的测量而建立了良好的声誉。几年之后，他开始做一个实验来测量地球穿过以太运动的效应。由于以太中的光速是常数，而根据假设地球相对于以太运动（轨道速度为 10.2 万千米/小时），那么测得的相对于地球的光速应当受到地球运动的影响。1881 年迈克耳孙发表了他的实验结果：没有可以检测到地球相对于以太的运动——以太相对于地球是静止不动的。但是洛伦兹指出了计算中的一个疏忽，使这个惊人结果的判决性有所减弱。几年后，迈克耳孙（这时是俄亥俄州克里夫兰市的凯斯应用科学学院的物理学教授）与一个著名的化学教授莫雷（E. W. Morley，1838—1923）合作，以高得多的精度重做了这个实验。惊人的是，他们的结果（发表于 1887 年）再次是否定的：

> 从上面所说的一切有理由肯定：如果地球和以太之间有任何相对运动的话，它也一定很小；小到这样的程度，使得足以完全否定菲涅耳对光行差的解释。

于是，虽然在波动说的框架里，要解释恒星光行差就需要在地球与以太之间有相对运动存在，但迈克耳孙-莫雷实验却否定了这种可能性。而且，斐索和爱里的发现使得必须包括媒质运动对光的部分曳引的假定。

1.5 二十世纪的光学

庞加莱（J. H. Poincaré，1854—1912）大概是头一个真正了解在实验上不可能观察到相对于以太的运动的任何效应这一事实的意义的人。他于 1899 年开始发表他的观点，1900 年他写道：

> 我们的以太真正存在吗？我不相信更精密的观察除了相对位移外还会披露任何东西。

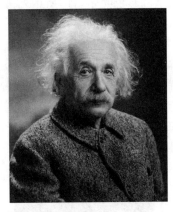

1905 年，爱因斯坦（Albert Einstein，1879—1955）建立了狭义相对论，在这个理论中他也独立地否定了以太假说。

> 引进一个"光以太"似乎是多此一举，因为我们这里所要展开的观点并不需要一个"绝对静止的空间"。

他进一步假设：

> 光永远以确定的速度 c 在空虚的空间里传播，c 与光源的运动状态无关。

斐索、爱里和迈克耳孙-莫雷的实验在爱因斯坦的相对论运动学的框架内全都得到了很自然的解释[①]。在

爱因斯坦（Albert Einstein，1879—1955）

革除了以太之后，物理学家们不得不习惯于下述观念：电磁波能够穿越自由空间传播——此外别无他法。光现在被看成是一种自持的波，而概念上强调的则从以太转为场。电磁波自身变成了一种实体。

1900 年 10 月 19 日，普朗克（Max K. E. L. Planck，1858—1947）对德国物理学会宣读了一篇论文，在这篇文章里，他犹犹豫豫地引发了科学思潮中另一场大革命——量子力学，这是关于亚微观现象的一个理论（第 69 页）。1905 年，在这些观念的基础上，爱因斯坦大胆提出了一种新形式的微粒说，他断言光由能量小球或"粒子"组成。这种辐射能量子后来叫做光子[②]，每个光子都有一份与其频率 ν 成正比的能量，即 $\mathcal{E} = h\nu$，其中 h 叫做普朗克常数（图1.1）。在 20 世纪 20 年代末，通过玻尔、玻恩、海森伯、薛定谔、德布罗意、泡利、狄拉克等人的努力，量子力学已成为一个得到很好验证的理论。逐渐变得明显的是，粒子概念和波的概念，在宏观世界里如此明显地互相排斥，在亚微观领域里却必须并合在一起。原子粒子（如电子、中子等）在我们脑中的图像原来是很小的、局域化的一团物质，这一图像已经满足不了要求。的确，已经发现这些"粒子"能够和光完全一样产生干涉和衍射图样（第 300 页）。因此，光子、质子、电子、中子等所有这些都既表现为粒子又表现为波动。但是，问题并未得到解决。"每个物理学家都以为他知道什么是光子"，爱因斯坦写道，"我用了我的一生去弄明白什么是光子，可是我仍然不了解它。"

相对论把光从以太中解放出来，并且显示了质量与能量之间的密切关系（通过 $E_0 = mc^2$）。两个看来几乎对立的量现在可以互换。量子力学继续确立，一个动量为 p 的粒子[③]有一个相联系的波长 λ，关系为 $p = h/\lambda$。亚微观的物质微粒这种简单图像站不住脚了，波粒二分法化解为波粒二象性。

量子力学还讨论光被原子吸收和发射的方式（第 85 页）。设我们加热气体或通过气体放电使气体发光，发的光是组成这种气体的原子结构所特有的。光谱学是光学中研究光谱分析的一个分支（第 97 页），其发展始于牛顿的研究工作。沃拉斯顿（W. H. Wollaston，1766—1828）

---

① 例如，见 French 写的 *Special Relativity*，第 5 章。

② "光子"这个词是 G. N. Lewis 创造的，首见于 *Nature*，Dec.18. 1926.

③ 也许我们将它们统统叫做"波粒子"会有帮助。

最先观察到太阳光谱中的暗线（1802 年）。由于光谱仪中普遍使用狭缝形状的孔径，其输出是狭窄的彩色光带，即所谓光谱线。夫琅禾费（J. Fraunhofer，1787—1826）独立研究光谱，他大大扩充了这门学科。他在偶然发现钠光谱中的双线（第 168 页）之后，接着又研究太阳光，并用衍射光栅进行了第一次波长测定（第 597 页）。基尔霍夫（G. R. Kirchhoff, 1824—1887）和本生（R. W. Bunsen, 1811—1899）在海德堡并肩工作，他们确定每种原子都有它独有的一组特征光谱线。1913 年，玻尔（Niels H. D. Bohr, 1885—1962）提出氢原子的初等量子理论，这个理论能够预言氢原子发射光谱的波长。现在人们知道，原子发光是由它的最外层电子引起的（第 85 页）。这个过程属于近代量子理论的领域，这个理论以令人难以置信的精度和美丽描述最微小的细节。

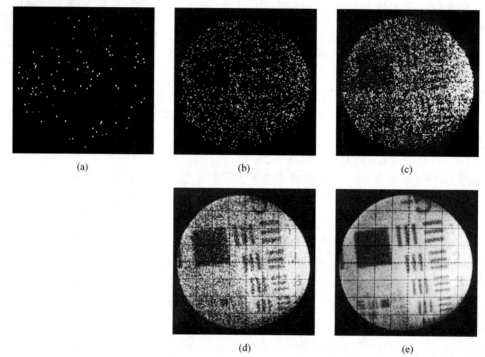

图 1.1　一幅相当有说服力的光的粒子本性的示意图。这一系列照片用一个对正电子敏感的光电倍增管制作，倍增管被一个条形图的图像照射（每秒 8.5×10^3 个计数）。曝光时间是（a）8 ms，（b）125 ms，（c）1 s，（d）10 s 和（e）100 s。每一点可以解释为单个光子的到达

应用光学在 20 世纪后半叶的繁荣代表一种复兴。在 20 世纪 50 年代，一些科学工作者开始把通信理论的数学技巧和深邃见解移植到光学中。正如动量概念提供了描绘力学问题的另一个维度一样，空间频率概念也提供了理解范围广阔的光学现象的一种富有成果的新方式。与傅里叶分析的数学体系结合在一起（第 374 页），这门当代的重点学科得到了影响深远的成果。我们特别感兴趣的是成像理论和像质评估理论（第 663 页）、传递函数（第 697 页）和空间滤波概念（第 396 页）。

高速数字电子计算机的出现，给复杂光学系统的设计带来巨大的改进。非球面透镜元件（第 188 页）重新有了实际意义，具有相当大的视场的衍射置限系统已经变成现实。为了满足制造光学元件所需的极高精度，引进了离子轰击抛光技术，一次只打掉一个原子。单层与多层薄膜敷层（反射敷层、消反射敷层等）的使用已变得很普通（第 537 页）。光纤光学已发展为实用的通信工具（第 242 页），薄膜光导仍在继续研究。人们对光谱的红外端给予很大的

注意（监视系统、导弹制导等）。这又刺激了红外材料的发展。塑料在光学中开始得到广泛应用（透镜元件、复制光栅、光纤、非球面光学器件等）。发展了一类新的部分玻璃化的玻璃陶瓷，它具有极低的热膨胀系数。又恢复了建立天文台（包括地面上的和地球外的）的工作，在 20 世纪 60 年代末扎实进行，并充满活力地进入 21 世纪（第 281 页）。这些天文台使用的波段遍及整个光谱。

第一台激光器是 1960 年制成的，十年内，激光光束的波长从红外伸展到紫外。大功率相干光源的出现，引导我们发现了许多新光学效应（谐波产生、混频等），由此得到一系列奇妙的新器件。制造一个能够实用的光学通信系统所需的技术迅速发展。晶体在倍频器（第 802 页）、电-光和声-光调制器等器件中的成熟应用，促进了现代对晶体光学的大量研究。波前重建技术又称全息术（第 785 页），它可以产生极为生动的三维像，并且在许多别的方面得到应用（无损检验、数据存储等）。

20 世纪 60 年代许多军事意图的研发工作，带着更大的活力进入 21 世纪。今天光学中对技术的兴趣，从"聪明炸弹"和间谍卫星，到"死亡射线"和在黑暗中看见东西的红外装置。但是，经济考虑与改善生活质量的需要相结合，已经将保密产品空前地带入消费市场。现在到处都用激光器：在起居室里读光盘，在工厂里切割钢材，在超级市场里扫描价码签，还有在医院里进行治疗。在钟表面上、计算器和计算机的屏幕上，成兆上亿个光学显示系统在世界上到处闪烁。过去一百年里几乎只用电信号处理和传送数据的情况，现在迅速让位于更有效的光学技术。一场影响深远的信息处理和信息交流方式的革命正在悄悄发生，这场革命将会继续改变我们未来的生活。

但是，对事物本质的深刻理解却姗姗来迟。我们在三千多年里探明的东西是多么少啊，虽然步伐在不断加快。我们惊奇地看到，虽然答案在微妙地变化，问题却依然如故——光究竟是什么？[①]

---

① 要了解更多的光学历史，可参阅 F. Cajori, *A History of Physics*, 及 V. Ronchi, *The Nature of Light*。许多原始论文的摘选可以方便地在下面两本书中找到：W. F. Magie, *A Source Book in Physics* 及 M. H. Shamos, *Great Experiments in Physics*。

第 2 章 波   动

光的真实本性是光学的全部讨论的中心问题,在本书中我们从头到尾都得对待这个问题。"光究竟是一种波动现象还是一种粒子现象?"这个似乎干脆利索的问题,远比它初看之下复杂得多。比方说,一个粒子最实质的特征是它的局域性;它存在于一个完全确定的"小"空间区域中。实际上,我们倾向于取一件熟悉的东西,比方一个球或一块小石头,在想象中将它缩小再缩小,直到它小得快没有了,这就是一个"粒子",或至少是"粒子"概念的基础。但是一个球是与它的环境相互作用的,它有一个引力场与地球(及月球、太阳等)相互作用。这个场(不论它究竟是什么)弥漫到空间中,不能把它与球分开;场是这个球的不可分割的一部分,正像场是"粒子"定义的不可分割的一部分一样。真实的粒子通过场相互作用,在一定的意义上,场就是粒子,粒子就是场。这个小难题属于量子场论的领域,这门学科以后我们还会谈到(第 173 页)。这里只要说下面这点就够了:如果光是一股亚微观粒子(光子)流,它们也决不是"通常的"小球般的经典粒子。

与之相反,一个波的本质特征是它的非局域性。一个经典的行进的波是媒质的一个自持的扰动,它穿过空间运动,输送能量和动量。我们倾向于将一个理想的波想象为存在于一个扩展的区域上的一个连续实体。但是当我们仔细观看真实的波(例如一条弦上的波)时,我们看到的是一幅复合的景象,由大量的粒子协同运动组成。支持这些波的媒质是原子性的(即粒子性的),因此波就其自身而言并不是连续实体。电磁波也许是唯一可能的例外。在概念上,我们假设经典的电磁波(第 59 页)是一个连续实体,用它作为与粒子完全不同的波的观念的模型。但是在上个世纪,我们发现,电磁波的能量不是连续分布的。不论在宏观层级上看多么奇怪,光的电磁理论的经典说法在微观层级上根本不成立。爱因斯坦首先建议,我们宏观上认为的电磁波,是其下的微观现象的根本的颗粒性的统计显示(第 69 页)。在亚原子领域内,经典的物理波概念只是一个幻象。虽然如此,在我们通常工作的大尺度体制下,电磁波还是显得足够真实,经典理论适用得很好。

因为对光的经典讨论和量子力学讨论都要用到波的数学描述,本章要为这两种表述所需要的东西打好基础。下面叙说的想法将用于一切物理波,从一杯茶的表面张力皱波,到从某个遥远的星系照到我们的光脉冲。

2.1   一维波

行进中的波的一个实质内容是,它是传播波的介质的一个自持的扰动。最熟悉的波和最容易想象的波是机械波(图 2.1),包括弦线上的波、液体的表面波、空气中的声波和固体与流体中的压缩波。声波是**纵波**——介质在波的运动方向上位移。弦线上的波(和电磁波)是**横波**——介质的位移发生在与波的运动方向垂直的一个方向上。在一切情况下,虽然携带着能量的扰动穿过介质前行,但是参与其事的单个原子却停留在它们的平衡位置邻近:扰动前行,实物介质并不前行。这是波区别于粒子流的几个关键特征之一。吹过田野的风掀起"麦浪"滚滚,虽然单棵植株只是在原地摇摆。达·芬奇似乎第一个认识到,波并不运送它所穿行的介质,而正是这一性质,允许波以很高的速率传播。

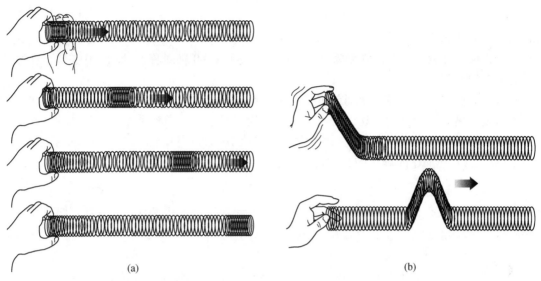

图 2.1 (a)弹簧中的纵波。(b)弹簧中的横波

我们在这里想要定出波动方程必定具有的形式。为此,设想某个这样的扰动 ψ 以恒定的速率 v 沿正 x 方向运动。扰动的具体本性暂时不重要。它可以是图 2.2 中弦线的垂直位移,也可以是一个电磁波的电场或磁场的大小(或者甚至是物质波的量子力学概率振幅)。

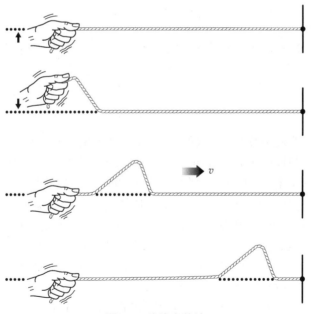

图 2.2 弦线上的波

既然扰动在运动,它必定是位置和时间的函数:

$$\psi(x, t) = f(x, t) \tag{2.1}$$

其中 $f(x, t)$ 对应于某个具体函数或波形。这画在图 2.3a 中,图中示出一个脉冲在一静止坐标

系 S 中以速率 v 运动。扰动在任意时刻（比方 $t = 0$ 时刻）的形状可以把时间取为那个时刻而得到。这时

$$\psi(x, t)|_{t=0} = f(x, 0) = f(x) \tag{2.2}$$

代表那个时刻波的**剖面**的轮廓形状。举个例子，若 $f(x) = e^{-ax^2}$，其中 a 是一个常数，其轮廓形状像一口钟；即它是一个**高斯函数**（x 平方使它关于 $x = 0$ 轴对称）。取 $t = 0$ 类似于在脉动经过时为它拍一张"照片"。

暂且我们仅限于考虑穿过空间前进时不改变形状的波。在一段时间 t 之后这个脉冲沿 x 轴走了一段距离 vt，但其他一切保持不变。现在我们引入一个坐标系 S'，它与脉冲一起以速率 v 运动（图 2.3b）。在这个坐标系中 ψ 不再是时间的函数，当我们与 S' 一起运动时，我们看到一个由（2.2）式描述的静止的、定常的剖面轮廓。这里坐标是 x' 而不是 x，因此

$$\psi = f(x') \tag{2.3}$$

坐标系 S' 中扰动在任何时刻 t 的形状，都与在 S 中 $t = 0$ 时刻 S 和 S' 具有公共原点时扰动的形状相同（图 2.3c）。

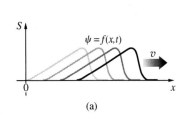
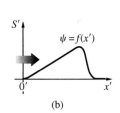
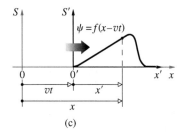

图 2.3 运动参考系

现在我们想要用 x 改写（2.3）式，得到由 S 中的某个静止观察者描述的波。由图 2.3c 有

$$x' = x - vt \tag{2.4}$$

代入（2.3）式有

$$\psi(x, t) = f(x - vt) \tag{2.5}$$

这个函数代表了一维**波函数**的最一般的形式。更具体地说，我们只需选择一个形状，即（2.2）式，然后在 $f(x)$ 中把 x 换成 $(x-vt)$。得出的表示式描述一个具有所要的剖面形状的波，它以速率 v 沿正 x 方向运动。这样，$\psi(x, t) = e^{-a(x-vt)^2}$ 是一个钟形的波，即一个脉冲。

要将这一切看得更细致些，让我们对一个具体的脉冲，比方说 $\psi(x) = 3/[10x^2 + 1] = f(x)$，来作一次分析。这个函数的轮廓画在图 2.4a 中，若它是绳索上的波，ψ 就将是竖直方向上的位移，我们甚至可以将它换成一个符号 y。不论 ψ 是代表位移还是代表压强或电场，我们现在有了扰动的轮廓形状。为了将 $f(x)$ 转变为 $\psi(x, t)$，也就是说，让它描述一个以速率 v 向正 x 方向运动的波，我们将出现在 $f(x)$ 中的一切 x 都换成 $(x - vt)$，由此得出 $\psi(x,t) = 3/[10(x - vt)^2 + 1]$。如果随意令 v 等于某个值，比方说 1.0 m/s，并且在相继的几个时刻 $t = 0$，$t = 1$ s，$t = 2$ s 和 $t = 3$ s 画出这个函数，我们就得到图 2.4b，它表明脉冲正在以 1.0 m/s 的速率向右运动，和预料相同。顺带说一句，若我们在轮廓函数中把 x 换成 $(x + vt)$，得到的波将向左运动。

如果我们要通过考察 ψ 在时间增加 Δt、x 相应增大 $v\Delta t$ 后的值，来核对（2.5）式的形式，则有数学式

$$f[(x + v\Delta t) - v(t + \Delta t)] = f(x - vt)$$

波形轮廓不变。

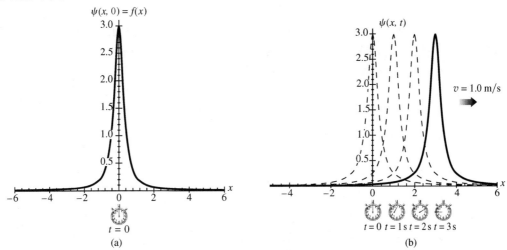

图 2.4 （a）由函数 $f(x) = 3/(10x^2 + 1)$ 给出的脉冲的轮廓。（b）图 a 中的波形轮廓现在作为一个波 $\psi(x,t) = 3/[10(x - vt)^2 + 1]$ 向右运动。我们赋予它一个速率 1 m/s，它向正 x 方向行进

相仿地，如果波向负 x 方向即向左运动，（2.5）式应当变成

$$\psi = f(x + vt), \qquad v > 0 \tag{2.6}$$

因此我们得出结论，不论扰动是什么形状，变量 x 和 t 在函数中一定作为一个整体出现，即以 $(x \mp vt)$ 的形式作为单个变量出现。（2.5）式往往等价地表示为 $(t - x/v)$ 的某个函数，因为

$$f(x - vt) = F\left(-\frac{x - vt}{v}\right) = F(t - x/v) \tag{2.7}$$

我们说图 2.2 中所示的脉冲和（2.5）式描述的扰动是一维的，因为波扫过的是位于一条直线上的点——只需要一个空间变量来规定这些点。不要与这件事弄混淆：在这个具体场合，绳索的上下振动是在第二个维度上的。与之相反，一个二维波在一个面上传播，像池塘上的皱波，它由两个空间变量描述。

2.1.1 微分波动方程

1747 年，达朗贝尔（Jean Rond d'Alembert）将偏微分方程引入对物理学的数学讨论。同一年他写了一篇论文，讨论振动弦的运动，文中首次出现了所谓波动微分方程。通常取这个线性齐次二阶偏微分方程作为无损耗介质中物理波的定义式。有多种不同的波，每一种都由它自身的波函数 $\psi(x)$ 描述。有的是关于压强的，或者是关于位移的，其他的则是关于电磁场的，但是引人注意的是，所有这些波函数都是同一微分波动方程的解。它是一个偏微分方程的原因是，波必定是几个独立变量（空间和时间变量）的函数。一个线性微分方程实质上是由两项或更多项组成的方程，每一项由一个常数乘上一个函数 $\psi(x)$ 或其导数构成。关键点是每个这样的项必须只以一次方出现；也不能有 ψ 与其各阶导数的任何交叉乘积或各阶导数的乘积。我们还记得，一个微分方程的阶数等于方程中最高阶微商的阶数。还有，若一个微分方程为 N 阶，则其解中将含有 N 个任意常数。

现在我们在已有知识指导下推导一维波动方程的形式。可以预见，以固定速率行进的波最为基础的性质是，它需要用两个常数（振幅及频率或波长）来规定（第 18 页），这表明应

当取二阶微商。因为有两个独立自变量（x 和 t），我们可以求 $\psi(x, t)$ 对 x 或对 t 的偏微商。这时，我们对一个自变量求微商而将另一自变量当作常数对待。通常的微分规则适用，但是为了让区别明显，将偏微商写为 $\partial/\partial x$。

为了将 $\psi(x, t)$ 对空间的依赖关系和对时间的依赖关系相联系，我们来求 $\psi(x, t) = f(x')$ 对 x 的偏微商，让 t 不变。用 $x' = x \mp vt$，并且因为

$$\frac{\partial \psi}{\partial x} = \frac{\partial f}{\partial x}$$

$$\frac{\partial \psi}{\partial x} = \frac{\partial f}{\partial x'}\frac{\partial x'}{\partial x} = \frac{\partial f}{\partial x'} \tag{2.8}$$

因为

$$\frac{\partial x'}{\partial x} = \frac{\partial(x \mp vt)}{\partial x} = 1$$

让 x 不变，对时间的偏微商为

$$\frac{\partial \psi}{\partial t} = \frac{\partial f}{\partial x'}\frac{\partial x'}{\partial t} = \frac{\partial f}{\partial x'}(\mp v) = \mp v\frac{\partial f}{\partial x'} \tag{2.9}$$

联合（2.8）式和（2.9）式，得

$$\frac{\partial \psi}{\partial t} = \mp v\frac{\partial \psi}{\partial x}$$

这个式子表示，ψ 随 t 的变化率和随 x 的变化率只差一个常倍数，如图 2.5 中所示。（2.8）式和（2.9）式的二阶偏微商是

$$\frac{\partial^2 \psi}{\partial x^2} = \frac{\partial^2 f}{\partial x'^2} \tag{2.10}$$

和

$$\frac{\partial^2 \psi}{\partial t^2} = \frac{\partial}{\partial t}\left(\mp v\frac{\partial f}{\partial x'}\right) = \mp v\frac{\partial}{\partial x'}\left(\frac{\partial f}{\partial t}\right)$$

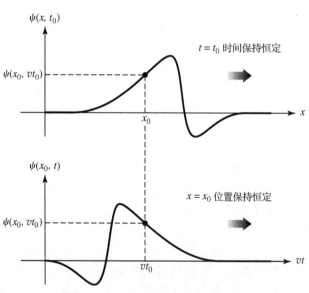

图 2.5 ψ 随 t 的变化和随 x 的变化

由于

$$\frac{\partial \psi}{\partial t} = \frac{\partial f}{\partial t}$$

$$\frac{\partial^2 \psi}{\partial t^2} = \mp v\frac{\partial}{\partial x'}\left(\frac{\partial \psi}{\partial t}\right)$$

用（2.9）式，得到

$$\frac{\partial^2 \psi}{\partial t^2} = v^2 \frac{\partial^2 f}{\partial x'^2}$$

联合上式与（2.10）式，我们得到

$$\frac{\partial^2 \psi}{\partial x^2} = \frac{1}{v^2} \frac{\partial^2 \psi}{\partial t^2} \tag{2.11}$$

这就是所求的一维**波动微分方程**。

例题 2.1 图 2.4 中所示的波由下式给出：

$$\psi(x, t) = \frac{3}{[10(x - vt)^2 + 1]}$$

直接代入证明，它是一维波动微分方程的解。

解
$$\frac{\partial^2 \psi}{\partial x^2} = \frac{1}{v^2} \frac{\partial^2 \psi}{\partial t^2}$$

对 x 求微商

$$\frac{\partial \psi}{\partial x} = \frac{\partial}{\partial x} \left[\frac{3}{10(x - vt)^2 + 1} \right]$$

$$\frac{\partial \psi}{\partial x} = (-1)\,3[10(x - vt)^2 + 1]^{-2}\,20(x - vt)$$

$$\frac{\partial \psi}{\partial x} = (-1)\,60[10(x - vt)^2 + 1]^{-2}(x - vt)$$

$$\frac{\partial^2 \psi}{\partial x^2} = \frac{-60(-2)\,20(x - vt)(x - vt)}{[10(x - vt)^2 + 1]^3} - \frac{60}{[10(x - vt)^2 + 1]^2}$$

$$\frac{\partial^2 \psi}{\partial x^2} = \frac{2400(x - vt)^2}{[10(x - vt)^2 + 1]^3} - \frac{60}{[10(x - vt)^2 + 1]^2}$$

对 t 求微商

$$\frac{\partial \psi}{\partial t} = \frac{\partial}{\partial t} \left[\frac{3}{10(x - vt)^2 + 1} \right]$$

$$\frac{\partial \psi}{\partial t} = (-1)\,3[10(x - vt)^2 + 1]^{-2}\,20(-v)(x - vt)$$

$$\frac{\partial \psi}{\partial t} = 60v(x - vt)\,[10(x - vt)^2 + 1]^{-2}$$

$$\frac{\partial^2 \psi}{\partial t^2} = \frac{60v(x - vt)(-2)\,20(x - vt)(-v)}{[10(x - vt)^2 + 1]^3} + \frac{-60v^2}{[10(x - vt)^2 + 1]^2}$$

$$\frac{\partial^2 \psi}{\partial t^2} = \frac{2400v^2(x - vt)^2}{[10(x - vt)^2 + 1]^3} - \frac{60v^2}{[10(x - vt)^2 + 1]^2}$$

从而
$$\frac{\partial^2 \psi}{\partial x^2} = \frac{1}{v^2} \frac{\partial^2 \psi}{\partial t^2}$$

注意到（2.11）式是一个所谓的齐次微分方程；它不包含仅有自变量的项（如一个"力"或一个"源"）。换句话说，方程的每一项中都有 ψ，这意味着，若 ψ 是解，则 ψ 乘任意倍数也

是解。方程（2.11）是**无阻尼系统的波动方程**，无阻尼系统在考虑的区域中不包含源。阻尼的效应可以加进一个 $\partial\psi/\partial t$ 项来描述，这时生成了一个更普遍的波动方程，不过我们以后再回过头来讨论它（第 94 页）。

当我们描述的系统是连续系统时，通常出现偏微分方程。时间是自变量之一这个事实，反映了在分析的过程中时间变化的连续性。场论一般讨论物理量在时空中的连续分布，因此它取偏微分方程的形式。电磁学的麦克斯韦表述是一种场论，它给出方程（2.11）的一个变型，从这一理论形式中完全自然地产生了电磁波的概念（第 59 页）。

我们用波的特殊情况开始我们的讨论，即传播中保持形状不变的波，尽管波一般并不保持固定不变的轮廓形状。虽然如此，这个简单假设还是引导我们得到普遍的表述：波动微分方程。如果代表一个波的函数是这个方程的解，它将同时是（$x \mp vt$）的函数——特别是，它是一个可以既对 x 又对 t 以非平庸方式求二次微商的函数。

例题 2.2 函数

$$\psi(x, t) = \exp[(-4ax^2 - bt^2 + 4\sqrt{ab}\,xt)]$$

（其中 a 和 b 是常数）是否描述一个波？如果是，波速和传播方向是什么？

解 将括号内的项分解因式：

$$\psi(x, t) = \exp[-a(4x^2 + bt^2/a - 4\sqrt{b/a}\,xt)]$$

$$\psi(x, t) = \exp[-4a(x - \sqrt{b/4a}\,t)^2]$$

这是（$x-vt$）的一个二次可微函数，所以它是方程（2.11）的解，因而描述一个波。波速 $v = \dfrac{1}{2}\sqrt{b/a}$，朝正 x 方向行进。

2.2 谐波

现在我们来考察最简单的波形，其轮廓图是正弦或余弦曲线。这种波有各种名称，叫做正弦波、简谐波或更简洁地叫做**谐波**。在第 7 章中我们将看到，任何波形都可以由谐波叠加合成，因此它们具有特殊的意义。

我们将波形选为下面的简单函数：

$$\psi(x, t)|_{t=0} = \psi(x) = A \sin kx = f(x) \tag{2.12}$$

其中 k 是一个正的常数，叫做**传播数**。之所以必须引进常数 k，是因为我们不能取一个有物理单位的量的正弦。正弦是两个长度之比，因此是无单位的。kx 的合适单位是弧度，弧度是弧长与半径之比，它不是一个真实的物理单位。正弦函数的变化范围从 $+1$ 到 -1，所以 $\psi(x)$ 的最大值为 A。扰动的这个最大值叫做波的**振幅**（图 2.6）。为了把（2.12）式变为一个以速率 v 向正 x 方向前进的波，我们只需将 x 换为 $(x - vt)$，这时

$$\psi(x, t) = A \sin k(x - vt) = f(x - vt) \tag{2.13}$$

这显然是波动微分方程的一个解（见习题 2.24）。让 x 或 t 保持固定，便得到一个正弦扰动；这个波在空间和时间中都是周期的。**空间周期**叫做**波长**，用 λ 表示。波长是每个波占几个长度

单位。光学中习惯上 λ 用纳米（nm）为测量单位，1 nm = 10^{-9} m，虽然微米（1 μm = 10^{-6} m）也常用，还有更老的单位埃（angstrom，1 Å = 10^{-10} m）在文献中也仍然能找到。x 的大小增大或减小 λ，ψ 应保持不变，即

$$\psi(x, t) = \psi(x \pm \lambda, t) \tag{2.14}$$

在谐波的情况下，这等价于正弦函数的自变量改变 $\pm 2\pi$。因此

$$\sin k(x - vt) = \sin k[(x \pm \lambda) - vt] = \sin[k(x - vt) \pm 2\pi]$$

于是

$$|k\lambda| = 2\pi$$

或者，由于 k 和 λ 都是正数，

$$k = 2\pi/\lambda \tag{2.15}$$

图 2.6 中表示的是如何用 λ 来画（2.12）式给出的波形轮廓。图中的 φ 是正弦函数的自变量，也叫**相位**。换句话说，$\psi(x) = A\sin\varphi$。注意，只要 $\sin\varphi = 0$ 就有 $\psi(x) = 0$，这出现在 $\varphi = 0, \pi, 2\pi, 3\pi$ 等处，而这又分别发生在 $x = 0, \lambda/2, \lambda, 3\lambda/2$ 时。

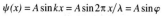

$$\psi(x) = A\sin kx = A\sin 2\pi x/\lambda = A\sin\varphi$$

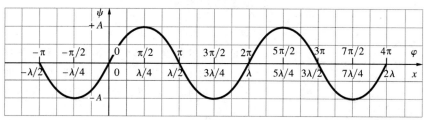

图 2.6　谐波的轮廓是一个简谐函数（正弦或余弦函数）。一个波长对应于相位 φ 改变 2π 弧度

与上面对 λ 的讨论类似，现在来考察**时间周期** τ。它是一个完整的波经过一个固定观察者所需的时间。这时，我们感兴趣的是波在时间中的重复行为，因此

$$\psi(x, t) = \psi(x, t \pm \tau) \tag{2.16}$$

及

$$\sin k(x - vt) = \sin k[x - v(t \pm \tau)]$$

$$\sin k(x - vt) = \sin[k(x - vt) \pm 2\pi]$$

因此

$$|kv\tau| = 2\pi$$

但是这些量都是正的；因而

$$kv\tau = 2\pi \tag{2.17}$$

或

$$\frac{2\pi}{\lambda} v\tau = 2\pi$$

从此式得到

$$\tau = \lambda/v \tag{2.18}$$

周期是每个波占多少个时间单位（图 2.7），它的倒数是**时间频率** ν，或单位时间里（即每秒）波的个数。于是

$$\nu \equiv 1/\tau$$

单位为每秒周数或赫兹。于是（2.18）式变为

$$v = \nu\lambda \tag{2.19}$$

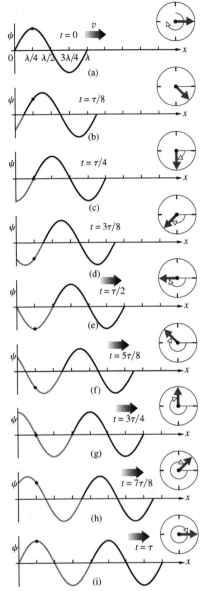

图 2.7　一个谐波在一个周期的时间里沿 x 轴的运动。注意，如果这是一根绳子，那么其上任意一点只做上下运动。我们将在 2.6 节讨论旋转的箭头的意义。暂时我们只注意，这个箭头在竖直轴上的投影等于 ψ 在 $x = 0$ 处的值

想象你处于静止状态，一个谐波在弦上从你身边经过向前行进。每秒扫过的波的个数为 ν，而每个波的长度为 λ。在 1.0 s 里，从你身边经过的扰动的总长度为乘积 $\nu\lambda$。假设每个波长 2.0 m，每秒来 5 个，那么在 1.0 s 里，有 10 m 长的波从你身旁经过。这正是我们所称的波速（v），即波阵面行进的速率，单位为 m/s。稍微不同的说法是，因为在时间 τ 中走过一个波长，它的速率必定等于 $\lambda / \tau = \nu\lambda$。附带提一下，牛顿在他的《原理》（1687 年）中题为"求波的速度"的一节里推导了这个关系式。

还有两个量在讨论波动的文献中常常用到。一个是**时间角频率**

$$\omega \equiv 2\pi / \tau = 2\pi\nu \qquad (2.20)$$

单位是弧度/秒。另一个在光谱学中很重要，是**波数**或**空间频率**

$$\kappa \equiv 1/\lambda \qquad (2.21)$$

单位为米的倒数。换句话说，κ 是单位长度（如每米）中波的数目。所有这些量同样适用于非谐波，只要每个波都由有规则地重复的单个轮廓单元构成（图 2.8）。

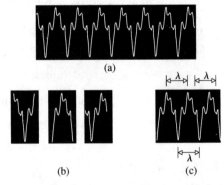

图 2.8　（a）一支萨克斯管产生的波形。想象任意多个轮廓单元（b），它们的重复便生成波形（c）。波隔一段距离便与自身重复，这个距离就叫波长 λ

例题 2.3　一台掺钕的钇铝石榴石激光器在真空中输出一束 1.06 μm 的电磁辐射。求（a）这束光的时间频率；（b）它的时间周期；（c）它的空间频率。

解　（a）由于 $v = \nu\lambda$

$$\nu = \frac{v}{\lambda} = \frac{2.99 \times 10^{8} \text{ m/s}}{1.06 \times 10^{-6} \text{ m}} = 2.82 \times 10^{14} \text{ Hz}$$

或 $\nu = 282$ THz（太赫）。

（b）时间周期 $\tau = 1/\nu = 1/(2.82\times10^{14}\,\text{Hz}) = 3.55\times10^{-15}\,\text{s}$，或 3.55 fs（飞秒）。

（c）空间频率 $\kappa = 1/\lambda = 1/(1.06\times10^{-6}\,\text{m}) = 943\times10^3\,\text{m}^{-1}$，即每 1 m 中有 94.3 万个波。

用上面的定义，可以为行进的谐波写出几个等价的表示式：

$$\psi = A\sin k(x \mp vt) \tag{2.13}$$

$$\psi = A\sin 2\pi\left(\frac{x}{\lambda} \mp \frac{t}{\tau}\right) \tag{2.22}$$

$$\psi = A\sin 2\pi(\kappa x \mp \nu t) \tag{2.23}$$

$$\psi = A\sin(kx \mp \omega t) \tag{2.24}$$

$$\psi = A\sin 2\pi\nu\left(\frac{x}{v} \mp t\right) \tag{2.25}$$

在这些表示式中，最常遇到的是（2.13）式和（2.24）式。注意，所有这些理想化的波都是延伸到无穷的，即对 t 的任何一个固定值，对 x 没有数学限制，它从 $-\infty$ 变到 $+\infty$。每个这样的波具有单一的固定频率，因此叫做**单色波**，或者更合适地，叫做**单能量波**。真实的波绝非单色波。即使一台完善的正弦波发生器也不能永远不停地工作。仅仅因为波不能回溯延伸到 $t = -\infty$，它的输出将包含一个频率范围，虽然很小。因此所有的波都包含有一个频段，若频段很窄，就说这个波是**准单色波**。

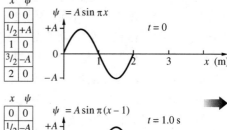

在继续往下讨论之前，让我们将一些数字代入（2.13）式，看看对每一项该怎么处理。为此，任意地令 $v = 1.0$ m/s 和 $\lambda = 2.0$ m。这时波函数

$$\psi = A\sin\frac{2\pi}{\lambda}(x - vt)$$

在国际单位制中变成

$$\psi = A\sin\pi(x - t)$$

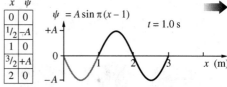

图 2.9 表示随着时间的流逝，这个波如何以 1.0 m/s 的波速向右行进：最上面 $t = 0$，这时 $\psi = A\sin\pi x$；中间 $t = 1.0$ s，这时 $\psi = A\sin\pi(x-1.0)$；下面 $t = 2.0$ s，这时 $\psi = A\sin\pi(x-2.0)$。

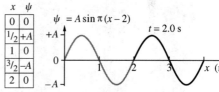

图 2.9　一个形式为 $\psi(x, t) = A\sin k(x-vt)$ 的行进的波，以波速 1.0 m/s 向右运动

例题 2.4　考虑函数

$$\psi(y, t) = (0.040)\sin 2\pi\left(\frac{y}{6.0\times10^{-7}} + \frac{t}{2.0\times10^{-15}}\right)$$

其中所有的量都在国际单位制中取合适单位。（a）这个表示式代表一个波吗？解释理由。如果它代表一个波，那么定出它的（b）频率、（c）波长、（d）振幅、（e）传播方向和（f）波速。

解　（a）从括号中提出因子 $1/6.0\times10^{-7}$，我们清楚地看到，$\psi(y, t)$ 是 $(y \pm vt)$ 的二次可微函数，因此它的确代表一个谐波。

（b）我们也可以简单地用（2.22）式

$$\psi = A \sin 2\pi \left(\frac{x}{\lambda} + \frac{t}{\tau} \right)$$

由此推得周期 $\tau = 2.0 \times 10^{-15}$ s，于是 $\nu = 1/\tau = 5.0 \times 10^{14}$ Hz。

（c）波长为 $\lambda = 6.0 \times 10^{-7}$ m。

（d）振幅为 $A = 0.040$。

（e）波向负 y 方向行进。

（f）波速 $v = \nu\lambda = (5.0 \times 10^{14}$ Hz$) \times (6.0 \times 10^{-7}$ m$) = 3.0 \times 10^8$ m/s。或者，也可以将因子 $1/6.0 \times 10^{-7}$ 从括号中提出，波速就变成 $6.0 \times 10^{-7}/(2.0 \times 10^{-15}) = 3.0 \times 10^8$ m/s。

2.2.1　空间频率

周期波是穿越空间和时间运动的结构，它们显示波长、时间周期、时间频率等性质；它们在时间中振荡。在现代光学中，我们也对稳定的信息周期性分布感兴趣，在概念上这像是对波的一张快照。的确，下面在第 7 章和第 11 章将看到，通常的建筑物、人和岗哨的像，统统可以通过一个叫做傅里叶分析的过程，用空间的周期函数合成出来。

我们在这里需要知道的是，光学信息可以以一种周期性方式散布在空间里，很像一个波的轮廓。为了表明这一点，我们将图 2.6 的正弦曲线转换为图 2.10 这样的亮度平滑变化的图。这个正弦亮度变化有一个空间周期（比方说，从亮峰到亮峰）为几毫米。每一对黑带和白带相当于一个"波长"，即每一对黑带或白带占多少毫米（或厘米）。它的倒数（1 除以空间周期）是空间频率，即每毫米（或每厘米）中有多少对黑带或白带。图 2.11 中是一幅类似的图样，不过空间周期更短，空间频率更高。它们都是单一空间频率的分布，与时域中的单色情况相似。在以后的讨论中会看到一个像如何用图 2.10 和图 2.11 那样的单一空间频率的贡献叠加生成。

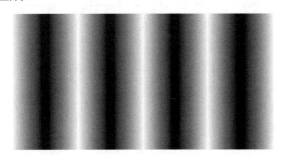 

图 2.10　空间频率较低的正弦亮度分布　　　图 2.11　空间频率较高的正弦亮度分布

2.3　相位和相速度

考察任何一个谐波波函数，如

$$\psi(x, t) = A \sin(kx - \omega t) \tag{2.26}$$

正弦函数的整个自变量是波的相位 φ，因此

$$\varphi = (kx - \omega t) \tag{2.27}$$

当 $t = x = 0$ 时，

$$\psi(x, t)\big|_{\substack{x=0 \\ t=0}} = \psi(0, 0) = 0$$

这当然是一个特殊情况。更普遍地，我们可以写出

$$\psi(x, t) = A\sin(kx - \omega t + \varepsilon) \tag{2.28}$$

其中 ε 是**初相**。要对 ε 的物理意义有一了解，想象我们要在一根拉直的绳子上产生一个前进的谐波，如图 2.12 中所示。为了生成谐波，握着绳子的手必须这样运动，使绳子的竖直位移 y 与绳子加速度的负值成正比，即作简谐运动（见习题 2.27）。但是在 $t = 0$ 时刻及 $x = 0$ 处，手当然不一定要像图 2.12 中那样在 x 轴上向下运动。它当然也可以向上舞绳来开始运动，这时 $\varepsilon = \pi$，如图 2.13 中所示。在后面这种情况下，

$$\psi(x, t) = y(x, t) = A\sin(kx - \omega t + \pi)$$

它等价于
$$\psi(x, t) = A\sin(\omega t - kx) \tag{2.29}$$

或
$$\psi(x, t) = A\cos\left(\omega t - kx - \frac{\pi}{2}\right)$$

因此，初相角是在波发生器中产生的对相位的固定贡献，而与波在空间走了多远的距离和走了多长时间无关。

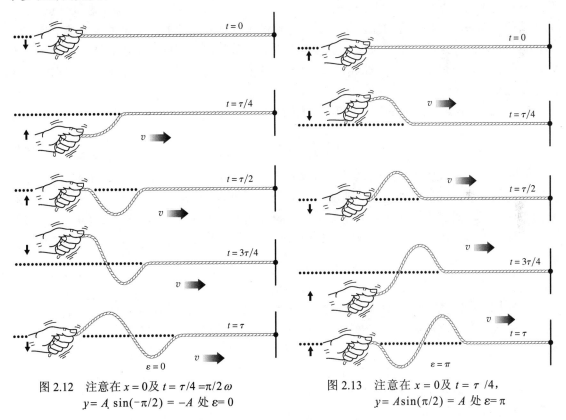

图 2.12　注意在 $x = 0$ 及 $t = \tau/4 = \pi/2\omega$ 　　　　　图 2.13　注意在 $x = 0$ 及 $t = \tau/4$，
　　　　　$y = A\sin(-\pi/2) = -A$ 处 $\varepsilon = 0$ 　　　　　　　　　　$y = A\sin(\pi/2) = A$ 处 $\varepsilon = \pi$

（2.26）式中相位是 $(kx - \omega t)$，而（2.29）式中它是 $(\omega t - kx)$。这两个式子都描述向正 x 方向行进的波，它们除有一个相对相差 π 以外，别的方面完全相同。情况常常是这样：在给定情形下初相位没有什么特别意义时，我们既可以用（2.26）式，也可以用（2.29）式，或者只要你高兴也可以用余弦函数来表示波。尽管如此，在某些场合下，一种相位表示式可能在数学上比另一种更有吸引力；文献中两种都用得很多，因此我们也二者都用。

（2.28）式给出的扰动 $\psi(x, t)$ 的相位是

$$\varphi(x, t) = (kx - \omega t + \varepsilon)$$

它显然是 x 和 t 的函数。事实上，保持 x 固定，φ 对 t 的偏微商是相位对时间的变化率，或

$$\left|\left(\frac{\partial \varphi}{\partial t}\right)_x\right| = \omega \tag{2.30}$$

任何固定位置上的相位的时间变化率是波的角频率，图 2.12 中，绳索上的一点就以这个频率上下振动。这一点每秒振动的周数必定和波相同。每振动一周 φ 改变 2π。量 ω 是相位每秒内变化的弧度数。量 k 是相位在每米距离内变化的弧度数。

类似地，保持 t 固定，相位随距离的变化率为

$$\left|\left(\frac{\partial \varphi}{\partial x}\right)_t\right| = k \tag{2.31}$$

上面两个表示式使我们想起偏微商理论中的一个公式，这个公式在热力学中很常用，即

$$\left(\frac{\partial x}{\partial t}\right)_\varphi = \frac{-(\partial \varphi / \partial t)_x}{(\partial \varphi / \partial x)_t} \tag{2.32}$$

等式左边的项表示相位恒定的状态的传播速率。想象一个谐波，在其轮廓图上选取任意一点，例如波的一个波峰。当波穿过空间运动时，波峰的位移 y 是不变的。由于谐波函数中唯一的变量是相位，这个运动点的相位必定也保持不变。也就是说，相位固定在这样的值上，使所选的点的 y 值保持恒定。这一点跟随波的轮廓以速率 v 运动，因而相位恒定的状态也以同样的速率运动。

取（2.29）式给出的 φ 的恰当的偏微商，并把它们代入（2.32）式，得到

$$\left(\frac{\partial x}{\partial t}\right)_\varphi = \pm\frac{\omega}{k} = \pm v \tag{2.33}$$

ω 的单位是 rad/s（弧度/秒），k 的单位是 rad/m（弧度/米）。ω/k 的单位刚好是 m/s。这是波形轮廓运动的速率，通常叫做波的**相速度**。当波朝 x 增加的方向运动时，相速取正号，朝 x 减小的方向时运动时取负号。这同前面关于 v 作为波速的大小的讨论相一致：$v > 0$。

下面考虑恒定相位的传播，及它同任何一个谐波方程有什么关系，这个谐波方程如

$$\psi = A \sin k(x \mp vt)$$

其相位
$$\varphi = k(x - vt) = 恒定$$

随着 t 增大，x 必定增大。即使 $x < 0$ 因而 $\varphi < 0$，x 也必须增大（即负得少些）。于是，这时相位恒定的状态沿 x 增加的方向运动。只要相位中的两项是彼此相减，波就朝正 x 方向行进。反过来，对于

$$\varphi = k(x + vt) = 恒定$$

当 t 增大时 x 可以是正的并减小，也可以是负的并变得更负；不论哪种情况，恒定相位状态都朝 x 减小的方向运动。

例题 2.5　一个传播中的波，在 $t = 0$ 时刻用国际单位制可表示为 $\psi(y, 0) = (0.030 \text{ m})\cos(\pi y/2.0)$。扰动以 2.0 m/s 的相速度向负 y 方向运动。写出波在 6.0 s 时刻的表示式。

解　写出波的表示式

$$\psi(y, t) = A\cos 2\pi\left(\frac{y}{\lambda} \pm \frac{t}{\tau}\right)$$

其中 $A = 0.030\,\mathrm{m}$，并且 $\psi(y,0) = (0.030\,\mathrm{m})\cos 2\pi\left(\dfrac{y}{4.0}\right)$

我们要求周期。由于 $\lambda = 4.0\,\mathrm{m}$，$v = \nu\lambda = \lambda/\tau$；$\tau = \lambda/v = 4.0\,\mathrm{m}/(2.0\,\mathrm{m/s}) = 2.0\,\mathrm{s}$。由此

$$\psi(y,t) = (0.030\,\mathrm{m})\cos 2\pi\left(\frac{y}{4.0} + \frac{t}{2.0}\right)$$

相位括号中的+号表明运动朝负 y 方向。在 $t = 6.0\,\mathrm{s}$ 时刻

$$\psi(y,6.0) = (0.030\,\mathrm{m})\cos 2\pi\left(\frac{y}{4.0} + 3.0\right)$$

谐波上任一大小固定的点将这样运动，使 $\varphi(x,t)$ 不随时间变化，换句话说，使 $\mathrm{d}\varphi(x,t)/\mathrm{d}t = 0$，或者换个说法，即 $\mathrm{d}\psi(x,t)/\mathrm{d}t = 0$。这对一切波都成立，不论是不是周期波，由它得到下面的表示式：

$$\pm v = \frac{-(\partial\psi/\partial t)_x}{(\partial\psi/\partial x)_t} \qquad (2.34)$$

若我们已知 $\psi(x,t)$，用此式可以方便地得出 v。注意由于 v 永远是正数，当上式右边比值为负时运动是在负 x 方向。

图 2.14 画出了一个波源，它在液体表面上产生虚拟的二维波。介质升落时产生的扰动的正弦本性在图中很明显。不过还有另一个有用的方法来想象发生的事。连接具有给定相位值的所有各点的曲线形成一组同心圆。而且，若给定在离波源任何一个距离上 A 处处为常数，若 φ 在一个圆周上为常数，则 ψ 在这个圆周上也必定是常数。换句话说，一切对应的波峰和波谷都落在圆周上，我们将这样的波叫做圆形波，它们中的每个都以速率 v 向外扩张。

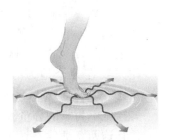

图 2.14　圆形波

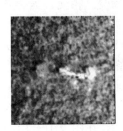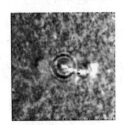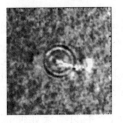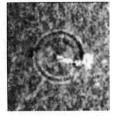

太阳上的耀斑产生圆形的日震皱波流过太阳表面（NASA）

2.4　叠加原理

波动微分方程的形式［(2.11) 式］揭示了波的一个令人感兴趣的性质，这个性质与一股经典粒子流的行为很不相同。设 ψ_1 和 ψ_2 分别是波动方程的两个不同的解；则可推出 $(\psi_1 + \psi_2)$

也是一个解。这叫叠加原理，很容易证明。既然

$$\frac{\partial^2\psi_1}{\partial x^2}=\frac{1}{v^2}\frac{\partial^2\psi_1}{\partial t^2}\quad\text{和}\quad\frac{\partial^2\psi_2}{\partial x^2}=\frac{1}{v^2}\frac{\partial^2\psi_2}{\partial t^2}$$

把它们相加，得

$$\frac{\partial^2\psi_1}{\partial x^2}+\frac{\partial^2\psi_2}{\partial x^2}=\frac{1}{v^2}\frac{\partial^2\psi_1}{\partial t^2}+\frac{1}{v^2}\frac{\partial^2\psi_2}{\partial t^2}$$

因此

$$\frac{\partial^2}{\partial x^2}(\psi_1+\psi_2)=\frac{1}{v^2}\frac{\partial^2}{\partial t^2}(\psi_1+\psi_2)$$

这证明了$(\psi_1+\psi_2)$的确是一个解。它的意思是，当两个波到达空间中同一个地方，在那里发生重叠，它们将简单地一个与另一个相加（或相减），而不会永久摧毁或瓦解其中任何一个波。**重叠区域内每一点的合扰动是这个位置上单个成分波的代数和**（图 2.15）。一旦穿过两个波共存的这个区域，每个波将继续向前运动离开，不受这次遭遇的影响。

记住，我们讲的是波的线性叠加，这个过程是广泛成立和最常遇到的。不过，也有可能波的振幅足够大，大得以非线性方式驱动介质（第 800 页）。我们暂且集中注意线性波动微分方程，它给出的是线性叠加原理。

光学中要多处遇到波的这种或那种方式的叠加。即使是反射和折射这样的基本过程，也是光从无数个原子上散射的宣示（第 88 页），这个现象只有用波的叠加才能令人满意地处理。因此至为关键的是，我们要尽快理解这个过程，至少得定性理解。因此，细心考察图 2.15 中两个共存的波。在每一点（即 kx 的每个值上）我们简单地将ψ_1和ψ_2相加（它们中的任何一个都可正可负）。作为一种快速核对方法，记住只要在某个地方有一个分量波为零（比方说$\psi_1=0$），合成扰动之值就等于另一个不为零的分量波之值（$\psi=\psi_2$），并且这两条曲线在这个位置（比方，在$kx=0$ 和$+3.14$弧度）相交。另一方面，每当两个分量波大小相等而符号相反（比如当$kx=+2.67$弧度），就有$\psi=0$。附带请注意两条曲线之间正相位差 1 弧度如何将ψ_2移到ψ_1之左 1 弧度处。

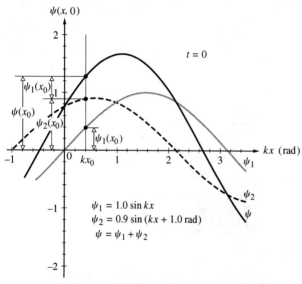

图 2.15　两个波长一样的正弦波的叠加，其振幅分别为 A_1 和 A_2。合成波是一个波长相同的正弦波，它在每一点都等于上两个正弦波的代数和。比方在 $x=x_0$ 处，$\psi(x_0)=\psi_1(x_0)+\psi_2(x_0)$；其大小相加。$\psi$ 的振幅 A 可用几种不同的方法定出；见图 2.19

$$\psi_1=1.0\sin kx$$
$$\psi_2=0.9\sin(kx+1.0\text{ rad})$$
$$\psi=\psi_1+\psi_2$$

更多地讨论一下图示。图 2.16 表示两个振幅几乎相等的波叠加产生的结果如何依赖于它们之间的相角差。在图 2.16a 中两个波的相位相同；即它们的相角差为零，我们说它们**同相**；两个波的升落是同步的，互相加强。合成的波也是一个正弦波，有巨大的振幅，频率和波长与分量波相同（第 356 页）。随着图的顺序，我们看到，随着相角差的增大，合成波的振幅减小，直到图 2.16d 中，当相角差等于π，合成波几乎消失。这时我们说两个波**异相 180º**。异相的波倾向于相互抵消这一事实，使得整个这类现象被命名为**干涉**。

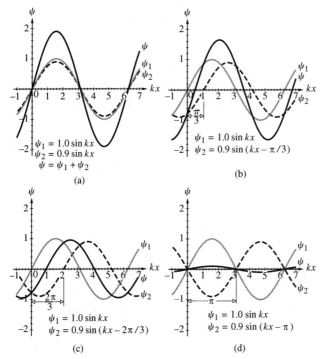

水波的重叠与干涉

图 2.16 两个正弦波的叠加，一个的振幅为 $A_1=1.0$，另一个为 $A_2=0.9$。在（a）中两个正弦波同相。在（b）中 ψ_1 领先 ψ_2 相角 $\pi/3$。在（c）中 ψ_1 领先 ψ_2 相角 $2\pi/3$。在（d）中 ψ_1 和 ψ_2 相位相差 π，几乎相互抵消。要知道如何确定振幅，见图 2.20

2.5 复数表示

进一步分析波动现象时将看到，用正弦函数和余弦函数描写谐波，会给我们带来一些不便。所表达的式子有时相当复杂，处理这些式子所需的三角函数运算就更不受欢迎了。复数表示提供了另外一种描述方法，它在数学上用起来更简单。实际上，复指数函数在经典力学和量子力学中都用得很广泛，在光学中也一样。

复数 $\tilde{z}$ 的形式为

$$\tilde{z} = x + \mathrm{i}y \qquad (2.35)$$

其中 $\mathrm{i} = \sqrt{-1}$。$\tilde{z}$ 的实部和虚部分别是 x 和 y，x 和 y 自身都是实数，这用图示法表示在图 2.17a 的 Argand 图[①]中。通过极坐标 (r, θ)，有

$$x = r\cos\theta \qquad y = r\sin\theta$$

和

$$\tilde{z} = x + \mathrm{i}y = r(\cos\theta + \mathrm{i}\sin\theta)$$

由欧拉公式[②]

$$\mathrm{e}^{\mathrm{i}\theta} = \cos\theta + \mathrm{i}\sin\theta$$

---

① Argand 图，即复平面上的直角坐标图，水平轴为实轴，代表实部 x，竖直轴为虚轴，代表虚部 y。Argand 是人名（Jean Robert Argand，瑞士数学家，1768—1822）。——译者注

② 如果你对这个恒等式有任何疑问，对 $\tilde{z} = \cos\theta + \mathrm{i}\sin\theta$（这里 $r = 1$）取微分，得到 $\mathrm{d}\tilde{z} = \mathrm{i}\tilde{z}\mathrm{d}\theta$，再积分就得到 $\tilde{z} = \exp(\mathrm{i}\theta)$。

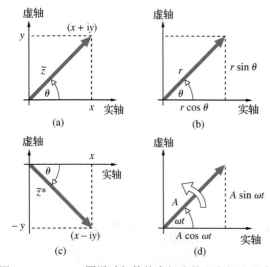

图 2.17 Argand 图通过复数的实部分量和虚部分量来表示复数。这可以要么用（a）x 和 y，要么用（b）r 和 θ 来实现。此外，若 θ 是时间的一个以常速变化的函数，那么箭头以角速度 ω 旋转

得出 $e^{-i\theta} = \cos\theta - i\sin\theta$，这两个式子相加或相减，得

$$\cos\theta = \frac{e^{i\theta} + e^{-i\theta}}{2}$$

及

$$\sin\theta = \frac{e^{i\theta} - e^{-i\theta}}{2i}$$

此外，欧拉公式允许我们写出（图 2.17b）

$$\tilde{z} = re^{i\theta} = r\cos\theta + ir\sin\theta$$

其中，r 是 $\tilde{z}$ 的长度，而 θ 是 $\tilde{z}$ 的相角，单位是弧度。长度常常用 $|z|$ 来表示，叫做复数的模或绝对值。复数的复共轭用星号表示（图 2.17c），它是把出现的 i 都换成 $-i$ 而得到的，因此

$$\tilde{z}^* = (x + iy)^* = (x - iy)$$
$$\tilde{z}^* = r(\cos\theta - i\sin\theta)$$

及

$$\tilde{z}^* = re^{-i\theta}$$

加法和减法运算直截了当：

$$\tilde{z}_1 \pm \tilde{z}_2 = (x_1 + iy_1) \pm (x_2 + iy_2)$$

因此

$$\tilde{z}_1 \pm \tilde{z}_2 = (x_1 \pm x_2) + i(y_1 \pm y_2)$$

注意这个运算过程很像矢量的分量加法。

乘法和除法用极坐标形式表示最简单：

$$\tilde{z}_1\tilde{z}_2 = r_1 r_2 e^{i(\theta_1 + \theta_2)}$$

及

$$\frac{\tilde{z}_1}{\tilde{z}_2} = \frac{r_1}{r_2} e^{i(\theta_1 + \theta_2)}$$

对以后计算有用的几件事值得在这里讲一下。从普通三角函数的加法公式（习题 2.44）可得

$$e^{\tilde{z}_1 + \tilde{z}_2} = e^{\tilde{z}_1} e^{\tilde{z}_2}$$

于是，若 $\tilde{z}_1 = x$，$\tilde{z}_2 = iy$，就有

$$e^{\tilde{z}} = e^{x+iy} = e^x e^{iy}$$

复数的模由下面的式子给出：

$$r = |\tilde{z}| \equiv (\tilde{z}\tilde{z}^*)^{1/2}$$

及

$$|e^{\tilde{z}}| = e^x$$

由于 $\cos 2\pi = 1$ 和 $\sin 2\pi = 0$，

$$e^{i2\pi} = 1$$

类似地

$$e^{i\pi} = e^{-i\pi} = -1 \quad 和 \quad e^{\pm i\pi/2} = \pm i$$

函数 $e^{\tilde{z}}$ 是周期性的；即 $\tilde{z}$ 每隔 $i2\pi$ 函数就重复原来的值：

$$e^{\tilde{z}+i2\pi} = e^{\tilde{z}} e^{i2\pi} = e^{\tilde{z}}$$

任何一个复数可以表示为实部 $\mathrm{Re}(\tilde{z})$ 和虚部 $\mathrm{Im}(\tilde{z})$ 之和

$$\tilde{z} = \text{Re}\,(\tilde{z}) + \text{i}\,\text{Im}\,(\tilde{z})$$

于是　　　　　　　　　$$\text{Re}\,(\tilde{z}) = \frac{1}{2}(\tilde{z} + \tilde{z}^*) \quad \text{和} \quad \text{Im}\,(\tilde{z}) = \frac{1}{2\text{i}}(\tilde{z} - \tilde{z}^*)$$

这两个式子直接来自 Argand 图（图 2.17a 和 c）。例如，$\tilde{z} + \tilde{z}^* = 2x$，因为虚部消掉了，因此 $\text{Re}(\tilde{z}) = x$。

从极坐标形式

$$\text{Re}\,(\tilde{z}) = r\cos\theta \quad \text{和} \quad \text{Im}\,(\tilde{z}) = r\sin\theta$$

显然实部或虚部都可以用来描述一个谐波。但是，习惯上选用实部。这时，将一个谐波写为

$$\psi(x,\,t) = \text{Re}\,[A\text{e}^{\text{i}(\omega t - kx + \varepsilon)}] \tag{2.36}$$

当然，它等价于　　　　　　　　　$$\psi(x,\,t) = A\cos(\omega t - kx + \varepsilon)$$

今后，只要会带来方便，我们就把波函数写成

$$\psi(x,\,t) = A\text{e}^{\text{i}(\omega t - kx + \varepsilon)} = A\text{e}^{\text{i}\varphi} \tag{2.37}$$

并把这种复数形式用在需要的计算中。这是为了利用复指数运算的简单易行。只是在得出最后的结果之后，并且只当我们要表示实际的波的时候，我们才取实部。因此，将 $\psi(x,\,t)$ 写成（2.37）式的形式是很普通的做法，这时我们的理解是，真实的波是实部。

虽然复数表示在现代物理学中已很常见，但在应用它时必须小心：在将一个波表示为一个复数函数，然后用这个函数或对这个函数进行运算之后，只有在这些运算限于加法、减法、乘或除以一个实数，以及对一个实变量进行微分和/或积分时，才能恢复实部。乘法运算（包括矢量点乘和叉乘）必须仅仅与实数量进行。乘复数量后取实部会得出错误结果（见习题 2.47）。

2.6　相矢量和波的相加

让 Argand 图中的箭头（图 2.17d）以角频率 ω 旋转，于是相角等于 ωt。这就建议了一种机制以表示波（最后还能使波相加），我们先在这里对它作定性介绍，后面还要定量讨论（第 338 页）。图 2.18 画了一个谐波，振幅为 A，向左行进。图中的箭头的长度就是 A，并以常速旋转，使得它与参考轴 x 所成的角度为 ωt。这个旋转的箭头及它产生的相角一起就构成一个**相矢量**，它告诉了我们关于这个谐波我们想知道的一切。通常通过相矢量的振幅 A 和它的相角 φ 将这个相矢量表示为 $A\angle\varphi$。

要想知道相矢量如何工作，让我们首先分开考虑图 2.18 的每一部分。图 2.18a 中的相矢量的相角为零；这就是说，它在参考轴方向；它对应的正弦函数也可以用来作参考。图 2.18b 中的相矢量有一个相角 $\pi/3$，正弦曲线向左移动 $\pi/3$ 弧度。在图 2.18 的 c、d、e 三部分，相角分别是 $\pi/2$、$2\pi/3$ 和 π 弧度。整个曲线序列可以看作是一个向左行进的波 $\psi = A\sin(kx + \omega t)$。它等价地由一个逆时针旋转的相矢量表示，其相位角在任何时刻都是 ωt。图 2.7 中发生的事情很相似，只不过波向右方行进，相矢量顺时针旋转。

两个波函数组合，我们通常感兴趣的是得到的组合波函数的振幅和相位。带着这个问题，我们重新考察图 2.16 中两个波相加的方式。显然，对于同相的两个扰动（图 2.16a），合成波的振幅 A 是组成它的两个成分波的振幅之和：$A = A_1 + A_2 = 1.0 + 0.9 = 1.9$。如果我们将指向同一方向的两个共线的矢量相加，得到的也将是这个结果。类似地（图 2.16d），当两个分量

波 180° 异相时，$A = A_1 - A_2 = 1.0 - 0.9 = 0.1$，就像两个指向相反的共线矢量相加时一样。虽然相矢量并不是矢量，它们相加的方式相似。以后我们将会证明，两个任意的相矢量，$A_1 \angle \varphi_1$ 和 $A_2 \angle \varphi_2$，组合时将像矢量那样首尾相接（图 2.19），产生一个合成的 $A \angle \phi$。因为两个相矢量以同样的快慢 ω 一道旋转，我们可以简单地将它们冻结在 $t = 0$ 时刻，不用担心它们对时间的依赖关系，这使得它们画起来容易得多。

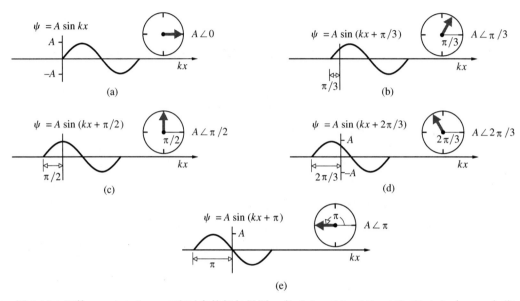

图 2.18　函数 $\psi = A \sin(kx + \omega t)$ 和对应的相矢量图。在（a）、（b）、（d）、（d）和（e）中，ωt 之值分别为 0、$\pi/3$、$\pi/2$、$2\pi/3$ 和 π。转动的箭头在竖直轴上的投影仍等于 ψ 在 $kx = 0$ 轴上的值

图 2.20 中的 4 张相矢量图对应于图 2.16 中按顺序布列的两个波组合的 4 种情况。当两个波同相时（图 2.16a 中的情况），我们取波 1 和波 2 两个的相位为零（图 2.20a），并且将对应的相矢量首尾相接放置在零值的参考轴上。当两个波的相位相差 $\pi/3$ 时（图 2.16b 中的情况），两个相矢量也有一个相对的相位差 $\pi/3$（图 2.20b）。从图 2.16b 和图 2.20b 都可以看到，这时的合成波的振幅比前面情况的合成波适当减小，而相位在 0 与 $\pi/3$ 之间。当两个波的相位差 $2\pi/3$ 时（图 2.16c 中的情况），对应的相矢量在

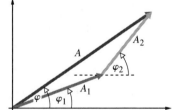

图 2.19　两个相矢量 $A_1 \angle \varphi_1$ 和 $A_2 \angle \varphi_2$ 之和等于 $A \angle \phi$。回顾图 2.13，那里画了两个正弦波的重叠，其振幅分别为 $A_1 = 1.0$ 和 $A_2 = 0.9$，相位为 $\varphi_1 = 0$ 和 $\varphi_2 = 1.0$ 弧度

图 2.20c 中差不多构成一个等边三角形（除了 $A_1 > A_2$ 这一点），因此现在 A 的位置是在 A_1 和 A_2 之间。最后，当两个波（和两个相矢量）的相角差是 π 弧度（180°）时，它们几乎抵消，合振幅为极小值。注意（在图 2.20d 中）合相矢量的指向沿着参考轴，因此与 $A_1 \angle \phi_1$ 有同样的相位（0）。于是它和 $A_2 \angle \varphi_2$ 的相位差180° 异相；图 2.16d 中对应的波也是这样。

这只是对相矢量和相矢量相加的最简略的介绍。我们将在 7.1 节回到这个方法，那里它将得到广泛的应用。

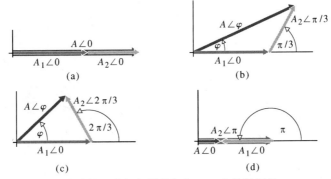

图 2.20 代表两个波的两个相矢量的相加。一个的振幅是 $A_1 = 1.0$，另一个是 $A_2 = 0.9$。如图 2.16 中所示的那样，有 4 个不同的相对相位

2.7 平面波

一个光波可以在给定时刻在空间的一点用它的频率、振幅、传播方向等描述，但是这并没有告诉我们关于存在于一个广延的空间区域上的光扰动的许多信息。为了得到这方面的信息，我们引入 **波阵面** 的空间概念。光是振动着的，它对应于某种谐振荡，在开始想象这种现象时，一维的正弦波是一块重要的基石。图 2.14 中画的是，怎样将一个在二维中摊开的辐射传播的正弦波，看成是生成一个统一的、正在扩展的扰动，一个圆波。每个向外行进的一维子波上的每个波峰，都位于一个个圆周上，波谷也一样——的确，对波的任何特定物理量都是这样。对任何一个特定的相位（比方说 $5\pi/2$），各个分量正弦波的这个量有一个特定的大小（例如 1.0），那么这个量的大小为 1.0 的所有的点位于一个圆上。换句话说，每个一维子波上相位相同的所有的点的轨迹形成一系列同心圆，每个圆对应一个特定的相位（对于波峰，这个相位是 $\pi/2$、$5\pi/2$、$9\pi/2$ 等）。

普遍地说，在任何时刻，三维空间中的波阵面是一个恒定相位的曲面。在实际情况中，波阵面通常具有极其复杂的形状。从一棵树上或一张人脸上反射的光波，是一个延展的、不规则的、弯曲的表面，处处是凸起和下陷，向外和向远处运动，变化无常。本章下面将研究几个非常有用的理想化的波阵面的数学表示式，这些波阵面不复杂，其表示式容易写出。

平面波或许是三维波的最简单的例子。它存在于给定时刻，当扰动的一切等相面构成一组平面，每个平面一般都垂直于传播方向时。研究这种扰动有一些非常实际的理由，其中之一是，用光学器件容易产生类似于平面波的光波。

垂直于给定矢量 $\vec{\mathbf{k}}$[①] 并通过某点 (x_0, y_0, z_0) 的平面的数学表示式很容易推出（图 2.21）。首先我们写出直角坐标系中的位置矢量，用三个坐标轴上的单位基元矢量分量表示（图 2.21a）

$$\vec{\mathbf{r}} = x\hat{\mathbf{i}} + y\hat{\mathbf{j}} + z\hat{\mathbf{k}}$$

它开始于某个任意的原点 O，终止于点 (x,y,z)，这一点暂且可以是空间任何地方。类似地，

$$(\vec{\mathbf{r}} - \vec{\mathbf{r}}_0) = (x - x_0)\hat{\mathbf{i}} + (y - y_0)\hat{\mathbf{j}} + (z - z_0)\hat{\mathbf{k}}$$

通过让

$$(\vec{\mathbf{r}} - \vec{\mathbf{r}}_0) \cdot \vec{\mathbf{k}} = 0 \tag{2.38}$$

我们强令矢量 $(\vec{\mathbf{r}} - \vec{\mathbf{r}}_0)$ 扫过一个垂直于 $\vec{\mathbf{k}}$ 的平面，这时它的端点 (x,y,z) 取一切许可的值。把 $\vec{\mathbf{k}}$ 写成

$$\vec{\mathbf{k}} = k_x\hat{\mathbf{i}} + k_y\hat{\mathbf{j}} + k_z\hat{\mathbf{k}} \tag{2.39}$$

---

① 本书中矢量采用原书中的矢量表示方式。——编者注

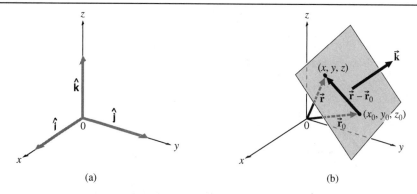

图 2.21　（a）直角坐标系的单位基元矢量。（b）一个在 $\vec{\mathbf{k}}$ 方向运动的平面波

（2.38）式可以表示为以下形式：

$$k_x(x - x_0) + k_y(y - y_0) + k_z(z - z_0) = 0 \tag{2.40}$$

或表示为

$$k_x x + k_y y + k_z z = a \tag{2.41}$$

其中

$$a = k_x x_0 + k_y y_0 + k_z z_0 = 常数 \tag{2.42}$$

于是垂直于 $\vec{\mathbf{k}}$ 的平面的方程的最简洁的形式就是

$$\vec{\mathbf{k}} \cdot \vec{r} = 常数 = a \tag{2.43}$$

这个平面是一切这样的点的轨迹：这些点的位置矢量在 $\vec{\mathbf{k}}$ 方向上的投影相同。

现在可以构建一组平面，在这组平面上，$\psi(\vec{r})$ 在空间正弦变化，即

$$\psi(\vec{r}) = A \sin(\vec{\mathbf{k}} \cdot \vec{r}) \tag{2.44}$$

$$\psi(\vec{r}) = A \cos(\vec{\mathbf{k}} \cdot \vec{r}) \tag{2.45}$$

或

$$\psi(\vec{r}) = A e^{i\vec{\mathbf{k}} \cdot \vec{r}} \tag{2.46}$$

对这些表示式中的每一个，$\psi(\vec{r})$ 在由 $\vec{\mathbf{k}} \cdot \vec{r}$ =常数定义的每个平面上都是恒定的。由于我们讨论的是简谐函数，所以沿 $\vec{\mathbf{k}}$ 方向位移 λ 后，函数值应当在空间重复。图 2.22 是这种表述的一个相当粗略的表示。我们只画了无数个平面中的几个，每个平面上有不同的 $\psi(\vec{r})$。平面本身也应画成在空间无穷延伸，因为对 $\vec{r}$ 并无限制。扰动显然充满整个空间。

摹想这种平面简谐波的另一方法示于图 2.23，图中画了一个理想的圆柱形光束的两个截面。想象光束由无限个正弦子波组成，所有子波频率相同，沿着平行的路径步伐一致向前行进。两个截面之间刚好隔一个波长，截面与正弦波相交的地方是正弦波的波峰。这两个等相面是平面，我们说这样的光束是由"平面波"组成的。随便把哪个截面沿光束长度方向略微挪一挪，落在新截面上的波的大小取值将会不同，但它仍是平面。事实上，如果在光束通过截面行进时保持截面的位置不动，那里的波的大小将会按照正弦函数的规律升降。注意图中每个子波有相同的振幅（即波动的最大值）。换句话说，组合的平面波在其波阵面上所有各处有相同的"强度"。因此我们说它是一个**均匀波**。

这些简谐函数在空间重复的本性可以用下式表示：

$$\psi(\vec{r}) = \psi\left(\vec{r} + \frac{\lambda \vec{\mathbf{k}}}{k}\right) \tag{2.47}$$

其中，k 是 $\vec{\mathbf{k}}$ 的大小，$\vec{\mathbf{k}}/k$ 是平行于 $\vec{\mathbf{k}}$ 的单位矢量（图 2.24）。用指数形式，上式等效于

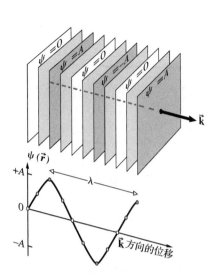

图 2.22　一个平面简谐波的波阵面

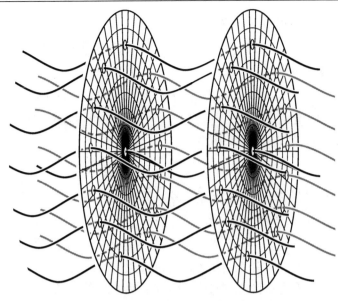

图 2.23　由相同频率和波长的简谐子波组成的光束。所有的子波都同步，使得它们在两个横截面的平面上的相位相同。因此光束由平面波组成

$$Ae^{i\vec{k}\cdot\vec{r}} = Ae^{i\vec{k}\cdot(\vec{r}+\lambda\vec{k}/k)} = Ae^{i\vec{k}\cdot\vec{r}}e^{i\lambda k}$$

要使上式成立，必须有

$$e^{i\lambda k} = 1 = e^{i2\pi}$$

因此 $$\lambda k = 2\pi$$

及 $$k = 2\pi/\lambda$$

矢量 $\vec{k}$ 叫做**传播矢量**，它的大小就是前面已引入的传播数 k。

在空间任一固定点 $\vec{r}$ 不变，$\psi(\vec{r})$ 的相位也不变。一句话，这些平面是不动的。为了使它运动起来，必须使 $\psi(\vec{r})$ 随时间变化，可以通过与一维波类似的方式，引入对时间的依赖性来做到这一点。于是有

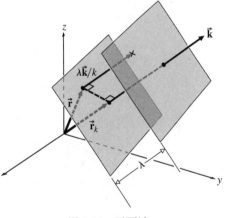

图 2.24　平面波

$$\psi(\vec{r}, t) = Ae^{i(\vec{k}\cdot\vec{r} \mp \omega t)} \tag{2.48}$$

其中 A、ω 和 k 都是常数。因为这个扰动沿着 $\vec{k}$ 方向行进，我们可以在空间每一点和每一时刻，赋予它对应的相位。在任何给定时刻，连接一切等相位点的面是波阵面。注意，只有振幅 A 在波阵面上的每一点取固定值，波函数才在波阵面上有恒定值。一般说来，A 是 $\vec{r}$ 的函数，在全空间甚至在一个波阵面上可以不是常数。在后一情况下，波叫做非均匀波。我们先不讨论这种扰动，以后考虑激光光束和全内反射时再讨论.

（2.48）式给出的平面波的相速度等价于波阵面的传播速度。在图 2.24 中，矢量 $\vec{r}$ 在 $\vec{k}$ 方向上的分量为 r_k。在一个波阵面上的扰动是常量，因此在一段时间 dt 后，若波阵面沿 $\vec{k}$ 方向

移动一段距离 $\mathrm{d}r_k$，就必定有

$$\psi(\vec{r}, t) = \psi(r_k + \mathrm{d}r_k, t + \mathrm{d}t) = \psi(r_k, t) \tag{2.49}$$

写成指数形式，就是

$$A\mathrm{e}^{\mathrm{i}(\vec{k}\cdot\vec{r} \mp \omega t)} = A\mathrm{e}^{\mathrm{i}(kr_k + k\mathrm{d}r_k \mp \omega t \mp \omega\,\mathrm{d}t)} = A\mathrm{e}^{\mathrm{i}(kr_k \mp \omega t)}$$

因此一定有

$$k\mathrm{d}r_k = \pm\omega\mathrm{d}t$$

于是波速的大小 $\mathrm{d}r_k/\mathrm{d}t$ 为

$$\frac{\mathrm{d}r_k}{\mathrm{d}t} = \pm\frac{\omega}{k} = \pm v \tag{2.50}$$

这个结果是可以预料到的，这只要旋转图 2.24 中的坐标系，使 $\vec{k}$ 平行于 x 轴。这样取向时，由于 $\vec{k}\cdot\vec{r} = kr_k = kx$，有

$$\psi(\vec{r}, t) = A\mathrm{e}^{\mathrm{i}(kx \mp \omega t)}$$

于是这个波实际上简化为已讨论过的一维扰动。

现在考虑图 2.25 中的两个波：两个波的波长 λ 相同，从而 $k_1 = k_2 = k = 2\pi/\lambda$。沿 z 轴传播的波 1 可以写为

$$\psi_1 = A_1\cos\left(\frac{2\pi}{\lambda}z - \omega t\right)$$

其中用了 $\vec{k}_1\cdot\vec{r} = kz = (2\pi/\lambda)z$，因为 $\vec{k}_1$ 和 $\vec{r}$ 平行。类似地对波 2 有 $\vec{k}_2\cdot\vec{r} = k_z z + k_y y = (k\cos\theta)z + (k\sin\theta)y$，而

$$\psi_2 = A_2\cos\left[\frac{2\pi}{\lambda}(z\cos\theta + y\sin\theta) - \omega t\right]$$

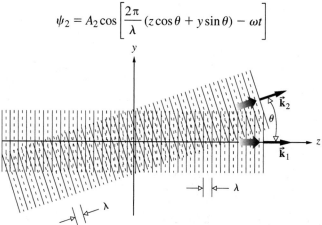

图 2.25　两个重叠的波，它们有同样的波长，传播方向不同

当我们更详细地考虑干涉现象时，还将回过头来讨论这些式子以及在波重叠的区域里发生的事情。

在直角坐标系中，常常将平面简谐波写成

$$\psi(x, y, z, t) = A\mathrm{e}^{\mathrm{i}(k_x x + k_y y + k_z z \mp \omega t)} \tag{2.51}$$

或

$$\psi(x, y, z, t) = A\mathrm{e}^{\mathrm{i}[k(\alpha x + \beta y + \gamma z) \mp \omega t]} \tag{2.52}$$

其中 α、β 和 γ 是 $\vec{k}$ 的方向余弦（见习题 2.48）。传播矢量的大小可通过分量表示为

$$|\vec{k}| = k = (k_x^2 + k_y^2 + k_z^2)^{1/2} \tag{2.53}$$

当然

$$\alpha^2 + \beta^2 + \gamma^2 = 1 \tag{2.54}$$

例题 2.6　我们在下章会看到，一个具体的平面电磁波可由下式给出：

$$\vec{\mathbf{E}} = (100 \,\text{V/m})\hat{\mathbf{j}}\, e^{i(kz+\omega t)}$$

（a）这个波的电场振幅是多大？（b）波向什么方向传播？（c）$\vec{\mathbf{E}}$ 在什么方向？（d）若波速是 2.998×10^8 m/s，波长为 500 nm，求它的频率。

解　（a）振幅简单，就是 100 V/m。（b）此时 $\vec{\mathbf{k}} \cdot \vec{\mathbf{r}} = kz$，因此平面波阵面垂直于 z 轴。换句话说，$k_x$ 和 k_y 为零，$k = k_z$。相位 $(kz + \omega t)$ 中包含的是 +号，这意味着波向负 z 方向传播。（c）矢量 $\vec{\mathbf{E}}$ 是在 $\hat{\mathbf{j}}$ 方向，但由于波是谐波，$\vec{\mathbf{E}}$ 的方向是振荡的，与时间有关，因此更好的说法是在 $\pm\hat{\mathbf{j}}$ 方向。（d）$v = \nu\lambda$，所以 $\nu = v/\lambda = 2.998\times10^8$ m/s $/(500\times10^{-9}$ m) $= 6.00 \times 10^{14}$ Hz。

我们已经考察了平面波，重点讨论了简谐函数．这些波的特殊意义有两方面：首先，物理上，正弦波可以用某种谐波振荡器较容易地产生；其次，任何三维波都可以表示为多个平面波的组合，每个平面波有不同的振幅和传播方向。

我们当然可以想象如图 2.22 中所示的一系列平面波阵面，其扰动的变化方式在某些方面与简谐方式不同（见照片）。在下一节中我们将看到，简谐平面波的确只是更普遍的平面波解的一个特例。

单个准直激光脉冲的像，这是它扫过尺子表面时被抓拍的。这一极短的光爆发对应于一个平面波的一部分。它延续了大约 0.03 s，只有几分之一毫米长。

数学上的平面波在一切方向上都延展到无穷，物理上这当然不可能。一个真实的"平面波"的大小有限，无论它有多大，它只是像是一个数学平面。由于透镜、反射镜和激光束都是有限大小的，这种"相像"通常近似程度足够好。

例题 2.7　一个平面电磁波由其电场 E 描述。波的振幅为 E_0，角频率为 ω，波长为 λ，并且以速率 c 在单位传播矢量 $\hat{\mathbf{k}} = (4\hat{\mathbf{i}} + 2\hat{\mathbf{j}})/\sqrt{20}$（不要与单位基矢量 $\hat{\mathbf{k}}$ 混淆）的方向向外传播。写出电场 E 的标量值的表示式。

解：我们要的是一个下述形式的方程：

$$E(x, y, z, t) = E_0 e^{i\hat{\mathbf{k}}\cdot(\vec{\mathbf{r}}-\omega t)}$$

这里

$$\vec{\mathbf{k}} \cdot \vec{\mathbf{r}} = \frac{2\pi}{\lambda}\hat{\mathbf{k}}\cdot\vec{\mathbf{r}}$$

及

$$\vec{\mathbf{k}} \cdot \vec{\mathbf{r}} = \frac{2\pi}{\lambda\sqrt{20}}(4\hat{\mathbf{i}} + 2\hat{\mathbf{j}})\cdot(x\hat{\mathbf{i}} + y\hat{\mathbf{j}} + z\hat{\mathbf{k}})$$

$$\vec{\mathbf{k}} \cdot \vec{\mathbf{r}} = \frac{\pi}{\lambda\sqrt{5}}(4x + 2y)$$

于是

$$E = E_0 e^{i\left[\frac{\pi}{\lambda\sqrt{5}}(4x+2y) - \omega t\right]}$$

2.8 三维波动微分方程

在一切三维波中，只有平面波（谐波或非谐波）才能穿过空间运动而不改变其截面轮廓。显然，把波当作截面轮廓不变的扰动的观念是不够的。代之而生的是，可以定义一个波是波动微分方程的任意解。现在需要的是一个三维的波动方程。这个方程应当很容易得到，因为可以从推广一维表示（2.11）式来猜测方程的形式。在直角坐标中，位置变量 x，y 和 z 肯定必须在三维方程中对称[①]出现，应当牢记这个事实。（2.52）式给出的波函数 $\psi(x, y, z, t)$ 是我们要找的微分方程的一个特解。与方程（2.11)的推导步骤相似，我们从（2.52）式来计算以下偏微商：

$$\frac{\partial^2 \psi}{\partial x^2} = -\alpha^2 k^2 \psi \tag{2.55}$$

$$\frac{\partial^2 \psi}{\partial y^2} = -\beta^2 k^2 \psi \tag{2.56}$$

$$\frac{\partial^2 \psi}{\partial z^2} = -\gamma^2 k^2 \psi \tag{2.57}$$

和

$$\frac{\partial^2 \psi}{\partial t^2} = -\omega^2 \psi \tag{2.58}$$

将三个空间微商相加，并利用 $\alpha^2 + \beta^2 + \gamma^2 = 1$，得到

$$\frac{\partial^2 \psi}{\partial x^2} + \frac{\partial^2 \psi}{\partial y^2} + \frac{\partial^2 \psi}{\partial z^2} = -k^2 \psi \tag{2.59}$$

把上式和时间微商（2.58）式结合起来，并记住 $v = \omega/k$，得到

$$\frac{\partial^2 \psi}{\partial x^2} + \frac{\partial^2 \psi}{\partial y^2} + \frac{\partial^2 \psi}{\partial z^2} = \frac{1}{v^2} \frac{\partial^2 \psi}{\partial t^2} \tag{2.60}$$

它就是三维的波动微分方程。注意，x、y 和 z 的确是对称出现的，而且方程的形式正是从推广方程（2.11）所预料的。

通常引入拉普拉斯算符

$$\nabla^2 \equiv \frac{\partial^2}{\partial x^2} + \frac{\partial^2}{\partial y^2} + \frac{\partial^2}{\partial z^2} \tag{2.61}$$

把方程（2.60）写成更简洁的形式：

$$\nabla^2 \psi = \frac{1}{v^2} \frac{\partial^2 \psi}{\partial t^2} \tag{2.62}$$

既然有了这个最重要的方程，让我们短暂地回到平面波，看它是如何适应这一体制的。形式如下的函数

$$\psi(x, y, z, t) = A e^{ik(\alpha x + \beta y + \gamma z \mp vt)} \tag{2.63}$$

[①] 在直角坐标系中，没有任何一个坐标轴具有与众不同的标志性特征。因此我们可以改变名称，比方说把 x 改成 z，y 改成 x，z 改成 y（保持坐标系为右手坐标系）而不改变波动方程。

与（2.52）式等价，因此它是方程（2.62）的一个解。还可证明（习题 2.49）

$$\psi(x, y, z, t) = f(\alpha x + \beta y + \gamma z - vt) \tag{2.64}$$

和

$$\psi(x, y, z, t) = g(\alpha x + \beta y + \gamma z + vt) \tag{2.65}$$

都是波动微分方程的平面波解。函数 f 和 g 是二次可微的任意函数，当然不一定是简谐函数。这两个解的线性组合也是方程的解，可以用稍微不同的方式把它写成

$$\psi(\vec{r}, t) = C_1 f(\vec{r} \cdot \vec{k}/k - vt) + C_2 g(\vec{r} \cdot \vec{k}/k + vt) \tag{2.66}$$

其中，C_1 和 C_2 是常数。

　　直角坐标特别适合于描述平面波。然而，在不同的物理情况下，采用一些其他的坐标系常常可以更好地利用存在的对称性。

2.9　球面波

　　把一块小石头丢到水池里，从撞击点发出的表面皱波会扩展为二维的圆形波。把这幅图像推广到三维情形，想象一个脉动的小球被流体包围，当这个源反复膨胀和收缩时，就产生一个压力变化，它以球面波的方式向外传播。

　　现在考虑一个理想的点光源。它发出的辐射沿径向流出，在一切方向上是均匀的。这种波源称为各向同性的，它产生的波阵面也是同心球面，其直径随着球面向周围的空间扩张而增大。波阵面的明显对称性表明，在数学上用球坐标描写它们可能会更方便（图 2.26）。在球坐标表示中，拉普拉斯算符为

$$\nabla^2 = \frac{1}{r^2}\frac{\partial}{\partial r}\left(r^2 \frac{\partial}{\partial r}\right) + \frac{1}{r^2 \sin\theta}\frac{\partial}{\partial \theta}\left(\sin\theta \frac{\partial}{\partial \theta}\right) + \frac{1}{r^2 \sin^2\theta}\frac{\partial^2}{\partial \phi^2} \tag{2.67}$$

其中，r, θ, ϕ 由下面的式子定义：

$$x = r\sin\theta\cos\phi, \quad y = r\sin\theta\sin\phi, \quad z = r\cos\theta$$

记住我们要找的是对球面波的描述，而球面波是球对称的，即与 θ 和 ϕ 无关。因此

$$\psi(\vec{r}) = \psi(r, \theta, \phi) = \psi(r)$$

这时拉普拉斯算符作用在 $\psi(r)$ 上的结果简单地是

$$\nabla^2 \psi(r) = \frac{1}{r^2}\frac{\partial}{\partial r}\left(r^2 \frac{\partial \psi}{\partial r}\right) \tag{2.68}$$

不熟悉（2.67）式也可以得到这个结果。从直角坐标中的拉普拉斯算符形式（2.61）式出发，把它作用到球对称的波函数 $\psi(r)$ 上，并将每一项变换到极坐标。只考查对 x 的依赖关系，我们有

$$\frac{\partial \psi}{\partial x} = \frac{\partial \psi}{\partial r}\frac{\partial r}{\partial x}$$

及

$$\frac{\partial^2 \psi}{\partial x^2} = \frac{\partial^2 \psi}{\partial r^2}\left(\frac{\partial r}{\partial x}\right)^2 + \frac{\partial \psi}{\partial r}\frac{\partial^2 r}{\partial x^2}$$

由于

$$\psi(\vec{r}) = \psi(r)$$

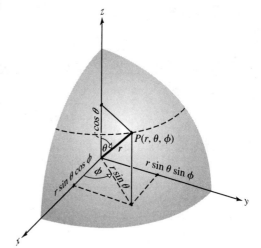

图 2.26　球面坐标的几何图形

用

$$x^2 + y^2 + z^2 = r^2$$

我们有

$$\frac{\partial r}{\partial x} = \frac{x}{r}$$

$$\frac{\partial^2 r}{\partial x^2} = \frac{1}{r}\frac{\partial}{\partial x}x + x\frac{\partial}{\partial x}\left(\frac{1}{r}\right) = \frac{1}{r}\left(1 - \frac{x^2}{r^2}\right)$$

因此

$$\frac{\partial^2 \psi}{\partial x^2} = \frac{x^2}{r^2}\frac{\partial^2 \psi}{\partial r^2} + \frac{1}{r}\left(1 - \frac{x^2}{r^2}\right)\frac{\partial \psi}{\partial r}$$

现在有了 $\partial^2 \psi/\partial x^2$，我们再生成 $\partial^2 \psi /\partial y^2$ 和 $\partial^2 \psi /\partial z^2$，相加得到

$$\nabla^2 \psi(r) = \frac{\partial^2 \psi}{\partial r^2} + \frac{2}{r}\frac{\partial \psi}{\partial r}$$

这个式子等价于（2.68）式。这个结果可以表示为稍微不同的形式

$$\nabla^2 \psi = \frac{1}{r}\frac{\partial^2}{\partial r^2}(r\psi) \tag{2.69}$$

于是波动微分方程可以写成

$$\frac{1}{r}\frac{\partial^2}{\partial r^2}(r\psi) = \frac{1}{v^2}\frac{\partial^2 \psi}{\partial t^2} \tag{2.70}$$

两边乘 r，得

$$\frac{\partial^2}{\partial r^2}(r\psi) = \frac{1}{v^2}\frac{\partial^2}{\partial t^2}(r\psi) \tag{2.71}$$

注意，这个式子正是一维波动微分方程（2.11)，但空间变量是 r 而波函数是乘积$(r\psi)$。方程（2.71)的解于是就简单地是

$$r\psi(r, t) = f(r - vt)$$

或

$$\psi(r, t) = \frac{f(r - vt)}{r} \tag{2.72}$$

这个式子代表一个从原点沿着径向以恒速 v 向外传播的球面波，f 的函数形式是任意的。另一个解由下式给出：

$$\psi(r, t) = \frac{g(r + vt)}{r}$$

这个波向原点会聚[①]。这个式子在 $r = 0$ 发散的事实没有什么实际意义。

通解

$$\psi(r, t) = C_1\frac{f(r - vt)}{r} + C_2\frac{g(r + vt)}{r} \tag{2.73}$$

的一个特例是球面简谐波

$$\psi(r, t) = \left(\frac{\mathscr{A}}{r}\right)\cos k(r \mp vt) \tag{2.74}$$

或

$$\psi(r, t) = \left(\frac{\mathscr{A}}{r}\right)e^{ik(r \mp vt)} \tag{2.75}$$

其中，常数 $\mathscr{A}$ 称为波源强度。在任一给定时刻，这个式子代表一族同心球面，充满全空间。

[①] 还有别的更复杂的解存在，这时波不是球对称的。

每个波阵面或等相面由下式给出：

$$kr = 常数$$

注意，任何球面波的振幅都是 r 的函数，这里 r^{-1} 项是衰减因子[①]。和平面波不同，球面波的振幅是逐渐减小的，当它从原点向外扩张和运动时，它的剖面轮廓是变的。在图 2.27 中用一个球面脉冲波在 4 个不同时刻的"多次曝光"图来图解说明这一点。沿着任意一条半径上的任何一点，脉冲在空间有相同的宽度，即脉冲的宽度沿 r 轴是常数。图 2.28 试图把前一图中 $\psi(r, t)$ 的图示与球面波的实际形状联系起来。图中画出了半边球面脉冲波随着波向外扩张在两个不同时刻的情况。记住，由于球对称性，不论 r 的方向如何都会得到这些结果。在图 2.27 和图 2.28 中，也可以不画脉冲，而画一个谐波。这时，正弦扰动将限在下面两条曲线之间：

$$\psi = \mathscr{A}/r \quad 和 \quad \psi = -\mathscr{A}/r$$

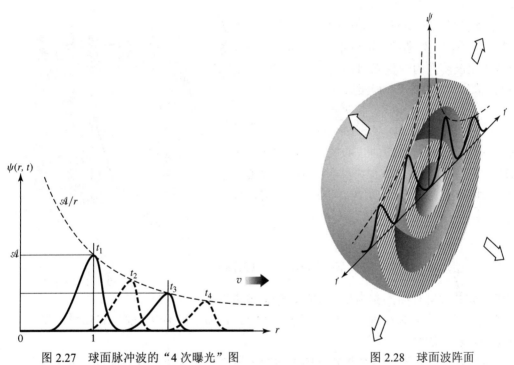

图 2.27　球面脉冲的"4 次曝光"图　　　　图 2.28　球面波阵面

从点源发出向外发射的球面波，和向里走会聚到一点的波，都是理想化的情况。在实际中，光波只能是近似的球面波，如同它也只能是近似的平面波一样。

随着一个球面波阵面向外传播，它的半径增大。离开波源足够远的地方，波阵面上的一个小区域将和平面波的一部分非常相似（图 2.29）。

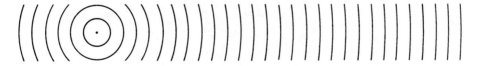

图 2.29　随着距离增大，球面波慢慢变平

[①] 衰减因子是能量守恒的直接结果。第 3 章将讨论如何将这些概念具体应用到电磁辐射。

2.10　柱面波

　　现在我们要简短地考察另一种理想化的波形，即无限长的圆柱面波阵面。遗憾的是，精确的数学讨论过于复杂，不宜在这里进行，我们将代之以只扼要地讲一讲各个步骤。在柱面坐标系中（图 2.30），拉普拉斯算符作用在 ψ 上得到

$$\nabla^2\psi = \frac{1}{r}\frac{\partial}{\partial r}\left(r\frac{\partial\psi}{\partial r}\right) + \frac{1}{r^2}\frac{\partial^2\psi}{\partial\theta^2} + \frac{\partial^2\psi}{\partial z^2} \tag{2.76}$$

其中，$x = r\cos\theta,\ y = r\sin\theta,\ z = z$。

　　在柱面对称的简单情形下，要求

$$\psi(\vec{\mathbf{r}}) = \psi(r, \theta, z) = \psi(r)$$

ψ 与 θ 无关意味着垂直于 z 轴的平面与波阵面相交为一个圆，在不同 z 处圆的 r 可以不同。但是 ψ 与 z 无关进一步限定波阵面为一直立圆柱面，其中心在 z 轴上，长度为无穷。波动微分方程变成

$$\frac{1}{r}\frac{\partial}{\partial r}\left(r - \frac{\partial\psi}{\partial r}\right) = \frac{1}{v^2}\frac{\partial^2\psi}{\partial t^2} \tag{2.77}$$

经过一些运算，将对时间的依赖关系分离出去，方程（2.77）变成所谓贝塞尔方程。贝塞尔方程的解在 r 值大时渐近地趋于简单的三角函数。当 r 足够大时，有

$$\psi(r, t) \approx \frac{\mathscr{A}}{\sqrt{r}}\,e^{ik(r \mp vt)}$$

$$\psi(r, t) \approx \frac{\mathscr{A}}{\sqrt{r}}\cos k(r \mp vt) \tag{2.78}$$

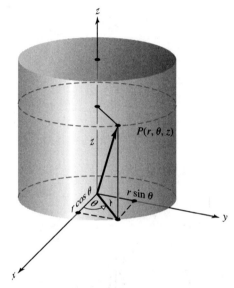

图 2.30　柱面坐标系

这代表一族共轴圆柱面，充满整个空间，朝向或者背离一条无限长直线波源行进。不像球面波（2.73）式和平面波（2.66）式那样，现在找不到用任意函数表示的解。

　　平面波投射到具有一条细长狭缝的不透明平坦屏幕的背面，就会通过那条狭缝发射与柱面波相似的扰动（图 2.31）。现在广泛采用这个方法来产生柱面光波（第 492 页）。

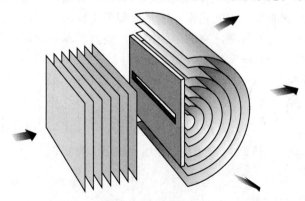

图 2.31　穿过一条长狭缝射出的柱面波

2.11　盘旋的光

　　从 20 世纪 90 年代早年起，就已能生成引人注目的螺旋光束。这种波的数学表示式太复杂，不在这里写了，但是若写成像（2.52）式那样的复数形式，它们将具有一个相位项 $\exp(-il\phi)$。量 l 是一个整数，它的值增大将使波变得更复杂。再次想象一个圆柱面的光束，它由一股如图 2.23 所示的正弦分量的子波构成，不过这时等相面不是平面，而是被扭成拔软木塞的螺丝起子的形状。在它的最简单的显示（$\phi = \pm 1$）中，波阵面沿着一条简单的连续螺旋线行进，绕着中间的传播轴或左旋或右旋。

　　这样的波束具有所谓角向（ϕ）相位依赖性。沿着中间轴对着波源看，相位随角度变化，正像钟面上时间随短针与 12-6 竖直连线的夹角 ϕ 变化一样。如果一个分量波的波峰出现在钟面数字 12 处，如图 2.32 中所示，那么在轴的正下方数字 6 处可能出现波谷。仔细考察这张图，注意，当短针从 12 走到 1、到 2、到 3 等时，子波是向前走的。它们的相位在这个截面上各处不同；每到下一个字相位移动 $\pi/6$。碟形截面横截波束，但是它不是等相面，总扰动不是平面波。

　　各个分正弦波（波长均为 λ）仍然是关联的，它们的峰在一条螺线上。设子波的数目成倍增加使碟面上全是子波，子波与碟面将不是相交在单个圆上；等相螺线将扫出一个盘旋的曲面，看起来像是一根被拉长的弹簧（就像一个阿基米德螺旋泵或一个舒展开的机灵鬼玩具[①]）。这个等相面是一个波阵面。

　　让我们延伸图 2.32，构成一个光束，忽略真实的光束在前进中将会变大这一点。图 2.33 示出在空间中向前运动的若干个子波，它们都在波阵面上达到峰值，这个波阵面是一个向前推进的螺旋面，在光束以光速传播时，螺旋面每转一周向前推进距离 λ（它就是螺线的螺距）。这个特别的螺旋面波阵面碰巧对应于极大值（即波峰）；它也可以有别的任何值。由于光束是单色光，在这个波阵面后面将会紧随着嵌套的一系列盘旋的波阵面，每个上面的相位和振幅大小稍有不同，按正弦方式变化。

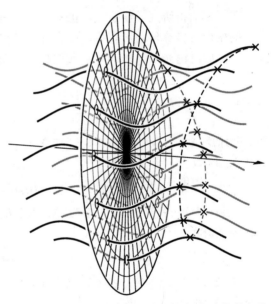

图 2.32　一组谐波子波排成精确的阵列，它们的相位绕波束的中心轴螺旋转动变化。等相位条件在一族螺线上实现，其中之一如虚线所示

　　回到图 2.32。想象所有的子波都沿径向滑向中心，没有别的什么东西改变它们。于是沿着中心轴将会有一大堆乱七八糟的各种相位的波堆积在那里，其结果是复合扰动的相位将是不确定的。因此，中心轴对应于一个相位奇点。在轴上任何一点，对每个做出正贡献的子波，都将有一个做出等量的负贡献的子波。无论如何，沿中心轴的光场必定是零，这意味着中心轴及其紧邻区域对应于一个零光强（即没有光）的区域。进到螺旋面的中间是一个黑芯，或

[①] 机灵鬼（slinky），一种玩具，内装弹簧，借助簧力会翻跟斗下阶梯。

光涡旋，所谓的"盘旋光"围绕着它转着螺圈前进，很像一个龙卷风。在照到一个屏幕上时，光束将产生一个环绕暗的圆形涡旋的亮环。

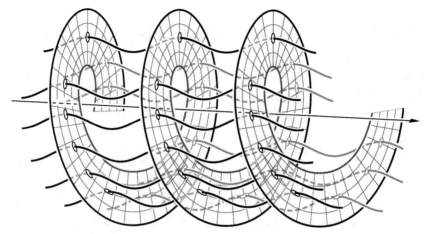

图 2.33 盘旋的光。螺旋面中央的空白区域是一个没有光的通道。它对应
于一个相位奇点，环绕它有一个转动运动。这个结构叫做光涡旋

在第 8 章将研究圆偏振光，虽然它似乎与盘旋光有些相似，但是二者完全是两码事。首先，偏振光与自旋角动量有关，而盘旋光携带的是轨道角动量。而且，盘旋光根本不必是偏振的。以后讨论光子的自旋时，我们将回到所有这些话题上来。

习题

除带星号的习题外，所有习题的答案都附在书末。

2.1* 证明函数

$$\psi(z, t) = (z + vt)^2$$

是波动微分方程的一个非平庸解。它向哪个方向行进？

2.2* 证明函数

$$\psi(y, t) = (y - 4t)^2$$

是波动微分方程的解。它向哪个方向行进？

2.3* 考虑函数

$$\psi(z, t) = \frac{A}{(z - vt)^2 + 1}$$

其中 A 是一个常数。证明它是波动微分方程的一个解。给出波速和传播方向。

2.4* 典型的氩离子激光器在可见光光谱的绿色或蓝色区域生成几瓦的光束。求这个波长为 632.8 nm 的光束的频率。

2.5* 确定

$$\psi(y, t) = Ae^{-a(by - ct)^2}$$

（其中 A, a, b, c 都是常数）是波动微分方程的一个解。这是一个高斯型或钟形函数。它的波速和行进方向是什么？

2.6 在等于一张纸的厚度（0.003 英寸）的空间距离内能容纳多少个黄光光波（$\lambda = 580\,\mathrm{nm}$）？同样个数的微波（$\nu = 10^{10}\,\mathrm{Hz}$ 即 10 GHz，$v = 3 \times 10^8\,\mathrm{m/s}$）波列有多长？

2.7* 真空中的光速近似为 $3 \times 10^8\,\mathrm{m/s}$。求频率为 $5 \times 10^{14}\,\mathrm{Hz}$ 的红光的波长。把它与 60 Hz 的电磁波的波长相比较。

2.8* 能够在晶体中生成波长与光波波长（$5 \times 10^{-5}\,\mathrm{cm}$）相似的超声波，但是频率比光波低得多（只有 6×10^8 Hz）。计算这种波的波速。

2.9* 一个年轻小姑娘在湖中的一条船上，看着波浪似乎没完没了，每隔半秒时间间隔就有一个形状一样的波峰经过。如果每个扰动要用 1.5 s 时间来扫过她的 4.5 m 长的小船，那么波浪的频率、周期和波长是多少？

2.10* 用一把振动的锤子敲击一条长金属棒的一端，使得一个波长为 4.3 m 的周期压缩波以 3.5 km/s 的波速沿棒的长度方向传播。振动的频率是多少？

2.11 在两个装备着自携式水下呼吸器的潜水员的婚礼上，一把小提琴被浸在一个游泳池里。若净水中的压缩波的波速为 1498 m/s，那么小提琴奏出的 A 音（频率为 440 Hz）的波长是多少？

2.12* 一个脉冲波在 2.0 s 时间内沿着绳长走了 10 m，然后在绳上产生了一个波长为 0.50 m 的谐扰动。它的频率是多少？

2.13* 证明对于一个周期波有 $\omega = (2\pi/\lambda)\,v$。

2.14* 编制一个表，各列以 θ 之值打头，θ 之值从 $-\pi/2$ 到 2π，间隔 $\pi/4$。在 θ 值下给出 $\sin\theta$ 之值，下面再列出 $\cos\theta$ 之值，下面再给出 $\sin(\theta - \pi/4)$ 之值，类似地下面再给出函数 $\sin(\theta - \pi/2)$、$\sin(\theta - 3\pi/4)$ 和 $\sin(\theta + \pi/2)$ 之值。画出这些函数的曲线图，注意相移的效应。$\sin\theta$ 是领先还是落后于 $\sin(\theta - \pi/2)$，换句话说，一个函数与另一函数相比，是在一个较小的 θ 值上到达一个特定大小，因此领先于另一函数（就像 $\cos\theta$ 领先 $\sin\theta$ 一样）吗？

2.15* 编制一个表，各列以 kx 值打头，kx 之值 x 从 $-\lambda/2$ 到 $+\lambda$，间隔 $\lambda/4$（当然，$k = 2\pi/\lambda$）。在每列给出对应的 $\cos(kx - \pi/4)$ 之值，下面再给出 $\cos(kx + 3\pi/4)$ 之值。然后画出函数 $15\cos(kx - \pi/4)$ 和 $25\cos(kx + 3\pi/4)$ 的曲线图。

2.16* 编制一个表，各列以 ωt 之值打头，t 从 $-\tau/2$ 到 $+\tau$，间隔为 $\tau/4$（当然，$\omega = 2\pi/\tau$）。在每列给出对应的 $\sin(\omega t + \pi/4)$ 和 $\sin(\pi/4 - \omega t)$ 之值，画出这两个函数的曲线图。

2.17* 一个在弦上以 1.2 m/s 的速率行进的横波谐波的剖面轮廓由下式给出：

$$y = (0.1\,\mathrm{m})\sin(0.707\,\mathrm{m}^{-1})x$$

定出它的振幅、波长、频率和周期。

2.18* 题图 P.2.18 表示弦上一个横波在 $t = 0$ 时刻的形状，这个横波以 20.0 m/s 的速率向正 x 方向行进。（a）定出它的波长。（b）这个波的频率是多少？（c）写出这个扰动的波函数。（d）注意，当这个波经过 x 轴上任意固定点时，这个位置上的弦将随时间振动。画出 $\psi - t$ 曲线图，表示绳上在 $x = 0$ 处的一点如何振动。

2.19* 题图 P.2.19 表示弦上一个横波在 $t = 0$ 时刻的形状，这个波以 100 cm/s 的波速向 $+z$ 方向行进。（a）定出它的波长。（b）注意当这个波经过 z 轴上任意固定点时，这个位置上的弦是随时间振动。画出 $\psi - t$ 曲线图表示绳上在 $z = 0$ 处的一点如何振动。（c）波的频率是多少？

2.20* 一个横波在弦上以 40.0 m/s 的速率向负 y 方向行进。题图 P.2.20 是 $\psi - t$ 关系图，表示绳上在 $y = 0$ 的一点如何振动。（a）定出这个波的周期。（b）波的频率是多少？（c）波的波长是多少？（d）画出波的形状（$\psi - y$ 曲线图）。

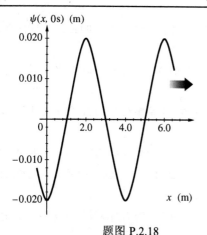

题图 P.2.18

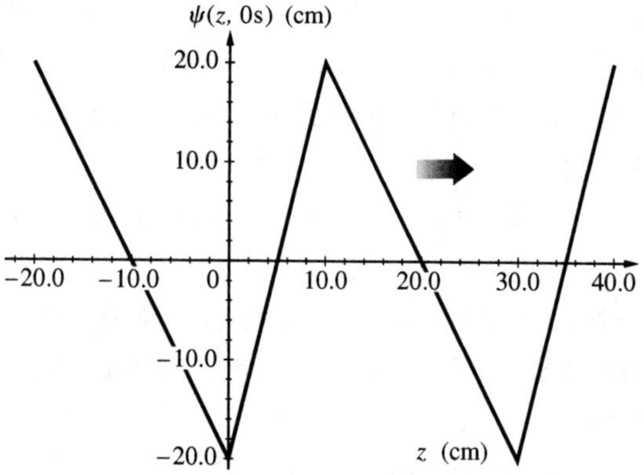

题图 P.2.19

题图 P.2.20

2.21 给出波函数

$$\psi_1 = 5\sin 2\pi(0.4x + 2t)$$

和　　　　　　$$\psi_2 = 2\sin(5x - 1.5t)$$

对每个波函数求（a）频率，（b）波长，（c）周期，（d）振幅，（e）相速度，（f）运动方向。时间的单位为秒，x 的单位为米。

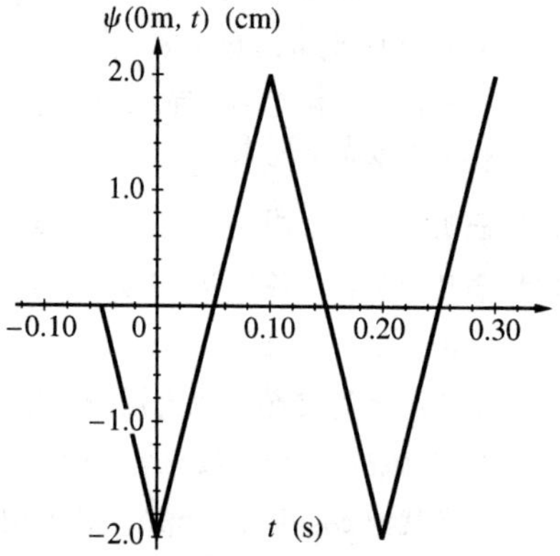

2.22* 弦上横波的波函数为

$$\psi(x, t) = (0.2\ \text{m})\cos 2\pi[(4\ \text{rad/m})x - (20\ \text{Hz})t]$$

计算：（a）频率，（b）波长，（c）周期，（d）振幅，（e）相速度，（f）运动方向。

2.23* 在国际单位制中，一个行波由下式给出：

$$\psi(y, t) = (0.25)\sin 2\pi\left(\frac{y}{2} + \frac{t}{0.05}\right)$$

求它的：（a）振幅，（b）频率，（c）波长，（d）速率，（e）周期，（f）传播方向。

2.24* 证明

$$\psi(x, t) = A\sin k(x - vt) \qquad\qquad [2.13]$$

是波动微分方程的一个解。

2.25* 证明

$$\psi(x, t) = A\cos(kx - \omega t)$$

是波动微分方程的一个解。

2.26* 证明 $\psi(x,t) = A\cos(kx - \omega t - \frac{\pi}{2})$ 与 $\psi(x,t) = A\sin(kx - \omega t)$ 等价。

2.27 证明，若图 2.12 中绳子的位移由下式给出：

$$y(x, t) = A\sin[kx - \omega t + \varepsilon]$$

则产生波的手必定上下作竖直的简谐运动。

2.28 一个简谐波，振幅为 10^3 V/m，周期为 2.2×10^{-15} s，波速为 3×10^8 m/s，写出它的波函数的表示式。这个波向负 x 方向传播，在 $t = 0$ 和 $x = 0$ 之值为 10^3 V/m。

2.29 考虑一个脉冲，它在 $t = 0$ 时的位移由下式表示：

$$y(x, t)|_{t=0} = \frac{C}{2 + x^2}$$

其中 C 是一个常数。画出波形轮廓。这个波的波速为 v，朝向负 x 方向。写出这个波的表示式作为时间 t 的函数。若 $v = 1$ m/s，画出 $t = 2$ s 时的波形轮廓。

2.30* 定出波函数 $\psi(z, t) = A \cos [k(z + vt) + \pi]$ 在 $z = 0$ 处当 $t = \tau/2$ 及 $t = 3\pi/4$ 时之值。

2.31 函数（其中 A 是一个常数）

$$\text{(a) } \psi_1 = A(x + at)$$

$$\text{(b) } \psi_2 = A(y - bt^2)$$

$$\text{(c) } \psi_3 = A(kx - \omega t + \pi)$$

表示一个波吗？解释你的推理。

2.32* 一个波在国际单位制中的表示式为

$$\psi(z, t) = A \cos \pi (2 \times 10^4 z - 6 \times 10^{12} t)$$

用（2.33）式计算波速。

2.33* 弦上一个波的位移由下式给出：

$$\psi(y, t) = (0.050\,\text{m}) \sin 2\pi \left(\frac{y}{\lambda} + \frac{t}{\tau} \right)$$

这个波的波速为 2.00 m/s，周期为 1/4 s。求在离原点 1.50 m 处 $t = 2.2$ s 时刻弦的位移。

2.34 下面是复合函数求微商的定理：若 $z = f(x, y)$ 并且 $x = g(t), y = h(t)$，则

$$\frac{\mathrm{d}z}{\mathrm{d}t} = \frac{\partial z}{\partial x}\frac{\mathrm{d}x}{\mathrm{d}t} + \frac{\partial z}{\partial y}\frac{\mathrm{d}y}{\mathrm{d}t}$$

从这个定理出发，推导（2.34）式。

2.35 用上题的结果，证明：对一个相位为 $\varphi(x, t) = k(x - vt)$ 的谐波，我们可以通过令 $\mathrm{d}\varphi/\mathrm{d}t = 0$ 来确定波速。将这一方法用于习题 2.32 来求波速。

2.36* 一个高斯型波之形式为 $\psi(x, t) = A\mathrm{e}^{-a(bx + ct)^2}$。用 $\psi(x, t) = f(x \mp vt)$ 来定出波速，然后用（2.34）式验证你的结果。

2.37 一个谐波向 z 方向行进，其大小在 $z = -\lambda/12$ 处为 0.866，在 $z = +\lambda/6$ 处为 1/2，在 $z = -\lambda/4$ 处为 0。建立这个谐波的波形轮廓的表示式。

2.38 下面三个表示式中，哪些对应于行波？对于每个行波，波速是多少？量 a, b, c 都是正常数。

$$\text{(a) } \psi(z, t) = (az - bt)^2$$

$$\text{(b) } \psi(x, t) = (ax + bt + c)^2$$

$$\text{(c) } \psi(x, t) = 1/(ax^2 + b)$$

2.39* 下面的表示式，哪些描述行波？

$$\text{(a) } \psi(y, t) = \mathrm{e}^{-(a^2 y^2 + b^2 t^2 - 2abty)}$$

$$\text{(b) } \psi(z, t) = A \sin (az^2 - bt^2)$$

$$\text{(c) } \psi(x, t) = A \sin 2\pi \left(\frac{x}{a} + \frac{t}{b} \right)^2$$

$$\text{(d) } \psi(x, t) = A \cos^2 2\pi (t - x)$$

对合适的画出波形轮廓，并定出波速和运动方向。

2.40　给定行波 $\psi(x, t) = 5.0 \exp(-ax^2 - bt^2 - 2\sqrt{ab}\,xt)$，定出它的传播方向。算出 ψ 的几个值，画出 $t = 0$ 时刻的波形轮廓略图，取 $a = 25 \text{ m}^{-2}$，$b = 9.0 \text{ s}^{-2}$。波速是多少？

2.41*　想象一个声波，其频率为 1.10 kHz，波速为 330 m/s。求波上相隔 10.0 cm 的任意两点之间的相位差是多少弧度。

2.42　考虑一个光波，其相速度为 3×10^8 m/s，频率为 6×10^{14} Hz。沿着光波，何者为相位差 30° 的任何两点之间的最小距离？在 10^{-6} s 的时间内，在空间给定的一点将发生多大的相移？在这段时间里有多少个波经过这一点？

2.43　写出题图 P.2.43 中所示的波的表示式，求它的波长、波速、频率和周期。

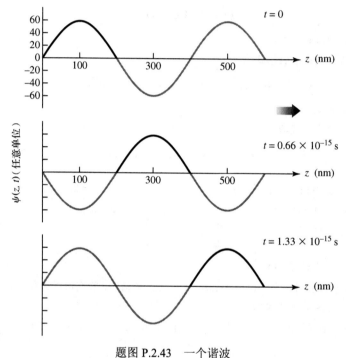

题图 P.2.43　一个谐波

2.44*　直接使用指数表示式，证明 $\psi = A e^{i\omega t}$ 的大小就是 A。然后用欧拉公式再导出同一结果。证明 $e^{i\alpha} e^{i\beta} = e^{i(\alpha + \beta)}$。

2.45*　证明一个复数 $\tilde{z}$ 的虚部由 $(\tilde{z} - \tilde{z}^*) / 2i$ 给出。

2.46*　取复数量 $z_1 = (x_1 + iy_1)$ 和 $z_2 = (x_2 + iy_2)$，证明

$$\text{Re}\,(\tilde{z}_1 + \tilde{z}_2) = \text{Re}\,(\tilde{z}_1) + \text{Re}\,(\tilde{z}_2)$$

2.47*　取复数量 $\tilde{z}_1 = (x_1 + iy_1)$ 和 $\tilde{z}_2 = (x_2 + iy_2)$，证明

$$\text{Re}\,(\tilde{z}_1) \times \text{Re}\,(\tilde{z}_2) \neq \text{Re}\,(\tilde{z}_1 \times \tilde{z}_2)$$

2.48　从（2.51）式出发，验证

$$\psi(x, y, z, t) = A e^{i[k(\alpha x + \beta y + \gamma z) \mp \omega t]}$$

并且

$$\alpha^2 + \beta^2 + \gamma^2 = 1$$

画一张草图，示出一切有关的量。

2.49* 证明（2.64）式和（2.65）式（它们是任意形式的平面波）满足三维波动微分方程。

2.50* 一个平面电磁波的电场，在国际单位制中由下式给出：

$$\vec{E} = \vec{E}_0 e^{i(3x - \sqrt{2}\, y - 9.9 \times 10^8 t)}$$

（a）这个波的角频率是多少？（b）写出 $\vec{k}$ 的表示式。（c）k 的值是多大？（d）定出波速。

2.51* 考虑函数

$$\psi(z, t) = A \exp[-(a^2 z^2 + b^2 t^2 + 2abzt)]$$

其中 A、a 和 b 都是常数，并且都取合适的国际单位。这个式子表示一个波吗？如果是，求波速和传播方向。

2.52 德布罗意假设说是：每个粒子都和一个波长相联系，这个波长是普朗克常量（$h = 6.6 \times 10^{-34}$ J·s）除以粒子的动量。一块质量为 6.0 kg 的石头以 1.0 m/s 的速率运动，比较它的波长与光的波长。

2.53 矢量 $\vec{k}$ 在原点与 (4, 2, 1) 点的连线上。一个平面简谐波，振幅为 A，频率为 ω，在矢量 $\vec{k}$ 的方向上传播。写出这个平面简谐波在直角坐标系中的表示式。（提示：首先定出 $\vec{k}$，然后将它与 $\vec{r}$ 点乘。）

2.54* 在直角坐标系中写出一个平面简谐波的表示式，其振幅为 A，频率为 ω，向正 x 方向传播。

2.55 证明 $\psi(\vec{k} \cdot \vec{r}, t)$ 代表一个平面波，其中的 $\vec{k}$ 垂直于波阵面。（提示：令 $\vec{r}_1$ 和 $\vec{r}_2$ 是平面上任意两点的位置矢量，证明 $\psi(\vec{r}_1, t) = \psi(\vec{r}_2, t)$。）

2.56* 明确证明，函数

$$\psi(\vec{r}, t) = A \exp[i(\vec{k} \cdot \vec{r} + \omega t + \varepsilon)]$$

描述一个波，若 $v = \omega/k$。

2.57* 编制一个表，各列以 θ 之值打头，θ 值从 $-\pi$ 到 2π，间隔为 $\pi/4$。在每列先给出对应的 $\sin\theta$ 值，在它之下再给出 $2\sin\theta$ 值。然后逐列将它们相加，得到函数 $\sin\theta + 2\sin\theta$ 相应的值。画出这三个函数中的每一个，注意它们的相对振幅和相位。

2.58* 编制一个表，各列以 θ 之值打头，θ 值从 $-\pi/2$ 到 2π，间隔为 $\pi/4$。在每列先给出对应的 $\sin\theta$ 值，在它之下再给出 $\sin(\theta - \pi/2)$ 值。然后逐列将它们相加，得到函数 $\sin\theta + \sin(\theta - \pi/2)$ 相应的值。画出这三个函数中的每一个，注意它们的相对振幅和相位。

2.59* 记住上面两道题的结果，画出下面三个函数的曲线图：（a）$\sin\theta$，（b）$\sin(\theta - 3\pi/4)$，和（d）$\sin\theta + \sin(\theta - 3\pi/4)$。比较本题中与上题中的复合函数（c）。

2.60* 编制一个表，各列以 kx 值打头，x 值从 $-\lambda/2$ 到 λ，间隔为 $\lambda/4$。在每列先给出对应的 $\cos kx$ 之值，在它之下再给出 $\cos(kx + \pi)$ 值，然后画出三个函数 $\cos kx$，$\cos(kx + \pi)$ 和 $\cos kx + \cos(kx + \pi)$。

第3章　电磁理论、光子和光

　　麦克斯韦的工作和 19 世纪 00 年代后期以来的后续发展,显示了光的本性确实是电磁波。我们看到,经典电动力学必然导致一幅通过电磁波连续传递能量的图像。反之,更近代的量子电动力学观点（第 105 页）则用一种无质量的基本"粒子"来描述电磁相互作用和能量的传递,这种粒子叫做光子。辐射能的量子本性并非总是显而易见的,在光学中也并不是总得在实际中考虑。有些情况下,探测器不能区分单个光子,而且有意如此。

　　如果光的波长比仪器（透镜、反射镜等）的尺寸小得多,那么作为一级近似,我们可以使用几何光学方法。更精密些的处理方法是物理光学方法,它在仪器尺寸很小时也能用。在物理光学中,光的最重要的性质是它的波动本性。即使尚未确定光波具体属于哪种类型的波,已经可以进行许多讨论。就物理光学经典理论而言,把光作为电磁波处理肯定足够了。

　　我们可以把光当作物质最纤细的形式。确实,量子力学的基本信念之一就是,光和物质粒子二者都显示同样的波粒二象性。正如量子理论的奠基者之一薛定谔（Erwin C. Schrödinger,1887—1961）说的：

> 在新的观念结构中,（粒子和波之间的）区别消失了,因为人们发现一切粒子也都具有波动性,反之亦然。两个概念一个也不必抛弃,必须把它们结合起来。到底显露哪个侧面,并不取决于物理客体,而取决于用来考察它的实验装置。[1]

　　量子力学处理方法将一个波动方程与一个粒子相联系,不管这个粒子是光子、电子、质子还是别的什么粒子。在实物粒子的情况下,波动性是通过名叫薛定谔方程的场方程式引入的。对于光,其波动本性已经通过麦克斯韦的经典电磁场方程组形式表示出来。由此出发,可以建立光子及其与电荷相互作用的量子力学理论。光的二象性由以下事实证明：它以波的形式在空间传播,然而在发射和吸收过程中显示出粒子般的行为。电磁辐射能的产生和消失是以量子或光子发生的,而不是像一个经典波动那样连续地发生。然而它穿过透镜、小孔、或一组狭缝的运动,是受波动特性支配的。如果在宏观世界中我们不熟悉这种行为,那是因为一个物体的波长与它的动量成反比（第 78 页）,因而哪怕是一粒有微小运动的沙子,它的波长也是如此之小,以致在任何可想象的实验中都无法辨识。

　　光子质量为零,可以设想在一束光中有数目极大的低能光子。在这个模型里,密集的光子流的平均作用是产生完全确定的经典场（第 71 页）。我们可以把它与在拥挤时刻通过火车站的客流做一粗略类比。每名旅客的个体行为大致像是一个人类量子,但是所有的旅客有同样的意向,并且走的路线十分相近。对远处的一个近视眼观察者来说,有一股像是平滑并且连续的流动。一天天的客流整体行为是可以预测的,因此每个旅客的精确运动并不重要,至少对观察者而言不重要。大量光子输送的能量,平均而言,等价于一个经典电磁波传送的能量。由于这些原因,电磁现象的经典场表示已是并且将继续是非常有用的表示。但是应当知

---

[1] 来源：E. C. Schrödinger, *Science Theory and Man*, Dover Publications, New York, 1957.

道，电磁波的表观连续本性，只是宏观世界的一个假象，正如普通物质的表观连续本性是假象一样——事情没这么简单。

于是，非常实用地，我们可以认为光是一个经典电磁波，但是心里要记住：存在一些情况，对这些情况，光的这种描述方法不适用。

3.1　电磁理论的基本定律

在这一节，我们打算复习和展开理解电磁波概念需要的一些观念。

从实验得知，即使真空中的分开的电荷彼此仍受到相互作用。回忆我们熟悉的静电演示实验：一个木髓球能够感觉到一根带电棒的存在而并没有实际接触它。作为一个可能的解释，我们可以猜想每个电荷发射（并吸收）一股没有被检测出的粒子（虚光子）流。可以认为，电荷相互作用的方式就是电荷之间交换这种粒子。换种方式，我们也可以采用经典的处理方法，想象每个电荷都被称为电场的某种东西包围着。然后我们只需假设，每个电荷与它沉浸在其中的电场直接相互作用。于是，如果一个点电荷 q 受一个力 $\vec{\mathbf{F}}_E$，则电荷所在位置上的**电场强度 $\vec{\mathbf{E}}$** 就由 $\vec{\mathbf{F}}_E = q \cdot \vec{\mathbf{E}}$ 定义。此外，我们还观察到，一个运动电荷还受有另一个力 $\vec{\mathbf{F}}_M$，这个力与运动电荷的速度 $\vec{\mathbf{v}}$ 成正比。这就使我们还要定义另一个场，即**磁感应强度**或简称**磁场 $\vec{\mathbf{B}}$**，使 $\vec{\mathbf{F}}_M = q \cdot \vec{\mathbf{v}} \times \vec{\mathbf{B}}$。如果同时产生 $\vec{\mathbf{F}}_E$ 和 $\vec{\mathbf{F}}_M$ 两个力，那么电荷是在穿过一个既有电场又有磁场的空间区域运动，因此 $\vec{\mathbf{F}} = q \cdot \vec{\mathbf{E}} + q \cdot \vec{\mathbf{v}} \times \vec{\mathbf{B}}$。$\vec{\mathbf{E}}$ 的单位是伏特/米或牛顿/库仑，$\vec{\mathbf{B}}$ 的单位是特斯拉。

我们将会看到，电场既由电荷产生，又由时变的磁场产生。类似地，磁场既由电流产生，又由时变的电场产生。$\vec{\mathbf{E}}$ 和 $\vec{\mathbf{H}}$ 的这种相互依赖性是描述光的关键。

3.1.1　法拉第感应定律

"将磁转化为电"，这是法拉第 1822 年在他的记事本上草草写下的一句话，是他对自己提出的一个挑战，他对此信心满满，似乎能轻而易举地实现。在做了几年别的方面的研究之后，法拉第于 1831 年回到电磁感应问题上来。他的第一台仪器是缠在一根木头轴上的两个线圈（图 3.1a）。一个叫初级线圈，与电池和开关相连；另一个叫次级线圈，接到电流计上。他发现，每当开关合上那一瞬间，电流计就会偏转，然后几乎立即回到零，尽管定常电流仍然在初级线圈中流动。而每当开关拉开，切断初级电流，次级电路中电流计的指针就会在那一瞬间向反方向摆动，然后迅速回到零。

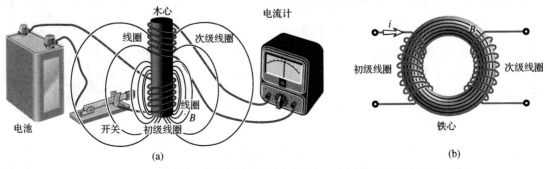

图 3.1　（a）电流在一个线圈中开始流动产生一个时变磁场，它在另一线圈中感应出一个电流。（b）铁心将初级线圈和次级线圈耦合起来

法拉第把两个线圈绕在一个软铁环的相对两边上（图 3.1b），想要用一个铁心来集中"磁力"。现在这个效应绝不会搞错——一个变化的*磁场*产生一个电流。的确，他接着发现，变化是电磁感应的最实质性的因素。

将一根磁铁插进一个线圈，法拉第表明在线圈两端之间有一个电压——又叫感生电动势，电动势的英文简写是 emf。而且，这个电动势的振幅依赖于磁铁运动多快。感生电动势依赖于穿过线圈的 B 的变化率，而不是依赖于 B 本身。一块运动快的弱磁铁，比一块运动缓慢的强磁铁，能够感生更大的电动势。

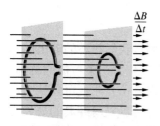

同一个变化的 B 场穿过两个不同的导线环路，像图 3.2 中那样，则较大的环路两端的感生电动势更大。换句话说，在 B 场变化的地方，感生电动势与 B 场垂直穿过的环路面积 A 成正比。若环路越来越倾斜，如图 3.3，那么垂直于磁场的面积 $A_\perp$ 将按 $A\cos\theta$ 变化。当 $\theta = 90°$，感生电动势为 0，这时没有 B 场穿过环路；当 $\Delta B/\Delta t \neq 0$，电动势 $\propto A_\perp$。反定理也成立：**当磁场恒定，感生电动势正比于磁场垂直穿过的环路面积的变化率**。若一个线圈在一个恒定磁场中盘旋或自转或者甚至被压扁，使得起初磁场垂直穿过

图 3.2　穿过更大的环路的时变的磁通量更大，在环路两端感生更大的emf

的面积发生变化，就会有一个感生电动势正比于 $\Delta A_\perp/\Delta t$，此外它还正比于 B。总结就是，当 $A_\perp =$ 常数，emf $\propto A_\perp \Delta B /\Delta t$，而当 $B =$ 常数，emf $\propto B\Delta A_\perp/\Delta t$。

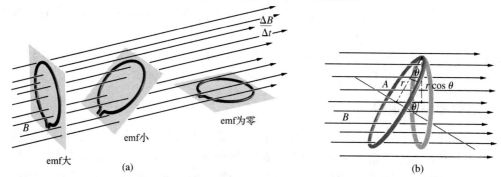

图 3.3　（a）感生电动势正比于磁场垂直穿过的面积。（b）这个垂直于磁场的面积随 $\cos\theta$ 变化

上面的讨论表明，感生电动势依赖于 $A_\perp$ 和 B 二者的变化率，也就是说，依赖于它们的乘积的变化率。这应当将我们引到场的通量——场与它垂直穿过的环路面积的乘积——的观念。因此，穿过导线环路的**磁场通量**为

$$\Phi_M = B_\perp A = BA_\perp = BA\cos\theta$$

更普遍地，若 B 在空间变化——事实上很可能是这样，那么穿过由导电环路包围的任何非闭合面 A 的磁场通量为（图 3.4）

$$\Phi_M = \iint_A \vec{\mathbf{B}} \cdot \mathrm{d}\vec{\mathbf{S}} \qquad (3.1)$$

其中，$\mathrm{d}\vec{\mathbf{S}}$ 垂直于曲面朝外。于是环路上的感生电动势为

$$\mathrm{emf} = -\frac{\mathrm{d}\Phi_M}{\mathrm{d}t} \qquad (3.2)$$

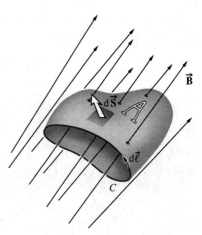

图 3.4　穿过一个以闭合曲线 C 为边界的非闭合曲面 A 的 $\vec{\mathbf{E}}$ 场

负号告诉我们，感生电动势将驱动一个感生电流，它将生成一个感生磁场，反对原先引发它的通量变化。如果感生磁场不反对通量改变，这个改变将会无穷尽地增大。不过，我们不应过多陷入导线、电流和电动势的图像。我们现在关心的是电场和磁场本身。

用非常一般的术语来说，电动势是一个电势差，它是单位电荷的势能之差。每单位电荷的势能之差相当于对单位电荷做的功，它是每单位电荷受的力乘距离，即电场乘距离。电动势只当有电场出现时才存在：

$$\text{emf} = \oint_C \vec{E} \cdot \mathrm{d}\vec{\ell} \tag{3.3}$$

积分沿着对应于环路的闭合曲线 C 进行。令（3.2）式等于（3.3）式，并利用（3.1）式，我们得到

$$\oint_C \vec{E} \cdot \mathrm{d}\vec{\ell} = -\frac{d}{dt} \iint_A \vec{B} \cdot \mathrm{d}\vec{S} \tag{3.4}$$

其中的点积给出了 $\vec{E}$ 平行于路径 C 的大小和 $\vec{B}$ 垂直于曲面 A 的大小。注意 A 不是闭合曲面[在（3.7）式及（3.9）式中则是]。

我们的讨论从考察一个导电环路开始，最后得出（3.4）式；这个式子里，除了积分路径 C 外，不涉及物理环路。事实上，积分路径可以任意选择，并不需要选在导体内或靠近导体的任何地方。（3.4）式中的电场不是由电荷的出现产生的，而是由时变的磁场产生的。这个电场由于没有电荷作为场的源和壑，因此其力线自身闭合，形成闭环（图 3.5）。想象空间有一导电回路，有正在增大的磁场通量垂直穿过它，可以判定感生 E 场的方向。回路内的 E 场一定是这样的：它驱动一个感生电流，根据楞次定律，这个电流（朝下看沿反时针方向流动）产生一个方向向下的感生磁场，反对方向朝上的磁通量增大。

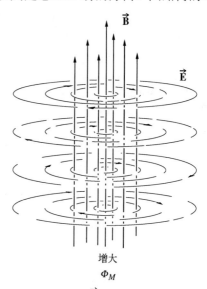

我们感兴趣的是在没有导线回路的空间里传播的电磁波，磁通量改变是因为 $\vec{B}$ 的改变。这时感应定律（3.4）式可改写为

$$\oint_C \vec{E} \cdot \mathrm{d}\vec{\ell} = -\iint_A \frac{\partial \vec{B}}{\partial t} \cdot \mathrm{d}\vec{S} \tag{3.5}$$

对 t 取偏微商是因为 $\vec{B}$ 通常也是空间变量的函数。这个式子本身就很有意思，因为它表明**一个随时间变的磁场伴随有一个电场**。

任何一个场中沿一条闭合路径的线积分叫做这个场的**环量**。这里的这个环量等于让一个单位电荷在路径 C 上绕行一周对这个电荷做的功。

图 3.5　一个时变的 $\vec{B}$ 场。围绕 Φ_M 正在变化的每一点，$\vec{E}$ 场构成封闭环路。想象一个被 $\vec{E}$ 推动的电流。它将感生一个 $\vec{B}$ 场，方向向下，反对引发它的向上 $\vec{B}$ 场的增大

3.1.2　电场的高斯定律

电磁学的另外一个基本定律以德国数学家高斯（Karl Friedrich Gauss，1777—1855）的名字命名。高斯定律说的是电场通量与这个通量的源——电荷之间的关系。这些观念来自流体动力学，场的概念和通量的概念二者都是在那里引入的。流体的流动由其速度场表示，将它通过流线描绘出来，与通过电力线描绘电场很相似。图 3.6 中画的是一团运动流体的一部分，

高斯

其中有一个由假想的闭合曲面隔离出的区域。排放速率，或体积流量（Av），是单位时间流过管中一点的流体体积。穿过两个端面的体积流量大小相等——每秒流进来多少也流出去多少。在全部表面上相加得到的流体净流量（流入加流出）等于零。但是，若将一细管插入要么吸吮流体要么排放流体的区域（前者为壑，后者为源），净流量将不为零。

将这些观念应用于电场，考虑位于某任意电场中的一个想象的闭合区域 A，如图 3.7 中所示。取穿过 A 的电场通量为

$$\Phi_E = \oiint_A \vec{E} \cdot d\vec{S} \tag{3.6}$$

带圈的重积分号用来提示积分曲面是闭合的。矢量 $d\vec{S}$ 在向外的法线方向。当闭合面包围的区域内没有电场的源或壑时，穿过表面的净流量等于零——这是对一切这样的场的一条普遍规则。

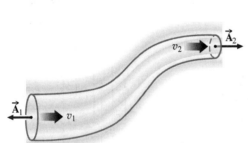

图 3.6　流体流动的一根流管。注意端面上的面积矢量都指向外

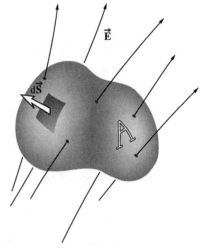

图 3.7　穿过一个封闭区域 A 的 $\vec{E}$ 场

为了求出内部有源和壑出现时发生的情况，考虑一个半径为 r 的球面，它以真空中的一个正电荷 $q.$ 为球心，包围着这个正电荷。E 场在各处都沿径向向外，并且在任何距离 r 上它都垂直于表面：$E = E_\perp$，因此

$$\Phi_E = \oiint_A E_\perp \, dS = \oiint_A E \, dS$$

而且，由于 E 在这个球面上为常数，可以将它提出积分号：

$$\Phi_E = E \oiint_A dS = E 4\pi r^2$$

但是我们从库仑定律知道，点电荷的电场是

$$E = \frac{1}{4\pi\epsilon_0} \frac{q.}{r^2}$$

因此

$$\Phi_E = \frac{q.}{\epsilon_0}$$

这是闭合曲面内的单个点电荷 $q.$ 的电通量。由于一切电荷分布都由点电荷组成，合理的推论

是，处于任何封闭区域中的多个电荷产生的净通量是

$$\Phi_E = \frac{1}{\epsilon_0} \sum q.$$

合并上面两个关于 Φ_E 的等式，我们得到**高斯定律**：

$$\oiint_A \vec{E} \cdot d\vec{S} = \frac{1}{\epsilon_0} \sum q.$$

这个式子告诉我们，若从空间某一体积出来的电场通量比进入这个体积的通量多，则这个体积里必定包含有净正电荷；若出来的电场通量少于进入的，则这个区域里必定有净负电荷。

　　为了应用微积分，应当将电荷分布近似为连续分布。这时若 A 包围的体积为 V，电荷分布密度为 ρ，高斯定律就变成

$$\oiint_A \vec{E} \cdot d\vec{S} = \frac{1}{\epsilon_0} \iiint_V \rho\, dV \tag{3.7}$$

这个电场是电荷产生的，穿过任何闭合表面的净电场通量正比于闭合面包围的总电荷。

电容率

　　对于真空的特殊情况，自由空间的电容率为 $\epsilon_0 = 8.8542 \times 10^{-12}$ C²/N·m²。ϵ_0 之值是由它的定义决定的，这个怪诞的数值更多的是单位选择的结果，而不是对真空本性的什么洞察。如果将电荷嵌在某种实物介质中，那么该介质的电容率 ϵ 将替代 ϵ_0 出现在（3.7）式中。（3.7）式中的电容率的一个功能当然是让等式两边的单位匹配，但是这个概念对描述平行板电容器（见 3.1.4 节）是基础性概念。在那里，ϵ 是器件的电容值与其几何特性之间的一个比例常数，与介质有关。的确，ϵ 常常这样测量：将待测材料放在一个电容器里。在概念上，电容率使介质的电学行为具体化了：它在某种意义上是材料被它所处的电场渗透到何种程度的一个量度，或者如果你喜欢，也可以说是介质"容许"有多大电场的一个量度。

　　在这个题目发展的早期，不同地区的人使用不同的单位制，这种事态引起了明显的困难。这需要列表给出 ϵ 在每种不同的单位制中的数值，说得最好听这也是浪费时间。关于物质的密度有同样的问题，通过使用比重（即密度之比）干净利落地避免了这个问题。因此，好的做法不是列出不同物质的 ϵ_0 值，而是列出一个有关的新物理量的值，它与单位制无关。于是，我们定义 K_E 等于 ϵ / ϵ_0。它叫**介电常数**（或相对电容率），这个量很合用，是无单位的。于是一种材料的电容率可以用 ϵ_0 表示为

$$\epsilon = K_E \epsilon_0 \tag{3.8}$$

当然，真空的 K_E 为 1.0。

　　我们对 K_E 的兴趣预示，电容率与介电材料（如玻璃、空气、石英等）中的光速有关。

3.1.3　磁场的高斯定律

　　我们现在还不知道有与电荷对应的磁荷存在，从来没有发现过孤立的磁极，尽管人们曾对它进行过广泛的搜寻，甚至在月球土壤样品中。不像电场，磁场 $\vec{B}$ 不是发散自或会聚到某一磁荷（一个磁单极子源或壑）。磁场可以通过电流分布描述。的确，我们可以把一个基元磁体想象成一个小的电流回路，其中 $\vec{B}$ 的力线是连续的和闭合的。因此，对磁场区域内的任何封闭曲面，进入和出来的 $\vec{B}$ 的力线数目应当相等（图 3.8）。这种情况的产生，是由于在被包

围的体积内没有任何磁单极。穿过这样一个闭合面的磁场
通量Φ_M为零，我们得到等效的磁场高斯定律：

$$\Phi_M = \oiint_A \vec{B} \cdot d\vec{S} = 0 \qquad (3.9)$$

3.1.4 安培环路定律

　　另一个我们会很感兴趣的方程与安培（André Marie
Ampère，1775—1836）相联系。这个方程叫环路定律，它
的物理起源有点模糊，我们得花点功夫做些说明，不过这
是值得的。想象真空中一条载有电流的直导线和环绕它的
圆形 B 场（图 3.9）。我们从实验得知，一条载有电流 i 的
直导线的磁场是 $B = \mu_0 i/2\pi r$。现在，让我们在时间中退回
19 世纪，那时人们通常认为有磁荷 q_m 存在。让我们这样定

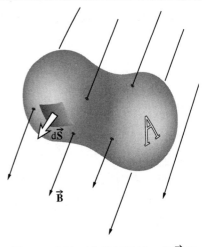

图 3.8　穿过一个封闭区域 A 的 $\vec{E}$ 场

义这个单极磁荷：它在磁场 B 中受有一个力等于 $q_m B$，方向在 B 的方向，就像电荷 q_e 在电场
E 中受力 $q_e E$ 那样。假设我们将这个追求指北的磁单极子带
到一条以载流导线为圆心并垂直于导线的闭合圆形轨道上
围绕导线运转，求这个过程中所做的功。由于力的方向因 $\vec{B}$
的方向改变而改变，我们必须将圆形轨道分成小段 $\Delta\ell$，将每
一小段上做的功求和。功等于力的平行于位移的分量乘以位
移：$\Delta W = q_m B_\parallel \Delta\ell$，场做的总功为 $\sum q_m B_\parallel \Delta\ell$。这时 $\vec{B}$ 处处与
轨道相切，所以 $B_\parallel = B = \mu_0 i/2\pi r$，它在圆周上是一常数。由

图 3.9　环绕一条载流导线的 $\vec{B}$ 场

于 q_m 和 B 二者为常数，求和变成

$$q_m \sum B_\parallel \Delta\ell = q_m B \sum \Delta\ell = q_m B 2\pi r$$

其中，$\sum \Delta\ell = 2\pi r$ 是圆形轨道的周长。

　　若我们将 B 以其电流表示式 $\mu_0 i/2\pi r$ 代入，它与 r 成反比，于是半径就被抵消——做的功
与在哪一条圆形轨道上无关。由于垂直于 $\vec{B}$ 行走时不做功，因此若我们沿着半径移动 q_m（从
导线向外或从外朝向导线），在我们绕导线转圈时把它从一个圆周搬到另一个圆周上，做的功
必定相同。的确，W 与路径完全无关——在围绕电流的任何闭合路径上做的功都相同。将 B
的电流表示式代入，得

$$q_m \sum B_\parallel \Delta\ell = q_m (\mu_0 i/2\pi r) 2\pi r$$

消掉"磁荷"q_m，我们得到相当引人注目的表示式

$$\sum B_\parallel \Delta\ell = \mu_0 i$$

这个式子的求和可在围绕电流的任何闭合路径上进行。磁荷不见了，这很好，因为我们不再
指望能够用一个磁单极子做这个小小的思想实验了。物理学仍然内部和谐，这个方程仍然成
立，不论有没有磁单极子。而且，如果闭合轨道包围的不只是一根载流导线，各个电流的磁
场将会叠在一起并相加，得到一个总磁场。这个方程对单个磁场成立，对总磁场也必定成立。
于是

$$\sum B_\parallel \Delta\ell = \mu_0 \sum i$$

随着 $\Delta\ell \to 0$，求和变成绕一闭合路径的积分：

$$\oint_C \vec{B} \cdot \mathrm{d}\vec{\ell} = \mu_0 \sum i$$

今天把这个方程叫做**安培定律**，虽然有一段时间它曾被称为"工作定则"。它把 $\vec{B}$ 沿一闭合曲线 C 的切向分量的线积分，与通过 C 包围的区域的总电流 i 联系起来。

当电流有一非均匀截面时，安培定律右边写成电流密度或单位面积上的电流 J 在截面面积上积分：

$$\oint_C \vec{B} \cdot \mathrm{d}\vec{\ell} = \mu_0 \iint_A \vec{J} \cdot \mathrm{d}\vec{S} \tag{3.10}$$

非封闭面 A 以 C 为周界（图 3.10）。量 μ_0 叫做**自由空间**的**磁导率**，它定义为 $4\pi \times 10^{-7}\,\text{N·s}^2/\text{C}^2$。当电流是在实物介质中时，出现在（3.10）式中的将是介质的磁导率 μ。像（3.8）式中一样，

$$\mu = K_M \mu_0 \tag{3.11}$$

其中 K_M 是无量纲的相对磁导率。

虽然方程（3.10）常常已经够用了，但是它还不是全部。安培定律并不对所用的面作什么特别规定，只要它以曲线 C 为周界即可。这在对电容器充电时会产生一个明显的问题（见图 3.11a）。若选用的面是图中的平坦面 A_1，有一个净电流流过它，沿曲线 C 有一个 $\vec{B}$ 场。方程（3.10）右边不为零，因此左边也不为零。但是若选用 A_2 为以 C 为周界的面，那么没有净电流流过它，磁场必须为零，尽管并没有什么物理情况实际发生变化。显然有什么事不对头！

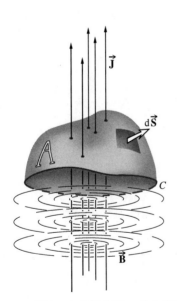

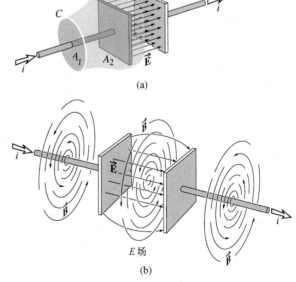

图 3.10　穿过一个非闭合面 A 的电流密度

图 3.11　（a）安培定律并不在乎以路径 C 为边界的面是 A_1 还是 A_2。但是，有电流穿过 A_1，而没有电流穿过 A_2，这意味着有什么东西大错特错。（b）在电容器极板间的空隙中，$\vec{B}$ 场伴随着一个时变 $\vec{E}$ 场

运动电荷不是磁场唯一的源。一个电容器充电或放电时，在电容器极板之间的区域里可以测量到一个 $\vec{B}$ 场（图 3.11b），这个场同引线周围的磁场无法区分，虽然并没有电流实际流过电容器。但是，注意，若 A 是电容器每块极板的面积，Q 是极板上的电荷，则

$$E = \frac{Q}{\epsilon A}$$

当电荷变化时，电场也变化，两边对时间求导数，得

$$\epsilon \frac{\partial E}{\partial t} = \frac{i}{A}$$

$\epsilon(\partial E/\partial t)$实际上是一个电流密度。麦克斯韦假设确实存在这样一个机制，他称之为位移电流密度[①]，其定义为

$$\vec{\mathbf{J}}_D \equiv \epsilon \frac{\partial \vec{\mathbf{E}}}{\partial t} \qquad (3.12)$$

于是安培定律重新表述为

$$\oint_C \vec{\mathbf{B}} \cdot \mathrm{d}\vec{\ell} = \mu \iint_A \left(\vec{\mathbf{J}} + \epsilon \frac{\partial \vec{\mathbf{E}}}{\partial t} \right) \cdot \mathrm{d}\vec{\mathbf{S}} \qquad (3.13)$$

这是麦克斯韦最伟大的贡献之一。它表明，即使$\vec{\mathbf{J}} = 0$，一个时变的$\vec{\mathbf{E}}$场也伴随有一个$\vec{\mathbf{B}}$场（图 3.12）。

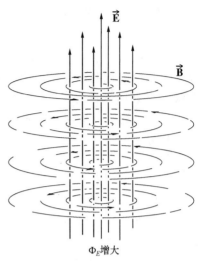

Φ_E增大

图 3.12　一个时变的$\vec{\mathbf{E}}$场。环绕Φ_E发生变化的每一点，$\vec{\mathbf{B}}$场形成闭环。考虑（3.12）式，一个增大的方向朝上的电场等价于一个向上的位移电流。按照右手定则，感生$\vec{\mathbf{B}}$场的方向为向下看时是逆时针旋转

3.1.5　麦克斯韦方程组

由方程（3.5）、（3.7）、（3.9）和（3.13）给出的一组积分表示式叫做麦克斯韦方程组。记住，这些方程是实验结果的概括。麦克斯韦方程组的最简单表述应用于自由空间中的电场和磁场的行为，这时$\epsilon = \epsilon_0$及$\mu = \mu_0$。假设没有电流，附近也没有电荷，因此ρ和$\vec{\mathbf{J}}$都为零。在这种情况下

$$\oint_C \vec{\mathbf{E}} \cdot \mathrm{d}\vec{\ell} = -\iint_A \frac{\partial \vec{\mathbf{B}}}{\partial t} \cdot \mathrm{d}\vec{\mathbf{S}} \qquad (3.14)$$

$$\oint_C \vec{\mathbf{B}} \cdot \mathrm{d}\vec{\ell} = \mu_0 \epsilon_0 \iint_A \frac{\partial \vec{\mathbf{E}}}{\partial t} \cdot \mathrm{d}\vec{\mathbf{S}} \qquad (3.15)$$

$$\oiint_A \vec{\mathbf{B}} \cdot \mathrm{d}\vec{\mathbf{S}} = 0 \qquad (3.16)$$

$$\oiint_A \vec{\mathbf{E}} \cdot \mathrm{d}\vec{\mathbf{S}} = 0 \qquad (3.17)$$

我们看到，除了一个相乘的标量因子外，电场和磁场以明显的对称性出现在上面的方程中。$\vec{\mathbf{E}}$怎样影响$\vec{\mathbf{B}}$，$\vec{\mathbf{B}}$反过来也怎样影响$\vec{\mathbf{E}}$。数学对称性隐含着大量的物理对称性。

若一个矢量与空间区域每一点有关系，我们就有了一个所谓的**矢量场**；电场和磁场都是矢量场。上面写出的麦克斯韦方程组用沿闭合曲线计算的线积分和在空间广延区域上计算的面积分描述这些场。反过来，每个麦克斯韦方程也可以用空间确定点上的导数来重新表述，这将提供全新的视角。要这样做（我们只扼述一下，更严格的处理见附录1），考虑矢量微分算符 del，它的符号是倒三角形∇，在直角坐标系中它是

$$\vec{\boldsymbol{\nabla}} = \hat{\mathbf{i}} \frac{\partial}{\partial x} + \hat{\mathbf{j}} \frac{\partial}{\partial y} + \hat{\mathbf{k}} \frac{\partial}{\partial z}$$

[①] A. M. Bork 在一篇文章里考察了麦克斯韦本人关于这一机制的话和想法，见 *Am. J. Phys.* 31, 854（1963）。顺便提一句，麦克斯韦的名字 Clerk 的发音是 clark。

这个算符可以作用在一个矢量场上，通过点乘产生一个标量，或通过叉乘产生一个矢量。比如与 $\vec{\mathbf{E}} = E_x\hat{\mathbf{i}} + E_y\hat{\mathbf{j}} + E_z\hat{\mathbf{k}}$ 点乘

$$\vec{\boldsymbol{\nabla}} \cdot \vec{\mathbf{E}} = \left(\hat{\mathbf{i}}\frac{\partial}{\partial x} + \hat{\mathbf{j}}\frac{\partial}{\partial y} + \hat{\mathbf{k}}\frac{\partial}{\partial z}\right) \cdot (E_x\hat{\mathbf{i}} + E_y\hat{\mathbf{j}} + E_z\hat{\mathbf{k}})$$

这叫做矢量场 $\vec{\mathbf{E}}$ 的**散度**（divergence，符号为 div）。

$$\mathrm{div}\,\vec{\mathbf{E}} = \vec{\boldsymbol{\nabla}} \cdot \vec{\mathbf{E}} = \frac{\partial E_x}{\partial x} + \frac{\partial E_y}{\partial y} + \frac{\partial E_z}{\partial z}$$

这个名字是英国伟大的电气工程师兼物理学家赫维赛（Oliver Heaviside，1850—1925）取的。$\vec{\mathbf{E}}$ 的散度是 E_x 沿 x 轴的变化率加 E_y 沿 y 轴的变化率加 E_z 沿 z 轴的变化率。它可以为正，也可以为负或为零。上面的式子告诉我们如何计算散度，但是它对阐发散度的物理意义并没有帮助。

　　一股运动的流体，比一个静电场更容易直观摹想，肯定也更好讲述，它们的图像很容易搞混。思索它们的最好方式是，用图表示出一个处于平稳流动状态的流体场，然后用你的心灵眼睛给它照个像；由某一电荷分布引起的电场与这幅静态图像很相似。不严谨地说，一个正散度引起一个疏散，引起一个场离开一个具体位置向远处散开。在一个场中的任何一点，如果离开这一点的"流"大于向这一点的"流"，此处就有一个散度并且是正的。如我们用高斯定律看到的，一个源产生一个穿过包围这个源的闭合曲面的净通量，类似地，空间一点上的一个源（一个正电荷）在该点产生一个正的散度。

　　一个场的散度可能不太明显，因为它既依赖于场的强度，还依赖于场是倾向于向感兴趣的点会聚还是从这一点散开。例如，考虑在 P_1 点有一个正电荷。电场向外"流"——我们在这里极不严格地用"流"这个字——在 P_1 点有一个正散度。但是在 P_1 之外的周围空间里任何地方的某个 P_2 点上，电场确实按照 $1/r^2$ 向外伸展（贡献一个正散度），但它同时又按照 $1/r^2$ 减弱（贡献一个负散度）。总的结果是，在点电荷之外的每个地方，$\mathrm{div}\,\vec{\mathbf{E}}$ 为零。场并不试图从它穿经的周围空间中的任一点发散。这个结论可以推广：电场的散度不为零只发生在有电荷的位置上。

　　再一次不严谨地说，通量是和穿过一个曲面的净"流"相联系的，而散度是和离开一点的净"流"相联系的。它们可以通过矢量场的散度的另一个奇妙的数学定义捆绑在一起，这个定义就是

$$\lim_{\Delta V \to 0}\frac{1}{\Delta V}\oiint_A \vec{\mathbf{E}} \cdot \mathrm{d}\vec{\mathbf{S}} = \mathrm{div}\,\vec{\mathbf{E}} = \vec{\boldsymbol{\nabla}} \cdot \vec{\mathbf{E}}$$

换句话说，在矢量场中取任意一点，用一个小的封闭曲面（面积为 A，体积为 ΔV）围着它。写出穿过 A 的场的净通量的表示式——就是上面的二重积分。现在将净通量除以 A 所包围的体积，以得到单位体积的通量；然后将这个体积收缩为一点，场在这一点的散度会有什么结果？当曲面变得很小很小时，可以停止收缩过程，看净通量是正的还是负的，或者是零；如果接着再继续收缩，在极限下散度将相应为正、负或零。因此，通量和散度的确是紧密联系的概念。

　　从高斯定律的积分形式（3.7）式可得，净通量等于被围的净电荷。除以体积得到该点的**电荷密度** ρ。于是**电场的高斯定律的微分形式**是

$$\vec{\boldsymbol{\nabla}} \cdot \vec{\mathbf{E}} = \frac{\rho}{\epsilon_0} \qquad\qquad \text{[A1.9]}$$

如果知道 $\vec{\mathbf{E}}$ 场在空间如何逐点变化，就能够决定任何一点的电荷密度，反之亦然。

以很相同的方式，磁场的高斯定律的积分形式（3.9）式连同没有磁荷的事实，给出**磁场的高斯定律的微分形式**：

$$\vec{\nabla} \cdot \vec{B} = 0 \qquad [A1.10]$$

磁场在空间任何一点的散度为零。

现在我们再回到法拉第定律 [（3.14）式]，目的是生成它的微分形式。我们还记得，这个定律告知我们，时变的 B 场永远伴随有一个 E 场，其力线自身是闭合的。（3.14）式的左边是电场的环量。为了完成这一重新表述，需要用一个微分算符，麦克斯韦称之为矢量场的**旋度**（英文为 **curl**），因为它揭示了场的绕空间一点回旋的倾向。旋度算符用矢量符号 $\vec{\nabla} \times$ 表示，读作 "del 叉乘"。在直角坐标系中，它的表示式是

$$\vec{\nabla} \times \vec{E} = \left(\hat{\mathbf{i}}\frac{\partial}{\partial x} + \hat{\mathbf{j}}\frac{\partial}{\partial y} + \hat{\mathbf{k}}\frac{\partial}{\partial z} \right) \times (E_x\hat{\mathbf{i}} + E_y\hat{\mathbf{j}} + E_z\hat{\mathbf{k}})$$

相乘后得到

$$\vec{\nabla} \times \vec{E} = \left(\frac{\partial E_z}{\partial y} - \frac{\partial E_y}{\partial z} \right)\hat{\mathbf{i}} + \left(\frac{\partial E_x}{\partial z} - \frac{\partial E_z}{\partial x} \right)\hat{\mathbf{j}} + \left(\frac{\partial E_y}{\partial x} - \frac{\partial E_x}{\partial y} \right)\hat{\mathbf{k}}$$

每一括号项表示 E 场环绕该项的单位矢量回转的倾向。于是第一项表示场在 yz 平面内环绕通过空间一特定点的 $\hat{\mathbf{i}}$ 单位矢量的环量。总的环量是三个分量的矢量和。

回到法拉第定律，可以理解电场的环量与其旋度之间的数学关系。为此，考虑 E 场中一点 P，它处在一个以闭合曲线 C 为周界的小面积 ΔA 上。场的环量由（3.14）式左边给出，右边则是一个面积分。将线积分除以面积 ΔA，得出单位面积的环量。我们要的是场环绕这一点回转的倾向，因此，让 C 因而还有 ΔA 收缩到 P 点。即，使 C 变得无穷小，于是单位面积的环量就变成旋度：

$$\lim_{\Delta A \to 0} \frac{1}{\Delta A} \oint_C \vec{E} \cdot d\vec{\ell} = \text{curl } \vec{E} = \vec{\nabla} \times \vec{E}$$

虽然我们没有实际证明（留到附录 A），但从（3.14）式可以预测，**法拉第定律的微分形式**是

$$\vec{\nabla} \times \vec{E} = -\frac{\partial \vec{B}}{\partial t} \qquad [A1.5]$$

在静电学中，E 场的力线开始与终止于电荷，它们自身不闭合，没有环量。因此，任何静电场的旋度为零。只有时变 B 场产生的 E 场旋度才不为零。

实质相同的论据可以用于安培定律，简单起见，只看真空中的情形 [（3.15）式]。这个方程处理的是时变的 E 场引发的磁场的环量。与上面的讨论相似，**安培定律的微分形式**是

$$\vec{\nabla} \times \vec{B} = \mu_0\epsilon_0 \frac{\partial \vec{E}}{\partial t}$$

这些矢量公式异常简洁，很好记。在直角坐标系中，它们实际上对应于下面 8 个微分方程：

法拉第定律：

$$\frac{\partial E_z}{\partial y} - \frac{\partial E_y}{\partial z} = -\frac{\partial B_x}{\partial t} \qquad (\text{i})$$

$$\frac{\partial E_x}{\partial z} - \frac{\partial E_z}{\partial x} = -\frac{\partial B_y}{\partial t} \qquad (\text{ii}) \qquad\qquad (3.18)$$

$$\frac{\partial E_y}{\partial x} - \frac{\partial E_x}{\partial y} = -\frac{\partial B_z}{\partial t} \qquad (\text{iii})$$

安培定律：

$$\frac{\partial B_z}{\partial y} - \frac{\partial B_y}{\partial z} = \mu_0 \epsilon_0 \frac{\partial E_x}{\partial t} \qquad \text{(i)}$$

$$\frac{\partial B_x}{\partial z} - \frac{\partial B_z}{\partial x} = \mu_0 \epsilon_0 \frac{\partial E_y}{\partial t} \qquad \text{(ii)} \qquad\qquad (3.19)$$

$$\frac{\partial B_y}{\partial x} - \frac{\partial B_x}{\partial y} = \mu_0 \epsilon_0 \frac{\partial E_z}{\partial t} \qquad \text{(iii)}$$

磁场的高斯定律：

$$\frac{\partial B_x}{\partial x} + \frac{\partial B_y}{\partial y} + \frac{\partial B_z}{\partial z} = 0 \qquad\qquad (3.20)$$

电场的高斯定律：

$$\frac{\partial E_x}{\partial x} + \frac{\partial E_y}{\partial y} + \frac{\partial E_z}{\partial z} = 0 \qquad\qquad (3.21)$$

现在我们有了理解电磁波的传播这个宏伟过程所需的全部知识了。在这个过程中，电场和磁场不可分地耦合在一起，互相支持，作为一个整体在空间传播，没有电荷和电流，不依靠实物，也不依靠以太。

3.2　电磁波

我们将对电磁波方程的完整和数学上优美的推导放在附录 A 中。这里将注意力集中在一个同等重要的任务上：更直观地理解涉及的物理过程。容易看到三点：场的普遍的直交性、麦克斯韦方程组的对称性和这些方程中 $\vec{E}$ 和 $\vec{B}$ 的互相依赖性。从这三点，我们容易建立一幅定性图像。

在学习电学和磁学时，很快就会知道，一些关系是用矢量叉乘规则即右手法则描述的。换句话说，一种事物的出现会引起一个与之相联系的、在垂直方向上的响应。立即看到的是，一个时变的 $\vec{E}$ 场产生一个 $\vec{B}$ 场，它处处垂直于 $\vec{E}$ 的变化的方向（图 3.12）。同样，一个时变的 $\vec{B}$ 场产生一个 $\vec{E}$ 场，它也处处垂直于 $\vec{B}$ 变化的方向（图 3.5）。因此，我们可以预料到电磁扰动中 $\vec{E}$ 场和 $\vec{B}$ 场普遍的横场特性。

考虑一个电荷，某一原因使它从静止状态加速运动。电荷未运动时，它与一个恒定的径向电场相联系，假设场在一切方向上延伸到无穷远（其含义暂且不论）。在电荷开始运动的瞬刻，电荷邻近的 $\vec{E}$ 场发生变化，这个变化以某个有限速率向外传播。时变的电场按照（3.15）式或（3.19）式感生一个磁场。如果电荷的速度是常数，$\vec{E}$ 场的变化速度是稳定的，产生的 $\vec{B}$ 场是恒定的。但是这里电荷是在加速运动，$\partial \vec{E}/\partial t$ 本身不是常数，因此感生的 $\vec{B}$ 场依赖于时间。时变的 $\vec{B}$ 场又按照（3.14）式或（3.18）式产生一个 $\vec{E}$ 场，这个过程继续着，$\vec{E}$ 和 $\vec{B}$ 耦合生成一个脉冲。一个场发生变化，它就产生一个新的场，在空间伸展得更远些，脉冲就这样穿过空间从一点传到另一点。

如果把电场的力线想象为密集的、径向布列的弦线（第 80 页），我们能得到一个过于机械论、但是相当形象的类比。以某种方式拨弄弦线，每根弦线都扭曲，形成一个纠结，从源向外传播。在任一时刻，所有这些纠结组合在一起构成电场连续统中一个向外扩张的三维脉冲。

更恰当的看法是把 $\vec{E}$ 场和 $\vec{B}$ 场看成单一物理现象——电磁场的两个侧面，电磁场的源是运动电荷。一旦电磁场中产生了扰动，这个扰动就成为一个不受束缚的波，脱离波源独立运动。时变的电场和磁场被束缚为一个整体，在无穷无尽的循环中互相重新产生。从离我们较近的仙女座星云（它可以用肉眼看到）来到我们这里的电磁波，已经飞行了 2 200 000 年。

至今我们没有考虑电磁波相对于其电场和磁场的传播方向。但是，我们注意到，自由空间的麦克斯韦方程组的高度对称性表明，扰动将向一个对 $\vec{E}$ 和 $\vec{B}$ 二者对称的方向传播。这意味着，电磁波不可能是纯粹的纵波（只要 $\vec{E}$ 和 $\vec{B}$ 互不平行）。现在让我们做一点计算来代替猜测。

附录 A 中证明了，自由空间的麦克斯韦方程组可以化为两个极简洁的矢量表示式的形式：

$$\nabla^2 \vec{E} = \epsilon_0 \mu_0 \frac{\partial^2 \vec{E}}{\partial t^2} \qquad [A1.26]$$

和

$$\nabla^2 \vec{B} = \epsilon_0 \mu_0 \frac{\partial^2 \vec{B}}{\partial t^2} \qquad [A1.27]$$

由于拉普拉斯算符[①]∇^2 作用在 $\vec{E}$ 和 $\vec{B}$ 的每个分量上，所以这两个矢量方程实际上代表总共 6 个标量方程。在直角坐标中，这些方程是

$$\frac{\partial^2 E_x}{\partial x^2} + \frac{\partial^2 E_x}{\partial y^2} + \frac{\partial^2 E_x}{\partial z^2} = \epsilon_0 \mu_0 \frac{\partial^2 E_x}{\partial t^2}$$

$$\frac{\partial^2 E_y}{\partial x^2} + \frac{\partial^2 E_y}{\partial y^2} + \frac{\partial^2 E_y}{\partial z^2} = \epsilon_0 \mu_0 \frac{\partial^2 E_y}{\partial t^2} \qquad (3.22)$$

$$\frac{\partial^2 E_z}{\partial x^2} + \frac{\partial^2 E_z}{\partial y^2} + \frac{\partial^2 E_z}{\partial z^2} = \epsilon_0 \mu_0 \frac{\partial^2 E_z}{\partial t^2}$$

$$\frac{\partial^2 B_x}{\partial x^2} + \frac{\partial^2 B_x}{\partial y^2} + \frac{\partial^2 B_x}{\partial z^2} = \epsilon_0 \mu_0 \frac{\partial^2 B_x}{\partial t^2}$$

$$\frac{\partial^2 B_y}{\partial x^2} + \frac{\partial^2 B_y}{\partial y^2} + \frac{\partial^2 B_y}{\partial z^2} = \epsilon_0 \mu_0 \frac{\partial^2 B_y}{\partial t^2} \qquad (3.23)$$

$$\frac{\partial^2 B_z}{\partial x^2} + \frac{\partial^2 B_z}{\partial y^2} + \frac{\partial^2 B_z}{\partial z^2} = \epsilon_0 \mu_0 \frac{\partial^2 B_z}{\partial t^2}$$

这一类表示式将某个物理量的空间变化和时间变化联系起来，它们在麦克斯韦的工作之前早已被人们研究过，知道它们描写波动现象（第 15 页）。电磁场的每一分量都服从标量波动微分方程

$$\frac{\partial^2 \psi}{\partial x^2} + \frac{\partial^2 \psi}{\partial y^2} + \frac{\partial^2 \psi}{\partial z^2} = \frac{1}{v^2} \frac{\partial^2 \psi}{\partial t^2} \qquad [2.60]$$

倘若

$$v = 1/\sqrt{\epsilon_0 \mu_0} \qquad (3.24)$$

为了计算 v，麦克斯韦利用了韦伯（Wilhelm Weber，1804—1891）和 R. Kohlrausch（1809—1858）1856 年在莱比锡做的电学实验的结果。相等地，今天给定 μ_0 之值在 SI 单位

[①] 在直角坐标系中，$\nabla^2 \vec{E} = \hat{i}\nabla^2 E_x + \hat{j}\nabla^2 E_y + \hat{k}\nabla^2 E_z$。

制中为 $4\pi \times 10^{-7}$ m·kg/C^2，并且近日可以直接从简单的电容器测量来确定 ϵ_0 之值。无论如何，用现代单位，

$$\epsilon_0\mu_0 \approx (8.85 \times 10^{-12}\ \text{s}^2\text{·C}^2/\text{m}^3\text{·kg})(4\pi \times 10^{-7}\ \text{m·kg/C}^2)$$

或

$$\epsilon_0\mu_0 \approx 11.12 \times 11^{-18}\ \text{s}^2/\text{m}^2$$

现在关键时刻到了——在自由空间里，预言的所有电磁波的波速是

$$v = \frac{1}{\sqrt{\epsilon_0\mu_0}} \approx 3 \times 10^8\ \text{m/s}$$

这个理论值与斐索以前测定的光速值（315 300 km/s）符合得很好。麦克斯韦看到了斐索 1849 年用旋转齿轮法得到的实验结果，他评论说：

> 这个速度［即他的理论预言值］与光速如此接近，看来我们有充分理由得出结论说，光本身（包括辐射热和其他种种辐射）是一种电磁扰动，它依照电磁学定律以波的形式穿过电磁场传播。

这一卓越分析是一切时代人类智慧的伟大胜利之一。习惯上用符号 c 代表真空中的光速，它来自拉丁文 celer，意思是快。1983 年在巴黎召开的第 17 届度量衡大会采用了米的一个新定义，由此将真空中的光速精确设定为

$$c = 2.997\ 924\ 58 \times 10^8\ \text{m/s}$$

（3.24）式给出的光速与光源和观察者的运动无关。这是一个不平常的结论，奇怪的是，却没有人注意到它的含义，直到 1905 年爱因斯坦提出狭义相对论。

3.2.1 横波

现在必须在电磁理论的框架里解释实验证实的光的横波特性。为此，考虑在真空中朝正 x 方向传播的平面波这一简单情形。电场强度是方程 [A1.26] 的一个解，在垂直于 x 轴的一组无穷个平面的每个平面上 $\vec{E}$ 是常数。因此它只是 x 和 t 的函数；即 $\vec{E} = \vec{E}(x, t)$。现在再回到麦克斯韦方程组，特别是方程（3.21）（它通常读为 $\vec{E}$ 的散度等于零）。由于 $\vec{E}$ 既不是 y 也不是 z 的函数，方程化为

$$\frac{\partial E_x}{\partial x} = 0 \tag{3.25}$$

若 E_x 不是零——即，若电场在波传播的方向上有个分量——那么上式告诉我们，它不随 x 变化。在任一给定时刻，对一切 x 值 E_x 是常数，但是当然，这个可能性因此就不能对应一个向正 x 方向行进的行波。另一种情况是，由（3.25）式得到，对一个波 $E_x = 0$；电磁波在其传播方向上没有电场分量。于是与平面波相联系的 $\vec{E}$ 场只能是横场。

$\vec{E}$ 场是横场的事实意味着，要完备描述电磁波，我们必须规定各个时刻 $\vec{E}$ 的方向。这种描述对应于光的**偏振**，将在第 8 章讨论。不失普遍性，在这里讨论平面波或线偏振波，对这些波 $\vec{E}$ 矢量的振动方向是固定的。于是这样取坐标轴的方向，使电场平行于 y 轴，从而

$$\vec{E} = \hat{j}E_y(x, t) \tag{3.26}$$

回到（3.18）式和电场的旋度。由于 $E_x = E_z = 0$ 以及 E_y 只是 x 的函数而非 y 和 z 的函数，得

$$\frac{\partial E_y}{\partial x} = -\frac{\partial B_z}{\partial t} \tag{3.27}$$

因此 B_x 和 B_y 是恒定的，这里我们对它们没有兴趣。依赖于时间的 $\vec{B}$ 场只能有一个 z 方向的

分量。于是显然，在自由空间里，平面电磁波是横波（图 3.13）。除了正入射的情形外，在真实的实物介质中传播的这种波有时不是横波——这一复杂情况是介质可能是耗散的或者包含有自由电荷而引起的。我们暂时只讨论均匀、各向同性、线性和稳定的介电（即不导电）介质，这时平面电磁波是横波。

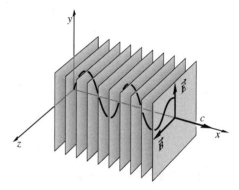

图 3.13　一个在真空中行进的平面简谐电磁波中电场的图像

除了说扰动是一个平面波之外，我们没有规定扰动的具体形式。因此，我们的结论是相当普遍的，既适用于脉冲，同样适用于连续波。我们已指出过，简谐函数具有特别的意义，因为用傅里叶方法可以将任意波形用正弦波来表示（第 375 页）。因此我们限于讨论简谐波，将 $E_y(x, t)$ 写为

$$E_y(x, t) = E_{0y}\cos[\omega(t - x/c) + \varepsilon] \tag{3.28}$$

其传播速度为 c。相联系的磁通量密度可直接积分（3.27）式求出，即

$$B_z = -\int \frac{\partial E_y}{\partial x} dt$$

用（3.28）式，得到

$$B_z = -\frac{E_{0y}\omega}{c} \int \sin[\omega(t - x/c) + \varepsilon] dt$$

或

$$B_z(x, t) = \frac{1}{c} E_{0y}\cos[\omega(t - x/c) + \varepsilon] \tag{3.29}$$

这里弃去了代表与时间无关的场的积分常数。比较这个结果与（3.28）式，显然在真空中有

$$E_y = cB_z \tag{3.30}$$

由于 E_y 和 B_z 只差一个标量因子，因而具有相同的时间依赖关系，而且 $\vec{E}$ 和 $\vec{B}$ 在空间一切点同相。此外，$\vec{E} = \hat{j}E_y(x, t)$ 和 $\vec{B} = \hat{k}B_z(x, t)$ 互相垂直，它们的叉乘积 $\vec{E} \times \vec{B}$ 指向传播方向 $\hat{i}$（图 3.14）。

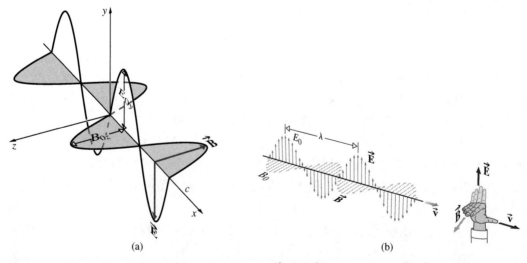

图 3.14　(a) 一个偏振平面波的正交的简谐 $\vec{E}$ 场和 $\vec{B}$ 场。(b) 波向 $\vec{E} \times \vec{B}$ 方向传播

通常的介电材料实质上是不导电的和非磁性的，在这种材料中，（3.30）式可以推广为

$$E = vB$$

这里 v 是介质中的波速，$v = 1/\sqrt{\epsilon\mu}$。

　　平面波固然重要，但并不是麦克斯韦方程组唯一的解。在第 2 章中看到，波动微分方程可以有许多解，包括柱面波和球面波（图 3.15）。这里再一次指出，球面电磁波虽然是一个有时会用到的一个有用的概念，但并不实际存在。的确，麦克斯韦方程禁止这种波存在。无法对发射体做出安排，让它们的辐射场联合起来产生一个真正的球面波。此外，从量子力学得知，辐射的发射从根本上是各向异性的。像平面波一样，球面波是实在的一个近似。

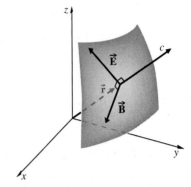

图 3.15　远离波源的球面波阵面的一部分

　　例题 3.1　一个正弦电磁波，振幅为 1.0 V/m，波长为 2.0 m，在真空中向正 z 方向行进。（a）若 E 场在 x 方向并且 $\vec{E}(0, 0) = 0$，写出 $\vec{E}(z, t)$ 的表示式。（b）写出 $\vec{B}(z, t)$ 的表示式。（c）证明波的传播方向是 $\vec{E} \times \vec{B}$。

　　解　（a）$\vec{E}(z, t) = \hat{\mathbf{i}}(1.0 \text{ V/m}) \sin k(z - ct)$，其中 $k = 2\pi/2 = \pi$。因此

$$\vec{E}(z, t) = \hat{\mathbf{i}}(1.0 \text{ V/m}) \sin\pi(z - ct)。$$

注意 E 场是在 x 方向并且 $\vec{E}(0, 0) = 0$。

　　（b）由（3.30）式，$E = cB$，$\vec{B}(z, t) = \hat{\mathbf{j}}(1.0 \text{ V/m})/c \sin\pi(z - ct)$

　　（c）$\vec{E} \times \vec{B}$ 在 $\hat{\mathbf{i}} \times \hat{\mathbf{j}}$ 的方向，这是基矢 $\hat{\mathbf{k}}$ 的方向或 z 方向。

3.3　能量和动量

　　电磁波最重要的性质之一是它传送能量和动量。即使是从太阳以远的最近恒星射来的光，也要飞过 40 万亿千米才到达地球，但它仍然携带有足够的能量，对你眼睛中的电子做功。

3.3.1　坡印廷矢量

　　任何电磁波都存在于某个空间区域中，因此自然要考虑单位体积内的辐射能，或**能量密度** u。假设电场自身能够以某种方式储存能量。这在逻辑上是一大步，因为它赋予场以物理实在的属性——如果场具有能量，它就成了自在之物。而且，因为经典场是连续的，它的能量也是连续的。我们就这样假设，看它会导致什么结果。

　　当一个平行板电容器（电容为 C）被充电到电压 V 时，可以想象，通过电荷的相互作用储存的能量 $\frac{1}{2}CV^2$，分布在占满平行板之间间隙的电场之中。平行板的面积为 A，板间间隙为 d，$C = \epsilon_0 A/d$。间隙中单位体积的能量为

$$u_E = \frac{\frac{1}{2}CV^2}{Ad} = \frac{\frac{1}{2}(\epsilon_0 A/d)(Ed)^2}{Ad}$$

于是得到结论，真空中的 E 场的能量密度为

$$u_E = \frac{\epsilon_0}{2} E^2 \qquad (3.31)$$

类似地，单独 B 场的能量密度可由考虑一个载有电流 I 的空心线圈或电感器（电感为 L）来决定。一个简单的空气心螺线管，截面面积为 A，长为 l，每单位长度上绕有 n 匝，其电感 $L = \mu_0 n^2 lA$。线圈内的 B 场为 $B = \mu_0 nI$，因此这个区域里的能量密度

$$u_B = \frac{\frac{1}{2} LI^2}{Al} = \frac{\frac{1}{2}(\mu_0 n^2 lA)(B/\mu_0 n)^2}{Al}$$

再在逻辑上往前迈一步，得到真空中任何 B 场的能量密度为

$$u_B = \frac{1}{2\mu_0} B^2 \qquad (3.32)$$

关系式 $E = cB$ 在前面是专门对平面波导出的；但是，它可应用于各种各样的波。用这个关系式及 $c = 1/\sqrt{\epsilon_0 \mu_0}$，得到

$$u_E = u_B \qquad (3.33)$$

以电磁波形式流过空间的能量，由这个电磁波的电场成分和磁场成分等量分享。于是

$$u = u_E + u_B \qquad (3.34)$$

$$u = \epsilon_0 E^2 \qquad (3.35)$$

或等价地

$$u = \frac{1}{\mu_0} B^2 \qquad (3.36)$$

记住场的变化和 u 是时间的函数。为了表示与行波相联系的电磁能量的流动，令符号 S 表示每单位时间穿过单位面积传送的能量（功率）。在 SI 单位制里，它的单位为 W/m²。图 3.16 画的是以波速 c 穿过面积 A 的基元电磁波。在很短的时间间隔 Δt 内，只有小圆柱体内的能量 $u(c \Delta t A)$ 才会穿过 A。于是

$$S = \frac{uc \Delta t A}{\Delta t A} = uc \qquad (3.37)$$

或者，用（3.35）式，

$$S = \frac{1}{\mu_0} EB \qquad (3.38)$$

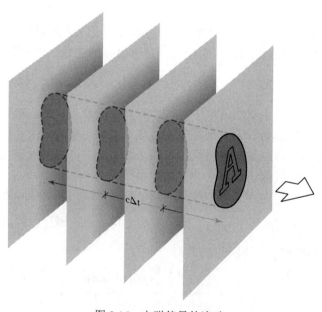

图 3.16　电磁能量的流动

现在做一个合理的假设（对各向同性介质）：能量流动的方向就是波传播的方向。于是对应的矢量 $\vec{S}$ 为

$$\vec{S} = \frac{1}{\mu_0} \vec{E} \times \vec{B} \tag{3.39}$$

或

$$\vec{S} = c^2 \epsilon_0 \vec{E} \times \vec{B} \tag{3.40}$$

$\vec{S}$ 的大小为穿过与 $\vec{S}$ 垂直的表面上单位面积的功率。它以物理学家坡印廷（J. H. Poynting，1852—1914）的名字命名为坡印廷矢量。

在继续往下讲之前应当指出，量子力学认为，与电磁波相联系的能量实际上是量子化的，不是连续的。尽管如此，在通常情况下，经典理论仍然工作得很好，因此我们将继续将光波当作某种能够填满空间区域的连续"物料"来谈论。

现在将以上考虑用于一个在 $\vec{k}$ 方向穿过自由空间的线偏振（电场 $\vec{E}$ 和磁场 $\vec{B}$ 的方向固定）的简谐平面波：

$$\vec{E} = \vec{E}_0 \cos(\vec{k} \cdot \vec{r} - \omega t) \tag{3.41}$$

$$\vec{B} = \vec{B}_0 \cos(\vec{k} \cdot \vec{r} - \omega t) \tag{3.42}$$

用（3.40）式，得到

$$\vec{S} = c^2 \epsilon_0 \vec{E}_0 \times \vec{B}_0 \cos^2(\vec{k} \cdot \vec{r} - \omega t) \tag{3.43}$$

这是单位时间里穿过单位面积的能量瞬时流动。

对简谐函数求平均

很明显，$\vec{E} \times \vec{B}$ 将在极大值和极小值之间循环往复。在光频（$\approx 10^{15}$ Hz）下，$\vec{S}$ 是一个变化极快的时间函数（真的，比场的变化还快一倍，因为余弦函数平方后出来了倍频分量）。因此，它的瞬时值很难直接测量（见照片）。这提示我们在日常实践中采用求平均的办法。即，使用一个光电池、一块感光板或人类眼睛的视网膜在某一有限时间区段里吸收辐射能。

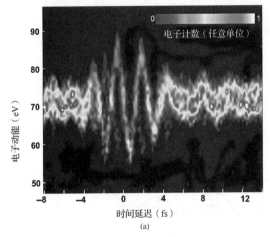

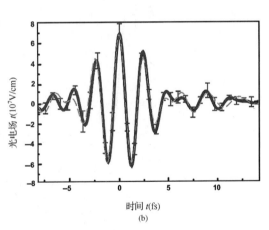

（a）一个电子探头的输出，它揭示了仅由几个循环构成的一个强红光（≈750 nm）脉冲。时间尺度为飞秒量级。（b）这是对一个光波的振荡 E 场的首次比较直接的测量

（3.43）式的具体形式和简谐函数扮演的核心角色表明，我们应当花点时间研究这些函数的平均值。某一函数 $f(t)$ 在时间区段 T 上的时间平均值写作 $\langle f(t) \rangle_T$，由下式给出：

$$\langle f(t) \rangle_T = \frac{1}{T} \int_{t-T/2}^{t+T/2} f(t) \mathrm{d}t$$

求得的$\langle f(t)\rangle_T$值与T密切相关。要对一个简谐函数求平均，我们来计算

$$\langle e^{i\omega t}\rangle_T = \frac{1}{T}\int_{t-T/2}^{t+T/2} e^{i\omega t}\,dt = \frac{1}{i\omega t}e^{i\omega t}\Big|_{t-T/2}^{t+T/2}$$

$$\langle e^{i\omega t}\rangle_T = \frac{1}{i\omega T}(e^{i\omega(t+T/2)} - e^{i\omega(t-T/2)})$$

及

$$\langle e^{i\omega t}\rangle_T = \frac{1}{i\omega T}e^{i\omega t}(e^{i\omega T/2} - e^{-i\omega T/2})$$

我们还记得（第 27~28 页），括号中的项是 $\sin \omega T/2$。因此

$$\langle e^{i\omega t}\rangle_T = \left(\frac{\sin \omega T/2}{\omega T/2}\right)e^{i\omega t}$$

上式中括号内的比值在光学中如此常见和重要，使它有一个专门名称：$\sin u/u$ 叫做 $\mathrm{sinc}\,u$。取上式的实部和虚部，得

$$\langle \cos \omega t\rangle_T = (\mathrm{sinc}\,u)\cos \omega t$$

和

$$\langle \sin \omega t\rangle_T = (\mathrm{sinc}\,u)\sin \omega t$$

余弦函数的平均本身也是余弦函数，以同样的频率振动，但是振幅是一个 sinc 函数，由初始值 1.0 很快下降（图 3.17）。由于在 $T=\tau$ 时 $u=\omega T/2=\pi$，从而 $\mathrm{sinc}\,u=0$，可知 $\cos \omega t$ 在在长为一个周期的时间区段上的平均值等于零。相似地，$\cos \omega t$ 在任意整数个周期上的平均值为零，$\sin \omega t$ 亦然。这是当然的，因为每个这样的函数在坐标轴之上的正面积与坐标轴下的负面积一样大，而定义平均值的积分式就对应于总面积。在经过几个周期的时间后，sinc 项将会如此之小，使得它围绕零值的涨落可以忽略不计：这时$\langle \cos \omega t\rangle_T$和$\langle \sin \omega t\rangle_T$实质上为零。

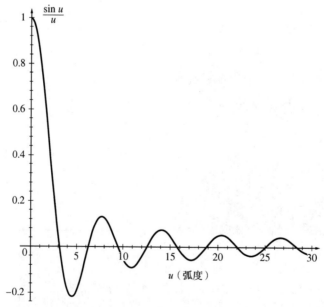

图 3.17 $\mathrm{sinc}\,u$。注意 sinc 函数怎样在 $u=\pi,2\pi,3\pi$ 等值上取零值

我们将$\langle \cos^2 \omega t\rangle_T = \frac{1}{2}[1+ \mathrm{sinc}\,\omega T \cos 2\omega T]$ 的证明留给习题 3.16，它围绕 1/2 以频率 2ω

振荡，并且在 T 增大到超过几十个周期后迅速趋近 1/2。对于光，$\tau \approx 10^{-15}$ s，因此哪怕只在微秒时间里求平均也达到了 $T \approx 10^{9}\,\tau$，远远超出了足以让 sinc 函数可以完全忽略的参量值，此处 $\langle \cos^2 \omega t \rangle_T = 1/2$。图 3.18 表示同一结果：我们将 1/2 直线之上的峰切下来，用它们去充填直线下缺失的面积。经过足够多的循环后，$f(t)$ 曲线下的面积除以 T 即 $\langle f(t) \rangle_T$ 趋于 1/2。

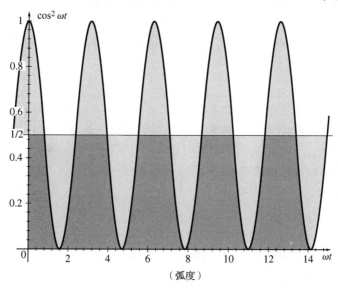

图 3.18 用 1/2 直线之上的峰充填 1/2 直线下的槽, 表明平均值是 1/2

3.3.2 辐照度

当我们谈到照在一个面上的光"量"时，涉及的是一个叫做辐照度的量[①]，用 I 表示，它是单位时间里落在单位面积上的能量。任何一种光平探测器都有一个入射窗口，它允许辐射能穿过某一固定面积 A 进入。通过将接收的总能量除以 A，可以去掉对这个特定窗口的大小的依赖。此外，由于不能即时测量到达的功率，探测器必须在某个有限时间 T 上对能量流积分。若待测的量是每单位面积上接收到的净能量，它依赖于 T，因此用处有限。另一个人在同样的条件下进行类似测量，使用不同的 T 可以得出不同的结果。但是，若将测量结果除以 T 以消除这个因素，结果就会得到一个高度实用的量，它对应于单位时间单位面积上的平均能量，即 I。

坡印廷矢量的大小的时间平均值（$T \gg \tau$）是 I 的一个量度，用符号 $\langle S \rangle_T$ 表示。在简谐场和（3.43）式的具体情况下，

$$\langle S \rangle_T = c^2 \epsilon_0 |\vec{\mathbf{E}}_0 \times \vec{\mathbf{B}}_0| \langle \cos^2(\vec{\mathbf{k}} \cdot \vec{\mathbf{r}} - \omega t) \rangle$$

由于在 $T \gg \tau$ 时有 $\langle \cos^2(\vec{\mathbf{k}} \cdot \vec{\mathbf{r}} - \omega t) \rangle_T = 1/2$（见习题 3.15）

$$\langle S \rangle_T = \frac{c^2 \epsilon_0}{2} |\vec{\mathbf{E}}_0 \times \vec{\mathbf{B}}_0|$$

或

$$I \equiv \langle S \rangle_T = \frac{c \epsilon_0}{2} E_0^2 \qquad (3.44)$$

[①] 过去，物理学家一般用"强度"这个词表示单位时间内穿过单位面积的能量流动。但是在国际上（即使还不是全世界公认），在光学中这个词已慢慢被辐照度取代。

辐照度与电场振幅的平方成正比。它们只不过是表示同一件事的两个不同的说法：

$$I = \frac{c}{\mu_0} \langle B^2 \rangle_T \qquad (3.45)$$

和

$$I = \epsilon_0 c \langle E^2 \rangle_T \qquad (3.46)$$

在线性、均匀和各向同性的电介质中，辐照度的表示式变成

$$I = \epsilon v \langle E^2 \rangle_T \qquad (3.47)$$

前面已经知道，$\vec{E}$ 在对电荷施力和做功方面要比 $\vec{B}$ 有效得多，因此我们将称 $\vec{E}$ 为**光场**，并且几乎只用（3.44）式和（3.47）式。

例题 3.2 想象一个简谐平面电磁波，在均匀各向同性电介质中向 z 方向行进，其振幅为 E_0。若这个波在 $t = 0$ 及 $z = 0$ 之大小为零。（a）证明它的能量密度由下式给出：

$$u(t) = \epsilon E_0^2 \sin^2 k(z - vt)$$

（b）求这个波的辐照度的表示式。

解 （a）将（3.44）式用到电介质，

$$u = \frac{\epsilon}{2} E^2 + \frac{1}{2\mu} B^2$$

其中

$$E = E_0 \sin k(z - vt)$$

用 $E = vB$,

$$u = \frac{\epsilon}{2} E^2 + \frac{1}{2\mu} \frac{E^2}{v^2} = \epsilon E^2$$

$$u = \epsilon E_0^2 \sin^2 k(z - vt)$$

（b）辐照度由（3.37）式得出，即 $S = uv$，因此

$$S = \epsilon v E_0^2 \sin^2 k(z - vt)$$

从而

$$I = \langle S \rangle_T = \frac{1}{2} \epsilon v E_0^2$$

辐射能流的时间变率为**光功率** P 或**辐射通量**，一般以瓦特为单位。如果将照射到一个表面或从一个表面发射出的辐射通量除以表面的面积，就得到**辐射通量密度**（W/m²）。在前一情况下我们说的是辐照度，而后一情况下说的则是**出射度**（exitance），两种情况都是**通量密度**。辐照度是功率的浓度的一个量度。人的肉眼在夜空中能够看见的最弱的恒星的辐照度仅有大约 0.6×10^{-9} W/m²。

例题 3.3 一个平面电磁波的电场的表示式为

$$\vec{E} = (-2.99 \text{ V/m}) \hat{\mathbf{j}} e^{i(kz - \omega t)}$$

假定 $\omega = 2.99 \times 10^{15}$ rad/s 及 $k = 1.00 \times 10^7$ rad/m，求（a）相联系的矢量磁场，（b）波的辐照度。

解 （a）波向 +z 方向行进。$\vec{E}_0$ 在 $-\hat{\mathbf{j}}$ 或 $-y$ 方向。由于 $\vec{E} \times \vec{B}$ 是在 $\vec{k}$ 或 +z 方向，$\vec{B}_0$ 必定在 $\hat{\mathbf{i}}$ 或 +x 方向。$E_0 = vB_0$，并且 $v = \omega/k = 2.99 \times 10^{15}/1.00 \times 10^7 = 2.99 \times 10^8$ m/s，因此

$$\vec{B} = \left(\frac{2.99 \text{ V/m}}{2.99 \times 10^8 \text{ m/s}} \right) \hat{\mathbf{i}} e^{i(kz - \omega t)}$$

$$\vec{B} = (10^{-8} \text{ T}) \hat{\mathbf{i}} e^{i(kz - \omega t)}$$

（b）由于电磁波速为 2.99×10^8 m/s，我们讨论的是真空中的情况，从而

$$I = \frac{c\epsilon_0}{2}E_0^2$$

$$I = \frac{(2.99 \times 10^8 \text{ m/s})(8.854 \times 10^{-12} \text{ C}^2/\text{N} \cdot \text{m}^2)}{2}(2.99 \text{ V/m})^2$$

$$I = 0.0118 \text{ W/m}^2$$

平方反比定律

在前面看到，波动微分方程的球面波解的振幅与 r 成反比变化。现在我们在能量守恒的框架内来考察这一特性。考虑自由空间中一个各向同性的点源，它向一切方向同等地发射能量（即发射球面波）。用一对虚拟的同心球面包围这个点源，半径分别为 r_1 和 r_2，如图 3.19 所示。令 $E_0(r_1)$ 和 $E_0(r_2)$ 分别代表球面波在第一个球面和第二个球面上的振幅。若要求能量守恒，那么每秒流过每个球面的能量总量必须相等，因为不存在别的源或壑。将 I 乘以球面面积，取平方根，得到

$$r_1 E_0(r_1) = r_2 E_0(r_2)$$

由于 r_1 和 r_2 是任意的，有

$$rE_0(r) = 常数$$

振幅必定与 r 成反比减小。点光源发射的辐照度与 $1/r^2$ 成正比。这就是熟知的**平方反比定律**，用一个点光源和一个摄影曝光表很容易验证。

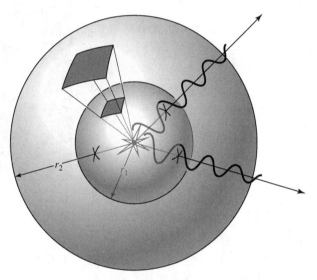

图 3.19　平方反比定律的几何示意图

3.3.3　光子

光的吸收和发射是以分立的小突发事件的模式进行的，即以电磁"材料"的"颗粒"的模式，这种颗粒叫做光子。这些都已得到验证，并且都已确立[1]。通常，一束光中包含有如此之多的微小能量量子，以至它本来的颗粒性被完全隐蔽掉，宏观观测到的是一幅连续的现象。这种事在自然界中见得多了：一阵风中单个分子所施的力混合成看来连续的压力，但是显然它并不是。的确，我们将经常回到气体与光子流的这种类比。

正如伟大的法国物理学家德布罗意说的："简而言之，光是物质的最纤细的形式"，一切物质，包括光在内，都是量子化的。在最底层，它们以微小的基本单位出现——夸克、轻子、W 粒子和 Z 粒子，以及光子。这种包罗万象的统一性是支持光子作为粒子的最吸引人的理由之一。不过，它们全是**量子粒子**，与日常经验中通常的"粒子"很不一样。

经典理论的失败

普朗克在 1900 年犹犹豫豫地给出了对黑体辐射过程（第 738 页）的一个带些错误的分析。

---

[1] 见 R. Kidd, J. Ardint 和 A. Anton 的总结文章："Evolution of the modern photon"，*Am. J. Phys.* 57(1),27 (1989)。

但是，他提出的表示式漂亮地符合已有的一切实验数据，没有哪个别的表述能够做到哪怕接近这一业绩。基本上，他考虑一个绝热室或空腔内处于平衡状态的电磁波。空腔内的一切电磁辐射都由容器的壁发射和吸收——没有辐射从外部进入。这保证了它的波谱组成与理想的黑色表面发出的辐射相匹配。他的目的是预言将从空腔的一个小开口射出的辐射的频谱。这个问题使普朗克陷入了困境，作为最后一招，他转向麦克斯韦和玻尔兹曼的统计分析，那原来是作为气体动理论的基础发展起来的。从哲学上说，假设我们（至少在原则上）可以追踪在系统中四处运动的每一个原子，这是一种绝对决定论的处理方法。为此，要将原子看成是可以辨识的、独立的和可数的。出于纯计算的原因，普朗克假设每个沿器壁排列的振子只能以分立的能量份额吸收和发射能量，这个能量份额与振子的振动频率 ν 成正比。它们是 $h\nu$ 的整数倍，h 叫**普朗克常数**，经求得为 6.626×10^{-34} J·s。普朗克是一个恪守传统的人，他异常牢固地信奉经典的光的波动图像，坚持只是振子才量子化。

汤姆孙——电子的发现者——在 1903 年先知先觉地提出了一个概念，认为电磁波可能实际上与别的波根本不同；也许真正存在辐射能的局部浓缩。汤姆孙观察到，一束高频电磁辐射（X 射线）射到气体上时，只有若干个原子零星分散地发生电离。就好像这束辐射上有一些"热点"，而不是将其能量连续分布在波前上（见右边的照片）。

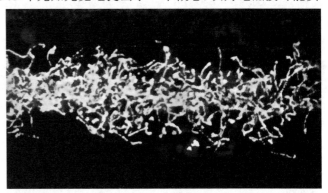

光子概念的现代版本是爱因斯坦 1905 年关于光电效应的漂亮理论工作引入的。当一块金属处于电磁辐射中时，它会发射电子。这个过程的细节被用实验方法研究了几十年，但是它不认同通过经典电磁场理论做的分析。爱因斯坦一鸣惊人的理论提出，

一束 X 射线在左侧进入云室。径迹是电子生成的，这些电子或者由光电效应发射（这些电子倾向于留下与射线束成大角度的长径迹），或者由康普顿效应产生（多半在前进方向上的短径迹）。虽然按照经典观点 X 射线束的能量应当沿其横向波前均匀分布，但是看来散射是分立地和随机地发生的

电磁场自身是量子化的。组成电磁场的每个光子的能量，由普朗克常数与辐射场的频率的乘积给出：

$$\mathscr{E} = h\nu \tag{3.48}$$

光子是稳定的、不带电荷的、质量为零的基本粒子，它只能在速度 c 下存在。今天，实验已经确定，如果光子带有电荷，这个电荷小于 5×10^{-30} 乘电子电荷；如果它多少有点质量，这个质量小于 10^{-52} kg。如果我们试着要把光子想象为电磁能量的一个很小的浓缩体，将会发现它的大小小于 10^{-20} m。换句话说，就像电子一样，迄今还没有任何实验能够确定光子有一个大小。既然大小为零（不论这句话的意义是什么），我们便假定光子没有内部结构，必须把它当作"基本"粒子看待。

1924 年，玻色（Satyendra N. Bose）将统计方法应用于光量子，给出了普朗克黑体辐射公式的一个新的严格证明。他想象空腔中充有光子"气体"，而认为各个光子互相是完全不能分辨的。这是这一量子力学处理的关键特点。它意味着各个微粒子完全可以互换，这对统计表述有深远的影响。在数学意义上，这种量子"气体"的每个粒子都与别的每个粒子有关系，它们之中没有哪个可以当作与整个系统统计无关。这同通常气体中的经典微粒各自独立的行

事方式很不一样。描述热光的统计行为的量子力学概率函数现在叫做玻色-爱因斯坦分布。光子，不论它究竟是什么，已成为理论物理学的一个不可少的工具。

1932 年，两位苏联科学家布鲁姆伯格（E. M. Brumberg）和瓦维洛夫（S. I. Vavilov）做了一系列简单实验，直截了当地证实了光的基本量子本性。在电子探测器（如光电倍增管）出现之前，他们用人的肉眼设计了一套测光技术来研究光的统计特性。他们的窍门是将辐照度降低到非常接近视觉阈值的水平。他们是在一个暗室中通过将一束极弱的（约 200×10^{-18} W）绿光（波长是 505 nm）照到一个快门上来做到这一点的，快门可以短时间（0.1 s）打开。快门每开关一次，平均可以通过大约 50 个光子。虽然理论上眼睛在理想情形下可以"看见"几个光子，50 大致在可靠的检测阈值上下。于是布鲁姆伯格和瓦维洛夫简单地注视着快门，并记录他们观测的结果。如果光是经典的波，能量均匀分布在波前上，那么每次快门打开时，研究人员将会看到一个微弱的闪光。但是，如果光是一股随机到来的光子流，事情就会很不一样。他们观察到的事情明确无误：在开关打开的一半时间里，他们见到一个闪光；在另一半时间里他们什么也看不到，并且闪光的发生是完全随机的。布鲁姆伯格和瓦维洛夫正确地得出结论说，因为光束本来就是量子力学的因而是涨落着的，当一个脉冲碰巧包含有足够的光子、超出视觉阈值时，他们就能看见光脉冲；当脉冲不包含足够光子时，他们就看不见。如所预期，提高辐照度使零个结果的次数迅速减小。

不像普通的物体，光子不能直接看见；我们关于它们的知识，通常来自它们的生成和湮没。光仅仅穿过空间传播时是根本看不见的。光子得通过探测它对周围的东西产生的效应来观察，而最好观察的效应则是它的生成或湮没。光子由带电粒子产生，也终结在带电粒子上；它们最常由电子发射出来，并被电子吸收。这些电子通常在是围绕原子的电子云中绕转。好些实验直接证实了光发射过程的量子本性。例如，想象一个很暗的光源，在它周围等距的地方有一些完全相同的光探测器围着它，每个探测器能够测量少量的光。如果光的发射，不论它多么微弱，都是一个连续的波，像经典观点主张的那样，那么所有的探测器就应当同时记录到每个发射的脉冲。但是这样的事并没有发生；相反，探测器记录的计数是独立的，发生在不同的时刻，明显地符合下面的观点：各个原子向随机的方向发射局域化的光量子。

此外，还证实了，当一个原子发射光（即一个光子）时，原子会向相反的方向反冲，正如一把手枪射出一颗子弹时发生反冲一样。在图 3.20 中，被抽运到高能级（即被激发，第 66 页）的原子生成窄狭的原子束。这些原子很快就自发向随机的方向发射光子，它们自身则向后反冲，常常从侧面跑出原子束。由此引起的原子束的散开是一个量子力学效应，与发射一个连续对称的波的经典图像对不上号。

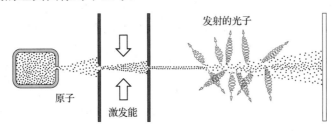

图 3.20　当构成一条窄狭的原子束中的被激发原子辐射光子时，原子会朝侧向反冲，原子束将散开。反之，若原子束是由未被激发的原子（即处于基态的原子）生成的，它们在飞向屏幕的全程将保持为窄狭的束

在一束光中，一个特定的光子居于何处？这个问题我们无法回答。我们不能像也许能追

踪一颗飞行的炮弹那样追踪光子。飞行的光子是不能以任何精度定位的，虽然我们在光传播的方向上比在横向可以定位得更好些。可以给出一个论据，说纵向定位的不确定度大约是光波一个波长的量级。因此像图 3.20 中那样，将光子表示为一个电磁波波列将会是有用的，虽然不应作字面理解。坚持认为光子是"粒子"，是一颗微小的子弹，我们可能会天真地想象它是在电磁波列区域中的某个地方，但是这个想法也成问题。无论如何，我们可以说光子以速率 c 穿过空间运动（它只以速率 c 存在），它是一个微小的、稳定的、不带电荷的、没有质量的实体。它携带着能量、动量和角动量；它宣示的行为是：它是电磁振荡，它可以某种程度地非局域化，更像是一阵"灰烟"而不是一个传统的粒子。它是一种量子粒子，如同别的基本粒子是量子粒子一样。主要的差别是，别的基本粒子有质量，可以存在于静止状态，而光子没有静止质量，不能在静止状态下存在。简而言之，叫做光子的这个东西是其在无数个实验中显露的性质的总和，可是使用宏观术语，的确无法对它描述得更多了。

光子的一阵弹雨

在分析包含大量参与者活动的现象时，使用统计方法常常是唯一实际可行的方法。除了（关于可分辨粒子的）经典麦克斯韦-玻尔兹曼统计之外，还有两种（关于不可分辨粒子的）量子统计：玻色-爱因斯坦统计和费米-狄拉克统计。前者用于不服从泡利不相容原理的粒子（即自旋为零或整数的粒子），后者用于服从泡利不相容原理的粒子（即自旋为半整数的粒子）。光子属于**玻色子**，它们是自旋为 1 的粒子，它们集合成群的方式服从玻色-爱因斯坦统计。类似地，电子是**费米子**，它们是自旋为 1/2 的粒子，服从费米-狄拉克统计。

微观粒子具有确定的物理特征如电荷和自旋——这些特征是不变的。给出这些特征，就完全确定了所考虑的粒子所属的种类。另一方面，给定的任何微观粒又有一些可以变化的属性，它们描述这种粒子当前的状态，如能量、动量和自旋取向等。给出全部这些可变量，我们就规定了这一粒子此刻所在的具体**状态**。

费米子是坚定的特立独行者：任何一个给定状态只能被一个费米子占据。相反，玻色子是合群的，同一状态里可以有任意数目的玻色子，而且，实际上它们倾向于密聚成群。当极大量的光子占据同一状态时，光束的内禀粒子性实质上消失了，电磁场表现为一个电磁波的连续介质。于是我们可以将一个单色（单一能量）平面波与一股高颗粒密度的光子流联系起来，光子流中的所有光子处于同一状态（有相同的能量，相同的频率，相同的动量，相同的方向）。不同的单色平面波代表不同的光子状态。

不像光子，电子因为是费米子，大量的电子不能紧密聚集在同一状态中，一束单能电子不在宏观尺度上宣示自身为一个经典的连续波。在这方面，电磁辐射是很有特色的。

对一个频率为 ν 的均匀单色光束，量 $I/h\nu$ 是单位时间打到垂直于光束的单位面积上的光子平均数目，即光子通量密度。更现实地看，若光束是准单色的（第 21 页），平均频率为 ν_0，则其**平均光子通量密度**为 $I/h\nu_0$。若入射的准单色光束的截面面积为 A，则其**平均光子通量**为

$$\Phi = AI/h\nu_0 = P/h\nu_0 \tag{3.49}$$

其中，P 是光束的**光功率**，单位为瓦特。平均光子通量是单位时间来到的光子的平均数目（表 3.1）。例如，一具 1.0 mW 的小氦氖激光器射出平均波长为 632.8 nm 的激光光束，其平均光子通量为 $P/h\nu_0 = (1.0 \times 10^{-3}~\text{W}) / [(6.626 \times 10^{-34}~\text{J·s})(2.998 \times 10^8~\text{m/s})(632.8 \times 10^{-9}~\text{m})] = 3.2 \times 10^{15}$ 个光子/秒。

想象一束均匀的光，具有恒定的辐照度（因此具有恒定的平均光子通量），照到屏幕上。

光束的能量随机地一阵阵地以小包的形式沉积在屏幕上。当然，如果我们足够细心地观看，将会发现任何光束的强度都在涨落。各自地看，进来的光子被记录在平面上的位置完全不可预言，到达的时刻也完全不可预言。看来光束似乎由随机的光子流组成。但是这个结论，不论多么诱人，已经超出了观察能得到的。我们能说的只是，光是在随机的时刻发生在随机位置上断断续续的冲激中交出它的能量的。

表 3.1　一些普通光源样本的平均光子通量密度

光　　源	平均光子通量密度 Φ/A（单位为光子数 $/s \cdot m^2$）
激光光束（10 mW 氦氖激光器，聚焦到 20 μm）	10^{26}
激光光束（1 mW 氦氖激光器）	10^{21}
亮太阳光	10^{18}
户内的一般光强	10^{16}
曙光或暮光	10^{14}
月光	10^{12}
星光	10^{10}

假设将一幅光的图样投射到屏幕上；这幅图样可以是一组干涉条纹或是一个妇人的面像。生成像的光子的弹雨是一阵统计喧闹；我们不能预言一个光子何时会到达任何给定的位置，但能决定一个或多个光子在一段时间里打到任何特定点的或然程度。在屏幕上的任何位置，测得的（或用经典方法计算出的）辐照度的值与在该位置检测到一个光子的概率成正比（第 174 页）。

图 1.1 是单个光子到达的图解记录，它是用特种光电倍增管生成的。为了强调辐射能固有的光子本性，我们现在用一种完全不同更为直接的照相方法来记录光的射入。一块照相乳胶内分布着微小的（ $\approx 10^{-6}$ m）卤化银晶体，每个小晶体里大约有 10^{10} 个银原子。单个光子可以与这样一块晶体相互作用，拆开银-卤族元素键，还原一个银原子。然后一个或多个银原子在感光的晶体中起显影中心作用。用化学还原剂对胶片显影。还原剂溶解了每一颗感光的晶体，在那里留下了它的全部银原子，一小堆金属。

图 3.21 是用不断增大的照明量拍下的一系列照片。第一张是用极弱的光（只有几千个光子）拍的，它由许多银粒堆粗略地组成，显示的图样只能暗示总体图像。随着参与光子数目的增加（相继每两张照片大约差 10 倍），图像变得越来越光滑，看得越来越清楚。当图像由几千万个光子生成时，这个过程的统计本性就消失了，图像将是我们熟悉的连续外貌。

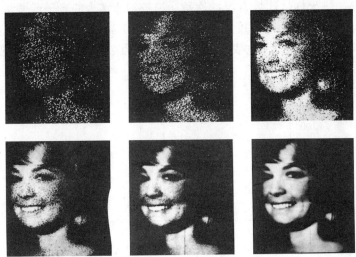

图 3.21　这些照片（它们经过用电子学手段增强）是极有说服力的图示，表明光在与物质相互作用时表现出来的颗粒本性。在极弱的照明下，图样（每一点对应于一个光子）显得几乎是随机的，但是随着光平加大，过程的量子特性逐渐变模糊

光子计数

关于一束光中的光子弹雨的统计本性，我们能说些什么呢？为了回答这个问题，研究人员做了一些实验，在这些实验里逐个计数单个光子。他们发现，光子到达的图样，带着光源所属类型的特色[①]。这里无法深究理论的细节，但是看看两种极端情况（分别叫做相干光和混沌光）下的结果，至少能得到一些启发。

考虑辐照度恒定的一束理想的连续激光光束；我们还记得，辐照度是由（3.46）式给出的时间平均量。这个光束具有恒定的光功率 P，光功率也是一个时间平均量，并且由（3.49）式得出一个对应的平均光子通量 Φ。图 3.22 画的是光子的随机到来，采用的时间尺度短于辐照度求平均所用的时间区间。这样才可能让宏观量 P 在此时间区间里测得为恒定，虽然它的基础实际上是不连续的能量传输。

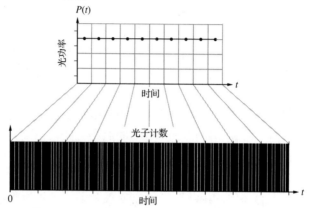

图 3.22　用一台激光器作光源，人们得到一个恒定的光功率和对应的一组随机的光子计数。每次计数由一条白线表示。每个光子的到达是一个独立事件，它们不倾向于扎堆扎在一起群聚来到

现在将这个光束通过一个快门，这个快门在一个短的样本时间（大约从 10 μs 到 10 ms）内开通，并对在此时间区段里到达光探测器的光子计数。在短暂停顿后重复上述过程，一而再再而三，重复成千上万次。结果画在直方图内（图 3.23），横坐标是此时间区段里探测器计数的光子个数 N，纵坐标是计数为 N 的次数。记录到非常少的光子或非常多的光子的次数很少。平均而言，每次记录的光子数为 $N_{平均} = \Phi T = PT/h\nu_0$。用概率论可以推出直方图的形状，它与著名的**泊松分布**很相像。它表示探测器在长度为 T 的时间区间里将要记录零个光子、一个光子、两个光子等等的概率。

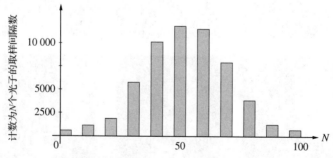

图 3.23　对一个辐照度恒定的激光光束，表示光子计数概率分布的直方图

---

① 见 P. Koczyk, P. Wiewior, and C. Radzewicz, "Photon counting statistics — Undergraduate experiment", *Am. J. Phys.* **64** (3), 240 (1996) 及 A. C. Funk and M. Beck, "Sub-Poissonian photocurrent statistics: Theory and undergraduate experiment", *Am. J. Phys.* **65** (6), 492 (1997).

在对一个长寿命的放射性样品随机发射的粒子计数时，或者对在一阵平稳的阵雨中随机地落到一块面积上的雨点计数，得到的都是泊松分布。掷一枚钱币，若总次数超过 20 次，正面朝上 N 次的概率与 N 的关系也服从这一概率曲线。于是若 $N_{极大} = 20$，那么最高的概率将出现在平均值 $N_{平均}$ 即 $\frac{1}{2} N_{极大}$ 或 10 附近，而最低的概率则出现在 $N = 0$ 和 $N = 20$。最或然值将是 20 次投掷中有 10 次正面朝上，而得到要么全无正面朝上要么全是正面朝上的概率，则小到可以忽略。看来，不论用多么理想的激光器产生光，它产生的就是一股光子流，其中的单个光子的到来是随机的和统计独立的。由于一些理由（后面将会解释），一束理想的单能量光束——一个单色平面波——代表的那一类光将称为**相干光**。

不奇怪，到达探测器的光子数目的统计分布依赖于光源的本性：对于一个理想的相干光源，与一个同样理想化的完全非相干的混沌光源，它们处于对立的两个极端，其光子数的统计分布根本不同。一台稳定工作的激光器像是一台相干辐射源，而一个普通的热光源，如一个白炽灯泡、一颗恒星或一盏气体放电灯，则更像一个混沌光源。对于通常的光，辐照度因而光功率有着固有的涨落（第 67 页）。这些涨落是有关联的，与之相关的发射的光子数目，虽然发射时间是随机的，也是对应地相关联的（图 3.24）。光功率越大，光子的数密度越大。因为光子到达探测器不是一个独立事件序列，**玻色-爱因斯坦统计**适用（图 3.25）。这时每个时间区段的最可能计数为零，而对理想情形，对于激光，在一个抽样时段内测得的光子最可能数目等于记录到的平均数。于是，即使一束激光和一束普通光有相同的平均辐照度和相同的频谱，它们仍然是内在可以分辨的——这个结果已经超出了经典理论。

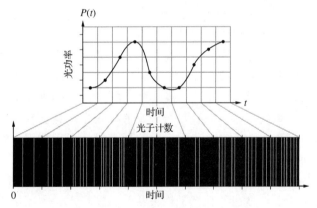

图 3.24　用一个热光源，人们得到时变的光功率和对应的一组光子计数，每次计数用一条白线表示。它们的涨落相关联，光子的到达不再是独立事件了。事实上，出现了光子集团，叫做"光子群聚"

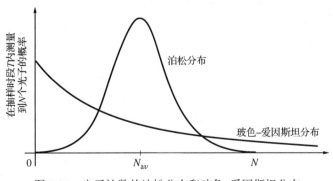

图 3.25　光子计数的泊松分布和玻色-爱因斯坦分布

压缩光

光场可以用其强度（即振幅或能量）和相位来描述。因此，想象用相矢量来表示它是有帮助的，因为相矢量也有振幅和相位。但是根据量子理论，这些量（振幅和相位）都和一个内在的不确定度相联系。让一切别的量保持不变，对这些量的每一个进行相继测量，将会得出有些不同的值，使得总是有一测不准量。表示光场的相矢量的长度和方向总是有一点模糊。而且，这两个概念以一种使我们想起海森伯不确定原理的特殊方式相互联系着；能量的测不准量，即测量值的散布范围，与相位的测不准量成反比。这两个测不准量的乘积，必须大于（在最好的情况下是等于）一个由普朗克常量规定的可达到的极小值（$h/4\pi$）。（$h/4\pi$）这个量最好称为作用量子，因为它定下了一切改变的下限。因此，对于紧密联系的对偶概念的这种关系，不应感到惊讶。

对于白炽灯发出的光，测不准量的乘积比 $h/4\pi$ 大得多。相反，与激光相联系的测不准量倾向于很小，并且其大小可以相互比较。事实上，对于一束稳定的激光，测不准量的乘积可以趋于 $h/4\pi$。任何减小振幅测量的变化范围（即减小其模糊度）的努力，将倾向于增大相位测量的散布范围，反之亦然。

图 3.22 画的是一台连续波激光器发出的光中光子到达的情况。如果对入射的能量在一个适当长的时间区段里求平均，将发现辐照度是相当恒定的。但是仍然清楚看到，存在着持续时间短的涨落——无关联的光子的随机撞击或**量子噪声**，又叫**散粒噪声**。的确，光束中总会有涨落，任何一种射线束中都会有。我们说激光是处于一个相干态或格劳博态（以 2005 年诺贝尔奖得主 Roy Glauber 的名字命名）中。光子并不很聚集成群，因而并没有大量的所谓**光子群聚**现象。这与图 3.24 中画的来自一个混沌光源（或热光源）的热光的情况不同，那里画的辐照度更明显的变化是其下光量子群聚行为的宣示。

人们也许会预期，散粒噪声将是一束光能够展示的最小噪声，一束很稳定的激光将趋近这一水平。但是，今天已经能够使光子在一束激光中比通常更均匀地行进。这样高度组织的光在行内称为**振幅压缩光**，它的光子分布曲线很窄（图3.25），因为几乎所有同样大小的抽样时段里得到的光子数目都相同。这条曲线是一个亚泊松分布。光子到来的时间就好像它们一个个近乎等距地排队在行进的队伍中。我们说这种形态显示了**反群聚**。通常将对亚泊松光的观察作为光子存在的直接证据。

振幅压缩的结果是一束"非经典光"，它有几乎恒定的辐照度和减小了很多的光子噪声。事实上，它的噪声水平低于与存在独立光子相关联的散粒噪声。因此，压缩光的一个引人注目的方面是它的光子表现出量子关联；它们相互不是完全独立的。当然，压缩振幅的测不准度，我们就展宽了相位的测不准度，但是在最新的应用中这并不是一个问题。我们可以定义压缩光或非经典光为这两个测不准度显著不同的光。对压缩光的研究只是在 20 世纪 80 年代才开始，要得到很平顺的光束的研究小组已经能够（2008 年）将光子噪声减小 90%。

3.3.4 辐射压强和动量

很久以前，早在 1619 年，开普勒就提出，是太阳光的压强将彗星尾吹向后方，使得它总是指向背对太阳的方向。这一论据对后来的光的微粒说的拥护者们特别有吸引力。毕竟他们是将一束光想象为一股粒子流，这股粒子流轰击物质时，显然将会施加一个力。有一阵情况似乎是，凭这个效应就可以树立光的粒子说对波动说的优势，但是为此所做的一切实验努力都没有探测到辐射的压力，对这方面的兴趣慢慢减退了。

出乎意料的是，正是麦克斯韦在 1873 年复活了对这个主题的研究。他在理论上确立，波的确施加压力。"在波于其中传播的介质中"，他写道，"在垂直于波的方向上有一个压力，它在数值上等于单位体积中的能量"。

一个电磁波射到某个实物表面上时，它与组成大块物质的电荷相互作用。不论波是被部分吸收还是反射，它都要对这些电荷从而对实物表面自身施加一个力。例如，在一个良导体的情形，电磁波的电场产生电流，波的磁场产生力作用在这些电流上。

能够用电磁理论计算产生的力，牛顿第二定律（力等于动量的时间变化率）据此提出，**电磁波自身携带有动量**。的确，只要有能量流动，预期将有一个相联系的动量就是合理的——这二者分别是运动的时间侧面和空间侧面，自然是相联系的。

正如麦克斯韦证明的，**辐射压 $\mathscr{P}$** 等于电磁波的能量密度。由（3.31）式和（3.32）式，对于真空，我们知道

$$u_E = \frac{\epsilon_0}{2} E^2 \quad 和 \quad u_B = \frac{1}{2\mu_0} B^2$$

由于数学式 $\mathscr{P} = u = u_E + u_B$，

$$\mathscr{P} = \frac{\epsilon_0}{2} E^2 + \frac{1}{2\mu_0} B^2$$

或者换个做法，用（3.37）式，我们可以将压强表示为坡印廷矢量的大小，即

$$\mathscr{P}(t) = \frac{S(t)}{c} \tag{3.50}$$

注意这个式子的单位是功率除以面积再除以速率——或等价地力乘速率除以面积和速率，或只是力除以面积。**这是一束垂直入射光施加在理想吸收面上的瞬时压强**。

只要 $\vec{E}$ 场和 $\vec{B}$ 场快速变化，$S(t)$ 就是快变的，因此特别实用的做法是讨论平均辐射压，即

$$\langle \mathscr{P}(t) \rangle_{\mathrm{T}} = \frac{\langle S(t) \rangle_{\mathrm{T}}}{c} = \frac{I}{c} \tag{3.51}$$

单位为牛顿/平方米。同样的压强作用在自身正发射能量的波源上。

回到图 3.16，若 p 为动量，电磁波束作用在一个吸收面上的力为

$$A\mathscr{P} = \frac{\Delta p}{\Delta t} \tag{3.52}$$

若 p_{V} 为单位体积辐射的动量，则在每一时间间隔 Δt 中有 $\Delta p = p_{\mathrm{V}}(c\Delta t A)$ 大小的动量传给 A，并且

$$A\mathscr{P} = \frac{p_{\mathrm{V}}(c\,\Delta t\,A)}{\Delta t} = A\frac{S}{c}$$

于是电磁动量的体密度是

$$p_{\mathrm{V}} = \frac{S}{c^2} \tag{3.53}$$

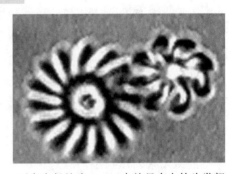

两个直径约为 5 μm（大约只有人的头发粗细的 1/15）的小转轮。这些微观齿轮是如此之小，它们可以被一束光的压强推着转

例题 3.4　在均匀、各向同性和线性的电介质中，坡印廷矢量在一个平面波携带的动量的方向。证明：动量的体密度一般可以写成下面的矢量：

$$\vec{p}_{\mathrm{V}} = \epsilon \vec{E} \times \vec{B}$$

再证明，对于例题 3.1 中的平面波，有

$$\vec{p}_V = \frac{\epsilon}{v} E_0^2 \sin^2 k(z - vt) \hat{k}$$

证明　由（3.39）式，有
$$\vec{S} = \frac{1}{\mu} \vec{E} \times \vec{B}$$

由（3.53）式，在波速为 v 的电介质中，

$$\vec{p}_V = \frac{\vec{S}}{v^2}$$

并且由于
$$\vec{S} = \frac{1}{\mu} \vec{E} \times \vec{B}$$

$$\vec{p}_V = \frac{\epsilon\mu}{\mu} \vec{E} \times \vec{B} = \epsilon \vec{E} \times \vec{B}$$

对一个在 z 方向行进的平面波，
$$E = E_0 \sin k(z - vt)$$

用例题 3.1 的结果，
$$\vec{p}_V = \frac{\vec{S}}{v^2} = \frac{\epsilon}{v} E_0^2 \sin k(z - vt) \hat{k}$$

若被照射的表面是**完全反射面**，以速度 $+c$ 入射的光束将以速度 $-c$ 出射。这相当于吸收时发生的动量变化的两倍，因此

$$\langle \mathscr{P}(t) \rangle_T = 2 \frac{\langle S(t) \rangle_T}{c}$$

注意，由（3.50）式和（3.52）式，若每平方米每秒传送能量 $\mathscr{E}$，则每平方米每秒将传送动量 $\mathscr{E}/c$。

在光子图像中，每个量子有能量 $\mathscr{E} = h\nu$。于是我们可以预期一个光子携带的动量是

$$p = \frac{\mathscr{E}}{c} = \frac{h}{\lambda} \tag{3.54}$$

它对应的动量矢量是
$$\vec{p} = \hbar \vec{k}$$

其中 $\vec{k}$ 是传播矢量，$\hbar \equiv h/2\pi$。这些与狭义相对论符合得很好，狭义相对论通过下式

$$\mathscr{E} = [(cp)^2 + (mc^2)^2]^{1/2}$$

将一个粒子的质量 m、能量 $\mathscr{E}$ 和动量联系起来。对于光子 $m = 0$，$\mathscr{E} = cp$。

这些量子力学观念，已经用康普顿效应在实验上得到证实。康普顿效应检测到一个电子在与单个 X 射线光子相互作用时光子交给电子的能量（见第 70 页的照片）。

从太阳垂直射到紧贴地球大气层的面上的电磁能量平均通量密度，大约是 1400 W/m^2。假设完全吸收，产生的压强将是 4.7×10^{-6} N/m^2。与之相比，大气压强大约是 10^5 N/m^2。地球上的太阳辐射压很小，但是它对整个行星仍然产生了一个不小的力，大约有 10 吨。即使在太阳表面，辐射压也不大（见习题 3.40）。可以预期，在一颗大的亮星的闪耀体内，辐射压会变得可以察觉，在那里它将对支撑星体反抗引力坍塌起重要作用。尽管太阳的辐射通量密度不是很大，但在长期作用下它也能产生可观的效应。比如，如果在维金号（Viking）空间飞船到火星的旅行中忽略了太阳光对它施加的辐射压，它就将错失火星大约 15 000 km。计算表明，甚至有可能用太阳光压推动一艘空间飞船在内行星之间飞行[①]。靠太阳辐射压驱动的带有巨大的反射帆的飞船有一天将会在局域空间的暗黑海洋上按固定的航班航行。

---

① 叫做"太阳风"的带电粒子流在提供推力方面的功效比太阳光差 1000～100 000 倍。

光压实际上早在 1901 年就被俄国实验物理学家列别捷夫（Pyotr Nikolaievich Lebedev，1866—1912）测量到了，美国人 Ernest Fox Nichols（1869—1924）和 Gordon Ferrie Hull（1870—1956）也独立测量到光压。考虑到当时能提供的光源，他们的成就真是不简单。今天，随着激光器的发明，光可以聚焦到一个小点，点的大小趋近半径为一个波长的理论极限。由此得出的辐照度，还有光压，是很可观的，即使是一具只有几瓦的激光器。于是，对各种应用（如分离同位素、加速粒子、冷却和陷俘原子——见第 86 页，甚至用光抬举小物体）都要考虑辐射压，这是一个很实际的问题。

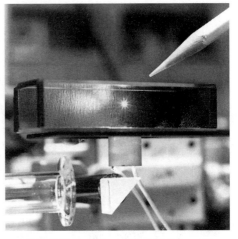

像星星的小亮斑（直径约千分之一英寸）是一个透明的小玻璃球，在一束 250 mW 的激光光束上悬浮在半空中

光也能传送角动量，不过这会引起许多问题，我们将在后面讨论（第 417 页）。

3.4　辐射

电磁辐射包含范围极宽的波长和频率，虽然在真空中它们都以同样的速率传播。尽管我们将电磁波谱分为不同的区段，给予它们不同的名称像无线电波、微波、红外，等等，这里只有一种实体，一种电磁波实在。麦克斯韦方程与波长无关，因此各种电磁波之间并没有什么基础性的差异。因此，为一切电磁辐射寻找一个共同的光源机制是合理的。我们找到的是，各种辐射能似乎有一个共同的起源，它们都和非匀速运动的电荷有关。当然，我们讨论的是电磁场中的波，而电荷是产生这个电磁场的根源，因此，这并没有什么令人惊奇的。

一个静止不动的电荷有恒定的 $\vec{E}$ 场，没有 $\vec{B}$ 场，因而不产生辐射——如果它辐射，能量从哪里来？一个匀速运动的电荷既有 $\vec{E}$ 场也有 $\vec{B}$ 场，但是它不辐射。如果你伴随电荷一起前行，那么在你看来电流就消失了，从而 $\vec{B}$ 消失了，我们将回到电荷不动的情形，匀速运动是相对的。这是合理的，因为如果仅仅因为你跟着电荷走而使电荷停止辐射，那将毫无意义。这就只剩下作非匀速运动的电荷了，它们肯定会辐射。在光子图景中，我们将此强调为：实物与辐射能之间的基础相互作用是光子与电荷之间的相互作用。

我们知道，自由电荷（没有被束缚在原子内的电荷）在加速运动时发射电磁辐射。电子在一台直线加速器中沿直线运动改变速率时，或在一台回旋加速器中绕圆圈运动时，或者在一具无线电天线中简单地往复振动时，都会如此——若一个电荷非匀速运动，它就会辐射。一个自由的带电粒子能够自发地吸收或者发射一个光子，越来越多的重要器件，从自由电子激光器到同步加速器辐射发生器，都将这一机制应用到实用级别上。

3.4.1　直线加速运动的电荷

考虑一个以恒定速度运动的电荷。它带有一个不变的径向电场和一个环绕它的圆形磁场。虽然 $\vec{E}$ 场在空间任何一点都时刻变化，它在任意时刻的值可以通过假设场力线固定在电荷上随电荷运动来决定。于是场不从电荷上松开，没有辐射。

静止电荷的电场可以用均匀分布的、径向的直线电力线来表示，如图 3.26 所示。对于一

个以恒定速度 $\vec{v}$ 运动的电荷，电力线仍然是径向直线，但是不再是均匀分布的了。不均匀性在高速率下变得明显，$v \ll c$ 时通常可以忽略。

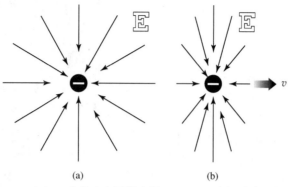

图 3.26　（a）一个静止电子的电场，（b）一个运动电子的电场

相反，图 3.27 表示一个向右匀加速运动的电子的电场。点 O_1、O_2、O_3 和 O_4 是电子在相等的时间间隔后的位置。现在场力线是弯曲的，这是一个重大差别。作为进一步的对比，图 3.28 画出了一个电子在某一任意时刻 t_2 的场。在 $t = 0$ 时刻之前，粒子停在 O 点。然后电荷被匀加速，直至时刻 t_1，这时速率达到 v，此后速率 v 维持恒定。我们可以预期，周围的场力线将以某种方式携带着电子已被加速的信息。我们有充分的理由假定，这一"信息"将以光速 c 传播。比如，若 $t_2 = 10^{-8}$s，那么离 O 点超过 3 m 的地方的任一点都不会察觉到电荷已经运动了。这个区域内的全部力线都应当还是以 O 点为中心的均匀分布的直线，就好像电荷仍然在 O 点一样。在 t_2 时刻，电子在 O_2 点，并以恒定速率 v 运动。在 O_2 点邻近，场力线必定与图 3.26b 中的场力线相似。高斯定律要求半径为 ct_2 的球外面的力线与半径为 $c(t_2 - t_1)$ 的球内的力线衔接起来，因为它们之间没有电荷。现在明显看出，在粒子加速运动那段时间里，场力线发生了变形并且出现了一个扭折。扭折区域内力线的准确形状并不重要。重要的是现在电场有一个横向分量 $\vec{E}_T$，它作为一个脉冲向外传播。在空间的某个点上，横向电场将是时间的函数，因此它将伴随有一个磁场。

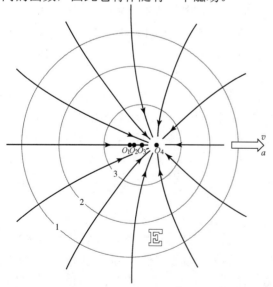

图 3.27　一个匀加速运动的电子的电场

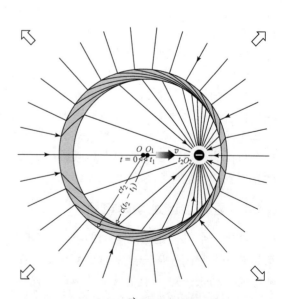

图 3.28　$\vec{E}$ 场力线的扭折

电场的径向分量按 $1/r^2$ 下降，但是横向分量则按 $1/r$ 减小。在远离电荷的地方，只有脉冲的横场分量 $\vec{E}_T$ 才是重要的场，它称为辐射场[①]。对一个缓慢运动（$v \ll c$）的正电荷，可以证明，电辐射场和磁辐射场分别正比于 $\vec{r} \times (\vec{r} \times \vec{a})$ 和 $(\vec{a} \times \vec{r})$，其中 $\vec{a}$ 是加速度。对一个负电荷则方向倒过来，如图 3.29 所示。注意，辐照度是 θ 的函数，$I(0) = I(180°) = 0$，而 $I(90°) = I(270°)$ 是极大值。在垂直于引起辐射的加速度的方向上，辐射的能量最强。

电荷辐射到周围空间的能量是由某个外部动力供给电荷的。这个动力是使电荷加速运动的力，它对电荷做功。

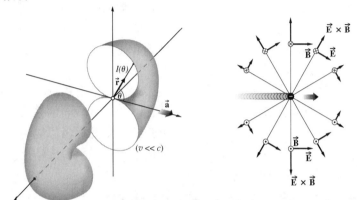

图 3.29　一个直线加速运动电荷的螺形辐射图样（剖开以表示截面）

3.4.2　同步加速器辐射

在任何一条弯曲路径上行进的一个自由带电粒子是在作加速运动，它将产生辐射。这提供了一个有力的产生辐射能的机制，既发生在大自然中，也出现在实验室里。同步加速器辐射发生器是 20 世纪 70 年代发展起来的研究工具，正属于这种机制。一群群带电粒子，通常是电子或正电子，与外磁场相互作用，使它们以受到精密控制的速率，沿着一条很大的圆形轨道转圈。轨道运动的频率决定了发射的基频（发射也包含高次谐波），多少是可以随意连续变化的。顺便说一句，必须用一群一群的电荷；一个均匀的电流环不会辐射。

一个在圆形轨道上缓慢转圈的带电粒子，辐射一个炸面包圈形的图样，与图 3.29 中画的相似。辐射的分布仍是环绕 $\vec{a}$ 对称的，$\vec{a}$ 现在是向心加速度，沿着从圆轨道中心到电荷的半径，方向向内。我们再一次看到，在垂直于加速度的方向上辐射的能量最强。速率越高，实验室里的静止观察者越能看到，辐射图样的向前的一瓣在运动方向上拉长，同时向后的一瓣则收缩。在接近 c 的速率下，粒子束（束的直径通常与一根针相当）基本上沿着一个狭长的圆锥体辐射，圆锥体的指向与轨道相切，在瞬时速度 $\vec{v}$ 的方向（见图 3.30）。而且，对于 $v \approx c$，辐射将在运动平面内强烈偏振。

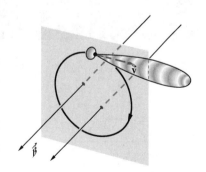

图 3.30　一个转圈的电荷的辐射图样

随着粒子群在机器里转圈，这盏"探照灯"（其直径通常小于几毫米）也一圈圈扫过，很

[①] 用汤姆孙分析扭折的方法做这个计算的细节可参阅 J. R. Tessman and J. T. Finnell, Jr., "Electric Field of an Accelerating Charge"，*Am. I. Phys.* 35, 523(1967)。关于辐射的通用的参考书，可参看 Marion and Heald, *Classical Electronmagnetic Radiation*, Chapter 7.

像一列转弯的列车上前灯的光。每转一圈，射线束都通过机器中多个窗中的一个短暂地闪光（$< \frac{1}{2}$ ns）。下面我们将看到（第 392 页），若一个信号的持续时间短，它的频谱必定很宽。结果得到一个极强的迅速脉动的辐射源，它的频率可以在很宽的范围里调节，从红外到可见光到 X 射线。使用磁铁使回转的电子进出它们的圆形轨道，可以产生强度无比的高频 X 射线爆发。这样的射线束比牙科医生用的 X 射线（大约几分之一瓦）强几十万倍，很容易在一块 3 mm 厚的铅板上烧出一个手指大的洞。

虽然这种技术早在 1947 年就用来在一台电子同步加速器里产生光，还是用了几十年人们才认识到，这种令加速器用户烦恼的能量丢失，自身可能是一种重要的研究工具（见下面的照片）。

在天文学领域内，可以预料，空间有一些区域遍布磁场。陷俘在这些磁场里的带电粒子将沿着圆形或螺旋形轨道运动，如果它们的速率足够高，它们将发射同步加速器辐射。图 3.31 中有银河系外的蟹状星云[①]的 5 幅照片。从蟹状星云射出的辐射的频率从射频伸展到远紫外波段。假定辐射源是陷俘的转圆圈的电荷，可以预计，会有强烈的偏振效应。这在前 4 张照片上很明显，它们是通过一个偏振滤光片拍的。每张照片上都标出了电场矢量的方向。由于在同步加速器辐射中，发射的 $\vec{E}$ 场在轨道平面内偏振，我们可以得出结论：每张照片都对应于垂直于轨道和 $\vec{E}$ 的一个特定的均匀磁场取向。

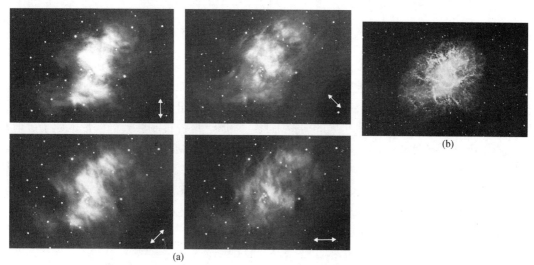

图 3.31　（a）来自蟹状星云的同步加速器辐射。这些照片中只记录了其 $\vec{E}$ 场方向如箭头所示的光。（b）用非偏振光拍摄的蟹状星云

---

① 人们相信蟹状星云是一颗星星爆炸死亡之后留下的膨胀着的残骸。从它的膨胀速率，天文学家算出爆炸发生在公元 1050 年。随后这得到证实，人们研究中国古老的天文记录（北京天文台的编年记事），从中揭示出，公元 1054 年，一颗极亮的星出现在天空的同一区域：

（北宋）至和元年五月己丑日（即公元 1054 年 7 月 4 日），有一颗大星出现……一年多后，它逐渐变得看不见了。

无疑，蟹状星云就是那颗超新星的残骸。

译者按：关于公元 1054 年的超新星爆发，全世界只有我国和日本有记载。我国记载了这一天文事件的典籍有《宋史》、《宋会要》、《契丹国志》等，其中行文与上文最接近的在《宋史》卷五十六：

"客星……至和元年五月己丑，出天关东南，可数寸，岁余稍没。"

此外，当时的观象台（司天监）设在汴梁（开封）。

人们相信，从外层空间到达地球的低频射电波，大部分源自同步加速器辐射。1960 年，射电天文学家用这些长波辐射证认出一类天体，叫做类星体。1955 年发现了木星射出的偏振射电波爆发。现在认为，它们是由陷入环绕这个行星的辐射带的作螺旋运动的电子产生的。

来自（美国）国家同步加速器光源的第一束"光"。光是从它的紫外电子储存环射出的

3.4.3　电偶极辐射

最简单的好直观摹想的电磁波产生机制也许是振荡的偶极子——两个电荷，一正一负，沿直线往复振动。而且这种机制肯定是所有产生机制中最重要的一种。

可见光和紫外辐射都主要由原子和分子中的最外层电子或束缚得很弱的电子重新排列而产生。从量子力学分析得知，原子的电偶极矩是这种辐射的主要的源。实物系统发射能量虽然是一个量子力学过程，但是可以用经典的振荡电偶极子来摹想其能量发射速率。因此，这种机制对理解原子、分子甚至原子核发射和吸收电磁波的方式是很重要的。图 3.32 示意地画出一个电偶极子的电场分布。在这幅图像中，一个负电荷在一个静止的、大小相等的正电荷近旁作直线简谐振动。如果振动的角频率为 ω，那么依赖于时间的偶极矩 $p(t)$ 有标量形式

$$p = p_0 \cos \omega t \tag{3.55}$$

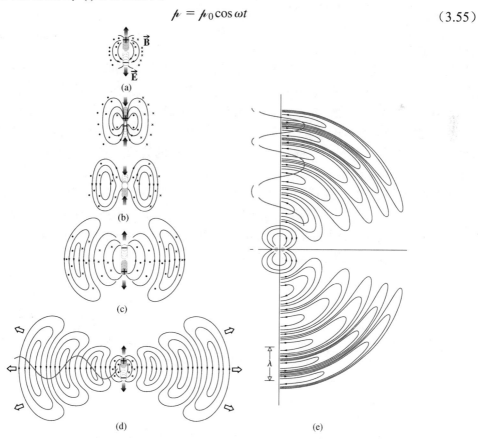

图 3.32　一个振荡的电偶极子的 $\vec{E}$ 场

注意，$p(t)$可以代表原子尺度上的振荡电荷分布的总体偶极矩，甚至也可以代表直线电视天线中的振荡电流。

在 $t = 0$ 时刻，$p = p_0 = qd$，其中 d 是两个电荷的中心之间的初始最大间距（图3.32a）。偶极矩实际上是一个矢量，方向从 $-q$ 到 $+q$。这个图示出位移因而偶极矩减小、一直减到零并最后反向的一系列电力线图样。当两个电荷实际上重合时，$p = 0$，场力线自身必定闭合。

在非常靠近原子的地方，$\vec{E}$ 场的形状同静止的电偶极子的场一样。稍微离远一些，在形成闭环的区域内，没有明确的波长。详细的计算表明，电场由5个不同的项组成，相当复杂。在远离偶极子的叫做波区或辐射区的地方，场的构型简单得多。在这个区域里，建立了一个固定的波长；$\vec{E}$ 和 $\vec{B}$ 是横场，互相垂直，并且同相。具体写出来，是

$$E = \frac{p_0 k^2 \sin\theta}{4\pi\epsilon_0} \frac{\cos(kr - \omega t)}{r} \tag{3.56}$$

并且 $B = E/c$，场的方向如图3.33中所示。坡印廷矢量 $\vec{S} = \vec{E} \times \vec{B}/\mu_0$ 在波区中总是沿径向向外。这里，$\vec{B}$ 场的力线是一些同心圆，圆心在偶极子轴上，圆在垂直于偶极子轴的平面内。这好理解，因为可以认为 $\vec{B}$ 是由时变的振子电流产生的。

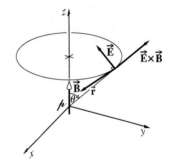

图3.33 一个振荡的电偶极子的场的方向

从（3.44）式可得（从源向外径向辐射的）辐照度为

$$I(\theta) = \frac{p_0^2 \omega^4}{32\pi^2 c^3 \epsilon_0} \frac{\sin^2\theta}{r^2} \tag{3.57}$$

它对距离的关系也是平方反比定律。通量密度的角分布是环形的，像图3.29中那样。加速度沿之发生的轴是辐射图样的对称轴。注意辐照度对 ω^4 的依赖关系——频率越高，辐射越强。我们考虑散射时，这个特征是重要的。

不难在两根导电杆之间加一台AC（交流）发生器，发送自由电子流，让它们在这个"发射天线"里上下振荡。图3.34a画的是带来合乎逻辑的结果的具体安排——一座标准的AM（调幅）无线电塔。这种天线的长度若相当于要发射的波长，或更方便地说，若天线长度相当于 $\lambda/2$，其工作效率最高。辐射波在偶极子中与产生它的振荡电流同步生成。倒霉的是，AM无线电波的波长有好几百米。因此，图中示出的天线有半个 $\lambda/2$ 偶极子实际上埋在地下。这至少省了一些高度，允许器件建造得仅高 $\lambda/4$ 就行了。此外，使用大地也产生了一个所谓的地表波，它紧紧依附着我们这颗行星的表面，我们大多数人和他们的无线电都住在这里。商业无线电台覆盖的范围通常是 50～200 km。

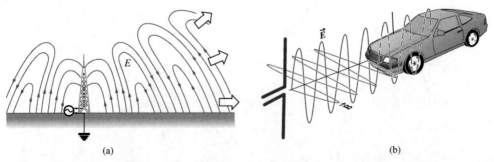

图3.34 （a）发射塔发射的电磁波。（b）汽车常常备有一根无线电天线，它立起来大约有一米高。一个过路的无线电波的在铅直方向振动的电场沿着天线的长度感应出一个电压，它成为汽车中收音机的输入信号

3.4.4　原子发的光

最重要的天然的辐射能（特别是光）产生和吸收机制，肯定是束缚电荷，即被束缚在原子内的电子。这些围绕着质量大、带正电的原子核的带负电的小粒子，构成了一种遥远的、稀薄的带电的云。普通物质的许多化学行为和光学行为是由它的外层电子或价电子决定的。云的剩余部分通常构成实质上对外界没有响应的闭合壳层，围绕着原子核并且紧紧地束缚在原子核上。这些闭合的或填满的壳层由特定数目的电子对构成。尽管我们还不完全清楚，一个原子辐射时内部究竟发生了什么事，但我们相当肯定地知道，光是在电子云的外层电荷分布重新调整时发出的。这个机制最终是世界上的光的主要来源。

通常，一个原子带着它的一窝电子，将电子安排在某一稳定组态，对应于它们的最低的能量分布或能级。每个电子都处于它的可能的最低能量状态，而原子作为一个整体处于它的叫做**基态**的组态。如果不受干扰，它将无限期地留在此状态。任何将能量抽运进原子的机制将会改变基态。比方，与另一原子、一个电子或一个光子的一次碰撞能够深刻地影响原子的能态。一个原子和它的电子云只能存在于对应于某些能量值的某些特别组态。除基态外，还有更高的能态，叫做**激发态**，每个激发态与一种特殊的电子云组态和一个特殊的确定能量值相联系。当一个或多个电子占据一个比基态能级高的能级时，我们就说原子被**激发**了——这个状态是内在不稳定的和暂时的。

在低温下，原子倾向于处于基态；在越来越高的温度下，越来越多的原子通过碰撞被激发。这种机制是一类比较温和的激发（辉光放电、火焰、火花，等等）的标识，这种激发仅仅赋予能量给最外层的价电子。我们起初将集中注意这些外层电子跃迁，它们引起发射可见光、近红外和紫外辐射。

将足够的能量交给一个原子（典型的是交给价电子），不论这由什么原因引起，原子的反应可以是突然从一个较低的能级上升到较高的能级（图 3.35）。电子将作一次快速变动，一次**量子跃迁**，从基态轨道组态跳到一个明确规定的激发态，这个激发态是电子的能量阶梯上的量子化的梯级之一。这个过程中需要的能量大小，等于初态和末态之间的能量差，并且由于它是特定的和明确确定的，一个原子能够吸收的能量是量子化的（即限于一些特定大小）。这个原子激发态是一个寿命短促的共振现象。通常在 10^{-8}s 或 10^{-9}s 后，被激发的原子将自发地松弛下来，回到较低的能态，最常是回到基态，一路失去激发能。能量的这种重新调整可以通过发光或者（特别是在致密物质中）通过介质中发生的原子碰撞转换为热能而发生。（我们很快就会看到，后一机制造成光在共振频率上被吸收，而在其余的频率上则透射或反射，这是我们周围世界大部分颜色现象的原因。）

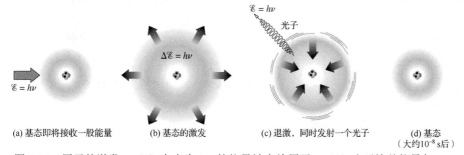

(a) 基态即将接收一股能量　　　(b) 基态的激发　　　(c) 退激，同时发射一个光子　　　(d) 基态
（大约 10^{-8} s 后）

图 3.35　原子的激发。（a）大小为 $h\nu$ 的能量被交给原子。（b）由于这份能量与到一个激发态所需的能量相匹配，原子吸收这份能量，到达一个更高的能级。（c）发射一个光子，原子又往回掉落。（d）并在大约 10^{-8} 秒内回到基态

如果原子跃迁伴随着光的发射（如在稀有气体中），光子的能量将精确地匹配原子的量子化的能量减少。它通过 $\Delta\mathscr{E} = h\nu$ 这个式子对应于一个特定频率，这个频率联系了光子和原子在两个特定状态之间的转变。这个频率叫做**共振频率**，在这样的频率上原子高效地吸收和发射能量，每个频率有自己发生的或然程度。

虽然我们对原子发生跃迁的 10^{-8} s 时间间隔里发生的事情还远不是很清楚，但是想象轨道电子是通过做一个特定频率的阻尼振动逐渐减少能量变到下面的能态，还是有帮助的。这时，可以用半经典方式将发射的光想象为是以短促的、有方向的振动脉冲或**波列**的形式发射，波列持续的时间小于大约 10^{-8} s——这幅图像与某些实验观察相符（见 7.4.2 节和图 7.45）。想象这个电磁脉冲以某种不可摆脱的方式与光子相联系。从某种意义上说，脉冲是宣示光子的波动本性的半经典表示。但是二者并不是在一切方面都等同：电磁波列是一个经典的东西，它极好地描述了光的传播和空间分布；但它的能量不是量子化的，而这是光子最本质的特征。所以当我们考虑光子波列时，心里要记住这个概念的内涵并不只是一个经典的振动着的电磁波脉冲。当然，引进发射波列观念的原因是为了让光有一个频率。这或许是任何朴实的光子模型的中心问题：是什么因素显示了光的频率？

单个原子或原子不显著相互作用的低压气体的发射光谱由尖锐的谱"线"构成，这些谱线的确定频率是不同原子特有的。由于原子的运动、碰撞等原因，这种辐射总有一些频率展宽，永远不是严格单色的。但是一般而言，原子从一个能级到另一个能级的跃迁，将发射频率完全确定的频宽很窄的辐射。另一方面，固体和液体中的原子是相互作用的，因此固体和液体的光谱展宽为宽频带。两个原子接近时，因为它们相互作用，结果它们各自的能级会稍微有些移动。固体中的许多个相互作用的原子生成了大量的移动的能级，实际上将它们原来的每一个能级都展宽了，把能级模糊化成了实质上连续的能带。这种本性的材料在宽阔的频率范围上发射和吸收。

光学致冷

光子携带的动量可以传递给运动的原子或离子，使它们的运动发生极大的改变。在大约一万次吸收后随着发射的循环后，一个原来以大约 700 m/s 速率运动的原子，可以减慢到速率接近零。由于温度一般与组成系统的粒子的动能成正比，这个过程叫做**光学致冷**或**激光致冷**。用这个过程，可以得到绝对温度 10^{-6} 度范围内的温度。激光致冷已经成为许多种应用的基础，这些应用包括原子钟、原子干涉仪和原子束的聚焦。对我们而言，它将 3.3.4 节和 3.4.4 节的内容强制性地、实用地糅合在一起。

图 3.36 画的是一束原子（每个原子的质量为 m）以速度 $\vec{\mathbf{v}}$ 行进，与反方向的一束激光光子发生碰撞，光子的传播矢量为 $\vec{\mathbf{k}}_L$。选激光频率 ν_L 比原子的共振频率 ν_0 略低一点。因为原子在运动，任何一个特定原子看到迎面而来的光子的频率发生了向上的多普勒移动[①]，频移大小为 $|\vec{\mathbf{k}}_L \cdot \vec{\mathbf{v}}|/2\pi = \nu_L v/c$。对激光频率调谐，使 $\nu_0 = \nu_L(1 + v/c)$。与光子的碰撞将会使原子发生共振。在这个过程中，每个光子都将自己的动量 $\hbar\vec{\mathbf{k}}_L$ 转移给吸收它的原子，于是原子的速率将减小 Δv，$m\Delta v = \hbar\vec{\mathbf{k}}_L$。

原子云并不是很致密，每个被激发的原子可以掉回基态，自发发射能量为 $h\nu_0$ 的光子。

---

① 想象一个观察者，以速率 v_0 朝着一个正在向外发射速率为 v、频率为 ν_s 的波的波源运动。由于多普勒效应的结果，他感到波的频率将是 $\nu_0 = \nu_s(v + v_0)/v$。更详尽的讨论可看任何物理学引论教程，如 E. Hecht, *Physics: Calculus*, Sect. 11.11。

这种发射的方向是随机的，因此虽然单个原子发生反冲，它再次获得的动量的平均大小，在上千次周转后却趋于零。每次吸收和发射光子循环引起的原子动量的变化因此实际上为 $\hbar\vec{k}_L$，原子慢了下来。在每次循环中（如在实验室中静止的人所看到的），原子吸收一个能量为 $h\nu_L$ 的光子，发射一个能量为 $h\nu_0$ 的光子，在这个过程中失去的动能的大小相当于 $h\nu_L v/c$，与多普勒频移成正比。

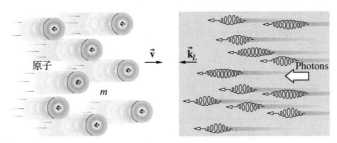

图 3.36　一束原子流与一个激光光束在激光致冷过程中碰撞

相反，一个向相反方向运动、离开光源的原子，看到光子的频率是 $\nu_L(1-v/c)$，离 ν_0 足够远，很少或没有吸收，因此没有动量增益。

注意辐射压力与频率有关，原子通过多普勒效应受到一个依赖于速率的力。这意味着，v 减小时，必须将 ν_0 和 ν_L 保持在合适的关系。有许多明智的方法可以做到这一点。

3.5　大块物质中的光

光学中特别关心电介质或非导电材料对电磁场的响应。我们当然要讨论各种形状的透明电介质，如透镜、棱镜、平板、薄膜等，更不用说环绕我们的空气海洋了。

在自由空间的一个区域里引进一种均匀各向同性电介质的净效应，是在麦克斯韦方程中将 ϵ_0 换成 ϵ，μ_0 换成 μ。介质中的相速度现在变成

$$v = 1/\sqrt{\epsilon\mu} \tag{3.58}$$

电磁波在真空中的速率与它在物质中的速率之比叫做**绝对折射率** n：

$$n \equiv \frac{c}{v} = \pm\sqrt{\frac{\epsilon\mu}{\epsilon_0\mu_0}} \tag{3.59}$$

n 可通过介质的相对电容率和相对磁导率写为

$$n = \pm\sqrt{K_E K_M} \tag{3.60}$$

n 通常是正的。

有这样的磁性物质，它们在电磁波谱的红外区和微波区是透明的。但是我们主要感兴趣的是在可见光波段透明的材料，这些材料实质上都是"非磁性的"。的确，K_M 与 1.0 的偏离一般不超过 10^4 分之几（比如，金刚石的 $K_M = 1.0\sim2.2\times10^{-5}$）。在 n 的公式中取 $K_M=1.0$ 得到的表示式称为麦克斯韦关系，即

$$n \approx \sqrt{K_E} \tag{3.61}$$

其中假定 K_E 是静介电常数。表 3.2 表明，这个关系看来只对几种简单气体才很好地成立。困难的发生是因为 K_E 因而 n 实际上依赖于频率。n 对光的波长（或颜色）的依赖关系是一个熟

知的效应，叫做**色散**。它发生在微观层级上，因此麦克斯韦方程组没有注意到它。牛顿爵士早在三百多年前就用棱镜将白光散开为它的组成颜色，这个现象在那时就已为人熟知，虽然还不是被很好地理解。

表 3.2　麦克斯韦关系

0℃和一个大气压下的气体		
材料	$\sqrt{K_E}$	n
空气	1.000 294	1.000 293
氦	1.000 034	1.000 036
氢	1.000 131	1.000 132
二氧化碳	1.000 49	1.000 45
20℃的液体		
材料	$\sqrt{K_E}$	n
苯	1.51	1.501
水	8.96	1.333
乙醇（酒精）	5.08	1.361
四氯化碳	4.63	1.461
二硫化碳	5.04	1.628
室温下的固体		
材料	$\sqrt{K_E}$	n
金刚石	4.06	2.419
琥珀	1.6	1.55
熔凝氧化硅	1.94	1.458
氯化钠	2.37	1.50

K_E 的值对应于尽可能低的频率，在某些情况下低到 60 Hz，而 n 的值是在大约 0.5×10^{15} Hz 的频率下测定的，使用的光是钠的 D 谱线（$\lambda = 589.29$ nm）。

例题 3.5　一个电磁波在一种均匀电介质中传播，频率为 $\omega = 2.10 \times 10^{15}$ rad/s，$k = 1.10 \times 10^7$ rad/cm。波的 $\vec{E}$ 场为

$$\vec{E} = (180 \text{ V/m})\hat{j} \, e^{i(kx - \omega t)}$$

求：（a）$\vec{B}$ 的方向，（b）波的速率，（c）相联系的 $\vec{B}$ 场，（d）折射率，（e）电容率（f）波的辐照度。

解　（a）$\vec{B}$ 在 $\hat{k}$ 的方向上，由于波是在 $\vec{E} \times \vec{B}$ 方向上运动而这是在 $\hat{i}$ 方向或 $+x$ 方向。

（b）波的速率为 $v = \omega / k$

$$v = \frac{2.10 \times 10^{15} \text{ rad/s}}{1.10 \times 10^7 \text{ rad/m}}$$

$$v = 1.909 \times 10^8 \text{ m/s } 或 1.91 \times 10^8 \text{ m/s}$$

（c）
$$E_0 = vB_0 = (1.909 \times 10^8 \text{ m/s})B_0$$

$$B_0 = \frac{180 \text{ V/m}}{1.909 \times 10^8 \text{ m/s}} = 9.43 \times 10^{-7} \text{ T}$$

$$\vec{B} = (9.43 \times 10^{-7} \text{ T})\hat{k} \, e^{i(kx - \omega t)}$$

（d）$n = c / v = (2.99 \times 10^8 \text{ m/s}) / (1.909 \times 10^8 \text{ m/s})$

$$n = 1.5663, \text{ 或} 1.57$$

(e) $n = \sqrt{K_E}$

$$n^2 = K_E$$
$$K_E = 2.453$$
$$\epsilon = \epsilon_0 K_E$$
$$\epsilon = (8.8542 \times 10^{-12})2.453$$
$$\epsilon = 2.172 \times 10^{-11} \text{C}^2/\text{N} \cdot \text{m}^2$$

(f) $I = \dfrac{\epsilon v}{2} E_0^2$

$$I = \frac{(2.172 \times 10^{-11} \text{C}^2/\text{N} \cdot \text{m}^2)(1.909 \times 10^8 \text{ m/s})(180 \text{ V/m})^2}{2}$$
$$I = 67.2 \text{ W/m}^2$$

散射和吸收

　　n 对频率的依赖关系的物理基础是什么？考察一个入射电磁波与组成电介质材料的原子阵列的相互作用，可以找到这个问题的答案。原子可以以两种不同的方式对入射光发生反应，这取决于入射光的频率，或等价地取决于入射光子的能量（$\mathscr{E} = h\nu$）。一般情况下，原子将"散射"光，使光射到另一方向，而不会使光有别的改变。可是，如果光子的能量与一个激发态的能量匹配，原子将吸收光，发生量子跃迁，跃迁到这个更高的能级。在原子密度稠密的物态中，例如通常的气体（在压强为大约 10^2 Pa 或更高时）、固体和液体中，这个激发能很可能在还没来得及以光子形式射出之前，就通过碰撞迅速传给随机的原子运动，成为热能。这一常见过程（拿走一个光子并将它转换为热能）有一阵被泛泛地称为"吸收"，但是这个词今天更常只用来指拿走能量的那一侧面，而不管被拿走的能量此后将发生什么。因此，现在更好的叫法是称它为**耗散性吸收**。一切实物介质都在某种程度上参与耗散性吸收，在这个或那个频率上。

　　与这个激发过程相反，若是射入的辐射能是别的频率——即，比共振频率低，则会发生**基态散射或非共振散射**。想象一个原子处于它的最低能态，并假设它与一个光子相互作用，光子的能量太小，不能让原子跃迁到任何更高的激发态。尽管如此，仍可假设光的电磁场驱动电子云进入振荡。这时不造成原子跃迁；原子停留在基态，而其电子云以入射光的频率发生轻微的振动。电子云一旦开始相对于带正电的原子核振动，系统就构成一个振动的偶极子，因而将立即开始以同一频率辐射。由此产生的散射光由这样的光子组成：它们携带着与入射光子同样大小的能量，向着某个方向而去——散射是经典的。实际上，原子像是一个小小的偶极振子，这是洛伦兹（Hendrik Antoon Lorentz）1878 年用过的一个模型，他用这个模型把麦克斯韦方程推广到原子领域。如果入射光是非偏振光，原子振子将光向随机方向散射。

　　一个原子被光照到时，会快速地重复激发和自发辐射过程。事实上，由于发射寿命约等于 10^{-8}s，在有足够能量使原子不断再激发的情况下，一个原子每秒可以最多发射 10^8 个光子。原子强烈地倾向于与共振光相互作用（它们有很大的吸收截面）。这意味着饱和状态，在这种状态下低压气体的原子不断发射光子和再激发，这发生在适度的辐照度值上（$\approx 10^2$ W/m^2）。因此让原子每秒射出上亿个光子并不是特别困难。

一般，可以想象在被普通光束照射的介质中，每个原子的行为好像是一个"源"，它向一切方向发射数目极大的飞走的光子（或是弹性散射，或是共振散射）。这样的一股能量流像是一个经典的球面波。于是将一个原子想象为（即使这样做是过于简单化了）一个球面电磁波的点源——只要记住爱因斯坦的告诫"球面波形式的向外辐射是不存在的"。

当一种在可见光频率范围不发生共振的材料被光照射时，将发生非共振散射，它使每个参与的原子有一个这样的外貌：它是一个小的球面子波源。通常，入射光束的频率越靠近原子共振频率，相互作用就越强烈地发生，在致密材料中就会有更多的能量被耗散性吸收。正是这种选择性吸收机制（见 4.9 节）产生了事物的视觉外貌的诸多特色。它是你的头发、皮肤和衣服的颜色的主要原因，是树叶、苹果和油漆的颜色的主要原因。

3.5.1　色散

色散指的是这样的现象：介质的折射率依赖于光的频率。所有的实物介质都有色散，只有真空是非色散的。

麦克斯韦理论将实物当作连续体处理，将它们对外加 $\vec{E}$ 场和 $\vec{B}$ 场的电响应和磁响应用常量 ϵ 和 μ 表示。因此，K_E 和 K_M 也是常量，而 n 因此则不现实地与频率无关。所以，要从理论上讨论色散，就必须将物质的原子本性引进来，并且应用这种本性中某些与频率有关的方面。仿效洛伦兹的做法，我们可以对大量原子的贡献求平均，来表示各向同性电介质的行为。

当一块电介质受一个外电场作用时，在外电场影响下，它的内部电荷分布发生变化。这相当于产生一个电偶极矩，电偶极矩反过来又对总的内电场有贡献。更简单地说，外电场把介质中的正电荷和负电荷分开（每一对正负电荷是一个偶极子），而这些电荷又产生附加的场分量。单位体积的总偶极矩叫做**电极化强度矢量 $\vec{P}$**。对大多数材料，$\vec{P}$ 和 $\vec{E}$ 成正比，可以令人满意地用下式相联系

$$(\epsilon - \epsilon_0)\vec{E} = \vec{P} \tag{3.62}$$

电极化强度是有介质时与没有介质时的电场之间的差异的量度。当 $\epsilon = \epsilon_0$，$\vec{P} = 0$。$\vec{P}$ 的单位是 $C{\cdot}m/m^3$ 即 C/m^2。

电荷的重新分布以及由此引起的极化可以由下述几种机制产生。有些分子，由于不均等地分享价电子，具有一个永偶极矩。这种分子叫做有极分子，非直线形状的水分子是一个很典型的例子（图 3.37）。每个氢–氧键是极性共价键，H 端相对于 O 端为正。热骚动使分子偶极子无规取向。加一个电场后，偶极子定向排列起来，电介质发生**定向极化**。对无极分子和原子的情形，外加场使电子云变形，使它相对于原子核移动，从而产生一个偶极矩。除了这种**电子极化**外，还存在另一种过程，它特别适用于分子，例如离子晶体 NaCl。在有电场出现时，正负离子相对发生位移。因此感生出一个偶极矩，它引起的极化称为**离子极化**或**原子极化**。

如果有一个简谐电磁波入射电介质，电介质内部电荷结构将受到时变的力和（或）力矩的作用。这些力和力矩与电磁波的电场分量成正比[①]。对于极性电介质流体，分子实际上发生快速旋转，将自己排得同 $\vec{E}(t)$ 场方向一致。但是这些分子比较大而且有可观的转动惯量。在高驱动频率 ω 下，有极分子就跟不上场的变化。它们对 $\vec{P}$ 的贡献将会减小，而 K_E 将明显降低。水的相对电容率直到频率大约到 10^{10} Hz 几乎是常数，约为 80，频率再高就迅速下降。

[①] 电磁场的电分量产生的力为 $\vec{F}_E = q\vec{E}$，而磁分量产生的力之形式为 $\vec{F}_M = q\,\vec{v} \times \vec{B}$，但是 $v \ll c$，因此由（3.30）式可得，一般可以忽略 $\vec{F}_M$。

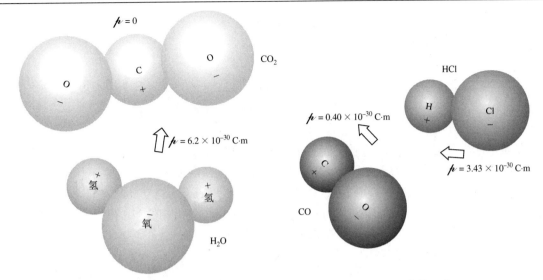

图 3.37　各种分子及其偶极矩，偶极矩是端上的电荷乘两电荷的距离

相反，电子的惯性很小，即使在光频（约为 5×10^{14} Hz）下也还能跟上场的变化并对 $K_E(\omega)$ 做贡献。于是 n 对 ω 的依赖关系主要由在具体频率下做贡献的各种不同电极化机制的相互作用支配。

原子的电子云被电吸引力束缚在一个带正电的原子核上，这个吸力将电子云维持在某个平衡组态。即使对原子内部相互作用的细节所知不多，我们也可以预料，像别的稳定的、小扰动不能瓦解的力学系统一样，必须存在一个净力 F，它使系统回归平衡。此外，我们可以合理地期望，对于离开平衡位置（这里 $F=0$）很小的位移 x，这个力与 x 成线性关系。换句话说，$F(x)$ 与 x 的关系图在平衡点跨过 x 轴，在两边都很接近直线。于是对于小位移，可以假设恢复力之形式为 $F=-k_E x$，其中 k_E 是一个很像弹簧常数的弹性常数。一旦由于某种原因受到片刻的干扰，一个这样束缚着的电子就将在其平衡位置附近以**固有频率**或**共振频率** $\omega_0=\sqrt{k_E/m_e}$ 振动，其中 m_e 是它的质量。这是未受外力驱动的系统的振动频率，因此 $F=-\omega_0^2 m_e x$。ω_0 是一个可观察量，用它可以摆脱弹簧模型中虚构的 k_E。

我们将一种实物介质看作是聚集在真空中的一大群可极化的原子，它们每一个都很小（与光的波长相比），并且与其邻居紧挨着。当光波射到这样的介质上时，可以将每个原子想成一个被入射波的时变电场 $E(t)$ 驱动的经典**强迫振子**，假设 $E(t)$ 作用在 x 方向。图 3.38b 是各向同性介质中这样一个振子的力学表示，在这样的介质中，带负电的壳层用完全一样的弹簧与不动的带正电的原子核固结在一起。即使是在明亮的阳光的照射下，振动的振幅也不会超过大约 10^{-17} m。一个频率为 ω 的简谐电磁波的电场作用在电荷 q_e 上的力 (F_E) 之形式为

$$F_E=q_e E(t)=q_e E_0 \cos\omega t \tag{3.63}$$

注意，若驱动力在某一方向，则恢复力在相反的方向，这是它带负号的原因：$F=-k_E x=-m_e\omega_0^2 x$。牛顿第二定律给出运动方程，即，作用力之和等于质量乘加速度：

$$q_e E_0 \cos\omega t-m_e\omega_0^2 x=m_e\frac{\mathrm{d}^2 x}{\mathrm{d}t^2} \tag{3.64}$$

左边第一项是驱动力，第二项是反向的恢复力。要满足这个式子，x 必须是这样的函数，它的二阶导数与 x 自身相差不多。此外，可以预计电子将以与 $E(t)$ 相同的频率振动，因此"猜"其解为

$$x(t) = x_0 \cos \omega t$$

把它代入上式以算出振幅 x_0。用这个方法我们求得

$$x(t) = \frac{q_e/m_e}{(\omega_0^2 - \omega^2)} E_0 \cos \omega t \tag{3.65}$$

或

$$x(t) = \frac{q_e/m_e}{(\omega_0^2 - \omega^2)} E(t) \tag{3.66}$$

这是带负电的电子云与带正电的原子核之间的相对位移。传统做法是令 q_e 为正，讨论振子的位移。若没有驱动力（没有入射波），振子将以它的共振频率 ω_0 振动。有外电场时，若场的频率小于 ω_0，$E(t)$ 和 $x(t)$ 的符号相同，这意味着电荷能够跟随外力振动（即它们同相）。但是，当 $\omega > \omega_0$，位移 $x(t)$ 与该时刻的力 $q_e E(t)$ 的方向相反，所以与外力相位差 $180°$。记住我们是在讨论 $\omega > \omega_0$ 时的振动的偶极子，正电荷的相对运动是在外场方向上的振动。频率高于共振频率时，正电荷与外场相位差 $180°$，我们说偶极子落后 π 弧度（见图 4.9）。

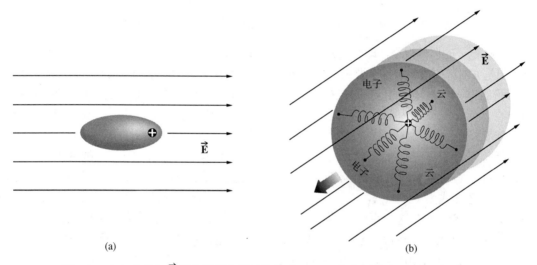

图 3.38　(a) 在外加 $\vec{E}$ 场作用下电子云的变形。(b) 各向同性介质中的机械振子模型——一切弹簧都相同，并且振子可以在一切方向上同样地振动

偶极矩等于电荷 q_e 乘它的位移，若单位体积中有 N 个做贡献的电子，那么电极化强度或偶极矩密度为

$$P = q_e x N \tag{3.67}$$

于是由（3.66）式有

$$P = \frac{q_e^2 N E/m_e}{(\omega_0^2 - \omega^2)} \tag{3.68}$$

由（3.62）式

$$\epsilon = \epsilon_0 + \frac{P(t)}{E(t)} = \epsilon_0 + \frac{q_e^2 N/m_e}{(\omega_0^2 - \omega^2)} \tag{3.69}$$

用 $n^2 = K_E = \epsilon/\epsilon_0$ 这一事实，可以得到 n 作为 ω 的函数的表示式，叫做**色散方程**：

$$n^2(\omega) = 1 + \frac{N q_e^2}{\epsilon_0 m_e}\left(\frac{1}{\omega_0^2 - \omega^2}\right) \tag{3.70}$$

在比共振频率高得越来越多的频率上，$(\omega_0^2 - \omega^2) < 0$，并且振子的位移与驱动力将有一个约 $180°$ 的相位差。因此，产生的电极化也将与外加电场反相。于是介电常量因而还有折射率二

者都会小于 1。在越来越低于共振频率的频率上，$(\omega_0^2 - \omega^2) > 0$，电极化将与外电场近于同相。这时介电常量和相应的折射率将大于 1。这种行为实际上仅仅是发生的事情的一部分，但通常在所有各种材料中都观察到。

可以用一块由研究的材料制成的色散棱镜（第 236 页）来检验上述分析的正确，不过我们先将（3.70）式改写为（见习题 3.62）

$$(n^2 - 1)^{-1} = -C\lambda^{-2} + C\lambda_0^{-2}$$

其中相乘的常量 $C = 4\pi^2 c^2 \epsilon_0 m_e / Nq_e^2$。图 3.39 是用一个学生的实验数据画的 $(n^2-1)^{-1}$ 与 λ^{-2} 的关系图。用氢放电管发出的各种波长的光照射一个冕牌玻璃的棱镜，对每个波长测量折射率（表 3.3）。得到的曲线的确是一条直线，其斜率（用 $y = mx + b$）等于 $-C$，y 截距对应于 $C\lambda_0^{-2}$。由此可得共振频率为 2.95×10^{13} Hz，在紫外区。

表 3.3　冕牌玻璃的色散

	波长　（nm）	折射率 n
1	728.135	1.534 6
2	706.519 706.570	1.535 2
3	667.815	1.536 29
4	587.562	1.539 55
	587.587	
5	504.774	1.544 17
6	501.567	1.544 73
7	492.193	1.545 28
8	471.314	1.546 24
9	447.148	1.549 43
10	438.793	1.550 26
11	414.376	1.553 74
12	412.086	1.554 02
13	402.619	1.555 30
14	388.865	1.557 67

*波长是氢放电管发出的波长。对应的折射率是测出的。

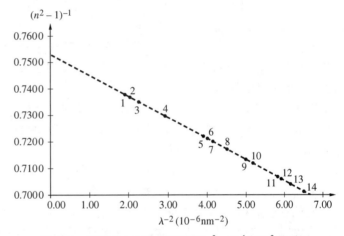

图 3.39　用表 3.3 中的数据画的 $(n^2 - 1)^{-1}$ 与 λ^{-2} 关系图

通常，随着照明光频率的增高，任何一种物质的折射率会发生几次从 $n > 1$ 到 $n < 1$ 的转变。其含义为：系统不仅仅在一个频率 ω_0 上共振，而是显然有几个这样的频率。看来下面的推广做法是合理的：假设单位体积中有 N 个分子，每个分子有 f_j 个振子，其固有频率为 ω_{0j}，这里 $j = 1, 2, 3\cdots$。这时，

$$n^2(\omega) = 1 + \frac{Nq_e^2}{\epsilon_0 m_e} \sum_j \left(\frac{f_j}{\omega_{0j}^2 - \omega^2} \right) \tag{3.71}$$

这个结果实质上与量子力学处理给出的结果相同，除了必须对某些项重新解释。因此，ω_{0j} 这些量就是特征频率，原子将在这些频率上吸收和发射辐射能。f_j 项是权重因子，满足要求 $\Sigma_j f_j = 1$，叫做振子强度。它们反映了对每种振动模式应予重视的程度。由于它们量度了给定的一种原子跃迁发生的或然率，f_j 也叫跃迁概率。

即使从经典观点来看也需要对 f_j 项做这种重新解释，因为与实验数据的符合要求它们小于 1。这显然与导致（3.71）式的 f_j 的定义相矛盾。于是人们假设一个分子有多个振荡模式，但是每个振荡模式有不同的固有频率和强度。

注意，当 ω 等于任何一个特征频率时，n 是不连续的，与实际观测相反。这仅仅是由于

忽略了阻尼项的结果，阻尼项应当出现在和式的分母中。顺便提一句，阻尼可以部分归因于受迫振子再辐射时损失的能量。在固体、液体和高压气体（$\approx 10^3$ 个大气压）中，原子间距大约是标准温度和气压下气体中的原子间距的 $1/10$。在这种比较紧密接近的条件下，原子和分子受到很强的相互作用和因此而起的"摩擦"力。其结果是振子受到阻尼，它们的能量以"热"（分子运动）的形式耗散在物质中。

如果我们在运动方程中加上一项与速率成正比的阻尼力（形式为 $m_e\gamma\,dx/dt$），那么色散方程（3.71）应当是

$$n^2(\omega) = 1 + \frac{Nq_e^2}{\epsilon_0 m_e}\sum_j \frac{f_i}{\omega_{0j}^2 - \omega^2 + i\gamma_j\omega} \tag{3.72}$$

虽然这个式子对气体这样的稀薄介质很好地成立，但要把它用于稠密物质则必须克服另一个麻烦。每个原子同它本地的电场相互作用。但是，不像前面考虑的孤立原子那样，稠密物质中的原子还将受到它的同伴产生的感生场的作用。因此，一个原子除了外场 $E(t)$ 之外还"看到"另一个场[1]，即 $P(t)/3\epsilon_0$。可以证明（但这里不给出细节）

$$\frac{n^2 - 1}{n^2 + 2} = \frac{Nq_e^2}{3\epsilon_0 m_e}\sum_j \frac{f_j}{\omega_{0j}^2 - \omega^2 + i\gamma_j\omega} \tag{3.73}$$

迄今为止我们几乎只考虑了电子振子，但是同样的结果也适用于束缚在固定的原子座点上的离子。这时 m_e 应当换成大得多的离子质量。于是，虽然电子极化在整个光学频段都重要，但离子极化的贡献只在共振区域（$\omega_{0j} = \omega$）内才对 n 有显著影响。

复数折射率的含义将在后面 4.8 节中讨论。我们暂时主要限于讨论吸收可以忽略（即 $\omega_0^2 - \omega^2 \gg \gamma_j\omega$）并且 n 是实数的情形，因此

$$\frac{n^2 - 1}{n^2 + 2} = \frac{Nq_e^2}{3\epsilon_0 m_e}\sum_j \frac{f_j}{\omega_{0j}^2 - \omega^2} \tag{3.74}$$

无色透明的材料的特征频率处于光谱的可见区之外（事实上这就是它们无色透明的原因）。特别是，玻璃的有效固有频率是在可见频段以上的紫外区，因此玻璃对紫外线是不透明的。在 $\omega_{0j}^2 \gg \omega^2$ 的情况下，（3.74）式中的 ω^2 项相比之下可以略去，结果在这一频段内的折射率实际上是常数。例如，玻璃的重要的特征频率出现在大约为 100 nm 的波长上。光谱可见区的中心波长大约是它的 5 倍，因而 $\omega_{0j}^2 \gg \omega^2$。注意当 ω 向着 ω_{0j} 增大时，（$\omega_{0j}^2 - \omega^2$）减小而 n 随频率逐渐增大，这在图 3.40 中可以清楚看到。这叫正常色散。在紫外区，随着 ω 趋近一个固有频率，振子开始共振。它们的振幅将显著增大，并伴随有阻尼现象和对入射波能量的强烈吸收。在（3.73）式中当 $\omega_{0j} = \omega$ 时，阻尼项显然成了最重要的项。图 3.41 中紧邻各个 ω_{0j} 的区域叫吸收带。那里的 $dn/d\omega$ 是负的，我们把这个过程叫做反常色散。如果让白光通过一块玻璃棱镜，其成分中蓝光的折射率比红光的大，因此，蓝光的偏向角将更大一些（见 5.5.1 节）。反之，如果我们用一个液胞棱镜，其中装着染料溶液，其吸收带在可见区内，那么光谱将有显著的变化（见习题 3.59）。一切物质在电磁波频谱内某处都有吸收带，因此从 19 世纪初沿用下来的反常色散这一术语，肯定是一个错误的名称。

我们已经看到，分子内的原子还能在它们的平衡位置附近振动。但是原子核的质量很大，因此固有振动频率将很低，落在红外区。像 H_2O 和 CO_2 这样的分子在红外区和紫外区都将发生共振。如果一块玻璃在制造过程中有水陷在里面，就会有这样的分子振子，而产生一个红

---

[1] 这个应用于各向同性介质的结果几乎在任何一本电磁理论教材中都有推导。

外吸收带。氧化物的出现也将带来红外吸收。图 3.42 示出许多重要的光学晶体的 $n(\omega)$ 曲线（范围从紫外到红外）。注意它们如何在紫外波段增大而在红外区下降。在更低的无线电波频率上，玻璃再次成为透明的。与之相比，一块有色玻璃显然在可见光频段有共振现象，它吸收特定的频段而透过互补色。

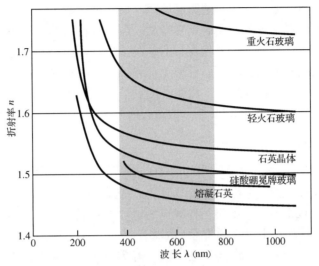

图 3.40　各种材料的折射率对波长的依赖关系。注意当 λ 向右方增大时，ν 向左方增大

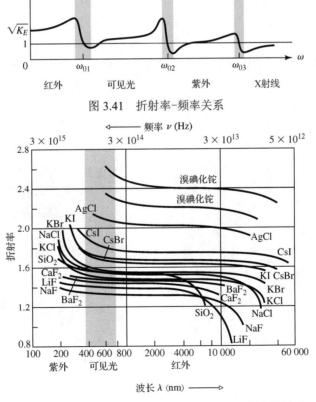

图 3.41　折射率-频率关系

图 3.42　几种重要光学晶体的折射率与波长和频率的关系

最后，让我们注意，如果驱动频率大于任何一个 ω_{0j}，那么 $n^2 < 1$ 从而 $n < 1$。例如，若我们将一束 X 射线投射到一块玻璃板上，就会发生这种情况。这是一个激起好奇心的结果，因为它导出 $v > c$，似乎与狭义相对论矛盾。下面我们讨论群速度时（7.2.2 节），再来讨论这一情况。

上面的部分内容小结如下：在光谱的可见区，电子极化是决定 $n(\omega)$ 的主要机制。按照经典观点，我们想象电子振子以入射波的频率振动。当入射波的频率与特征频率或固有频率差很多时，振动很小，只有很小的耗散吸收。但是在共振时，振子振幅增大，场对电荷做的功也增大。电磁能从电磁波中移出转化为机械能，然后以热的形式耗散在物质中，这时我们说有一个吸收峰或吸收带。这种材料，虽然在别的频率上很透明，对于频率为其特征频率的入射辐射，则是相当不透明的（见第 99 页上的透镜照片）。

负折射

我们还记得，一种材料的折射率通过 (3.59) 式与电容率和磁导率相联系：$n = \pm\sqrt{\epsilon\mu/\epsilon_0\mu_0}$。从概念说，平方根可以为正，也可以为负，但从来没人关心后一种可能性。然后，1968 年，苏联科学家 V. G. Veselago 证明，如果一种材料的电容率和磁导率都为负，这种材料的折射率将会是负的，并显示种种异乎寻常的特性。那时已经有一些物质，在适当的情况下和有限的频率范围内显示出 $\epsilon < 0$ 或者 $\mu < 0$，但是还不知道有透明的或半透明的材料存在，它们的这二者同时小于零。不奇怪，这个理论没引起人们的兴趣，直到几十年后情况才发生变化。

一个光波波长大约是原子大小的 5000 倍，当它穿越电介质传播时它并"看不见"单个原子，而是大量原子对光波进行散射。甚至不如说，电磁波的行为好像是它"看到"的是一种多少是连续的介质，使它沿此介质行进时保持它的总体特征。一个波长长很多的波，如波长几厘米的微波，经过一个放满小而密集的天线（这些天线会散射这个波）的区域时，会发生同样的事情。20 世纪初，一些研究者开始精细制作这样的三维天线阵列。一些天线由微小的开环组成，当一个振荡磁场穿过时，每个开环会有电容和电感，因而有一个共振频率，就和电介质中的一个原子一样。为了散射电场，结构中含有由微小导线组成的格子。这些人工制造的复合介质后来叫做**超构材料**（metamaterial，或译为**人造负折射率材料**），它们在比共振频率高一点的频率上真的显示出负折射率。

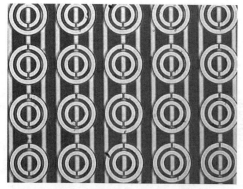

微小导体散射体（裂开的环形共振器）的阵列，用来制作一种超构材料。工作在电磁波谱的微波波段上，它的 $\epsilon < 0$，$\mu < 0$，$n < 0$

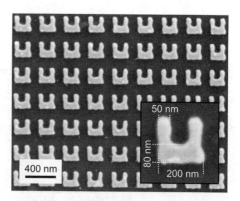

超构材料中的散射体越小，工作波长就越短。这些小共振器的大小大约是一个光波波长，设计在大约 200 THz 下工作

负折射率有一些引人注目的性质，后面（第 131 页）我们将考察其中的一些。最奇特的

性质之一涉及其坡印廷矢量。在普通的均匀各向同性材料如玻璃中，电磁波的相速度和它的坡印廷矢量（能流的方向）相同。**负折射率材料**却不是这样。虽然 $\vec{E} \times \vec{B}$ 仍是至关重要的能流方向，相速度却在相反的方向，它的负方向；波向前传播，而构成波的涟漪（ripples）却向后行进。由于其中的相速度是在右手定则决定的叉乘积的反方向，负折射率材料又被广泛地称为**左手材料**。

今天这个领域已经成长壮大，研究工作者用多种结构成功地制出负折射率介质，包括用电介质制造的负折射率材料，名叫光子晶体。由于在理论上有可能制造出在电磁波谱的可见光区内工作的超构材料，它的潜在应用范围（从"超棱镜"到伪装隐身装备）很是诱人。

3.6　电磁波-光子谱

麦克斯韦在 1867 年发表他的电磁理论的最初的全面说明时，已知的频带只是从红外经过可见光到紫外。虽然这个频段是光学主要关心所在，但它只是宽阔的电磁波谱的一小段（参看图 3.43）。本节列举电磁波谱通常被分成的主要波段（实际上有一些重叠）。

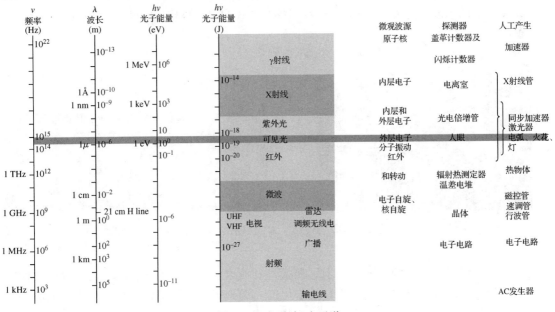

图 3.43　电磁波-光子谱

3.6.1　射频波

1887 年，麦克斯韦去世后 8 年，德国 Karlsruhe 高等工业学校物理学教授赫兹（Heinrich Hertz）成功地产生并检测到电磁波[1]。他的发射机实质上是通过火花隙的一种振荡放电（振荡电偶极子的一种形式）。作为接收天线，他用一个开口的导线环，一端有一黄铜球，而另一端有一个细铜尖。看见两端之间有小火花通过，就标志着检测到一个入射电磁波。赫兹将辐射聚焦，测定它的偏振，让它反射和折射，使它发生干涉形成驻波，然后甚至测量了它的波长（1 m 量级）。用他的话说：

---

① David Hughes 很有可能成为实际完成这一业绩的第一人，但是他在 1879 年做的实验多年没有发表，人们没注意到。

我已成功地产生了确定无误的电力射线，并且成功地用它们进行了通常用光和辐射热来做的各种基本实验……我们也许可以进一步把它们确定为波长很长的光线。我认为，上述这些实验无论如何已足以消除对于将光、辐射热和电磁波等同起来的任何怀疑。

赫兹所用的波现在归属射频波段，从不多个赫兹延伸到大约 10^9 Hz（波长 λ 从若干千米到 0.3 m 左右）。它们用各种各样的电路来发射。例如，在输电线中流过的 60 Hz 交流电以 5×10^6 m 的波长发出辐射。理论上波长值没有上限；你可以悠闲地摆动一个熟知的带电木髓球，这时就会产生一个波长很长、虽然并不强的波。这个频段的高频端用于电视和无线电广播。

在 1 MHz（10^6 Hz）下，一个射频光子的能量为 6.62×10^{-28} J 或 4×10^{-9} eV，从任何标准看这都很小。辐射的粒子性一般很模糊，表观只看到射频能量的连续传送。

3.6.2 微波

微波波段从大约 10^9 Hz 延伸到约 3×10^{11} Hz。相应的波长大约从 30 cm 到 1.0 mm。能穿透地球大气的辐射是在波长小于 1 cm 到约 30 m 的范围内。因此微波对于宇宙飞船通信以及在射电天文学中很重要。特别是，分布在广阔的宇宙空间里的中性氢原子，发射波长 21 cm（1420 MHz）的微波。从这种特殊辐射已经得到有关我们银河系和其他星系的结构的大量信息。

法国巴黎埃菲尔铁塔顶上的微波天线

用 T 射线拍的一糖果条的照片。干果本来是隐藏在巧克力下面的，由于折射结果能够看见

分子可以通过改变组成它的原子的运动状态（使这些原子振动或转动）而吸收或发射能量。同随便哪种运动相联系的能量都是量子化的，而分子，除了它们的电子产生的能级外，还有振动能级和转动能级。只有有极分子会感受到一个入射电磁波通过 $\vec{E}$ 场作用的力，它会使分子转动，进入有向排列，也只有它们能吸收一个光子，转动跃迁到激发态。由于分子质量大，不能轻易来回转动，我们可以预料它们将会发生低频的转动共振（从远红外 0.1 mm 到微波 1 cm）。比如，水分子是有极分子（见图 3.37），如果将水分子置于电磁波下，它们将来回摆动，试图与交变的 $\vec{E}$ 场排成一线。这将特别活跃地发生在它的任何一个转动共振上。因此，水分子在这样的频率上或这个频率附近有效地和耗散性地吸收微波辐射。微波炉（12.2 cm，2.45 GHz）是一个明显的应用。另一方面，无极分子，像二氧化碳分子、氢分子、氮分子、氧分子和甲烷分子，不能通过吸收光子转动跃迁。今天微波已用于一切方面，从传送电话交谈和站间电视传送到煎烤汉堡包，从为飞机导航和（用雷达）抓捕违章超速驾驶者到研究宇宙的起源、为汽车间开门和观看行星表面（见第 99 页的照片）。它们对学习物理光学也很有用，能够将实验装置放大到方便的尺寸。

微波频谱低频端的光子能量很小，人们可能会预料它们的辐射源毫无例外是电路。然而如果涉及的能级彼此很靠近的话，这种发射也可以来自原子跃迁。铯原子的表观基态是一个很好的例子。它实际上是靠得很近的两个能级，它们之间的跃迁涉及的能量只有 4.14×10^{-5} eV。产生的微波辐射的频率为 $9.192\ 631\ 77 \times 10^{9}$ Hz。这就是众所周知的铯钟的基础，它是频率和时间的基准。

阿拉斯加东北部一块 29 km× 121 km 地区的照片。它是美国的 Seasat（海洋资源探测）卫星在地面之上 800 km 高空拍摄的。总体面貌看来有些奇特，因为这实际上是一幅雷达或微波图像。右边带皱纹的灰色区域是加拿大。小的明亮的壳形物是 Banks 岛，它坐落在一条黑带中，黑带是冻牢在海岸上的第一年海冰。它的邻近是空旷的水面，显得光滑并呈灰色。极左方的暗灰色有污迹的区域是最大的极冰堆积。没有云，因为雷达穿透云看到地面

横跨微波和红外两个频段（大约从 50 GHz 到 10 THz）范围的辐射常常叫做太赫兹辐射或 T 射线。它们不被大多数干燥的非极性材料（如纸、塑料或脂肪）吸收。水吸收 T 射线，金属因为自由电子的缘故反射 T 射线。结果，可以用 T 射线来对内部结构成像，否则内部结构是隐藏着看不见的。

3.6.3　红外线

红外波段大致从 3×10^{11} Hz 延伸到约 4×10^{14} Hz，它在 1800 年由著名的英国天文学家赫歇尔（W. Herschel，1738—1822）首先探测到。它的名称表明，电磁辐射的这个波段在红光之外。常常将红外进一步分为 4 个波段：近红外（780～3000 nm），即靠近可见光的那一部分、中红外（3000～6000 nm）、远红外（6000～15 000 nm）和极远红外（15 000 nm～1.0 mm）。这是一种很不严格的划分，并且术语并不统一。最长波长的辐射能可以用微波振荡器或白炽光源（即分子振荡器）产生。的确，任何物质通过组成它的分子的热骚动都将辐射和吸收红外线。

任何物体的分子，在高于绝对零度（–273℃）的温度上，都会发射红外辐射，即使很弱（见 13.1.1 节）。另一方面，热的物体（如电暖器、灼热发光的煤和普通的家庭取暖装置）都会大量发射连续光谱的红外辐射。从太阳来的电磁能大约一半是红外辐射，普通的电灯泡发出的红外辐射实际上比可见光多得多。像一切温血动物一样，我们也发射红外线。人体发射的红外辐射很弱，从 3000 nm 的波长开始，峰值在 10 000 nm 附近，然后逐渐

用 ZnSe、CdTe、GaAs 和 Ge 制造的一组透镜。这些材料在红外波段（2～30 μm）特别有用，它们在这个波段是高度透明的，尽管它们在电磁波谱的可见光波段很不透明

减小，进入极远红外波段，并超出它，但强度已可忽略。这种发射是用在黑暗中观看的红外步枪瞄准镜察觉的，也可以被一些对热敏感、倾向于在夜间活动的相当讨厌的蛇类（Crotalidae，蝮蛇；Boidae，大蟒）察觉。

除了转动，分子还可以以几种不同的方式振动，使其原子在各个方向上运动。分子不必是有极的，即使是一个直线系统如 CO_2，也有三个基本振动模式和多个能级，每个都可以被光子激发。相联系的振动发射谱和吸收谱通常是在红外区（1000 nm 至 0.1 mm）。许多分子在红外区有振动共振和转动共振，它们是良好的吸收体，这是红外辐射常常被误解地称为"热波"的一个原因——只要把你的脸置于阳光下，感受一下这样带来的热能的积累就知道了。

红外辐射能量一般用一个对黑色表面吸收红外线后产生的热有响应的器件来测量。这样的器件包括温差电偶、气体探测器（如 Golay 盒）、热释电探测器和辐射热计探测器。这些探测器各自依赖于感生电压、气体体积、永久电极化强度和电阻的随温度的变化。探测器可以通过扫描系统与一个阴极射线管耦合，产生一个瞬时的、像电视画面一样的红外线画面（见照片），叫做温差分布图（它对诊断各种问题非常有用：从出毛病的变压器到病人）。也有对近红外（< 1300 nm）辐射敏感的摄影胶片。有红外间谍人造卫星，它们留意着火箭发射；有红外资源卫星监测作物的病害；有红外天文卫星窥测天空。有红外线导航的"追热"火箭、红外激光器和窥视天空的红外望远镜。

一张红外照片。在可见光下，衬衫是暗褐色的，里面的背心，像球一样是黑色的

作者的温度分布图。这张照片用彩色观看要好得多。注意凉的胡须以及自从本书初版以来作者的前额秃了多少

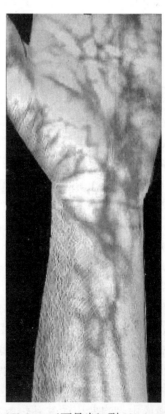

在从 468.5 nm（可见光）到 827.3 nm（近红外）的宽带辐射下观看的手臂。这种技术有许多生物医学应用，包括皮癌的早期检测

物体与其环境温度的小差异产生出特征的红外发射，这种发射可以用在许多方面，从探测脑肿瘤和乳腺癌到发现潜伏的窃贼。二氧化碳红外激光器，由于它能方便地连续输出可观的达 100 W 和更大的功率，在工业中得到广泛应用，特别是用于精密切割和热处理。它的极远红外发射（18.3～23.0 μm）容易被人体组织吸收，这使得激光束成为有效的不出血的手术刀，切割时不会造成感染。

3.6.4　可见光

可见光对应电磁辐射中一个很窄的频带，从大约 3.84×10^{14} Hz 到大致 7.69×10^{14} Hz（见表 3.4）。它一般是由原子和分子中外层电子的重新排列产生的（别忘了同步加速器辐射，它属于不同的机制）[①]。

在白炽物质、炽热发光的金属丝或太阳火球中，电子被随机加速，并且发生频繁的碰撞。所生成的宽带发射谱叫**热辐射**，它是主要的可见光源。反之，若我们在一根管子中充以某种气体并通过它放电，它里面的原子将被激发并产生辐射。它们发射的光是这些原子的特定能级特有的，是一系列完全确定的由谱线组成的频带。这种器件叫做气体放电管。若气体是同位素氪 86，其谱线特别窄（核自旋为零，因此没有超精细结构）。

表 3.4　各种颜色的近似频率和真空波长的范围

颜色	λ_0(nm)	ν(THz)*
红	780～622	384～482
橙	622～597	482～503
黄	597～577	503～520
绿	577～492	520～610
蓝	492～455	610～659
紫	455～390	659～769

*1 太赫兹（THz）= 10^{12} Hz
1 纳米（nm）= 10^{-9} m

氪 86 的橙红色谱线在真空中的波长等于 605.780 210 5 nm，其带宽（在半高度处）只有 0.000 47 nm，或大约为 400 MHz。因此，直到 1983 年为止，它是国际长度基准（1 650 763.73 个波长等于 1 m）。

牛顿第一个认识到，**白光**实际上是可见光谱中一切颜色的混合，棱镜在使白光进行不同程度的偏折时，并没有新创造什么颜色，如几个世纪以来人们以为的那样；而只是将光铺开，将它分离为其组分颜色。不奇怪，白色这个概念本身看来依赖于我们对地球上白昼光的光谱（它是很宽的频率分布，通常在紫色端下降比红端更快，见图 3.44）的感觉。人眼-大脑探测器将范围很宽的频率的混合光感觉为白色，混合光每一部分的能量的大小大致相同。这就是我们谈到"白光"时的含义——光谱中的许多颜色，没有哪一种占优势。无论如何，有多种不同的分布多少显得呈白色。我们觉得一张纸是白的，不论是室内在白炽灯下看还是户外在天光下看，尽管这两种白色很不一样。事实上，有许多对颜色光束（例如波长 656 nm 的红光和波长 492 nm 的青光）混合后会产生白色的感觉，眼睛并不总是能区分这种白色和那种白色；人耳能够对声音进行频谱分析（见 7.3 节），而眼睛则不然，它不能对光进行频谱分析，把它分解为简谐分量。

一个理想的发射体（即所谓**黑体**）发射的热辐射依赖于它的温度（图 13.2）。大多数炽热发光的物体多少与黑体相似，发射范围很宽的频率，物体越凉，能量就越多在频谱的低频端发射。物体越热，它也越亮。虽然任何物体在绝对零度以上都发射电磁辐射，但是，要发射大量的可见光，物体必须相当热；这见证了以下事实：你的身体发射的辐射主要是

[①] 这里不必用人体生理学的术语来定义光。相反，有大量的证据表明，这不是一个好主意。例如，参看 T. J. Wang, "Visual Response of the Human Eye to X Radiation," *Am. J. Phys.* 35, 779（1967）。

在红外区，根本没有可检测到的可见光。作为比较，火柴火焰在较低的 1700 K 下发橙红色的光，更热一点的大约 1850 K 的蜡烛火焰显得更黄；而大约在 2800 K 至 3300 K 的白炽灯泡给出的光谱则包含更多点蓝光，使发的光呈黄白色。在更高的 6500 K，我们得到的光谱通常称为白昼光。数字相机、DVD、网上的图像和大多数别的应用都设计工作在 6500 K 的色温上。

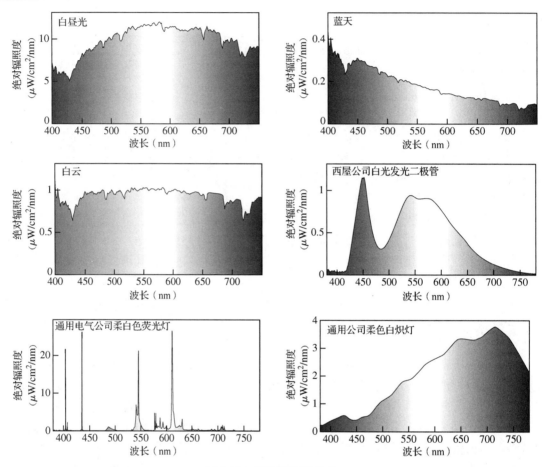

图 3.44　各种光的谱分布

在一片明亮的阳光中，光子通量密度可达 10^{21} 个光子/$m^2 \cdot s$，通常可以预期，这时能量传输的量子本性将完全被掩盖。然而在非常弱的光束中，由于在可见光波段中光子的能量已经够大（$h\nu = 1.6$ eV 到 3.2 eV），已足以对单个视觉基元产生效应，粒子性变得明显起来。对人类视觉的研究表明，人眼能够检测到少至十个、甚至少至一个可见光光子。

3.6.5　紫外线

频谱中紧接着可见光并越出可见光的是紫外波段（大致从 8×10^{14} Hz 到约 3.4×10^{16} Hz），它是 J. W. Ritter（1776—1810）发现的。这个波段中的光子能量大致从 3.2 eV 到 100 eV。于是，来自太阳的紫外线的能量足以使高层大气的原子电离，这就产生了电离层。这些光子的能量也与许多化学反应的能量大小同一量级，紫外线对触发那些反应起重要作用。好在大气层中的臭氧（O_3）会吸收掉太阳的紫外辐射流，不然的话它们对地球上的生物将是致命的。

波长小于 290 nm 的紫外线有杀菌作用（它会杀死微生物）。随着频率增大，辐射能的粒子性一面变得越来越明显。

人类不能很好地看见紫外线，因为眼睛的角膜吸收紫外线，特别是在较短的波长上，而晶状体则对长于 300 nm 的波长吸收很厉害。由于白内障而摘除了一只晶状体的人能够看见紫外线（$\lambda > 300$ nm）。除了蜜蜂之类的昆虫外，还有不少生物能够对紫外线发生视觉响应。比如，鸽子就能分辨紫外线照射的图形，并且可能利用这种能力即使在阴天也由太阳为其飞行导航。

一个原子，当它的一个电子从一个高激发态向下做一次宽距离跃迁时，将发射紫外线光子。例如，一个钠原子的最外层电子可以被抬升到越来越高的能级，直到它最终在 5.1 eV 上被完全松绑，原子便电离了。如果这个离子随后再与一个自由电子结合，后者将迅速地下跳到基态。这极可能是通过一系列跃迁，每次跃迁发射一个光子；但是，电子也有可能做一次很远的跳跃，直接跳到基态，辐射一个 5.1 eV 的光子。当原子的被紧密束缚的内层电子受到激发时，甚至会产生能量更高的紫外线。

孤立原子的不成对的价电子可以是各种颜色的色光的重要光源。但是当这些相同的原子结合成分子或固体时，价电子通常在生成将物体联结在一起的化学键的过程中组对。结果，电子常常被束缚得更紧，它们的分子激发态在紫外线中升得更高。大气中的分子，如 N_2、O_2、CO_2 和 H_2O，在紫外线中发生的正是这种电子共振。

今天，我们有紫外线照相乳胶和紫外线显微镜、绕轨道运行的紫外线天体望远镜、同步加速器紫外线源和紫外线激光器。

水手号 10（水手号为美国发射的系列不载人航天探测器）拍摄的金星的紫外线照片

3.6.6　X 射线

X 射线是伦琴（W. C. Röntgen，1845—1923）在 1895 年很偶然发现的。它们的频率大致从 2.4×10^{16}Hz 伸展到 5×10^{19}Hz，波长很短，绝大部分小于一个原子大小。它们的光子的能量（100 eV～0.2 MeV）足够大，因此 X 射线量子可以一个个地与物质相互作用，显示出清晰的粒子性，几乎就像一颗高能量的子弹。产生 X 射线的最实用的机制是使高速带电粒子迅速减速。当一束高能电子打在一个实物靶如铜板上时，便产生宽频带的韧致辐射。与铜原子核的碰撞使电子束发生偏转，同时辐射 X 射线光子。

此外，靶的原子在撞击中可以发生电离。如果这是通过移走一个与原子核束缚得很紧的内层电子而发生的，当电子云回到基态时，原子将发射 X 射线。

太阳的一幅早期的 X 射线照片，拍摄于 1970 年 3 月。在东南角上可以看到月球的边缘

传统的医用放射性照相术产生的片子只不过是简单的投影，而不是通常意义下的摄影；我们还做不出可用的 X 射线透镜。但是近代的使用反

射镜的聚焦方法（见 5.4 节）已经开创了一个 X 射线成像时代，生成了各种事物的细致的像，从内爆聚变靶丸到天上的 X 射线源，如太阳（见上页右边的照片）、遥远的脉冲星和黑洞——温度几百万度、发射集中在 X 射线区的物体。沿轨道运行的 X 射线望远镜给了我们一只令人激动的看宇宙的新眼睛（见下面的照片）。现在我们有 X 射线显微镜、皮秒 X 射线高速扫描照相机、X 射线衍射光栅和干涉仪，X 射线全息术方面的工作也在继续着。1984 年，位于 Livermore 的劳伦斯国家实验室的一个小组成功地产生了波长 20.6 nm 的激光辐射。虽然更准确地说这是在极远紫外区（XUV），它离 X 射线区还是足够近，有资格被称为第一台软 X 射线激光器。

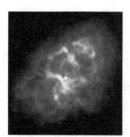 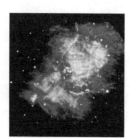 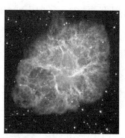 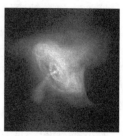

蟹状星云（离地球 6000 光年）是一颗发生爆炸的恒星、一颗超新星的遗骸，这颗超新星地球上的人曾在公元 1054 年见过。这个星云是一个明亮的长波长无线电波源。这里单个光子的能量是比较低的。注意在这幅图像中看不见遥远的恒星背景

在蟹状星云（它位于金牛座）中是一个快速自转的中子星，或脉冲星，它每秒发射 30 次辐射闪光。这幅星云像是用近红外辐射拍摄的。比较热的区域在照片中显得比较亮。背景中的一些恒星在可见光中显得比在近红外辐射中更亮些，反之亦然

蟹状星云的可见光像。生成这幅照片的光来自中等能量的粒子。相片中的纤维状物是由温度几万度的气体引起的

蟹状星云的这幅详尽得令人吃惊的 X 光图像是由轨道 Chandra X 射线观测站拍摄的。这幅照片揭示了脉冲星中最高能粒子所在的位置

3.6.7　γ 射线

　　γ 射线是能量最高（10^4 eV 到约 10^{19} eV）、波长最短的电磁辐射。它们是原子核内的粒子发生跃迁时发射的。单个 γ 射线光子带有这么大的能量，使它可以很容易地被探测到。同时，它的波长是如此之小，以至要观测到任何类似于波的性质都极为困难。

　　我们已经从射频的波动性响应到 γ 射线的粒子性行为整整兜了一圈。在离开频谱（对数标度）中心不远处是可见光。像一切电磁辐射一样，它的能量是量子化的，但是特别是在这里，我们"看到"的究竟是波动还是粒子取决于我们怎样去"看"。

3.7　量子场论

　　一个带电粒子对别的带电粒子施加力。它在自己周围生成了一个电磁相互作用的网，向空间扩展。这幅图像引至以下的电场概念：电场是一种表示，表示电磁相互作用在宏观层级上显示自己的方式。静电场实际上是一个空间观念，它总结了电荷之间的相互作用。通过法拉第的眼光，扩展了场的概念，人们可以适当地想象，一个电荷在空间建立了一个 $\vec{E}$ 场，另一个浸没在这个场中的电荷，直接和场相互作用，反过来也一样。开始时作为力的分布（不论它的原因是什么）的一个映射，变成了一个实在的东西，一个场，它自身能够施力。这幅

图像仍然似乎很直接，即使心中有了许多疑问。静态的 $\vec{E}$ 场有一个自我包含和存在的物理实在吗？如果有，它将能量充塞在空间里吗？这是怎样发生的？万事万物实际上都在流动吗？场如何产生一个力作用在电荷上？它需要时间来施加它的影响吗？

　　电磁场一旦成了实在，物理学家就可以想象这种如此便捷地充塞满空间的空白的稀薄介质的扰动；光是**电磁场中的电磁波**。虽然很容易想象一个波扫过一个存在的场（第 80 页），但是要如何摹想一个局域化的脉冲被发射到空间，如图 3.45 所示，却不是那么明显。在脉冲的前方并没有一个静场充填在空间里；若脉冲是穿过电磁场介质前行，它在前行时自身必须首先生成这种介质。并不是不可能想象在某些层级上发生这样的事，但是这很难说是一个我们所说的经典波。对任何一个传统的波，一种处于平衡中的介质是起码的前提；这种介质在波经过之前和之后存在于任何位置。因此这样一个数学上如此漂亮的电磁波观念，在概念上并不是很透明。

　　早在 1905 年，爱因斯坦就考虑过，电磁理论的经典方程是被研究的量的平均值的描述。"我认为这是荒谬的，"在给普朗克的信中他写道，"让能量连续地分布在空间中，而不假设有一种以太……虽然法拉第的表示在电动力学的发展中是有用的，我认为这并不得出结论，这个观点必须连其全部细节一起保持下去。"经典理论令人惊叹地说明了被测量的万事万物，但没有注意到现象的极其精细的颗粒结构。爱因斯坦用热力学论据，提出电场和磁场是量子化的，它们是微粒状的而不是连续的。毕竟，在发现电子之前几十年经典理论就已发展了。如果电荷（电磁学的基本源头）是量子化的，难道理论不应当以某个基本方式反映它吗？

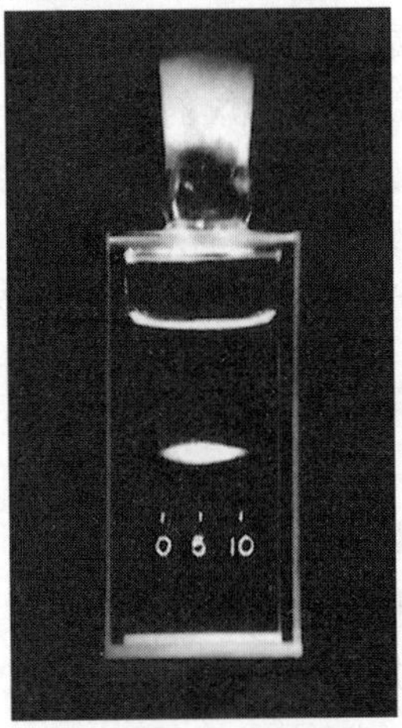

　　今天，量子力学引导着我们，量子力学是一个

图 3.45　钕玻璃激光器发出的一个超短绿光脉冲。脉冲从右到左，穿过一个水泡，水泡的壁用毫米标示。在 10 皮秒的曝光时间里，脉冲运动了约 2.2 mm

高度数学的理论，它提供了极其强大的计算能力和预言能力，但是却非常抽象。特别是，它的研究微观粒子及其相互作用的下一级学科，各种形式的量子场论，是所有物理学理论中最基础和也许是最成功的。从这个理论，通过对电磁场进行量子化，极其自然地得出了光量子。它的明显含义是，所有微观粒子都以同样的方式来自它们各自的场：可以说，**场就是那个粒子**。于是电子就是电子场的量子，质子就是质子场的量子，如此等等。填补这件事的细节就成了从20 世纪中叶以来场论科学家的工作。

　　在现代的量子场论中，有两个判然不同的哲学流派：一个以场为中心，一个以粒子为中心。前者认为，**场是基本实体，粒子只是场的量子**。后者则认为，粒子是基本实体，场只是粒子的宏观相干态。场的传统要回溯到德布罗意（1923）、薛定谔、约丹和泡利，他们的研究工作奠定了量子力学的一种变体波动力学的基础。粒子传统肇始于海森伯的早期工作（1925），虽然它的精神指导是狄拉克，他以他的正负电子对理论建立了粒子说的纲领。量子场论中专门提供电磁相互作用的相对论量子力学处理的特别旁支叫做量子电动力学，它也有分别以粒子为中心和以场为中心的倡导者。费曼（R. P. Feynman）使量子电动力学的一些基本观念变得可以为本书读者水平接受，在这些观念涉及光学时，我们将在本书后面（第 174 页）探讨它们。

　　现代物理学通过量子场论主张，所有的场都是量子化的：4 种基本力（引力、电磁力、

强作用力和弱作用力）各自都是通过一种特殊的场粒子传递。这些信使玻色子被相互作用的实物粒子（电子、质子等）不断发射和吸收。这种进行中的交换就是相互作用。电场的中介粒子是**虚光子**。这种质量为零的粒子以光速行进，传送动量和能量。当两个电子互相排斥、或一个电子与一个质子互相吸引，它们就是依靠发射和吸收虚光子，从一个粒子向另一个粒子传递动量，这种传递成了作用力的量度。电磁力的信使粒子之所以叫做虚光子，是因为它们是束缚在相互作用上的。虚光子永远不能逃出来被某种仪器直接测量到，不论这在哲学上多么使人困窘，这使确立它们的存在变得多么困难。的确，虚光子（有别于实在的光子）只是作为相互作用的媒介而存在。它们是理论的产物，其形而上学地位还待定[①]。

在宏观层级上，若是信使粒子可以以很大的数量群集在一起，它们可以显示自身为一个连续的场。基本粒子有内禀角动量或自旋，它决定了粒子群集的特性。量子理论告诉我们，只有当力是由角动量是 $h/2\pi$ 的整数倍（即 $0, 1h/2\pi, 2h/2\pi, 3h/2\pi, \cdots$）的信使粒子传递时，才会发生想要得到的场的行为。虚光子的角动量是 $1(h/2\pi)$；它是自旋为 1 的粒子。自旋为 1 的信使粒子这极其重要的一类相互作用叫做**规范力**（gauge force），电磁力是一切规范力的模型。今天，超距作用的魔法是通过神秘程度不见得更低的虚粒子交换来理解的，但是，至少一个有高度预言能力的描述这些现象的数学理论现在已经在位了。

习题

除带星号的习题外，所有习题的答案都附在书末。

3.1 考虑由表示式 $E_x = 0$，$E_y = 4\cos[2\pi \times 10^{14}(t - x/c) + \pi/2]$ 和 $E_z = 0$ 给出的真空中的平面电磁波（用 SI 单位制）。

（a）求波的频率、波长、运动方向、振幅、初相角和偏振方向。

（b）写出磁通量密度的表示式。

3.2 写出朝正 z 方向行进的平面简谐波的 $\vec{\mathbf{E}}$ 场和 $\vec{\mathbf{B}}$ 场的表示式。波是线偏振的，其振动平面与 yz 平面成 45° 角。

3.3* 考虑（3.30）式，证明下述表示式

$$\vec{\mathbf{k}} \times \vec{\mathbf{E}} = \omega \vec{\mathbf{B}}$$

用于一个电场方向恒定的平面波时是正确的。

3.4* 想象一个电磁波，其 $\vec{\mathbf{E}}$ 场在 y 方向。证明将（3.27）式

$$\frac{\partial E}{\partial x} = -\frac{\partial B}{\partial t}$$

应用到简谐波 $\vec{\mathbf{B}}$ 上

$$\vec{\mathbf{E}} = \vec{\mathbf{E}}_0 \cos(kx - \omega t) \qquad \vec{\mathbf{B}} = \vec{\mathbf{B}}_0 \cos(kx - \omega t)$$

得出 $E_0 = cB_0$

与（3.30）式一致。

3.5* 一个电磁波在 SI 单位制中用下面的函数描述

$$\vec{\mathbf{E}} = (-6\hat{\mathbf{i}} + 3\sqrt{5}\hat{\mathbf{j}})(10^4 \text{ V/m})e^{i\left[\frac{1}{3}(\sqrt{5}x + 2y)\pi \times 10^7 - 9.42 \times 10^{15}t\right]}$$

我们还记得，$\vec{\mathbf{E}}_0$ 和 $\vec{\mathbf{k}}$ 相互垂直。求：

（a）电场在哪个方向上振动，（b）电场振幅的标量值，（c）波的传播方向，（d）传播数和波长，（e）频率和角频率，及（f）波速。

[①] 对争论问题的讨论见 H. R. Brown 和 R. Harré, *Philosophical Foundations of Quantum Field Theory*.

3.6　一个在 x 方向行进的电磁波的电场由下式给出

$$\vec{E} = E_0 \hat{\mathbf{j}} \sin \frac{\pi z}{z_0} \cos(kx - \omega t)$$

（a）用文字描述场。（b）定出 k 的表示式。（c）求波的相速度。

3.7*　一个真空中的电磁波，在某一位置和时刻的电场为 $\vec{E} = (10\,\text{V/m})(\cos 0.5\pi)\hat{\mathbf{i}}$ 数学式，写出相联系的 $\vec{B}$ 场的表示式。

3.8*　一个 550 nm 的简谐电磁波，其电场在 z 方向，这个电磁波在真空中沿 y 方向行进。（a）波的频率是多少？（b）决定这个波的 ω 和 k。（c）若电场振幅为 600 V/m，磁场的振幅是多少？（d）若在 $x = 0$ 和 $t = 0$ 的电场和磁场都为零，写出 $E(t)$ 和 $B(t)$ 的表示式。取合适的单位。

3.9*　一个电磁波的 E 场由下式描述

$$\vec{E} = (\hat{\mathbf{i}} + \hat{\mathbf{j}})E_0 \sin(kz - \omega t + \pi/6)$$

写出其 B 场的表示式。定出 $\vec{B}(0, 0)$。

3.10*　用上题给出的波，定出 $\vec{E}(-\lambda/2, 0)$ 并画出此时刻表示它的矢量的草图。

3.11*　一个穿过真空在 y 方向行进的平面电磁波的电场由下式给出

$$\vec{E}(x, y, z, t) = E_0 \hat{\mathbf{i}}\, \text{e}^{\text{i}(ky - \omega t)}$$

写出这个电磁波的磁场的表示式。画一个图示出 $\vec{E}_0$、$\vec{B}_0$ 和传播矢量 k。

3.12*　给出真空中一个电磁波的 $\vec{B}$ 场为

$$\vec{B}(x, y, z, t) = B_0 \hat{\mathbf{j}}\, \text{e}^{\text{i}(kz + \omega t)}$$

写出相联系的 $\vec{E}$ 场的表示式。传播方向是哪个方向？

3.13*　将电荷从平行板电容器的一块极板移到另一块极板以对电容器充电。假定能量储存在两块极板之间的电场中，计算此区域中每单位体积的能量 u_E，即（3.31）式。提示：由于在整个过程中电场增大，要么积分要么用它的平均值 $E/2$。

3.14*　从（3.32）式出发，证明一个电磁波的电场能量密度和磁场能量密度相等（$u_E = u_B$）。

3.15　某一函数 $f(t)$ 在时间间隔 T 内的时间平均值由下式给出：

$$\langle f(t) \rangle_T = \frac{1}{T} \int_t^{t+T} f(t')\,\text{d}t'$$

其中 t' 只是一个虚变量。若 $\tau = 2\pi/\omega$ 是一个简谐函数的周期。证明当 $T = \tau$ 和 $T \gg \tau$ 时有

$$\langle \sin^2(\vec{k} \cdot \vec{r} - \omega t) \rangle = \frac{1}{2}$$

$$\langle \cos^2(\vec{k} \cdot \vec{r} - \omega t) \rangle = \frac{1}{2}$$

及　　　　　　$$\langle \sin(\vec{k} \cdot \vec{r} - \omega t) \cos(\vec{k} \cdot \vec{r} - \omega t) \rangle = 0$$

3.16*　证明上题的一个更普遍的表述给出，对任意时间间隔 T 有

$$\langle \cos^2 \omega t \rangle_T = \frac{1}{2}[1 + \text{sinc}\,\omega T \cos 2\omega t]$$

3.17*　由上题结果证明，对任意时间间隔 T，有

$$\langle \sin^2 \omega t \rangle_T = \frac{1}{2}[1 - \text{sinc}\,\omega T \cos 2\omega t]$$

3.18*　证明：真空中一个简谐电磁波的辐照度为

$$I = \frac{1}{2c\mu_0} E_0^2$$

再定出一个振幅为 15.0 V/m 的平面波穿过单位面积传输能量的平均速率。

3.19* 一台 1.0 mW 的激光器产生一个截面大小为 1.0 cm² 的平行光束，波长为 650 nm。假定波前是均匀的并且光在真空中传播，定出光束的电场的振幅。

3.20* 一个波前近于圆柱面的激光光束垂直射到一个完全吸收面上。光束的辐照度（假设它在截面上是均匀的）为 40 W/cm²。若光束的直径是 $2.0/\sqrt{\pi}$ cm，每分钟吸收的能量是多少？

3.21* 一个在均匀电介质中传播的电磁波的 $\vec{E}$ 场的表示式为

$$\vec{E} = (-100 \text{ V/m})\hat{\mathbf{i}}\,e^{i(kz-\omega t)}$$

其中 $\omega = 1.80 \times 10^{15}$ rad/s，$k = 1.20 \times 10^7$ rad/m。

（a）决定相联系的 B 场。（b）求折射率。（c）计算电容率。（d）求辐照度。（e）画一个图，示出 $\vec{E}_0$，$\vec{B}_0$ 和传播矢量 $\vec{k}$。

3.22* 一个钨丝灯泡输出 20 W 辐射能（大部分是红外线）。设它是一个点光源，求离它 1.00 m 远处的辐照度。

3.23* 考虑一个线偏振平面电磁波，在自由空间中朝 +x 方向行进，其振动平面为 xy 平面。已知它的频率是 10 MHz，振幅是 $E_0 = 0.08$ V/m。

（a）求这个波的周期和波长。（b）写出 $E(t)$ 和 $B(t)$ 的表示式。（c）求波的通量密度 $\langle S \rangle$。

3.24* 平均而言，太阳辐射的净电磁功率，即它的所谓光度（L），为 3.9×10^{26} W。决定由到达地球大气层顶部（离太阳 1.5×10^{11} m）的全部辐射能的电场的振幅。

3.25 一个线偏振的简谐平面波，标量振幅为 10 V/m，沿着 xy 平面内一条与 x 轴成 45° 角的直线传播，其振动平面是 xy 平面。假定 k_x 和 k_y 都是正数，请写出描述这个波的矢量表示式。设波在真空中，计算通量密度。

3.26 从激光器发射出的紫外线脉冲，每个脉冲持续 2.00 ns。激光光束的直径为 2.5 mm。已知每个脉冲携带的能量为 6.0 J。（a）定出每个波列在空间的长度，（b）求这样的脉冲中单位体积的平均能量。

3.27* 一台激光器产生真空中的电磁辐射脉冲，每个脉冲持续时间为 10^{-12} s。若辐射通量密度 10^{20} W/m²，求辐射束的电场的振幅。

3.28 一台 1.0 mW 的激光器，光束直径为 2 mm。假设可以忽略光束的散开，计算在激光器邻近的能量密度。

3.29* 一大群蝗虫以 6 m/min 的速率朝北飞，密度是每立方米 100 只。问蝗虫的通量密度，即每秒通过垂直于它们的飞行路径的 1 m³ 面积的蝗虫是多少？

3.30 设想你站在一座天线发射的平面波的通路上，波的频率为 100 MHz，通量密度为 19.88×10^{-2} W/m²（原书分母指数错）。计算光子通量密度，即单位时间通过单位面积的光子数。在这个区域的一立方米的体积中平均能找到多少个光子？

3.31* 一个 100 W 的黄光灯泡，假设可以忽略热损耗并且准单色波长为 550 nm，那么它每秒发射多少个光子？实际上在一盏普通的 100 W 白炽灯中，只有总消耗功率的大约 2.5% 作为可见光发射出来。

3.32 一盏普通的 3.0 V 白炽闪光灯，电流为 0.25 A，将消耗的功率的大约 1% 转变为光（$\lambda = 550$ nm）。若光束近似为圆柱形，截面面积为 10 cm²，问：

（a）每秒发射多少个光子？

（b）光束的每一米长度上有多少个光子？

（c）离开闪光灯时光束的通量密度是多少？

3.33* 一个各向同性的准单色点光源，以 100 W 的功率辐射。在距离为 1 m 处的通量密度是多少？在那一点的 $\vec{E}$ 场和 $\vec{B}$ 场的振幅是多大？

3.34 利用能量论据，证明柱面波的振幅必定与 $\sqrt{r}$ 成反比。画个图表明这一情况。

3.35* 一个 10^{19} Hz 的 X 射线光子的动量是多少?

3.36 考虑一个电磁波打到一个电子上。容易从运动学证明，电子动量 $\vec{p}$ 的时间变化率的平均值，与电磁波对电子做的功 W 的时间变化率的平均值成正比：

$$\left\langle \frac{d\vec{p}}{dt} \right\rangle = \frac{1}{c} \left\langle \frac{dW}{dt} \right\rangle \hat{\mathbf{i}}$$

因此，若将这个动量变化交给某种完全吸收材料，证明其压强由（3.51）式给出。

3.37* 一个平面简谐电磁波，波长为 0.12 m，在真空中向 +z 方向行进。它沿 x 轴方向振动，在 $t = 0$ 和 $z = 0$ 处 $\vec{\mathbf{E}}$ 场 2 有极大值 $E(0,0) = +6.0$ V/m。写出：（a）$\vec{\mathbf{E}}(z, t)$ 的表示式，（b）磁场的表示式，（c）波的矢量动量密度的表示式。

3.38* 一束垂直入射的光束全部被反射，导出这时辐射压强的表示式。将这个结果推广到与法线成 θ 角的斜入射的情形。

3.39 一个完全吸收屏在 100 s 时间内接收 300 W 的光。计算传给屏的总动量。

3.40 到达地球大气顶层（离太阳 1.5×10^{11} m）的太阳光的坡印廷矢量的平均大小大约是 1.4 kW/m²。求：

（a）作用在面对太阳的金属反射板上的辐射压强。

（b）太阳直径为 1.4×10^9 m，求太阳表面上辐射压强的近似值。

3.41* 一表面垂直于一束辐照度恒定为 I 的光。设辐照度被表面吸收的比率为 α。证明表面上的压强为

$$\mathscr{P} = (2 - \alpha)I/c$$

3.42* 辐照度为 2.00×10^6 W/m² 的一束光，垂直照到一个面上，这个面反射 70% 的光，吸收 30%。计算这个面上的辐射压强。

3.43 空间站的壁的大小为 40 m × 50 m。当它在环绕地球的轨道上面向太阳时，它的平坦、高反射的一侧所受的力是多大?

3.44 一台直径为 2 m 的抛物线雷达天线传送 200 kW 功率的脉冲。若重复率为每秒 500 个脉冲，每个脉冲持续 2 μs，求天线所受的平均反作用力。

3.45 考虑一个宇航员，悬浮在自由空间里。他只有一盏 10 W 的提灯（这盏灯的电源可以无穷无尽地供电）。用灯的辐射作推动力，要多长时间才能使他达到 10 m/s 的速率?宇航员的总质量是 100 kg。

3.46 考虑图 3.26b 中画的匀速运动的电荷。画一个球包围电荷，并通过坡印廷矢量证明，这个电荷不辐射。

3.47* 在玻璃中行进的一个线偏振的平面简谐光波的电场由下式给出：

$$E_z = E_0 \cos \pi 10^{15} \left(t - \frac{x}{0.6c} \right)$$

求：（a）光的频率，（b）它的波长，（c）玻璃的折射率。

3.48* 金刚石的折射率为 2.42。问金刚石中的光速是多少?

3.49* 若光在真空中的波长为 540 nm，在水中是多少? 水的折射率为 $n = 1.33$。

3.50* 一种介质使其中的光速比真空中减小 10%，这种介质的折射率是多少?

3.51 若钛酸锶仿钻（Fabulite, $SrTiO_3$）中光速为 1.245×10^8 m/s，它的折射率是多少?

3.52* 黄光在水中（$n = 1.33$）1.00 s 时间走多远?

3.53* 一个在真空中波长为 500 nm 的光波进入玻璃板（玻璃的折射率为 1.60），并垂直穿越它。若玻璃板厚 1.00 cm，那么玻璃中有多少个光波波长?

3.54* 从钠光灯射出的黄光（$\lambda_0 = 589$ nm）穿过长 20.0 m 的一罐甘油（折射率为 1.47），用的时间为 t_1。若它穿过同样一罐二硫化碳（折射率 1.63）用时间 t_2。求 $t_2 - t_1$ 之值。

3.55* 一个光波在真空中从 A 点行进到 B 点。设我们在它的路程上引进一块平玻璃板（$n_g = 1.50$），厚 $L = 1.00$ mm。若真空中光波波长为 500 nm，那么，在有这块玻璃板和没有玻璃板时，A 到 B 的距离上有多少个光波？加进这块玻璃板将引入多大的相移？

3.56 水的低频相对电容率从 0℃ 的 88.00 变到 100℃ 的 55.33。在同样的温度区间上，折射率（对 $\lambda = 589.3$ nm）大约从 1.33 变到 1.32。为什么 n 的改变比相应的 K_E 的改变小这么多？

3.57 证明：对于具有单个共振频率 ω_0 的低密度物质（如气体），折射率由下式给出：

$$n \approx 1 + \frac{Nq_e^2}{2\epsilon_0 m_e(\omega_0^2 - \omega^2)}$$

3.58* 在下一章的（4.47）式我们将看到，若一种物质浸没在一种介质中，当这种物质的折射率与介质的折射率相差很多时，物质将相当可观地反射辐射能。

　　（a）在微波频率上测量的冰的介电常量大约为 1，而水的介电常量大约要大 80 倍。为什么？

　　（b）为什么一束雷达波容易穿过冰，但遇到一场大雨时会相当多地被反射？

3.59 品红是一种强（苯胺）染料，它在乙醇溶液中呈深红色。呈现红色是由于它吸收频谱的绿色成分。（可以预料，品红晶体表面相当强烈地反射绿光）。想象有一个薄壁的空心棱镜，里面装满了这种溶液。对于白光入射，光谱将会是怎样的？附带说一下，反常色散是塔耳博特（F. Talbot）在 1840 年前后首先观察到的，并在 1862 年由 Le Roux 命名。他的工作很快被人们忘掉了，八年后又被 C. Christiansen 重新发现。

3.60* 检查（3.71）式两边的单位，确保它们一致。

3.61 铅玻璃的共振频率是在靠近可见光的紫外区。而熔凝氧化硅的共振频率则在远紫外区。用色散方程粗略估计光谱可见区段中 n 与 ω 的关系。

3.62* 证明（3.70）式可以改写为

$$(n^2 - 1)^{-1} = -C\lambda^{-2} + C\lambda_0^{-2}$$

式中数学式 $C = 4\pi^2 c^2 \epsilon_0 m_e / Nq_e^2$。

3.63 柯西（A. L. Cauchy, 1789—1857）对于对可见光透明的物质，求出了一个关于 $n(\lambda)$ 的经验方程。他的表示式相当于幂级数展开：

$$n = C_1 + C_2/\lambda^2 + C_3/\lambda^4 + \cdots$$

其中各个 C 都是常量。参看图 3.41，C_1 的物理意义是什么？

3.64 参看上题，要知道在每一对吸收带之间都有一个区域，在这个区域里柯西方程（配一组新的常量）工作得很好。考察图 3.41：随着 ω 跨过频谱减小，对 C_1 的值你能说些什么？弃去除前两项之外的所有各项，用图 3.40 求硅酸硼冕牌玻璃在可见光区 C_1 和 C_2 的近似值。

3.65* 石英晶体在波长 410.0 nm 和 550.0 nm 上的折射率分别是 1.557 和 1.547。只用柯西方程的前两项，计算 C_1 和 C_2 并求石英在波长 610.0 nm 上的折射率。

3.66* Sellmeier 在 1871 年推导出方程

$$n^2 = 1 + \sum_j \frac{A_j \lambda^2}{\lambda^2 - \lambda_{0j}^2}$$

其中 A_j 项为常量，每个 λ_{0j} 是与固有频率 ν_{0j} 相联系的真空中的波长，关系为 $\lambda_{0j} \nu_{0j} = c$。这种表述是对柯西方程的一个颇为实用的改进。证明柯西方程是 Sellmeier 方程在 $\lambda \gg \lambda_{0j}$ 处的近似。提示：写出上面的表示式，仅保留和式中的第一项；用二项式定理展开；取 n^2 的平方根，再次展开。

3.67* 一个紫外光子若要离解二氧化碳分子中的氧原子和碳原子，必须提供 11 eV 能量。合用的辐射的最低频率是多少？

第4章　光的传播

4.1　引言

现在我们来研究与光的传播有关的一些基本现象：透射（第 117 页）、反射（第 120 页）和折射（第 124 页）。我们将通过两种途径用经典手法描述这些现象：首先，通过波和射线的一般观念（第 133 页），然后从更专门的电磁理论的视角（第 140 页）。在此之后，我们将转到高度简化的量子电动力学（QED）处理（第 173 页），以得到对这些现象的现代解释。

大部分学生已经在某一初等课程中学过这些基本传播现象，并且觉得像反射定律和折射定律这些观念很简单、很直截了当。但是这只是因为这种处理方式是从宏观视角来看的，它很容易将人引入歧途，看得太肤浅。例如，反射这种现象，看起来很简单很显然，就是"光从一个表面上的反弹"，其实却是一个异常精巧的事件，涉及无数个原子协调一致的行为。我们对这些过程探究得越深，它们就变得越有挑战性。除此之外，还必须谈到许多迷人的问题：光怎样穿过物质介质？它这样做时会发生些什么事？光子只能存在于光速 c 下，为何光在物质介质中却显得是以异于 c 的速率传播？

光每次碰到大块物质发生的事，都可以看作是一股光子流穿越（依靠电磁场）悬浮在虚空中的原子阵列并与之相互作用而发生的合作事件。光的旅程的详情细节，决定了为什么天空是蓝色的、血是红色的，为什么你的角膜透明而你的手却不透明，为什么雪是白的而雨却不是。本章的核心是关于**散射**，特别是与原子和分子相联系的电子对电磁辐射的吸收和瞬间的再发射。透射、反射和折射过程是发生在亚微观层级的散射的宏观表现。

我们首先考虑辐射能穿过各种均匀介质的传播，以开始我们的分析。

4.2　瑞利散射

想象一狭束太阳光，具有宽阔的频率范围，在空无一物的空间中向前传播。在它向前推进时，光束略有散开，但除此之外所有能量都以光速 c 继续向前。这里不发生散射，光束不能从侧面看见。光不会疲劳，也不会以任何方式减小。1987 年，我们看到邻近的星系中有一颗离我们 1.7×10^5 光年的星星发生爆炸，爆炸的闪光在到达地球之前已经在太空穿行了 17 万年。**光子是没有时限的。**

现在，假设我们将一点空气（一些氮分子、氧分子，等等）注入虚空中。这些分子在可见光谱范围内不发生共振，没有哪个分子会吸收光量子上升到激发态，因此气体是透明的。可是，每个分子的行为像一个小振子，它的电子云可以被一个射入的光子驱动从事基态振动。分子一振动，立即就开始再发射光。即吸收一个光子后，没有任何延迟，立马发射另一个相同频率（及波长）的光子：发生光的弹性散射。分子的取向是随机的，光子被散射到四面八方（图 4.1）。即使光相当昏暗，光子的数量也是庞大的，看起来好像分子在散布小的经典球形子波（图 4.2）——能量向每个方向流出。尽管如此，散射过程非常弱，气体很稀薄，因此，除非光走过一团体积极其庞大的空气，光束衰减极少。

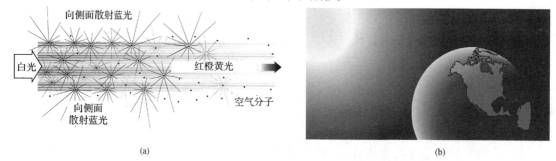

图 4.1 （a）太阳光横穿一个空气分子很稀疏的区域。横向散射的光主要是蓝光，这是天空为蓝色的原因。未散射的光中富含红光，只有当日出和日落太阳在天空中很低时才能看到。（b）由于大气散射，太阳光线的来到将超越昼夜明暗界线大约18°。在这个曙暮光时段内，天上的光逐渐变暗到夜晚的全黑

这些基态振动的振幅（即散射光的振幅）随频率增高而增大，因为所有的分子都在紫外区内有电子共振。驱动频率离共振越近，振子的响应越来劲儿。因此，紫光被强有力地从侧面散射出光束，蓝光被散射的程度要低一些，绿光更低一些，黄光还要低一些，如此等等。于是穿过气体的光束将在光谱的红端最强，而散射光则富含蓝光（太阳光中含的紫光与蓝光比本来就不多）。人眼也倾向于将宽广的散射频率范围——富含紫光、蓝光和绿光——平均化为一个白色背景加上鲜明的 476 nm 蓝色，结果就得到了我们熟悉的淡蓝色的天空。[①]

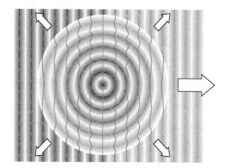

图 4.2 一个从左侧射入的平面波扫过原子，散射出球面子波。过程持续着，每秒有亿万个光子从散射原子流向一切方向

在量子力学创立以前很久，瑞利爵士（1871 年）就通过分子振子分析过散射的太阳光。他用一个基于量纲分析的简单论据（见习题 4.1），得出正确的结论：散射光的强度与 $1/\lambda^4$ 成正比，因此随 ν^4 增大。在他的这一工作之前，人们曾广泛相信，天空的蓝色是由于小的尘埃粒子散射造成的。从这时起，包含有远远小于一个波长（即，小于大约$\lambda/10$）的粒子的散射称为**瑞利散射**。原子和寻常的分子符合这个要求，因为它们的直径是十分之几纳米（nm），而光的波长大约为 500 nm。而且，微小的非均匀性也会散射光。小的纤维、气泡、粒子和液滴都会散射。在瑞利散射中，散射体的精确形状通常意义不大。散射量的多少正比于散射体的直径除以入射辐射的波长。因此，光谱的蓝端散射得最厉害。人的蓝眼珠、蓝樫鸟的羽毛、蓝尾石龙子的尾巴、狒狒的蓝色臀部都是通过瑞利散射来得到其颜色的。的确，在动物界，散射是动物身上几乎全部蓝色、许多绿色以及甚至一些紫色呈现的原因。来自樫鸟羽毛倒钩中的肺泡表皮细胞的散射使它的羽毛发蓝，而鹦鹉的绿色则是由择尤吸收产生的黄色（第169页）与经由散射而来的蓝色的融合。静脉血管外貌呈蓝色，部分是由于散射的结果。

我们很快就会看到，稠密的均匀介质不会有明显的侧向散射，这适用于大部分低层大气。毕竟，若是蓝光在海平面上被强烈地散射掉，那么一座远山就会呈微红色，可是实际情况并

[①] G. S. Smith, "Human color vision and the unsaturated blue color of the daytime sky," *Am. J. Phys.* **73**, 590 (2005).

非如此，哪怕这座山离你几十千米远。在大气的中层区域，密度仍然足够大，足以抑制瑞利散射；因此，必须找到某种别的原因来解释天空的蓝色。在大气中层中发生的是，空气的热运动产生迅速变化的局域尺度的密度涨落。这些顷刻万变的、相当随机的微观涨落使得更多的分子在一个地方而不是在另一个地方，更多地向一个方向发射而不是向另一个方向发射。斯莫卢霍夫斯基（M. Smoluchowski, 1908 年）和爱因斯坦（1910 年）分别独立提出这些涨落产生散射的理论的基本思想，这些理论给出了与瑞利的工作相似的结果。只要光在介质中走过长距离，如在通信装置的光纤中（第 246 页），我们就对光在密度非均匀处的散射感兴趣。

从一个方向流入大气的太阳光被散射到一切方向——瑞利散射在向前方向和向后方向上相同。如果没有大气，白昼的天空将会与空虚的太空一样黑，将会与月球上的天空一样黑。当太阳在地平线上很低时，它的光得穿越更厚的空气层（比中午穿过的空气层厚得多）。光谱的蓝端被散射掉不少，红光和黄光沿着从太阳出发的视线方向向前传播，产生地球上我们熟悉的火红的日落场景。

没有大气对太阳光的散射，
月球上的天空黑得可怕

4.2.1 散射和干涉

在稠密介质中，数目庞大的紧挨着的原子或分子产生了数目同样庞大的散射电磁子波。这些子波重叠在一起并以在稀疏介质中不会发生的方式发生干涉。一般而言，**光穿行的物质越稠密，侧向散射就越少**。要理解为什么会这样，我们必须考察发生的干涉。

干涉在前面已经讨论过（第 26 页），并且将在第 7 章和第 9 章进一步讨论；这里，有一点基本知识就够了。我们还记得，干涉是两个或多个波的叠加，它产生一个合扰动，为重叠的各个波分量之和。图 2.16 表示向相同方向行进的两个同频简谐波。当两个波精确地同相时（图 2.16a），合扰动在每一点是两个波高度值之和。这种极端情况叫做**全相长干涉**。当相差达到 180° 时，两个波趋于抵消，我们得到另一极端情况，叫做**全相消干涉**（图 2.16d）。

瑞利散射理论中有独立的、在空间随机放置的分子，因此被散射到旁边的次级子波的相位相互之间不存在特定的关系，没有持续的干涉图样。当分子散射体之间的间隔大约是一个波长或更多时（稀薄气体中），就发生这种情况。在图 4.3a 中，平行的光束从左方射入，这个所谓初级光场（这时它由平面波组成）照射着一群相互离得很远的分子。初级波阵面不断前进，扫过每个分子并且对每个分子一而再地交付能量，而分子又将光散射到一切方向，特别是旁边某一点 P。因为到 P 点的每一条路程长度相差异很多（与 λ 相比），有些子波到达 P 点比别的早，有些则落在后面，相差一个波长的一部分（图 4.3b）。换句话说，各个子波在 P 点的相位差很大。（记住分子也在各处运动，也改变相位。）在任何时刻，一些子波相长干涉，一些相消干涉，重叠子波的随机变动的大杂烩实际上将干涉平均掉了。**随机的、离得很远的散射体，在一个入射初级波驱动下，将在除前进方向外的一切方向上发射相互独立的子波。侧向的散射光不受干涉阻止，流出光束。**这大致就是存在于地球高空（高度约为 100 英里）的稀薄大气中的情况，在那里发生大量的蓝光散射。

回到偶极辐射概念（见 3.4.3 节），容易看出，散射光的辐照度应当依赖于 $1/\lambda^4$。将每个分子当作一个电子振子，被入射场驱动产生振动。因为各个分子离得很远，假设它们相互独立，每个分子都按照（3.56）式发射辐射。被散射的电场实质上是独立的，在侧向没有干涉。

因此，P 点的净辐照度是被每个分子散射来的辐照度之和（第 84 页）。对于单个散射体，辐照度由（3.57）式给出，它随 ω^4 变化。

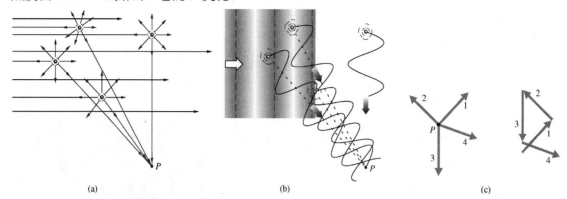

(a)   (b)   (c)

图 4.3 考虑一个从左方入射的平面波。（a）光被一些分布离得很远的分子散射。（b）到达侧面一点 P 的子波有一堆乱七八糟的不同相位，它们不至于发生持续的相长干涉。（c）也许用相矢量来解释最容易理解。在它们到达 P 点时，相矢量相互之间有很大的相角差。因此当把它们一个接一个加起来之后，它们倾向于螺旋转圈，保持总的相矢量很小。记住，我们实际上对付的是成千上万个小相矢量，而非 4 个相当大的相矢量

激光器的出现使得在低压气体中直接观察瑞利散射比较容易，结果证实了理论。

向前传播

为了看出为什么向前的方向特别，为什么波在任何介质中总是向前进，参看图 4.4。注意，对于处于最前端的一点 P，最先被（最左端的原子）散射的光走的路程最长，而最后被（右端的原子）散射的光走的路程最短。图 4.5 提供了更详细的描述。它画出了一组时间序列图，表示两个分子 A 和 B 通过一个输入初级平面波相互作用——一条实的弧线代表一个次级子波的波峰（一个正极大），一条虚弧线对应于一个波谷（一个负极大）。在图 4.5a 中，初级波阵面射到分子 A 上，A 开始散射一个球面子波。暂且假定子波的相位与入射波差 180°（受驱振子与驱动者的相位通常异相：第 118 页）。于是 A 开始辐射一个波谷（一个负 E 场），作为被一个峰（一个正 E 场）驱动的响应。

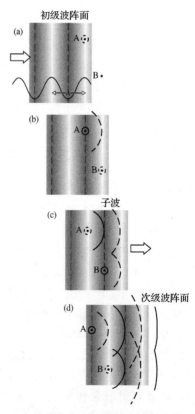

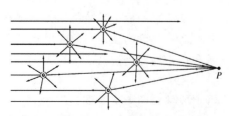

图 4.4 考虑一个从左方进入的平面波。光被多多少少散射到前进方向

图 4.5 在前进方向上，散射子波同相到达平面波阵面上，谷与谷相加，峰与峰相加

图 4.5b 部分示出球面子波和平面波重叠，二者的行进步伐不一致，但是一起行进。入射波阵面射到 B 上，B 也开始再辐射一个子波，它的相位必定也相差 180°。在图 4.5c 和图 4.5d 中，我们见到这一切的要害点，那就是，两个子波是向前运动的——它们彼此是同相的。这个条件对一切这样的子波都成立，不论有多少个分子以及它们如何分布。由于光束自身引入的非对称性，**一切散射子波在前进方向上相长地相加**。

4.2.2   光透射穿过稠密介质

现在假设所研究区域的空气的量增加了。事实上，想象一个小立方体，每边为一个波长，假设这样一个立方体中包含有大量的空气分子，因此人们称之为具有可观的光密度。（这种说法可能来自以下事实：早期的气体实验表明，密度增加伴随有折射率的成比例的增加。）在光的波长上，地球大气在标准温度和大气压下，在这样一个 λ^3 立方体中有大约 300 万个分子。严格地说，不能假设由如此靠近的源（≈ 3 nm）发射的散射子波（λ ≈ 500 nm）以随机的相位到达某一点 P——这时干涉会变得重要。这在液体和固体中也同样正确，在这些物态中，原子更紧凑 10 倍，并且布列方式更加有序得多。在这种情况下，光束遇到的实际上是均匀介质，其中没有间断点破坏对称性。散射的子波在前进方向上再一次发生相长干涉（这与分子的安排无关），但是这时在其他一切方向上，相消干涉占统治地位。**结果，在稠密而均匀的介质中，很少有或者没有光向侧面或向后散射。**

为了图解说明这一现象，图 4.6 中画出一束光穿过紧密排列的散射体有序阵列。沿着整个波束中的所有波阵面，一层层分子被同相位地赋予能量、辐射、再补充能量，随着光扫过一次次重复。于是，某个分子 A 从球面向外辐射，将能量射出波束；但是，由于有序的紧密排列，将会有一个分子 B，与 A 的距离约为 $\lambda/2$，使两个子波在横的方向上相消。既然 λ 比散射体及其间隔大几千倍，那么总是有可能找到一对对的分子，每对分子抵消掉任何侧向上彼此的子波。即使介质并非理想有序，在任何横向上一点的净电场将是大量的小散射电场之和，每个散射电场的相位与下一个稍有不同，因此它们的和（不同于逐点的和）总是很小（图 4.7）。这从能量守恒的角度来看是讲得通的，我们不能在所有方向上都是相长干涉。**干涉引起能量的重新分布，将能量从相消干涉区域移到相长干涉区域。**

介质越稠密、越均匀和越有序（越接

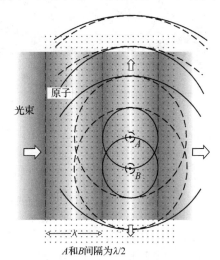

图 4.6   一个平面波从左方射入。介质由许多紧密布位的原子组成。在无数原子中，一个波阵面激发了原子 A 和 B，它们的间距很接近半个波长。它们发射的子波发生相消干涉。波谷和波峰相加，在垂直于波束的方向上完全抵消。这个过程一而再、再而三地发生，很少有光或者没有光散射到侧面

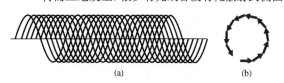

图 4.7   （a）当大量稍有移动的小波到达空间一点，通常情况是既有许多正 E 场也有许多负的，使合扰动近于零。（b）代表这些波的小相矢量构成一个很小的圆，其合量永远很小（合量将会随波的数目振动。）

近完美），侧向的相消干涉就越完善，非前进方向上的散射就越少。于是绝大部分能量将在前进方向上，光束将会实质上不减小地前行（图 4.8）。

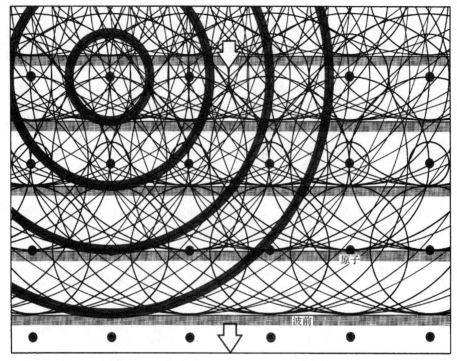

图 4.8　一个向下的平面波射到原子的有序阵列上。子波散射到一切方向，并重叠形成一个向下走的继续前行的次级平面波

基于每个分子的散射极其微弱。一束绿光，必须走过约 150 km 的大气，才能将它的一半能量散射掉。由于给定体积的液体中的分子数是同样体积的蒸汽（在大气压下）中分子数的大约 1000 倍，我们可以预期在液体会看到散射增加。可是，液态是更有序的物态，显著的密度涨落要少得多，这将明显地抑制非向前的散射。因此，虽然在液体中每单位体积能观察到更多的散射，但是大多是多 5～50 倍，而不是 1000 倍。一个一个分子看，液体中一个分子的散射比气体中明显要少。将几滴奶滴到一罐水中，用一束明亮的闪光照明。在侧向将散射出一片微弱的但是不会弄错的蓝色，而直接向前的光束则会变红。

透明的无定形固体，如玻璃和塑料，也会在侧向散射光，但是非常弱。好的晶体，如石英和云母，拥有几近完美的有序结构，散射就更弱。当然，一切种类的欠完美性（液体中的尘埃和气泡，固体中的瑕疵和杂质）将变成散射体，当这些欠完美性很小时，像月亮石中那样，射出的光将带蓝色。

1869 年，廷德尔（John Tyndall）用实验方法研究了小粒子产生的散射。他发现，随着粒子的大小变大（从几分之一个波长开始），波长更长的散射光的量成比例地增加。天空中普通的云证实了，比较大的水滴散射白光，看不出有颜色。牛奶中的脂肪和蛋白质小球也是如此。

当一个粒子中的分子数目不多时，它们互相靠近，行动协调；它们的子波发生相长干涉，散射很强。随着粒子的大小趋近一个波长，处于极端位置的原子不再发射必定同相的子波，散射开始减小。这首先发生在短波长上（蓝光），随着粒子尺寸增大，它逐渐更多散射光谱的红端（并且它越来越多地在前进方向上这样做）。

对于从大小约为一个波长的球形粒子上发生的散射的理论分析，最先是米氏（Gustav Mie）于 1908 年发表的。**米氏散射**不怎么依赖于波长，当粒子的大小超过 λ 时，完全与波长无关（白光进，白光出）。米氏散射的理论需要散射体近于球形。散射量随着散射体（透明的气泡、晶体、纤维等）的直径增大。不像瑞利散射，米氏散射在向前方向上比向后方向上更强。非常合理地，瑞利散射是米氏散射的小尺寸极限情形。

在一个多云的日子里，天空看起来雾蒙蒙的，一片灰暗，这是缘于云中大小与光波波长可比的水滴。同样，一些廉价的塑料食物容器和白色的塑料垃圾袋在散射光中呈灰暗的蓝白色，而在透射光中则呈独特的橘红色。垃圾袋为了做成不透明，包含有（2%～2.5%）的直径约为 200 nm 的 TiO_2 小球（$n = 2.76$），这些米氏散射体散射带蓝色的白光。[1]

当透明粒子直径超过 10 个波长左右时，通常的几何光学定律工作得很好，我们有理由称这个过程为**几何散射**。

4.2.3 透射和折射率

光透射穿过均匀介质是一个不断重复的散射和再散射过程。每个这种事件都在光场中引进一个相移，它最终表现为透射光束的表观相速度有了变化，离开了其标称值 c。这对应于介质的折射率（$n = c/v$）异于 1，尽管光子只**存在于光速 c 上**。

要看到这是怎样发生的，回到图 4.5。我们还记得，在向前方向上，散射的子波都同相结合组成所谓的**次级波**（这可能是最佳名称）。只根据经验理由，我们可以预测，次级波将与初级波剩下的东西相结合，得出介质内唯一观察到的扰动，即透射波。**初级电磁波和次级电磁波二者都以速率 c 穿过原子之间的空虚空间传播**。但是介质肯定可以有一个异于 1 的折射率。折射波的相速度可以小于 c、等于 c 或者甚至大于 c。这个表观矛盾的关键在于次级波与初级波之间的相位关系。

经典模型预言，只有在比较低的频率下，电子振子才能与驱动力（即初级扰动）几乎完全同相地振动。随着电磁场的频率升高，振子将会落后，相位落后一个按比例算较大的量。详细的分析揭示，在共振时相位滞后将达到 90°，此后一直增加，在比特定的本征频率高很多的频率上增加到几乎 180°，或半个波长。习题 4.4 对一个受驱阻尼振子探索了这一相位滞后，图 4.9 总结了结果。

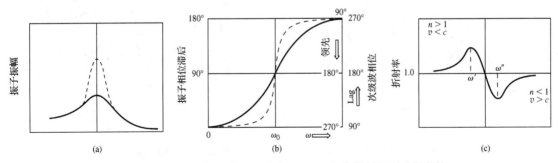

图 4.9　一个阻尼振子的（a）振幅及（b）相位滞后与驱动频率的关系。虚线对应于阻尼减小。相应的折射率示于（c）中

---

[1] 直到不久前才观察到（这也出于偶然），非均匀的不透明材料，如牛奶和白油漆，可以减小光的有效速率，减至这种介质中预估的光速值的十分之一。见 S. John, "Localization of light," *Phys. Today* **44**, 32(1991)。

除相位滞后外，还有一个效应必须考虑。当散射的子波复合时，合成的次级波[1]自身滞后于振子90°。

这两种机制的联合效应是，在低于共振的频率上，次级波滞后于初级波（图4.10）的相位大约在90°与180°之间，而在高于共振的频率上，滞后从大约180°到270°。但是，相位滞后$\delta \geq 180°$等价于相位领先$360° - \delta$，[如$\cos(\theta - 270°) = \cos(\theta + 90°)$]。这些可以在图4.9b的右边看到。

在透明介质内，初级波和次级波重叠在一起，产生一个净透射扰动，由二者的振幅和相对相位决定。初级波除了被散射减弱之外，它在介质中的传播就如同此前它在自由空间中的传播一样。与启动整个过程的这一自由空间波相比，这个合成波发生了相移，并且这个相位差很关键。

当次级波滞后（或领先）于初级波时，合成的透射波必定也滞后（或领先）于初级波一个相差（图4.11）。这个定性关系暂时对我们的目的是有用的，虽然应当注意到，合成波的相位也依赖于相互作用的波的振幅［见（7.10）式］。在低于ω_0的频率上，透射波滞后于自由空间波，而在高于ω_0的频率上，透射波领先于自由空间波。对于$\omega = \omega_0$的特殊情况，次级波和初级波反相，相位差180°。前者抵消后者，因此折射波的振幅有明显的减小，虽然其相位不受影响。

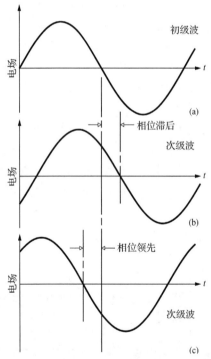

图4.10　初级波（a）和两个可能的次级波。在（b）中次级波滞后于初级波——它到达任何给定值要用更长的时间。在（c）中次级波到达任何给定值在初级波之前，这就是说，次级波领先初级波

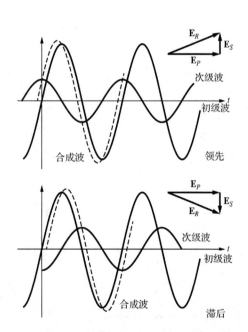

图4.11　若次级波领先初级波，合成波也将领先初级波。相矢量图强调了这一点

[1] 当我们在衍射那一章里考虑惠更斯-菲涅耳理论的预言时，这一点将会显得更有道理。绝大多数电磁学教材从振动的电荷出发讨论辐射问题，在这种情形下90°相位滞后是自然的结果（见习题4.5）。

随着透射波穿越介质前进，将一再发生散射。穿越介质的光的相位逐步推迟（或超前）。显然，由于波速是不变的相位前进的速度，相位的改变就相当于速度的改变。

现在我们想要证明，相移的确等同于相速度的差异。自由空间里，在某个 P 点上合成波可以写为

$$E_R(t) = E_0 \cos \omega t \tag{4.1}$$

若 P 点周围是电介质，那么就会有一个累积相移 ε_p，它是在波穿越介质到达 P 点的过程中建立起来的。在通常的辐照度水平下，介质的行为是线性的，电介质中的频率和真空中的一样，即使波长和波速可能不同。这时，在介质中，P 点的扰动为

$$E_R(t) = E_0 \cos(\omega t - \varepsilon_P) \tag{4.2}$$

其中减 ε_p 相当于一个相位滞后。一个处于介质中的在 P 点的观察者，将不得不比他处于真空中时等候更长的时间，以待给定的波峰到达。即，如果你想象两个平行的等频率波，一个在真空中，另一个在介质中，真空中的波将比另一个波早一段时间 ε_P / ω 经过 P 点。于是很清楚，相位滞后 ε_P 对应于波速减小 $v < c$，即 $n > 1$。类似地，相位超前导致波速增大，$v > c$，$n < 1$。我们再次看到，散射过程是一个接连不断的过程，随着光在介质中的穿过，建立了累积的相移。这就是说，ε 是光穿越的电介质的长度的函数，若是 v 恒定的话它必定如此（见习题 4.5）。在光学中遇到的绝大多数情形中，$v < c$ 及 $n > 1$，见表 4.1。重要的例外是 X 射线的传播的情形，这时 $\omega > \omega_0$，$v > c$ 及 $n < 1$。

表 4.1 各种物质的折射率近似值*

空气	1.000 29	冕牌玻璃	1.52
冰	1.31	氯化钠（NaCl）	1.544
水	1.333	轻火石玻璃	1.58
酒精（C_2H_5OH）	1.36	聚碳酸酯	1.586
煤油	1.448	聚苯乙烯	1.591
熔石英（SiO_2）	1.4584	二硫化碳（CS_2）	1.628
糖浆	1.46	密火石玻璃	1.66
四氯化碳（CCl_4）	1.46	蓝宝石	1.77
橄榄油	1.47	镧火石玻璃	1.80
松节油	1.472	重火石玻璃	1.89
老配方派热克斯玻璃（Pyrex）	1.48	锆石（$ZrO_2 \cdot SiO_2$）	1.933
41%苯 + 59%四氯化碳	1.48	锶钛矿（$SrTiO_3$）	2.409
甲基丙烯酸甲酯	1.492	金刚石（C）	2.417
苯（C_6H_6）	1.501	金红石（TiO_2）	2.907
普莱玻璃	1.51	磷化镓	3.50
雪松油	1.51		

*折射率值因物理条件（纯度、压强等）而变。这些值是对应于波长 589 nm 的值。

图 4.9c 中画的 $n(\omega)$ 总体形状，现在也好理解了。在比 ω_0 低很多的频率下，振子的振幅、因而次级波的振幅很小，相角近似为 90°。因此，折射波仅稍有滞后，n 只略微大于 1。随着 ω 增大，次级波有更大的振幅，相位滞后更多。结果波速逐渐减小，$n > 1$ 之值逐渐增大。虽然次级波的振幅仍继续增大，它们的相对相位随着 ω 趋于 ω_0 却趋于 180°。因此，它们让合相位滞后进一步增大的能力减小了。到达一个转折点（$\omega = \omega'$），在这一点相位滞后开始减小，波速开始增加（$dn/d\omega < 0$）。这种情况继续着，直到 $\omega = \omega_0$，这时透射波的振幅明显减小，但

是相位和速度不变。在这一点，$n=1$，$v=c$，我们多少处于吸收带的中心。

在刚超过ω的频率上，振幅相对大的次级波领先；透射波与之同相前进，波速超过c（$n<1$）。随着ω增大，整个场景反向再次呈现（带有一些非对称性，由振子振幅和散射对频率的依赖关系中的非对称性引起）。在更高的频率上，此时振幅很小的次级波领先近$90°$。产生的透射波超前的相位很小，n逐渐趋于1。

一条特定的$n(\omega)$曲线的精确形状依赖于具体的振子阻尼以及吸收的强弱，它们反过来又依赖于参与的振子数目的多少。

传播问题的一个严格解叫做埃瓦尔德-奥森（Ewald-Oseen）消光定理。虽然它的数学表述（含有积分微分方程）过于复杂，无法在这里讨论，但它的结论肯定是我们感兴趣的。从它得到，电子振子产生一个实质上包含两项的电磁波。一项精确地抵消了介质中的初级波，另一项唯一留存下来的扰动，则作为透射波以波速$v=c/n$穿过电介质[1]。**此后我们将简单假设，一个穿过任何实物介质传播的光波以速率$v\neq c$行进。**还应注意，折射率随温度而变（见表 4.2），但是对这个过程还不是很理解。

表 4.2　水的折射率对温度的依赖关系

0℃	1.3338
20℃	1.3330
40℃	1.3307
60℃	1.3272
80℃	1.3230

显然，我们建造的任何量子力学模型都将不得不以某种方式与光子的波长相联系。这在数学上通过表示式$p=h/\lambda$很容易实现，即使此刻还不清楚是什么东西在波动。光的波动本性看来是不可避免的：必须用某种方式将它融入理论。一旦我们有了光子波长的观念，那么引入相对相位的概念就很自然了。于是**当吸收过程或发射过程使散射光子的相位超前或推迟时，即使散射光子是以速率c行进，也会有折射率出现。**

4.3　反射

当一束光射到透明材料如一块玻璃的表面上时，这束光波"看到"一个广大的紧密排列的原子阵列，它们将以某种方式散射光波。我们还记得，光波的波长大约等于 500 nm，而原子及其间距（≈ 0.2 nm）只有它的千分之一不到。在透射穿过致密介质的情形，散射的子波在除了向前方向之外的一切方向上都互相抵消，只留下继续前进的光束。但是只有在存在不连续性时才发生这样的情况。在两种不同的透明介质（如空气和玻璃）的界面上（这是一种很厉害的非连续性），情况就不是这样。当一束光射到这样的界面上时，总是有一些光向后散射，我们将这个现象叫**反射**。

若两种介质之间的过渡是渐变的，即，若介电常量（或折射率）从一种介质之值变到另一种介质之值发生在一个波长或更长的距离上，这时将很少有反射。反之，若从一种介质到另一种介质的过渡发生在 1/4 个波长或更短的距离上，则表现得很像一个完全不连续的变化。

内反射和外反射

想象光正穿过一大块均匀玻璃行进（图 4.12）。现在假设垂直于光束将这块玻璃切成两

---

[1] 对埃瓦尔德-奥森定理的讨论见玻恩和沃耳夫的《光学原理》（电子工业出版社，2016 年 7 月出版）的 2.4.2 节，它不容易读。又见 Reali, "Reflection from dielectric materials", *Am. J. Phys.* **50**, 1133(1982)。

半。然后将两截分开，露出平整、光滑的表面，如图 4.12b 中所示。在切开之前，玻璃中是没有光波向左行进的——我们知道光束只向前行。现在切开后，必定有一束波（光束 I）从右边那块玻璃的表面反射回来向左运动。其含义是，这个面上及此面之后的一个区域里的散射体，现在不成对了，它们发射的向后的辐射现在不再能够被抵消了。在未切开时的邻近区域里的振子，现在处于左方玻璃块的截面上。

图 4.12 （a）一束光穿过致密的均匀介质如玻璃传播。（b）当玻璃块被切开并分开时，光在两个新界面上向后反射。光束 I 被外反射，光束 II 被内反射。理想情况下，当两块玻璃被压回一个整体时，两个反射光束互相抵消

当这两个截面在此之前合在一起时，这些散射体大概也向后方发射子波，这些子波与光束 I 相位差 180°，与光束 I 抵消。现在它们产生了反射光束 II。每个分子都向后散射光，原则上，**每个分子都对反射波有贡献**。但是在实际中，只是表面附近的一薄层（深度 $\approx \lambda/2$）不成对的原子振子才是引起反射的有效原因。对于空气

-玻璃界面，在空气中垂直射到玻璃上的入射光束，大约有 4% 的能量直接被这一层不成对的散射体散射回来（第 147 页）。不论玻璃是 1.0 mm 厚还是 1.00 m 厚，都是如此。

光束 I 被右边那块玻璃反射，因为光起初是从光疏介质射向光密介质，这叫做**外反射**。换句话说，入射介质的折射率（n_i）小于透射介质的折射率（n_t）。由于同样的事情也发生在向左移动的截面的不成对的散射体层上，它也向后反射光。对于在玻璃中垂直入射空气的光束，必定会再次反射 4%，这一次表示为光束 II。这个过程叫做**内反射**，因为 $n_i > n_t$。如果让两个玻璃区域互相趋近，越来越接近（使得我们可以将间隙想象成一薄层空气膜，见第 505 页），那么反射光就会减小，直到两个面融合为一从而消失，玻璃块又变成一整块连续体时，反射光完全消失。换句话说，光束 I 抵消了光束 II：它们的相位必定差 180°。记住**内反射光与外反射光之间的这个 180° 的相对相移**（更严格的讨论见 4.10 节）——我们以后将回到这个问题。

与通常的反射镜打交道的经验使我们熟知，白光被反射后仍是白光——肯定不会变成蓝光。要明白它的原因，首先记住，引起反射的散射体层厚度实际上为大约 $\lambda/2$（按图 4.6）。于是波长越大，对反射做出贡献的区域越深（典型值在 1000 层原子以上），有越多的散射体一道起作用。这就会对下面的事实做出补偿：随着 λ 增大，每个散射体的效率变低（记住 $1/\lambda^4$）。它们的联合效果是，**透明介质的表面大致同等地反射一切波长，不以任何方式显现颜色**。我们将看到，这就是本页面在白光照明下呈现白色的原因。

4.3.1 反射定律

图 4.13 画的是，由平面波阵面构成的一束光，以某一角度射到一种光密介质（设为玻璃）的平整、光滑的表面上。设周围的环境是真空。我们跟随一个波阵面，扫过表面上的分子（图 4.14）。为简单起见，我们在图 4.15 中只画了表面上的几层分子，省略了其余的一切。波阵面下行时，它再三再四给一个个散射体补充能量，每个散射体都辐射一股光子流，可以认为这种光子流是入射介质中的半球形的子波。因为光波波长比分子之间的间隔大那么多，分子发射回入射介质的子波只是在一个方向上才一同前进，并相长地叠加，这样便有了一条确定的反射光束。若入射的辐射是波长短的 X 射线，情况便不是这样，这时将会有好几束反射射线。若散射体互相离得远（与 λ 相比），就像它们构成一个衍射光栅似的（第 597 页），情况也不会这样，这时也会有几束反射光。反射光束的方向由原子散射体之间的定常相位差决定。而相位差又决定于入射波与表面成的角度，即所谓**入射角**。

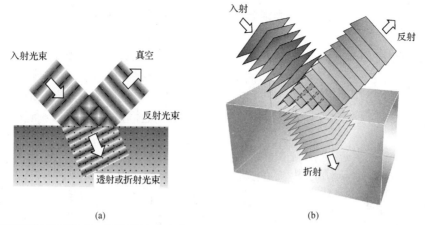

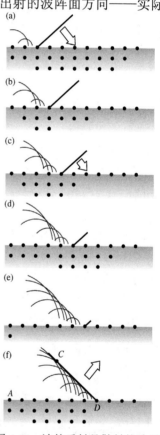

(a)   (b)

图 4.13　一束平面波射到构成一片清澈的玻璃或塑料的一组分子上。入射光一部分被反射，一部分被折射

　　在图 4.16 中，直线 $\overline{AB}$ 是在入射波阵面方向，而 $\overline{CD}$ 则在出射的波阵面方向——实际上，在反射中 $\overline{AB}$ 变换为 $\overline{CD}$。心中想着图 4.15，我们看到，A 点发射的子波，将与同一时刻 D 点发射的子波（它是 B 激发的）同相到达 C 点，若是距离 $\overline{AC}$ 等于 $\overline{BD}$。换句话说，若是从一切表面散射体发射的一切子波都同相位叠加并且形成一个单一的平面反射波，就必定有 $\overline{AC} = \overline{BD}$。于是，由于两个三角形有公共的斜边

$$\frac{\sin \theta_i}{\overline{BD}} = \frac{\sin \theta_r}{\overline{AC}}$$

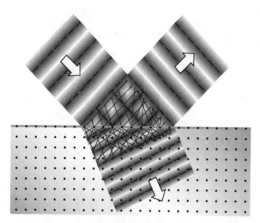

图 4.14　一个平面波扫过界面激发原子。这些辐射和重新辐射产生反射波和透射波。在现实中光波波长是原子大小和间距的好几千倍

图 4.15　波的反射是散射的结果

一切波在入射介质中都以同样的波速 v_i 行进。由此可得，在波阵面上的 B 点到达表面上的 D 点所用的时间 Δt 里，从 A 发射的子波到达 C 点。换句话说，$\overline{BD} = v_i \Delta t = \overline{AC}$，因此从上式有 $\sin \theta_i = \sin \theta_r$，这意味着

$$\theta_i = \theta_r \tag{4.3}$$

入射角等于反射角。这个式子是**反射定律**的第一部分。它首次出现在一本名为《反射光学》

（*Catoptrics*）的书中，这本书据称是欧几里得写的。当一束光垂直入射时，我们说 $\theta_i = 0°$，这时 $\theta_r = 0°$，对一面反射镜，光束被反射回它自身上。类似地，掠入射对应于 $\theta_i \approx 90°$，必定有 $\theta_r = 90°$。

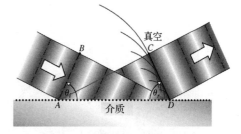

图 4.16　平面波从左方进入，被反射向右方。反射波阵面 *CD* 由表面上由 *A* 到 *D* 的原子生成。正当第一个子波从 *A* 到达 *C* 时，*D* 处的原子发射，沿 *CD* 的波阵面就全了

光线

画波阵面可能会把事情弄乱，因此我们引进另一种方便的机制来直观想象光的行进。古代把光想象为一股直线的光流，这个观念在拉丁语中表示为 radii，进入英文后则变成 rays（光线）。**一条光线是在空间画的一条对应于辐射能流动方向的线**。它是一个数学建构，而不是一个物理实体。在均匀介质中，光线是直线。如果介质的行为在一切方向相同（各向同性），**光线垂直于波阵面**。于是对于一个点光源发射的球面波，光线垂直于球面波阵面，沿径向由点源指向外。类似地，与平面波相联系的光线都互相平行。我们不必画一大堆光线，简单地只画一条入射光线和一条反射光线就可以了（图 4.17a）。一切角度现在都从表面的垂线（法线）出发测量，像以前一样（图 4.16），θ_i 和 θ_r 之值相同。

一个现代的整相阵列雷达系统。单具小天线阵列的行为很像一个光滑表面上的原子。通过在相邻两行之间引进一个合适的相移，天线可以向任何方向"观看"。一个反射面有相似的相移，由入射波扫过原子阵列时之 θ_i 决定

古希腊人已经知道反射定律。它可以通过观察一面平的镜子的行为得出，今天这种观察最简单的是用一个手电筒来做，或用一只激光笔更好。反射定律的第二部分说，**入射光线、反射面的法线和反射光线三者在一个平面内**，这个平面叫做入射平面（图 4.17b）——这牵扯到三维了。试着在一个房间里通过一面不动的镜子将一束手电筒光反射到某个靶子上，反射定律的这个第二部分的重要性就变得明显了！

图 4.18a 画的是一束光投射到一个光滑的反射面上（光滑的意思是这个面上的任何不规则性都比光波波长小得多）。在这种情况下，亿万个原子再发射的光将会并合，在一个名叫**镜反射**的过程中生成单独一个明确的光束。倘若表面的起伏比 λ 小得多，那么被散射的子波在 $\theta_i = \theta_r$ 时仍将大致同相到达。这是图 4.13、图 4.15、图 4.16 和图 4.17 等图中假设的情况。反之，当表面起伏不平的程度可以与 λ 相比时，虽然对每根光线都有入射角等于反射角，但光线总体则各走各的路，构成所谓**漫反射**（见照片）。这两种状态都是极端情况；大多数表面的反射行为处于它们二者中间的某处。这样，虽然本页页面的纸故意制成漫射很强的散射体，本书的封面却是以漫反射与镜反射当中的某种方式反射。

在 1917 年俄国十月革命中起了关键作用的阿芙洛尔号巡洋舰停泊在圣彼得堡。在安静的水中，反射是镜反射。在水面高低不平、反射更多是漫反射时，像就模糊了

F117A 型隐形战斗机的雷达截面非常小，即，它仅将射到它身上的微波的很小一部分送回发射这个微波信号的发射站。它之所以能够这样，主要是靠在飞机上构建一些平整的倾斜平面，将雷达波散射离它们的源。人们想避开 $\theta_i \approx \theta_r \approx 0$

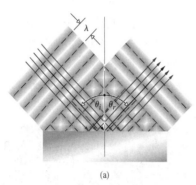

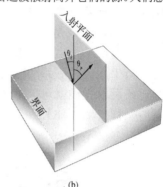

图 4.17 （a）选一条光线代表一束平面波。入射角 θ_i 和反射角 θ_r 都从反射面的垂线出发测量。（b）入射光线和反射光线定义了垂直于反射面的入射平面

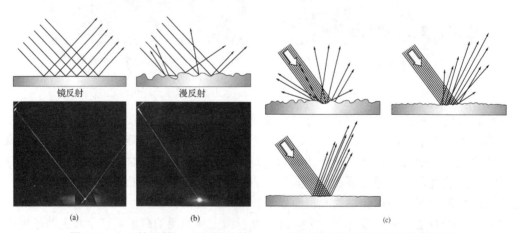

图 4.18 （a）镜反射。（b）漫反射。（c）镜反射和漫反射是反射的两种极端情况。这幅简图表示这二者各自的范围，它们是容易遇到的

4.4 折射

图 4.13 表示一束光以某一角度（$\theta_i \neq 0$）射到一个界面上。界面相当于一个很大的非均匀性，组成界面的原子既向后散射光（反射光束），也向前散射光（透射光束）。入射光线被

折弯或"被偏离它们原来的方向"（这是牛顿的说法），这就叫**折射**。

考察透射光束即折射光束。用经典的语言，界面上每个被授予能量的分子，都辐射子波到玻璃中，这些子波以速率 c 扩展。可以想象这些子波合并为一个次级波，这个次级波又和初级波的未被散射的剩下的部分再次并合，生成净透射波。随着这个波在透射介质中向前进，这个过程一次次继续下去。

不论我们怎样直观想象它，在刚一进入透射介质时，只有一个场，只有一个波。我们已经看到，这个透

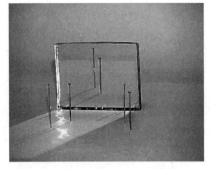

将两根针放在一面平镜子前，将它们的像与另外两根针排成一行，容易验证 $\theta_i = \theta_r$

射波通常以有效波速 $v_t < c$ 传播。这实质上仿佛是，界面上的原子将"慢子波"散射到玻璃中，它们并合生成"慢透射波"。当我们谈论惠更斯原理时将回到这个想象。不论怎样，由于透射电磁波比入射电磁波慢，透射波阵面被折射、移位（相对于入射波阵面转弯），光束就弯曲了。

4.4.1 折射定律

图 4.19 重又捡起了我们在图 4.13 和图 4.16 放下的工作。图中示出同一时刻的几个波阵面。我们还记得，每个波阵面是一个等相面，并且，就净场的相位受到透射介质滞后而言，每个波阵面都在某种程度上被向后退。波阵面跨过边界时转弯是因为波速变了。换个说法，我们可以将图 4.19 想象为单一波阵面的一幅多次曝光的照片，每次相隔相等的时间间隔。我

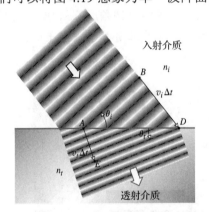

图 4.19 波的折射。透射介质表面区域里的原子辐射子波，这些子波相长地并合，生成折射光束。为简单起见未画反射波

们取时间 Δt 为波阵面上的 B 点（以速率 v_i 行进）到达 D 点的时间，注意在时间 Δt 内同一波阵面的透射部分（以速率 v_t 行进）到达了 E 点。若玻璃（$n_t = 1.5$）周围的入射介质是真空（$n_i = 1$）或空气（$n_i = 1.003$）或任何满足 $n_t > n_i$ 的别的东西，则 $v_t < v_i$，$\overline{AE} < \overline{BD}$，波阵面折弯。被折射的波阵面从 E 扩展到 D，与界面成一角度 θ_t。像以前一样，图 4.19 中的两个三角形 $\triangle ABD$ 和 $\triangle AED$ 有公共的斜边 $\overline{AD}$，因此

$$\frac{\sin \theta_i}{\overline{BD}} = \frac{\sin \theta_t}{\overline{AE}}$$

其中 $\overline{BD} = v_i \Delta t$，$\overline{AE} = v_t \Delta t$。因此

$$\frac{\sin \theta_i}{v_i} = \frac{\sin \theta_t}{v_t}$$

两边同乘 c，由于 $n_i = c/v_i$ 和 $n_t = c/v_t$，

$$n_i \sin \theta_i = n_t \sin \theta_t \tag{4.4}$$

注意，因为色散的缘故（3.1.5 节），n_i、n_t、θ_i 和 θ_t 一般与频率有关。上式对每一频率都成立，但是不同频率的弯折不同。

上式是**折射定律**的第一部分，折射定律又按提出它（1621 年）的荷兰人罗延（W. Snel van Royen，1591—1626）的名字叫做斯涅耳（Snell）定律。斯涅耳的分析已经丢失，但是现代的说明遵循图 4.20 中的处理方法。从观测得到，光线的弯折可以通过 x_i 与 x_t 的比值量化，这个比值对一切 θ_i 恒定。这个恒定的常量很自然被称为折射率。换句话说，

$$\frac{x_i}{x_t} \equiv n_t$$

在空气中，由于 $x_i = \sin\theta_i$，$x_t = \sin\theta_t$，上式与（4.4）式等同。现在我们知道，英国人哈里奥特（T. Harriot）在 1601 年前就得出了相同的结论，但是他未发表。

起初，折射率仅仅是由实验测定的物理介质的常量。后来，牛顿实际上已经能够用他的光的粒子说推出斯涅耳定律。这时，n 作为光速测度的意义已经明显了。再后来，证明了斯涅耳定律是麦克斯韦电磁理论的一个自然结果（第 140 页）。

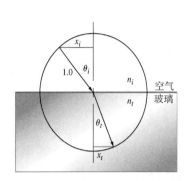

图 4.20　笛卡儿为导出折射定律所作的安排。圆的半径为 1.0

当光从一种介质进入另一种介质时，通常在界面上有一部分被反射回去。正入射时，这部分光由（4.47）式给出。在这种情形下，清洁的塑料带和它的黏性涂层有同样的折射率，因此，就光而言，几百个界面都消失了。没有光在任何塑料胶带界面上被反射，整卷多层胶带是透明的

将图转换到光线表示（图 4.21）会再次带来方便，在这个图中一切角度都从垂直线出发测量。连同（4.4）式，我们看到，**入射光线、反射光线和折射光线三者处于入射平面内**。换句话说，各自的单位传播矢量 $\hat{\mathbf{k}}_i$、$\hat{\mathbf{k}}_r$ 和 $\hat{\mathbf{k}}_t$ 共面（图 4.22）。

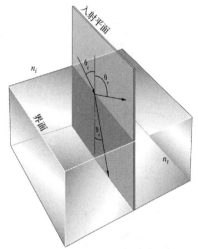

图 4.21　入射光束、反射光束和透射光束每个都在入射平面内

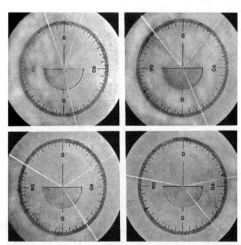

图 4.22　不同入射角下的折射。注意下表面被切削成圆形，使玻璃中的透射光束永远沿径向，并且在任何情况下都垂直于下表面

例题 4.1　一根有特定频率的光线射到一片玻璃上。玻璃在这个频率上的折射率是 1.52。若透射光线与法线成一角度 19.2°，求光射到界面的角度。

解

由斯涅耳定律

$$\sin \theta_i = \frac{n_t}{n_i} \sin \theta_t$$

$$\sin \theta_i = \frac{1.52}{1.00} \sin 19.2° = 0.499\,9$$

因此

$$\theta_i = 30°$$

当 $n_i < n_t$（即光起初在低折射率介质中行进），从斯涅耳定律得到 $\sin \theta_i > \sin \theta_t$，由于正弦函数在 $0°$ 和 $90°$ 之间处处为正，于是 $\theta_i > \theta_t$。**进入高折射率介质的光线不是沿着原来的直线方向，而是折向法线**（图 4.23a）。反过来也对（图 4.23b）：**进入折射率更低的介质时，光线不是还按原来的方向，而是向离开法线的方向弯折**（见照片）。注意这意味着，不论光是进入还是走出两种介质的随便哪一种，光线走的是同样的路程。表示方向的箭头可以反过来，得到的图像仍然正确（图 4.24）。

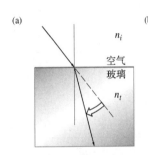
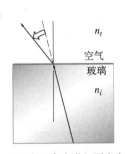

图 4.23 光线在界面上的弯折。（a）当一束光进入更光密即折射率更大的介质（$n_i < n_t$）时，它向法线方向弯折。（b）当一束光从光密介质进到不那么光密的介质（$n_i > n_t$）时，它向背离法线的方向弯折

透过一块清澈的厚塑料块看到的钢笔的像。像的横移是由于光在空气-塑料界面上向法线方向的折射。若这一安排中的钢笔代之以一个很窄的物体，如一条被照亮的狭缝并细心地测量各个角，可以直接验证斯涅耳定律

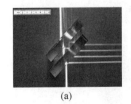

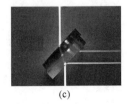
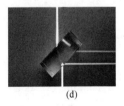

（a）   （b）   （c）   （d）

图 4.24 一束光从底部射入，向上运动。（a）空气中有两块间距很宽的普莱玻璃。（b）通过将空气间隙弄成很薄，使反射光束中的两个重叠，以生成明亮的中央光束向右行进。（c）将空气膜换成蓖麻油，玻璃块之间的界面实际上消失，此反射光束也消失。（d）它的行为就像是单一一块玻璃

人们经常谈论一种透明介质的光密度。这个概念无疑来自人们广泛持有但是有些错误的观念，即不同物质的折射率总是正比于它们的质量密度。图 4.25 表示的是一些随机挑选的稠密透明材料的数据，从这个图可以看到，折射率与比重之间有相关性，但不是始终一贯。例如，丙烯的比重为 1.19，折射率为 1.491，而聚苯乙烯的比重更小（1.06），折射率

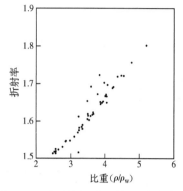

图 4.25 对于随机选择的一些稠密透明材料的折射率与比重的关系

却更高（1.590）。不过，光密度这个术语（指的是折射率而不是质量密度）在比较各种介质时仍是有用的。

斯涅耳定律可以重新写为以下形式：

$$\frac{\sin\theta_i}{\sin\theta_t} = n_{ti} \qquad (4.5)$$

其中，$n_{ti} \equiv n_t/n_i$ 是两种介质的**相对折射率**。注意 $n_{ti} = v_i/v_t$，并且 $n_{ti} = 1/n_{it}$。对于空气到水的情况，$n_{水-空气} \approx 4/3$，对于空气到玻璃，$n_{玻璃-空气} \approx 3/2$。我们可以这样来记：将除式 $n_{玻璃-空气} = n_{玻璃}/n_{空气}$ 当成是光从空气进入玻璃的折射率。

例题 4.2 一束激光光束在水（折射率为 1.33）中行进，与法线成 40.0° 角射到水-玻璃界面上。若玻璃之折射率为 1.65，（a）决定相对折射率。（b）光束在玻璃中的透射角是多少？

解

（a）由定义式

$$n_{ti} = \frac{n_t}{n_i}$$

$$n_{GW} = \frac{n_G}{n_W} = \frac{1.65}{1.33} = 1.24$$

（b）用斯涅耳定律

$$\sin\theta_t = (\sin\theta_i)/n_{ti}$$

$$\sin\theta_t = (\sin 40.0°)/1.24 = 0.518\,4$$

得

$$\theta_t = 31.2°$$

令 $\hat{\mathbf{u}}_n$ 为垂直于界面的单位矢量，其方向从入射介质指向透射介质（图 4.26）。下面在习题 4.33 中你有机会证明，折射定律的完整表述可以用矢量形式写成

$$n_i(\hat{\mathbf{k}}_i \times \hat{\mathbf{u}}_n) = n_t(\hat{\mathbf{k}}_t \times \hat{\mathbf{u}}_n) \qquad (4.6)$$

或

$$n_t\hat{\mathbf{k}}_t - n_i\hat{\mathbf{k}}_i = (n_t\cos\theta_t - n_i\cos\theta_i)\,\hat{\mathbf{u}}_n \qquad (4.7)$$

从一个点光源发出的光的折射

一切常见的光源实际上都是多点光源，因此现在来研究单个点光源发出的一族发散光线的折射是合适的。想象由一个平整界面隔开的两种均匀电介质，如图 4.27 所示。左边的一个发光点 S 发出的光的一部分到达界面，发生折射；在图 4.27a 中向着光轴方

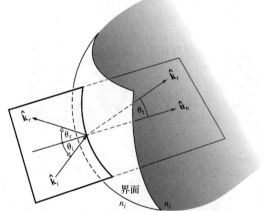

图 4.26 光线的几何学

向更会聚一些，而在图 4.27b 中则离开光轴方向有所发散。不同角度的光线将会不同程度地

弯折，虽然它们都来自光轴上的同一点 S，但是不论在这两幅图的哪一幅，它们一般都不会再射回光轴上的同一点。但是，如果我们将光限制在一个狭窄的锥中，光线将仅折射一个不大的角度，近于垂直界面，这时真的显得光是从单个点 P 来的，图 4.27a 和图 4.27b 中都是这样（这里有意把锥角画得夸大，好把各个术语都写进来）。于是，若图 4.27b 中的 S 是一条鱼身上的一个光点，它将天光从水里反射出来（图中是向右），那么进入观察者眼睛的小瞳孔的光线锥将是如此狭窄，在视网膜上将生成 S 的相当清晰的像。由于人眼-大脑系统曾受过训练，接受光似乎光是沿直线流过来的，这个光点以及鱼身上光点所在的部分，将出现在 P 点。

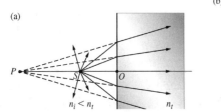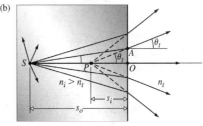

图 4.27　光跨过一个平面界面进入和离开两种不同的透明材料时发生弯折。现在想象（b）中的 S 是在水下——将图反时针旋转 90°。空气中的观察者将看到 S 的像在 P 点

我们把 S 和 P 两个位置叫做**共轭点**。位于 S 点的物离界面的距离称为"物距"，符号为 s_o，位于 P 点的像离 O 的距离为"像距" s_i。用图 4.27b 中的三角形 SAO 和 PAO，

$$s_o \tan\theta_i = s_i \tan\theta_t$$

因为光线锥很窄，θ_i 和 θ_t 很小，我们可以将正切换成正弦，由此斯涅耳定律给出

$$s_i/s_o = n_t/n_i$$

垂直往下（在图 4.27b 中是向左）看一条水面下 4.0 m 深的鱼（此时 $n_t = 1$，$n_i = 4/3$，$n_t/n_i = 4/3$），它看起来仅在水面下 3.0 m。反之，若你在水面之上 3.0 m 处，鱼在水里直往上看，将看到你在它之上 4.0 m 的地方。

当从 S 点发出的光线锥很宽时，事情变得更复杂，图 4.28 中画的是垂直于水面的一个剖面，它表示了这种情况。在偏离法线很大一个角度观看时，透射光将再次显得像是来自许多不同的点。每一根这样的光线在向后延长时，将会和一条叫做**焦散线**的曲线相切。换句话说，看起来，不同的光线像是经过不同的点（P），这些点都在焦散线上；光线离开 S 的初始角度越大，折射角就越大，P 点处于焦散线的更上方。

从 S 点发出进入眼睛的光线锥很窄，看起来是从 P 点发出的（图 4.29）。这既比原来的光源点更高，在水平方向也朝着观察者位移（即沿焦散线移动）。所有这些使铅笔的像发生弯折（见照片），使得用投

来自铅笔被浸没部分的光线在离开水面时发生弯折，似乎它们朝着观察者上升了

枪叉鱼要有些计谋。图 4.29 对此做了点说明：将一枚钢镚放在一个不透光的杯子里，向下看着它，沿水平方向向外走，直到杯缘刚好挡住对钢镚的直接视线。现在不要移动你的眼睛，慢慢地将水注入杯中。随着它的像的上升，钢镚又进入你的视野。

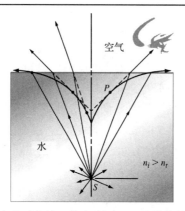 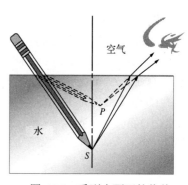

图 4.28　处于光密介质中的一个点光源——池塘中的一条鱼。观察
　　　　　者将看到 S 位于曲线上的某处，这取决于他看的是哪条光
　　　　　线。如图所示，进入观察者眼睛的光线看起来是从 P 点来的

图 4.29　看到水面下的物体

例题 4.3　一条光线射到折射率为 1.55 的一块厚玻璃上，如题图所示。求角度 θ_1, θ_2, θ_3, θ_4, θ_5, θ_6, θ_7 和 θ_8。

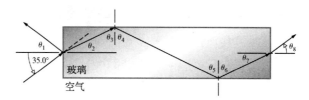

解

由反射定律 $\theta_1 = 35.0°$。由斯涅耳定律

$$1 \sin 35.0° = 1.55 \sin \theta_2$$

$$\sin \theta_2 = \frac{\sin 35.0°}{1.55} = 0.370\,0$$

于是 $\theta_2 = 21.719°$ 或 $\theta_2 = 21.7°$。由于 $\theta_2 + \theta_3 = 90°$，$\theta_3 = 68.3°$。由反射定律 $\theta_3 = \theta_4 = 68.3° = \theta_5 = \theta_6$。由于 $\theta_6 + \theta_7 = 90°$，$\theta_7 = 90° - \theta_6 = 21.7°$。因此在最右端的界面上应用斯涅耳定律给出

$$1.55 \sin 21.719° = 1.00 \sin \theta_8$$

$$0.573\,6 = \sin \theta_8$$

于是 $\theta_8 = 35.0$；光线以它进来时的同样角度射出。

图 4.19 表示光束穿越界面时发生的三个重要改变。（1）它改变了方向。由于波阵面的领先部分在玻璃中慢了下来，仍在空气中的部分前进得比它更快，往前扫并把波阵面向法线方向弯折。（2）光束在玻璃中的截面比在空气中更宽，因此透射的能量分布得更稀薄。（3）波长减小，因为频率没有变，而波速减小：$\lambda = v/\nu = c/n\nu$，故

$$\lambda = \frac{\lambda_0}{n} \qquad\qquad (4.8)$$

最后这点表明，应当认为光的颜色是由它的频率（或能量，$\mathcal{E} = h\nu$）决定，而不是由波长决定，因为波长是随波所穿越的介质而变的。颜色更多地是一种生理-心理现象（第 166 页），必须非常小心地对待。不论怎样，即使这有点过于简单化，记住下面这一点是有用的：蓝光光子比红

光光子的能量更多。当我们谈论波长和颜色时，我们总是指**真空中的波长**（今后用 λ_0 表示）。

迄今讨论过的一切情形，都假设反射光束和折射光束永远和入射光束有相同的频率，通常这是一个合理的假设。频率为 ν 的光射到一种介质上，可能会驱动介质的分子进入简谐运动。若振动的振幅相当小（驱动分子的电场小），发生的肯定是这种情况。明亮的太阳光的 E 场只有大约 1000 V/m（而 B 场则小于地球表面磁场的十分之一）。这与将一块晶体维持在一起的电场（量级为 10^{11} V/m——正好与将电子束缚在原子内的内聚场同一量级）相比是很小的。通常我们可以预期振子会做简谐运动，因此频率将保持恒定——介质通常会线性响应。但是，如果入射光束的 E 场有超大的振幅，如高功率激光器的输出，情况就会不同了。用它以某一频率 ν 驱动，介质的行为有可能是非线性的，在反射波和折射波中除了 ν 之外还产生谐波（2ν、3ν 等）。今天，二次谐波发生器（第 802 页）已有商品供应。将红光（694.3 nm）射到某个适当取向的透明非线性晶体（如磷酸二氢钾即 KDP 或磷酸二氢铵即 ADP）上，它将射出一束紫外线（347.15 nm）。

上面的介绍中有一点值得进一步讨论。我们曾合理地假设，图 4.13a 中界面上的每一点都与入射波、反射波和透射波中每个波的一个特定点重合。换句话说，在沿着界面的所有的点上，各个波之间有着固定的相位关系。随着入射波阵面扫过界面，波阵面上与界面接触的每一点，同时既是相应的反射波阵面上的一点，也是相应的透射波阵面上的一点。这个情况叫做**波阵面连续性**，我们将在 4.6.1 节对它作数学上更严格的论证。有趣的是，索末菲[1]曾经证明，反射定律和折射定律（与所涉及的波的种类无关）可以直接从波阵面连续性的要求推出，习题 4.30 的解答就是要证明这一点。

负折射

虽然仍处于其婴儿期，正在蓬勃发展的超构材料（metamaterial）技术已经提出了好些有趣的问题，其中更迷人的是负折射的概念。现在尚不能找到一本商品目录，订购一片左手材料[2]，因此这里我们感兴趣的不是它的现实性，而是将注意聚焦于它的极其独特的物理学。在一般的情形，能量是在坡印廷矢量的方向流动，它是光线的方向。一个波在传播矢量的方向行进，这个方向垂直于波阵面。在均匀各向同性的电介质如玻璃中，所有这些方向都是等同的。但是对于左手材料却不是这样。

被折射的乌龟像

在图 4.30 所示的模拟中，我们看到一块负折射率材料板，周围是空气或玻璃或水这些平常事物。一束波阵面相当平的光，从左上方射来，在普通的正折射率材料中行进，因此前进时略微有些散开，最后到达上界面。这束光进入负折射率板，它不是折向法线进入第四象限，而是以一个角度进入第三象限，完全不遵照斯涅耳定律。注意波阵面现在是汇聚而不是发散；在定常态子波实际上是向后行进，向着右上方，回到第一个界面。它们的相速度是负的。

---

[1] Sommerfeld，*Optics.*，p.151。又见 J. J. Stern，*Am. J. Phys*，**50**, 180 (1982)。

[2] 译者注：折射率 $n = \sqrt{\varepsilon\mu}$，开方后正负号如何选取？天然物质中的电场、磁场和波矢量三者满足右手定则，叫做右手物质。苏联物理学家 Veselago 提出，对于 ε、μ 都为负的情形，开方得到的 n 也应取负值，即折射率为负。这种介质中的电场、磁场和波矢量满足左手定则，叫做左手物质。天然物质都是右手物质。但是，可以人工制造出左手物质。

在负折射率材料中，传播矢量指向右上方，而光线却指向左下方。子波的相速度指向右上方，但是坡印廷矢量（光线的方向）却指向左下方。能量像惯常一样在光束前进的方向流动，即向左下方。

在下界面，光波又进入通常的材料，绕着法线又跳到第四象限，平行于原来的入射光束传播，就好像它穿过一块玻璃似的。一切事物都回到正常情况，透射光束如同通常情况，随着向右下方传播而散开。

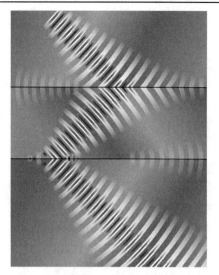

图 4.30　一束光从上方射到一块浸在空气中的负折射率材料板上

4.4.2　惠更斯原理

设光穿过一块非均匀的玻璃，因此波阵面 Σ 发生了畸变，见图 4.31。我们如何决定它的新形状 Σ'？而且，若允许波阵面此后不受障碍地继续发展，在随后的某一时刻又将是什么样子？

解决这个问题的最初一步，以 *Traitré de la Lumière*（论光）为题发表于 1690 年，它是荷兰物理学家惠更斯在 12 年前写的。他在这里讲述了后来人称的**惠更斯原理：传播中的波阵面上的每一点都是一个次级球面子波的源，随后某一时刻的波阵面是这些子波的包络。**

更重要的一点是，**若正在传播的波的频率为 n，并且以波速 v_t 穿过介质，那么次级子波有同样的频率和波速。**[①] 惠更斯是一位了不起的科学家，这是一个富有深刻见解的、虽然还相当幼稚的散射理论的基础。它是非常早期的讨论，自然有其不足之处，缺点之一是，它没有明显地纳入干涉概念，因而必然不能处理侧向散射。此外，次级子波以由介质决定的波速（这个速率甚至可以

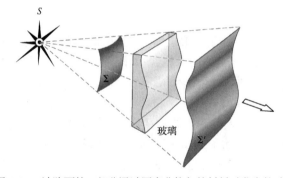

图 4.31　波阵面的一部分通过厚度非均匀的材料时发生的畸变

是非各向同性的，例如见第 429 页）传播这个想法是一个令人高兴的猜测。可以用惠更斯原理推出斯涅耳定律，其过程与导出（4.4）式的讨论相似。我们下面将会看到，惠更斯原理与称为傅里叶分析的这一数学上更复杂的技巧有密切关系。

也许最好的做法是，先不要忙着说明物理细节（比如，如何合理解释真空中的传播），而只把惠更斯原理用作一个工具，一个起作用的很有用的想法。毕竟，如果爱因斯坦的说法正确，那么只有被散射的光子；子波云云都不过是理论建构。

若介质是均匀的，可以构建有限半径的子波；而如果介质是非均匀的，则子波的半径必须是无穷小。图 4.32 应当能够清楚说明这一点；它表示波阵面 Σ 和一些次级球面子波的一幅图，在时间 t 后，这些子波向外传播了半径 vt。然后断言所有这些子波的包络对应于向前推

---

① 来源：Christiaan. Huygens, 1690, *Traite de la Lumiere*(*Treatise on Light*).

进的波Σ′。很容易将这个过程直观想象为弹性介质的机械振动。的确，惠更斯就是将它想象为在一种无所不包的以太中的振动，有他的话为证：

在研究这些波的展开时，我们还须考虑，波在其中前进的物质的每个粒子，不仅将它的

运动传给它后面（在由点光源引出的直线上）的粒子，而且也必定将运动给予与它接触且反

对它运动的其他一切粒子。结果，在每个粒子周围，产生了一个以这个粒子为中心的波。

菲涅耳在 19 世纪 00 年代成功地修订了惠更斯原理，在数学上加进了干涉的概念。此后不久，基尔霍夫证明，惠更斯-菲涅耳原理是波动微分方程 [（2.60）式] 的直接结果，从而将它置于坚实的数学基础之上。这个原理需要重新表述，这从图 4.32 看得很清楚，这个图里我们故意只画了半球形的子波。[①]若我们将它们画成球形，那么就将有一个反向波向波源运动——这种事我们从来没见过。由于菲涅耳和基尔霍夫在理论上已经解决了这个困难，我们无需为此烦恼。

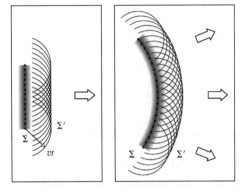

图 4.32　按照惠更斯原理，波是这样传播的：波阵面似乎是由点源阵列组成，每个点源都发射一个球面子波

惠更斯作图法

惠更斯是他那个时代的伟大科学人物之一，除了提倡光的波动说之外，他还发明了一套画折射光线的技巧。连同他的子波建构一起，这种光线方案，对决定光如何在非各向同性晶体介质（我们将在第 8 章里遇到）中传播，是极其有用的。心里想着这点，考虑图 4.33，图中画了一条光线，在 O 点射到两种均匀、各向同性的透明介电材料的界面上，两种材料的折射率分别为 n_i 和 n_t。以 O 为中心，画两个圆：一个的半径为 $1/n_i$，为入射圆；一个的半径为 $1/n_t$，为折射圆。这两个半径对应于两种介质中的波速除以 c。现在延长入射光线，让它与较大的入射圆相交。在交点作入射圆的切线，与界面交于 Q 点。这条线对应于一个入射平面波阵面。再从 Q 点画一条直线与折射圆（透射圆）相切。连接切点和 O 的直线就将是折射光线。在这里，惠更斯方法主要有教学法价值，因此我们不细究它，将它对应于斯涅耳定律的证明留作习题 4.10。

4.4.3　光线和法线线汇

在实践中，可以生成非常窄的光束或光锥（如激光光束），我们可以将一根光线想象为这种狭窄光束的一个达不到的极限。记住，在各向同性介质（即其性质在一切方向相同的介质）中，**光线是与波阵面正交的路线**。这就是说，光线是在截面上的每一点垂直于波阵面的直线。显然，在这种介质中，光线与传播矢量 $\vec{k}$ 平行。如你所预期，在非各向同性情况下，事情将会不同，这我们以后会讨论（见 8.4.1 节）。在均匀各向同性材料中，光线是直线，因为按照对称性，它不能向任何优选的方向弯曲，没有这样的方向。而且，因为在给定的一种介质中的传播速度在一切方向上完全相同，沿着光线测量的两个波阵面之间的空间间隔必定处处相

---

① 见 E. Hecht, *Phys. Teach.* **18**, 140 (1980)。

同。[①]单根光线与一组波阵面的交点叫做对应点，比如，图 4.34 中的 A，A' 和 A'' 点。显然，任何两个相继的波阵面上的任意两组对应点之间的时间间隔完全相同。若波阵面Σ 在时间 t'' 后变换为Σ''，那么任何一条光线及一切光线上的对应点之间的距离，都将在同样这个时间 t'' 中走过。即使波阵面从一种均匀各向同性介质进入另一种均匀各向同性介质，也是这样。这正意味着，可以想象Σ 上的每一点，都遵循光线的路程在时间 t'' 中到达Σ''。

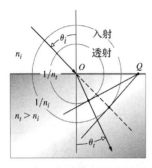

图 4.33　惠更斯建构折射光线的方法

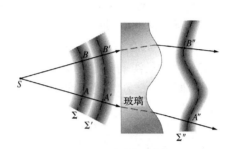

图 4.34　波阵面和光线

如果对一组光线，能够找到一个曲面，垂直于其中每一条光线，我们就说这簇光线形成一个**法线线汇**（normal congruence）。例如，点光源发出的光线垂直于以这个点光源为中心的球面，因而形成一个法线线汇。

现在可以简短地介绍另一个让我们追踪光通过各种各向同性介质传播的方法。这个方法的基础是马吕斯（E. Malus）-迪潘（C. Dupin）定理（这条定理由马吕斯于 1808 年引入，迪潘在 1816 年加以修正）。按照这个定理，**一组光线经过任意多次反射和折射**（如在图 4.34 中）**后，仍将保持其法线线汇**。从我们现在的站得更高的波动理论观点来看，这等价于说，光线在各向同性介质里的全部传播过程中，始终与波阵面正交。习题 4.32 表明，这个定理可以用来推导反射定律和斯涅耳定律。最方便的做法往往是这样：先用反射定律和折射定律追踪一根光线如何通过光学系统，然后根据通过对应点之间的时间相等及光线和波阵面的正交性，重建出波阵面。

4.5　费马原理

反射定律和折射定律，以及光的一般传播方式，还可以从另一个完全不同而有趣的视角来看，这是**费马原理**给我们提供的。下面讲述的观念对经典光学研究之中及之外的物理学思想的发展曾有巨大影响。

生活在公元前 150 年到公元 250 年之间某一时期的亚历山大里亚的希罗（Hero of Alexandria），是第一个提出后来所谓的变分原理的人。在他对反射的讨论中，他断言光经由反射面从某点 S 到另一点 P 实际走的路程是所有路程中可能最短的一条。这从图 4.35 中很容易看出，图中画了一个点光源，发出若干条光线，这些光线然后被"反射"向 P 点。人们推测，其中只有一条路径在物理上是真实的。如果把这些光线画成是它们仿佛是从 S' 点（S 的像）发出的，那么到 P 点的距离没有一条发生了变化（即 $SAP = S'AP$、$SBP = S'BP$，等等）。但是，对应于 $\theta_i = \theta_r$ 的直线路程 $S'BP$，显然是一切路程中最短的。同样的推理明显给出（习

①　当材料为非均匀时或涉及的介质多于一种时，则是这两个波阵面之间的光程长度（见 4.5 节）相同。

题 4.35）：S、B 和 P 这些点必定都在前面定义的入射面内。

希罗这个不寻常的观察，在一千五百多年里都独一无二，直到 1657 年费马提出了他著名的最小时间原理。最小时间原理包括了反射和折射。穿越界面的光束，在入射介质中一点和透射介质中一点之间并不走直线或不走最小空间路程。费马把希罗的说法重新表述为：一束光在两点之间实际走的路程是以最短的时间通过的那条路程。我们将看到，即使这种形式的说法也不完善，多少有些错误。我们暂时先接受它，但有所保留。

作为这个原理应用于折射的一个例子，见图 4.36，图中我们相对于变量 x 使从 S 到 P 的穿行时间 t 最小。换句话说，改变 x 使点 O 移动，以改变从 S 到 P 的光线。最小穿越时间或许与实际路径一致。于是

$$t = \frac{\overline{SO}}{v_i} + \frac{\overline{OP}}{v_t}$$

或

$$t = \frac{(h^2 + x^2)^{1/2}}{v_i} + \frac{[b^2 + (a - x)^2]^{1/2}}{v_t}$$

要使 $t(x)$ 相对于 x 的变化为极小，令 $\mathrm{d}x/\mathrm{d}t = 0$，即

$$\frac{\mathrm{d}t}{\mathrm{d}x} = \frac{x}{v_i(h^2 + x^2)^{1/2}} + \frac{-(a - x)}{v_t[b^2 + (a - x)^2]^{1/2}} = 0$$

利用这个图，可以将上式改写成

$$\frac{\sin\theta_i}{v_i} = \frac{\sin\theta_t}{v_t}$$

它就是斯涅耳定律 [（4.4 式）]。因此若一束光在可能最短的时间内从 S 到 P，它必定遵从折射定律。

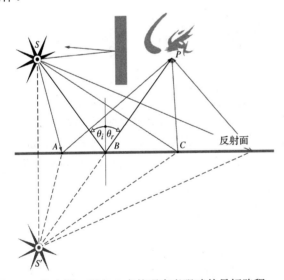

图 4.35　从光源 S 到在 P 点的观察者眼睛的最短路程

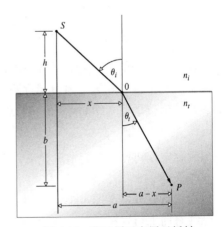

图 4.36　费马原理应用于折射

设有一种叠层材料，由 m 层具有不同折射率的介质组成，如图 4.37 所示。于是从 S 到 P 的穿越时间是

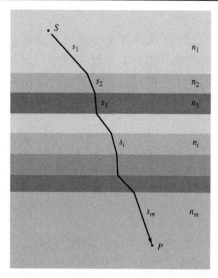

图 4.37　光线穿过分层材料的传播

$$t = \frac{s_1}{v_1} + \frac{s_2}{v_2} + \cdots + \frac{s_m}{v_m}$$

或

$$t = \sum_{i=1}^{m} s_i / v_i$$

其中 s_i 和 v_i 分别是第 i 层中的路程长度和速率。于是

$$t = \frac{1}{c} \sum_{i=1}^{m} n_i s_i \tag{4.9}$$

其中的和式称为光线走过的光程长度（OPL）。它和空间路程长度 $\sum_{i=1}^{m} s_i$ 是不同的。显然，对于 n 为位置的函数的非均匀介质，求和必须换为积分：

$$\mathrm{OPL} = \int_{S}^{P} n(s)\, \mathrm{d}s \tag{4.10}$$

光程长度对应的真空中的距离等同于光在折射率为 n 的介质中走过的距离 s。即，二者将对应于同样数目的波长。$(\mathrm{OPL}) / \lambda_0 = s / \lambda$，随着光的前行，相位变化相同。

　　因为 $t = (\mathrm{OPL}) / c$，可将费马原理重述如下：光从 S 到 P 点所走的路线的光程长度为最小。

费马和蜃景

　　当来自太阳的光线穿过地球不均匀的大气层时，如图 4.38 所示，它们会弯曲，尽可能陡峭地穿过下面较密的区域，以使光程长度最小。因此，在太阳实际上已落到地平线以下之后，我们仍然可以看见它。

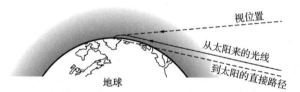

图 4.38　光线穿过非均匀介质时的弯曲。因为光线通过大气时弯曲，天空中的太阳显得比实际位置高

　　同样，在掠射角的角度下观看公路，像图 4.39 中那样，将显出周围景物的反射像，像马路上蒙了一层水似的。这是因为靠近路面的空气比上面离路面较远的空气更热一些而且密度更小一些。格拉斯通（Gladstone）和戴尔（Dale）通过实验确定，对于密度为 ρ 的气体，

$$(n - 1) \propto \rho$$

由理想气体定律可得，在固定压强下，由于 $\rho \propto P/T$，$(n-1) \propto 1/T$；路越热，紧贴路面的空气的折射率越低。

　　根据费马原理，在图 4.39a 中朝下离开分支点的光线将走使光程长度最短的路径。这样一根光线将向上弯，穿过与走直线相比更多的密度更稀的空气。为了理解是怎样做到这一点的，想象将空气分成无穷多个无限薄的水平薄层，每一层的折射率 n 恒定。一条穿行各层的光线，在每个界面上将（按照斯涅耳定律）稍许向上弯曲（很像在图 4.36 中将图上下颠倒并且光线倒过来走）。当然，如果光线近于铅直地下行，它在各层之间的界面上的入射角很小，弯曲很小，很快就射到底层，无人"看"到。

　　反之，一条光线也可能以足够浅的角度射进来，最终以掠射角射到一个界面（第 147 页）。这时它将被全反射（第 152 页），然后开始向上回到密度更大的空气（很像在图 4.36 中将图上下颠倒并且光线倒过来走）。

　　图 4.39 左方的任何观察者接收到这些转弯的光线，自然会将这些光线沿直线向后投射，好似它们是从一个镜面反射来的。站在不同的地方，你将看到不同的蜃景水坑，但是它总是离你很远，走近它时它总是消失不见。在长长的现代高速公路上特别容易看到这一效应，唯一需要的是你以接近掠入射的角度看马路，因为光线转弯是一个极其渐进的过程。[①]

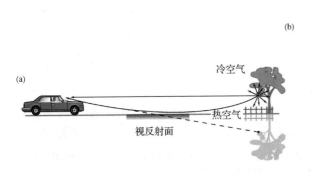

图 4.39　（a）在很小的角度下，光线显得好像是来自路面之下，仿佛是被一个水坑反射似的。（b）这种水坑效应的一帧照片

　　声学方面的同样的效应已为人们熟知。图 4.40 画的是对这个效应的另一种理解，用波来理解。因为温度引起的波速因而波长的改变（声速与温度的平方根成正比），波阵面弯曲了。人们在一片热闹的海滩上的噪声向上传播，然后散失掉，这个地方可以显得安静得出奇。相反的情况发生在傍晚，地面比上层空气先凉下来，可以清楚听到远处的声音。

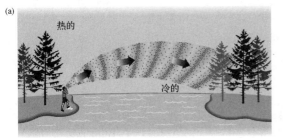
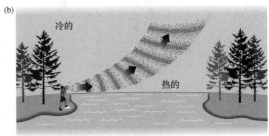

图 4.40　水坑蜃景可以通过波来理解；波速，因而波长，在更稀疏的介质中增大。这使波阵面和光线弯曲。同样的效应对于声波是常见的。（a）当地面空气是冷的，声音可以传得比正常情况更远。（b）若它是热的，声音好像消失在空气中

费马原理的现代表述

　　费马最小时间原理原来的表述存在一些严重的缺点，需要有替代的表述。为此，让我们回忆一下，若有一个函数比方说 $f(x)$，令 $df/dx = 0$ 并对 x 求解，就可确定使 $f(x)$ 具有平稳值的特定 x 值。所谓平稳值，我们指的是 $f(x)$ 对 x 的斜率为零的地方，或等价地，函数 $f(x)$ 在那一点具有极大值⋀、极小值⋁或切线为水平的拐点⤳。

① 例如，见 T. Kosa and P. Palffy-Muhoray, "Mirage mirror on the wall", *Am. J. Phys.* **68**(12), 1120 (2000)。

现代形式的费马原理如下：**光线从 S 点到 P 点走的光程长度，相对于路程变化必须是平稳的**。这句话的实质意义是，光程长度与 x 的关系曲线，在斜率趋于零的附近有一比较平坦

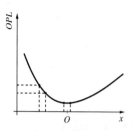

图 4.41 在图 4.36 所示的情形里，O 点的实际位置对应于光程长度为极小值的路径

的区域。斜率为零的点对应于实际的光程。换句话说，真实轨道的光程长度，在一级近似下，等于与它紧邻的路径的光程长度[①]。例如，在光程长度为极小值（如图 4.36 中所示的折射）的情形下，光程长度曲线将如图 4.41 那样。x 在 O 点邻近的小变化对光程长度影响很小，但是离 O 点很远的任何地方，x 的同样变化却使光程长度有很大的变化。于是，在实际路径邻近将有许多条路径，光走过这些路径要用差不多同样的时间。后一看法使人们能够开始理解，光在迂回前进中是多么聪明。

设有一束光穿过一块均匀各向同性介质前行（图 4.42），因此一根光线从 S 点到 P 点。材料中的原子被入射扰动驱动，向四面八方再辐射。沿着紧邻一条平稳直线路径的路径传播的子波，到达 P 点的光程长度相差很少（如图 4.42b 中的第一组）。因此它们将近于同相到达，相互加强。将每个子波用一个小的相矢量代表，随着光波沿任何一条光线路径前进一个波长，这个相矢量旋转一周（第 29 页）。因为光程长度都差不多相同，P 点的相矢量都指向大致相同的方向，即使它们都很小，它们联合起来还是做出了最大的贡献。

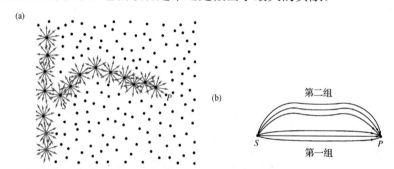

图 4.42 （a）假设光可以走任意多条路径从 S 到 P，但是显然它只走对应于光程长度稳定值那一条，所有其他路径都被消除。（b）例如，若有光走图中上面三条路径中的一条，它到达 P 点的相位将很不一样，从而发生某种程度的相消干涉

取远离平稳路径的其他路径（如图 4.42b 中的第二组）到达 P 点的子波，在 P 点的相位将显著不同，因此倾向于相消。换句话说，小相矢量之间互相成很大的角度，首尾相接时它们将转圈，只产生很小的净贡献。记住我们才画了三条光线路径——若每一组有几百万个这样的小相矢量，上面的论据成立得更好。

可以得出结论，能量将会沿光线有效地从 S 传播到 P，满足费马原理。不论我们谈论的是发生干涉的电磁波还是光子的概率振幅（第 174 页），这一点都成立。

可以预期，同样的推理对一切传播过程都成立[②]，比如，从平面镜的反射（图 4.35）。此时，离开 S 的球面波扫过整个镜面，但是位于 P 点的观察者看见的却是一个完全确定的点光

---

① 由于路径是平稳的，光程长度的泰勒展开式中的一阶导数消失。

② 当我们在本章考虑量子电动力学及在第 10 章考虑菲涅耳波带片时将回到这些观念。

源，而不是覆盖整个表面的一大片光。只有 $\theta_i \approx \theta_r$ 的光线（图 4.43 中的第一组）有平稳的光程长度；相联系的子波将会近于同相地到达 P 点，互相增强。所有别的光线（即图 4.43 中的第二组）对到达 P 点能量的贡献可以忽略。

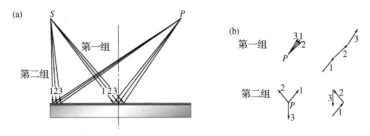

图 4.43　从一面平面镜反射的光线。只有第一组的光线的光程长度是平稳的，它们将大致同相到达 P 点。这时相矢量将几乎沿一条直线相加，生成一个很大的合波振幅（从 1 的尾端到 3 的尖端）。第二组的相矢量的相角差很大，因此在相加时它们实质上是在螺旋转圈，生成一个很小的合波振幅（从 1 的尾端到 3 的尖端）。当然，我们真正应当画每一组的几百万个小相矢量，而不是仅仅三个比较大的相矢量

平稳路程

　　一条光线的光程长度不见得总是极小值，要明白这一点，考察图 4.44，它画的是一截中空的三维椭球面镜。如果光源 S 和观察者 P 是在椭球面的两个焦点上，那么根据定义，长度 SQP 为常量，不论 Q 点是在椭圆周上何处。椭圆还有一个几何性质是，对于 Q 的任何位置有 $\theta_i \approx \theta_r$。因此，从 S 经过一次反射到达 P 的一切光程精确相等。没有极小值，光程长度相对于变分显然是平稳的。S 点发出的光线射到镜面后将到达焦点 P。从另一种观点我们可以说，S 发射的辐射能将会被镜面中的电子散射，使得子波仅仅在 P 点才会实质性地互相增强，在这一点它们走过了相同的距离，有相同的相位。不论怎样，如果一面平面镜在 Q 点与椭圆相切，那么一条光线走的完全相同的路径 SQP 将是一个相对极小。这对照着图 4.35 示出。

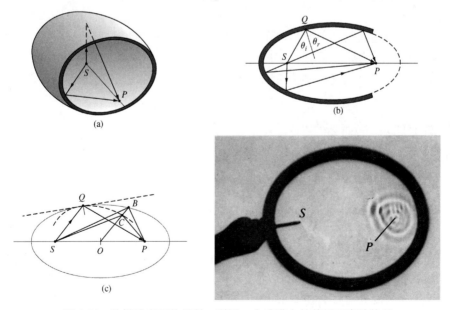

图 4.44　从椭球表面的反射．利用一个盛满水的煎锅观察波的反射。虽然这种锅通常是圆形的，这个实验还是很值得做

在另一极端，若镜面与椭圆内的一条曲线（如图 4.44c 中的虚线）吻合，这时沿 SQP 的同一条光线将走过相对极大的光程长度。为了看出这点，考察图 4.44c，其中对每个 B 点有对应的一点 C。由于 Q 和 B 都在椭圆上，我们知道

$$\overline{SQ} + \overline{PQ} = \overline{SB} + \overline{PB}$$

但是，$\overline{SB} > \overline{SC}$，$\overline{PB} > \overline{PC}$，因此

$$\overline{SQ} + \overline{PQ} > \overline{SC} + \overline{PC}$$

不论 C 在何处（除在 Q 外）上式都成立。于是 $\overline{SQ} + \overline{PQ}$ 是椭圆内曲线的极大值。情况就是如此，虽然其他没用过的路径（它们的 $\theta_i \neq \theta_r$）实际上更短（即，除了不允许的弯曲路径）。于是，在一切情形下，光线走的是一条平稳的光程长度，与重新表述的费马原理一致。注意，由于这一原理只谈到路程而没有谈到路程的方向，一条从 P 到 S 的光线走的路径与从 S 到 P 的光线相同。这是很有用的可逆性原理。

费马的成功激发起大量的努力，想要用类似的变分表述代替牛顿力学定律。许多人，其中特别是莫培督（Pierre de Maupertuis，1698—1759）和欧拉的工作，最终引导到拉格朗日（Joseph Louis Lagrange，1736—1813）的力学，从而导出由哈密顿（William Rowan Hamilton，1805—1865）表述的最小作用原理。费马原理和哈密顿原理之间惊人的相似，对薛定谔发展量子力学起着重要作用。费曼（Richard Phillips Feynman，1918—1988）于 1942 年证明，使用变分方法，可以把量子力学塑造成另一形式。变分原理的不断进化使我们通过量子光学的近代形式又回到光学。

费马原理更多地是对光的传播的一种简明看法，而不是一种计算工具。它是在不考虑具体机制的条件下对事物的总图像的一种陈述，在无数不同的具体情况下给出正确的洞察。

4.6 电磁学研究方法

至此为止，我们已从三种不同的视角研究了反射和折射：散射理论、马吕斯-迪潘定理和费马原理。但是电磁理论提供了另一个甚至更有力的方法。它不像前几种方法完全不提入射、反射和透射的辐射通量密度（分别为 I_i、I_r、I_t），电磁理论要在一个更完善描述的框架内处理这些量。

4.6.1 界面上的波

设入射单色光波是平面波，其形式为

$$\vec{E}_i = \vec{E}_{0i} \exp\left[i(\vec{k}_i \cdot \vec{r} - \omega_i t)\right] \tag{4.11}$$

或更简单地写为

$$\vec{E}_i = \vec{E}_{0i} \cos(\vec{k}_i \cdot \vec{r} - \omega_i t) \tag{4.12}$$

其中等相面是 $\vec{k} \cdot \vec{r} =$ 常量的曲面。我们假定 $\vec{E}_{0i}$ 不随时间变化；即这个波是线偏振的或平面偏振的。我们将在第 8 章看到，任何形式的光可以用两个互相垂直的线偏振波表示，因此这个假定实际上并不是一个限制。注意，正像时间原点 $t = 0$ 是任意的，空间原点 O（$\vec{r} = 0$）也是任意的。因此，不对反射波和透射波的方向、频率、波长、相位或振幅作任何假定，我们可以把这两个波写为

$$\vec{E}_r = \vec{E}_{0r}\cos(\vec{k}_r \cdot \vec{r} - \omega_r t + \varepsilon_r) \tag{4.13}$$

和

$$\vec{E}_t = \vec{E}_{0t}\cos(\vec{k}_t \cdot \vec{r} - \omega_t t + \varepsilon_t) \tag{4.14}$$

其中 ε_r 和 ε_t 是相对于 $\vec{E}_i$ 的相位常量，引进它们是因为坐标原点位置不是唯一的。图 4.45 画的是折射率为 n_i 和 n_t 的两种均匀、无损耗电介质之间的平面界面附近的波。

电磁理论定律（3.1 节）导出了场必须满足的某些要求，它们叫做边界条件。具体地说，其中一个条件是，电场强度 $\vec{E}$ 与界面相切方向的分量在界面两侧必须连续。为了看出这是怎么来的，考虑图 4.46，图中画了两种不同电介质之间的界面。一个电磁波从上面射到界面上，箭头代表入射和透射的 $\vec{E}$ 场或者对应的 $\vec{B}$ 场。暂时我们将注意力集中在 $\vec{E}$ 场上。我们画一条狭窄的闭合路径（虚线）C，它平行于界面并且分处于两种介质内。法拉第感应定律［(3.5)式］告诉我们，如果我们通过一个线积分，在整个路径 C 上，将 $\vec{E}$ 的平行于路径元 $\vec{dl}$ 的分量与 $\vec{dl}$ 的乘积相加，其结果（一个电势差）等于穿过 C 所围的面积的磁通量的时间变化率。但是，如果我们将虚线回路弄得非常之窄，那就没有通量穿过 C，于是回路上方（向右运动）对线积分的贡献必定与回路下方（向左运动）对线积分的贡献抵消。这样，绕 C 一圈的净电压降就将为零。若在界面的紧邻两侧 $\vec{E}_i$ 和 $\vec{E}_t$ 的切向分量相等（比如，二者都指向右方），因为界面上下路径的方向相反，绕 C 一周的积分的确趋于零。换句话说，$\vec{E}$ 的总切向分量在界面一侧之值必须等于另一侧之值。

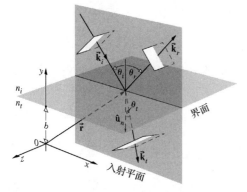

图 4.45　入射到两种均匀、各向同性、无损耗电介质之间的边界上的平面波

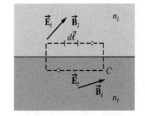

图 4.46　粒子电介质之间的界面上的边界条件

由于 $\hat{\mathbf{u}}_n$ 是垂直于界面的单位矢量，不论波阵面内电场的方向如何，它与 $\hat{\mathbf{u}}_n$ 的矢量积垂直于 $\hat{\mathbf{u}}_n$，因此与界面相切。于是有

$$\hat{\mathbf{u}}_n \times \vec{E}_i + \hat{\mathbf{u}}_n \times \vec{E}_r = \hat{\mathbf{u}}_n \times \vec{E}_t \tag{4.15}$$

或

$$\hat{\mathbf{u}}_n \times \vec{E}_{0i}\cos(\vec{k}_i \cdot \vec{r} - \omega_i t)$$
$$+ \hat{\mathbf{u}}_n \times \vec{E}_{0r}\cos(\vec{k}_r \cdot \vec{r} - \omega_r t + \varepsilon_r) \tag{4.16}$$
$$= \hat{\mathbf{u}}_n \times \vec{E}_{0t}\cos(\vec{k}_t \cdot \vec{r} - \omega_t t + \varepsilon_t)$$

这个关系式在任何时刻以及在界面上（$y = b$）上任何一点都必定成立。因此，$\vec{E}_i$、$\vec{E}_r$ 和 $\vec{E}_t$ 与变量 t 和 r 的函数关系必须精确相同。这意味着

$$(\vec{\mathbf{k}}_i \cdot \vec{\mathbf{r}} - \omega_i t)|_{y=b} = (\vec{\mathbf{k}}_r \cdot \vec{\mathbf{r}} - \omega_r t + \varepsilon_r)|_{y=b}$$
$$= (\vec{\mathbf{k}}_t \cdot \vec{\mathbf{r}} - \omega_t t + \varepsilon_t)|_{y=b} \qquad (4.17)$$

有了上式之后，（4.16）式中的余弦函数会消去，留下一个与 t 和 r 无关的式子，情况必然如此。由于此式必须对时间的一切值成立，t 的系数必须相等，即

$$\omega_i = \omega_r = \omega_t \qquad (4.18)$$

我们还记得，介质中的电子以入射波的频率做（线性）受迫振动。被散射的任何光都有相同的频率。而且

$$(\vec{\mathbf{k}}_i \cdot \vec{\mathbf{r}})|_{y=b} = (\vec{\mathbf{k}}_r \cdot \vec{\mathbf{r}} + \varepsilon_r)|_{y=b} = (\vec{\mathbf{k}}_t \cdot \vec{\mathbf{r}} + \varepsilon_t)|_{y=b} \qquad (4.19)$$

其中 $\vec{\mathbf{r}}$ 的端点在界面上。ε_r 和 ε_t 之值对应于 O 点的一个给定位置，于是它们允许不论 O 点的位置何在，这个关系式都成立。（例如，原点可以这样选，使 $\vec{\mathbf{r}}$ 垂直于 $\vec{\mathbf{k}}_i$，但不垂直于 $\vec{\mathbf{k}}_r$ 或 $\vec{\mathbf{k}}_t$。）从前两项我们得到

$$[(\vec{\mathbf{k}}_i - \vec{\mathbf{k}}_r) \cdot \vec{\mathbf{r}}]_{y=b} = \varepsilon_r \qquad (4.20)$$

回忆（2.43）式，上式简单表明，$\vec{\mathbf{r}}$ 的端点扫出一个垂直于矢量（$\vec{\mathbf{k}}_i - \vec{\mathbf{k}}_r$）的平面（当然就是界面）。用稍微不同的话来说就是，（$\vec{\mathbf{k}}_i - \vec{\mathbf{k}}_r$）平行于 $\hat{\mathbf{u}}_n$。但是要注意，由于入射波和反射波是在同一种介质中，$k_i = k_r$。从（$\vec{\mathbf{k}}_i - \vec{\mathbf{k}}_r$）在界面平面上之分量为零，即 $\hat{\mathbf{u}}_n \times (\vec{\mathbf{k}}_i - \vec{\mathbf{k}}_r) = 0$，我们得出结论

$$k_i \sin \theta_i = k_r \sin \theta_r$$

因而，我们得到反射定律；即

$$\theta_i = \theta_r$$

而且，由于（$\vec{\mathbf{k}}_i - \vec{\mathbf{k}}_r$）平行于 $\hat{\mathbf{u}}_n$，所有三个矢量 k_i、k_r 和 $\hat{\mathbf{u}}_n$ 都在同一平面即入射面内。从（4.19）式还得到

$$[(\vec{\mathbf{k}}_i - \vec{\mathbf{k}}_t) \cdot \vec{\mathbf{r}}]_{y=b} = \varepsilon_t \qquad (4.21)$$

因此（$\vec{\mathbf{k}}_i - \vec{\mathbf{k}}_r$）也垂直于界面。于是 $\vec{\mathbf{k}}_i$、$\vec{\mathbf{k}}_r$、$\vec{\mathbf{k}}_t$ 和 $\hat{\mathbf{u}}_n$ 都共面。同前面一样，$\vec{\mathbf{k}}_i$ 和 $\vec{\mathbf{k}}_t$ 的切向分量必定相等，因而

$$k_i \sin \theta_i = k_t \sin \theta_t \qquad (4.22)$$

但是，因为 $\omega_i = \omega_t$，我们可以把两边同乘 c/ω_i，便得到

$$n_i \sin \theta_i = n_t \sin \theta_t$$

这是斯涅耳定律。最后，若我们把原点 O 选在界面上，那么从（4.20）式和（4.21）式显然有 ε_r 和 ε_t 都为零。这种做法虽然不是很有启发性，但肯定更简单，今后我们将用它。

4.6.2 菲涅耳方程

我们刚才已经求得边界上的 $\vec{\mathbf{E}}_i(\vec{r}, t)$、$\vec{\mathbf{E}}_r(\vec{r}, t)$ 和 $\vec{\mathbf{E}}_t(\vec{r}, t)$ 的相位之间的关系。在振幅 $\vec{\mathbf{E}}_{0i}$、$\vec{\mathbf{E}}_{0r}$ 和 $\vec{\mathbf{E}}_{0t}$ 之间还有一个相互依赖关系，下面我们可以求这个关系了。为此，假设一个平面单色波投射到两种各向同性介质之间的平面界面上。不论光波怎样偏振，我们都把它的 $\vec{\mathbf{E}}$ 场和 $\vec{\mathbf{B}}$ 场分解成平行和垂直于入射面的分量，分别讨论这些分量。

第一种情形：$\vec{\mathbf{E}}$ 垂直于入射面。假定 $\vec{\mathbf{E}}$ 垂直于入射面，而 $\vec{\mathbf{B}}$ 平行于入射面（图 4.47）。

我们还记得 $E = vB$，因此

$$\hat{\mathbf{k}} \times \vec{\mathbf{E}} = v\vec{\mathbf{B}} \tag{4.23}$$

及

$$\hat{\mathbf{k}} \cdot \vec{\mathbf{E}} = 0 \tag{4.24}$$

（即 $\vec{\mathbf{E}}$、$\vec{\mathbf{B}}$ 和单位传播矢量 $\hat{\mathbf{k}}$ 构成一个右手坐标系）。再次利用 $\vec{\mathbf{E}}$ 场的切向分量的连续性，我们得到在边界上对任何时刻和任一点有

$$\vec{\mathbf{E}}_{0i} + \vec{\mathbf{E}}_{0r} = \vec{\mathbf{E}}_{0t} \tag{4.25}$$

其中余弦项消掉了。认识到图中所示的电磁场矢量实际上应当想成是在 $y = 0$ 上（即在表面上），为了不混淆我们将它挪动了。还要注意，虽然 $\vec{\mathbf{E}}_r$ 和 $\vec{\mathbf{E}}_t$ 由于对称性必定垂直于入射平面，我们猜测它们在界面上像 $\vec{\mathbf{E}}_i$ 一样由纸面向外。$\vec{\mathbf{B}}$ 场的方向然后由（4.23）式得出。

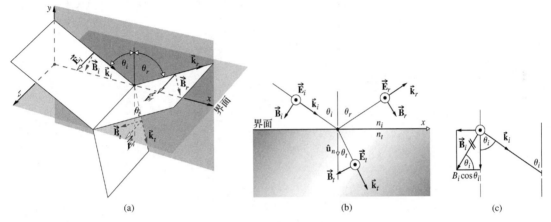

图 4.47　输入波的 $\vec{\mathbf{E}}$ 场垂直于入射面。画出的场是界面上的场；
它们挪动了地方，使得能够画出各个矢量，不致混淆

为了再得出一个方程，我们需要引进另一边界条件。实物材料能够被电磁波极化，它的出现对电磁场的组态会有一定的影响。于是，虽然 $\vec{\mathbf{E}}$ 的切向分量（即平行于界面的分量）在边界两边连续，它的法向分量则否。反之，乘积 $\epsilon\vec{\mathbf{E}}$ 在界面两边却相同。类似地，$\vec{\mathbf{B}}$ 的法向分量连续，$\mu^{-1}\vec{\mathbf{B}}$ 的切向分量亦然。为了表明这一点，回到图 4.46 和安培定律（3.13）式，那里箭头是表示 $\vec{\mathbf{B}}$ 场的。因为两种介质里的磁导率可能不同，将等式的两边除以 μ。令虚线画的回路窄到可以忽略，于是 C 包围的面积 A 消失，（3.13）式的右边消失。这意味着，如果我们通过线积分将 $\vec{\mathbf{B}}/\mu$ 平行于路径元 $d\vec{\ell}$ 的分量在整个路径 C 上相加，结果必定为零。因此，紧贴界面上方的 $\vec{\mathbf{B}}/\mu$ 的净值必定等于紧贴界面下方的净值。这里两种介质的磁效应是通过它们的磁导率 μ_i 和 μ_t 来显现的。这个边界条件用起来最简单，特别是当用于从导体表面反射时[1]。于是 $\vec{\mathbf{B}}/\mu$ 的切向分量连续便要求

$$-\frac{B_i}{\mu_i}\cos\theta_i + \frac{B_r}{\mu_i}\cos\theta_r = -\frac{B_t}{\mu_t}\cos\theta_t \tag{4.26}$$

---

[1] 为了同我们只用 $\vec{\mathbf{E}}$ 和 $\vec{\mathbf{B}}$（至少在以下的说明的早期阶段）的想法一致，我们避免用通常的通过 $\vec{\mathbf{H}}$ 表述的说法。$\vec{\mathbf{H}}$ 和 $\vec{\mathbf{B}}$ 的关系是 $\vec{\mathbf{H}} = \mu^{-1}\vec{\mathbf{B}}$。

当 B 场的切向分量像它在入射波中那样指向负 x 方向时，它带着一个负号进来。等式的左右两边分别是入射介质和透射介质中平行于界面的 $\vec{B}/\mu$ 的总大小。正方向是 x 增大的方向，因此 $\vec{B}_i$ 和 $\vec{B}_t$ 的标量分量带有负号。从（4.23）式我们得到

$$B_i = E_i/v_i \tag{4.27}$$

$$B_r = E_r/v_r \tag{4.28}$$

和

$$B_t = E_t/v_t \tag{4.29}$$

由于 $v_i = v_r$ 及 $\theta_i = \theta_r$，（4.26）式可以写成

$$\frac{1}{\mu_i v_i}(E_i - E_r)\cos\theta_i = \frac{1}{\mu_t v_t}E_t\cos\theta_t \tag{4.30}$$

利用（4.12）、（4.13）和（4.14）三式，并记住这些式子中的余弦函数在 $y = 0$ 处相等，我们得到

$$\frac{n_i}{\mu_i}(E_{0i} - E_{0r})\cos\theta_i = \frac{n_t}{\mu_t}E_{0t}\cos\theta_t \tag{4.31}$$

把上式和（4.25）式联立，得出

$$\left(\frac{E_{0r}}{E_{0i}}\right)_\perp = \frac{\dfrac{n_i}{\mu_i}\cos\theta_i - \dfrac{n_t}{\mu_t}\cos\theta_t}{\dfrac{n_i}{\mu_i}\cos\theta_i + \dfrac{n_t}{\mu_t}\cos\theta_t} \tag{4.32}$$

及

$$\left(\frac{E_{0t}}{E_{0i}}\right)_\perp = \frac{2\dfrac{n_i}{\mu_i}\cos\theta_i}{\dfrac{n_i}{\mu_i}\cos\theta_i + \dfrac{n_t}{\mu_t}\cos\theta_t} \tag{4.33}$$

下标 $\perp$ 用来提醒，我们讨论的是 $\vec{E}$ 垂直于入射面的情形。这两个表示式是**菲涅耳方程**中的两个，它们是极其普遍的陈述，适用于任何线性、各向同性的均匀介质。最常遇到的是 $\mu_i \approx \mu_t \approx \mu_0$ 的电介质；因此，这些公式的常用形式便简化为

$$r_\perp \equiv \left(\frac{E_{0r}}{E_{0i}}\right)_\perp = \frac{n_i\cos\theta_i - n_t\cos\theta_t}{n_i\cos\theta_i + n_t\cos\theta_t} \tag{4.34}$$

和

$$t_\perp \equiv \left(\frac{E_{0t}}{E_{0i}}\right)_\perp = \frac{2n_i\cos\theta_i}{n_i\cos\theta_i + n_t\cos\theta_t} \tag{4.35}$$

其中 $r_\perp$ 表示**振幅反射系数**，而 $t_\perp$ 为**振幅透射系数**。

第二种情形：$\vec{E}$ 平行于入射面。当入射的 $\vec{E}$ 场在入射面内，如图 4.48 所示时，也能导出一对相似的等式。$\vec{E}$ 的切向分量在边界两侧连续导出

$$E_{0i}\cos\theta_i - E_{0r}\cos\theta_r = E_{0t}\cos\theta_t \tag{4.36}$$

和前面很相似，$\vec{B}/\mu$ 的切向分量的连续性给出

$$\frac{1}{\mu_i v_i}E_{0i} + \frac{1}{\mu_r v_r}E_{0r} = \frac{1}{\mu_t v_t}E_{0t} \tag{4.37}$$

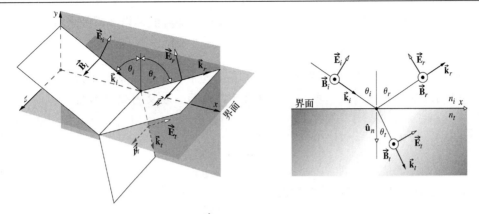

图 4.48 $\vec{\mathbf{E}}$ 场在入射面内的入射波

利用 $\mu_i = \mu_r$ 和 $\theta_i = \theta_r$，可以把上述公式组合，得出另外两个菲涅耳公式：

$$r_\parallel \equiv \left(\frac{E_{0r}}{E_{0i}}\right)_\parallel = \frac{\dfrac{n_t}{\mu_t}\cos\theta_i - \dfrac{n_i}{\mu_i}\cos\theta_t}{\dfrac{n_i}{\mu_i}\cos\theta_t + \dfrac{n_t}{\mu_t}\cos\theta_i} \tag{4.38}$$

和

$$t_\parallel = \left(\frac{E_{0t}}{E_{0i}}\right)_\parallel = \frac{2\dfrac{n_i}{\mu_i}\cos\theta_i}{\dfrac{n_i}{\mu_i}\cos\theta_t + \dfrac{n_t}{\mu_t}\cos\theta_i} \tag{4.39}$$

当生成界面的两种介质是电介质时，它们实质上是"非磁性的"（第 87 页），振幅系数变为

$$r_\parallel = \frac{n_t\cos\theta_i - n_i\cos\theta_t}{n_i\cos\theta_t + n_t\cos\theta_i} \tag{4.40}$$

和

$$t_\parallel = \frac{2n_i\cos\theta_i}{n_i\cos\theta_t + n_t\cos\theta_i} \tag{4.41}$$

应用斯涅耳定律，可以进一步使记号简化，这时电介质的菲涅耳方程为（习题 4.43）

$$r_\perp = -\frac{\sin(\theta_i - \theta_t)}{\sin(\theta_i + \theta_t)} \tag{4.42}$$

$$r_\parallel = +\frac{\tan(\theta_i - \theta_t)}{\tan(\theta_i + \theta_t)} \tag{4.43}$$

$$t_\perp = +\frac{2\sin\theta_t\cos\theta_i}{\sin(\theta_i + \theta_t)} \tag{4.44}$$

$$t_\parallel = +\frac{2\sin\theta_t\cos\theta_i}{\sin(\theta_i + \theta_t)\cos(\theta_i - \theta_t)} \tag{4.45}$$

这里必须提请大家注意一点。记住，图 4.47 和图 4.48 中场的方向（更精确地说是相位）是相当任意地选择的。例如，在图 4.47 中也可以假定 $\vec{\mathbf{E}}_r$ 是由纸面指向内，这样 $\vec{\mathbf{B}}_r$ 也必须反向。若我们这样假设，那么将会发现，$r_\perp$ 的符号是正的，而剩下其他振幅系数不变。出现在（4.42）式到（4.45）式中的符号（除第一式之外为正号）对应于场的取向的一组特殊选择。我们将看到，（4.42）式中的负号只不过表明，图 4.47 中的 $\vec{\mathbf{E}}_r$ 我们没有猜对。然而要知道，

文献中使用的符号不是标准化的，一切可能的符号变化都可能标以菲涅耳方程的名称。为了避免混乱，必须把菲涅耳方程与导出它们的特定的场方向联系起来。

例题 4.4 一个电磁波，振幅为 1.0 V/m，在空气中以与法线成 30.0° 的角度射入一块折射率为 1.60 的玻璃板。电磁波的电场完全垂直于入射面。求反射波的振幅。

解

由于 $(E_{0r})_\perp = r_\perp (E_{0i})_\perp = r_\perp (1\,\text{V/m})$，必须求

$$r_\perp = -\frac{\sin(\theta_i - \theta_t)}{\sin(\theta_i + \theta_t)} \qquad [4.42]$$

但是首先要求出 θ_t，因此由斯涅耳定律有

$$n_i \sin\theta_i = n_t \sin\theta_t$$

$$\sin\theta_t = \frac{n_i}{n_t}\sin\theta_i$$

$$\sin\theta_t = \frac{1}{1.60}\sin 30.0° = 0.3125$$

$$\theta_t = 18.21°$$

从而

$$r_\perp = -\frac{\sin(30.0° - 18.2°)}{\sin(30.0° + 18.2°)} = -\frac{\sin 11.8°}{\sin 48.2°}$$

$$r_\perp = -\frac{0.2045}{0.7455} = -0.274$$

于是

$$(E_{0r})_\perp = r_\perp (E_{0i})_\perp = r_\perp (1.0\,\text{V/m})$$

$$(E_{0r})_\perp = -0.27\,\text{V/m}$$

4.6.3 菲涅耳方程的解释

这一节考察菲涅耳方程的物理含义。特别是，我们对确定被反射和折射的分数振幅和通量密度比感兴趣。此外，我们还将讨论在过程中也许会发生的任何可能的相移。

未染色的纸是透明的细纤维铺垫成的，其折射率约为 1.56，与周围的空气有很大的不同。因此纸散射颇多的白光，呈不反光的亮白色——见（4.46）式。如果我们将纸"润湿"，在每根纤维外面包上点什么东西（如矿物油、婴儿润肤油），它的折射率（1.46）在空气和纤维之间，它将削减向后散射的光量，经过处理的区域将变成很大程度上透明

一根玻璃棒和一根木棒浸在苯中。由于苯的折射率很接近玻璃的折射率，左边的棒似乎在液体中消失了

振幅系数

我们简短地考察全部 θ_i 值范围内振幅系数的形式。接近垂直入射（$\theta_i \approx 0$）时，（4.43）式中的正切函数基本上等于正弦函数，此时

$$[r_\parallel]_{\theta_i=0} = [-r_\perp]_{\theta_i=0} = \left[\frac{\sin(\theta_i - \theta_t)}{\sin(\theta_i + \theta_t)}\right]_{\theta_i=0}$$

不久我们就会回过头来讨论负号的物理意义。用角的和差公式展开正弦函数，并用斯涅耳定律，上式变成

$$[r_\parallel]_{\theta_i=0} = [-r_\perp]_{\theta_i=0} = \left[\frac{n_t \cos\theta_i - n_i \cos\theta_t}{n_t \cos\theta_i + n_i \cos\theta_t}\right]_{\theta_i=0} \tag{4.46}$$

这也可从（4.34）式和（4.40）式得出。在 θ_i 趋于 0 的极限情况下，$\cos\theta_i$ 和 $\cos\theta_t$ 都趋于 1，因此

$$[r_\parallel]_{\theta_i=0} = [-r_\perp]_{\theta_i=0} = \frac{n_t - n_i}{n_t + n_i} \tag{4.47}$$

因为在 $\theta_i = 0$ 时不再需要标明入射平面，才有反射系数的这个等式。于是，比方说，在接近垂直入射的情况下，空气（$n_i = 1$）-玻璃（$n_t = 1.5$）界面上的振幅反射系数等于 ± 0.2（见习题 4.58）。

当 $n_t > n_i$ 时，从斯涅耳定律得到 $\theta_i > \theta_t$，对一切 θ_i 值 $r_\perp$ 为负（图 4.49）。相反，（4.43）式告诉我们，$r_\parallel$ 从 $\theta_i = 0$ 时为正值出发，逐渐减小，直到 $(\theta_i + \theta_t) = 90°$ 时它为零，因为这里 $\tan \pi/2$ 为无穷大。发生这种情况的特定入射角值用 θ_p 表示，叫做**偏振角**（见 8.6.1 节）。注意，在 θ_p 有 $r_\parallel \to 0$，并且相位移动 180°。这意味着 θ_i 从两边趋近 θ_p 时我们看不到 $\vec{E}$ 场有任何突变。随着 θ_i 继续增大超过 θ_p，$r_\parallel$ 变得越来越负，在 90° 时达到-1。

如果你将一片玻璃，一块显微镜载物玻片，放在本页面上，并且竖直往下看（$\theta_i = 0$），玻璃下面的区域将显得比页面其余部分更灰暗，因为玻璃片在其两个界面上都会发生反射，到达纸面和从纸面返回的光都会显著减少。现在将玻璃片

在接近掠入射的情形下，墙壁和地板就像镜子一样——除了一件事：在 $\theta_i = 0°$ 时表面是很次的发射体

拿近你的眼睛，并通过玻璃片观看页面，慢慢将手中的玻璃片倾斜，逐渐增大 θ_i。当 $\theta_i \approx 90°$，玻璃片看来像一面理想反射镜，因为反射系数（图 4.49）变为 -1.0。即使一个差劲的表面，如本书的封面，在掠入射下也会像一面反射镜。水平拿着这本书，高度在你眼睛高度一半左右，迎面对着明亮的光你将看到光源被封面良好地反射。这表明，X 射线在掠入射下可以被镜反射（第 302 页），近代的 X 射线望远镜就是基于这一事实。

在正入射下，（4.35）式和（4.41）式直接得出

$$[t_\parallel]_{\theta_i=0} = [t_\perp]_{\theta_i=0} = \frac{2n_i}{n_i + n_t} \tag{4.48}$$

在习题 4.63 中将证明，表示式

$$t_\perp + (-r_\perp) = 1 \tag{4.49}$$

对一切 θ_i 成立，但

$$t_\parallel + r_\parallel = 1 \tag{4.50}$$

只在正入射时成立。

前面的讨论大部分只限于**外反射**（$n_t > n_i$）的情形。相反的情况是**内反射**，这时入射介质更光密一些（$n_i > n_t$），对这种情况我们肯定也感兴趣。这时 $\theta_t > \theta_i$，（4.42）式描述的 $r_\perp$ 永远为正。图 4.50 表明，$r_\perp$ 从它在 $\theta_i = 0$ 时的初始值 [（4.47）式] 出发逐渐增大，在所谓临界角 θ_c 处增大到 +1。具体地说，θ_c 是入射角的一个特殊值，在此值下 $\theta_t = \pi/2$（p.125）。同样，$r_\parallel$ 从它在 $\theta_i = 0$ 时的负值 [（4.47）式] 出发，此后一路增加，在 $\theta_i = \theta_c$ 时增加到 +1，这从菲涅耳公式（4.40）明显得出。$r_\parallel$ 再次在偏振角 θ_p' 通过零。请读者在习题 4.68 中证明，在同样两种介质之间的界面上，内反射和外反射的偏振角简单地互补。我们将在 4.7 节回到内反射，在那里将证明，在 $\theta_i > \theta_c$ 时 $r_\perp$ 和 $r_\parallel$ 是复数量。

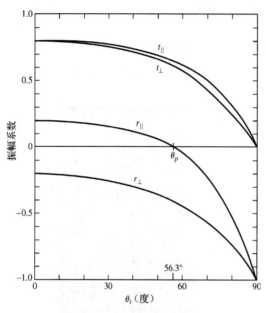

图 4.49 振幅反射系数和振幅透射系数与入射角的函数关系。这些曲线对应于空气-玻璃界面上（$n_{ti} = 1.5$）的外反射，$n_t > n_i$

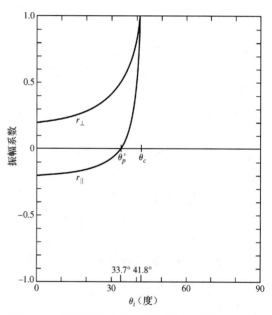

图 4.50 振幅反射系数和振幅透射系数与入射角的函数关系。这些曲线对应于空气-玻璃界面上（$n_{ti} = 1/1.5$）的内反射，$n_t < n_i$

相移

从（4.42）式明显看出，当 $n_t > n_i$ 时，不论 θ_i 多大，$r_\perp$ 都是负的。但是前面我们看到，若在图 4.47 中选 $[\vec{\mathbf{E}}_r]_\perp$ 为相反方向，那么菲涅耳第一公式（4.42）就会变号，使 $r_\perp$ 变成正的。因此 $r_\perp$ 的符号是与 $[\vec{\mathbf{E}}_{0i}]_\perp$ 和 $[\vec{\mathbf{E}}_{0r}]_\perp$ 的相对方向相联系的。记住 $[\vec{\mathbf{E}}_{0r}]_\perp$ 的反向相当于在 $[\vec{\mathbf{E}}_r]_\perp$ 中引入一个 π 弧度的相移 $\Delta\varphi_\perp$。因此在边界上 $[\vec{\mathbf{E}}_i]_\perp$ 和 $[\vec{\mathbf{E}}_r]_\perp$ 将会反平行，因此彼此的相位差 π，如 $r_\perp$ 的负值所表明的。当我们考虑的分量垂直于入射面时，对两个场是同相还是相位差 π 弧度是不会混淆的；若它们平行，它们就同相；若反平行，它们的相位就差 π 弧度。总而言之，**当入射介质的折射率小于透射介质时，垂直于入射面的电场分量在反射中将发生 π 弧度的相移。** 类似地，$t_\perp$ 和 $t_\parallel$ 永远为正，而 $\Delta\varphi = 0$。还有，当 $n_i > n_t$，只要 $\theta_i < \theta_c$，法向分量在反射中不产生相移，即 $\Delta\varphi_\perp = 0$。

当我们讨论$[\vec{E}_i]_\parallel$、$[\vec{E}_r]_\parallel$和$[\vec{E}_t]_\parallel$时，事情就不那么明显了。这时需要更明确地定义同相是什么意思，因为场矢量虽然共面但一般不共线。在图 4.47 和图 4.48 中，场的方向是这样选的，使得朝着光来的方向看任何一个传播矢量，将看到$\vec{E}$、$\vec{B}$和$\vec{k}$有相同的相对取向，不论光线是入射光、反射光还是透射光。我们可以用它作为所需的两个$\vec{E}$场同相的条件。等当的但更简单的说法是：**入射面上的两个场，若它们的 y 分量平行，则它们同相，若反平行，则它们异相**。注意，当两个$\vec{E}$场异相时，它们联系的$\vec{B}$场也异相，反之亦然。有了这个定义，我们只需要看垂直于入射面的矢量（不论是$\vec{E}$还是$\vec{B}$），就可以决定相伴的场在入射面上的相对相位。于是在图 4.51a 中$\vec{E}_i$和$\vec{E}_t$同相，$\vec{B}_i$和$\vec{B}_t$也同相，而$\vec{E}_i$和$\vec{E}_r$则异相，$\vec{B}_i$和$\vec{B}_r$亦然。类似地，在图 4.51b 中，$\vec{E}_i$、$\vec{E}_r$和$\vec{E}_t$都同相，$\vec{B}_i$、$\vec{B}_r$和$\vec{B}_t$也同相。

平行分量的振幅反射系数为

$$r_\parallel = \frac{n_t \cos\theta_i - n_i \cos\theta_t}{n_t \cos\theta_i + n_i \cos\theta_t}$$

它是正的（$\Delta\varphi_\parallel = 0$），只要

$$n_t \cos\theta_i - n_i \cos\theta_t > 0$$

即若

$$\sin\theta_i \cos\theta_i - \cos\theta_t \sin\theta_t > 0$$

或等价地

$$\sin(\theta_i - \theta_t)\cos(\theta_i + \theta_t) > 0 \qquad (4.51)$$

对于 $n_i < n_t$，上式成立的条件为

$$(\theta_i + \theta_t) < \pi/2 \qquad (4.52)$$

而对于 $n_i > n_t$，则为

$$(\theta_i + \theta_t) > \pi/2 \qquad (4.53)$$

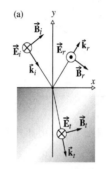 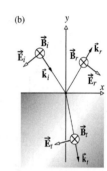

图 4.51 场的取向和相移

于是当 $n_i < n_t$ 时，$[\vec{E}_{0r}]_\parallel$ 和 $[\vec{E}_{0i}]_\parallel$ 同相（$\Delta\varphi_\parallel = 0$），直到 $\theta_i = \theta_p$ 为止，然后相位差π弧度。这一转变实际上并不是突发的不连续的，因为$[\vec{E}_{0r}]_\parallel$在θ_p处趋于零。对于内反射则相反，直到θ'_p为止 $r_\parallel$ 为负，这意味着$\Delta\varphi_\parallel = \pi$。从$\theta'_p$到$\theta_c$，$r_\parallel$ 为正，并且$\Delta\varphi_\parallel = 0$。超出$\theta_c$后，$r_\parallel$变成复数，而$\Delta\phi_\parallel$逐渐增加，在$\theta_i = 90°$时增大到π。

图 4.52 总结了这些结论，它将继续对我们有用。在$\theta_i > \theta_c$区间内，内反射的$\Delta\varphi_\parallel$和$\Delta\varphi_\perp$的实际函数形式可以在文献中找到[1]，不过图中画的曲线对我们的目的已经够用了。图 4.52e 是平行分量和垂直分量之间的相对相移（即$\Delta\varphi_\parallel - \Delta\phi_\perp$）图，之所以把它包括在这里，是因为它以后会有用处（如讨论偏振效应时）。最后，我们这个讨论的本质特点画在图 4.53 和图 4.54 中。在这些图里，反射矢量的振幅与图 4.49 和图 4.50 中的（它是关于空气-玻璃界面的）一致，而其相移与图 4.52 中的一致。

我们可以用最简单的实验设备（两块线偏振片、一块玻璃和一个小光源如闪光灯或高强度灯）验证上面的许多结论。把一块起偏振片放在光源前（和入射面成 45°角），很容易重复图 4.53 的条件。例如，当$\theta_i = \theta_p$时（图 4.53b），如果使第二个偏振片的透射轴平行于入射面，将没有光通过它。作为比较，接近掠入射时，当两个偏振片的轴几乎互相垂直，反射光束将消失。

[1] Born and Wolf, *Principles of Optics*, p.49.

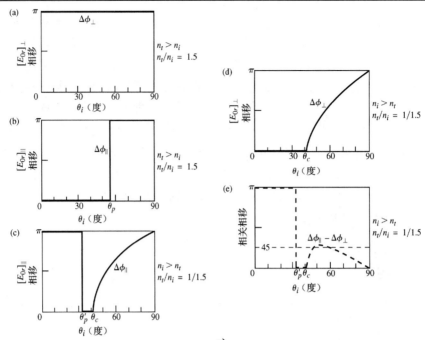

图 4.52　对应于内反射和外反射的 $\vec{\mathbf{E}}$ 场的平行分量和垂直分量的相移

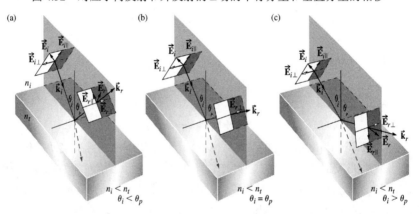

图 4.53　在伴随有外反射的不同入射角下反射的 $\vec{\mathbf{E}}$ 场。这些场都产生在界面上。将它们作了一点儿移动，使得能够画出矢量而不至发生混淆

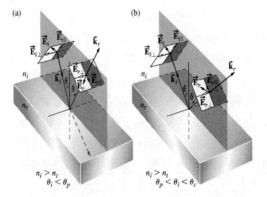

图 4.54　在伴随有内反射的不同入射角下反射的 $\vec{\mathbf{E}}$ 场

反射比和透射比

考虑一个圆形光束入射到一个表面上，如图 4.55 所示，于是表面上有一个亮斑，面积为 A。我们还记得，坡印廷矢量 $\vec{S}$，即通过真空中一个表面（其法线平行于 $\vec{S}$）的单位面积的功率由下式给出：

$$\vec{S} = c^2 \epsilon_0 \vec{E} \times \vec{B} \qquad [3.40]$$

此外，辐射通量密度（W/m^2）或辐照度为

$$I = \langle S \rangle_{\mathrm{T}} = \frac{c\epsilon_0}{2} E_0^2 \qquad [3.44]$$

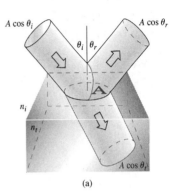

它是单位时间穿过垂直于 $\vec{S}$（在各向同性介质中 $\vec{S}$ 平行于 $\vec{k}$）的单位面积的平均能量。在当前的情况下（图 4.55），令 I_i、I_r 和 I_t 分别为入射、反射和透射通量密度。入射、反射和透射光束的截面面积分别为 $A\cos\theta_i$、$A\cos\theta_r$ 和 $A\cos\theta_t$。因此，入射功率为 $I_i A\cos\theta_i$；这是单位时间入射光束中流过的能量，因此它是到达 A 的表面的功率。类似地，$I_r A\cos\theta_r$ 是反射光束中的功率。我们定义**反射比** R 为反射功率（或通量）与入射功率（或通量）之比：

$$R \equiv \frac{I_r A\cos\theta_r}{I_i A\cos\theta_i} = \frac{I_r}{I_i} \qquad (4.54)$$

同样，定义**透射比** T 为透射通量与入射通量之比，由下式给出：

$$T \equiv \frac{I_t \cos\theta_t}{I_i \cos\theta_i} \qquad (4.55)$$

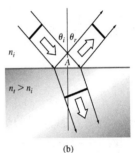

商 I_r/I_i 等于 $(v_r\epsilon_r E_{0r}^2/2)/(v_i\epsilon_i E_{0i}^2/2)$；由于入射波和反射波是在同样的介质中，$v_r = v_i$，$\epsilon_r = \epsilon_i$，因此

$$R = \left(\frac{E_{0r}}{E_{0i}}\right)^2 = r^2 \qquad (4.56)$$

图 4.55　入射光束的反射和透射

同样可得（假设 $\mu_i = \mu_i = \mu_0$）

$$T = \frac{n_t \cos\theta_t}{n_i \cos\theta_i}\left(\frac{E_{0t}}{E_{0i}}\right)^2 = \left(\frac{n_t \cos\theta_t}{n_i \cos\theta_i}\right)t^2 \qquad (4.57)$$

这里用了 $\mu_0\epsilon_t = 1/v_t^2$ 及 $\mu_0 v_t \epsilon_t = n_t/c$。注意在实践中感兴趣的正入射的情况下，$\theta_t = \theta_i = 0$，这时透射 [（4.55）式] 像反射比 [（4.54）式] 一样，简单地就是适当的辐照度之比。由于 $R = r^2$，我们无须在任何特定表述下为 r 的符号担心，这使反射比成为一个方便的概念。注意，在（4.57）式中，T 不简单地等于 t^2，这有两个原因。首先，这里必须有折射率的比率，因为能量传输到界面内和传出界面的速率是不同的。换句话说，从（3.47）式有 $I \propto v$。其次，入射光束和折射光束的截面积是不同的。因此，每单位面积的能流受到影响，这显示在余弦项之比中。

现在写出图 4.55 表示的状况下能量守恒的表示式。换句话说，单位时间流进面积 A 的总能量必须等于单位时间从它流出的能量：

$$I_i A\cos\theta_i = I_r A\cos\theta_r + I_t A\cos\theta_t \qquad (4.58)$$

两边都乘以 c，上式变成

$$n_i E_{0i}^2 \cos\theta_i = n_i E_{0r}^2 \cos\theta_i + n_t E_{0t}^2 \cos\theta_t$$

或

$$1 = \left(\frac{E_{0r}}{E_{0i}}\right)^2 + \left(\frac{n_t \cos\theta_t}{n_i \cos\theta_i}\right)\left(\frac{E_{0t}}{E_{0i}}\right)^2 \tag{4.59}$$

但这只不过是没有吸收时

$$R + T = 1 \tag{4.60}$$

而已。

电场是一个矢量场，像菲涅耳分析中那样，我们可以把光想成是由两个正交的分量组成，它们分别平行和垂直于入射面。事实上，对于通常的"非偏振光"，一半平行于这个平面振动，一半垂直于它振动。于是，若入射净辐照度比方说为 500 W/m²，那么垂直于入射面振动的光量为 250 W/m²。由（4.56）式和（4.57）式得

$$R_\perp = r_\perp^2 \tag{4.61}$$

$$R_\parallel = r_\parallel^2 \tag{4.62}$$

$$T_\perp = \left(\frac{n_t \cos\theta_t}{n_i \cos\theta_i}\right)t_\perp^2 \tag{4.63}$$

和

$$T_\parallel = \left(\frac{n_t \cos\theta_t}{n_i \cos\theta_i}\right)t_\parallel^2 \tag{4.64}$$

它们都示于图 4.56 中。此外，还可以证明（习题 4.73）

$$R_\parallel + T_\parallel = 1 \tag{4.65a}$$

及

$$R_\perp + T_\perp = 1 \tag{4.65b}$$

注意，$R_\perp$ 是 $I_{i\perp}$ 被反射的部分，而不是 I_i 被反射的部分。因此，$R_\perp$ 和 $R_\parallel$ 都可以等于 1，自然光的总反射比由下式给出：

$$R = \frac{1}{2}(R_\parallel + R_\perp) \tag{4.66}$$

此式的严格证明见 8.6.1 节。

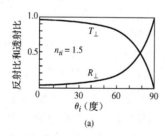
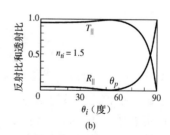

图 4.56　反射比和透射比与入射角的关系

例题 4.5　光以偏振角 θ_p 射到空气中的一块玻璃砖上。设已知净透射比为 0.86，并且入射光是非偏振的。（a）定出入射功率被反射的百分比。（b）若输入 1000 W，透射的 E 场垂直于入射面的功率是多大？

解

（a）已给 $T = 0.86$，及由于光束是非偏振的，一半光垂直于入射面，一半光平行于入射面。由于 $T_\parallel$ 和 $T_\perp$ 都可以为 1.0，对于非偏振光

$$T = \frac{1}{2}(T_\parallel + T_\perp)$$

这里 $\theta_i = \theta_p$，因此从图 4.56 得 $T_\parallel = 1.0$；电场平行于入射面的全部光都透射。于是

$$T = \frac{1}{2}(1 + T_\perp) = 0.86$$

对于垂直的光

$$T_\perp = 1.72 - 1 = 0.72$$

由于

$$R_\perp + T_\perp = 1$$

$$R_\perp = 1 - T_\perp = 0.28$$

净反射所占分数为

$$R = \frac{1}{2}(R_\parallel + R_\perp) = \frac{1}{2}R_\perp$$

$$R = 0.14 = 14\%$$

（b）已给定输入为 1000 W，其中的一半 500 W 垂直于输入平面。它的 72% 被透射，因为 $T_\perp = 0.72$。于是透射的功率（其电场垂直于入射平面）为

$$0.72 \times 500\ \text{W} = 360\ \text{W}$$

当 $\theta_i = 0$，入射平面变得不确定，R 和 T 的平行分量和垂直分量之间的一切区别都消失。这时，从（4.61）式到（4.64）式及（4.47）式和（4.48）式给出

$$R = R_\parallel = R_\perp = \left(\frac{n_t - n_i}{n_t + n_i}\right)^2 \tag{4.67}$$

及

$$T = T_\parallel = T_\perp = \frac{4n_t n_i}{(n_t + n_i)^2} \tag{4.68}$$

于是，法向射到空气-玻璃（$n_g = 1.5$）界面上的光，有 4% 将被反射回，或者是内反射 $n_i > n_t$，或者是外反射 $n_i < n_t$（习题 4.70）。这是任何一个使用复杂的透镜系统（可能有 10～20 个这样的空气-玻璃边界面）的人都必须关心的。的确，如果你垂直向下看一叠大约 50 张显微镜载物玻璃片（盖玻片更薄得多，也更容易大量处理），绝大部分的光将会被反射。这一叠玻璃片看起来很像一面镜子（见照片）。将一条薄而清晰的塑料带卷成一盘多层圆柱体，它看起来也像是闪闪发光的金属。许多个界面产生大量紧挨着的镜面反射，将光的大部分送回入射介质，有点像它发生的是单独一次与光的频率无关的反射。一个光滑的灰色金属表面上发生的事与这

向下看一个泥潭（右方的熔化的雪），我们看到周围的树木的倒影。正入射下水反射大约 2% 的光。随着观看的角度增大——这里大约是 40°——这个百分比增加

差不多——它有一个相当大的、不依赖于频率的镜反射比——并且看来闪闪发光。若反射是漫反射，表面将呈灰色，若反射比够大，甚至呈白色。

图 4.57 中画的是空气中的不同透射介质在法向入射下单个界面上的反射比。图 4.58 画的是对应的在法向入射下透射比与界面个数和介质的折射率的依赖关系。当然，这就是你不

能透过一卷"清澈的"和表面光滑的塑料带看见东西的原因，也是潜望镜中的许多元件必须镀上减反射膜的原因（9.9.2 节）。

在接近正入射时，每一空气-玻璃界面向后反射大约4%的光。在这里，因为建筑物外面比里面亮得多，你能没有麻烦地看见外面向里看的摄影者

来自一叠显微镜载玻片的接近法线方向的反射光。你可以看见拍这幅照片的相机的像

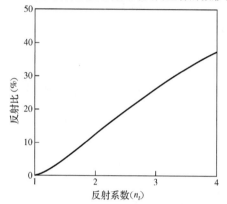

图 4.57　空气（$n_i = 1.0$）中正入射时单个界面上的反射比

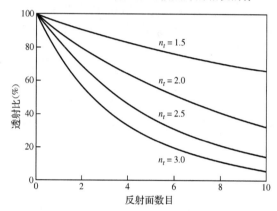

图 4.58　空气（$n_i = 1.0$）中以正入射穿过多个界面时的透射比

例题 4.6　考虑空气中的一束非偏振光，以偏振角 θ_p 射到一片玻璃（$n = 1.50$）的平表面上。考虑图 4.49 和平行于入射面振动的 E 场，求 $R_\parallel$，然后通过直接计算证明 $T_\parallel = 1.0$。既然 $r_\parallel = 0$，为何 $t_\parallel \neq 1$？

解

从（4.62）式

$$R_\parallel = r_\parallel^2 \quad 和 \quad r_\parallel = 0$$

于是

$$R_\parallel = 0$$

没有光被反射。另一方面，从（4.64）式

$$T_\parallel = \left(\frac{n_t \cos \theta_t}{n_i \cos \theta_i}\right) t_\parallel^2$$

用图 4.49 和（4.41）式，在 $\theta_i = \theta_p = 56.3°$，$t_\parallel = 0.667$，并且由于 $\theta_i + \theta_t = 90°$，$\theta_t = 33.7°$，因此

$$T_\parallel = \frac{1.5 \cos 33.7°}{1.0 \cos 56.3°}(0.667)^2$$

$$T_\parallel = 1.00$$

全部光都透射。在没有损耗的介质中，能量守恒告诉我们 $R_\parallel + T_\parallel = 1$；并不是 $r_\parallel + t_\parallel = 1$。

4.7 全内反射

我们在前一节清楚看到，在内反射（$n_i > n_t$）情况下，当 θ_i 等于或大于**临界角** θ_c 时，发生了一些有趣的事。现在我们回过头来更细致地考察这种情况。假设有一个光源，放在一种光密介质中，并且让 θ_i 逐渐增大，如图 4.59 中所示。从前一节（图 4.50）我们得知，$r_\parallel$ 和 $r_\perp$ 随着 θ_i 的增大而增大，因此 $t_\parallel$ 和 $t_\perp$ 二者都减小。而且 $\theta_t > \theta_i$，因为

$$\sin\theta_i = \frac{n_t}{n_i}\sin\theta_t$$

而 $n_i > n_t$（这时 $n_{ti} < 1$）。于是随着 θ_i 逐渐变大，透射光线逐渐趋向于与界面相切，并且在这个过程中越来越多的能量出现在反射光束中。最后，$\theta_t = 90°$，$\sin\theta_t = 1$，而

$$\sin\theta_c = n_{ti} \tag{4.69}$$

前已指出，临界角是使 $\theta_t = 90°$ 的特定 θ_i 值。n_i 越大，n_{ti} 越小，θ_c 就越小。当入射角大于或等于 θ_c 时，全部入射能量都被反射回入射介质中，这个过程叫做**全内反射**（见下面的照片）。

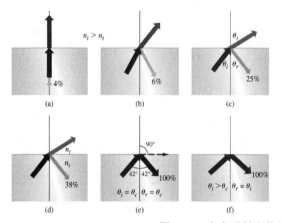

图 4.59 全内反射和临界角

应当着重指出，从图 4.59a 的情况到图 4.59d 的情况的过渡不是突然发生的。随着 θ_i 变大，反射光束变得越来越强，透射光束越来越弱，直到在 $\theta_r = \theta_c$ 时后者消失而前者带走全部能量。实际观察 θ_i 变大时透射光束的减小不难，只要把一片显微镜玻片放在一页书上。当 $\theta_i \approx 0$ 时，θ_t 差不多是零，通过玻璃片看到的页面相当明亮而且清楚。但是，如果移动你的头，让 θ_i（你观看界面的角度）增大，那么被玻片覆盖的页面上的区域就会显得越来越暗，表明 T 的确显著减小了。

空气-玻璃界面的临界角大约是 42°（见表 4.3）。因此，垂直入射到图 4.60 中任何一个棱镜的左边表面上的光线，在斜面上的入射角 $\theta_i > 42°$，因而发生

注意，由于全内反射，沿着亮水平带方向穿过水看不见前面两团火焰。穿过玻璃杯的旁壁看它的底。现在加几厘米深的水。将发生什么情况？

全内反射。这是使入射光几乎 100% 被反射的一个方便方法，无须担心金属表面可能带来的光束质量劣化（见照片）。

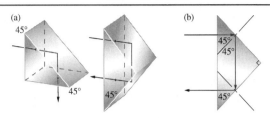

图 4.60　全内反射

表 4.3　临　界　角

n_{it}	θ_c（度）	θ_c（弧度）	n_{it}	θ_c（度）	θ_c（弧度）
1.30	50.284 9	0.877 6	1.50	41.810 3	0.729 7
1.31	49.761 2	0.868 5	1.51	41.471 8	0.723 8
1.32	49.250 9	0.859 6	1.52	41.139 5	0.718 0
1.33	48.753 5	0.850 9	1.53	40.813 2	0.712 3
1.34	48.268 2	0.842 4	1.54	40.492 7	0.706 7
1.35	47.794 6	0.834 2	1.55	40.177 8	0.701 2
1.36	47.332 1	0.826 1	1.56	39.868 3	0.695 8
1.37	46.880 3	0.818 2	1.57	39.564 2	0.690 5
1.38	46.438 7	0.810 5	1.58	39.265 2	0.685 3
1.39	46.007 0	0.803 0	1.59	38.971 3	0.680 2
1.40	45.584 7	0.795 6	1.60	38.682 2	0.675 1
1.41	45.171 5	0.788 4	1.61	38.397 8	0.670 2
1.42	44.767 0	0.781 3	1.62	38.118 1	0.665 3
1.43	44.370 9	0.774 4	1.63	37.842 8	0.660 5
1.44	43.983 0	0.767 6	1.64	37.571 9	0.655 8
1.45	43.602 8	0.761 0	1.65	37.305 2	0.651 1
1.46	43.230 0	0.754 5	1.66	37.042 7	0.646 5
1.47	42.864 9	0.748 1	1.67	36.784 2	0.642 0
1.48	42.506 6	0.741 9	1.68	36.529 6	0.637 6
1.49	42.155 2	0.735 7	1.69	36.278 9	0.633 2

　　另一个考察这一情况的有用方法见图 4.61，这幅图是原子振子散射的一个简化表示。我们知道，出现均匀各向同性介质的净效应是改变光速，从 c 分别变为 v_i 和 v_t（p.93）。合成的波是这些以适当的波速传播的子波的叠加。在图 4.61a 中，从散射中心 A 和 B 相继发射的子波给出一个入射波。这些波叠合在一起生成透射波。图中没有画出像通常那样（$\theta_i = \theta_r$）返回入射介质的反射波。在一段时间 t 里，入射波阵面走过一段距离 $v_i t = \overline{CB}$，而透射波阵面走的距离则是 $v_i t = \overline{AD} > \overline{CB}$。由于一个波从 A 运动到 E 时另一个波从 C 运动到 B，并且它们有同样的频率和周期，因此在这个过程中它们的相位变化必定相同。于是 E 点的扰动必定与 B 点的扰动同相；这两点必定在同一波阵面上（回忆 4.4.2 节）。

　　可以看到，v_t 比 v_i 大得越多，透射波阵面就越倾斜（即 θ_t 越大）。这一点画在图 4.61b 中，这里通过假设 n_t 较小，将 n_{ti} 取得较小。结果是更高的波速 v_t，增大了 $\overline{AD}$ 并造成更大的透射角。在图 4.61c 中，达到一个特殊情况：$\overline{AD} = \overline{AB} = v_t t$，并且只有沿着分界线子波才同相叠合，$\theta_t = 90°$。从三角形 ABC，$\sin\theta_i = v_i t / v_t t = n_t / n_i$。这就是（4.69）式。对于两种给定的介质（即对特定的 n_{ti} 值），被散射的子波在透射介质中相长叠加的方向是沿界面。由此产生的扰动（$\theta_t = 90°$）叫做表面波。

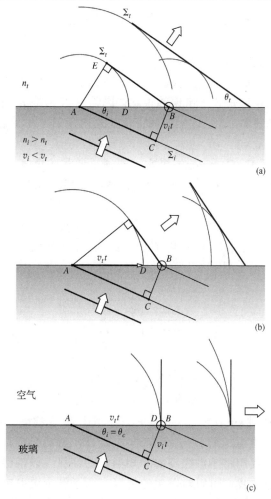

图 4.61 从散射观点考察全内反射过程中的透射波。这里我们保持 θ_i 和 n_i 不变,而在各个分图中逐步减小 n_t,从而增大 v_t。反射波($\theta_r = \theta_i$)未画出

由于全内反射,棱镜的行为像一面反射镜,它反射铅笔的一段,上面的字母反过来了

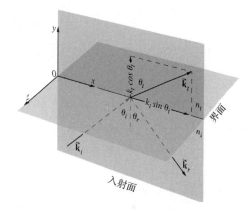

图 4.62 内反射的传播矢量

4.7.1 隐失波

因为 X 射线的频率高于介质中原子的共振频率,(3.70)式表明,实验也证实,X 射线的

折射率小于 1.0。于是 X 射线在物质中的波速（相速度）超过它在真空中的值 c，虽然通常它超过不到万分之一，即使是在最致密的固体中。当行进在空气中的 X 射线进入一种致密材料如玻璃时，射线束将会稍稍弯折，背离法线而不是向着法线。心中想着上面对全内反射的讨论，我们应当预期，当 $n_i = n_{空气}$ 和 $n_t = n_{玻璃}$ 时，X 射线将会发生全"**外**"**反射**。这是文献中谈论它时常用的方式，但是这是一个错误的说法；因为对 X 射线 $n_{空气} > n_{玻璃}$，因此 $n_i > n_t$（即使物理上玻璃比空气更致密），这个过程实际上依然是内反射。不论怎样，因为 n_t 小于但很接近等于 1，折射率比率 $n_{ti} \approx 1$，$\theta_c \approx 90°$。

1923 年，康普顿（A. H. Compton）推定：即使以通常的角度入射到样品上的 X 射线不被镜反射，它们在掠入射下也会被全"外"反射。他用 0.128 nm 的 X 射线照射玻璃板，得到临界角大约为 10 分即 $0.167°$（相对于表面）。这给出玻璃的折射率与 1 只差 -4.2×10^{-6}。

我们以后还会回到全内反射和全"外"反射的一些重要的实际应用上来（第 239 页）。

如果在全内反射的情形下我们假定没有透射波，只用入射波和反射波是不能满足边界条件的——事情完全不像表面上看那么简单。而且，我们可以将（4.34）式和（4.40）式改写为（习题 4.77）

$$r_\perp = \frac{\cos\theta_i - (n_{ti}^2 - \sin^2\theta_i)^{1/2}}{\cos\theta_i + (n_{ti}^2 - \sin^2\theta_i)^{1/2}} \tag{4.70}$$

和

$$r_\parallel = \frac{n_{ti}^2\cos\theta_i - (n_{ti}^2 - \sin^2\theta_i)^{1/2}}{n_{ti}^2\cos\theta_i + (n_{ti}^2 - \sin^2\theta_i)^{1/2}} \tag{4.71}$$

由于 $\sin\theta_c = n_{ti}$，当 $\theta_i > \theta_c$ 时 $\sin\theta_i > n_{ti}$，并且 $r_\parallel$ 和 $r_\perp$ 都变成复数量。尽管如此（习题 4.78），$r_\perp r_\perp^* = r_\parallel r_\parallel^* = 1$ 及 $R = 1$，这意味着 $I_r = I_i$ 和 $I_t = 0$。于是，虽然必定有一个透射波，但是通常它不能把能量带出边界。我们将不做完整的和相当长的计算，以推出全部反射场和透射场的表示式，不过用下面的方法我们可以对发生的情况有所了解。透射电场的波函数为

$$\vec{E}_t = \vec{E}_{0t}\exp i(\vec{k}_t \cdot \vec{r} - \omega t)$$

其中

$$\vec{k}_t \cdot \vec{r} = k_{tx}x + k_{ty}y$$

$\vec{k}$ 没有 z 分量。但是从图 4.62 可以看到

$$k_{tx} = k_t\sin\theta_t$$
$$k_{ty} = k_t\cos\theta_t$$

再次用斯涅耳定律

$$k_t\cos\theta_t = \pm k_t\left(1 - \frac{\sin^2\theta_i}{n_{ti}^2}\right)^{1/2} \tag{4.72}$$

或者，由于我们关心的是 $\sin\theta_i > n_{ti}$ 的情形，

$$k_{ty} = \pm ik_t\left(\frac{\sin^2\theta_i}{n_{ti}^2} - 1\right)^{1/2} \equiv \pm i\beta$$

及

$$k_{tx} = \frac{k_t}{n_{ti}}\sin\theta_i$$

于是

$$\vec{E}_t = \vec{E}_{0t} e^{\mp \beta y} e^{i(k_t x \sin \theta_i / n_{ti} - \omega t)} \tag{4.73}$$

略去在物理上站不住脚的正指数项，我们得到一个振幅随透入光疏介质的深度指数衰减的波。这个扰动作为一个所谓的表面波或**隐失波**沿 x 方向行进。注意波阵面或等相面（平行于 yz 平面）与等振幅面（平行于 xz 平面）垂直，因此这个波是一个不均匀波（第 33 页），其振幅在 y 方向上急速衰减，在第二种介质中，只在几个波长的距离上就变得可以忽略不计。

（4.73）式中的 β 是衰减系数，由下式给出：

$$\beta = \frac{2\pi n_t}{\lambda_0} \left[\left(\frac{n_i}{n_t}\right)^2 \sin^2 \theta_i - 1 \right]^{1/2}$$

隐失波 E 场的强度从它在界面上（$y = 0$）的极大值指数下降，下降到在光疏介质中距离 $y = 1/\beta = \delta$ 上为极大值的 $1/e$，这个距离叫做**穿透深度**。图 4.63a 示出入射波和反射波，容易看到，虽然它们二者都以相同的速率（隐失波的波速）向右运动，但是入射波有一向上分量，而全反射波有一大小相等的向下分量。在它们重叠的地方，在更光密的介质里将建立一个所谓的驻波（第 360 页）。我们下面在 7.1 节将做数学分析，那里会看到，只要在同一区域里存在同一频率但行进方向相反的两个波，就会建立一个稳定的能量分布，叫做驻波（尽管它形式上不是一个波）。图中的黑色圆点对应于极大值，白色圆圈对应于极小值，当波在一旁冲过时，这些点全都在空间静止不动。这些波腹和波节的位置在图 4.63b 中所绘的输入介质中的驻波 E 场（E_i）的余弦振动图中不断重复。这种情况应当使我们想起一端开口的风琴管中建立的声波驻波图样。注意第一行黑色圆点或极大值出现在界面下某一距离上，这个地方就是图 4.63b 中的余弦函数的峰值所在。之所以发生这种情况，是因为入射波和反射波之间有一相移（图 4.52e）。驻波在边界上（$y = 0$）的大小与隐失波的大小相配，随离边界的距离指数下降。

增大入射角使它超出 θ_c，减小了重叠的波阵面之间的夹角，驻波图样中相继两个节点之间的距离增大，边界上驻波的大小减小，较疏介质中的 E 场的大小减小，穿透深度减小。

如果你还关心能量守恒问题，更广泛详尽的讨论表明，能量实际上是跨过界面往复循环，使得平均起来穿过边界流到第二种介质中的净流量为零。换句话说，能量从入射波流到隐失波再回到反射波。但是还留有一个疑点，还有一点能量需要说明，那就是在入射面内沿着边界运动的隐失波的能量。因为这个能量在现在的情况下（只要 $\theta_i \geq \theta_c$）不能穿透到光疏介质内，我们必须到别的地方去找它的根源。在实际的实验条件下，入射光束的截面大小将是有限的，因此和一个真正的平面波将有明显不同。这种偏离引起（通过衍射）穿过界面的些微能量传递，它就显示为隐失波。

附带提一句，从图 4.52 中的 c 和 d 清楚看到，入射波和反射波（除了在 $\theta_i = 90°$ 外）的相位不会相差 π，因此不会相互抵消。从 $\vec{E}$ 的切向分量的连续性条件可知，在光疏介质中必定存在一个振荡场，它有一个频率为 ω 的平行于界面的分量（即隐失波）。

表面波或界面波（通常也这样叫）的指数衰减，不久前已在光频波段得到实验证实[1]。

古斯-亨欣移位

1947 年，古斯（Fritz Goos）和亨欣（Hilda Lindberg-Hänchen）用实验表明，**一束被全反射的光，会从此光束入射到界面上的位置作微小的移动**。虽然我们通常画的是光线从表面

---

[1] 请读 K. H. Drexhage 的引人入胜的文章 "Monomolecular layers and light," *Sci. Am.*, **222**, 108(1970).

反射，但我们知道，一般而言，光的反射并不是精确发生在界面上。反射过程与一个球从表面反弹回来并不相同。相反，许多层原子（第121页）对反射波有贡献。在全内反射的情形，入射光束的行为就像是它进入较稀的介质，从一个虚拟平面上反射回来，这个虚拟平面设置在离界面距离为穿透深度 δ 处（图4.64）。由此产生的在隐失波传播方向上的横向位移 Δx，叫做**古斯-亨欣移位**，它通过菲涅耳方程随光的偏振不同而略有不同。从图可得，偏斜近似为 $\Delta x \approx 2\delta \tan\theta_i$，它与入射光的波长同一量级。因此，虽然我们画光路图时很少考虑这个移动，它却成了很感兴趣的主题。

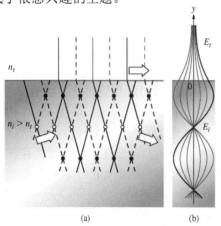

图4.63　全内反射（a）输入波和输出波。
（b）两种介质中的驻波 E 场

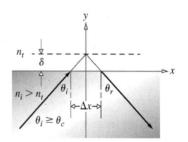

图4.64　在全内反射条件下，一束
光像是经历了一个横向移动

受抑全内反射

　　想象在一块玻璃砖中行进的一束光在边界上被内反射。如果我们把另一块玻璃砖压在前一块上，也许能使空气-玻璃界面消失，于是光束继续向前传播不受干扰。而且，可以预期这一从全反射到无反射的过渡，随着空气层变薄而逐渐发生。正是以同样的方式，如果你拿着一个玻璃酒杯或者一块棱镜，你可以看见你的指纹的纹脊，而在这个区域的别的地方，由于全内反射都像是反射镜。用更一般的话来说，如果隐失波能够以可观的振幅穿过光疏介质伸展到附近的充满高折射率材料的区域，能量就能穿过间隙流动了，这个过程叫**受抑全内反射**。越过间隙的隐失波仍然够强，足以驱动"抑制"介质中的电子；它们接下去又产生一个波，这个波显著地改变场的组态，从而允许能量流动。图4.65是受抑全内反射的一幅示意图，描绘波阵面的那些线的宽度在穿过间隙后减小了，以提醒我们场的振幅也以同样的方式减小。整个过程与势垒穿透或隧道效应这些量子力学现象非常相似，它们在现代物理学中有许多应用。

在玻璃棱镜一个面上的全内反射

在棱镜一个面上的受抑全内反射

我们可以用图 4.66 的棱镜装置，直观演示受抑全内反射。而且，若使两个棱镜的斜面平行，可以这样安放它们，使之可以透射和反射入射通量密度的任何想要的部分。实现这种功能的器件叫做**分束器**。用一片很薄的低折射率透明膜做精度隔离物，可以很方便地做出一个分束器立方体。透射比可以用受抑全内反射控制的低损耗反射器有很重要的实际意义。受抑全内反射也可以在电磁波谱的其他波段观察到。3 cm 微波是特别容易打交道的，因为这个频率的隐失波要比光频下的伸展到大约远 10^5 倍的地方。我们可以用石蜡制的实心棱镜或灌煤油或汽油的丙烯酸类塑料空心

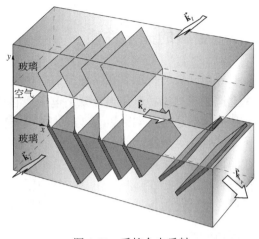

图 4.65 受抑全内反射

棱镜重复上面的光学实验。这些棱镜中的任何一个对 3 cm 微波的折射率约为 1.5。这时测量场振幅对 y 的依赖关系便很容易了。

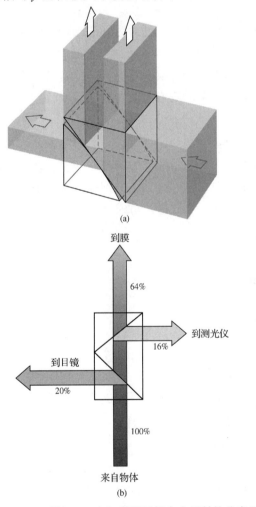

(a)

(b)

(c)

图 4.66 （a）利用受抑全内反射的分束器。（b）受抑全内反射的一种典型现代应用：用于通过显微镜拍摄照片的通用分束器装置。（c）分束器立方体

4.8 金属的光学性质

导电介质的特征是存在许多自由电荷（自由的意义是不受束缚，即能在材料中到处流动）。对金属来说，这种电荷当然就是电子，它们的运动构成电流。在电场 $\vec{E}$ 作用下产生的每单位面积的电流通过（A1.15）式与介质的电导率 σ 相联系。对电介质，不存在自由电子或传导电子，$\sigma = 0$。对金属，则 σ 不等于零而是有限值。而理想导体的电导率将是无穷大。这等于说，在简谐波驱动下振动的电子，将简单地跟着场变化；没有恢复力，没有固有频率，没有吸收，只有再辐射。在实际金属中，传导电子同热骚动的晶格或同缺陷发生碰撞，同时将电磁能量不可逆地转化为焦耳热。一种材料对辐射能量的吸收率是其电导率的函数。

金属中的波

设想介质是连续的，麦克斯韦方程组给出

$$\frac{\partial^2 \vec{E}}{\partial x^2} + \frac{\partial^2 \vec{E}}{\partial y^2} + \frac{\partial^2 \vec{E}}{\partial z^2} = \mu\epsilon \frac{\partial^2 \vec{E}}{\partial t^2} + \mu\sigma \frac{\partial \vec{E}}{\partial t} \tag{4.74}$$

这是方程（A1.21）在直角坐标中的形式。最后一项 $\mu\sigma\partial\vec{E}/\partial t$ 是对时间的一阶偏微商，像振子模型中的阻尼力（第 94 页）一样。$\vec{E}$ 随时间的变化率产生一个电压，有电流流动，由于材料有电阻，光就转化为热能——因此产生吸收。如果把电容率改写为一个复数量，这个表示式可以化为无衰减的波动方程。而这又将导致复折射率，我们前面看到（第 94 页），复折射率等于吸收。于是我们只需将复折射率

$$\tilde{n} = n_R - in_I \tag{4.75}$$

（其中，实部 n_R 和虚部 n_I 都是实数）代入到非导电介质的相应的解中去。另外，我们也可以用波动方程和适当的边界条件得出一个特解。不论用哪种办法，我们都能求得一个适用于导体内的简单的正弦平面波解。在 y 方向上传播的这样一个波通常写成

$$\vec{E} = \vec{E}_0 \cos(\omega t - ky)$$

或作为 n 的函数，

$$\vec{E} = \vec{E}_0 \cos\omega(t - \tilde{n}y/c)$$

但是这里折射率必须取为复数。把波写成指数形式并用（4.75）式，得到

$$\vec{E} = \vec{E}_0\, e^{(-\omega n_I y/c)} e^{i\omega(t - n_R y/c)} \tag{4.76}$$

或

$$\vec{E} = \vec{E}_0\, e^{-\omega n_I y/c} \cos\omega(t - n_R y/c) \tag{4.77}$$

扰动在 y 方向上以速率 c/n_R 行进，恰像 n_R 是通常的折射率一样。波进入导体后，它的振幅 $\vec{E}_0 \exp(-\omega n_I y/c)$ 指数地衰减。由于辐照度正比于振幅的平方，我们有

$$I(y) = I_0 e^{-\alpha y} \tag{4.78}$$

其中 $I_0 = I(0)$，即 I_0 是 $y = 0$ 处（界面上）的辐照度，而 $\alpha \equiv 2\omega n_I/c$ 叫做吸收系数或（更恰当些）**衰减系数**。波传播过一段距离 $y = 1/\alpha$（叫做**趋肤深度**或**穿透深度**）后，通量密度减小到原来的 $e^{-1} = 1/2.7 \approx 1/3$。要一种材料为透明，穿透深度必须比它的厚度大得多。但是，金属的穿透深度非常小。例如，铜在紫外波长（$\lambda_0 \approx 100$ nm）下的穿透深度很小，约为 0.6 nm,

在红外波长（$\lambda_0 \approx 10\,000$ nm）下也只有大约 6 nm。这解释了一般观察到的金属的不透明性，若把它做成很薄的薄膜（比如在半镀银的双向镜的情况下），它仍然可以变成半透明的。我们熟悉的导体的金属光泽对应于高反射比，而这又是因为入射波不能有效地穿透进入材料引起的。金属中只有比较少的电子"看到"透射波，因此，虽然每个电子都强烈吸收，它们耗散的总能量却很少。相反，大部分入射能量都重现为反射波。绝大多数金属，包括一些罕见的金属如钠、钾、铯、钒、铌、钍、铱、钇、铪、锇在内，外表都是银灰色的，像铝、锡或钢那样。它们反射几乎全部（约为 85%～95%）入射光，与波长无关，因此基本上是无色的。

（4.77）式肯定使人联想起（4.73）式和受抑全内反射。在这两种情形下，振幅都呈指数衰减。此外，完整的分析将表明，透射波并不是严格的横波，在两种情形下，场都有一个传播方向上的分量。

把金属当作连续介质描述，在低频率、长波长的红外区十分成功。但是我们肯定会预料到，当入射光束的波长减小时，必须考虑物质实际的粒子本性。实际上，连续体模型与光频下的实验结果显示出很大的差异。因此我们再次回到经典的原子论图像，这是由洛伦兹、杜鲁德（P. K. Ludwig Drude，1863—1906）等人首先表述的。这种简单的研究方法得到的结果与实验数据定性符合，但是最终处理仍然需要量子理论。

色散公式

把导体看成是大量作受迫阻尼振动的振子的集合，其中一些振子对应于自由电子，因而恢复力为零，而另一些则束缚在原子上，与 3.5.1 节电介质中的振子非常相像。但是，传导电子对金属的光学性质的贡献最大。我们还记得，一个振动电子的位移由下式给出

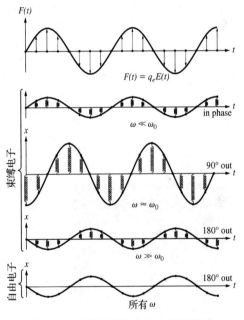

图 4.67　束缚电子和自由电子的振动

$$x(t) = \frac{q_e/m_e}{(\omega_0^2 - \omega^2)} E(t) \qquad [3.66]$$

由于没有恢复力，$\omega_0 = 0$，位移与驱动力 $q_e E(t)$ 反号，因此相位差 180°。这和透明电介质的情形不同，那里的共振频率高于可见光，电子振动与驱动力同相（图 4.67）。与入射光不同相振动的自由电子辐射的子波，倾向于抵消入射的扰动。我们已经看到，其效果是一个迅速衰减的折射波。

设在一块导体中到处运动的电子所受的平均场就是外加电场 $\vec{E}(t)$，我们可以将光疏介质的色散公式（3.72）推广为

$$n^2(\omega) = 1 + \frac{Nq_e^2}{\epsilon_0 m_e}\left[\frac{f_e}{-\omega^2 + i\gamma_e\omega} + \sum_j \frac{f_j}{\omega_{0j}^2 - \omega^2 + i\gamma_j\omega}\right] \qquad (4.79)$$

括号中的第一项来自自由电子的贡献，其中 N 是单位体积中的原子数目。每个原子有 f_e 个传导电子，它们没有固有频率。第二项是束缚电子产生的，与（3.72）式完全相同。应当注意，若一种金属具有特殊的颜色，这就表明除了自由电子特有的普遍吸收之外，原子还通过束缚电子参与选择吸收。我们知道，在给定频率下非常强烈吸收的介质，实际上并不吸收很多该

频率的入射光，而是选择性地反射这个频率的光。金和铜是赤黄色的，是因为 n_I 随波长增大，越大的 λ 被反射得越厉害。例如，金对于较长的可见波长相当不透明。因此，在白光下，厚度小于 10^{-6} m 的金箔主要透过蓝绿色光。

通过作几个简化假设，我们能得到金属对光的响应的粗略概念。因此，忽略束缚电子的贡献，并且假设对很大的 ω 也可忽略 γ_e，于是

$$n^2(\omega) = 1 - \frac{Nq_e^2}{\epsilon_0 m_e \omega^2} \tag{4.80}$$

后一假设的根据是以下事实：在频率很高时电子在两次碰撞之间将振动许多次。可以把金属中的自由电子和正离子想象为一种等离子体，它的密度以固有频率 ω_p（**等离子体频率**）振荡。又可证明这个频率等于 $(Nqe^2/\epsilon_0 m_e)^{1/2}$，因此

$$n^2(\omega) = 1 - (\omega_p/\omega)^2 \tag{4.81}$$

等离子体频率用来作为一个临界值，低于它时折射率为复数，并且穿透波从边界开始指数衰减 [（4.77）式]；高于它时，n 为实数，吸收很小，导体是透明的。在后一情形下，n 小于 1，和电介质在很高的频率下一样（v 可以大于 c ——见第 96 页）。因此我们可以预期，金属一般对 X 射线十分透明。表 4.4 列出几种碱金属的等离子体频率，这些金属甚至对紫外线也透明。

表 4.4　几种碱金属的临界波长和临界频率

金属	λ_p（观察的）/nm	λ_p（计算的）/nm	$\nu_p = c/\lambda_p$（观察的）/Hz
锂（Li）	155	155	1.94×10^{15}
钠（Na）	210	209	1.43×10^{15}
钾（K）	315	287	0.95×10^{15}
铷（Rb）	340	322	0.88×10^{15}

美国宇航员奥尔德林在月球上的静海基地。镀金面具中反射出拍摄这张照片的另一宇航员阿姆斯特朗

金属的折射率通常是复数，对入射波的吸收与频率有关。例如，阿波罗空间服的外部面具上镀了一层很薄的金膜（见照片）。镀层反射大约 70% 的入射光，用于高亮度条件下（如迎面的和小角度射来的太阳辐照）。它的设计是为了降低冷却系统的热负载，办法是强烈反射红外辐射能量，而仍然适当地透射可见光。商店里出售的廉价的金属涂层护目太阳镜在原理上很相似，用它们来做实验很值。

地球电离的高层大气含有自由电子分布，其行为与金属中自由电子的行为很相似。对于高于 ω_p 的频率，这种介质的折射率是实数并且小于 1。1965 年 7 月，水手 IV 号太空飞船曾利用这种效应考察离地球 2 亿 1600 万千米的火星电离层。

如果想在地球上相距很远的两地之间进行通信，我们可以使用低频波，让地球电离层把它反射回来。但是，如果我们要和月球上的某人通话，则应当使用高频信号，电离层对它透明。

金属的反射

想象一个原来在空气中的平面波投射到一个导电表面上。与法线成某一角度行进的透射波将是非均匀波。但是如果介质的电导率增大，波阵面将变成与等振幅面一致，于是 $\vec{k}_t$ 和 $\hat{u}_n$ 将趋于平行。换言之，在良导体中，透射波垂直于分界面传播，不论 θ_i 多大。

现在我们对最简单的垂直入射到金属上的情况计算反射比 $R = I_r/I_i$。取 $n_i = 1$ 和 $n_t = n$（即复折射率），从（4.47）式我们得到

$$R = \left(\frac{\tilde{n} - 1}{\tilde{n} + 1}\right)\left(\frac{\tilde{n} - 1}{\tilde{n} + 1}\right)^* \tag{4.82}$$

因此，由于 $\tilde{n} = n_R - in_I$,

$$R = \frac{(n_R - 1)^2 + n_I^2}{(n_R + 1)^2 + n_I^2} \tag{4.83}$$

若材料的电导率趋于零，就得到电介质的情形，因此原则上折射率为实数（$n_I = 0$），衰减系数 α 为零。在这种情况下，透射介质的折射率 n_t 为 n_R，反射比 [（4.83）式] 变得与（4.67）式全同。如果反过来 n_I 大而 n_R 比较小，则 R 又变大（习题 4.95）。在达不到的极限 n 为纯虚数的情形下，入射通量密度的 100% 将被反射（$R = 1$）。注意，一种金属的反射比有可能比另一种金属大，即使它的 n_I 更小。例如，在 $\lambda_0 = 589.3$ nm，与固态钠相联系的参量大致为 $n_R = 0.04$，$n_I = 2.4$ 和 $R = 0.9$；而大块锡的参量为 $n_R = 1.5$，$n_I = 5.3$ 和 $R = 0.8$；镓单晶之参量则为 $n_R = 3.7$，$n_I = 5.4$ 和 $R = 0.7$。

图 4.68 所示的斜入射的 $R_\parallel$ 和 $R_\perp$ 曲线是吸收介质比较典型的曲线。于是，虽然在白光下，在 $\theta_i = 0$ 时金的 R 大约是 0.5，而银接近 0.9，但两种金属的反射比曲线的形状却非常相似，在 $\theta_i = 90°$ 时趋于 1.0。和电介质的情形一样（图 4.56），在现在叫做主入射角处，$R_\parallel$ 下降到极小值，但是这里的这个极小值并不是零。图 4.69 所示的是正入射时几种蒸镀金属膜在理想条件下的光谱反射比。我们注意到，虽然金在光谱的绿色区和绿色区以下穿透性相当好，但是在整个可见区都是高反射的银，却在大约 316 nm 的紫外区变为透明。

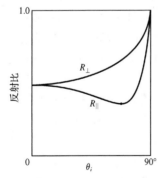

图 4.68 线偏振的白光光束入射到吸收介质上，反射比与入射角的关系典型的曲线

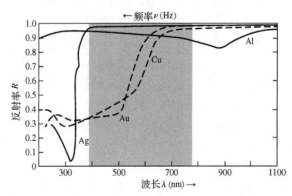

图 4.69 银、金、铜和铝的反射比与波长的关系

场的两个分量（即平行和垂直于入射面的分量）被金属反射时都会发生相移。这个相移一般既不是 0 也不是 π，但在 $\theta_i = 90°$ 时有一明显例外，在这里和电介质的情形完全一样，两个分量在反射时都相移 180°。

4.9　光和物质相互作用的一些熟知的方面

我们现在来考察一些现象，它们把日常世界涂上了奇幻的万紫千红的彩色。

前面（第 101 页）曾看到，若光在光谱可见区每个频率上的分量大小大致相等，则这种光被感觉为白色。一个宽的白光光源（不论是天然的还是人造的）是这样的光源，可以想象它表面上每一点都射出每一可见频率的光流。既然我们是在这个行星上进化而来的，那就不奇怪，若是一个光源的发射光谱与太阳的光谱相像，这个光源就呈白色。与此相似，一个反射面，若反射的光的光谱也是这样，这个反射面也将呈白色：一个与频率无关高反射的漫散射物体，在白光照明下，我们将感觉它是白色的。

虽然水实质上是透明的，水蒸气却呈白色，毛玻璃也是。原因很简单——若颗粒的大小很小但仍比涉及的光的波长大，那么光将进入每个透明粒子，被反射和折射，然后射出。任何频率分量之间没有不同，因此到达观察者的反射光是白色的（第 101 页）。这一机制能够说明许多东西如糖、盐、纸、布、云、滑石粉、雪和白油漆何以呈白色，它们每个颗粒或每根纤维实际上是透明的。

类似地，揉皱的一张塑料纸将呈灰白色，普通的透明材料中充有小气泡时也是如此（如剃须膏或搅得起泡的鸡蛋白）。我们通常以为纸、滑石粉和糖这些东西每一样都是由某种不透明的白色物质构成的，不过这个错误观念很容易破除。用少量这类材料（一张白纸、一些砂糖或滑石晶粒）盖在一页书上并且从后面照明，你将不难透过这些材料看到书面。对于白色油漆的情况，只不过是把像氧化锌、氧化钛或氧化铝这样一些无色透明微粒悬浮在同样透明的漆料（如亚麻籽油或丙烯酸树脂）中。显然，如果微粒和漆料的折射率相同，就不会有任何反射在微粒的边界上发生。微粒将简单地消失在混合体中，混合体仍然清澈透明。反之，若二者的折射率相差很多，就会有大量的反射发生在一切波长上（习题 4.72），油漆将呈白色并且不透明［再看一次（4.67）式］。要使油漆有颜色，只须把微粒染色，让它们吸收除了想要的频带之外的一切频率。

把推理的方向反过来，如果我们减小微粒或纤维边界上的相对折射率 n_{ti}，那么物质微粒将反射更少的光，从而减少这个物体的总体白度。因此，一张湿的白色薄纸将显得发灰而且更透明。湿滑石粉失去它耀眼的白色而变成暗灰色，湿的白布也一样。同样，浸在一种清澈的液体（例如水、杜松子酒或苯）中的染色织物将失去它的那层发白的光辉，变得更暗，颜色更深更浓，像一幅还没干的水彩画的颜色一样。

一个漫反射面在全光谱频率上均匀地吸收若干光，比白色表面反射得少一些，因此呈暗灰色。反射越少，灰色越暗，直到吸收掉几乎全部光而呈黑色。一个表面，以镜面反射方式反射 70% 到 80% 或更多的光，将会呈现我们熟悉的典型金属的亮灰色。金属有极大量的自由电子（第 162 页），这些自由电子非常有效地散射光，与光的频率无关；这些电子不束缚在原子上，没有相关的共振。而且，它们振动的振幅要比束缚电子的振幅大一个量级。入射光在金属中只能穿透到几分之一个波长的深度，就被完全消除掉。很少有或完全没有折射光；大部分能量被反射出来，剩下不多点被吸收。注意一个灰色表面与镜面之间的主要差别是，一个是漫反射，一个是镜面反射。艺术家要画出光亮的"白色"金属（如银和铝），就得在它的灰色表面上"反射"房间里的物体的像。

相加赋色

光束中能量的光谱分布不均匀时，光就显得有颜色。图 4.70 中是我们感觉为红光、绿光和蓝光的光的典型频率分布。这些曲线表明了各种色光所在的基本频段，具体分布则可能变化很大，但仍给出红色、绿色和蓝色响应。19 世纪 00 年代早期，杨氏（Thomas Young）证明，通过混合频率相隔很远的三束光，可以产生很宽范围的颜色。当这样三束光组合产生出白色时，就把这三种颜色叫做三**原色**。并非只有一组独一无二的三原色，它们也不必是准单色频率。由于混合红光（R）、绿光（G）和蓝光（B）可以产生范围很宽的颜色，这几种颜色用得最频繁。它们是彩色电视机屏幕上看到的全部彩色的三个分量，由三种磷光体发射。

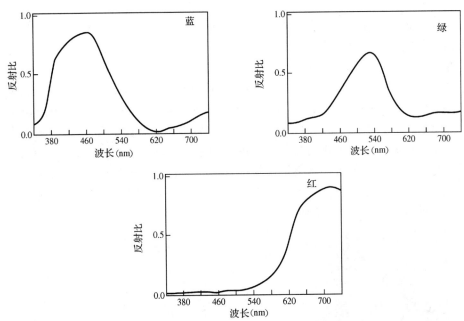

图 4.70　蓝色、绿色和红色颜料的反射曲线。这些曲线是典型的，但是各种颜色之间有各种可能的变化

表 4.5　常用的可见光、紫外和红外波长

λ（nm）	谱　　线	λ（nm）	谱　　线
334.147 8	紫外汞线	643.846 9	红色镉线
365.014 6	紫外汞线	656.272 5	红氢线
404.656 1	紫色汞线	676.4	氪离子激光器
435.834 3	蓝色汞线	694.3	红宝石激光器
479.991 4	蓝色镉线	706.518 8	红色氦线
486.132 7	蓝色氢线	768.2	红色钾线
546.074 0	绿色汞线	852.11	红外铯线
587.561 8	黄色氦线	1013.98	红外汞线
589.293 8	黄色钠线（双线的中心）	1054	钕玻璃激光器
632.8	氦氖激光器	1064	掺钕-钇铝石榴石激光器

图 4.71 总结了这三种原色的光束以不同的组合叠加的结果。我们的眼睛把红光加蓝光看成洋红色（magenta，用 M 代表），一种带红色的紫色；把蓝光加绿光看成青色（cyan，C），一种蓝绿色；而最令人惊奇的是，红光加绿光被我们看成是黄色（Y）。全部三种原色相加得到白色：

$$R + B + G = W$$
$$M + G = W, \text{ 因为 } R + B = M$$
$$C + R = W, \text{ 因为 } B + G = C$$
$$Y + B = W, \text{ 因为 } R + G = Y$$

任何两种合起来产生白色的色光叫做**互补色**，后三个符号等式举例说明了这一情况。于是

$$R + B + G = W$$
$$R + B \quad\quad = W - G = M$$
$$\quad\quad B + G = W - R = C$$
$$R + \quad\quad G = W - B = Y$$

这意味着，比方说，一个从白光中吸收蓝光的滤光片通过黄光。

　　因为大多数人缺乏混合光束的经验，红光和绿光光束合在一起我们会看成黄光常常引起惊奇，但是对多种不同的红光和绿光的确如此。视网膜上感知颜色的锥形细胞实际上对硅光子的频率进行平均，而大脑则"看见"黄色，即使没有任何黄光出现。比如，若干波长为 540 nm 的绿光加上大约 3 倍多的波长为 640 nm 的红光，我们看起来的感觉将等同于波长为 580 nm 的黄光。我们分辨不出纯单色光与混合光的区别；一朵灿烂的黄玫瑰强烈地反射波长从 700 nm 到大约 540 nm 的光。它给了我们红色、黄色和绿色来细细欣赏。如果没有一台光谱仪，是无法知道你盯着看的这件黄衬衫是不是仅仅反射从 577 nm 到 597 nm 范围内的波长的。如果你还是想要见识一下一些"黄色"光子，那么，今天如此常见的那些明亮的黄色钠蒸气路灯富含波长 589 nm 的光（见图 4.72）。

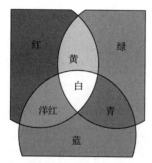

图 4.71　三束彩色光的叠加。彩电用了相同的三原色（红、绿、蓝）光源

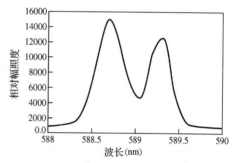

图 4.72　钠光谱的一部分。由于显然的原因它被称为钠双线

假设我们将洋红色光与黄光重叠起来：

$$M + Y = (R + B) + (R + G) = W + R$$

结果是红色和白色的组合，即粉红或玫瑰色。这就提出了另一该注意之点：我们说一种颜色是**饱和**的，即它很深、很强，如果它不含任何白光。如图 4.73 所示，粉红是不饱和的红色——红色被加到白色背景之上。

相减赋色

　　引起金和铜的黄红色光泽的机制，在某些方面，与使天空呈蓝色的过程相似。简单地说，空气分子在紫外频段发生共振，随着入射光频率向紫外增加，驱使空气分子振动振幅增大。它们将从太阳光的蓝光分量有效地获取能量并向所有方向再发射，

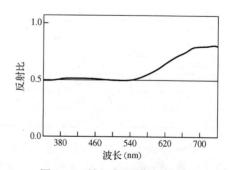

图 4.73　粉红色颜料的谱反射

而光谱的互补的红端则透射而没有多少变化。这与发生在金箔表面的黄红色光的选择性反射或散射和伴随的蓝绿色光的透射相似。

大多数物质的特征颜色的根源是**选择吸收**或**择尤吸收**现象。例如，水有非常微弱的绿蓝色色调，因为它吸收红光。即，H_2O 分子在红外区有一个很宽的共振，它多多少少延伸到可见光区。吸收并不强，因此在表面没有明显的蓝光反射。红光被透射并逐渐被吸收，直到海水中 30 m 深度处，红色几乎完全从太阳光中消除。同一选择吸收过程是褐色眼睛和蝴蝶的颜色的原因，是鸟类、蜜蜂、白菜和国王的颜色的原因。的确，自然界中绝大部分物体呈现特征的颜色，是颜料分子择尤吸收的结果。与大多数原子和分子在紫外频段和红外频段发生共振相反，颜料分子显然必定是在可见光频段发生共振。可见光光子的能量大约是 $1.6 \sim 3.2$ eV，你可能会预料到，它们是在通常的电子激发的低侧和通过分子振动激发的高侧。尽管如此，还是有一些原子（如金），它们的束缚电子生成不满壳的壳层，这些壳层组态的变化提供了一种低能激发模式。此外，有一大群有机染料分子，它们显然在可见光频段能发生共振。所有这些物质，不论是天然的还是合成的，都是由在一个所谓共轭系统中有规则地交替的单键和双键构成的长链分子组成。这种结构的典型代表是胡萝卜素分子 $C_{40}H_{56}$（图 4.74）。类胡萝卜素的颜色范围是从黄到红，这类分子可以在胡萝卜、番茄、黄水仙、药蒲公英、秋天的树叶和人们身上找到。叶绿素是另一组我们熟悉的天然颜料，不过它们的分子长链的一段自己转弯形成一个环。不论怎样，这一类共轭系统中包含许多特别活跃的电子，叫做 π 电子。它们不是束缚在特定的原子座点上，而是处于分子链或环的较大尺寸的范围里。用量子力学术语的说法，我们说这些是长波长、低频率因而低能量的电子态。相对于可见光光子的能量，将一个 π 电子提升到激发态所需的能量是比较低的。实际上，可以将分子想象为一个振子，它在可见光频域有一个共振频率。

单个原子的能级是精确确定的，即，共振曲线是很锐的。但是，对于固体和液体，原子的紧密聚集将能级展宽为宽带。共振散布在宽的频率范围里。因此，我们可以预期，一种染料不仅仅吸收光谱的一个狭窄部分；如果它是这样，它将反射绝大部分频率而呈近白色。

想象一片有色玻璃，其共振发生在蓝光频率上，它对蓝光有强烈的吸收。如果你通过它看一个由红光、绿光和蓝光白光光源，它将吸收蓝光，让红光和绿光通过，这是黄光（图 4.75）。玻璃看起来是黄色的：黄布、黄纸、黄染料、黄油漆、和黄墨水都选择吸收蓝光。如果你通过黄色滤光片看某个纯蓝色的物体，滤光片通过黄光，吸收蓝光，物体将呈黑色。这时滤光片是通过移走蓝光而使光变黄的，我们把这个过程叫做**相减赋色**，它是**相加赋色**的对立面，后者是由光束的叠加而来。

同样，一块白布或白纸样品的纤维实质上是透明的，但是在它们被染色之后，每根纤维的行为就如同它是一片彩色玻璃。入射光射入纸中，在被染色的纤维内发生多次反射和折射后，大部分作为反射光束射出。出射光的颜色是由这个原因引起：它少了被染料吸收的频率分量。这就是树叶呈绿色、香蕉呈黄色的原因。

一瓶普通的蓝墨水不论在反射光还是在透射光中看起来都呈蓝色。不过如果将墨水刷在玻璃片上并且溶剂蒸发之后，会发生一些相当有趣的事。变浓的颜料的吸收效率是如此之高，使得它在共振频率上择尤反射，而我们就回到下述观念：一个强吸收体（更大的 n_I）就是一个强反射体。于是，浓缩的蓝-绿墨水反射红光，而红-蓝墨水反射绿光。用一支毡毛马克笔（高射投影仪的笔最好）试一试，但是你必须用反射光，小心不要被不想要的光从下面照亮样品。实现这个的最方便的方法是把颜色墨水洒到一个不太吸水的黑色表面上。例如，把红墨水涂在一张光洁的书页的黑色区域上（或涂在一片黑色塑料上更好），它将在反射光中发绿光。你在任何药房中都可买到的龙胆紫用于此处很好。涂一点在玻璃片上，并让它在厚外罩中干燥。考察反射光和透射光——它们是互为补充的。

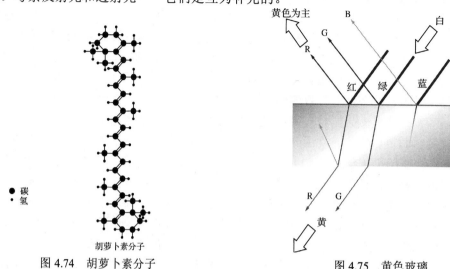

图 4.74 胡萝卜素分子

图 4.75 黄色玻璃

让白光穿过洋红色、青色和黄色滤光片的不同组合，可以产生所有的颜色，包括红、绿和蓝（图 4.76）。洋红、青色和蓝色是相减混色的原色，是颜料盒中的原色，虽然人们常常错误地说颜料三原色是红、蓝和黄。它们是用来制作照片的染料和用来印出它们的墨汁的基本颜色。杂志上的一幅画与电视屏幕不同，前者不是色光光源，后者是。从一盏灯或天空来的白光照到书页上，不同的波长在这里那里被吸收，剩下的被反射，产生一个与图画对应的"彩色"光场。理想情况下，如果你将减法混色的三原色混在一起（要么将油漆混在一起，要么把滤光片堆在一起），你将得不到颜色，没有光——一片黑。其中每个减法原色消除光谱中的一段，总起来它们就把光全部吸收了。

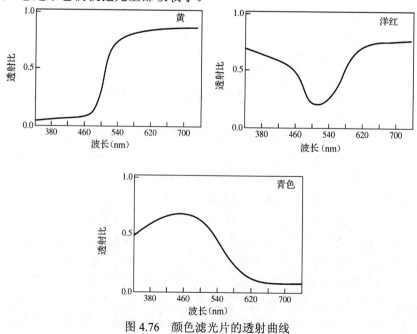

图 4.76 颜色滤光片的透射曲线

如果被吸收的频率范围越过可见光频段，物体将呈黑色。这并不是说这儿就完全没有反射了——在一块磨光的黑色皮革上，你可以明显看到一个反射像，一个粗糙的黑色表面也反射，只不过是漫反射。如果你还剩下一些红、蓝墨水，把它们混在一起，再加点绿的，你将得到黑墨水。

颜色滤光片的工作原理与墨水和染料类似；它们吸收某些频率，让剩下的频率通过。一切滤光片都滤除它们要消除的频率，因此，吸收越强（我们说"滤光片越厚"），它通过的色光就越纯。图 4.77 中画的是洋红色、青色和黄色滤光片重叠后在白光照明下穿越的光产生的颜色。这些颜色与一张用洋红色、青色和黄色墨水重叠印出的照片反射的颜色相同。

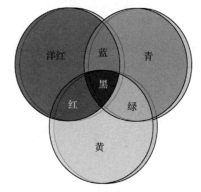

图 4.77　重叠的洋红色、青色和黄色滤光片，用白光从后面照过来

设白光照到一片青色滤光片后接一片黄色滤光片上，那么通过的是什么颜色的光？白光可以想象为红光、蓝光和绿光的组合，青色滤光片吸收红光让蓝光和绿光通过，黄色滤光片吸收蓝光，总起来它们让绿光通过。变化滤光片的密度（厚度），将会改变产生的绿色的浓淡，就像在蓝色油漆中加更多的黄油漆会"淡化"绿色。仍用白光照明，一块厚黄色滤光片（它消除绝大部分蓝光）加一块洋红色滤光片（它让大量红光和蓝光和一些黄光通过）叠在一起通过的光将包含很多红光和一点黄光，看起来呈橙色。

除了上面这些特别与反射、折射和吸收有关的过程之外，还有许多别的产生颜色的机制，我们将在后面探索。例如，金龟子科甲虫身上炫目的彩色，是由长在它们鞘翅上的衍射光栅产生的；而与波长有关的干涉效应，则是我们在油膜、珍珠母、肥皂泡、孔雀和蜂鸟身上看到的彩色图样的原因。

例题 4.7　一个立方体的 5 个面每面都漆有单一绚丽的彩色：红、蓝、洋红、青色和黄色，最后一面是白色。当通过一块洋红色的有色玻璃观看这个立方体时，它的每一面呈什么颜色？解释你的答案的理由。

解　洋红色滤光片通过红光和蓝光，吞噬绿光，红光将保持红色，蓝光保持蓝色，洋红色仍为洋红，青色将呈蓝色，黄色将呈红色，白色将呈洋红色。

4.10　斯托克斯对反射和折射的处理

英国物理学家斯托克斯爵士（Sir George Gabriel Stokes，1819—1903）发展了一种相当优美的新颖方法，用来考察边界上的反射和透射。设有一入射波，振幅为 E_{0i}，投射到两种电介质之间的平面界面上，如图 4.78a 所示。我们在本章前面曾看到，由于 r 和 t 分别是被反射和透射的分振幅（其中 $n_i = n_1$ 及 $n_t = n_2$），于是 $E_{0r} = rE_{0i}$ 及 $E_{0t} = tE_{0i}$。这再次提醒我们：费马原理将导出可逆性原理，这个原理说，图 4.78b 画的那种情况，若一切光线的方向都反过来，必定在物理上也是可能的。只要假设不发生能量耗散（没有吸收），一个波的传播必定是可逆的。在现代物理学的术语中，这等同于人们说的时间反演不变性，即若某一过程发生，则其逆过程也能发生。于是，如果我们拍一部假想的电影，记录波在分界面上的入射、反射和透射，那么如果把影片倒过来从后往前放映，这时电影描绘的行为必定在物理上也是可以实现的。因此，考察图 4.78c，图中现在有两个入射波，振幅为 $E_{0i}r$ 和 $E_{0i}t$。振幅为 $E_{0i}t$ 的那一部分波在分界面上既反射又透射。不作任何假定，令 r' 和 t' 是从下面入射（即 $n_i = n_2$，$n_t = n_1$）的波的振幅反射系数和透射系数。因此，反射部分是 $E_{0i}tr'$，透射部分是 $E_{0i}tt'$。同样，振幅为 $E_{0i}r$ 的入射波也分成振幅为 $E_{0i}rr$ 和 $E_{0i}rt$ 的两部分。如果图 4.78c 的情况与图 4.78b 的情况全同，那么显然有

$$E_{0i}tt' + E_{0i}rr = E_{0i} \tag{4.84}$$

和

$$E_{0i}rt + E_{0i}tr' = 0 \tag{4.85}$$

因此

$$tt' = 1 - r^2 \tag{4.86}$$

及

$$r' = -r \tag{4.87}$$

后二式叫做斯托克斯关系。这个讨论比通常容许的需要更小心一些。必须指出，两个振幅系数都是入射角的函数，因此斯托克斯关系最好写成

$$t(\theta_1)t'(\theta_2) = 1 - r^2(\theta_1) \tag{4.88}$$

和

$$r'(\theta_2) = -r(\theta_1) \tag{4.89}$$

其中 $n_1\sin\theta_1 = n_2\sin\theta_2$。上面第二个式子里的负号表明，内反射波和外反射波之间有 $180°$ 的相位差。重要的是记住，这里的 θ_1 和 θ_2 是通过斯涅耳定律联系的一对角度。还要注意，我们从来没说过 n_1 是大于还是小于 n_2，因此（4.88）式和（4.89）式对随便哪种情况都适用。现在我们暂时回到菲涅耳公式中的一个上来，

$$r_\perp = -\frac{\sin(\theta_i - \theta_t)}{\sin(\theta_i + \theta_t)} \tag{4.42}$$

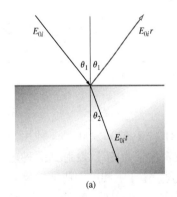
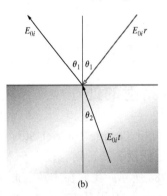
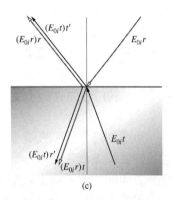

图 4.78 斯托克斯对反射和折射的处理

如果一条光线从上方射入，像图 4.78a 那样，并且我们假定 $n_2 > n_1$，在上式中令 $\theta_i = \theta_1$ 及 $\theta_t = \theta_2$（外反射）算出 $r_\perp$，后者由斯涅耳定律得出。反之，若波以同样的角度从下方射入（在这种情况下是内反射），$\theta_i = \theta_1$，我们仍然把它代入（4.42）式，但是这时 θ_t 和以前不同，不是 θ_2 了。在同样的入射角下，内反射和外反射的 $r_\perp$ 值显然不同。现在假定，在这种内反射情况下，

取 $\theta_i = \theta_2$，于是 $\theta_t = \theta_1$，光线方向是第一种情形的反方向，（4.42）式给出

$$r'_\perp(\theta_2) = \frac{\sin(\theta_2 - \theta_1)}{\sin(\theta_2 + \theta_1)}$$

虽然也许无此必要，不过我们还是再一次指出，这个结果正好是对 $\theta_i = \theta_1$ 和外反射定出的结果加一个负号，即

$$r'_\perp(\theta_2) = -r_\perp(\theta_1) \tag{4.90}$$

这里用带撇和不带撇的符号来表示振幅系数，是为了提醒我们，我们是在再一次同由斯涅耳定律联系起来的角度打交道。同样，在（4.43）式中交换 θ_i 和 θ_t，得到

$$r'_{\parallel}(\theta_2) = -r_{\parallel}(\theta_1) \tag{4.91}$$

每一对分量之间的 180° 相位差在图 4.52 中是明显的，但是记住当 $\theta_i = \theta_p$ 时 $\theta_t = \theta'_p$，反之亦然（习题 4.100）。超过 $\theta_i = \theta_c$ 就不存在透射波，（4.89）式不再适用，并且我们已经看到，相位差不再是 180° 了。

　　常常有人得出结论说，外反射光束的平行分量和垂直分量的相位都改变 π 弧度，而内反射光束则完全不发生相移。这是不正确的（比较图 4.53a 和图 4.54a）。

4.11　光子、波和概率

　　光学的理论基础建立在波动理论之上。我们认为，我们理解光学现象，而且它是"真实"的，这两点不会有问题。作为我们会遇到的许多现象中的一个事例，散射过程似乎只有通过干涉才能理解，经典粒子是不发生什么干涉的。当一束光穿过致密介质传播时，向前方向上的干涉是相长干涉，而在一切其他方向几乎完全相消。于是几乎全部光能都在向前方向上推进。但是这就对干涉的基本本性以及对发生的事情的通常解释提出了一些有趣的问题。**干涉是一种非局域现象，它不能发生在空间中的仅仅一点**，尽管我们常常谈到一点 P 的干涉。能量守恒原理清楚表明，如果在空间一点发生相长干涉，那么这个位置上的"额外"能量必定是来自别的地方。因此在别的某个地方必定发生相消干涉。**干涉在一个扩展的空间区域上以协调的方式发生，使辐射能总量不变。**

　　现在想象穿越致密介质的一束光，如图 4.6 中所示。真实的携带能量的电磁子波（它们从未被实际测量过）在侧向的传播，只是在光束之外处处都发生相消干涉吗？如果是这样，那么这些子波就消掉，而它们向外输运的能量则无法解释地回到光束，因为最终并没有净侧向散射。无论 P 点离得多远都是如此。而且，这适用于一切干涉效应（第 9 章）。如果两个或多个电磁波异相到达 P 点并且相消，那么，"从它们的能量考虑，这是什么意思呢？"能量可以重新分布，但是它不会消掉。我们已经从量子力学学到，干涉是物理学中最基本的谜团之一。

　　记住爱因斯坦的告诫，并没有原子发射的球面子波，也许我们过于从字面意义解释经典波场了。毕竟，严格说来，经典电磁波及其连续的能量分布并不实际存在。也许我们应当将那些子波和它们产生的总体图样想成一个理论工具（而不是一个真实的波场），它令人惊奇地告诉我们光会在何处结束。无论如何，麦克斯韦方程提供了一个计算电磁能量在空间的宏观分布的手段。

　　我们在半经典的道路上继续向前，想象由偏轴角 θ 的某个函数给出的光分布。比如，考

虑放在离一个狭缝很远的屏幕上的辐照度（第 563 页）$I(\theta) = I(0)\,\text{sinc}^2\beta(\theta)$。假设我们不用眼睛而用一个探测器观察辐照度图样，探测器由一个光阑后面跟着一个光电倍增管组成。这样一个器件可以四处移动，从一点移到另一点，在恒定的时间间隔里测量到达每个地点的光子数目 $N(\theta)$。作很多次这样的测量，将会得出光子计数数目的一个空间分布，它的形式与辐照度的形式相同，即 $N(\theta) = N(0)\,\text{sinc}^2\beta(\theta)$：探测到的光子数目与辐照度成正比。对一个这样的可计数的量可以作统计分析，我们可以谈论在屏幕上任意一点探测到一个光子的概率。即，可以构建一个图 3.23 那样的概率分布。因为空间变量（$\theta,\ x,\ y$ 或 z）是连续变量，必须引进一个**概率密度**；令它为 $\wp(\theta)$。于是 $\wp(\theta)\,d\theta$ 便是在从 θ 到 $\theta+d\theta$ 的无穷小区间里发现一个光子的概率。这时 $\wp(\theta) = \wp(0)\,\text{sinc}^2\beta(\theta)$。

空间每一点的净电场振幅的平方对应于辐照度（辐照度是可以直接测量的），而这等同于在任意一点找到光子的可能性的大小。因此，让我们试着这样来定义**概率振幅**，它的绝对值的平方等于概率密度。于是可以把 P 点的净 E_0 解释为正比于**半经典**的概率振幅，**因为在空间某点探测到一个光子的概率依赖于此地的辐照度**，并且 $I \propto E_0^2$。这符合爱因斯坦关于光场的观念，玻恩（他是量子力学统计解释的提出者）将之描述为幻影场。在这种看法里，这个场的波揭示了光子如何在空间分布，其意义为这个波的振幅绝对值的平方以某种方式与到达的光子的功率密度相联系。在量子力学的形式处理中，概率振幅一般是一个复数量，它的绝对值的平方对应于概率密度（即，薛定谔波函数是概率振幅）。因此，不论将 E_0 考虑为等同于半经典概率振幅多么合理，这个用法是不能以它现在的形式搬到量子理论中来的。

尽管如此，这一切都表明，我们可以从概率角度考虑散射过程，作为一种计算方案的基础。这时每个散射子波是光取一条特定路径从一点到另一点的概率振幅的一个量度，P 点的净电场是经由一切可能路径到达的所有散射场之和。费曼、施温格、朝永振一部和戴森在他们发展量子电动力学的进程中提出了与此相似的量子力学方法论。简而言之，一个事件的最终可观察结果由一切不同的概率振幅的叠加决定，这些概率振幅与此事件发生的一切可能方式相联系。换句话说，对于沿着它此事件能够发生的每一条"路径"，都给出一个数学表示式，一个复数概率振幅。所有这些然后又结合在一起，并且发生干涉，像复数量惯常那样，产生一个发生此事件的净概率振幅。

下面是这一分析的大为简化的版本。

4.11.1　量子电动力学（QED）

费曼关于光的本性的宣告毫不含糊：

> 我想强调指出，光是以粒子的形式来的。知道光的行为像粒子，这是非常重要的，特别是对你们当中那些已经上学的人，在学校里，老师也许会告诉你有关光的一些事，说光的行为像波一样。我要告诉你们，光的行为真的像粒子。（来源：R. P. Fayman, *QED*, Princeton University Press, Princeton, NJ, 1985）

对他而言，"光是由粒子组成的（如牛顿原来想的那样）"；它是一股光子流，其总体行为可以统计地确定。例如，若有 100 个光子垂直入射到空气中的一片玻璃上，有 4 个将从它们遇到的第一个表面上向后反射。究竟是哪 4 个不可能知道，事实上，这 4 个特殊光子是如何挑选出来的是一个谜。可以推导出并且在实验上验证的是，有 4% 的入射光将被反射（第 147 页）。

费曼的分析是从几条普遍的计算规则出发，它的最终证明是它管用；他那套机制给出了精确的预言。（1）**发生一事件的概率幅是对应于能发生此事件的一切方式的分概率幅之"和"。**（2）**每个这样的分概率幅一般可以表示为一个复数量。**我们不用解析方法组合这些分概率幅，而是用相矢量表示（第 28 页）来近似求和得出合概率幅。（3）**一事件发生的概率总的说来与合概率幅的绝对值的平方成正比。**

我们通过讨论图 4.79 中画的反射，可以弄清楚这一切是怎么来的。点光源 S 照射一面镜子，光随后从镜面上的每一点被向上散射到每一方向。我们想要决定 P 点的一个探测器记录一个光子到达的概率。这里可以用经典看法连同其熟悉的子波模型作为一个类似来提供指引（也许还带一点精神安慰，如果你仍相信经典电磁波的话）。

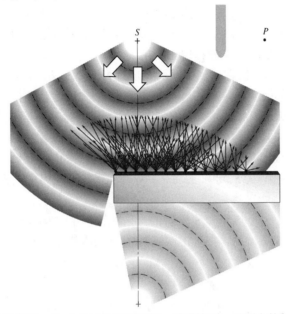

图 4.79　反射的示意图。从 S 发出的波向下扫，铺满镜面。界面上的每一个原子随后将光散射回一切向上的方向。一些光最后到达 P 点，它们来自面上的每一散射体

为了简单，取镜子为一窄条（实质为一维）；这并不使事情发生概念性的变化。将它分成许多相等的长度（图 4.80a），每个长度都建立一条到 P 的可能路径。（当然，面上的每个原子都是一个散射体，因此有大量的路径，不过我们画几条就够了。）按照经典看法，我们知道从 S 到镜子到 P 的每条路径对应于一个散射子波的路程，并且每个这样的子波在 P 点的振幅（E_{0j}）和相位将决定净合振幅 E_0。我们前面有了费马原理后曾看到（第 134 页），从 S 到镜子到 P 的光程长度建立了到达 P 点的每个子波的相位。而且，光程长度越大，光（通过平方反比定律）散布得越开，到达 P 点的子波的振幅越小。

图 4.80b 画的是光程长度，其极小值就是实际观察到的光程（S-I-P），对它有 $\theta_i = \theta_r$。一个大的光程变化，如从（S-A-P）变到（S-B-P），伴随有一个大的相位差，和一个对应的相矢量大旋转，画在图 4.80c 中。从 A 到 B 到 C 等等一直到 I，光程长度迅速变得越来越小，并且每个相矢量领先于前一个相矢量一个越来越小的角度（由曲线的斜率确定）。实际上，I 左边的相矢量从 A 反时针旋转到 I。由于光程长度在 I 为极小值，来自这个区间的相矢量大，相角差异很小。从 I 到 J 到 K 等等一直到 Q，光程长度越来越快地增大，每个相矢量落后于前一个相矢量一个越来越大的角度。实际上，I 右边的相矢量从 I 顺时针旋转到 Q。

图 4.80c 中画的是合振幅，从起始的尾部到末梢，从经典看它对应于 P 点的净电场振幅。

辐照度 I 与净电场振幅的平方成正比，而它又是在 P 点放一探测器时找到一个光子的可能程度的量度。

让我们跨过散射子波和电场的经典概念（但仍受它们引导），构建量子力学的处理。光子可以沿无数条不同的路径从 S 到镜子到 P。假设每一条这样的路径对最终结果做出特定的贡献是合理的；一条歪到镜子边缘再回到 P 的路径比起更直接的路径其贡献将有显著的不同。跟随费曼的思路，我们将某个（尚未具体说明的）复数量，一个**量子力学（QM）概率振幅**的组成分量，与每条可能的路径相联系。每一个这样的 QM 概率振幅组成分量可以表示为一个相矢量，其角度由从 S 到镜子到 P 的总飞行时间决定，其大小由飞过的路程长度决定。（当然，这正是用图 4.80c 中全部相矢量所得到的。尽管如此，仍有令人信服的理由表明，为什么经典的 E 场不能是 QM 概率振幅。）总 QM 概率振幅是所有这些对应于一切可能路径的相矢量之和，与图 4.80c 中的合相矢量相似。

现在重新标注图 4.80c，使它代表量子力学陈述。显然，**合 QM 概率振幅长度的绝大部分来自路径 S-I-P 的近邻的贡献**，那里各个分相矢量大而且近于同相。光通过反射从 S 到 P 的累积概率的绝大部分来自沿着路径 S-I-P 或其紧邻的贡献。镜子两端区域的贡献非常之小，因为来自这些区域的相矢量在两个极端处构成紧密的螺线（图 4.80c）。将镜子的两端盖上对合振幅的长度几乎没什么影响，因此对到达 P 点的光的总量也没有什么影响。心里想着这个图是相当粗放的；替代图中从 S 到 P 的 17 条路径，有亿万条可能的路程，这条螺线两端的相矢量将回转无数次。

量子电动力学预言，一个点光源 S 发射的光，从镜子上一切地点反射到 P 点，但是最或然的路径是 S-I-P，这时有 $\theta_i = \theta_r$。把你的眼睛放在 P 点看镜子，你将看到 S 的一个锐像。

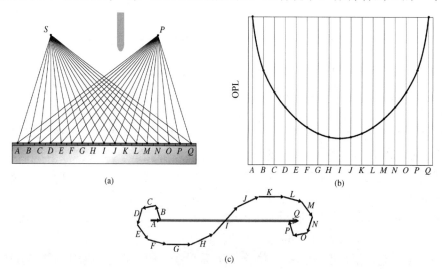

图 4.80　（a）费曼通过量子电动力学对反射所做分析。从 S 到镜面到 P 点有许多条路径。（b）光沿着（a）中所绘路径从 S 到 P 所走的光程长度。每条路径有一个概率幅。它们相加给出净合振幅

4.11.2　光子与反射定律和折射定律

假设光由光子流组成，并考虑以角度 θ_i 入射到两种电介质（如空气和玻璃）之间的界面上的一个这样的量子。这个光子被（比方说，玻璃中的）一个原子吸收，而一个完全相同的光子随后以角度 θ_t 透射。我们知道，如果这个光子是一个狭窄的激光光束中的亿万个这样的

光量子之一，它将服从斯涅耳定律。为了探索这一行为，让我们考察与我们这个光子的历险相联系的动力学。回忆（3.54）式，即 $p = h/\lambda$。因此它的动量矢量是

$$\vec{p} = \hbar\vec{k}$$

其中 $\vec{k}$ 是传播矢量，$\hbar \equiv h/2\pi$。因此，入射和透射的动量分别是 $\vec{p}_i = \hbar\vec{k}_i$ 和 $\vec{p}_t = \hbar\vec{k}_t$。我们假设（不作太多论证），虽然界面附近的物质影响垂直于界面的动量分量，它却不改变平行分量。的确，我们从实验知道，垂直于界面的动量可以从光束传递到介质（3.3.4 节）。对于单个光子，平行于界面的动量分量守恒的表述之形式为

$$p_i \sin\theta_i = p_t \sin\theta_t$$

这里我们处于一个重要的歧路口上。按照经典观点，一个实物粒子的动量依赖于它的速度。当 $n_t > n_i$（由斯涅耳定律和上式）得到 $p_t > p_i$，光粒子必须假设受到加速。的确，笛卡儿（1637 年）发表的折射定律的首次推导，由于他错误地把光当作粒子流处理，认为光进入更光密的介质时光子应当加速（见习题 4.12）。相反，第一个测量到光进入更光密介质时光的波长变短的人大概是托马斯·杨（约 1802 年）[1]。他正确地推断光束的速度这时实际上是变小了：$v < c$。

我们现在从量子力学得知，光子的速度永远是 c，它的动量依赖于它的波长而不是它的速度。于是

$$\frac{h}{\lambda_i}\sin\theta_i = \frac{h}{\lambda_t}\sin\theta_t$$

两边同乘 c/v，就得到斯涅耳定律。

上述分析有点过于简单，但是它在教学法上很吸引人。

习题

除带星号的习题外，所有习题的答案都附在书末。

4.1　通过一个量纲分析论据，建立瑞利散射中被散射光的百分比与 λ^{-4} 的依赖关系。令 E_{0i} 和 E_{0s} 是入射振幅和离散射体距离为 r 处的散射振幅。假定 $E_{0s} \propto E_{0i}$ 及 $E_{0s} \propto 1/r$。并且看来有理由假定，散射振幅与散射体的体积 V 成正比，这在一定限制下是合理的。定出比例常量的单位。

4.2[*]　一束白色的泛光照明灯光束穿过空间一个大体积，其中有主要是氧和氮的稀薄的分子气体混合物。比较黄光分量（580 nm）和紫光分量（400 nm）的散射量之比。

4.3[*]　题图 P.4.3 画的是点光源发射的光。它表明向外流出的辐射能的三种不同的表示。辨认出每一种，并讨论它与另外两种的关系。

4.4　受驱阻尼振子的运动方程是

$$m_e\ddot{x} + m_e\gamma\dot{x} + m_e\omega_0^2 x = q_e E(t)$$

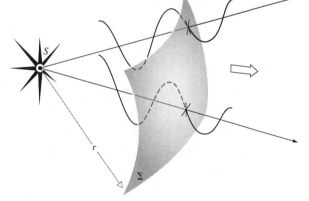

题图 P.4.3

---

[1] 傅科证实这一点的判决实验是 1850 年做的。

（a）说明每一项的意义。

（b）令 $E = E_0 \mathrm{e}^{j\omega t}$ 和 $x = x_0 \mathrm{e}^{i(\omega t - \alpha)}$，其中 E_0 和 x_0 是实数量。代入上式，证明

$$x_0 = \frac{q_e E_0}{m_e} \frac{1}{[(\omega_0^2 - \omega^2)^2 + \gamma^2 \omega^2]^{1/2}}$$

（c）推导相位滞后 α 的表示式，并讨论 ω 从 $\omega \ll \omega_0$ 到 $\omega = \omega_0$ 到 $\omega \gg \omega_0$，α 如何随 ω 变化。

4.5 想象我们有一块无吸收的玻璃板，厚度为 Δy，折射率为 n，位于光源 S 和观察者 P 之间。

（a）若无玻璃板出现，不受阻碍的波为 $E_u = E_0 \exp i\omega(t - y/c)$，证明有玻璃板时观察者看到的波是

$$E_p = E_0 \exp i\omega [t - (n - 1)\Delta y/c - y/c]$$

（b）证明若 $n \approx 1$ 或 Δy 很小，有

$$E_p = E_u + \frac{\omega(n - 1)\Delta y}{c} E_u \mathrm{e}^{-i\pi/2}$$

可以将右边第二项看成玻璃板中的振子产生的场。

4.6* 一束非常窄的的激光光束以 58º 角射到平面镜上。反射光束射到一面墙上，地点离光束射到镜子上的入射点 5.0 m。墙在水平方向上离入射点多远？

4.7* 进入 Nod 的英雄 FRED 的陵墓后，你将发现自己是在一个黑暗的封闭密室中，只是墙上有一小孔，离地板 3.0 m 高。每年一次，在 FRED 的生日那一天，一束太阳光从小孔进入，射到地板上离墙 4.0 m 的一个打磨得很光滑的一个小金盘上，并从金盘反射，射到离墙 20 m 的 FRED 塑像前额上嵌的一颗大钻石上。塑像大致多高？

4.8* 题图 P.4.8 中画了一面所谓隅角反射镜。定出出射光线相对于入射光线的方向。

4.9* 题图 P.4.9 中，一束光射到反射镜 1 然后射到反射镜 2 上。定出角度 θ_1 和 θ_2。

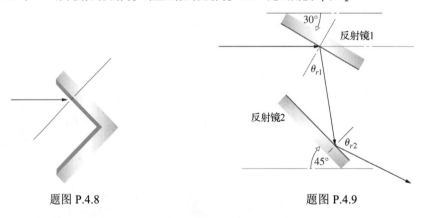

题图 P.4.8   题图 P.4.9

4.10* 回到图 4.33 和惠更斯折射方法，证明由它可推出斯涅耳定律。

4.11 一束光线在空气中以 30° 角入射一块冕牌玻璃（$n_g = 1.52$），计算其透射角。

4.12* 题图 P.4.12 中的作图法对应于笛卡儿对折射定律的错误推导。光从 S 到 O 的时间与从 O 到 P 的时间相同。而且，光越过界面时其横向动量不变。用这些"推导"出斯涅耳定律。

4.13* 一束激光在空气中，以 30.0° 的入射角射到一块玻璃（$n_g = 1.50$）的平滑表面上。光束不是继续沿直线射入玻璃，而是弯向法线一个角度 θ_d，叫做偏向角。求这个角。

4.14* 题图 P.4.14 是光从空气进入更为光密的介质时，测得的入射角的正弦与透射角的正弦的关系图。讨论这条曲线。这条直线的斜率有什么意义？猜猜这种光密介质可能是什么。

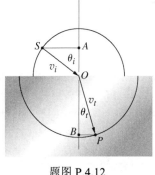

题图 P.4.12

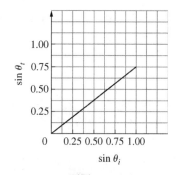

题图 P.4.14

4.15[*] 来自钠放电灯的黄光光线以 45° 角射到空气中的钻石表面上。若在此频率下钻石的折射率为 $n_d = 2.42$，计算透射时之偏向角。

4.16[*] 给出水（$n_w = 4/3$）与玻璃（$n_g = 3/2$）之间的界面，一束光在水中以 45° 角射入玻璃，求透射角。若将透射光的方向倒过来射到界面上，证明 $\theta_t = 45°$。

4.17 一束波长为 12 cm 的微波平面波以 45° 角射到电介质表面上。若 $n_{ti} = 4/3$，计算（a）透射介质中的波长，（b）角 θ_t。

4.18[*] 波长 600 nm 的光在真空中进入一块玻璃（$n_g = 1.5$）。计算光在玻璃中的波长。对于嵌在玻璃中的人，这束光呈什么颜色（见表 4.4）？

4.19[*] 一束激光以 55° 角射到空气与一种液体的界面上。观察到折射光线以 40° 角透射。此液体的折射率是多少？

4.20[*] 一个水下游泳者朝上对着水面射出一束光。这束光以 35° 角射到空气水界面。它将以什么角度射到空气中？

4.21 对空气-玻璃边界（$n_{ga} = 1.5$）作 θ_i-θ_t 关系图。讨论曲线的形状。

4.22[*] 一束激光，直径为 D，在空气中以角度 θ_i 射到一片玻璃（折射率为 n_g）上。光束在玻璃中的直径多大？

4.23[*] 一束极窄的白光以 60.0° 角射到一块 10.0 cm 厚的玻璃上，玻璃放在空气中。红光的折射率是 1.505，紫光的折射率是 1.545。求出射光束的近似直径。

4.24[*] 一个 10.0 cm 深的碗盛满了橄榄油。从上面直视碗底的一枚硬币。硬币看起来是在表面下方多深的地方？

4.25[*] 一块折射率为 3/2 的玻璃，在它的光滑水平顶面之下 3.0 cm 处有一小瑕疵。一个相机镜头在空气中的玻璃表面之上 8.0 cm 高处，直向下看。看起来此瑕疵显得离镜头多远？

4.26[*] 一束激光以 35° 角射到一块 3.00 cm 厚的平行玻璃板（$n = 1.50$）上。穿过玻璃的实际路程是多长？

4.27[*] 光在空气中射到空气-玻璃界面上。若玻璃的折射率是 1.70，要透射角等于入射角的一半即 $\theta_i/2$，问入射角 θ_i 应是多大？

4.28[*] 假设你将一台带有波纹管附件（俗称皮老虎）的特写镜头照相机，直接向下聚焦在本页上印的一个字上。然后用一块 1.00 mm 厚的显微镜载玻片（$n = 1.55$）盖住这个字。相机必须上移多少才能保持这个字仍然聚焦？

4.29[*] 一枚硬币静躺在一罐水底（$n_水 = 1.33$），水深 1.00 m。水上浮着一层苯（$n_苯 = 1.50$），厚 20.0 cm。近乎垂直地向下看，硬币看起来出现在最上层表面之下多深的深度上？画光线图。

4.30 在题图 P.4.30 中，入射介质中的波阵面在界面上处处都和透射介质中的波阵面接上——这个概念称为波阵面连续性。写出沿界面每单位长度上波数的表示式，用 θ_i 和 λ_i（一种情形下）或 θ_t 和 λ_t（另一种情形下）表示。用它们推导出斯涅耳定律。你认为斯涅耳定律也适用于声波吗？说明理由。

4.31[*] 想着上题，回到 (4.19) 式，并取坐标系原点在入射平面内和界面上（图 4.47）。证明，这时这个式子等价于令各个传播矢量的 x 分量相等。证明，它也等同于波阵面连续性的观念。

4.32 利用对应点之间飞越时间相等的想法和光线与波阵面的正交性，推导反射定律和斯涅耳定律。题图中的光线示意图应当对推导有帮助。

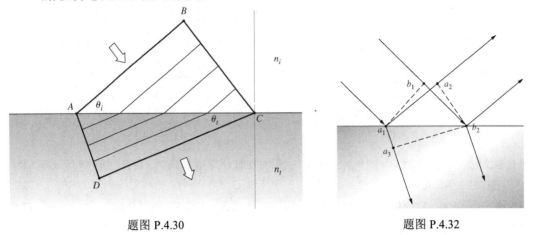

题图 P.4.30   题图 P.4.32

4.33 从斯涅耳定律出发，证明矢量折射方程之形式为

$$n_t \hat{\mathbf{k}}_t - n_i \hat{\mathbf{k}} = (n_t \cos\theta_t - n_i \cos\theta_i) \hat{\mathbf{u}}_n \qquad [4.7]$$

4.34 推导与反射定律等当的矢量表示式。和前面一样，令法线方向为从入射介质指向透射介质，尽管显然实际上这并不重要。

4.35 在从平面反射的情况下，用费马原理证明入射光线和折射光线与法线 $\hat{\mathbf{u}}_n$ 在一个公共平面即入射面内。

4.36* 费马原理要求光从一个地点到另一地点的飞行时间极小，用求极小飞行时间的计算推导反射定律 $\theta_i = \theta_r$。

4.37* 按照数学家施瓦茨（Hermann Schwarz）的说法，在一个锐角三角形里可以内接一个三角形，使它的周长为极小。用两块平面镜、一个激光光束和费马原理解释，你如何证明这个内接三角形的三个顶点是锐角三角形的三个高与对应边的交点？

4.38 用解析方法证明，一束光在折射率为 n_1 的介质中进入一块透明平板（折射率为 n_2，厚度为 d），如题图 P.4.38 所示，它射出时将平行于它原来的方向。导出光束的横向位移（a）的表示式。附带说一句，即使对一堆不同材料的平行板，入射光线和出射光线也平行。

4.39* 证明：进入题图 P.4.39 中的系统的两条互相平行的光线从系统射出时也平行。

题图 P.4.38

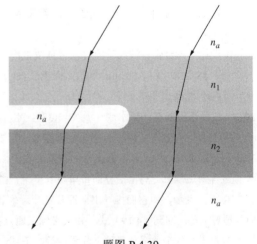

题图 P.4.39

4.40 根据费马原理讨论习题 4.38 的结果，即，相对折射率 n_{21} 如何影响光线的路径。为了看到横向位移，通过以一个角度拿在手中的一块厚玻璃（≈ 6 mm）或一叠显微镜载玻片（4 片已足够）观察一个扩展光源，在直接看到的光源位置与通过玻璃看到的位置之间有明显的移动。

4.41* 考察题图 P.4.41 中的三幅照片。（a）示出单独一块宽普莱玻璃；（b）表示两块窄普莱玻璃，每块宽度只有（a）中那块的一半，被轻轻地压在一起；而（c）则表示同样两块玻璃，但是中间隔着一薄层蓖麻油。详细描写在每幅照片中你看普莱玻璃时所见到的东西。比较（a）和（c）两种情况。关于蓖麻油和普莱玻璃你能说些什么？

题图 P.4.41

4.42 假设一个在入射面内线偏振的光波，在空气中以 30° 角投射到一块冕牌玻璃板（n_g = 1.52）上。求界面上的振幅反射系数和振幅透射系数。比较你的结果和图 4.47。

4.43 推导关于 $r_\perp$、$r_\parallel$、$t_\perp$、$t_\parallel$ 的（4.42）式至（4.45）式。

4.44* 一束光在空气中，与法线成 22° 角射到一片光滑塑料的表面上。入射光平行和垂直于入射面的 E 场分量的振幅分别为 10.0 V/cm 和 20.0 V/cm。求相应的反射场的振幅。

4.45* 一束激光射到空气与折射率为 n 的某种电介质之间的界面上。对小的 θ_i 值，证明 $\theta_t = \theta_i/n$。用此式和（4.42）式得出，在近法向入射时有 $[-r_\perp]_{\theta_i \approx 0} = (n-1)/(n+1)$。

4.46* 证明：在法线方向入射到两种电介质之间的界面上时

$$[t_\parallel]_{\theta_i = 0} = [t_\perp]_{\theta_i = 0} = \frac{2n_i}{n_i + n_t}$$

4.47* 一个近单色激光光束是偏振的，其电场垂直于入射平面。这个光束在空气中垂直射到玻璃（n_t = 1.50）上。求振幅透射系数。对从玻璃垂直进入空气的光束重做计算。参看上题。

4.48* 考虑上题，对光从空气到玻璃和从玻璃到空气垂直穿越这两种情形。计算相应的振幅反射系数的值。证明（4.49）式 $t_\perp + (-r_\perp) = 1$ 对两种情形都适用。

4.49* 光在空气中垂直射到一块冕牌玻璃上，其折射率为 1.522。求反射比和透射比。

4.50* 一束辐照度为 500 W/m² 的准单色光在空气中垂直射到一罐水（$n_水$ = 1.333）的表面。求透射辐照度。

4.51* 用菲涅耳公式证明

$$r_\perp = \frac{\cos\theta_i - \sqrt{n_{ti}^2 - \sin^2\theta_i}}{\cos\theta_i + \sqrt{n_{ti}^2 - \sin^2\theta_i}}$$

及

$$r_\parallel = \frac{n_{ti}^2\cos\theta_i - \sqrt{n_{ti}^2 - \sin^2\theta_i}}{n_{ti}^2\cos\theta_i + \sqrt{n_{ti}^2 - \sin^2\theta_i}}$$

4.52* 非偏振光在空气中，与法线成 30.0° 的角度，射到一片折射率为 1.60 的玻璃的平滑表面上。求两个振幅反射系数。符号有什么意义？查验上题。

4.53* 细思上题，计算 $R_\perp$、$R_\parallel$、$T_\perp$、$T_\parallel$，及净透射比 T 和净反射比 R。

4.54* 已知 1000 W/m² 的非偏振光在空气中射到空气–玻璃界面上，此处 n_{ti} = 3/2。若 E 场垂直于入射面的光的透射比为 0.80，那么这时的光有多少被反射？

4.55[*] 一束非偏振光带着2000 W/m² 的辐照度，射到空气–塑料界面上。已得到此界面反射的光中，有300 W/m² 是 E 场垂直于入射面偏振，200 W/m² 是 E 场平行于入射面偏振。求穿过此界面的净透射比。

4.56[*] 证明上题中能量守恒。

4.57[*] 辐照度为 400 W/m² 的准单色光，沿法线方向射到人眼的角膜（$n_{角膜} = 1.376$）上。若此人是在水下（$n_水 = 1.33$），求射入角膜的透射辐照度。

4.58[*] 比较空气-水（$n_水 = 4/3$）界面与空气-冕牌玻璃（$n_{玻璃} = 3/2$）界面的振幅反射系数，二者都处于近正入射的情况。相应的反射辐照度与入射辐照度之比是多少？

4.59[*] 用（4.42）式和正弦函数的幂级数展开，证明在近于正入射的情况下，我们可以得到比习题 4.45 中的数学式更好的近似，即

$$[-r_\perp]_{\theta_i \approx 0} = \left(\frac{n-1}{n+1}\right)\left(1 + \frac{\theta_i^2}{n}\right)$$

4.60[*] 证明在近正入射时，下式

$$[r_\parallel]_{\theta_i \approx 0} = \left(\frac{n-1}{n+1}\right)\left(1 - \frac{\theta_i^2}{n}\right)$$

是一个良好的近似。［提示：用上题的结果、（4.43）式及正弦函数和余弦函数的幂级数展开］。

4.61[*] 证明对真空-电介质界面，在掠入射时 $r_\perp \to -1$，像图 4.49 中那样。

4.62[*] 在图 4.49 中，随着入射角趋于 90°，$r_\perp$ 曲线趋于 –1.0。证明：若 $\alpha_\perp$ 是此曲线在 $\theta_i = 90°$ 处与垂直轴成的角，则有

$$\tan\alpha_\perp = \frac{\sqrt{n^2 - 1}}{2}$$

［提示：先证明 $\mathrm{d}\theta_t/\mathrm{d}\theta_i = 0$ ］

4.63 首先从边界条件，然后从菲涅耳公式，证明对一切 θ_i

$$t_\perp + (-r_\perp) = 1 \qquad\qquad [4.49]$$

4.64[*] 在冕牌玻璃-空气界面上（$n_{ti} = 1.52$），对 $\theta_i = 30°$，验证

$$t_\perp + (-r_\perp) = 1 \qquad\qquad [4.49]$$

4.65[*] 用菲涅耳公式证明：以角度 $\theta_p = \pi/2 - \theta_t$ 入射的光，产生一个确实偏振的反射光束。

4.66 证明 $\tan\theta_p = n_t/n_i$，并计算在空气中外入射一块冕牌玻璃板（$n_g = 1.52$）的偏振角。

4.67[*] 从（4.38）式出发，证明对两种电介质，一般有 $\tan\theta_p = [\epsilon_t(\epsilon_t\mu_i - \epsilon_i\mu_t) / \epsilon_i(\epsilon_t\mu_t - \epsilon_i\mu_i)]^{1/2}$。

4.68 证明：在给定界面上的内反射和外反射的偏振角互余，即 $\theta_p + \theta_p' = 90°$（参看习题 4.66）。

4.69 采用方位角 γ 工作往往会带来一些好处，方位角的定义为振动平面和入射面之间的夹角。于是对线偏振光，有

$$\tan\gamma_i = [E_{0i}]_\perp / [E_{0i}]_\parallel \qquad\qquad (4.92)$$

$$\tan\gamma_t = [E_{0t}]_\perp / [E_{0t}]_\parallel \qquad\qquad (4.93)$$

和

$$\tan\gamma_r = [E_{0r}]_\perp / [E_{0r}]_\parallel \qquad\qquad (4.94)$$

题图 P.4.69 画的是在空气-玻璃界面上（$n_{ga} = 1.51$）的内反射和外反射的 γ_r 与 θ_i 的关系曲线，这时 $\gamma_i = 45°$。检验曲线上的几个点，并证明

$$\tan\gamma_r = -\frac{\cos(\theta_i - \theta_t)}{\cos(\theta_i + \theta_t)}\tan\gamma_i \qquad\qquad (4.95)$$

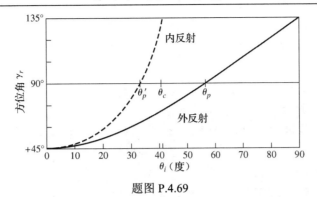

题图 P.4.69

4.70* 利用上题中方位角的定义，证明

$$R = R_{\parallel}\cos^2\gamma_i + R_{\perp}\sin^2\gamma_i \qquad (4.96)$$

和

$$T = T_{\parallel}\cos^2\gamma_i + T_{\perp}\sin^2\gamma_i \qquad (4.97)$$

4.71 对 $n_i = 1.5$ 和 $n_t = 1$（即内反射），画出 $R_{\perp}$ 和 $R_{\parallel}$ 与入射角关系的曲线。

4.72 证明

$$T_{\parallel} = \frac{\sin 2\theta_i \sin 2\theta_t}{\sin^2(\theta_i + \theta_t)\cos^2(\theta_i - \theta_t)} \qquad (4.98)$$

及

$$T_{\perp} = \frac{\sin 2\theta_i \sin 2\theta_t}{\sin^2(\theta_i + \theta_t)} \qquad (4.99)$$

4.73* 用上题的结果，即（4.98）式和（4.99）式，证明

$$R_{\parallel} + T_{\parallel} = 1 \qquad [4.65]$$

和

$$R_{\perp} + T_{\perp} = 1 \qquad [4.66]$$

4.74 设我们通过一叠 N 块显微镜载玻片在垂直方向观看一个光源。即使是通过十来张载玻片看到的光源也会显著变暗。假设吸收可以忽略，证明这堆载玻片的总透射比为

$$T_t = (1 - R)^{2N}$$

并计算在空气中三片载玻片的 T_t。

4.75 利用关于吸收介质的表示式

$$I(y) = I_0 e^{-\alpha y} \qquad [4.78]$$

我们定义一个叫单位长度透射比 T_1 的量。在垂直入射时，由（4.55）式，$T_1 = I_t / I_i$，并且当 $y = 1$，$T_1 \equiv I(1) / I_0$。若上题中载玻片的总厚度为 d，并且如果它们的单位长度透射比为 T_1，证明

$$T_t = (1 - R)^{2N}(T_1)^d$$

4.76 证明：对正入射到两种电介质之间的边界面上的情况，随着 $n_{ti} \to 1$，有 $R \to 0$ 及 $T \to 1$。并证明，随着 $n_{ti} \to 1$，对一切 θ_i 有 $R_{\parallel} \to 0$，$R_{\perp} \to 0$，$T_{\parallel} \to 1$ 和 $T_{\perp} \to 1$。于是随着两种介质的折射率越来越接近，反射波带走的能量越来越少。显然，当 $n_{ti} = 1$ 就没有界面，也没有反射。

4.77* 推导 $r_{\perp}$ 和 $r_{\parallel}$ 的表示式（4.70）式和（4.71）式。

4.78 证明在电介质界面上，当 $\theta_i > \theta_c$ 时，$r_{\parallel}$ 和 $r_{\perp}$ 是复数，并且 $r_{\parallel}r_{\parallel}^* = r_{\perp}r_{\perp}^* = 1$。

4.79* 计算空气-玻璃（$n_{玻璃} = 1.5$）界面上的临界角，超出此角将发生全内反射。

4.80[*] 回过头看习题 4.21，注意 θ_t 随 θ_i 的增大而增大。证明 θ_t 可以有的最大值为 θ_c。

4.81[*] 什么是金刚石在空气中发生全内反射的临界角？临界角与琢磨得很好的金刚石的光泽有关系吗？有什么关系？

4.82[*] 用一块透明的未知材料，我们发现这种材料内的一束光在这块材料和空气的界面上以 48.0° 的角度发生全内反射。这种材料的折射率是多少？

4.83[*] 一块棱镜 ABC 的架构如下：角 BCA = 90°，角 CBA = 45°。若此棱镜处于空气中，一束穿越 AC 面的光在 BC 面上发生全内反射，其折射率的最小值是多少？

4.84[*] 一条鱼向上直看池塘的光滑表面，它接收到一个光锥，见到一个圆形的光圈，充满天空、飞鸟和上面的一切东西的像。这个明亮的圆形视场的周围是黑暗。解释所发生的事并计算锥角。

4.85[*] 一块折射率为 1.55 的玻璃上面盖着一层折射率为 1.33 的水。对于在玻璃内行进的光，在这个界面上的临界角是多大？

4.86 推导内反射情况下隐失波波速的表示式。通过 c、n_i 和 θ_i 表示。

4.87 在真空中波长为 600 nm 的光在玻璃块（$n_{玻璃} = 1.50$）中行进，以 45° 射到玻璃-空气界面上。然后发生全内反射。求隐失波的振幅下降到它在界面上的最大值的 1/e 时，波在空气中走过的距离。

4.88[*] 从氩激光器射出的一束光（$\lambda_0 = 500$ nm）在玻璃（$n_{玻璃} = 3/2$）块中行进，在平滑的玻璃=空气界面上发生全内反射。若光束与法线成 60° 射到界面上，其振幅下降到界面上之值的大约 36.8% 时光在空气中穿透多深？

4.89[*] 一大块金刚石上面盖着一层水。一窄束光在金刚石中向上行进，射到金刚石和水的界面上。求将使光全部反射回金刚石内的最小入射角。

4.90[*] 一大块锶钛矿晶体上面盖着一层四氯化碳。一束光向上行进，穿越晶体，射到固体和液体的界面上。入射角最小应是多大，才会让光全部反射回晶体内？

4.91 题图 P.4.91 表示一束激光射到贴在一片玻璃上的一张湿滤纸上，玻璃的折射率待测——照片表示得出的光学图样。解释发生的事，并推导出通过 R 和 d 表示的 n_i 的表示式。

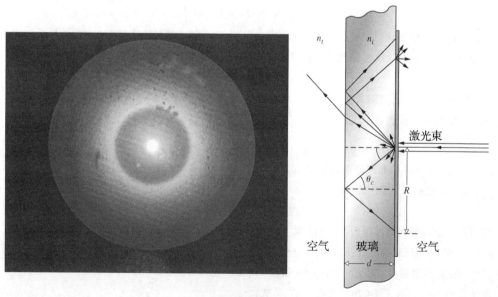

题图 P.4.91

4.92 考虑与处于暖热的公路上方的空气的不均匀分布相联系的常见的蜃景现象。把光线的弯曲想象为仿佛它是一个全内反射问题。如果一个观察者，在其头部处折射率 $n_a = 1.000\ 29$，以 $\theta_t \geqslant 88.7°$ 的角度看到公路下方有一处表观的湿地，求紧贴公路路面的空气的折射率。

4.93 题图 P.4.93 画出一块玻璃立方体，被四块玻璃棱镜包围，棱镜紧靠立方体的侧面。画出图中的两条光线将走过的路径，并讨论这一器件的一种可能应用。

题图 P.4.93

4.94 题图 P.4.94 所示为贝尔电话实验室开发的一种棱镜-耦合器装置. 它的功能是将激光束注入一块薄的（厚 0.000 01 英寸）透明薄膜，透明膜然后起波导的作用。一种可能的应用是薄膜激光束光路系统——一种集成光学元件。你想象它是怎样工作的？

4.95 题图 P.4.95 是一种普通金属的 n_I 和 n_R 与 λ 的关系曲线。通过比较它的特性和本章讨论的那些特性，认定这是什么金属，并讨论它的光学性质。

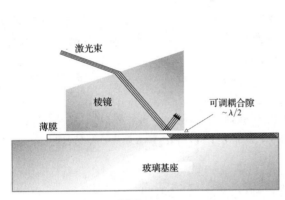

题图 P.4.94

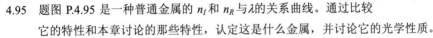

题图 P.4.95

4.96* 某人通过一块黄色滤光片观看一面旗帜。旗上有五条水平色带，从上到下是蓝色、青色、洋红色、黄色和白色。他透过滤光片看到的将是什么颜色？

4.97* 一堵墙上漆着红色、青色、白色、黄色、绿色和洋红色的条纹。一个人带着黄色的太阳镜透过一片青色的彩色玻璃观看这堵墙。这些条纹将呈什么颜色？

4.98* 题图 P.4.98 是在白光下看到的几朵玫瑰的反射光谱。这些花朵分别是白色、黄色、淡粉色、蓝色、橘红色和红色。将每根曲线与一种特殊的颜色联系起来。

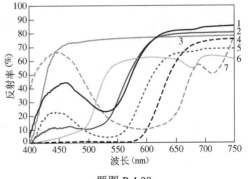

题图 P.4.98

4.99 题图 P.4.99 表示被一块透明的电介质板多次反射的一根光线（生成的各个碎部的振幅在图上标出）。像在 4.10 节一样，我们用带撇的系数记号，因为各个角是通过斯涅耳定律相联系的。

（a）完成最后 4 根光线的标识。

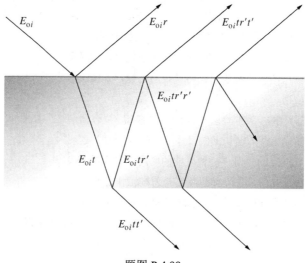

题图 P.4.99

（b）用菲涅耳公式证明

$$t_\parallel t'_\parallel = T_\parallel \tag{4.100}$$

$$t_\perp t'_\perp = T_\perp \tag{4.101}$$

$$r_\parallel^2 = r'^2_\parallel = R_\parallel \tag{4.102}$$

和

$$r_\perp^2 = r'^2_\perp = R_\perp \tag{4.103}$$

4.100[*] 一个在入射面内线偏振的波，射到两种介电介质之间的界面上。若 $n_i > n_t$ 且 $\theta_i = \theta'_p$，将没有反射波。即 $r'_\parallel(\theta'_p) = 0$。用斯托克斯的方法，从头开始证明 $t_\parallel(\theta_p)t'_\parallel(\theta'_p) = 1$，$r_\parallel(\theta_p) = 0$ 及 $\theta_i = \theta_p$（习题 4.68）。这与（4.100）式如何比较？

4.101 利用菲涅耳公式，像上题中一样证明 $t_\parallel(\theta_p)t'_\parallel(\theta'_p) = 1$。

第5章 几何光学

5.1 引言

一个自发光或外照明的物体的表面，其行为就像是由许多点光源组成。每个点光源都发射球面波，沿着能流方向也就是坡印廷矢量的方向径向地射出光线。这时光线是从一个给定的点光源 S 发散的；反过来，如果球面波汇集到一点，那么光线当然就是会聚的。一般我们只涉及波阵面的一小部分。**球面波的一部分由之发散或向之会聚的一点，叫做光线簇的焦点。**

现在设想这样的情形：在代表一个光学系统的一些反射面和折射面装置的邻近有一个点光源 S。一般地，从 S 发出的无穷多条光线中，只能有一条通过空间中的某一点。虽然如此，还是能够使无穷多条光线到达一个确定点 P，如图 5.1 所示。如果对应从 S 发出的一簇光线锥，有一个通过 P 的光线锥，那么就称此系统对这两点是**消像差的**（stigmatic）。光线锥中的能量（除了由反射、散射和吸收引起的一些不可避免的损失外）都到达 P 点，P 点称为 S 的一个**理想的像**。可以想象，光波也可能来到 P 点周围形成一个有限大小的光斑或模糊斑，它仍然是 S 的一个像，但不再是一个理想像了。换一种稍微不一样的说法，当你能够跟踪到许多光线从 S 到 P，让足够多的辐射能从 S 直接流向 P，则到达 P 的能量对应于 S 的一个像。

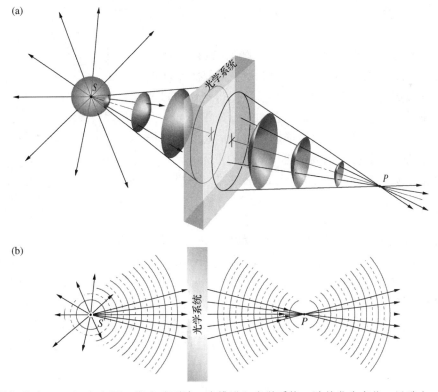

图 5.1 共轭焦点。（a）点光源 S 发出球面波。光锥进入光学系统，波前发生变化，导致在 P 点会聚。（b）从横截面来看，从 S 发散的光线有一部分会聚到 P。要是没有东西挡住，光线将继续前进

　　从可逆性原理（4.5 节）可得，放在 P 点的点光源也同样能在 S 点很好地成像，因此把这两点叫做**共轭点**。在一个理想光学系统中，一个三维区域的每一点都将理想地（或无像差地）成像在另一区域中；前者叫做**物空间**，后者叫做**像空间**。

　　对于最常见的情况，一个光学装置的功能是收集入射波阵面的一部分并改变其形状，其最终目的往往是生成物体的像。注意，一切实际光学系统中的一个内在限制是不能收集全部发出的光；系统只接收波阵面的一部分。结果，即使在均匀媒质中也总是存在对直线传播的明显偏离——波将被衍射。因此，一个实际的光学系统的成像能力能达到的理想程度将受到衍射的限制（**衍射置限**），永远是模糊斑（第 587 页）。当辐射能的波长减小到相对于光学系统的物理线度为甚小时，衍射效应的重要性会减低。在 $\lambda_0 \rightarrow 0$ 的想象极限下，在均匀媒质中得到直线传播，并且得到理想化的**几何光学**[①]。这时，由光的波动性特别引起的行为（例如干涉和衍射）不再能观察到了。在许多情况下，几何光学近似带来的极大的简单性，绰绰有余地抵偿了它的不准确性。简而言之，本章讨论的是用插入反射体或折射体的办法来改变、操纵波阵面（或光线），而完全忽略衍射效应。

5.2　透镜

　　透镜无疑是使用最为广泛的光学器件，且不说我们是通过一对透镜（眼睛）来看世界的。透镜的历史可以回溯到古代的取火镜，它比火柴的出现早得多。在最广的意义上，**透镜是一个折射器件（也就是介质存在不连续性），它重新配置透射能量的分布**。无论我们对付的是紫外、可见光、红外、微波、无线电波还是声波，都可以有透镜。

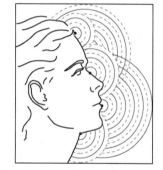

　　透镜的结构取决于你想要它使波阵面如何变形。点光源是最基础的，所以常常需要使发散的球面波会聚成平面波束。闪光灯、投影仪、探照灯等都这样做，免得光束传播时散开变弱。反过来，也常常需要把入射的平行光集中到一个点上，以便集中它的能量，取火镜或者望远镜的透镜就这样做。还有，光从人脸上反射变成亿万个散射的点光源，一个使每个发散的小波汇聚的透镜能够形成人脸的像（图 5.2）。

图 5.2　人脸像我们日常在反射光中见到的一切东西一样，上面覆盖着无数个原子散射体

5.2.1　非球面

　　为了了解透镜是如何工作的，设想在光波的路径中插入一个透明体，光波在透明体中的速度和原来的速度有所不同。图 5.3a 是截面图，表示在折射率为 n_i 的入射介质中行进的发散球面波，射到折射率为 n_t 的透明介质的弯曲界面上。当 n_t 大于 n_i，波在进入新介质后变慢。波阵面的中间部分比外围部分走得慢，外围部分仍然在入射介质中快速运动。外围部分追赶中间部分，波阵面变平。如果界面摆布得合适，球面波会变成平面波。另一种用光线的表示方法见图 5.3b；光线进入更密的介质后简单地弯折向入射点的法线方向，如果界面摆布得合适，则出射的光线平行。

[①]　必须考虑光波波长不为零的情况要用物理光学处理。类似地，物体的德布罗意波可以忽略时，我们用经典力学；不能忽略，就用量子力学。

为了求出界面所需的形状，参看图 5.3c，其中 A 点可在边界面上任何地方。若能量传播的路程都"相等"，从而维持波阵面的相位相同，一个波阵面就变成另一波阵面（第 31 页）。S 发射的相位相同的一个小球面必定演化成 $\overline{DD'}$ 的等相位平面。无论光线从 S 到 $\overline{DD'}$ 走什么途径，包含的波长数目应当一样，所以扰动在开始时应当同相，结束时也应当同相。以一个单个波阵面形式离开 S 的辐射能，不论其任何一条特定光线走的实际路程如何，到达 $\overline{DD'}$ 平面都必定花了相同的时间。换句话说，$\overline{F_1A} / \lambda_i$（沿着任意一条从 F_1 到 A 光线的波长数目）加上 $\overline{AD} / \lambda_t$（沿着从 A 到 D 的光线的波长数目）应当相同，不论是在界面上的什么地方。现在，将它们相加再乘 λ_0，得到

$$n_i (\overline{F_1A}) + n_t (\overline{AD}) = 常数 \qquad (5.1)$$

等式左边每项是在介质中走过的路径长度乘该介质的折射率，当然代表走过的光程长度 OPL。

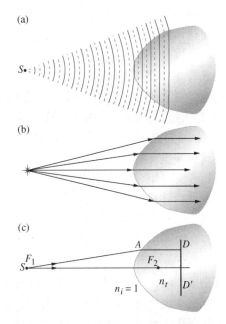

图 5.3　空气和玻璃之间的双曲线界面。(a) 波阵面弯曲后变直。 (b) 光线变成平行。 (c) 无论 A 在双曲面上何处，从 S 到 A 再到 D 的光路都一样

从 S 到 $\overline{DD'}$ 的一切光程长度相等。如果将（5.1）式除以 c，第一项就变成光线从 S 到 A 所需时间，第二项是从 A 到 D 的时间；等式右边还是个常数（不是同一常数，但是是常数）。（5.1）式等于说，穿越从 S 到 $\overline{DD'}$ 的一切路径花了相同的时间。

现在我们来求界面的形状。用 n_i 除（5.1）式，得

$$\overline{F_1A} + \left(\frac{n_t}{n_i}\right)\overline{AD} = 常数 \qquad (5.2)$$

这是双曲线方程，偏心率 e 由 $e = n_{ti} = (n_t / n_i) > 1$ 给出，它表示曲线的弯曲度，偏心率越大，双曲线越平（两种介质的折射率差得越多，表面需要的弯曲度越小）。当点光源位于焦点 F_1 及两种介质的界面为双曲线时，平面波透射到折射率高的介质中。若 $(n_t / n_i) < 1$，则界面必须为椭圆，其证明留作习题 5.3。在图 5.4 中画的各种情况，光线要么从焦点 F 发散，要么会聚到焦点 F。而且，光线可以逆行，因此它们可以以下面随便哪个方式传播：若图 5.4c 中平面波是从右边入射到界面上，它将会聚到椭圆左边最远的焦点上。

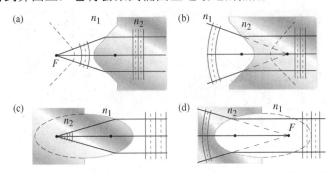

图 5.4　截面图。 (a) 和 (b) 是双曲线折射面， (c) 和 (d) 是椭圆折射面，$n_2 > n_1$

开普勒（1611年）是最早提出用圆锥截面为透镜和反射镜表面的人之一。但他并不知道斯涅耳定律，所以不能走很远。一旦发现了斯涅耳定律，笛卡儿（1637年）便用自己发明的解析几何，发展了非球面光学的理论基础。这里的分析主要归功于笛卡儿。

现在要制造这样的透镜已是一件容易的事，这种透镜的物点和像点（或者入射光和出射光）在透镜媒质之外。在图5.5a中，发散的入射球面波在第一个界面上通过图5.4a的机制变成平面波。这些平面波在透镜内垂直射到透镜的后表面上，射出到透镜外不改变方向：$\theta_i = 0$及$\theta_t = 0$。因为光线是可逆的，所以从右面入射的平面波将会聚到点F_1上，它叫做透镜的焦点。将透镜平的一面对着太阳的平行光，就成了一面很好的取火镜。

在图5.5b中，透镜的后界面弯曲，使透镜内的平面波会聚到光轴上。这两种透镜都是中间厚边缘薄，因此叫做凸透镜［convex（凸）这个词来自拉丁文 convexus，意思是弓形的］。这两种透镜都使入射光束有所会聚，多少弯向中心轴，因此管它们叫**会聚透镜**。

相反，凹透镜［concave（凹）这个词来自拉丁文 concavus，意思是凹陷的；它很容易记，因为它包含 cave（洞穴）这个单词］则中间薄边上厚，这在图5.5c中看得很明显。它使平行的入射光束发散。这些器件都使光线离开中心轴向外散开，所以管它们叫**发散透镜**。在图5.5c中，平行光从左边进入，在出射时看来好像是从F_2发散射出的；这一点也叫焦点。**一束平行光线通过会聚透镜时，会聚点（或者通过发散透镜时发散的起点）是透镜的一个焦点。**

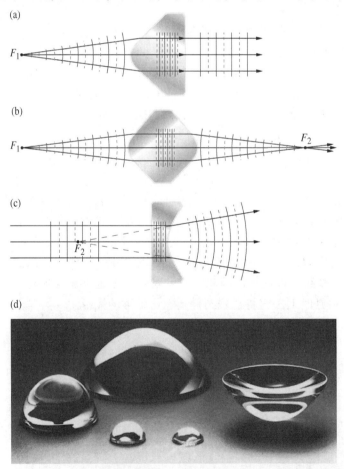

图5.5　（a）、（b）、（c）几种双曲线表面透镜的截面图。（d）非球面透镜选

若将一点光源放在图 5.5b 中透镜的中心轴或光轴上的 F_1 点上，光线将会聚到其共轭点 F_2 上。一个发光的光源像将出现在放在 F_2 处的屏幕上，因此我们将这个像叫做**实像**。另一方面，在图 5.5c 中，点光源在无穷远，这时从系统出射的光线是发散的。它们好像来自 F_2 点，但是在 F_2 放一个屏幕，屏幕上不会有真实发光的像出现。我们说这个像是**虚像**，就像我们熟悉的平面镜产生的像一样。

我们讨论过的这些光学元件（透镜和反射镜），有一个表面或者两个表面既不是平面也不是球面，统称为非球面光学元件。有各种各样形状的非球面：圆锥截面，多项式截面，部分会聚部分发散的截面。虽然它们的工作原理理解起来很容易，并且能很好地完成某些任务，但是把它们精密制造出来却很困难。然而，当造价合理时，或者精度要求不严格时，或者产量足够大时，非球面光学元件还是要用的，并且其作用会越来越大。第一次大量（数千万个）生产高质量的玻璃非球面透镜是柯达圆盘照相机（1982 年）。现在，非球面透镜常常用在复杂光学系统中，作为校正像差的高级方法。非球面眼镜的镜片比正规的球面眼镜镜片更平更轻。因此，它们适用于高价处方。另外，它们使佩戴者的眼睛在别人看来放大得小一些。

计算机控制的新一代非球面发生器制造的光学元件，与设计的偏差优于 $0.5\ \mu m$。这比高质量光学所需要的 $\lambda/4$ 的容差仍然大 10 倍。在研磨后，再用磁流变技术对非球面元件抛光。这种用来使表面成型和最后完成的技术，是在抛光过程中用磁力控制抛光粉的方向与压力。

今天，用塑料和玻璃制造的非球面光学元件，在各种质量等级的所有光学仪器中到处可见，其中包括望远镜、投影仪、照相机、侦察器件等。

例题 5.1 右图表示空气中一个玻璃透镜的截面，解释其工作原理。

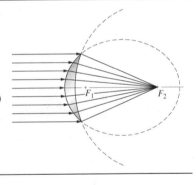

解

光线遇到的第一个表面是椭圆（实际上是椭球体）的一部分，它的两个焦点用小十字标出。像图 5.4c（从右向左看）中那样，光线进入玻璃后直接折射到第二个焦点 F_2。第二个表面一定是中心在 F_2 的球面。光线这时都垂直于第二表面，通过而没有弯曲。

5.2.2 球面上的折射

设想我们有两块材料，一块有一个凹球面，另一块有一个凸球面，二者的半径相同。球面的一个独特性质是，不论它们相互取向如何，这样两块材料一接触就将紧密贴合在一起。

抛光球面透镜

因此，如果我们取曲率合适的两个大致是球面的物体，一块是磨具，另一块是玻璃圆饼，二者之间隔以某种磨料，然后使它们相互无规运动，可以预计，这两个物体任何一个上高出的地方都会被磨掉，结果两块材料将逐渐变成越来越近于球面（见照片）。这样的表面通常是用自动研磨机和抛光机批量生产的。

并不奇怪，现今使用的绝大多数高质量透镜是球面透镜。我们这里只打算讨论用这样的表面对大量物点在宽频带光照明下同时成像的方法。这时产生的成像的误差，叫做**像差**，但是用现代工艺能够制造高质量的球面透镜组，它的像差可以很好地控制，使像的保真度只受衍射限制。

图 5.6 画的是一个从点源 S 来的波，射到中心在 C、半径为 R 的一个球面界面上。点 V 叫做表面的**顶点**。长度 $s_o = \overline{SV}$ 叫做**物距**。光线 $\overline{SA}$ 在界面上朝向当地的法线方向折射（$n_2 > n_1$），即朝向中心轴或**光轴**。假设它在某一点 P 与光轴相交，以同一角度 θ_i 入射的所有其他的光线也将在 P 点与光轴相交（图 5.7）。长度 $s_i = \overline{VP}$ 叫做**像距**。费马原理要求光程长度（OPL）是平稳的，即它对位置变量的导数应为零。对于所讨论的光线

$$\text{OPL} = n_1 \ell_o + n_2 \ell_i \tag{5.3}$$

在三角形 SAC 和 ACP 中应用余弦定理，并注意 $\cos\varphi = -\cos(180° - \varphi)$，我们得到

$$\ell_o = [R^2 + (s_o + R)^2 - 2R(s_o + R)\cos\varphi]^{1/2}$$

及

$$\ell_i = [R^2 + (s_i - R)^2 + 2R(s_i - R)\cos\varphi]^{1/2}$$

光程长度 OPL 可改写成

$$\begin{aligned}\text{OPL} &= n_1[R^2 + (s_o + R)^2 - 2R(s_o + R)\cos\varphi]^{1/2} \\ &+ n_2[R^2 + (s_i - R)^2 + 2R(s_i - R)\cos\varphi]^{1/2}\end{aligned}$$

图中所有的量（s_i, s_o, R 等）都是正数，它们构成一个符号约定的基础，这个符号规则将会逐渐阐明，并且我们将一再回到这个符号规则（见表 5.1）。若点 A 在一条确定半径的末端移动（即 $R =$ 常数），那么 φ 就是位置变量，因而令 $\mathrm{d}(\text{OPL}) / \mathrm{d}\varphi = 0$，由费马原理我们得到

$$\frac{n_1 R(s_o + R)\sin\varphi}{2\ell_o} - \frac{n_2 R(s_i - R)\sin\varphi}{2\ell_i} = 0 \tag{5.4}$$

因而

$$\frac{n_1}{\ell_o} + \frac{n_2}{\ell_i} = \frac{1}{R}\left(\frac{n_2 s_i}{\ell_i} - \frac{n_1 s_o}{\ell_o}\right) \tag{5.5}$$

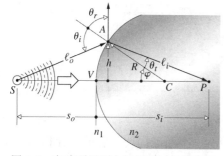

图 5.6　在球面界面上的折射。共轭焦点

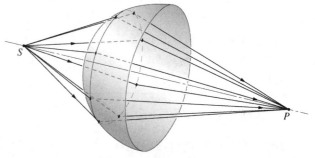

图 5.7　以相同角度入射的光束

这是一条光线通过球面上的折射从 S 到 $\ell_o P$ 时各个参量之间必须成立的关系。虽然这个表示式是精确的，但它相当复杂。若改变 φ 使点 A 移动到一个新位置，新光线将不会交光轴于 P 点（参看习题 5.1，界面形状得是笛卡儿卵形线，才会使界面上任何一点的光线到达 P，与 φ 无关）用来表示 ℓ_o 和 ℓ_i 使（5.5）式简化的近似，对下面的内容是关键性的。我们还记得

表 5.1　**球面折射和薄透镜的符号约定**[*]（光从左方进入）

s_o, f_o	+ V 的左面
x_o	+ F_o 的左面
s_i, f_i	+ V 的右面
x_i	+ F_i 的右面
R	+ 如果 C 在 V 的右面
y_o, y_i	+ 在光轴之上

[*]这个表提前引入了几个迄今尚未谈到的量。

$$\cos\varphi = 1 - \frac{\varphi^2}{2!} + \frac{\varphi^4}{4!} - \frac{\varphi^6}{6!} + \cdots \tag{5.6}$$

及

$$\sin\varphi = \varphi - \frac{\varphi^3}{3!} + \frac{\varphi^5}{5!} - \frac{\varphi^7}{7!} + \cdots \tag{5.7}$$

若假定 φ 值很小，即 A 靠近 V，则 $\cos\varphi \approx 1$。因此，ℓ_o 和 ℓ_i 的表示式给出 $\ell_o \approx s_o$，$\ell_i \approx s_i$，在这种近似下

$$\frac{n_1}{s_o} + \frac{n_2}{s_i} = \frac{n_2 - n_1}{R} \tag{5.8}$$

我们也可以从斯涅耳定律而不是从费马原理出发推导这个式子（习题 5.3），这时 φ 值很小，导致 $\sin\varphi \approx \varphi$，再次得出（5.8）式。这一近似规定了所谓一级近似理论的范围——我们将在下一章考察三级近似理论（$\sin\varphi \approx \varphi - \varphi^3/3!$）。与光轴成小角度到达（使 φ 和 h 都适当小）的光线叫做**傍轴光线**。与傍轴光线对应的出射波阵面部分基本上是球面，并且将在位于 s_i 的中心 P 点成一个"理想"像。注意，（5.8）式与 A 点在对称轴周围的一个小区域（即傍轴区域）内的位置无关。在 1841 年，高斯首先对上述近似下像的生成给出系统的说明，这个结果有不同的名称，叫做一阶光学、傍轴光学或**高斯光学**。很快它就成为在接下来的几十年里用来设计透镜的基础理论工具。若光学系统很好地校正过，一个入射球面波将以与球面波极为相似的形式射出。因此，随着系统理想程度增大，它更趋近一级近似理论。与傍轴分析结果的偏差将对实际光学器件的质量提供一个方便的量度。

若图 5.8 中的点 F_o 成像在无穷远 $(s_i = \infty)$，我们有

$$\frac{n_1}{s_o} + \frac{n_2}{\infty} = \frac{n_2 - n_1}{R}$$

定义这个特定物距为**第一焦距**或**物方焦距**。$s_o \equiv F_o$，因此

$$f_o = \frac{n_1}{n_2 - n_1} R \tag{5.9}$$

点 F_o 叫做**第一焦点**或**物方焦点**。相仿地，**第二焦点**或**像方焦点**是当 $s_o = \infty$ 时光轴上成像的点 F_i，即

$$\frac{n_1}{\infty} + \frac{n_2}{s_i} = \frac{n_2 - n_1}{R}$$

定义**第二焦距**或**像方焦距** f_i 等于这种特殊的情况下的 s_i（图 5.9）。我们得到

$$f_i = \frac{n_2}{n_2 - n_1} R \tag{5.10}$$

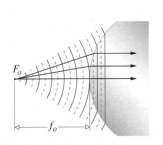

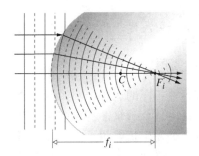

图 5.8 越过球面界面传播的平面波——物方焦点　图 5.9 平面波在球面界面上变形为球面波——像方焦点

我们还记得，光线从它发散出来的像是一个虚像（图 5.10）。类似地，**光线向之会聚的一个物是虚物**（图 5.11）。注意，虚物现在是在顶点的右边，因此 s_o 要取负数。此外，这时

表面是凹的，它的半径也应当是负的，如（5.9）式要求的那样，因为 f_o 应是负数。同样，出现在 V 的左边的虚像像距也是负数。

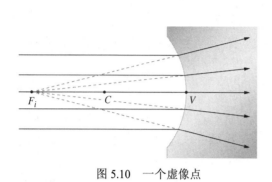

图 5.10　一个虚像点　　　　　　　　　　　图 5.11　一个虚物点

例题 5.2　一个水平放置的由火石玻璃（n_g=1.800）制成的圆柱，直径为 20.0 cm。圆柱的左端面研磨和抛光成凸的半球面。在半球面中心轴上，半球面顶点左边距离 80.0 cm 处有一个发光二极管，整个器件浸泡在酒精（n_a=1.361）中。求发光二极管的像的位置。用空气代替酒精，结果如何？

解

回到（5.8）式，

$$\frac{n_1}{s_o} + \frac{n_2}{s_i} = \frac{n_2 - n_1}{R}$$

其中 $n_1 = 1.361, n_2 = 1.800, s_o = +80.0$ cm 和 $R=+10.0$ cm。采用 cm 为单位，上式变为

$$\frac{1.361}{80.0} + \frac{1.800}{s_i} = \frac{1.800 - 1.361}{10.0}$$

$$\frac{1.800}{s_i} = \frac{0.439}{10} - \frac{1.361}{80}$$

$$1.800 = (0.043\,9 - 0.017\,01)s_i$$

$$s_i = 66.9 \text{ cm}$$

在酒精里，发光二极管的像在玻璃圆柱内，在顶点右边 66.9 cm 处（$s_i > 0$）。倒掉液体后，

$$\frac{1}{80.0} + \frac{1.800}{s_i} = \frac{0.800}{10.0}$$

于是

$$s_i = 26.7 \text{ cm}$$

界面上的折射决定于两种折射率之比（n_2/n_1）。（n_2-n_1）越大，s_i 越小。

5.2.3　薄透镜

有各种各样的透镜，例如声学透镜和微波透镜。一些微波透镜用玻璃或蜡制成，其形状容易辨认出是个透镜，还有些透镜的外形则要微妙得多（见照片）。最常见的是，一个透镜有两个或多个发生折射的界面，其中至少有一个界面是曲面。一般情况下，这些非平面表面的中心在一条公共轴上。这些表面通常是球面的一部分，并且往往镀上一层薄介质膜，以控制它们的透射特性（见 9.9 节）。

一个透镜仅由一个元件组成（即只有两个折射面）时，它是一个简单透镜。若有一个以上元件，它就是一个复合透镜。透镜也分为薄透镜和厚透镜，视其厚度是否实际上可以忽略

而定。我们基本上只限于讨论共轴系统,这种系统中所有的表面关于公共轴旋转对称。在这些限制下,简单透镜可以有图 5.12 中的各种形状。

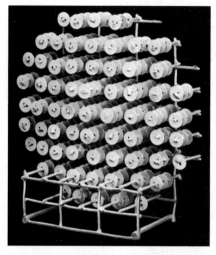

短波长无线电波的透镜。这些小圆盘用来折射这种电波,很像一行行原子折射可见光

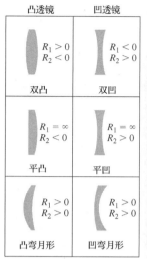

凸透镜	凹透镜
$R_1 > 0$ $R_2 < 0$	$R_1 < 0$ $R_2 > 0$
双凸	双凹
$R_1 = \infty$ $R_2 < 0$	$R_1 = \infty$ $R_2 > 0$
平凸	平凹
$R_1 > 0$ $R_2 > 0$	$R_1 > 0$ $R_2 > 0$
凸弯月形	凹弯月形

图 5.12 各种共轴简单球面透镜的截面。左表面最先碰到光,称为第一表面,其半径为 R_1

凸透镜(也叫**会聚透镜**或**正透镜**)中间厚边上薄,因此它会减小波阵面的曲率半径。换句话说,入射波穿越这种透镜时会变得更加会聚。当然,这里假定透镜的折射率大于透镜周围媒质的折射率。反之,**凹透镜、发散透镜**或**负透镜**则是中心薄边上厚,它将使入射波阵面的中心部分超前,使波阵面变得比进来之前更发散。

薄透镜公式

现在回过来讨论一个简单球面界面上的折射,其上共轭点 S 和 P 的位置由下式给出:

$$\frac{n_1}{s_o} + \frac{n_2}{s_i} = \frac{n_2 - n_1}{R} \qquad [5.8]$$

对于固定的 $(n_2 - n_1)/R$,s_o 大时 s_i 就比较小。从 S 发出的光锥的中心角很小,光线发散得不厉害,在界面上的折射可以使它们全部会聚到 P 点。随着 s_o 减小。光锥的角度增大,s_i 离开顶点;也就是说 θ_i 和 θ_t 都增大,直到最后 $s_o = f_o$ 和 $s_i = \infty$。在这一点,$n_1/s_o = (n_2 - n_1)/R$,因此若 s_o 再小一点,s_i 就必须是负的。(5.8)式才会成立。换句话说,像变成虚的了(图 5.13)。

现在我们将一个折射率为 n_l 的透镜(处于折射率为 n_m 的媒质中)的共轭点的位置示于图 5.14 中,这时我们只不过是把图 5.13c 中那块材料的另一端磨成球面,这肯定不是最一般的情况,但是它是最常见的情况,更有说服力的是,这是最简单的情况[①]。从(5.8)式我们知道,从 s_{o1} 处的 S 点发出的傍轴光线看起来是在 P' 点相交,我们管 P' 到 V_1 的距离叫 s_{i1},由下式给出:

聚焦光束的透镜

---

① 关于包含三个不同折射率的推导,参看 Jenkins and White, *Fundamentals of Optics*, p.57。

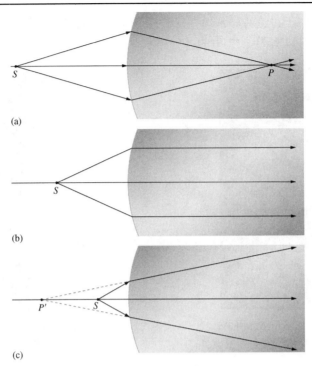

图 5.13　在两种透明介质的球形界面上发生的折射的截面图

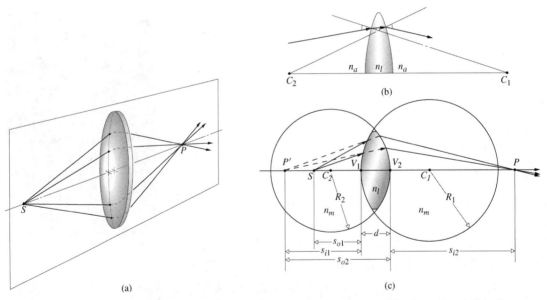

图 5.14　球面透镜。（a）竖直平面内的光线穿过透镜。共轭焦点。（b）界面上的折射，透镜浸在空气中，$n_m = n_a$。从 C_1 出发的半径垂直于第一个表面，光线进入透镜时，向下朝法线方向弯折。从 C_2 出发的半径垂直于第二个表面，当光线离开透镜时，因为 $n_l > n_a$，光线向下弯折，离开法线方向。（c）光路的几何学

$$\frac{n_m}{s_{o1}} + \frac{n_l}{s_{i1}} = \frac{n_l - n_m}{R_1} \tag{5.11}$$

于是，就第二个表面而言，它"看到"光线从 P' 朝它而来。P' 是离它的距离为 s_{o2} 的物点，此外，到达第二个表面的光线是在折射率为 n_l 的媒质中。因此，第二个界面的物空间（它包含 P'）的折射率为 n_l。注意，从 P' 到这个表面的光线确实是直线。考虑到

$$|s_{o2}| = |s_{i1}| + d$$

由于 s_{o2} 是在左边因而是正的，$s_{o2} = |s_{o2}|$，s_{i1} 也在左方，因而是负的，$-s_{i1} = |s_{i1}|$，我们有

$$s_{o2} = -s_{i1} + d \tag{5.12}$$

在第二个表面上（5.8）式给出

$$\frac{n_l}{(-s_{i1} + d)} + \frac{n_m}{s_{i2}} = \frac{n_m - n_l}{R_2} \tag{5.13}$$

这里 $n_l > n_m$ 及 $R_2 < 0$，因此上式右端为正。将（5.11）式和（5.13）式相加，得到

$$\frac{n_m}{s_{o1}} + \frac{n_m}{s_{i2}} = (n_l - n_m)\left(\frac{1}{R_1} - \frac{1}{R_2}\right) + \frac{n_l d}{(s_{i1} - d)s_{i1}} \tag{5.14}$$

若透镜足够薄（$d \to 0$），右边最后一项实际上为零。为了进一步简化，假定周围的媒质是空气（即 $n_m \approx 1$）。因此，我们得到很有用的**薄透镜公式**（常常叫做**透镜制造者公式**）：

$$\frac{1}{s_o} + \frac{1}{s_i} = (n_l - 1)\left(\frac{1}{R_1} - \frac{1}{R_2}\right) \tag{5.15}$$

其中我们令 $s_{o1} = s_o$ 和 $s_{i2} = s_i$。当 $d \to 0$ 时点 V_1 和 V_2 趋于重合，因此 s_o 和 s_i 可以从顶点或者透镜中心量起。

和单球面的情况完全一样，若 s_o 移向无穷远，像距就变成焦距 f_i，或用记号写为

$$\lim_{s_o \to \infty} s_i = f_i$$

相仿地

$$\lim_{s_i \to \infty} s_o = f_o$$

由（5.15）式很明显，对薄透镜有 $f_i = f_o$，因此我们完全略去下标。于是

$$\frac{1}{f} = (n_l - 1)\left(\frac{1}{R_1} - \frac{1}{R_2}\right) \tag{5.16}$$

及

$$\frac{1}{s_o} + \frac{1}{s_i} = \frac{1}{f} \tag{5.17}$$

这就是著名的**高斯透镜公式**（见照片）。

作为如何使用这些表示式的一个例子，我们来计算一块曲率半径为 50 mm、折射率为 1.5 的平凸透镜在空气中的焦距。对于光线从平的那面入射的情况（$R_1 = \infty$，$R_2 = -50$），

$$\frac{1}{f} = (1.5 - 1)\left(\frac{1}{\infty} - \frac{1}{-50}\right)$$

如果换成光线从曲面入射（$R_1 = +50$，$R_2 = \infty$），则

$$\frac{1}{f} = (1.5 - 1)\left(\frac{1}{+50} - \frac{1}{\infty}\right)$$

一个发散光波的实际波阵面的一部分被透镜聚焦。这是穿过会聚透镜的波阵面 5 次曝光的照片，每次曝光相隔 100 ps（即 100×10^{-12} s），曝光的是一个 10 ps 长的球面脉冲。照片用全息技术制作

不论哪种情况下都是 $f = 100$ mm。若一个物体依次放在离透镜随便哪一面 600 mm、200 mm、150 mm、100 mm 和 50 mm 处，从（5.17）式可以求出像点位置。首先，对 $s_o = 600$ mm，

$$s_i = \frac{s_o f}{s_o - f} = \frac{(600)(100)}{600 - 100}$$

所以 s_i = 120 mm。类似地，别的几个像距分别是 200 mm、300 mm、∞ 和 –100 mm。

十分有趣的是，当 $s_o = \infty$ 时，$s_i = f$；随着 s_o 的减小，s_i 向正向增大，直到 $s_o = f$ 为止，然后 s_i 为负。图 5.15 图示了这个过程。透镜能够对光线增添一些会聚程度。随着入射光的发散程度增大，透镜越来越难以将光束拉到一起，P 点向右移得更远。

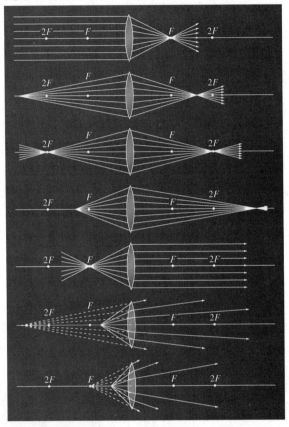

图 5.15　薄凸透镜的共轭物点和像点

可以用一块简单的凸透镜和一个小电灯泡（高亮度灯泡大概最合用）定性检验这个结果。站在离光源尽可能远的地方，把光源的一个清晰的像投射到一张白纸上，你应当能够很清楚地看到灯泡而不是一团模糊。这个像距近似为 f。现在朝着 S 移近透镜，调整 s_i 以生成一个清楚的像。s_i 肯定会增大。当 $s_o = f$，可以投射出灯丝的一个清楚的像，不过是在越来越远的屏幕上。对 $s_o < f$，将只有一团模糊，这时最远的墙也只和发散的光线锥相交——像是虚的。

焦点和焦平面

图 5.16 用图解方式小结了由（5.16）式解析地描述的一些情况。注意，若折射率为 n_l 的透镜是浸在折射率为 n_m 的媒质中，则

$$\frac{1}{f} = (n_{lm} - 1)\left(\frac{1}{R_1} - \frac{1}{R_2}\right) \tag{5.18}$$

图 5.16a 和图 5.16b 中的焦距相等，因为透镜两边是相同的媒质。由于 $n_l > n_m$，得到 $n_{lm} > 1$。在两种情况下都有 $R_1 > 0$ 和 $R_2 < 0$，因此每个焦距都为正。我们在 a 中有一实物，在 b 中有一实

像。在 c 中，$n_l < n_m$，因此 f 是负的。在 d 和 e 中，$n_{lm} > 1$，但是 $R_1 < 0$ 而 $R_2 > 0$，因此 f 再次为负，在 d 中物为虚，在 e 中像为虚。在 f 中 $n_{lm} < 1$，导致 $f > 0$。

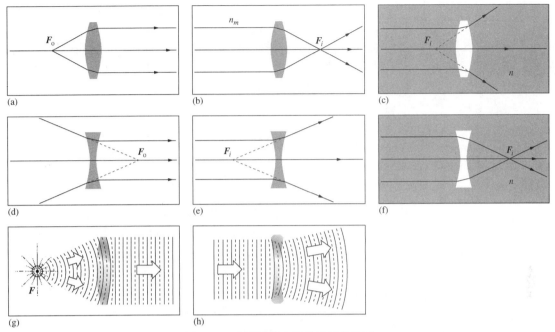

图 5.16 会聚透镜和发散透镜的焦距

我们注意到，在上述每种情况下，特别方便的做法是画一条光线通过透镜中心，这条光线因为垂直于两个表面，因此不偏折。假定一条轴外的傍轴光线平行于入射方向从透镜射出，如图 5.17 所示。我们认为，所有这样的光线都将穿过一点 O，我们定义它为透镜的光心。为了看出这点，在透镜两侧画两个平行的平面与透镜相切于任何一对点 A 和 B；这很容易做到，只要选取 A 和 B，使半径 $\overline{AC_1}$ 和 $\overline{BC_2}$ 本身平行。有待证明的是，行经 AB 的傍轴光线进入透镜和离开透镜是在同一方向。从图看很明显，三角形 AOC_1 和 BOC_2 在几何学意义上相似，因此它们的边长成比例。因而 $|R_1|(\overline{OC_2}) = |R_2|(\overline{OC_1})$，并且由于半径是常数，$O$ 点的位置是固定的，与 A 和 B 无关。前面我们已看到（习题 4.38 和题图 P.4.38），穿过二平行平面之间的媒质的光线将在横向有一位移，但不会发生角偏折。这个位移正比于媒质的厚度，对薄透镜可以忽略。**因此将通过 O 的光线画成直线。** 习惯上，在讨论薄透镜时，总是简单地将 O 的位置定在两个顶点当中。

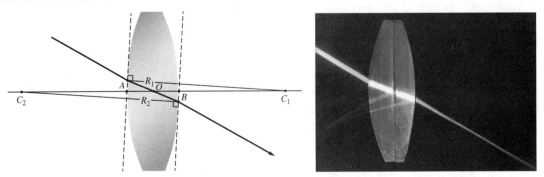

图 5.17 透镜的光心

我们还记得，入射到一个球面折射面上的一簇平行的傍轴光线，将会会聚到光轴上的一点（图 5.10）。如图 5.18 所示，这就意味着，在一个狭小的圆锥中的几簇这样的入射光束，将聚焦在一个球面小片段 σ 上，σ 也以 C 点为心。垂直于表面而不偏折因此也通过 C 点的光线，在 σ 上确定了焦点位置。由于光线锥必定很小，可以用垂直于对称轴并穿过像焦点的平面令人满意地表示 σ。这个平面叫做焦平面。同样，只限于傍轴理论时[①]，透镜将把所有入射的平行光线簇[*]聚焦到一个叫做**第二焦平面**或者**后焦平面**的平面上，如图 5.19 所示。σ 上的每一点都由通过 O 的不偏转的光线确定。相似地，**第一焦平面**或**前焦平面**包含物焦点 F_o。

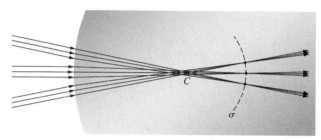

图 5.18　几个光束的聚焦

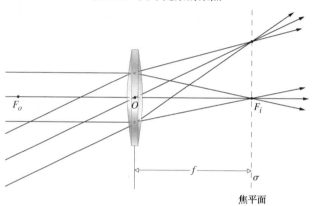

图 5.19　透镜的焦平面

在往下讨论之前，介绍一下透镜形状和焦距之间的关系是有用的。回到讨论透镜的物理特性的（5.16）式。为简单起见，考虑一个等凸透镜 $R_1 = -R_2 = R$。透镜公式化为 $f = R/2(n_l-1)$，我们立即看到，透镜的半径越小，即透镜越胖，它的焦距越短。**近乎平的透镜的焦距长**。小球（很难说它是"薄透镜"）的焦距短。当然，每个界面的曲率（$1/R$）越大，光线弯曲得越厉害，见图 5.20。还要记住，f 反比于 n_l，下面讨论像差时还要回到这一点上来。如果想要更平一些的透镜，只需在增大折射率同时增大 R，从而使焦距不变。

有限大小物体成像

迄今我们讨论的是单个点光源的数学抽象，现在我们来处理由大量这样的点光源组成的连续的有限大小的物（图 5.2）。暂且设想这个物是以 C 为中心的球面的一部分 σ_o，如图 5.21 所示。若 σ_o 离球面界面近，点 S 将有一虚像 P（$s_i < 0$，因此在 V 之左）。将 S 移远，它的像将是实像（$s_i > 0$，因此在 V 之右）。在任何一种情况下，σ_o 上的每一点在 σ_i 上有一个共轭

[①] 用透镜聚焦的最早的文字记载可以追溯到公元前 423 年阿里斯托芬的戏剧《云》。剧中 Strepsiades 计划用一个取火镜将太阳光聚焦到蜡板上，融化掉关于赌债的记录。

点，这些点位于穿过 C 的一条直线上。限于傍轴理论时，可以认为这些表面都是平面。因此，垂直于光轴的一个很小的平面物，将成像到一个也垂直于光轴的很小的平面区域上。注意，如果将 σ_o 移到无穷远，那么来自每一点光源的光线锥将变成**准直的**（即平行的），而像点将位于焦平面上（图 5.19）。

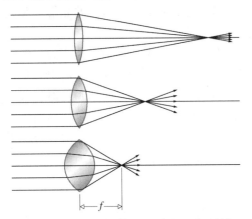

图 5.20　曲率半径（$1/R$）越大，焦距越短

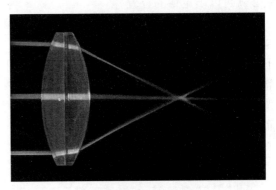

正透镜将光束带到焦点

将图 5.21 中画的那块媒质的右端切断并抛光，我们能造出一块薄透镜。再次将透镜的第一个表面所成的像（图 5.21 中的 σ_i）当作第二个表面的物，然后第二个表面再生成一个最后的像。于是假设图 5.21a 中的 σ_i 是第二个表面的物，第二个表面的半径应取负值。我们已经知道此后将发生什么情况——与图 5.21b 中把光线方向倒过来的情况完全相同。透镜生成的垂直于光轴的很小的平面物的最后的像，自身将是垂直于光轴的一个小平面。

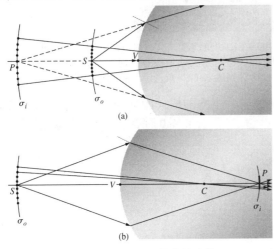

图 5.21　有限大小物体的成像

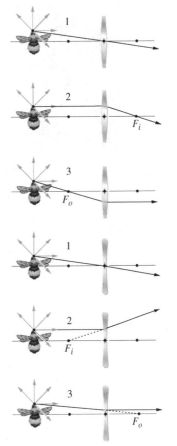

图 5.22　追踪穿过正透镜和负透镜的几条关键光线

用光线图可以非常简单地确定透镜所成像的位置、大小和取向。为了求出图 5.22 中物体的像，我们必须确定对应于每一物点的像点的位置。由于一个点光源发出的一个傍轴光锥中的一切光线都将到达像点，任何两条这样的光线就足以

确定像点的位置。因为我们知道焦点的位置，有三条光线用起来特别方便。第一条（光线 1）是穿过透镜中心 O 不偏转的光线，另外两条（光线 2 和光线 3）利用了以下事实：一条通过焦点的光线将平行于中心轴从透镜射出，或者倒过来。作为一条经验规则，在画光线图时，将透镜的直径（竖直方向的大小）画得大致与焦距一样大。然后将物点和像点放到中心光轴上透镜的前后一两个焦距的地方。通常只要追踪从物的最高点或者最低点发出的光线 1 和光线 2 就可以确定像的位置。

图 5.23 说明如何利用这三条光线中任何两条来确定物上一点的像的位置。附带说一句，这一方法溯源于史密斯（Robert Smith）早在 1738 年的工作。把薄透镜换成通过透镜中心垂直于中心轴的竖直平面，可以使图示更简单（图 5.24）。大致说来，如果我们把每条入射光线向前延长一点，并把每条出射光线向后延长一些，这两条光线将会在这个平面上相交。任何一条光线的总偏折可以想象为在这个平面上突然发生。它等效于由两次单独发生的角位移（每个界面上发生一次）组成的实际过程（稍后我们将看到，这相当于说薄透镜的两个主平面重合）。

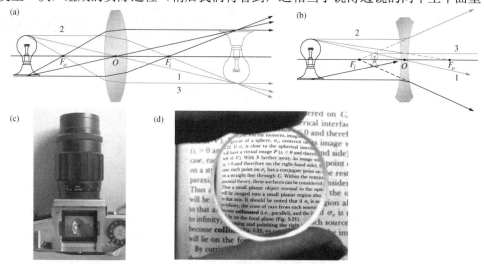

图 5.23 （a）实物和正透镜。（b）实物和负透镜。（c）投影到一台 35 mm 照相机的视屏上的实像，很像眼睛将它的像投影到视网膜上。这里取走了一个棱镜，让你能直接看到像。（d）负透镜成的缩小的正立虚像

根据符号规则，光轴上方的横向距离为正，下方的横向距离为负。因此在图 5.24 中，$y_o > 0$，$y_i < 0$。这时我们说这个像是**倒像**，反之，若 $y_o > 0$ 时有 $y_i > 0$，则像是正像。注意，三角形 AOF_i 和三角形 $P_2P_1F_i$ 相似，因此

$$\frac{y_o}{|y_i|} = \frac{f}{(s_i - f)} \tag{5.19}$$

同样，三角形 S_2S_1O 和 P_2P_1O 相似，有

$$\frac{y_o}{|y_i|} = \frac{s_o}{s_i} \tag{5.20}$$

其中所有的量除 y_i 外都是正的。因此

$$\frac{s_o}{s_i} = \frac{f}{(s_i - f)} \tag{5.21}$$

及

$$\frac{1}{f} = \frac{1}{s_o} + \frac{1}{s_i}$$

这个式子当然就是高斯透镜公式（5.17）。还有，三角形 $S_2S_1F_o$ 和三角形 BOF_o 相似，因而

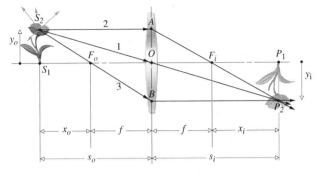

图 5.24 薄透镜的物像位置

$$\frac{f}{(s_o - f)} = \frac{|y_i|}{y_o} \tag{5.22}$$

用从焦点量起的距离，并将上式与（5.19）式联立，得

$$x_o x_i = f^2 \tag{5.23}$$

这是**牛顿形式**的透镜公式，这个公式首次出现在 1704 年牛顿的《光学》一书中。x_o 和 x_i 的符号是依据它们相对于相伴的焦点的位置来定的。根据规定，x_o 在 F_o 的左方时为正，而 x_i 则在 F_i 的右方时为正。从（5.23）式明显看出，x_o 和 x_i 有相同的符号，**这意味着物和像必须在它们各自的焦点的相反一侧。** 对一个初学者，当他面对那些随手画的光线草图感到惶惑时，这个规则很好记。

任何光学系统最后所成的像的横向大小与物的大小的比值，定义为侧向或**横向放大率** M_T，即

$$M_T \equiv \frac{y_i}{y_o} \tag{5.24}$$

或由（5.20）式

$$M_T = -\frac{s_i}{s_o} \tag{5.25}$$

因此正的 M_T 意味着一个正像，而负值则表示像是倒像（见表 5.2）。记住，对于实物和实像，s_i 和 s_o 都为正。于是很明显，单个薄透镜成的一切实像都是倒像。牛顿的放大率表示式由（5.19）式和（5.22）式及图 5.24 得出：

$$M_T = -\frac{x_i}{f} = -\frac{f}{x_o} \tag{5.26}$$

放大率这个词有些不妥，因为 M_T 的大小肯定可以小于 1，这时像比物小。当物距和像距都为正并且相等时，得到 $M_T = -1$，这种情况只发生在 $s_o = s_i = 2f$ 时 [（5.17）式]。结果会发现（习题 5.15），这是物和像可能距离最近的情况（相距 $4f$）。表 5.3 小结了将薄透镜和实物放在各种位置的成像情况。

表 5.2 薄透镜和球面界面的各个参量的符号所对应对意义

量	符 号		量	符 号	
	+	−		+	−
s_o	实物	虚物	y_o	正立物	倒立物
s_i	实像	虚像	y_i	正像	倒像
f	会聚透镜	发散透镜	M_T	正像	倒像

表 5.3　由薄透镜所成实物的像

凸 透 镜				
物	像			
位置	类型	位置	指向	相对大小
$\infty > s_o > 2f$	实像	$f < s_i < 2f$	倒像	缩小
$s_o = 2f$	实像	$s_i = 2f$	倒像	同样大小
$f < s_o < 2f$	实像	$\infty > s_i > 2f$	倒像	放大
$s_o = f$		$\pm\infty$		
$s_o < f$	虚像	$|s_i| > s_o$	正像	放大

凹 透 镜				
物	像			
位置	类型	位置	指向	相对大小
任何地方	虚像	$|s_i| > |f|$ $s_o > |s_i|$	正像	缩小

例题 5.3　一个双凸球面薄透镜，两个面的曲率半径分别为 100 cm 和 20.0 cm。透镜用的玻璃的折射率为 1.54，放在空气中。（a）若一物放在 100 cm 表面前 70.0 cm 处，求它的像的位置并详细描述这个像。（b）求像的横向放大率。（c）画出光线图。

解

（a）我们不知道焦距，但是知道所有的物理参数，因此我们想起（5.16）式

$$\frac{1}{f} = (n_l - 1)\left(\frac{1}{R_1} - \frac{1}{R_2}\right)$$

所有量都用 cm 作为单位

$$\frac{1}{f} = (1.54 - 1)\left(\frac{1}{100} - \frac{1}{-20.0}\right)$$

$$\frac{1}{f} = (0.54)\left(\frac{1}{100} + \frac{1}{20.0}\right)$$

$$\frac{1}{f} = (0.54)\frac{6}{100}$$

$$f = 30.86 \text{ cm} = 30.9 \text{ cm}$$

现在可以求像了。由于 s_o=70 cm，大于 $2f$，因此在计算 s_i 之前，就知道像是倒立实像，位于 f 和 $2f$ 之间，是缩小的像。为了求 s_i，用高斯公式

$$\frac{1}{s_i} + \frac{1}{s_o} = \frac{1}{f}$$

$$\frac{1}{s_i} + \frac{1}{70.0} = \frac{1}{30.86}$$

$$\frac{1}{s_i} = \frac{1}{30.86} - \frac{1}{70.0} = 0.018\,12$$

得到

$$s_i = 55.19 = 55.2 \text{ cm}$$

像位于透镜右边 f 和 $2f$ 之间。因为 $s_i > 0$，所以是实像。

（b）放大率为

$$M_T = -\frac{s_i}{s_o} = -\frac{55.19}{70.0} = -0.788$$

像是倒立的（$M_T<0$），缩小的（$|M_T|<1$）。

（c）画出透镜，在透镜两边标出两倍焦距长度。把物体放在两倍焦距之外，像画在 f 和 $2f$ 之间。

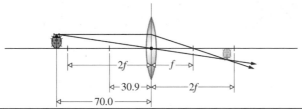

现在可以全面了解单个凸透镜或凹透镜的性质了。设一正透镜截取了远处一个点光源发出的光锥（图 5.25）。如果光源在无穷远（远到可以认为是无穷远），它发出的光线到达透镜基本上是平行的（图 5.25a），将会聚焦在焦点 F_i。若将点光源 S_1 挪近一些（图 5.25b），但是仍就很远，进入透镜的光线锥很窄，光线到达透镜表面的角度发散很少，透镜把它们会聚到点 P_1 上。光源再靠近，进入的光线发散得更厉害，像就移到更右面的位置。当光源到达 F_o 时，光线发散得如此厉害，透镜再也不能把它们会聚，只能平行于光轴射出。光源再移近，进入的光线发散得更加厉害，以至离开透镜时还是发散的。像点现在是虚的——在 f 处或更近的物体没有实像。

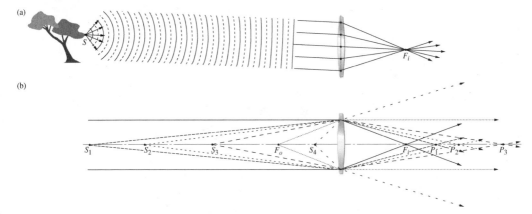

图 5.25　（a）远处的物发出的波，随着波的扩展其波阵面变平，半径越来越大。在远处看，光线基本上是平行的，透镜将它们会聚在 F_i 上。（b）随着点光源移近，光线更发散，像点从透镜移远。物一旦移到焦点，发射的光线就不再会聚。再移近，光线就发散了

图 5.26 图示出这种情形。**随着物趋近透镜，实像远离透镜**。物很远时，像（倒立实像，缩小，$M_T<1$）在焦平面右面一点点。随着物体趋近透镜，像（仍为倒立实像，缩小，$M_T<1$）从焦平面向右移，越来越大。当物在无穷远和 $2f$ 之间时，我们得到照相机和眼睛的配置，它们都需要一个缩小的实像。顺便说一句，是大脑把倒立的像再正过来，这样你看到的东西才是正立的。

当物在两倍焦距处，像（倒立实像）和实物一样大小，$M_T=1$。复印机通常就是这样配置的。

随着物更靠近透镜（$2f$ 与 f 之间），像（放大的倒立实像，$M_T>1$）迅速向右移，大小继

续增大。这种配置对应于胶片投影仪，其关键特点是放大的实像，为了对倒立的像补偿，胶片倒着放。

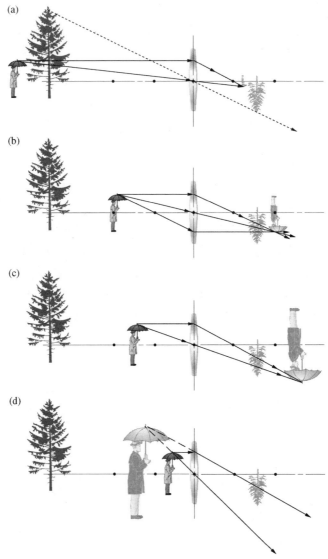

图 5.26　薄正透镜成像

当物离透镜的距离精确另一个焦距时，像移到无穷远（不产生像，出射光线平行。）

若物体位置比焦距更近，像又出现（正立虚像，放大率 $M_T > 1$）。这是放大镜的组态。

记住这一点是有用的：平行于中心轴进入透镜的光线确定了实像的高度（图 5.27）。因为光线离开中心轴发散，随着物趋近 F，像迅速变大。

例题 5.4　一个等凸的薄球透镜两面的曲率相同。一只 2.0 cm 高的虫子在中心轴上离透镜表面 100 cm 处。墙上的虫像有 4.0 cm 高。透镜玻璃的折射率为 1.50。求透镜表面的曲率半径。

解

因为 $y_o = 2.0$ cm，$s_o = 100$ cm，$R_1 = R_2$，$|y_i| = 4.0$ cm，$n_l = 1.50$，并且是实像，所以像是倒立的，$y_i = -4.0$ cm。求半径我们需要（5.16）式和焦距。求出 s_i 后就能算出 f。已知 M_T，

$$M_T = \frac{y_i}{y_o} = -\frac{s_i}{s_o} = \frac{-4.0}{2.0} = -2.0$$

$$s_i = 2.0s_o = 200 \text{ cm}$$

用高斯透镜公式

$$\frac{1}{f} = \frac{1}{s_o} + \frac{1}{s_i} = \frac{1}{100} + \frac{1}{200}$$

$$f = \frac{200}{3} = 66.67 \text{ cm}$$

透镜制造者公式给出 R

$$\frac{1}{f} = (1.50 - 1)\left(\frac{1}{R} - \frac{1}{-R}\right) = \frac{1}{2}\frac{2}{R}$$

所以

$$f = R = 67 \text{ cm}$$

注意，物空间到像空间的变换不是线性的；透镜左边从 $2f$ 到无穷远的全部物空间，被压缩为透镜右边 f 到 $2f$ 的像空间。图 5.27 表明，当物体均匀地向透镜移动时，对像造成的变化，沿着中心轴和垂直于中心轴两个方向上是不一样的，在这个意义上，像空间发生了畸变。轴向的像间隔的增大要比对应的像高度循序变化快得多。用一个望远镜（即长焦距透镜），很容易观察这种远物空间的相对"平坦化"。也许你已经从电影的远镜头中见过这个效应。在远景中，电影里的人物向着照相机跑了很远的距离，尽管如此，他的身材却改变不多，因此我们觉得他似乎没跑多远。

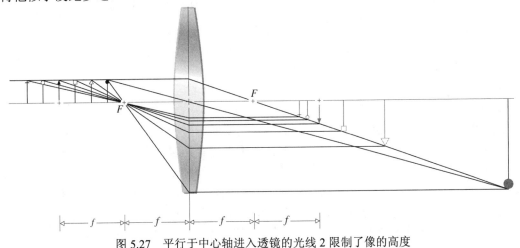

图 5.27　平行于中心轴进入透镜的光线 2 限制了像的高度

当物离凸透镜的距离小于焦距时（图 5.26d），生成的像是一个放大的直立虚像。表 5.3 给出，这个像在透镜左边，比物体更远。在图 5.28 中，同样大小的几个物体，放置在焦点 F_o 和顶点 V 之间。经过所有这些物的顶的 2 号光线平行于中心轴，折射后通过 F_i 点。它往回投影决定了各个像的高度。注意，随着物趋向透镜，像不断缩小。虽然它们的放大率仍然大于 1，当物体碰到透镜时，像是实物大小。

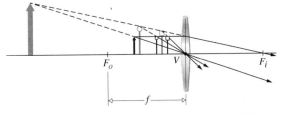

图 5.28　正透镜生成虚像。物越靠近透镜，像也越靠近透镜

纵向放大率

一个三维物体的像自身也应占据三维空间一个区域。光学系统显然会影响像的横向和纵向大小。**像的纵向放大率** M_L 指的是光轴方向上的放大率，定义为

$$M_L \equiv \frac{\mathrm{d}x_i}{\mathrm{d}x_o} \tag{5.27}$$

它是像空间中一个无穷小的轴向长度与物空间中对应长度的比值。对（5.23）式微分，得到单一媒质中薄透镜的纵向放大率公式为（图 5.29）

$$M_L = -\frac{f^2}{x_o^2} = -M_T^2 \tag{5.28}$$

显然 $M_L < 0$，这意味着正的 $\mathrm{d}x_o$ 对应于负的 $\mathrm{d}x_i$，反之亦然。换句话说，指向透镜的指头的像指向离开透镜的方向（图 5.30）。

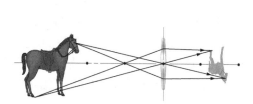

图 5.29　横向放大率与纵向放大率不一样

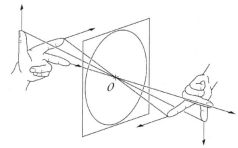

图 5.30　薄透镜成像的方向

用一块简单凸透镜将窗户成像在一张纸上。假定有一幅诱人的树木景色，将远处的树也成像在屏幕上。现在在将纸离开透镜移动，使纸和像空间的不同区域相交，这时树木逐渐模糊，而近处的窗户逐渐变清楚。

虚物

下面很快就要讨论透镜组合，在此之前，我们要考虑有一连串透镜时常常发生的一种情况。可能有光线会聚射到透镜上，如图 5.31a 所示。这时光线围绕中心轴对称分布，它们指向物焦点 F_o。结果光线平行于中心轴射出透镜，像在无穷远处，即没有像。因为光线本来是向 F_o 会聚的，习惯上说 F_o 对应于一个虚的点物体。图 5.31b 中的点 F_o 的情况相同，其中光线 1 与轴成一个小角度穿过透镜中心。所有光线都会聚在焦平面的 F_o 上，我们仍然得到一个虚的点物体。一切光线都平行于光线 1 从透镜射出。记住这一重要情况，后面将要用到。

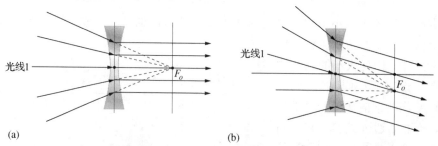

图 5.31　负透镜的虚的点物体。（a）在轴上，（b）在轴外。当光线会聚到物上时，物是虚物。这常常在多透镜系统中发生

对图 5.32 所示的扩展物，情况要复杂一些。三条会聚光线对着"物"的顶进入一面正透镜

——当然，那里除了光线 1 之外没有别的光线；实际的虫子在左边某个地方。光线进入透镜之前是指向物虫子头部的（最右边，$s_o < 0$），被透镜折射后实际会聚到虫子的直立缩小实像的头部。注意，物处在离透镜一个焦距距离之外。透镜增加光线的会聚程度，使光线会聚到像上，像离透镜更近，但仍在透镜右边。**物是虚的（$s_o < 0$），像是实的（$s_i > 0$）**。在 s_i 处放一屏幕，像将出现在屏幕上。附带说一句，当物体和像出现在透镜的同一侧时，必定一个是实的一个是虚的。

图 5.33 的情况有些相似，三条光线在进入一个负透镜之前对着"物"的顶，物是一个虫子，在透镜之右（$s_o < 0$），是虚物。光线穿过透镜，发散，看来像是从透镜左边的缩小的倒立虚像发出的。一个观察者在透镜右边向左看透镜，将接收这三条光线，将它们向后投影到左方，看到一个倒立的虫子像。**物是虚的（$s_o < 0$），像也是虚的（$s_i < 0$）**。

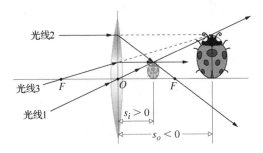

图 5.32　虚物（最右边）和它的正立实像（透镜右边一点）。这能出现在多透镜系统中

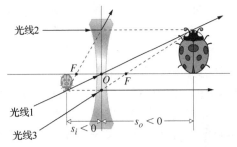

图 5.33　虚物（右）及其虚倒像（左）。这种情况可能在多透镜系统中发生

注意，图 5.33 中的虚物出现在透镜的焦距之外。如果这三条光线以更大的角度趋近，它们可能会聚为一个更靠近透镜的物（图 5.34）。所有这些光线实际上并不射到物上，物仍是虚物（$s_o < 0$）。现在光线被透镜折射到达像，像在透镜右边（$s_i > 0$）因此是实像。**物是虚物（$s_o < 0$）而像是实像（$s_i > 0$）**。

焦面光线追迹

迄今为止，我们依靠简单地追踪三条我们喜爱的光线的方法干得还不错，但是还有另外一个光线追迹机制值得一述。我们曾根据事实指出，透镜焦平面上的点总是和平行的光线柱有关系。因此，想象射到一块正透镜上的任意一条光线（图 5.35a）。这条光线在 A 点穿过第一焦平面（重看图 5.19），但是我们至今没有试着画出它在 B 点发生折射后走向何处。不过我们还是知道，A 点发出的所有光线必定相互平行着从透镜射出。我们还知道，从 A 点到透镜中心 O 的光线是走直线穿过的。因此从 B 点出发的折射光线必定平行于从 A 到 O 的光线，因而与轴相交于 C。

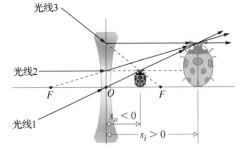

图 5.34　虚物（透镜右面一点）及其放大的正立实像（右面远处）。这种情况可以在使光线一开始就会聚的多透镜系统中发生

让我们对图 5.35b 中的负透镜试用这个方法。一条任意光线向下在 B 点射入透镜。这条光线对着负透镜的第二焦平面上的 A 点，A 在焦点 F 上面一些。现在从 O 到 A 画一条直线并延长。一条沿着这条直线的光线将经过 A 点并继续前行。而且，所有起初对着 A 点的光线（重看图 5.31）必定在透镜上发生折射，互相平行着射出，平行于从 O 到 A 的直线。这意味着我们关心的那条光线在 B 点发生折射而散开，向上平行于从 O 到 A 的直线射出。

下面会看到，这一技术使我们能够迅速追踪一条光线穿过一系列透镜。

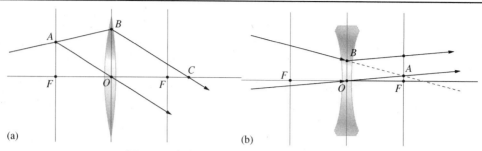

图 5.35　焦平面光线追踪。重新考察图 5.31b

薄透镜组合

我们这里的目的并不是要读者精通现代透镜设计的复杂技术，而是让他熟悉使用和改进那些有商品出售的现成的透镜系统所需的知识。

构建一个新光学系统时，一般从以最快的近似计算方法画出粗糙安排的草图开始。然后，设计者采用大规模的而且更精确的光线追迹方法，进行各种修正。今天这种计算经常用计算机进行。即使这样，简单的薄透镜概念在广阔的范围内为初步计算提供了很有用的基础。

就厚度应当趋于零这一严格意义而言，没有哪块透镜实际上是薄透镜。但是，就一切实用目的而言，许多简单透镜发挥着等效于薄透镜（即厚度比直径小得多）的功能。几乎所有眼镜镜片都属于这一类型（顺便提一下，眼镜至少从 13 世纪起就已使用了）。当透镜的曲率半径大而直径很小时，厚度往往也很小。这种透镜一般有长焦距，与焦距相比其厚度很小；许多早期望远镜物镜完全符合上面的描述。

我们现在来推导与薄透镜组合有关的参量的表示式。所用的方法很简单，把较复杂的传统处理方法留给那些坚持不懈的读者，他们在下一章会学到那些内容。

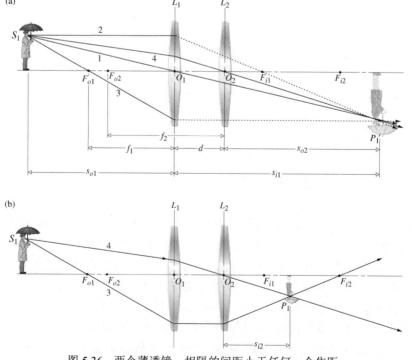

图 5.36　两个薄透镜，相隔的间距小于任何一个焦距

假设有两块薄正透镜 L_1 和 L_2，相隔一段距离 d，d 小于任何一个焦距，如图 5.36 所示。最后生成的像可用图解法确定如下：暂且先不管 L_2 的存在，用光线 2 和光线 3 建立单由 L_1 所成的像。像通常一样，这两条光线分别通过透镜的物方焦点和像方焦点 F_{o1} 和 F_{i1} 这个物在一个垂直光轴的平面内，因此这两条光线确定了像的顶，一条垂直于光轴的垂线确定了像的底。然后从 P_1' 向后画光线 4 通过 O_2。插入 L_2 对光线 4 并没有影响，而光线 3 则被折射穿过 L_2 的像方焦点 F_{i2}。光线 4 和光线 3 的交点确定像的位置，在这一特殊情况下，这个像是缩小的倒立实像。当两个透镜紧贴时，L_2 的存在主要是对进入 L_1 的光束加强会聚（若 $f_2 > 0$）或者加强发散（若 $f_2 < 0$）；见图 5.37。

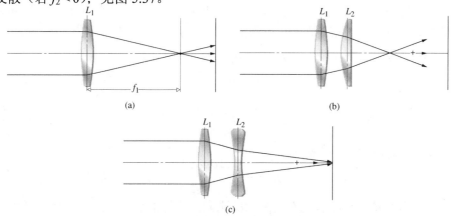

图 5.37　（a）在正透镜 L_1 的焦距内放置第二个透镜 L_2 的效果。（b）L_2 是正透镜时，加强光束的会聚。（c）L_2 是负透镜时，加强光束的发散

图 5.38 中是类似的一对透镜，但是间距增大了。光线 2 和光线 3 再一次穿过 F_{i1} 和 F_{o1}，确定了单由 L_1 成的中间像的位置。和以前一样，从 O_2 到 P_1' 再到 S_1 向后画光线 4。光线 3 被折射经过 F_{i2} 点，光线 3 和光线 4 的交点确定定了最后的像。这一次像是正立的实像。注意若增加 L_2 的焦距而其他不变，则像也随着放大。

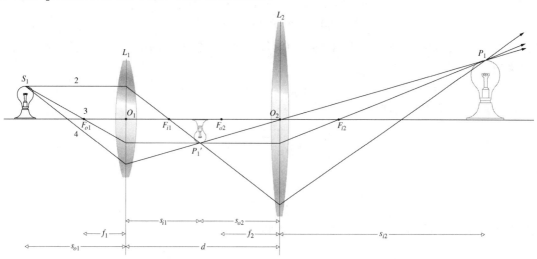

图 5.38　两个薄透镜，间距大于两个透镜的焦距之和。因为中间像是实像，你可以从 P_1' 出发，把 P_1' 当作 L_2 的实的物点。于是从 P_1' 出发穿过 F_{i2} 的光线将到达 P_1

下面来推导解析公式，在图 5.36 中只看 L_1，

$$\frac{1}{s_{i1}} = \frac{1}{f_1} - \frac{1}{s_{o1}}$$ (5.29)

或

$$s_{i1} = \frac{s_{o1}f_1}{s_{o1} - f_1}$$ (5.30)

它是正的，当 $s_{o1} > f_1$ 和 $f_1 > 0$ 时，中间像（位于 P_1'）在 L_1 的右边。现在考虑第二块透镜 L_2，它的物在 P_1'

$$s_{o2} = d - s_{i1}$$ (5.31)

若 $d > s_{i1}$，L_2 的物是实物（如图 5.38 所示），而如果 $d < s_{i1}$，则是虚物（$s_{o2} < 0$，如图 5.36）。在前一种情况，到达 L_2 的光线是从 P_1' 发散射来的；而在后一种情况，光线则向 P_1' 会聚。如图 5.36a 中画的，L_1 成的中间像，对 L_2 说来是虚物。此外，对 L_2 有

$$\frac{1}{s_{i2}} = \frac{1}{f_2} - \frac{1}{s_{o2}}$$

或

$$s_{i2} = \frac{s_{o2}f_2}{s_{o2} - f_2}$$

用（5.31）式，我们得到

$$s_{i2} = \frac{(d - s_{i1})f_2}{(d - s_{i1} - f_2)}$$ (5.32)

用同样的方法，我们能够求出任意个薄透镜的响应。能得出单个表示式总是方便的，至少在只处理两块透镜时是这样，因此用（5.29）式代换 s_{i1}。我们得到

$$s_{i2} = \frac{f_2 d - f_2 s_{o1}f_1/(s_{o1} - f_1)}{d - f_2 - s_{o1}f_1/(s_{o1} - f_1)}$$ (5.33)

这里 s_{o1} 和 s_{i2} 分别是复合透镜的物距和像距。作为一个例子，我们来计算下面的像距。一个物放在离第一块透镜 50.0 cm 处，两块透镜相隔 20.0 cm，焦距分别为 30.0 cm 和 50.0 cm。求像距。直接代入

$$s_{i2} = \frac{50(20) - 50(50)(30)/(50 - 30)}{20 - 50 - 50(30)/(50 - 30)} = 26.2 \text{ cm}$$

这是一个实像。只要 L_2 "放大" L_1 生成的中间像，复合透镜的总横向放大率是两个单独放大率的乘积，即

$$M_T = M_{T1}M_{T2}$$

在习题 5.45 中，要求读者证明

$$M_T = \frac{f_1 s_{i2}}{d(s_{o1} - f_1) - s_{o1}f_1}$$ (5.34)

在上例中

$$M_T = \frac{30(26.2)}{20(50 - 30) - 50(30)} = -0.72$$

正如从图 5.36 可以猜到的，像是一个缩小的倒像。

例题 5.5 一块薄双凸透镜，焦距为 +40.0 cm，放在一块焦距为 −40.0 cm 的薄双凹透镜之前（左边）30.0 cm 处。若将一个小物放在正透镜左边 120 cm 处：（a）由计算每个透镜的效应求出像的位置。（b）计算放大率。（c）描述这个像。

解

（a）第一个透镜在 s_{i1} 成一中间像，s_{i1} 由下式求得

$$\frac{1}{f_1} = \frac{1}{s_{o1}} + \frac{1}{s_{i1}}$$

$$\frac{1}{40.0} = \frac{1}{120} + \frac{1}{s_{i1}}$$

$$\frac{1}{s_{i1}} = \frac{1}{40.0} - \frac{1}{120} = \frac{2}{120}$$

$$s_{i1} = 60.0 \text{ cm}$$

这在负透镜右边 30.0 cm 处。因此 $s_{o2} = -30.0$ cm，并且

$$\frac{1}{f_2} = \frac{1}{s_{o2}} + \frac{1}{s_{i2}}$$

$$\frac{1}{-40.0} = \frac{1}{-30.0} + \frac{1}{s_{i2}}$$

$$s_{i2} = +120 \text{ cm}$$

像位于负透镜右边 120 cm 处。

（b）放大率为

$$M_T = M_{T1} M_{T2} = \left(-\frac{s_{i1}}{s_{o1}}\right)\left(-\frac{s_{i2}}{s_{o2}}\right)$$

$$M_T = \left(-\frac{60.0}{120}\right)\left(-\frac{120}{-30}\right) = -2.0$$

（c）因为 $s_{i2} > 0$，像是实像；因为 $M_T = -2.0$，像是倒立的放大像。可以用（5.34）式检验 M_T

$$M_T = \frac{40(120)}{30(120-40)-120(40)} = \frac{40(120)}{-40(60)}$$

$$M_T = -2.0$$

用（5.33）式检验 s_{i2}

$$s_{i2} = \frac{(-40.0)(30.0)-(-40.0)(120)(40.0)/(120-40)}{30.0-(-40.0)-120(40.0)/(120-40)}$$

$$s_{i2} = \frac{-1200+40.0(60.0)}{70.0-60.0} = \frac{1200}{10} = 120 \text{ cm}$$

图 5.39 中两个正透镜 L_1 和 L_2，一个焦距长，一个焦距短。它们分开的距离超过两个焦距之和。缩小倒立的实中间像位于光线 1、2、3 的交点。这三根光线继续向前与第二块透镜的第一个焦平面交于 A_1，A_2，A_3 点。再与 L_2 交于 B_1，B_2，B_3 点。马上要问的问题是，这些光线如何被 L_2 折射？换句话说，如何确定像点 P 的位置？由于中间像是实像，我们可以再引入两根有用的新光线。但是我们不用这个方法，而用焦平面光线跟踪方法。

从 A_2 到 O 画一条直线，从 B_2 出发的折射光线应该平行于这条线——把它画出来。再画一条从 A_1 到 O 的直线，从 B_1 出发的折射光线必定与它平行——把它画出来。这两条线的交点就确定了 P 点和最后的像，它是正立实像。

作为这个方法的另一个例子，考虑图 5.40 中平行于中心轴射到正透镜 L_1 上的光线，跟踪它如何穿过这个系统。这条光线与 L_1 的第一焦平面交于 A_1，发生折射，对准焦点 F_1，它

也平行于从 A_1 到 O_1 的直线。于是这条光线发生弯折，从 B_1 到 B_2，我们延长它（虚线），直到它与负透镜 L_2 的第二焦平面交于 A_2。从 A_2 到 O_2 画虚线，从 B_2 到 B_3 的光线应当与它平行。这条光线与 L_3 的第一焦平面交于 A_3，在 B_3 点射到 L_3 上。要决定这条光线离开 L_3 时最终的弯折方向，从 O_3 到 A_3 画一条直线。光线最后平行于 O_3A_3 直线射出。

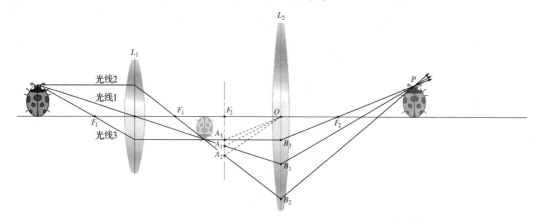

图 5.39   使用焦面光线追迹技术

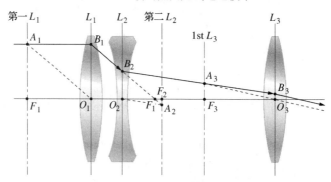

图 5.40   用焦平面技术追踪一条光线通过三块透镜组成的系统

后焦距和前焦距

从一个光学系统的最后一个表面到这个系统的第二焦点的距离叫做**后焦距**。同样，从第一个表面的顶点到第一焦点或物方焦点的距离叫做**前焦距**。因此，若令 $s_{i2} \to \infty$，s_{o2} 将趋于 f_2，再与（5.31）式联立就得知 $s_{i1} \to d - f_2$，于是从（5.29）式

$$\left. \frac{1}{s_{o1}} \right|_{s_{i2} = \infty} = \frac{1}{f_1} - \frac{1}{(d - f_2)} = \frac{d - (f_1 + f_2)}{f_1(d - f_2)}$$

但是 s_{o1} 这个特殊值就是前焦距：

$$前焦距 = \frac{f_1(d - f_2)}{d - (f_1 + f_2)} \tag{5.35}$$

同样，在（5.33）式中令 $s_{o1} \to \infty$，得 $(s_{o1} - f_1) \to s_{o1}$，由于这时 s_{i2} 是后焦距，我们得到

$$后焦距 = \frac{f_2(d - f_1)}{d - (f_1 + f_2)} \tag{5.36}$$

为了看到如何进行数字计算，我们来求图 5.41 中薄透镜组的后焦距和前焦距，其中 $f_1 = -30\,\text{cm}$，$f_2 = +20\,\text{cm}$。这时

$$后焦距 = \frac{20[10-(-30)]}{10-(-30+20)} = 40 \text{ cm}$$

类似地，前焦距=15 cm。附带说一句，若 $d = f_1 + f_2$，那么不论从哪一边进入复合透镜的平面波出射时仍是平面波（见习题 5.49），望远镜系统就是如此。

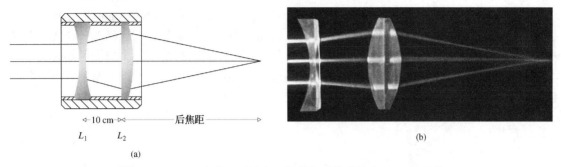

图 5.41　（a）一个薄正透镜和一个薄负透镜的组合。（b）照片

注意，若 $d \to 0$，即把两块透镜紧贴在一起，像某些消色差双合透镜那样，那么

$$后焦距 = 前距焦 = \frac{f_2 f_1}{f_2 + f_1} \tag{5.37}$$

对**紧贴的两块薄透镜**，得到的薄透镜的等效焦距为

$$\frac{1}{f} = \frac{1}{f_1} + \frac{1}{f_2} \tag{5.38}$$

这意味着若有 N 个这样的透镜前后紧贴着，则有

$$\frac{1}{f} = \frac{1}{f_1} + \frac{1}{f_2} + \cdots + \frac{1}{f_N} \tag{5.39}$$

用几块简单透镜，就可以至少定性地验证上面的许多结论。图 5.36 很容易重复，其步骤不言自明，图 5.38 需要更小心一些。首先，想象一个遥远的光源来确定两块透镜的焦距。然后把一面透镜（L_2）置于离观察平面（一张白纸）一个比透镜的焦距稍大一些的距离处。现在开始做实验，如果你没有光具座，实验做起来要费点力。把另一透镜（L_1）移向光源，保持它们基本上共轴。如果不阻挡直接进入 L_2 的光，在屏幕上你大概可以看到你拿着 L_1 的手的一个模糊像。调节透镜的位置使对应于 L_1 的屏幕区域尽可能亮。L_1 上散布的景物（像中像）将会变得清楚和正立，如图 5.38 所示。

量子电动力学和透镜

从费马原理出发推导本章的基本方程有一个很好的理由，就是让我们通过光程来思考问题，这将自然地通向费曼对量子电动力学的处理方法。记住，许多物理学家都认为他们的理论只不过是计算观察结果的概念工具。不论一个理论多么高深，它都必须和最"日常的"观察结果相符。于是，为了看到一块透镜的功能如何符合量子电动力学的世界观，让我们回到图 4.80 和反射镜作一简短回顾，

光从 S 点到反射镜再到 P 点有无穷多条可能的路径。从经典观点看，我们注意到，它们的光程是不同的，因而渡越时间也不同。在量子电动力学中，每条路径有一个相联系的概率幅（它有一个相角，正比于渡越时间）。把这些统统加起来，我们看到，对到达 P 点的光的总概率的最大贡献，来自最接近最短光程的路径。

对一面透镜（图 5.42）来说，情况很不相同。我们可以再把透镜分成很多小部分，每个部分有一条可能的光路，都有很小的概率幅。当然，分的份数应该比图里的 17 份多得多，因此将图中每条路径当作是代表亿万条邻近的路径——这个逻辑不会变。每条路径有一个小的概率幅相矢量与之相联系。因为透镜是专门设计用来使所有的光程相同的，整个透镜上光程（或渡越时间）对透镜厚度距离的函数关系是一条直线。当然，光子用同样的时间走过任何一条路径；一切相矢量（假定每个的大小相同）有相同的相角。于是，它们都对一个光子到达 P 点的可能性有同样的贡献。把这些相矢量首尾相接排起来，将得到一个很大的净振幅，平方后得到一个很大的概率，它是光通过透镜到达 P 点的概率。用量子电动力学的语言说，**透镜是通过使一切分概率幅有相同的相角使光聚焦的。**

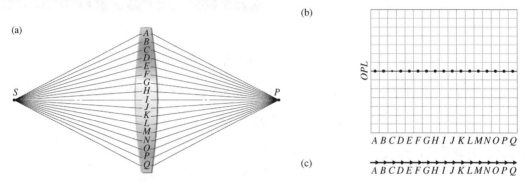

图 5.42 费曼用量子电动力学对薄透镜的分析。（a）从 S 到 P 有许多可能的路径。（b）每条路径的光程。（c）相应的概率幅相矢量都同相相加

对包含 P 的平面上其他靠近光轴的点，相角成比例地不同。把相矢量首尾连接将逐渐变成一条螺线，净概率幅起初很快下降，但是不会断崖式地下降。注意，概率分布不是单个无穷窄的长条；光线不能聚焦到一点。离轴点的相矢量不会立刻相加为零；它是逐渐地、不断地发生的。这样得到的圆对称的概率分布 $I(r)$ 叫做爱里图样（第 590 页）。

5.3 光阑

5.3.1 孔径光阑和视场光阑

一切透镜的大小都是有限的，这个固有属性使它们只能收集点光源发射的能量的一部分。因此，一个简单透镜的周界代表的物理限制，决定了哪些光线将进入此系统成像。在这方面，透镜未被遮拦的或清澈的直径起着让能量流入的孔径的作用。决定到达像的光能量大小的任何元件，不论是透镜的边界还是单独的光阑，叫做**孔径光阑**。光学系统的孔径光阑是一个特别的物理实体，它限制一个轴上物点发出的穿过此系统的光束宽度。通常放在照相机组合镜头的前几个元件之后的可调光圈就是孔径光阑。显然，它决定了整个镜头的集光能力。如图 5.43 所示，很斜的光线仍能进入这种系统。然而，为了控制像的质量，通常对这种光要加以限制。

限制可以被系统成像的物的大小或角宽度的元件叫做**视场光阑**，它决定了仪器的视场。在照相机里，胶片或 CCD 传感器的边界为像平面置限，起了视场光阑的作用。于是，孔径光阑控制从物点来到共轭像点的光线的数目（图 5.43），而视场光阑则完全阻挡或完全不阻挡这些光线。图 5.43 中物的顶之上或底之下的区域都不能通过视场光阑。张开圆形的孔径光

阑将使系统接收更大的光锥内的能量，增大每个像点的辐照度。反之，张大视场光阑将使以前被挡住的物的边缘部分也可以成像。

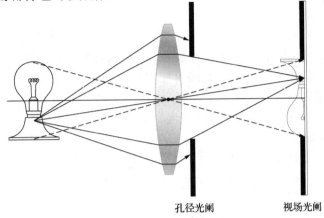

孔径光阑   视场光阑

图 5.43   孔径光阑和视场光阑

5.3.2 入射光瞳和出射光瞳

另一个对决定一条光线是否会穿过整个光学系统很有用的概念是光瞳，它就是孔径光阑的像。一个系统的**入射光瞳**是从物上的一个轴点穿越孔径光阑之前的元件看到的孔径光阑的像。如果物和孔径光阑之间没有透镜，孔径光阑自身就起着入射光瞳的作用。为了说明这一点，考察图 5.44，它是带有后孔径光阑的一面透镜。想象你的眼睛在物空间中透镜左边的轴上，通过透镜向右看孔径光阑。你看到的像，不论是实像还是虚像，就是入射光瞳。因为它与透镜的距离小于一个焦距，孔径光阑在 L 中的像是放大的虚像（见表 5.3）。用常用的方法，从孔径光阑边上画几条光线，可以确定这个像的位置。相反，**出射光瞳**是从像上的一个轴点穿过中间插入的透镜（如果有的话）看到的孔径光阑的像。图 5.44 中没有这样的透镜，所以孔径光阑自身就起着出射光瞳的作用。看图 5.45，想象你的眼睛在像空间的轴上向左通过透镜看孔径光阑，你看到的像就是出射光瞳。

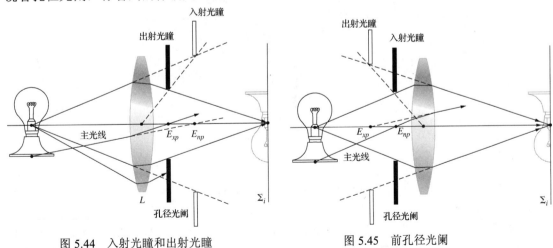

图 5.44   入射光瞳和出射光瞳   图 5.45   前孔径光阑

所有这一切意味着，实际进入光学系统的光锥由入射光瞳决定，而离开光学系统的光锥由出射光瞳控制。光源点发出的光线，若是在这两个光锥之外，都不会到达像平面。光瞳和孔径光阑是共轭的；要是没有渐晕（见下），任何进入入射光瞳的发散光线锥将通过孔径光阑，然后作为一个会聚的光锥经过出射光瞳。记住，沿轴的不同的物可以对应于不同的孔径光阑和光瞳；处理时一定要小心。

用一台望远镜或单筒透镜做相机的镜头，可以附加一个外部的前孔径光阑为曝光目的来控制入射光的量。图 5.45 表示一个这种装置，其中入射光瞳和出射光瞳的位置不言自明。如果透镜焦距更短，物体移得更近，光线可能在光阑的上边缘的下方通过。这时透镜的顶限制了光线锥，透镜自身成了孔径光阑。相反，把物向左移，孔径光阑和光瞳不会改变。

最后两张图都包含一条标为**主光线**的光线，它的定义是一个离轴物点发出的经过孔径光阑中心的任何一条光线。主光线沿着一条指向入射光瞳中心 E_{np} 的直线进入光学系统，沿着一条通过出射光瞳中心 E_{xp} 的直线离开光学系统。与来自物上一点的一束光线锥相联系的主光线，实际上起着这个光线束的中心光线的作用，是这个光束的代表。主光线在校正透镜设计的像差时特别重要。

图 5.46 画的是更复杂一些的装置。图中画的两条光线是光学系统中常常跟踪的。一条是物的周边一点发出的主光线，它就要纳入系统。另一条叫**边缘光线**，它来自轴上的物点，指向入射光瞳（或孔径光阑）的边缘。

在还不清楚哪个元件是实际的孔径光阑之前，系统的每个部件都必须用它左边的元件成像。对光轴上的物点张的角度最小的像就是入射光瞳，而像是入射光瞳的元件就是系统对这个物点的孔径光阑。习题 5.46 要做这种计算。

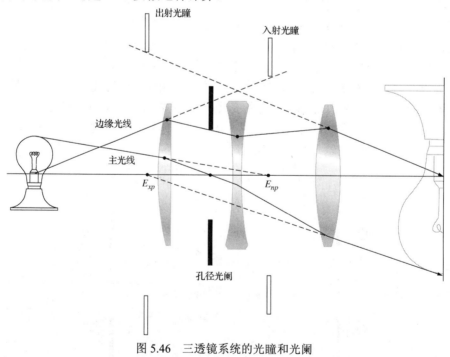

图 5.46 三透镜系统的光瞳和光阑

例题 5.6 一个正透镜，直径 140 mm，焦距 0.10 m，放在不透光屏之前 8.0 cm，屏上有一中心孔，直径 40 mm。透镜之前 20 cm 处轴上有一个物点 S。每个元件用它左面的元件成像，求哪个元件在 S 处张的角度最小。它就是入射光瞳——求它的位置和大小。与入射光瞳共轭的物是孔径光阑，请证明。

解

透镜 L 左边没有元件，所以它实质上是自身的像。要找从像空间向左看 L 看到的 40 mm 孔的像，我们必须想象在孔中心的轴上一个点光源，对着左边的透镜发光，这意味着在下面的公式里修改所有有关的符号

$$\frac{1}{f} = \frac{1}{s_o} + \frac{1}{s_i}$$

这里 $f = +10$ cm，$s_o = +8.0$ cm

$$\frac{1}{10} = \frac{1}{8.0} + \frac{1}{s_i}$$

$s_i = -40$ cm。这告诉我们像与物在 L 的同一边，即右边。小孔的像是虚像，因为 $s_o < f$。

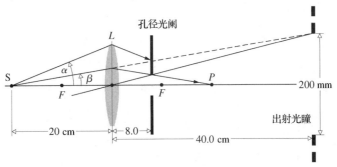

小孔的像的大小由下式得到

$$M_T = -\frac{s_i}{s_o} = -\frac{-40}{8.0} = 5$$

其中 5×40 mm = 200 mm。下面来定像的位置，设为 P，

$$\frac{1}{10} = \frac{1}{20} + \frac{1}{s_i}$$

$$s_i = +20 \text{ cm}$$

P 在 L 右边 20 cm 处。限制到达 P 的光线锥的元件是屏上的孔，而不是透镜。角度 $\beta < \alpha$，因此，孔是孔径光阑而孔的像是入射光瞳。

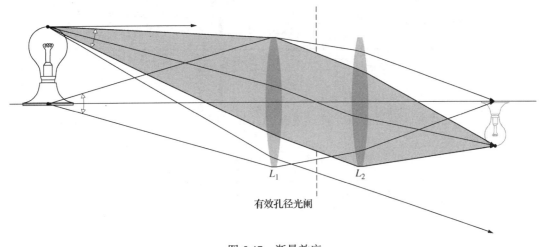

图 5.47 渐晕效应

注意在图 5.47 中，当物点从中心轴向外移动时，可以到达像平面的光线锥是如何变得更

窄的。轴上光线束的有效孔径光阑是 L_1 的周界，离轴光束的有效孔径光阑显著变小。结果使像边缘的点上像逐渐变暗变模糊。这个过程叫做**渐晕**。

　　光学系统的光瞳的位置和大小，在实际上相当重要。在目视仪器中，观察者的眼睛放在出射光瞳中心位置上。眼睛瞳孔自身能从 2 mm 变到大约 8 mm，随总的照明亮度而定。因此，设计主要用在傍晚时候的望远镜或双筒望远镜，出射光瞳至少要有 8 mm（你可能听到过夜视镜一词，它在第二次世界大战中很普及，用于屋顶上对空瞭望）。反之，白天用的望远镜，出射光瞳有 3～4 mm 就够了。出射光瞳越大，眼睛越容易适应仪器。显然，一支大火力步枪的望远瞄准器应该有大的出射光瞳，位置在瞄准器后面足够远的地方，以免反冲造成伤害。

　　例题 5.7　考虑附图中的薄透镜系统，一个物体位于前焦点 F_1，系统内有一个薄片。求孔径光阑和入射与出射光瞳的位置。标出边缘光线。

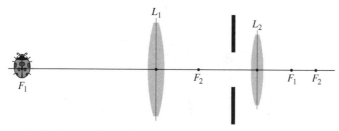

　　解　画一个从 F_1 发出的光线锥通过这个系统

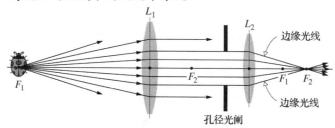

薄片就是孔径光阑，因为它限制了光束。要定出入射光瞳的位置，让一个观察者在物的位置向右看，求他看到的孔径光阑的像。

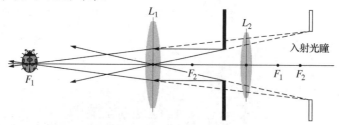

入射光瞳是右面的虚像。观察者在像空间看到的孔径光阑的像就是出射光瞳，它落在孔径光阑左边，也是虚像。

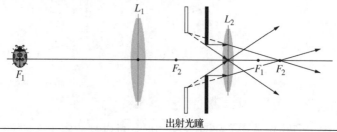

5.3.3　相对孔径和 *f* 数

设我们用一透镜（或反射镜）收集来自一个扩展光源的光并对它成像。透镜（或反射镜）收集到的来自远处一光源的某个小区域的能量的大小，与透镜的面积成正比，或更普遍地，与入射光瞳的面积成正比。一个大通光孔径截割一个大光线锥。显然，若光源是一台激光器，

光束非常窄，这一点不一定成立。若我们忽略反射、吸收等带来的损失，进来的能量将散布在像的相应区域上（图 5.48）。单位时间单位面积上的能量（即通量密度或辐照度）与像的面积成反比。

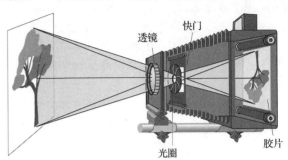

图 5.48　一台大型照相机通常在镜头后有一可调节的光圈，可以快速开关的快门和在其上成像的胶片

如果入射光瞳是圆形的，其面积随它的半径的平方而变，因此和直径 D 的平方成正比。此外，像的面积随它的横向线度的平方变化，而横向大小的平方又正比于 f^2 [（5.24）式和（5.26）式]。（记住我们

是在讨论一个扩展的物而不是一个点光源。在点源的情况下，它的像被限制在与 f 无关的一个小区域内。）因此像平面上的通量密度和 $(D/f)^2$ 成正比。比值 D/f 叫做相对孔径，而它的倒数叫做焦比，或者 **f 数**，更常写为 *f/#*，也就是说

$$f/\# \equiv \frac{f}{D} \tag{5.40}$$

其中 *f/#* 应理解为一个单一符号。例如，一块孔径为 25 mm 而焦距为 50 mm 的透镜的，f 数是 2，常用 *f*/2 表示。图 5.49 用来说明这一点，它画了一个在可变光阑后面的透镜，工作在 *f*/2 或 *f*/4 两种情况。显然较小的 f 数容许更多的光到达像平面。

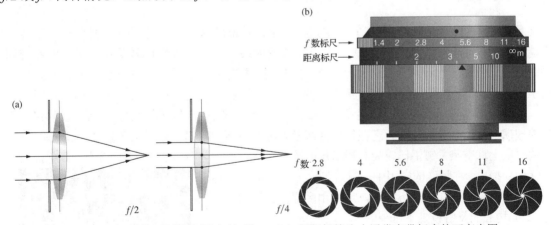

图 5.49　（a）透镜下面的光阑改变 f 数。（b）照相机镜头内通常有带标度的可变光圈

相机镜头的规格常常用它们的焦距和最大的允许孔径来标示，例如你可能会在镜头筒上看到 "50 mm，*f*/1.4" 的字样。由于照相的曝光时间与 f 数的平方成正比，有时把 f 数叫做镜头的**速度**，我们说一个 *f*/1.4 镜头的速度是 *f*/2 镜头的 2 倍。通常镜头光圈上标着 f 数 1，1.4，2，2.8，4，5.6，8，11，16，22 等。这时，最大的相对孔径相当于 *f*/1——这是一种快速镜头，*f*/2 镜头更典型。每个相继的光圈刻度将 f 数增大 $\sqrt{2}$ 倍（数字四舍五入）。这相当于相对孔径减小为 $1/\sqrt{2}$ 倍，因而通量密度减小一半。因此，把相机调到 *f*/1.4 和 1/500 s，或调到 *f*/2

和 1/250 s，或调到 f/2.8 和 1/125 s，到达胶片的光量将相同。

全世界最大的折射望远镜在芝加哥大学 Yerkes 天文台。其物镜之直径为 40 英寸，焦距为 63 英尺（1 英尺 = 12 英寸），因此 f 数为 f/18.9。完全一样，反射镜的入射光瞳和焦距决定了它的 f 数。帕洛马山（Mt. Palomer）望远镜的反射镜的直径为 200 英寸，主焦距为 666 英寸，其 f 数为 3.33。

例题 5.8 直径为 5.0 cm 的薄正透镜，焦距为 50 mm。在透镜右边 5.0 mm 的距离上，以轴为中心，有一个不透光屏，上面开了一个直径 4.0 mm 的孔作为孔径光阑。求这套装置的 f 数。

解

首先，我们需要知道入射光瞳的直径。它是孔径光阑的像的大小。因为光从右面进入透镜

$$\frac{1}{f} = \frac{1}{s_o} + \frac{1}{s_i}$$

其中 $f = +50.0$ cm，$s_o = +5.0$ mm，所以 $s_o < f$：

$$\frac{1}{50.0} - \frac{1}{5.0} = \frac{1}{s_i}$$

所以 $s_i = -5.56$ mm。因此

$$M_T = -\frac{-5.56}{5.0} = 1.11$$

和

$$D = M_T(4.0 \text{ mm}) = 4.44 \text{ mm}$$

因此

$$f/\# = \frac{f}{D} = \frac{50.0}{4.44} = 11.3$$

5.4 反射镜

反射镜系统正得到越来越多的应用，特别是在频谱的 X 射线、紫外和红外波段。建造一个能够在很宽的频带宽度中令人满意地工作的反射装置，相对说来比较简单，对折射系统则不是这样。例如，设计用于红外的一个硅透镜或锗透镜在可见区将是完全不透明的（见第 99 页上的照片）。下面我们将看到（第 325 页），反射镜还有别的一些性质，使它们很有用。

一块反射镜可以简单地是一片黑玻璃或一个精细抛光的金属表面。过去，制造反射镜常常是在玻璃上镀银，选银是因为它在红外区和紫外区有很高的效率（见图 4.69）。近来，在高度抛光的衬底上真空蒸发镀铝已成为高质量反射镜的公认标准工艺。在铝上常常再镀上一氧化硅或氟化镁的保护层。在特殊的应用中（例如在激光器中），甚至由金属表面引起的小损失也不容许，这时由多层电介质膜（见 9.9 节）构成的反射镜是不可少的。

新一代的重量轻的精密反射镜在不断发展，以用于大规模的轨道望远镜；这种技术决不是停滞不前。

各种反射镜

5.4.1 平面镜

同所有反射镜的组态一样，平面反射镜的反射面可以是前表面也可以是后表面。后一种在日常使用中最常见，因为它们允许金属反射层在玻璃后面得到完全保护。与此相反，设计用于更重要的尖端技术的反射镜，则大多数的反射面在前表面（图 5.50）。

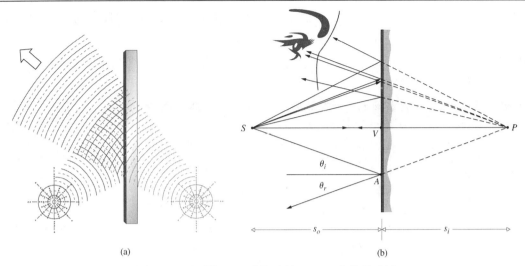

图 5.50　平面镜（a）波的反射。（b）光线的反射

从 4.3.1 节，确定一个平面镜的成像特征是一件容易的事。考察图 5.50 中的点光源和反射镜装置，我们能够很快证明 $|s_o| = |s_i|$；即，像 P 和物 S 离反射面的距离相同。证明如下：由反射定律，$\theta_i = \theta_r$；$\theta_i + \theta_r$ 是三角形 SPA 的外角，因此等于不相邻的两个内角之和 $\angle VSA + \angle VPA$。但是 $\angle VSA = \theta_i$，因此 $\angle VSA = \angle VPA$。这使得三角形 VAS 和 VPA 全等，于是 $|s_o| = |s_i|$。

我们现在面对的问题是决定适用于反射镜的符号规则。不论我们怎么选（你当然应当认识到有这样一种选择），我们只有切实遵守它才会使一切顺利。对透镜的符号规则的一个明显的违反是，现在虚像在分界面的右边。观察者看到 P 点位于反射镜之后，因为他的眼睛（或照相机）不能察觉实际发生的反射；它只会将光线沿直线向后延长。图 5.51 中从 P 点发出的光线是发散的；不会有光投射到位于 P 点的屏幕上——像肯定是虚像。显然，这时应当把 s_i 定义为正还是定义为负，只是一个随各人喜好的问题。由于我们比较喜欢虚物距和虚像距为负的观念，我们定义，若 s_o 和 s_i 是在顶点 V 的右边时它们为负。这还会带来另一好处，使得到的反射镜公式和高斯透镜公式（5.17）的形式相同。显然，同样的横向放大率的定义（5.24）式现在也成立，和以前一样，$M_T = +1$ 现在表示一个与原物大小一样的正立像。

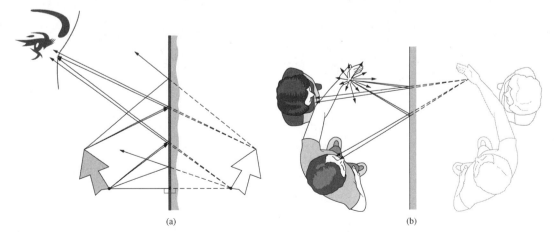

图 5.51　（a）一个扩展物在平面镜中的像。（b）平面镜中的像

图 5.51 中的扩展物上的每一点，离反射镜的垂直距离为 s_i，成像于反射镜后同样距离处。
用这个方法，可以一点一点把整个像建立起来。这与透镜成像的方
式相当不同。图 5.30 中的物是一只左手，透镜成的它的像也是一只
左手。诚然它可以发生畸变（$M_L \neq M_T$），但它仍然是一只左手。
唯一明显的改变是围绕光轴的 180º 旋转——这个效应称为**反转**
（reversion）。相反，由从每点作垂线得到的左手在反射镜中的像却
是一只右手（图 5.52）。有时称这样一个像为反像。考虑到这个词
通常的非专业的含义，幸而它在光学中的使用越来越少了。将物空
间中的右手坐标系变换为像空间中的左手坐标系的过程称为**反演**
（inversion）。可以用包含几个平面镜的系统产生奇数次或偶数次反
演。在后一情况下，右手物产生右手像（图 5.53），而在前一情况
中，右手物产生的像将是左手像。

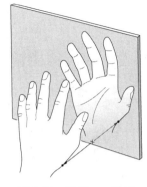

图 5.52　镜像——反演

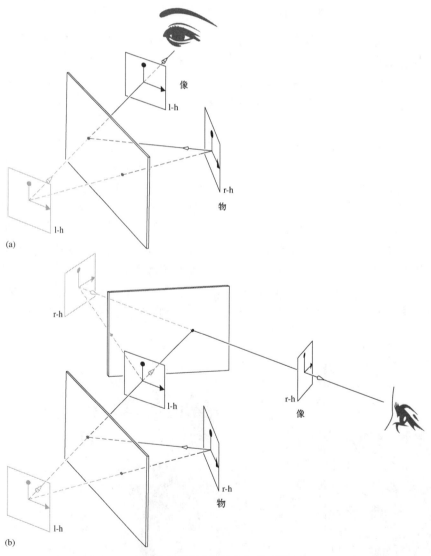

图 5.53　通过反射产生的反演

例题 5.9　图中一张 40 cm 高和 20 cm 宽的视力表张贴在患者的头的上方。问反射镜最小得多大，才能看到整张表？

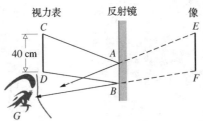

解　距离 $\overline{DB}$ 等于 $\overline{GB} = \overline{BF}$，所以 $\overline{GF} = 2\overline{GB}$。三角形 GBA 和 GFE 相似，所以 $2\overline{AB} = 40$ cm。镜子至少要 20 cm 高，10 cm 宽。

运动的反射镜

不少实际装置使用旋转的平面镜系统——例如斩波器、光束偏转器、转像器和扫描器。反射镜常常用来放大和测量某些实验仪器的微小转动，如电流计、扭摆、电流秤等。在图 5.54 中可以看到，若镜子转一个小角度 α，反射光束或像将转 2α 角。

能够迅速改变光束方向是平面镜固有的优点，人们利用这一点已经好多个世纪了；随便想起一个应用，是传统的单镜头反射照相机（见照片）。今天，小到可以穿过针眼的微镜（见照片）已经成为流行的**微光机电系统**（MOEMS）或**光学微机电系统**（Optical MEMS）技术的一部分。在全世界范围传送电话、传真和互联网服务的远距离通信网络，正悄悄进行着一场放弃电子元件转向全光学元件的微光子学革命。从光学的标准看，电子学开关不仅昂贵、笨重，而且慢得令人不能忍受。因此，这一转变需要的关键元件是光学开关。能够在毫秒量级时间内从一边到一边或者从上到下转动的微镜，是目前最有希望的方法之一（见第 254 页）。

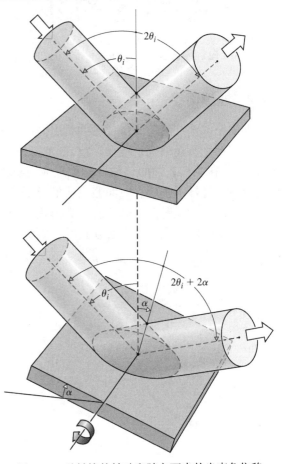

图 5.54　反射镜的转动和随之而来的光束角位移

常说平面镜只能生成虚像，这不完全正确。想象这样一面镜子，在它上面挖下一小块，于是镜子上有一个小针眼。这个孔，就像在针孔相机中一样，将在孔径后面远处的屏上产生一个"实"像。现在考虑这个小镜子，它必定在其反射面前面产生一个"实"像。因为 $\theta_i = \theta_r$，这个小镜子在小孔在它前面产生的光线组态，和小孔在它后面产生的光线组态完全一样。在它们产生的像能够被投影的意义上，它能产生"实"像，但是在很窄的光线束并不会聚的意义上，它们并非真正的"实"像，只不过说说而已。

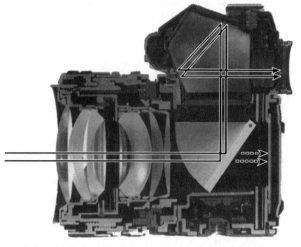

古典的单镜头反射胶片照相机。光从透镜射到反射镜上，然后向上到棱镜，射出到眼睛。按下快门时，反射镜很快跳上去。光直接到达胶片，然后镜子又跳下来

用可偏斜的小镜（小到可以穿过针眼）控制光束的方向，用在今天最重要的通信器件中

5.4.2　非球面镜

曲面镜成像与透镜成像或弯曲折射面成像非常相似，从古希腊时代就已为人们所知。欧几里得，据推测是《反射光学》（*Catoptrics*）一书的作者，在他那本书中讨论了凹面镜和凸面镜[①]。好在我们在前面讨论费马原理应用于折射系统的成像问题时，在概念上也为设计这样的反射镜打好了基础。下面假设我们想要确定为了使一个入射平面波，在反射后变为一个会聚的球面波，反射镜必须具有什么形状（图 5.55）。如果平面波最后会聚到某一点 F 上，那么对于所有的光线其光程必须相等；因此，对于任意两点 A_1 和 A_2

$$光程 = \overline{W_1A_1} + \overline{A_1F} = \overline{W_2A_2} + \overline{A_2F} \tag{5.41}$$

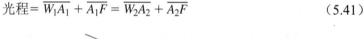

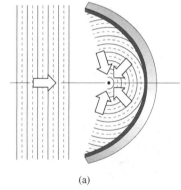

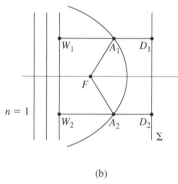

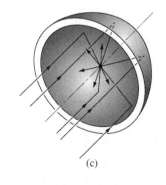

(a)　　　　　　　　　　　　　　(b)　　　　　　　　　　　　　　(c)

图 5.55　抛物面镜

由于平面 Σ 平行于入射的波阵面，

$$\overline{W_1A_1} + \overline{A_1D_1} = \overline{W_2A_2} + \overline{A_2D_2} \tag{5.42}$$

因此，（5.41）式将由一个曲面满足，这个曲面上有 $\overline{A_1F} = \overline{A_1D_1}$ 和 $\overline{A_2F} = \overline{A_2D_2}$，或更一般地说，镜面上的任意点 A 有 $\overline{AF} = \overline{AD}$。一般说来，$\overline{AF} = e(\overline{AD})$，其中 e 是一个**圆锥截面**的偏心率。

[①] Dioptrics 一词指折射单元的光学，而 catoptrics 则指反射面的光学。

早先（5.2.1 节）讨论过的图形是双曲线，$e = n_{ti} > 1$。习题 5.3 中的图形是椭圆，$e = n_{ti} < 1$。这里第二种介质和第一种介质完全相同，$n_t = n_i$，$e = n_{ti} = 1$；换句话说，这个表面是抛物面，焦点是 F，准线是 Σ。这些光线的方向完全可以倒过来（即放在抛物面焦点上的点光源将使系统发射平面波）。

今天，抛物面镜的应用范围很广，从闪光灯和汽车的前光反射镜到巨无霸型射电望远镜的天线（见照片），从微波喇叭和声碟到光学望远镜的反射镜，以及以月球为基地的通信天线。凸抛物面镜也可能有，但用得不广。用我们已有的知识，从图 5.56 应当明显看到，若反射镜是凸面镜，一束入射平行光将在 F 成一虚像；若反射镜是凹面镜，则将成一实像。

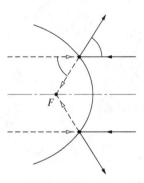

在 Goldstone 深层空间通信中心综合设施的大抛物面射电天线

图 5.56　抛物面镜的实像和虚像

还有一些别的非球面镜我们也有兴趣，例如椭球面镜（$e < 1$）和双曲面镜（$e > 1$）。这两种反射镜都在光轴上一对共轭点（对应于它们的两个焦点）之间理想成像（图 5.57）。我们即将看到，卡萨格伦望远镜和格里戈里望远镜的光路中用了分别为凸抛物面镜和凸椭球面镜的二次反射镜。像很多新的仪器一样，哈勃空间望远镜的主镜是双曲面镜（见照片）。

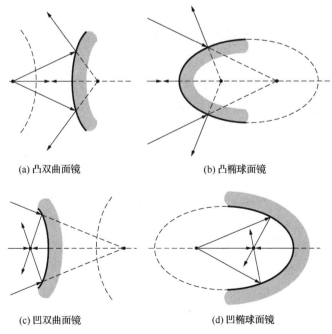

(a) 凸双曲面镜　　　　　　　　　(b) 凸椭球面镜

(c) 凹双曲面镜　　　　　　　　　(d) 凹椭球面镜

图 5.57　双曲面和椭圆面反射镜

在市场上可以买到多种非球面镜。实际上，不仅常见的共轴系统，连离轴元件也能买到。于是，在图 5.58 中，可以对已聚焦的光束进一步处理而不会挡住反射镜。附带提一句，这样的结构也用在大型微波喇叭天线中。

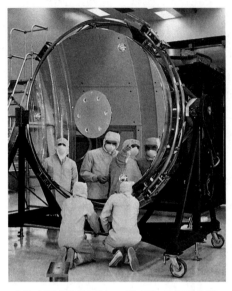

哈勃空间望远镜的 2.4 米直径双曲面主镜

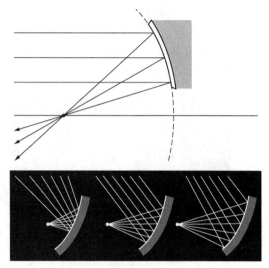

图 5.58　离轴反射镜元件

5.4.3　球面镜

精密的非球面要比球面难制造得多，因此不奇怪，它们的费用昂贵得多。由于这些实际考虑，我们再一次回到球面形状，讨论在什么条件下它能够满意地工作。

傍轴区域

人们熟知的描述一个球的圆形截面（图 5.59a）的方程是

$$y^2 + (x - R)^2 = R^2 \tag{5.43}$$

图中球心 C 离原点 O 的距离为半径 R。把上式写为

$$y^2 - 2Rx + x^2 = 0$$

我们能够解出 x：

$$x = R \pm (R^2 - y^2)^{1/2} \tag{5.44}$$

让我们只考虑 x 值小于 R 的情形，即我们只研究右边张开的半球面，对应于（5.44）式中取负号。用二项式级数展开，x 的形式为

$$x = \frac{y^2}{2R} + \frac{1y^4}{2^2 2! R^3} + \frac{1 \cdot 3 y^6}{2^3 3! R^5} + \cdots \tag{5.45}$$

我们知道，顶点在原点、焦点在它右边 f 处的抛物线的标准方程为

$$y^2 = 4fx \tag{5.46}$$

比较这两个式子，我们看到，若 $4f = 2R$（即如果 $f=R/2$），这个级数的第一项就可以看成是抛物线，而剩下的项则代表与抛物线的偏离。若偏离为 Δx，则

$$\Delta x = \frac{y^4}{8R^3} + \frac{y^6}{16R^5} + \cdots$$

显然，这一偏离只有当 y 与 R 比比较大时才显著（图 5.59c）。在傍轴区域，即邻近中心轴的区域，这两种曲线的形状实质上不可分辨。

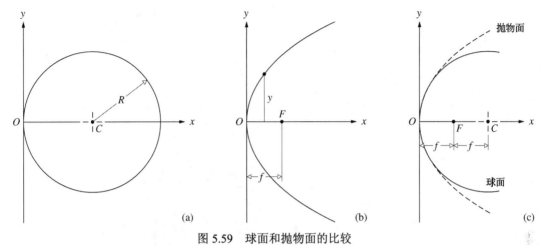

图 5.59   球面和抛物面的比较

考虑一个业余爱好者望远镜的反射镜（它有些像图 5.122b 中的牛顿反射镜），由此来得到关于 Δx 的感性认识。焦距 56 英寸左右的望远镜筒将有一个方便的长度。一台大小合适的望远镜将有一面直径 8 英寸的反射镜，这时的 f 数为 $f/D=7$。在反射镜的边上（$y=4$ 英寸），抛物面和球面的水平差异 Δx（图 5.59）仅有百万分之二十三英寸，抛物面比球面平一些。更靠近中心（$y=2$ 英寸）时，Δx 只有百万分之几英寸。

因此，如果我们停留在球面镜的傍轴理论作为一级近似，我们仍然可以应用从研究抛物面镜无散成像得出的结论。但是，在实际使用中，y 不会只限于傍轴区域，这就会出现像差。此外，非球面只对光轴上的对偶点才成理想像——它们也会有像差。

反射镜公式

借助于图 5.60，可以推导出将共轭的物点和像点与球面镜的物理参数联系起来的傍轴公式。为此，注意由于 $\theta_i = \theta_r$，$\overline{CA}$ 二等分 $\measuredangle SAP$，因此 CA 把三角形 SAP 的边 $\overline{SP}$ 分成两段，这两段同三角形的另外两边成比例，即

$$\frac{\overline{SC}}{\overline{SA}} = \frac{\overline{CP}}{\overline{PA}} \tag{5.47}$$

此外，

$$\overline{SC} = s_o - |R| \quad \text{和} \quad \overline{CP} = |R| - s_i$$

其中 s_o 和 s_i 在镜的左方，因此为正。用讨论折射时同样的符号规则，R 将是负的，因为 C 在 V 之左，即该曲面是一个凹面。于是 $|R|=-R$，而

$$\overline{SC} = s_o + R \quad \text{和} \quad \overline{CP} = -(s_i + R)$$

在傍轴区域内 $\overline{SA} \approx s_o$，$\overline{PA} \approx s_i$，（5.47）式变为

$$\frac{s_o + R}{s_o} = -\frac{s_i + R}{s_i}$$

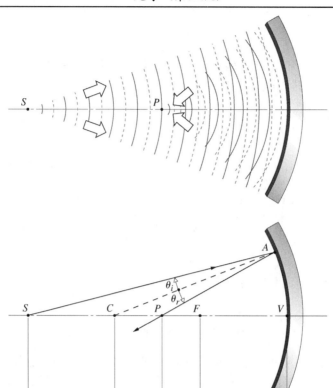

图 5.60　凹球面镜共轭焦点

或
$$\frac{1}{s_o} + \frac{1}{s_i} = -\frac{2}{R}$$
(5.48)

这就是**反射镜公式**。它对凹面镜（$R<0$）和凸面镜（$R>0$）同等适用。主焦点或物方焦点仍定义为

$$\lim_{s_i \to \infty} s_o = f_o$$

而次级焦点或像方焦点则对应于

$$\lim_{s_o \to \infty} s_i = f_i$$

因此，由（5.48）式有

$$\frac{1}{f_o} + \frac{1}{\infty} = \frac{1}{\infty} + \frac{1}{f_i} = -\frac{2}{R}$$

即
$$f_o = f_i = -\frac{R}{2}$$
(5.49)

这从图 5.59c 可以看出。弃去焦距上的下标，我们得到

$$\frac{1}{s_o} + \frac{1}{s_i} = \frac{1}{f}$$
(5.50)

注意对于凹面镜（$R < 0$），f 为正，对于凸面镜（$R > 0$），f 为负。在凸面镜的情况下，像在镜之后，并且是虚像（图 5.61）。

凹球面镜生成一个缩小的正立虚像。作者拿着照相机在拍这张照片，你能找到他吗？

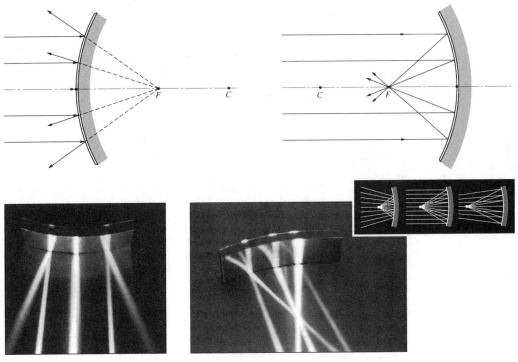

图 5.61　球面镜对光线聚焦

有限距离成像

反射镜的其他性质同透镜和球面折射面的性质是如此相似，我们只需扼要地讲述就行了，无须重复每种性质的整个逻辑推导过程。限于傍轴理论时，任何离轴的平行光束将聚焦到焦平面上一点，焦平面穿过 F 点并垂直于光轴。同样，垂直于光轴的平面物将成像（在一级近似下）在一个同方向的平面上；每一物点在这个平面上有一对应像点。对平面镜这肯定是对的，但是对其他形状的反射镜，则只是实际情况的近似。

如果球面镜在运用时受到适当的限制，每个物点产生的反射波将非常近似于球面波。在这种情况下，可以生成扩展物体的一个良好的有限大小的像。

正如薄透镜产生的每一像点都在通过光心 O 的一条直线上一样，球面镜产生的每一像点都在通过曲率中心 C 和物点的直线上（图 5.62）。像薄透镜的情形（图 5.23），用图解方法确定像的位置是很简单的（图 5.63）。像的顶仍由两条光线的交点确定，一条原来平行于光轴并在反射后通过 F，另一条直接通过 C 点（图 5.64）。从任何一个不在光轴上的物点来到顶点的光线，在反射时与光轴的夹角和入射时的夹角相等，因此画起来特别方便。先通过焦点然后在反射后平行于光轴射出的那条光线也是如此。

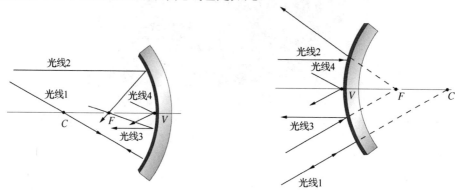

图 5.62   4 条容易画的光线。光线 1 对着 C，反射后原路返回。光线 2 平行于光轴射入，反射向着 F（或离开 F）。光线 3 通过（或者朝向）F，反射后平行于光轴离开。光线 4 射到 V 点，并以 $\theta_i = \theta_r$ 的角度反射

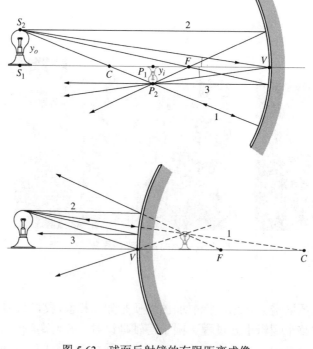

图 5.63   球面反射镜的有限距离成像

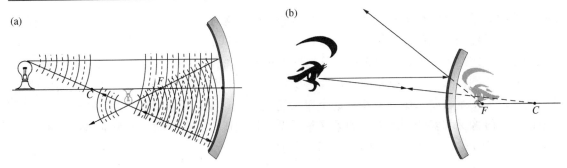

图 5.64 （a）从一凹面镜反射。（b）从一凸面镜反射

注意，图 5.63a 中的三角形 S_1S_2V 和 P_1P_2V 相似，因此它们的边长成比例。和以前一样，取 y_i 为负值。因为它在光轴之下，$y_i/y_o = -s_i/s_o$，等于横向放大率 M_T，它和透镜的公式（5.25）完全相同。

唯一含有有关光学元件结构的信息（n、R 等）的公式是关于 f 的公式，因此，可以理解，这个公式对薄透镜［（5.16）式］和球面镜［（5.49）式］是不同的。但是，将 s_o、s_i 和 f 联系起来或将 y_o、y_i 和 M_T 联系起来的其他函数表示式则完全相同。前面的符号规则中的唯一改变反映在表 5.4 中，其中 V 左方的 s_i 现在取正值。对比表 5.3 和表 5.5（两个表在各个方面都全同），可以非常明显地看到凹面镜同凸透镜之间、凸面镜同凹透镜之间在性质上的惊人相似。

表 5.4 球面镜的符号规则

量	符 号	
	+	−
s_o	V 的左方，实物	V 的右方，虚物
s_i	V 的左方，实像	V 的右方，虚像
f	凹面镜	凸面镜
R	C 在 V 的右方，凸面镜	C 在 V 的左方，凹面镜
y_o	轴的上方，正立物	轴的下方，倒物
y_i	轴的上方，正像	轴的下方，倒像

表 5.5 球面镜所成实物的像

凹 透 镜				
物	像			
位置	类型	位置	指向	相对大小
$\infty > s_o > 2f$	实像	$f < s_i < 2f$	倒像	缩小
$s_o = 2f$	实像	$s_i = 2f$	倒像	与原物同样大小
$f < s_o < 2f$	实像	$\infty > s_i > 2f$	倒像	放大
$s_o = f$		$\pm\infty$		
$s_o < f$	虚像	$|s_i| > s_o$	正像	放大
凸 透 镜				
物	像			
位置	类型	位置	指向	相对大小
任何位置	虚像	$|s_i| > |f|$ $s_o > s_i$	正像	缩小

表 5.5 中总结的并且画在图 5.65 中的性质容易由经验验证。如果你手头没有球面镜，可

以把铝箔细心地蒙在一个球形物体上（如灯泡的下端，这时 R 很小，因此 f 也将很小），制成一个相当粗糙但是能用的球面镜。一个很好的定性实验包括考察一面短焦距凹面镜对一小物体成的像。当你把物从距离 $2f = R$ 以外移近凹面镜时，像会逐渐增大，到 $s_o = 2f$ 时，像为倒像并且和实物同样大。继续把物移近，像将变得更大，直到它将一个不可辨认的模糊斑填满整个反射镜为止。随着 s_o 继续变小，这个原来的放大正立像将不断减小，直至物最后紧挨反射镜面，这时像又和实物一般大。如果这些话没有打动让你立即去做一面反射镜，你也可以试着看一把亮汤匙成的像——正面反面都很有趣。

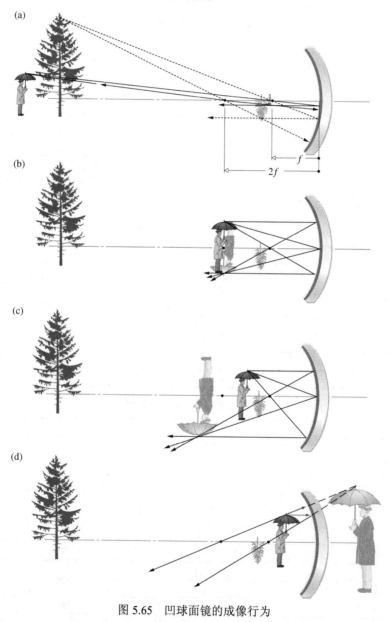

图 5.65　凹球面镜的成像行为

例题 5.10　一只小青蛙坐在一面凹球面镜中心轴前面 35.0 cm 处，球面镜的焦距 20.0 cm。确定像的位置并详细描述像。像的横向放大率是多少？

解 由（5.50）式

$$\frac{1}{s_o} + \frac{1}{s_i} = \frac{1}{f}$$

$$\frac{1}{35.0} + \frac{1}{s_i} = \frac{1}{20.0}$$

$$\frac{1}{s_i} = \frac{1}{20.0} - \frac{1}{35.0} = 0.021\,43$$

$$s_i = 46.67 \text{ cm 或者 } 46.7 \text{ cm}$$

像是倒立实像，被放大。注意 s_i 为正，所以是实像。

$$M_T = -\frac{s_i}{s_o} = -\frac{46.67 \text{ cm}}{35.0 \text{ cm}} = -1.3$$

负号意味着像是倒立的。另一算法为

$$M_T = -\frac{f}{x_o} = -\frac{20}{15} = -\frac{4}{3} = -1.3$$

一个摄影者站在离多元件反射望远镜小于一个焦距的地方，生成巨大的虚像。这个望远镜位于美国亚利桑那州图森，摄影者戴着帽子举着右手

5.5 棱镜

棱镜在光学中起着多种不同的作用；棱镜的组合可以用作分束器（第 161 页）、起偏器（见 8.4.3 节）甚至干涉仪。尽管有这么多用途，但大多数应用只用了棱镜的两个主要功能中的一个。首先，一面棱镜可以用作色散元件，它在许多光谱分析仪中便是起这种作用（图 5.66）。即，它能够在某种程度上将一束多色光中的各个频率组分分开。读者也许还记得，前面（第 90 页）从电介质的折射率对频率的依赖关系 $n(\omega)$ 的角度引入了色散这一术语。事实上，棱镜提供了一个很有用的在很宽的频率范围上测量各种材料（包括气体和液体）的 $n(\omega)$ 的手段。

它的第二个也是用得更多的功能，是使像的方向发生改变或改变光束的传播方向。棱镜用在许多光学仪器中，常常是为了简单地把光路折叠起来使系统能装在有限的体积中。在这方面，有反演棱镜、倒向棱镜，以及只使光束走偏而不带来反演或倒向的棱镜——而且所有这些棱镜都没有色散。

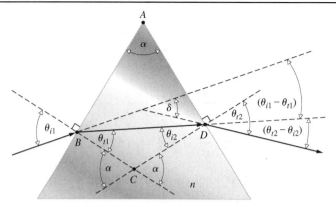

图 5.66 色散棱镜的几何关系

5.5.1 色散棱镜

棱镜有多种尺寸和多种形状，履行各种不同的功能（见照片）。首先考虑**色散棱镜**。在典型的情况下，一条进入一块色散棱镜的光线，如图 5.56 所示，将以一个角度 δ 偏离它原来的方向射出，δ 角叫做**偏向角**。在第一次折射时，这条光线偏折一个角度 $(\theta_{i1} - \theta_{t1})$；在第二次折射时，它又偏折一个角度 $(\theta_{t2} - \theta_{i2})$。于是总偏向角是

$$\delta = (\theta_{i1} - \theta_{t1}) + (\theta_{t2} - \theta_{i2})$$

由于四边形 $ABCD$ 包含两个直角，$\angle BCD$ 必定是**顶角** α 的补角。但是 α 是三角形 BCD 的外角，因此等于不相邻的两个内角之和，即

$$\alpha = \theta_{t1} + \theta_{i2} \tag{5.51}$$

因此

$$\delta = \theta_{i1} + \theta_{t2} - \alpha \tag{5.52}$$

我们想把 δ 写成光线的入射角（即 θ_{i1}）和棱镜角 α 的函数；假设这两个角已知，由斯涅耳定律，若棱镜折射率为 n 并且棱镜是在空气中（$n_a \approx 1$），则

$$\theta_{t2} = \sin^{-1}(n \sin \theta_{i2}) = \sin^{-1}[n \sin(\alpha - \theta_{t1})]$$

展开上式，把 $\cos\theta_{t1}$ 换成 $(1 - \sin^2\theta_{t1})^{1/2}$，再用斯涅耳定律，上式变为

$$\theta_{t2} = \sin^{-1}[(\sin\alpha)(n^2 - \sin^2\theta_{i1})^{1/2} - \sin\theta_{i1}\cos\alpha]$$

于是偏向角

$$\begin{aligned}\delta = \theta_{i1} + \sin^{-1}[(\sin\alpha)(n^2 - \sin^2\theta_{i1})^{1/2} \\ - \sin\theta_{i1}\cos\alpha] - \alpha\end{aligned} \tag{5.53}$$

显然 δ 随 n 增大，而 n 自身又是频率的函数，因此我们可以把偏向角写为 $\delta(\nu)$ 或 $\delta(\lambda)$。对实际使用的绝大多数透明电介质，在可见区内，当波长增加时，$n(\lambda)$ 减小 [请回头参看图 3.41，该图画出了各种玻璃的 $n(\lambda)$ 随 λ 变化的曲线]。这样，红光下的 $\delta(\lambda)$ 显然比蓝光下的小。

17 世纪初从亚洲寄出的传教士报告表明，中国早就知道了棱镜，并且由于它的产生色彩的本领把它看得很贵重。当时的一些科学家，特别是马奇（Marci）、格里马耳第（Grimaldi）和玻意耳（Boyle）用棱镜做了一些观察，但首次对色散的明确研究直到伟大的牛顿才完成。

1672 年 2 月 6 日，牛顿向皇家学会提出一篇题为"关于光和颜色的新理论"的经典论文。他得出结论，白光是由不同颜色的光混合而成的，折射过程与颜色有关。

各种棱镜

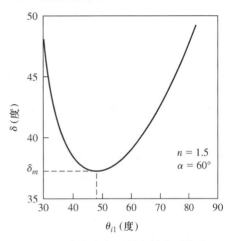

图 5.67　偏向角与入射角的关系曲线

回到（5.53）式，显然，穿过一块给定的棱镜（即 n 和 α 固定）时，一束单色光的偏向角只是光在棱镜第一个面上的入射角 θ_{i1} 的函数。图 5.67 画出将（5.53）式用于一块典型的玻璃棱镜的结果的曲线。δ 的最小值叫做**最小偏向角** δ_m，它在实际应用中有特别的意义。可以对（5.53）式求微商，然后令 $\mathrm{d}\delta/\mathrm{d}\theta_{i1}=0$，用解析方法定出 δ_m。但是一种比较间接的办法肯定更简单。对（5.52）式求微商并令它等于零，得

$$\frac{\mathrm{d}\delta}{\mathrm{d}\theta_{i1}}=1+\frac{\mathrm{d}\theta_{t2}}{\mathrm{d}\theta_{i1}}=0$$

或 $\mathrm{d}\theta_{t2}/\mathrm{d}\theta_{i2}=-1$。在每个界面上对斯涅耳定律取导数，得到

$$\cos\theta_{i1}\,\mathrm{d}\theta_{i1}=n\cos\theta_{t1}\,\mathrm{d}\theta_{t1}$$

和

$$\cos\theta_{t2}\,\mathrm{d}\theta_{t2}=n\cos\theta_{i2}\,\mathrm{d}\theta_{i2}$$

还注意到，对（5.51）式求微商时，由于 $\mathrm{d}\alpha=0$，有 $\mathrm{d}\theta_{t1}=-\mathrm{d}\theta_{i2}$。把上面两个式子相除并把导数代入，得

$$\frac{\cos\theta_{i1}}{\cos\theta_{t2}}=\frac{\cos\theta_{t1}}{\cos\theta_{i2}}$$

再用一次斯涅耳定律，可将上式改写为

$$\frac{1-\sin^2\theta_{i1}}{1-\sin^2\theta_{t2}}=\frac{n^2-\sin^2\theta_{i1}}{n^2-\sin^2\theta_{t2}}$$

上式成立的 θ_{i1} 值是使 $\mathrm{d}\delta/\mathrm{d}\theta_{i1}=0$ 的 θ_{i1} 值。由于 $n\neq1$，由此得

$$\theta_{i1}=\theta_{t2}$$

所以

$$\theta_{t1}=\theta_{i2}$$

这意味着偏差角最小的光线对称地（即平行于棱镜的底面）穿过棱镜。附带说一句，还有一个漂亮的论证为什么 θ_{i1} 必须等于 θ_{i2} 的方法，这种方法既不像我们上面讨论的方法用那么多数学，也没那么啰嗦。简单介绍如下：设一条光线按最小偏向角行进，而 $\theta_{i1}\neq\theta_{i2}$。那么如果

我们将光线反向，它将沿同样的路程返回，因此 δ 必定不变，即 $\delta = \delta_m$。但是，这意味着存在两个不同的入射角使偏向角最小，我们知道这是不对的——因此 $\theta_{i1} = \theta_{t2}$。

在 $\delta = \delta_m$ 时，由（5.51）式和（5.52）式得 $\theta_{i1} = (\delta_m + \alpha)/2$ 及 $\theta_{t1} = \alpha/2$，由此在第一个界面上用斯涅耳定律得出

$$n = \frac{\sin\left[(\delta_m + \alpha)/2\right]}{\sin \alpha/2} \tag{5.54}$$

此式是确定透明材料的折射率的一种最准确方法的基础。实际做法是，我们用要测的材料制作一块棱镜，测定它的 α 和 $\delta_m(\lambda)$，用（5.54）式即可算出每一感兴趣的波长上的 $n(\lambda)$。各个面用平行平板玻璃做成的空心棱镜可以充填液体或高压下的气体；玻璃板自身不会造成任何偏向角。

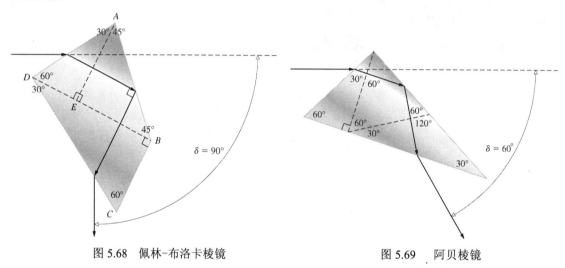

图 5.68   佩林-布洛卡棱镜   图 5.69   阿贝棱镜

图 5.68 和图 5.69 是**恒偏向色散棱镜**的两个例子，这两种棱镜在光谱学中很重要。佩林-布洛卡棱镜也许是这类棱镜中最常见的。虽然它只是一块玻璃，但是可以想象它是由两块 30°–60°–90° 棱镜和一块 45°–45°–90° 棱镜组成。一条波长为 λ 的单色光线对称地穿过分棱镜 DAE，然后以 45° 角从面 AB 上反射。这时这条光线将对称地穿过棱镜 CDB，总偏向角为 90°。实际上，这条光线可以看作是以最小偏向角通过一块普通的 60° 棱镜（与 CDB 组合在一起的 DAE）。光束中所有其他波长将以别的角度射出。现在如果把棱镜绕垂直于纸面的轴稍作旋转，那么入射光束将有一个新入射角，于是一个不同波长的分量（比方说 λ_2）现在将发生最小的偏向，偏向角仍为 90°——恒偏向这个名称就是这样来的。用一块这样的棱镜，就能够方便地以固定的角度（这里是 90°）装置光源和观察系统，要看一个特定的波长，只要转动棱镜就行了。这个装置经校准后，棱镜旋转度盘可以直接用波长标度。

5.5.2   反射棱镜

下面考察**反射棱镜**，这时色散是我们完全不想要的东西。这时，光束将以这样的方式射入，使得至少发生一次内反射，以达到以下的目的：要么改变传播方向，要么改变像的取向，或者二者兼而有之。

我们首先得确定，实际上有可能有这样的不发生色散的内反射。是 δ 与 λ 无关吗？假

设图 5.70 中的棱镜的截面为一等腰三角形——这是一种很常见的棱镜形状。在第一个界面上发生折射的光线然后被 FG 面反射。我们在前面（4.7 节）看到，这种情况将发生在内入射角大于临界角 θ_c 时，θ_c 之定义为

$$\sin\theta_c = n_{ti} \qquad [4.69]$$

对玻璃-空气界面，上式要求 θ_i 大于大约 42°。为避免在更小的角上发生的任何困难，我们进一步假定，我们假想的棱镜底面还镀了银——某些棱镜事实上的确要求镀银面。入射光线和出射光线之间的偏向角为

$$\delta = 180° - \sphericalangle BED \qquad (5.55)$$

从四边形 $ABED$ 有

$$\alpha + \sphericalangle ADE + \sphericalangle BED + \sphericalangle ABE = 360°$$

此外，在两个折射面上

$$\sphericalangle ABE = 90° + \theta_{i1}$$

和

$$\sphericalangle ADE = 90° + \theta_{t2}$$

将 $\sphericalangle BED$ 代入（5.55）式，得

$$\delta = \theta_{i1} + \theta_{t2} + \alpha \qquad (5.56)$$

由于光线在 C 点有相等的的入射角和反射角 $\sphericalangle BCF = \sphericalangle DCG$。于是，因为棱镜是等腰三角形，$\sphericalangle BFC = \sphericalangle DGC$，并且三角形 FBC 和三角形 DGC 相似。由此得到 $\sphericalangle FBC = \sphericalangle CDG$，因此 $\theta_{t1} = \theta_{t2}$。从斯涅耳定律我们知道，这等价于 $\theta_{i1} = \theta_{t2}$，于是偏向角变为

$$\delta = 2\theta_{i1} + \alpha \qquad (5.57)$$

它肯定与 λ 和 n 都无关。反射不会对颜色有任何偏向，这种棱镜叫做**消色差棱镜**，如果我们"摊开"棱镜，即画出它在反射面 FG 上的像，如图 5.70b 所示，我们就看到，棱镜在一定意义上等价于一块平行六面体或厚的平板玻璃。入射光线的像平行于它自身射出，与波长无关。

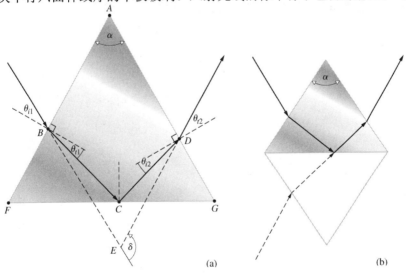

图 5.70 反射棱镜的几何关系

从许多广泛使用的反射棱镜中挑出几种示于下面几幅图中。这些棱镜常常用 BSC-2 型或 C-1 型玻璃（见表 6.2）制成。这些图大部分一看就明白，因此说明很简短。

直角棱镜（图 5.71）把垂直于入射面的光线偏转 90°。注意，像的顶和底互换了位置，即箭头反转了方向，但是左右没有反转。因此它是一个反演系统，其顶面的作为像是一个平面镜（为了看出这一点，想象箭头和带圈的棍都是矢量并取它们的叉乘积，所得到的矢量起初在传播方向，但被棱镜反向）。

波罗（Porro）棱镜（图 5.72）在物理上和直角棱镜相同，不过是在不同的方向上使用。经过两次反射后，光束偏转 180°。因此，如果它进入时遵照右手规则，离开时也遵照右手规则。

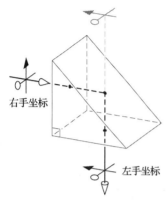

图 5.71　直角棱镜

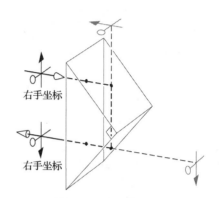

图 5.72　波罗棱镜

多夫（Dove）棱镜（图 5.73）是把直角棱镜截去一角后的型式（以减小体积和重量），几乎只用在准直光中。这种棱镜有一个有趣的性质（习题 5.92）：当它自身绕纵轴旋转时，所成的像以 2 倍的速度旋转。

阿米西（Amici）棱镜（图 5.74）实质上也是截断的直角棱镜，但在斜面上附加了一个屋脊形的截面。这种棱镜最常见的用途是把像沿中线切开并将左右两部分互换。[①] 这种棱镜价格昂贵，因为 90° 脊角的误差必须保持在大约 3 或 4 弧秒以内，否则将产生麻烦的双像。它们经常用在简单望远镜系统中以校正由透镜引起的倒像。

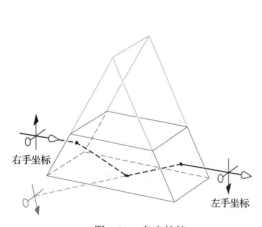

图 5.73　多夫棱镜

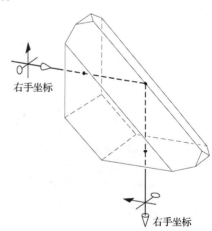

图 5.74　阿米西棱镜

---

① 将两块平面镜摆成直角并直接看这个组合，可以看出它实际上是如何工作的。若你眨你的右眼，像也眨它的右眼。附带说一句，如果你两只眼睛的视力一样强，你将看到两条接缝（两块平面镜的交线的像），如果某只眼的视力更强，便只有一条缝，在这只眼正中的下方。如果你闭上这只眼，缝将跳到另一只眼下。在看到这种现象之前先得练一练。

菱形棱镜（图 5.75）使视线平移而不会发生任何角偏转或改变像的取向。

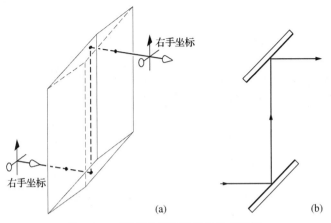

图 5.75　菱形棱镜及其等效的反射镜

五角棱镜（图 5.76）使光束偏转 90° 而不影响像的取向。注意，五角棱镜的反射面中有两个必须镀银。这种棱镜常在小型测距仪中用作终端反射器。

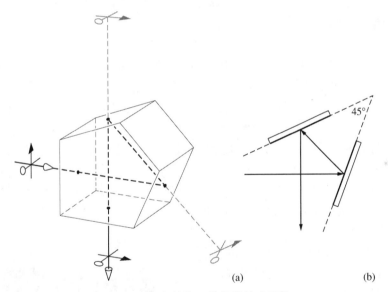

图 5.76　五角棱镜及其等效的反射镜

莱曼–斯普林格（Leman-Springer）棱镜（图 5.77）也有一个 90° 的脊。它使视线平移而不偏转，出射的像仍为右手坐标并且转了 180°。因此这种棱镜可以在望远系统（例如枪炮瞄准镜等）中用来正像。

还有很多种别的反射棱镜履行各种特殊的功能，例如，如果我们切割一个立方体，使切下来的部分有三个互相垂直的面，这种棱镜叫**隅角棱镜**。这种棱镜有使光线反向的性质；即将所有入射光线按它们原来的方向反射回去。在阿波罗 11 号飞往月球时，曾把 100 块这样的棱镜排成一个 18 英寸的方阵，放置在离地球 40 万千米的月球上。

最常用的正像系统由两块波罗棱镜组成，如图 5.78 所示。它们比较好制作。图里看到的棱镜角被磨圆是为了减轻重量和减小尺寸。因为有 4 个反射面，出射的像将是右手像。常常在斜面上切一条小槽以阻挡在掠入射角上内反射的光线。拆开家用双筒望远镜后发现这种槽常常令人感到惊讶。

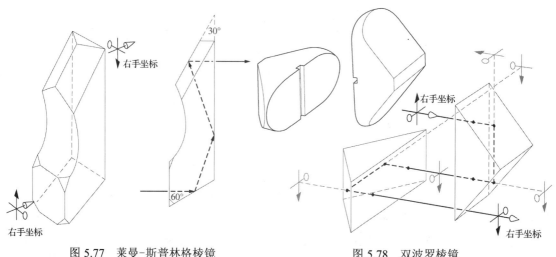

图 5.77　莱曼-斯普林格棱镜　　　　　　　　　图 5.78　双波罗棱镜

5.6　光纤光学

通过全内反射引导光在狭长的电介质管内行进的想法早就有了。廷德尔（John Tyndall）于 1870 年指出，光线可以被包容在水中，沿着一条细水流引导它行进。不久后用玻璃"光导管"、后来用熔融石英丝进一步证明其效果。但是，直到 20 世纪 50 年代初期才做了认真的研究工作，沿着一束短玻璃光纤传送图像。

1960 年激光器出现后，立即认识到用光而不是用电流甚或微波将信息从一个地方传送到另一个地方的潜在好处。用高的光频频率（10^{15} Hz 量级），可以携带比微波多 10 万倍的信息。理论上，这等于在一束光上一次传送几千万个电视节目。不久（1966 年）就证明了将激光器与用于远距离通信的光纤光学结合起来的可能性。于是开始了一场巨大的技术变革，这场变革今天仍然如火如荼地进行。

1970 年，康宁（Corning）玻璃厂的研究人员制作了一条石英光纤，它在 1 km 的距离上传送信号功率优于 1%（即衰减为 20 dB/km），这与当时已有的铜线电气系统可以一比。在接下来的两个 10 年里，传输效率提高到大约每千米 96%（即只有 0.16 dB/km 的衰减）。

由于其传输损耗低，信息载量高，重量轻，体积小，抗电磁干扰，无与伦比的信号安全性以及所需原材料（即普通砂）到处都有、无比丰富，超纯玻璃光纤成为通信介质的首选。

只要这些光纤的直径与辐射能量的波长相比还算大，传播的固有波动本性就不重要了，传播过程服从几何光学熟悉的定律。另一方面，若光纤直径与 λ 同一量级，则传输与微波沿波导前进的方式非常相似。一些传播模式（或简

图 5.79　在小直径光纤端面上看到的光波导的模的图样

称模）在图 5.69 所示的光纤的显微端视图中可以明显看到。这里必须考虑光的波动本性，这种行为属于物理光学领域。尽管光波导尤其是属于薄膜一类的光波导越来越受到关注，但是我们的讨论将限于直径比较大的光纤，大约是人头发粗细。

考虑图 5.80 中的玻璃直圆柱体，它被折射率为 n_i 的介质包围——设此介质为空气，$n_i = n_a$。光从柱体内部射到管壁上，将会被全内反射。若是每次反射时的入射角都大于 $\theta_c = \arcsin n_a / n_f$ 的话，其中 n_i 是圆柱或光纤的折射率，我们将看到，当一根子午光线（即与中心轴或光轴共面的光线）沿着光纤来回反射前进时，每米会发生几千次反射，直到它在光纤另一端射出光纤为止（见照片）。若光纤直径为 D，长度为 L，那么光线走过的路程 ℓ 将是

$$\ell = L/\cos\theta_t$$

或由斯涅耳定律有

$$\ell = n_f L(n_f^2 - \sin^2\theta_i)^{-1/2}$$

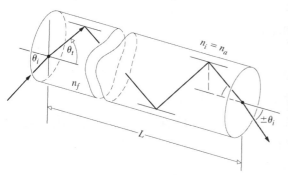

图 5.80　光线在一个电介质圆柱体内的反射　　　　　从一大捆玻璃光纤的端面射出的光线

这时反射次数 N_r 由下式得到：

$$N_r = \frac{\ell}{D/\sin\theta_t} \pm 1$$

或
$$N_r = \frac{L\sin\theta_i}{D(n_f^2 - \sin^2\theta_i)^{1/2}} \pm 1 \tag{5.58}$$

舍入到最近的整数。如果 N_r 很大（实际情况就是如此），±1（与光线投射到端面上的位置有关）便无关紧要。例如，若 D 是 50 μm，大约是人的头发那么粗细，并且 $n_f = 1.6$ 又 $\theta_i = 30°$，那么 N_r 就大约是每米 6000 次反射，现有的光纤直径可以小到 2 μm 左右，但是难得用到比 10 μm 小很多的光纤。极细的玻璃（或塑料）丝是很柔韧的，甚至可以织成织物。

要使光不从光纤漏出（依靠受抑全内反射机制），单根光纤的光滑表面一定要避免湿气、灰尘、油等的污染，保持清洁。相仿地，如果把大量的光纤紧紧捆在一起，光可以从一根光纤漏到另一根，这叫串音。由于这些原因，习惯上把每根光纤包在低折射率的透明封套（叫做包层）中。封套的厚度只要足以提供所需的隔离就行了。但是由于其他原因，它一般要占截面积的大约十分之一。虽然 100 年前就已经有文献谈到简单光管，现代的光纤光学只是在 1953 年引入有包层的光纤后才开始。

典型情况下，光纤核心的折射率 n_f 为 1.62，包层的折射率 n_c 为 1.52，虽然折射率值有一范围。图 5.81 画的是一根有包层的光纤。注意，θ_i 有一个极大值 θ_{max}，在这个角度以下，内部光线将以临界角 θ_c 入射。以大于 θ_{max} 的角度入射到端面上的光线将以小于 θ_c 的角度射到内

壁上。这样的光线在每次遇到核心-包层界面时只部分反射，很快就漏出光纤。因此，θ_{max}（叫做接收角）确定了光纤的接收锥的半角。为了确定它，我们从下式出发：

$$\sin\theta_c = n_c/n_f = \sin(90° - \theta_t)$$

于是

$$n_c/n_f = \cos\theta_t$$

或

$$n_c/n_f = (1 - \sin^2\theta_t)^{1/2}$$

利用斯涅耳定律，重新集项，我们得到

$$\sin\theta_{max} = \frac{1}{n_i}(n_f^2 - n_c^2)^{1/2} \tag{5.59}$$

定义量 $n_i\sin\theta_{max}$ 为**数值孔径**或 NA（英文 Numerical Aperture 的简写），它的平方是系统集光本领的量度。这一术语源自显微术，在那里等效的表示式表征了物镜的相应能力。**接收角**（$2\theta_{max}$）对应于能够进入光纤核心的最大光线锥的顶角。它显然应当与系统的速率相联系，实际上

$$f/\# = \frac{1}{2(\text{NA})} \tag{5.60}$$

因此，对于一根光纤

$$\text{NA} = (n_f^2 - n_c^2)^{1/2} \tag{5.61}$$

（5.59）式左边不能大于 1，而在空气（$n_a = 1.00028 \approx 1$）中这意味着数值孔径的最大值为 1。这时半角 θ_{max} 等于 90°，并且光纤对进入它端面的一切光全内反射（习题 5.93）。在市场上可以买到各种数值孔径的光纤（从大约 0.2 往上直到 1.0）。

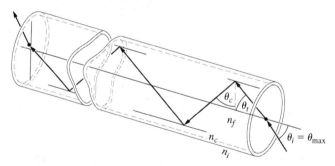

图 5.81　在一根有包层的光学光纤中的光线

例题 5.11　光纤芯的折射率为 1.499，包层的折射率为 1.479。若光纤在空气中。求（a）接收角，（b）数值孔径，（c）芯-包层界面上的临界角。

解　先求（b）

（b）从（5.61）式，

$$\text{NA} = (n_f^2 - n_c^2)^{1/2} = (1.499^2 - 1.479^2)^{1/2}$$

$$\text{NA} = 0.244$$

这是个典型值。

（c）由于

$$\sin\theta_{max} = \frac{1}{n_i}\text{NA} = \text{NA}$$

$$\theta_{max} = \arcsin(0.244) = 14.1°$$

所以
$$2\theta_{max} = 28.2°$$

（a）临界角由下式得到：

$$\sin\theta_c = \frac{n_t}{n_i} = \frac{n_c}{n_f} = \frac{1.479}{1.499}$$

注意 $\sin\theta_c$ 必定等于或小于 1，

$$\theta_c = \arcsin 0.9866$$

$$\theta_c = 80.6°$$

　　端部粘在一起（例如用环氧树脂）的自由光纤束，经研磨和抛光后制成柔韧的光导。如果并不打算把光纤排成一个有序阵列，这个光纤束就构成一个非相干光纤束。这个术语不好，不要把它同相干性理论混淆。它仅仅意味着，入射面上最上一行内第一根光纤，其终点可以在出射面上光纤束中任何一个位置上。由于这个原因，这种柔韧的光载体是比较容易制作的，并且价格低廉。它们的主要功能只是把光从一处传到另一处。相反，如果把光纤细心地排列，使它们的两端在光纤束两头的端面上占据同样的相对位置，这个光纤束便叫做相干光纤束。这样的安排能够传送图像，因此叫做柔韧的图像载体。

　　常常把光纤绕在一个鼓上做成带，再把带一层层排起来做成相干光纤束。把这个器件的一个端面朝下平放在一个被照明的表面上，这个表面的点对点的像就出现在光纤束的另一端面上（见照片）。今天普遍使用光纤仪器探测不便到达的地方，从核反应堆芯和喷气发动机到人的胃和生殖器官。用于探测人体内部体腔的器件叫做内窥镜，包括气管镜、结肠镜、胃镜等，它们的长度通常短于 200 cm。类似的工业仪器通常有两三倍长，包含 500～50000 根光纤，由需要的像分辨率和可以容纳的尺寸而定。这种器件通常还附加一个非相干光纤束作照明用。

　　并不是所有的光纤阵列都做成柔韧的。例如，熔合在一起并且坚硬的相干光纤面板或感光镶嵌幕，可用来代替阳极射线管、光导摄像管、图像增强器及其他器件的均匀、低分辨率屏幕玻璃。感光镶嵌幕由包层熔合在一起的几百万根光纤组成，它的机械性能几乎和均匀玻璃完全一样。同样，一块熔合的锥形光纤束既能放大也能缩小图像，由光是从光纤束的小端还是大端射入而定。昆虫（如家蝇）的复眼实际上是一束锥形光纤丝束。组成人眼视网膜的杆状细胞和锥状细胞也可能是通过全内反射传送光。感光镶嵌幕另一常见的涉及成像的应用是像场致平器。如果透镜系统成的像是在一个曲面上，那么常常需要把像重新成在一个平面上，比方说以与底片适配。可以把一块感光镶嵌幕的一个端面加以研磨和抛光，使它的一个端面与像场曲面吻合，而另一端面与探测器适配。附带说一句，有一种天然的光纤状晶体叫做钠硼解石，它抛光后的性能非常像一块光学光纤感光镶嵌幕（古玩商店经常有它出售，用来制作珠宝饰物）。

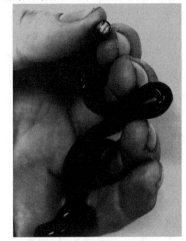

一束相干的 10 m 玻璃光纤束，即使打结并弯曲得很厉害，也能传送图像

　　如果你从来没有见过我们说的这种光导，可以试着观察一堆显微镜玻片的边，薄得多（0.18 mm）的盖玻片更好（见照片）。

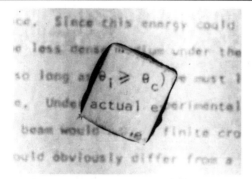

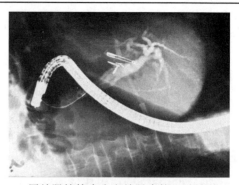

用橡皮筋捆在一起的一堆盖玻片用作相干光导　　　　用结肠镜检查患者结肠癌的 X 光照片

今天光纤光学有三个非常不同的应用：一是用于直接（短距离）传送像和照明；二是提供各种性能优异的波导用于远距离通信；三是用作新型传感器的核心元件。用相干光纤束将像传送到数米距离外，不论多么漂亮和有用，它并没有充分利用光纤固有的潜能，所以并不是很有前途的事业。而在远程通信中，作为主要的信息通道，光导正在迅速代替铜线和电。

在全球范围，在 1970 年后的头几十年里，安装了超过 1 亿千米的光纤。据估计，现在每天安装的光缆

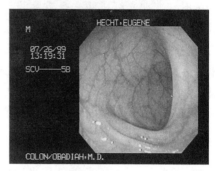

通过光纤结肠镜看到的非常详细的视图

足以绕地球数圈。另一方面，光纤传感器——测量压力、声音、温度、电压、电流、液位、电场和磁场、旋转等的设备——已经成为光纤的多功能性质的最新体现。

5.6.1　光纤通信技术

光的高频率带来了难以置信的数据处理能力。举个例子：使用复杂的传送技术，可以使一对铜电话线同时传送大约二十几对会话。可是，这没法和一个持续进行的简单电视传送比，后者相当于大约 1300 路同时的电话通话，这大致相当于每秒发送大约 2500 个打印页面。显然，在目前，试着通过铜电话线发送电视是非常不切实际的。然而，在 20 世纪 80 年代中期，已经能够在一对光纤上传送超过 12 000 路同时通话——这超过了 9 个电视频道。每对这样的光纤具有大约每秒 400 兆比特（400 Mb/s）或 6000 个语音电路的线路速率。这种光纤（中继器间隔 40 km 左右）形成了世界的城际长途电信网。在 20 世纪 90 年代早期，研究人员用**孤子**——精心整形过的在传播中不变化的脉冲——得到了大约 4 Gb/s 的传送速率。这相当于 70 个同时发送的彩色电视频道，传输距离超过 100 万千米。

第一条跨大西洋光缆 TAT-8 的设计采用了一些巧妙的数据处理技术，可以在两对玻璃光纤上同时进行 40 000 路通话。TAT-1 是 1956 年安装的一条铜缆，仅能承载 51 路通话，最后一个庞大的铜缆版本 TAT-7（1983）仅能承载大约 8000 对。TAT-8 于 1988 年开始运行，功能为 296 Mb/s（使用单模 1300 nm 光纤——见图 5.82c）。它每隔 50 km 或更远一些有再生器或中继器以增强信号强度。此功能在长途通信中至关重要。普通电线系统每大约一公里就得有中继器；电同轴网络将这个范围延伸至大约 2～6 km；即使通过大气的无线电传送也需要每 30～50 km 再生一次。直到 20 世纪 90 年代中期，使用的中继器是电光混合型，它将已变弱的光信号转换为电信号，放大，然后用半导体激光器将它重新引入光纤。

中继器间距的主要决定因素是由于信号沿线路传播的衰减引起的功率损耗。分贝（dB）是用来表示两个功率水平之比的惯用单位，它能方便地给出相对于输入功率（P_i）的输出功率（P_o）是多少。dB 数 $= -10 \log_{10}(P_o/P_i)$，因此，1:10 的比率是 10 dB，1:100 的比率是 20 dB，1:1000 是 30 dB，等等。衰减率 α 通常用光纤长度（L）每千米的分贝数（dB /km）表示。于是 $-\alpha L / 10 = \log_{10}(P_o/P_i)$，若我们将两边写为 10 的幂次

$$P_o/P_i = 10^{-\alpha L/10} \tag{5.62}$$

作为惯例，当功率下降到大约 10^{-5} 倍时，就有必要重新放大信号。20 世纪 60 年代中期用来作光纤材料的商用光学玻璃，其衰减率约为 1000 dB/km。光在这种材料中被传送 1 km 后，功率将下降到 10^{-100} 倍，每 50 m 就得有再生器（这只比用一根绳子和两个罐头盒进行通信好一点）。到 1970 年，熔融石英（SiO_2）的 α 下降到大约 20 dB/km，1982 年减少到低至 0.16 dB/km。衰减减少这样多，主要是依靠去除杂质（特别是铁、镍和铜离子），以及减少 OH 基团的污染（主要是通过严格消除玻璃中的任何痕量水分）来实现的（第 94 页）。今天，最纯净的光纤可以传输信号长达 80 km 才需要再放大。

到本世纪初，两项重大进展开始大幅度提高长距离光缆的数据处理能力。第一项创新是引入**掺铒光纤放大器**（EDFA）。它们是单模光纤，将稀土元素铒的离子以 100~1000 ppm 的浓度掺入其芯中。具有良好的转换效率，在典型情况下，它们能在 980 nm（最高反转能级）或 1480 nm（最高量子效率）被二极管激光器抽运，输出功率大约为 200 mW。由此产生的激发的铒原子通过衰减信号中的光子感应的受激发射再次辐射，从而重新激励数据流。这发生在放大器的整个长度上，它可以在很宽的频率范围内同时提高功率（通常保持在毫瓦级）。光纤放大器消除了上一代电子混合中继器造成的瓶颈。

第二项创新是称为**密集波分多路复用**（DWDM）的新数据处理技术的应用。"多路复用"一词意味着使用单一路径同时传送几个仍然保留个性的信号。当前，已不难发送多至 160 个载有不同信号的光信道，所有光信道同时在同一根光纤上以不同的频率传送。不用很久，每根光纤上 1000 个通道就会很平常了。通常情况下，每个通道的数据速率均为 10 Gb/s 或更高，并且每个通道有间隔 50~100 GHz。各大电信运营商已经在使用 DWDM。最新的跨大西洋光缆包含 4 对光纤，每一对能承载 48 个 DWDM 信道，每个信道流动的流量数据速率为 10 Gb/s。这是 $4 \times 48 \times 10$ Gb/s 或 1.9 Tb/s 的净容量。以每条信道 40 Gb/s 运行的商业链接已投入使用。

图 5.82 画的是当今通信中使用的三种主要光纤结构。图 5.82a 中的纤芯比较宽，并且纤芯和包层的折射率都从头到尾不变。这是所谓**阶跃折射率光纤**，它有大约 50~200 μm 粗的均匀纤芯和通常为 20 μm 厚的包层。阶跃折射率光纤是这三种光纤中最老的一种，广泛用于第一代系统（1975—1980）。比较大的中央纤芯使其坚固耐用，光易于注入，并且易于终止和耦合。它是最廉价的，但也是效率最低的，对于长距离应用，它有一些严重的缺点。

根据光纤的发射角，可以有数百甚至数千种不同的光线路径或模式，能量可以通过这些模式沿纤芯传播（图 5.83）。这是**多模光纤**，其中每种模对应于稍微不同的传播时间。光纤是一个光波导，"光"在其中沿着此通道传播的精确方式可能相当复杂（图 5.79）。各种传播样式或模可以用麦克斯韦方程从理论上研究。从这些分析中得出的一个非常有用的参数是 **V 数**：

$$V \text{数} = \frac{\pi D \, NA}{\lambda_0} \tag{5.63}$$

其中，D 是纤芯直径，λ 是传送的辐射能的真空波长。对于阶跃折射率光纤，详细的理论分析表明，V 数大于 2.405 时，**模式数目**（模数）N_m 迅速增加，一次出现好几个

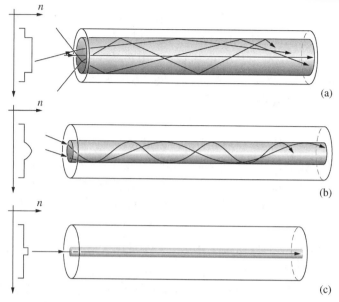

图 5.82   三种主要的光纤组态和它们的折射率截面图。（a）多模阶跃折射
率光纤；（b）多模渐变折射率光纤；（c）单模阶跃折射率光纤

$$N_m \approx \frac{1}{2}(\text{V 数})^2 \tag{5.64}$$

增大纤芯直径，或增大其折射率，将增加模数。反之，增大包层的折射率，或增加波长，将
减少光纤支持的模数。在阶跃折射率光纤中，大部分能量被约束在纤芯中，但是也会有能量
渗到传播隐失波的包层中。

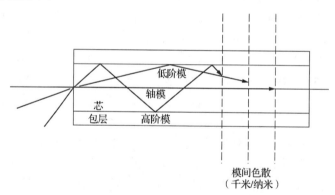

图 5.83   阶跃折射率光纤中的模式间色散

另一个常出现的参量是**分数折射率差**$(n_f - n_c)/n_f$。这个量的平方根正比于数值孔径，当纤
芯（或光纤）的折射率（n_f）与包层的折射率（n_c）很接近时，它远小于 1。这个条件称为**弱
导波近似**，此时波导分析得到很大的简化。在此近似下，光纤中能够存在一组线偏振的（英
文简写为 LP）模，它们关于中心轴对称。最简单的模是 LP_{01}，这里的下标与光束中节点（辐
射为零的区域）的数目相联系。下标 0 意味着光束截面中没有方位角节点。下标 1 代表径向
有一个节点，标出光束的外边界。这种最简单的辐照度分布是一个钟形分布，峰在中心轴上。

当 V 数超过 2.405（圆柱形波导的零阶贝塞尔函数解的第一个零点）时，除 LP_{01} 模外，
光纤中还可存在下一个模 LP_{11}。当 V 数超过 3.832（一阶贝塞尔函数解的第一个零点）时，

还能够出现两个模 LP_{02} 和 LP_{21}，等等。当工作于 633 nm 时，V 数为 148，从而能维持的模数为 $N_m=11\times10^3$。一根短程多模通信光纤可以有 $D=100$ μm，NA=0.30，当工作于 633 nm 时，其 V 数为 148，从而支持的模数为 $N_m=11\times10^3$。

每个模传送的能量大小依赖于发送条件。输入光束的张角（或 NA）可能大于光纤能够接纳的张角（即大于光纤的 NA），而且，输入光束的直径也可能大于纤芯的直径。这时，一些信号光不能进入光纤，我们说它们被**满盈**（overfilled）了。反之，若光纤能接纳比它正接收的更多的光，则称为**欠充**（underfilled），这通常意味着一个窄光锥进入光纤只保持低阶模。另一方面，满盈导致更高的损耗，因为更陡峻地进入光纤的光束在纤芯-包层界面上反射更频繁，由于散失入包层的隐失波而损耗更多。

在多模光纤里，角度更大的光线走过的路程更长；比起沿轴线移动的光线来，它们得从光纤的一侧反射到另一侧，需要更长的时间才能到达光纤的末端。这泛称为**多模色散**（通常简称为**模色散**），虽然它与折射率对频率的依赖毫无关系。要传送的信息通常以某种编码方式数字化，然后以每秒数百万个脉冲或比特的速率发到光纤上传送。不同的传送时间会引起我们不想要的结果，改变代表信号的光脉冲的形状。开始时的一个有棱有角的矩形脉冲，在光纤内行进几千米后，会模糊得无法辨认（图 5.84）。

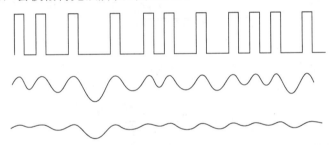

图 5.84　矩形光脉冲由于色散增大而变模糊。注意密集的脉冲退降更快

轴向光线与最慢光线（最长距离光线）相比，到达时间的总时间延迟为 $\Delta t = t_{\max} - t_{\min}$。参看图 5.81，最小传播时间为轴向长度 L 除以光纤中的光速：

$$t_{\min} = \frac{L}{v_f} = \frac{L}{c/n_f} = \frac{Ln_f}{c} \tag{5.65}$$

当光线以临界角 $n_c/n_f = \cos\theta_t$ 射入时，非轴向路程 $\ell = L/\cos\theta_t$ 最长。由此得到 $\ell = Ln_f/n_c$，所以

$$t_{\max} = \frac{\ell}{v_f} = \frac{Ln_f/n_c}{c/n_f} = \frac{Ln_f^2}{cn_c} \tag{5.66}$$

将（5.66）式减去（5.65）式，得

$$\Delta t = \frac{Ln_f}{c}\left(\frac{n_f}{n_c} - 1\right) \tag{5.67}$$

举个例子，设 $n_f = 1.500$，$n_c = 1.489$。于是时间延迟 $\Delta t/L$ 是 37 ns/km。换句话说，进入系统的一个尖锐的光脉冲每经过 1 km 光纤将展宽约 37 ns。这个脉冲以 $v_f = c/n_f = 2.0\times10^8$ m/s 的速度传播，它在空间之展宽为 7.4 m/km。为了确保传送的信号仍然易于读取，我们可以要求空间（或时间）间隔至少为展宽的两倍（图 5.85）。现在想象这条线长 1.0 km。这时，从光纤射出的输出脉冲的宽度为 7.4 m，因此必须相隔 14.8 m。这意味着输入脉冲必须至少相隔 14.8 m；在时间上，它们必须相隔 74 ns，因此每 74 ns 来的脉冲不能多于一个，这相当于每秒 1350

万个脉冲的频率。以这种方式，模色散（典型值为 15～30 ns/km）限制了输入信号的频率，从而规定了信息能够通过系统馈送的速率。阶跃折射率多模光纤用于低速短距离线路。

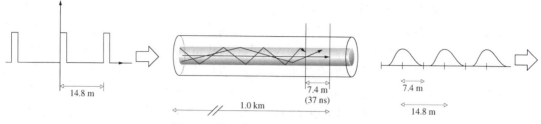

14.8 m　　　　　　　1.0 km　　　　7.4 m (37 ns)　　　　7.4 m　　14.8 m

图 5.85　输入信号由于模间弥散而展宽

这些大芯径光纤主要用于图像传送和照明光纤束。它们对携带高功率激光束也很有用，这时能量分布在更大体积里，从而避免损坏光纤。

例题 5.12　一根阶跃折射率多模光纤的纤芯半径为 40 μm，数值孔径为 0.19。假定它运作于 1300 nm 的真空波长，求它支持的模式数。

解　从定义

$$V \text{数} = \frac{\pi D\,\mathrm{NA}}{\lambda_0}$$

因而模数为

$$N_m = \frac{1}{2}(V \text{数})^2$$

于是

$$V\text{数} = \frac{\pi 2(40 \times 10^{-6}\,\mathrm{m})0.19}{1300 \times 10^{-9}\,\mathrm{m}}$$

$$V\text{数} = 36.73$$

因而

$$N_m \approx \frac{1}{2}36.73^2 \approx 674.6$$

近似有 674 个模式。

逐渐改变纤芯的折射率，使折射率沿径向向外减小直到包层（图 5.82b），可以使时间延迟差的问题减到百分之一以下。这时光线传播时不是走一条尖锐的曲里拐弯的路程，而是绕中心轴平滑地旋转。因为折射率沿中心轴较高，走较短路径的光线按比例地减慢较多，而在包层附近绕轴螺旋运动的光线，虽然路程较长，但是运动也更快。其结果是在这些多模**缓变折射率光纤**中，一切光线倾向于或多或少地保持在一起。缓变折射率光纤的典型值是，芯直径为 20～90 μm，多模色散只有大约 2 ns/km。它们的价格中等，已广泛用于中距离的城市间应用。

纤芯直径为 50 μm 或更粗的多模光纤常常用发光二极管（LED）来馈入信号。它们比较便宜，通常以较低的传送速率在较短的距离上使用。它们的问题是它们发射的频率范围相当宽。结果，普通的材料色散或光谱色散（即光纤的折射率是频率的函数）成了限制因素。使用光谱纯的激光束，基本上避免了这个困难。另外，光纤可以在 1.3 μm 附近的波长下工作，石英玻璃（见图 3.40 和图 3.41）在这个频段几乎没有色散。

多模色散问题的最后和最佳解决方案，是使纤芯变得很细（小于 10 μm），这样它只提供一种模式，光线只平行于中心轴传播（图 5.82c）。这种超纯玻璃的**单模光纤**（包括阶跃折射率和更新的缓变折射率）性能最佳。

单模光纤的设计只允许一个特定波长的基模沿着纤芯传播。对阶跃折射率光纤，将 V 数调到小于 2.405（对抛物线型渐变折射率光纤相应的 V 数为 3.40，对折射率轮廓近似于三角形的渐变光纤为 4.17），可以做到这一点。在这样做的同时，让光纤的直径很小（典型值为 9 μm），并减小纤芯与包层的折射率之差，从而使数值孔径也小。这样就有一个最小波长，在这个波长上，光纤只能维持基模；使用任何更短的波长将增大 V 数，引发多模传播。这个波长叫做**截止波长**λ_c，由（5.63）式，对阶跃折射率光纤它为

$$\lambda_c = \frac{\pi D \text{NA}}{2.405} \tag{5.68}$$

我们前面已经看到，单模光纤截面上的辐照度分布是钟形的，峰值在中心轴上，实际上延伸到纤芯之外，深入到包层。换句话说，**模场**的直径（从中心轴到辐照度减弱到中心的 $1/e^2$ = 0.135 处距离的两倍）比纤芯直径要大 10% 到 15%。因此输出光斑比纤芯大。因为包层携带着一部分辐射能，任何扩展到包层的界限以外的光自身会损耗掉。因此，阶跃折射率单模光纤包层的厚度通常是纤芯直径的 10 倍。这样的光纤可能有 8.2 μm 的纤芯，在 1310 nm 的波长上模场直径为 9.2 μm，波长为 1550nm 时增加到 10.4 μm。典型的单模光纤纤芯的直径仅有 2～9 μm（差不多 10 个波长），基本上消除了多模色散。虽然它们相当昂贵并且需要激光光源，这些光纤是今天首要的长程光波导，它们工作在 1.55 μm 的波长上（这里的衰减约为 0.2 dB/km，不比理想的石英值 dB/km 大多少）。这样一对光纤可能会有一天会把你家连到庞大的通信和计算机设备网络上，使铜线时代成为华丽的过去。

例题 5.13 一根单模阶跃折射率光纤的折射率为 1.446 和 1.467。使用的波长为 1.300 μm。求最大纤芯直径。比较直径和波长。

解

单模传播的条件为

$$\text{V 数} = \frac{\pi D}{\lambda_0}(n_f^2 - n_c^2)^{1/2} \leqslant 2.405$$

$$\frac{\pi D}{1300 \text{ nm}}(1.467^2 - 1.446^2)^{1/2} \leqslant 2.405$$

$$\pi D(0.06117)^{1/2} \leqslant 3.1265 \times 10^{-6}$$

$$\pi D \leqslant 1.264$$

和

$$D \leqslant 4.02 \text{ μm}$$

直径为 4.0 μm，波长为 1.3 μm，二者相当可比。

纯熔融石英（二氧化硅，SiO_2）是高质量超低损耗通信光纤的基础。在石英中掺入杂质，可以改变它的性能，适应我们的需要。少量的二氧化锗（GeO_2）和五氧化二磷（P_2O_5）都会提高折射率。相反，氟（F）和三氧化二硼（B_2O_3）都使折射率降低。今天，图 5.82c 中所示的单模阶跃折射率光纤（又叫做匹配型包层光纤）使用纯石英作包层，纯石英芯中掺杂二氧化锗，使其折射率增加百分之零点几（通常<5%）。图 5.86 是类似的设计，叫做凹陷型包层光纤。它的纤芯是略微掺杂二氧化锗的熔融石英，外面包着一层石英包层，石英中掺氟以降低折射率。这个折射率低的区域自身外面又包着一层纯石英，产生第二个界面。

多孔/微结构光纤

20 世纪 90 年代出现了一种很有前途的光纤，不久就被戏称为**多孔光纤**，用得更广的名

称是**微结构光纤**。今天这种器件按照工作原理和应用分为两类：光子晶体空心带隙光纤和光子晶体实心光纤。区分的依据是载光的纤芯是空心的还是实心的。

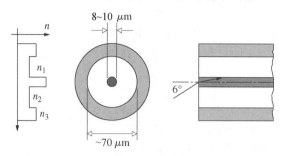

图 5.86　凹陷型包层光纤

晶体是原子的有序排列，由于它的周期性，它能散射波——不论是量子力学的电子波还是传统的电磁波，从而产生极其有趣和非常有用的效应。在这个想法的引导下，我们应当可以放大的尺寸，制造出不同电介质的周期阵列，它们也能以可控的方式散射长波长的电磁波。这方面已经做了许多工作，研究人员正忙于制作各种人造"晶体"（它们看起来与天然晶体一点也不像），工作于可见光频段。所有这些不均匀的、多少有些周期性的电介质结构，统称为**光子晶体**。

瑞利爵士 1887 年发表了一篇题为"波在周期性结构介质中的传播"的文章，证明在分层介质中，波长合适的波会被完全反射回它原来进入的方向，就好像遇到某种不能进入的禁区。现在我们知道，电子波穿过半导体晶体的周期结构运动会被部分散射，偏离它遇到的原子层。如果电子的德布罗意波长正好和有序的原子层间距适配，向后反射的子波将相长地相加，使电子波完全反射，没有透射的电子束。这种概念性的障碍叫做**能带隙**。换句话说，可以想象晶体中的电子波被分隔在不同的能带内，中间隔着带隙，电子波在带隙内是不能传播的。在低温固体中，电子能量低，占据着所谓价带。在半导体和绝缘体中，带隙将价带与它之上的导带分开，只有那些获得足够的能量越过带隙的电子，才能进入导带，通行无阻。

对于在宏观的周期性电介质复合材料（即光子晶体）中传播的电磁波，也存在类似的带隙。我们能够制造这样的电介质结构，它能抑制某一频段内电磁波的通过，这个频段叫做**光子带隙**。本章我们主要是关心光纤和光沿光纤的传播。因此考虑一根石英光纤（见照片），它在其全部长度上包含有由平行于中心轴的小直径圆柱形孔构成的规则阵列。这些小孔群集在一个中心孔周围，中心孔通常比别的小孔大一些。这是空心光子带隙光纤。

空心光子带隙光纤

沿着光纤的轴看周围的包层，它是交替的玻璃-空气-玻璃-空气的电介质周期阵列，散射辐射能，产生带隙，阻碍特定频段的光波向前传播。我们想要设计包层，使它在我们感兴趣的频段有一带隙，把这部分光陷在光纤里。包层封锁了除一窄频带外的所有波长。将光束约束在空心充有空气的、直径约为 15 μm 左右的纤芯中传播。纤芯是光子晶格中的一种"缺陷"，多达 99.5% 的光可以漏进这条隧道。换个说法，如果光子带隙是制作在可见光频段中,这个晶体就显然不能传输光。引进了"缺陷",纤芯(不论是填充了东西还是空的)就破坏了对称性。这时纤芯对那些被包层逐出的频率起波导的作用。可能进入空芯的所有其他波长很快就漏掉。因为包层尽管到处都是孔,它的平均折射率还是大于空气。可以制造这样的光纤,使其在 1550 nm 的波长附近沿着敞开的纤芯的带宽为 200 nm 左右。

由于有空心充气的中心通道,光子晶体光纤比普通的固态玻璃远程通信光纤能够承载更多的能量。这意味着它有比通信光纤大得多的承载信息的潜力,多达上百倍。一根普通的阶跃折射率高纯度玻璃光纤在某种程度上吸收和散射光,使远距离传送的信号被衰减。此外,玻璃的色散使信号脉冲在传播中散开变宽,把脉冲变得模糊不清,互相混在一起,因此限制了高密数据的成功传送距离。反之,空气芯光子晶体光纤的吸收和色散基本上可以忽略。玻璃稍微有一些非线性,在玻璃这样的介质中"光"传播很远的距离也会出问题,而在光纤空芯的空气中传播就没有这种问题。

现在想象一个具有小的固态芯的光子晶体光纤——它仍由狭长的玻璃圆柱构成,在光纤的全部长度上,平行于轴密集着开了许多小孔,构成有规则的阵列。但是这一次中间的芯是玻璃(见照片)。第一根成功的这种光纤出现在 1996 年初,它有一个引人注目的性质:对一切波长,它只支持单一的基模。像蜂窝一样的包层允许一切高阶模漏掉。换句话说,可以制造出实心的光子晶体光纤,它具有"没完没了"的单模,好像没有截止波长 λ_c 似的 [(5.68) 式]。即,不存在一个最小波长,使更短的波能够实现二次模或更高阶的模的传送。这是因为,随着"光"的频率增高,包层的平均折射率增大。出现没完没了的单模,是因为纤芯和包层之间的折射率跃变随波长减小而减小。这减小了数值孔径,也成比例地减小截止波长。

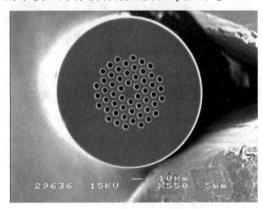

实心的无穷尽单模光子晶体光纤

虽然实心光子晶体光纤的介电常量的周期性微结构变化在内部散射光的方式很复杂,但是把它的整个运作当作改进的全内反射来考虑就简单得多。包层上有小孔构成的格子,它的平均折射率要比石英介质即纤芯的折射率低。

实心多孔光纤的最重要的特征之一,来自我们设计出有用的色散特性的能力,这样的色散特性与组成光纤的透明固态物质的色散特性很不相同。今天,不同大小和形状的孔排成的各种图样(对称或非对称)的复杂结构,正用于各种特殊的光子晶体光纤的设计。由于它们具有没完没了的单模,模场直径大,弯曲损耗低,色散容易调节,实心多孔光纤在宽带传送方面的应用有广阔的前景。

多孔光纤通常是这样制作的:先将一堆几百根石英棍和石英薄壁空管集合在一起,它们可能有 1 m 长,直径 2~4 cm,称为预制光纤。把预制光纤加热到~180℃,拉长到直径为 2~4 mm。然后把它放入一个石英管套管,再度加热并拉到直径为 125 μm 左右。典型情况下最后拉到数千米长。

光学开关

在互联网漫游,需要将海量数据从一条光纤快速转移到另一条光纤。在 20 世纪末,这一任务是这样完成的：网络中心将光脉冲转换为电信号，随后用电子学方法切换；此后再将数据包转换为光脉冲继续传播。不好的是，电子开关体积庞大，价格昂贵，而且比较慢——不能胜任未来的需求。直到最近，很快缓解这个电子瓶颈几乎还没有希望。但在新千年之初，由于推出几个光子交换系统，事情发生了戏剧性的变化。

　　图 5.87 画的是一个使用 MOEMS（微光机电系统，Micro-OptoElectro- Mechanical Systems）技术的全光学开关（第 225 页）。数百根输入光纤和输出光纤的端面都在系集的顶端盖上小透镜。一个向下行的光子脉冲进入，射到一面微镜（直径仅 0.5 mm）上，微镜的方向受电子学控制，然后从一面大反射镜"跳回"，射到另一面可控微镜上，出射到指定的输出光纤中，所有这些都在几毫秒时间内重新调整。MOEMS 开关已部署到网络中控制数据传输。最终，光学开关将在不远的将来支持每秒拍比特（1 Pb/s = 10^{15} bit/s）的远程通信系统。而且，还有世界范围的全光学的电话-电视-互联网的三网合一，以从未想象过的速度运作。

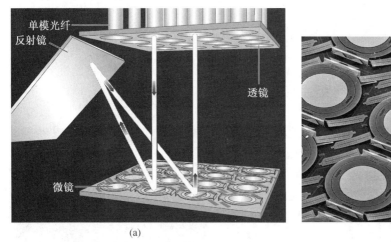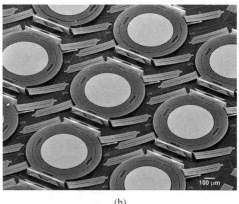

(a)　　　　　　　　　　　　　　(b)

图 5.87　（a）用可操纵微镜改变光脉冲的方向。（b）可倾斜的微镜阵列

毛细管光学

　　光纤光学的工作原理，是让辐射能（频率较低，即，可见光或红外）在狭窄的实心波导内的高折射率/低折射率界面上发生全内反射。类似地，高频电磁辐射（特别是 X 射线）也可以在空气-玻璃界面（不是玻璃-空气界面）上被全内反射（第 155 页）。对 10 keV（波长 0.12 nm）的 X 射线，临界角（从表面向上测量）的典型值仅约 0.2°。图 5.88 显示了如何在中空的毛细管内，通过在管内的空气-玻璃界面上的多次掠入射反射，让一束 X 射线遵循毛细管拐弯。用别的方法使 X 射线拐弯是很难的。

图 5.88　X 射线在空心玻璃光纤内的多次掠入射反射

　　可以制造成直径为 300～600 μm 的单根玻璃丝，它包含成千上万个这样的毛细管通道，每个毛细管通断的直径为 3～50 μm 的细毛细通道（见照片）。再将成千上万根这样的多通道玻璃丝在一起使用，就可以方便地聚焦或准直 X 射线束（图 5.89），这是以前绝对做不到的。

包含数百个空心毛细管的单根多
道玻璃丝的扫描电子显微镜像

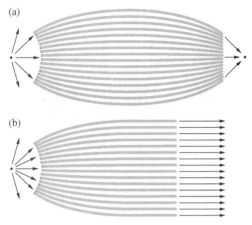

图 5.89　用一捆多毛细管玻璃丝把来自点
源的 X 射线聚焦（a）或准直（b）

5.7　光学系统

迄今我们对傍轴理论的讨论已到这样的程度，使我们能够理解大多数实际光学系统工作的基本原理。诚然，有关控制像差的一些极为重要的微妙问题尚未讨论。尽管如此，用从一阶理论得出的结论，人们已经能够制作比方说一架望远镜了（也许不是一架很好的望远镜，但无论如何是一架望远镜）。

讨论光学仪器，有比眼睛（它是一切光学仪器中最常见的）更好的出发点吗？

5.7.1　眼

为我们的目的，我们把眼区分为三大类：一类通过一个单一中心透镜系统收集辐射能并成像，一类用许多小透镜的多层小面排列（输入到像光纤一样的通道），还有最后一类，是最原始的没有镜头的小孔成像（第 272 页）。响尾蛇除了感光的眼睛外，还有一个红外线的针孔"眼睛"，叫做颊窝，它应归入最后一类。

第一类视觉透镜系统已在至少三类不同的生物体内独立演化出来，非常相似。这三类生物是：一些比较高等的软体动物（例如章鱼），某些蜘蛛（例如鸟头蜘蛛），当然还有包括我们人类在内的脊椎动物，它们都有眼睛，在感光屏幕或视网膜上生成一个连续的实像。作为比较，节肢动物（身体和四肢都有关节的生物，例如昆虫和小龙虾）独立地演化出有多个小面（facet）的复眼（图 5.90）。复眼的每个小面都产生一个小视场的像斑，许多像斑镶嵌成一幅可感知的像（就像我们通过一捆紧绑在一起的小管看世界一样）。正如一幅电视画面由不同强度的点组成，复眼将看到的景象分割和进行数字化。在视网膜上不形成实像，而是在神经系统中通过电的方式综合信号。马虻的复眼大约有 7000 个小面，飞得特别快的掠食性蜻蜓视力更好，有 30 000 个小面，与之相比，某些蚂蚁只有 50 个小面。小面越多，像点就越多，分辨率越好，组合出的图像越清楚。最老的眼睛类型可能是：5 亿年前的海洋小生物三叶虫就演化出的成熟的复眼。值得注意的是，地球上的一切动物，它们感知像的机制不论在光学上多么不同，在化学上却十分相像。

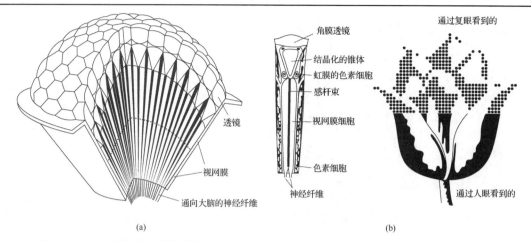

(a) (b)

图 5.90　（a）由许多小眼构成复眼。（b）一只小眼，它"看到"一个特定方向的小区域。
角膜透镜和晶状锥体将光线送进感知结构，即清晰的棒状感杆束。每个感杆
束被视网膜细胞包围，通过神经纤维通向大脑。通过人眼和复眼看到的一朵花

人眼的结构

　　可以把人眼想象为一个正双透镜组，它在感光表面上产生一个实像。开普勒最早（1604
年）写道，"我认为，外部世界的像投射到凹的视网膜上，就产生了视觉"。这种看法直到 1625
年德国人赛纳尔（J. C. Scheiner）做了一个有趣的实验之后，才被人们广泛接受（笛卡儿在
大约 5 年后也独立做了这个实验）。他剥下了一只动物眼球后面的包膜，从后面透过近于透明
的视网膜观看，能够看到眼外的景物的一个缩小的倒像。视觉系统（眼睛、光学神经、视觉
皮层）虽然像一个简单照相机（第 221 页），它的功能却更像一台闭路计算机化的电视机。

　　人的眼球（图 5.91）是一个近似球形（24 mm 长，22 mm 宽）的胶状体，包在一层坚韧
的膜——**巩膜**内。除了前面部分即**角膜**是透明的之外，巩膜是白色不透明的。角膜的曲面从
球体凸起一些（它稍微变平，以减小球面像差），是透镜系统的最前面一个和最凸的元件。确
实，光束的弯曲主要发生在空气-角膜界面上。附带说一句，你在水下看不太清楚的原因之一，
是水的折射率（$n_w \approx 1.33$）太接近角膜的折射率（$n_c \approx 1.376$）了，不能发生合适的折射。

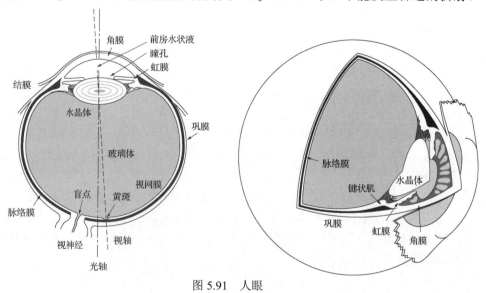

图 5.91　人眼

　　从角膜进来的光穿过一个腔房，它充满清澈的水状液，叫做**前房水状液**（$n_{ah} \approx 1.336$），供给眼睛前部的营养。在空气-角膜界面上强烈向光轴弯折的光线，在角膜-前房水状液界面上只稍微改变方向，因为它们的折射率很相近。浸没在前房水状液中的是一个光阑，叫做**虹膜**，它起着孔径光阑的作用，控制着通过**瞳孔**进入眼的光量。正是虹膜（iris，源于希腊文彩虹）使眼珠具有特征的蓝色、褐色、灰色、绿色或淡褐色。虹膜由环状肌和径向肌组成，它能够使瞳孔张大或缩小，范围从亮光中的大约 2 mm 到黑暗中的大约 8 mm。除了这一功能之外，它还和聚焦响应有联系，做近距离工作时，它会收缩以增加像的清晰度。

　　紧挨着虹膜后面的是水晶体（眼珠）。水晶体这个名称（Crystalline lens，直译为水晶透镜）可能使人发生误解，这个名称可以追溯到大约公元 1000 年时开罗的阿尔哈增(al-Haytham)的工作。他把人眼分为三个区域，分别是水状区、晶状区和玻璃状区。水晶体即眼珠的大小和形状都像一粒小豌豆（直径 9 mm，厚 4 mm），是一个复杂的一层一层的纤维体，外面包着一层弹性膜。在结构上，它有点像一个透明的洋葱头，由大约 22 000 片很薄的层组成。除了它的大小不断长大之外，它还具有一些显著的特征，使它与人造透镜不同。由于它的分层结构，穿过它的光线走的路径是由不连续的小段组成的。水晶体作为整体是很柔顺的，虽然随年龄增大柔顺程度减小。此外，它的折射率从内核中大约 1.406 变到不太致密的皮层中的大约 1.386，是梯度折射率（GRIN）系统（第 344 页）。水晶体通过改变形状提供了精细聚焦的机制，即它有一个可变的焦距——后面我们会谈到。

　　眼睛的折射零件，角膜和水晶体，可以当作一个等效的双透镜组来处理，它的物方焦点在角膜的前表面之前 15.6 mm，像方焦点在它后面 24.3 mm 处，在视网膜上。作些简化，可以认为组合透镜的光心在视网膜前面 17.1 mm 处，正好位于水晶体的后缘。

　　水晶体后面是另一个充满透明胶状物的腔房，胶状物由胶原（一种蛋白质聚合物）和玻璃酸（一种浓缩蛋白）组成。这种胶状物叫做**玻璃体**（$n_{vh} \approx 1.337$），这种稠胶支撑着整个眼球。说句离题的话，应当注意到，玻璃体中包含有细胞残屑的微粒自由漂浮着。你只要眯着眼看一个光源或者通过一个针孔观看天空，很容易在你自己的眼睛里看到它们带有衍射条纹的影子——像变形虫般的奇怪的小物体（飞蝇幻视）将漂过视场。附带说一句，如果感觉这种漂浮物显著增加，可能是视网膜脱落的表征。当你盯着这些漂浮物时，再次眯眼看光源（一盏宽漫射荧光灯就很合用），几乎完全合上你的眼睑，这时你将能看见你的瞳孔的近乎圆形的周界，在周界外，辉光将消失在黑暗中。如果你不相信，遮住再放开放进一些光，可以看到这个闪亮的圈分别扩大和缩小。你是在看虹膜从里面投射的影像！像这样看到内部的物体叫做眼内感觉。

　　在坚韧的巩膜壁内是一个内壳即脉络膜。它是一个黑色层，布满着血管并且丰富地淀积着黑色素。脉络膜是杂散光的吸收体，如同照相机内的黑漆涂层那样。一薄层（约 0.5 mm 到 0.1 mm 厚）光感受器细胞覆盖着巩膜内表面的大部分区域——这是**视网膜**（retina 来自拉丁文 rete，意思是网）。已聚焦的光束通过在这一带粉红色的多层结构中的光化学反应而被吸收。

　　人眼包含两类光感受器细胞，**杆状细胞**和**锥状细胞**（见照片）。它们大约共有 1.25 亿个，不均匀地混合分布在视网膜上。杆状细胞（每个的直径约为 0.002 mm）总体在某些方面具有高速黑白胶片（如 Tri-X 胶片）的特性。它极为灵敏，在光太弱以至锥状细胞不能响应时也能工作；但是它不能辨别颜色，它所传送的图像也不是很清楚。与之相反，六七百万条锥状细胞（直径约 0.006 mm）总体可以想象为功能分开、但和前者交迭在一起的低速彩色胶卷。它必须在亮光中工作，产生细致的彩色景象，但在弱光下很不灵敏。

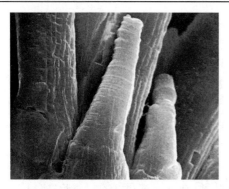

蝾螈（Neeturus Maeulosus）视网膜的电子显微镜照片。在前景中有两根锥状细胞，后面有几个杆状细胞

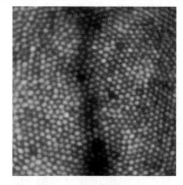

人视网膜的高分辨率图像。每个亮点是一个锥形光接收细胞，直径约 4.9 μm

人视觉的正常波长范围大约是 390～780 nm（表 3.4）。但是，研究工作拓宽了这些界限，下限扩展到紫外区的大约 310 nm，上限扩展到红外区的大约 1050 nm。的确曾有人报告说他"看见" X 辐射。对紫外线在眼睛中传送的限制是由水晶体订立的，水晶体吸收紫外线。用外科手术摘除一个水晶体的人，对紫外线的灵敏度大为提高。

视神经出口处那个区域没有感受器，对光不灵敏；因此叫做**盲点**（见图 5.92）。视神经以视网膜的形式散布在眼内部的后部。

✕   **1**   **2**

图 5.92   要证实盲点的存在，闭上一只眼，在距离大约 25 cm 的地方径直注视 X，2 字将消失不见。再移近一些将使 2 字重新出现，而 1 字消失不见

大约正在视网膜中心，有一个大约 2.5～3 mm 的小凹陷，叫做**黄斑**。其中锥状细胞比杆状细胞的两倍还多。在黄斑的中心有一个小区域，直径约 0.3 mm，没有杆状细胞，叫做**中心凹**（作为比较，满月在视网膜上的像直径约为 0.2 mm——习题 5.101）。这里的锥状细胞（直径 0.0030～0.0015 mm）比视网膜上其他任何地方的更细并且更密集。这里提供了最清晰和最详尽的信息。由于这个原因，眼球不断挪动，使来自物体上我们最感兴趣的区域的光落在中心凹上。由于这种正常的眼球运动，一个像不断地移过不同的感受器细胞。如果不发生这种运动，像稳定地停在一组给定的感受器细胞上，像实际上将逐渐减弱。没有中心凹，眼睛将失去 90%～95%的能力，只保留对周围的视觉。

说明感受系统的复杂性的另一件事，是杆状细胞与神经纤维是多路连接，单根神经纤维可以被大约 100 个杆状细胞中的任何一个激活。相反，中心凹中的锥状细胞是与神经光纤个别连接的。对一幅景物的实际感觉是由眼睛-大脑系统不断分析随时间变化的视网膜像所建立的。只要想一想，即使一只眼闭着，盲点也并不造成什么大麻烦，就可以知道了。

在视网膜的神经纤维层与玻璃状液之间是一个大视网膜血管网，可以用内视方法观察到。一种观察方法是闭上眼睛，对着眼睑放一个明亮的小光源。你将"看见"一幅图样（Purkinje图形），那是血管投射在灵敏的视网膜层上的影子。

调节

人眼的精细聚焦或**调节**这个功能是由水晶体履行的。水晶体由韧带悬挂在虹膜后的位置上，韧带和由**睫状肌**组成的圆形轭连接。通常，睫状肌处于松弛状态，这时它们把托着水晶体边沿的细纤维网沿径向向外拉，这就把柔韧的水晶体拉成相当平坦的形状，增大了它的半

径，从而增大它的焦距 [（5.16）式]。当睫状肌完全松弛，来自无穷远的物的光将聚焦在视网膜上（图 5.93）。随着物移得离眼睛更近，睫状肌收缩，缓解了作用在水晶体边缘上的外部张力，这时水晶体在自身的弹性力作用下稍微鼓出。这样做时，焦距减小使 s_i 保持不变。随着物靠得更近，睫状肌圆轭收缩得更紧张，圆轭包围的区域更小，水晶体表面的半径更小。眼能在其上聚焦的最近的点叫做**近点**。正常眼的近点，十来岁的孩子大约是 7 cm，青年人在 12 cm 左右，中年人约为 28～40 cm，60 岁的人大约 100 cm。设计视觉仪器时要想到这一点，以免使眼睛不必要地紧张。显然，眼睛不能同时对两个不同的物体聚焦。这只要透过一块玻璃看东西，如果你试图同时对玻璃和玻璃之外的景物聚焦，就可以看得很明显。

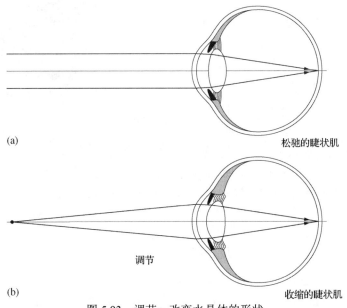

(a)　　　　　　　　　　　　　　　　　　　　松弛的睫状肌

调节

(b)　　　　　　　　　　　　　　　　　　　　收缩的睫状肌

图 5.93　调节—改变水晶体的形状

哺乳动物一般靠改变水晶体的曲率来调节，但是也有别的方法。鱼类只是把水晶体移近或移远视网膜，就像挪动照相机镜头得以聚焦一样。一些软体动物用收缩或扩张整个眼睛来做到这一点，这时改变的是水晶体和视网膜之间的相对距离。对于猛禽，它为了生存必须使一个快速运动的物在很大的距离范围内保持不变的聚焦。它们的调节机制是大大改变角膜的曲率，和上面的方法很不相同。

5.7.2　眼镜

眼镜大概是 13 世纪晚期某个时候在意大利发明的。这个时期（1299 年）的一篇佛罗伦萨人的手稿（现已佚失）谈到了"为了方便视力开始衰退的老人，最近发明了眼镜"。这些眼镜是双凸透镜，仅仅是手持放大镜或老花镜的变型，至于抛光后的宝石用作长柄眼镜，则无疑在此之前很久了。培根（R. Bacon）相当早（大约在 1267 年）就有关于负透镜的记载，但是又过了两百年，库萨（N. Cusa）才首次讨论用负透镜作眼镜，再过一百多年，到 16 世纪末，眼镜才不再是新奇的珍品。有趣的是，甚至到 18 世纪，都认为在公共场合戴眼镜是不合适的，在这个时期的油画里很少出现戴眼镜的人。1804 年，渥拉斯顿（Wollaston）认识到，传统的（相当平的，双凸的和凹的）眼镜，只有通过眼镜的中心看出去才看得好，因此注册了一种新型的高度弯曲透镜的专利。这就是现代弯月形眼镜片的先驱。弯月形（meniscus）

一词，来自希腊文 meniskos，是新月的意思。这种眼镜允许眼球从中心转到边缘透过镜片看，看到的像不会有太大的失真。

在生理光学中，用透镜的焦度 $\mathscr{D}$ 既普遍又方便，它是焦距的倒数。当 f 以米为单位时，焦度的单位是米的倒数，单位名称就叫焦度，用符号 D 表示：$1\,m^{-1} = 1\,D$。例如，若一块会聚透镜的焦距为 +1 m，它的焦度是 +1 D；焦距为 –2 m 时（发散透镜），$\mathscr{D} = -\dfrac{1}{2}D$；对 $f = +10\,cm$，$\mathscr{D} = 10\,D$。

由于一块折射率为 n_l 的薄透镜在空气中的焦距为

$$\frac{1}{f} = (n_l - 1)\left(\frac{1}{R_1} - \frac{1}{R_2}\right) \qquad [5.16]$$

因此它的焦度是

$$\mathscr{D} = (n_l - 1)\left(\frac{1}{R_1} - \frac{1}{R_2}\right) \qquad (5.69)$$

已知的最早有戴眼镜的人出现的油画（大约公元 1352 年）。画中人是普罗旺斯的 Ugo 红衣主教，死于 1262 年。作画的画家是 Tomasso da Modena

我们可以这样理解焦度的意义：粗略地说，透镜的每个表面都使入射光弯折——弯折越厉害，表面越弯曲。在两个表面都使光线剧烈弯折的凸透镜有一个短的焦距和大的焦度。我们已经知道，两个紧贴着的薄透镜的焦距由下式给出

$$\frac{1}{f} = \frac{1}{f_1} + \frac{1}{f_2} \qquad [5.38]$$

这意味着，总的焦度是单个透镜的焦度之和，即

$$\mathscr{D} = \mathscr{D}_1 + \mathscr{D}_2$$

于是，一块 $\mathscr{D}_1 = +10D$ 的凸透镜与一块 $\mathscr{D}_2 = -10D$ 的负透镜紧贴在一起，结果得到 $\mathscr{D} = 0$；组合透镜的行为像一块平行板玻璃一样。而且，我们可以想象一块透镜（例如一块双凸透镜）是由两块平凸透镜背靠背紧贴着组成。每块透镜的焦度由（5.69）式得出，因此第一块平凸透镜（$R_2 = \infty$）的焦度

$$\mathscr{D}_1 = \frac{(n_l - 1)}{R_1} \qquad (5.70)$$

第二块的焦度

$$\mathscr{D}_2 = \frac{(n_l - 1)}{-R_2} \qquad (5.71)$$

这两个式子同样也可以作为原来的双凸透镜的各个表面的焦度的定义。换句话说，任何薄透镜的焦度等于它的两个表面的焦度之和。因为一个凸透镜的 R_2 是负数，这时 $\mathscr{D}_1$ 和 $\mathscr{D}_2$ 都是正数。用这种方法定义的一个曲面的焦度，一般不是它的焦距的倒数，虽然如果浸在空气中的话是焦距的倒数。把这个术语与通常用的人眼模型联系起来，我们注意到，空气包围的水晶体的焦度约为 +19 D。角膜提供了未调节时眼的总焦度 +58.6D 中的大约 +43D。

正常眼（不管它的含义如何）实际上并不像人们预期的那样常见。所谓正常眼，或屈光正常的眼，指的是这样的眼睛，它在放松的状态下能够把平行光聚焦在视网膜上，即眼的第二焦点位于视网膜上。对于未经调节过的人眼，我们把能够成像在视网膜上的物的位置定义为**远点**。于是正常眼的远点在无穷远（对一切实用而言，远点在 5 m 以外就算正常）。相反，

若焦点不在视网膜上,则眼睛屈光不正常(例如有远视、近视或散光)。它可能是由折射机制(角膜、水晶体等)的反常改变引起,也可能是由眼球长度改变使水晶体与视网膜距离改变引起。后一情况最为普遍。一般而言,大概有 25%的青年人需要±0.5D 以下的眼镜矫正,而需要±1.0D 以下的眼镜矫正的多达 65%。

当眼中正常清澈的水晶体变浑时,称为**白内障**。这种混浊对视力有致命的后果。情况非常严重时通常要把水晶体用外科手术摘除,再在眼内植入一个小塑料凸透镜(**眼内水晶体移植**),以增加眼睛的聚光能力(照片是这种会聚球面透镜的放大像;实际上它的直径只有 6 mm)。有了它,就不用戴手术后曾一度非戴不可的厚"白内障眼镜"

近视——负透镜

近视是平行光线聚焦在视网膜之前的情况;对眼睛的前后轴长而言,近视眼的水晶体系统的焦度太大。远物的像总是落在视网膜之前,远点比无穷远靠近,一切比它更远的点显得模糊。这就是把它称为**近视**的原因:具有这种缺陷的眼看近处的物很清楚(图 5.94)。要矫正这种状态,或至少减轻它的症状,我们在眼睛前面放一块附加的透镜,使眼镜-眼睛水晶体复合系统的焦点在视网膜上。由于近视眼能够看清楚比远点近的物体,眼镜片必须把远处的物变成比较近的像。因此我们用一块负透镜,它将使光线变得更发散一些。不要以为我们仅仅是减小系统的焦度。事实上,最常见的是使眼镜-眼睛复合系统的焦度等于不戴眼镜的眼睛的焦度。如果你戴眼镜是为了矫正近视,取下眼镜,景物会变模糊但并不改变大小。试用你的眼镜在一张纸上成一个实像——这是办不到的。

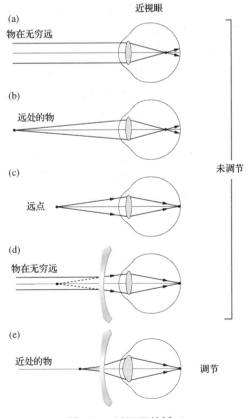

图 5.94 近视眼的矫正

例题 5.14 设眼睛的远点为 2 m。如果眼镜镜片能够把所有更远的物挪到 2 m 以内，就能矫正过来。若用一块凹透镜把无穷远处的物在 2 m 处成一虚像，那么水晶体不用调焦就清楚地看见物。求这块透镜的焦距。

解 为了减小重量和体积，眼镜通常制作得很薄。用薄透镜近似

$$\frac{1}{f} = \frac{1}{s_o} + \frac{1}{s_i} = \frac{1}{\infty} + \frac{1}{-2} \qquad [5.17]$$

得 $f = -2$ m，$\mathscr{D} = -\dfrac{1}{2}$ D。

注意，在上面的例题里，从矫正透镜量起的远点距离等于透镜的焦距（图 5.95）。眼镜看到由矫正透镜生成的一切物的正立虚像，这些像位于透镜的远点和近点之间。顺便说一句，近点也移远了一些。这就是有近视眼的人在穿针或者阅读小字的时候宁可摘掉眼镜的原因。因为这样可以使看的东西离眼睛更近些，从而增大放大率。

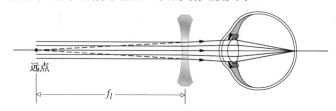

远点

f_l

图 5.95　远点距离等于矫正透镜的焦距

刚才的计算忽略了矫正透镜镜片到眼睛的距离——事实上此计算更适于隐形眼镜片。对于眼镜，通常是使这个距离等于眼睛的第一焦点到角膜的距离（≈16 mm），以使出现在不戴眼镜的眼上的像不发生放大。许多人两眼的视力不同，但是两只眼给出同一放大率。一只眼的 M_T 改变而另一只不变将是一个灾难。把校正透镜放在眼睛的第一焦点处完全避免了这个问题，不论透镜的焦度如何［见（6.8）式］。要看出这点，只要从某一物的顶部画一条光线通过这个焦点。这条光线将进入眼内，平行于光轴穿过眼睛，于是确定了像的高度。但是，由于这条光线不受眼镜片（它的中心在焦点上）出现的影响，在插入这样一块镜片后，像的位置可能会改变，但是像的高度不变因而 M_T 也不变［参看（5.24）式］。

现在问题变成：一块与眼睛距离为 d 的眼镜片（等价于隐形眼镜的焦距 f_c 等于远点距离）的等效焦度是多少？为此，我们把眼睛近似当作一个透镜，把眼睛水晶体到眼镜片的距离 d 粗略等于角膜到眼镜的距离（大约 16 mm）。矫正透镜的焦距为 f_l，眼睛的焦距为 f_e，由（5.36）式得到合成焦距

$$焦距 = \frac{f_e(d - f_l)}{d - (f_l + f_e)} \qquad (5.72)$$

这就是眼睛水晶体到视网膜的距离。类似地，等价的隐形透镜与眼睛水晶体的合成焦距 f_e 由（5.38）式求出

$$\frac{1}{f} = \frac{1}{f_c} + \frac{1}{f_e} \qquad (5.73)$$

其中 $f =$ 后焦距。把（5.72）式倒过来，令它等于（5.73）式，简化后得到 $1/f_c = 1/(f_l - d)$，与眼睛自身无关。用焦度表示：

$$\mathscr{D}_c = \frac{\mathscr{D}_l}{1 - \mathscr{D}_l d} \qquad (5.74)$$

一个离眼睛水晶体的距离为 d 焦度为 $\mathscr{D}_l$ 的眼镜镜片，和一个焦度为 $\mathscr{D}_c$ 的隐形眼镜，具有相同的等效焦度。注意 d 是以米为单位测量的，所以数值很小。除非 $\mathscr{D}_l$ 很大，常常就是这样，有 $\mathscr{D}_c \approx \mathscr{D}_l$。通常眼镜戴在鼻子上什么位置影响不大，但是也有例外情况，d 值不合适会产生许多令人头痛的事。

通常（但不是永远）说一个视力用焦度为 -6D 的隐形眼镜矫正的人是 6D 近视。

例题 5.15　矫正一个 6D 近视的人的视力应该用什么眼镜？此人希望戴的眼镜镜片离每只眼 12 mm。

解　6D 近视聚光太厉害，需要 - 6D 的隐形眼镜。用（5.74）式，眼镜镜片的焦度可从下式求出

$$\mathscr{D}_c = \frac{\mathscr{D}_l}{1 - \mathscr{D}_l d}$$

其中

$$\mathscr{D}_c - \mathscr{D}_c \mathscr{D}_l d = \mathscr{D}_l$$

$$\mathscr{D}_c = \mathscr{D}_l(1 + \mathscr{D}_c d)$$

$$\mathscr{D}_l = \frac{\mathscr{D}_c}{1 + \mathscr{D}_c d} = \frac{-6}{1 + (-6)(0.012)}$$

因而

$$\mathscr{D}_l = -6.47\,\text{D}$$

远视——正透镜

远视这种缺陷是未调焦的眼的第二焦点位于视网膜之后（图 5.96）。远视常常是由眼睛的前后轴的缩短而引起的——水晶体太靠近视网膜了。为了使光线弯折更多，需要在眼睛之前放置一个正的眼镜片。远视眼能够也必定通过调焦看清楚远处的物，看清近点的物则是它能力的极限，而它的近点比正常眼的近点（取为 254 mm，或 25 cm）要远得多。因此它看不清楚近处的东西。一块会聚的矫正透镜的正焦度将把一个近物移到近点（眼睛在近点还适度足够敏锐）之外，即它将在远处成一虚像，眼睛能清楚看见这个虚像。

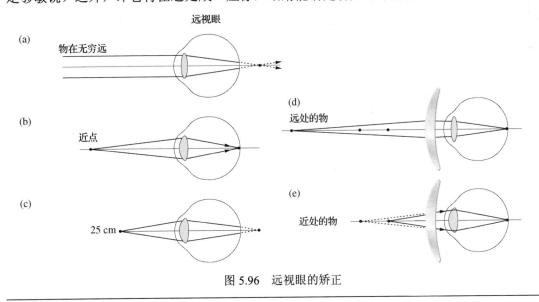

图 5.96　远视眼的矫正

例题 5.16　设一个远视眼的近点为 125 cm，求所需矫正透镜。

解　为了使+25 cm 处的物在 $\sigma_i = -125$ cm 处成像，以便能够看到这个物，如同通过正常眼看到似的，焦距必须满足

$$\frac{1}{f} = \frac{1}{(-1.25)} + \frac{1}{0.25} = \frac{1}{0.31}$$

$f = 0.31\,\mathrm{m}$ 及 $\mathscr{D} = +3.2\mathrm{D}$。这个结果与表 5.3 相符，此时 $s_o < f$。这种眼镜将成实像——如果你戴远视眼镜的话，不妨试一试。

如图 5.97 所示，矫正透镜允许放松的眼睛看到无穷远的物体。事实上，在焦"平面"（通过 F）上它产生一个像，它对眼睛而言是一个虚物。像落在视网膜上的点仍是远点，它在透镜之后距离为 f_l 处。远视眼可以舒服地"看见"远点，在眼睛前面任何地方放置焦距合适的任何透镜，都可达到此目的。

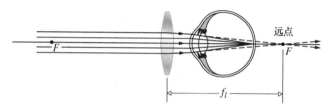

图 5.97　远点距离仍等于校正透镜的焦距

用手指在角膜上下方轻压眼睑，将会使角膜暂时变形，使你的视觉从模糊变清楚。或者相反从清楚变模糊。

散光——变形镜头

散光也许是最常见的眼睛缺陷，它是由角膜曲率的不匀产生的。换句话说，角膜是不对称的。设我们穿过眼睛作两个子午面（包含光轴的平面），使曲率或焦度在一个子午面上为最大而在另一子午面上为最小。如果这两个平面正交，那么散光是规则的，可以矫正；如果不正交，散光是不规则的，不容易矫正。规则的散光可以有不同的形式；这时眼在两个正交子午面上可以是不同程度的正常、近视或远视的不同组合。比方，作为一个简单例子，一张棋盘格子的直行可以很好地聚焦，而横列则由于近视或远视是模糊的。显然，这些子午面不必是水平的和竖直的（图 5.98）。

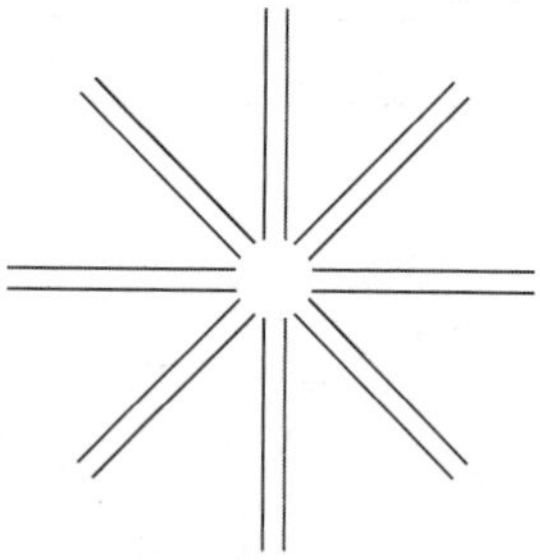

大天文学家爱里爵士（Sir G. B. Airy）1825 年用一块凹球面-柱面透镜来改善他本人的近视散光眼。这也许是散光眼首次得到矫正。但是，直到 1862 年荷兰人 F. C. Donders（1818—1889）发表了一篇关于柱面透镜和散光的论文之后，才推动眼科学家大规模采用这种方法。

任何光学系统，如果在两个主子午面上 M_T 或 $\mathscr{D}$ 具有不同的值，就叫做变形光学系统。于是，比方说，如果我们重装图 5.41 所示的系统，但这一次用柱面透镜（图 5.99），那么像会失真，只在一个子午面内被放大。这种失真正是矫正只在一个子午面上有缺陷的散光所需要的。一个合适当的平面-柱面眼镜片（正镜片

图 5.98　测试眼睛散光。通过一只未得到帮助的眼睛看这张图。如果有一组线条显得比别的粗，你就有散光。将这个图拿近眼睛；然后慢慢向外移，看看哪一组线条最先聚焦。如果两组线条看起来同样清楚，转动这个图，直到只有一组线条聚焦。如果所有各组都清楚，那么你没有散光

或负镜片）将基本上恢复正常的视觉。若两个垂直的子午面都需要矫正，镜片可以是球面-柱面透镜，或甚至是图 5.100 所示的环面形透镜。

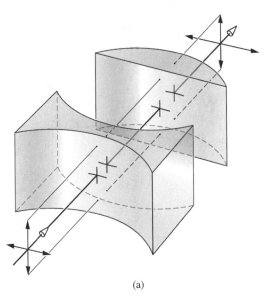

(a)

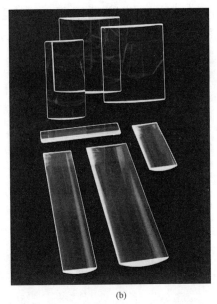

(b)

图 5.99 （a）变形光学系统。（b）圆柱面透镜

作为题外话，我们提一下，变形透镜也用在其他的领域中，例如用来拍摄宽银幕电影。这时，把一个特大的水平视场压缩在正常大小的胶片上。在通过一个特殊镜头放映时，受到失真的图像又重新展开。电视台偶尔会不用特殊镜头放映一小段——你也许已经见到过那种怪诞地伸长的图像。

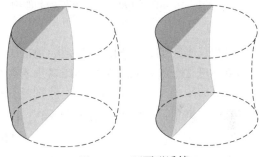

图 5.100 环面形透镜

5.7.3 放大镜

观察者可以简单地把物移近眼睛，使它显得更大些，为的是详细考察它。随着物体越来越近，它在视网膜上的像变大，继续保持聚焦，直到水晶体再也不能提供适当的调焦为止。当物体比这个近点更近，像就变模糊了（图 5.101）。可以用一块正透镜，实际上就是加大眼睛的焦度，使得可以把物体移得更近而仍然是聚焦的。这种用途的透镜有各种不同的名称：**放大镜**、简单放大镜或简单显微镜。不论叫什么名字，它的功能是为近处的物提供一个像，它要比不用放大镜时看到的像更大（图 5.102）。这种器件早就有了。实际上，1885 年，在亚述王 Sennacherib（公元前 705——

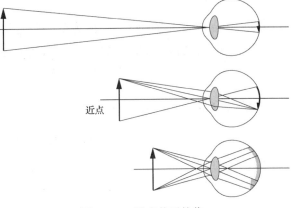

近点

图 5.101 近点前后的像

前 681 年）的宫殿遗址，曾出土了一块石英的凸透镜 $f\approx 10$ cm，它也许是用做放大镜的。

　　显然，我们希望透镜成一个放大的正像。此外，进入正常眼的光线不应当是会聚的。由表 5.3 立即得知，应当把物体放在焦距之内，即 $s_o < f$。结果画在图 5.102 中。由于眼睛的瞳孔相对来说比较小，它几乎肯定总是孔径光阑，并且如图 5.44 中所示，它也将是出射光瞳。

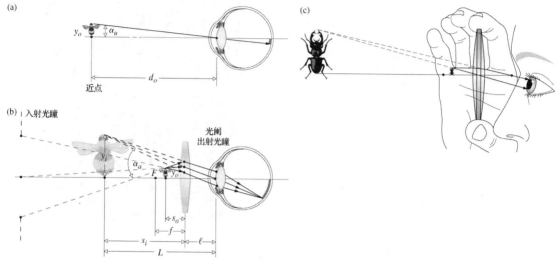

图 5.102　（a）肉眼看到的物。（b）通过放大镜看到的物。（c）正透镜用作放大镜。物到透镜的距离小于透镜的焦距

　　目视仪器的**放大率** MP 或等效的**角放大率** M_A，定义为通过这个仪器看物时视网膜像的大小，与不用这个仪器在正常观察距离上看物时视网膜上像的大小的比值。正常观察距离一般取到近点的距离 d_0。角度 α_a 和 α_u 分别是有放大镜和无放大镜情况下，从物的顶部来的主光线与光轴的夹角，它们的比值等于 MP，即

$$MP = \frac{\alpha_a}{\alpha_u} \qquad (5.75)$$

记住我们限于傍轴区域，$\tan\alpha_a = y_i/L \approx \alpha_a$ 及 $\tan\alpha_u = y_o/d_o \approx \alpha_u$，因此

$$MP = \frac{y_i d_o}{y_o L}$$

其中，y_i 和 y_o 都在光轴的上方，值为正。令 d_o 和 L 为正量，MP 将是正的，这是非常合理的。用关于 M_T 的（5.24）式和（5.25）式及高斯透镜公式，上式变为

$$MP = -\frac{s_i d_o}{s_o L} = \left(1 - \frac{s_i}{f}\right)\frac{d_o}{L}$$

因为像距是负的，$s_i = -(L - \ell)$，因此

$$MP = \frac{d_o}{L}[1 + \mathscr{D}(L - \ell)] \qquad (5.76)$$

$\mathscr{D}$ 当然是放大镜的焦度（$1/f$）。有三种情况特别重要：（1）当 $\ell = f$ 时，放大率等于 $d_o\mathscr{D}$。（2）当 ℓ 实际上为零时，

$$[MP]_{\ell=0} = d_o\left(\frac{1}{L} + \mathscr{D}\right)$$

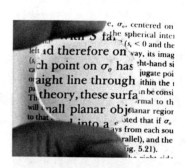

一个正透镜用作放大镜

这时 MP 的最大值对应于 L 的最小值，要看清楚，它必须等于 d_o。于是

$$[\mathrm{MP}]_{\substack{\ell=0 \\ L=d_o}} = d_o\mathscr{D} + 1 \qquad (5.77)$$

对标准观察者取 $d_o = 0.25$ m，得到

$$[\mathrm{MP}]_{\substack{\ell=0 \\ L=d_o}} = 0.25\mathscr{D} + 1 \qquad (5.78)$$

随着 L 增大，MP 减小，同样，随着 ℓ 增大，MP 减小。如果眼睛离透镜很远，视网膜上的像的确将很小。（3）最后一种情况也许是最普通的情况。这时，我们把物放在焦点上（$s_o = f$），这种情况下虚像在无穷远（$L = \infty$）。因此由（5.76）式，对于一切实际的 ℓ 值有

$$[\mathrm{MP}]_{L=\infty} = d_o\mathscr{D} \qquad (5.79)$$

由于光线是平行的，眼以放松的、不调焦的状态观看景物，这是我们最希望的。注意，当 $s_o \to f$ 时，$M_T = -s_i/s_o$ 趋于无穷大，但是截然相反，在同一情况下 M_A 仅仅减小 1。

　　焦度为 10D 的放大镜，焦距（$1/\mathscr{D}$）为 0.1 m，当 $L = \infty$ 时它的 MP 等于 2.5，习惯上这表示为 2.5×，它意味着物在透镜焦距处时视网膜上的像，是不用仪器时把物体放在眼的近点视网膜上的像（这是可能的最大的清晰像）的 2.5 倍大。最简单的单透镜放大镜的放大倍数被像差限制在 2× 到 3×。大视场一般意味着透镜大；由于实际的原因，这往往意味着表面的曲率小。半径大，f 大，因而 MP 小。因福尔摩斯的使用而出名的那种阅读放大镜是典型的例子。钟表修理工戴在眼睛上的那种放大镜常常是单镜头的放大镜，放大率也是大约 2× 到 3×。图 5.103 示出几种较复杂的放大镜，设计在从 10× 到 20× 的范围内使用。双合透镜在一些组态中很常见。虽然它们的性能并不是特别好，但是一般还是令人满意的，例如钟表修理工用的高倍数放大镜。科丁顿（Coddington）放大镜实质上是一个球，球上开了一条槽，使孔径小于眼睛瞳孔。一个明净的玻璃弹子（任何玻璃小球都行）也放大得很大——但是带有很大的失真。

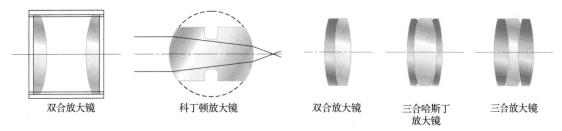

双合放大镜　　　　科丁顿放大镜　　　　双合放大镜　　　三合哈斯丁　　　三合放大镜
　　　　　　　　　　　　　　　　　　　　　　　　　　　放大镜

图 5.103　放大镜

　　一块透镜对所在媒质的相对折射率 n_{lm} 与波长有关。既然一块简单透镜的焦距随 $n_{lm}(\lambda)$ 变化，这就意味着 f 是波长的函数，因此组成白光的各种色光将聚焦在空间的不同的点上。由此而生的瑕疵叫做色像差或简称色差。为了使像不因此而带颜色，把用不同的玻璃制成的正负透镜组构成消色差透镜（见 6.3.2 节）。消色差的胶合双合透镜和三合透镜比较贵，通常用在小的、高度校正过的高倍数放大镜中。

5.7.4　目镜

　　目镜是一种光学仪器。它基本上是一个放大镜，但不是用来观看一个实在的物，而是用来观看由它前面的光学系统生成的该物的中间像。实际上，眼睛看目镜，而目镜看光学系统——不论这个光学系统是射击瞄准镜、复显微镜、望远镜还是双筒望远镜。单个透镜也能作此用，但是性能很差。要使视网膜上的像较令人满意，目镜不能有大的像差。不过，可以把

一台专门仪器的目镜作为整个系统的一部分来设计，使得可以用它的透镜在总体方案中抵消像差。虽然如此，在大多数望远镜和复显微镜中，标准目镜可以互换使用。并且，目镜是很难设计的，通常也许最有成效的方法是采用或稍微改进一种现成的设计。

目镜必须提供（中间像的）虚像，这个虚像通常都位于或接近无穷远处，使得可以用放松的正常眼舒适地观察。而且，必须将出射光瞳的中心、或观察者眼所在的点放在某个方便的位置上，最好离最后的表面至少 10 mm 左右。和以前一样，目镜放大率是乘积 $d_o\mathscr{D}$，常常写成 MP = (250 mm)/f。

可以回溯到 250 多年前的**惠更斯**目镜今天仍在广泛使用（图 5.104），特别是在显微术中。邻近眼睛的透镜叫做**接目镜**。目镜中的第一个透镜叫**向场镜**。从接目镜到出射点的距离叫做**眼离隙**，对于惠更斯目镜，这个距离只有 3 mm 左右，很不方便。注意，这种目镜要求入射光线是会聚的，以对接目镜成一虚物。于是显然，惠更斯目镜不能用作普通的放大镜。现在它的吸引力在于它的价格便宜（见 6.3.2 节）。另一种老式目镜是**冉斯登**（Ramsden）目镜（图 5.105）。它的主焦点在向场镜之前，因而中间像将出现在那里，易于处理。我们想在那里放一块分度板，其上包含一组叉丝、精密刻度或按角度分划的圆形度盘（当把这些东西做在一块透明板上时，常常把它们叫做格度盘）。因为分度板和中间像在同一平面上，二者同时被聚焦。它的眼离隙约为 12 mm，这是它比惠更斯目镜好的地方。冉斯登目镜比较普及，并且便宜（见习题 6.2）。**凯耳纳**（Kellner）目镜在一定程度上改进了像质，虽然它的眼离隙在前两种目镜之间。凯耳纳目镜实质上是一种消色差的冉斯登目镜（图 5.106），最常用在中等宽视场望远仪器中。**无失真目镜**（图 5.107）具有宽视场、高放大率和较长的眼离隙（≈ 20 mm）。**对称目镜**（Plössl 目镜，图 5.108）具有与无失真目镜相似的特点，但是一般说来比它更好一些。**埃尔弗**（Erfle）目镜（图 5.109）大概是最普通的宽视场（约±30°）目镜，它对各种像差都很好地校正过，比较贵[①]。

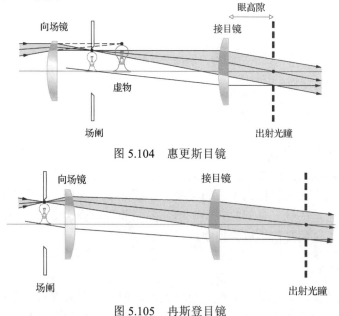

图 5.104　惠更斯目镜

图 5.105　冉斯登目镜

[①] 各类目镜的设计详见 *Military Standardization Handbook—Optical Design*, MIL-HDBK-141。

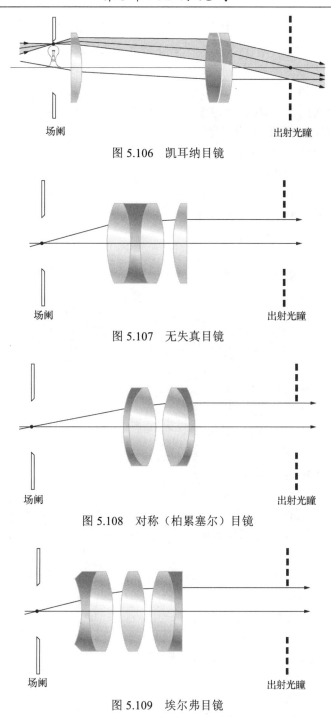

图 5.106 凯耳纳目镜

图 5.107 无失真目镜

图 5.108 对称（柏累塞尔）目镜

图 5.109 埃尔弗目镜

虽然还有许多种别的目镜，包括可变放大率的可变焦距（zoom）目镜和非球面目镜，但前面讨论的目镜是有代表性的。它们是你通常在望远镜和显微镜上，以及在长长的产品目录上见到的目镜。

5.7.5 复显微镜

复显微镜比简单放大镜更进一步，对近处的物提供更高的角放大率（大于约 30×）。它的发明可能早在公元 1590 年，一般认为是荷兰米德堡的眼镜制造者冉森（Z. Janssen）发明的。紧接着跑第二名的是伽利略，他在 1610 年公布了他发明的复显微镜。图 5.110 中是一种简单形式的显微镜，它更接近这些最早的装置，而不像现代实验室显微镜。

最靠近物体的透镜组（这里是一片单透镜）叫做**物镜**，它使物成放大的倒立实像。这个像处在目镜的场阑平面上，必须足够小，足以容纳在显微镜镜筒中。从这个像的各点发散射出的光线将从接目镜（在这一简单情况下就是目镜本身）彼此平行地射出，像上一节中说的那样。目镜进一步放大中间像。于是整个系统的放大率是物镜的横向线放大率 M_{To} 和目镜的角放大率 M_{Ae} 的乘积，即

$$MP = M_{To}M_{Ae} \qquad (5.80)$$

物镜就像放大镜一样把物放大并形成实像，可以检验。

我们还记得 $M_T = -x_i/f$，即（5.26）式。大多数（但不是全部）制造商都记着这一点，这样设计他们的显微镜，使从物镜的第二焦点到目镜第一焦点的距离（对应于 x_i）统一为 160 mm。这个距离叫做**筒长**，在图中用 L 表示（有些作者定义筒长为物镜的像距）。因此，当最后的像在无穷远[（5.79）式]，并取标准的近点为 254 mm，则有

$$MP = \left(-\frac{160}{f_o}\right)\left(\frac{254}{f_e}\right) \qquad (5.81)$$

式中焦距单位为毫米，像为倒像（MP <0）。因此，焦距 f_0 为比方说为 32 mm 的物镜镜筒上会刻上记号 5×（或×5），表示放大率为 5 倍。它与一个 10×的目镜（f_e=1 英寸）组合成的显微镜的 MP 应为 50×。

为了保持物镜、场阑和目镜之间的距离关系，在将物的聚焦的中间像放到目镜的第一焦面上时，这三个元件应作为一个整体移动。

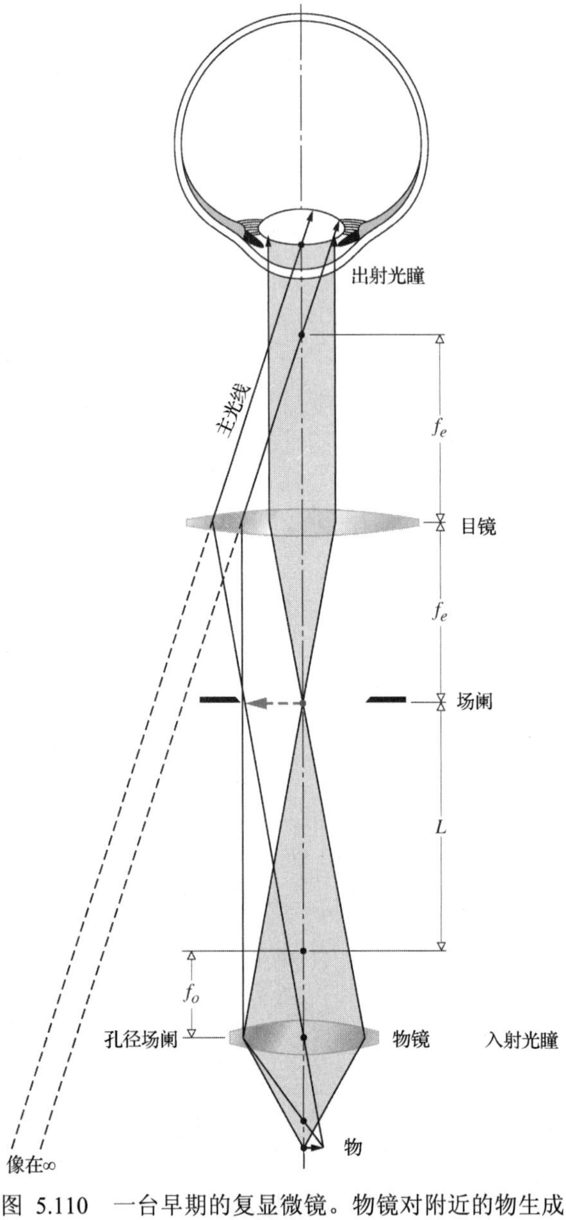

物镜自身起孔径光阑和入射光瞳的作用。目镜所成的物镜的像是出射光瞳，眼就定位于出射光瞳内。限制所能观察的最大物的尺寸的场阑，是作为目镜的一部分组装的。场阑之后的光学元件对场阑所成的像叫做出射窗，场阑之前的光学元件对场阑成的像是入射窗。出射

图 5.110 一台早期的复显微镜。物镜对附近的物生成一个实像。目镜的功能像一面放大镜，放大这个中间像。最后的虚像无须容纳在镜筒内，所以可以比仪器的镜筒大。进入眼睛的是平行光线，所以眼睛可以停留在舒服的放松状态

窗的周界对出射光瞳中心所张的圆锥角叫做像空间中的角视场。

现代显微镜物镜大致可以分为三种不同类型：可以将它设计为把物放在一块盖玻片下工作最佳，或者无盖玻片时工作最佳（冶金仪器），或者让物体浸没在与物镜接触的液体中时工作最佳。有些情况下，这些区别无关紧要，使用物镜可以带或不带盖玻片。图 5.111 中示出 4种代表性的物镜（见 6.3.1 节）。此外，普通的低放大倍数（约 5×）胶合消色差双合透镜是很常见的。比较便宜的中等放大倍数（10×或 20×）的消色差物镜，由于它们的焦距短，可以方便地用来扩展激光光束和对激光光束进行空间滤波。

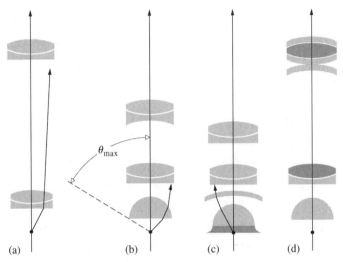

图 5.111　显微镜物镜：（a）利斯忒（Lister）物镜，10×，NA=0.25，$f = 16$ mm（两块胶合的消色差透镜）。（b）阿米西物镜，从 20×，NA=0.5，$f = 8$ mm，到40×，NA = 0.8，$f = 4$ mm。（c）油浸物镜，100×，NA = 1.3，$f = 1.6$ mm。（d）消色差物镜，55×，NA =0.95，$f = 3.2$ mm（包含两块萤石玻璃透镜）

还有另一个重要的特征量必须在这里讲述，哪怕只是简单提一下。像的亮度部分依赖于物镜收集的光量。f 数是描述这个量的一个有用的参量，特别是当物在远处时（5.3.3 节）。但是，对于工作在有限远共轭点（s_i 和 s_o 都在有限远处）的仪器，数值孔径 NA 是更合适的参量（见 5.6 节）。在当前的情况下

$$NA = n_i \sin\theta_{max} \tag{5.82}$$

其中 n_i 是物镜周围媒质（空气、油、水等）的折射率，θ_{max} 是透镜能收纳的最大光线锥的半角（图 5.111b）。换句话说，θ_{max} 是边缘光线与光轴的夹角。数值孔径通常是镂刻在物镜镜筒上的第二个数字。其范围从低放大倍数物镜的约 0.07，到高放大倍数（100×）物镜的 1.4 左右。当然，如果物是在空气中，数值孔径 NA 不能大于 1.0。附带说一句，数值孔径的概念是阿贝（E. Abbe, 1840—1905）在蔡司工厂的显微镜车间工作时引入的。他认识到，像上可以分辨的两个物点之间的最小横向距离，即分辨本领，与 λ 正比变化，与数值孔径 NA 反比变化。

总结一下，显微镜是放大微小的近距离物的像的器件。要做到这一点，得用靠近物的短焦距物镜（因此有大的放大率）来捕获尽可能多的发射光。物镜产生的实像再用目镜放大，目镜起放大镜的作用。

5.7.6 照相机

现代照相机的原型[①]是叫做暗箱的一种装置，它的最早形式不过是一面墙上有一个小孔的暗室。进入小孔的光在室内一个屏幕上对阳光照亮的外部景致成一倒像。亚里士多德已经知道了它的原理，他的观察结果，经历欧洲漫长的中世纪黑暗时期，被阿拉伯学者保存了下来。阿尔哈曾曾用它在八百多年前间接观察日食。达芬奇的笔记中包含有对暗箱的几处描述，但第一个详尽的讨论是在 G. della Porta 的《自然的魔法》（Natural Magic）一书中。他推荐暗箱作为绘画的辅助方法，这很快成了暗箱的一个相当普及的功能。著名的天文学家开普勒有一个手提的携带暗箱，他在奥地利观测天体时曾用过。到 17 世纪后半叶，小的手提式暗箱已经很普通了。附带提一下，舡鱼（一种小乌贼）的眼睛是一个货真价实的开着的针孔暗箱，它浸没时充满了海水。

把观察屏幕换成感光面（例如底片），暗箱就变成现代意义的照相机。第一张永久性相片是 J. N. Niépce（1765—1833）在 1826 年拍摄的。他用的是带有一块小凸透镜的匣式照相机，一块敏化的白蜡板，曝光时间大约 8 小时。

没有镜头的针孔照相机（图 5.112）是用于这个用途的最简单的装置，它有几个令人喜爱且值得注意的优点。它能够在很宽的角视场内（由于很大的焦深）和很大的距离范围内（很大的景深）对物成清晰、实际上没有失真的像。若起始时入射光瞳很大，这时没有像。随着入射光瞳直径变小，像开始形成，并且越来越清晰。减小到一定大小之后，孔进一步减小使像再一次模糊，人们很快发现，最大清晰度对应的孔径大小正比于小孔到像平面的距离。（一个离底板 0.25 m、直径 0.5 mm 的小孔是方便的，工作良好）。这里根本没有对光线聚焦，因此在这种机制中没有缺陷使清晰度下降。实际存在的问题是衍射，我们下面会看到这点（10.2.5 节）。在大多数实际情况下，针孔照相机的一个严重缺点是曝光太慢，慢得难以忍受（约 $f/500$）。这意味着即使用最灵敏的底片，曝光时间一般也太长。明显的例外是静物，例如建筑物（见照片），这时针孔照相机胜过别的相机。

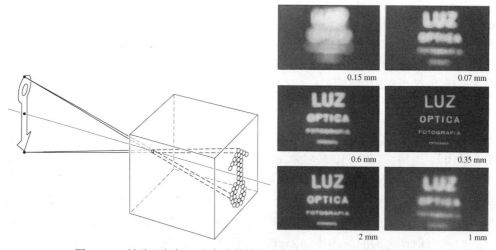

图 5.112　针孔照相机。注意随着针孔直径变小，像的清晰度的变化

图 5.113 画的是很普及而且有代表性的一种现代照相机——单镜头反光照相机（SLR）的主要零部件。穿过镜头前几个元件的光，随后通过一个光圈，光圈的部分用途是控制曝光

[①] 见 W. H. Price, "The Photographic Lens," *Sci. Am.* **72** (August 1976)。

时间或等效地控制 f 数；实际上它是一个可变孔径光阑。从镜头出来的光，射到一个倾斜 $45°$ 角的活动反光镜上，再向上穿过聚焦屏幕到达五角棱镜，由取景目镜射出。按下快门按钮，可变光阑就关闭到预先规定的数值，反光镜向上摆动以不挡光，焦平面快门打开使胶片曝光。然后快门关闭，可变光阑又全部张开，反光镜跳回原位。现在的单镜头反光系统都装有某种测光表，测光表自动与光阑和快门联动，但是为了简单，这些部分图上没有画出。

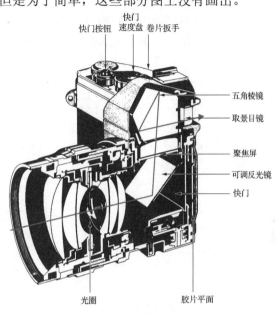

图 5.113 传统的单镜头反光照相机

用针孔照相机拍的照片（Adelphi 大学科学馆）。小孔直径为 0.5 mm，距离底片平面 24 cm。底片用 A. S. A 3000，快门速度为 0.25 s，注意景深

要使照相机聚焦，把整个镜头相对于底片平面或电子传感器前后移动。由于镜头的焦距是固定的，当 s_o 改变时，s_i 也必须改变。可以不严格地把角视场看成是与照片中包括的景物占总视场多大一部分有关。进一步的要求是，整张照片与像质令人满意的区域对应。更精确地说，包围整张底片或 CCD 传感器面积的圆，对透镜所张的角就是角视场 φ（图 5.114）。作为对普通照相机装置的一个粗略但合理的近似，取底片的对角线距离等于焦距。于是 $\varphi/2 \approx \arctan\dfrac{1}{2}$，即 $\varphi \approx 53°$。如果物从无穷远朝着相机靠近，s_i 必定增大。这时，镜头应当从底片平面或 CCD 后退以保持像聚焦，而视场减小（视场记录在底片上，底片的周界就是视场光阑）。**标准的**单镜头反光照相机镜头的焦距大约是 $50 \sim 58$ mm，视场为 $40° \sim 50°$。对于大小固定的底片，减小 f 会得到更宽的角视场。因此，**广角**单镜头反光照相机镜头的焦距范围从 $f \approx 40$ mm 减小到大约 6 mm，φ 角从大约 $50°$ 变到惹人注目的 $220°$（后者是一种特殊用途的镜头，这时失真是不可避免的）。摄远镜头有很长的焦距，大约为 80 mm 或更大。因此它的视场迅速减小，直至在 $f \approx 1000$ mm 时只有几度。

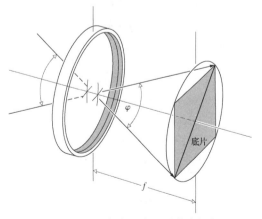

图 5.114 聚焦在无穷远时的角视场

　　标准的照相机物镜头必须有大的相对孔径 $1/(f/\#)$，以保持曝光时间短。此外，还要求像是平的并且没有失真，同时镜头的角视场还应当宽。现代照相机镜头的进步仍然先得有创意，才导致各种带来希望的新款式。在过去，这些是在实验室依靠直观、经验，当然还通过一系列为开发用的透镜，用试差法逐步完善起来的。今天，在很大程度上，计算机可以履行这些功能，不需要许多原型了。

　　许多现代的照相机镜头是一些著名的成功形式的各种变形。图 5.115 示出几种重要镜头的一般结构，从广角镜头逐步变到远摄镜头。我们不作特别的说明，因为不同的变形太多了。阿维尔刚（Aviogon，有航摄之意）镜头和蔡司厂的奥杜美泰（Zeiss Orthometer）镜头是广角镜头，而忒萨（Tessar）镜头和拜奥泰（Biotar）镜头常常是标准镜头。库克（Cooke）三合镜头是库克父子公司的泰勒（H. D. Taylor）1893 年引入的，现在仍然在制造（注意它与忒萨镜头的相似）。这种镜头用最少的元件基本上消除了全部 7 个三阶像差。更早的时候（大约是 1840 年），佩兹伐（J. M. Petzval）就为 Voightländer 父子公司设计了在当时是快速的人像摄影镜头。它的现代支系种类繁多。

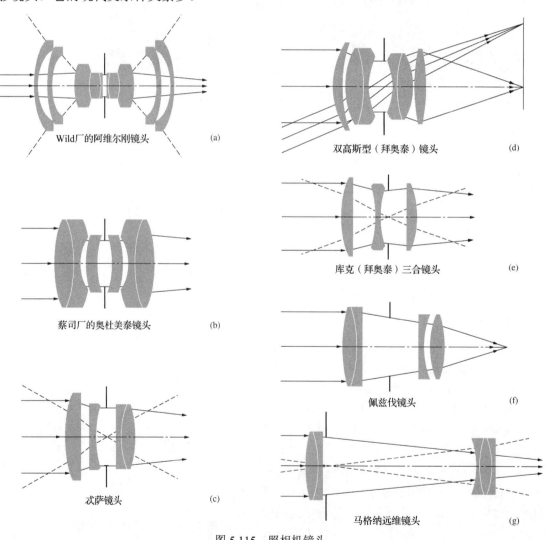

图 5.115　照相机镜头

5.7.7 望远镜

已完全搞不清楚望远镜究竟是谁发明的了。实际上，它也许被重复发明过多次。我们还记得，到 17 世纪，眼镜镜片在欧洲已经用了大约 300 年。在那段漫长的岁月中，两块合适的透镜偶然放在一起，形成一具望远镜，看来几乎是不可避免的。无论如何，很可能是一位荷兰眼镜匠，甚至可能是因发明显微镜闻名的冉森本人，首先造出一台望远镜，并且他对他探讨的问题的价值已有所知。但是，发明望远镜的最早的、无可置疑的证据，是里佩舍（H. Lippershey）于 1608 年 10 月 2 日向荷兰国会申请远距离观看装置（这就是希腊文 *teleskopos* 的意思）的专利权。你可能已经猜到，它在军事上应用的可能性立刻就被认识到了。因此没有给予他专利权；代替的办法是，政府购买了仪器的专利权，而他则接受一项委任，继续他的研究。伽利略听说这一成果之后，于 1609 年制成了他自己的望远镜，他用了两块透镜，用风琴管作镜筒。不久，他又造出了一系列经过重大改进的仪器，并且以天文学发现震惊了全世界，他也因此出了名。

折射望远镜

图 5.116 所示为一具简单的**天文望远镜**。它同复显微镜非常相似，但是功能不同，它的主要功能是放大一个远处的物的视网膜像。图中，物离开物镜有限远的距离，因此一个中间实像刚刚成在它的第二焦点之外。这个像又是下一个透镜组即目镜的物。由表 5.3 可得，如果目镜要成一个最后的放大虚像（在眼正常调焦的范围内），物距必须小于等于焦距 f_e。在实际应用中，中间像的位置是固定的，只移动目镜使仪器聚焦。注意，最后的像是倒像，但是只要望远镜是用于天文观测的，这一点并不重要，特别是由于大多数工作是拍照。

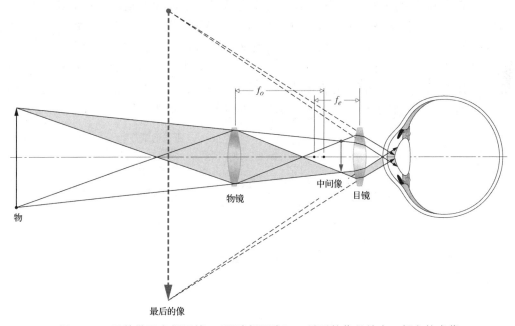

图 5.116　开普勒天文望远镜　（眼睛得调焦）。最后的像是放大、倒立的虚像

当物距很大时，入射光线实际上是平行的——中间像成在物镜的第二焦点上。通常目镜的位置这样确定，使它的第一焦点与物镜的第二焦点重合，在这种情形下，从中间像上的一点发出的光线将彼此平行地离开目镜。这时，一只正常的眼睛能够在放松的状态下对光线聚

焦。当然，如果眼睛近视或远视，可以向里或向外移动目镜，使光线变得有些发散或有些会聚以作补偿（如果你的眼睛散光，那么在使用普通的目视仪器时必须戴眼镜）。我们前曾看到（5.2.3 节），如果一个薄透镜组的两块透镜的距离 d 等于它们的焦距之和（图 5.117），此薄透镜组的前焦距和后焦距都趋于无穷大。这种工作在无穷远共轭点状态下的天文望远镜叫做无焦的，即没有焦距。附带说一句，如果把一束准直的（平行光线，即平面波）狭窄激光光束从一个聚焦在无穷远的望远镜的后端照进去，那么出射光线将仍是准直的，但是截面增大了。我们常常想要得到一束宽的准单色平面波束，上面就是得到这种波束的一个办法，这种特殊装置现在市面上已可买到。

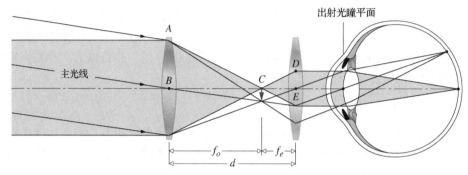

图 5.117 天文望远镜——无穷远共轭点。观察者的眼睛是放松的

物镜的周界是孔径光阑，它也包含了入射光瞳，因为在它左方没有别的透镜了。如果把望远镜直接对准某一遥远星系，眼睛的视轴将和望远镜的中央轴共线。眼睛的入射光瞳将和望远镜的出射光瞳在空间重合。但是，眼睛不是不动的；它将来回运动，扫描整个视场，因为视场中常常包含有许多我们感兴趣之点。实际上，眼珠通过转动来考察视场的不同区域，使来自某一特定区域的光线落到中心凹上。通过入射光瞳的中心到中心凹的主光线确定的方向是主视线。不论眼球取什么方向，主视线总是穿过光轴上的一点，这点相对于头的位置是固定的，叫做视线交点。当想要对视场作一概览时，应当将视线交点定位在望远镜出射光瞳的中心。这时，不管眼睛怎样动，主视线总是对应于通过出射光瞳中心的一条主光线。

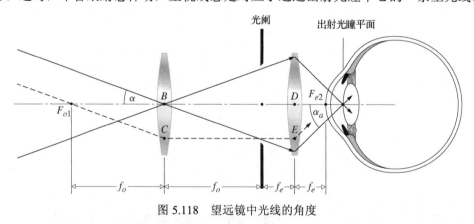

图 5.118 望远镜中光线的角度

假设看到的物体的边缘对物镜张的半角为 α（图 5.118）。这个角基本上等于它对肉眼所张的角 α_u。在上节已知角放大率是

$$\mathrm{MP} = \frac{\alpha_a}{\alpha_u} \qquad [5.75]$$

这里 α_u 和 α_a 分别是物空间和像空间中视场的量度。前者是实际收集到的光线锥的半角，而后者与表观光线锥有关。如果一条光线以负斜率到达物镜上，它将以正斜率进入眼，反之亦然。要使 MP 的符号对正立像为正，因而与前面的用法一致（图 5.102），就必须取 α_u 或 α_a 中之一为负——我们取前者为负，因为那条光线的斜率为负。注意，通过物镜第一焦点的光线也通过目镜的第二焦点，即 F_{o1} 和 F_{e2} 是共轭点。在傍轴近似下，$\alpha \approx \alpha_u \approx \tan \alpha_u$ 及 $\alpha_a \approx \tan \alpha_a$。像充满场阑区域，它的大小的一半等于距离 $\overline{BC} = \overline{DE}$。于是，由三角形 $F_{o1}BC$ 和 $F_{e2}DE$，正切的比值给出

$$\text{MP} = -\frac{f_o}{f_e} \tag{5.83}$$

所以早期折射望远镜有很平的物镜（长焦距）因而管筒很长。著名的赫维留斯（J. Hevelius，1611—1687）望远镜长 50 m。长焦距物镜还有一个好处：透镜越平，球像差和色像差越小。

放大率的另一个方便的表示式，可由考虑目镜的横向放大率得到。由于出射光瞳是物镜的像（图 5.118），我们有

$$M_{Te} = -\frac{f_e}{x_o} = -\frac{f_e}{f_o}$$

此外，如果 D_o 是物镜的直径，D_{ep} 是物镜的像（即出射光瞳）的直径，则 $M_{Te} = D_{ep} / D_o$。比较这两个关于 M_{Te} 的表示式与（5.83）式，得到

$$\text{MP} = \frac{D_o}{D_{ep}} \tag{5.84}$$

进入望远镜的光束直径被压缩为离开目镜时光束的直径，压缩比等于望远镜的放大率。从图 5.117 中透镜之间的区域的几何关系来看，这是很明显的。

这里 D_{ep} 实际上是一个负量，因为像是倒像。要造一只简单的折射望远镜很容易，只要拿一块长焦距透镜放到一块短焦距透镜的前面，并保证 $d = f_o + f_e$。但是，良好校正过的望远镜的物镜一般是多透镜镜头，通常是双合透镜或三合透镜。

例题 5.17 一台运转在无穷远共轭点的小的开普勒望远镜，由两个相隔 105 cm 的薄正透镜组成。它的角放大率为 20。观测者为了用放松的眼睛看清楚近一些的物，需要把目镜拉开 5 cm。这个物有多远？

解 （a）对于无穷远共轭点

$$d = f_o + f_e = 1.05 \text{ m}$$

因为像是倒像

$$-20 = -\frac{f_o}{f_e}$$

所以

$$20f_e + f_e = 1.05$$

$$f_e = 0.05 \text{ m} \quad \text{和} \quad f_o = 1.00 \text{ m}$$

因为眼睛是放松的，$s_i = \infty$，中间像成在目镜的焦点上。这个点现在位于物镜后 105 cm。对于物镜 $s_i = 1.05$ m，$f_o = 1.00$ m，并且

$$\frac{1}{s_o} + \frac{1}{s_i} = \frac{1}{f}$$

$$\frac{1}{s_o} + \frac{1}{1.05} = \frac{1}{1.00}$$

物位于物镜前 $s_o = 21$ m 处。

物体的方向重要时，为了实用，望远镜内必须附加一个**正像系统**——这种望远镜叫做**地面望远镜**。单块的正像透镜或正像透镜组惯常安放在目镜与物镜之间，使像正过来。图5.119表示出一具地面望远镜，它有一块胶合的双合物镜和一块凯耳纳目镜。显然它必须有一个很长的拉筒，当你想到木船和炮弹的时候，就会联想起图画中的这种东西[①]。

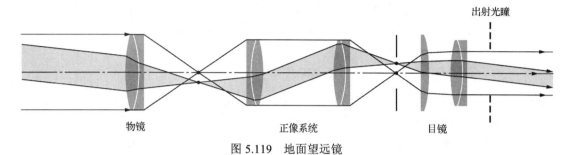

图 5.119　地面望远镜

由于这个原因，**双筒望远镜**一般使用正像棱镜，它能够完成这个任务而只需较小的空间，并且增大了物镜之间的间距，从而加强了立体效果。最常用的正像棱镜是双波罗棱镜，如图5.120所示（注意其中包括的改进了的埃尔弗目镜、宽视场光阑和消色差双合物镜）。双筒望远镜上通常带有几个数字记号，如6×30、7×50或20×50等。头一个数字是放大率，即6×、7×或20×；后一个数字是入射光瞳直径，或等效地就是物镜的通光孔径，以毫米为单位。由（5.84）式可得，出射光瞳直径是后一数除以前一数，在这个例子中分别是5、7.1和2.5，都以毫米为单位。拿着仪器离开你的眼睛，可以看见明亮的圆形出射光瞳为黑暗所包围。如果你要测量它，把仪器对焦在无穷远，把它指向天空，用一张纸作屏幕，观察轮廓分明的出射光盘。确定你在观测时的眼离隙。

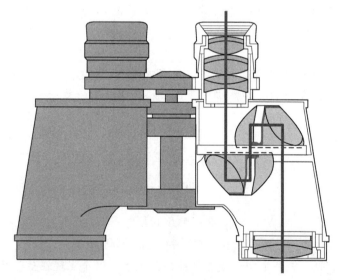

图 5.120　双筒望远镜

顺便说一句，只要 $d = f_o + f_e$，即使目镜是负透镜（即 $f_e < 0$），望远镜就是无焦的。伽利略制造的望远镜（图5.121）就是用这样一块负透镜作目镜，因此形成一个正像 [在（5.83）

---

① 西方的一些表现十八、十九世纪的海战、海盗的图画中，画面上常常有人拿着这种特别长的望远镜瞭望——译者注

式中，$f_e < 0$，$MP > 0$]。来自远处的物的一束平行光束进入物镜 L_1，离开物镜后会聚在其焦平面（距离为 f_0 上）一点 P。P 点的位置由光线 1（穿过 L_1 的中心，平行于光束中其他光线）决定。因为这两块透镜共享最右方的一个焦点，P 也在 L_2 的这个焦面上。现在构建光线 2，它穿过 L_2 的中心继续射向 P。光线 1、光线 2、光线 3 和光线 4 都会聚在 L_2 上，对着 P 点，对于这块透镜 P 是虚物点。我们从图 5.31b 已看到，穿过 L_2 中心的光线 2 决定了其他光线离开 L_2 时将取的方向；它们都相互平行从 L_2 射出。进入望远镜的光线来时向着下方，射出的光线也向着下方。一个观看出射光的人，将看到一个实质上位于无穷远的放大正立虚像。同样焦距的伽利略望远镜与天文望远镜有同样的放大率（$MP = -f_o / f_e$），虽然由于 f_e 是负的，MP 现在是正的（正立像）。

　　图 5.121a 中的透镜组合也能产生正立虚像和倒立实像。为此，看光线 5，它穿过 L_1 的前焦点，平行于中心轴离开这块透镜。它平行于其他出射光线从 L_2 射出，好像它是来自 L_2 的前焦点一样。注意，如果我们沿着光轴挪动 L_2 的位置，L_1 生成的倒立中间像不会改变。因此，把负透镜 L_2 稍为向左移（图 5.121c），光线 2 和光线 5 将向后延长相交，成一放大正立虚像在 L_2 之左；倒立的中间像成最后的像时再倒一次，成了正立像。对伽利略望远镜上的目镜位置做这样的调节后，用它观看者的眼睛也必须调节。换过来，把 L_2 稍为向右移动，更靠近不动的中间像，光线 5 在离开 L_2 时不会改变它的方向，但是通过 P 点的光线 2 会变得更陡。这两条光线将会聚，在 L_2 的右边成一个倒立实像。

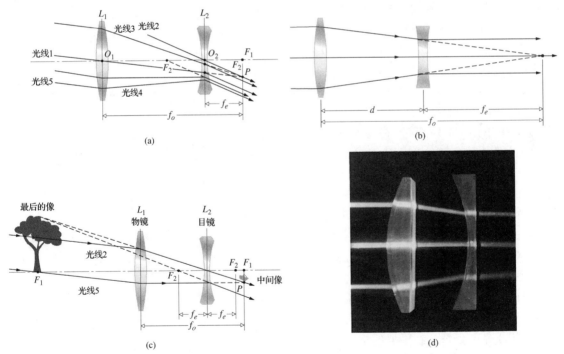

(a)　　　　　　　　(b)

(c)　　　　　　　　(d)

图 5.121　伽利略望远镜。伽利略的第一部望远镜有一个平凸物镜（直径 5.6 cm，f=1.7 m，R =93.5 cm）和一个平凹目镜，二者都是他自己磨制的。它只有 3×，与他最后的望远镜有 32× 不同

　　这种望远镜的视场很窄，现在只有历史上和教学法上的意义，虽然还是可以买两台这样的望远镜，并排装在一起，成为一台伽利略野外镜。但是，它作为激光扩束器（图 9.13）是很有用的，因为它没有内部焦点，否则高功率光束在焦点会使周围的空气电离。

反射望远镜

简单地说，望远镜应该让我们清楚看见遥远且常常极黯淡的物体。我们需要能够分辨精细的细节，即区分细小和非常相近的各别特征，如双星系中的两颗星。一颗间谍卫星要能看到路上的行人，更需要能从他们的制服辨认出他的兵种。这种能力用**分辨率**来量度，让光进入系统的孔径直径（D）越大，分辨率越高。在理想的观测条件下，其他因素都相同时，大直径的望远镜的分辨率比小直径的望远镜好。增加孔径尺寸还有一个更有说服力的理由：改善**光收集能力**。其他条件相同时，大孔径望远镜比小孔径望远镜能收集到更多的光，看到更黯淡更远的物。

最大的折射望远镜是美国威斯康星州威廉斯湾的 40 英寸耶克斯（Yerkes）望远镜，而美国加利福尼亚州西南部帕洛马山的反射望远镜直径却有 200 英寸。比一比，就可以看出制造大型透镜固有的困难。问题很明显；一个透镜必须透明并且内部没有气泡等缺陷。只用前表面的反射镜显然用不着这样，它甚至不必是透明的。一个透镜只能用它的边缘来支承，会在它自身重量作用下下陷；而一个反射镜既能用它的边缘来支承又能用它的反面来支承。此外，由于没有折射，因此折射率对波长的依赖关系对焦距不发生影响。反射镜还没有色像差。由于这些和别的一些原因（例如它们的频率响应），大型望远镜几乎全是反射望远镜。

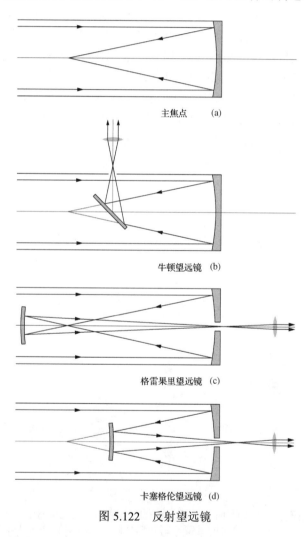

主焦点　　　　(a)

牛顿望远镜　　(b)

格雷果里望远镜　(c)

卡塞格伦望远镜　(d)

图 5.122　反射望远镜

反射望远镜由苏格兰人格雷果里（J. Gregory，1638—1675）于 1661 年发明；但是，是牛顿在 1668 年首先制造成功，并且一个世纪之后在赫谢耳（W. Herschel）手里才变成一种重要的研究工具。图 5.122 画的是一些反射望远镜的光路，每种都有一个凹抛物面主反射镜。200 英寸的黑尔（Hale）望远镜是如此之大，以至在主焦点处放一个小室，观察者可以坐在那里（图 5.122a）。在牛顿版的望远镜中（图 5.122b），用一个平面镜或棱镜把光束沿着与望远镜轴成直角的方向引出，对它进行拍照、观察、作光谱分析或光电处理。在经典的格雷果里望远镜中（图 5.122c），一个凹椭球面二次反射镜把像再次反射回来，光线穿过主镜上的一个孔射出，这种方法不是很普遍。经典的卡塞格伦（Cassegrain）望远镜（图 5.122d）则用一个凸双曲面二次反射镜来增大有效焦距（参见图 5.57）。它的作用是使主反射镜似乎孔径相同，但却有更大的焦距或曲率半径。

简单的单反射镜抛物面望远镜（图 5.122a）设计为工作在光线沿着它的光轴进入时。但是总是有我们感兴趣的物体在视场中别的地方，而不是正在视场中心。一束离轴的平行光束被抛物面反射时并不相交于一点。远的离轴点（例如一颗星）的像，由于慧差（第 326 页）和像散（第 330 页）的联合像差，是一个离轴的不对称模糊斑。随着物运动离轴更远，这个模糊斑很快就变得令人无法接受；这主要是慧差引起的，其后果是将可接纳的视场限制得非常狭小。即使对一个慢的 $f/10$ 系统，可接纳视场的角半径只有离轴 9 弧分，对 $f/4$ 系统下降为只有 1.4 弧分。经典的双反射镜望远镜（图 5.122b, c, d）也同样被慧差严重地限制了视场。

若把水银之类的液体放入一个浅盆内，让盆绕垂直轴以恒定的角速度 ω 不断旋转，达到平衡时，它的表面就是一个抛物面。这个表面上任何一点相对于最低点的高度 z 为

$$z = \frac{\omega^2 r^2}{2g} \tag{5.85}$$

已经研制出直径达 3 m 的牢靠的、衍射置限的液体大反射镜。与玻璃反射镜相比，液体望远镜的反射镜最大的好处是便宜，最大的缺点是只能直往上看（见照片）。

齐明反射镜

球面像差（第 321 页）和慧差都小得可以忽略的光学系统叫做**齐明系统**，卡塞格伦望远镜和格雷果里望远镜都有齐明版本。Ritchey-Chrétien 望远镜是具有双曲面主镜和副镜的齐明卡塞格伦望远镜。近年来这种组态是孔径 2 m 以上望远镜的首选。这类望远镜最著名的例子也许是 2.4 m 孔径的哈勃空间望远镜（HST），见图 5.123。望远镜只有放进太空（即吸收紫外线的大气层之外）才能在紫外区有效工作——我们要在那里考察炽热的年轻恒星。利用最新的电荷

位于美国新墨西哥州的 3 m 直径液体反射镜望远镜，美国国家宇航局用它来检测低地轨道上小到 5 cm 的空间垃圾

耦合器件（CCD），HST 能够从红外区的 1 μm 波长一直"看"到紫外区的 121.6 nm。这就补上了地基望远镜的缺口，地基望远镜能够提供波长大于 10 μm 的衍射置限像（顺便说一句，CCD 的灵敏度大约是照相胶片的 50 倍；从间谍卫星上把胶片盒扔下来的年代已经过去很久了）。

由于没有慧差或者慧差很小，Ritchey-Chrétien 望远镜的视场由像散限制。于是一个 $f/10$ 的望远镜可接纳的角半径大约为 18 弧分，是相当的抛物面望远镜之值的两倍。与齐明格雷果里望远镜相比，Ritchey-Chrétien 望远镜的副镜更小，因此挡的光更少，长度要短得多；这两个特色使它更令人满意得多。

由于一部望远镜只能收集入射波阵面的一部分用来再成一个像，总是会有衍射：光将偏离直线传播，在像平面上稍微散开。具有圆孔径的光学系统接收平面波时，成的像不是一个像点，光散开成一个小圆斑（叫做爱里斑，包含大约 84% 的能量），周围围绕着一些很淡的圆环。爱里斑的半径决定了邻近的像重叠的程度，因而决定了分辨率。这就是一个尽可能完美的成像系统叫做**衍射置限**系统的原因。

对一台完美的仪器，理想的角分辨率理论公式由（10.59）式给出，即爱里斑的半径，$1.22\lambda/D$ 弧度。其中 D 是仪器的直径，单位与 λ 相同。角分辨率的另一种表述单位是弧秒，它等于 2.52×10^5 λ/D。由于大气失真，地基望远镜无论有多大，很少有角分辨率优于 1 弧秒的。也就是说，以小于 1 弧秒的角度分隔的两颗星的图像，会混合成不可辨认的模糊像。相比之下，$D = 2.4$ m 的大气层外的 HST，在 $\lambda = 500 \times 10^{-9}$ m 的波长上，具有约 0.05 弧秒的衍射置限角分辨率。

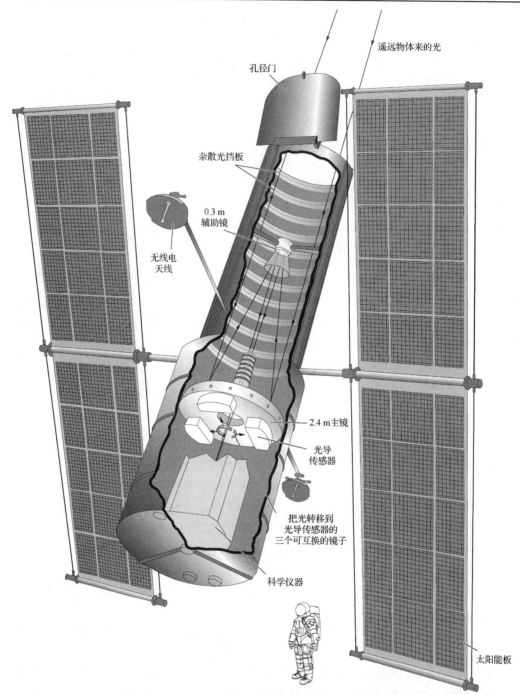

孔径门

遥远物体来的光

杂散光挡板

0.3 m
辅助镜

无线电
天线

2.4 m 主镜

光导
传感器

把光转移到
光导传感器的
三个可互换的镜子

科学仪器

太阳能板

图 5.123 哈勃空间望远镜。飞船有 13 m 长。从主镜到辅镜大约 5 m，质量 11 600 kg。它在一条 599 km ×591 km 的轨道上运行，周期为 96 分钟。HST 的主反射镜见 p.185 上的照片

　　世界最大的望远镜之一是科克（Keck）齐明卡塞格伦孪生望远镜。这两部大望远镜相隔 85 m，坐落在 13 600 英尺高的夏威夷莫纳克亚死火山山顶上。每部望远镜有一个 10 m 的双曲面主镜，由 36 面六角形小镜组成。它们是深度弯曲的，因此 $f/1.75$ 系统的焦距仅为 17.5 m。这表明，新一代大型望远镜倾向于带有焦距相对较小（小于 $f/2$）的快速反射镜。短焦距望远镜的建造和安装更经济，工作更稳定和可精确操纵。

世界上最大的单个光学望远镜之一是位于加纳利群岛的加纳利大望远镜（Gran Telescopio Canarias，GTC）。它与每一台科克望远镜相似但是更大，其双曲面主镜也是由 36 块可以独立移动的六角形镜片组成，总面积为 75.7 m^2，相当于直径为 10.4 m 的圆形反射镜。GTC 在 2007 年曾风光一时，但是似乎不会长久保持"最大"的头衔。新一代巨型地基望远镜正在建造。其中最大的几个，有 25 m 的大麦哲伦望远镜（GMT），30 m 的望远镜，42 m 的欧洲超大望远镜。在这些庞然大物之外还应该加上韦伯（James Webb）空间望远镜，它的直径是 6.5 m，主要工作在红外区，美国国家宇航局计划在 2018 年把它送入太空离地球几百万公里的轨道。

作为这些观察宇宙的强有力的新眼的代表，我们来考虑大麦哲伦望远镜。计划 2017 年建成的 GMT，由 7 块 8.4 m 硅硼玻璃反射镜组成蜂窝式结构（图 5.124）。所有 7 面镜子（一面在中间，6 面离轴）安置成一个连续的有点椭球形的光学表面。它的集光面积相当于直径为 21.9 m 的孔径。由于它的主镜形成一个光滑表面，它的分辨率达到 24.5 m（80 英尺）孔径的分辨率，能产生比哈勃空间望远镜锐利 10 倍的像。主镜的焦距 18 m，所以焦比为 $f/0.7$。齐明格雷果里望远镜设计要求辅镜系统由 7 个单独的薄自适应凹镜组成。在焦比为 $f/8.0$ 时，联合主-辅等效焦距为 203 m。

图 5.124 大麦哲伦望远镜。注意看站在左边基座上的人的大小

现在的技术可以从几个分开的光学望远镜来的像进行干涉量度合成，从而极大地增大了整体有效孔径。地基光学望远镜阵列注定会对我们观察宇宙的方式做出巨大的贡献。

反射折射望远镜

反射元素和折射元素的组合叫做反射折射系统。其中最著名的（虽然不是最早的）是经典的施密特光学系统。我们必须在这里讨论它，哪怕只是简略地讨论，因为它代表着大孔径广视场反射系统设计的一种重要方法。如图 5.125 中所示，在球面镜上被反射的一束束平行光线将会成像（比方说星场的像）在一个球形像面上。这个球形像面实际上是一块弯曲的底片。这一机制唯一的问题是，虽然它没有别种像差（像散和慧差，见 6.3.1 节），但我们知道，从反射镜外缘反射的光线，将不会和从傍轴区域反射的光线到达同一焦点。换句话说，反射镜是球面镜而不是抛物面镜，它有球面像差（图 5.125b）。如果这种像差能够被校正，那么这个系统（至少在理论上）就能够在宽广的视场上理想成像。由于并不存在中央轴，结果没有离轴点。我们还记得，抛物面镜只在轴点上才成理想的像，像质随着离轴距离迅速变坏。

1929 年的一个傍晚，施密特（B. V. Schmidt，1879—1935）在到菲律宾考察日食回来的路上，航行在印度洋上时，给他的同事看一张草图，是他设计用来克服球面镜的球面像差的一个光学系统。他想用一块薄玻璃校正板，它的表面上磨出一条很浅的环形线（图 5.125c）。经过外缘区域的光线将会被偏折所需的大小，刚好尖锐地聚焦在成像球面上。这块校正板在克服这种缺点时应该不会带来大小可观的别种像差。第一个这样的系统始建于 1930 年；1949 年，帕洛马山天文台著名的 48 英寸施密特望远镜完工。它是一个快速（$f/2.5$）广视场装置，对巡视夜空是很理想的。单张照片就能囊括北斗七星的斗这么大小的区域。用 200 英寸反射望远镜，覆盖同一区域需要大约 400 张照片。

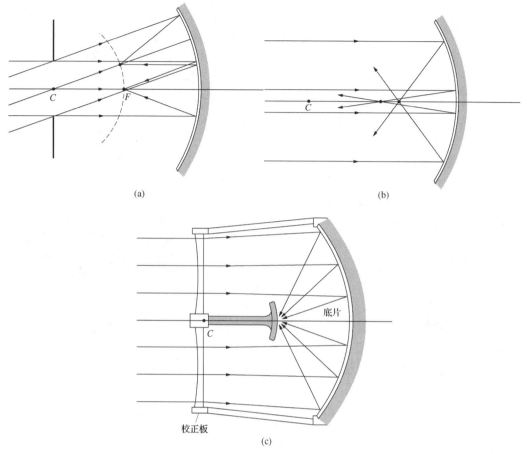

(a)　　　　　　　　　　　　　　　(b)

(c)

图 5.125　施密特光学系统

　　自从采用最初的施密特系统以来，在反射折射望远镜的设计中已经有很大的进展，现在已有了反射折射系统卫星和导弹跟踪仪器，流星照相机，小型的商业望远镜，摄远物镜，导弹寻归制导系统。这个题目有数不清的变型：某些方案（如 Bouwers-Maksutov 的方案）把校正板换成同心弯月面透镜，别的人则使用厚实心反射镜。一种很成功的方法是使用一个三合非球面透镜阵列（Baker）。

5.8　波阵面整形

　　本章讨论了以这种或那种方式对波阵面重新整形，但是传统的透镜和反射镜带来的变化是全局性的，以多少相同的方式影响波阵面的全部要处理的部分。相反，现在破天荒第一次有可能取一个入射的波阵面，对它的各个部分以不同的方式重新处置，使之适应特定需要。

　　考虑一个平面波，通过折射率为 $n(r)$ 的非均匀介质或通过非均匀厚度的介质（例如淋浴间门上的玻璃），将会怎样（图 5.126a）。它的波阵面基本上与光程成正比地被延迟，并被相应地扭曲。例如，当这样一个褶皱的波从普通的平面镜上反射时，它的方向反转，但在其他方面并没有变化（图 5.126b）。波阵面的前导区和尾区仍然保持为前导区和尾区，只是传播方向倒过来；波阵面仍然被扭曲。无论你直接看还是看镜子，淋浴间皱褶玻璃门外的景象都同样模糊。

如果能够设计出能对反射的波阵面重新整形的更复杂的反射镜，我们就有可能消除在各种情况下不可避免地引入的不想要的失真。本节探讨用于完成这个任务的两种最先进的技术。

5.8.1　自适应光学

最近在望远镜技术方面最重要的突破之一是**自适应光学**，它提供了对付大气失真这个伤脑筋的问题的一种方法。牛顿说过："即使制作望远镜的理论能够完全付诸实践，还是有些界限是望远镜无法超越的。我们观察恒星得穿过空气，而空气永远在震颤。这可以从高塔影子的抖动和恒星的闪烁看出来"。自适应光学是一种用来控制"永远的震颤"的方法：首先测量湍流引起的入射光的失真，然后根据此信息重新构建光波，使光波回到原始状态，好像它从未穿越大气层的漩涡似的（图 5.127）。

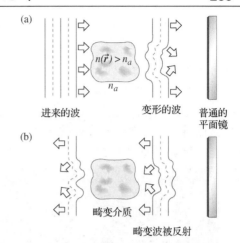

图 5.126　（a）平面波通过不均匀介质后变形。（b）当这样一个皱褶波被传统镜面反射离开镜面时，它会改变方向。波向新的方向移动时，原来领先或落后的区域仍然领先或落后，波仍然失真。再次穿过不均匀介质时失真增加

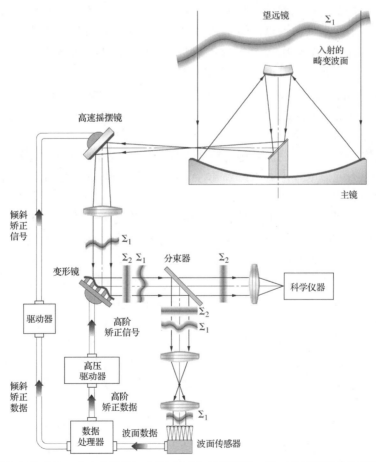

图 5.127　自适应光学系统。失真的波面Σ_1经过分析和重新配置。矫正的平面波波阵面被送入科学仪器

在太阳热能的驱动下，地球大气层是动荡不定的空气海洋。密度的变化伴随有折射率的变化，因而带来光程的变化。从远处恒星上一点发出到达大气层的波阵面几乎是精确的平面波（可见频段中间的波长在 0.5 μm 左右）。它们扫过厚 100 英里左右的流动空气层时，引进了几微米的程差，波阵面扭曲成凹凸不平的表面。到达地面的是一系列普遍褶皱的波阵面，形状很像你在地板上先随机撒坚韧的小甲虫，再在上面铺上 10 cm 见方的瓷砖，每个瓷砖各自略微倾斜。湍流会在几毫秒的时间尺度内不可预测地发生变化，波阵面穿越它时会不断弯曲并重新起皱（如同甲虫无意间在瓷砖下面走动，拱起并移动瓷砖）。

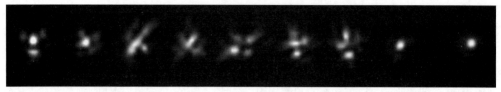

用望远镜穿过大气观看时，感受到一个短暂的看得清楚的概率随孔径的直径指数减小。用适度大小的物镜（≈ 30 cm），在通常的观看条件下，这种机会是百中有一。这颗星的这一系列照片是每隔 1/60 秒的时间间隔拍的，它们表示像怎么"闪烁"。最右边的照片是在非常好的观看状态的瞬间拍的。用一台衍射置限望远镜，像应当像一个爱里斑图样（第 590 页），中心一个亮斑，周围围着暗淡的同心环

瓷砖的比喻不论多么古怪，却是有用的，弗里德（D. L. Fried）1966 年证明，大气湍流的光学后果可以用很简单的方式建立模型。因为光速如此之大，人们实际上可以认为，任何时候大气的表现就好像它被压缩成一个个小的楔形折射区域，或稳定的小单元，这些区域连接成水平阵列。在地面上任何地点，恒星波面的局部由许多随机倾斜的、相当平坦的小区域组成（每个区域类似于单个瓦片）。在某人的后院，这些区域的尺度通常是 10 cm 左右，尽管在最好的条件下（例如在天文台山顶上），当视野很好时，它们可能达到 20 cm 或 30 cm。在每个**等晕**区，波阵面相当平滑并且曲率很小：鼓出来的前端和被压缩的尾端之间之差约为 $\lambda/17$。一个经验定则是，如果波形失真小于 $\lambda/10$，图像质量会很好。湍流越强，稳定元胞越小，对应的波阵面等晕区越小。

把望远镜对准一个星星，湍流对望远镜成的像的影响，强烈依赖于望远镜的孔径大小。如果仪器的孔径只有几厘米，那么入射到孔径里的小部分波阵面只穿过稳定元胞的一部分，它将很平坦。湍流将主要改变这部分平面入射波阵面截面的倾斜程度。这意味着可以通过该部分瞬间形成锐利的爱里图像，但是随着大气变化，相继进入的平面波阵面以不同的角度陆续到达（我们虚构的甲虫继续移动）。反之，对于直径数米的大直径望远镜，允许进入的大波阵面是许多平坦的倾斜区域拼接的。于是像是许多个移动的爱里斑的同时叠加，结果是一片闪烁的模糊。显然，增大孔径会收集更多的光，但不会成比例地提高分辨率。

从一片模糊变成可以看出来的临界孔径的大小是湍流的量度。它叫做**弗里德参数**，一般几乎都用 r_0 表示；这个符号选得不好，因为它不是半径；它对应于在其上可以将入射波阵面看成平面的区域的大小。在极为稀少的情况下，当 r_0 超过 30 cm 时，一个非常遥远的星星将被"完美"地成像为爱里斑。随着湍流增大，r_0 减小；此外，随着波长增大，r_0 增大：$r_0 \propto \lambda^{1.2}$。因此，大的地基望远镜的角分辨率实际上是 $1.22\lambda / r_0$，由于 r_0 很少优于 20 cm，所以最强大的地基望远镜的分辨率比一个不起眼的 6 英寸望远镜多不了多少！

望远镜上方有风时，风实际上会将等晕区吹过孔径。5 m/s 的微风将在 20 ms 内带走一个 $r_0 = 10$ cm 的等晕区。为了监测并最终响应这种大气变化，一个光机电控制系统的运行速度应当比它快 10～20 倍，以每秒 1000 次以上的速度采样数据。

图 5.127 是一个典型的天文自适应光学系统的示意图。在这个简单装置中，望远镜指向一颗星星，它既可以作为关注的对象，又是校正失真的信标。在做任何聪明事之前，先将来自主镜的大光束的直径减小到几厘米，以便更方便地处理它。在此过程中，主镜的每个等晕区都会聚焦到缩小的光束中对应的小区域。

第一步是分析望远镜传送的失真的波阵面 Σ_1，现在它以缩微形式出现在缩小的光束中。这是用**波阵面传感器**完成的，波阵面传感器有几种类型。这里考虑的是哈特曼传感器（图 5.128），它由几千个独立的检测器紧密排列构成的紧凑阵列组成。入射到传感器上的光首先遇到一大堆紧密堆积的相同的小透镜，它们的焦平面上有一个 CCD 阵列（图 5.128a）。这个器件在光束中的位置是这样的：小透镜大约是一个等晕区的大小。然后每个小透镜在 4 个一组的 CCD 像素元上成星星的微小的像，4 个 CCD 像素元围绕着光轴。如果整个波阵面完全平坦，即每个等晕区都零倾斜并且所有的光线平行，则每个小透镜将产生一个爱里斑，落在它自身的 4 个像素元之间的零位置上（图 5.128b）。但是当任何等晕区倾斜时，对应的像斑移动，4 个 CCD 元件记录下一个不平衡信号，表明精确的位移（图 5.128c）。所有这些微小检测器的输出经过计算机分析，在理论上重建了 Σ_1，并算出使波阵面平坦所需的校正量。

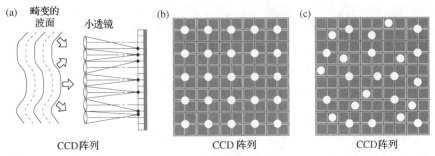

图 5.128 哈特曼波阵面传感器。（a）小透镜把光聚焦到 CCD 阵列上。4 个一组的 CCD 元件方阵列构成一个探测器。（b）入射波是平面波时，爱里像斑在每个 4 元件探测器中心的零位置上生成。（c）波阵面发生失真时，爱里像斑移动离开零位置

如果探测到波阵面整体倾斜，则将一信号发送到快速转向平面镜，转向平面镜最先接收到主镜来的光，就抵消这一倾斜。现在把这个已经不倾斜但仍然褶皱的波阵面送到一具 "橡皮镜" 上，这是一种可以快速精确变形的柔性反射镜。它可以由，比方说，安装在数百个动座上的薄面板反射镜组成，这些动座会将这个柔性反射镜快速推拉成想要的形状。在计算机信号驱动下，反射镜弯曲成与波阵面相反的组态。实际上，波阵面的凸出部射到匹配的反射镜的凹陷面，反之亦然。结果便反射了一个无失真的波阵面 Σ_2，对应于进入大气之前的星光状态。一小部分辐射能被送回传感器-计算机-镜面控制回路，以保持校正过程连续不断，其余部分被送到科研仪器。

因为天文学家感兴趣的许多物——行星、星系、星云等——被成像为扩展物体，因而排除了用它们作为自适应光学的信标。不过，如果你想考查一个星系，还是可以用附近的星星作信标。然而，遗憾的是，附近经常没有足够明亮的星可以用于此目的。摆脱这个限制的一种方法是使用激光束设立人造导星（见照片）。这已经用两种不同的办法成功完成。一个办法是通过望远镜投射激光脉冲，这些激光脉冲聚焦在海拔 $10 \sim 40$ km 的高度范围。空气分子将这些光的一部分通过瑞利散射向下方散射。另一个办法是，在 92 km 高度，比大多数大气湍流高很多的地方，有一层钠原子（可能由流星沉积而来）。调谐到 589 nm 的激光可以激发钠，从而在天空的任何地方产生一个小而亮的黄色信标。

结果（见照片）非常令人鼓舞[1]，现在世界上大多数大望远镜都使用自适应光学系统，将来一切新的地面观测系统肯定也都会使用自适应光学系统。

新墨西哥州 Kirtland 空军基地
的菲利普实验室构建激光导星

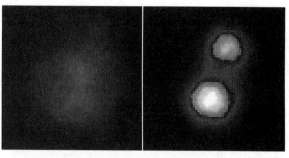

用菲利普实验室的 1.5 m 望远镜对 53ξ Ursa Major 曝光 1 s 的照片。（a）普通的未补偿的像，无法辨认。（b）使用自适应光学技术，像有显著改善

5.8.2　相位共轭

另一种波阵面整形新技术叫做**相位共轭**；这时，波的相位在波作某种另类反射后前后倒过来。

设想一束平面波在正 z 方向上向右传播，垂直入射到一面普通的平面镜上。入射波可写成 $E_i = E_0 \cos(kz - \omega t)$，其复数表示式为 $\tilde{E}_i = E_0 \mathrm{e}^{\mathrm{i}(kz-\omega t)} = E_0 \mathrm{e}^{\mathrm{i}kz} \mathrm{e}^{-\mathrm{i}\omega t} = \tilde{E}(z)\mathrm{e}^{-\mathrm{i}\omega t}$。式中已将空间部分和时间部分分开。在这种简单情况下，反射波和入射波**除了传播方向之外，其他完全一样**。反射波可写为 $E_r = E_0 \cos(-kz - \omega t)$，或者 $\tilde{E}_r = E_0 \mathrm{e}^{-\mathrm{i}kz} \mathrm{e}^{-\mathrm{i}\omega t} = E^*(z)\mathrm{e}^{-\mathrm{i}\omega t}$。改变相位的空间部分的符号，或者在指数表述形式中取复共轭，就改变了波的方向。因为这个原因，反射波也称为**相位共轭波**，或者简称**共轭波**。这种情况可以这样来描述，就是我们原则上可以将它拍成一部电影，这部电影是正着向前放映还是倒过来后退放映是无法区别的。因此，我们说相位共轭波是**时间反演**的。对于单色波，改变时间部分的符号（即作时间反演）等价于将传播方向倒过来：$\cos[kz - \omega(-t)] = \cos(kz + \omega t) = \cos(-kz - \omega t)$。

当一面凹球面反射镜的曲率中心上有一点光源，将发生非常简单的相位共轭反射。波发散，射到镜子上，反射后收缩回它自身，回到原来的光源点。要是能够制造一个方便的反射表面就好了，它能精确匹配任何波阵面，从而反射这种特殊的入射波的共轭波（图 5.129）。但是这是很不实际的，特别是如果你不能预先知道波阵面的形状，或者波阵面形状时刻变化。

好在 1972 年，一组俄国科学家发现了一个方法，用布里渊散射产生任何入射波阵面的相位共轭。他们把一束强激光射入装有高压甲烷气体的管子里。当功率达到百万瓦量级时，发生了压力-密度变化，这种介质变成了一面引人注目的反射镜，反射回几乎一切入射光。使这些研究人员惊讶的是，从气体散射回来的光是相位共轭的。甲烷气体调整自身，使产生的电磁场，正好使向后散射的波内外倒过来，原来引领波的部分现在变成尾部。现在有好几种方法得到同一结果，它们都是利用产生非线性光学效应的介质。相位共轭具有巨大的应用前景，从人造卫星追踪到改善激光束的质量[2]。

---

[1] 见 L. A. Thompson, "Adaptive Optics in Astronomy," *Phys. Today* **47**, 24 (1994); J. W. Hardy, "Adaptive Optics," *Sci. Am.* **60** (June 1994); R. Q. Fugate and W. J. Wild, "Untwinkling the Stars—Part I," *Sky & Telescope* **24** (May 1994); W. J. Wild and R. Q. Fugate, "Untwinkling the Stars—Part II," *Sky & Telescope* **20** (June 1994).

[2] 见 D. M. Pepper, "Applications of Optical Phase Conjugation," *Sci. Am.* **74** (January 1986)和 V. V. Shkunov 和 B. Ya. Zel'dovich, "Optical Phase Conjugation," *Sci. Am.* **54** (December 1985)。

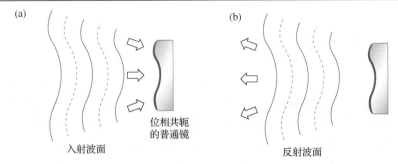

图 5.129 很受限制的相位共轭镜的运作。它只对（a）中那样的入射波面才灵

我们来举一个例子,说明能够做哪些事:若一束波通过不均匀介质后发生失真(图 5.126),然后从一面普通的镜子反射回来再次通过此介质, 波束将失真得更厉害。反之,若用一面相位共轭镜反射,在第二次通过失真介质之后,光束恢复原来状态。图 5.130 是示意图,图 5.131是实际实验结果。用一束准直的氩离子激光束（$\lambda=514.5$ nm）通过一只猫的透明胶片,于是激光束上载有猫的像。载有猫像的激光束通过一个分束器射向一面普通镜子,反射回来的光又被分束器反射到一片毛玻璃屏幕上,在那里摄影,作为参照的标准（图 5.131a）。然后在分束器和镜子之间插入一个相位失真器（例如浴室门的玻璃）。这样,光就通过它两次。这时的像变得再也认不出来了（图 5.131b）。最后,把普通反射镜换成相位共轭镜。虽然光波仍是两次通过失真介质,像却恢复到原来的清晰度（图 5.131c）。

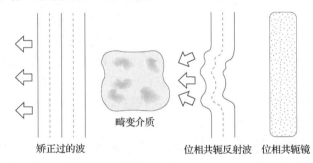

图 5.130 当图 5.126 中的失真波被一面相位共轭镜反射时,它就内外倒过来,或变成共轭的。
将它与图 5.126b 中的普通反射波比较。在第二次通过不均匀介质后,波阵面领先区
域的被推迟,落后的区域被拉前。来回一周后出来的光和原来进去的光一样(图 5.126a)

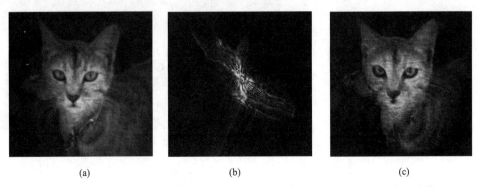

图 5.131 用相位共轭消除失真。（a）没有引入失真时从镜子反射回来的猫像。
（b）两次通过不均匀介质后同一猫的像。（c）通过不均匀介质后,
光波被相位共轭,然后返回第二次通过介质。大部分失真被消除

5.9 引力透镜效应

20 世纪最引人注目的发现中，有一个直接来自爱因斯坦的广义相对论（1915 年），它认为物质引起时-空的弯曲，或更确切地说，物质对应于时-空的弯曲。不论哪种说法，物质大量集中的地方，就有局域的时-空弯曲。相对论从概念上统一了空间和时间、时空和引力效应。这意味着光束通过这种扭曲的区域将走曲线路程，弯向质量集中的地方。换句话说，引力改变了光的速度——方向和速率。这一点也不奇怪，因为引力减慢了时间。

迄今为止，我们假定光在空间以固定的速度 c 直线传播。这种理解符合狭义相对论，对任何我们能够在地球上做的实验完全成立。但是对更大尺度的星星、星系和黑洞，它就不成立了。在极大量物质的影响下，其附近的引力位势（Φ_G）是巨大的。光通过这种区域的传播就像是穿过不均匀介质，介质的折射率 $n_G(\vec{r})$ 是位置的函数，并且大于 1。由于这个原因，并且因为所产生的效应类似于非球面透镜容易产生的效应，所以这个现象叫做**引力透镜**效应。从根本上说，光偏离直线传播属于衍射的范围，所以这个效应叫做引力衍射也许更好些。

这种情况的光路很简单：需要一个观察者（地球上一个戴望远镜的人），一个遥远的电磁辐射源（如一个类星体或一个星系）作为要观察的物，二者之间有一个具有透镜效应的质量（如类星体，星系群，或黑洞），位于光源-观察者轴上。

一个弯曲的时空区域，其作用很像一个粗糙的梯度折射率透镜（图 6.42），它的折射率随着离中心轴的距离而下降，就像 Φ_G 下降一样。一个更初等的模型是只将折射率的剖面轮廓与对应的非球面厚度剖面轮廓相拟合。这时图 5.132 中的透镜可以对应于一个对称得很好的星系，中间更厚部分代表一个黑洞。当一个离轴的星系对它后面很远的物有透镜作用时，物的像失真成为几段弧形（图 5.133）。更精确地说，可以用惠更斯原理（第 132 页），通过穿过（像图 5.126a 中那样的）失真介质的波来解释这种现象。后面学习衍射时将会看到，这个方法将会得到奇数个幻像，中间是不衍射的像（图 10.7d）。图 5.134 表示一个星系群的引力透镜如何把单独一个遥远的星系成像为一堆弧线，多少与星系群的质心同心。

图 5.132　用一个非球面透镜来模拟星系这样的大质量物体的引力透镜效应

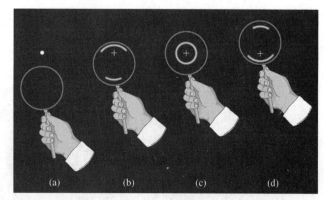

图 5.133　用一个图 5.132 中那样的非球面模拟一个星系的引力透镜效应

爱因斯坦早在 1912 年就开始考虑引力透镜效应。他认为，在光源-透镜-观察者三者精确地处在一条直线的时候（这是非常罕见的事），像将散开成一个环（图 5.133c）。1998 年，哈勃空间望远镜首次拍到一个完整的爱因斯坦环（见照片）。

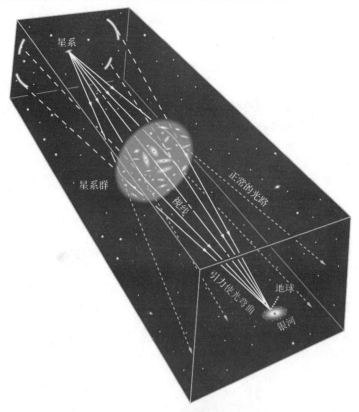

图 5.134 星系群的引力透镜效应

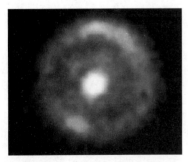

1998 年哈勃空间望远镜首次拍到完整的爱因斯坦环。它是由地球和两个星系的近乎完美的排列造成的，其中一个星系在另一个星系后面（见图 5.133c）

阿贝尔 2218 星系群非常巨大和致密，使穿过它的光被它巨大的引力场偏转。这个过程放大、加亮了在它后面很远的星系的像，并使之失真。图中的许多弧线是距离比起透镜作用的星系群远 5～10 倍的星系的扭曲像

习题

除带星号的习题外，所有习题的答案都附在书末。

5.1 题图 P.5.1 中界面的形状叫做笛卡儿卵形面，笛卡儿在 17 世纪研究了这个界面，它使任何光线从 S 到界面再到 P。证明它的定义式是

$$\ell_o n_1 + \ell_i n_2 = 常数$$

证明它等价于

$$n_1(x^2 + y^2)^{1/2} + n_2[y^2 + (s_o + s_i - x^2)]^{1/2} = 常数$$

其中，x 和 y 是点 A 的坐标。

5.2 构建笛卡儿卵形线，使物体离顶点 5 cm 时共轭点相隔 11 cm。如果 $n_1 = 1$，$n_2 = 3/2$，在所需面上画几个点。

5.3* 用题图 P.5.3 证明，若点光源放置在椭球面的焦点 F_1 上，平面波将从远侧射出。记住椭球面的定义是从一个焦点到曲线上一点并回到另一个焦点的距离为常数。

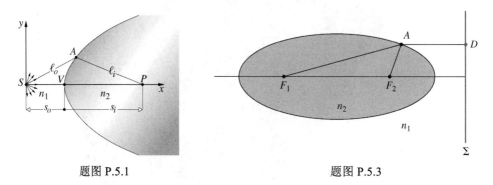

题图 P.5.1　　　　　　　　　　题图 P.5.3

5.4 画一个椭球面-球面负透镜，并画出光线和波阵面通过此透镜的情形。对卵形面-球面正透镜做同样的事。

5.5* 用题图 P.5.5，斯涅耳定律及在傍轴区域中 $\alpha = h/s_o$，$\varphi \approx h/R$ 和 $\beta \approx h/s_i$，导出（5.8）式。

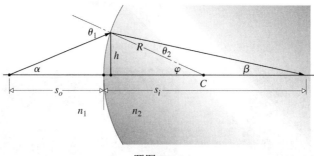

题图 P.5.5

5.6* 证明在旁轴区域中，两种连续介质之间的单个球形界面（如题图 P.5.6 所示）产生的放大倍数由下式给出

$$M_T = -\frac{n_1 s_i}{n_2 s_o}$$

对斯涅耳定律用小角度近似，并且用正切表示角度的近似值。

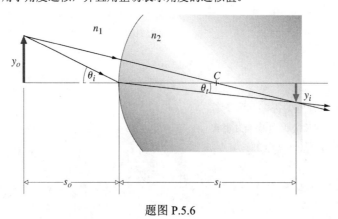

题图 P.5.6

5.7* 想象一个曲率半径为 5.00 cm 的半球形界面将两种介质分开：左边是空气，右边是水。一个 3.00 cm 高的青蛙在空气区的中心轴上，面向凸起的界面，距离其顶点 30.0 cm。它会在水中的哪个位置成像？在水中的鱼看来它有多大？用上一题的结果，尽管我们的青蛙不能用旁轴近似。

5.8 一物体放在离一水晶球 （$n = 1.5$，直径 20 cm）顶点 1.2 m 处，定出像的位置。画出光线的简略图。

5.9* 回到 5.7 题，设我们切断了右边的介质，生成一个厚的双凸水透镜，每个曲面的曲率半径为 5.00 cm。若镜头厚度为 10.0 cm，定出总放大倍数和有关青蛙的像的全部信息。

5.10* 薄双凸玻璃（$n_1 = 1.5$）透镜的焦距为 +10.0 cm。若两个表面的曲率半径相同，那么它必须是多少？ 证明离镜头 1.0 cm 的蜘蛛将在 -1.1 cm 处成像。描述这个像并绘光线图。

5.11* 回到 5.2.3 节，证明对一个浸在折射率 n_m 介质中的薄透镜

$$\frac{1}{f} = \frac{(n_l - n_m)}{n_m}\left(\frac{1}{R_1} - \frac{1}{R_2}\right)$$

证明上式后，想象一个被水包围的双凹空气透镜；确定它是会聚透镜还是发散透镜。

5.12* 薄弯月形凹面玻璃（$n_i = 1.5$）透镜（见图 5.12）的曲率半径为 +20.0 cm 和 +10.0 cm。若将物放在镜头前方 20.0 cm 处，证明像距为 -13.3 cm。描述这个像并绘光线图。

5.13 一个双凹透镜（$n_1 = 1.5$），曲率半径为 20 cm 和 10 cm，轴上厚度为 5 cm。画出放在离第一顶点 8 cm 处的一个高 1 英寸的物体的像。用薄透镜公式求出最后像的位置。

5.14* 一部古典 35 mm 相机有一个薄单镜头，焦距为 50.0 mm。一名身高 1.7 m 的女子站立在镜头前 10.0 m 处。（a）证明镜头-胶片的距离必须为 50.3 mm。（b）她在胶片中的像有多高？

5.15 证明薄的正透镜的共轭实物与像点之间的最小距离是 4f。

5.16 一物高 2 cm，放在焦距为 10 cm 的薄正透镜的右方。用高斯公式和牛顿公式，全面描述最后成的像。

5.17 画出高斯透镜公式的简图：即画出 s_i 对 s_o 的曲线，二者都以 f 为单位（曲线的两段都要画出）。

5.18* 来自非常远的点光源的平行光线束入射到焦距为 -50.0 cm 的薄负透镜上。光线与镜头的光轴有 6.0° 的角度。求光源的像的位置。

5.19* 一个发光二极管放在薄透镜前中心轴上离透镜 30.0 cm 处。它的虚像离透镜 10.0 cm。求透镜的焦距。用表 5.3 解释为什么必须用负透镜，虽然正透镜也能成虚像。

5.20 一只蚂蚁离一块负透镜 100 cm，为了使负透镜在离透镜 50 cm 的地方成蚂蚁的虚像，问负透镜的焦距必须是多少？给定蚂蚁在透镜右方，确定像的位置并且描述像的性质。

5.21* 一块薄正透镜前方 18.0 cm 处有一根蜡烛的火焰。它的像的位置比蜡烛放在很远处时的像远 3 倍。求透镜的焦距。

5.22* 计算曲率半径为 20 cm 和 40 cm 的一个薄双凸透镜（$n_1 = 1.5$）在空气中的焦距。决定离透镜 40 cm 处的一个物的像的位置，描述这个像。

5.23 确定曲率半径为 10 cm 的一个平凹透镜（$n_1 = 1.5$）的焦距，问它的焦度是多少？

5.24* 空气中一个平凹透镜的焦距为 250.0 cm。制作透镜的玻璃的折射率为 1.530。求透镜表面的曲率半径。如果折射率减小到 1.500，曲率半径是多少？

5.25* 把一个物从无穷远处移到薄正透镜前面 90 cm 处。在这个过程中它的像移到离透镜 3 倍远的地方。求透镜的焦距。

5.26* 薄平凸（球面）透镜的曲率半径为 50.0 mm，折射率为 1.50，求它在空气中的焦距。如果把透镜放在一箱水中，焦距是多少？

5.27* 一个点光源 S 在一面薄正透镜的中心轴上，位于透镜前面距离 l_1 处，S 的实像出现在 P 点，P 离透镜

的距离为 l_2。能不能将透镜沿轴移动到一个新位置，而最终不改变 S 和 P 的位置？要是能够，透镜应该挪到什么地方？画个图。

5.28* 一个物体在薄正透镜中心轴上透镜之前 40 cm 处。它的像在透镜之外 80 cm 的屏幕上。现在沿轴移动透镜到一新位置，使像重新出现在屏幕上。描述移动透镜是否会引起像的大小和方向的任何变化，如何变。

5.29* 心中想着上两题，设想一个自发光的物在薄正透镜的中心轴上。物离出现像的屏幕的距离为 d。现在把透镜向着物移动到一个新位置，这时屏幕上的像比原来的像大 N 倍。证明透镜的焦距为

$$f = \frac{\sqrt{N}d}{(1 + \sqrt{N})^2}$$

5.30* 我们想在透镜前 45 cm 放一物，并且其像出现在透镜后 90 cm 的屏幕上。合适的正透镜的焦距该是多少？

5.31 图 5.29 中的马高 2.25 m，面对薄透镜站着。透镜焦距为 3.00 米，马头离薄透镜平面的距离为 15.0 米
  （a）确定马鼻的像的位置。
  （b）详细描述这个像——它的类型、取向和放大倍数。
  （c）像有多高？
  （d）如果马尾离镜头 17.5 m，那么像中马鼻到马尾的长度是多少？

5.32* 高 6.00 cm 的蜡烛距离焦距为 −30 cm 的薄凹透镜 10 cm。确定像的位置并详细描述像。画合适的光线图。

5.33* 一面等凸透镜（$n = 1.50$）把离屏幕 0.60 m 的高 5.0 cm 的青蛙投影在观察屏上，像高 25 cm。计算透镜的半径。

5.34* 一面双凸薄透镜将一个发光物成像在离透镜 127 cm 的屏幕上，像的大小是物的大小的 5.8 倍。求透镜的焦距。

5.35* 我们想把一只青蛙的像投到屏幕上。要求像的大小是实物的两倍。要是用玻璃（$n_g = 1.50$）做的凸平透镜，曲面的曲率半径为 100 cm，青蛙应该放在屏幕前多远？画出光线图。

5.36* 考虑空气中一块玻璃（$n_g = 1.50$）做的双凸透镜。将一个远处的发光物移到透镜前 180.0 cm，像距增加为原来的 3 倍。求透镜的曲率半径。

5.37* 长 4.00 mm 的细导线位于与光轴垂直平面内，在一面薄透镜之前 60.0 cm 处。细导线在屏幕上成的清晰的像长 2.00 mm。透镜的焦距是多少？移动屏幕，使它离透镜更远 10.0 mm，像变为 0.80 mm 宽的模糊斑。透镜的直径是多少？［提示：对轴上的光源点成像］

5.38 空气包围的薄双凸玻璃透镜（折射率为 1.56）的焦距是 10 cm。如果将它置于水下（水的折射率为 1.33），离一条小鱼 100 cm，小鱼的像将成在何处？

5.39 考虑一种自制的电视投影系统，它用一面大的正透镜将电视屏幕的像投射到墙上。投影像被放大到 3 倍，虽然比较暗，但它很好，很清晰。若透镜焦距为 60 cm，屏幕与墙壁之间的距离应该是多少？为什么要用大透镜？我们该怎样安装这套组件？

5.40 通过薄透镜在空气中的焦距 f_a，写出它浸入水（$n_w = \frac{4}{3}$）中后焦距 f_w 的表示式。

5.41* 观察题图 P.5.41 中的 3 个矢量 $\vec{A}$、$\vec{B}$ 和 $\vec{C}$，每个矢量长 $0.10f$，f 是薄正透镜的焦距。由 $\vec{A}$ 和 $\vec{B}$ 形成的平面与透镜的距离为 $1.10f$。描述每个矢量的像。

5.42* 测量正透镜焦距的一个方便方法利用了以下事实：如果一对共轭的物和（实）像点（S 和 P）的距离 $L > 4f$，则存在距离为 d 的两个透镜位置，在这两个位置上得到同一对共轭的物点和像点。证明

$$f = \frac{L^2 - d^2}{4L}$$

注意这样就避免了专门从顶点出发进行的测量，这种测量一般做起来不容易。

5.43* 两个焦距分别为 0.30 m 和 0.50 m 的正透镜相隔 0.20 m。一只小蝴蝶停在中心轴上，在第一片透镜之前 0.50 m。求成的像相对于第二片透镜的位置。

5.44 在构建双合透镜的过程中，将一片等凸的薄透镜 L_1 与一片薄负透镜 L_2 紧密接触，使该组合在空气中的焦距为 50 cm。若它们的折射率分别为 1.50 和 1.55，并且若 L_2 的焦距为-50 cm，请定出所有的曲率半径。

5.45 验证（5.34）式，这个式子给出两个薄透镜的组合的 M_T。

5.46* 10.0 mm 高的草叶在焦距为 100 mm 的薄正透镜之前 150 mm 处；在此透镜之后 250 mm 有一个焦距为-75.0 mm 的薄负透镜。（a）证明第一片透镜成像在自身之后 300 mm 处。（b）描述这个像。（c）它的放大倍数是多少？（d）证明两个透镜成的最终的像位于负透镜之后 150 mm。（e）这一透镜组合的总放大倍数是多少？

5.47 题图 P.5.47 中是一薄透镜组合，前面是一双合镜头。一物离此双合镜头 30 cm，求此双合镜头对物成的像的位置和放大率。通过分别求每块透镜的效应进行计算。画适当的光线图。

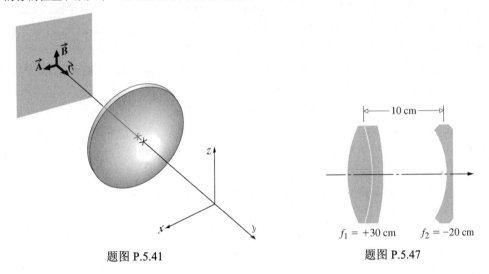

题图 P.5.41 　　　　　　　　题图 P.5.47

5.48* 两块焦距分别为+15.0 cm 和-15.0 cm 的薄透镜相距 60.0 cm。拿一页书放在正透镜之前 25.0 cm 处。详细描述这页书的图像（只当它是傍轴的）。

5.49* 画两片正透镜的组合的光线图，两片透镜的间距等于它们各自的焦距之和。对两片透镜之一为负透镜的情况做同样的事。

5.50* 用两片正透镜做激光扩束器。一束轴向 1.0 mm 直径的光束进入短焦距正透镜，然后进入焦距稍长的正透镜，从这片透镜出射时直径为 8.0 mm。第一片透镜的焦距为 50.0 mm，求第二片透镜的焦距和透镜之间的间距。画图说明。

5.51 重绘复合显微镜的光线图（图 5.110），但这次将中间像视为实物。这种方法应该更简单一些。

5.52* 考虑一个薄正透镜 L_1，用光线图证明，如果将另一透镜 L_2 放在 L_1 的焦点上，放大率不会改变。这是那些两个眼睛的晶状体不同的人要把眼镜佩戴在离眼睛正确的距离上的理由。

5.53* 题图 P.5.53a 和 P.5.53b 取自一本入门物理学书籍。它们哪里错了？

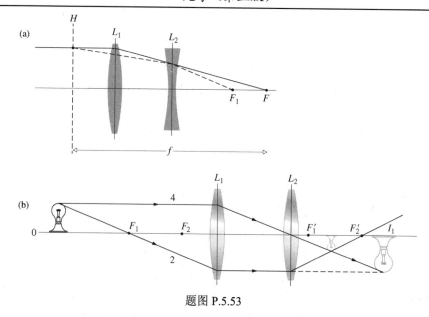

题图 P.5.53

5.54* 伽利略最好的望远镜的目镜焦距为-40 mm，双凸物镜的直径大约是 30 mm。这个物镜将星星的实中间像成在望远镜筒下方约 120 cm 处。求这个望远镜的放大倍数和物镜的焦比（f/#）。

5.55 两个薄正透镜 L_1 和 L_2 相隔 5 cm。它们的直径分别为 6 cm 和 4 cm，焦距分别为 $f_1 = 9$ cm 和 $f_2 = 3$ cm。如果一个直径为 1 cm 的光阑位于它们之间，与 L_2 相距 2 cm，求：（a）孔径光阑和（b）在 L_1 之前（左边）12 cm 的轴上点 S 的光瞳的位置和大小。

5.56* 一个薄凸透镜 L 左边 4.0 cm 处有光阑 D_1，右边 4.0 cm 处有光阑 D_2。透镜直径为 12 cm，焦距为 12 cm。一个轴上物点在 D_1 之前 20 cm 处。（a）D_1 在物空间中的像（即，光向左传播在 D_1 左边成像）是怎样的？（b）L 在物空间的像是怎样的？（c）D_2 在物空间的像是怎样的？给出这个光阑的像的位置和大小。（d）定出入射光瞳和孔径光阑的位置。

5.57 为题图 P.5.57 中的透镜粗略定位孔径光阑、入射光瞳和出射光瞳。

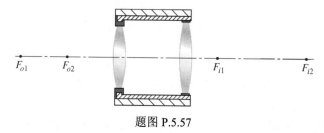

题图 P.5.57

5.58 假设物点在 F_{o1} 之外（之左），为题图 P.5.58 中的透镜画一草图，大致定出孔径光阑、入射光瞳和出射光瞳的位置。

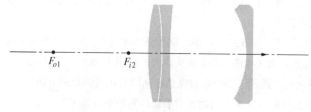

题图 P.5.58

5.59* 一台折射天文望远镜的物镜直径为 50 mm。已知这台望远镜的放大率为 10×，求到达眼睛时光束的直径。已适应黑暗环境的人的眼睛，瞳孔直径大约为 8 mm。

5.60 题图 P.5.60 显示了一个透镜系统、一个物和适当的光瞳。用图解方式求像的位置。

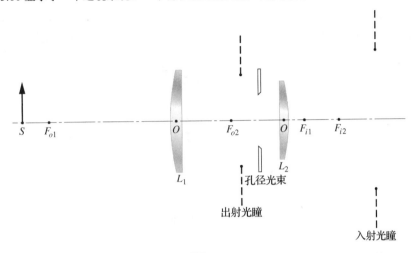

题图 P.5.60

5.61 画一张光线图，定出点光源在一对成 90° 角的反射镜中生成的像（题图 P.5.61a）。现在再画一张光线图，定出题图 P.5.61b 中所示箭头的像的位置。

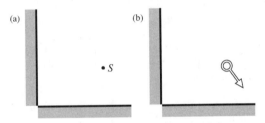

题图 P.5.61

5.62 考察委拉斯开兹（Velasquez）的名画《维纳斯和丘比特》（题图 P.5.62）。维纳斯是在看镜子里的自己吗？请说明。

5.63 马奈的画《Folies Bergeres 的酒吧》（题图 P.5.63）显示了一个站在大平面镜前的女孩。镜子里反射的是她的背面和一个穿着晚礼服的男人，她似乎在和他交谈。马奈的意图看来是要让观众产生站在那位先生站立的地方的不可思议的感觉。从几何光学的定律看，这幅画出了什么问题？

题图 P.5.62　维纳斯的洗脸间

题图 P.5.63　马奈的画《Folies Bergeres 的酒吧》

5.64   证明用于球面镜的（5.48）式同样适用于平面镜。

5.65* 一个妇女站立在一面竖直的大平面镜前 600 cm 处。她看到离她的脸 1200 cm 的一棵树的像。这棵树
       实际上在什么地方？详细描述这个像。

5.66* 题图 P.5.66 取自 1884 年出版的帕金森（S. Parkinson）写的光学教科书。它描述两块"平行的平面镜"，
       在它们中间的 Q 点有一个"发光点"。详细解释将发生的情况。Q_1 和 Q_2 是什么关系？Q_2 和 Q_3 呢？

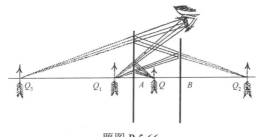

题图 P.5.66

5.67* 考虑上题中的两面镜子（A 和 B）。假定它们相隔 20.0 cm，在距离 A 为 8.0 cm 处的 Q 点放一支小蜡烛。
       求在 Q_1，Q_2 和 Q_3 的像相对于 A 的位置。

5.68* 一枚硬币放在墙前 300 cm 处，墙上挂着一面圆形镜子。硬币的直径为 D_C，镜子的直径为 D_M。墙前
       面 900 cm 处站着一个人。证明 $D_M = (3/4)D_C$ 是人能看到硬币填满镜子的镜子最小直径。

5.69* 考虑本章的例题 5.9，那里人的眼睛离镜子 2.0 m 远。假定镜子的底边在地板之上 1.45 m 高，眼睛的
       轴线在地板之上 1.25 m 高。视力检查表的底边应该挂在什么高度？

5.70* 一条垂直细线上挂着一面小平面镜，与墙平行，离墙 1.0 m 远。墙上安装了一条水平尺子，面对镜子。
       镜子的中心直对尺子的零点。一束水平的激光束被镜子反射到尺子，落在零点左边 5.0 cm 的刻度上。
       然后把镜子旋转一角度 α，尺子上的光点再向左移动 15.0 cm。求 α。

5.71   求距离曲率半径为 80 cm 的凸球面镜 100 cm 处的回形别针的像。

5.72* 想象在当铺前挂一个直径 1 英尺的黄铜球，你站在离它 5 英尺的地方看着它。描述你在球中看到的像。

5.73* 焦距为 +50.0 cm 的薄透镜位于平面镜之前（即在平面镜左边）250 cm 处。一只蚂蚁位于透镜前方（即
       左侧）250 cm 的中心轴上。定出蚂蚁的三个像的位置。

5.74   红玫瑰的像由一块凹球面镜成在 100 cm 远的屏幕上。如果玫瑰离镜子 25 cm，求镜子的曲率半径。

5.75   范艾克（Jan van Eyck）画的《John Arnolfini 和他的妻子》（题图 P.5.75）这幅画中，后墙上挂了一面
       镜子。请根据镜子中像的位形决定镜子的形状。

题图 P.5.75   Jan van Eyck 的油画《John Arnolfini 和他的妻子》细部

5.76* 一根 1.00 cm 长的大头针竖立在凹球面镜前面 35.0 cm 处。球面镜的焦距为 30.0 cm。（a）求像的位置。（b）是实像还是虚像？（c）求放大率。（d）像是正立的吗？（e）像有多大？（f）求镜子的曲率半径 R。

5.77* 市上有几种返回反射器（retro-reflector）出售，其中一种是透明球面，背面镀银。光在前表面被折射，聚焦在后表面上，并被反射沿着它进来的方向回来。求球面必需的折射率。假设入射光是准直的。

5.78* 用凹球面镜设计机器人的眼睛，使距离 10 m、高 1.0 m 的物的像填满它 1.0 cm 见方的光敏探测器（可以移动以对焦）。这个探测器相对于镜子应该放置在什么位置？ 镜子的焦距应该是多少？画一张光线图。

5.79* 凸球面镜的中心轴上，在镜子之前 30.0 cm 处有一个 0.60 cm 高的发光二极管。若镜子的曲率半径是 12.0 cm，求像的位置，描述像，并画光线图。像有多大？

5.80 设计一面小的牙医镜，固定在一个柄的末端，以在牙病患者嘴里使用。要求是：（1）牙医看到的像是正立的;（2）距离牙齿 1.5 cm 时，镜子产生的像是实际尺寸的两倍大。

5.81 物与半径为 R 的球面镜的距离为 s_o。证明产生的像的放大倍数为

$$M_T = \frac{R}{2s_o + R}$$

5.82* 用于测量眼角膜曲率半径的装置叫做角膜曲率计。它提供配隐形眼镜的有用信息。实际上，被照亮的物被放在离眼睛已知距离处，并观察从角膜反射的像。这种仪器允许操作员测量这个虚像的大小。如果物距为 100 mm 时放大倍数为 0.037×，角膜的曲率半径是多少？

5.83* 考虑球面镜的运作，证明物和像的位置由下式给出

$$s_o = f(M_T - 1)/M_T \quad \text{和} \quad s_i = -f(M_T - 1)$$

5.84 一个人的脸在 25 cm 远处，看着碗里的汤匙，看到他的像以 -0.064 的放大率被反射出。求汤匙的曲率半径。

5.85* 在一个游乐园里，一个大型的直立凸球面镜面对着 10.0 m 远处的平面镜。一名站在两者之间的身高 1.0 m 的女孩看到她在平面镜中身高是球面镜中的两倍。换言之，平面镜中的像对观察者张的角度是球面镜中的像所张的角度的两倍。球面镜的焦距是多少？

5.86* 自制远摄"镜头"（题图 P.5.86）由两个球面镜组成。主镜（大镜子）的曲率半径为 2.0 m，副镜（小镜子）的曲率半径为 60 cm。如果物是星星，胶片平面应该离小镜子多远？系统的有效焦距是多少？

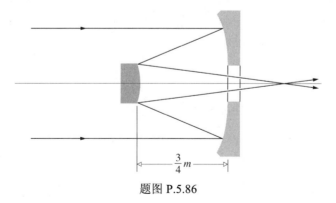

题图 P.5.86

5.87* 处于薄正透镜中心轴上的点光源 S，位于透镜左侧，离透镜的距离在一至两个焦距之间。将一个凹球面镜放在透镜右侧，使最终的实像也位于点 S。镜子应该放哪里？若是一面凸球面镜又该放在哪里，以完成同样的功能？

5.88* 假设你有一面焦距为 10 cm 的凹球面镜。如果要求一个物的像是正立的，并且是实物的 1.5 倍大，那

么这个物应该放置在什么距离上？ 镜子的曲率半径是多少？与表 5.5 核对。

5.89　一个 3 英寸高的物放在离曲率半径为-60 cm 的凹球面剃须镜 20 cm 处，描述它的像。

5.90*　焦距为 f_L 的薄正透镜，非常贴近地放在前表面镀银的凹球面镜之前，球面镜的半径为 R_M。用 f_L 和 R_M 写出这个组合的等效焦距的近似表示式。

5.91*　平行光线沿中心轴方向射入一个双凹透镜，透镜的两个曲率半径相等。有些光线从第一个表面反射，其余的通过透镜。证明，如果透镜（被空气包围）的折射率为 2.00，则反射像将落在与透镜成的像的同一点上。

5.92　参看图 5.73 中的多夫棱镜，把棱镜绕沿光线方向的轴旋转 90°。画出新的组态，并确定像旋转的角度。

5.93　确定单包层光纤的数值孔径，若纤芯的折射率为 1.62，包层折射率为 1.52。浸在空气中时，它的最大接受角是多少？以 45° 角入射的光线会发生什么结果？

5.94*　一根阶跃折射率多模玻璃光纤的折射率为 1.481 和 1.461。纤芯直径为 100 μm。求光纤浸在空气中时的接受角。

5.95　熔融石英光纤的衰减为 0.2 dB/km，在功率下降一半之前信号沿着它能传播多远？

5.96*　一根阶跃折射率光纤的折射率为 1.451 和 1.457。如果纤芯直径为 3.5 μm，求截止波长，比截止波长更长的波在光纤中只能以基模传播。

5.97*　一根阶跃折射率单模光纤的直径为 8.0 μm，数值孔径为 0.13。求截止频率，比截止频率更低的光波，光纤工作在单模。

5.98　光纤的纤芯直径为 50 μm，n_c = 1.482，n_f = 1.500。用中心波长为 0.85 μm 的发光二极管照射光纤，求光纤能够运作的模式数目。

5.99*　一根阶跃折射率多模玻璃光纤，纤芯的折射率为 1.50，包层的折射率为 1.48。纤芯直径为 50.0 μm，工作在 1300 nm 的真空波长上。求光纤能运作的模的数目。

5.100*　求包层折射率为 1.485、纤芯折射率为 1.500 的阶跃折射率光纤的模间延迟（以 ns / km 为单位）。

5.101　用 5.7.1 节中关于眼睛的信息，计算投射在视网膜上的月球的像的近似大小（以毫米为单位）。月球直径为 2160 英里，距离我们大约 23 万英里，尽管不同时刻与不同地方的距离有些变化。

5.102*　题图 P.5.102 显示了一种布置，其中光束偏向的角度 σ，不论入射角如何，都等于两面平面反射镜之间夹角 β 的两倍。证明确实如此。

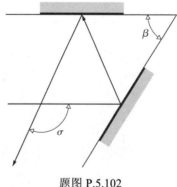

题图 P.5.102

5.103　距离天文望远镜物镜（f_o = 4 m）20 m 的物，成像在距离目镜（f_e = 60 cm）30 cm 的地方。求望远镜的总线性放大倍数。

5.104*　题图 P.5.104 取自一本陈旧、绝版的光学教科书，其目的是显示一个成正立像的透镜系统，它哪儿错了？

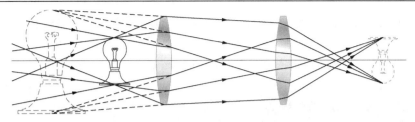

题图 P.5.104

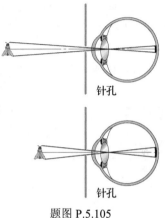

题图 P.5.105

5.105* 题图 P.5.105 表示不透明屏幕上的一个针孔,用于某些实用目的。解释发生的事和它的工作原理。自己试一试。

5.106* 运动的旋转木马的照片在照相机调到 $\frac{1}{30}$ 秒和 $f/11$ 时,曝光是理想的但照片模糊不清。如果将快门速度提高到 $\frac{1}{120}$ 秒以"停止"运动,光圈应该调到哪一档?

5.107 一部简单的两个元件的天文望远镜,其视场受到眼睛晶状体大小的限制。画一张光线图,表示出现的渐晕效应。

5.108 场镜是放置在中间像平面上(或其附近)的正透镜,用来收集光线,不让光线错失系统中下一个透镜。实际上,它在不改变系统的焦度的情况下增大了视场。重画上题的光线图,将场镜包括进来。证明它减小了一些眼点距。

5.109* 完整地描述一个小虫子停在一块薄正透镜的顶点时产生的像。这如何与场镜的工作方式直接相联系?(见上题)

5.110* 已经断定病人的近点在 50 cm 处。若眼睛近似长 2.0 cm,

(a) 当聚焦在无限远处的物上时,折射系统的焦度是多大?聚焦在 50 cm 处呢?

(b) 要看距离 50 cm 的物,眼睛需要作多大的调节?

(c) 要看清楚在标准近点距离 25 cm 处的物,眼睛必须有多大的焦度?

(d) 矫正透镜应当给患者的视觉系统增加多少焦度?

5.111* 验光师发现一名远视患者的近点在 125 cm 处。如果要求隐形眼镜能够有效地将近点向内移动到更便于工作的 25 cm 处,以舒适地阅读书籍,那么隐形眼镜需要多大的焦度?这里我们用到的事实是,如果物成像在近点,就可以清楚看见它。

5.112* 一个近视眼患者两只眼睛的视力一样,远点为 100 cm,近点为 18 cm,都是从角膜量起。(a)决定需要的矫正隐形眼镜的焦距。(b)求新的近点。这里你要求的是一个物在晶状体前的位置,它将成像在晶状体前 18 cm 处。

5.113* 我们希望矫正一个 7D 近视眼患者的视力,患者两只眼都一样,眼镜戴在眼睛前 15 mm 处。求合适的焦度。

5.114* 将 +9D 的眼镜戴在角膜之前 12 mm 处,可以矫正某个远视眼患者的视力。现在要换成隐形眼镜,它的焦度应是多少?

5.115* 一个 6D 的近视眼患者的远点距眼睛 16.67 cm。给患者配一副眼镜,戴在眼睛前 12 mm 处,以矫正其视力。

5.116* 一个远视眼患者的近点为 100 cm,远点和正常人一样。请给患者配一副隐形眼镜以解决问题。求新的远点位置。

5.117 一个远视眼患者戴上＋3.0-D 隐形眼镜后，放松的眼睛能够看见很远的山。请给患者换配一副普通眼镜，戴在角膜前 17 mm 处效果同样好。求出和比较这两种情况下远点的位置。

5.118* 珠宝商用焦距为 25.4 mm 的放大镜在检查直径为 5.0 mm 的钻石。

（a）确定放大镜的最大角放大倍数。

（b）通过放大镜显示的钻石有多大？

（c）将钻石拿到近点，钻石对肉眼张的角度是多大？

（d）它对得到放大镜辅助的眼睛张的角度是多大？

5.119 假设我们想要用两块焦距为 25 mm 的正透镜制作一台显微镜（可用放松的眼睛看）。若物离物镜 27 mm，（a）两片透镜应该离多远？（b）我们可以预期放大率有多大？

5.120* 题图 P.5.120 显示了沃尔特（Hans Wolter）于 1952 年设计的掠入射 X 射线聚焦系统。填上每条射线的缺失部分。每条射线经受多少次反射？器件如何工作？带有这种系统的显微镜已经被用在用 X 射线拍摄激光聚变研究中的燃料颗粒靶的内爆。类似的 X 射线光学装置已用于天文望远镜中（见 p.81 上的照片）。

5.121* 题图 P.5.121 中画的两个掠射入射非球面镜系统，是设计用来聚焦 X 射线的。解释它们各自的工作原理：确认镜子的形状，讨论它们各个焦点的位置，等等。

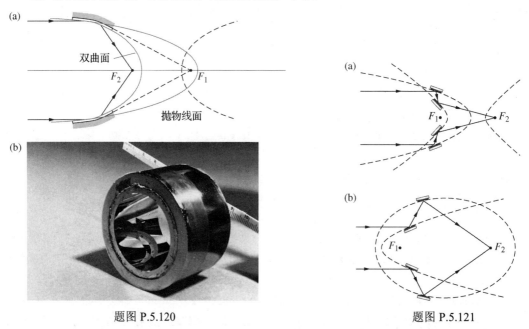

题图 P.5.120　　　　　　　　　　　　　题图 P.5.121

5.122* 轨道上的哈勃空间望远镜有一个 2.4 m 的主镜，我们假设它是衍射置限的。若我们想用它来读远方俄罗斯卫星侧面的文字，这只要在卫星处的分辨率为 1.0 cm 就行。那么卫星距离哈勃空间望远镜多远时能做到这点？

第6章 几何光学的进一步讨论

前一章主要讨论应用于球面透镜系统的傍轴理论。两个主要近似：一是薄透镜，二是一阶近似理论对于分析它们已经足够。这两个假设没有一个能够首尾一贯地使用于精密光学系统的设计中，但是两个假设合在一起，则为一个初步的粗略解答提供了基础。本章通过对厚透镜和像差的考察，更深入一些分析问题；但即使这样，也只不过是起步。计算机化透镜设计的兴起，要求我们对内容重点作一些变动——计算机能做得更好的那些事，就不需要我们去做了。

6.1 厚透镜和透镜组

图 6.1 画出一块厚透镜，即厚度不能忽略的透镜。我们将看到，完全可以把它更普遍地看成一个光学系统，这个系统由多块简单透镜组成，而不只是一块透镜。它的第一焦点和第二焦点（或物方焦点和像方焦点）F_o 和 F_i，可以从透镜（最外的）两个顶点出发方便地测量。这时我们得到熟悉的前焦距（front focal length, f.f.l.）和后焦距（back focal length, b.f.l.）。入射光线和出射光线延长后将相交，交点轨迹是一曲面，这个曲面可能在透镜内，也可能落到透镜外。在傍轴区域内，这个曲面近似为一平面，称为**主面**（见 6.3.1 节）。第一主面和第二主面（见图 6.1）同光轴的交点，分别叫做**第一主点**和**第二主点**，用 H_1 和 H_2 表示。它们构成一组很有用的参照物，从它们出发测量系统的参量。我们在前面曾看到（图 5.17），穿过透镜光心的光线射出的方向和入射的方向平行。延长入射光线和出射光线使之与光轴相交，交点称为节点，即图 6.2 中的 N_1 和 N_2。**若透镜两边是同一种介质，一般为空气，那么节点和主点将会重合。**上面说的 6 个点，即两个焦点、两个主点和两个节点，构成了该系统的**基点**。

知道了物的位置和 6 个基点，就可以对任何共轴折射球面系统决定最终的像，不论光线遇到的实际曲率、间隔和折射率是多少。因此，通常的做法是，在任何分析中都早早算出基点的位置。

在图 6.3 中可以看到，主面可以完全在透镜系统之外。图中各个透镜虽然形状不同，但同一组中每块透镜具有相同的本领。注意在形状对称的透镜内，主面的位置也对称，这是合理的。对于平凹透镜和平凸透镜，一个主面同透镜的弯曲表面相切，从主面的定义（应用于傍轴区域）应当指望这个结果。相反，对于弯月形透镜，主点可以在透镜之外。人们常常说到这样一系列形状不同却具有相同本领的透镜，作为透镜的配曲调整的例子。对于空气中的普通玻璃透镜，有一条经验定则：间距 $\overline{H_1 H_2}$ 大约等于透镜厚度 $\overline{V_1 V_2}$ 的三分之一。

追踪一条穿越薄透镜的光线的迅捷方法是，画一个经过透镜中央的平面（垂直于光轴），并且让一切入射光线的折射在这个平面（透镜的主面）上发生，而不是在透镜的两个表面上发生（实际上光线弯折当然发生在透镜的表面）。实际上，对一面薄透镜，图 6.1 中的两个主面合为一个。如果我们先订立几条规则，也可以设计一个相似的机制，用来快速追迹穿过厚透镜的光线。记住，我们下面即将探索的技巧将使用真实的入射光线来构建真实的出射光线。但是，构建出的透镜内的光路一般并不是光线走的真正的内部光路，不过薄透镜的情况也是如此。

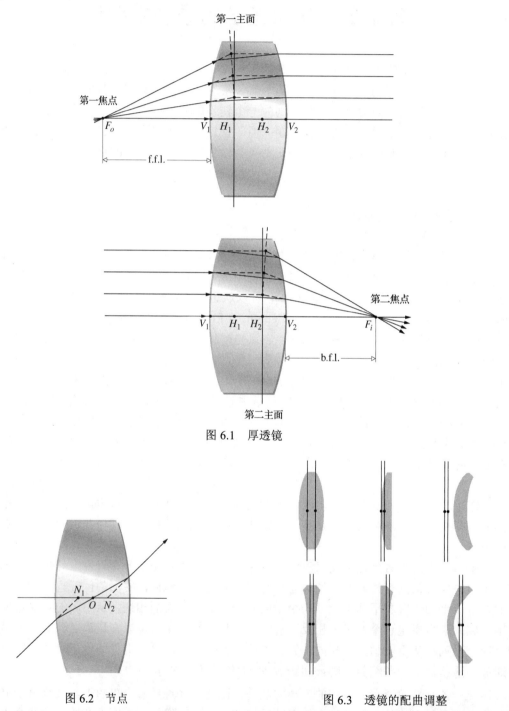

图 6.1　厚透镜

图 6.2　节点

图 6.3　透镜的配曲调整

　　将任何射到第一个透镜面上的光线，延长到位于 H_1 的第一主面上。这根"幽灵"光线平行于光轴穿越 H_1 和 H_2 之间的空隙，射到位于 H_2 的第二主面上，发生折射，射出透镜，其方向待定。正像薄透镜的情形一样，有三根光线，我们可以预测它们进入、穿越和射出厚透镜的情况，而不需要计算。

图 6.4 中画的光线 1 正对着 H_1 点射入，就像图 5.22 中一根光线正对着薄透镜的中心射入。在射到 H_1 后，它平行于中心轴继续前行，射到 H_2。在 H_2 它发生折射，平行于入射光线射出透镜，很像它在薄透镜情形下一样。现在考虑图 6.4 中平行于中心轴行进的光线 2。它射到第一主面上，不偏折，继续前进，射到第二主面，在那里发生折射。若透镜是正透镜，光线 2 汇聚到后焦点 F_2。若透镜是负透镜，光线 2 发散，好像它是从前焦点 F_1 来的那样，很像图 5.22 中薄正透镜的情形。对一面正透镜，光线 3 穿过前焦点 F_1，射到第一主面上，发生折射，折射到平行于中心轴的方向，然后不偏折，继续前行。对一面负透镜，光线 3 正对着后焦点 F_2 射到第一主面上，发生折射，折射到平行于中心轴的方向，然后不偏折，继续前行。

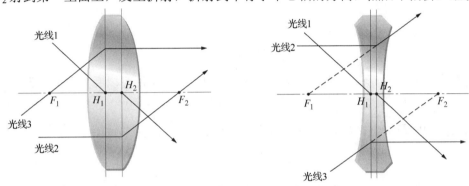

图 6.4　追迹穿过厚透镜的光线

任何入射到一面正厚透镜上的平行光束，必定以正对着它的焦面上的一点会聚的会聚光锥的形式射出。任何入射到一面负厚透镜上的平行光束，必定以从它焦面上一点发散的发散光锥的形式射出。

厚透镜可以当作由顶点相隔一段距离 d_l 的两个球面折射面所组成来处理，像前面 5.2.3 节中推导薄透镜公式时那样。在经过大量代数演算后[①]（演算中 d_l 不能忽略），得到关于浸在空气中的厚透镜的一个很有趣的结果。关于共轭点的表示式再一次能够写成高斯形式：

$$\frac{1}{s_o} + \frac{1}{s_i} = \frac{1}{f} \tag{6.1}$$

只要物距和像像距分别从第一主面和第二主面算起。此外，有效焦距或简称焦距也相对于主平面来计量，并由下式给出：

$$\frac{1}{f} = (n_l - 1)\left[\frac{1}{R_1} - \frac{1}{R_2} + \frac{(n_l - 1)d_l}{n_l R_1 R_2}\right] \tag{6.2}$$

主面位于距离 $\overline{V_1 H_1} = h_1$ 及 $\overline{V_2 H_2} = h_2$ 处，当主面位于它们各自的顶点右方时，这些距离为正。图 6.5 示出各个量的几何关系。h_1 和 h_2 之值由下式给出（习题 6.22）：

$$h_1 = -\frac{f(n_l - 1)d_l}{R_2 n_l} \tag{6.3}$$

[①] 完整的推导见 Morgan, *Introduction to Geometrical and Physical Optics*, p. 57。我们将在 6.2.1 节用矩阵推导许多内容。

及

$$h_2 = -\frac{f(n_l - 1)d_l}{R_1 n_l} \qquad (6.4)$$

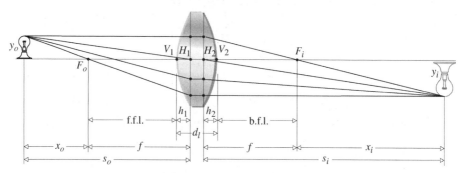

图 6.5　厚透镜的几何关系

同样，透镜公式的牛顿形式也成立，这从图 6.4 中的相似三角形可以明显看出。于是

$$x_o x_i = f^2 \qquad (6.5)$$

只要 f 由当前的解释给出。从同一些三角形还得到

$$M_T = \frac{y_i}{y_o} = -\frac{x_i}{f} = -\frac{f}{x_o} \qquad (6.6)$$

显然，若 $d_l \rightarrow 0$，（6.1）、（6.2）和（6.5）三式就变成薄透镜公式（5.17）、（5.16）和（5.23）。

例题 6.1　一面双凸透镜，其半径为 20 cm 和 40 cm，厚为 1 cm，折射率为 1.5。求放在离透镜顶点 30 cm 远的物的像距。

解　由（6.2）式，透镜的焦距（单位为厘米）为

$$\frac{1}{f} = (1.5 - 1)\left[\frac{1}{20} - \frac{1}{-40} + \frac{(1.5 - 1)\times 1.0}{1.5\times(20)\times(-40)}\right]$$

得 $f = 26.8$ cm。而且

$$h_1 = -\frac{26.8\times(0.50)\times 1.0}{-40\times(1.5)} = +0.22 \text{ cm}$$

和

$$h_2 = -\frac{26.8\times(0.5)\times 1.0}{20\times(1.5)} = -0.44 \text{ cm}$$

这表明 H_1 在 V_1 之右而 H_2 在 V_2 之左。最后，$s_0 = 30 + 0.22$，从而

$$\frac{1}{30.2} + \frac{1}{s_i} = \frac{1}{26.8}$$

于是 $s_i = 238$ cm（从 H_2 量起）。

两个主点相互共轭。换句话说，由于 $f = s_o s_i/(s_o + s_i)$，当 $s_o = 0$ 时，s_i 必须为零，因为 f 是有限大小，因而 H_1 的一点成像在 H_2。而且，第一主面上的一个物（$x_o = -f$）成像在第二主面上（$x_i = -f$），有单位放大率（$M_T = 1$）。由于这个原因，主平面有时也叫单位面。指向第一主面上一点的任何一条光线，将从第二主面上对应点（在光轴之上或之下同一距离处）射出透镜。

现在假设有一复合透镜，由两块厚透镜 L_1 和 L_2 组成（图 6.6）。令 s_{o1}、s_{i1} 和 f_1 以及 s_{o2}、s_{i2} 和 f_2 分别为两块透镜的物距、像距和焦距，都从各自的主面量起。我们知道，横向放大率是单块透镜的放大率之积，即

$$M_T = \left(-\frac{s_{i1}}{s_{o1}}\right)\left(-\frac{s_{i2}}{s_{o2}}\right) = -\frac{s_i}{s_o} \tag{6.7}$$

其中，s_o 和 s_i 是作为一个整体的复合透镜的物距和像距。当 s_o 等于无穷大时，$s_o = s_{o1}$，$s_{i1} = f_1$，$s_{o2} = -(s_{i1}-d)$，及 $s_i = f$。由于

$$\frac{1}{s_{o2}} + \frac{1}{s_{i2}} = \frac{1}{f_2}$$

代入（6.7）式后，得到（习题 6.1）

$$-\frac{f_1 s_{i2}}{s_{o2}} = f$$

或

$$f = -\frac{f_1}{s_{o2}}\left(\frac{s_{o2}f_2}{s_{o2}-f_2}\right) = \frac{f_1 f_2}{s_{i1} - d + f_2}$$

由此

$$\frac{1}{f} = \frac{1}{f_1} + \frac{1}{f_2} - \frac{d}{f_1 f_2} \tag{6.8}$$

这是两块厚透镜的组合的有效焦距，其中一切距离都从主面量起。系统整体的主面位置由下面两个式子确定：

$$\overline{H_{11}H_1} = \frac{fd}{f_2} \tag{6.9}$$

及

$$\overline{H_{22}H_2} = \frac{fd}{f_1} \tag{6.10}$$

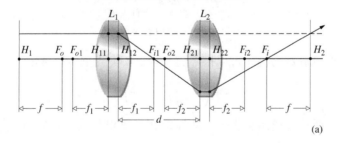

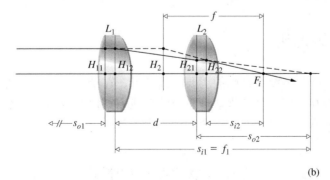

图 6.6 两个不同的复合厚透镜系统

这两个式子不在这里推导了（见 6.2.1 节）。我们实际上求得了复合透镜的一个等价的厚透镜表示。注意，若组成复合透镜的两块透镜是薄透镜，那么点对 H_{11} 和 H_{12}、H_{21} 和 H_{22} 就并为一点，而 d 就变成中心到中心的透镜间距，和 5.2.3 节中一样。

例题 6.2 回到图 5.41 的薄透镜，$f_1 = -30 \text{ cm}$，$f_2 = 20 \text{ cm}$，$d = 10 \text{ cm}$，求系统主面的位置。

解 如图 6.7 所示。我们用（6.8）式决定系统的焦距

$$\frac{1}{f} = \frac{1}{-30} + \frac{1}{20} - \frac{10}{(-30) \times (20)}$$

因此 $f = 30 \text{ cm}$。我们前面（第 215 页）曾求得后焦距 = 40 cm，前焦距 = 15 cm。而且，由于这些透镜是薄透镜，可以将（6.9）式和（6.10）式写为

$$\overline{O_1 H_1} = \frac{30 \times (10)}{20} = +15 \text{ cm}$$

和

$$\overline{O_2 H_2} = -\frac{30 \times (10)}{-30} = +10 \text{ cm}$$

二者都为正，因此两个主面分别在 O_1 和 O_2 的右边。计算得到的两个值都与图中画的结果一致。如果光从右边射入，这个系统与一个望远摄影镜头相似，它必须放在离底片或 CCD 平面 15 cm 处，却有一个 30 cm 的有效焦距。

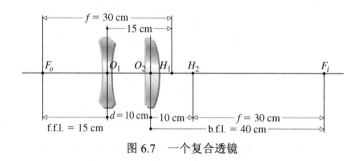

图 6.7 一个复合透镜

上面计算复合透镜参数的程序可以推广到 3 块、4 块或更多块透镜。于是

$$f = f_1 \left(-\frac{s_{i2}}{s_{o2}} \right) \left(-\frac{s_{i3}}{s_{o3}} \right) \cdots \tag{6.11}$$

等效地，可以认为头两块透镜组合生成一块厚透镜，算出其主点和焦距。它又同第三块透镜组合，如此类推到后面每一个光学元件。

6.2　解析法光线追迹

光线追迹绝对是光学系统设计师的主要工具之一。在纸上画出一个光学系统，它可以在数学上令虚拟的光线穿过这个系统来估计系统的性能。任何光线（傍轴光线或非傍轴光线）穿越此系统都可以精确地追迹。在第一个界面上应用折射公式

$$n_i(\hat{\mathbf{k}}_i \times \hat{\mathbf{u}}_n) = n_t(\hat{\mathbf{k}}_t \times \hat{\mathbf{u}}_n) \tag{4.6}$$

定出透射光将在何处射到第二个界面上，然后再次应用折射公式，如此类推，在光经过的全部路程上都这样算下去，这从概念上来说是一件简单的事情。有一段时期，几乎只对**子午光**

线（光轴平面内的光线）进行追迹，因为非子午光线或**不交轴光线**（与光轴不相交的光线）的处理在数学上要复杂得多。但是对一台计算机，这一区别并不重要，无非稍微多用一点时间罢了。要对穿过一个界面的一条简单的不交轴光线追迹，一个配备计算器的熟练的光学工作者要用 10～15 min 时间，但是电子计算机做同一工作需要的时间不到千分之一秒，并且它还会接着做下一步计算，一点也不厌烦。

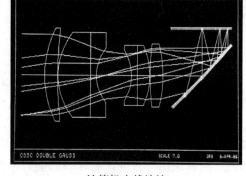

计算机光线追迹

下面（1）水平距离从顶点 V_1 和 V_2 出发来测量，向右为正，向左为点。（2）向上走的光体（中心轴之上）的角度为正，这样的角反时针增大。

可以说明光线追迹过程的最简单的情况，是一束傍轴子午光线穿过一个厚球面透镜。图 6.8 中在 P_1 点应用斯涅耳定律，得到

$$n_{i1}\theta_{i1} = n_{t1}\theta_{t1}$$

或

$$n_{i1}(\alpha_{i1} + \alpha_1) = n_{t1}(\alpha_{t1} + \alpha_1)$$

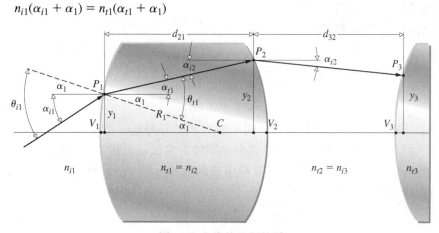

图 6.8　光线的几何关系

记住所有这些角度都用弧度为单位。 因为 $\alpha_1 = y_1/R_1$，上式变为

$$n_{i1}(\alpha_{i1} + y_1/R_1) = n_{t1}(\alpha_{t1} + y_1/R_1)$$

重新集项，得

$$n_{t1}\alpha_{t1} = n_{i1}\alpha_{i1} - \left(\frac{n_{t1} - n_{i1}}{R_1}\right)y_1$$

但是我们在 5.7.2 节中曾看到，单个折射面的焦度为

$$\mathscr{D}_1 = \frac{(n_{t1} - n_{i1})}{R_1}$$

因而

$$n_{t1}\alpha_{t1} = n_{i1}\alpha_{i1} - \mathscr{D}_1 y_1 \tag{6.12}$$

这个式子常常叫做第一个界面上的**折射方程**。光线在 P_1 点发生折射后，穿过透镜的均匀媒质前进到第二个界面上的 P_2 点。P_2 点的高度可表示为

$$y_2 = y_1 + d_{21}\alpha_{t1} \tag{6.13}$$

这里用了 $\tan \alpha_{i1} \approx \alpha_{i1}$。这个方程叫做**转移方程**，因为它使我们能够跟随光线从 P_1 到 P_2。记住，若光线之斜率为正，则角度为正。由于我们是在讨论傍轴区域，$d_{21} \approx V_2 V_1$，y_2 容易算出。然后先后应用（6.12）式和（6.13）式对通过整个系统的光线追迹。当然，这种光线是子午光线，由于透镜关于光轴的对称性，这根光线的全部行程始终处于同一子午面内。这是个二维过程：它有两个方程和两个未知数 α_{i1} 和 y_2。相反，不交轴光线必须在三维空间中处理。

6.2.1 矩阵方法

在 20 世纪 30 年代初，史密斯（T. Smith）提出了一个处理光线追迹方程的有趣方法。这些方程简单的线性形式及重复运算方式促使我们使用矩阵。折射和转移过程这时可以用数学上的矩阵算符描述。在大约三十年时间里，这些创见没有受到广泛的注意。但是，到 20 世纪 60 年代初，对这个方法的兴趣复活了，现在它得到了很大的发展[①]。我们只概述一下这个方法的一些最突出的特征，更详细的研究可参阅参考文献。

透镜的矩阵分析

我们从写出下列方程开始：

$$n_{t1}\alpha_{t1} = n_{i1}\alpha_{i1} - \mathcal{D}_1 y_{i1} \tag{6.14}$$

及

$$y_{t1} = 0 + y_{i1} \tag{6.15}$$

这并没有什么新东西，只不过把（6.12）式中的 y_1 换成符号 y_{i1}，然后令 $y_{t1} = y_{i1}$，最后这一小步纯粹是为了好看，这在下面立即可以看出。实际上它仅仅是说，在入射媒质中参考点 P_1 在光轴之上的高度（y_{i1}）等于它在透射媒质中的高度（y_{t1}）——这是显然的。但是现在这两个方程可以改写为矩阵形式

$$\begin{bmatrix} n_{t1}\alpha_{t1} \\ y_{t1} \end{bmatrix} = \begin{bmatrix} 1 & -\mathcal{D}_1 \\ 0 & 1 \end{bmatrix} \begin{bmatrix} n_{i1}\alpha_{i1} \\ y_{i1} \end{bmatrix} \tag{6.16}$$

上式也可写成

$$\begin{bmatrix} \alpha_{t1} \\ y_{t1} \end{bmatrix} = \begin{bmatrix} n_{i1}/n_{t1} & -\mathcal{D}_1/n_{t1} \\ 0 & 1 \end{bmatrix} \begin{bmatrix} \alpha_{i1} \\ y_{i1} \end{bmatrix} \tag{6.17}$$

因此 2×1 列行矩阵的精确形式实际上可以随意选取。不论怎样选，都可以认为它们是代表 P_1 点两侧的光线，一根是折射前的，一根是折射后的。因此，用 $\boldsymbol{r}_{t1}$ 和 $\boldsymbol{r}_{i1}$ 代表这两根光线，我们可以写

$$\boldsymbol{r}_{t1} \equiv \begin{bmatrix} n_{t1}\alpha_{t1} \\ y_{t1} \end{bmatrix} \quad \text{and} \quad \boldsymbol{r}_{i1} \equiv \begin{bmatrix} n_{i1}\alpha_{i1} \\ y_{i1} \end{bmatrix} \tag{6.18}$$

下面的 2×2 矩阵是**折射矩阵**，记为

$$\mathcal{R}_1 \equiv \begin{bmatrix} 1 & -\mathcal{D}_1 \\ 0 & 1 \end{bmatrix} = \begin{bmatrix} 1 & \dfrac{-(n_{t1} - n_{i1})}{R_1} \\ 0 & 1 \end{bmatrix} \tag{6.19}$$

① 进一步可阅读 K. Halbach, "Matrix Representation of Gaussian Optics", *Am. J. Phys.* 32, 90(1964)；W. Brouwer, *Matrix Methods in Optical Instrument Design*；E. L. O' Neili, *Introduction to Statistical Optics*；或 A. Nussbaum, *Geometric Optics*.

于是（6.16）式可简写为

$$\boldsymbol{r}_{t1} = \mathcal{R}_1 \boldsymbol{r}_{i1} \tag{6.20}$$

它的意义只不过是，在第一个界面上发生的折射中，$\mathcal{R}_1$ 把光线 $\boldsymbol{r}_{i1}$ 变换为光线 $\boldsymbol{r}_{t1}$。注意，我们在（6.14）和（6.15）两式中安排各项的方式决定了折射矩阵的形式。因此，文献中可找到这个矩阵的几种等价的变形。

从图 6.8 有 $n_{i2}\alpha_{i2} = n_{i1}\alpha_{i1}$，即

$$n_{i2}\alpha_{i2} = n_{t1}\alpha_{t1} + 0 \tag{6.21}$$

及

$$y_{i2} = d_{21}\alpha_{t1} + y_{t1} \tag{6.22}$$

其中 $n_{i2} = n_{i1}$，$\alpha_{i2} = \alpha_{i1}$，并且用了（6.13）式，把式中的 y_2 改写为 y_{i2} 让式子更好看一些。于是

$$\begin{bmatrix} n_{i2}\,\alpha_{i2} \\ y_{i2} \end{bmatrix} = \begin{bmatrix} 1 & 0 \\ d_{21}/n_{t1} & 1 \end{bmatrix} \begin{bmatrix} n_{t1}\,\alpha_{t1} \\ y_{t1} \end{bmatrix} \tag{6.23}$$

如图 6.8 所示，量 d_{21} 是光线从 P_1 点到 P_2 点时走过的水平距离。对于小角度入射的光线，d_{21} 趋于顶点间的距离 $\overline{V_1 V_2}$，那是透镜的轴向厚度——令它为 d_1。

于是**转移矩阵**为

$$\mathcal{T}_{21} \equiv \begin{bmatrix} 1 & 0 \\ d_{21}/n_{t1} & 1 \end{bmatrix} \tag{6.24}$$

这里对透镜有 $d_{21} = d_1$，$n_{t1} = n_1$，及

$$\mathcal{T}_{21} = \begin{bmatrix} 1 & 0 \\ d_l/n_l & 1 \end{bmatrix}$$

这个矩阵取 P_1 点的透射光线（即 $\boldsymbol{r}_{t1}$），将它变换为 P_2 点的入射光线

$$\boldsymbol{r}_{t2} \equiv \begin{bmatrix} n_{i2}\,\alpha_{i2} \\ y_{i2} \end{bmatrix}$$

于是（6.21）和（6.22）两式简单地变为

$$\boldsymbol{r}_{i2} = \mathcal{T}_{21} \boldsymbol{r}_{t1} \tag{6.25}$$

例题 6.3　考虑一个平凹透镜，放在空气中，折射率为 1.50。透镜沿中心轴的厚度为 1.00 cm。（a）决定它的转移矩阵。（b）转移矩阵与透镜周围的介质有关系吗？

解　（a）转移矩阵普遍由（6.24）式给出

$$\mathcal{T}_{21} = \begin{bmatrix} 1 & 0 \\ d_{21}/n_{t1} & 1 \end{bmatrix}$$

其中，n_{t1} 是透镜的折射率，d_{21} 是透镜的轴向厚度。于是

$$\mathcal{T}_{21} = \begin{bmatrix} 1 & 0 \\ 1/1.50 & 1 \end{bmatrix} = \begin{bmatrix} 1 & 0 \\ 0.667 & 1 \end{bmatrix}$$

（b）转移矩阵只与光线穿过的介质有关。

如果用（6.20）式，（6.25）式变为

$$\boldsymbol{r}_{i2} = \mathcal{T}_{21} \mathcal{R}_1 \boldsymbol{r}_{i1} \tag{6.26}$$

由转移矩阵和折射矩阵的乘积构成的 2×2 矩阵 $\mathcal{T}_{21}\mathcal{R}_1$ 将把在 P_1 入射的光线变成在 P_2 的入射

光线。注意 $\mathscr{F}_{21}$ 的行列式$|\mathscr{F}_{21}|$等于 1：(1)(1)−(0)(d_{21}/n_{t1})=1。同样$|\mathscr{R}_1|$=1，由于矩阵乘积的行列式等于单个行列式之积，$|\mathscr{F}_{21}\mathscr{R}_1| = 1$。这提供了一个快速对检验计算的方法。对透镜的第二个界面（折射矩阵为 $\mathscr{R}_2$）也做以上运算（图 6.8），得

$$\boldsymbol{r}_{t2} = \mathscr{R}_2 \boldsymbol{r}_{i2} \tag{6.27}$$

其中

$$\mathscr{R}_2 \equiv \begin{bmatrix} 1 & -\mathscr{D}_2 \\ 0 & 1 \end{bmatrix}$$

第二界面的焦度为

$$\mathscr{D}_2 = \frac{(n_{t2} - n_{i2})}{R_2}$$

例题 6.4　一个平凹透镜的第一界面的半径为 20.0 cm。透镜在空气中，折射率为 1.50。决定它每个表面的折射矩阵。

解：对第一个表面凹面，半径为负，用（5.70）式，

$$\mathscr{D}_1 = \frac{n_l - 1}{R_1} = \frac{1.5 - 1}{-20.0}$$

因此 $\mathscr{D}_1 = -0.025 \text{ cm}^{-1}$。焦度当然为负。于是弯曲面的折射矩阵为

$$\mathscr{R}_1 = \begin{bmatrix} 1 & -\mathscr{D}_1 \\ 0 & 1 \end{bmatrix} = \begin{bmatrix} 1 & 0.025 \\ 0 & 1 \end{bmatrix}$$

对平的一面 $R_2 = \infty$，从（5.71）式

$$\mathscr{D}_2 = \frac{n_l - 1}{-R_2} = 0$$

于是

$$\mathscr{R}_2 = \begin{bmatrix} 1 & -\mathscr{D}_2 \\ 0 & 1 \end{bmatrix} = \begin{bmatrix} 1 & 0 \\ 0 & 1 \end{bmatrix}$$

从（6.26）式有

$$\boldsymbol{r}_{t2} = \mathscr{R}_2 \mathscr{F}_{21} \mathscr{R}_1 \boldsymbol{r}_{i1} \tag{6.28}$$

于是定义**系统矩阵**为

$$\mathscr{A} \equiv \mathscr{R}_2 \mathscr{F}_{21} \mathscr{R}_1 \tag{6.29}$$

它将在 P_1 入射的光线变为在 P_2 射出第二界面的光线。系统矩阵的形式为

$$\mathscr{A} = \begin{bmatrix} a_{11} & a_{12} \\ a_{21} & a_{22} \end{bmatrix} \tag{6.30}$$

因为

$$\mathscr{A} = \begin{bmatrix} 1 & -\mathscr{D}_2 \\ 0 & 1 \end{bmatrix}\begin{bmatrix} 1 & 0 \\ d_{21}/n_{t1} & 1 \end{bmatrix}\begin{bmatrix} 1 & -\mathscr{D}_1 \\ 0 & 1 \end{bmatrix}$$

或

$$\mathscr{A} = \begin{bmatrix} 1 & -\mathscr{D}_2 \\ 0 & 1 \end{bmatrix}\begin{bmatrix} 1 & -\mathscr{D}_1 \\ \dfrac{d_{21}}{n_{t1}} & 1 - \dfrac{\mathscr{D}_1 d_{21}}{n_{t1}} \end{bmatrix}$$

得
$$
\mathscr{A} = \begin{bmatrix} 1 - \dfrac{\mathscr{D}_2 d_{21}}{n_{t1}} & -\mathscr{D}_1 - \mathscr{D}_2 + \dfrac{\mathscr{D}_2 \mathscr{D}_1 d_{21}}{n_{t1}} \\[3mm] \dfrac{d_{21}}{n_{t1}} & 1 - \dfrac{\mathscr{D}_1 d_{21}}{n_{t1}} \end{bmatrix}
$$

再一次有 $|\mathscr{A}| = 1$（见习题 6.21）。因为我们只讨论一个透镜的情形，让我们再次将记号作些简化，令 $d_{21} = d_l$，及 $n_{t1} = n_l$，透镜的折射率。于是

$$
\begin{bmatrix} a_{11} & a_{12} \\ a_{21} & a_{22} \end{bmatrix} = \begin{bmatrix} 1 - \dfrac{\mathscr{D}_2 d_l}{n_l} & -\mathscr{D}_1 - \mathscr{D}_2 + \dfrac{\mathscr{D}_1 \mathscr{D}_2 d_l}{n_l} \\[3mm] \dfrac{d_l}{n_l} & 1 - \dfrac{\mathscr{D}_1 d_l}{n_l} \end{bmatrix} \tag{6.31}
$$

$\mathscr{A}$ 的每个元素的值均由透镜的物理参数如厚度、折射率和半径（通过 $\mathscr{D}$）表出。因此透镜的各个基点（它们反映透镜的性质，并只由透镜的组成决定）应当可以从 $\mathscr{A}$ 导出。这种情况下的系统矩阵（6.31）式把透镜前表面上的入射光线变换为后表面上的出射光线，我们把它写为 $\mathscr{A}_{21}$ 以资提醒。

例题 6.5　一块平凹透镜放在空气中，折射率为 1.50，轴上厚度为 1.00 cm，前表面的曲率半径为 20.0 cm。一条光线由下到上与光轴成 5.73° 的角度射向透镜，在光轴之上 2.00 cm 的高度上接触透镜的前表面。决定光线从透镜射出的高度和角度。证明系统矩阵与前两个例子一致。

解： 回想（6.28）式，那里我们需要的是 $\pmb{r}_{t2}$，出射光线矩阵。等价地，

$$
\pmb{r}_{t2} = \mathscr{A}\, \pmb{r}_{i1}
$$

由于透镜是在空气中，在第二个界面上透射的光线由下式给出：

$$
\begin{bmatrix} \alpha_{t2} \\ y_{t2} \end{bmatrix} = \begin{bmatrix} a_{11} & a_{12} \\ a_{21} & a_{22} \end{bmatrix} \begin{bmatrix} \alpha_{i1} \\ y_{i1} \end{bmatrix}
$$

在 $\mathscr{D}_2 = 0$ 处，由（6.31）式得

$$
\mathscr{A} = \begin{bmatrix} 1 & -\mathscr{D}_1 \\[2mm] d_l/n_l & 1 - \dfrac{\mathscr{D}_1 d_l}{n_l} \end{bmatrix}
$$

由于第一个半径 R_1 为负，

$$
\mathscr{D}_1 = \frac{(n_l - 1)}{R_1} = \frac{0.50}{-20.0} = -0.025 \ \text{cm}^{-1}
$$

因此

$$
\mathscr{A} = \begin{bmatrix} 1 & 0.025 \\ 0.667 & 1 - (-0.025)0.667 \end{bmatrix} = \begin{bmatrix} 1 & 0.025 \\ 0.667 & 1.0167 \end{bmatrix}
$$

然后，由于 $11.46° = 0.100$ 弧度

$$
\begin{bmatrix} \alpha_{t2} \\ y_{t2} \end{bmatrix} = \begin{bmatrix} 1 & 0.025 \\ 0.667 & 1.0167 \end{bmatrix} \begin{bmatrix} 0.100 \\ 2.00 \end{bmatrix}
$$

和
$$
\begin{bmatrix} \alpha_{t2} \\ y_{t2} \end{bmatrix} = \begin{bmatrix} 0.100 + 0.025(2) \\ 0.667(0.100) + 1.0167(2) \end{bmatrix}
$$

于是光线在中心轴之上高度 $y_{t2} = 2.10$ cm 处以角度 $\alpha_{t2} = 0.150$ 弧度射出。因为

$$\mathscr{A} = \mathscr{R}_2 \mathscr{T}_{21} \mathscr{R}_1$$

从前面两个例题可得

$$\mathscr{A} = \begin{bmatrix} 1 & 0 \\ 0 & 1 \end{bmatrix} \begin{bmatrix} 1 & 0 \\ 0.667 & 1 \end{bmatrix} \begin{bmatrix} 1 & 0.025 \\ 0 & 1 \end{bmatrix}$$

$$\mathscr{A} = \begin{bmatrix} 1 & 0 \\ 0 & 1 \end{bmatrix} \begin{bmatrix} 1 & 0.025 \\ 0.667 & 1.0167 \end{bmatrix}$$

$$\mathscr{A} = \begin{bmatrix} 1 & 0.025 \\ 0.667 & 1.0167 \end{bmatrix}$$

与前面的例子一致。

引入相应的物平面和像平面之后，就直接得到成像的概念（图 6.9）。这时，第一个算符 $\mathscr{T}_{1O}$ 将参考点从物转移到透镜（即从 P_O 到 P_1）。然后，下一个算符 $\mathscr{A}_{21}$ 让光线穿过透镜，最后的转移算符 $\mathscr{T}_{I2}$ 把参考点挪到像平面上，即 P_I。于是像点上的光线（$\mathbf{r}_I$）由下式给出

$$\mathbf{r}_I = \mathscr{T}_{I2} \mathscr{A}_{21} \mathscr{T}_{1O} \mathbf{r}_O \tag{6.32}$$

其中 $\mathbf{r}_O$ 是从 P_O 点来的光线。写成分量形式，它是

$$\begin{bmatrix} n_I \alpha_I \\ y_I \end{bmatrix} = \begin{bmatrix} 1 & 0 \\ d_I/n_I & 1 \end{bmatrix} \begin{bmatrix} a_{11} & a_{12} \\ a_{21} & a_{22} \end{bmatrix} \begin{bmatrix} 1 & 0 \\ -d_O/n_O & 1 \end{bmatrix} \begin{bmatrix} n_O \alpha_O \\ y_O \end{bmatrix} \tag{6.33}$$

从顶点 V_1 到物的距离带有一负号，因为这里取 d_O 为负。

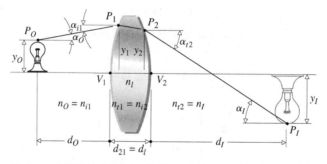

图 6.9 成像的几何关系。注意 d_O 在这里可以忽略而 d_I 为负

注意 $\mathscr{T}_{1O}\mathbf{r}_O=\mathbf{r}_{i1}$ 及 $\mathscr{A}_{21}\mathbf{r}_{i1}=\mathbf{r}_{i2}$，因而 $\mathscr{T}_{I2}\mathbf{r}_{i2}=\mathbf{r}_I$。脚标 O，1，2，$\cdots$，I 对应于参考点 P_O，P_1，P_2 等等，而脚标 i 及 t 则表示是在参考点的哪一侧（即是入射光线还是透射光线）。折射矩阵的作用将 i 变为 t，但不改变参考点的记号。反之，转移矩阵的作用显然会改变后者。

我们将透镜放在空气中，从而 $n_I=n_O=1$，对（6.33）式简化。请读者做习题 6.18 证明

$$y_I = \alpha_O[a_{21} - a_{22}d_O + (a_{11} - a_{12}d_O)d_I] \\ + y_O(a_{22} + a_{12}d_I) \tag{6.34}$$

但是它必定与任何光线从物点射出的角度 α_O 无关。不论 α_O 多大，离开 y_O 点的旁轴光线必定到达位于 y_I 的点。于是

$$a_{21} - a_{22}d_O + (a_{11} - a_{12}d_O)d_I = 0 \tag{6.35}$$

因此像距 d_I（从右边最后一个顶点量起）与物距 d_O（从左边第一个顶点量起）的关系是

$$d_I = \frac{-a_{21} + a_{22}d_O}{a_{11} - a_{12}d_O} \tag{6.36}$$

例题 6.6　一个组合忒萨镜头放在空气中，其系统矩阵为

$$\begin{bmatrix} 0.848 & -0.198 \\ 1.338 & 0.867 \end{bmatrix}$$

物置于此镜头之前 20 cm 处。定出像相对于此镜头的后表面的位置。

解　从（6.35）式

$$d_I = \frac{-a_{21} + a_{22}d_O}{a_{11} - a_{12}d_O}$$

有

$$d_I = \frac{-1.338 + 0.867(-20.0)}{0.848 - (-0.198)(-20.0)}$$

这里 d_O 是一个负数，单位随意。于是

$$d_I = \frac{-18.678}{-3.112} = +6.00 \text{ cm}$$

像在最右方的顶点之右 6.00 cm。

从（6.34）式可得到放大率（M_T）的表示式。由于第一项为零，剩下

$$y_I = y_O(a_{22} + a_{12}d_I)$$

因此

$$M_T = a_{22} + a_{12}d_I \tag{6.37}$$

请读者在习题 6.26 中证明，上式可以通过顶点与物的距离写为

$$M_T = \frac{1}{a_{11} - a_{12}d_O} \tag{6.38}$$

例题 6.7　前例中的忒萨镜头将在它前面 20.0 cm 的一个物，成像在它后面距离 6.00 cm 处。用（6.37）式和（6.38）式定出并检验放大率。

解　由（6.37）式，

$$M_T = a_{22} + a_{12}d_I$$

$$M_T = 0.867 + (-0.198)6.00$$

得 $M_T = -0.321$，是个倒像，像缩小了。为了检验用（6.38）式，并记住这里 d_O 在左边是负的，有

$$M_T = \frac{1}{a_{11} - a_{12}d_O}$$

$$M_T = [0.848 - (-0.198)(-20.0)]^{-1}$$

于是 $M_T = -0.321$，即证。

让我们回到（6.31）式并考察其中的几项。例如

$$-a_{12} = \mathscr{D}_1 + \mathscr{D}_2 - \mathscr{D}_1\mathscr{D}_2 d_l/n_l$$

若为了简单，假设透镜是放在空气中，则

$$\mathscr{D}_1 = \frac{n_l - 1}{R_1} \quad 和 \quad \mathscr{D}_2 = \frac{n_l - 1}{-R_2}$$

像（5.70）式和（5.71）式一样。于是

$$-a_{12} = (n_l - 1)\left[\frac{1}{R_1} - \frac{1}{R_2} + \frac{(n_l - 1)d_l}{R_1 R_2 n_l}\right]$$

这是一块厚透镜在空气中的**有效焦距**的表示式［（6.2）式］；换句话说，

$$-a_{12} = -1/f_o = +1/f_i \tag{6.39}$$

其中 f_o 从 H_1 向左量到第一个顶点是负数，而 f_i 从 H_2 向右量到最后一个顶点是正数。于是透镜作为一个整体的焦度由下式给出：

$$-a_{12} = \mathscr{D}_l = \mathscr{D}_1 + \mathscr{D}_2 - \frac{\mathscr{D}_1 \mathscr{D}_2 d_l}{n_l}$$

若透镜两边的介质不同（图 6.10），人眼中就是这样，上式将变成

$$-a_{12} = -\frac{n_{i1}}{f_o} = +\frac{n_{t2}}{f_i} \tag{6.40}$$

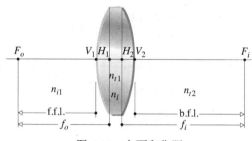

图 6.10　主面和焦距

相似地，我们留一个习题，请读者证明，一般情形下有

$$\overline{V_1 H_1} = \frac{n_{i1}(1 - a_{11})}{-a_{12}} \tag{6.41a}$$

对于浸在空气中的透镜

$$\overline{V_1 H_1} = \frac{(1 - a_{11})}{-a_{12}} \tag{6.41b}$$

在一般情形下

$$\overline{V_2 H_2} = \frac{n_{t2}(a_{22} - 1)}{-a_{12}} \tag{6.42a}$$

对于空气中的透镜

$$\overline{V_2 H_2} = \frac{(a_{22} - 1)}{-a_{12}} \tag{6.42b}$$

这些式子给出主点的位置。类似地，前焦面和后焦面位于距离 $\overline{V_1 F_o}$ 和 $\overline{V_2 F_i}$ 处，这里

$$\overline{V_1 F_o} = \text{f.f.l.} = a_{11} f_o \tag{6.43a}$$

和

$$\overline{V_2 F_i} = \text{b.f.l.} = a_{22} f_i \tag{6.43b}$$

回过头参考（6.31）式。

例题 6.8　一块小双凸透镜的中心厚度为 0.500 cm，折射率为 1.50，周围是空气。它的第一个面的曲率半径是 2.00 cm，第二个面的曲率半径是 1.00 cm。（a）求每个面的焦度；（b）

定出主面的位置;(c)计算透镜的焦距;(d)求前焦距和后焦距。

解　(a)前表面和后表面的焦度由下式给出:

$$\mathscr{D}_1 = \frac{n_l - 1}{R_1} \quad 和 \quad \mathscr{D}_2 = \frac{n_l - 1}{-R_2}$$

因此 $\mathscr{D}_1 = (1.50 - 1)/2.00 = 0.250 \text{ cm}^{-1}$，而 $\mathscr{D}_2 = (1.50 - 1)/1.00 = 0.500 \text{ cm}^{-1}$。二者都为正，理当如此。

(b)　主面位置由下式决定:

$$\overline{V_1 H_1} = \frac{1 - a_{11}}{-a_{12}} \quad 和 \quad \overline{V_2 H_2} = \frac{a_{22} - 1}{-a_{12}}$$

因此，现在由(6.31)式来计算 a_{11}、a_{12} 和 a_{22} 应当是个好主意。于是

$$a_{11} = 1 - \frac{\mathscr{D}_2 d_l}{n_l} = 1 - \frac{0.50(0.50)}{1.50}$$

$$a_{11} = 0.833$$

及

$$a_{12} = -\mathscr{D}_1 - \mathscr{D}_2 + \frac{\mathscr{D}_1 \mathscr{D}_2 d_l}{n_l}$$

$$a_{12} = -0.25 - 0.50 + \frac{(0.25)(0.50)(0.50)}{1.50}$$

$$a_{12} = -0.708$$

还有

$$a_{22} = 1 - \frac{\mathscr{D}_1 d_l}{n_l} = 1 - \frac{0.25(0.50)}{1.50}$$

$$a_{22} = 0.917$$

主面的位置由下面两个式子决定:

$$\overline{V_1 H_1} = \frac{1 - 0.833}{+0.708} = +0.236 \text{ cm}（即 H_1 在 V_1 之右）$$

和

$$\overline{V_2 H_2} = \frac{0.917 - 1}{+0.708} = -0.117 \text{ cm}（即 H_2 在 V_2 之左）$$

(c)透镜的焦距由(6.39)式给出:

$$-a_{12} = +\frac{1}{f_i} = +0.708$$

因此 $f_i = +1.41 \text{ cm}$ 及 $f_o = -1.41 \text{ cm}$。二者都是从主点测量(向右为正，向左为负)。

(d)于是前后焦距为

$$前焦距 = a_{11} f_o = 0.833(-1.412) = -1.18 \text{ cm}（向 V_1 之左测量）$$

$$后焦距 = a_{22} f_i = 0.917(+1.412) = +1.29 \text{ cm}（向 V_2 之右测量）$$

为进一步阐明如何使用这些技巧，让我们(至少在原则上)把它们应用于图 6.11 中所示的忒萨镜头[①]。系统矩阵之形式为

$$\mathscr{A}_{71} = \mathscr{R}_7 \mathscr{T}_{76} \mathscr{R}_6 \mathscr{T}_{65} \mathscr{R}_5 \mathscr{T}_{54} \mathscr{R}_4 \mathscr{T}_{43} \mathscr{R}_3 \mathscr{T}_{32} \mathscr{R}_2 \mathscr{T}_{21} \mathscr{R}_1$$

[①] 我们选这个特例，主要是因为 Nussbaum 的书 *Geometric Optics* 中有一个专门为这种镜头写的简单的计算机 Fortran 程序。用手和笔计算系统矩阵真是够笨的。

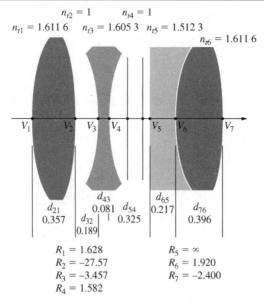

图 6.11　忒萨镜头

其中

$$\mathscr{T}_{21} = \begin{bmatrix} 1 & 0 \\ \dfrac{0.357}{1.6116} & 1 \end{bmatrix} \quad \mathscr{T}_{32} = \begin{bmatrix} 1 & 0 \\ \dfrac{0.189}{1} & 1 \end{bmatrix} \quad \mathscr{T}_{43} = \begin{bmatrix} 1 & 0 \\ \dfrac{0.081}{1.6053} & 1 \end{bmatrix}$$

等等。并且

$$\mathscr{R}_1 = \begin{bmatrix} 1 & -\dfrac{1.6116-1}{1.628} \\ 0 & 1 \end{bmatrix} \quad \mathscr{R}_2 = \begin{bmatrix} 1 & -\dfrac{1-1.6116}{-27.57} \\ 0 & 1 \end{bmatrix} \quad \mathscr{R}_3 = \begin{bmatrix} 1 & -\dfrac{1.6053-1}{-3.457} \\ 0 & 1 \end{bmatrix}$$

等等。将这些矩阵乘开，其中显然包括了冗长的、虽然概念上简单的计算，将会得到

$$\mathscr{A}_{71} = \begin{bmatrix} 0.848 & -0.198 \\ 1.338 & 0.867 \end{bmatrix}$$

由它求得 $f_i = 5.06$，$V_1H_1 = 0.77$，$V_7H_2 = -0.67$。

薄透镜

　　用矩阵表示来研究一个薄透镜系统常常带来方便。为此，回到（6.31）式。（6.31）式描述单个透镜的系统矩阵，若令 $d_1 \rightarrow 0$，它就对应于一个薄透镜。这等价于使 T_{21} 成为一个单位矩阵：

$$\mathscr{A} = \mathscr{R}_2\mathscr{R}_1 = \begin{bmatrix} 1 & -(\mathscr{D}_1 + \mathscr{D}_2) \\ 0 & 1 \end{bmatrix}$$

但我们在 5.7.2 节中看到，薄透镜的焦度是它的两个表面的焦度之和。于是

$$\mathscr{A} = \begin{bmatrix} 1 & -\mathscr{D} \\ 0 & 1 \end{bmatrix} = \begin{bmatrix} 1 & -1/f \\ 0 & 1 \end{bmatrix}$$

此外，对于在空气中的两块相隔距离为 d 的薄透镜（图 5.36），其系统矩阵为

$$\mathscr{A} = \begin{bmatrix} 1 & -1/f_2 \\ 0 & 1 \end{bmatrix}\begin{bmatrix} 1 & 0 \\ d & 1 \end{bmatrix}\begin{bmatrix} 1 & -1/f_1 \\ 0 & 1 \end{bmatrix}$$

或

$$\mathscr{A} = \begin{bmatrix} 1 - d/f_2 & -1/f_1 + d/f_1 f_2 - 1/f_2 \\ d & -d/f_1 + 1 \end{bmatrix}$$

于是显然有

$$-a_{12} = \frac{1}{f} = \frac{1}{f_1} + \frac{1}{f_2} - \frac{d}{f_1 f_2}$$

从（6.41）式和（6.42）式，有

$$\overline{O_1 H_1} = f d/f_2 \qquad \overline{O_2 H_2} = -f d/f_1$$

所有这些现在都应该相当熟悉。注意用这个方法多么容易就求出了由 3 块、4 块或更多块薄透镜组成的复合透镜的焦距和主点。

反射镜的矩阵分析

为了推出描述反射的恰当矩阵，请参看图 6.12，这个图画的是一个凹球面镜，并写下描述入射光线和反射光线的两个方程。矩阵的最后形式再次依赖于我们如何安排这两个方程以及我们指定给不同的量的符号。我们需要的是一个联系入射光线和反射光线角度的式子，和另一个联系它们与反射镜面的相互作用点的高度的式子。

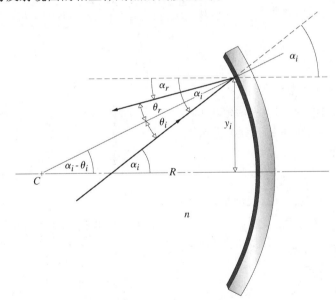

图 6.12　光线从一个反射镜面反射时的几何关系。光线的角度 α_i 和 α_r 从光轴的方向量起

首先考虑光线的角度。反射定律 $\theta_i = \theta_r$；因此从几何关系 $\tan(\alpha_i - \theta_i) = y_i/R$，及

$$(\alpha_i - \theta_i) \approx y_i/R \tag{6.44}$$

取这些角度为正，y 是正的，但 R 不是，而每当为半径输入一个负值，这个方程就会出错。因此将它重写为 $(\alpha_i - \theta_i) = -y_i/R$。现在来分析 α_r，注意 $\alpha_i = \alpha_r + 2\theta_i$ 及 $\theta_i = (\alpha_i - \alpha_r)/2$。把它代入（6.44）式，得到 $\alpha_r = -\alpha_i - 2y_i/R$，乘以周围介质的折射率 n（通常 $n = 1$），就得到

$$n\alpha_r = -n\alpha_i - 2ny_i/R$$

第二个必需的方程简单地是 $y_r = y_i$，因此

$$\begin{bmatrix} n\alpha_r \\ y_r \end{bmatrix} = \begin{bmatrix} -1 & -2n/R \\ 0 & 1 \end{bmatrix} \begin{bmatrix} n\alpha_i \\ y_i \end{bmatrix}$$

于是球面反射镜的镜面矩阵由下式给出：

$$\mathcal{M}_\circ = \begin{bmatrix} -1 & -2n/R \\ 0 & 1 \end{bmatrix} \tag{6.45}$$

记住从（5.49）式有 $f = -R/2$。

平面镜和平面光腔

对空气（$n=1$）中的平面反射镜（$R \to \infty$），其矩阵是

$$\mathcal{M}_| = \begin{bmatrix} -1 & 0 \\ 0 & 1 \end{bmatrix}$$

矩阵的第一个元素位置上的负号在反射时使光线反向。图 6.13 中两块互相面向的平面镜构成一个**光腔**（第 749 页）。离开 O 点的光在正方向穿越空隙，被反射镜 *1* 反射，重新在负方向走过空隙，再被反射镜 *2* 反射。系统矩阵是

$$\mathcal{A} = \mathcal{M}_{|2} \mathcal{T}_{21} \mathcal{M}_{|1} \mathcal{T}_{12}$$

$$\mathcal{A} = \begin{bmatrix} -1 & 0 \\ 0 & 1 \end{bmatrix} \begin{bmatrix} 1 & 0 \\ -d & 1 \end{bmatrix} \begin{bmatrix} -1 & 0 \\ 0 & 1 \end{bmatrix} \begin{bmatrix} 1 & 0 \\ d & 1 \end{bmatrix}$$

最后

$$\mathcal{A} = \begin{bmatrix} 1 & 0 \\ 2d & 1 \end{bmatrix}$$

这里系统矩阵的行列式仍然为 1：$|\mathcal{A}| = 1$。

若初始光线在光轴方向（$\alpha = 0$），系统矩阵应当将它带回它的出发点，使最终光线 $\mathbf{z}_f$ 与初始光线 $\mathbf{z}_i$ 完全相同。即

$$\mathcal{A}\mathbf{z}_i = \mathbf{z}_f = \mathbf{z}_i$$

这是一种特殊的数学关系，叫做**本征值方程**，它要是写得更普遍一点，就是

$$\mathcal{A}\mathbf{z}_i = a\mathbf{z}_i$$

a 是一个常数。换句话说，

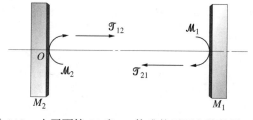

图 6.13　由平面镜 M_1 和 M_2 构成的平面光腔的原理图

$$\begin{bmatrix} 1 & 0 \\ 2d & 1 \end{bmatrix} \begin{bmatrix} \alpha_i \\ y_i \end{bmatrix} = a \begin{bmatrix} \alpha_i \\ y_i \end{bmatrix}$$

若 $\alpha_i = 0$ 并且初始光线沿光轴方向发射，则 $y_i = ay_i$ 并且由此推得 $a = 1$。系统矩阵的功能像是一个单位矩阵，它在两次反射后将 $\mathbf{z}_i$ 变成 $\mathbf{z}_i$。光轴方向的光线来回越过所谓**谐振腔**，而不会逃逸出去。

谐振腔可以通过多种不同的方法用各种各样的反射镜建造（图 13.16）。若一条光线在越过一个腔若干次后回到它原来的位置和取向，这束光就掉进了陷阱，并且我们说这个腔是稳定的：这是本征值讨论之所以重要的原因。要分析由两面凹球面镜相互面对构成的共焦腔，见习题 6.28。

6.3　像差

诚然，我们已经知道，一级近似理论只是一个良好的近似。一次精确的光线追迹，甚至在原型系统上进行的一次测量，都肯定会揭露与对应的傍轴描述之间的不一致。这些与高斯光学理想状况的偏离叫做**像差**。像差分两大类：**色像差**（简称色差，它是由于 n 实际上是频率或颜色的函数而产生）和**单色像差**。后者即使对准单色光也会发生，它又分两类。一类单色像差使像劣质化，变得不清楚，属于这一类的有球面像差（球差）、彗形像差（彗差）和像散。还有一类单色像差使像变形，例如佩兹伐（Petzval）像场变曲和畸变。

我们早就知道，球面一般只在傍轴区域才能得到理想的成像。现在必须决定的是，由于使用有限大小孔径的球面而引起的同理想成像情况的偏离的种类和程度。通过对系统的物理参数（例如光焦度、形状、厚度、玻璃的类型和透镜的间距以及光阑的位置）的审慎处理，的确可以把这些像差减至最小。实际上，稍微改变一下某一透镜的形状或挪动一下某一光阑的位置，就可以消去一些最讨厌的像差。（这同用小的可变电容器、线圈和电位器微调一个电路非常相似）。我们希望，在做了这一切之后，波阵面通过一个面发生的不想要的变形，在通过别的面时会消除。

早在 20 世纪 50 年代，就为新的数字计算机开发了光线追迹程序，1954 年前，已在努力开发透镜设计软件。在 20 世纪 60 年代早期，计算机化的透镜设计是全世界许多厂家谋生之计。今天有精心编制的计算机程序，"自动"设计和分析各种复杂光学系统的性能。

6.3.1　单色像差

傍轴处理方法的基本假定是：图 5.6 中的 $\sin\varphi$ 可以用 φ 满意地表示，亦即限制系统只工作于光轴周围的一个极窄的区域内。显然，如果来自透镜周界上的光也包括在成像光之内，那么 $\sin\varphi = \varphi$ 这一做法就不太能令人满意了。回忆我们偶尔也把斯涅耳定律简单地写成 $n_i\theta_i = n_t\theta_t$，这也是不合适的。无论怎样，如果在下面的展开式

$$\sin\varphi = \varphi - \frac{\varphi^3}{3!} + \frac{\varphi^5}{5!} - \frac{\varphi^7}{7!} + \cdots \qquad [5.7]$$

中保留前两项以改进近似，我们就得到所谓三级近似理论。它带来的与一级近似理论之间的偏离，体现在 5 个初级像差上（球差、彗差、像散、像场弯曲和畸变）。赛德耳（L. Von Seidel，1821—1896）在 19 世纪 50 年代首先详细研究了这些像差，因此通常管这些像差叫**赛德耳像差**。上面的级数除头两项外，显然还包含许多别的项，这些项尽管很小，但仍应考虑。因此，肯定还有高级像差。精确的光线追迹结果同计算得到的初级像差之间的差异，可以看成一切高级像差之和。我们这里只限于讨论初级像差。

球面像差（球差）

暂时回到 5.2.2 节，我们曾在那里计算过单个折射球面界面的共轭点。对傍轴区域，得到

$$\frac{n_1}{s_o} + \frac{n_2}{s_i} = \frac{n_2 - n_1}{R} \qquad [5.8]$$

若对 l_o 和 l_i 的近似稍作改进（习题 6.31），我们就得到三阶近似表示式

$$\frac{n_1}{s_o} + \frac{n_2}{s_i} = \frac{n_2 - n_1}{R} + h^2\left[\frac{n_1}{2s_o}\left(\frac{1}{s_o} + \frac{1}{R}\right)^2 + \frac{n_2}{2s_i}\left(\frac{1}{R} - \frac{1}{s_i}\right)^2\right] \qquad (6.46)$$

附加项近似地随 h^2 变化，它显然是偏离一阶理论的程度的量度。如图 6.14 所示，在离光轴较远处（距离为 h）射到界面的光线，聚焦的地方离顶点较近。简而言之，球差（简写为 SA）对应于非傍轴光线的焦距对孔径的依赖。类似地，对图 6.15 中所示的会聚透镜，边缘光线将会弯折得太厉害而聚焦在傍轴光线之前。记住球差只涉及光轴上的物点。一根平行于中心轴射入的边缘光线和光轴的交点到傍轴焦点 F_i 之间的距离，叫做**纵向球差**（Longitudinal Spherical Aberration），简写为 L·SA。在会聚透镜的情形下球差是正的。与之相反，对一个发散透镜，边缘光线一般将在傍轴焦点的后面与光轴相交，因此它的球差是负的。

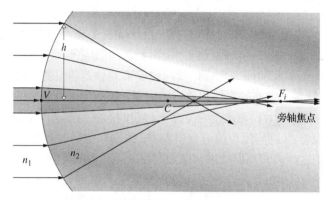

图 6.14 单个界面上的折射引起的球差

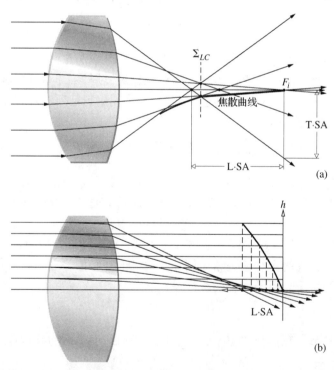

图 6.15 透镜的球差。折射光线的包络叫做焦散曲线。边缘光线与焦散曲线的交点确定了 Σ_{LC} 的位置

为了从像差如何影响波阵面的角度来更好地理解像差，考虑一个点光源发出的光穿越一个光学系统。理想情况下，若透射的波阵面在出射光瞳上是一个中心在高斯像点（P）的球面，则为理想成像；若不是，像就有像差（图 6.16）。**波像差或波阵面像差**是实际波阵面与

理想波阵面之间光程长度的差异，常常用其最大值来描述，单位为微米、纳米或多少个波长。比如，图 6.16 中的波阵面相对于会聚到 P 点的理想球面的峰到峰偏移是一个波长的某个分数。基于这个想法，瑞利爵士提出了光学质量的一个实用判据：一台光学仪器，当它在 550 nm（黄绿色）的波阵面像差超过 $\lambda/4$ 时，就会产生一个可以察觉的像质变劣的像。

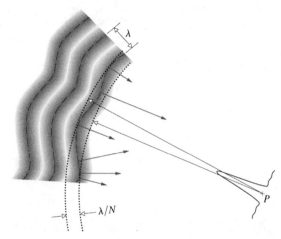

图 6.16　由于这个波阵面偏离了会聚到高斯像点的球面，我们说它有像差。测量到的这种偏离从峰到峰的大小是实际像离理想像多远的指标

　　生成点像的光学系统的想法在物理上当然是不现实的（即使没有别的原因，只是由于辐照度不能为无穷大，因为自然界憎恶无穷）。在最好的条件下，一面透镜对一个点光源（比如一颗星）成的像也是一个小而亮的圆斑，周围环绕着一些环，这些环很暗，难以察觉（见第 591 页上的照片和图 10.36）；这叫爱里图样。在图 6.16 中，它被表示为 P 点的一个高辐照度峰，周围围着一些小的极大值，对应于前面讲的那些亮环的截面。

　　球差实质上是将光从中央亮斑移出到周围的光环上，使光环变得更明亮得多。例如，瑞利确定，四分之一个波的球差将使像斑的辐照度减小大约 20%。你在图 6.16 可以看到一般情况下这是怎么发生的，图中的光线（垂直于扭曲的波前）从中心亮点射向各个亮环。注意，即使总体波前偏差为 $\lambda/4$，当波前中有许多密集的小扭动时，大量的光将出走到各个亮环，产生一个模糊的像。如果表面不光滑，你能期望的就是这样的像了。

　　回到图 6.15，如果将一个屏幕置于图中的 F_i 点，那么一颗星星的像将呈现为光轴上的一个中心亮点，周围环绕着由边缘光线锥勾画出的一个对称的晕圈。对一个扩展像，球差会减小反衬度并使像的细节模糊。

　　一条给定的光线在光轴之上某一高度射到此屏幕上，这个高度叫做**横向球面球差**，简写为 T·SA。显然，缩小光阑的孔径可以减小球差，但是这样也减少了进入系统的光量。注意，若将屏幕移到标记为 Σ_{LC} 的位置，像斑的直径将最小，叫做**最小模糊图**。Σ_{LC} 一般说来是观察像的最佳位置。如果一面透镜有可观的球差，那么在它的孔径被光阑缩小后必须重新调焦，因为随着孔径缩小，Σ_{LC} 的位置趋近 F_i。

　　当孔径和焦距固定时，球差的大小随物距和透镜形状而变。对一块会聚透镜，非傍轴光线屈折得过分厉害。但是，如果我们把一块透镜想象为两块棱镜在底部连接而成，那么很明显，当入射光线同镜面成的角度和出射光线与镜面的角度大致同样大小时，入射光线的偏转最小（见5.5.1 节）。图 6.17 中画了一个突出的例子，只要简单地把透镜翻转过来，球差就显著减小。当物体位于无穷远时，一个简单的凹透镜或凸透镜，若其后表面几乎为平面但不完全为平面时，将有最小的球差。同样，若物距和像距相等（$s_o = s_i = 2f$），那么透镜两面应当是等凸的才会使球差最小。也用一个会聚透镜和一个发散透镜的组合（如消色差双合透镜中）来减小球差。

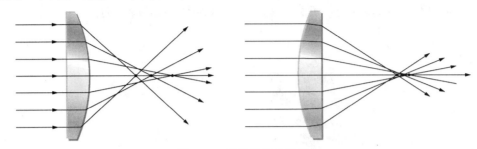

图 6.17　平凸透镜的球差

我们还记得，5.2.1 节中的非球面透镜对特定的一对共轭点完全没有球差。并且，似乎是惠更斯第一个发现，对于球面，在光轴上也存在这样两点。这种情况画在图 6.18a 中，上面画的是从 P 点发出的光线，它们离开球面的方式，仿佛是从 P' 点发出似的。我们把它留作一个习题，请读者证明 P 和 P' 的恰当位置，就是图中所示位置。正像对非球面透镜一样，也可以制成对一对点 P 和 P' 球差同样为零的透镜。这只要把另一个面磨成球心在 P、半径为 $\overline{PA}$ 的球面，生成一个正的或负的弯月形透镜就行了。显微镜的油浸物镜用这一原理得到很大的好处。如图 6.19 所示，待研究的物体置于 P 点，浸在折射率为 n_2 的油中。P 和 P' 是头一个元件的球差为零的共轭点，而 P' 和 P'' 则是弯月形透镜的球差为零的共轭点。

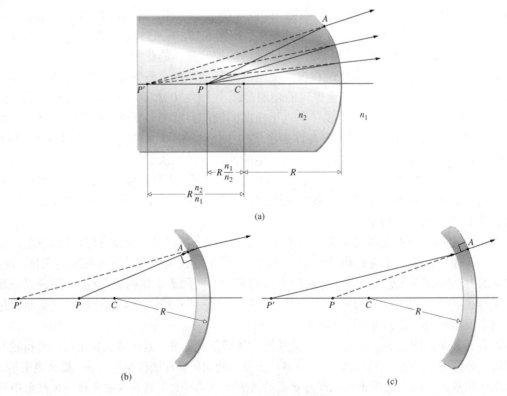

图 6.18　球差为零的对应轴点

在哈勃空间望远镜（HST）于 1990 年 4 月被安置在轨道上
之后不久，就明显看到，这里有什么事出了大错。它送回的照
片总是模糊的，尽管做了各种尝试，调整副镜的位置和方向来
改进它（第 282 页）。对一颗遥远的恒星（实质上是一个点光源），
其像斑的大小接近于期望的衍射置限值（直径大约为 0.1 弧秒），
但是那里只有辐射能的 12%，而不是预期的 70%（理想极限大
约是 84%）。圆斑被晕圈围绕着，晕圈伸展到直径大约为 1.5 弧
秒，含有大约 70% 的光。由于镜面的微观粗糙和从支撑副镜的
支架衍射的联合结果，剩下的辐射能不可避免地以一种径向卷
须的图样分布到晕圈之外（图 6.20b）。这种情况是球面像差的
一个经典例子。

科学家随后确定，主镜（第 228 页）被不正确地抛光了；
它在边缘太扁平，大约差了半个波长。从它的中心区域发出的
光线，在光轴上聚焦在从它的边沿发出的光线之前。制造 2.4 m
双曲面的 Perkin Elmer 公司的人们，将这个双曲面抛光得特别

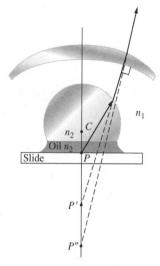

图 6.19 显微镜的油浸物镜

棒，不过是抛光成错误的图形，或错误的曲率。由形状检验仪器中的一个零件的 1.3 mm 的
位置错误开始，一连串错误最终导致这个瑕疵。价值 16 亿美元的望远镜以有一个 38 mm 长
的纵向球面像差而结束（图 6.20a）。

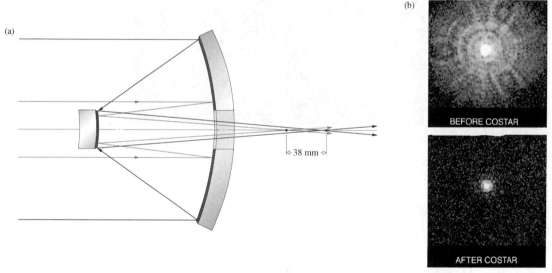

图 6.20 （a）由于主反射镜面过于扁平，来自边缘的光线在里层光线的会聚点
之外 38 mm 处会合。 （b）哈勃空间望远镜对一颗遥远恒星成的像

1993 年，奋进号航天飞机的宇航员成功地执行了一项重大的修补使命。他们安装了一台
新的宽场天文照相机（带有自身的校正光学系统，在边沿加了半个波长）及矫正光学空间望
远镜轴向替换（Corrective Optics Space Telescope Axial Replacement，COSTAR）模式。COSTAR
的任务是对进入留下的三台科学仪器的有像差的波前整形。它将一对小反射镜（10 mm 和 30 mm）
装入对着每个仪器孔径的光束。这两个反射镜之一简单地改变光的方向，将光送到另一反射
镜上，那是一面复杂的非对称的非球面镜。这具离轴矫正镜是按照主镜的球面像差倒过来设

计而成，因此在反射时波前被整形为一个理想的球面波，方向正对我们想让它通过的孔径。此后多于 70%的光能位于中心像斑中，天体将比以前亮 6.5 倍。NASA（美国国家航空航天局）的人们喜欢指出，随着哈勃空间望远镜的视觉像比以往任何时候更清晰（见照片）和它集光能力的改善，它现在能够确定在大约为环绕地球的一半距离上的一只萤火虫的位置（当然，这只虫子必须死死停着不动并拼命发光大约 90 min）。此外，哈勃天文望远镜还能区分这样两只停着不动的萤火虫，如果它们相距至少 3 m 远。

　　位于波多黎各的阿雷西博天文台是世界上最大的射电望远镜所在地。它的物镜是一台直径 1000 英尺的固定的球面碟形天线，工作在 3 cm～6 m 的波长上。作为比较，可以人工操纵转向的射电望远镜（第 227 页）通常是抛物柱面，因为这种位形能够将位于前进方向的源发出的辐射聚焦到一个小的轴向像斑上。但是，1000 英尺直径的碟形天线只能是不动的，因此它的设计者决定采用一个折中做法：主反射镜做成球面的，因此能够收集来自很宽方向范围的辐射，在每一情形下都将收集到的辐射聚焦到连接碟形天线和辐射源的轴的一"点"上。在反射镜上面很高的地方，他们悬挂了一台可动的无线电接收机，它的位置决定了望远镜观看的是天空的哪一部分。不论怎样，虽然球面反射镜是全方向的，它同样也在一切方向上都不完善。它像凸透镜一样有球面像差（图 6.15）。代替单个焦点的是一段轴向的焦线。依靠探测轴上几个点上的信号并将它们通过所谓线馈（line feeds）结合起来，对它们进行了尽可能完善的处理，但是这种机制是效率低的，仪器很少能发挥其全部潜力。

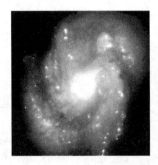

哈勃空间望远镜对 M-100 星系成的像。分别为对哈勃望远镜修补前和修补后

　　1997 年，阿雷西博望远镜经受了一次重大升级，装上了一组离轴非球面反射镜（图 6.21），它们补偿了球面像差，与加到哈勃空间望远镜上的矫正镜工作原理相同。它的重 90 吨的接收机穹顶悬挂在主反射镜之上 450 英尺高处，被命名为格里果里穹顶，格雷果里是 1661 年首先引进带凹面副镜的反射望远镜的人（第 280 页）。在一个铝的遮蔽物中，包含有一台直径 72 英尺的副镜，接收来自主镜的向上反射的电磁辐射。它又将这一辐射向下反射到直径 26 英尺的第三级反射镜上，此反射镜将向上的光束在接收机处聚焦为一个亮斑。反射镜的表面这样配置，使每条光线走过的光程都完全相同，所有的光线都同相到达焦点（在一个 1/8 英寸大的圆内）。

　　这个仪器也可以倒过来，当作一台 1 MW 的雷达发射机工作，用于天文研究。通过发射和接收反射回的雷达信号，这台望远镜可以分辨金星表面上相隔大约半英里的特征。它能探测到月球上一个高尔夫球大小的导体。

彗差

　　彗差或彗形像差是一种降低像质的单色初级像差，甚至离光轴很近的物点也会发生。它的起源在于，主"平面"只有在傍轴区域内，才能实际当作平面处理。事实上，它们是主曲面（图6.1）。在不存在球差的情况下，一束平行光线将聚焦在光轴上的 F_i 点，它与透镜的后顶点的距离为后焦距。但是对穿过透镜离轴区域的光线，其有效焦距、因而横向放大率将有所不同。当像点在光轴上时，这一情况并不重要，但是当光束是倾斜的并且像点不在光轴上时，彗差将很明显。

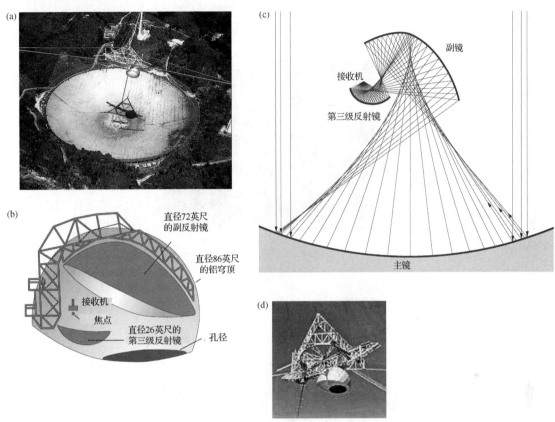

图 6.21　（a）1997 年升级后的阿雷西博射电望远镜。（b）两个新的矫正反射镜和接收机所在的格里戈里穹顶。（c）这幅光线示意图表明如何将一切从直径 1000 英尺的球面镜到接收机的光程都弄成相等。（d）接收机和第三级反射镜

　　图 6.22a 示出 M_T 与光线在透镜上的高度 h 的关系。图中，经过透镜边缘的子午光线，要比主光线（principal ray，即通过主点的光线）附近的光线在更靠近光轴的地方到达像平面。在这种情况下，最小的放大率属于边缘光线（它将生成最小的像），这时彗差是负的。作为对照，图 6.22b 和 c 中的彗差是正的，因为边缘光线聚焦在离光轴更远的地方。

　　在图 6.23 中，从不在光轴上的物点 S 引出几条非子午光线或不交轴光线，以说明一个点的几何彗形像的形成。注意，每个圆形光线锥（其端点 1-2-3-4-1-2-3-4 在透镜上形成一个圆环）都成像在 Σ_i 上的一个彗差圈（H. D. Taylor 的叫法）内。这种情况对应于正的彗差，因此透镜上的圆环越大，它的彗差圈离光轴越远。若外环是边缘光线的截面，那么像中从 0 到 1 的距离是**切向彗差**，而 Σ_i 上从 0 到 3 的长度叫做**弧矢彗差**。像中能量的一半多一点分布在 0 和 3 之间的近似三角形区域内。彗形光斑这一名称的来源，是由于它的像彗星般的尾巴，这种像差常被认为是一切像差中最糟糕的一种，主要是因为它是不对称的。

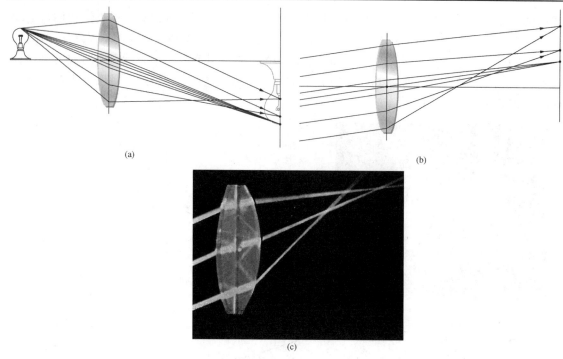

图 6.22　（a）负的彗差。（b）和（c）正的彗差

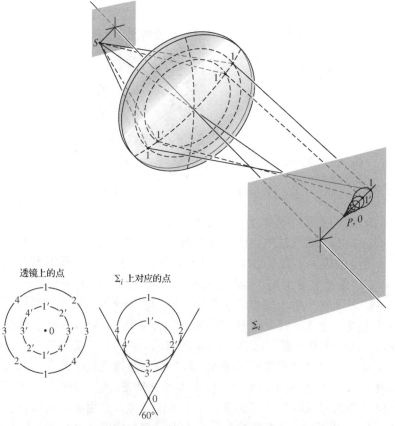

图 6.23　单色点光源的几何彗差像。透镜的中央区域在锥的顶点成一个点像

干涉不属于几何光学关心的范围，但是当光到达图 6.23 中的屏幕时，肯定预期将发生干涉。彗锥就像高斯像点一样，是过于简单化了。像点实际上是一个像盘圈（image disk-ring）系统，彗锥实际上是一个不对称的衍射图样。有越大的彗差，彗锥偏离爱里图样变成一个拉长的斑弧状结构就越厉害，这时它只粗略地显示出它从之发展而来的盘圈结构（图 6.24）。

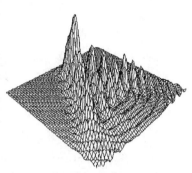

图 6.24　三阶彗差。（a）计算机生成的一个有严重像散的光学系统
对一个点源所成的像的图。（b）对应的辐照度分布图

彗差同球差一样，同透镜的形状有关。例如，一个向右鼓的正弯月形透镜）当物在无穷远时将有一个很大的负彗差。把透镜弯过来使它变成平凸的)，再变成等凸的 (，凸平的 (，最后变成向左鼓的正弯月形透镜 (，其彗差也将从负的变成零，再变成正的。对单透镜和给定的物距，可以让彗差精确为零，这件事相当重要。这时它应当具有的特定形状（$s_0 = \infty$）大致为凸–平，同最小球差的透镜形状很相近。

认识这一点是很重要的：一个共轭点在无穷远（$s_0 = \infty$）的情况下很好校正过的透镜，当物距不大时其性能可能并不令人满意。因此，在一个工作于有限远的共轭点的光学系统中使用现成的透镜时，最好是用两个对无穷远共轭点校正过的透镜的组合，如图 6.25 所示。换句话说，由于不大可能得到一个现成的透镜，其焦距正是我们想要的值，并且又对特定的一组有限远共轭点校正过，因此，这种背靠背的透镜组合是一个可行的代替方案。

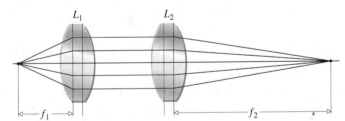

图 6.25　两个在无穷远共轭的透镜给出一个在有限远共轭点工作的系统

彗差也可以通过在适当的位置加一个光阑消除，这是渥拉斯顿（W. H. Wollaston，1766—1828）在 1812 年发现的。初级像差目录单中的先后顺序（球差、彗差、像散、佩兹伐像场弯曲和畸变）是重要的，因为除了球差和佩兹伐弯曲之外，这些像差中任何一种都会受光阑位置的影响，但只是在它之前的几种像差中有一种也存在于该系统的情形。例如，球差是与光阑在光轴上的位置无关的，但只要有球差存在，则彗差与光阑的位置有关。考察图 6.26 所画的可以了解这一点。当光阑位于 Σ_1 时，光线 3 是主光线，这时有球差而无彗差；

亦即光线 3 两侧的光线对偶在光线 3 上相交。若光阑移到 Σ_2，对称性就破坏了，光线 4 成了主光线，它两侧的光线例如 3 和 5 相交于其上方，而不正落在它上面，这时有正的彗差。若光阑在 Σ_3，那么光线 1 和 3 在主光线 2 之下相交，有负的彗差。这样，就可以在一个复合透镜中引进大小受控的像差，以抵消系统整体的彗差。

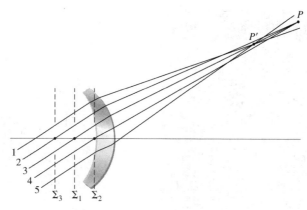

图 6.26　光阑位置对彗差的影响

这里必须介绍一个重要的关系式——**光学正弦定理**，哪怕篇幅不允许给出它的正式证明。它是 1873 年由阿贝和亥姆霍兹分别独立发现的，虽然克劳修斯（R. Clausius，他在热力学中很有名）在此之前 10 年就已给出它的一种不同的形式。不管是谁发现的，它的内容是

$$n_o y_o \sin\alpha_o = n_i y_i \sin\alpha_i \tag{6.47}$$

其中，n_o、y_o、α_o 和 n_i、y_i、α_i 分别是在任何孔径大小下[①]，物空间和像空间中的折射率、光线的高度和倾斜角（图 6.9）。若要求彗差为零，则

$$M_T = \frac{y_i}{y_o} \tag{5.24}$$

必须对一切光线为常数。现在若使一条边缘光线和一条傍轴光线通过系统。前者将遵从（6.47）式，而后者应遵从其傍轴形式 （这时 $\sin\alpha_o = \alpha_{op}$，$\sin\alpha_i = \alpha_{ip}$）。由于 M_T 要在整个透镜上为常数，我们令边缘光线同傍轴光线的放大率相等，得到

$$\frac{\sin\alpha_o}{\sin\alpha_i} = \frac{\alpha_{op}}{\alpha_{ip}} = 常数 \tag{6.48}$$

这个式子叫做**正弦条件**。不存在彗差的必要条件是系统满足正弦条件。如果没有球差，则符合正弦条件将是彗差为零的必要和充分条件。

观察彗差是一件易事。事实上，任何曾用一块简单的正透镜对太阳光聚焦的人无疑都见过这种像差效应。把透镜略为倾斜，使来自太阳的近准直光线与光轴成一角度，将使聚焦的光点散开成一个特别的彗星形状的光斑。

像散

当一个物点离光轴距离可观时，入射的光线锥不对称地来到透镜，产生一个称为**像散**（astigmatism）的第三个实级像差。这个词源自希腊语 *a-*，意为"不"，Stigma 的意思则是"斑点"（spot）或"点"（point）。为便于描述，设想子午面（也叫切向平面）同时包含了主光线

---

① 精确地说，只是在弧矢平面内正弦定理才对一切 α_o 值成立，这将在下节讨论。

（也就通过孔径中心的光线）和光轴。这时，定义弧矢平面为包含主光线并且垂直于子午面的平面（图 6.27）。不像从一个复杂的透镜系统的一端到另一端，其子午面是不间断的，随着主光线在各个光学元件上发生偏折，弧矢平面一般要改变其倾角。因此准确的说法应当是：实际上有几个弧矢平面，系统内每一区域各有一个。该物点发出的一切处于弧矢平面内的不交轴光线叫做**弧矢光线**。

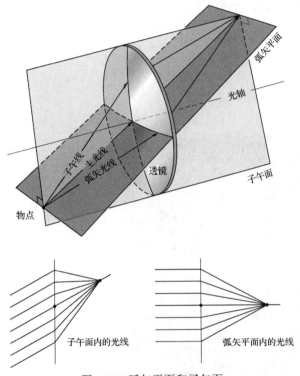

图 6.27　弧矢平面和子午面

对于物点在光轴上的情形，光线锥相对于透镜的球面是对称的。这时不需要区分子午面和弧矢平面。在一切包含光轴的平面上，光线的情况是一样的。若不存在球差，所有的焦距相同，因此全部光线到达一个单一焦点。与之相反，一束倾斜的平行光线在子午面内和弧矢平面内的情况是不同的。结果，两个平面内的焦距也将不同。实际上，这时子午光线要比弧矢光线相对于透镜更倾斜，因而其焦距更短。应用费马原理可以证明[1]，焦距之差实际上决定于透镜的焦度（而与形状或折射率无关）和光线的倾斜角。这个差值通常叫做像散差，它随着光线更倾斜（即物点离光轴更远）迅速增大，物点在光轴上时它当然为零。

既然有两个不同的焦距，入射的锥形光束经折射后形状会有显著的改变（图 6.28）。离开透镜后光束的截面起初是圆形，但是逐渐变成椭圆形，长轴在弧矢平面内，直至在切向焦点（或子午焦点）F_T 上，椭圆缩成一条"直线"（至少在三级近似理论中是这样）。实际上，它是一个拉长的衍射图样，像散越厉害，它看起来越像直线段。从物点来的一切光线都穿过这个"线段"，它叫做主像。超出这一点，光束的截面迅速扩张，再度变成一个圆。这个位置上的像是一个圆形光斑，叫做最小模糊圈。在离透镜更远的地方，光束的截面再次变成一条"线"，叫做副像。它在子午面内的弧矢焦点 F_S 上。

① 见 A. W. Barton, *A Textbook on Light*, p.124。

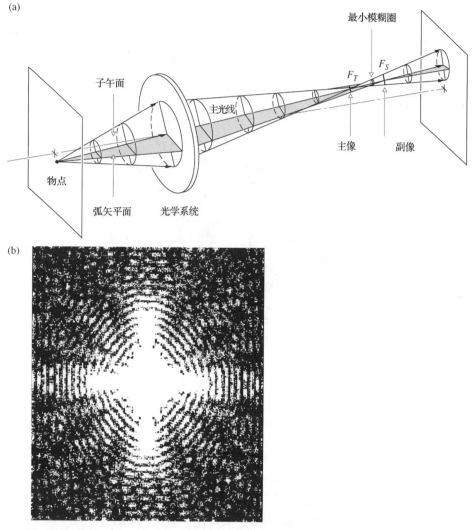

图 6.28　像散。（a）单色点光源发的光被有像散的透镜拉长了。（b）一幅计算机生成的光分布图，即靠近最小模糊圈的衍射图样，对应于 0.8λ 的像散

一个有轻微像散的光学系统（$\lesssim 0.2\lambda$）在最小模糊圈附近对一个点光源成的像，看起来非常像爱里斑圈图样，但是有点不对称。随着像散量增大（大约向上 0.5λ），双轴不对称性变得更明显。像变成了亮区和暗区的一个复杂分布（与矩形孔的衍射图样相似，第 627 页），只是隐隐约约保持了来自圆孔径的弯曲结构。记住在所有这些情况我们都假设球差和彗差不存在。

由于最小模糊圈的直径随着像散差的增大而增大（即随着物远离光轴而增大），像将变坏，在边缘上失去明晰的界限。我们观察到，副像直线的方向将随物点位置变化而改变，但它永远指向光轴，即是径向的。同样，主像直线的方向也会改变，但它总是垂直于副像。这一情况造成了图 6.29 中那种有趣的效应，这时物是由径向和切向的线条组成。实际上，这时主像和副像由横向和径向的短画线构成，离光轴越远，像就越大。径向短画线像箭头似地指向像的中心。弧矢这个名称就是这样来的。

可以用一个很简单的装置直接验证弧矢焦点和切向焦点的存在。将一个短焦距（约 10～20 mm）的正透镜放到氦氖激光器的光束中。再把另一个焦距长一些的正检验透镜放在离前

一透镜够远的地方，使前一透镜产生的发散光束充满这个透镜。用一块普通的导线栅（wire screening）或透明片作物比较方便，把它置于两个透镜之间，其方向使导线在水平方向（x）和铅直方向（y）。若将检验透镜绕铅直线旋转大约 45°（x 轴、y 轴、z 轴固定在透镜内），就可以观察到像散。子午平面是 xz 平面（z 是透镜的轴，现在同激光器的轴大约成 45°），而弧矢平面则相当于 y 和激光器轴所成的平面。将导线格子移近检验透镜，将会到达这样一点，在透镜之外的一个屏幕上，会得到水平线聚焦而铅直线不聚焦的情况。这个位置就是弧矢焦点所在。物上的每一点都在子午（水平）面上成像，为一短线，这说明了为什么只有水平线才聚焦。把格子更移近透镜一点，将使铅直线清晰起来，而水平线则变模糊，这个位置是切向焦点。在每个焦点上试着绕激光器的中心轴旋转格子，看屏幕上的像怎样变化。

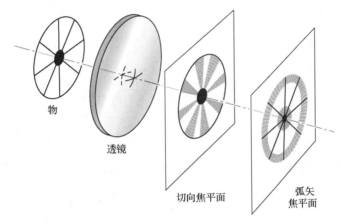

物　　　透镜　　　切向焦平面　　　弧矢焦平面

图 6.29　切向焦平面和弧矢焦平面内的像

要注意的是，与光学系统表面上实际的不对称性引起的视像散（第 264 页）不同，同一名称的三级像差适用于球对称的透镜。

反射镜（除了平面镜这唯一的例外）都有和透镜同样的那些单色像差。因此，虽然一个抛物面镜对无穷远的轴上物点没有球差，但是由于像散和彗差，它的远轴成像质量很差。这一点极大地限制了它的用途，使它只能用于像探照灯和天文望远镜之类的窄场仪器。一个凹球面反射镜也表现出有球差、彗差和像散。的确，我们可以画一幅与图 6.28 非常相似的图，只把透镜换成一面斜照射的球面镜。顺便说一下，这样一个球面镜的球差要比一块同样焦距的单凸透镜的球差小得多。

像场弯曲

设有一光学系统，它不具有前面讨论过的几种像差。于是物面上的点和像面上的点之间就有一一对应的关系（即消散成像，stigmatic imagery）。我们在前面（5.2.3 节）说过，垂直于光轴的一个平面物体，只是在傍轴区域内，才近似地成像为一平面。在有限大小的孔径上得出的弯曲的无散像面是另一种初级像差的表现，这种像差叫做**佩兹伐像场弯曲**，它以匈牙利数学家佩兹伐（J. M. Petzval，1807—1891）的名字命名。参看图 5.21 和图 6.30，不难理解这种效应。一个球面弓形体 σ_o（物）通过透镜成像为另一球面弓形 σ_i，二者都以 O 为球心。将 σ_o 展平为平面 σ'_o，将使每一像点沿着各自的主光线向透镜移动，从而形成一个佩兹伐抛物面 Σ_p。正透镜的佩兹伐曲面朝向物平面向内弯，而负透镜的佩兹伐面则离开物平面向外弯。显然，正透镜和负透镜的适当组合将消除像场弯曲。实际上，佩兹伐面上高度为 y_i 的像点离开

傍轴像平面的位移Δx 由下式给出

$$\Delta x = \frac{y_i^2}{2} \sum_{j=1}^{m} \frac{1}{n_j f_j} \tag{6.49}$$

其中，n_j 和 f_j 是组成系统的 m 个薄透镜的折射率和焦距。这意味着佩兹伐曲面不会由于透镜的位置或形状的变化或光阑位置的变化而改变，只要 n_j 和 f_j 之值固定。注意，对任意间隔的两个薄透镜的简单情况（$m=2$），可使 Δx 为零，只要

$$\frac{1}{n_1 f_1} + \frac{1}{n_2 f_2} = 0$$

或等当地

$$n_1 f_1 + n_2 f_2 = 0 \tag{6.50}$$

这就是所谓**佩兹伐条件**。作为它的使用的一个例子，设将两个薄透镜组合起来，一个是正透镜，另一个是负透镜，并且 $f_1 = -f_2$ 及 $n_1 = n_2$。由于

$$\frac{1}{f} = \frac{1}{f_1} + \frac{1}{f_2} - \frac{d}{f_1 f_2} \tag{6.8}$$

$$f = \frac{f_1^2}{d}$$

这个系统可以满足佩兹伐条件，有一个平的像场，并且仍有一个有限大小的正焦距。

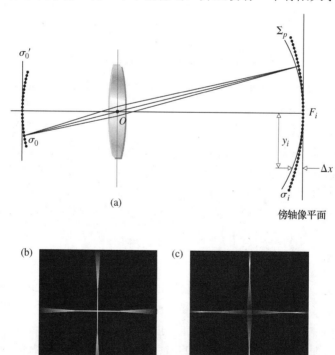

图 6.30 像场弯曲。（a）当物对应于 σ'_o 时，像将对应于曲面Σ_p。（b）在傍轴像平面附近的一个平屏幕上生成的像只是在其中心才聚焦。（c）将屏幕移向离透镜更近，将使边缘聚焦

在目视仪器中，可以容忍一定大小的像场弯曲，因为眼睛能够适应它。显然，在照相机镜头中，像场弯曲是最讨厌的，因为当底片平面置于 F_i 时，它将使离轴像迅速变模糊。抵消

正透镜的像场向里弯曲的一个有效办法，是在焦平面附近放一个负透镜做像场致平器。在投影镜头和照相镜头中，当没有别的切实可行的办法可以满足佩兹伐条件时，常采用这个办法（图 6.31）。在这个位置上，像场致平器对别的像差的影响很小。

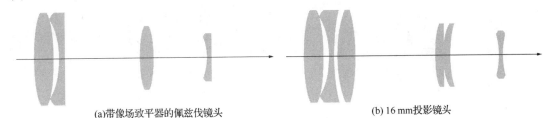

(a)带像场致平器的佩兹伐镜头　　　　　　　　　　　(b) 16 mm投影镜头

图 6.31　像场致平器

像散和像场弯曲有密切关系。当有像散时，将有两个抛物面像面，一个是切向像面Σ_T，还有一个是弧矢像面Σ_S（如图 6.32 所示）；它们分别是物点在物平面上移动时主像和副像的轨迹。在给定的高度　（y_i），Σ_T上一点离 Σ_P 的距离永远是 Σ_S 上对应点的距离的三倍，并且二者都在佩兹伐面的同一侧（图 6.32）。在没有像散时，Σ_S 和 Σ_T 同在 Σ_P 上。选配透镜的曲率或改变其位置，或者移动光阑，都能改变Σ_S 和 Σ_T 的形状。图 6.32b 的情况叫做人工致平的像场。在一具便宜的箱式照相机的弯月形镜头前，通常都安装一个光阑，正是为了产生这个效应。最小模糊面Σ_{LC}是平面，得到的像还算过得去，但在边缘处由于像散而界限不清了。这就是说，虽然它们的轨迹构成了Σ_{LC}，但是随着离光轴的距离增大，最小模糊圈的直径增大了。现代的高质量照相物镜一般是**去像散透镜**，它们是这样设计的，使Σ_S 和 Σ_T 相互交叉，得出一个附加的零像散离轴角。库克三合镜头、忒萨镜头，以及奥杜美泰、拜奥泰等镜头（图 5.115）都是去像散镜头，比较快速的蔡斯 Sonnar 镜头也是，其剩余像散图示于图 6.33 中。注意，在底片平面的绝大部分区域里，像场都比较平，像散小。

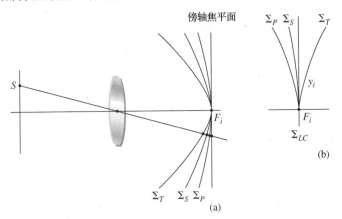

图 6.32　相切的像曲面、弧矢像曲面和佩兹伐像曲面

现在让我们短暂回到图 5.125 所示的施密特照相机，因为现在我们已能比较好理解它的功能了。它在球面镜的曲率中心处有一光阑，所有的主光线　（按定义它们通过 C）都垂直入射到反射镜面上。并且从远处物点射来的每一光线锥都相对于其主光线为对称，实际上，每根主光线都是一个光轴，因此就没有离轴点，并且在原则上没有彗差或像散。它不是试图把像面拉平，而是简单地使胶卷也弯成那样的曲面。

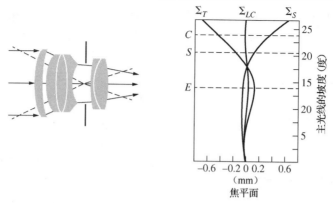

图 6.33　典型的 Sonnar 镜头。标记 C、S 和 E 表示 35 mm 胶片版面大小的边界（场阑），
　　　　即对角线、长边和短边。Sonnar 族镜头在双重高斯镜头与三合镜头之间

畸变

　　5 种初级单色像差的最后一种是**畸变**。它的起源是，横向放大率 M_T 可以是离轴像点与光轴的距离 y_i 的函数。因此，这个距离可以同认为 M_T 是常数的傍轴理论预言的距离不同。换句话说，畸变是由于透镜的不同区域有不同的焦距和不同的放大率而产生的。在没有任何别的像差时，这种像差表现为像的整体走样了，但是每一像点仍然是尖锐地聚焦的。结果，在经过一个具有**正畸变**或**枕形畸变**的光学系统处理后，方格子将变形为图 6.34b 所示。这时，每个像点都沿径向从中心向外移动，越远的点移动量越大（即 M_T 随 y_i 增大）。类似地，**负畸变**或**桶形畸变**对应于下述情况：M_T 随着与光轴的距离增大而减小，结果像上每点都沿径向向中心移动（图 6.34c）。

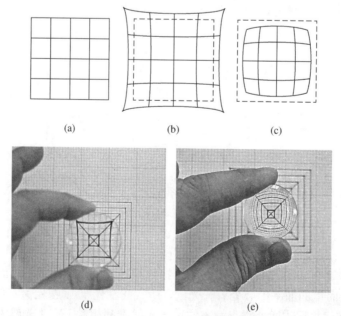

图 6.34　（a）未畸变的物。（b）当光轴上的放大率小于离轴放大率时，发生枕形畸变。（c）光轴上的放大率大于离轴放大率时，发生桶形畸变。（d）单个薄透镜的枕形畸变。（e）单个薄透镜的桶形畸变

　　通过一个有像差的透镜看一张横格纸或坐标纸，容易看到畸变现象。很薄的透镜基本上

没有畸变，而普通的正的或负的简单厚透镜则一般分别有正畸变或负畸变。在薄透镜系统中引进一个光阑总是有畸变随之发生，如图 6.35 中所示。一个例外是当孔径光阑在透镜上，这时主光线实际上就是主点光线（即这条光线通过主点——这时主点与 O 重合）。若光阑放在一个正透镜之前，如图 6.35b 中所示，那么沿主光线测量的物距将大于光阑在透镜上时（$S_2A > S_2O$）。于是 x_o 将更大，并且［由 (5.26) 式］M_T 将更小——因此是桶形畸变。换句话说，一个离轴点的 M_T 在有一前光阑时要比没有光阑时小。其差值是这种像差的一个量度，顺便说一句，不论孔径的大小如何，它都存在。同样，一个后光阑（图 6.35c）沿着主光线将减小 x_o（即 $S_2O > S_2B$），从而增大 M_T，引入枕形畸变。于是对给定的透镜和光阑，交换物和像具有改变畸变符号的效果。当透镜为负透镜时，前述光阑位置将产生相反的效果。

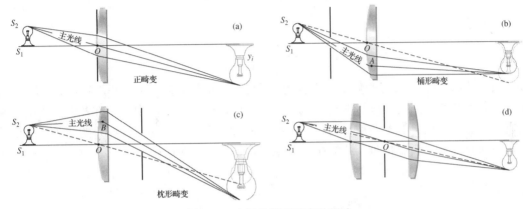

图 6.35 光阑位置对畸变的影响

所有这些使我们想到，把光阑放在两个全同的透镜元件之间正中的位置上。前一透镜产生的畸变将和后一透镜的贡献精确抵消。这一方法成功地用在一些摄影镜头的设计中（图 5.115）。当然，若透镜完全对称并且像图 6.35d 中那样工作，物距和像距将相等，从而 $M_T = 1$（顺便说一句，彗差和横向色差这时也将恒为零）。这种设计适用于（有限远共轭点的）翻拍镜头，例如用来记录数据的那种。但是，即使当 M_T 不为 1，使系统关于光阑近似对称也是非常常用的一个办法，因为它显著地减小这几种像差。

畸变也可以发生在复合透镜系统中，例如图 6.36 所示的远距照相装置中，对于远处的一个物点，正的消色差透镜的边缘起着孔径光阑的作用。实际上，这个装置像是一个负透镜带一个前光阑，因此它有正畸变或枕形畸变。

假设一根主光线以相同的方向射入和射出一个光学系统，如图 6.35d 中所示。这根光线与光轴的交点是这个系统的光心；但是由于这是一根主光线，它同时也是孔径光阑的中心。这也是图 6.35a 中把光阑紧贴着放在薄透镜上时近似发生的情况。在这两种情形下，主光线的射入段和射出段平行，畸变为零，即系统是无畸变的。这也意味着，入射光瞳和出射光瞳对应于主平面（若系统浸在单一媒质中——见图 6.2）。记住，此时主光线就是主点光线。一个薄透镜系统，

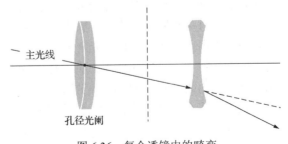

图 6.36 复合透镜中的畸变

如果其光心与孔径光阑的中心重合，则畸变为零。顺便提一下，在一个针孔照相机中，连接共轭的物点和像点的光线是直线，并通过孔径光阑的中心。入射光线和出射光线显然是平行的（是同一条光线），没有畸变。

6.3.2　色像差

上面考虑了单色光的 5 种初级像差即赛德耳像差。当然，如果光源的光谱带很宽，这些像差也会受影响；但是除非光学系统经过很好的校正，这些效应并不重要。在多色光中专门存在**色像差**，倒是更厉害得多。光线描迹方程（6.12）式是折射率的一个函数，而折射率又随波长而变。不同"颜色"的光线将沿不同的路径穿越光学系统，这是色像差的最本质的特征。

由于薄透镜公式

$$\frac{1}{f} = (n_l - 1)\left(\frac{1}{R_1} - \frac{1}{R_2}\right) \qquad [5.16]$$

通过 $n_l(\lambda)$ 依赖于波长，透镜的焦距一定也随 λ 而变。在可见区内（图 3.40，p.74），$n_l(\lambda)$ 一般随波长增大而减小，因此，$f(\lambda)$ 随 λ 增大。结果示于图 6.37 中，图中一束准直白光中的各种颜色成分聚焦在光轴上的不同点。跨越一个给定的频率范围（例如蓝到红）的两种色光的焦点之间的轴向距离，叫做**轴向**（或**纵向**）色像差，简写为 A·CA。

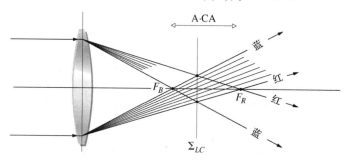

图 6.37　轴向色像差

用一面简单的厚会聚透镜很容易观察色像差。用一个多色点光源（蜡烛光就可以）照射，透镜将对光源成一个实像，外面围着一层晕圈。然后，如果把观察平面移近透镜，那么模糊了的像的边缘将变成带橙红色。再把观察平面向后移得离透镜更远，越过最佳像的位置，那么像的轮廓将带蓝紫色。最小模糊圈的位置（平面 Σ_{LC}）对应于最佳像将出现的位置。试着通过透镜直接看光源——着色现象将显著得多。

离轴点的像将由组成的频率分量构成，每一分量到达光轴上方不同高度处（图 6.38）。实质上，f 对频率的依赖性使横向放大率也依赖于频率。两个这样的像点（最常取蓝光和红光）之间的纵向距离是横向色像差（简写为 L·CA）的量度。因此，一个有色差的透镜在被白光照射时，将使一个空间体积充满一片连续的不同大小和不同颜色的像，各个像或多或少互相重叠。因为眼对光谱的黄绿部分最敏感，所以透镜总是对这个频率范围进行聚焦。在这种工作状态下将会看到，所有其他颜色的像叠合在一起，并且稍微散焦，产生一个带白色的光斑即朦胧的衬层。

当蓝光焦点 F_B 位于红光焦点 F_R 之左时，我们说这时的轴向色差是正的，图 6.37 中就是这种情况。反之，一个负透镜将产生负的轴向色差，这时偏折得更厉害的蓝光显得是从红光焦点之右发出的。从物理角度看事情的实质是：不论透镜是凸的还是凹的，其形状都是棱镜形，即随着与光轴的径向距离的增大，要么越来越薄，要么越来越厚。已经知道得很清楚，光线因此将分别向着光轴或是离开光轴偏折。在两种情形下，光线都朝向棱镜型截面较厚的"基底"偏折。但是偏转角的大小是 n 的升函数。因此它随 λ 的增大而减小。从而蓝光的偏折最大，其焦点离透镜最近。换句话说，对一块凸透镜，红光的焦点最远并在最右边；对一块凹透镜，红光的焦点最远并在最左边。

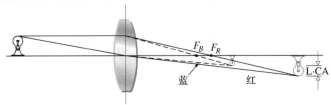

图 6.38 横向色像差

人眼有相当大的色像差，它得到几种心理生理机制的补偿。但是，仍然可以用一个紫色小点看到这一效应：把紫色小点拿近眼睛，它将显得是蓝色中心周围围着一圈红色；将它挪远，它将显得是红色中心周围围着一圈蓝色。

薄的消色差双合透镜

上面说的这一切使我们想到：两块薄透镜，一块正的和一块负的，组合在一起，想必可以使 F_R 和 F_B 精确地重合（图 6.39）。我们称这样的装置对这两个特定波长消色差。注意，我们要做的是有效地消除总色散（即各种颜色的光的偏转大小不同），而不是消除偏转本身。对间距为 d 的两块透镜，

$$\frac{1}{f} = \frac{1}{f_1} + \frac{1}{f_2} - \frac{d}{f_1 f_2} \tag{6.8}$$

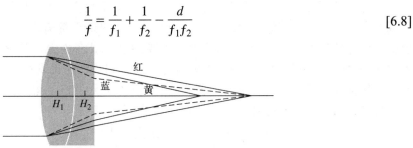

图 6.39 消色差双合透镜。光线的路径被夸大了

我们不写出薄透镜公式（5.15）的第二项，对两个元素使用缩写记号，$1/f_1 = (n_1 - 1)\rho_1$ 及 $1/f_2 = (n_2 - 1)\rho_2$。于是

$$\frac{1}{f} = (n_1 - 1)\rho_1 + (n_2 - 1)\rho_2 - d(n_1 - 1)\rho_1(n_2 - 1)\rho_2 \tag{6.51}$$

若式中的折射率以合适的折射率 n_{1R}、n_{2R}、n_{1B} 和 n_{2B} 代入。这个式子将给出双合透镜对红光的焦距（f_R）和对蓝光的焦距（f_B）。但是要使 f_R 等于 f_B，那么

$$\frac{1}{f_R} = \frac{1}{f_B}$$

用（6.51）式，

$$
\begin{aligned}
(n_{1R} - 1)\rho_1 + (n_{2R} - 1)\rho_2 - d(n_{1R} - 1)\rho_1(n_{2R} - 1)\rho_2 = \\
(n_{1B} - 1)\rho_1 + (n_{2B} - 1)\rho_2 - d(n_{1B} - 1)\rho_1(n_{2B} - 1)\rho_2
\end{aligned}
\tag{6.52}
$$

一个特别重要的情况是 $d=0$，即两个透镜相接触。令 $d=0$，展开（6.52）式，得

$$\frac{\rho_1}{\rho_2} = -\frac{n_{2B} - n_{2R}}{n_{1B} - n_{1R}} \tag{6.53}$$

复合透镜的焦距（f_Y）可以方便地规定为黄光的焦距，大致在蓝光焦距和红光焦距两个极端的中间。对两个组成透镜，它们的黄光焦距满足 $1/f_{1Y} = (n_{1Y}-1)\rho_1$ 和 $1/f_{2Y} = (n_{2Y}-1)\rho_2$。因而

$$\frac{\rho_1}{\rho_2} = \frac{(n_{2Y}-1)}{(n_{1Y}-1)}\frac{f_{2Y}}{f_{1Y}} \tag{6.54}$$

令（6.53）式和（6.54）式相等，得

$$\frac{f_{2Y}}{f_{1Y}} = -\frac{(n_{2B}-n_{2R})/(n_{2Y}-1)}{(n_{1B}-n_{1R})/(n_{1Y}-1)} \tag{6.55}$$

量

$$\frac{n_{2B} - n_{2R}}{n_{2Y} - 1} \quad \text{和} \quad \frac{n_{1B} - n_{1R}}{n_{1Y} - 1}$$

叫做制成透镜的两种材料的色散本领。它们的倒数 V_2 和 V_1 有各种不同的名称：色散率、V 数或阿贝数。因此

$$\frac{f_{2Y}}{f_{1Y}} = -\frac{V_1}{V_2}$$

或

$$f_{1Y}V_1 + f_{2Y}V_2 = 0 \tag{6.56}$$

由于色散本领是正数，因此 V 数也是正数。这意味着，要得到（6.56）式，即要使 f_R 等于 f_B，那么正如我们预期的，两个组成透镜中必须一个为负透镜，另一个为正透镜。

现在该可以设计一个消色差双合透镜了，我们马上就要从事这项工作，不过先还要补充几点。把波长标为红色、黄色和蓝色，这对实际应用而言太不精确了。代之而行的做法通常是提及具体的谱线，其波长已经非常精确地知道。**夫琅禾费谱线**可以用来作为所需的分布在整个光谱内的参考标志。表 6.1 中列出了可见区中的几条夫琅禾费谱线。其中 F 线、C 线和 d 线（即 D_3）是最常用的（分别作为蓝光、红光和黄光的代表谱线），并且人们一般是在 d 光中对傍轴光线描迹。玻璃制造商通常根据阿贝数来对其产品编目，如图 6.40 所示，该图的纵坐标是折射率，横坐标是

$$V_d = \frac{n_d - 1}{n_F - n_C} \tag{6.57}$$

（也看一看表 6.2）。这样（6.56）式可以更好地写作

$$f_{1d}V_{1d} + f_{2d}V_{2d} = 0 \tag{6.58}$$

其中，数字下标指的是双合透镜中用的两种玻璃，而字母下标则代表 d 线。

表 6.1　几条强夫琅禾费谱线

名称	波　　长	源	名称	波　　长	源
C	6562.816 红	H	b_2	5172.699 绿	Mg
D_1	5895.923 黄	Na	c	4957.609 绿	Fe
D	双透镜中心 5892.9	Na	F	4861.327 蓝	H
D_2	5889.953 黄	Na	f	4340.465 紫	H
D_3 or d	5875.618 黄	He	g	4226.728 紫	Ca
b_1	5183.618 绿	Mg	K	3933.666 紫	Ca

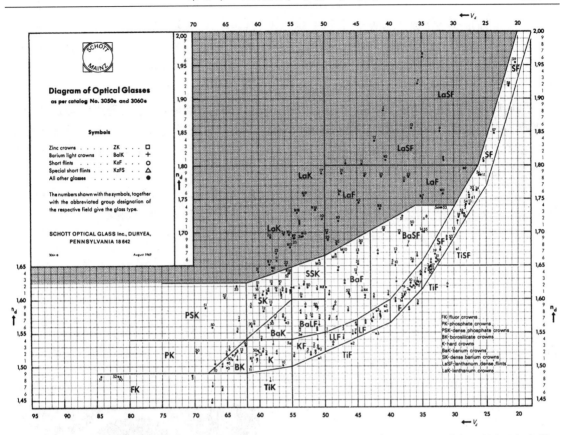

图 6.40　各种玻璃的折射率与阿贝数的关系。上方阴影区域内的样本是稀土玻璃，有高折射率和低色散

表 6.2　光 学 玻 璃

型号	名　称	n_D	V_D	型号	名　称	n_D	V_D
511:635	Borosilicate crown—BSC-1	1.511 0	63.5	584:460	Barium flint—BF-1	1.583 8	46.0
517:645	Borosilicate crown—BSC-2	1.517 0	64.5	605:436	Barium flint—BF-2	1.605 3	43.6
513:605	Crown—C	1.512 5	60.5	559:452	Extra light flint—ELF-1	1.558 5	45.2
518:596	Crown	1.518 0	59.6	573:425	Light flint—LF-1	1.572 5	42.5
523:586	Crown—C-1	1.523 0	58.6	580:410	Light flint—LF-2	1.579 5	41.0
529:516	Crown flint—CF-1	1.528 6	51.6	605:380	Dense flint—DF-1	1.605 0	38.0
541:599	Light barium crown—LBC-1	1.541 1	59.9	617:366	Dense flint—DF-2	1.617 0	36.6
573:574	Barium crown—LBC-2	1.572 5	57.4	621:362	Dense flint—DF-3	1.621 0	36.2
574:577	Barium crown	1.574 4	57.7	649:338	Extra dense flint—EDF-1	1.649 0	33.8
611:588	Dense barium crown—DBC-1	1.611 0	58.8	666:324	Extra dense flint—EDF-5	1.666 0	32.4
617:550	Dense barium crown—DBC-2	1.617 0	55.0	673:322	Extra dense flint—EDF-2	1.672 5	32.2
611:572	Dense barium crown—DBC-3	1.610 9	57.2	689:309	Extra dense flint—EDF	1.689 0	30.9
562:510	Light barium flint—LBF-2	1.561 6	51.0	720:293	Extra dense flint—EDF-3	1.720 0	29.3
588:534	Light barium flint—LBF-1	1.588 0	53.4				

本表采自 T. Calvert，"Optical Components，" *Electromechaniecl Design*(May, 1971)。更多的数据见 Smith, *Modern Optical Engineering*, McGraw-Hill, New York (2nd ed), 1990。型号由（n_D-1）·（$10V_D$）给出。

　　顺便插一句，牛顿根据用当时很有限的几种材料做的实验，曾错误地得出结论：一切玻璃的色散本领是一个常数。这等于说［（6.58）式］$f_{1d} = -f_{2d}$，这时双合透镜就不能折光了。牛顿因此把他的努力方向从折射望远镜移到反射望远镜上来，最后看来这倒幸而是很好的一步。消色差镜头是霍尔（C. M. Hall）于 1733 年前后发明的，但是被湮没无闻，直到 1758 年似乎才被伦敦的光学仪器商 J. Dollond 重新发明并取得专利。

　　图 6.41 中示出几种形式的消色差双合镜头。它们的组合状态取决于所选用的玻璃的类型及要控制的其他像差。顺便提一下，购买来源不明的双合镜头成货时，注意不要买那种故意包含某些像差以补偿它原来所在系统的误差的透镜。最常遇到的双合镜头也许是夫琅禾费胶合消色差镜头。它由一块冕牌玻璃的双凸透镜同一块火石玻璃的平凹（或近平凹）透镜紧密胶合而成[①]。前一元件使用冕牌玻璃是很常见的，因为它的抗磨性较好。由于胶合镜头的总体形状大致是平凸的，选择合适的玻璃，还可以校正球差和彗差。现在设我们想设计一个焦距为 50 cm 的夫琅禾费消色差镜头，把方程（6.58）同复合透镜方程

$$\frac{1}{f_{1d}} + \frac{1}{f_{2d}} = \frac{1}{f_d}$$

联立求解，得

$$\frac{1}{f_{1d}} = \frac{V_{1d}}{f_d(V_{1d} - V_{2d})} \qquad (6.59)$$

和

$$\frac{1}{f_{2d}} = \frac{V_{2d}}{f_d(V_{2d} - V_{1d})} \qquad (6.60)$$

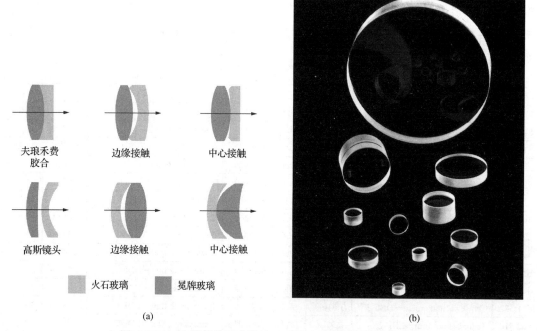

夫琅禾费胶合　　边缘接触　　中心接触

高斯镜头　　边缘接触　　中心接触

火石玻璃　　冕牌玻璃

(a)　　　　　　　　　　(b)

图 6.41 （a）消色差双合镜头 （b）双合镜头和三合镜头

于是，为了使 f_{1d} 和 f_{2d} 之值不致太小（否则将使各个组成透镜的表面弯曲得太厉害），应当使差值 $V_{1d} - V_{2d}$ 大（大约 20 或更大是合适的）。从图 6.40（或等价的图），我们可选比方说 BK1

[①] 传统上，玻璃大致上在 $n_d > 1.60$，$V_d > 50$ 范围内，冕牌玻璃则为 $n_d < 1.60$，$V_d > 50$；其他的是火石玻璃。

和 F2。根据产品目录上列出的折射率，它们分别为 $n_C = 1.50763$，$n_d = 1.51009$，$n_F = 1.51566$ 和 $n_C = 1.61503$，$n_d = 1.62004$，$n_F = 1.63208$。它们的 V 数一般也相当精确地给出，我们不必计算了。本例中它们分别为 $V_{1d} = 64.36$ 和 $V_{2d} = 36.37$。两个透镜的焦距或其光焦度由（6.59）式和（6.60）式给出：

$$\mathscr{D}_{1d} = \frac{1}{f_{1d}} = \frac{63.46}{0.50(27.09)}$$

和

$$\mathscr{D}_{2d} = \frac{1}{f_{2d}} = \frac{36.37}{0.50(-27.09)}$$

因此 $\mathscr{D}_{1d} = 4.685\mathrm{D}$（折光度），$\mathscr{D}_{2d} = -2.685\mathrm{D}$；二者之和等于 2D，即 1/0.5，理当如此。为了容易制造起见，令第一个透镜或正透镜是等凸的，因此它的两个曲率半径 R_{11} 和 R_{12} 的大小相等。于是

$$\rho_1 = \frac{1}{R_{11}} - \frac{1}{R_{12}} = \frac{2}{R_{11}}$$

或等价地

$$\frac{2}{R_{11}} = \frac{\mathscr{D}_{1d}}{n_{1d} - 1} = \frac{4.685}{0.51009} = 9.185$$

因此 $R_{11} = -R_{12} = 0.2177$ m。此外，由于前面已经规定两个透镜是相互紧密接触的，我们有 $R_{12} = R_{21}$，即第一个透镜的后表面同第二个透镜的前表面相匹配。对第二个透镜有

$$\rho_2 = \frac{1}{R_{21}} - \frac{1}{R_{22}} = \frac{\mathscr{D}_{2d}}{n_{2d} - 1}$$

或

$$\frac{1}{-0.2177} - \frac{1}{R_{22}} = \frac{-2.685}{0.62004}$$

$R_{22} = -3.819$ m。小结一下，冕牌玻璃透镜的曲率半径为 $R_{11} = 21.8$ cm 和 $R_{12} = -21.8$ cm，而火石玻璃透镜的半径为 $R_{21} = -21.8$ cm 和 $R_{22} = -381.9$ cm。

注意，对薄透镜组合，各色光的主平面重合，因此对焦距消除了色差就同时校正了轴向色差 A·CA 和横向色差 L·CA。但是在一个厚双合透镜中，即使红光和蓝光的焦距一样，不同波长的主平面也可能不同。因此，虽然各个波长的放大率相同，但它们的焦点则可能并不重合，即只校正了横向色差，轴向色差则并未校正。

在上面的讨论中，只是使 C 线和 F 线有一个公共焦点，而引入 d 线则是为了定义双合透镜整体的焦距。要使穿过一块双合消色差透镜的一切波长都会聚在一个公共焦点上，那是不可能的。所得到的剩余色像差叫做二次光谱。若限定设计只使用现有的各种玻璃，那么消除二次光谱是非常麻烦的。不过，一块萤石（CaF$_2$）透镜同一块合适的玻璃透镜组合起来，可以构成一个在三个波长上消色差的双合透镜，它的二次光谱很小。更常见的是用一个三合透镜在三个甚至四个波长上进行色差校正。用双筒望远镜看远处的一个白色物体，容易观察到望远镜的二次光谱。物体的边界将略带红、绿色的晕纹——试着前后移动焦点看有什么变化。

分离的消色差双合透镜

用两块隔得很远的同一种玻璃制成的透镜组成一个双合透镜，也能够消除焦距的色差。我们来简单讨论一下。回到（6.52）式，令 $n_{1R} = n_{2R} = n_R$ 及 $n_{1B} = n_{2B} = n_B$，进行一些代数演算

后，此式变为

$$(n_R - n_B)[(\rho_1 + \rho_2) - \rho_1\rho_2 d(n_B + n_R - 2)] = 0$$

或

$$d = \frac{1}{(n_B + n_R - 2)}\left(\frac{1}{\rho_1} + \frac{1}{\rho_2}\right)$$

像前面一样，再次引入黄色参考频率，即 $1/f_{1Y} = (n_{1Y} - 1)\rho_1$ 及 $1/f_{2Y} = (n_{2Y} - 1)\rho_2$，我们可以交换 ρ_1 和 ρ_2。因而

$$d = \frac{(f_{1Y} + f_{2Y})(n_Y - 1)}{n_B + n_R - 2}$$

其中，$n_{1Y} = n_{2Y} = n_Y$。假定 $n_Y = (n_B + n_R)/2$，我们有

$$d = \frac{f_{1Y} + f_{2Y}}{2}$$

或在 d 光中

$$d = \frac{f_{1d} + f_{2d}}{2} \tag{6.61}$$

这正是惠更斯目镜取的形式（5.7.4 节）。由于红光和蓝光焦距相同，但是对应的双合透镜的主平面却不一定相同，因此红光蓝光一般并不会聚在同一焦点。所以这种目镜的横向色像差是校正得很好的，但轴向色像差则并未校正。

为了使一个系统消除这两种色像差，红光光线和蓝光光线必须相互平行地射出系统（没有横向色像差），并且和光轴相交于同一点（没有轴向色像差），这意味着两条光线必须重合。由于这实际上是一块薄消色差透镜发生的情况，这就意味着，一个多透镜的光学系统一般应当由多个消色差透镜组成，以保持红光光线和蓝光光线不分开（图 6.42）。就像一切这类规矩一样，也有例外。泰勒三合镜头（5.7.7 节）就是其中之一。两种颜色的光线（系统对这两种颜色消色差）先在镜头中分开，然后再合起来，一起从系统射出。

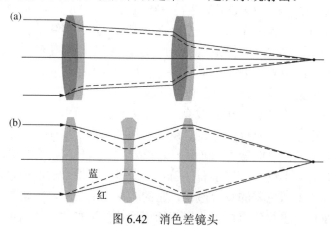

图 6.42   消色差镜头

6.4   GRIN（梯度折射率）系统

一块普通的均匀透镜有两个物理特性，对它重建一个波阵面的方式有贡献：一个是它的折射率与周围介质的折射率之差，还有一个是它的界面的曲率。但是我们已经看到，光穿过

非均匀介质传播时，波阵面在光密区域会慢下来，而在不那么光密的区域则会变快，再次发生弯曲。于是，在原则上，应当能够用某种非均匀材料制造出一面透镜，这种材料的折射率有一梯度（GRadient in the INdex of refraction）；按照英文缩写，将这种器件叫做 **GRIN（梯度折射率）镜头**。开发这种系统的强有力的原因是，它们向光学设计工程师提供了附加的一组控制像差的新参数。

为大致了解 GRIN 镜头如何工作，考虑图 6.43 中画的器件，为简单起见，图中假设 $f > r$。它是一块平玻璃盘，经过处理，使它的折射率 $n(r)$ 从光轴上的极大值 $n_{\max}$ 沿径向以某种待定的方式减小。因此它叫做一个**径向 GRIN** 器件。在光轴上穿过这个圆盘的光线走过的光程长度是 $(\mathrm{OPL})_o = n_{\max} d$，而在高度 r 上穿过圆盘的光线，忽略其路程的稍许弯曲，走过的光程长度是 $(\mathrm{OPL})_r \approx n(r)d$。由于一个平面波阵面必定弯成一个球面波阵面，沿着任何路径从一波阵面到另一波阵面的光程长度必定相等（第 192 页）：

$$(\mathrm{OPL})_r + \overline{AB} = (\mathrm{OPL})_o$$

和

$$n(r)d + \overline{AB} = n_{\max} d$$

但是 $\overline{AF} \approx \sqrt{r^2 + f^2}$；此外，$\overline{AB} = \overline{AF} - f$，因此

$$n(r) = n_{\max} - \frac{\sqrt{r^2 + f^2} - f}{d}$$

将根号项用二项式定理改写，$n(r)$ 变成

$$n(r) = n_{\max} - \frac{r^2}{2fd}$$

这个式子告诉我们，若折射率从它在光轴上的极大值沿径向按抛物线规律下降，那么这块 GRIN 板将会将一个准直光束聚焦在 F 点，起一块正透镜的作用。虽然上面的讨论非常简单化，但是它明确了一点：一个折射率按抛物线规律沿径向下降的截面，将使平行光聚焦。

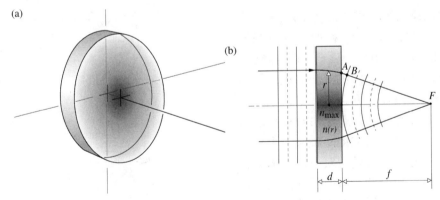

图 6.43　（a）一块透明玻璃圆盘，其折射率从中心轴沿径向减小。（b）对应于用 GRIN 透镜对平行光线聚焦的光路

今天市场上有各种各样的径向镜头出售，亿万个梯度折射率镜头已用在激光打印机、复印机和传真机中。最常见的器件是一种直径为几毫米的 GRIN 圆柱体，本质上与图 5.82b 中所示的光纤相似。对单色光，它们提供近于衍射置限的性能；对多色光，它们有比非球面好得多的优点。

这种小直径的 GRIN 杆通常是通过离子扩散来制造。一块基底玻璃在一个熔盐浴锅中浸

许多个小时，在这段时间里，发生缓慢的离子扩散和交换。一种离子迁移出玻璃，另一种来自浴锅的离子占据它的位置，改变折射率。这个过程就这样沿着径向从外向内向着光轴进行，所需时间与杆的直径的平方成正比。对一个抛物线剖面，这对孔径大小设置了实际界限。焦距由折射率的变化 Δn 决定。透镜越快，Δn 必定越大。即使如此，由于生产制作方面的原因，通常将 Δn 限制在大约 0.10 以下。绝大多数 GRIN 柱有一个抛物线折射率剖面，典型的表示式为

$$n(r) = n_{\max}(1 - ar^2/2)$$

图 6.44 示出这样一个长度为 L 的径向 GRIN 杆，由单色光照明。子午光线在入射平面内（这时此平面是竖直的）走正弦曲线路程。这些正弦曲线的空间周期为 $2\pi/\sqrt{a}$，其中**梯度常数** $\sqrt{a}$ 是 λ 的函数，并依赖于具体的 GRIN 材料。图 6.44a 示出一个径向 GRIN 透镜怎样生成一个放大的正立实像。通过改变物距或透镜的长度 L，可以生成范围很宽的像，甚至可以让物平面和像平面就在杆的端面上（图 6.44 的 b 和 c）。

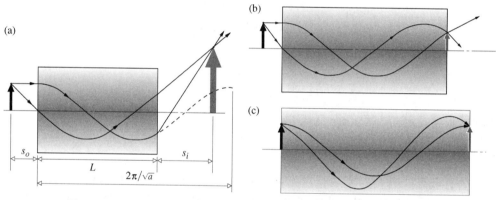

图 6.44　　（a）径向 GRIN 杆产生一个放大的正立实像。（b）这里像成在杆的末端面上。　（c）这是用在复印机中的一个方便装置

　　径向 GRIN 镜头常常用它们的长度（或等价地，它们的**间距**, pitch）来标明（图 6.45）。间距为 1.0 的径向 GRIN 杆是一个正弦波长：$L = 2\pi/\sqrt{a}$。间距为 0.25 的径向 GRIN 杆的长度是一个正弦波长的四分之一（$\pi/2\sqrt{a}$）。

　　不同于端面为平面的径向 GRIN 杆的另一种 GRIN 镜头是轴向 GRIN 镜头，它一般抛光为球面。这样，它就与双非球面镜头相似，但是没有生成复杂表面的困难。通常，是将一堆有着合适的折射率的玻璃板熔合在一起。在高温下，各种玻璃熔化，相互扩散，产生一个大玻璃块，具有连续变化的折射率剖面，可以将折射率弄成按照线性、平方甚至三次方变化（图 6.46a）。将这样一块玻璃磨制成镜头时，磨制过程切割玻璃，揭示出折射率的一个范围。镜头面上的各个圆环（以

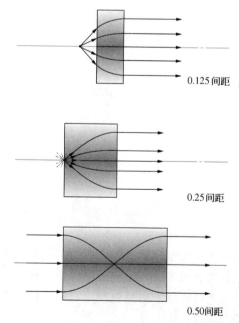

0.125 间距

0.25 间距

0.50 间距

图 6.45　用于几种典型用途的不同间距的径向 GRIN 镜头

光轴为圆心）有不同的逐渐变化的折射率。入射到光轴之上不同高度的光线遇到不同折射率的玻璃，适当弯折。在图 6.46c 中很明显的球面像差，是因为球面透镜的边缘折射太厉害而引起的。而轴向 GRIN 镜头允许折射率向边缘逐渐降低，这就使它能改正球面像差。

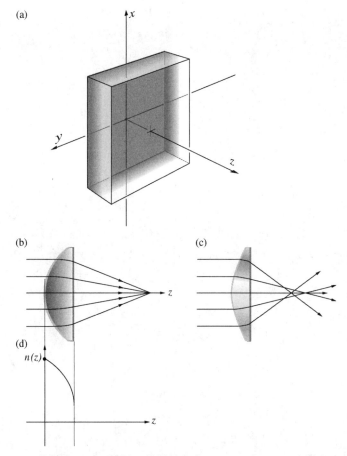

图 6.46 　（a）一块轴向 GRIN 材料，其折射率为 $n(z)$。（b）一个轴向 GRIN 镜头，它没有球面像差。（c）一个通常的有球面像差的镜头。（d）折射率剖面

　　一般说来，在复合镜头的设计中引入 GRIN 元件，将使系统大为简化，使元件数目减至原来的 1/3，而保持总体性能不变。

6.5 　结束语

　　考虑到易于制造这个实际原因，绝大多数光学系统都限于使用表面为球面的透镜。固然，也有复曲面透镜、圆柱面透镜以及许多别种非球面透镜。的确，非常精密的、一般也是非常昂贵的仪器，诸如高空搜摄照相机和追踪系统，可能有几个非球面元件。尽管如此，能够扎下根的是球面透镜，它们固有的像差必须得到令人满意的处理。我们已经看到，设计师（和他的忠实伴侣电子计算机）必须计算系统的变量（折射率、形状、间隔、光阑等），以消除讨厌的像差。这要做到什么程度，由对光学系统的具体要求决定。例如，在一个普通望远镜中，可以容许比一个优良的摄影镜头中大得多的畸变和像场弯曲。同样，如果打算只同单一频率的激光打交道，也就没有什么必要为色差而烦恼。

　　不论怎样，本章只不过刚接触到这些问题（更多的是理解这些问题，而不是解决它们）。这些问题肯定能够解决，这从下面出色的航空照片即可得到证实，这张照片本身非常雄辩地说明了问题，特别是当你想到，一颗好的间谍卫星将在天上做得比这好 10 倍。

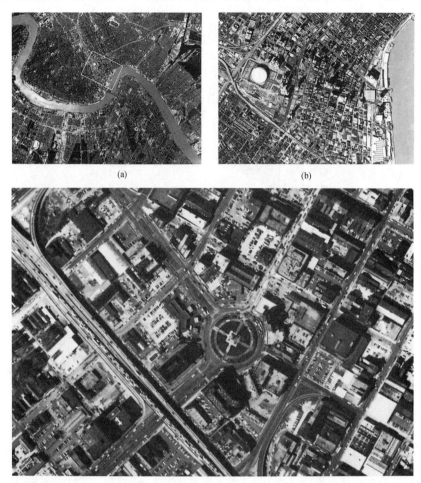

　　（a）从 12 500 m 高空用 Itek 的 Metritek-21 相机（f = 21 cm）拍摄的新奥尔良和密西西比河的照片。地面分辨率为 1 m；比例尺为 1:59 492。 （b）照片比例尺为 1:10 000。 （c）照片比例尺为 1:2500

习题

除带星号的习题外，所有习题的答案都附在书末。

6.1*　详细推导（6.8）式。

6.2　冉斯登目镜（图 5.105）由两块焦距同为 f' 的平凸透镜组成，两块透镜相隔距离 $2f'/3$。求此薄透镜组合的总焦距，定出主平面的位置和视场光阑的位置。

6.3　写出焦距为无穷大的双凸透镜的厚度 d_l 的表示式。

6.4*　一块厚透镜两面的曲率半径是 +10.0 cm 和 +9.0 cm。透镜沿光轴的厚度是 1.0 cm，折射率为 1.50，透镜浸在空气中。求透镜的焦距，并解释其符号的意义。

6.5　设有一正弯月形透镜，曲率半径为 6 和 10，厚为 3（随便什么单位，只要前后一贯），折射率为 1.5。求其焦距及其主点的位置（比较图 6.3）。

6.6* 证明，若一块厚度为 d_l 的双凸透镜的两个主点在透镜的两个顶点之间的中点重合，则此透镜是一个球。设透镜是在空气中。

6.7 用 (6.2) 式，推导出一个半径为 R 的均匀透明球的焦距的表示式。定出它的主点的位置。

6.8* 一个直径为 20 cm 的球形玻璃瓶，瓶壁薄得可以忽略，注满了水。在一个美好的晴天，将这个玻璃瓶放在汽车后座上。它的焦距是多少？

6.9* 潜水艇的观察窗由 5 cm 厚的玻璃（$n = 1.5$）制成，其弧面的半径为 30 cm。请确定潜水艇未下水时此窗的焦距。

6.10* 一块厚玻璃透镜，折射率为 1.50，透镜表面的曲率半径为 +23 cm 和 +20 cm，因此两个顶点都在对应的曲率中心的左边。给出厚度为 9.0 cm，求透镜的焦距。证明，对这样的无焦零 power 系统，普遍有 $R_1 - R_2 = d/3$。画一个示意图，表示一个轴向的入射平行光线束穿过此系统时发生的事情。

6.11 我们发现，太阳光被一块厚透镜聚焦为一个亮斑，离厚透镜的后表面 29.6 cm。这块厚透镜的主点 H_1 位于 +2.0 cm，H_2 位于 -4.0 cm。一支蜡烛放在透镜之前 49.8 cm 处，决定蜡烛的像的位置。

6.12* 请证明：一块厚玻璃透镜的两个主面之间的间隔大约是其厚度的三分之一。最简单的几何情况发生在用一块平凸透镜追迹从物焦点发出的一条光线时。关于这种透镜的焦距与厚度之间的关系，你能说些什么？

6.13 一块冕牌玻璃的双凸透镜，厚 4.0 cm，工作在 900 nm 的波长上，折射率为 3/2。给出它两面的曲率半径是 4.0 cm 和 15 cm，定出它的主点位置，计算它的焦距。如果将一电视屏幕放在离透镜的前表面 1.0 m 处，电视画面的实像将出现在何处？

6.14* 想象两块完全一样的厚双凸透镜，中间隔一段距离，两块透镜相邻的顶点之间相距 20 cm。给定所有的曲率半径为 50 cm，折射率为 1.5，每块透镜的厚度为 5.0 cm，计算组合透镜的焦距。

6.15* 一块复合透镜由两块薄透镜相隔 10 cm 组成。第一块薄透镜的焦距为 +20 cm，第二块薄透镜的焦距为 -20 cm。决定透镜组合的焦距，并定出相应的主点的位置。画出系统的一个示意图。

6.16* 一块平凸透镜，折射率为 3/2，厚度为 1.2 cm，曲率半径为 2.5 cm。光入射到透镜的弯曲面上，决定系统矩阵。

6.17* 一块双凸透镜，折射率为 1.810，厚度为 3.00 cm。它的第一个曲率半径为 11.0 cm，第二个为 120 cm。定出它的系统矩阵 A。

6.18* 从 (6.33) 式出发推导 (6.34) 式，物和像都在空气中。

6.19* 证明，联系物距和像距（从透镜顶点测量）的 (6.36) 式，在薄透镜的情况下化为高斯公式 [(5.17) 式]。记住当 $s_o > 0$，$d_{lO} < 0$；当 $s_i > 0$，$d_{l2} > 0$。

6.20* 一块正弯月形透镜的折射率为 2.4，浸在折射率为 1.9 的媒质里。透镜的光轴厚度为 9.6 mm，两个面的曲率半径为 50.0 mm 和 100 mm。计算光射到凸面时的系统矩阵，并证明其行列式等于 1。

6.21* 证明 (6.31) 式中系统矩阵的行列式等于 1。

6.22 证明 (6.41) 式和 (6.42) 式分别等价于 (6.3) 式和 (6.4) 式。

6.23 证明一块凹平透镜或凸平透镜的平面表面对系统矩阵没有贡献。

6.24 计算一块厚双凸透镜的系统矩阵，共折射率为 1.5，曲率半径为 0.5 及 0.25，厚为 0.3（随便用什么单位）。验证 $|A| = 1$。

6.25* 空气中的厚双凸透镜的系统矩阵为

$$\begin{bmatrix} 0.6 & -2.6 \\ 0.2 & 0.8 \end{bmatrix}$$

知道头一个半径是 0.5 cm，厚度为 0.3 cm，透镜的折射率为 1.5，求另一半径。

6.26* 从（6.35）式和（6.37）式出发，证明（6.33）式中三个 2×2 矩阵相乘产生的 2×2 矩阵之形式为

$$\begin{bmatrix} (a_{11} - a_{12}d_O) & a_{12} \\ 0 & M_T \end{bmatrix}$$

由于这个矩阵是由三个行列式为 1 的矩阵相乘得到的，它的行列式也是 1。由此证明

$$M_T = \frac{1}{a_{11} - a_{12}d_O} \tag{6.38}$$

6.27* 空气中的一块凹平玻璃（$n = 1.50$）透镜的半径为 10.0 cm，厚度为 1.00 cm。决定其系统矩阵，并检验它的行列式为 1。一根光线，要以多大的正角（从光轴往上测量，以弧度为单位）在 2.0 cm 的高度射到透镜上，才能让它在同一高度上但是平行于光轴射出透镜？

6.28* 考虑习题 6.29 中的透镜，求其焦距及透镜的两个焦点相对于其顶点 V_1 和 V_2 的位置。

6.29* 题图 P.6.29 画的是两面全同的凹球面镜组成一个所谓的共焦腔。先不标出 d 之值，证明，在穿过腔两次后系统矩阵为

$$\begin{bmatrix} \left(\dfrac{2d}{r} - 1\right)^2 - \dfrac{2d}{r} & \dfrac{4}{r}\left(\dfrac{d}{r} - 1\right) \\ 2d\left(1 - \dfrac{d}{r}\right) & 1 - 2\dfrac{d}{r} \end{bmatrix}$$

然后对具体的值 $d = r$ 证明，在四次反射后，系统回到它开始的状态，光滑再次追踪原来的路程。

6.30 参看图 6.18a，证明：当 $\overline{P'C} = Rn_2/n_1$ 及 $\overline{PC} = Rn_1/n_2$ 时，P 点发出的一切光线看起来都像是来自 P' 点。

6.31 从（5.5）式给出的精确表示式出发，证明：对 l_o 和 l_i 的近似稍作改进时，得出的将是（6.46）式而不是（5.8）式。

6.32 设用一个只有球差的透镜系统对题图 P.6.32 成像。画出像的略图。

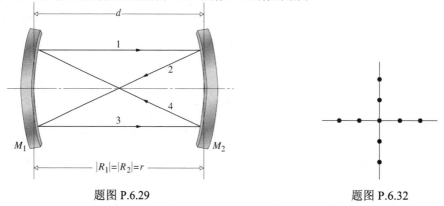

题图 P.6.29　　　　　　　　　　　题图 P.6.32

6.33* 题图 P.6.33 表示一个单色点光源照到三个不同的光学系统时像的辐照度分布，每个光学系统只有一种像差。从图认出每种情况下是什么像差，并说明你的回答的理由。

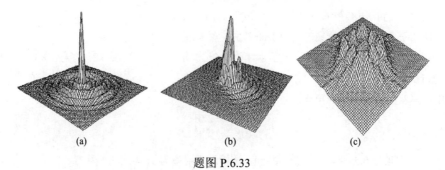

(a)　　　　　　　　(b)　　　　　　　　(c)

题图 P.6.33

6.34*　题图 P.6.34 表示的是一个单色点光源照射两个不同的光学系统时产生的像对应的光分布，每个光学系统只有一种像差。辨明每种情况是什么像差，说明理由。

(a)　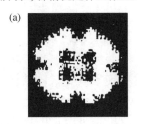　(b)　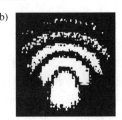

题图 P.6.34

第7章 波的叠加

下面几章将研究偏振、干涉和衍射现象。这些现象具有共同的概念基础，因为它们在很大程度上都是研究同一过程的不同侧面。用最简单的话说，实际上是要讨论当两个或多个光波在空间的某个区域中重叠时会出现什么现象。支配这种叠加的精确条件确定了最后的光扰动。我们最感兴趣的是要了解各个波组分的特性（即振幅、相位、频率等）如何影响合成扰动的最后形式。

我们还记得，电磁波的每个场强分量 E_x, E_y, E_z, B_x, B_y 和 B_z 都满足三维标量波动微分方程，

$$\frac{\partial^2 \psi}{\partial x^2} + \frac{\partial^2 \psi}{\partial y^2} + \frac{\partial^2 \psi}{\partial z^2} = \frac{1}{v^2}\frac{\partial^2 \psi}{\partial t^2} \qquad [2.60]$$

这个表示式的一个非常重要的特征是：方程是线性的，即 $\psi(\vec{r}, t)$ 和它的导数只出现一次幂项。因此，如果 $\psi_1(\vec{r}, t)$，$\psi_2(\vec{r}, t)$，$\cdots$，$\psi_n(\vec{r}, t)$ 每一个（单独）都是方程（2.60）的解，那么这些解的任何线性组合也将是方程的解。于是

$$\psi(\vec{r}, t) = \sum_{i=1}^{n} C_i \psi_i(\vec{r}, t) \qquad (7.1)$$

满足波动方程，其中 C_i 是任意常数。这个性质称为**叠加原理**，它表明媒质中任何一点的合扰动是各个单独波组分的代数和（图 7.1）。现在只对实际上适用叠加原理的线性系统感兴趣。但是要记住，大振幅的波，不管是声波还是弦上的波，都可以产生非线性的响应。聚焦的高强度激光光束（其中电场可以高达 10^{10} V/cm），很容易引起非线性效应（见第 13 章）。与此相比，到达地球上的太阳光的电场振幅只有大约 10 V/cm。

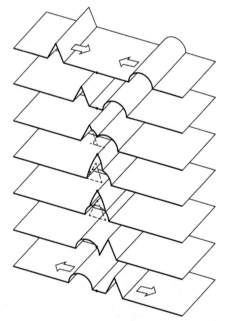

在许多情况下，不必考虑光的矢量本性，目前我们就将限于这种情况。例如，如果几个光波全都沿着一直线传播并且具有共同的、固定的振动面，那么它们每一个都可以用一个电场分量来描述。这些电场分量在任何时刻全都平行或者全都反平行，因而可以当作标量来处理。下面我们对这一点还要更多详谈；但现在且让我们把光扰动表示为标量函数 $E(\vec{r}, t)$，它是微分方程的一个解。这个方法引至一个简单的标量理论，只要应用时多加小心，它是非常有用的。

图 7.1 两个扰动的叠加

7.1 同频率波的相加

把两个或者更多个同频率同波长的重叠的波相加有好几种等价的数学方法，我们学习这几种方法，以便对某种具体情况选用最合适的方法。

7.1.1 代数方法

现在设两个频率相同（ω）的行进在相同方向（x）的简谐波的叠加。波动微分方程的解可以写为

$$E(x, t) = E_0 \sin[\omega t - (kx + \varepsilon)] \qquad (7.2)$$

其中 E_0 是朝正 x 方向传播的简谐扰动的振幅。为了把相位中的空间部分和时间部分分离，令

$$\alpha(x, \varepsilon) = -(kx + \varepsilon) \qquad (7.3)$$

因此得另一种形式

$$E(x, t) = E_0 \sin[\omega t + \alpha(x, \varepsilon)] \qquad (7.4)$$

现在假设有两个这样的波

$$E_1 = E_{01} \sin(\omega t + \alpha_1) \qquad (7.5a)$$

和

$$E_2 = E_{02} \sin(\omega t + \alpha_2) \qquad (7.5b)$$

它们有相同的频率和速度，在空间共存。总扰动是两个波的线性叠加：

$$E = E_1 + E_2$$

这个和应当类似于（7.4）式；两个相同频率的信号相加不会得到频率不同的合成信号。记住这一点很重要，光子的频率和它的能量相对应，它没有改变。可以预计，这个和应该是频率为 ω 的正弦函数，幅度（E_0）和相位（α）待定。

从这个和式并且把（7.5a）式和（7.5b）式展开，得到

$$E = E_{01}(\sin\omega t \cos\alpha_1 + \cos\omega t \sin\alpha_1)$$
$$+ E_{02}(\sin\omega t \cos\alpha_2 + \cos\omega t \sin\alpha_2)$$

把随时间变化的部分分离出来，得到

$$E = (E_{01}\cos\alpha_1 + E_{02}\cos\alpha_2)\sin\omega t$$
$$+ (E_{01}\sin\alpha_1 + E_{02}\sin\alpha_2)\cos\omega t \qquad (7.6)$$

因为括号中的项对时间是常数，令

$$E_0 \cos\alpha = E_{01}\cos\alpha_1 + E_{02}\cos\alpha_2 \qquad (7.7)$$

和

$$E_0 \sin\alpha = E_{01}\sin\alpha_1 + E_{02}\sin\alpha_2 \qquad (7.8)$$

这个代换关系不明显，但是它将是合法的，只要我们能够把 E_0 和 α 解出来。最后，记住 $\cos^2\alpha + \sin^2\alpha = 1$，把（7.7）式和（7.8）式平方并且相加就得到

$$E_0^2 = E_{01}^2 + E_{02}^2 + 2E_{01}E_{02}\cos(\alpha_2 - \alpha_1) \qquad (7.9)$$

这就是要找的振幅（E_0）。为了求得相位，把（7.8）式除以（7.7）式就得到

$$\tan\alpha = \frac{E_{01}\sin\alpha_1 + E_{02}\sin\alpha_2}{E_{01}\cos\alpha_1 + E_{02}\cos\alpha_2} \qquad (7.10)$$

求出 E_0 和 α 之后，总扰动变成

$$E = E_0 \cos\alpha \sin\omega t + E_0 \sin\alpha \cos\omega t$$

或

$$E = E_0 \sin(\omega t + \alpha) \tag{7.11}$$

式中 E_0 由（7.9）式求出，α 由（7.10）式求出。两个正弦波 E_1 和 E_2 的叠加合成了一个单独的扰动。合波 [（7.11）式] 也是简谐的并且频率和它的组分相同，虽然振幅和相位不同。

当（7.10）式中 $E_{01} \gg E_{02}$，$\alpha \approx \alpha_1$，而当 $E_{02} \gg E_{01}$，$\alpha \approx \alpha_2$；合波和占主导的子波同相（再看一下图 4.11）。光波的通量密度 [由于（3.44）式] 正比于它的振幅的平方。于是从（7.9）式得出，总通量密度不等于分量通量密度的简单相加，还有一附加项 $2E_{01}E_{02}\cos(\alpha_2-\alpha_1)$，称为**干涉项**。决定性的因子是两个干涉波 E_1 和 E_2 之间的相位差 $\delta \equiv (\alpha_2-\alpha_1)$。在空间任何一点若 $\delta = 0, \pm 2\pi, \pm 4\pi, \cdots$ 总振幅是极大值；而当 $\delta = \pm\pi, \pm 3\pi, \cdots$ 时，得到极小值（习题 7.3）。在前一若情况下，两个波是同相的；波峰叠在波峰上。后一情况两个波的相位差 180°，波谷和波峰叠合，如图 7.2 所示。相位差可以来自两个波所走过的程差，也可以来自初相角之差，即

$$\delta = (kx_1 + \varepsilon_1) - (kx_2 + \varepsilon_2) \tag{7.12}$$

或

$$\delta = \frac{2\pi}{\lambda}(x_1 - x_2) + (\varepsilon_1 - \varepsilon_2) \tag{7.13}$$

其中，x_1 和 x_2 是从两个波的波源到观察点的距离，而 λ 是波在媒质中的波长。如果两个波在它们各自的发射体中初始相位相同，于是 $\varepsilon_1 = \varepsilon_2$，而

$$\delta = \frac{2\pi}{\lambda}(x_1 - x_2) \tag{7.14}$$

这也适用于同一波源发出的两个扰动在到达观察点之前走过不同的路线的情形。因为 $n = c/v = \lambda_0/\lambda$，

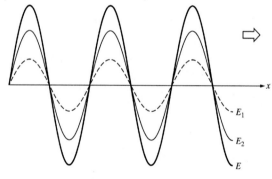

$$E = E_1 + E_2$$

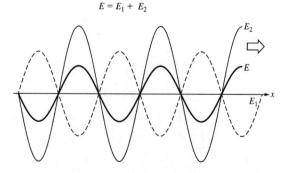

图 7.2　同相和反相的两个简谐波的叠加

$$\delta = \frac{2\pi}{\lambda_0} n(x_1 - x_2) \tag{7.15}$$

量 $n(x_1-x_2)$ 称为**光程差**，用缩写 OPD（Optical Path Difference）或符号Λ表示，它是两个光程长度之差 [(4.9) 式]。注意，在较复杂的情况下，也有可能每个波穿过好几层不同厚度的不同媒质（习题 7.6）。还要注意到 $\Lambda/\lambda_0=(x_1-x_2)/\lambda$ 是这种介质中对应于光程差的波数；一条光路比另一条光路长了这么多个波长。因为每一个波长同 2π 弧度的相位改变相联系，$\delta=2\pi(x_1-x_2)/\lambda$，或更简明地

$$\delta = k_0\Lambda \tag{7.16}$$

k_0 是真空中的传播数，即 $2\pi/\lambda_0$。一条光路比另一条光路长了 δ 弧度。

　　两个波的 $\varepsilon_1-\varepsilon_2$ 为常数（不管它的值是多少），叫做**相干波**；在本章的大部分讨论中，将假定满足这种情况。

　　有一个特例是我们有兴趣的，那就是两个波在相同方向传播，它们的传播距离只差一点点（Δx）：

$$E_1 = E_{01} \sin[\omega t - k(x + \Delta x)]$$

和

$$E_2 = E_{02} \sin(\omega t - kx)$$

其中，特别是 $E_{01}= E_{02}$ 和 $\alpha_2-\alpha_1=k\Delta x$。我们留待习题 7.7 中证明。在这种情况下，由（7.9）式、（7.10）式和（7.11）式得到合波为

$$E = 2E_{01} \cos\left(\frac{k\Delta x}{2}\right) \sin\left[\omega t - k\left(x + \frac{\Delta x}{2}\right)\right] \tag{7.17}$$

这个结果清楚地显示出程差Δx 起的极为重要的作用，特别是当两个波以相同相位（$\varepsilon_1-\varepsilon_2$）发射时。以后将会看到，有许多实际例子，人们正好安排了这样的条件。如果$\Delta x \ll \lambda$，总扰动的振幅非常接近 $2E_{01}$；但是，如果$\Delta x =\lambda/2$，因为 $k=2\pi/\lambda_0$，余弦项等于零，所以 $E=0$。前一种情形称为**相长干涉**，而后者称为**相消干涉**（图 7.3）。

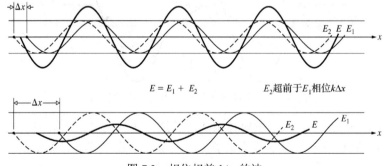

图 7.3　相位相差 $k\Delta x$ 的波

　　为了强调这些观念的实际应用的可能性，请看图 7.4。图中，一架喷气式战斗机受到敌方地基雷达发射器的微波照射，使飞行员烦恼的是（不像隐形战斗机 F-117，第 124 页），飞机把大量的辐射能反射回雷达天线。但是不要紧，探测到微波束之后，飞机就发射出自己的雷达波，它的频率和振幅和敌方的相匹配，但是有$\lambda/2$ 的相移。以差不多相同的方向传播回敌方的发射源后，反射波和发射波相消干涉 [通过（7.17）式]，因此在敌方探测器这个特殊方向上消灭了雷达回波。当然，要是有好几个地基接收器，飞行员就麻烦了。

多个波的叠加

重复用推导出（7.11）式的步骤，我们能够证明：**给定频率并且在同一方向上行进的任意多个相干简谐波的叠加，会产生一个同一频率的简谐波**（图 7.5）。我们选用正弦函数表示前面的两个波是偶然的，使用余弦函数也会得出同样的结果。一般说来，N 个这样的波之和

$$E = \sum_{i=1}^{n} E_{0i} \cos(\alpha_i \pm \omega t)$$

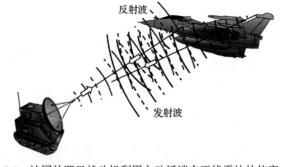

图 7.4　法国的飓风战斗机利用主动抵消来干扰雷达的侦察，它发射一个与它所反射的雷达波相差半个波长的信号。在敌人的接收器的方向上，反射波和发射波互相抵消

由下式给出：

$$E = E_0 \cos(\alpha \pm \omega t) \tag{7.18}$$

其中

$$E_0^2 = \sum_{i=1}^{N} E_{0i}^2 + 2\sum_{j>i}^{N}\sum_{i=1}^{N} E_{0i}E_{0j} \cos(\alpha_i - \alpha_j) \tag{7.19}$$

和

$$\tan\alpha = \frac{\sum\limits_{i=1}^{N} E_{0i} \sin\alpha_i}{\sum\limits_{i=1}^{N} E_{0i} \cos\alpha_i} \tag{7.20}$$

读者读到这里时请暂停，自己验证这些关系式的确成立。

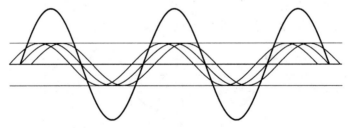

图 7.5　三个简谐波的叠加得到一个简谐波

设想我们有多个（N 个）原子发射体组成的普通光源（例如白炽灯泡、蜡烛的火焰、放电灯）。发射的光流对应于源源不断的光子。从波动观点看，可以想象光子有些像振荡持续很短的波脉冲。每个原子等效于一个独立的光子波列源（3.4.4 节），持续大约 10 ns。换句话说，可以设想原子发射的波列维持相位不变的时间最多大约 10 ns。接着发射的新波列的相位完全是无规的，并且保持不到 10 ns，如此一直下去。总体来说，每个原子发射一个扰动（构成一个光子流），其相位迅速和无规地变化。

不管怎样，从一个原子发出的光的相位 $\alpha_i(t)$ 与另一个原子发出的光的相位 $\alpha_j(t)$，相对固定的时间不到 10 ns 就要无规地变动：原子最多在 10^{-8} s 内相干。因为通量密度正比于 E_0^2 在比较长的时间间隔内的时间平均，因此（7.19）式中第二个求和将包含一项正比于 $<\cos[\alpha_i(t)-\alpha_j(t)]>$。由于相位变化的无规、迅速的性质，它们每一个的平均值为零。只有（7.19）式中第

一个求和的时间平均保留下来，它的各项是常数。如果每个原子发射波列的振幅都是 E_{01}，那么

$$E_0^2 = NE_{01}^2 \tag{7.21}$$

具有无规相位的 N 个光源产生的总通量密度是任何一个光源的通量密度的 N 倍。换句话说，总通量密度由各个单独的通量密度之和决定。

一个闪光灯灯泡里所有的原子都发射无规波列，作为这些本质上"不相干"波列的叠加，灯泡发射光本身的相位也迅速无规地变化。所以，两个或更多个发射本质上不相干光的灯泡，总的辐照度就简单地等于各个灯泡辐照度之和。这对于烛光、闪光灯及一切热光源（不同于激光器）都成立。从两个台灯产生的光波是看不到干涉的。

在另一极端情况下，如果各个光源相干并且在观察点同相，即 $\alpha_i = \alpha_j$，那么（7.19）式将变成

$$E_0^2 = \sum_{i=1}^{N} E_{0i}^2 + 2\sum_{j>i}^{N}\sum_{i=1}^{N} E_{0i}E_{0j}$$

或等价地

$$E_0^2 = \left(\sum_{i=1}^{N} E_{0i}\right)^2 \tag{7.22}$$

仍然假定每个振幅都是 E_{01}，得到

$$E_0^2 = (NE_{01})^2 = N^2 E_{01}^2 \tag{7.23}$$

在同相的相干光源的情况下，应当首先把振幅加起来然后再平方，以得到总的通量密度。相干波的叠加一般会改变能量的空间分布，但是并不改变存在的总能量。如果有的区域内通量密度大于各个单个通量密度之和，那么也将有这样的区域，其中的能量密度小于这个和。

7.1.2 复数方法

在讨论简谐扰动的叠加时，利用复数表示在数学上常带来方便。这时可以把波函数

$$E_1 = E_{01} \cos(kx \pm \omega t + \varepsilon_1)$$

或

$$E_1 = E_{01} \cos(\alpha_1 \mp \omega t)$$

改写成

$$\tilde{E}_1 = E_{01} e^{i(\alpha_1 \mp \omega t)} \tag{7.24}$$

只要记住我们只对实部感兴趣（见 2.5 节）。设有 N 个这样的波叠合，它们的频率相同，都向正 x 方向前进。总的波由

$$\tilde{E} = E_0 e^{i(\alpha + \omega t)}$$

给出，这个式子等效于（7.18）式，即对各个分波求和

$$\tilde{E} = \left[\sum_{j=1}^{N} E_{0j} e^{i\alpha_j}\right] e^{+i\omega t} \tag{7.25}$$

量

$$E_0 e^{i\alpha} = \sum_{j=1}^{N} E_{0j} e^{i\alpha_j} \tag{7.26}$$

叫做合波的复振幅，它等于各个组分的复振幅之和。由于

$$E_0^2 = (E_0 e^{i\alpha})(E_0 e^{i\alpha})^* \tag{7.27}$$

我们总可以从（7.26）式和（7.27）式算出总的辐照度。例如，若 $N=2$，

$$E_0^2 = (E_{01} e^{i\alpha_1} + E_{02} e^{i\alpha_2})(E_{01} e^{-i\alpha_1} + E_{02} e^{-i\alpha_2})$$

$$E_0^2 = E_{01}^2 + E_{02}^2 + E_{01} E_{02}[e^{i(\alpha_1 - \alpha_2)} + e^{-i(\alpha_1 - \alpha_2)}]$$

或

$$E_0^2 = E_{01}^2 + E_{02}^2 + 2E_{01} E_{02} \cos(\alpha_1 - \alpha_2)$$

这个式子和（7.9）式完全相同。

7.1.3　相矢量相加

（7.26）式中所描述的求和可以用图解法表示为复平面上矢量的相加（回忆第 27 页上的讨论）。在电工学用语中复振幅通称为**相矢量**（phasor），由它的大小和相位规定，常简写成 $E_0\angle\alpha$ 的形式。现在设想有一个扰动，用

$$E_1 = E_{01} \sin(\omega t + \alpha_1)$$

描写。在图 7.6a 中，我们用一个长度为 E_{01} 以速率 ω 逆时针方向旋转的矢量来代表这个波，使这个矢量在垂直轴上的投影等于 $E_{01}\sin(\omega t+\alpha_1)$。如果讨论的是余弦波，就取水平轴上的投影。顺带说一句，旋转矢量当然就是相矢量 $E_{01}\angle\alpha_1$，而符号 R 和 I 表示实轴和虚轴。同样，第二个波

$$E_2 = E_{02} \sin(\omega t + \alpha_2)$$

与 E_1 一道画在图 7.6b 中。它们的代数和 $E = E_1 + E_2$ 等于总相矢量在 I 轴上的投影，这个总相矢量由两个分相矢量按矢量加法确定，如图 7.6c 所示。对以 E_{01}、E_{02} 和 E_0 为边的三角形应用余弦定律，得到

$$E_0^2 = E_{01}^2 + E_{02}^2 + 2E_{01} E_{02} \cos(\alpha_2 - \alpha_1)$$

其中用了 $\cos[\pi-(\alpha_2-\alpha_1)] = -\cos(\alpha_2-\alpha_1)$。这个式子和（7.9）式完全相同，这是必然的。利用同一个图，注意 $\tan\alpha$ 也是由（7.10）式给出。通常关心的是求 E_0 而不是求 $E(t)$，并且由于 E_0 不受各个相矢量的不断旋转的影响，令 $t = 0$ 往往会带来方便，这样消去了这个旋转。

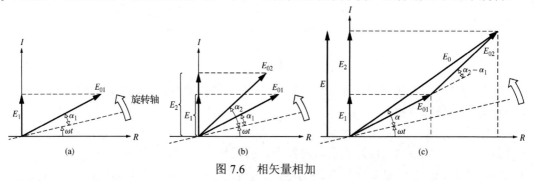

图 7.6　相矢量相加

在相矢量相加的方法的基础上，将论证一些相当优雅的机制，如振动曲线和考纽螺线（第 10 章）。作为另一个例子，我们简短地考察由下面 5 个振动

$$E_1 = 5 \sin\omega t$$

$$E_2 = 10 \sin(\omega t + 45°)$$

$$E_3 = \sin(\omega t - 15°)$$

$$E_4 = 10 \sin(\omega t + 120°)$$

$$E_5 = 8 \sin(\omega t + 180°)$$

相加得到的振动，其中 ωt 的单位是度。相应的相矢量 $5\angle 0°$、$10\angle 45°$、$1\angle -15°$、$10\angle 120°$ 和 $8\angle 180°$ 画在图 7.7 中。注意，每个相角不论是正还是负，都是相对于水平轴。人们只需用一把尺子和一个量角器读出 $E_0\angle\varphi$，就得到 $E = E_0 \sin(\omega t + \alpha)$。显然，这个方法在速度和简便方面都带来很大的好处，即使在精度方面没有什么好处的话。

在图 7.7 中，例如对于 $(\omega t + 45°)$，相矢量是从水平轴向上 45°。这只是一个约定，只要一致约定是向下 45° 也是可以的。同样的，用于正弦函数做法也适用于余弦函数。

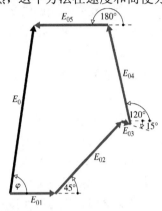

为了举例说明这个方法，图 7.8 画出两个波的叠加。这两个波振幅不同，频率相同，相位相差 α 角。请注意，每个波的振幅（E_{01} 或 E_{02}）是相应相矢量的幅度。合成的相矢量的幅度等于合波的振幅，合波的相角比 α 小一点。和图 7.5 的情况类似，4 个振幅一样，频率相同，彼此错开一个小角度 α 的波叠加，画在图 7.9 中。合相矢量 $\mathbf{E} = E_0\angle\varphi$ 具有合波的振幅和相位。有趣的是，要是越来越多的波叠加，这些波对应的相矢量头尾相连，那么合相矢量将螺旋绕起来，E_0 也开始减小。这一点在相矢量图里看得很清楚，而在波表示的图里就不那么清楚。

图 7.7　相矢量 E_1, E_2, E_3, E_4 和 E_5 的和

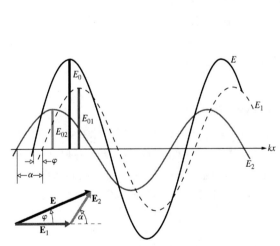

图 7.8　用相矢量加法对两个同一频率的正弦函数求和。这里取 $\mathbf{E}_1$ 为参考相矢量，由于 $\mathbf{E}_2$ 超前于 $\mathbf{E}_1$（即 $\mathbf{E}_2$ 的峰出现在更早的位置），α 角为正。于是 φ 为正，得出的和也超前于 $\mathbf{E}_1$

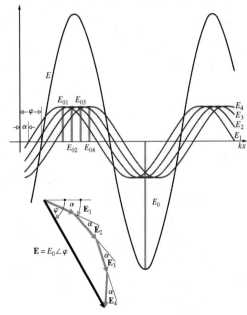

图 7.9　4 个频率相同正弦波的合波。为了进一步探索相矢量的方法，取原点为相位等于零，其他相位以此为参照。波 E_1 落后原点 α；也就是这个波的 kx 在 α（比 0 大）处幅度为零。还有，每个波都比前一个落后同样的角度 α。对应地，我们画相矢量 $\mathbf{E}_1$ 在水平参考线之下落后 α，所有其他的相矢量一个比一个落后相同的量。请注意，合相矢量的长度等于合波的振幅

7.1.4 驻波

我们在第 2 章中看到，微分波动方程的解之和，本身也是方程的解。所以，一般

$$\psi(x,\ t) = C_1 f(x - vt) + C_2 g(x + vt)$$

满足微分的波动方程。特别是，让我们专门研究两个频率相同的简谐波向相反方向传播的情形。一个有实际意义的情况出现在入射波从某种反射镜向后反射的时候，例如一个刚性壁对声波或一个导电层对电磁波都会产生这样的反射。现在设想向左方行进的一个入射波

$$E_I = E_{0I} \sin(kx + \omega t + \varepsilon_I) \tag{7.28}$$

在 $x=0$ 处遇到一块反射镜，被反射向右，反射波之形式为

$$E_R = E_{0R} \sin(kx - \omega t + \varepsilon_R) \tag{7.29}$$

在反射镜右方的区域内，合波为 $E=E_I+E_R$。换句话说，在波源和镜子之间的区域同时存在两个波，一个向右，一个向左。

我们可以进行所要求的求和，并得到一个同 7.1 节中的结果十分相像的普遍解[①]。但是，通过采用一个限制得更严一些的处理方法，可以得到一些有价值的物理概念。

可以令初相角 ε_I 等于零，这只要当 $E_I=E_0 \sin kx$ 的时刻开始计时就行了。有一些由物理装置决定的限制条件，数学解必须满足这些条件，它们的正式名称是**边界条件**。例如，如果我们讨论一端固定在壁上（$x=0$）的一根绳，那么该点的位移必须永远为零，因此两个重叠的波（一个入射波，另一个是反射波）必须以这样一种方式相加，使得在 $x=0$ 处得到的合振动为零。同样，在理想导电层的边界上合成的电磁波，其平行于界面的电磁分量必须为零。假定 $E_{0I}=E_{0R}=E_0$，边界条件要求对所有的 t 值，在 $x=0$ 处 $E=0$，并且由于 $\varepsilon_I=0$，从（7.28）式和（7.29）式得出 $\varepsilon_R=0$。换句话说，在 $x=0$，$E_I=E_0 \sin(+\omega t)$ 和 $E_R=E_0 \sin(-\omega t)$；两个波的相位差 180°，$E_I=-E_R$，在任何时刻 t 二者都互相抵消。合扰动为

$$E = E_0[\sin(kx + \omega t) + \sin(kx - \omega t)]$$

应用恒等式

$$\sin \alpha + \sin \beta = 2 \sin \frac{1}{2}(\alpha + \beta) \cos \frac{1}{2}(\alpha - \beta)$$

我们得到

$$E(x,\ t) = 2E_0 \sin kx \cos \omega t \tag{7.30}$$

这就是**驻波方程**，这个名称表示它同行波（图 7.10）相反，它的波形不在空间运动；它显然不具有 $f(x \pm vt)$ 的形式。在任何一点 $x=x'$，振幅是常数并等于 $2E_0 \sin kx'$，而 $E(x',t)$ 则以 $\cos \omega t$ 方式做简谐变化。在某些点，例如 $x=0$, $\lambda/2$, λ, $3\lambda/2$, $\cdots$，扰动总是为零，这些点叫做**波节**或节点（图 7.11）。每个相邻波节之间的中点，即 $x=\lambda/4$, $3\lambda/4$, $5\lambda/4$, $\cdots$，振幅具有极大值 $\pm 2E_0$，这些点叫做**波腹**。每当 $\omega t=0$，即当 $t=(2m+1)\tau/4$ 时（其中 $m=0, 1, 2, 3, \cdots$，而 τ 是分量波的周期），在一切 x 值上扰动都等于零。

例题 7.1 写出波腹在 $x=0$ 的驻波方程。两个波的振幅都等于 E_0，

$$E_I = E_0 \sin(\omega t - kx)$$

$$E_R = E_0 \sin(\omega t + kx)$$

即（7.28）式和（7.29）式中波的相位中空间部分和时间部分对调了，所以在（7.30）式也要对调。

[①] 例如，参看 J. M. Pearson, *A Theory of Waves*。

解　利用恒等式

$$\sin\alpha + \sin\beta = 2\sin\frac{1}{2}(\alpha+\beta)\cos\frac{1}{2}(\alpha-\beta)$$

$$E_I + E_R = 2E_0\sin\frac{1}{2}(2\omega t)\cos\frac{1}{2}(-2kx)$$

因为 $\cos(-kx)=\cos(kx)$

$$E_I + E_R = 2E_0\sin\omega t\cos kx$$

或者

$$E(x,\,t) = 2E_0\cos kx\sin\omega t$$

在 $x=0$，$E(0,t)=2E_0\sin\omega t$，它从 $+2E_0$ 随时间振荡到 $-2E_0$。

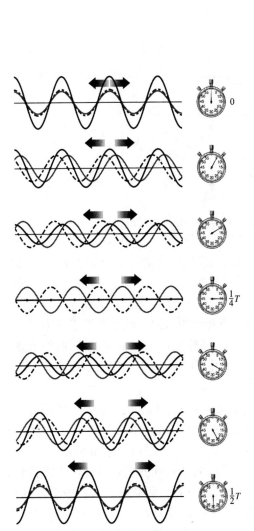

图 7.10　驻波的生成。两个振幅相同、
波长相同的波沿相反的方向传
播，形成稳定的扰动在空间振动

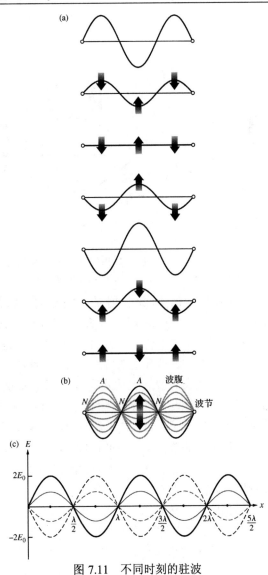

图 7.11　不同时刻的驻波

图 7.12 从相矢量的视角说明驻波图样如何形成。有两个简谐波，其相矢量为 $\mathbf{E}_1$ 和 $\mathbf{E}_2$。在

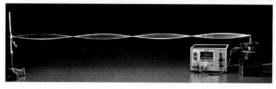

边界 $x=0$ 处两个波的相位相差 $180°$，所以两个相矢量的初值是 $E_{01}\angle 0$ 和 $E_{02}\angle\pi$。以前（2.6 节）我们看到，相矢量以速率 ω 逆时针旋转等价于波向左传播（x 减小），顺时针旋转等价于波向右传播（x 增加）。令相矢量

一根振动弦上的驻波

$\mathbf{E}_1$ 代表向左传播的波，$\mathbf{E}_2$ 代表向右传播的波。合相矢量 $\mathbf{E}_1+\mathbf{E}_2=\mathbf{E}=E_0\angle\varphi$，其中 E_0 是曲线（即合扰动）的振幅。让 $\mathbf{E}_1$ 的前端接在 $\mathbf{E}_2$ 的尾端上，就得到 $\mathbf{E}$。如果我们想复制图 7.11，令两个波的振幅相等，$E_{01}=E_{02}$。让两个相矢量首尾相接，$\mathbf{E}_1$ 逆时针旋转，$\mathbf{E}_2$ 以同样的速率顺时针旋转，就产生了时间函数 $\mathbf{E}$。注意，这三个相矢量总是构成一个等腰三角形，$\mathbf{E}$ 总是竖直的。它完全不转动，它所代表的波不在空间传播，是个驻波。

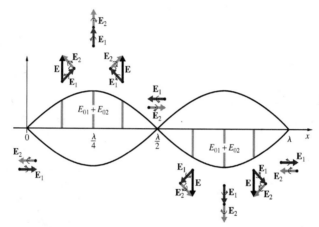

图 7.12　从相矢量相加来看驻波的形成，两个相矢量以相同的速率
朝相反的方向旋转。两个波振幅相同，所以在波节完全抵消

返回图 7.10，如果反射是不完全的（常常如此），那么合扰动在节点的振幅将不为零（图 7.13）。当 $E_{01}>E_{02}$ 时，从 $\mathbf{E}_1$ 和 $\mathbf{E}_2$ 两个相矢量很容易看出这一点。现在 $\mathbf{E}$ 的旋转方向和两个相矢量中大的一个，即 $\mathbf{E}_1$ 的旋转方向（逆时针）一样。合波除驻波外还包含一个行波分量（参看图 7.13c 和习题 7.17）。在这种条件下将会有净能量的传递，纯驻波则没有净能量的传递。可以把合驻波的表达式写成 $E=E_0(x)\cos[\omega t-\varphi(x)]$。虽然在每一点 x，波随时间做余弦振荡，但是其振幅却是随 x 而改变的。可以从相矢量图（图 7.13b）看出，应用余弦定律，依赖于位置的振幅为 $E_0(x)=(E_{01}^2-E_{02}^2+2E_{01}E_{02}\cos 2kx)^{1/2}$。

虽然上面的分析是一维的，同样，二维三维也有驻波。驻波是极为常见的：一维的驻波发生在吉他的弦、跳水板；二维的驻波发生在鼓的表面或者轻轻摇动的水桶（见照片）；三维的驻波发生在你在一个演出厅的歌唱。事实上，不管你在哪里，你唱歌时在你的头腔内就产生驻波。

如果驻波系统是由一个振动源驱动，要是振动和系统的某一驻波模式匹配，系统将有效地吸收能量。这个过程称为共振，每次一架飞机低飞过头顶或者一辆载重货车在附近开过时，房子会共振而嗡嗡作响。如果振动源不断供给能量，波就不断建立起来，直到系统的内耗等于输入的能量，达到平衡为止。这种维持和简化输入能量的能力是驻波系统一个极为重要的特性。人的耳道正是这样一种谐振腔，对于从约 3 kHz 至约 4 kHz 的声波，它大致放大 100%。类似地，激光器在其驻波腔里建立了强发射（第 748 页）。

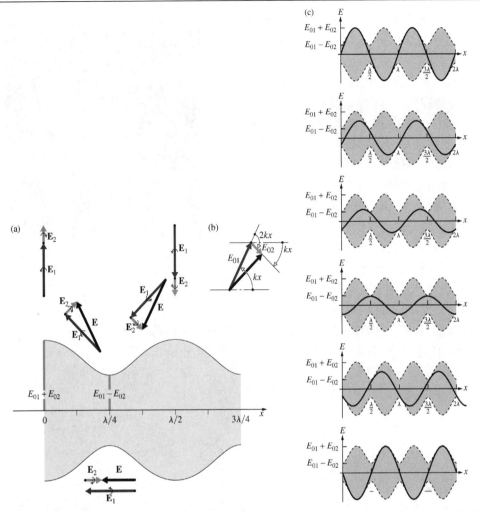

图 7.13　（a）从相矢量相加的角度分析部分驻波的产生。此时两个波的振幅不一样，产生了不等于零的波节。与此对应，扰动具有一个行波分量，沿大的组成波的方向传播。 （b）波可以写成 $E=E_0(x)\cos[\omega t-\varphi(x)]$。应用余弦定律，$E_0(x)=(E_{01}^2+E_{02}^2+2E_{01}E_{02}\cos 2kx)^{1/2}$。 （c）$E_1$ 逆时针旋转，E_2 顺时针旋转。因为 $E_1 > E_2$，所以 E 逆时针旋转，扰动向右传播。相矢量的末端扫出一个椭圆

一桶擦地板的水上漂浮着很细的灰尘颗粒。把水桶放在不平的水槽上，将水桶沿一条固定的轴摇动。这产生了驻波，把灰尘颗粒赶到波纹里

由于开动发动机引起振动，在汽车侧面的驻波图样。比例尺是微米，1 微米=10^{-6} 米。照片是用全息技术拍摄的

正是通过测量驻波节点之间的距离，使赫兹能够决定他的有历史意义的实验中的辐射波长（见 3.6.1 节）。几年后，1890 年，维纳（Otto Wiener）第一次证明了光波驻波的存在。他用的装置画在图 7.14b 中。图中一个垂直入射的准单色平行光束，被一个表面镀银的反射镜反射。镜子保证这两个重叠的波有大致相同的振幅，可以产生比图 7.12 更像图 7.13 的图样。一张很薄的透明感光胶片（厚度小于 $\lambda/20$，附在一块玻璃板上）对反射镜倾斜大约 10^{-3} 弧度。这样，胶片就同平面驻波的图样相交。乳胶显影后，发现它是在一组等间距的平行带上变黑。这些带相当于感光层和波腹平面相交的区域。十分引人注意的是，在反射镜表面上的乳胶没有变黑。可以证明电磁波驻波的磁场分量的波节和波腹同电场的互相交错（习题

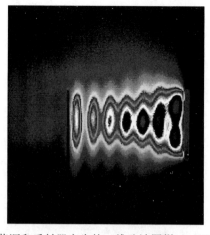

由振荡源和反射器产生的二维驻波图样。3.9 GHz 的电磁波从右面的天线输入，被一根金属棒反射而返回天线，中间的介质吸收微波辐射发热，用红外相机拍下其温度分布，使干涉图样变成可见

7.13）。这也可以根据下面的事实猜想到：在 $t=(2m+1)\tau/4$ 时刻，对一切 x 值 $E=0$，因此从能量守恒得出 $B\neq0$。与理论相符合，赫兹早就（1888 年）确定了在他的反射器表面上有电场的一个节点。因此，维纳能够推断出：变黑的区域是同 $\vec{E}$ 场的波腹相联系的，因此是电场引发光化学过程。

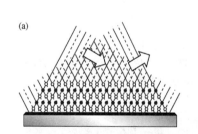

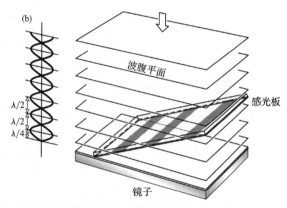

图 7.14　维纳实验。（a）入射波有向下的分量，所以反射波有向上的分量，它们的重叠产生了二维的驻波。小黑点表示极大，小圆圈为极小。（b）入射波垂直向下射在镜面上，与向上的反射波形成驻波图样

　　以非常相似的方式，杜鲁德（Drude）和能斯特（Nernst）证明了是 $\vec{E}$ 场引起荧光。这些结果都是很容易解释的，因为一个电磁波的 $\vec{B}$ 场分量作用在电子上的力和 $\vec{E}$ 场的力相比一般可以忽略。就是因为这些原因，把电场叫做光扰动或光场。

　　由两个反向传播的扰动形成驻波，是双光束干涉这个更大题材的一个特殊情况（第 482 页）。考虑图 7.15 中两个点光源发出的两个波。观察点 P 远离光源，但是离两个光源的中线不远，ϕ 角很小。两个波叠加，产生复杂的干涉图样（第 9 章将详细讨论）。这里只指出，围绕着光源是一个个亮带和暗带，代表交替的相长干涉和相消干涉。当点 P 靠近光源，ϕ 角变大，干涉条纹就变窄变细。当 P 落到两个光源的连线上和 $\phi=180°$，就建立了驻波，条纹变得最细，条纹的峰-峰距离为半个波长。

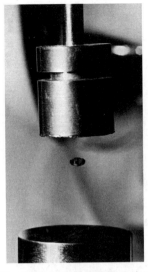

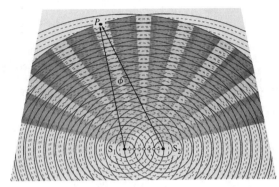

图 7.15　两个单色的点光源。在任意点 P，当峰（实线）和峰（实线）或谷（虚线）和谷（虚线）重叠时，合波最大。当峰和谷重叠时，合波最小。沿着 $\overline{S_1S_2}$ 连线的极大对应于驻波

超声漂浮。一个向上传播和一个向下传播的超声波形成驻波。一滴水滴悬浮在波节的区域

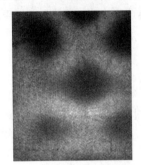
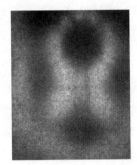
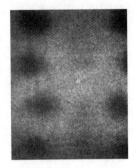

微波炉里的三维电磁驻波。三个图为在不同高度的截面图样

7.2　不同频率波的相加

到此为止，我们的分析只限于同频率波的叠加。但是人们实际上从来没有得到过任何一种扰动是严格单色的。我们将看到，更为实际的是讨论由窄频带组成的准单色光。对这种光的研究将使我们得到带宽和相干时间的重要概念。

对光进行有效调制的能力（见 8.11.3 节）使得有可能把电子学系统和光学系统耦合起来，这种耦合已经并且肯定将会继续对整个技术领域产生深远的影响。而且，随着电光技术的发展，光已经起着信息载体这一重要的作用。这一节将致力于发展一些数学概念，它们是理解这一新的重点方面必需的。

7.2.1　拍

现在开始讨论不同频率的两个波向同一方向传播这一个最简单的情况。这两个波为

$$E_1 = E_{01} \cos(k_1 x - \omega_1 t)$$
$$E_2 = E_{01} \cos(k_2 x - \omega_2 t)$$

其中，$k_1 > k_2$，$\omega_1 > \omega_2$。两个波的振幅相等并且初相角均为零。两个波的净合波为

$$E = E_{01}[\cos(k_1 x - \omega_1 t) + \cos(k_2 x - \omega_2 t)]$$

可以改写成

$$E = 2E_{01} \cos \frac{1}{2}[(k_1 + k_2)x - (\omega_1 + \omega_2)t]$$
$$\times \cos \frac{1}{2}[(k_1 - k_2)x - (\omega_1 - \omega_2)t]$$

其中用了恒等式

$$\cos\alpha + \cos\beta = 2\cos\frac{1}{2}(\alpha + \beta)\cos\frac{1}{2}(\alpha - \beta)$$

我们现在分别定义 $\overline{\omega}$ 和 $\overline{k}$ 为**平均角频率**和**平均波数**。同样，用量 ω_m 和 k_m 分别表示**调制频率**和**调制波数**。因此，令

$$\overline{\omega} \equiv \frac{1}{2}(\omega_1 + \omega_2) \qquad \omega_m \equiv \frac{1}{2}(\omega_1 - \omega_2) \tag{7.31}$$

和

$$\overline{k} \equiv \frac{1}{2}(k_1 + k_2) \qquad k_m \equiv \frac{1}{2}(k_1 - k_2) \tag{7.32}$$

就得到

$$E = 2E_{01} \cos(k_m x - \omega_m t) \cos(\overline{k}x - \overline{\omega}t) \tag{7.33}$$

总扰动可以看作是一个频率为 $\overline{\omega}$（称为**载波**）的行波，其振幅 $E_0(x,t)$ 随时间变化或受到调制，即

$$E(x, t) = E_0(x, t) \cos(\overline{k}x - \overline{\omega}t) \tag{7.34}$$

其中

$$E_0(x, t) = 2E_{01} \cos(k_m x - \omega_m t) \tag{7.35}$$

对应的，$\overline{k}$ 和 $\overline{\omega}$ 常常称为载波的空间和时间**频率**。在我们感兴趣的应用中，ω_1 和 ω_2 总是很大的。此外，如果 ω_1 和 ω_2 彼此差不多大，即 $\omega_1 \approx \omega_2$，则 $\overline{\omega} \gg \omega_m$，并且 $E_0(x,t)$ 将缓慢地变化。而 $E(x,t)$ 的变化则十分迅速（图 7.16）。辐照度正比于

$$E_0^2(x, t) = 4E_{01}^2 \cos^2(k_m x - \omega_m t)$$

或

$$E_0^2(x, t) = 2E_{01}^2[1 + \cos(2k_m x - 2\omega_m t)]$$

注意到 $E_0^2(x)$ 以频率 $2\omega_m$ 或简单地以频率（$\omega_1 - \omega_2$）在值 $2E_{01}^2$ 的上下振荡，频率（$\omega_1 - \omega_2$）叫做**拍频**。也就是，E_0 依调制频率变化，E_0^2 依两倍调制频率（拍频）变化。

当两个重叠的简谐波的振幅不相等，它们仍能产生拍，但是相互的抵消不完全，反差减小。图 7.17 画出这种图样，并表明两个相矢量 $\mathbf{E}_1$ 和 $\mathbf{E}_2$ 如何生成它。合相矢量 $\mathbf{E}=E_0(x,t)\angle\varphi$ 给出了这个合成扰动的**振幅**和**相对的相位**。慢振动的包络就是 $E_0(x,t)$，它随时间变化。合相矢量不能给出振荡载波的瞬时振幅。

两个波沿同一方向传播，因此它们的相矢量的转动方向也一样，不过一个以 ω_1 转动，另一个以 ω_2 转动。与其让两个相矢量以不同的频率旋转，还不如把它简化一点。假设 $\omega_1 > \omega_2$，我们把较低频率的相矢量 $\mathbf{E}_2$ 固定在水平的零相位参考线上，较高频率的相矢量 $\mathbf{E}_1$ 放在较低频率的相矢量 $\mathbf{E}_2$ 的箭头上（图 7.17b）。任一时刻 $\mathbf{E}_1$ 与水平线（即与 $\mathbf{E}_2$）的夹角 α（图 7.17c）是相对于 $\mathbf{E}_2$ 的相位，所以 $\mathbf{E}_1$ 以（$\omega_1 - \omega_2$）旋转，$\alpha = (\omega_1 - \omega_2)t$。合振幅（即载波的包络）$E_0(x,t)$ 在值 $E_{01}+E_{02}$ 和 $E_{01}-E_{02}$ 之间振荡。$\mathbf{E}$ 与水平线的夹角 φ 是合波相对于 $\mathbf{E}_2$ 的相位，随着 $\mathbf{E}_1$ 绕圆转动，$\mathbf{E}$ 也逐渐振荡起来。

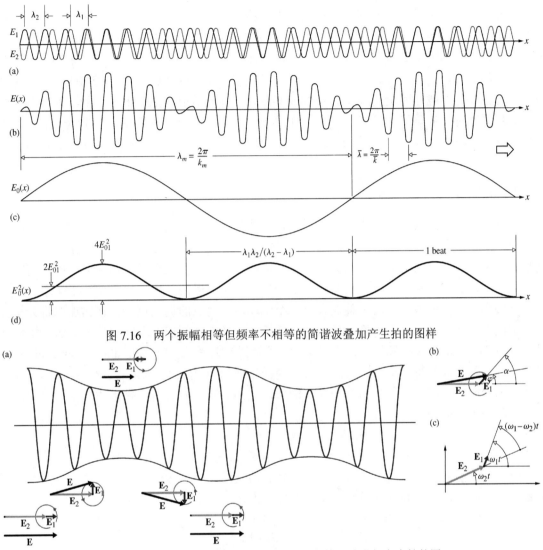

图 7.16 两个振幅相等但频率不相等的简谐波叠加产生拍的图样

图 7.17 （a）两个振幅不相等频率不相等的简谐波叠加产生拍的图样。（b）高频相矢量 E_1 接在 E_2 后。（c）E 以差频转动

请注意，在图 7.16 的情况，$E_{01}=E_{02}$，E_0 在 0 与 $2E_{01}$ 之间振荡。还有，$2\varphi = \alpha$，所以合相矢量 E（对应于扰动的幅度）以 $\omega_m = \dfrac{1}{2}(\omega_1 - \omega_2)$ 转动。这一切都和（7.33）式符合。

拍在声音中是很常见的：钢琴调音师使振动的弦和调音用的音叉成拍来调试。但是，光的拍效应只是在 1955 年才由弗列斯特、高德蒙和约翰生第一次观测到[1]。为了获得频率稍有不同的两个波，他们利用了塞曼效应。如果放电管中的原子（此时为汞）受到一个磁场的作用，它们的能级便发生分裂。结果，发射的光含有两个频率分量 ν_1 和 ν_2，它们之差与外加磁场的大小成正比。当这两个频率分量在光电混频管的表面上复合时就产生拍频 $\nu_1 - \nu_2$。特别是调节磁场使 $\nu_1 - \nu_2 = 10^{10}$ Hz，这个频率很方便地提供一个相当于 3 cm 的微波信号。记录下来的光电流和图 7.16d 中的 $E_0^2(x)$ 曲线具有相同的形状。

---

[1] A. T. Forrester, R. A. Gudmundsen, and P. O. Johnson, "Photo-electric mixing of incoherent light", *Phys. Rev.* **99,** 1691(1955).

激光器的出现使得用光来观测拍现象变得容易多了。即使是出自 10^{14} Hz 的一个几赫兹的拍频也可以从光电管电流的变化看出来。拍的观测现在成了检测微小频率差的一种特别灵敏而又比较简单的方法。具有陀螺仪功能的环形激光器（见 9.8.3 节）利用拍来测量由系统转动引起的频差。光由于被运动表面反射而发生频移的多普勒效应，提供了拍的另外一系列应用。使光被一个靶（不论是固体、液体或甚至是气体）散射，然后把原来的光和反射光成拍，我们能够准确测量靶的速度。同样，在原子层次上，激光光束和在材料中运动的声波相互作用时，其相位将会移动（这一现象叫做布里渊散射）。于是 $2\omega_m$ 成了对媒质中声速的一种量度。

7.2.2　群速度

ω 和 k 的特殊关系决定了波的相速度 v。在非色散介质（只有真空才是真实的非色散环境）中，$v = \omega/k$ [（2.33）式]，ω 对 k 的曲线是一条直线。频率变化和波长变化，总是保持 v 是常数。某一类型的所有的波（例如，所有的电磁波）在非色散介质中都是以同样的速度传播。相反地，在色散介质（除了真空的一切介质）中，电磁波传播的速度依赖于频率。

当频率不相同的许多简谐波叠加合成一个扰动时，合成的调制包络传播的速度将会与各个组成波不一样。这就提出了**群速度**这个重要概念以及它与相速度之间的关系。这个概念最早（1839 年）是由伟大的爱尔兰物理学家和数学家哈密顿爵士（Sir William Rowan Hamilton）提出来的，但是没有得到多大的注意。直至斯托克斯 1876 年在流体动力学背景下重新提出。假定我们能够辨认出脉冲形状的某些不变的特征，例如脉冲的前沿，我们就可以把它的移动速率作为整个波群的速度。

上节考察的扰动

$$E(x, t) = E_0(x, t) \cos(\overline{k}x - \overline{\omega}t) \qquad [7.34]$$

是一个按余弦函数调幅的高频 $(\overline{\omega})$ 载波。暂且假定图 7.16b 中的波是未被调制的，即 $E_0 =$ 常数。载波中的每个小峰都以通常的相速度向右方运动。换句话说

$$v = -\frac{(\partial\varphi/\partial t)_x}{(\partial\varphi/\partial x)_t} \qquad [2.32]$$

从（7.34）式，相位由 $\varphi = (\overline{k}x - \overline{\omega}t)$ 给出，因而

$$v = \overline{\omega}/\overline{k} \qquad (7.36)$$

显然，不论载波是否被调制，它都是载波的相速度。在载波被调制的情况下，峰仅仅是在它们向前流动时周期性地改变振幅。

显然，还应当考虑另外一种运动，那就是调制包络的传播。回到图 7.16a，并且假定两个组分 $E_1(x,t)$ 和 $E_2(x,t)$ 以相同的速度 $v_1 = v_2$ 前进。设想把具有不同波长和频率的两个简谐函数分别画在二张透明塑料片上，当它们以某种方式叠合起来时（像图 7.16a 中那样），合结果是一个稳定的拍的图样；若两块塑料片都以同样速度向右移动，像行波一样，那么显然拍也将以同样的速度运动。调制包络前进的速度叫做**群速度**，符号为 v_g。在这种情况下，群速度等于载波的相速度（平均速度 $\overline{\omega}/\overline{k}$）。换句话说 $v_g = v = v_1 = v_2$。这个结论只适用于非色散媒质，在这种媒质中相速度不依赖于波长，因此两列波可以有相同的速度。

为了得到更普遍适用的解，考察调制包络的表示式：

$$E_0(x, t) = 2E_{01} \cos(k_m x - \omega_m t) \qquad [7.35]$$

这个波运动的速度仍由（2.32）式给出，但这时我们可以完全不管载波。调制前进的速度依赖于包络的相位$(k_m x - \omega_m t)$，因此

$$v_g = \frac{\omega_m}{k_m}$$

或

$$v_g = \frac{\omega_1 - \omega_2}{k_1 - k_2} = \frac{\Delta \omega}{\Delta k}$$

在普通的介质中，ω 依赖于 λ 或等效地依赖于 k。具体的函数 $\omega = \omega(k)$，叫做色散关系。如果以 $\bar{\omega}$ 为中心的频率范围 $\Delta \omega$ 很窄，$\Delta \omega / \Delta k$ 便近似等于在 $\bar{\omega}$ 计算色散关系的导数，即

$$v_g = \left(\frac{\mathrm{d}\omega}{\mathrm{d}k} \right)_{\bar{\omega}} \tag{7.37}$$

（要知道实际上怎么做，请做习题 7.37）。调制或信号传播的速度 v_g 可以大于、等于或小于载波的相速度 v。深水表面波的群速度（习题 7.29）是相速度的一半，而弦上的波则 $v=v_g$。

例题 7.2 量子力学中，一个波包的 $\omega = \hbar k^2 / 2m$（像图 7.18 那样），代表质量为 m 的自由粒子。其中 $\hbar$ 是普朗克常数除以 2π。证明：对于自由粒子波函数，群速度（对应于经典粒子速度）等于相速度的 2 倍。

解 因为 $\omega = \hbar k^2 / 2m$，相速度为

$$v = \frac{\omega}{k} = \frac{\hbar k^2}{k 2m} = \frac{\hbar k}{2m}$$

波包的群速度则为

$$v_g = \frac{\mathrm{d}\omega}{\mathrm{d}k} = \frac{2k\hbar}{2m} = \frac{\hbar k}{m}$$

所以，

$$v_g = 2v$$

顺便提一下，$k = 2\pi/\lambda$，$p = h/\lambda$，所以 $k = 2\pi p/h = p/\hbar$. 但是 $E = p^2/2m$，所以波包的相速度为

$$v = \frac{\hbar k}{2m} = \sqrt{\frac{E}{2m}}$$

因为粒子的能量都是动能，$E = \frac{1}{2} m v_c^2$，其中 v_c 是粒子的经典速度。所以

$$v_c = \sqrt{\frac{2E}{m}} = 2v$$

因此，

$$v_c = v_g$$

严格地讲，任何一个真实的波在空间是有限的：它在某一特定时刻被打开（或被接收），而在其后的某一时刻被关掉。因此，真实的波实际上是一个脉冲，纵然它可能是相当长的脉冲。本节的后面就会学到，任何这样的脉冲都等同于许多不同频率的正弦波（即不同的傅里叶分量）的叠加，每一个波有特定的振幅和相位。想象现在在图 7.16 里不止只有两个波，而是有上千成万个波，彼此的频率都不同。如果（这肯定是可能的）在其他各处的正弦都互相抵消，只有在一个区域它们是同相或几乎同相，合成的扰动就组合成一个局域的脉冲，通常

叫做**波包**（图 7.18）。这里我们很自然地再次想起群速度。任何重叠的正弦波的集合，只要它们的 k 值的范围 Δk 窄，（7.37）式就或多或少成立。我们将看到，k 范围窄（等价于 λ 的范围窄）意味着波包的占的空间大。相反，如果脉冲占的空间窄，就会有很多正弦分量出现，k 值就会有很大的范围。在色散介质中每个波长分量以不同的相速度传播，这样的脉冲在移动中会改变形状，使得在实验上 v_g 这个概念不是很准确。

一种典型介质在共振（ν_0）附近的 $n(\nu)$ 曲线如图 7.19 所示。在中间的频率区曲线的斜率是负的。在此区域辐射能被强烈吸收，所以叫它为吸收带。在吸收带的两边，$n(\nu)$ 随着 ν 的增加而增加，叫做正常色散。在吸收带内，$n(\nu)$ 随着 ν 的增加而减少，是反常色散区。

图 7.20 是通过原点的色散关系曲线。在正常色散区曲线是向上凸的，在反常色散区是向下凹的（3.5.1 节）。无论在哪种情况，从原点画到曲线上任意点（ω,k）直线的斜率是在此频率的相速度。类似地，曲线上点（$\bar{\omega},\bar{k}$）的斜率 $(\mathrm{d}\omega/\mathrm{d}k)_{\bar{\omega}}$ 是中心在 $\bar{\omega}$ 的波群的群速度。在正常色散区，高频的正弦波（例如可见光中的蓝光）比低频的正弦波（例如可见光中的红光）有更高的折射率，所以传播得更慢。还有，色散曲线的斜率（v_g）总是比直线的斜率（v）小；即 $v_g<v$，而在反常色散区，$v_g>v$。

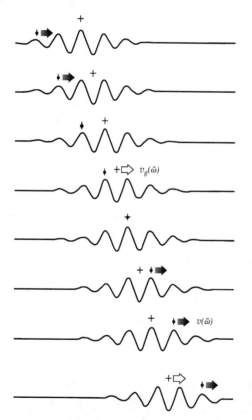

图 7.18　色散介质中的波脉冲。图中 $v>v_g$，新的小波从波的后面（从左边）进入移动的脉冲。要是 v 小于 v_g，新的小波从波的前面（从右边）进入脉冲

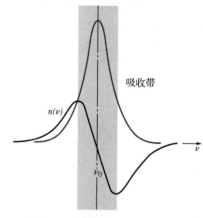

图 7.19　在原子共振附近折射率与频率典型的关系曲线。图中也画出了在共振频率区的吸收曲线

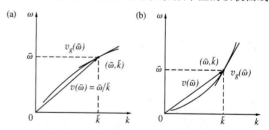

图7.20　色散关系曲线。（a）正常色散区，$v(\bar{\omega})>v_g(\bar{\omega})$。（b）反常色散区，$v_g(\bar{\omega})>v(\bar{\omega})$。在任何频率 ω 处的相速度 v，是从原点到曲线上（$\bar{\omega}$，$\bar{k}$）这一点直线的斜率。而群速度是色散关系曲线上（$\bar{\omega}$，$\bar{k}$）这一点切线的斜率。$\bar{\omega}$ 是波群的平均频率

因为 $\omega=kv$，由（7.37）式得到

$$v_g = v + k\frac{\mathrm{d}v}{\mathrm{d}k} \qquad (7.38)$$

结果，在 v 不依赖于 λ 的非色散媒质，$\mathrm{d}v/\mathrm{d}k=0$，因而 $v_g=v$。特别是在真空中 $\omega=kc$，$v=c$，因而 $v_g=c$。

大多数介质或多或少是色散介质（如在图 7.21 的情况，$v_1 \neq v_2$）。在 $n(k)$ 已知的色散介质中 $\omega=kc/n$，把 v_g 重新表示为下式是有用的。

$$v_g = \frac{c}{n} - \frac{kc}{n^2}\frac{\mathrm{d}n}{\mathrm{d}k}$$

或

$$v_g = v\left(1 - \frac{k}{n}\frac{\mathrm{d}n}{\mathrm{d}k}\right) \qquad (7.39)$$

对于光学媒质，在正常色散区域中，折射率随频率而增大($\mathrm{d}n/\mathrm{d}k>0$)，因而 $v_g<v$。显然，人们也可以定义一个**群折射率**

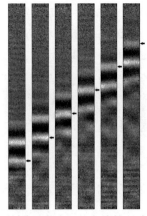

水桶内波纹的系列照片。从左边的照片开始，波包向上传播。箭头指出波峰，它比波包跑得快，最后消失在波包的前沿（右上角）。这是对应于 $v>v_g$ 的正常色散。（B. Ströbel, "Demonstration and study of the dispersion of *water waves* with a computer-controlled ripple tank", *Am. J. Phys.* **79**(6), 581-590 [June, 2011], American Association of Physics Teachers）

$$n_g \equiv c/v_g \qquad (7.40)$$

必须把它同 n 小心地区别开来。1885 年，迈克耳孙用白光脉冲测定了二硫化碳的 n_g，其值为 1.758，而 $n=1.635$。

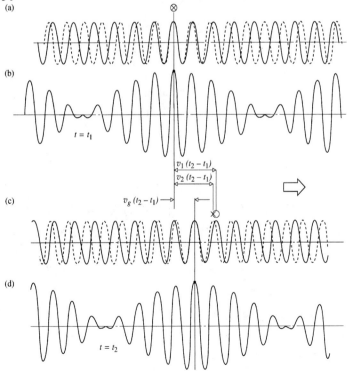

图 7.21　群速度和相速度。（a）两个波在标志为 ⊗ 的点重合。（b）调制波的峰也发生在这一点。（c）但是两个波以不同的速度传播，使得原来的两个峰（以 × 和 ○ 标志）分开。（d）另外一对峰重叠生成调制波的峰，因此调制波以不同的速度传播。此处 $v_1>v_2>v_g$，因此 $\lambda_1>\lambda_2$，属于正常色散

例题 7.3 1885 年的迈克耳孙实验中用了两个标准波长：λ_F=486.1 nm 和 λ_D=589.2 nm。相应的折射率为 n_F=1.652 和 n_D=1.628。利用习题 7.36 的结果定出在介质（CS$_2$）中的群速度，把它与相速度的平均值比较。

解 从习题 7.36

$$v_g = \frac{c}{n} + \frac{\lambda c}{n^2} \frac{\mathrm{d}n}{\mathrm{d}\lambda}$$

或者，更方便地

$$v_g = \frac{c}{n}\left(1 + \frac{\lambda}{n}\frac{\mathrm{d}n}{\mathrm{d}\lambda}\right)$$

根据 v_g 的定义，它必须在 $\bar\omega$ 处计算。所以把式子重写为

$$v_g = \frac{c}{\bar{n}}\left(1 + \frac{\bar\lambda}{\bar n}\frac{\Delta n}{\Delta\lambda}\right)$$

其中平均值为

$$\bar n = \frac{n_F + n_D}{2} \qquad \text{和} \qquad \bar\lambda = \frac{\lambda_F + \lambda_D}{2}$$

所以

$$v_g = \frac{2.998\times10^8}{1.640}\left(1 + \frac{537.65\times10^{-9}}{1.640}\frac{\Delta n}{\Delta\lambda}\right)$$

这里要十分小心！

我们处理的是正常色散($\Delta n / \Delta\lambda$)的情况，折射率随 λ 的增加而减少。因此

$$v_g = 1.8280\times10^8[1 + (3.2784\times10^{-7})(-2.3278\times10^5)]$$

$$v_g = 1.8280\times10^8(0.92369)$$

$$v_g = 1.688\times10^8\,\mathrm{m/s}$$

平均相速度为

$$\bar v = \frac{c}{\bar n} = \frac{2.998\times10^8}{1.640}$$

于是

$$\bar v = 1.828\times10^8\,\mathrm{m/s}$$

$\bar v > v_g$ 成立。

回到图 7.18，图中介质是正常色散的，取相速度为载波的速度，即大致为频率 $\bar\omega$ 的正弦波的速度。因为载波的峰比整个脉冲走得快，看起来就像载波的峰从左面进入整个脉冲，穿过脉冲，然后消失在脉冲右面。虽然载波的每个峰在跨过脉冲前进时会改变高度，$v(\bar\omega)$ 是任何这样一个峰的速度，是适合恒定相位条件的速度。相反，调制包络以速度 $v_g(\bar\omega) = (\mathrm{d}\omega/\mathrm{d}k)_{\bar\omega}$ 传播，在这个特例中它等于 $v(\bar\omega)$ 的四分之一。在包络上的任意一点（如脉冲中心的极大），都以速度 $v_g(\bar\omega)$ 移动，它是恒定振幅条件的速度。

例题 7.4 水面上短波长皱波移动的速率为

$$v = \left(\frac{2\pi Y}{\lambda\rho}\right)^{1/2}$$

其中 Y 是表面张力，ρ 是水的密度。求对应的群速度（实际上是群“速率”）。

解　由定义

$$v_g = \frac{\mathrm{d}\omega}{\mathrm{d}k} = \frac{\mathrm{d}(2\pi\nu)}{\mathrm{d}(2\pi/\lambda)} = \frac{\mathrm{d}\nu}{\mathrm{d}(1/\lambda)}$$

其中 $v = \nu\lambda = (2\pi Y/\lambda\rho)^{1/2}$，所以

$$\nu = \left(\frac{2\pi Y}{\lambda\rho}\right)^{1/2}\left(\frac{1}{\lambda}\right) = \left(\frac{2\pi Y}{\rho}\right)^{1/2}\left(\frac{1}{\lambda}\right)^{3/2}$$

$$\frac{\mathrm{d}\nu}{\mathrm{d}(1/\lambda)} = \left(\frac{2\pi Y}{\rho}\right)^{1/2}\left(\frac{3}{2}\right)\left(\frac{1}{\lambda}\right)^{1/2}$$

$$v_g = \frac{3}{2}\left(\frac{2\pi Y}{\lambda\rho}\right)^{1/2} = \frac{3}{2}v$$

另外，从（7.38）式，

$$v_g = v + k\frac{\mathrm{d}v}{\mathrm{d}k} = v + k\frac{\mathrm{d}}{\mathrm{d}k}\left(\frac{kY}{\rho}\right)^{1/2}$$

$$v_g = \left(\frac{kY}{\rho}\right)^{1/2} + k\left(\frac{Y}{\rho}\right)^{1/2}\frac{\mathrm{d}}{\mathrm{d}k}k^{1/2}$$

$$v_g = \left(\frac{kY}{\rho}\right)^{1/2} + k\left(\frac{Y}{\rho}\right)^{1/2}\frac{1}{2}k^{-1/2}$$

$$v_g = \left(\frac{kY}{\rho}\right)^{1/2} + \frac{1}{2}\left(\frac{kY}{\rho}\right)^{1/2}$$

$$v_g = \frac{3}{2}\left(\frac{kY}{\rho}\right)^{1/2}$$

另外，

$$v = \left(\frac{kY}{\rho}\right)^{1/2} = \frac{\omega}{k}$$

$$\omega = k\left(\frac{kY}{\rho}\right)^{1/2} = k^{3/2}\left(\frac{Y}{\rho}\right)^{1/2}$$

$$v_g = \frac{\mathrm{d}\omega}{\mathrm{d}k} = \frac{3}{2}k^{1/2}\left(\frac{Y}{\rho}\right)^{1/2} = \frac{3}{2}v$$

正如习题 7.33 确立的

$$n_g = n - \lambda\frac{\mathrm{d}n}{\mathrm{d}\lambda}$$

色散介质中 n 是 λ 的函数，所以 n_g 也是 λ 的函数。还有，从图 3.42 看出，正常色散区 $\mathrm{d}n/\mathrm{d}\lambda < 1$，所以通常的光学材料中 $n_g > n$。例如，图 7.22 画出熔融石英玻璃（纯 SiO_2）在可见光中段 500 nm 到红外 1900 nm 的相折射率和群折射率与波长的关系。在 1300 nm 附近的区域 n_g 几乎是水平线，这一点对现代的通信应用十分重要。它意味着我们用 1300 nm 的红外作载波在长的光纤光缆中输送数据脉冲时，小的色散引起信号变形也小。

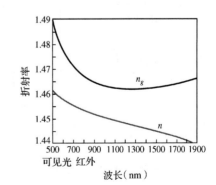

图 7.22　熔融石英玻璃（纯 SiO_2）的相折射率（n）和群折射率（n_g）。n 的拐点在 1312 nm，此处的 n_g 为极小

7.3 非简谐周期波

前面已经说过，虽然没有证明，空间的任何真实的波都可以选一些简谐波来生成，条件是这些简谐波要有正确的空间频率、振幅和相对相位。这个技术叫做**傅里叶分析**，它是全部理论物理学中最重要的方法之一。本节告诉你这种合成如何实现。我们用两个不是很传统。互相补充的方法。因为通常的分析方法数学上有点难懂，所以一开始我们用更直观的图形方法，它让形式的数学处理的意义变得明显。这个方法对空间事件（同时发生在空间不同位置的事件，例如绳上的波）和时间事件（固定空间位置不同时间的事件，如交流电压）同样适用。下面假定我们要处理的是真实的物理现象，因此可以用数学上的良性函数来描述。

7.3.1 傅里叶级数

空间一个波或时间信号的形状通常叫做**波形**。本章早些时候（图 7.9）讨论了几个相同频率的简谐波形如何相加得到同一频率的合成简谐波形。这个结果可以推广为：相同频率的任意多个简谐波形，不论它们的振幅和相对相位如何，叠加产生一个频率相同的简谐波形。相反，像图 7.23 那样的不同频率的波形相加，组成一个**非简谐波形**（即不是正弦波形）。

使用一些特意挑选的正弦函数，可以合成一些有趣的波的轮廓。图 7.23 中两个正弦波的波长不同，分别为 λ_1 和 λ_2。所以在某一点（例如在起点）上是同相的话，过了这一点就不同相了。要是过了 N_1 个 λ_1 和 N_2 个 λ_2（N_1 和 N_2 是整数），它们又同相了，即 $N_1\lambda_1 = N_2\lambda_2$，那么这个合波形将继续重复下去：合成的函数是**周期性的**，空间周期为 λ。

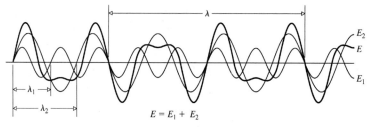

$$E = E_1 + E_2$$

图 7.23　两个频率不同的简谐波的叠加。合波是周期性的非简谐波

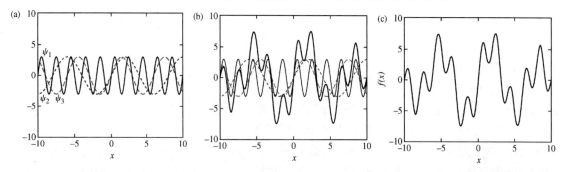

图 7.24　三个等幅正弦波之和：$\psi_1(x)=3\sin\pi x$，$\psi_2(x)=3\sin(\pi x/4)$，$\psi_3(x)=3\sin(\pi x/3)$。其中 $\lambda_1=2$，$\lambda_2=8$，$\lambda_3=6$

当几个简谐波形相加而它们的波长没有特殊关系时（图 7.24），其组分要经过许多次循环才能产生合波的周期性。反之，要是最长的波形波长为 λ，加上的波形的波长为 $\lambda/2, \lambda/3, \lambda/4,$

等等，产生的合波的空间周期为 λ。这是因为，所有加进去的短波形的整数倍正好就是基本的 λ 波长。

图 7.25a 画出了在空域发生的情况。为了说明的需要，波形在左边原点开始时每个波各处在不同的相位，即循环的不同地方。每个组成波形的振幅用一条直棒表示，每个频率对应的棒画在图 7.25c。此时这些振幅棒都画在横轴上面，以后还要介绍更好的表示方法。图 7.25c 叫做**频谱图**，它告诉我们某个频率的正弦波是多大，以生成图 7.25b 的合波。

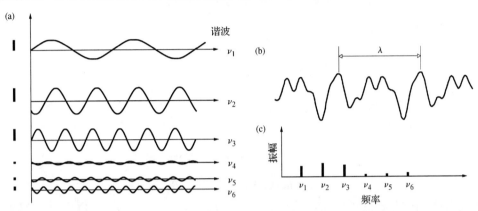

图 7.25 （a）6 个简谐波在时域上相加，各个简谐波的振幅和频率各不相同；（b）合成的周期函数；（c）频谱

假设我们要用谐波来合成空间周期为 λ 的周期函数 $f(x)$。上面的讨论提示我们，应该从一个波长为 λ 的正弦波或者余弦波出发，然后加上各个谐波，谐波的波长为 λ 的整数分之一。

图 7.24 画的只由正弦或余弦函数相加而成的波形，以 x 轴为中线起伏摆动，看起来上下一样多。当然，给它简单地加一个正的或负的常数，整个合成就会升高或降低，如图 7.26 所示。在 x 轴上方高度为 $A_0/2$ 的直线对应于这个常数，在这个具体情况下它等于 1.0。为什么要写成 $A_0/2$ 呢？因为它与任何频率无关，这个贡献常被叫做直流项；它在光学中的物理意义后面要讲到。

法国物理学家傅里叶（Jean Baptiste Jaseph, Baron de Fourier, 1768—1830）发明了一种非常优美的数学方法来分析周期函数。这一理论的基础是所谓的**傅里叶定理**，这个定理说：空间周期为 λ 的函数 $f(x)$ 可以由波长为 λ 的整约数（即 $\lambda, \lambda/2, \lambda/3$，等等）的许多简谐函数之和合成。这种傅里叶级数的数学形式为

$$f(x) = C_0 + C_1 \cos\left(\frac{2\pi}{\lambda}x + \varepsilon_1\right)$$
$$+ C_2 \cos\left(\frac{2\pi}{\lambda/2}x + \varepsilon_2\right) + \cdots \tag{7.41}$$

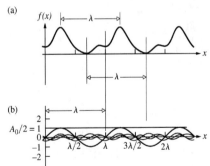

图 7.26　一个周期函数 $f(x)$ 分解为简谐的傅里叶分量。$f(x)=1+\sin kx - \frac{1}{3}\cos 2kx - \frac{1}{4}\sin 2kx - \frac{1}{5}\sin 3kx$

其中各个 C 值都是常数。当然，波形 $f(x)$ 也可以对应于行波 $f(x-vt)$。注意每个余弦函数的宗量是无量纲的。为了对这个合成过程有一些领悟，注意，虽然 C_0 自身是原来的函数很差劲的代替物，但是在它与 $f(x)$ 曲线相交的少数几点上它还是恰当的。同理，加上其次一项会使情况有所改进，因为函数

$$[C_0 + C_1 \cos(2\pi x/\lambda + \varepsilon_1)]$$

将这样选定，使它与曲线更频繁地相交。如果合成函数［（7.41）式的右边］由无穷项组成的，选定这些项的方法是使它们同原来的非简谐函数在无穷个点上相交，那么就认为这个级数等于$f(x)$。

利用三角恒等式

$$C_m \cos(mkx + \varepsilon_m) = A_m \cos mkx + B_m \sin mkx$$

于是（其中$k=2\pi/\lambda$，λ是$f(x)$的波长，$A_m = C_m\cos\varepsilon_m$，$B_m=-C_m\sin\varepsilon_m$），可以更方便地重新表述（7.41）式。

$$f(x) = \frac{A_0}{2} + \sum_{m=1}^{\infty} A_m \cos mkx + \sum_{m=1}^{\infty} B_m \sin mkx \qquad (7.42)$$

第一项写成$A_0/2$是因为在后面它将带来数学上的简单。（7.42）式告诉我们，一个周期性的波形$f(x)$可以用无限多个项来合成

$$f(x) = \frac{A_0}{2} + A_1 \cos 1kx + A_2 \cos 2kx + A_3 \cos 3kx + \cdots$$

$$+ B_1 \sin 1kx + B_2 \sin 2kx + B_3 \sin 3kx + \cdots$$

现在我们必须做的就是设法求出所有的系数A_m和B_m。为此，注意上式的右边的总体在一切方面都与左边全同。这意味着，函数$f(x)$曲线在一定距离（例如λ长的距离）下面的面积，应当和等式右面每一项在同样λ长距离下的面积之和相等。下面将用这个方法来推出A_0的值。

我们说的"曲线下面的面积"，指的是这条曲线和水平轴在x的特定距离上包围的面积。x轴上面的面积为正，x轴下面的面积为负。总面积是这两部分的代数和，即两个绝对值之差。

我们暂时不管直流项，来求$f(x)$表达式右边每个谐波项下的面积。在λ长的距离上，每一个谐波都振荡了整数个循环，因此在x轴上面和下面的面积是对称的。$A_1\cos 1kx$和$A_2\cos 2kx$以及其他的余弦项所贡献的纯面积等于零。同样，$B_1\sin 1kx$和$B_2\sin 2kx$以及其他的正弦项所贡献的纯面积也等于零。等式右边在λ长的间隔对面积有贡献的只有$A_0/2$项。换句话说，$f(x)$下面的面积等于常数A_0下面面积的一半。高为A_0长为λ的矩形面积为$A_0 \times \lambda$。所以$A_0\lambda/2$等于$f(x)$下面的面积

$$A_0 = \frac{2}{\lambda} \times f(x)\text{下面的面积}$$

以后我们会写出"$f(x)$下面的面积"的更正式的积分表达式。

可以用类似的方法来求其他的系数A_m和B_m。想象如图 7.27 所示的周期函数$f(x)$和它的各个傅里叶分量。为了求A_1，我们用$\cos kx$乘等式右边的每一项，然后求在$f(x)$的一个循环λ上计算的乘积下的面积。很明显，$A_0/2$和$\cos kx$的乘积为$A_0\cos kx/2$，它下面的面积为零，所以没有

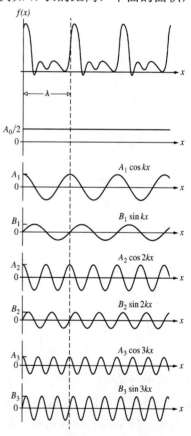

图 7.27　周期性非谐函数$f(x)$的傅里叶分解。$f(x)$的空间周期为λ

贡献。第二项 $A_1\cos 1kx$ 是特别重要的一项，在学了乘积函数的方法之后，再来讲它。

　　为了将 $\cos kx$ 与（比方说）$\sin 2kx$ 的数值相乘，我们用一系列竖直线将每个函数分成相同数目的等间隔片段，如图 7.28。然后把竖直线和这两条曲线的交点的值相乘：1.00×0，0.966×0.500，0.866×0.866，0.707×1.00，等等。图 7.28c 的乘积曲线就是我们的结果。把整个图分成 4 个 $\lambda/4$ 区，乘积曲线有两个正的峰和两个相等的负的峰，刚好使得整条曲线下的面积等于零。这里的对称性是这样的：在每一个 $\lambda/4$ 片段上 $\cos kx$ 乘 $\sin 2kx$ 得到正面积，就会有一个与之匹配的片段产生相等的负面积。这一点，不论两个谐波的空间频率是多少，只要空间频率不同就都是这样。所以，在 $(\cos kx)(A_2\cos 2kx)$ 下面的面积等于零。在 $(\cos kx)(A_3\cos 3kx)$，$(\cos kx)(B_1\sin 1kx)$，$(\cos kx)(B_2\sin 2kx)$，$(\cos kx)(B_3\sin 3kx)$，等等下面的面积也都是零。

　　现在回到 $A_1\cos kx$ 这一项，它与其他项不同，因为乘上 $(\cos kx)$ 之后，得到 $(\cos kx)(A_1\cos kx)=A_1\cos^2 kx$，它到处都是正的。图 7.29a 画出了距离 λ 上的 $A_1\cos^2 kx$ 曲线。为了决定这条曲线下面的面积，把图 7.29b 的第二半切成两半，翻过来，刚好落在第一半的凹陷处。这个生成的矩形高为 A_1 长为 $\lambda/2$。所以在 $f(x)\cos kx$ 下面的面积为 $A_1\lambda/2$。因此

$$A_1 = \frac{2}{\lambda} \times f(x)\cos kx \text{下面的面积}$$

这个面积是在 $f(x)$ 的一个空间周期上计算的。

　　给定某个我们想要合成的周期波形 $f(x)$，计算在一个空间周期 λ 上 $f(x)\cos kx$ 下面的面积，除以 $\lambda/2$，就得到傅里叶系数 A_1。完全一样地，

$$A_2 = \frac{2}{\lambda} \times f(x)\cos 2kx \text{下面的面积}$$

面积的计算在 $f(x)$ 的一个空间周期上进行。一般地，对 $m = 0, 1, 2, 3, \cdots$

$$A_m = \frac{2}{\lambda} \times f(x)\cos mkx \text{下面的面积}$$

这个表示式也适用于 A_0，这就是级数［(7.42) 式］第一项用 $A_0/2$ 的原因。于是 A_0 是第零阶振幅系数而 $A_0/2$ 是级数的直流项。

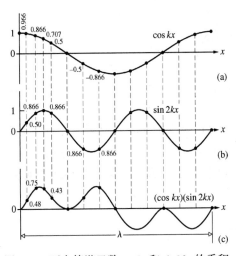

图 7.28　两个简谐函数 $\cos kx$ 和 $\sin 2kx$ 的乘积

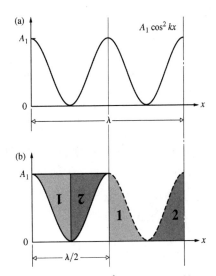

图 7.29　在 λ 的距离上曲线 $A_1\cos^2 kx$ 下面的面积等于 $A_1\lambda/2$

为了计算 B_1，把全过程再做一遍。这一次我们是乘 $\sin 1kx$，得到非常相像的结果：

$$B_1 = \frac{2}{\lambda} \times f(x) \sin kx \text{下面的面积}$$

面积计算在 $f(x)$ 的一个空间周期上进行。一般地，对 $m=0, 1, 2, 3, \cdots$

$$B_m = \frac{2}{\lambda} \times f(x) \sin mkx \text{下面的面积}$$

$f(x)$ 常常不是一个真正的函数，而是一组数据（见 7.4.4 节）。用上述方法在数值上定出 A_m 和 B_m 的过程叫做**离散傅里叶分析**，通常用计算机来进行。反之，如果知道了 $f(x)$ 的表达式，用积分计算所要的面积是最容易的方法。

下面讲的等价于我们已经用多少是图解方法研究过的内容，不过这里是用良性函数用积分来完成。议程仍然是求系数 A_m 和 B_m。为此，将（7.42）式两边在等于 λ 的空间间隔上积分，例如从 0 到 λ，或者从 $-\lambda/2$ 到 $\lambda/2$，或者更普遍的从 x' 到 $x'+\lambda$ 进行积分。因为在这个间隔上积分

$$\int_0^\lambda \sin mkx \, dx = \int_0^\lambda \cos mkx \, dx = 0$$

只有一个非零项要计算，即

$$\int_0^\lambda f(x) \, dx = \int_0^\lambda \frac{A_0}{2} \, dx = A_0 \frac{\lambda}{2}.$$

于是

$$A_0 = \frac{2}{\lambda} \int_0^\lambda f(x) \, dx \qquad (7.43)$$

为了求 A_m 和 B_m，我们要利用正弦函数的正交性（习题 7.43），即

$$\int_0^\lambda \sin akx \cos bkx \, dx = 0 \qquad (7.44)$$

$$\int_0^\lambda \cos akx \cos bkx \, dx = \frac{\lambda}{2} \delta_{ab} \qquad (7.45)$$

$$\int_0^\lambda \sin akx \sin bkx \, dx = \frac{\lambda}{2} \delta_{ab} \qquad (7.46)$$

其中 a 和 b 是不为零的正整数，δ_{ab} 叫做克罗内克符号（Kronecker delta），它是一个缩写记号，当 $a \neq b$ 时等于零；而当 $a=b$ 时等于 1。为了求 A_m，我们把（7.42）式两边乘上 $\cos lkx$，（l 是一个正整数），然后在一个空间周期上积分。只有一项不为零，那就是第一个和式中对应于 $l=m$ 的项的贡献，这时

$$\int_0^\lambda f(x) \cos mkx \, dx = \int_0^\lambda A_m \cos^2 mkx \, dx = \frac{\lambda}{2} A_m$$

于是

$$A_m = \frac{2}{\lambda} \int_0^\lambda f(x) \cos mkx \, dx \qquad (7.47)$$

这个表示式可以用来对所有 m 值包括 $m=0$ 在内计算 A_m，这从比较（7.43）式和（7.47）式可以显然看出。同理，（7.42）式乘以 $\sin lkx$ 再积分，得到

$$B_m = \frac{2}{\lambda} \int_0^\lambda f(x) \sin mkx \, dx \qquad (7.48)$$

总结一下，一个周期函数 $f(x)$ 可以表示为一个傅里叶级数

$$f(x) = \frac{A_0}{2} + \sum_{m=1}^{\infty} A_m \cos mkx + \sum_{m=1}^{\infty} B_m \sin mkx \qquad [7.42]$$

已知 $f(x)$，系数可用下式计算：

$$A_m = \frac{2}{\lambda} \int_0^\lambda f(x) \cos mkx \, dx \qquad [7.47]$$

和

$$B_m = \frac{2}{\lambda} \int_0^\lambda f(x) \sin mkx \, dx \qquad [7.48]$$

要知道，还有一些与级数的收敛性和 $f(x)$ 的奇点数目有关的数学细节，但是我们在这里没必要讨论这些问题。

某些对称性条件很值得去辨认，因为它们带来一些省力的计算捷径，例如，若一个函数 $f(x)$ 是偶函数，即若 $f(-x)=f(x)$，或等效地说它对于 $x=0$ 对称，则它的傅里叶级数只含余弦项（对所有的 $B_m=0$），余弦项自身就是偶函数。同样，对于 $x=0$ 反对称的奇函数即 $f(-x) = -f(x)$，其级数展开式将只含正弦函数（对所有的 m，$A_m=0$）。在这两种情况中，都不必费神去计算两组系数。若原点（$x=0$）的位置是任意的，我们可以选择原点位置以使计算尽可能地简单，那么上述考虑特别有用。但是要记住，许多常用的函数既不是奇函数也不是偶函数（比如 e^x）。

图 7.30 画的是一个带波纹的波长为 λ 的"锯齿波"，它是个奇函数。原点右边的值和原点左边相同距离处的值符号相反。所以它可以单独用正弦波来构成。此外，这些简谐波函数相位相同，并且在原点都等于零。可以从图 7.31 看出为什么这样。在出发点，所有的正弦子波都是零，然后相长相加，再接着位相错开，开始彼此抵消，在 $\lambda/2$ 处大家又都等于零（即图 7.30 中的第一条虚线）。过了这点，正弦子波看起来像是被反射了两次，先是水平反射，再垂直反射。于是它们的合波也被反射两次，因此是负的。注意，子波的最小分量在 λ 区域内出现 6 次，所以在这个 6 项的波纹锯齿边上有 6 个小鼓包。

这表明，若加入更多的项，它们的频率越来越高，波长越来越短，振幅越来越小，将会让这个合成函数平滑起来。图 7.32 中我们由 3 项增加到 7 项，再增加到 11 项、100 项，很好地表示出这个结果。项数越来越多时，在每个跃变的不连续点出现人为的尖刺，称为**吉布斯（Gibbs）现象**。

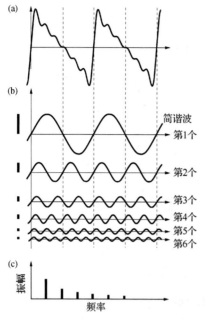

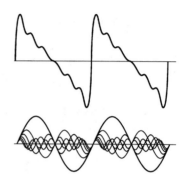

图 7.30 （a）一个近似的锯齿波。真正的锯齿波包含上千个正弦分量，使得锯边是直的，锯角尖锐。（b）6个简谐波，振幅和频率各不相同，组成波纹型的锯齿。（c）频谱

图 7.31 在这里可以看出各个小子波如何由同相变到异相

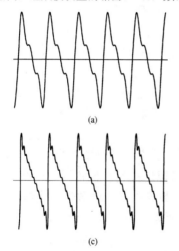

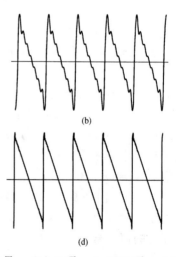

图 7.32 锯齿曲线的傅里叶级数。（a）只含三项分量；（b）7项；（c）11项；（d）100项

例题 7.5 计算图 7.33 中方波的傅里叶级数。

解

$$f(x) = \begin{cases} +1 & \text{当 } 0 < x < \lambda/2 \text{ 时} \\ -1 & \text{当 } \lambda/2 < x < \lambda \text{ 时} \end{cases}$$

$f(x)$ 之下在一个周期内的面积为零，所以 $A_0 = 0$。

因为 $f(x)$ 是奇函数，$A_m = 0$，而

$$B_m = \frac{2}{\lambda} \int_0^{\lambda/2} (+1) \sin mkx \, \mathrm{d}x + \frac{2}{\lambda} \int_{\lambda/2}^{\lambda} (-1) \sin mkx \, \mathrm{d}x$$

所以

$$B_m = \frac{1}{m\pi}\left[-\cos mkx\right]_0^{\lambda/2} + \frac{1}{m\pi}\left[\cos mkx\right]_{\lambda/2}^{\lambda}$$

记得 $k = 2\pi/\lambda$，得到

$$B_m = \frac{2}{m\pi}(1 - \cos m\pi)$$

因此傅里叶系数为

$$B_1 = \frac{4}{\pi},\qquad B_2 = 0,\qquad B_3 = \frac{4}{3\pi},$$
$$B_4 = 0,\qquad B_5 = \frac{4}{5\pi},\cdots,$$

而傅里叶级数为

$$f(x) = \frac{4}{\pi}\left(\sin kx + \frac{1}{3}\sin 3kx + \frac{1}{5}\sin 5kx + \cdots\right) \tag{7.49}$$

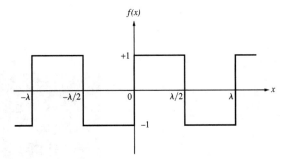

图 7.33　周期性方波的轮廓

图 7.34 是当项数增加时，级数前几个部分和的图。可以转到时域求 $f(t)$ 的展开式，这只要把 kx 改为 ωt 就行了。假设有三台普通电子振荡器，其输出电压正弦变化，其频率和振幅二者都可以控制，如果把它们串联起来，并把它们的频率分别调到 ω、3ω 和 5ω，然后在示波器上观察总信号，我们便能够合成这些曲线的随便哪一条。类似地，可以同时弹一架适当调谐过的钢琴上的三个音键，对每一个音键用恰好合随便哪适的力，产生一个和弦，或组合的声波，其波形如图 7.34c 所示。说来奇怪的是，人耳-大脑声学系统能够对一个简单的组合波进行傅里叶分析，把它分解为它的简谐成分——有人甚至还能说出和弦中每个音的名称。

　　前面我们曾经搁置对非简谐周期函数的详细讨论，仅限于分析纯粹正弦波。现在我们有了有力的理论基础可以讨论它们了。从今以后，可以把这种扰动看成许多不同频率的简谐成分的叠加，单个简谐成分的行为可以个别地研究。因此，对任何非谐周期波，可以写

$$f(x \pm vt) = \frac{A_0}{2} + \sum_{m=1}^{\infty} A_m \cos mk(x \pm vt) + \sum_{m=1}^{\infty} B_m \sin mk(x \pm vt) \tag{7.50}$$

或等效地

$$f(x \pm vt) = \sum_{m=0}^{\infty} C_m \cos\left[mk(x \pm vt) + \varepsilon_m\right] \tag{7.51}$$

　　作为最后一个例子，现在把图 7.35 的方波分解为它的傅里叶分量。我们注意到，若像图中那样选择原点，那么这个函数是偶函数，因而所有的 B_m 项为零。于是相应的傅里叶系数为（习题 7.44）为

$$A_0 = \frac{4}{a}\quad \text{和}\quad A_m = \frac{4}{a}\left(\frac{\sin m2\pi/a}{m2\pi/a}\right) \tag{7.52}$$

要是矩形的高度不是 1.0 而是 h，（7.52）式中的每一项都要乘以 h。不像以前的函数 [（7.49）式]，A_0 不等于零，因为曲线完全处在横轴之上。

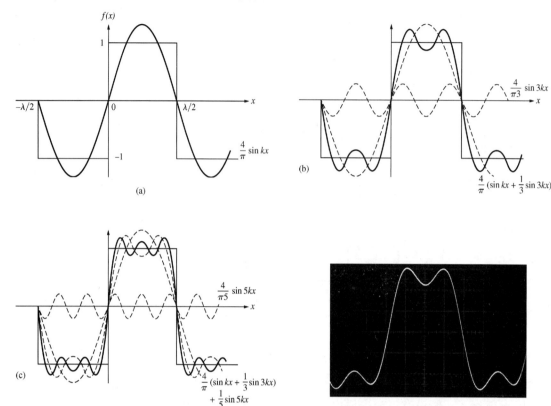

图 7.34 周期方波轮廓的合成。注意，在方波等于零的地方，所有的子波都同相，并且也等于零。因为所有的正弦波在 $x=0$ 是同相的，所有的系数 B_m 都是正的。最下面的照片拍自示波器，用两个信号发生器的正弦电压合成（b）的曲线

前面学过的表示式 $(\sin u)/u$ 叫做 **sinc u** 函数。因为当 u 趋于零时 sinc u 的极限为 1，如果令 $m = 0, 1, 2, \cdots$，就可以用 A_m 表示所有的系数。还要注意，因为 sinc 函数有负值，某些 A_m 系数可能会是负的。这就意味着某些高阶的余弦函数会和 $m = 1$ 的余弦项相位差 180°。也就是说，**频谱中一个负的 A_m 告诉我们，在加进对应的余弦项时要把它绕着 x 轴翻转过来**。我们马上就要读到这一点。

图 7.33 和图 7.35 的函数有完全一样的形状，但有三点不同：$x=0$ 轴的位置，$f(x)=0$ 的位置，阶梯的高度。其结果是对这两个 $f(x)$，除了常数 A_0 之外，其他的子谐波项应该有相同的关系。换句话说，把 $x=0$ 的轴从图 7.33 的位置到图 7.35 的位置，就会把正弦函数变为余弦函数，然而在别的方面则保留图 7.34 的子谐波函数不变。构成图 7.34 方脉冲的正弦函数将是构成图 7.35b 的余弦函数。由于垂直轴在方峰的中心，由图 7.35b 很明显的余弦函数必须在 $x=0$ 取负值。

由于方脉冲的宽度 $2(\lambda/a)$ 可以是全波长的任意分之一（依赖于 a），于是傅里叶级数为

$$f(x) = \frac{2}{a} + \sum_{m=1}^{\infty} \frac{4}{a}(\text{sinc } m2\pi/a)\cos mkx \tag{7.53}$$

如果我们要综合出相应的时间函数 $f(t)$，其方脉冲宽度为 $2(\tau/a)$，那么同一表示式（7.53）仍然适用，只要把 kx 换成 ωt。这里 ω 是周期函数 $f(t)$ 的时间角频率，称为**基频**。它是余弦项的

最低频率，在 $m=1$ 时出现。频率 $2\omega、3\omega、4\omega、\cdots$ 等叫做基频的谐波，与 $m=2、3、4$ 等等相联系。完全相同，由于 λ 是空间周期，于是 $\kappa\equiv1/\lambda$ 是**空间频率**，而 $k=2\pi\kappa$ 可以叫做空间角频率。这里也有频率为 $2k、3k、4k$ 的谐波，是空间中的对应物。显然，κ 的量纲为周数每单位长度（即每毫米的周期数，或只写为厘米$^{-1}$），而 k 的量纲是每单位长度的弧度数。

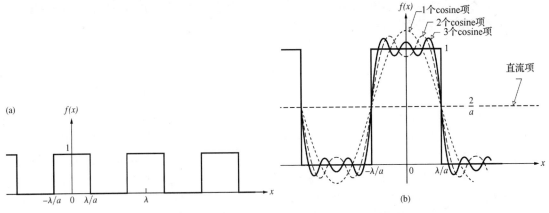

图 7.35　一个周期性非谐偶函数。在（b）中，脉冲下的面积是 $(2\lambda/a)\times1$
和 $A_0=(2/\lambda)(2\lambda/a)=4/a$ 傅里叶级数的直流项为 $A_0/2=2/a$

我们再做几点澄清，以免将来使用空间频率和空间周期（或波长）时产生混淆。考虑一个扰动在时间中振荡和在空间中移动。图 7.35a 表示这样一个沿 x 轴铺开的周期波形。它可能是沿一条绷紧的绳子运动的罕见的扰动的截面。它在空间上一个波长的距离重复出现，波长的倒数就是空间频率。

现在假设图样是一幅稳定的辐照度分布，一系列亮暗条纹——就像你通过一条面对木桩栅栏的水平狭缝看到的那种东西，或者（这样说更好）当你沿着一条跨过一组固定的交替的单色光照明的亮带和暗带的直线扫描时所看到的（图 13.30）。这幅图样也有某一空间周期和频率，由亮暗带在空间重复的变化率决定。光场除图样的变化外，还将有一空间频率 κ 和空间周期 λ 就像时间频率和时间周期一样。稳定图样的空间波长也许为 20 cm，而产生它的光的波长为 500 nm。凡是有可能产生混淆的地方，我们将保留符号 k 用于光波自身，而用 κ 来描述稳定的空间光学图样。这一区别在后面各章将变得更重要。

回到图 7.35 的方波函数，这时 $a=4$，换句话说，我们取方波宽度为 $\lambda/2$。这时

$$f(x)=\frac{1}{2}+\frac{2}{\pi}\left(\cos kx+\frac{1}{3}\cos 3kx+\frac{1}{5}\cos 5kx-\cdots\right) \tag{7.54}$$

实际上，**如果函数 $f(x)$ 的图形是这样的，使得一根水平线能够把图形分成上下形状相同的两部分，这种函数的傅里叶级数将只含奇次谐波。**

从图 7.34 可以看出为什么会这样。方波的每半周都包含着奇数个奇谐波的半波长，这就意味着在乘积曲线［即 $f(x)\sin mkx$］下面的面积不等于零，因而所有的奇次谐波的系数不等于零。相反，如果一个谐波的宗量是 kx 的偶数倍，那么在一个波长 λ 的距离内有这个谐波的偶数个波长。因此，在 $f(x)$ 的每半周内包含偶数个偶谐波的半波长。如果用直流项把 $f(x)$ 移动一下，使得它对水平轴上下对称，那么乘积［即 $f(x)\sin mkx$ 或 $f(x)\cos mkx$］下面的面积，在 λ 的距离内对 $m=2,4,6,\cdots$ 等于零，所以对应的系数（A_m 或 B_m）也等于零（见习题 7.45 中的三角的函数）。

图 7.36 是（7.54）式表示的方波脉冲，其中 $a=4$，$A_0=1$，直流项为 $A_0/2$。全部偶数 A_m 项

不出现。傅里叶系数（7.53）式含有 sinc$m2\pi/a$，因此构成 A_m 系数包络的虚线曲线是 sinc 函数。在第 3 章我们看到，sinc$u$ 当 $u=\pi$, 2π, 3π 等时等于零。对于 $a=4$，量 $m2\pi/a$ 为 $m\pi/2$，当 $m=2, 4, 6,\cdots$ 时 sinc 为零。虚线和轴相交，相应的系数 A_m 再次从级数中消失。

如果我们画出（7.54）式中直到 $m = 9$ 的项的部分和的曲线，这条曲线将非常接近一个方波。反之，如果方波正峰的宽度减小，那么为了使部分和同 $f(x)$ 的相似达到同样的程度，级数中就需要取更多的项。这一点可以从考察比值

$$\frac{A_m}{A_1} = \frac{\sin m2\pi/a}{m\sin 2\pi/a} \tag{7.55}$$

看出来。

注意，对 $a = 4$，第 9 项（即 $m=9$）是很小的，$A_9 \approx 10\% A_1$。相反，若峰宽缩窄到原来的 1/100，即 $a=400$，则 $A_9 \approx 99\% A_1$。**峰变窄的效果是引进了更高次的谐波，这些高次谐波有更小的波长。**于是我们可以猜到，并不是级数中所有各项全都头等重要，重要的是要重现的最精细特性的相对大小以及相应的可用波长[①]。若波形中有一些精细的细节，那么级数必须包含波长比较短（在时域中则是周期比较短）的项的贡献。

（7.53）式中负的 A_m 对合成的贡献可以简单地想象为，它们对正的 A_m 有 180° 的相移。负的振幅相当于 π 弧度的相移可以从 $A_m\cos(kx+\pi)=-A_m\cos kx$ 看出。要知道这一切是如何同时发生的，考察图 7.37 中的函数。此时 $a=8$，但是峰的大小没有变，因为空间周期加大了一倍，从 1 cm 变到 2 cm。这个函数仍然是偶函数，所以级数中只有 A_m 项。然而，频谱有几方面的变化。不像图 7.36 的情况（那里 A_2, A_4, A_6 等等都是零），现在不能用升高或降低波形使波形对 x 轴对称；所以合成中和 cos mkx 的宗量中 m 包含奇数和偶数。**相继两个 A_m 项之间的空间为 $2\pi/\lambda$，因为 λ 加倍，空间减半。**有更多的余弦的贡献挤在一起。

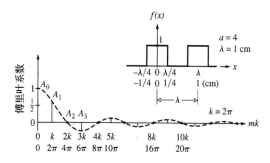

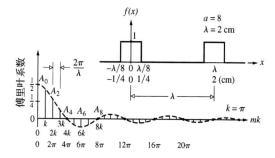

图 7.36　一个周期性方波和它的空间频谱。空间周期 λ 等于 1.0 cm，每个脉冲宽度是波长的一半。方波有无穷多个，图中只画了两个

图 7.37　一个周期性方波波形和它的空间频谱。$\lambda=2.0$ cm，每个脉冲的宽度只有四分之一个波长。图中只画了无穷个方波中的两个

7.4 非周期波

所有真实的波都是脉冲（即有限波列），即使有时脉冲相当长，因此，学习如何分析非周期性函数是很重要的。这样的函数在物理学中，特别在光学和量子力学中十分重要。

前面（图 7.16）我们看到两个正弦波相加如何生成拍；它们变到异相，产生包络上的极小，然后又变到同相，产生极大。可以设想，要是把更多的频率分量堆集在一起，或许在空

[①] 显然，除非砖头比碉堡小得多，否则不能用这些砖头来建碉堡。

间更远的距离上这些正弦波能够再变到同相，产生第二个包络上的极大（图 7.38）。换句话说，加入更多的频率分量很可能有分开脉冲的效果。我们还记得，拍的图样的载波具有平均频率（因为我们即将看到，它是光峰频率，所以称之为 k_p）。如果围绕着 k_p 对称地加入正弦波，载波振荡不会改变频率；这些都可以在图 7.38b 和习题 7.21 看到。如果我们想用许多谐波分量来产生一个孤立的脉冲（图 7.38e），就需要精确算出要加哪些频率、加多少。

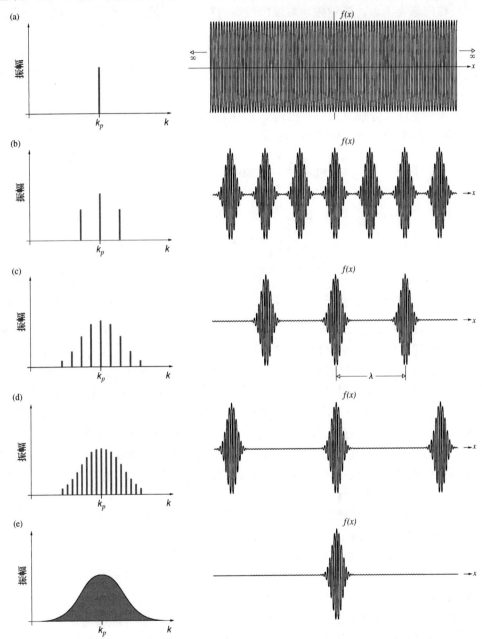

图 7.38　我们从单个无限长的正弦波开始，其空间频率为 k_p，叫做载波频率或峰频。在 k_p 两边对称地加上两个频率分量，不会改变载波频率（平均频率），但是产生拍。加入更多的一对对正弦波让脉冲进一步分开，而不改变脉冲形状或载波频率。这与以下事实是相容的，随着 λ 增大，脉冲在整个波形中变得稀疏。下面在图 7.44 将会看到，如果各个频率分量振幅的包络是高斯型的（即 $e^{-\alpha x^2}$ 形式），脉冲的包络也是高斯型的

至此我们已有一个漂亮的数学方法，用频率来描述波形，而完全不关心实际应用。现在该是简单地介绍现代光学技术的时候了。这些最重要的新技术中之一，叫做**光学频率梳**。它的应用范围很广，从超灵敏化学检测、光纤通信、光雷达（光探测和定位）系统，到研制新的高精度光学原子钟。光学频率梳有成千上万个等间隔的窄时间频率尖峰，铺满频谱的可见光区（在图 7.38d 所示的是空间频率梳）。这些频率尖峰，像时间带色的梳齿，可以当尺子用。利用这类工具，光学频率可以以极高的精度被测量，这个精度比任何其他方法要高得多。

图 7.39 是图 7.38 在时域的对应物；图 7.38d 的波形存在于空间，它的谱是空间频率。图 7.39a 的波形存在于时间，它的谱（图 7.39b）是时间频率（每个频率都有特定的"颜色"）。一个 10 fs（10×10^{-15} s）长的短脉冲，在真空中只有 3×10^{-6} m 长。要是载波波长落在可见光末端，每个脉冲也只包含载波的几次振荡（见图 7.39a）。注意，像图 7.38 一样，梳的中心峰对应于驻波频率或平均频率。梳包络的宽度反比于激光器发射的每个波包持续时间。

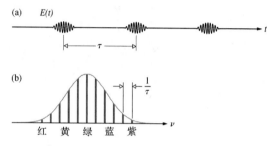

图 7.39　（a）一串飞秒波包，每个波包有高斯型的包络；（b）对应的梳形频谱也有高斯型的包络

物理上产生频率梳的方法是产生一连串等间距的、相同的、很短的振荡包。锁模激光器是干这件事的理想器件，它有十分稳定的重复率，典型重复率在 10^9 Hz 左右。脉冲的时间周期 τ（不是载波的周期）是发射两个振荡包之间的时间（重复率的倒数），它是个常数。和图 7.37 的空间情况一样，图 7.39b 两个时间频率尖峰之间的间隔为 $1/\tau$，即两个脉冲之间时间的倒数。如果激光器每 N 纳秒输出一个脉冲，频率梳的尖峰相隔为 $1/N$ GHz。比起 τ 来脉冲包越窄，频率梳就包含越多的尖峰。若重复率为 1 GHz，频率梳铺满光谱的可见区域（见表 3.4，宽度约为 380×10^{12} Hz），那么将有 380 000 个频率尖峰。一个稳定的激光器会产生很窄频率齿的频率梳。现在产生频率梳最好的激光器是掺钛蓝宝石激光器，商品名叫 Ti:sapph（国内叫钛宝石激光器）。

许多材料的折射率随辐照的强弱有点变化（见 13.4 节），这会引起一种效应，叫做自相位调制。当钛宝石激光器的输出通过一定长度的透明材料（像融熔石英），自相位调制加宽了频率包络而不影响梳结构。加宽频率包络的目的是使包络扩展到整个可见光区。介质对一个脉冲产生什么效应，也将对每一个相同脉冲产生同样的效应。所以输入一串周期性的脉冲将引起频率梳的输出。这一切都可以用近红外激光束通过一条长的微结构光纤（又叫做光子晶体）有效地完成。光纤能够在长距离上维持高辐照度，因此更有效地展宽光谱[①]。

"因为他们在发展基于激光器的精密光谱术（包括光学频率梳技术）的贡献"，霍尔（John Hall）和亨施（Theodor Hänsch）被授予 2005 年诺贝尔物理学奖。

① S. Cundiff, J. Ye, and J. Hall, "Rulers of light", *Sci. Am.* **298**, 74(2008).

7.4.1 傅里叶积分

回到图 7.35，设想我们保持方脉冲的宽度不变，而使 λ 无限制地增大。随着 λ 趋向无穷，生成的函数不再有周期性。这时只有一个方脉冲，相邻的方波被挪到无穷远。这表明可能有办法将傅里叶级数，方法推广到包括非周期性函数。

为了大大延伸图 7.35 中的函数，我们先令 $a=4$，然后选一些 λ 值。例如选 $\lambda=1$ cm，所以和图 7.36 相配。方波的宽度现在为 $1/2$ cm，即 $2(\lambda/a)$，中心在 $x=0$，如图 7.40a 所示。每一个特定频率 mk 的重要性可由考察相应的傅里叶系数（此时为 A_m）的数值得知。可以将这些系数看成是权重因子，它们恰如其分地表示出各个谐波的贡献大小。图 7.40a 是前的方波的一些 A_m 值（其中 $m=0, 1, 2, \cdots$）与 mk 的关系图，这样一条曲线叫做**空间频谱**。

我们可以把 A_m 看成是 mk 的函数 $A(mk)$，这个函数只有当 $m=0, 1, 2, \cdots$ 时才不为零。如果现在让 a 等于 8 而 λ 增大到 2 cm，脉宽将完全不受影响。唯一的变化是峰的间距加倍。但是，空间频谱的一个非常有趣的变化在图 7.40b 中很明显。注意，沿 mk 轴的分量密度已显著地增加。但是，当 $mk=4\pi, 8\pi, 12\pi, \cdots$ 时 $A(mk)$ 仍然为零，不过由于 k 现在等于 π 而不是 2π，在这些零点之间就会有更多的项。最后令 $a=16$ 而 λ 增加到 4 cm。单个峰仍然不改变形状，但是频谱中的项数会更密集。实际上，脉冲相对于 λ 越来越窄，因此要合成它就需要更高的频率。

图 7.40a 中 A_2 为零，图 7.40b 中 sinc 函数在同样的位置等于零，但这时是 A_4 为零，而图 7.40c 中则是 A_8 为零。理解必须有这些零振幅项的一个好办法是

$$A_m = \frac{2}{\lambda} \times \text{下面的面积} \; f(x)\cos mkx$$

再次考虑下式这里 $f(x)$ 不是 1 就是 0，因此**每个 A_m 对应于 $\cos mkx$ 在方波下那一段的面积**。级数中直流项是 $A_0/2$ 而 $A_0 = (2/\lambda) \, [f(x)$ 下面的面积$]$。在图 7.40 中每个波形的 A_0 是不相同的，方波相对于 λ 变小时 A_0 也变小。例如，图 7.40c 中这个面积为（1 cm）×（1/2 cm），当 $\lambda = 4$ cm A_0 变为 1/4。

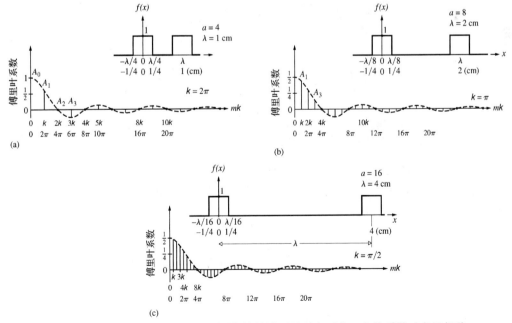

图 7.40 作为极限情况的方脉冲。周期性的波形只画出两个。负的系数对应于相移 π
弧度。随着越来越多的频率项参加合成，在原点方波两侧的方波分别向 $\pm\infty$
移动。最后，当分量频率出现连续区时，它们将结合在原点产生一个方脉冲

图 7.41 依次为方波与 $\cos 1kx$、$\cos 3kx$、$\cos 8kx$ 的重叠。阴影是余弦在方波下的面积（即 $f(x)\cos mkx$ 下面的面积），它越来越小，所以 A_1，A_2，A_3，…也越来越小。$\cos 4kx$ 分量的波长 1 cm，刚好 $\lambda/4$，所以它的半个周期和方波精确重合。更高的 m 项的负面积的贡献就更多。当 $m=8$ 时整个 $\cos 8kx$ 的轮廓精确地和方波重合，一半在轴上面一半在轴下面，所以重叠的面积等于零；这就是图 7.40c 中没有 A_8 项的缘故。凡是使 sinc 函数等于零的 m 值，方波内的就有整数个 $\cos mkx$ 波形。

注意，系数的 sinc 函数包络在图 7.40a 中还很难认出，而在图 7.40c 中却已很明显了。事实上，各种情况下的包络完全相同，只差一个尺度因子。包络只由原来的信号形状决定，另的波形的包络将与此有很大的差别。我们已经看到，随着 λ 增大及函数取单个方脉冲的形状，其频谱中各个 $A(mk)$ 分量之间的间距减小。各条分立的谱线一方面幅度减小，同时将逐渐融合，变成不可单独分辨的了。换句话说，在 λ 趋于 ∞ 的极限情况下，谱线将彼此无限接近。当 k 变得非常小时，m 就必须变成非常大，如果还能辨别出 mk 的话。我们改变记号，把谐波的角频率 mk 换成 k_m。虽然 k_m 是由分立项组成，在极限情况下 k_m 将变为 k，即一个连续的频率分布。函数 $A(k_m)$ 在极限情况下将变成图 7.40 中所示的包络。这时谈论基频及其谐波虽然不再有意义了。所合成的脉冲 $f(x)$ 没有明显的基频。

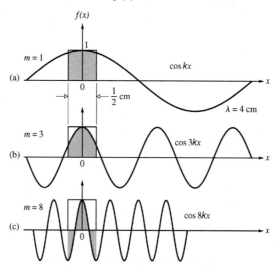

图 7.41　阴影区是 $f(x)\times\cos mkx$ 之下的面积。把这个面积乘以 $2/\lambda$ 就
得到 A_m。当 $m=8$ 时它一半正一半负，所以等于零，因此 $A_8=0$

积分实际上是求和的极限，即当求和的元素数目趋于无穷而元素的大小趋于零时的极限。因此当 λ 趋于无穷时，傅里叶级数必须换成所谓傅里叶积分，这不应使人感到惊讶。我们将在这里写出此积分而不加证明，它是

$$f(x) = \frac{1}{\pi}\left[\int_0^\infty A(k)\cos kx\, dk + \int_0^\infty B(k)\sin kx\, dk\right] \qquad (7.56)$$

只要

$$A(k) = \int_{-\infty}^{\infty} f(x)\cos kx\, dx$$

$$B(k) = \int_{-\infty}^{\infty} f(x) \sin kx \, \mathrm{d}x \tag{7.57}$$

它与级数表示式之间的相似是明显的。量 $A(k)$ 和 $B(k)$ 解释为 k 和 $k+\mathrm{d}k$ 之间的空间角频率区间内的余弦和正弦分量的振幅。一般把它们分别叫做**傅里叶余弦变换式**和**傅里叶正弦变换式**。在上面的方脉冲的例子中，是余弦变换式 $A(k)$ 对应于图 7.40 的包络。

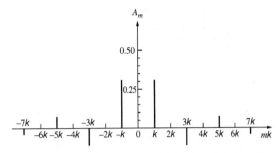

傅里叶级数的第一项是 $A_0/2$，这就提醒我们还有表示频谱的另一种方法。因为 $\cos(mkx) = \cos(-mkx)$，所以除了 $m=0$ 之外，可以把每个贡献的幅度分成两半，一半是正 k 值，一半是负 k 值（图 7.42）。这种数学技巧给出一条漂亮的对称曲线；这里引进来是因为通常把频谱用这种方式表示。

图 7.42　图 7.40a 波形的对称频谱。请注意，零阶项实际上是 $A_0/2$，是级数中 $m=0$ 的幅度

在第 11 章我们将会看到，最有力的傅里叶变换采用复数表示，它自动给出正负空间频率项的对称贡献。某些光学现象（例如衍射）也是在空间对称地发生，只要它包含正负频率，就可以得到非常漂亮的数学式子。所以在描述对称（从中点向两侧的两个相反方向）的物理系统时，负频率是有用的数学工具。

7.4.2　脉冲和波包

现在来决定图 7.43 中的方脉冲的傅里叶积分表示式，这个方脉冲用下面的函数描写：

$$f(x) = \begin{cases} E_0 & \text{当 } |x| < L/2 \text{ 时} \\ 0 & \text{当 } |x| > L/2 \text{ 时} \end{cases}$$

暂且只分析正的 k 值。由于 $f(x)$ 是偶函数，求出的正弦变换式 $B(k)$ 将为零，而

$$A(k) = \int_{-\infty}^{\infty} f(x) \cos kx \, \mathrm{d}x = \int_{-L/2}^{+L/2} E_0 \cos kx \, \mathrm{d}x$$

因此

$$A(k) = \frac{E_0}{k} \sin kx \Bigg|_{-L/2}^{+L/2} = \frac{2E_0}{k} \sin kL/2$$

把分子和分母都乘上 L 并重新集项，得到

$$A(k) = E_0 L \frac{\sin kL/2}{kL/2}$$

或等价地

$$A(k) = E_0 L \operatorname{sinc}(kL/2) \tag{7.58}$$

这个方脉冲的傅里叶变换式画在图 7.43b 中，应当把它与图 7.40 的包络进行比较。我们看到，当 L 增大时，$A(x)$ 的相邻两个零点的间距减小，反之亦然。此外，当 $k=0$ 时从（7.58）式得到 $A(0) = E_0 L$。

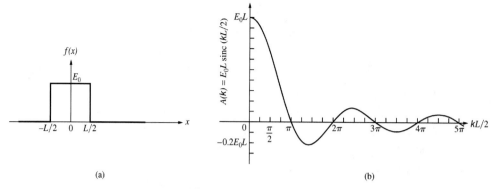

图 7.43　方波及其变换

用（7.56）式，容易写出 $f(x)$ 的积分表示式为

$$f(x) = \frac{1}{\pi} \int_0^\infty E_0 L \operatorname{sinc}(kL/2) \cos kx \, dx \qquad (7.59)$$

这个积分的计算留作习题 7.50。

余弦波列

过去我们谈到单色波时曾指出，它们实际上是虚构的，至少在物理上是如此。无论信号发生器怎么理想，它总是在某一时刻才被打开。图 7.44 画出一个有些理想化的载波频率为 k_p 的简谐波脉冲。它对应于下面的函数：

$$E(x) = \begin{cases} E_0 \cos k_p x & \text{当} -L \leqslant x \leqslant L \text{时} \\ 0 & \text{当} |x| > L \text{时} \end{cases}$$

我们把这个脉冲选择在空域中，但是肯定也可以把扰动看成是时间的函数。实际上我们是考虑 $E(x-vt)$ 这个波在 $t=0$ 时的空间轮廓，而不是在 $x=0$ 处的时间波形。k_p 就是脉冲本身在简谐区域内（即图 7.44a 画的许多个余弦振荡）的空间频率。注意 $E(x)$ 是一个偶函数，因此 $B(k)=0$ 而

$$A(k) = \int_{-L}^{+L} E_0 \cos k_p x \cos kx \, dx$$

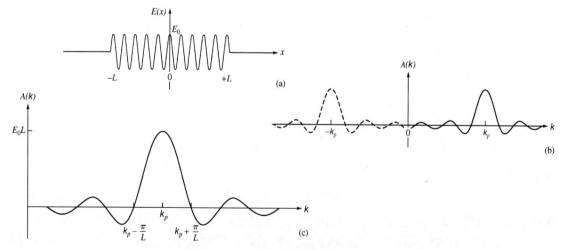

图 7.44　一个有限余弦波列及其变换式

它等同于

$$A(k) = \int_{-L}^{+L} E_0 \frac{1}{2} [\cos(k_p + k)x + \cos(k_p - k)x]\,dx$$

积分后得到

$$A(k) = E_0 L \left[\frac{\sin(k_p + k)L}{(k_p + k)L} + \frac{\sin(k_p - k)L}{(k_p - k)L} \right]$$

或者也可以写成

$$A(k) = E_0 L[\text{sinc}(k_p + k)L + \text{sinc}(k_p - k)L] \tag{7.60}$$

如果波列中有很多个波（$\lambda_p \ll L$），那么 $k_p L \gg 2\pi$。于是 $(k_p+k)L \gg 2\pi$，因而 $\text{sinc}(k_p+k)L$ 很小。反之，方括号中的第二项 sinc 函数在 $k_p=k$ 时有极大值为 1。换句话说，（7.60）式给出的函数可以想成在 $k=-k_p$ 处有一个峰，如图 7.44b 所示。如果我们限于考虑正的 k 值，则左峰（$k=-k_p$ 处）的尾巴伸至正 k 的部分才有贡献。当 $L \gg k_p$ 和两个峰都很窄并且相隔很远时，这个尾巴的贡献可以忽略。于是，在这个具体场合我们可以略去第一个 sinc 函数，把变换式写成

$$A(k) = E_0 L \,\text{sinc}(k_p - k)L \tag{7.61}$$

（图 7.44c）。即使波列很长，但既然它不是无限长，它必定是由一段连续的空间频率合成的。因此可以把它看成是由无穷多个简谐波组成。我们把这样的脉冲叫做**波包**或**波群**。可以预期，最大的贡献来自 $k=k_p$。如果在时域中进行分析，将得到同样的结果，此时变换式的中心在时间角频率 ω_p 附近。很清楚，当波列变成无限长（即 $L \to \infty$）时，其频谱变窄，图 7.44c 的曲线在 k_p（或 ω_p）处紧缩为一个很高的尖峰。这是理想化的单色波的极限情形。

由于我们可以把 $A(k)$ 看成 $E(x)$ 在 k 到 $k+dk$ 波段内的振幅，那么 $A^2(k)$ 必定同那一波段中波的能量相联系（习题 7.54）。我们在第 11 章考虑功率谱时还要回到这一点上来。目前只要注意到（图 7.44c），大部分能量包含在从 $k_p - \pi/L$ 到 $k_p + \pi/L$ 空间频段内（即中心峰值两边的两个极小值之间）。增大波列的长度，会使波的能量变得集中在 k_p 附近更窄的区域中。

时域中的波包，即

$$E(t) = \begin{cases} E_0 \cos \omega_p t & \text{当}-T \leqslant t \leqslant T\text{时} \\ 0 & \text{当}|t| > T\text{时} \end{cases}$$

的变换式为

$$A(\omega) = E_0 T \,\text{sinc}(\omega_p - \omega)T \tag{7.62}$$

其中 ω 和 k 通过相速度相联系。除了记号从 k 到 ω 和从 L 改到 T 之外，此频谱和图 7.44c 的频谱相同。

总结一下，需要求变换式的波形（图 7.44a）是以恒定空间角频率 k_p 振荡的余弦脉冲，可以认为它是被矩形脉冲调制的单频振荡，矩形脉冲从 $-L$ 到 $+L$，在此范围外都为零。我们要求的变换是包络函数（矩形）的变换，它是 sinc 函数。这个 sinc 函数还要沿正 k 轴移动 k_p。变换式中的主导频率是波形余弦部分的振荡频率，这很合理。还要注意，若把 k_p 两边第一个零点之间的距离算作变换的宽度，它等于 $2\pi/L$；振荡的波列（$2L$）越长，变换的频谱宽度（$2\pi/L$）越窄。

只要看变换（图 7.44c）的样子，就知道原来的波形是矩形；从它在 k 轴上的位置，就知道原来脉冲的振荡频率是 k_p；从它的宽度，就有波列长度的概念；从它的振幅高度，就能推出波列的幅度；因为它是个余弦变换，就知道 $x=0$ 时振荡的相位。

要是频率为 k_p 的余弦振荡被其他的包络调制，傅里叶变换就是包络函数的变换，不过中心在 k_p（例如见图 7.46）。

频带宽度

对上面研究的特定波包，变换式所含的角频率（ω 或 k）的范围肯定不是有限的。但是如果我们要谈变换式的宽度（$\Delta\omega$ 或 Δk），图 7.44c 倒提示我们该用 $\Delta k = 2\pi/L$ 或 $\Delta\omega = 2\pi/T$。而脉冲的空间或时间范围在 $\Delta x = 2L$ 或 $\Delta t = 2T$ 倒是界限分明的。波包在所谓 k 空间中的宽度和它在 x 空间中的宽度的乘积为 $\Delta k \Delta x = 4\pi$，或相似地为 $\Delta\omega\Delta t = 4\pi$。我们把量 Δk 或 $\Delta\omega$ 叫做**频带宽度**。如果我们用一个不同形状的脉冲，带宽-脉冲长度的乘积肯定可以不同。这种意义不明确的情况之所以产生，是因为我们尚未从种种规定 $\Delta\omega$ 和 Δk 的可能方法之中选定一种。例如，不用 $A(x)$ 的第一极小值（有的变换式没有这样的极小值，如 11.2 节的高斯函数），而令 $A^2(x)$ 曲线降到它的极大值的 1/2 或者 1/e 点的宽度。不论怎样，目前注意到这点已经够了：由于 $\Delta\omega = 2\pi\Delta\nu$，

$$\Delta\nu \approx 1/\Delta t \tag{7.63}$$

即频带宽度与脉冲的时间长度的倒数是同一量级（习题 7.55）。如果波包的带宽很窄，那么它将占据一个很大的空间和时间区域。因此，一台调谐到接收带宽为 $\Delta\nu$ 的收音机，能够探测到的脉冲的持续时间不短于 $\Delta t \approx 1/\Delta\nu$。

这些考虑在量子力学中具有深远的意义。在量子力学中用波包描述粒子，（7.63）式类似于海森堡测不准原理。

7.4.3　相干长度

我们来考察一个不严格的单色光源（如钠光灯）发出的光。让光束通过某种光谱分析仪，就能观察它的各种频率成分。典型情况是，我们会发现存在一些很窄的频段，它们包含了大部分的能量，这些频段被比它得多的暗区分开。每条这样的明亮色带叫做一条**谱线**。在有些装置中光是从狭缝射入的，每根谱线实际上是那条狭缝的彩色像。另外一些分析器则将频率分布显示在示波器的荧光屏上。不论哪种情况，单根谱线决不可能无限尖锐。它们总是由一段频带组成，不管这段频带多么窄（图 7.45）。

引起光的产生的电子跃迁历时约为 10^{-8} s 到 10^{-9} s 的量级。因为发射的波列的长度有限，频率将会展宽，叫做**自然线宽**（见 11.3.4 节）。而且，由于原子在作无规热运动，多普勒效应也会使频谱发生改变。还有，原子受到碰撞而使波列中断，又会使频率分布变宽。所有这些机制的总效果，是每一谱线具有一定的带宽 $\Delta\nu$ 而不是一个单一频率。满足（7.63）式的时间间隔 Δt 称为**相干时间**（以后记为 Δt_c），而由

$$\Delta l_c = c\,\Delta t_c \tag{7.64}$$

给出的长度 Δl_c 是**相干长度**。现在清楚了，相干长度就是空间的一个大小范围，在这个范围里波是很好的正弦波，它的相位可以可靠地预言。对应的时间长短就是相干时间。这些概念在研究波与波的相互作用中十分重要，讨论波的干涉还要讲到。

我们已经熟悉了光子波列的概念，并学会了一点傅里叶分析方法，现在可以来推导有关的一些东西。实验观察发现，一束准单色热辐射（非激光）光束谱线的频率分布，可以用一个钟形的高斯函数表示（2.1 节）。也就是说，辐照度与频率的关系是高斯型的。辐照度正比于电场振幅的平方，高斯函数的平方仍旧是高斯函数，所以电场幅度也是钟形的。

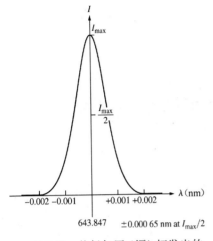

图 7.45　从低气压（镉）灯发出的
镉红线（$\bar{\lambda}$ =643.847 nm）

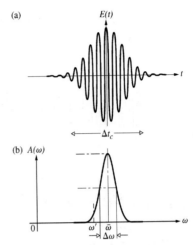

图 7.46　由高斯型包络调制的余弦
波列及其高斯函数型变换式

　　每个单光子波列是个波包，现在假定有 N 个相同的波包组成光束，它是由高斯包络调制的简谐函数，类似于图 7.46a。这个光束的傅里叶变换 $A(\omega)$ 还是高斯函数。然后设想我们在每一个波包中只考察同一个频率的简谐分量，比如相当于 ω' 的那个频率。记住，每一个这样的分量都是一个无限长的，振幅恒定的波。如果假定每一个波包的形状完全相同，那么每个波包中与 ω' 相联系的傅里叶分量的振幅将会相同。由于这些波包的相对相位分布是无规的，由（7.21）式得出的合波将是一个频率为 ω' 的简谐波，其振幅正比于 $N^{1/2}$。当然，同样的结论对组成波包的频段内的每个频率都成立。换句话说，合波中每个频率上的能量大小同各个单个的组分波列在这个频率上的能量的总和相同。此外，我们完全知道能量-频率的分布；它是高斯型的，所以光子波列的变换也是高斯型的。换句话说，观测到的谱线对应于光束的功率谱，也对应于一个光子波包的功率谱。如果辐照是高斯型的，则光子波列也是高斯型的。

　　由于波列的无规性，合波中各个简谐分量的相对相位将不会同它们在每个波包中的相对相位一样。即使光束中每个频率分量的振幅简单地是单个波包中振幅的 $N^{1/2}$ 倍，光束的轮廓也和单个波包的轮廓不同。观察到的光谱线肯定对应于合成光束的功率谱，但是它也对应于单个波包的功率谱。通常存在着非常之多的任意交叠的波群，因此合波的包络难得等于零，如果不是完全没有的话。若光源是准单色的，即如果带宽比平均频率 $\bar{\nu}$ 小得多，我们可以把合波想象成"几乎是"正弦波。

　　总之，可以把合波刻画成图 7.47 中那样。我们可以设想频率和振幅在无规地变化；前者在以 $\bar{\nu}$ 为中心的 $\Delta\nu$ 范围内变。因此，定义为 $\Delta\nu/\bar{\nu}$ 的**频率稳定度**是一个很有用的量度光谱纯度的量。即使相干时间短到 10^{-9} 秒，也大致相当于迅速振荡着的载波（$\bar{\nu}$）的几百万个波长，因此相比之下任何振幅或频率变化都是非常缓慢的。等效地，我们可以引入一个随时间变化的相位因子，把扰动写成

$$E(t) = E_0(t) \cos[\varepsilon(t) - 2\pi\bar{\nu}t] \qquad (7.65)$$

这里波峰的间距在时间中变化。

　　一个波包的平均持续时间为 Δt_c，因此在图 7.47 中，波上的两点分开的距离大于 Δt_c 时，必定处在不同的波列上。因此这些点的相位是完全不相关的。换句话说，如果我们让合波通过一个理想探测器以确定它的电场，那么我们可以很准确地预言它在比 Δt_c 小得多的时间之

后的相位，但是对于大于 Δt_c 的时间，则完全不能预言。在第 12 章里我们将考虑相干度，它适用于这两种极端情况之间的情况。

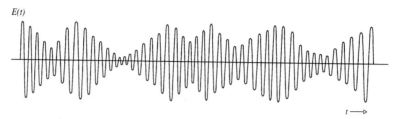

图 7.47　一个准单色光波的很粗略的表示

白光的频率范围是从 0.4×10^{15} Hz 到大约 0.7×10^{15} Hz，也就是说，带宽大约是 0.3×10^{15} s。于是相干时间大约是 3×10^{-15} s，对应的波列 [(7.64) 式] 的空间范围只有几个波长（表 7.1）。因此，白光可以看成是非常短的脉冲的一个无规的，持续序列。如果我们要合成白光，我们就必须叠加一个很宽的、连续的频率范围的简谐成分，以产生很短的波包。反之，我们可以让白光通过一个傅里叶分析器，比如一个衍射光栅或一个棱镜，这样做时产生出它的那些分量。

表 7.1　几种光源的近似的相干长度

光　源	平均波长 $\overline{\lambda_0}$（nm）	线宽*$\Delta\lambda_0$（nm）	相干长度 Δl_c
热红外（8000～12000 nm）	10 000	≈ 4000	$\approx 25\,000$ nm $= 2.5\,\overline{\lambda_0}$
中红外（3000～5000 nm）	4000	≈ 2000	≈ 800 nm $= 2\,\overline{\lambda_0}$
白光	550	≈ 300	≈ 900 nm $= 1.6\,\overline{\lambda_0}$
汞电弧	546.1	≈ 1.0	$\lesssim 0.03$ cm
Kr^{86} 放电灯	605.6	1.2×10^{-3}	0.3 m
稳频氦氖激光器	632.8	$\approx 10^{-6}$	$\lesssim 400$ m
特殊氦氖激光器	1153	8.9×10^{-11}	15×10^{-6} m

* 对应的频带宽度用公式 $\Delta\nu/\Delta\lambda_0 = \overline{\nu}/\overline{\lambda_0}$ 求出

可见光谱中可用的带宽（≈ 300 THz）是如此之宽，对通信工程师来说，简直是一个"仙境"。例如，一个典型的电视通道在电磁频谱中要占用 4 MHz 的频带（$\Delta\nu$ 是由控制扫描电子束需要用的脉冲的持续时间决定的）。于是可见光区可以传送大约 7500 万个电视频道。不用说，这是一个活跃的研究领域（见 8.11 节）。

普通的放电灯有相当大的带宽，使得相干长度只有几个微米的量级。相反，低压的同位素灯（例如 Hg^{198} 的 $\lambda_{空气} = 546.078$ nm）或者国际标准 Kr^{86}（$\lambda_{空气} = 605.616$ nm），带宽大约为 1000 兆赫。对应的相干长度大约是 0.3 m，相干时间大约为 1 ns。频率稳定度约为百万分之一——这些光源肯定是准单色的。

当今所有的各种光源中，最引人注意的是激光器。在最佳条件下（这时要细致地抑制温度变化和振动），一个激光器实际上可以工作在非常接近频率稳定度的理论极限的地方。用氦氖气体连续激光器在 $\lambda_0 = 1153$ nm 处得到过约为 10^{14} 分之 8 的短期频率稳定度[①]。这相应于约 20 Hz 的带宽。更普遍地，得到 10^9 分之几的频率稳定度并不难。市场上能买到的二氧化碳激光器提供的短期（$\approx 10^{-1}$/s）$\Delta\nu/\overline{\nu}$ 比值为 10^{-9}，而长期（$\approx 10^3$ s）为 10^{-8}。

[①] T. S. Jaseja, A. Javan, and C. H. Townes, "Frequency stability of helium-neon lasers and measurements of length", *Phys. Rev. Lett.* **10**, 165(1963).

例题 7.6　一个红色发光二极管（LED）在真空中发射 607 nm 的波长。如果发射的线宽为 18 nm，频带宽度是多少？

解　我们需要把真空线宽 $\Delta\lambda_0$ 和频带宽度 $\Delta\nu$ 联系起来。$\bar\nu = c / \bar\lambda_0$ 对 $\bar\lambda_0$ 求微商得到 $\Delta\nu/\Delta\lambda_0 = c\bar\lambda_0^{-2}$。求微商时省去负号，因为负号只是说明 $\Delta\nu$ 增加 $\Delta\lambda_0$ 减少而已。所以在平均真空波长 $\Delta\lambda_0$ 的频率带宽为

$$\Delta\nu = \frac{c\Delta\lambda_0}{\bar\lambda_0^2} = \frac{(3.0 \times 10^8\,\text{m/s})(18 \times 10^{-9}\,\text{m})}{(607 \times 10^{-9}\,\text{m})^2}$$

即

$$\Delta\nu = 1.47 \times 10^{13}\,\text{Hz} = 15\,\text{THz}$$

7.4.4　分立傅里叶变换

描述一些物理过程的数学函数可以作傅里叶分析，它的变换式可以用解析方法求。前面已经介绍它的做法，在第 11 章里还要仔细讲。在结束这个课题之前，我们还要把傅里叶分析的概念扩展到数据不能用函数表达的情况。通常一堆数据或者一条曲线是由打印机或者计算机显示屏给出的。在任何情况下，信息都可以数字化；曲线上一定间隔的点都可以和数字联系起来。为了找出这样有限个数据集合的频域内容，用了一种叫做**分立傅里叶变换**的数字技术。因为它是靠计算机来做的，这里只要懂得它的大致框架和了解它的结果就够了。

迄今我们处理的代表某些量（如电场）的函数 $f(x)$ 能提供所有 x 处的值。现在假定我们只有有限的 N 个点 $0, x_1, x_2, \cdots, x_{N-1}$ 和它们对应的要研究的量 f_0，f_{x_1}，f_{x_2}，等等。当取样点都是相隔 x_0 时，取样函数可以用序列 f_0，f_{x_0}，f_{2x_0}，$\cdots$ 等等来表示。本质上，每个傅里叶积分变换 [（7.57）式] 都是用求和来近似，求和是在可用的数据 f_0，f_{x_0}，f_{2x_0}，$\cdots$ 的范围与一点一点相继进行。图 7.48 是一个手画的脉冲和对应的计算机算出的分立傅里叶变换（和图 7.42 一样显示了正负频率）

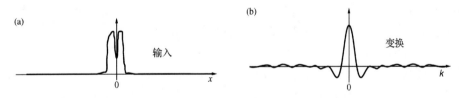

图 7.48　一个输入信号和它的分立傅里叶变换

把傅里叶分析推广到二维函数 $f(x,y)$ 是直截了当的事（11.2.2 节）。例如，图 7.49b 是一维单位方脉冲用空间角频率 k 的变换，图 7.49d 是二维单位方脉冲用空间角频率 k_x 和 k_y 的变换。

物理学家自然要考虑与能量有关的过程，特别是要做测量时。一个谐波的能量正比于振幅的平方，由于变换式会告诉我们组成输入信号的所有正弦波的振幅，变换式的平方就提供了每个频率分量的能量（或功率）分布。当然，变换式的平方是空间频率的函数，叫做**功率谱**。因为变换常常写成复数形式，功率谱就被定义为变换式和它的复共轭的乘积，单位为 W/m^{-2}，或 $\text{W} \cdot \text{m}^2$。

图 7.49e 是二维方波脉冲在 k 空间的功率谱。请注意，功率谱处处为正，而变换式则有正有负。从功率谱可以看出，信号的能量大部分集中在低频区，图中频率从图样的中心径向向外增大。因为功率谱总是正的，所以可以把它画成二维格式的斑点图；每一点对应于某一

频率的贡献。在 11.3.4 节中我们将用远处的观察屏上的(Y,Z)坐标来写出变换，会看到变换的平方就是观察屏上衍射图样的辐照度分布。这样表示的变换平方（单位为 W/m^2）叫做辐照度谱。虽然功率谱和辐照度谱在数学上不同，但是如果把功率谱的 k 坐标标记和辐照度谱的空间坐标标记去掉，你会很难找到两者有什么差别。

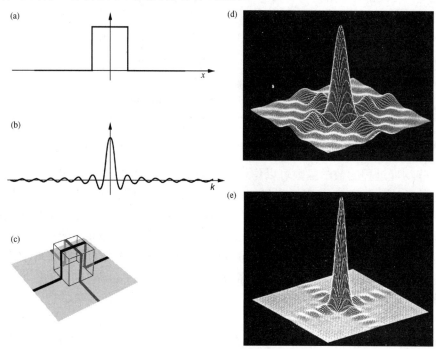

图 7.49　（a）一维方波脉冲及其变换（b）；（c）二维方波脉冲及其变换（d）；（e）二维 k 空间中（d）的功率谱（R. G. Wilson, Illinois Wesleyan University）

当没有解析函数可用时，可以用分立傅里叶变换得到类似的结果。一个二维数据场（例如图 7.50a 的蒙娜丽莎画像）可以扫描和数字化，计算出分立傅里叶变换。这么复杂的信号的变换图也很复杂，所以它的功率谱（图 7.50b）用照片显示。因为我们引入负频率，功率谱图样是中心对称的。中间的明亮窄十字起源于画像的尖锐的边界（后面我们会看到，水平边界产生垂直亮线，垂直边界产生水平亮线，看一下图 13.34。）如果描述画像细节的高空间频率项（功率谱图中远离中间的部分）被滤掉，从剩下的功率谱图重建画像，得到一个柔光模糊的画像（图 7.50c）。反之，挡掉变换中间部分除去低空间频率项，剩下的高频得到一个边界尖锐的重建像（图 7.50d）。

一个像里面各个基元部分的形式决定了它的变换，因而决定了它的功率谱。图 7.51 是计算机生成的照片，在其上面叠加竖直正弦图样以说明问题。我们的想法是在照片上孤立出几个小区域，研究它们的变换，对它们滤波。竖直的周期性调制形成一个正弦栅格或**光栅**，它有一个固定的空间频率（κ_0）。它的出现表现在照片任何部分的计算得出的功率谱上，主要表现是水平轴$\pm\kappa_0$处的两个亮点。理想情况下，**正弦光栅形式的信号的功率谱非常简单。它只是在正负光栅频率处的两个尖峰。**

我们用滤波器（图右下角带两个黑点的白色方块）来生成照片上插入的小像。它把频率$+\kappa_0$和$-\kappa_0$从功率谱中滤掉（被滤掉的功率谱见图右上角的黑方块）。然后用过滤后的功率谱重建这个小区域的像。每一个除去正弦调制的"洗净"的像，放在原来的地方。注意这两个功率谱多么不同：图 7.51b 中雕花玻璃杯上的小面对功率谱有很大的贡献。很清楚，一张照片的频率内容，即在我们面前展布的傅里叶变换或者功率谱，提供了看待图像的一种奇妙的新方式。

图 7.50 （a）蒙娜丽莎；（b）功率谱的中间部分；（c）除去高空间频率后的蒙娜丽莎；（d）除去低空间频率后的蒙娜丽莎

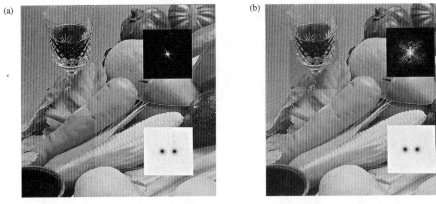

图 7.51 两个计算机处理的图像。左面的小插图是滤掉正弦调制后生成的。白色插图代表滤波器，黑色插图是被滤掉的功率谱

傅里叶分析和衍射

计算机图像分析是一种虚拟光学，本身就引人入胜，它在衍射中还起着更加基础的作用，本章只能略作涉及。图 7.52a 的相片透明片（设它是蒙娜丽莎的幻灯片）本来是油画的像，它是这一光分布的一个二维记录。用一个单色平面波照明幻灯片，就读出了这样记录的信息。幻灯片表面上每一点都是一个散射体，光线从它向四面八方发射（图 7.52b）。对每一个在轴上方以某个角度射出的平面波，必定有一个在轴下方以同一角度射出的平面波。每一个在特定的 κ_i 方向传播的平面波（或者平行光束）是一个傅里叶空间频率分量。所有这些平面波的

集合构成了透明胶片透射光场的变换。**幻灯片上电场的傅里叶变换是一个加权函数，它给构成这个光场的每个空间频率分量（也就是离开透明胶片的每一束平面波）一个相对强度。**所有这些平面波的总和就是全部透过光，它们必定等价于离开幻灯片的复杂的蒙娜丽莎波阵面，它也是全部的透过光。

另一个看待所发生的事情的好方式是认为每一个具有沿照片平面上任何方向的空间频率的照片单元，都起着一个正弦光栅的作用。每一个这样的光栅把光衍射为两个对称的平行光束，衍射的角度正比于光栅的频率（10.2 节）。

幻灯片右面的区域充满了波，随着距离幻灯片变远，这些波重叠越厉害。光线到达近处的观察屏还相当清楚地显示蒙娜丽莎的样子，随着观察屏挪远，像由模糊变到完全认不出来。幻灯片以外的区域包含了光的复杂分布，即透明片的衍射图样。从数学上讲有两种机制：一是发生后靠近光阑（即幻灯片）的区域的菲涅耳衍射，二是发生在离光阑很远的地方的夫琅禾费衍射（10.1.2 节）。

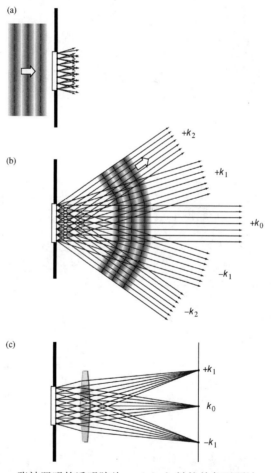

图 7.52　一张被照明的透明胶片。（a）入射的单色平面波；（b）散射的平行光束（平面波）；（c）功率谱在观察屏上的投影

把一个透镜放在距离幻灯片一个焦距的地方，如图 7.52c 所示。这个透镜让平行光束（它们在很远的可以说是无穷远的距离上，产生夫琅禾费衍射）方便地聚焦在近处的屏上。这个屏上的二维辐照度分布是中心对称的，每一个亮点在对角线上有另一个亮点，它们对应于一

个特定的空间频率。**夫琅禾费衍射图样中每一点的电场振幅对应于输入信号（光阑上的电场分布）的傅里叶变换**，虽然这两个电场分布都不能直接测量。

可观测现象是二维辐照度分布，它等同于输入场的傅里叶变换的平方（10.1 节）。它也是蒙娜丽莎的一张空间频率图，和图 7.50b 的功率谱相"匹配"。我们在后面（13.2.3 节）将看到，可以对光学变换进行空间滤波，从而改变重建的像，正如前面我们用计算机产生图 7.50c 和图 7.50d 一样。

超光速的光

这一节的题目宣称它讨论的是"比光速更快"的光。这当然显得有点怪，但是超光速这个词在新闻媒体中成为头条，近年来它已经变成了科普题材的一部分。

狭义相对论认为，无论在什么情况下，信号（即被迫运载能量的通信手段）不能传播得比光速更快。但是我们已经看到（3.5.1 节），在一定的条件下，相速度可以比光速快。早在 1904 年，伍德（R. W. Wood）就用实验证实，白光通过含有钠蒸气的气室，相速度可超过 c。他研究的反常色散区在相隔很近的两条钠黄色 D 共振线（波长为 589.0 nm 和 589.6 nm）附近。

在远离蒸气的共振频率的频率上，折射率和预想一样比 1 稍大一点。频率范围落在吸收带内，很少或没有光能够透射过去。但是光的频率接近 D 线时，折射率 $n(\nu)$ 开始显示出反常色散的迹象。当频率从高频一侧接近共振时，n 迅速减少变得成比 1 小得多（$v>c$）。所以超光速的相速度为人所知已经有一段时间了。

与相对论的矛盾只是表面上的，虽然单色光波的速度超过 c，但它不能传递信息。相反，以任何调制波形式表现的信号以群速度传播，在普通的色散介质中群速度总是比 c 小[1]。

从 20 世纪 80 年代到现在，许多实验工作者都在设法让群速也能超过 c[2]。频率为 ν 的光脉冲的群折射率为

$$n_g = n(\nu) + \nu\frac{\mathrm{d}n(\nu)}{\mathrm{d}\nu}$$

（习题 7.32 要求证明这个式子。）这表明，超光速的光脉冲要在反常色散区产生，因为这里 $n(\nu)$ 随 ν 迅速变化。我们想要 $n_g<1$，所以需要负的 $\mathrm{d}n(\nu)/\mathrm{d}\nu$；在吸收带内 $n(\nu)$ 随 ν 变化的曲线有负的斜率，这正是我们需要的。

这个方法的问题在于反常色散区存在严重的吸收，光脉冲不是严重变形就是被衰减，使结果模糊不清。这个困难可以用一种有增益的介质来克服，即能放大光的介质。新近用的介质是充铯蒸气的小气室。用两个频率不同的激光束抽运铯原子，使之产生需要的折射率轮廓。这样，在两条增益谱线之间产生一个无损耗的反常色散区（图 7.53）。

一个半导体二极管激光器向铯蒸气泡输入一个很长的 3.7 μs 的近高斯型脉冲。令人惊讶的是，在

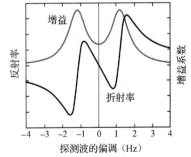

图 7.53 增益助力的线性反常色散，用来说明超光速的群速度。铯原子两条相隔很近的增益谱线的折射率和增益系数

---

[1] 在 $\mathrm{d}n/\mathrm{d}k<0$ 的反常色散区（3.5.1 节），v_g 可能大于 c。但是，此时信号以另一速度传播，这个速度叫做信号速度 v_s。所以在共振吸收区外，$v_s=v_g$。在任何情况下，v_s 对应的能量传播的速度，永远不会超过 c。

[2] S. Chu and S. Wong, "Linear pulse propagation in an absorbing medium", *Phys. Rev. Lett.* **48,** 738(1982)；L. J. Wang, A. Kuzmich, and A. Dogariu, "Gain-assisted superluminal light propagation", *Nature,* **406,** 277(2000); D. Mognai, A. Ranfagni, and R. Ruggeri, "Observation of superluminal behavior in wave propagation", *Phys. Rev. Lett,* **84,** 4830(2000)。

输入脉冲的峰还没有进入蒸气泡之前，输出端已经出现了形状基本上相同的脉冲。测出的领先时间为 62 ns，等价于输出脉冲领先输入脉冲 20 m。如果 6 cm 长的管子是真空，脉冲通过只要 0.2 ns。这相当于远 310 倍。

当 $\mathrm{d}n(\nu)/\mathrm{d}\nu$ 很大并且是负的时，n_g 也可能是负的，虽然这违反直觉。真的，在这个实验中 $n_g = -310$。要知道这意味着什么，考虑通过长度为 L 的介质，脉冲需要的时间为 $\Delta t = L/v_g = n_g L/c$，而通过同样长度的真空需要时间为 (L/c)。两者的时间差为 $\Delta t = L/v_g - L/c = (n_g - 1)L/c$。当 $n_g < 1$，$\Delta t < 0$。所以通过介质比通过真空还快。

要了解怎么能发生这样的回事，设想有一个高斯型波包，中间振幅最大，往前往后的振幅都趋于零。物理上，高斯型波包等价于一大群重叠的正弦波，它们在波包中心峰这一点，任何时候相位都相同。由于这些正弦波的波长不一样，离开峰中心之后，这些傅里叶分量之间的相位就随距离增加而参差不齐了。两边的杂乱正弦波，离峰中心越远抵消得越厉害，造成脉冲两边逐渐变平的长"翼"。

最重要的一点是，不管翼上任何一点的振幅多大，它们包含的正弦波和中心包含的正弦波完全相同。只不过在脉冲的外围，正弦波叠加的方式使振幅很小而已。当波包前的翼通过蒸气泡时，铯原子吸收这些正弦波，然后又重新发射出来，改变了它们的相对相位（相位的改变与频率有关）。它的后果就是克隆了原来的波包。这个重新组成的脉冲出现在蒸气泡的输出端，好像脉冲通过蒸气泡的速度比 c 大得多，其实铯原子在完成放大作用之后已经变回吸收介质，把前翼后面的输入脉冲吃掉了。

亚光速

一些研究人员忙于产生超光速波包时，另一些研究人员却在减慢光脉冲的速度，甚至让光脉冲停下来，同样得到了突破性的结果[①]。

在一个实验中，钠原子先用激光冷却（见 3.4.4 节），后用蒸发冷却，冷到纳开（nK）温度。当气体冷却到 435 nK 时，它转变为玻色–爱因斯坦凝聚体（BEC），所有原子都处在同一个量子态的密集的云中。增加密度（在这个例子中最高密度为 5×10^{12} 原子/厘米^3）最好，因为这会增加 $n(\nu)$-ν 曲线的陡度。

通常，一个密集气体在其在任何一个共振线（即光谱线）附近都有吸收，我们的激光脉冲的频率（中心在 ν_p）就落在这些光谱线上。图 7.54a 表示密集气体从基态$|1\rangle$ 到第一激发态$|3\rangle$ 的跃迁将会引起对频率为 ν_0 的光的吸收。原子吸收了光子之后被激发，在还来不及把光子辐射出去之前和邻近的原子相碰撞，因而失去能量重新回到基态，又能再吸收频率为 ν_0 的光，因此这一介质对频率集中心在 ν_0 的脉冲是不透明的。

这个困难可以用一个叫做**电磁感应透明**（Electromagnetically Induced Transparency，简称为 EIT）来克服。利用磁场选出的原子都处在$|1\rangle$ 态。然后用叫做耦合激光束（频率为 ν_c）的第二束激光光束照射。频率 ν_c 调谐在靠近的基态的超精细结构能级$|2\rangle$（由于磁场的选择，

---

① Lene Vestergaard Hau, S. E. Harris, Z. Dutton, and C. H. Behroozi, "Light speed reduction to 17 metres per second in an ultracold atomic gas," *Nature* **397**, 594 (1999); Chien Liu, Z. Dutton, C. H. Behroozi, and Lene Vestergaard Hau, "Observation of coherent optical information storage in an atomic medium using halted light pulses," *Nature* **409**, 490 (2001); D. F. Phillips, A Fleischhauer, A. Mair, R. L. Walsworth, and M. D. Lukin, "Storage of light in atomic vapor," *Phys. Rev. Lett.* **86**, 783 (2001). 也可以看 Kirk T. McDonald, "Slow light," *Am. J. Phys.* **68**, 293 (2000). 短评可看 Barbara Gross Levi, "Researchers stop, store, and retrieve photons—or at least the information they carry," *Phys. Today* **54**, 17 (2001).

这个能级上没有原子）和同一个激发能级|3〉的共振频率上。由于基态这两个能级的耦合（量子干涉效应），使 ν_0 两旁管带内的激光不能被吸收；|1〉→|3〉的跃迁被关闭了。换句话说，打开耦合激光器，并且所有的原子在|1〉上，整个系统便处在"暗态"，再也不能吸收频率为 ν_0 的光。输入一个探测光，当它的频率 ν_p 落在 ν_0 附近的透明带时，它看到的是一个透明介质。有通常的色散，但没有吸收，光脉冲的能量不被消耗掉。还有，为了避免信号脉冲发生畸变，信号脉冲要足够长，使它的频谱足够窄，落在透明带内。

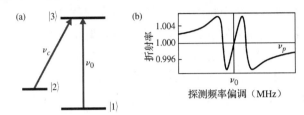

图 7.54 （a）产生电磁感应透明涉及的能级图；（b）钠的折射率对频率的曲线，在共振频率两边有很陡的正常色散区

折射率对频率的关系画在图 7.54b。在 ν_0 上折射率为 1，所以

$$n_g = n(\nu) + \nu \frac{\mathrm{d}n(\nu)}{\mathrm{d}\nu}$$

式中第二项起主要作用。曲线陡的部分，即 $\mathrm{d}n(\nu)/\mathrm{d}\nu$ 取正值并且大的部分，是正常色散区，有很大的群折射率 n_g。中心在 $\nu_p=\nu_0$ 的脉冲，在气体中传播的群速度低到 17 m/s。在得到这些结果不久后，研究人员把钠的 D_2 线耦合到钠的 D_1 线，得到低到 0.44 m/s 的群速度（1 mph）。

2001 年哈佛大学两个独立的研究组，一个用冷的钠原子一个用温的铷原子，把光脉冲减慢到爬行的速度，然后关掉耦合激光器，让介质重新不透明，把光完全停下来。当然，每次光停下来你都会眨眼，但这是非常不同的。光先耦合到原子系统。信号脉冲中表征正弦分量的各种信息（频率、振幅和角动量）显示为原子自旋的相干排序。后来这个信息又传回光场，信号脉冲重新出现。下面简单说说这是如何实现的。

当信号脉冲（在自由空间的长度为 3.4 km）进入密集的暗态气体，它就被压缩了 c/v_g 倍。（脉冲的前沿进入介质而减慢，脉冲后面移动得快的部分就压上来了。这种情况可以用一队相隔好几步的跑步者来模拟，他们一个接着一个，跑在干的路上。突然领跑者跑进一个齐膝的水潭，后面的人也跟着跑进去。当最后的跑步者跑进水潭时，跑步者的"脉冲"变得很短，跑得慢得多。）

一切都已预先安排，大约有 27×10^3 个光子的压缩信号脉冲刚好装进 339 μm 的超冷钠原子云。它走得十分慢；这时候探测脉冲的大部分能量已经通过受激发射（13.1.2 节）转移到耦合光场离开了原子云。脉冲激活区内的原子处在一个叠加态，两个激光场的振幅和相位决定了叠加态。

在信号脉冲刚刚在原子云中消失，还没有射出原子云之前，突然关掉耦合光束。这个脉冲的极少量能量进入集合自旋激发的气体云，这样处理过的原子保留了各个正弦波分量物理特性的信息，时间可达 1 ms。及时打开耦合光束，和原来脉冲一样的复制品就重新从气体射出。换句话说，被激活的气体原子像一个相干量子力学系统一样工作，储藏了脉冲的一个模板。重新回到暗态，又能通过耦合光束获得电磁能，原子便重建信号脉冲。

这一节我们讨论了光脉冲和它们的群速，不管是大于或是小于 c。无论哪种情况，光子只存在于速度 c，它要么存在要么不存在。光子从来不会加快或减慢，更不会停下来等着不动。

负的相速度

我们在第 3 章看到，有可能制造出叫做超构材料的奇特结构，它的折射率是负的。电磁波在这样的介质中传播，具有负的相速度。坡印廷矢量仍然对应于能流的方向，仍然是光束的方向。

归根结底，任何电磁辐射束是一个脉冲。因此，设想一个有限扩展的波包，想象它是调幅的简谐波载波，如图 7.38 所示。它在负折射率的介质中传播时，有一个负的相速度，意味着载波往后传播。脉冲向前移动，和这个扰动相联系的能量向前移动，载波却向后移动。心中想着这点，设想有一台激光器浸泡在某种目前还是假设的负折射率液体里。光束照射并照亮远处一堆墙；像惯常一样，能量以群速度向前传往这堆墙。但是光束不是发散着到达墙，而是越走越聚拢。要是我们能够看见载波，看到的将是简谐多波列从墙向激光器走。换句话说，虽然波包以 v_g 离开激光器，带走了能量，但是傅里叶分量平面波却以 v 的速度流回光源（见图 4.30）。

习题

除带星号的习题外，所有习题的答案都附在书末。

7.1　确定两个平行的波 $E_1=E_{01}\sin(\omega t+\varepsilon_1)$ 和 $E_2=E_{02}\sin(\omega t+\varepsilon_2)$ 叠加后的合波，如果 $\omega=120\pi$，$E_{01}=6$，$E_{02}=8$，$\varepsilon_1=0$，及 $\varepsilon_2=\pi/2$。画出各个函数及合波的图。

7.2*　考虑 7.1 节，假定有两个余弦函数 $E_1=E_{01}\cos(\omega t+\alpha_1)$ 和 $E_2=E_{02}\cos(\omega t+\alpha_2)$。为了简化，令 $E_{01}=E_{02}$ 和 $\alpha_1=0$。把两个波相加，利用三角恒等式 $\cos\theta+\cos\Phi=2\cos\frac{1}{2}(\theta+\Phi)\cos\frac{1}{2}(\theta-\Phi)$，证明 $E=E_0\cos(\omega t+\alpha)$，其中 $E_0=2E_{01}\cos\alpha_2/2$，$\alpha=\alpha_2/2$。然后证明从（7.9）和（7.10）两式可得到相同的结果。

7.3*　证明（7.5）式的两个波的合成振幅平方，同相时是极大值 $(E_{01}+E_{02})^2$，反相时是极小值 $(E_{01}-E_{02})^2$。

7.4*　证明由各个折射率乘上光束所经过的媒质厚度之和 $\Sigma_i n_i x_i$ 所定义的光程，等于同一光束用相同的时间在真空中所通过的路程长度。

7.5　回答下面的问题：

（a）真空中 1 m 的间距内有多少个 $\lambda_0=500$ nm 光的波长？

（b）如果在光路上插入一块 5 cm 厚的玻璃板（$n=1.5$），那么这个 1 m 的间距内又有多少个波？

（c）确定两种情况的光程差（OPD）Λ。

（d）证明 Λ/λ_0 相当于上面（a）和（b）的答案之差。

7.6*　确定题图 P.7.6 所画的两个波 A 和 B 的光程差，它们在真空中的波长都是 610 nm；玻璃（$n=1.52$）槽装满了水（$n=1.33$）。如果两个波出发时相位相同，并且上面所有的数据都是准确的，求出在终点线上它们的相对相位差。

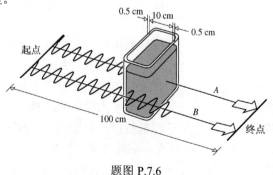

题图 P.7.6

7.7* 利用（7.9）、（7.10）和（7.11）三式证明，两个波

$$E_1 = E_{01} \sin[\omega t - k(x + \Delta x)]$$

和

$$E_2 = E_{01} \sin(\omega t - kx)$$

的合波为

$$E = 2E_{01} \cos\left(\frac{k\,\Delta x}{2}\right) \sin\left[\omega t - k\left(x + \frac{\Delta x}{2}\right)\right] \qquad [7.17]$$

7.8 由习题 7.5 的两个波直接相加求出（7.17）式。

7.9 利用复数表示求出合波 $E=E_1+E_2$，其中

$$E_1 = E_0 \cos(kx + \omega t) \quad 和 \quad E_2 = -E_0 \cos(kx - \omega t)$$

请描述合波的性质。

7.10* 函数 $E_1 = 3\cos\omega t$ 和 $E_2 = 4\sin\omega t$。首先证明 $E_2 = 4\cos(\omega t - \pi/2)$。然后利用相矢量和参照题图 P.7.10，证明 $E_3 = E_1 + E_2 = 5\cos(\omega t - \varphi)$；求出 φ。当 $E_1 = 0$ 或者 $E_2 = 0$ 时等于什么？E_3 是领先还是落后于 E_1？请解释。

7.11* 利用相矢量，求

$$\psi(t) = 6\cos\omega t + 4\cos(\omega t + \pi/2) + 3\cos(\omega t + \pi)$$

的振幅和相位。画出相应的图。换句话说，知道 $\psi(t) = A\cos(\omega t + \alpha)$，用直尺和分度器找出 A 和 α。

7.12* 利用相矢量，求

$$\psi(t) = 16\cos\omega t + 8\cos(\omega t + \pi/2)$$
$$+ 4\cos(\omega t + \pi) + 2\cos(\omega t + 3\pi/2)$$

的振幅和相位。换句话说，知道 $\psi(t) = A\cos(\omega t + \alpha)$，用直尺和分度器找出 A 和 α。

7.13 电磁平面驻波的电场由下式给出：

$$E(x, t) = 2E_0 \sin kx \cos\omega t \qquad [7.30]$$

推导 $B(x,t)$ 的表示式（你也许需要再翻阅一下 3.2 节）。画出驻波的示意图。

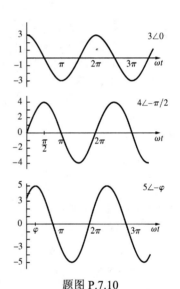

题图 P.7.10

7.14* 考虑图 7.14 的维纳实验，单色光波长 550 nm，底片平面和反射面角度为 1.0°，求出底片上每厘米有几条亮条纹。

7.15* 频率为 10^{10} Hz 的微波直射在金属反射器上。忽略空气的折射率，求驻波相邻节点的距离。

7.16* 一个驻波为

$$E = 200 \sin\frac{1}{3}\pi x \cos 3\pi t$$

求叠加而生成它的两个波。

7.17* 两个振幅不相等的波

$$E_I = E_0 \sin(kx \mp \omega t)$$

和

$$E_R = \rho E_0 \sin(kx \pm \omega t)$$

证明它们产生的驻波为

$$E = 2\rho E_0 \sin kx \cos \omega t + (1 - \rho)E_0 \sin(kx \mp \omega t)$$

其中 ρ 是反射振幅与入射振幅之比。讨论等号右边两项的意义。当 $\rho=1$ 时发生了什么？

7.18* 设想我们敲击两个音叉，一个频率为 340 Hz，另外一个为 342 Hz。我们将会听到什么声音？

7.19* 利用相矢量的方法连同图 7.17，来解释振幅相同而频率相差一点点的两个波产生图 7.19 或图 P.7.19a 的拍频图样。题图 P.7.19b 的曲线是合波形对于其中一个子波的相位。解释其主要特性。什么时候它等于零，为什么？什么时候相位突变，为什么？

7.20* 我们已经看到，(7.33) 式描述了拍频图样。现在推导这个表达式的另一个版本。假定这两个重叠的等幅的余弦波角空间频率为 $k_c+\Delta k$ 和 $k_c-\Delta k$，角时间频率为 $\omega_c+\Delta\omega$ 和 $\omega_c-\Delta\omega$，其中 k_c 和 ω_c 对应于中心频率。证明合波为

$$E = 2E_{01} \cos(\Delta kx - \Delta\omega t) \cos(k_c x - \omega_c t)$$

解释每一项如何和

$$E = 2E_{01} \cos(k_m x - \omega_m t) \cos(\bar{k}x - \bar{\omega}t) \qquad [7.33]$$

相联系。证明包络的速度，即包络的波长除以包络的周期，等于群速 $\Delta\omega/\Delta k$。

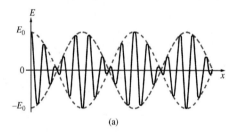 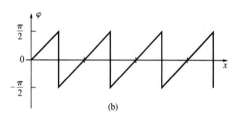

题图 P.7.19

7.21 题图 P.7.21 显示一个频率为 ω_c 的载波被频率为 ω_m 的正弦波调制，即

$$E = E_0(1 + a\cos\omega_m t)\cos\omega_c t$$

证明它等效于频率为 ω_c、$\omega_c+\omega_m$ 和 $\omega_c-\omega_m$ 的三个波的叠加。如果出现几个调制频率，我们把 E 写成傅里叶级数并对所有的 ω_m 值求和。所有的 $\omega_c+\omega_m$ 项构成高边带，所有的 $\omega_c-\omega_m$ 项构成低边带。为了传送全部可听见的声频需要多大的带宽？

7.22 已知色散关系 $\omega=ak^2$，求出相速度和群速度。

7.23* 从 $v_g=\mathrm{d}\omega/\mathrm{d}k$ 证明

$$v_g = -\lambda^2 \frac{\mathrm{d}\nu}{\mathrm{d}\lambda}$$

7.24* 证明

$$v_g = \frac{c}{n} + \frac{c}{\lambda}\frac{\mathrm{d}(1/n)}{\mathrm{d}(1/\lambda)}$$

［提示：首先证明 $v_g=\mathrm{d}\nu/\mathrm{d}(1/\lambda)$］

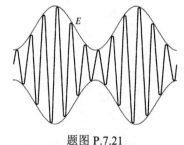

题图 P.7.21

7.25* 心中想着上一个习题，证明

$$v_g = v\left[1 - \frac{c}{\lambda n^2}\frac{\mathrm{d}n}{\mathrm{d}(1/\lambda)}\right]$$

并且因为

$$\frac{\mathrm{d}}{\mathrm{d}(1/\lambda)} = \frac{\mathrm{d}\nu}{\mathrm{d}(1/\lambda)}\frac{\mathrm{d}}{\mathrm{d}\nu}$$

证明

$$v_g = \frac{v}{1 + (\nu/n)(\mathrm{d}n/\mathrm{d}\nu)}$$

用量纲验证表示式没有错误。

7.26* 在波长为 1100 nm 时纯石英玻璃的折射率为 1.449。利用图 7.22：（a）求出在此波长的群折射率。（b）求出群速度。（c）和相速度相比较。

7.27* 利用关系式 $1/v_g = \mathrm{d}\kappa/\mathrm{d}\nu$ 证明

$$\frac{1}{v_g} = \frac{1}{v} - \frac{\nu}{v^2}\frac{\mathrm{d}v}{\mathrm{d}\nu}$$

7.28* 在光波的情况下，证明

$$\frac{1}{v_g} = \frac{n}{c} + \frac{\nu}{c}\frac{\mathrm{d}n}{\mathrm{d}\nu}$$

7.29 表面波在深度远远大于 λ 的液体中的传播速度由下式给出：

$$v = \sqrt{\frac{g\lambda}{2\pi} + \frac{2\pi Y}{\rho\lambda}}$$

其中 g=重力加速度，λ=波长，ρ=密度，Y=表面张力。计算在长波极限情形（它们叫做重力波）脉冲的群速度。

7.30* 证明群速度可以写成

$$v_g = v - \lambda\frac{\mathrm{d}v}{\mathrm{d}\lambda}$$

7.31 证明群速度可以写成

$$v_g = \frac{c}{n + \omega(\mathrm{d}n/\mathrm{d}\omega)}$$

7.32* 记住上个习题的结果，证明

$$n_g = n(\nu) + \nu\frac{\mathrm{d}n(\nu)}{\mathrm{d}\nu}$$

7.33* 记住上个习题的结果，证明

$$n_g = n - \lambda\frac{\mathrm{d}n}{\mathrm{d}\lambda}$$

7.34* 一本有名的光学书给出下面的方程

$$v_g = \frac{\mathrm{d}\omega}{\mathrm{d}k} = \frac{c}{n} - \frac{c}{n^2}\frac{\mathrm{d}n}{\mathrm{d}k} = v\left(1 - \frac{1}{n}\frac{\mathrm{d}n}{\mathrm{d}k}\right)$$

这个式子对吗？请解释。（提示：检查量纲。）

7.35* 若相速度与波长成反比，求波的群速。

7.36* 证明群速可以写成

$$v_g = \frac{c}{n} + \frac{\lambda c}{n^2}\frac{\mathrm{d}n}{\mathrm{d}\lambda}$$

7.37* 水（在 20℃）对波长 λ_1=656.3 nm 的光波的折射率为 n_1=1.3311，对波长 λ_2=589.3 nm 的折射率为 n_2=1.3330。求出光在水中群速的近似值。是不是 $\bar{v} = v_g$（提示：再读习题 7.36，微分用有限差分来近似，记住小 $\bar{\omega}$ 在 v_g 中的定义。小心 n 随 λ 变化的斜率）。

7.38* 一个波在 $\omega(k) = 2\omega_0\sin(k\ell/2)$ 的周期性结构中传播。求相速度和群速度，把相速度以 sinc 函数写出来。

7.39* 等离子体对电磁波是个色散介质。色散关系为

$$\omega^2 = \omega_p^2 + c^2k^2$$

其中 ω_p 是常数，为等离子体频率。求相速度和群速度的表达式，证明 $vv_g=c^2$。

7.40　利用色散方程

$$n^2(\omega) = 1 + \frac{Nq_e^2}{\epsilon_0 m_e} \sum_j \left(\frac{f_j}{\omega_{0j}^2 - \omega^2} \right)$$ [3.71]

证明高频电磁波（比如 X 射线）的群速度由下式给出：

$$v_g = \frac{c}{1 + Nq_e^2/\epsilon_0 m_e \omega^2 2}$$

记住因为 f_j 是权重因子，$\Sigma_j f_j = 1$。相速度是多少？证明 $vv_g \approx c^2$。

7.41* 求出两个函数 $E_1 = 2E_0\cos\omega t$ 和 $E_2 = (E_0\sin 2\omega t)/2$ 叠加的解析表示式。画出 E_1，E_2 和 $E = E_1 + E_2$。结果是不是周期性的？如果是，如何用 ω 来写出周期？

7.42* 题图 P.7.42 画出电场随时间的变化，以及构成这个电场的傅里叶分量。单位是任意的。若

$$E(t) = \frac{1}{3} + \sin\omega t + \frac{1}{6}\cos 2\omega t + \frac{1}{8}\sin 2\omega t + \frac{1}{6}\sin 3\omega t$$

（a）解释为什么傅里叶级数中正弦函数和余弦函数都有。（b）为什么包含的简谐波的宗量有 ωt 的奇数倍和偶数倍？（c）直流项是多少？（d）A_0 是多少？（e）$E(t)$ 的周期是多少？（f）画出包含 $\omega=0$ 的频谱。

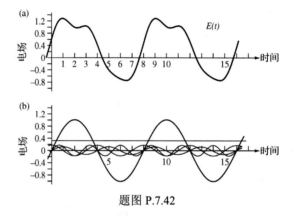

题图 P.7.42

7.43　证明

$$\int_0^\lambda \sin akx \cos bkx \, dx = 0$$ [7.44]

$$\int_0^\lambda \cos akx \cos bkx \, dx = \frac{\lambda}{2} \delta_{ab}$$ [7.45]

$$\int_0^\lambda \sin akx \sin bkx \, dx = \frac{\lambda}{2} \delta_{ab}$$ [7.46]

其中 $a \neq 0$，$b \neq 0$，并且 a 和 b 都是正整数。

7.44　求出图 7.35 所示的周期函数的傅里叶级数分量。

7.45* 求出题图 P.7.45 周期函数的傅里叶级数。

7.46　求函数 $f(x) = A\cos(\pi x/L)$ 的傅里叶级数。

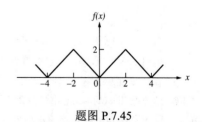

题图 P.7.45

7.47* 考虑定义在一个波长上的周期函数

$$f(x) = (kx)^2, \quad 其中 \ -\pi < kx < \pi$$

以 2π 的周期重复。画出 $f(x)$ 的图，求出对应的傅里叶级数表示。

7.48* 在区间 $0<\theta<2\pi$ 的函数 $f(\theta)=\theta^2$ 以 2π 的周期重复，证明它的傅里叶展开为

$$f(x) = \frac{4\pi^2}{3} + \sum_{m=1}^{\infty}\left(\frac{4}{m^2}\cos m\theta - \frac{4\pi}{m}\sin m\theta\right)$$

7.49* 证明函数 $f(\theta)=|\sin\theta|$ 的傅里叶级数表示为

$$f(\theta) = \frac{2}{\pi} - \frac{4}{\pi}\sum_{m=1}^{\infty}\frac{\cos 2m\theta}{4m^2-1}$$

7.50 把（7.59）式的积分上限从 ∞ 换为 a 并且算出积分。答案用所谓的正弦积分

$$\mathrm{Si}(z) = \int_0^z \mathrm{sinc}\,w\,\mathrm{d}w$$

表示，这个函数的数值一般是制成表的。

7.51* 考虑周期函数

$$E(t) = E_0\cos\omega t$$

并且把它的负值半边除去。求这个被"整流"函数的傅里叶级数表示。

7.52* 考虑定义在一个波长上的函数

$$f(x) = \begin{cases} \sin kx & 0 < kx < \pi \\ 0 & \pi < kx < 2\pi \end{cases}$$

求 $f(x)$ 的傅里叶级数表示，画出 $f(x)$。

7.53* 题图 P.7.53 画出三个周期函数和对应的傅里叶频谱。一个接一个的图有什么变化？波长增加时频率的包络有什么变化？为什么从 0 到 $4k$ 每一张频率谱有同样数目的频率项？为什么每一个谱都有直流项并且大小都一样？为什么没有 A_2，A_4，A_6，等等？

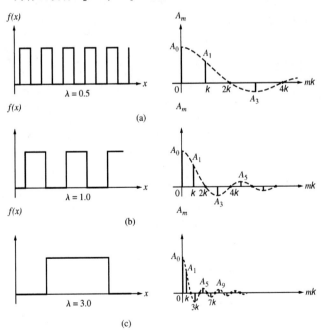

题图 P.7.53

7.54 写出题图 P.7.54 的简谐脉冲的变换式 $A(\omega)$ 的表示式。检验对于 u 值大致小于 $\pi/2$ 时 $\mathrm{sinc}\,u$ 的值等于或大于 0.5。用这一点证明 $\Delta\nu\Delta t\approx1$，其中 $\Delta\nu$ 是变换式的振幅为极大值一半的地方的带宽。同样，证明

在功率谱极大值一半的地方 $\Delta v\Delta t\approx1$。这里的意图是为了得到在讨论中所用的近似类型的一些概念。

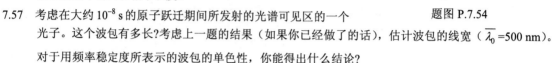

7.55 推导频带宽度为 Δv 的波列在真空中的相干长度的表达式；把你所得到的答案用波列的线宽 $\Delta\lambda_0$ 和平均波长 $\overline{\lambda_0}$ 来表示。

7.56* 一个蓝色的 LED（发光二极管）平均波长 446 nm，线宽 21 nm。求它的相干时间和相干长度。

题图 P.7.54

7.57 考虑在大约 10^{-8} s 的原子跃迁期间所发射的光谱可见区的一个光子。这个波包有多长?考虑上一题的结果（如果你已经做了的话），估计波包的线宽（$\overline{\lambda_0}=500$ nm）。对于用频率稳定度所表示的波包的单色性，你能得出什么结论?

7.58 第一个直接测定激光器(连续波 $Pb_{0.88}Sn_{0.12}Te$ 二极管激光器)带宽的实验是在 1969 年完成的[①]。这一激光器（工作波长 $\lambda_0=10\,600$ nm）和 CO_2 激光器外差，并观测到小至 54 kHz 的带宽。求出 Pb-Sn-Tc 激光器相应的频率稳定度和相干长度。

7.59* 稳定 He-Ne 激光器频率到 2×10^{10} 的磁场技术最近已经取得专利权。在 632.8 nm 的波长下，具有这样的频率稳定度的激光器的相干长度是多少?

7.60 设想我们用斩波器把连续激光光束（假定是单色的 $\lambda_0=632.8$ nm）斩波成 0.1 μs 长的脉冲。计算所得脉冲的线宽 $\Delta\lambda$，带宽和相干长度。如果斩波频率为 10^{15} Hz，求所得到的带宽和线宽。

7.61* 假设我们有一个滤光片，中心波长为 600 nm，通带为 1.0Å，并用太阳光照明它。计算出射波的相干长度。

7.62* 一个滤光片通光的平均波长为 $\overline{\lambda_0}=500$ nm。如果输出的波列大约有 20 个 $\overline{\lambda_0}$ 长，输出光的频宽是多少?

7.63* 用一个衍射光栅把白光分光，再选择其中一小部分通过一条狭缝。由于狭缝的宽度，输出中心波长在 500 nm 宽度为 1.2 nm 的光。求它的频率宽度和相干长度。

① D. Hinkley and C. Freed, *Phys. Rev. Lett.* **23**, 277 (1969).

第8章 偏 振

8.1 偏振光的性质

我们已经论证过可以把光当做横电磁波处理。到此为止，我们只考虑过**线偏振**或者**平面偏振**光，也就是，光的电场强度和符号虽然随时间而改变，但是电场的方向却是不变的（图 3.14）。因此电场或者光扰动处于所谓**振动面**中，这个平面包含 $\vec{\mathbf{E}}$ 和 $\vec{\mathbf{k}}$，即包含电场矢量和运动方向上的传播矢量。

现在设想有两个频率相同的简谐线偏振光，在空间的同一个区域沿相同的方向运动。假如它们的电场矢量是共线的，那么，叠置起来的扰动将简单地组合成一个线偏振波。下一章讨论干涉现象时，我们将要在各种条件下详细考察合成波的振幅和相位。相反，假如两个光波的电场方向是相互垂直的，合成波可能是线偏振的，也可能不是线偏振的。在这一章，我们正是要讨论光会取什么样的形式（即其偏振态），如何进行观察、如何产生、如何改变，以及如何利用它。

8.1.1 线偏振

把上述的两个正交的光扰动写成

$$\vec{\mathbf{E}}_x(z, t) = \hat{\mathbf{i}}\, E_{0x} \cos(kz - \omega t) \qquad (8.1)$$

$$\vec{\mathbf{E}}_y(z, t) = \hat{\mathbf{j}}\, E_{0y} \cos(kz - \omega t + \varepsilon) \qquad (8.2)$$

式中 ε 是两波的相对相位差，两波都在 z 方向传播。要从开始就记住，相位是以 $(kz - \omega t)$ 的形式出现的，正的 ε 意味着，(8.2) 式中的余弦函数要达到 (8.1) 式中余弦函数的值，时间要滞后 (ε/ω)。也就是说，$\varepsilon > 0$ 时 E_y 滞后于 E_x。当然，如果 ε 是负的，$\varepsilon < 0$，则 E_y 领先于 E_x。合成的光扰动等于这两个垂直波的矢量之和：

$$\vec{\mathbf{E}}(z, t) = \vec{\mathbf{E}}_x(z, t) + \vec{\mathbf{E}}_y(z, t) \qquad (8.3)$$

如果 ε 等于零或者等于 $\pm 2\pi$ 的整数倍，两个波叫做同相。在这个特殊情况下，(8.3) 式变为

$$\vec{\mathbf{E}} = (\hat{\mathbf{i}} E_{0x} + \hat{\mathbf{j}} E_{0y}) \cos(kz - \omega t) \qquad (8.4)$$

许多动物能够看到不同的偏振光，就像我们能够看到不同的颜色一样。小章鱼就是这样的生物。偏振光从它的表面反射出不同的样子，推测它是正在和别的小章鱼"沟通"，就像鸟儿展示色彩来沟通一样

合波因而具有固定的振幅，它等于 $(\hat{\mathbf{i}} E_{0x} + \hat{\mathbf{j}} E_{0y})$，就是说，它也是线偏振波，如图 8.1 所示。在波前进方向上选取一个观察平面来测量电场，可以看到一个合成电场 $\vec{\mathbf{E}}$ 沿着一条斜线随着时间作余弦振荡（图 8.1b）。倾斜角 θ 由原来两个互相正交的波的幅度来决定。由 (8.4) 式

$$\tan\theta = \frac{E_{0y}}{E_{0x}}$$

及当 $E_{0x}=E_{0y}$ 时（如图 8.1 所示），电场以 $\theta=45°$ 振荡。

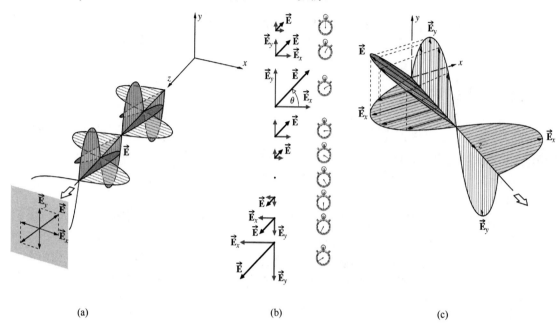

| (a) | (b) | (c) |

图 8.1　线偏振光。（a）$\vec{E}$ 场在第一和第三象限线偏振。（b）迎面看这个振荡。（c）光在第二和第四象限偏振

当波沿 z 轴前进一个波长，$\vec{E}$ 场进行了一个完全的振荡循环。这个过程也可以倒过来进行；也就是，我们可以把任何一个平面偏振波分解成两个正交的分量。

例题 8.1　请证明，当 $\vec{E}_y(z,t)$ 比 $\vec{E}_x(z,t)$ 落后 2π 时，合波还是（8.4）式。

解　当 $\vec{E}_y(z,t)$ 落后 2π 时，

$$\vec{E} = \hat{i}E_{0x}\cos(kz-\omega t) + \hat{j}E_{0y}\cos(kz-\omega t+2\pi)$$

利用恒等式

$$\cos(x\pm y) = \cos x\cos y \mp \sin x\sin y$$

合波变为

$$\vec{E} = \hat{i}E_{0x}\cos(kz-\omega t) + \hat{j}E_{0y}[\cos(kz-\omega t)\cos 2\pi \\ -\sin(kz-\omega t)\sin 2\pi]$$

所以

$$\vec{E} = (\hat{i}E_{0x} + \hat{j}E_{0y})\cos(kz-\omega t)$$

证毕。

现在设 ε 是 $\pm 2\pi$ 的奇数倍。这时我们说这两个波的相位相差 180°，并且有

$$\vec{E} = (\hat{i}E_{0x} + \hat{j}E_{0y})\cos(kz-\omega t) \tag{8.5}$$

合波还是线偏振的，但是振动面由先前的振动面转动了一个角度（不一定是 90°），如图 8.2 所示。

宇宙初期热等离子体发射的宇宙微波背景辐射。线段是其偏振的粗略表征

例题 8.2 请证明，当 $\vec{\mathbf{E}}_y(z,t)$ 比 $\vec{\mathbf{E}}_x(z,t)$ 落后 π 时，合波由（8.4）式给出。

解 当 $\vec{\mathbf{E}}_y(z,t)$ 比 $\vec{\mathbf{E}}_x(z,t)$ 落后 π 时，

$$\vec{\mathbf{E}} = \hat{\mathbf{i}}E_{0x}\cos(kz - \omega t) + \hat{\mathbf{j}}E_{0y}\cos(kz - \omega t + \pi)$$

利用恒等式

$$\cos(x \pm y) = \cos x \cos y \mp \sin x \sin y$$

合波变为

$$\vec{\mathbf{E}} = \hat{\mathbf{i}}E_{0x}\cos(kz - \omega t) + \hat{\mathbf{j}}E_{0y}[\cos(kz - \omega t)\cos\pi \\ - \sin(kz - \omega t)\sin\pi]$$

所以

$$\vec{\mathbf{E}} = (\hat{\mathbf{i}}E_{0x} - \hat{\mathbf{j}}E_{0y})\cos(kz - \omega t)$$

证毕。

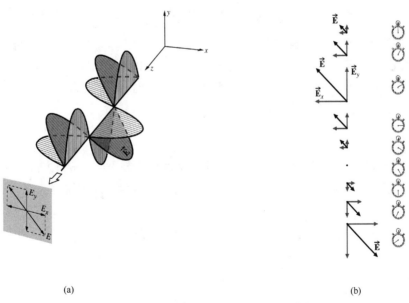

(a)   (b)

图 8.2 （a）在第二、第四象限振荡的线偏振光。（b）x 分量领先 y 分量半周，即 π 弧度。
当 $\vec{\mathbf{E}}_y$ 刚刚开始上升时，$\vec{\mathbf{E}}_x$ 已经达到正的极大值，下降回到零，开始要向负的 x 方向

在处理像（8.1）式和（8.2）式这样相互垂直的波的叠加时，相量加法提供了非常有用的技巧。在这一章后面，我们要让这两个波通过各向异性介质，两个波的相位有所移动，这时相量加法的有用性就变得明显。对于两个同相（ε=0）的正交波的简单情况，用图 8.3 来说

明相量加法的基本步骤。两个圆的半径对应于两个波的电场幅度，此处设 $E_{0y} > E_{0x}$。相量 $\vec{\mathbf{E}}_y$ 从垂直向上的位置 0 开始，顺时针转动。在任意时刻，y 方向波的振荡 [（8.2）式] 对应于转动相量 $\vec{\mathbf{E}}_y$ 在 y 轴的投影。我们将要看到，相位开始变化就是参考轴简单地离开垂直轴转动，也就是离开位置 0。类似地，相量 $\vec{\mathbf{E}}_x$ 最初处在水平最右面的位置 0，它也顺时针转动，转动速率 ω 和 $\vec{\mathbf{E}}_y$ 一样。

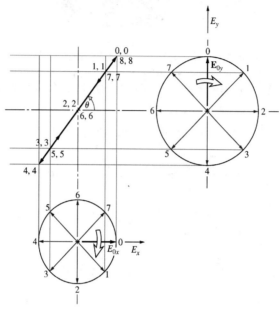

图 8.3　两个同相的振幅为 E_{0x} 和 E_{0y} 的正交的电磁波的相矢量相加。二者都以转动速率 ω 顺时针转动

　　每个相矢量匀速转动到各自的对应位置-1、-2、-3，等等。合波由两个相矢量的水平投影和竖直投影的交点决定。在这里位于一条直线上的点(0,0)、(1,1)、(2,2)，等等，就是两个正交电场矢量相继的矢量和 [通过（8.3）式]。于是这种情况下的合波是在第一、第三象限的线偏振波，因为 $E_{0y} > E_{0x}$ 因而倾角 $\theta > 45°$。

8.1.2　圆偏振

　　当两个波的振幅相等，即 $E_{0x} = E_{0y} = E_0$，并且相对相位差 $\varepsilon = -\pi/2 + 2m\pi$，其中 $m=0$，± 1，± 2，…。换句话说，$\varepsilon = -\pi/2$，或者比 $-\pi/2$ 多或少 2π 的整数倍，这时 $\vec{\mathbf{E}}_y(z, t)$ 领先 $\vec{\mathbf{E}}_x(z, t)\pi/2$。因而，

$$\vec{\mathbf{E}}_x(z, t) = \hat{\mathbf{i}} E_0 \cos(kz - \omega t) \tag{8.6}$$

$$\vec{\mathbf{E}}_y(z, t) = \hat{\mathbf{j}} E_0 \cos(kz - \omega t - \pi/2) \tag{8.7}$$

这等当于

$$\vec{\mathbf{E}}_y(z, t) = \hat{\mathbf{j}} E_0 [\cos(kz - \omega t)\cos \pi/2 + \sin(kz - \omega t)\sin \pi/2]$$

所以

$$\vec{\mathbf{E}}_y(z, t) = \hat{\mathbf{i}} E_0 \sin(kz - \omega t)$$

合波为

$$\vec{\mathbf{E}} = E_0[\hat{\mathbf{i}}\cos(kz - \omega t) + \hat{\mathbf{j}}\sin(kz - \omega t)] \tag{8.8}$$

见图 8.4。注意现在 $\vec{E}$ 的标量振幅 $(\vec{E} \cdot \vec{E})^{1/2} = E_0$ 是一个常数。但是 $\vec{E}$ 的方向随时间改变，并且不像从前那样限制在一个平面上。在轴上某一任意点 z_0 发生的情况画在图 8.5 中。在 $t=0$ 时，$\vec{E}$ 位于图 8.5a 的参考轴上，所以有

$$\vec{E}_x = \hat{i} E_0 \cos k z_0 \quad \text{和} \quad \vec{E}_y = \hat{j} E_0 \sin k z_0$$

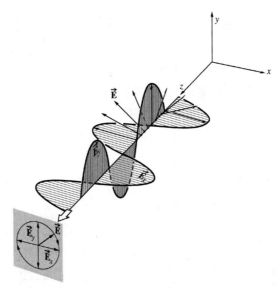

图 8.4　右圆偏振波中电矢量的转动。截面在 $kz = \pi/4$ 的电
矢量，在 $t=0$ 时处在 $45°$ 的位置，以速率 ω 转动

在稍后的时刻，$t = k z_0 / \omega$，$\vec{E}_x = \hat{i} E_0$，$\vec{E}_y = 0$，因而 $\vec{E}$ 沿着 x 轴。当一个观察者朝向传过来的波的方向看去（即朝向光源看去），他看到的合成电场矢量 $\vec{E}$ 以圆频率 ω 做顺时针转动。这样的波叫做**右旋圆偏振波**（图 8.6），通常简称为**右圆光**。波前进一个波长后，$\vec{E}$ 矢量转了一整周。

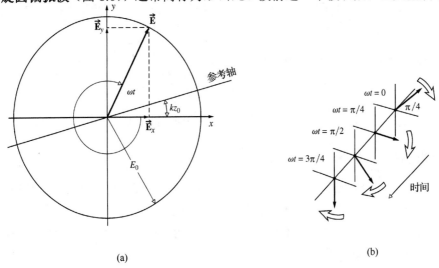

(a)　　　　　　　　　　　　　　(b)

图 8.5　右圆光。（a）电场振幅不变，顺时针转动，转动频率和振荡频率相同。
（b）两个互相垂直的天线，以 $90°$ 的相位差辐射，产生圆偏振的电磁波

图 8.7 显示右圆 $\vec{E}$ 场演进的 5 个相继的时刻。这里 $\vec{E}_y$ 比 $\vec{E}_x$ 超前 $\pi/2$。在（a）部分，y 轴

上的点（对应于 E_y）处在最高的位置（E_0）并且要向下移动；同时 $E_x=0$，x 轴上的点向右。

所以合成电场 $\vec{E} = E_0\hat{j}$，要顺时针转动，转到（d）时处在 x 轴上，$\vec{E} = E_0\hat{i}$。请读者想想，如何用图 8.3 的相矢量加法引出圆偏振光。

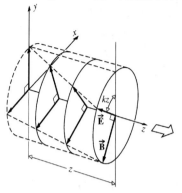

图 8.6　右圆光。对着原点看 z 轴，当波向观察者传播时，电场矢量顺时针转动

作为比较，若 $\varepsilon = \pi/2, 5\pi/2, 9\pi/2$，等等（也就是 $\varepsilon = \pi/2+2m\pi$，其中 $m=0, \pm1, \pm2, \pm3, \cdots$），那么

$$\vec{E} = E_0[\hat{i}\cos(kz - \omega t) - \hat{j}\sin(kz - \omega t)] \tag{8.9}$$

它的振幅没有改变，但是 $\vec{E}$ 却逆时针旋转，叫做**左圆偏振波**。

从两个偏振相反而振幅相等的圆偏振波能够合成一个线偏振波。特别是，让（8.8）式的右圆波和（8.9）式的左圆波相加，得到

$$\vec{E} = 2E_0\hat{i}\cos(kz - \omega t) \tag{8.10}$$

它有一个振幅恒定的矢量 $2E_0\hat{i}$，所以是线偏振波。

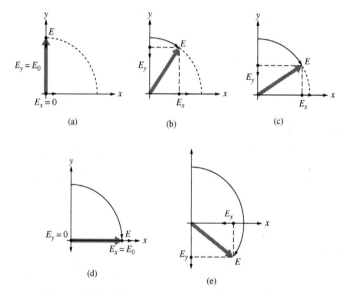

图 8.7　右圆光的形成。注意 E_y 领先 $E_x \pi/2$，或 1/4 周

8.1.3　椭圆偏振

就数学描述，线偏振光和圆偏振光都可以看成是**椭圆偏振光**（或简称为椭圆光）的特殊情况。对于椭圆偏振光，合成电场矢量 $\vec{E}$ 通常既转动方向又改变幅度。此时，当波扫过时，在垂直于 $\vec{E}$ 的某一个固定平面上，$\vec{E}$ 的端点画出一个椭圆。为了更好地看出这一点，我们把 $\vec{E}$ 端点走过的曲线的表达式重写出来

$$E_x = E_{0x}\cos(kz - \omega t) \tag{8.11}$$

$$E_y = E_{0y}\cos(kz - \omega t + \varepsilon) \tag{8.12}$$

我们要找的曲线方程应当不是位置的函数，也不是时间的函数。也就是应当消除对（$kz-\omega t$）

的依赖关系。把 $\vec{E}_y$ 的表达式展开成

$$E_y/E_{0y} = \cos(kz - \omega t)\cos\varepsilon - \sin(kz - \omega t)\sin\varepsilon$$

把上式和 E_x/E_{0x} 合起来，得到

$$\frac{E_y}{E_{0y}} - \frac{E_x}{E_{0x}}\cos\varepsilon = -\sin(kz - \omega t)\sin\varepsilon \qquad (8.13)$$

从（8.11）式得到

$$\sin(kz - \omega t) = [1 - (E_x/E_{0x})^2]^{1/2}$$

所以（8.13）式化为

$$\left(\frac{E_y}{E_{0y}} - \frac{E_x}{E_{0x}}\cos\varepsilon\right)^2 = \left[1 - \left(\frac{E_x}{E_{0x}}\right)^2\right]\sin^2\varepsilon$$

把上式改写为

$$\left(\frac{E_y}{E_{0y}}\right)^2 + \left(\frac{E_x}{E_{0x}}\right)^2 - 2\left(\frac{E_x}{E_{0x}}\right)\left(\frac{E_y}{E_{0y}}\right)\cos\varepsilon = \sin^2\varepsilon \qquad (8.14)$$

这是椭圆的方程，椭圆与 (E_x, E_y) 坐标系成一角度 α（见图 8.8），α 满足下式：

$$\tan 2\alpha = \frac{2E_{0x}E_{0y}\cos\varepsilon}{E_{0x}^2 - E_{0y}^2} \qquad (8.15)$$

如果把椭圆的主轴取为坐标轴，即 $\alpha = 0$，或等价地 $\varepsilon = \pm\pi/2$, $\pm 3\pi/2, \pm 5\pi/2, \cdots$。这时我们得到熟悉的形式

$$\frac{E_y^2}{E_{0y}^2} + \frac{E_x^2}{E_{0x}^2} = 1 \qquad (8.16)$$

进一步，若 $E_{0y} = E_{0x} = E_0$，上式化为

$$E_y^2 + E_x^2 = E_0^2 \qquad (8.17)$$

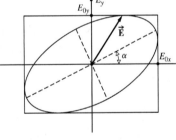

图 8.8 椭圆光。电场矢量转动一周时，其端点扫出一个椭圆

这是一个圆,和以前的结果相符。如果 ε 是 π 的偶数倍（8.14），式化为

$$E_y = \frac{E_{0y}}{E_{0x}}E_x \qquad (8.18)$$

同样，如果 ε 是 π 的奇数倍，

$$E_y = -\frac{E_{0y}}{E_{0x}}E_x \qquad (8.19)$$

它们都是直线，斜率分别为 $\pm E_{0y}/E_{0x}$，也就是线偏振光。

这些结论的大部分汇总画在图 8.9 上。这个很重要的图的下面标记有"E_x 领先 E_y 0, $\pi/4$, $\pi/2$, $3\pi/4$,…"，这些就是在（8.2）式中的 ε 值。同一个图，在其上面标记 "E_y 领先 E_x 2π, $7\pi/4$, $3\pi/2$, $5\pi/4$,…,"，这时 ε 等于 -2π、$-7\pi/4$、$-3\pi/2$、$-5\pi/4$, 等等。图 8.9b 表示 E_x 比 E_y 领先 $\pi/2$ 等价于 E_y 比 E_x 领先 $3\pi/2$（这两个角度之和等于 2π）。两个正交分量的波合成一个波，当我们移动一个波的两个正交分量之间的相对相位时，要继续关心这一点。

我们用图 8.3 那样的相矢量图来阐明椭圆光的特性。假定两个正交的简谐电场的振幅不同（$E_{0x} > E_{0y}$），E_y 比 E_x 超前 $\pi/3$ 弧度或 60°，要求合成的电场。因为 E_y 领先 E_x 60°，我们把 E_y 的参照轴从竖直轴顺时针旋转 60°，同时保持 E_x 轴为水平轴。图 8.10 显示合成光是右手

椭圆光，正如我们从图 8.9a 预期的一样。按照图 8.8，这个椭圆装入一个高为 $2E_{0y}$、宽为 $2E_{0x}$ 的矩形。

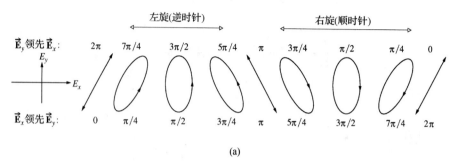

(a)

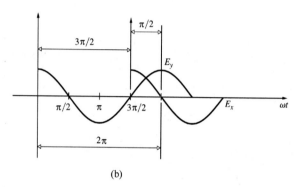

(b)

图 8.9　（a）各种偏振组态。如果 $E_{0x} = E_{0y}$，那么当 $\varepsilon = \pi/2$ 或者 $3\pi/2$ 时是圆偏振光。但是这里为了普遍性，让 E_{0y} 比 E_{0x} 大。　（b）　E_x 比 E_y 超前（或 E_y 比 E_x 落后）$\pi/2$，或者换种说法，E_y 比 E_x 超前（或 E_x 比 E_y 落后）$3\pi/2$

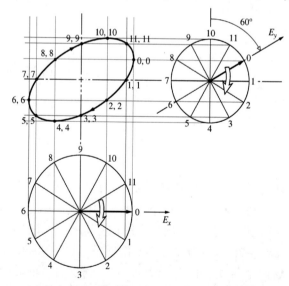

图 8.10　两个正交电磁波叠加的相矢量表示。图中圆的半径 $E_{0x} > E_{0y}$，$\vec{E}_y$ 领先 $\vec{E}_x 60°$，所以 $\vec{E}_y$ 为零的位置顺时针前进了 $60°$

　　现在，我们可用**偏振态**来描述任何光线了。我们把线偏振或者平面偏振光称为 $\mathscr{P}$ 态，右圆光和左圆光分别为 $\mathscr{R}$ 和 $\mathscr{L}$ 态，椭圆偏振光为 $\mathscr{E}$ 态。我们已经看到，$\mathscr{P}$ 态可由 $\mathscr{R}$ 和 $\mathscr{L}$ 态

叠加得到 [(8.10) 式]。同样，$\mathscr{E}$ 态也由 $\mathscr{R}$ 和 $\mathscr{L}$ 态叠加得到。这时，两个圆偏振光的幅度不相等，如图 8.11 所示（解析处理留作习题 8.6）。

8.1.4 自然光

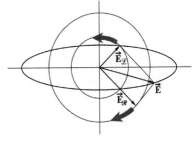

图 8.11 $\mathscr{R}$ 态和 $\mathscr{L}$ 态光叠加成椭圆光

一个普通的光源包含着数目极多的无规取向的原子发射体。每个激发的原子在大约 10^{-8} s 的时间内辐射一个偏振波列。频率相同的全部发射将合成为一个单独的偏振光，它的持续时间不会超过 10^{-8} s。新的波列不断被发射出来，而总的偏振以一种完全无法预告的方式变化着。如果这种变化非常频繁，以致不能辨认出任何一个单独的合成偏振态，这种波就叫做**自然光**。它也叫做非偏振光，但这个名称不很正确，因为实际上它是由迅速接踵而来的不同偏振态的光所组成。把它叫做无规的偏振光或许更恰当一些。

在数学上，我们可以用任意两个振幅相等的、非相干的（非相干波就是相对相位差进行迅速而无规变化的波）、正交的线偏振波来表示自然光。

要记住，一个理想的单色平面波应当是一个无限长的波列。如果把这个扰动分解为垂直于传播方向的两个正交分量，那么，这两个分量应当具有相同的频率，波列的长度无限长，因此是互相相干的（即 ε =常数）。换句话说，**一个理想的单色平面波总是偏振的**。事实上，(8.1) 式和 (8.2) 式正是一个横向（$E_z=0$）单色平面波的两个直角坐标分量。

通常，不论是来自天然的或是人造的光源的光，既不是完全的偏振光，也不是完全的非偏振光；这两种情况都是极端情况。更通常的是，电场矢量变化的方式既不是完全规则的，也不是完全无规的。这样的一个光扰动叫做**部分偏振光**。描述这种性质的一个有用的方法，是把它看成一定比例的自然光和偏振光叠加的结果。

8.1.5 角动量和光子图像

我们已经看到，电磁波投射到一个物体上时，会给这个物体带来能量和动量（3.4.2 节）。此外，如果入射平面波是圆偏振的，可以预料它将使物质中的电子做圆周运动，以响应转动的 $\vec{E}$ 场产生的力。另一方面，我们也可以把这样的电场描述为两个正交 $\mathscr{P}$ 态的叠加，它们之间相位差 90°。这两个电场同时在两个互相垂直的方向上驱使电子运动，两个电场的相位差为 $\pi/2$。合成的运动仍是圆周运动。实际上，$\vec{B}$ 场所加的力矩对轨道的平均等于零，而 $\vec{E}$ 场以等于电磁波频率的角速度 ω 驱动电子。因此，电磁波会把角动量传输给包含并束缚电子的物质。我们可以不涉及动力学的细节，很简单地处理这个问题。交给系统的功率等于每单位时间输运的能量 $\mathrm{d}\mathscr{E}/\mathrm{d}t$。此外，作用于转动物体上的力矩 Γ 产生的功率恰好是 $\omega\Gamma$（类似于直线运动中的 vF），因而

$$\frac{\mathrm{d}\mathscr{E}}{\mathrm{d}t} = \omega\Gamma \tag{8.20}$$

因为力矩等于角动量 L 的时间变化率，因此平均起来有

$$\frac{\mathrm{d}\mathscr{E}}{\mathrm{d}t} = \omega\frac{\mathrm{d}L}{\mathrm{d}t} \tag{8.21}$$

一个电荷从入射圆偏振波中吸收能量 $\mathscr{E}$ 时，也将同时吸收角动量 L，它们的关系为

$$L = \frac{\mathscr{E}}{\omega} \qquad (8.22)$$

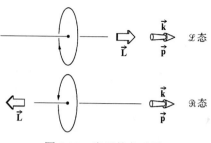

图 8.12　光子的角动量

如果入射波处于 $\mathscr{R}$ 态，那么向光源看去，它的 $\vec{E}$ 矢量顺时针旋转。这也是一个正电荷在吸收媒质中旋转的方向，因此角动量矢量将指向与传播方向相反的方向，如图 8.12 所示。[①]

按照量子力学描述，电磁波以量子化的波包或光子传输能量，$\mathscr{E}=h\nu$。所以 $\mathscr{E}=\hbar\omega$（其中 $\hbar=h/2\pi$），而光子的内禀角动量或自旋角动量不是 $-\hbar$ 就是 $+\hbar$，其中的符号表明光子是右旋的或是左旋的。要注意，光子的角动量和光子的能量完全无关。只要带电粒子发射或吸收电磁辐射，除了能量和动量要变之外，它的角动量也要发生 $\pm\hbar$ 的变化。[②]

一束入射的单色电磁波把能量传给靶可以想象为是一串全同的光子流传递的。可以预期角动量也会以量子化的方式传递。一束纯左圆偏振平面波把角动量交给靶，就像光束中所有的光子的自旋都朝向传播方向一样。把这束光变成右圆光，就使光子的自旋方向反转它们作用于靶的力矩的方向也倒了过来。贝思（Richard A. Beth）用一个十分灵敏的扭摆，在 1935 年成功地进行了这样的测量。[③]

至此为止，用光子图像描述纯右圆光和左圆光没有什么困难；但是，线偏振光和椭圆偏振光又怎么样？在经典意义上，$\mathscr{P}$ 态可以用大小相等的 $\mathscr{R}$ 态光和 $\mathscr{L}$ 态光相干叠加来得到（包含合适的相位差）。任何单独的光子，设法测出它的角动量，总是发现它的自旋要么平行于 $\vec{k}$，要么反平行于 $\vec{k}$。一束线偏振光和物质相互作用时，就好像它是由相等数目的右旋光子和左旋光子所组成。但是有一个微妙之点必须在这里说明，我们不能讲这束光实际上是由数目准确相等的纯右旋光子和纯左旋光子组成的；因为所有光子都是相同的。我们宁可这样说，每一个光子同时具有两种可能的自旋态，可能性一样大。在测量这种光子的角动量时，得到 $-\hbar$ 的结果和 $+\hbar$ 的结果一样多。这就是我们所能观察到的全部结果。在测量前，这种光子究竟是怎样的（如果在测量前它确实存在的话），我们并不清楚。因此，整个说来，线偏振光束将不传给靶任何总的角动量。

反之，如果每个光子占有两个自旋态的概率不一样，譬如说，测出 $+\hbar$ 的角动量比 $-\hbar$ 的多，这时，将有净的正角动量输给靶，这就是椭圆偏振光。也就是，具有某种相位关系的不等量的 $\mathscr{R}$ 光和 $\mathscr{L}$ 光的叠加。

8.2　偏振器

既然我们已经知道什么是偏振光，合乎逻辑的下一步便是了解一些产生它改变它，以适

[①] 在基本粒子物理学中采用更合理的术语。光学用的术语显然有些笨拙，但已经约定俗成了。

[②] 作为一个相当重要然而简单的例子，考虑氢原子。它由一个质子和一个电子组成，每个粒子都具有自旋 $\hbar/2$。当每个粒子的自旋都朝同一个方向时，原子的能量稍微大一些。然而，大概在 10^7 年这么长的时间，一个粒子的自旋可能会跳到和另一个粒子相反的方向。这时原子角动量的改变为 $\hbar$，并且发射一个光子带走多余的能量。这就是 21 cm 微波辐射的起源，它在射电天文学中非常重要。

[③] Richard A. Beth, "Mechanical detection and measurement of the angnlar momentum of light," *Phys. Rev.* **50**, 115(1936).

合需要的技术。一个光学器件，输入是自然光，输出是某种形式的偏振光，叫做**起偏器**。例如，非偏振光的一个可能的表示是两个振幅相等、不相干的正交的$\mathscr{P}$态的叠加。一个器件，将这两个分量分开，把一个分量挡掉，让另一个分量通过，叫做线起偏器。随着输出形式的不同，也可以有圆起偏器和椭圆起偏器。所有这些器件的有效性各不相同，直到所谓漏起偏器或部分起偏器。

有各式各样的起偏器，但是它们都基于下述四种物理机制之一：二向色性（或选择吸收）、反射、散射及双折射。但是它们都有一个共同的根本性质，这就是起偏过程必须有某种形式的不对称性。这很好理解，因为起偏器必须以某种方式选择一种偏振态，而摒弃所有其他的偏振态。实际上，这种不对称性可以是和入射角或视角有关的一种微妙的过程，但更多的是起偏器材料本身具有明显的各向异性。

8.2.1　马吕斯定律

在继续往下讨论之前，必须先解决一个问题，那就是：在实验上如何判断某个器件实际上是不是一个线起偏器？

按照定义，如果自然光入射到一个理想的线起偏器上如图 8.13，只会透射$\mathscr{P}$态的光。$\mathscr{P}$态的取向平行于一个特定方向，这个方向我们称之为起偏器的**透光轴**。换句话说，只有平行于透光轴的光场分量能通过这个器件，基本上不受影响。因为非偏振光是完全对称的，如果图 8.13 中的起偏器绕 z 轴旋转，探测器（例如光电管）的读数不变。记住，虽然我们的讨论对象是波，但是因为光的频率非常高，探测器实际上只测量入射的辐照度。由于辐照度与电场的平方成正比 [（3.44）式]，我们只需考虑振幅就行了。

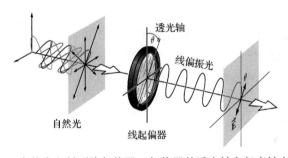

图 8.13　自然光入射到线起偏器，起偏器的透光轴和竖直轴夹角为 θ

现在假设引入第二个完全相同的理想偏振器或**检偏器**，其透光轴在竖直方向（图 8.14），如果透射过起偏器的电场振幅是 E_{01}，只有平行于检偏器的透光轴的分量 $E_{01}\cos\theta$ 才能通过检偏器到达探测器（假设没有吸收）。按照（3.44）式，到达探测器的辐照度由下式给出

$$I(\theta) = \frac{c\epsilon_0}{2} E_{01}^2 \cos^2\theta \tag{8.23}$$

当检偏器的透光轴与起偏器的透光轴之间的夹角 θ 为零时，得到最大辐照度 $I(0)=c\epsilon_o E_{01}^2/2=I_1$。（8.23）式可改写为

$$I(\theta) = I(0)\cos^2\theta \tag{8.24}$$

这就是熟知的**马吕斯（Malus）定律**，是拿破仑军队的军事工程师和军官马吕斯于 1809 年首次发表的。

记住到达检偏器的辐照度为 $I(0)$。如果 $1000\ \mathrm{W/m^2}$ 的自然光照在图 8.14 的线起偏器上，假定起偏器是理想的，就有 500 W/m² 的线偏振光照在检偏器上；这就是 $I(0)$。知道了 θ，就可以用（8.24）式来计算透过的辐照度 $I(\theta)$。或者，假定入射光束是 1000 W/m² 平行于起偏器透过轴的线偏振光，这时 $I(0)= 1000$ W/m²。

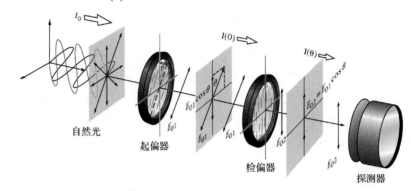

图 8.14　线起偏器和线检偏器——马吕斯定律。辐照度 I_o 的自然光入射在线起偏器上，起偏器的透光轴和垂直轴成 θ 角。离开起偏器时辐照度 $I_1=I(0)$。检偏器的透光轴和起偏器的透光轴成 θ 角，离开检偏器时辐照度为 $I(\theta)$

我们看到 $I(90°)=0$。这是因为，通过起偏器的电场垂直于检偏器的透光轴（这样布置的两个器件叫做正交的）。因此，电场平行于检偏器的所谓消光轴，没有沿透光轴的分量。我们可以用图 8.14 的装置和马吕斯定律来判断某一器件是不是线起偏器。

我们即将看到，最常用的线起偏器是偏振片滤光器。虽然你肯定可以用两片普通的偏振片验证马吕斯定律，但是要用波长在 450～650 nm 的光。普通的偏振片对红外光的起偏性能不是很好。

例题 8.3　一个 1000 W/m² 的线偏振光束的电场在第一、第三象限和垂直轴成 +10.0° 振荡。光束垂直地相继通过两个理想的线偏振器。第一个偏振器的透过轴位于第二、第四象限，和垂直轴成 −80°。第二个偏振器的透过轴位于第一、第三象限，和垂直轴成 +55.0°。（a）多少光从第二个偏振器透过？（b）让这两个偏振器对调位置而不改变它们的取向，求通过光的量。解释你的答案。

解

（a）入射光（+10.0°）垂直于第一个偏振器的透过轴（−80°），所以没有光透过第一个偏振器，也就没有光透过第二个偏振器。（b）偏振器对调之后，现在光以 45.0° 沿第一个偏振器的透过轴振荡，根据马吕斯定律

$$I(\theta) = I(0)\cos^2\theta$$

所以

$$I_1 = (1000 \text{ W/m}^2)\cos^2 45.0°$$

因而

$$I_1 = 500 \text{ W/m}^2$$

这个以 +55.0° 振荡的光，和新的第二个偏振器的透过轴成 45.0°，所以透过第二个偏振器的辐照度（I_2）为

$$I_2 = (500 \text{ W/m}^2)\cos^2 45.0°$$

因此

$$I_2 = 250 \text{ W/m}^2$$

透射光是线偏振的，在第二、第四象限，和垂直轴成−80.0°振荡。这个例子说明，通过偏振器的次序非常重要。

8.3 二向色性

对入射光束的两个正交的 $\mathscr{P}$ 态分量，只选择吸收其中一个，这是最广义的**二向色性**。二向色性偏振器自身在物理上是各向异性的，对一个方向上的电场分量产生强烈的不对称吸收或择尤吸收，而对另一分量基本上是透明的。

8.3.1 线栅起偏器

最简单的二向色性器件是平行导线栅，如图 8.15 所示。设想有一个非偏振的电磁波从左面射到栅上。可以把电场分解成两个通常的正交分量；此时，选择一个分量平行于导线，另一个分量垂直于导线。电场的 y 分量在导线的长度方向上驱动传导电子，因而产生电流。电子又和晶格原子碰撞，交给它们能量，从而使导线变热（焦耳热）。能量就这样由电场传给线栅。此外，沿着 y 轴加速的电子向前向后都辐射电磁波。可以预期，向前辐射的波倾向于和入射波相抵消，从而电场的 y 分量透过很少或

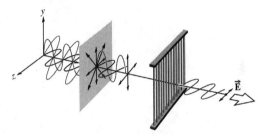

图 8.15　线栅偏振器。导线栅损耗掉电场的垂直分量（平行于导线的分量），让水平分量通过

者根本不透过。向后传播的辐射直接表现为反射波。反之，电子在 z 方向上不能移动很远，因而电磁波中对应的电场分量，在穿过线栅时基本不受影响。因而**线栅的透光轴垂直于导线**。下面是一个常犯的错误：由于导线中间有空隙，因而天真地以为电场的 y 分量总会泄漏过去一些。

这个结论，容易用微波和普通导线作的线栅来证实。然而，要做一个让光起偏的线栅则不那样容易，但是究竟还是做出来了！1960 年，George R. Bird 和 Maxfield Parrish, Jr.做出了一个难以置信的每毫米 2160 条线的线栅[1]。制造的工艺是蒸发一束金原子（有时是铝原子），以近掠射角射到一个塑料的复制衍射光栅上（见 10.2.7 节）。金属积集在光栅的每一个台阶的边缘上形成极细的"导线"，它的宽度和间隔都小于一个波长。

有几种线栅偏振器已经商品化，包括一种用微细铝线做的偏振器。它们从可见光波段到中红外波段都有高透过率。

虽然线栅特别在较高温度是有用的，我们在这里讲它却主要是为了教学目的而不是为了实用。但它所依据的原理，同样适用于别的更常用的二向色性偏振器。

8.3.2 二向色性晶体

有些材料，由于它们的晶体结构各向异性，本身就是二向色性的。它们之中最为人熟知的可能是天然的矿物电气石，它属于珠宝类的次等宝石。实际上，好几种电气石都是化学成

---

[1] G. R. Bird and M. Parrish, Jr., "The wire grid as a near-infrared polarizer", *J. Opt. Soc. Am.* **50,** 866(1960).

分各不相同的硅酸硼化物，例如，$NaFe_3B_3Al_6Si_6O_{27}(OH)_4$。这种材料的晶体内部有一个特殊方向，叫做主轴或者光轴，是由它的原子配置决定的。入射光波的电场分量垂直于主轴时，样品强烈地吸收。晶体越厚，吸收越完全（图 8.16）。平行于主轴切出一片几毫米厚的电气石晶体，就可以用作线偏振器。这时晶体的主轴就是偏振器的透光轴。但是由于晶体很小，电气石的用处不大。此外，即使透过的光也要吸收掉一部分。更麻烦的是这种不需要的吸收和波长密切有关，因此样件将是带颜色的。把电气石晶体放在自然的白光下，当垂直于主轴看过去是绿色的（也有的是别的颜色），沿着主轴方向看去，因为所有的 $\vec{E}$ 场垂直于主轴，所以差不多是黑色的（二向色性这个词就是这样来的，它意味着两种颜色）。

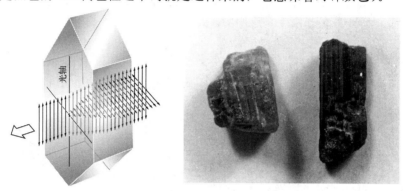

图 8.16 二向色性晶体。平行于光轴的电场透过时不减少。在照片上看得很清楚的电气石晶体天然的棱，就是光轴

还有别的一些材料也有类似的性质。紫苏辉石矿（一种铁磁性的硅酸盐）的晶体，在某一方向偏振的白光下，看起来是绿色的，换一个偏振方向，看起来就是粉红色。

考虑样品的微观结构，对引起晶体二向色性的机理可以得到定性的理解（可能需要再看一下 3.5 节）。晶体内部的原子通过短程力紧紧地束缚在一起，从而形成周期性的晶格。决定光学性质的电子，可以想象为弹性地束缚在它们各自的平衡位置上。属于某一原子的电子，也处在邻近原子的影响之下，这些原子的分布可以不对称。因而，电子在不同方向上的弹性束缚力也不相等。这样，这些电子对入射电磁波的简谐电场的响应，也因 $\vec{E}$ 的方向不同而不同。如果这种材料除了各向异性之外还有吸收，那么详细的分析就必须考虑与方向有关的导电性。电流将会出现，波的能量将转换成焦耳热。光的衰减除了随方向而变之外，也可以与频率有关。这意味着，如果入射白光处于 $\mathscr{P}$ 态，晶体就会带色，色彩随 $\vec{E}$ 的方向不同而变化，表现出二种甚至三种颜色的材料，分别叫做二向色性材料和三向色性材料[1]。

8.3.3 偏振片

1928 年，哈佛学院 19 岁的学生兰德（Edwin Herbert Land），发明了第一个二向色性偏振器，市场上叫做 J 偏振片（Polarold J-sheet）。这种偏振片中嵌入了一种合成的二向色性材料，叫做 herapathite，或高碘硫酸奎宁[2]。兰德自己对他早年工作的回忆中有很多第一手材料，读

---

[1] 后面考虑双折射时还要讨论这些过程。这里只告诉大家，单轴晶体有两个不同的方向，因此吸收样品可以显示两种颜色。双轴晶体有三个不同的方向，可能有三种颜色。

[2] 来源：Edwin Herbert Land, "Some Aspects of the Development of Sheet Polarizers", *J. Opt. Soc. Am.* **41**. 957(1951), JOSA, Vol. 41, Issue 12, pp. 957-962(1951) Journal of Optical Society of America.

起来很迷人。特别有趣的是了解到，现在无疑用得最多的一类起偏器，其起源却是根据一些异想天开的想法。下面一段摘自兰德的文章：

> 在文献中，关于偏振器的发展的确有几处出人意料的地方，特别是 W. B. Herapath 的工作。他是英格兰的布里斯托的一个内科医生，他的学生 Phelps 先生，把碘掉在喂过奎宁的狗的尿里，在起反应的液体中生成了闪闪发亮的绿色小晶体。Phelps 跑去告诉他的老师，而 Herapath 则做了一件在我（兰德）看来相当奇怪的事；他在显微镜下观察这些晶体，并注意到，在晶体和晶体交叠的一些地方，这些晶体是亮的，而在另一些地方却是暗的。他很机灵，知道这是一个值得注意的现象，是一种新的偏振材料［现在用他的名字命名，叫做 herapathite］……
>
> Herapath 的工作吸引了布儒斯特爵士（Sir David Brewster）的兴趣，在那些愉快的日子里，他正在做他的万花筒……，布儒斯特发明了万花筒，写了一本关于万花筒的书，在书里提到，他想用 herapathite 晶体作为目镜。当我在 1926 年到 1927 年看到这本书的时候，通过他的介绍得知这种不平凡的晶体，从而开始了我对 haerapathite 晶体的兴趣。

兰德起初制造新型线起偏器的方法，是把 herapathite 研磨成极细的亚微观晶体，这些小晶体都是天然的针状晶体。由于尺寸很小，所以减少了对光的散射。最早的实验是用磁场或电场把晶体排列成差不多相互平行。后来当把 herapathite 针状结晶的黏性悬胶通过长的狭缝挤出时，他发现也可以用这种机械办法把晶体排好。做好的 J 偏振片等效于一块大而平的二向色性晶体。单个的亚微观晶体仍然散射掉一点光，因而，偏振片有些发雾。

1938 年兰德又发明了 H 偏振片，它大概是现在用得最多的线偏振器。这种偏振片并不包含二向色性晶体，而是用分子模拟线栅来代替。把一片清洁的聚乙烯醇加热，沿一个方向拉伸，它的长的碳氢化合物分子就会在这拉伸过程中排列整齐。然后把片子浸入含很多碘的墨水中。碘浸透了塑胶板，附着在直线的长链聚合分子上，有效地形成一条碘链。碘中所含的传导电子能够沿着链运动，就好像这些链是长的细导线一样。入射波中平行于分子的 $\vec{E}$ 分量驱动电子，对电子做功，因而被强烈吸收。因此偏振器的透光轴垂直于薄膜拉伸的方向。

每个单独的微小的二向色性物体叫做一个二向色性单体。H 偏振片中的二向色性单体的大小是分子尺度，所以不存在散射问题。H 偏振片在整个可见光谱区都是十分有效的偏振器，只是在蓝端差一点。通过一对正交的 H 偏振片观看强的白光，由于上述的漏光，消光色是深蓝色。我们用 HN-50 来表示一块假设理想的 H 偏振片，它是中性色的（N 这个字母的意义），透过入射自然光的 50%，而吸收掉另外 50%的不需要的偏振分量。然而，实际上每个表面都要反射 4%的入射光（通常不涂消反射敷层），因此只透过 92%。其中一半假定被吸收掉，所以我们只可能有 HN-46 偏振片，实际上，大量的

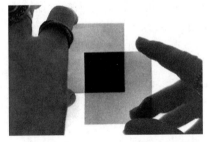

一对正交的偏振片。每块偏振片都呈灰色，因为它吸收了大约一半的入射光

HN-38、HN-32、HN-22 都已成批生产且容易得到，它们的碘含量各不相同（习题 8.15）。

还研制过许多其他形式的偏振片[①]。K 偏振片能耐潮耐热，它的二向色性单体是直链的聚亚乙烯基（Polyvinylene）碳氢化合物。把 H 和 K 偏振片的配料组合得到一种 HR 偏振片，它

---

① 见 Schurcliff 写的 *Polarized Light: Production and Use*，或者它的精简的姐妹篇，Schurcliff 和 Ballard 写的 *Polarized Light*。

是一种近红外的偏振器。市面上还能买到二向色性的片状线偏振器，它工作在紫外，从大约 300 nm 到大约 400 nm。

要记住，片状的二向色性偏振器只是为特定的波段而设计的。一对正交的片状线偏振器会挡住可见光，对大约 450 nm 以下和大约 650 nm 以上，则严重漏光。

各种二向色性偏振器，从偏振片到玻璃偏振片 Polarcor（玻璃内含排列好的长的银晶体），到电气石，都可以用它们的透射性能来表征。考虑一束竖直线偏振光，正入射到一个线偏振器上。线偏振器可以绕平行于光束的轴旋转，转的角度 θ 为透光轴与竖直方向（电场的振动方向）的夹角。当光束的电场振动平行于透光轴（$\theta = 0$），透过的辐照度 I_{t0} 最大。若入射的辐照度为 I_i，量 I_{t0}/I_i 称为**主透射率** T_0。这就是入射光电场平行于透光轴时透过的部分。当电场振动垂直于透光轴（$\theta = 90°$），透过偏振器的辐照度 $I_{t\,90}$ 最小，量 $I_{t\,90}/I_i$ 称为**最小透射率** T_{90}。它是入射光电场垂直于透光轴时透过或漏过的部分。

当光束的电场振动与透光轴成 θ 角时，可以把电场振动分解成平行和垂直于透光轴两部分。因为辐照度正比于电场振幅的平方，此时**透射率** T_l 为

$$T_l = T_0 \cos^2\theta + T_{90} \sin^2\theta \tag{8.25}$$

透射率比定义为 $(I_{t0}/I_i)/(I_{t\,90}/I_i) = T_0/T_{90} = I_{t0}/I_{t\,90}$，它可以高达 30 000∶1。**消光比**则定义为这个数的倒数，或者 T_{90}/T_0。通常，$T_0 \gg T_{90}$。

理想的二向色性线偏振器在自然照明下，所有电场振动平行于透光轴的光都会通过，所以 $T_0 = 1.0$，所有垂直于透光轴的光都不通过，所以 $T_{90} = 0$。一个实际的偏振器在自然照明下，两个正交振动方向的光都要通过，器件的总透射率（T_n）将为 $T_n = (T_0 + T_{90})/2 \approx T_0/2$。出现 1/2 是在理想情况下，不偏振的光有一半被吸收。用自然光照明偏振片，像 *HN-38*、*HN-32*、*HN-22* 这样的标识，对应于总透射率（$\approx T_0/2$）分别为 ≈38%、≈32%、≈22%，所以 T_0 分别为 76%、64%、44%。换句话说，对于 *HN-38* 偏振片，平行于透过轴线的偏振光 76% 会通过。

增加碘的含量会减少漏光，但是同时也降低了透射率 T_0。所以 *HN-32* 的最小透射率 T_{90} 大概是 0.005%，而 *HN-22* 则接近 0.0005%，所以这种滤光片基本是不漏光的。透过率与频率有关，所以这些数据没法更精确。T_{90} 的峰值在蓝光 400 nm 左右。现在许多公司生产各种偏光滤光器，但是没有像 *HN* 一样被普遍接受的设计。片状偏振器用非偏振光的透光率 T_n 作为标示的一部分，它可以高达 46%。

当两个相同的实在的线偏振器前后放在一起，透光轴平行，对自然光的总透光率为

$$T_{n\parallel} = \frac{1}{2} T_0 T_0 + \frac{1}{2} T_{90} T_{90} \approx \frac{1}{2} T_0^2 \tag{8.26}$$

另一方面，要是这样的两个线偏振器的透光轴互相垂直，用自然光照明，其总透光率为

$$T_{n\perp} = \frac{1}{2} T_0 T_{90} + \frac{1}{2} T_{90} T_0 = T_0 T_{90} \tag{8.27}$$

一般情况，两个滤光器的透光轴成 θ 角，总透射率为

$$T_{n\theta} = \left(\frac{1}{2} T_0 T_0 + \frac{1}{2} T_{90} T_{90} \right) \cos^2\theta + T_0 T_{90} \sin^2\theta$$

或

$$T_{n\theta} \approx \frac{1}{2} T_0^2 \cos^2\theta \tag{8.28}$$

例 8.4　新的二向色性线偏振片 *HN-42HE* 兼有高透光率和大的消光比。假定前后放置两

片这样的滤光器，透光轴互相平行。让 250 W/m^2 的自然光垂直入射第一个偏振片，有多少光从第二个偏振片射出？

解

因为是非偏振光，入射光的辐照度（I_i）的 50% 平行于偏振器的透光轴振动，其余的 50% 或多或少被吸收。要是第一个滤光器是理想的，它将透过 $I_i/2$，但是它实际上只透过其中一部分（T_0），滤光器 HN-42HE 的 $T_0/2 \approx 42\%$，所以 $T_0 \approx 84\%$，也就是辐照度 $I_i T_0/2$ 透过第一个滤光器，作为第二个滤光器的输入。因为这部分光的振动全部平行于第二个滤光器的透光轴，所以又有部分 T_0 通过。这样，通过两个滤光器后的输出为 $I_t = I_i T_0^2/2 = (250 \text{ W/m}^2)(0.84)^2/2 = 0.353(250 \text{ W/m}^2) = 88.2 \text{ W/m}^2$。用（8.26）式检验：$T_{n\parallel} \approx T_0^2/2$，所以 $I_t = (T_0^2/2)I_i$。这就是我们上面刚得到的结果。

偏振片矢量图（Polaroid vectograph）是一种市面上能买到的材料，用来制造立体图片。这东西从来没有想象的那样成功。但是用它可以进行一些表演，即使不令人感到神秘，也很发人深思。矢量图底片是一块透明的塑料片，用两片聚乙烯醇贴成，它们的拉伸方向互相垂直。因为片上没有传导电子，所以不是起偏器。设想我们把碘溶液在片子的一面写一个 X 字母，在另一面与之重叠的地方写一个 Y 字母。在自然光的照明下，通过 X 字母的光将处于一个 $\mathscr{P}$ 态，与通过 Y 字母的光 $\mathscr{P}$ 态垂直。换句话说，写字的区域形成了两个正交的起偏器。人们将看到这两个起偏器叠加在一起。现在，假若通过线起偏器来看矢量图，线起偏器可以旋转，那么有时可以看到 X，有时可以看到 Y，有时 X 和 Y 都可以看到。显然，还可以做更有想象力的图画（只是要记住，远处的东西要画在后面）。

8.4 双折射

许多晶体物质（即原子按照某种有规则的重复点阵排列的固体）是光学各向异性的。换句话说，在样品内并不是所有方向的光学性质都相同。上一节的二向色性晶体只不过是其中特殊的子族。在上一节里我们看到，如果晶格原子排列得不完全对称，那么对电子的束缚力也将是各向异性的。更早一些时候，在图 3.38b 中，我们用下述的简单机械模型来表示各向同性的振子：相同的弹簧把带电球壳约束在一固定点上。对于光学各向同性的材料，这是一种恰切的表示（像玻璃和塑料这样的无定型固体，通常是各向同性的，有时也可以是各向异性的）。图 8.17 还是一个带电球壳，但这一次是用不同劲度（即不同的弹簧常数）的弹簧来固结它。一个沿着某一"弹簧"的方向离开平衡位置的电子，将以某一特征频率振动，同它在另一方向从平衡位置移开时的特征频率显然不同。

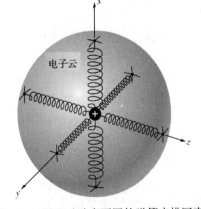

图 8.17 用几对劲度不同的弹簧来描写束缚于正电核的负电荷层的机械模型

前面指出过，光是通过激发媒质中的电子而在透明材料中传播的。电子受 $\vec{\mathbf{E}}$ 场驱动，辐射电磁波，这些次级子波重新组合起来，合成折射波向前运动。折射波的速度（因而折射率）由 $\vec{\mathbf{E}}$ 场的频率和电子的自然频率或本征频率之差决定。束缚力的各向异性就表现为折射率的各向异性。

例如，假如 $\mathscr{P}$ 态光通过某个假想的晶体，就要碰上图 8.17 中那样的电子，光的速度将由 $\vec{E}$ 的方向来决定。如果 $\vec{E}$ 平行于硬的弹簧，即沿强束缚的方向，这里是沿 x 轴，电子的自然频率就会很高（正比于弹簧常数的平方根）。反之，当 $\vec{E}$ 沿着 y 轴，这个方向束缚力较弱，自然频率就会低一些。记住我们以前对图 3.41 的色散和 $n(\omega)$ 曲线的讨论，那么相应的折射率看来可能就像图 8.18 那样。这种具有两个折射率的性质叫做**双折射**（birefringence）[①]。

假定有一个晶体，入射光的频率在 ω_d 附近，落在晶体的 $n_y(\omega)$ 的吸收带内，如图 8.18 所示。这样照明的晶体对沿 y 方向偏振的光强烈吸收，对沿 x 方向偏振的光是透明的。很明显，一种双折射材料吸收一个 $\mathscr{P}$ 态的光，让另一个垂直的 $\mathscr{P}$ 态的光通过，事实上就是二向色性。此外，假定晶体有这样的对称性，使得 y 和 z 方向的束缚力相同，即这些弹簧有相同的自然频率和相同的损耗。那么 x 轴就定义了**光轴**的方向。只要一个晶体可以用一组这种有固定取向的各向异性带电振子来表示，**光轴实际上就是一个方向，而不仅仅是一条线**。这个模型很适合二向色性晶体，因为如果光沿光轴传播（$\vec{E}$ 在 yz 平面内），就被强烈吸收；如果光垂直于光轴传播，它将以线偏振光射出。

双折射晶体的特征频率常常超出可见光频率，这时晶体是无色的。图 8.18 表示了这个情况，这时认为入射光的频率在 ω_b 附近。两个折射率不同是明显的，但是对每种偏振，吸收都可以忽略不许。（3.71）式表明 $n(\omega)$ 反比于自然频率。这意味着，等效弹簧常数大，即强束缚，对应于低的极化率、低介电常数和低折射率。

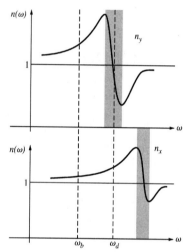

图 8.18　某一晶体内沿两个轴的折射率与频率的关系。$dn/d\omega<0$ 的区域对应于吸收带

下面我们将利用双折射，使两个正交的 $\mathscr{P}$ 态沿不同的路径传播，这样实际上是将其分开，做成线偏振器。我们还会看到，用双折射晶体还能做更有趣的事。

8.4.1　方解石

现在让我们把上面的讨论同一种典型的双折射晶体方解石联系起来。方解石就是碳酸钙（$CaCO_3$），是一种相当常见的天然出产的材料。大理石和石灰石就是由许多小的方解石晶体结合而成。最有用的是漂亮的大单晶，它虽然很稀少，但仍能找到，特别是在印度、墨西哥和南非。方解石是最常见的制造与高功率激光器配套用的线偏振器的材料。

图 8.19 表示出方解石结构内碳、钙和氧的分布。图 8.20 是沿图 8.19 中标出的光轴方向往下看的样子。每个 CO_3 形成一个三角形，它的平面垂直于光轴。如果把图 8.20 绕垂直于纸面并且通过任一个碳酸根中心的直线旋转，那么，在旋转一周的过程中，完全相同的原子组态要出现三次。我们指定为光轴的方向对应于一个比较特殊的晶体学方向，这个方向是一个三重对称轴。碳酸根都在垂直于光轴的平面上，所以方解石有很大的双折射。对于 $\vec{E}$ 落在这个平面上或者垂直这个平面的两种情况，碳酸根的电子的行为，或更确切地说，感生氧偶极子间的相互作用，会有很大的不同（习题 8.34）。总之，不对称是非常明显的。

[①] 英语的折射一词，专业用 refringence，日常用 refraction。它是由拉丁语 refractus 来的，frangere 表示破碎。

　　方解石样品容易裂开，形成光滑的表面，叫做**解理面**。在某些特殊的原子平面上，原子之间的键相对弱，晶体容易沿这些面裂开。方解石的全部解理面分别垂直于三个不同方向（图 8.20）。随着晶体不断增长，原子以相同的图式一层接一层地叠加上去。但是在生长过程中，某一侧比另一侧更容易得到原料，使得晶体具有复杂的外貌。尽管如此，解理面是依赖于原子排列的，所以如果这样来切割晶体样品，使得每个表面都是解理面，那么晶体的外形就和它的原子的基本排列联系起来。这种标本叫做**解理形式**。在方解石的情况，解理形式是斜方六面体，每个面都是平行四边形，它的角为 78°5′和 101°55′（图 8.21）。

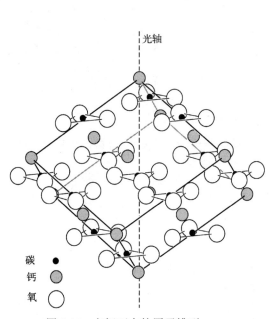

图 8.19　方解石中的原子排列

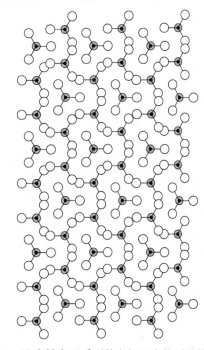

图 8.20　沿光轴向下看到的方解石中的原子排列

　　注意，只有两个钝顶角，构成它的三个平面在此相交成三个钝角。一条通过一个钝顶角顶点的直线，取其方向为和每个表面成 45.5°的相等角度，并和每条棱成 63.8°的相等角度，显然是一个三重对称轴。（若把斜方体的棱都切成等长，可以看得更清楚。）这根直线显然应当对应于光轴。不管一块具体的方解石样品的天然形状如何，只要找到钝顶角，就可以找出光轴。

　　1669 年，医生兼哥本哈根大学的数学教授巴塞林纳斯（Erasmus Bartholinus，1625—1692，

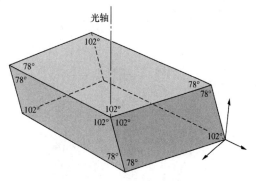

图 8.21　方解石的解理形式

他还是在 1679 年测量光速的 Ole Römer 的岳父），在方解石中发现了一个新奇的光学现象，他称之为双折射。方解石是不久前才在冰岛的 Eskifjordur 附近发现的，当时叫做**冰洲石**（Iceland spar）。用巴塞林纳斯的话来说[1]：

---

[1]　W. F. Magie 著 *A Source Book in Physics* 中的 Erasmus Bartholinus（1625—1692）条目。

　　钻石对所有的人都很珍贵，类似的宝藏（诸如宝石和珍珠）能给人带来许多欢乐……但是，如果有人对关于不平常现象的知识比对财宝更加喜好，那么我希望他从一类新东西，一种透明晶体，也能得到不亚于此的乐趣，这种晶体是最近才从冰岛带来的，它或许是自然界产生过的最大奇迹之一……

　　当我研究这种晶体的时候，发现它有一个奇妙而异常的现象：通过晶体看到的东西，不像通过别的透明物体一样，看到一个折射的像，而是两个像。

　　巴塞林纳斯提到的双像，在附图中看得十分清楚。如果我们把一狭束自然光垂直于解理面送入方解石晶体，出来的是两束平行光束。为了便于看到这一现象，只需要在纸上画一黑点，然后在上面放一个方解石斜方体。看到的像是两个灰色的点（当两点叠合时就是黑点）。转动晶体时，一个点不动，另一个点随着晶体的转动而绕固定的点画图。从固定点出来的光线老是靠近上钝顶角，好像只通过一块玻璃板一样。按照巴塞林纳斯的提议，这束光叫做**寻常光**或者 o 光。另一点出来的光具有不寻常的性质，叫做**非寻常光或 e 光**。若通过检偏器来检视晶体，就会发现寻常光

方解石（非解理形式）生成的双像

的像和非寻常光的像是线偏振的（见图）。而且，出射的两个 $\mathscr{P}$ 态是互相垂直的。

　　在斜方体内通过光轴可以作出任意多个平面，都叫做**主平面**。特别是，如果主平面还垂直于解理型的一对相对的表面，这个主平面就沿着**主截面**分割晶体。显然，通过任一点有三个主截面，每一个都是角度为 $109°$ 和 $71°$ 的平行四边形。图 8.22 表示了一个起初是非偏振的光束通过方解石斜方体主截面的情况。图上沿每条光线所画的圆点和箭头，表明 o 光的电场矢量垂直于主截面，而 e 光的电场平行于主截面。

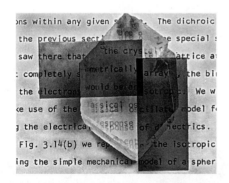

方解石晶体（钝顶角在底面）。两个检偏器的透光轴平行于各自的短边。双重像中，下面不偏转的一个是寻常像。仔细看，这个图里有许多内容

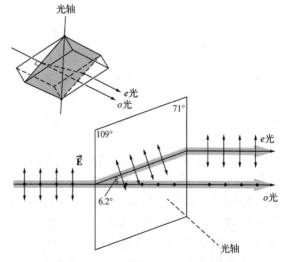

图 8.22　具有互相正交的电场分量的一束光通过方解石主截面

　　为了简单一点，令入射平面波的 $\vec{\mathbf{E}}$ 是线偏振的，偏振方向垂直于光轴，如图 8.23 所示。

光波射到晶体表面，驱使电子振荡，电子又发射次级子波。子波叠加并且组合，合成为折射波，这个过程一再重复，直到光波射出晶体为止。这是对通过惠更斯原理应用散射概念的一个有力的物理论据。惠更斯本人虽然不知道电磁理论，却早在 1690 年用他的作图法成功地解释了方解石中双折射的许多现象。但是，应当从一开始就指出，惠更斯的处理方式虽然似乎很简单，却不完善[①]。

因为 $\vec{E}$ 场垂直于光轴，我们假定波阵面（它在初始时相当于表面）上每一点都起着球面子波的源的作用，并且都同相。可以推测，只要子波的电场在每一点都垂直于光轴，那么在晶体内的任何方向，子波都以一个速度 $v_{\perp}$ 向外扩展，就好像在各向同性媒质中一样（但要记住速度是频率的函数）。因为 o 波没有反常性质，上述假定看来是合理的。子波的包络基本上是一个平面波的一部分，平面波阵面上的每一点又刺激次级原子点光源。这个过程延续下去，光波笔直地穿过晶体。

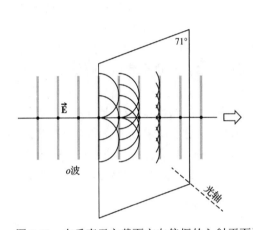

图 8.23 在垂直于主截面方向偏振的入射平面波

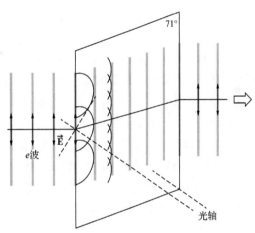

图 8.24 偏振方向平行于主截面的入射平面波

反过来，考虑图 8.24 的入射波，其 $\vec{E}$ 场平行于主截面。现在 $\vec{E}$ 有一个分量垂直于光轴，还有一个分量平行于光轴。因为媒质是双折射媒质，偏振方向平行于光轴的某一频率的光以速率 $v_{\parallel}$ 传播，$v_{\parallel} \neq v_{\perp}$。特别是对于方解石和钠黄光（$\lambda$=589 nm），有 $1.486v_{\parallel}=1.658v_{\perp}=c$。现在我们能够预期什么样的惠更斯子波呢？冒着过分简单化的危险，我们至少暂时把每个 e 光的子波表示成一个小球（图 8.25）。想象晶体中的 $\vec{E}$ 场到处都和子波相切。当电场平行于光轴时，子波以 $v_{\parallel}$ 传播，电场垂直于光轴时以 $v_{\perp}$ 传播。但是 $v_{\parallel}>v_{\perp}$，所以在垂直于光轴的一切方向上子波都要伸长。因此，我们可以像惠更斯那样猜测，e 波的次级子波是环绕光轴的旋转椭球面。全部椭球面子波的包络是一个平行于入射波的平面波的一部分。然而，在通过晶体时，

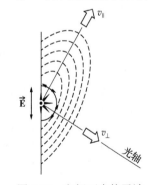

图 8.25 方解石内的子波

这个平面波显然将发生一个侧向移动。光束运动方向仍平行于连接每个子波的原点与子波和平面包络切点的连线。这个方向称为**射线方向**，它相当于能量传播的方向。很明显，在各向异性晶体中，射线方向不垂直于波阵面。

---

① A. Sommerfeld, *Optics*, p.148.

　　若入射光束是自然光，那么图 8.23 和图 8.24 画的两种情况将同时存在，结果光束将分成两束正交的线偏振光（图 8.22）。用一个适当取向的狭窄激光束照射晶体（$\vec{E}$ 既不垂直也不平行于主平面，这是通常的情况），实际可以在晶体内看到两个分开的光束。晶体内部缺陷对光的散射，使光路看得很清楚。

　　对这些过程的电磁理论描述很复杂，但是很值得在这里作一介绍，虽然是很肤浅的介绍。在第 3 章，我们讲到过入射的 $\vec{E}$ 场把电介质极化，亦即，电场改变了电荷的分布，产生了电偶极矩。电介质内部的场，由于包含了感生电场而发生了变化，因此要引入一个新的量——电位移矢量 $\vec{D}$（见附录 A），这是一个电通量密度。在各向同性媒质中 $\vec{D}$ 和 $\vec{E}$ 通过介电常数 ϵ 这个标量联系起来，$\vec{D} = \epsilon\vec{E}$，因此两者平行。回想 $\vec{E}$ 的表示式（从库伦定律或高斯定律导出的表示式），包含一个因子 $1/\epsilon$，所以 $\vec{D}$ 与介电常数无关，而 $\vec{E}$ 依赖于介电常数。

　　在各向异性晶体中，$\vec{D}$ 和 $\vec{E}$ 通过一个张量联系，所以二者不会总是平行。如果我们现在把麦克斯韦方程用于波在这种媒质中传播的问题，我们发现，在波阵面内振动的场是 $\vec{D}$ 和 $\vec{B}$，而不是以前的 $\vec{E}$ 和 $\vec{B}$。

　　记住 $\vec{B} = \mu\vec{H}$，$\vec{B}$ 的表示式包含因子 μ，所以和介质无关的是 $\vec{H}$。还有，对于我们关心的一切介质，μ 是标量，$\vec{B}$ 和 $\vec{H}$ 是平行的，所以一般不用涉及 $\vec{H}$。垂直于等相面的传播矢量 $\vec{k}$，现在是垂直于 $\vec{D}$ 而不是垂直于 $\vec{E}$。事实上，$\vec{D}$、$\vec{E}$ 和 $\vec{k}$ 都是共面的（图 8.26）。射线方向对应于坡印廷矢量 $\vec{S} = v^2\epsilon\,\vec{E} \times \vec{B}$ 的方向，后者通常和 $\vec{k}$ 的方向不一样。然而，由于原子排列的方式，只有当 $\vec{E}$ 和 $\vec{D}$ 都平行于或者都垂直于光轴时，它们才会共线[①]。这意味着 o 子波将遇到等效的各向同性媒质，所以是球形的，$\vec{S}_o$ 和 $\vec{k}$ 共线。相反，对于 e 子波，只有在平行或垂直于光轴的方向上，$\vec{S}_e$ 和 $\vec{k}$（或者等价地，$\vec{E}$ 和 $\vec{D}$）才会平行。在子波上所有其他点，和椭球相切的是 $\vec{D}$，因此永远是 $\vec{D}$ 落在包络上或晶体内的复合平面波阵面上（图 8.27）。

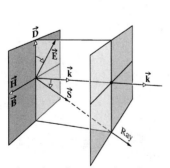

图 8.26　$\vec{H}$，$\vec{B}$，$\vec{E}$，$\vec{D}$，$\vec{k}$ 和 $\vec{S}$ 矢量的方向

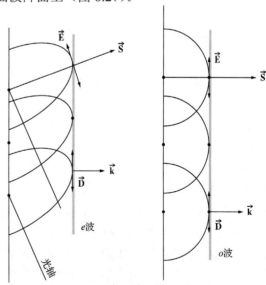

图 8.27　$\vec{E}$，$\vec{D}$，$\vec{S}$ 和 $\vec{k}$ 矢量的方向

[①] 在振子模型中，一般 $\vec{E}$ 并不平行于弹簧的方向。电场驱动电荷，但是因为束缚力的各向异性，电荷的运动方向和 $\vec{E}$ 不一样。电荷在束缚力最弱的方向移动最多，所以感生电场和 $\vec{E}$ 的方向不同。

8.4.2 双折射晶体

像氯化钠（即普通的食盐）这样的立方晶体，原子的排列相对简单，并且具有高度对称的形式（有四条三重对称轴，每一条都是由一个顶角到对面的顶角，而不像方解石只有一条这样的对称轴）。在这种晶体内，一个点光源发出的光，将作为一个球面波均匀地向所有方向传播。像无定形固体一样，这种材料内没有什么优先的方向，它只有一个折射率，是光学各向同性的（见附图）。这时，振子模型中的所有弹簧都相同。

氯化钾，碳酸钙（方解石）氯化钠（食盐）晶体。只有方解石有两个像。因此方解石被称为双折射晶体

属于六角、四方和三角晶系的晶体，其原子的排列使光在一般的方向上传播时，将遇到非对称的结构。这种材料是光学各向异性的，因而是双折射晶体。原子沿着某个方向对称排列，这个方向就是它们的光轴。像上面的这几类晶体，只有一个这样的方向，叫做**单轴晶体**。

这种晶体样品内的点光源，生成球面的 o 子波和椭球面的 e 子波。电场相对于光轴的方向决定了子波扩展的速度。o 波的 $\vec{E}$ 场到处垂直于光轴，$\vec{D}$ 场也一样，所以在各个方向上以速度 $v_\perp$ 运动。类似地，e 波只在光轴方向上才具有速度 $v_\parallel$（图 8.25），在这个方向上 e 波和 o 波相切。垂直于这个方向，$\vec{E}$ 和 $\vec{D}$ 平行于光轴，子波的这一部分以速率 $v_\parallel$ 扩展（图 8.28）。单轴材料在两个正交方向有两个主折射率，$n_o \equiv c/v_\perp$ 和 $n_e \equiv c/v_\parallel$（习题 8.36），如表 8.1 所示。对于所有这种晶体，只有一个光轴方向，两个子波在这个方向相切。所以在此方向上传播的所有的平面波保持其偏振态。

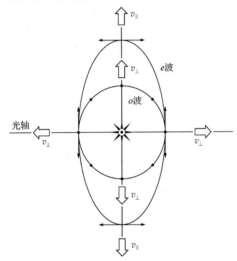

图 8.28 负单轴晶体（其主折射率的差异被夸大了）中的子波。箭头和点分别代表 e 波和 o 波的 $\vec{E}$ 场。o 波的 $\vec{E}$ 场到处垂直于光轴。在子波这些特殊位置 $\vec{E}$ 和 $\vec{D}$ 平行。从中心点到椭圆的直线表示光线的方向，它的长度代表该方向的波速。光线和 e 波相交点椭圆的切线是 $\vec{D}$ 的方向。对 o 波也是同样，它们的 $\vec{E}$ 和 $\vec{D}$ 平行，都垂直于画面

表 8.1 某些单轴双折射晶体的折射率
（$\lambda_0=589.3$ nm）

晶 体	n_o	n_e
方解石	1.6584	1.4864
冰	1.309	1.313
KDP	1.51	1.47
铌酸锂	2.30	2.21
石英	1.5443	1.5534
TiO_2	2.616	2.903
硝酸钠	1.3369	1.5854
电气石	1.669	1.638

差值 $\Delta n = (n_e-n_o)$ 是双折射的一个量度，常常就叫做**双折射**。方解石中的 $v_\parallel > v_\perp$，n_e-n_o 为 -0.172，叫做负单轴晶体。作为对比，有的晶体，例如石英（晶态的二氧化硅）和冰，$v_\perp > v_\parallel$。

因此，椭球形的 e 子波被围在球形的 o 子波里面，如图 8.29 所示（石英硅是旋光性晶体。因此实际上还要复杂一些）。此时，(n_e-n_o) 是正数，晶体叫做正单轴晶体。现代的电光晶体钽酸锂（$LiTaO_3$）是正双折射，而铌酸锂（$LiNbO_3$）、磷酸二氢钾（KH_2PO_4）又称 KDP、磷酸二氢铵（$NH_4H_2PO_4$）又称 ADP，都是负双折射。

　　剩下的晶系，即正交晶系、单斜晶系和三斜晶系，具有两个光轴，所以叫做**双轴晶系**。这类材料，例如云母，有三个不同的主折射率。振子模型中的每一组弹簧都不同，双轴晶体的双折射用这三个折射率中最大的与最小的差值来量度。对于云母（在 589.3 nm 的白云母）折射率为 1.561、1.590、1.594。最后两个折射率很接近，所以通常把云母当作单轴晶体。

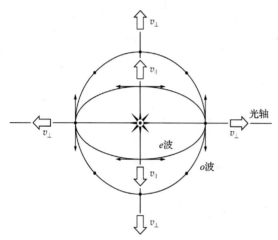

图 8.29　正单轴晶体中的子波（它们的差异被夸大了不少）。箭头和圆点分别代表非常波和寻常波的 **E** 场。寻常波的 **E** 场处处垂直于光轴。在子波的这些特定位置上，**E** 场和 **D** 场平行。从中心点到随便哪个子波的直线段的长度对应于子波在此方向的速度。于是寻常波在一切方向上速度相同

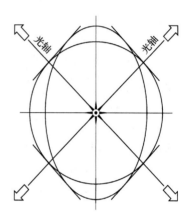

图 8.30　与在双轴晶体中传播的复杂的一个坐标平面连续波前的截面

　　双轴晶体中三维波前的组态非常复杂。图 8.30 画出波前在坐标平面截面上的结构。与单轴晶体有两个正交的主折射率不同，双轴晶体有三个主折射率：两个与椭圆的线段有关，一个与圆的线可有关。但是这两个子波混杂在一起，不能认为它们是独立的。其波前是三维空间中连续的复杂曲面。

　　双轴晶体的光轴还是在这样的方向，沿此方向传播的平面波只有一个速度，不依赖于波前内 $\vec{D}$ 的方向。图 8.30 中有 4 个位置，每个位置都有一个平面，同时和圆和椭圆相切。通过坐标中心（设想的点光源）垂直于这些切面的两个方向，是样品的两个光轴。在这两个方向上，所有的平面波将以相同的速度传播而不管它们的 $\vec{D}$ 的方向。这样的波通过晶体时将保持它们的偏振。幸运的是，双轴晶体通常没有重要的用途，我们也就不再研究它们了。

单轴晶体中的波前和光线

　　现在可以用作图方法来阐明平面波是怎样在单轴晶体中传播的。这个方法是惠更斯提出的，前面在图 4.31 中在两种各向同性介质界面上的情况。其机制和用来推导出斯涅耳定律的图 4.19 等价，它也同样适用于各向异性介质。设想平面波前 $\overline{AB}$ 从空气斜入射到负单轴晶体的平表面上（图 8.31）。为简单起见，取纸平面为主截面，因此光轴也在这个平面上。

先考虑 o 波。在空气中入射波的端点 B 移动到 Q 需要时间 $\Delta t = \overline{BQ}/c$。同样的时间，圆形的 o 子波在晶体中由发射点 A 移动到 C，其速度为 $v_\perp = c/n_o$。画一个中心位于 A 的圆形的子波，其半径为 $\overline{AC} = v_\perp \Delta t = v_\perp \overline{BQ}/c = \overline{BQ}/n_o$。现在从 Q 向 o 子波画一条切线。当入射波扫过界面，相继产生的圆的 o 子波都和这根直线相切。从 A 到相切点的线就是 o 光，它是能量流的方向，也就是坡印廷矢量 $\vec{S}_o$ 的方向。它垂直于 o 光的波前，因为对这一部分电磁扰动，晶体介质的表现就像各向同性介质一样。同样，o 光上的黑点表示 $\vec{E}$ 和 $\vec{D}$ 上下振动的方向。它们互相平行，并且垂直于纸面。**通常，o 光和斯涅耳定律一致，因为它在各个方向的速度都一样，就像介质是各向同性似的。**

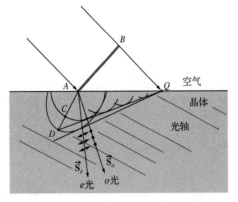

图 8.31 平面波入射到负单轴晶体上

接着我们来画出一个中心在 A 的椭圆 e 子波，它的半长轴为 $\overline{AD} = \overline{BQ}/n_e$。对于负晶体而言，$\overline{AD} > \overline{AC}$，并且 e 子波和 o 子波在光轴上相切。现在从 Q 点画一条和 e 子波相切的直线，它代表在 Δt 时间后的 e 波波面。从 A 到相切点的直线就是 e 光，坡印廷矢量 $\vec{S}_e$ 的方向；它不垂直于 e 波波前。$\vec{S}_e$ 线上的小箭头代表 $\vec{D}$ 场，它落在波前的平面上。要是我们把小箭头换成 $\vec{E}$ 场，它就垂直于 $\vec{S}_e$。**一般说来，在双折射晶体中传播的 e 波，在各个方向传播的速度不一样，所以不遵守斯涅耳定律。**

然而，可以切割和抛光单轴晶体，使其每一处的光轴都平行于 e 波的场。例如，考虑一个方块晶体，它的三条棱对应于 x、y、z 轴，x 和 y 水平，z 竖直，让晶体左边的竖直面为 xz 平面。现在假定晶体的光轴是在竖直的 z 方向，而光在 y 方向传播。入射光波的电场可以分解成两个互相垂直的分量，一个水平振动，一个竖直振动。水平的场到处都垂直于竖直的光轴。这就是寻常波，遵守斯涅耳定律。反之，竖直分量对应于非寻常光波，在这个例子中它到处平行于光轴。e 波在水平面的所有方向都"看到"一个等效的各向同性介质，因而也服从斯涅耳定律。

例题 8.5 把一个方解石晶体（$n_o = 1.6584$，$n_e = 1.4864$）切割和抛光，它的光轴垂直于纸面如附图所示。

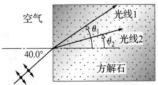

（a）哪一条光线是寻常光，哪一条光线是非寻常？解释你的答案。（b）哪一条光线的电场垂直于光轴？（c）求两条折射光线的夹角。

解

（a）由于附图所示的布置，入射光的电场可以分解为平行和垂直于光轴的两个分量，每个分量都"看到"各向同性介质。因此斯涅耳定律对两个波都适用，可以用来计算折射角。因为折射率越大折射角 θ_t 就越小，这个例子中 $n_o > n_e$，所以 $\theta_o < \theta_e$，因此 $\theta_o = \theta_2$，$\theta_e = \theta_1$。光线 1 是非寻常光，光线 2 是寻常光。（b）寻常光电场垂直于光轴，所以落在纸面上，垂直于光线 2。（c）根据对两个光都适用的斯涅耳定律

$$\sin\theta_1 = \sin\theta_e = \frac{1.00\sin 40.0°}{1.4864}$$

$$\sin\theta_1 = 0.4324$$

$$\theta_1 = \theta_e = 25.62°$$

而

$$\sin\theta_2 = \sin\theta_o = \frac{1.00\sin 40.0°}{1.6584}$$

$$\sin\theta_2 = 0.3876$$

$$\theta_2 = \theta_o = 22.80°$$

因此，

$$\theta_1 - \theta_2 = \theta_e - \theta_o = 2.82°$$

8.4.3 双折射偏振器

现在来制作某种双折射线偏振器就容易了，至少在概念上是如此。凡能把 o 波和 e 波分开的办法都可以采用，当然它们都是依赖 $n_e\neq n_o$ 这一事实。

最著名的双折射偏振器是苏格兰物理学家尼科耳（William Nicol，1768—1851）在 1828年发明的。这种起偏器叫做尼科耳棱镜，它早已被许多更有效的偏振器代替了，现在只有历史上的意义。简单地说，这种器件是这样做成的，首先把一个足够长的窄方解石斜方六面体的端面研磨并抛光（从 71°到 68°，见图 8.32），然后，沿体对角线把斜方体切开，把分开的两片晶体抛光，再用加拿大树胶黏合在一起（图 8.32）。加拿大树胶是透明的，折射率为 1.55，差不多是 n_e 和 n_o 的中间值。入射光进入"棱镜"，o 光和 e 光被折射，互相分开，射到树胶层上。对于 o 光来说，方解石-树胶分界面的临界角约为 69°（习题 8.37）。o 光（在一个角度约为 28°的狭小圆锥内入射）被全反射，然后被斜方体侧面的黑色涂层吸收。e 光则从棱镜射出，侧向有位移，但其他方面则基本上不受影响，至少在可见光区是这样（加拿大树胶在紫外区有吸收）。

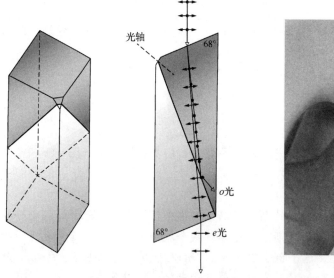

图 8.32　尼科耳棱镜（钝顶角上的小平台定出光轴）

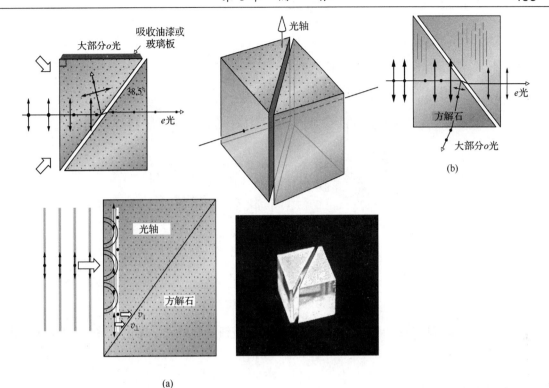

图 8.33 （a）格兰-傅科棱镜。（b）格兰-泰勒棱镜

　　格兰-傅科（Glan-Foucault）**偏振器**（图 8.33a）也是用方解石制成，方解石的透明区从红外的 5000 nm 到紫外的 230 nm，所以可以在很宽的光谱范围使用。入射光垂直投射到表面上，$\vec{E}$ 分成完全平行于光轴和完全垂直于光轴的两个分量。这两个分量通过第一片方解石时没有什么偏移（后面在 8.7.1 节讨论推迟器时再回来讨论这点）。如果方解石-空气界面上的入射角为 θ，只需要使 $n_e < 1/\sin\theta < n_o$，o 光就被全内反射，而 e 光则仍然能透过。透射光是 100% 线偏振的，而反射光则不是。

　　如果把两个棱镜黏在一起（在紫外区用甘油或矿物油），并且适当改变界面角，所得器件叫做**格兰-汤普森**（Glan-Thompson）**偏振器**。它的视场大约为 30°，而格兰-傅科偏振器（也常常叫格兰-空气偏振器）则只有 10°。但是后者有能承受很高功率的优点，在使用激光器时常常出现很高的功率。例如，格兰-汤普森棱镜能承受 1 W/cm² （连续波，不是脉冲波）的最大照度，而一个典型的格兰-空气棱镜却具有 100 W/cm² 的上限（连续波）。当然，这种差异是由于界面胶的劣化引起的（如果用吸收涂层，它也会劣化）。格兰-泰勒棱镜（图 8.33b）比格兰-傅科有更好的透光性，其反射光的偏振度也更高。因此，它可以用作偏振分束器。

　　渥拉斯顿（Wollaston）**棱镜**事实上是一个偏振分束器，因为它让相互正交的两个偏振分量都可以通过。它可用方解石或者石英制成，形状如图 8.34 所示。可以看到两个分量的光在对角界面上分开。在界面上，e 光变成 o 光，折射率也相应改变。方解石中 $n_e < n_o$，出射的 o 光偏向界面的法线方向。同样，电场最初垂直于光轴的 o 光，在右一半变成 e 光，方解石中的 e 光偏离界面法线的方向（参见习题 8.38）。两束出射光之间的偏转角决定于棱镜的楔角 θ。市场上能买到的棱镜的偏转角大约从 2° 到 45°，它们可以用蓖麻油或甘油黏起来，或者完全不黏，即光学接触，依所用的频率和功率而定。

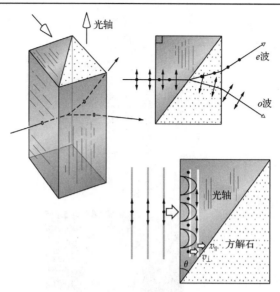

图 8.34　渥拉斯顿棱镜

　　现在大多数偏振棱镜是用双折射晶体阿尔法-硼酸钡（α-BBO）和正钒酸钇（YVO$_4$）来制作的。这些晶体的消光比比石英和方解石好 10 倍。

8.5　散射和偏振

　　从一个方向射入大气层的阳光被空气分子散射到各个方向（见 4.2 节）。要是没有大气层，白天的天空看来就会像阿波罗登月照片拍到的那样漆黑的太空。你只能看到直接射向你的光。有了大气层，光谱红端的光没有多大变化，而蓝端或高频部分的光则被散射得很厉害。高频的散射光从各个方向到达观察者，使得整个天空看起来明亮和呈现蓝色（图 8.35）。

半个地球悬挂在月亮的漆黑天空中

图 8.35　天空光的散射

8.5.1　散射引起的偏振

　　设想线偏振的平面波入射到空气分子上，如图 8.36 所示。被散射的辐射的电场（$\vec{\mathbf{E}}_s$）的方向，按照偶极子辐射图样，应使 $\vec{E}_s$、坡印廷矢量 $\vec{S}$ 和振动的偶极子共面（图 3.37）。原子中感生的振动平行于入射光的 $\vec{E}$ 场，所以和传播方向垂直。我们再次看到偶极子在轴向不辐射。现在假如入射光不是偏振光，它可表示成两个正交的非相干 $\mathscr{P}$ 态，此时散射光（图 8.37）等价于图 8.36a 和 b 表示的条件的叠加。很明显，在前进方向上的散射光是完全不偏振的；偏离前进方向为部分偏振，偏离的角度增加时偏振的程度也加大。当观察方向垂直于主光束时，散射光是完全线偏振的。

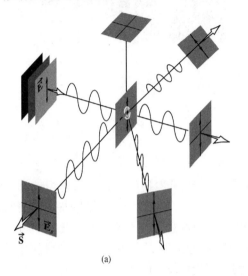
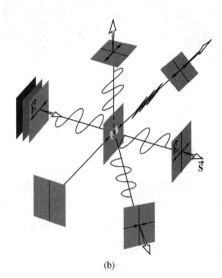

(a)   (b)

图 8.36　分子对偏振光的散射

如果你手头有一片偏振片，容易证实上面这些结论。找到太阳的位置，然后考察与阳光约成 90° 的一个天空区域。你将发现，这一部分天空非常明显地在垂直于光线的方向上是部分偏振的（参看下页照片）。它之所以不是完全偏振的，是由于分子的各向异性、空气中存在着大粒子、以及多次散射的退偏振效应。最后这一效应，可在两个正交偏振片中放一张蜡纸来演示（见下页附图）。由于在蜡纸内光线经受了大量的散射和多次反射，任何一个振子都能"看到"许多基本上无联系的 $\vec{E}$ 场的叠加。总的发射几乎是完全退偏振的。

最后一个实验是在装有水的玻璃杯中滴入几滴牛奶，用强的闪光灯照明它（垂直于杯子的轴）。在散射光中溶液呈蓝白色，而在直接透射光中看则呈橙色，这说明起作用的机制是瑞利散射。因此，散射光也是部分偏振的。

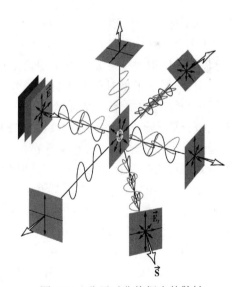

图 8.37　分子对非偏振光的散射

利用完全相同的想法，巴克拉（Charles Glover Barkla，1877—1944）在 1906 年通过证明 X 射线被物质散射后在某些方向上偏振，确立了 X 射线的横波特性。

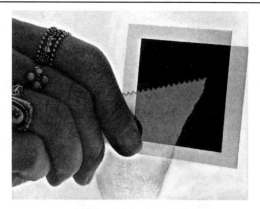

一对正交的偏振片。上面的偏振片比下面一片
黑得多，说明了天空射来的光是部分偏振的

正交偏振片中间夹一片蜡纸

8.6　反射引起偏振

偏振光最常见的来源之一，是从介电媒质反射这个无所不在的过程。来自窗玻璃、纸张或秃头上的反光，电话机面盘上、弹子球或者书皮封套上的光泽，一般都是部分偏振的。

这个效应是马吕斯在 1808 年首先研究的。巴黎科学院悬赏征求双折射的数学理论，马吕斯就着手研究这个问题。一天傍晚，他站在家中的窗户旁边研究方解石晶体。当时夕阳西照，夕阳的像从离他家不远的卢森堡宫的窗户上反射到他这里来。他拿起晶体，通过它观察反射来的阳光。使他感到意外的是，转动方解石时，双像中的一个像消失了。太阳下山之后，夜里他继续用从水面上和玻璃面上反射回来的烛光来核实他的观察[①]。双折射的意义和偏振光的实际本性才首次变得清楚起来。当时，在波动理论范围内还没有偏振现象的圆满解释。其后 13 年中，由于许多人的工作，主要是杨氏和菲涅耳的工作，才把光最后表示为某种横振动（记住这一切都发生在光的电磁理论提出之前大约 40 年）。

电子-振子模型对于光在反射时究竟是怎样发生偏振的，给出了非常简单的图像。可惜它不是一个完整的描述，因为它说明不了磁性非导电材料的性质[②]。考虑到一个线偏振的入射平面波，其 $\vec{E}$ 场垂直于入射面（图 8.38）。波在界面上折射，以某个透射角 θ_t 进入媒质。它的电场驱动束缚电子，这时它是垂直于入射面的，而电子又会再辐射电磁波。一部分重新发射的能量表现为反射波的形式。从几何学和偶极辐射图样可以知道，反射波和折射波都应当是垂直于入射面的 $\mathscr{P}$ 态[③]。反之，假如入射 $\vec{E}$ 场在入射面内，那么接近表面的电子-振子将在折射波的影响下振动，如图 8.38b 所示。注意，对于反射波发生了很有意思的事情，由于反射光的方向与偶极子轴成一个小角度 θ，其通量密度相当小。如果我们能使 $\theta=0$，或者等价地 $\theta_r+\theta_t=90°$，反射波将完全消失。在上述条件下，由两个不相干正交 $\mathscr{P}$ 态构成的非偏振的入射光，只有偏振方向垂直于入射面因而平行于表面的光才会反射。发生这种情况的特殊入射角标为 θ_p，称为**偏振角**或**布儒斯特角**，满足 $\theta_r+\theta_t=90°$。因此，从斯涅耳定律

---

① 用一支蜡烛和一片玻璃来试一试。把玻璃放在 $\theta_p\approx56°$，效应最显著。但是在近掠入射时，两个像都很明亮，无论怎样转动晶体，哪个像都不会消失。马吕斯显然很幸运，站在对着宫殿窗户的一个好角度上。

② W. T. Doyle, "Scattering approach to Fresnel's Equation and Brewster's Law." *Am. J. Phys.* **53,** 463(1985).

③ 在 10.2.7 节会讨论到，反射角是由散射阵列决定的。散射子波只在一个方向上相长相加，产生反射光的角度等于入射光的角度。

$$n_i \sin \theta_p = n_t \sin \theta_t$$

由于 $\theta_t = 90° - \theta_p$，得到

$$n_i \sin \theta_p = n_t \cos \theta_p$$

因而

$$\tan \theta_p = n_t / n_i \qquad (8.29)$$

这称为**布儒斯特定律**。布儒斯特（1781—1868）从实验上发现了这个定律。他是圣安德鲁斯大学的物理学教授，也是万花筒的发明人。

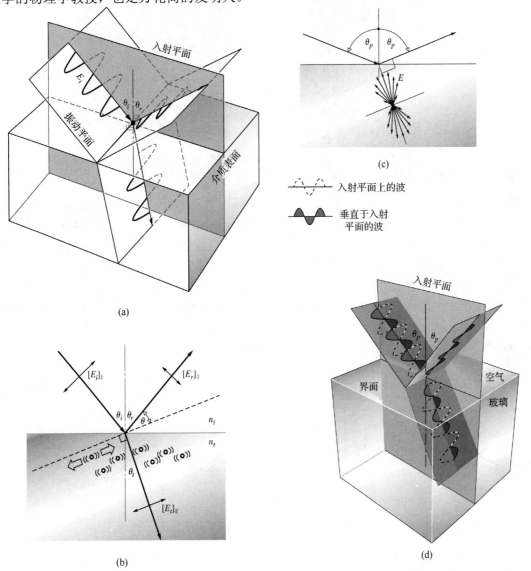

图 8.38 （a）波在界面上的反射和折射。（b）电子振子和布儒斯特定律。（c）偶极辐射图样。
（d）在玻璃、水、塑料等介质上反射产生光的偏振。在 θ_p 下，反射光束是垂直于入射面的 $\mathscr{P}$ 态。
透射光束在 $\mathscr{P}$ 态光平行于入射面时强，在 $\mathscr{P}$ 态光垂直于入射面时弱——它是部分偏振的

当入射光处于空气中，$n_i = 1$，设透光材料是玻璃，$n_i \approx 1.5$，偏振角 $\approx 56°$。类似地，如果非偏振光以 $53°$ 入射到水池表面（水的 $n_i \approx 1.33$），反射光是全偏振的，$\vec{\mathbf{E}}$ 场垂直于入射面，或

者说，平行于水的表面。这就提供了一个方便的方法来确定未标明方向的起偏器的透光轴，只需要一片玻璃或者一个水池就行了。

从水坑反射的光是部分偏振的。（a）偏振滤光片的透光轴平行于地面时，见到水坑的亮光透过。（b）偏振滤光片的透光轴垂直于水面时，大部分亮光不见了

　　要利用这种现象做一个有效的起偏器，会碰到这样一个问题：反射光虽然完全偏振，但是很弱；透射光虽强，却是部分偏振的。图 8.39 所示的装置，通常叫做**平板堆偏振器**。这是阿拉果在 1812 年发明的。这种器件在可见光区用玻璃板制作，在红外区用氯化银板，在紫外区用石英或者石英玻璃。用 10 片左右的显微镜载玻片，就容易做成一个粗糙的平板堆起偏器（当载玻片叠在一起时，可能出现漂亮的色彩，这将在下一章讨论）。

　　利用同样的想法，方块分束器很方便地产生两个正交的线偏振光，彼此分开 90°（见图 8.40）。方块由两个棱镜组成，在其中一个棱镜的对角面涂上多层不同的透明介质膜。由于这个器件很少甚至没有吸收，很适合激光束应用。它的损坏阈值高，透过的波前畸变小。

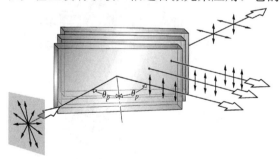 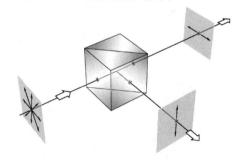

图 8.39　平板堆起偏器　　　　　图 8.40　偏振方块在其对角面上有多层介质薄膜。入射光从这个结构反射，就像从平板堆反射一样，生成偏振光

8.6.1　菲涅耳方程的一个应用

　　在 4.6.2 节中，我们得到一组式子，叫做菲涅耳方程，它们描述入射的平面电磁波在两种不同电介质的界面上的效应。这组方程通过入射角 θ_i 和透射角 θ_t，把反射场振幅和透射场振幅与入射振幅联系起来。对于 $\vec{E}$ 场平行于入射面的线偏振光，定义振幅反射系数 $r_\parallel \equiv [E_{0r}/E_{0i}]_\parallel$ 为反射电场振幅与入射电场振幅之比。类似地，当电场垂直于入射面，定义

$r_\perp \equiv [E_{0r}/E_{0i}]_\perp$。对应的辐照度之比（入射光束和反射光束具有相同的截面）称为反射比。因为辐照度正比于电场振幅的平方，所以

$$R_\parallel = r_\parallel^2 = [E_{0r}/E_{0i}]_\parallel^2 \quad 和 \quad R_\perp = r_\perp^2 = [E_{0r}/E_{0i}]_\perp^2$$

把有关的菲涅耳公式平方，得到

$$R_\parallel = \frac{\tan^2(\theta_i - \theta_t)}{\tan^2(\theta_i + \theta_t)} \tag{8.30}$$

和

$$R_\perp = \frac{\sin^2(\theta_i - \theta_t)}{\sin^2(\theta_i + \theta_t)} \tag{8.31}$$

从上式看出，$R_\perp$ 永远不能为零，而 $R_\parallel$ 则在分母为无穷大时，即 $\theta_i + \theta_t = 90°$ 时等于零。这时，$\vec{\mathbf{E}}$ 平行于入射平面的线偏振光的反射比等于零，$E_{r\parallel} = 0$，光全部透射。这就是布儒斯特定律的实质。

如果入射光是不偏振的，我们可以照老办法把它表为两个正交、不相干、振幅相等的 $\mathscr{P}$ 态。振幅相等意味着两个偏振态的能量相等，即 $I_{i\parallel} = I_{i\perp} = I_i/2$，这是很合理的。于是

$$I_{r\parallel} = I_{r\parallel} I_i / 2 I_{i\parallel} = R_\parallel I_i / 2$$

同样有 $I_{r\perp} = R_\perp I_i / 2$。因此自然光的反射比 $R = I_r / I_i$ 等于

$$R = \frac{I_{r\parallel} + I_{r\perp}}{I_i} = \frac{1}{2}(R_\parallel + R_\perp) \tag{8.32}$$

图 8.41 是当 $n_i = 1$ 和 $n_t = 1.5$ 的特殊情况下，（8.30）式、（8.31）式和（8.32）式的图。中间的曲线对应于自然光入射，显示出在 $\theta_i = \theta_p$ 时，大约有 7.5% 的入射光被反射。透射光显然是部分偏振的。当 $\theta_i \neq \theta_p$ 时，透射光和反射光都是部分偏振的。

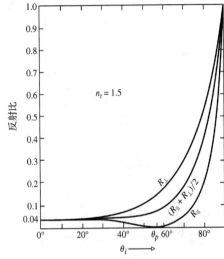

图 8.41　反射比随入射角的变化

例题 8.6

假定 200 W/m^2 的自然光以偏振角入射到一块玻璃上。假定空气-玻璃的总透过率为 92.5%。求在此表面上反射并垂直于入射面的 $\mathscr{P}$ 态光的量。

解：

由于

$$T = \frac{1}{2}(T_\parallel + T_\perp) = 92.5\%$$

在偏振角时所有平行于入射面的光都透过，$T_\parallel = 1$。所以

$$T = \frac{1}{2}(1 + T_\perp) = 0.925$$

$$\frac{1}{2}T_\perp = 0.925 - 0.50 = 0.425$$

因此 $T_\perp = 0.850$ 或 85.0%。这意味着垂直于入射面的光透过。从（4.66）式

$$R_\perp + T_\perp = 1$$

所以 $R_\perp = 1 - T_\perp = 0.150$。换句话说，偏振垂直于入射面的光中 15.0% 被反射。因为

$$R = \frac{1}{2}(R_\parallel + R_\perp) = \frac{1}{2}(0 + 0.150)$$

所以总反射率为 7.5%。被反射的辐照度为（0.075）（200W/m²）= 15.0W/m²。

常常要用到**偏振度** V 这个概念，它的定义为

$$V = \frac{I_p}{I_p + I_n} \tag{8.33}$$

其中，I_p 和 I_n 分别为偏振光和非偏振光的光通量密度。例如，若 $I_p = 4$ W/m²，$I_n = 6$ W/m²，那么 $V = 40\%$，光束是部分偏振的。非偏振光 $I_p = 0$，因而明显地有 $V = 0$，另一个极端是 $I_n = 0$，$V = 1$，光完全偏振；因而，V 的范围是 $0 \leqslant V \leqslant 1$。我们时常要跟部分线偏振准单色光打交道，此时，若在光束中旋转检偏器，那么将有一个方向，其透射的辐照度为极大值（I_{max}），而垂直于这个方向的透射光辐照度为极小值（I_{min}）。显然，$I_p = I_{max} - I_{min}$，所以

$$V = \frac{I_{max} - I_{min}}{I_{max} + I_{min}} \tag{8.34}$$

注意，V 实际上是光束的一个性质，在遇到任何偏振器之前，光束既可以是部分偏振的，也可以是完全偏振的。

8.7 推迟器

我们现在一种考虑名叫**推迟器**的光学元件，它可以用来改变入射光的偏振。从原理上说，推迟器的作用是十分简单。在两个相干的 $\mathscr{P}$ 态中，设法使一个 $\mathscr{P}$ 态比另一个 $\mathscr{P}$ 态落后一个给定的相位。从出来之后，两个分量的相对相位和原来的值不同，所以偏振状态也不同了。一旦发展了推迟器的概念，我们就能把任何给定的偏振态变成任何别的一种偏振态，因而也就能制造圆偏振器和椭圆偏振器。

"推迟器"这个词不是很确切，因为这种器件也可以认为是个"提前器"。实际上，它是个"相对相移器"；它把两个正交电场中一个电场的相位，相对于另一个电场的相位提前或者推迟一定的值。回顾图 8.9，图中画出了一系列的偏振态和它们的相对相位。这个图更有用的形式见图 8.42，可以清楚看出这种图像是无穷无尽的；这是一个简单地重复自己的系列。图中指出 E_x 领先 E_y 的正相位，或者落后 E_y 的负相位。相移器总是有两个特定的相互垂直的轴，叫做快轴和慢轴。要是快轴在 x 方向（水平方向），E_x 就比 E_y 提前一定的量。如果快轴在 y 方向（竖直方向），E_y 就比 E_x 提前一定的量。

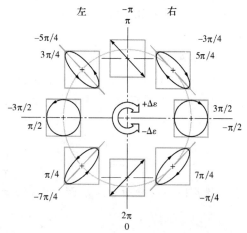

图 8.42 E_x 领先于 E_y 一个正相位或者落后于 E_y（负相位）ε 时的偏振态

图 8.42 中，从一个偏振态顺时针到另一个偏振态，相移为+π/4。逆时针则为–π/4。移动 8 次（+或–2π）之后，光的偏振态回到原来的样子。例如，当把线偏振在第一、第三象限（E_x 领先 E_y 的相位为 0）的光输入推迟器，推迟器的快轴在水平方向。推迟器就让光的偏振态顺时针走。引入的相差为 π/4, π/2, π,⋯，出来的光就是左椭圆（E_x 领先 E_y 为 π/4），左圆（E_x 领先 E_y 为 π/2），在第二、第四象限的线偏振（E_x 领先 E_y 为 π），等等。反之，如果右圆光（E_x 领先 E_y 为 3π/2）通过快轴在垂直方向的推迟器，相移为–π 时，出来的是左圆光 [E_x 领先 E_y 为 [（3π/2）–π] = π/2]。

8.7.1 波片和斜方体

我们还记得，平面单色波入射到方解石这类单轴晶体上时，通常被分成二束，以寻常光和非寻常光出射。反之,我们可以把方解石晶体切割并抛光，使光轴垂直于前后表面(图 8.43)。垂直入射的平面波只能有垂直于光轴的 $\vec{\mathbf{E}}$ 场。寻常波的次级球面子波和非寻常波的椭球面子波在光轴方向上彼此相切。这两种子波的包络就是 o 波和 e 波，它们将互相重合，所以只有一个不偏转的平面波通过晶体，没有相对的相位移动也没有双像[①]。

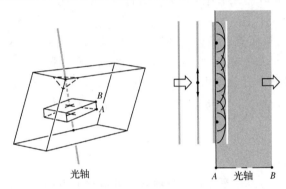

图 8.43 垂直于光轴切割的方解石片

现在假定光轴的方向平行于方解石晶片的前后表面，如图 8.44 所示。如果入射的单色平面波的 $\vec{\mathbf{E}}$ 场具有平行于光轴和垂直千光轴的分量，在晶体中将有两个波传播。因为 $v_\parallel > v_\perp$，$n_o > n_e$。所以 e 波将比 o 波更快地通过晶片。在通过厚度为 d 的晶片之后，总的电磁波是 e 波和 o 波的叠加，而 o 波和 e 波现在有相对相位差 $\Delta\varphi$。要记住，它们都是频率相同的简谐波，其 $\vec{\mathbf{E}}$ 场互相正交。

现在，相对光程差为

$$\Lambda = d(|n_o - n_e|) \tag{8.35}$$

因为 $\Delta\varphi = k_o\Lambda$，所以相差（单位为弧度）

$$\Delta\varphi = \frac{2\pi}{\lambda_0} d(|n_o - n_e|) \tag{8.36}$$

其中，λ_0 是真空中的波长（含折射率之差的绝对值的形式是最普遍的表述方法）。出射光的偏振态显然依赖于入射波两个正交场的振幅，当然也依赖于 $\Delta\varphi$。

---

① 如果你有方解石斜方体，找到钝角后转动晶体，使你通过小晶面沿着光轴的方向看出去，这时两个像重叠合二为一。

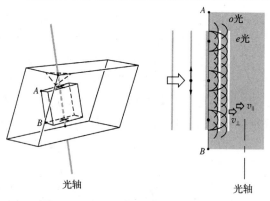

图 8.44　平行于光轴切割的方解石片

例题 8.7

附图所示的一片方解石，光轴垂直于纸面（即 z 方向）。请说明，光通过晶体时发生了什么，并写出相差的表示式。

解：

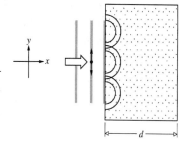

对应于 o 波的 $\vec{\mathbf{E}}_y$ 到处垂直于光轴。因为它"看到"一个各向同性的介质，所以 o 子波是球形的。对应于 e 波的 $\vec{\mathbf{E}}_z$ 到处平行于光轴，所以也以球形的子波扩张。方解石中 $v_{\parallel} > v_{\perp}$，所以 e 波比 o 波跑得快。等价地，$n_o > n_e$，整个晶体片的光程差为 $d(n_o - n_e)$。因而

$$\Delta\varphi = \frac{2\pi}{\lambda_0} d(n_o - n_e)$$

对应于（8.36）式。要注意，只有 e 波的 $\vec{\mathbf{E}}$ 场同时具有平行和垂直于光轴的两个分量时，e 波的传播才是椭圆形的。

全波片

如果 $\Delta\varphi$ 等于 2π，相对推迟为一个波长；e 光和 o 光又恢复到同相，因此对入射单色光的偏振没有可观察的效应。相对推迟 $\Delta\varphi$ 又叫做**推迟量**，推迟量等于 $360°$ 的器件叫做**全波片**。（这并不意味 $d = \lambda$）。通常，（8.36）式中的量 $|n_o - n_e|$ 在可见光频段变化很小，所以 $\Delta\varphi$ 实际上正比于 $1/\lambda_0$ 变化。显然，全波片只是对某一特定波长而言的，因此我们说这类推迟器是有颜色区别的。要是把这样一个器件以任意的取向放在两个正交的线偏振器中间，射入到它上面的光（设为白光）是线偏振的，那么只有满足（8.36）式的那一个波长通过推迟器不变化，结果被检偏器吸收；所有其他的波长都经受某种程度的推迟，因此以各种形式的椭圆光从波片射出，它的一部分通过检偏器，最后以被消光的互补色透射出来。如果让两个线偏振器的方向互相平行，在它们中间插入一个全波片，整个系统就像一个滤波器。把几个这样的装置堆在一起，就是一个窄带滤波器。有一个普遍的误解，认为全波片对全部频率都适用；显然事实并非如此。

对于方解石而言，$\vec{\mathbf{E}}$ 场振动平行于光轴的波跑得最快，也即 $v_{\parallel} > v_{\perp}$。因此，在负单轴推迟器中的光轴方向常常称为快轴，而垂直于它的方向则称为慢轴。对于像石英这样的正单轴晶体，这些主轴要倒过来，慢轴对应于光轴。

半波片

使 o 光和 e 光的相对相差为 π 弧度或者 180° 的推迟片叫做半波片或者半波推迟器。假定入射的线偏振光的振动面和快轴成某一任意角度 θ，如图 8.45 所示。在负单轴材料中，e 光的速度比 o 光快（相同的 ν），波长比 o 光长。在透过半波片之后相对相移为 $\lambda_o/2$ （即 $2\pi/2$ 弧度），结果 $\vec{E}$ 转过 2θ（图 8.46）。因此，半波推迟器有时也叫做偏振旋转器。回到图 8.9，可以看出，半波片也改变椭圆偏振光的偏振方向。此外，它还把右旋的圆偏振光或椭圆偏振光变为左旋，左旋的变为右旋。在图 8.42 中，半波片把偏振态改变了半圈。

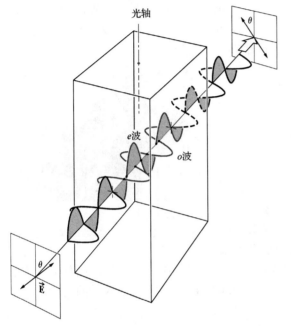

图 8.45 半波片中净相移的积累

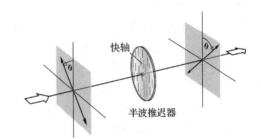

图 8.46 半波片把最初在 θ 角的线偏振光转动了 2θ 角度。入射光在第一、第三象限振动，出射光在第二、第四象限振动

当 e 光和 o 光通过任何推迟片时，相对相位差逐步增加，偏振状态也逐步改变。图 8.9 可以看成某一瞬间不同地点的各个偏振态的几个取样。显然，若材料的厚度为

$$d(|n_o - n_e|) = (2m + 1)\lambda_0/2 \qquad (8.37)$$

其中 $m = 0, 1, 2, \cdots$，它的作用也和半波片一样（$\Delta\varphi = \pi, 3\pi, 5\pi$，等等）。

虽然方解石的性质看来简单，但在实际中却不常用来制作推迟片，它太脆，难以加工成薄片。此外，它的双折射，即 n_e 和 n_o 之间的差值，也稍微大了一些，用起来不方便。另一方面，常常使用双折射小得多的石英，但它没有天然的解理面，需要切割、研磨和抛光，因此成本很高。最常见的是使用双轴晶体云母。有几种形式的云母特别适于此用途，它们是氟金云母、黑云母或者白云母。最常用的是灰褐色的白云母，它很容易解理成富于挠性的、极薄的、大面积的薄片。此外，它的两个主轴几乎完全平行于解理平面。这两个轴的折射率对钠光为 1.599 和 1.594，虽然对不同的样品折射率有小的变化，但两者之差却是很好的常数。云母半波片的最小厚度约 60 μm。晶态石英，单晶氟化镁（用于从 3000 nm 到大约 6000 nm 的红外），硫化镉（用于从 6000 nm 到大约 12 000 nm 的红外）也广泛用于制作波片。

推迟器也可用聚乙烯醇薄膜制作，把它加以拉伸使它的长链的有机分子排列成行。由于明显的各向异性，电子在材料中受到的束缚力，在平行于这些分子排列的方向和垂直于这些分子排列的方向是不一样的。这种材料即使不是晶态物质，也具有永久性的双折射。

在显微镜载玻片表面贴一片老式的发毛的透明胶纸（不是任何胶纸都行，最好是 LePag 牌的"透明胶纸"）也可以制成相当好的半波片。它的快轴（也就是快波的振动方向）对应于纸带的宽度方向，慢轴对应于纸带的长度方向。透明纸是由再生的纤维素（由棉花纸浆或木材纸浆提取出来）制作的，在制成薄片过程中它的分子按一定方向排列，使它变成双折射材料。如果把半波片放在两个正交的线偏振器中间，当它的主轴和起偏器的主轴重合时，不显出什么效应。然而，如果它与起偏器成 45° 角，从纸带出来的 $\vec{E}$ 场将转过 90° 角，因而将平行于检偏器的透光轴。光将通过盖着纸带的区域，就好像在

把玻璃纸贴在显微镜载玻片上，再夹在两个正交的偏振片中间

正交起偏器的黑背景上剪开一个孔一样（见照片）。一片玻璃纸的包装纸（例如香烟盒的透明纸）通常也可用作半波片。看看你能否用透明纸推迟器和正交偏振片来测定它的每个主轴的方向（注意透明纸上的细而平行的纸纹）。

四分之一波片

四分之一波片是这样一种光学元件，它在光波的互相正交的 o 分量和 e 分量之间引入一个相对相移 $\Delta\varphi = \pi/2$。从图 8.9 再一次可以看到，相移 90° 将把线偏振光变成椭圆偏振光（若 $E_{0x} = E_{0y}$ 就是圆偏振光），反之也能把椭圆偏振光变成线偏振光。很明显，入射的线偏振光如果平行于随便哪一个主轴，则任何种类的推迟板都不起作用。要是没有两个分量，就谈不上什么相对相位差。对于入射的自然光，所属的两个 $\mathscr{P}$ 态是不相干的，即它们的相对相位差无规并迅速地变化。任何形式的推迟器引入附加的某一恒定的相移，其结果还是无规的相位差，所以没有什么可观察到的效应。

当入射到四分之一波片上的线偏振光和两个主轴都成 45° 角时，o 分量和 e 分量有相等的振幅。在此特殊情况下，90° 的相移把波变成圆偏振光（图 8.47）。类似地，入射的是圆偏振光，出射光则是线偏振光。当用一个四分之一波片把线偏振光变为椭圆或圆偏振光时，其手性（旋转方向）总是由最初的线偏振方向以最小的角度转向慢轴方向。

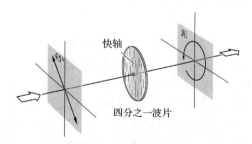

图 8.47　透过推迟器后，$\vec{E}_y$ 领先 $\vec{E}_x$ $\pi/4$。所以（从图 8.9 看出）四分之一波片把起初 45° 的线偏振（在第一、第三象限振动）变成右圆偏振光（向光源看时是顺时针转动）。转动方向是从线振动方向以最小的角度转向慢轴，所以顺时针

四分之一波片也是由石英、云母或者有机聚合塑料制成。无论哪种情况，双折射材料的厚度应当满足

$$d(|n_o - n_e|) = (4m + 1)\lambda_0/4 \qquad (8.38)$$

其中，$m = 0, 1, 2, \cdots$。

可以用家用的塑料薄膜食品包装膜做一个粗糙的四分之一波片，这种薄的、能伸张的材料是成卷出售的。和透明纸相似，它在长的方向有纹路，和一个主轴相重合。把五六层塑料膜叠起来，小心地保持纹路平行，把塑料的纹路和偏振器的轴成 45° 角，后面用一个旋转的检偏器来检验，一次加一层塑料，直到后面的检偏器旋转时辐照度大致保持不变为止，这时就得到圆偏振光。

例题 8.8

云母容易解理成薄片，所以常常用来做波片。波长为 589 nm 的黄光正入射到这种薄片时，两个正交振动的光波分量的折射率分别为 1.5997 和 1.5941，随着产地的不同而略有变化。用它做一个四分之一波片的最薄厚度是多少？

解：

四分之一波片的光程差是 $\lambda_0/4$ 的整数倍

$$OPD = d(|n_o - n_e|) = (4m + 1)\lambda_0/4$$

其中，$m = 0, 1, 2, \cdots$ 因此

$$d = \frac{(4m + 1)\lambda_0}{(|n_o - n_e|)4}$$

当 $m = 0$，

$$d = \frac{589\,\text{nm}}{(1.5997 - 1.5941)4}$$

因此 $d = 2.63 \times 10^{-5}$ m，或 26.3 μm。

市面上出售的波片常常用其线推迟标志。例如，某个四分之一波片的线推迟为 140 nm。这就是说：只有对于波长 560 nm（即 4×140）的绿光，这个器件才有 90° 的推迟。通常，线推迟不会给得这样精确；像 140±20 nm 之类的标志是更现实的。要是把波片稍为倾斜，它的推迟可以比其标定值增大或者减小。如果把波片沿快轴旋转，推迟会增大；沿慢轴旋转，结果相反。这样，某一频率的波片在标称值附近可以作一些调整。

推迟器（波片）——一些一般的考虑

除了双折射片推迟器之外，还有许多液晶（见 8.12 节）推迟器。它们能典型地电控到产生 $\lambda_0/2$ 的推迟。一个普通的片状推迟器可以是零阶、多阶或者复合零阶。一个**零阶推迟器**具有产生所需相位差的最小厚度。例如，在 550 nm 具有双折射为 0.0092 的四分之一波片。(8.36) 式中 $\Delta\varphi = \pi/2$ 得到零阶四分之一波片厚度为 15 μm。它很脆，容易破裂，难以制作。但是，它具有大的角视场。

多阶推迟器的厚度对应于 2π 相移的整数倍加上所需的 $\Delta\varphi$，不论 $\Delta\varphi$ 是 2π、π 或者 $\pi/2$。这种器件容易制作，但是对波长、入射角、温度十分敏感，并且视场很窄。

复合零阶推迟器把两个多阶推迟器合在一起，其中一个的快轴和另一个的慢轴重合，而它们的推迟差就是所需要的 $\Delta\varphi$（见例题 8.9）。这就抵消了温度变化的影响，但是视场很窄。

例题 8.9

一个单轴双折射晶体片，厚度为 d_1，光轴在 x 方向。后面接着一个类似的晶片，厚度为

d_2，光轴在 y 方向。它们合成一个复合零阶波片。写出它的推迟的表示式，把它和（8.36）式比较。

解：

我们用推导（8.36）式的方法来解答这个问题。光波在 z 方向穿过这两个波片。令 E_x 场分量的光程为 OPL_x，E_y 场分量的光程为 OPL_y。因为 E_x 在第一个波片中平行于光轴，所以是 e 光。E_y 垂直于光轴，所以是 o 光。在第一个波片中 $OPL_{x1} = n_e d_1$ 和 $OPL_{y1} = n_o d_1$。在第二个波片中 o 光和 e 光对调。所以 $OPL_{x2} = n_o d_2$ 和 $OPL_{y2} = n_e d_2$。两个波片合在一起

$$OPL_x = n_e d_1 + n_o d_2$$

和

$$OPL_y = n_o d_1 + n_e d_2$$

光程差 Λ 为

$$\Lambda = OPL_y - OPL_x = d_1(n_o - n_e) + d_2(n_e - n_o)$$

所以

$$\Delta\varphi = \frac{2\pi}{\lambda_0}(d_1 - d_2)(n_o - n_e) \tag{8.39}$$

和（8.36）式相比，这个表达式并不依赖于波片的厚度，而是依赖于它们的厚度差，每个波片的厚度可以随意。

双折射聚合物的双折射小，容易制作成零阶推迟器。它们的视场宽，孔径可以做得很大。

处理正交波的相矢量的技术可以用到推迟器[①]。图 8.48 中线偏振光在第一、第三象限振动，和 x 轴成 θ 角。电场矢量 $\vec{E}$ 的幅度为 $\vec{E}_0$。现在假定这个波通过一个四分之一波片，波片的快轴随意假定为 x 轴上方 $30°$。图 8.48 中我们从 xy 坐标系的原点向 x 轴上方 $30°$ 画一条参考线代表快轴。这条线和它的垂直线构成新的 $x'y'$ 坐标系。用 $\vec{E}$ 在快轴和慢轴上的投影画一个长方形。就得到 $x'y'$ 坐标系的两个电场振幅 $E_{0x'}$ 和 $E_{0y'}$。用这两个振幅，就可以快轴和它的垂直方向画出两个正方形，像图 8.10 那样，来拟合合成的偏振。和这两个正方形相切的圆半径为 $E_{0x'}$ 和 $E_{0y'}$。

因为快轴是 x' 轴，对应于小圆的相矢量是 $\vec{E}_{y'}$，它从 y' 轴的垂直位置 0 开始旋转。

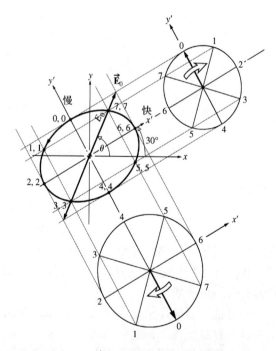

图 8.48　线偏振光（$\vec{E}$）通过四分之一波片后成为以快轴的角度倾斜的左椭圆偏振光。推迟器的快轴与 x 轴成 $30°$

[①] 更完善的处理见 K. Iizuka, *Elements of Photonics*, Vol.1, Wiley-Interscience, 2002.

类似地，大圆中的为相矢量 $\vec{\mathbf{E}}_{x'}$ 本来应该从指向 x' 轴右端的方向开始旋转。但是由于它领先 $\vec{\mathbf{E}}_{y'}$ 90°，所以要从 y' 轴向下的位置 0 开始旋转。得到的偏振是左椭圆光，倾斜 30°，即推迟器快轴的角度。

菲涅耳斜方体

在第 4 章中，我们看到全内反射会在场的两个正交分量之间引入相对相差。平行于入射面和垂直于入射面的分量彼此之间相位发生移动。玻璃（$n = 1.51$）在入射角为 54.6° 时伴随全内反射发生的相移为 45°（图 4.52e）。图 8.49 所示的菲涅耳斜方体就是利用这个效应，使光束全反射两次，因此两个分量的相对相移为 90°。如果入射平面波对入射面成 45° 的线偏振，电场分量 $[E_i]_\parallel$ 和 $[E_i]_\perp$ 最初是相等的。第一次反射后玻璃内的波是椭圆偏振的，第二次反射后为圆偏振。由于推迟量在很大的范围内和频率几乎无关，这种斜方体基本上是一种全色的 90° 推迟器。把两个斜方体首尾相接，就能够在很宽的波段（≈2000 nm）制作 $\lambda_0/2$ 推迟器。穆尼（Mooney）斜方体（$n = 1.65$）如图 8.50 所示，虽然在工作特性有所不同，但在原理上与菲涅耳斜方体相似。

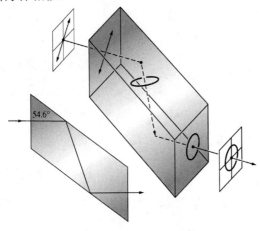

图 8.49　菲涅耳斜方体

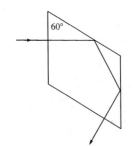

图 8.50　穆尼斜方体

8.7.2　补偿器和可变推迟器

补偿器是能够使光波产生可控制的推迟的光学器件。不像 $\Delta\varphi$ 固定的波长片，补偿器的相对相位差可以连续变化。在多种多样的补偿器中，我们只考虑两种使用得最广泛的补偿器。图 8.51 中的巴俾涅（Babinet）补偿器，由两个独立的方解石楔（更常用石英楔）组成，它们的光轴在图中用线和点表示。在某一点垂直向下通过器件的光线，将在上面的楔内走过厚度 d_1，在下面的楔内走过 d_2。第一个晶体引起的相对相位差为 $2\pi d_1(|n_o - n_e|)/\lambda_0$，第二个晶体为 $-2\pi d_2(|n_o - n_e|)/\lambda_0$。这个系统和渥拉斯顿棱镜相像，不过渥拉斯顿棱镜的角度更大，厚度更厚。这两种器件

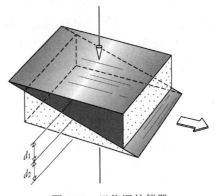

图 8.51　巴俾涅补偿器

都是使上面楔中的 o 光和 e 光在下面楔中分别变成 e 光和 o 光。

补偿器是很薄的（楔角之典型值约为 2.5°），所以光线的分开可以忽略。这时总相移为

$$\Delta\varphi = \frac{2\pi}{\lambda_0}(d_1 - d_2)(|n_o - n_e|) \tag{8.40}$$

如果补偿器是用方解做成的，在上面楔中 e 波比 o 波超前。所以若 $d_1 > d_2$，$\Delta\varphi$ 对应于 e 分量超前于 o 分量的总角度。对于石英补偿器，情况刚好相反，也就是如果 $d_1 > d_2$，$\Delta\varphi$ 是 o 波超前于 e 波的角度。在中心，$d_1 = d_2$，一个楔的效应被另一个楔精确地抵消，所以对所有的波长都有 $\Delta\varphi = 0$。在任一面上各点的推迟量是逐点变化的，只有在沿补偿器宽度方向的狭窄区域内，楔的厚度本身是恒定的，推迟量才是恒定的。如果光从平行于这些区域的窄缝入射，并用一个微动螺丝使任何一个楔水平移动，我们就能得到任何需要的 $\Delta\varphi$ 出射。

当巴俾涅补偿器以 45° 角放在两个正交的起偏器之间时，在补偿器的宽度方向上就会出现一系列等间隔的暗消光条纹。这些条纹是器件上作用与全波片相同的地方的标志。在白光照射下，除了全黑的中心暗带（$\Delta\varphi = 0$）之外，这种条纹将是带色的。把未知的波片放在补偿器上面，测出它产生的条纹移动，就可以得出它的推迟量。由于条纹很窄，难以用电子手段"读出"，巴俾涅补偿器用得比以前少。把巴俾涅补偿器的上楔沿垂直方向转 180°，使其薄边落在下楔的薄边上，就可以在整个面上产生均匀的推迟量。不过，这种结构将使光线稍有偏转。

巴俾涅补偿器的另一种变形可以在面上产生均匀的推迟而不偏转光束，就是图 8.52 所示的**索累**（Soleil）**补偿器**。它通常是用石英做的（虽然在红外波段也用 MgF_2 和 CdS），包含两个楔和一个平面平行板，其光

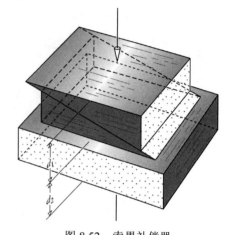

图 8.52 索累补偿器

轴方向如图所示。量 d_1 对应于两楔的总厚度，它对微动螺旋的任何位置都是不变。

8.8 圆偏振器

前面我们说过，$\vec{E}$ 场与四分之一波片主轴成 45° 角的线偏振光，从波片射出时将是圆偏振的。因此，一个恰当取向的线偏振器和一个 90° 推迟器的串接组合将起圆偏振器的作用。这两个元件的功能是完全独立的，其中一个可以是双折射型的，另一个可能是反射型的。出射的圆偏振光的手性（旋转方向）取决于线偏振器的透光轴和推迟器的快轴是成 +45° 还是 −45° 角。无论是左旋圆偏振态 $\mathscr{L}$ 还是右旋圆偏振态 $\mathscr{R}$，都容易产生。事实上，若把线偏振器放在两个推迟器中间，一个推迟器取向为正 45°，另一个取向为负 45°，那么，这种组合是个"两面派"：光从一端进去会得到 $\mathscr{R}$ 态，而从另一边进去便得到 $\mathscr{L}$ 态。

一种常用的单片圆偏振器的商品名称叫做 *CP-HN*。它是一片 *HN* 偏振片和一片拉伸过的聚乙烯醇 90° 推迟器组成的。这种结构的输入端显然是线起偏器的面。若光束从输出端入射，即从推迟器入射，最后总是通过 H 片，所以只能以线偏振状态出射。

圆偏振器也能用作检偏器，用来测定已知为圆偏振光的旋转方向。为了看出如何做到这一点，想象我们有图 8.53 中标以 A、B、C、D 的 4 个元件。A 和 B 合起来构成一个圆偏振器，C 和 D 也一样。现在只要求这些偏振器的手性相同，至于准确的旋转方向是左旋还是右旋并

不重要；这等于说两个推迟器的快轴是平行的。从 A 进来的线偏振光在 B 中推迟 $90°$，变成圆偏振光。通过 C 后，加上另一个 $90°$ 的推迟，结果又变为线偏振光。事实上，B 和 C 一起形成一个半波片，它们只是把从 A 出来的线偏振光转过一个空间角度 2θ，此时为 $90°$。因为从 C 出来的线偏振光平行于 D 的透光轴，所以就通过 D 而射出到系统。

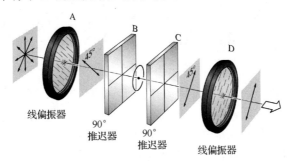

图 8.53 两个线偏振器和两个四分之一波片

在这个简单过程中，我们实际上证实了某些相当微妙的东西。要是圆起偏器 $A+B$ 和 $C+D$ 都是左旋的，我们就证明了：左旋圆偏振光从输出端射入左旋圆起偏器将会透射。此外，下面这点应当是明显的（至少经过一番思索后）：右旋圆偏振光将产生一个垂直于 D 的透光轴的 $\mathscr{P}$ 态，因此将被吸收掉。反过来也对：在两种形式的圆偏振中，只有 $\mathscr{R}$ 态的光能从输出端进入并通过右旋圆起偏器。

8.9 多色光的偏振

8.9.1 多色波的带宽和相干时间

我们知道，纯粹的单色光（当然在实际上是不存在的）按其本质来说，应当是偏振的。这种单色光的两个正交分量有相同的频率和恒定的振幅。两个正弦分量中任一个分量的振幅变化，就等价于在傅里叶分析频谱中存在另外附加的频率。此外，两个分量有恒定的相对相位，即它们是相干的。一个单色扰动是一个无限波列，它的性质对全部时间已经定下来了；无论它是处 $\mathscr{R}$ 态、$\mathscr{L}$ 态、$\mathscr{P}$ 态或者 $\mathscr{E}$ 态，波是完全偏振的。

实际光源是多色光源，也就是说，它们辐射的能量具有一个频率范围。现在让我们在亚微观尺度上看看发生的情况，特别注意发出的波的偏振态。设想有一个电子振子，已经受激发（可能是由于碰撞）而振荡，因此辐射能量。随着振子的运动形式不同，它也发出不同形式的偏振光。

如同 7.4.3 节那样，我们把单独一个原子辐射的能量描绘为空间长度为 Δl_c 的一个波列。假定在量级为相干时间 Δt_c（它对应于波列的时间长度 $\Delta l_c /c$）的时间间隔里，偏振态基本上不变。一个典型光源通常包含大量这类辐射着的原子，我们可以把这些原子设想为以某一主频率 $\bar{\nu}$ 振荡，但相位各不相同。假定我们只考察从光源的很小一部分来的光，使得到达观察点的光线基本上是平行的。在比平均相干时间短的时间内，单个原子的波列的振幅和相位基本上是常数，这意味着，若我们从某一方向向光源望去，至少暂时地会"看"到向这个方向发出的波的相干叠加。我们将"看"到具有给定的偏振态的合成波。这个偏振态将仅仅持续一个比相干时间短的时间间隔，然后就改变，纵使如此，它还是对应于频率为 $\bar{\nu}$ 的多次振荡。

很明显，若带宽 $\Delta \nu$ 很宽，相干时间（$\Delta t_c \approx 1/\Delta \nu$）就短，任何偏振态的寿命也就短。显然，偏振的概念和相干的概念是有基本的联系。

现在考虑带宽比平均频率小得多的光波，也就是准单色光。它可用两个正交的简谐 $\mathscr{P}$ 态来表示，像（8.1）式和（8.2）式一样，但是振幅和相角是时间的函数。此外，对应于光波中频谱平均值的频率和传播数为 $\bar{\omega}$ 和 $\bar{k}$。所以

$$\vec{\mathbf{E}}_x(t) = \hat{\mathbf{i}} E_{0x}(t) \cos[\bar{k}z - \bar{\omega}t + \varepsilon_x(t)] \tag{8.41a}$$

$$\vec{\mathbf{E}}_y(t) = \hat{\mathbf{j}} E_{0y}(t) \cos[\bar{k}z - \bar{\omega}t + \varepsilon_y(t)] \tag{8.41b}$$

偏振态及对应的 $E_{ox}(t)$, $E_{oy}(t)$, $\varepsilon_x(t)$, $\varepsilon_y(t)$ 等变化缓慢，在多次振荡时间内基本上不变。记住，窄的带宽意味着大的相干时间。如果我们在长得多的时间间隔内来观察这个波，那么振幅和相角也会有变化，不是相互独立地变就是彼此有些相关地变。如果变化是完全不相关的，只有在短于相干时间的时间间隔内，偏振态才保持不变。换句话说，描述偏振态的椭圆可能改变形状、取向及旋转方向。实际上，现有的检测器不能辨认持续时间这样短的任何一个特定的态，于是我们得出结论，认为波是不偏振的。

相反，若 $E_{ox}(t)/E_{oy}(t)$ 保持不变（纵使分子和分母都变化），并且 $\varepsilon = \varepsilon_y(t) - \varepsilon_x(t)$ 也不变，这个波就是偏振波。在这里，这些不同函数之间相关的必要性，表现得十分明显。只要令光波通过一个起偏器，我们实际上就可以把这些条件强加给光波，而去掉任何不需要的成分。由于波的分量之间已经有了合适的相关性，波维持其偏振态的时间间隔因而不再依赖于带宽。纵使光是多色的（甚至是白光），但仍完全是偏振的，它的性质和 8.1 节讨论的理想单色波十分相像。

在完全偏振光和完全不偏振光两个极端之间，存在部分偏振的状态。事实上可以证明，任何准单色波都可以用一个偏振波和一个非偏振波之和来表示，这两个波互相独立，任何一个可以为零。

8.9.2　干涉色

把一张弄皱的玻璃纸放在两个偏振片中间，用白光照明，可以以看到五颜六色的图样。换成一个普通的塑料袋（聚乙烯）放在两个偏振片中间，看不到有什么图样。把塑料袋拉紧，使其分子排列好，可以产生双折射。现在把塑料袋弄皱，再看一遍，也可以看到五颜六色的图样，旋转一个偏振片，颜色会改变。这种现象叫做**干涉色**，起源于相位推迟对波长的依赖关系。图样之所以呈现斑驳的颜色，是由于厚度的变化，或者由于双折射，或者两者都有。

干涉色是很常见的，在许多材料中都容易看到。例如，用多层的云母片，碎冰块，拉伸的塑料袋，普通的白石头（石英）压碎的细粒，都可以看到这种效应。为了了解这个现象是如何发生的，参看图 8.54。一小束单色线偏振光如图所示，通过双折射片 Σ 的一个小区域，在这个区域上双折射和厚度都被认为常数。

一张弄皱的玻璃纸放在两个交叉的偏振片中间出现彩虹颜色。根据玻璃纸的厚度和光的频率的不同，玻璃纸将 $\vec{\mathbf{E}}$ 场转动不同的量。转动任一片偏振片都会把颜色变成其互补色。

透射光在最一般的情况下是椭圆偏振的。等价地，我们设想从 Σ 出射的光由两个正交的线偏振波组成（即总 $\vec{E}$ 场的 x 分量和 y 分量），它们之间的相对相位差 $\Delta\varphi$ 由（8.36）式决定，只有这两个扰动在检偏器透光轴方向上的分量才能透过检偏器到达观察者。

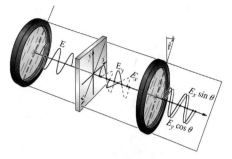

图 8.54　干涉色的起源

现在这两个具有相差 $\Delta\varphi$ 的分量是共面的，因此能发生干涉。当 $\Delta\varphi = \pi, 3\pi, 5\pi, \cdots$ 时，它们完全反相，彼此互相抵消。当 $\Delta\varphi = 0, 2\pi, 4\pi, \cdots$ 时，两个波同相，互相加强。假定 Σ 上一点 P_1 对蓝光（$\lambda_0 = 435$ nm）的推迟为 4π。这时蓝光透过很强。从（8.36）式得出，$\lambda_0\Delta\varphi = 2\pi d(|n_o - n_e|)$ 基本上是常数，由厚度和双折射决定。因此，在这一点上对所有的波长 $\lambda_0\Delta\varphi = 1740\pi$。如果把入射光变为黄光（$\lambda_0 = 580$ nm），$\Delta\varphi \approx 3\pi$，所以从 P_1 出来的光完全被抵消。在白光照明下，Σ 上这一特定点看来好像把黄光完全消掉，让其他颜色的光透过，但不像蓝光那样强。另一种说法是，从 P_1 附近区域出来的蓝光是线偏振的（$\Delta\varphi = 4\pi$），并且平行于检偏器的透光轴。反之，黄光是线偏振的（$\Delta\varphi = 3\pi$）并且沿着消光轴；其他的颜色是椭圆偏振的。P_1 附近的区域对黄光起半波片的作用，对蓝光起全波片的作用。若检偏器转 $90°$，则黄光透过，蓝光消光。

根据定义，若两种颜色的光相加得到白光，则称它们为互补色。于是将检偏器转 $90°$，透过或吸收的色都变为原来的互补色。与此完全一样，Σ 上可能有另一点 P_2，对红光（$\lambda_0 = 650$ nm）$\Delta\varphi = 4\pi$，这时，$\lambda_0\Delta\varphi = 2600\pi$，因此对绿光（$\lambda_0 = 520$ nm）推迟为 5π，因而消光。很明显，若这个样品上一个区域的相位推迟和另一个区域的相位推迟不同，那么透过检偏器的光的颜色就不同。

8.10 旋光性

光和实物相互作用的方式能够提供关于实物的分子结构的大量有价值的信息。下面将讨论的过程，不仅在光学研究中有特殊的意义，并且在化学和生物学中曾经起过并且还将继续起深远的影响，

1811 年，法国物理学家阿拉果首先观察到很吸引人的现在称为**旋光性**的现象。他发现，一束线偏振光沿石英片的光轴传播时，它的振动面不断转动（图 8.55）。大约在同时，毕奥（J. B. Biot，1774—1862）在各种天然物质（像松节油）的蒸气和液体形式中看到相同的效应。使入射平面波的 $\vec{E}$ 场旋转的任何物质，都称为旋光性物质。此外，毕奥还发现，旋转分为右旋和左旋两种。向光源方向看过去，振动平面顺时针方向旋转的材料称为右旋的，逆时针方向旋转的材料称为左旋的。

1822 年，英国天文学家赫谢耳（J. F. W. Herschel，1792—1871）发现，石英中右旋和左旋的性质实际上对应于两种不同的晶体结构。虽然分子都是（SiO_2），但是由于这些分子的排列不同，晶体石英可分为右旋和左旋两种。如图 8.56 所示，这两种形式的外形，除了一种是另一种的镜像之外，别的都相同；称它们互为对映体。一切透明的对映体材料都是旋光性材料。此外，熔化的石英或者熔凝石英都不是晶态物质，都没有旋光性。很明显，石英的旋光性与分子作为一个整体的结构分布有关。许多有机材料和无机材料（例如石瑙油和 $NaBrO_3$），都和石英一样，只是在

晶态才有旋光性。相反，自然界也存在许多有机化合物，如砂糖、酒石酸、松节油等，在溶液中或者在液态都有旋光性。它们的旋光本领（通常这样叫）显然是单个分子的属性。当然也有更复杂的材料，它们的旋光性与分子自身以及分子在各种晶体内的排列两者都有关。例如，酒石酸铷就是一个例子。这种化合物在溶液中是右旋的，在结晶时变为左旋的。

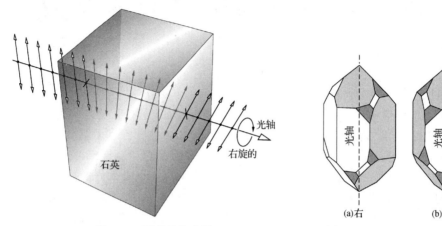

图 8.55　石英的旋光性　　　　图 8.56　右旋和左旋的石英晶体

1825 年，菲涅耳提出旋光性的简单唯象描述，没有涉及旋光性的实际机制。由于入射的线偏振光可以用 $\mathscr{R}$ 态和 $\mathscr{L}$ 态的叠加来表示；他提出，这两种圆偏振光的传播速度不相同。旋光性材料具有圆双折射，即有两个折射率，对 $\mathscr{R}$ 态的为 n_R，对 $\mathscr{L}$ 态的为 n_L，在通过旋光性样品时这两个圆偏振波的相位错开，所以合成的线偏振波的偏振面旋转。回到描写沿 z 方向传播的单色右圆偏振光和左圆偏振光的 (8.8) 式和 (8.9) 式，我们可以解析地看到情况是如何发生的。在 (8.10) 式中我们看到这两个波之和确实是线偏振的。为了消去 (8.10) 式振幅中 2 这个因子，我们把表示式稍为改变一下，用

$$\vec{\mathbf{E}}_{\mathscr{R}} = \frac{E_0}{2}[\hat{\mathbf{i}}\cos(k_{\mathscr{R}}z - \omega t) + \hat{\mathbf{j}}\sin(k_{\mathscr{R}}z - \omega t)] \tag{8.42a}$$

$$\vec{\mathbf{E}}_{\mathscr{L}} = \frac{E_0}{2}[\hat{\mathbf{i}}\cos(k_{\mathscr{L}}z - \omega t) - \hat{\mathbf{j}}\sin(k_{\mathscr{L}}z - \omega t)] \tag{8.42b}$$

表示右圆和左圆分量波。由于 ω 是常数，$k_{\mathscr{R}} = k_0 n_{\mathscr{R}}$ 和 $k_{\mathscr{L}} = k_0 n_{\mathscr{L}}$。合成的扰动为 $\vec{\mathbf{E}} = \vec{\mathbf{E}}_{\mathscr{R}} + \vec{\mathbf{E}}_{\mathscr{L}}$，作一些三角运算后，变为

$$\vec{\mathbf{E}} = E_0 \cos[(k_{\mathscr{R}} + k_{\mathscr{L}})z/2 - \omega t][\hat{\mathbf{i}}\cos(k_{\mathscr{R}} - k_{\mathscr{L}})z/2 + \hat{\mathbf{j}}\sin(k_{\mathscr{R}} - k_{\mathscr{L}})z/2] \tag{8.43}$$

在波进入媒质的地方（$z = 0$），波沿 x 轴偏振，如图 8.57 所示，即

$$\vec{\mathbf{E}} = E_0\hat{\mathbf{i}}\cos\omega t \tag{8.44}$$

注意光路上任何一点的两个分量对时间有相同的依赖关系，因此是同相的。这意味着沿 z 轴的任何地方，合成波是线偏振波（图 8.58），但偏振方向则是 z 的函数。若 $n_{\mathscr{R}} > n_{\mathscr{L}}$，或等价地 $k_{\mathscr{R}} > k_{\mathscr{L}}$，将逆时针旋转；而当 $k_{\mathscr{L}} > k_{\mathscr{R}}$，旋转是顺时针的（朝光源方向看）。习惯上当 $\vec{\mathbf{E}}$ 顺时针旋转时，定义转过的角度 β 为正。符号约定之后，从 (8.43) 式得到，在点 z 的场相对于原来的取向旋转了 $\beta = -(k_{\mathscr{R}} - k_L)z/2$。如果介质厚度为 d，振动面旋转的角度为

$$\beta = \frac{\pi d}{\lambda_0}(n_{\mathscr{L}} - n_{\mathscr{R}}) \tag{8.45}$$

其中，$n_{\mathscr{L}} > n_{\mathscr{R}}$ 时为右旋，$n_{\mathscr{R}} > n_{\mathscr{L}}$ 为左旋（图 8.59）。

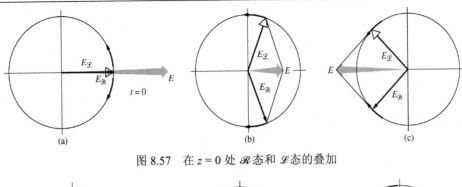

图 8.57　在 $z = 0$ 处 $\mathscr{R}$ 态和 $\mathscr{L}$ 态的叠加

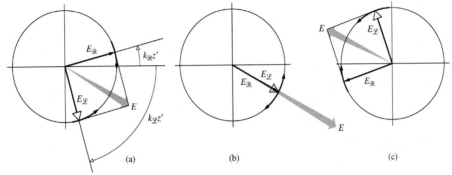

图 8.58　在 $z = z'$ 处 $\mathscr{R}$ 态和 $\mathscr{L}$ 态的叠加（$k_{\mathscr{L}} > k_{\mathscr{R}}$）

　　菲涅耳用图 8.60 的组合棱镜，把线偏振光光束中的 $\mathscr{R}$ 态成分和 $\mathscr{L}$ 态成分分开。组合棱镜由几个右旋和左旋石英小棱镜组成，这些小棱镜的光轴如图所示。$\mathscr{R}$ 态在第一个小棱镜中传播屁在第二个小棱镜中快，因而向倾斜的界面的法线方向折射。$\mathscr{L}$ 态则相反，所以这两个圆偏振波的角距离在每个界面上增大。

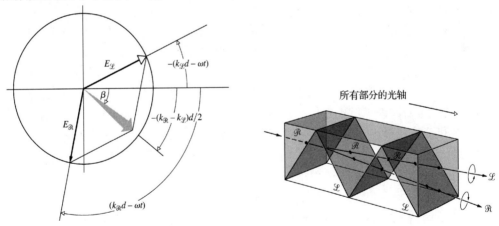

图 8.59　在 $z = d$ 处 $\mathscr{R}$ 态和 $\mathscr{L}$ 态的叠加（$k_{\mathscr{L}} > k_{\mathscr{R}}$，$\lambda_{\mathscr{L}} < \lambda_{\mathscr{R}}$，$v_{\mathscr{L}} < v_{\mathscr{R}}$）

图 8.60　菲涅耳组合棱镜

　　在钠光下求得石英的旋光率（定义为 β / d）为 $21.7°/mm$。由此得到光沿光轴传播时 $|n_{\mathscr{L}} - n_{\mathscr{R}}| = 7.1 \times 10^{-5}$。在这个特殊方向，普通的双折射当然等于零。但是当入射光垂直于光轴传播时（偏振棱镜、波片和补偿器就是这个情况），石英的性质和任何非旋光性的正单轴晶体一样。还有别的的双折射（单轴或双轴）的旋光性晶体，如朱砂 HgS（$n_o = 2.854$，$n_e = 3.201$），其旋光率为 $32.5°/mm$。反之，$NaClO_3$ 是旋光性的（$3.1°/mm$），但不是双折射的材料。相比之下，液

体的旋光本领相对要小得多，所以通常用 10 cm 长度来标定；例如，松节油（$C_{10}H_6$）只有$-37°/10$ cm（10℃，$\lambda_0 = 583.3$ nm）。溶液的旋光本领随浓度而变。这个事实对测定含糖量特别有用，例如，用来测定尿中或者糖浆中的糖分。

随便在那个杂货店都能买到玉米糖浆，用它很容易观察旋光性。因为 β/d 大约为$+30°/$英寸，所以糖浆不必用很多。把糖浆倒在玻璃容器里，放在正交偏振片中间，用闪光灯照明，由于 β 是 λ_0 的函数（称为旋光色散效应），当检偏器旋转时出现漂亮的色彩。用滤光片得到粗略的单色光，就可以直接测定糖浆的旋光本领[①]。

巴斯德（1822—1895）的第一个重大科学贡献是 1848 年他做博士生研究做出的。他证明，酒石酸（有旋光性）的一种无旋光性形式——外消旋酸——实际上是由数量相等的右旋和左旋成分的混合物组成的，分子式相同但结构有些不同的材料叫做同分异构体。他成功地使外消旋酸结晶，然后把得到的两种不同镜像晶体（对映体）分开。把它们分别溶在水中之后，生成了右旋溶液和左旋溶液。这意味着存在这样的分子，虽然化学成分相同，但却互为镜像；这种分子现在称为光学立体异构体。这些概念是有机和无机化合物的立体化学发展的基础，在立体化学中，人们要考虑一个分子内原子的三维空间分布。

8.10.1 一个有用的模型

旋光性是非常复杂的现象。它虽然可以用经典电磁理论来处理，但实际上需要量子力学的解[②]。尽管如此，我们将考虑一个简化的模型，它能够对过程给出定性的合理描述。以前我们把光学各向同性介质表示为各向同性电子振子的均匀分布，电子振子在平行于入射波的 $\vec{E}$ 场的方向上振动。同样，我们把光学各向异性媒质描绘为各向异性振子的分布，振子的振动方向和驱动的 $\vec{E}$ 场成某一角度。现在我们设想旋光材料中的电子被迫沿一条挠曲的路线运动。为了简单起见，可假设这条路线为螺旋线。换句话说，这样一个分子的图像很像一条导电的螺旋线。已知石英中硅原子和氧原子是沿光轴右旋螺线排列，或是左旋螺线排列，如图 8.61 所示。在这种表示法中，晶体应相当于许多螺旋线的平行排列。作为比较，旋光的糖溶液则类似于螺旋线的无规取向分布，每个螺旋线具有相同的旋转方向[③]。

我们可以预期，在石英中，入射波根据它"看到"的是右旋还是左旋螺旋，和样品的相互作用也有所不同。因此，对波的 $\mathcal{R}$ 分量和 $\mathcal{L}$ 分量有不同的折射率。对导致晶体中圆双折射的过程进行详细讨论绝对不是件简单的事，但是至少有一点是明显的，那就是需要有不对称性。那么和溶液相对应的无规排列的螺旋又如何能产生旋光性呢?让我们考察这幅简化的图像中的这样一个分子；例如，分子的轴恰巧平行于电磁波的简谐 $\vec{E}$ 场。这个电场将驱使电荷沿分子的长度方向上下运动，等效地产生平行于轴的瞬变电偶极矩 $p(t)$。此外，电子的螺旋运动还产生电流，这个电流产生振荡的磁偶极矩 $m(t)$，它也是沿着螺旋轴的方向（图 8.62）。反之，如果分子平行于波的 $\vec{B}$ 场，在螺旋中就有一个随时间变化的磁通量，因而的感应出一个

[①] 明胶滤波器工作得很好，有色的透明纸也可以。记住，透明纸也是一个波片（参看 8.7.1 节）。所以不要把它放在两个偏振片中间，除非你把它的主轴方向放对。

[②] S. F. Mason 在 *Contemp. Phys.* **9**, 239（1989）的评论文章 "Optical activity and molecular dissymmetry" 包含了一个很全面的进一步阅读的文献目录。

[③] 除了固态和液态，还有第三类材料，由于它的特殊的光学性能而可能相当有用。这种材料叫做介晶态或液晶态。液晶是有机化合物，它能够流动而仍然保持其特有的分子取向。特别是胆甾醇液晶，它具有螺旋形结构，因而有很大的旋光率，其量级为 40 000°/mm。它的类螺旋分子排列的螺距比石英的小得多。

围绕分子电子环流，这个电流反过来又产生轴向的振荡电场和磁偶极矩。无论哪一种情况，依据特定的分子螺旋的方向，$p(t)$ 和 $m(t)$ 可以彼此平行或彼此反平行。很明显，入射波电磁场的一部分能量被取走了，而振荡的电偶极子和磁偶极子都将散射（即再辐射）电磁波。电偶极子辐射的电场 $\vec{\mathbf{E}}_p$，和磁偶极子辐射的电场 $\vec{\mathbf{E}}_m$ 方向互相垂直。因此，两者之和（也就是由螺旋散射的总电场 $\vec{\mathbf{E}}_s$）沿着传播方向将不和入射场 $\vec{\mathbf{E}}_i$ 相平行（对磁场说来也是这样）。总的透射光（$\vec{\mathbf{E}}_s + \vec{\mathbf{E}}_i$）的振动面就会转动，转动的方向由螺旋的转向决定。转动的大小随分子的取向而改变，但是相同指向的螺旋引起的振动面的转动方向总是相同的。

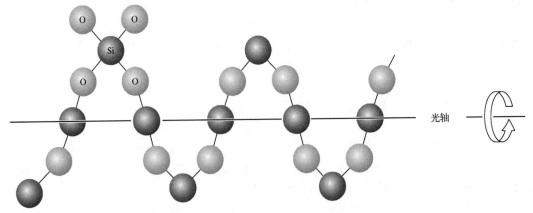

图 8.61　右旋石英

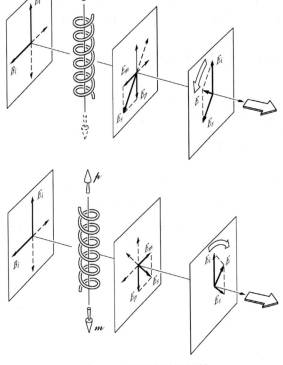

图 8.62　螺旋分子的辐射

虽然把旋光分子当作螺旋导体讨论显然是不严格的，这种比拟还是值得记住。事实上，要是我们把 3 cm 波长的微波束射到一个箱子里去，箱子里装满许多相同的铜螺旋线（例如长 1 cm，直径 0.5 cm，互相绝缘），透射的微波的振动面确实会产生转动[①]。

8.10.2　旋光性的生物物质

有关旋光性的最有趣的一个问题，就是生物学中的旋光性。在实验室内人工合成有机分子时，总是产生数目相等的右旋和左旋同分异构体，结果化合物是非旋光性的。人们也许会推测，自然界的有机物，只要它们存在的话，也应当有相等的右旋和左旋光学立体同分异构体。但事实并不是这样。天然的糖（蔗糖 $C_{12}H_{22}O_{11}$）无论长在哪里，不管是从甘蔗里榨出来的还是从甜菜里榨出来的，统统是右旋的。此外，右旋葡萄糖是人体新陈代谢中最重要的碳氢化合物。显然，生物体对这两种同分异构体能够识别。

所有的蛋白质都是由氨基酸构成的，氨基酸由碳、氢、氧和氮组成。一共有二十多种氨基酸，它们（除了最简单的甘氨酸，它不是对映体）都是左旋的。这就意味着，要想把一个蛋白质分子分裂开，那么不管这个分子是从什么地方来的，是从鸡蛋上取来的也好，从茄子上取来的也好，从甲虫上取来的也好，从甲壳虫乐队的一个成员身上取来的也好，组成的氨基酸都是左旋的。一个重要的例外是抗菌素，例如青霉素，它们倒是含有一定的右旋氨基酸。事实上，这正可以很好地说明青霉素的抗菌作用。

现在人们对推测地球上和其他行星上生命的起源很感兴趣。例如，地球上的生命最初是由两种镜像形式组成的吗？目前，已经在 1969 年 9 月 28 日落在澳大利亚的维多利亚的陨石中发现了 5 种氨基酸。在月球的样品中也已经看到氨基酸存在的迹象。对陨石的研究表明，有 4 种氨基酸含有大致等量的光学右旋形式和左旋形式。而在地球的岩石中，发现左旋形式占压倒优势，这和陨石的情况显著矛盾。这具有多种令人吃惊的含义[②]。

8.11　感生光学效应——光调制器

有多种不同的物理效应与偏振光有关，它们都有一个共同的特点，就是可以用某种方法从外部感生出来。在这些情况下，我们可以对光学媒质施加某种外部影响（如机械力、磁场或者电场），从而改变它透光的方式。

8.11.1　光测弹性学

布儒斯特在 1816 年发现，通常透明的各向同性材料，加上机械应力后可以变成光学各向异性的。这个现象有几种名称：机械双折射、**光弹性效应**或应力双折射。压缩时材料具有负单轴晶体的性质，伸张时具有正单轴晶体的性质。无论是哪种情况，等效光轴都在应力的方向，感生双折射的大小正比于应力。如果样品上的应力不均匀，那么对透射光的影响将既不是双折射也不是推迟。

光测弹性学是研究透明和不透明机械结构中应力的方法的基础（参看照片）。退火得不够好或者安装得不细心的玻璃，不论是用作汽车上的挡风玻璃或是望远镜上的物镜，都会产生

① I. Tinoco and M. P. Freeman, "The optical activity of oriented copper helices", *J. Phys. Chem.* **61**. 1196(1957).
② 进一步的讨论及参考读物见 *Physics Today*, Feb. 1971, p. 17.

内应力，它很容易被检查出来。有关不透明物体的应变情况，可以从在要研究的部位涂上光弹性材料的敷层得到。较常见的方法是用一种应力光敏材料，如环氧树脂、甘酞树脂及变性聚酯树脂，作成要研究的部位的透明缩尺模型。然后在模型上加上实际部件在使用时将受到的力。由于模型表面上各点的双折射不一样，所以把模型放在两片正交的偏振片中间之后，就会出现彩色的条纹图样，揭示出内应力的情况。可以用几乎任何一种透明塑料甚至一块无味的明胶放在两块偏振片中间来观察；试着加更大的应力，注意条纹就会相应地改变（见照片）。

两块偏振片之间的透明塑料三角板。条纹是带色的

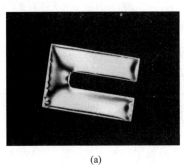 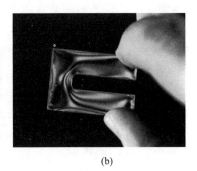

(a)   (b)

（a）两块偏振片之间的一个有剩存压力的透明塑料片。（b）加上力之后条纹变化

样品上任一点的推迟量正比于**主应力差**（$\sigma_1-\sigma_2$），这里 σ 代表正交的主应力。例如，如果样品是一块受有垂直张力的板，σ_1 就是在垂直方向的最大主应力；σ_2 就是水平方向的最小主应力，此时等于零。对于较复杂的情况，主应力和它们的差值是各点不同的。用白光照明，样品上（$\sigma_1-\sigma_2$）等于常数的区域叫做等色区，每一个等色区对应于一种特定的颜色。在这些带色的条纹上，还叠加有由黑条纹组成的图案，这是因为，假如在某一点上，入射的线偏振光的 $\vec{E}$ 场平行于当地的任何一个主应力轴，波就不受影响地通过样品，而不论其波长是多少。由于正交起偏器的存在，光被检偏器吸收，产生了黑色的区域，称为等倾带（习题 8.72）。这些条纹不仅看起来很好看，用它还可以定性地画出应力图样，也可以作为定量计算的基础。

许多汽车的后玻璃窗都经过处理，当破裂时碎成碎片，比较不危险。这张照片是通过一个偏振器拍摄的，显示出内应力的图样

8.11.2　法拉第效应

1845 年法拉第发现，光在媒质中传播的方式，能够由于加外磁场而受到影响。特别是他发现，在传播方向上加上强磁场后，入射到一块玻璃上的线偏振光的振动面会转动。**法拉第效应**是电磁和光有内在联系的最早的征象之一。虽然它令人想起旋光性，但两者有重大区别。

振动面转的角度 β（以弧分量度）由经验公式给出

$$\beta = \mathcal{V} B d \tag{8.46}$$

其中，B 为静磁通量（通常用高斯为单位），d 是所穿越的介质的长度（单位为 cm），$\mathcal{V}$ 是比例因子，叫做费尔德常量。一种介质的费尔德常量随频率（ν 减少时迅速下降）和温度而变。它对气体大约为 10^{-5}（弧分／高斯·厘米）的量级，对固体和液体为 10^{-2}（弧分／高斯·厘米）的量级（参见表 8.2）。为了对这些数的大小有一更好的概念，设想我们有 1 cm 长的 H_2O 样品，中等强度的磁场 10^4 高斯（地磁场约为半高斯）。在这个特例中，由于 $\mathcal{V} = 0.0131$，振动面将转动 $2°11'$。

表 8.2　几种材料的费尔德常量

材料	温度(℃)	$\mathcal{V}$(min of arc gauss^{-1} cm^{-1})
轻火石玻璃	18	0.031 7
水	20	0.013 1
氯化钠	16	0.035 9
石英	20	0.016 6
$NH_4Fe(SO_4)_2 \cdot 12H_2O$	26	−0.000 58
空气*	0	6.27×10^{-6}
CO_2*	0	9.39×10^{-6}

*$\lambda = 578$ nm，760 mmHg。
更多的内容在通常的手册中给出。

我们约定，正的费尔德常量对应于这样一种（抗磁）材料：当光的传播方向平行于所加的 $\vec{B}$ 场时法拉第效应是左旋的，反平行于 $\vec{B}$ 时为右旋的。要注意，在自然旋光性中，旋转方向不发生这样的倒转。为了记忆方便起见，设想 $\vec{B}$ 场是由绕在样品上的螺旋线圈产生的。当 $\mathcal{V}$ 为正时，振动面的旋转方向和电流方向相同，和光束沿轴传播的指向没有关系。因此，令光在样品中来回反射数次，就可以把效应加强。

法拉第效应的理论处理涉及色散的量子力学理论，包括 $\vec{B}$ 对原子或分子能级的影响。在这里只提一提对非磁材料的经典讨论就够了。

假定入射光是圆偏振单色光。一个受弹性束缚的电子被波的旋转 $\vec{E}$ 场所驱动而做稳态圆周运动（波的 $\vec{B}$ 场的效应可以忽略）。垂直于轨道平面加上一个强的恒定磁场后，在电子上将引起径向力 F_M。这个力究竟指向圆心还是自圆心向外，依靠于光的旋转方向和恒定磁场 $\vec{B}$ 的方向。因此，总的径向力（F_M 加上弹性恢复力）可以有两个不同的值，从而轨道半径也可以有两个不同的值。结果：对于一个给定的磁场就会有两个电偶极矩、两个极化率、两个电容率，因此最后也有两个折射率 n_R 和 n_L。可以按照菲涅耳讨论旋光性同样的方式来讨论法拉第效应。同以前一样，电磁波在媒质中传播有两个简正模：$\mathscr{R}$ 态和 $\mathscr{L}$ 态。

铁磁材料的情况要复杂一些。在磁化材料中，β 正比于磁化强度在传播方向上的分量，而不是正比于外加直流磁场的分量。

法拉第效应有许多实际应用。可以用法拉第效应来分析碳氢化合物，因为每种碳氢化合物有自己的磁致旋转。此外，在光谱研究中，可以用它来得到高于基态的能态性质的信息。法拉第效应还可以用来制作光学调制器。R. C. LeCraw 制造了这样一个红外调制器。它用的是人工生长的钇铁石榴石（YIG）磁性晶体，晶体中添加了一定数量的镓。YIG 的结构类似于天然的宝石石榴石的结构。这个器件示于图 8.63。线偏振的红外激光束从左面进入晶体，横向的直流磁场使 YIG 晶体在这个方向上磁化饱和。总的磁化矢量（由恒定磁场和线圈磁场引起）可以改变方向，它对晶体轴的倾斜角度正比于线圈中的调制电流。因为法拉第旋转依赖于磁化强度的轴向分量，所以线圈电流控制了 β。检偏器按照马吕斯定律把这一偏振调制转换为振幅调制[见（8.24）式]。简言之，要传递的信息作为调制电压加在线圈上，出来的激光束以振幅变化的形式携带信息。

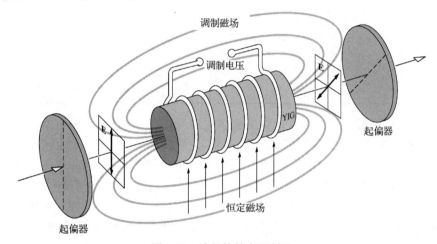

调制磁场

调制电压

YIG

起偏器

恒定磁场

起偏器

图 8.63 法拉第效应调制器

实际上还有几种别的磁光效应。我们只考虑其中的两种，并且只简短地说几句。它们是佛克脱（Voigt）效应和科顿-穆顿（Cotton-Mouton）效应，都是把一个恒定磁场垂直于入射光束的传播方向加到透明媒质上时产生的。佛克脱效应发生于蒸气中，科顿-穆顿效应要强得多，发生于液体中。在这两种情况下，媒质都表现出双折射，类似一块单轴晶体，其光轴在直流磁场的方向，即垂直于光束的方向 [见（8.36）式]。两个折射率现在对应于下面两种情况：波的振动面或者垂直于恒定磁场，或者平行于恒定磁场。它们之差 Δn（即双折射）正比于外加磁场的平方。在液体中，它是由媒质中的光学和磁学各向异性分子对外加磁场取向引起的。如果输入光的传播方向和静磁场所成的角度不是 0 或 $\pi/2$，那么法拉第效应和科顿-穆顿效应同时发生，前者一般要大得多。科顿-穆顿效应是克尔（Kerr）电光效应在磁学中的类比，这将在下面讨论。

8.11.3 克尔效应和泡克耳斯效应

第一个电光效应是苏格兰物理学家克尔（John Kerr，1824—1907）在 1875 年发现的。他发现，一个各向同性的透明介质置于电场 $\vec{E}$ 中会变成双折射的。介质具有单轴晶体特性，其光轴对应于所加电场的方向。两个折射率 $n_\parallel$ 和 $n_\perp$ 分别同波的振动面的两种取向相联系，即平

行于和垂直于外加电场的方向。它们之差 Δn 就是双折射，经求得为

$$\Delta n = \lambda_0 K E^2 \tag{8.47}$$

其中 K 为克尔常数。大多数情况下 K 为正数，Δn 可以认为是 $n_e - n_o$，也是正的，这种材料的性质和正单轴晶体相似。克尔常数的值（表 8.3）常常用静电单位（cgs）给出，所以要记住：(8.47) 式中的 E 的单位是每厘米静电系电势单位（一个静电系电势单位 ≈ 300 V）。同科顿-穆顿效应一样，我们观察到：克尔效应正比于电场的平方，所以常常称之为平方电光效应。液体中的这一现象是由于 $\vec{E}$ 场使各向异性分子部分地排列整齐引起的，固体中的情况要复杂得多。

表 8.3　一些液体的克尔常数（$20°C$, $\lambda_0 = 589.3$ nm）

	物质	K（单位为 10^{-7} 厘米·静电系电势单位$^{-1}$）
苯	C_6H_6	0.6
二硫化碳	CS_2	3.2
三氯甲烷	$CHCl_3$	−3.5
水	H_2O	4.7
硝基甲苯	$C_5H_7NO_2$	123
硝基苯	$C_6H_5NO_2$	220

图 8.64 中画的装置叫做克尔光闸或者克尔光调制器，它由玻璃盒中装两个电极并充满极性液体组成。把它放在两块正交的线起偏器之间，这两个起偏器的透光轴和外加 $\vec{E}$ 场成 $\pm 45°$，就叫做克尔盒。电极板上不加电压时光不能透过，光闸关闭；加上调制电压就产生电场，使得克尔盒起着可变波片的作用，因而很好地成为光闸。这种器件由于能够有效地响应高达 10^{10} Hz 的频率，所以有很大的价值。克尔盒通常充以硝基苯或二硫化碳，长期以来得到广泛应用。它在高速摄影中用作快门，并作为光束斩波器代替旋转齿轮，后者曾被用于测量光速。在脉冲激光器系统中，克尔盒广泛地用作 Q 开关。

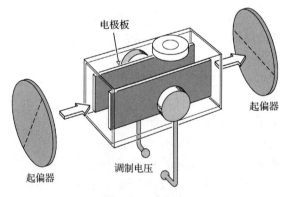

图 8.64　克尔盒

若电极板的有效长度为 l 厘米，分开的距离为 d，那么推迟量为

$$\Delta\varphi = 2\pi K \ell V^2 / d^2 \tag{8.48}$$

其中，V 为外加电压。所以，d 为 1 cm，ℓ 为几厘米的硝基苯盒，对应于半波片的电压相当高，约为 3×10^4 V，这个量叫做半波电压 $V_{\lambda/2}$。硝基苯的另一个缺点是有毒且易爆炸。有些透

明固体材料具有克尔效应,如混合的铌钽酸钾晶体($KTa_{0.65}Nb_{0.35}O_3$),简称为 KTN,或者钛酸钡($BaTiO_3$),是电光调制器感兴趣的材料。

还有另外一种非常重要的电光效应,称为泡克耳斯效应,它是用德国物理学家泡克耳斯(1865—1913)的名字命名的,他在 1893 年对这种效应进行了广泛的研究。它是一种线性的电光效应,因为感生的双折射正比于所加电场 $\vec{E}$(也即正比于所加电压的一次方)。只是不具备中心对称的晶体才有泡克耳斯效应,所谓不具备中心对称,就是晶体中没有这样一个中心点,每个原子都可以经过这个中心点反射到一个相同的原子上去。一共有 32 种晶体对称类,其中 20 种可能有泡克耳斯效应。很凑巧,这 20 类晶体也是压电晶体。因此,许多种晶体和所有的液体都不会有线性电光效应。

第一个可以用作光闸或光调制器的实用的泡克耳斯盒,直到 20 世纪 40 年代找到合适的晶体之后才做出来。这种器件的工作原理我们已经讨论过。简言之,用一个受控的外加电场以电子学方法改变双折射。推迟量可以随意改变,因而改变了入射的线偏振波的偏振态。这样,系统起了偏振调制器的作用。早期的器件是由磷酸二氢铵($NH_4H_2PO_4$)即 ADP 以及磷酸二氢钾(KH_2PO_4)即 KDP 制成的;这两种晶体直到现在还在广泛使用。引入磷酸二氘钾(KD_2PO_4)即 KD*P 的单晶使情况有很大的改进,它需要的电压不到 KDP 所需电压的一半,就可以产生和 KDP 相同的推迟。在重水中生长晶体,就会把氘加进来。由 KD*P 和 CD*A 做成的泡克耳斯盒,已经可供商用一段时间了。

泡克耳斯盒简单说来就是放在可控电场中的一块合适的非中心对称的、一定取向的单晶。这种器件通常可以工作在很低的电压(大约比等效的克尔盒的低 5~10 倍);它们是线性的,当然也不存在有毒液体的问题。KDP 的响应时间很短,通常小于 10 ns,所以它的调制频率高达 25 GHz(即 25×10^9 Hz)。

随着外加 $\vec{E}$ 场是垂直于还是平行于传播方向的不同,泡克耳斯盒的结构一般有两种,分别称为横向的和纵向的。纵向泡克耳斯盒的最基本的形式示于图 8.65。由于光束要通过电极,所以电极通常用透明的金属氧化物敷层(如 SnO、InO 或 CdO)、薄金属膜、网栅或环制成。晶体本身在不加电场时通常是单轴晶体,并且其光轴沿光束的传播方向。这种装置的推迟量为

$$\Delta\varphi = 2\pi n_o^3 r_{63} V/\lambda_0 \tag{8.49}$$

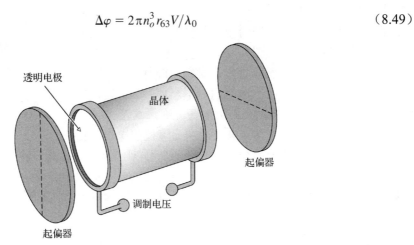

图 8.65 泡克耳斯盒

其中 r_{63} 是电光常数,单位为米/伏,n_o 是寻常折射率,V 是以伏特为单位的电位差,λ_0 是以

米为单位的真空波长[①]。由于晶体是各向异性的，它们的性质随方向而不同，所以要用一组统称为二阶电光张量 r_{ij} 的量来描述。幸而我们在这里只需考虑它的一个分量 r_{63}，它的值见表 8.4。半波电压 $V_{\lambda/2}$ 对应于 $\Delta\varphi = \pi$，用它来表示电压为 V 时的推迟 $\Delta\varphi$ 为

$$\Delta\varphi = \pi \frac{V}{V_{\lambda/2}} \tag{8.50}$$

从（8.49）式，

$$V_{\lambda/2} = \frac{\lambda_0}{2n_o^3 r_{63}} \tag{8.51}$$

例如，KDP 有 $r_{63} = 10.6 \times 10^{-12}$ m/V，$n_o = 1.51$，因此，在 $\lambda_0 = 546.1$ nm，我们得到 $V_{\lambda/2} \approx 7.6 \times 10^3$ V。

表 8.4　电光常数（室温，$\lambda_0 = 546.1$ nm）

材料	$r^{63}(10^{-12}$ m/V$)$	n_o（约值）	$V_{\lambda/2}$(kV)
ADP($NH_4H_2PO_4$)	8.5	1.52	9.2
KDP(KH_2PO_4)	10.6	1.51	7.6
KDA(KH_2AsO_4)	~13.0	1.57	~6.2
KD*P(KD_2PO_4)	~23.3	1.52	~3.4

泡克耳斯盒已经被用作超高速快门、激光器的 Q 开关以及从直流到 30 GHz（30×10^9 Hz）的光调制器[②]。

8.12　液晶

1888 年奥地利的植物学家伦兹（Friedrich Reintzer）观察到苯甲酸胆甾醇酯似乎有两个明显的转变点，在其中一个上晶体变成云雾状的液体，在另一个上晶体变成透明的液体。他发现了现在叫做**液晶**的新型材料，它具有介乎普通液体和普通固体之间的物理性质。液晶具有长雪茄形的分子，能够移动，没有固定的位置，所以像液体。即使如此，它们的分子强烈的相互作用能够维持大范围的固定方向，这方面又像固体。按照它们的分子排列，液晶可分为三种类型。我们将专注向列液晶这一类，它们的分子或多或少趋向于平行，即使它们的位置很无规（图 8.66）。

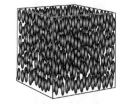

图 8.66　向列液晶的长雪茄形的分子排列混乱但方向平行

为了制作平行的向列液晶盒，我们用两片平玻璃片，每片玻璃都在一个面上涂上透明的导电金属膜，例如氧化锡铟，它在 450~1800 nm 有最大的透光率。这两个窗口将当作电极，中间放入液晶，电极上加上可控的电压。我们需要让与窗口接触的液晶分子与玻璃平行排列，因而也彼此平行排列。为此要制作具有平行皱纹的模板，让液晶分子照此排列。有几种方法可以做到这一点，最简单的方法是小心地摩擦氧化锡铟的表面（或者摩擦盖在它上面的电介质薄层），从而产生平行的微刻痕。

[①] 这个表示式，以及横向泡克尔斯盒用的相应的表示式，在 A. Yariv 的 *Quantum Electronics* 中有很巧妙的推导。即便如此，其处理方法还是太复杂。所以并不推荐读者去随便翻阅。

[②] 对光调制器全貌有兴趣的读者，可以参考 D. F. Nelson 的 "The modulation of laser light"，*Scientific American,* (June 1968)，也可以看 *Handbook of Optics* 一书的 Chapter 14, Vol. II。

　　当在两个这样制作的玻璃窗口中间的薄空间（从几微米到 10 微米）里注入向列液晶，接触微刻痕的分子就平行于皱纹的方向排起来。液晶分子互相牵引，很快整个液晶就有相似的取向了（图 8.67a）。液晶分子排列的方向叫做指向矢。

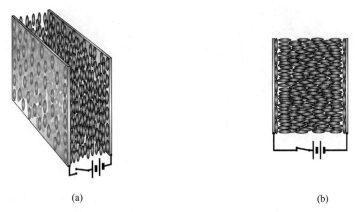

(a)　　　　　　　　　　　　　　　　(b)

图 8.67　（a）两个透明电极之间的向列液晶。长形的分子沿着两个电极
内表面的微刻痕排列。（b）加上电压后，分子转向电场的方向

　　由于长形分子和有序的取向，液晶分子整体就像一个各向异性介质，正的单轴双折射晶体。分子的长轴定义了非寻常折射率或满轴的方向。线偏振平行于液晶指向矢方向的光线是非寻常光，穿过液晶盒时相位逐渐变化。线偏振和指向矢方向成 45° 的光线，会受到一个延迟 $\Delta\varphi$，好像穿过双折射晶体一样。

液晶可变推迟器

　　现在假定在液晶盒上加上电压（V），如图 8.67b 所示。在垂直于玻璃窗表面上产生一个电场。液晶分子的固有或感生的电偶极矩，受到一个转矩，使液晶分子转动，跟着电场排列起来。增大电压时，除了附着在窗表面的分子，越来越多液晶分子转向电场的方向，使得双折射 $\Delta n = (n_e - n_o)$ 减少，因而延迟 $\Delta\varphi$ 减少。因为双折射（通常为 0.1～0.3）是电压，温度（每增加 1℃减少 0.4%）、波长（随 λ_0 增加而减少）的函数

$$\Delta\varphi(V, T, \lambda_0) = \frac{2\pi}{\lambda_0}\, \mathrm{d}\, \Delta n(V, T, \lambda_0),$$

当电压为零时得到最大的推迟（典型为 $\approx\lambda_0$）。电压大时（例如 20 V）得到最小推迟大约为 30 nm（用补偿器来抵消粘着层的本底推迟时可以为零）。

　　当入射光偏振平行于慢轴时，这个器件可以用作一个电压控制的相调制器。它能够改变通过液晶盒的光的相位延迟。反之，当光有分量平行于和垂直于慢轴时，液晶盒可以在宽频波段作为连续可变的推迟器。把液晶盒放在两个正交的（与慢轴分别成±45°）偏振器之间，它就变成一个电压控制的辐照度调制器。

液晶显示

　　设想把图 8.67a 的液晶盒一个平行的窗片在其平面内旋转 90°。这牵动着这个窗片附近的向列液晶，它的分子层围绕着垂直于窗片的扭转轴扭转四分之一周（这很像你两只手拿着一叠扑克牌，然后把它转成扇形。）这样做成了所谓扭转向列晶盒（图 8.68a）。在一片窗片上垂直排列的分子，一层一层地转动，直到在另一片窗片上平行地排列。这种液晶盒会转动偏

振平面，好像它是旋光介质一样[①]。例如，一束垂直于入射窗片的光束，偏振面平行于水平排列的、粘着的分子，如图 8.68a 所示，透过液晶盒之后，出射光的偏振转了 90°。

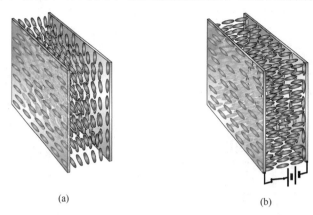

(a)   (b)

图 8.68　（a）扭转向列晶盒。在左面窗片上液晶分子水平排列，然后逐渐地一层一层
扭转，到右面窗片变成垂直排列；（b）在盒上加上电压之后，分子沿电场排列

液晶盒加上电压后，在液晶分子内建立了一个平行于扭转轴的电场。除了粘在窗片上的分子之外，液晶分子转向和电场平行（图 8.68b）。液晶盒里的扭转结构没有了，它也就丧失了使入射光偏振面转动的能力。撤去电场以后，它又能转动光的偏振面。把这样的液晶盒放在两个正交的偏振片之间（图 8.69），就是一个电压控制开关，能够透过或者吸收入射的光束。

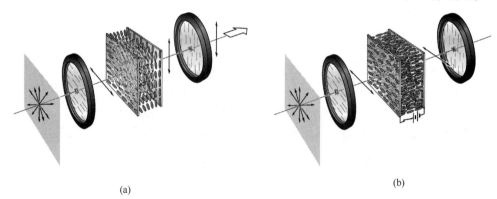

(a)   (b)

图 8.69　（a）在两个正交偏振片之间的扭转向列晶盒。竖直偏振的光从液晶盒输
出；（b）在盒上加上电压之后，不能再转动偏振平面。水平偏振的光进入
和离开液晶盒。这光束接着被第二个偏振片吸收，没有光透过这个器件

在数字手表、数字时钟、数码相机、计算器等器件中使用的这种最简单的液晶显示器（LCD），是用环境光照明的。因为它自己不发光，所以只消耗极少的电功率，这是个优点。

只要在图 8.69 中右面的最后的偏振器后面放一个平面镜，就是一个液晶显示器。环境光从左面进入，马上变成线偏振，在我们这个图里是水平偏振。没有电压加在电极上面时，从扭转液晶盒出来的光是垂直偏振的。它没有受到影响而通过第二个偏振器，照到镜子向左返回，还是垂直偏振的。然后再返回液晶盒，出来时是水平偏振，方向向左。我们从第一个偏振器看进去，就看到相对明亮的出射光。

[①] 为了证明这一点，参看 B. E. A. Saleh and M. C. Teich, *Fundamentals of Photonics*, p. 228。

在盒上加上电压，液晶重新排列而丧失转动偏振面的能力。水平偏振的光进入液晶盒，出来的还是水平偏振，所以被第二个偏振器吸收；没有光被反射回来，入射窗片看起来是黑的。

让前面的透明电极具有某种图样，黑的无反射区就可以是数字、字母或任何你要的样式。通常计算器上的数字由 7 根棒状电极产生，它们由解码驱动器独立地激活，产生从 0 到 9 所有的数码。这些棒状电极在前面的氧化锡铟薄膜形成孤立的区域。当电压加在某一根棒和后面的大片电极时，刚好在棒后面的电场破坏了这个小区域液晶的扭转，这一部分就变黑。

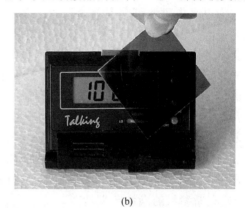

(a)　　　　　　　　　　　　　　　(b)

转动液晶显示器前面的线偏振片，可以看到数字的出现和消失。用你的计算器试试看

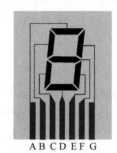

ABCDEFG

图 8.70　用 7 根棒状电极阵列显示数字。例如要显示 9 这个数字，电压加到 D、E、F、G、A、B 和后面的大电极上

8.13　偏振的数学描述

至此为止，我们通过波的电场分量来考察偏振光。当然，最一般的表示是椭圆偏振光。我们设想 $\vec{E}$ 矢量的端点连续地沿着某一特定形状的椭圆扫过，圆和直线不过是椭圆的特例。扫过椭圆一次的周期等于光波的周期，大约为 10^{-15} s，这个时间太短，是测不出来的。相反，实际测量通常是对一段比较长的时间间隔求平均。

很清楚，另一种用方便的可观测量——辐照度——描述偏振的方法会有好处。这样做的动机远不只是通常的美学和教学的原因。下面考虑的形式体系在其他研究领域中，例如粒子物理学（光子毕竟是一种基本粒子）和量子力学中，也有深远的意义。在某些方面它把经典图像和量子力学图像联系了起来。但是目前更需要我们注意的是从这种描述方式可以得到很大的实际好处。

我们将发展一种巧妙的方法，用它可以推算出偏振元件组成的复杂系统对出射波最后状态的效果。它用简练的矩阵形式写出，对数学只要求最简单的矩阵运算就够了。对于一串波片和偏振器，与它们的相位推迟和相对取向等相联系的复杂逻辑推理，都已包括在内。我们只需要从表中查出合适的矩阵并对它们进行简单的数学运算就行了。

8.13.1 斯托克斯参量

偏振光的近代表示法实际上起源于 1854 年斯托克斯（G. G. Stokes）的工作。他引入 4 个量，它们仅是电磁波可观察量的函数，现在称为**斯托克斯参量**[①]。光束（不论是自然光、全偏振光或部分偏振光）的偏振态可以用这些量来描述。我们先从操作的角度给这些参量下一个定义，然后再把它们和电磁理论联系起来。

设想有 4 个滤光片，在自然照明下，每个滤光片都能透过一半入射光，另一半光不能通过。满足上述要求的滤光片的选法不是唯一的，存在着许多等价的可能性。现在假定第一个滤光片是简单地各向同性的，以同等的程度让所有的偏振态通过；第二个和第三个是线偏振器，其透光轴分别为水平轴和+45°（第一象限和第三象限的角等分线）。最后一个滤光片是圆起偏器，对 L 态不透明。把每个滤光片都放在要研究的光束的光路上，用一种对偏振不灵敏的测量仪器（并非所有的测量仪器都是对偏振不灵敏）测量透过的辐照度，分别为 $I_0, I_1, I_2,$ I_3。斯托克斯参量的操作定义是

$$\mathcal{S}_0 = 2I_0 \tag{8.52a}$$

$$\mathcal{S}_1 = 2I_1 - 2I_0 \tag{8.52b}$$

$$\mathcal{S}_2 = 2I_2 - 2I_0 \tag{8.52c}$$

$$\mathcal{S}_3 = 2I_3 - 2I_0 \tag{8.52d}$$

注意 $\mathcal{S}_0$ 是入射的辐照度，而 $\mathcal{S}_1$、$\mathcal{S}_2$ 和 $\mathcal{S}_3$ 则规定了光束的偏振态。$\mathcal{S}_1$ 反映了偏振是更接近于水平的 $\mathscr{P}$ 态（这时 $\mathcal{S}_1>0$）还是更接近于竖直的 $\mathscr{P}$ 态（这时 $\mathcal{S}_1<0$）。当光束对这些轴没有优先取向时（$\mathcal{S}_1 = 0$），它可能是±45°的椭圆、圆或是非偏振光。同样地，$\mathcal{S}_2$ 意味着光更接近于+45°取向的 $\mathscr{P}$ 态（当 $\mathcal{S}_2>0$），还是更接近于–45°的 $\mathscr{P}$ 态（当 $\mathcal{S}_2<0$），还是都不接近（$\mathcal{S}_2 = 0$）。完全类似，$\mathcal{S}_3$ 显示出光束更接近于右旋（$\mathcal{S}_3>0$），还是更接近于左旋（$\mathcal{S}_3<0$），或者都不是（$\mathcal{S}_3 = 0$）。

现在，重新写出准单色光的表示式

$$\vec{\mathbf{E}}_x(t) = \hat{\mathbf{i}}E_{0x}(t)\cos[(\bar{k}z - \overline{\omega}t) + \varepsilon_x(t)] \tag{8.41a}$$

$$\vec{\mathbf{E}}_y(t) = \hat{\mathbf{j}}E_{0y}(t)\cos[(\bar{k}z - \overline{\omega}t) + \varepsilon_y(t)] \tag{8.41b}$$

其中 $\vec{\mathbf{E}}(t) = \vec{\mathbf{E}}_x(t) + \vec{\mathbf{E}}_y(t)$。利用这些式子作简单的运算，斯托克斯参量可改写为[②]

$$\mathcal{S}_0 = \langle E_{0x}^2 \rangle_T + \langle E_{0y}^2 \rangle_T \tag{8.53a}$$

$$\mathcal{S}_1 = \langle E_{0x}^2 \rangle_T - \langle E_{0y}^2 \rangle_T \tag{8.53b}$$

[①] 本节的大部分内容，在 Shurcliff 的 *Polarized Light: Production and Use* 一书中有更完整的讨论。这本书可算是这方面的经典。还可以看 M. J. Walker 的"Matrix calculus and the stokes parameters of polarized radiation"，*AM. J. Phys.* **22**, 170(1954)，和 W. Bickel and W. Bailey, "Stokes vectors， Mueller matrices; and polarized scattered light", *AM. J. Phys.* **53**, 468(1985).

[②] 详细可参看 E. Hecht, "Note on operational definition of the Stokes parameters", *Am. J. Phys.* **38**, 11569(1970).

$$\mathcal{S}_2 = \langle 2E_{0x}E_{0y}\cos\varepsilon\rangle_T \tag{8.53c}$$

$$\mathcal{S}_3 = \langle 2E_{0x}E_{0y}\sin\varepsilon\rangle_T \tag{8.53d}$$

其中 $\varepsilon = \varepsilon_y - \varepsilon_x$，并且我们略去了常数 $\epsilon_0 c / 2$，因此这些参量现在正比于辐照度。对于理想单色光的假想情况，$E_{0x}(t)$ 和 $E_{0y}(t)$ 同时间无关，在（8.53）中只需把 $\langle\,\rangle$ 括号去掉便得到了可用的斯托克斯参量。很有意思的是对椭圆光的普遍方程（8.14）式求时间平均，也可以得到相同的结果[①]。

如果光束是非偏振光，$\langle E_{0x}^2\rangle_T = \langle E_{0y}^2\rangle_T$；由于振幅的平方总归是正的，这两个量哪一个的平均值都不会为零。此时 $\mathcal{S}_0 = \langle E_{0x}^2\rangle_T + \langle E_{0y}^2\rangle_T$，而 $\mathcal{S}_1 = \mathcal{S}_2 = \mathcal{S}_3 = 0$。后两个参量等于零是因为 $\cos\varepsilon$ 和 $\sin\varepsilon$ 平均为零，与振幅无关。把每个斯托克斯参量除以 $\mathcal{S}_0$ 的值以归一化常常带来很大的方便。这相当于使用单位辐照度的入射光束。在归一化表示中，自然光的一组参量 $(\mathcal{S}_0, \mathcal{S}_1, \mathcal{S}_2, \mathcal{S}_3)$ 于是为 $(1, 0, 0, 0)$。如果光是水平偏振的，没有垂直分量，其归一化参量为 $(1, 1, 0, 0)$。类似地，竖直偏振光的归一化参量为 $(1, -1, 0, 0)$。其他几个偏振态的表示列于表 8.5 中（这些参量写成竖直的一列，其理由后面会讨论）。对于完全偏振光，从（8.53）式得到

$$\mathcal{S}_0^2 = \mathcal{S}_1^2 + \mathcal{S}_2^2 + \mathcal{S}_3^2 \tag{8.54}$$

此外，对于部分偏振光，可以证明偏振度（8.29）式为

$$V = (\mathcal{S}_1^2 + \mathcal{S}_2^2 + \mathcal{S}_3^2)^{1/2}/\mathcal{S}_0 \tag{8.55}$$

现在设想有两个准单色光，由 $(\mathcal{S}_0', \mathcal{S}_1', \mathcal{S}_2', \mathcal{S}_3')$ 和 $(\mathcal{S}_0'', \mathcal{S}_1'', \mathcal{S}_2'', \mathcal{S}_3'')$ 描述，它们在空间的某个区域叠加。只要这两个波是不相干的，合成波的任一个斯托克斯参量就是两个波的对应参量之和（它们都正比于辐照度）。换句话说，描述合成波的参量为 $(\mathcal{S}_0' + \mathcal{S}_0'', \mathcal{S}_1' + \mathcal{S}_1'', \mathcal{S}_2' + \mathcal{S}_2'', \mathcal{S}_3' + \mathcal{S}_3'')$。例如，如果一个光通量密度为 1 的竖直 $\mathscr{P}$ 态 $(1, -1, 0, 0)$ 和光通量密度为 2 的不相干 $\mathscr{P}$ 态 $(2, 0, 0, -2)$（见表 8.5）相加，则合成波的参量为 $(3, -1, 0, -2)$。这是一个光通量密度为 3 的椭圆偏振光，更接近于竖直偏振（$\mathcal{S}_1 < 0$），左旋（$\mathcal{S}_3 < 0$），偏振度为 $\sqrt{5}/3$。

表 8.5 某些偏振态的斯托克斯矢量和琼斯矢量

偏振态	斯托克斯矢量	琼斯矢量	偏振态	斯托克斯矢量	琼斯矢量
水平 $\mathscr{P}$ 态	$\begin{bmatrix}1\\1\\0\\0\end{bmatrix}$	$\begin{bmatrix}1\\0\end{bmatrix}$	$-45°$ 的 $\mathscr{P}$ 态	$\begin{bmatrix}1\\0\\-1\\0\end{bmatrix}$	$\dfrac{1}{\sqrt{2}}\begin{bmatrix}1\\-1\end{bmatrix}$
垂直 $\mathscr{P}$ 态	$\begin{bmatrix}1\\-1\\0\\0\end{bmatrix}$	$\begin{bmatrix}0\\1\end{bmatrix}$	$\mathscr{R}$ 态	$\begin{bmatrix}1\\0\\0\\1\end{bmatrix}$	$\dfrac{1}{\sqrt{2}}\begin{bmatrix}1\\-i\end{bmatrix}$
$+45°$ 的 $\mathscr{P}$ 态	$\begin{bmatrix}1\\0\\1\\0\end{bmatrix}$	$\dfrac{1}{\sqrt{2}}\begin{bmatrix}1\\1\end{bmatrix}$	$\mathscr{L}$ 态	$\begin{bmatrix}1\\0\\0\\-1\end{bmatrix}$	$\dfrac{1}{\sqrt{2}}\begin{bmatrix}1\\i\end{bmatrix}$

一个给定波的斯托克斯参量组可以看成是一个矢量，我们已经看到了两个这样的（不相干）矢量是怎样相加的[②]。的确，它不是通常那种三维矢量，但是这种表示法在物理学中用得很广，带来很大的好处。更具体地说，参量 $(\mathcal{S}_0, \mathcal{S}_1, \mathcal{S}_2, \mathcal{S}_3)$ 排成所谓列矢量的形式：

---

① E. Collett, "The Description of Polarization in Classical Physics", *Am. J. Phys.* **36**, 713(1968).

② 关于一组客体组成矢量空间和它们自身是这个空间中的矢量的详细条件，参看 Davis, *Introduction to Vector Analysis*。

$$\mathcal{S} = \begin{bmatrix} \mathcal{S}_0 \\ \mathcal{S}_1 \\ \mathcal{S}_2 \\ \mathcal{S}_3 \end{bmatrix} \tag{8.56}$$

8.13.2 琼斯矢量

偏振光还有另一种表示法，可作为斯托克斯参量表示法的补充，它是美国物理学家琼斯（R. Clark Jones）在 1941 年发明的。他的这个方法的好处是适用于相干光束，同时又极为简洁。但是同以前的形式体系不同，它只能适用于偏振波。对于偏振波，表示一个光束的最自然的方法是用电场矢量本身。写成列矢量形式的琼斯矢量为

$$\vec{\mathbf{E}} = \begin{bmatrix} E_x(t) \\ E_y(t) \end{bmatrix} \tag{8.57}$$

其中 $E_x(t)$ 和 $E_y(t)$ 是 $\vec{\mathbf{E}}$ 的瞬时标量分量。很显然，知道了 $\vec{\mathbf{E}}$，就知道了偏振态的一切性质。并且，如果我们保留了相位信息，就可以处理相干波。记住这一点，把（8.57）式重写为

$$\tilde{\mathbf{E}} = \begin{bmatrix} E_{0x}e^{i\varphi_x} \\ E_{0y}e^{i\varphi_y} \end{bmatrix} \tag{8.58}$$

其中 φ_x 和 φ_y 是相应的相位。于是水平 $\mathscr{P}$ 态和垂直 $\mathscr{P}$ 态分别为

$$\tilde{\mathbf{E}}_h = \begin{bmatrix} E_{0x}e^{i\varphi_x} \\ 0 \end{bmatrix} \quad \text{and} \quad \tilde{\mathbf{E}}_v = \begin{bmatrix} 0 \\ E_{0y}e^{i\varphi_y} \end{bmatrix} \tag{8.59}$$

两个相干光束之和由对应分量之和构成，这和斯托克斯矢量（对非相干光）一样。因为 $\vec{\mathbf{E}} = \vec{\mathbf{E}}_h + \vec{\mathbf{E}}_v$，例如当 $E_{0x} = E_{0y}$，及 $\varphi_x = \varphi_y$ 时，$\vec{\mathbf{E}}$ 由下式给出：

$$\tilde{\mathbf{E}} = \begin{bmatrix} E_{0x}e^{i\varphi_x} \\ E_{0x}e^{i\varphi_x} \end{bmatrix} \tag{8.60}$$

提出公因子之后为

$$\tilde{\mathbf{E}} = E_{0x}e^{i\varphi_x} \begin{bmatrix} 1 \\ 1 \end{bmatrix} \tag{8.61}$$

这是 +45° 的 $\mathscr{P}$ 态，因为振幅相等而相差为零。

在许多应用中并不需要知道精确的振幅和相位。此时可把辐照度归一化为 1，因而丧失一些信息，但是表达式要简单得多。为此，可以用同一个标量（实数或者复数）来除矢量中的每一个元素，使得两个分量的平方和为 1。例如，把（8.60）式的每一项除以 $\sqrt{2}E_{0x}e^{i\varphi_x}$，得到

$$\vec{\mathbf{E}}_{45} = \frac{1}{\sqrt{2}} \begin{bmatrix} 1 \\ 1 \end{bmatrix} \tag{8.62}$$

类似地，在归一化形式下

$$\vec{\mathbf{E}}_h = \begin{bmatrix} 1 \\ 0 \end{bmatrix} \quad \text{和} \quad \vec{\mathbf{E}}_v = \begin{bmatrix} 0 \\ 1 \end{bmatrix} \tag{8.63}$$

右圆光有 $E_{0x} = E_{0y}$，并且 y 分量超前于 x 分量 90°。由于我们用的是（$kz-\omega t$）的形式，所以必须 φ_y 上加一个 $-\pi/2$，于是

$$\tilde{\mathbf{E}}_{\mathscr{R}} = \begin{bmatrix} E_{0x}\mathrm{e}^{\mathrm{i}\varphi_x} \\ E_{0x}\mathrm{e}^{\mathrm{i}(\varphi_x - \pi/2)} \end{bmatrix}$$

把两个分量都除以 $E_{0x}\mathrm{e}^{\mathrm{i}\varphi_x}$，得到

$$\begin{bmatrix} 1 \\ \mathrm{e}^{-\mathrm{i}\pi/2} \end{bmatrix} = \begin{bmatrix} 1 \\ -\mathrm{i} \end{bmatrix}$$

因此，归一化的琼斯矢量为[①]

$$\tilde{\mathbf{E}}_{\mathscr{R}} = \frac{1}{\sqrt{2}} \begin{bmatrix} 1 \\ -\mathrm{i} \end{bmatrix}$$

类似地

$$\tilde{\mathbf{E}}_{\mathscr{L}} = \frac{1}{\sqrt{2}} \begin{bmatrix} 1 \\ \mathrm{i} \end{bmatrix} \tag{8.64}$$

$\tilde{\mathbf{E}}_{\mathscr{R}}$ 和 $\tilde{\mathbf{E}}_{\mathscr{L}}$ 之和为

$$\frac{1}{\sqrt{2}} \begin{bmatrix} 1+1 \\ -\mathrm{i}+\mathrm{i} \end{bmatrix} = \frac{2}{\sqrt{2}} \begin{bmatrix} 1 \\ 0 \end{bmatrix}$$

这是水平的 $\mathscr{P}$ 态，振幅为每个分量振幅的 2 倍，和我们早先的计算（8.10）式符合。椭圆偏振光的琼斯矢量可用导出 $\tilde{\mathbf{E}}_{\mathscr{R}}$ 和 $\tilde{\mathbf{E}}_{\mathscr{L}}$ 相同的方法得到，不过现在 E_{0x} 和 E_{0y} 不一定相等，相位差也不一定是 90°。实质上，对于垂直的或水平的 $\mathscr{E}$ 态，我们只要写出圆偏振形式，用一个标量乘其中一个分量，就可以把圆推广到椭圆。比如

$$\frac{1}{\sqrt{5}} \begin{bmatrix} 2 \\ -\mathrm{i} \end{bmatrix} \tag{8.65}$$

描述水平的、右旋椭圆偏振光的一种可能的形式。

两个矢量 $\vec{\mathbf{A}}$ 和 $\vec{\mathbf{B}}$，当 $\vec{\mathbf{A}} \cdot \vec{\mathbf{B}} = 0$ 时称为正交的；类似地，两个复矢量正交时 $\tilde{\mathbf{A}} \cdot \tilde{\mathbf{B}} = 0$。当两个偏振态的琼斯矢量正交时，称两个偏振态正交。例如

$$\tilde{\mathbf{E}}_{\mathscr{R}} \cdot \tilde{\mathbf{E}}_{\mathscr{L}}^* = \frac{1}{2}[(1)(1)^* + (-\mathrm{i})(\mathrm{i})^*] = 0$$

或者

$$\tilde{\mathbf{E}}_h \cdot \tilde{\mathbf{E}}_v^* = [(1)(0)^* + (0)(1)^*] = 0$$

其中实数取复共轭时其值显然不变。任何偏振态都有对应的正交态。注意到

$$\tilde{\mathbf{E}}_{\mathscr{R}} \cdot \tilde{\mathbf{E}}_{\mathscr{R}} = \tilde{\mathbf{E}}_{\mathscr{L}} \cdot \tilde{\mathbf{E}}_{\mathscr{L}}^* = 1$$

和

$$\tilde{\mathbf{E}}_{\mathscr{R}} \cdot \tilde{\mathbf{E}}_{\mathscr{L}}^* = \tilde{\mathbf{E}}_{\mathscr{L}} \cdot \tilde{\mathbf{E}}_{\mathscr{R}}^* = 0$$

这样的矢量构成一个正交组，像 $\tilde{\mathbf{E}}_h$ 与 $\tilde{\mathbf{E}}_v$ 一样。我们已经看到，任何偏振态都可以用这两个正交组中随便哪一组的两个矢量的线性组合来描述。这个概念在量子力学中很重要，那里要处理的是正交的波函数。

8.13.3 琼斯矩阵和密勒矩阵

假定有一束偏振的入射光束，其琼斯矢量为 $\tilde{\mathbf{E}}_i$，通过一个光学元件后，出射的透射波对应于新矢量 $\tilde{\mathbf{E}}_t$。光学元件把 $\tilde{\mathbf{E}}_i$ 变换成 $\tilde{\mathbf{E}}_t$ 这个过程，在数学上可用一个 2×2 矩阵来描述。我

---

① 要是相位用（$\omega t - kz$），$\vec{\mathbf{E}}_{\mathscr{R}}$ 中的两项要互换。本书的记法虽然可能在直观上要困难一些（例如相位超前用$-\pi/2$），但是在近代著作中更为常用。在参看文献（例如 Shucliff 的文献）时应注意这一点。

们知道，矩阵就是一个数组，对它规定了加法运算和乘法运算。令 $\mathscr{A}$ 代表这个光学元件的变换矩阵，那么

$$\tilde{\mathbf{E}}_t = \mathscr{A}\tilde{\mathbf{E}}_i \tag{8.66}$$

其中

$$\mathscr{A} = \begin{bmatrix} a_{11} & a_{12} \\ a_{21} & a_{22} \end{bmatrix} \tag{8.67}$$

列矢量像其他矩阵一样对待。把（8.66）式写成

$$\begin{bmatrix} \tilde{E}_{tx} \\ \tilde{E}_{ty} \end{bmatrix} = \begin{bmatrix} a_{11} & a_{12} \\ a_{21} & a_{22} \end{bmatrix} \begin{bmatrix} \tilde{E}_{ix} \\ \tilde{E}_{iy} \end{bmatrix} \tag{8.68}$$

展开得到

$$\tilde{E}_{tx} = a_{11}\tilde{E}_{ix} + a_{12}\tilde{E}_{iy}$$

$$\tilde{E}_{ty} = a_{21}\tilde{E}_{ix} + a_{22}\tilde{E}_{iy}$$

表 8.6 列出了各种光学元件的琼斯矩阵。为了理解怎样用这些矩阵，让我们考察几个应用。假定 $\tilde{\mathbf{E}}_i$ 代表 $+45°$ 的 $\mathscr{P}$ 态，它通过一个四分之一波片，波片的快轴是铅直的（即在 y 方向）。透射波的偏振态可以如下求出（为方便起见略去恒定的振幅因子）：

$$\begin{bmatrix} 1 & 0 \\ 0 & -i \end{bmatrix} \begin{bmatrix} 1 \\ 1 \end{bmatrix} = \begin{bmatrix} \tilde{E}_{tx} \\ \tilde{E}_{ty} \end{bmatrix}$$

所以

$$\tilde{\mathbf{E}}_t = \begin{bmatrix} 1 \\ -i \end{bmatrix}$$

大家都知道，这个光束是右旋圆偏振的。若光波通过一系列由矩阵 $\mathscr{A}_1, \mathscr{A}_2, \cdots, \mathscr{A}_3$ 表示的光学元件，则

$$\tilde{\mathbf{E}}_t = \mathscr{A}_n \cdots \mathscr{A}_2\mathscr{A}_1\tilde{\mathbf{E}}_i$$

矩阵是不对易的；它们的次序不能写错。通过第一个光学元件的光波为 $\mathscr{A}_1\tilde{\mathbf{E}}_i$，通过第二个元件后变成 $\mathscr{A}_2\mathscr{A}_1\tilde{\mathbf{E}}_i$，如此类推。为了举例说明这个过程，重新考虑上面的波，即 $+45°$ 的 $\mathscr{P}$ 态，但现在它通过两个四分之一波片，它们的快轴都是铅直的。因此，若仍然不考虑振幅因子，有

$$\tilde{\mathbf{E}}_t = \begin{bmatrix} 1 & 0 \\ 0 & -i \end{bmatrix} \begin{bmatrix} 1 & 0 \\ 0 & -i \end{bmatrix} \begin{bmatrix} 1 \\ 1 \end{bmatrix}$$

由此得到

$$\tilde{\mathbf{E}}_t = \begin{bmatrix} 1 & 0 \\ 0 & -i \end{bmatrix} \begin{bmatrix} 1 \\ -i \end{bmatrix}$$

最后

$$\tilde{\mathbf{E}}_t = \begin{bmatrix} 1 \\ -1 \end{bmatrix}$$

透射光束是 $-45°$ 的 $\mathscr{P}$ 态，实际上即通过一个半波片转过 $90°$。在用同一系列光学元件来检验不同的态时，最好把 $\mathscr{A}_n \cdots \mathscr{A}_2 \mathscr{A}_1$ 通过乘法变成一个单独的 2×2 系统矩阵（计算的次序应当是先 $\mathscr{A}_2\mathscr{A}_1$，然后 $\mathscr{A}_3\mathscr{A}_2\mathscr{A}_1$，等等）。

　　1943 年，穆勒（Hans Mueller，当时是麻省理工学院的物理教授）设计了一种矩阵方法处理斯托克斯矢量。我们还记得，斯托克斯矢量既可用于偏振光，也可用于部分偏振光。密

勒的方法也有这个性质，所以可以作为琼斯方法的补充。但是，琼斯方法很容易处理相干波，而密勒方法则不行。4×4 的密勒矩阵的用法和琼斯矩阵一样，因此不需要详细讨论密勒的方法，从表 8.6 中举几个例子就够了。设我们使单位辐照度的非偏振光通过一个水平的线起偏器，那么出射波的斯托克斯矢量 $\mathcal{S}_t$ 为

$$\mathcal{S}_t = \frac{1}{2}\begin{bmatrix} 1 & 1 & 0 & 0 \\ 1 & 1 & 0 & 0 \\ 0 & 0 & 0 & 0 \\ 0 & 0 & 0 & 0 \end{bmatrix}\begin{bmatrix} 1 \\ 0 \\ 0 \\ 0 \end{bmatrix} = \begin{bmatrix} \frac{1}{2} \\ \frac{1}{2} \\ 0 \\ 0 \end{bmatrix}$$

透射波的辐照度为 1/2（即 $\mathcal{S}_0 = 1/2$），在水平方向线偏振（$\mathcal{S}_1 > 0$）。另一个例子，设有一个部分偏振椭圆波，它的斯托克斯参量已知为（4，2，0，3），即它的辐照度为 4；它更接近于水平偏振（$\mathcal{S}_1 > 0$）；它是右旋的（$\mathcal{S}_3 > 0$），并且偏振度为 90%。因为没有一个参量能够大于 $\mathcal{S}_0$，所以 $\mathcal{S}_3 = 3$ 这个值已经很大，表明椭圆很接近圆。如果使这个波通过一块有铅直快轴的四分之一波片，则

表 8.6　琼斯矩阵和穆勒矩阵

线性光学元件		琼斯矩阵	穆勒矩阵
水平的线起偏器	↔	$\begin{bmatrix} 1 & 0 \\ 0 & 0 \end{bmatrix}$	$\frac{1}{2}\begin{bmatrix} 1 & 1 & 0 & 0 \\ 1 & 1 & 0 & 0 \\ 0 & 0 & 0 & 0 \\ 0 & 0 & 0 & 0 \end{bmatrix}$
铅直的线起偏器	↕	$\begin{bmatrix} 0 & 0 \\ 0 & 1 \end{bmatrix}$	$\frac{1}{2}\begin{bmatrix} 1 & -1 & 0 & 0 \\ -1 & 1 & 0 & 0 \\ 0 & 0 & 0 & 0 \\ 0 & 0 & 0 & 0 \end{bmatrix}$
+45°的线起偏器	↗	$\frac{1}{2}\begin{bmatrix} 1 & 1 \\ 1 & 1 \end{bmatrix}$	$\frac{1}{2}\begin{bmatrix} 1 & 0 & 1 & 0 \\ 0 & 0 & 0 & 0 \\ 1 & 0 & 1 & 0 \\ 0 & 0 & 0 & 0 \end{bmatrix}$
−45°的线起偏器	↘	$\frac{1}{2}\begin{bmatrix} 1 & -1 \\ -1 & 1 \end{bmatrix}$	$\frac{1}{2}\begin{bmatrix} 1 & 0 & -1 & 0 \\ 0 & 0 & 0 & 0 \\ -1 & 0 & 1 & 0 \\ 0 & 0 & 0 & 0 \end{bmatrix}$
四分之一波片，快轴铅直		$e^{i\pi/4}\begin{bmatrix} 1 & 0 \\ 0 & -i \end{bmatrix}$	$\begin{bmatrix} 1 & 0 & 0 & 0 \\ 0 & 1 & 0 & 0 \\ 0 & 0 & 0 & -1 \\ 0 & 0 & 1 & 0 \end{bmatrix}$
四分之一波片，快轴水平		$e^{i\pi/4}\begin{bmatrix} 1 & 0 \\ 0 & i \end{bmatrix}$	$\begin{bmatrix} 1 & 0 & 0 & 0 \\ 0 & 1 & 0 & 0 \\ 0 & 0 & 0 & 1 \\ 0 & 0 & -1 & 0 \end{bmatrix}$
同质右旋圆起偏器	↺	$\frac{1}{2}\begin{bmatrix} 1 & i \\ -i & 1 \end{bmatrix}$	$\frac{1}{2}\begin{bmatrix} 1 & 0 & 0 & 1 \\ 0 & 0 & 0 & 0 \\ 0 & 0 & 0 & 0 \\ 1 & 0 & 0 & 1 \end{bmatrix}$
同质左旋圆起偏器	↻	$\frac{1}{2}\begin{bmatrix} 1 & -i \\ i & 1 \end{bmatrix}$	$\frac{1}{2}\begin{bmatrix} 1 & 0 & 0 & -1 \\ 0 & 0 & 0 & 0 \\ 0 & 0 & 0 & 0 \\ -1 & 0 & 0 & 1 \end{bmatrix}$

$$\mathcal{S}_t = \begin{bmatrix} 1 & 0 & 0 & 0 \\ 0 & 1 & 0 & 0 \\ 0 & 0 & 0 & -1 \\ 0 & 0 & 1 & 0 \end{bmatrix} \begin{bmatrix} 4 \\ 2 \\ 0 \\ 3 \end{bmatrix}$$

于是

$$\mathcal{S}_t = \begin{bmatrix} 4 \\ 2 \\ -3 \\ 0 \end{bmatrix}$$

出射波具有同样的辐照度和同样的偏振度，但是现在是部分线偏振的。

我们只接触了矩阵方法较重要的一些内容，对这个题目的完备的讨论远远超出了本书的范围[①]。

习题

除带星号的习题外，所有习题的答案都附在书末。

8.1* 两个光波 $E_x = E_0\cos(kz-\omega t)$ 和 $E_y = -E_0\cos(kz-\omega t)$ 在空间重叠。证明合成波是线偏振波，求它的振幅和倾斜角 θ。

8.2* 两个光波都用 SI 单位，$E_z = 4\sin(ky-\omega t)$ 和 $E_x = 3\sin(ky-\omega t)$ 在空间重叠。求合成波的偏振态。

8.3* 用 SI 单位的两个光波 $E_x = 8\sin(ky-\omega t+\pi/2)$ 和 $E_z = 8\sin(ky-\omega t)$。哪个波领先？领先多少？它们的合波是怎样的？它的振幅是多少？

8.4 完整描述下面每个波的偏振态：

(a) $\vec{E} = \hat{i}E_0 \cos(kz - \omega t) - \hat{j}E_0 \cos(kz - \omega t)$

(b) $\vec{E} = \hat{i}E_0 \sin 2\pi(z/\lambda - \nu t) - \hat{j}E_0 \sin 2\pi(z/\lambda - \nu t)$

(c) $\vec{E} = \hat{i}E_0 \sin(\omega t - kz) + \hat{j}E_0 \sin(\omega t - kz - \pi/4)$

(d) $\vec{E} = \hat{i}E_0 \cos(\omega t - kz) + \hat{j}E_0 \cos(\omega t - kz + \pi/2)$

8.5 考虑由式 $\vec{E}(z,t) = [\hat{i}\cos\omega t + \hat{j}\cos(\omega t - \pi/2)]E_0\sin kz$ 给出的扰动。这是哪一种波? 粗略画出它的主要特征。

8.6 用解析方法证明，振幅不相等的 $\mathcal{R}$ 态和 $\mathcal{L}$ 态叠加，将得出一个 $\mathcal{E}$ 态，如图 8.11 所示。要复制这个图，ε 必须是多大？

8.7 $\mathcal{P}$ 态光波的角频率为 ω，振幅 E_0，沿 x 轴传播，其振动平面和 xy 平面成 25° 解，当 $t = 0$ 和 $x = 0$ 时电场为零。写出这个波的表示式。

8.8* $\mathcal{P}$ 态光波角频率为 ω，振幅为 E_0，在 xy 平面上沿与 x 轴成 45° 的方向传播，其振动面在 xy 平面上，当 $t = 0, y = 0$ 和 $x = 0$ 时电场为零。写出这个波的表示式。

8.9 $\mathcal{R}$ 态光波频率为 ω，在正 x 方向传播。当 $t = 0$ 和 $x = 0$ 时 $\vec{E}$ 场指向负 z 轴。写出其表示式。

8.10* 一束电场在竖直方向的线偏振光，正入射在一个理想的线偏振器上，偏振器的透光轴也是竖直的。若入射光的辐照度为 200 W/m²，透过光的辐照度是多少？

8.11* 一个普通的钨丝灯泡射到一个理想的线偏振器的光强为 300 W/m²。问射出的辐照通量密度是多少？

[①] 用所谓相干矩阵，可以得到更精巧的数学上更令人满意的结果。进一步的更高级的读物可看 O'Neill, *Introduction to Statistical Optics*。

8.12* 一束电场在竖直方向的线偏振光，正入射到一个理想的线偏振器上。证明：若偏振器的透过方向与竖直方向成 60° 角，透过偏振器的辐照度只有原来的 25%。

8.13* 一个理想的线偏振器被线偏振光照明，线偏振光的振动方向与透光轴成 θ 角，其透光率为

$$T_l = (T_0 - T_{90})\cos^2\theta + T_{90}$$

其中 T_0 和 T_{90} 分别为最大和最小透过率。证明这个表示式和（8.25）式等价。

8.14* 假定 1000 W/m² 的自然光正入射在一片 HN-22 的偏振片上。描述光离开滤光片的情况。出射的辐照度是多少？

8.15 如果一束光起初是自然光，光通量密度为 I_i，让它通过两片 HN-32，它们的透光轴互相平行，透射光通量密度是多少？

8.16* 上题的检偏器旋转 30°，透射光的辐照度为多少？

8.17* 两片 HN-38S 线偏振器前后相接，透光轴对齐。第一片偏振器用 1000 W/m² 的自然光照明。求透过的辐照度。这一对偏振片的总透过率是多少？

8.18* 一束自然光的辐照度为 400 W/m²。它射到透光轴互成 40.0° 的两个理想线偏振器，向出射光的辐照度是多少？

8.19* 假定 4 个 HN-32 偏振片透光轴都平行，一个接着一个。自然光入射到第一个滤光片的辐照度为 I_i，透过这一堆偏振片后辐照度是多少？

8.20* 辐照度为 I_i 的自然光正入射到一片 HN-32 偏振片上。（a）出射光是多少？（b）后面再放一个相同的偏振片，它们的透光轴成 45° 时有多少光透过？

8.21* 辐照度为 I_i 的自然光正入射到三片理想的线偏振片上。各偏振片的透光轴互相平行，每片的主透光率为 64% 并有高的消光比。证明透过的辐照度大约为 $13\%I_i$。

8.22* 在 8.10 节中我们得知，像糖和胰岛素这类物质具有旋光性；它们转动偏振平面的角度大小正比于路程长度和溶液的浓度。盛有糖溶液的玻璃容器放在一对交叉的 HN-50 线偏振器中间。入射在第一个偏振器上的自然光的 50% 透过第二个偏振器。问容器中的糖溶液把通过第一个偏振器的光转动多少角度？

8.23* 普通闪光灯的光束通过一个线偏振器，其透光轴在竖直方向。透过的光束辐照度为 200 W/m²，正入射到一个竖直放置的 HN-50 线偏振器上，其透光轴在水平轴之上 30° 角。问透过的光有多少？

8.24* 辐照度为 200 W/m² 的线偏振光的电场矢量与铅直方向成 +55° 角，正入射在理想的线偏振片上，偏振片的透光轴与铅直方向成 +10°。问入射光的多大部分能透过？

8.25* 两个理想的线偏振片的透光轴分别与铅直方向成 10° 和 60° 角。电场方向与铅直方向成 40° 的线偏振光进入第一个偏振片，问出射辐照度是入射辐照度的多大一部分？

8.26* 想象一对交叉的起偏器，透光轴分别在铅直与水平方向，从第一个起偏器透过的光束的光通量密度为 I_1，当然，没有光通过检偏器，即 $I_2 = 0$。现在在这两个元件中间插入一个理想的线起偏器（HN-50），共透光轴和铅直成 45°，求 I_2。想想每个起偏器中辐射电磁波的电子的运动。

8.27* 想象有两个完全相同的理想的线偏振器和一个自然光源。把两个偏振器串接，它们的透光轴分别在 0° 和 50° 方向。现在在它们之间插入第三个线偏振片，透光轴在 25°。如果入射光为 1000 W/m²，问插入和不插入中间偏振片时有多少光透过？

8.28* 200 W/m² 的无规偏振的光入射在一串理想的线偏振器上。第一个偏振器的透光轴铅直取向，第二个 30°，第三个 60°，第四个 90°。问有多少光射出？

8.29* 两个理想的 HN-50 线偏振器前后相接。要想把一束 100 W/m² 的不偏振的入射光减为 30.0 W/m² 的输出光，两个偏振器的透光轴应该成什么角度？

8.30 在相似的一对静止的、正交的偏振器之间有另一个理想的偏振器以角速率 ω 旋转，证明透射光通量密

度将被调制，调制频率为转动频率的四倍。即证明

$$I = \frac{I_1}{8}(1 - \cos 4\omega t)$$

其中，I_1 是从第一个起偏器射出的光通量密度，I 为最后的光通量密度。

8.31 一束光线以接近正入射的角度射到一块方解石晶体上，透过晶体后被一镜子反射回来，又再次通过晶体，如题图 P.8.31 所示。观察者能否看到 Σ 上斑点的双像？

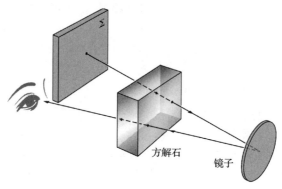

题图 P.8.31

8.32* 用铅笔在一张纸上作一记号，用一块方解石晶体盖住，从上面照明，通过晶体照在纸上的光是不是偏振光？为什么我们看见两个像？使闪光灯发出的光偏振并令它从一张纸上反射，以检验你的答案。试一试玻璃镜面的反射，反射光是偏振的吗？

8.33 详细讨论你在题图 P.8.33 中的所见。照片中的晶体是方解石，钝顶角在左上方，两个偏振片的透光轴平行于偏振片的短边。

题图 P.8.33

8.34 题图 P.8.34 为方解石晶体的三种不同取向。方解石的钝顶角在（a）中位于左方，在（b）中位于左下方，在（c）中位于底下，偏振片的透光轴在水平方向，解释每一张照片，特别是（b）。

(a)

(b)

(c)

题图 P.8.34

8.35　在讨论方解石时，我们曾指出，它的双折射大是由碳酸根位于平行平面上（垂直于光轴）这一事实引起的。画一简图表示并解释为什么当 $\vec{E}$ 垂直于 CO_3 平面时碳酸根的极化比 $\vec{E}$ 平行于 CO_3 平面时小。对于 $v_\perp$ 和 $v_\parallel$（即 $\vec{E}$ 的偏振方向垂直于和平行于光轴时的波速），这意味着什么？

8.36　一束光自左方进入一块方解石棱镜，如题图 P.8.36 所示。我们对光轴的三种可能的取向特别有意思的，这三个取向对应于 x、y 和 z 方向。试想有三块这样的棱镜，对每种情况画出入射光束和出射光束，表示出偏振状态。如何利用其中某一棱镜来测定 n_o 和 n_e？

8.37　计算寻常光在尼科耳棱镜内的方解石-树胶层上发生全内反射的临界角。

8.38*　画出石英的渥拉斯顿棱镜，表示出所有有关的光线和它们的偏振态。

8.39*　渥拉斯顿棱镜由两个 45°石英棱镜组成，如图 8.34。若 λ_0=589.3 nm，求两条出射光线分开的角度。[提示：与方解石渥斯顿棱镜比较，e 光和 o 光交换了位置。]

8.40　题图 P.8.40 所示的棱镜称为罗雄（Rochon）起偏器，画出有关的全部光线，假定
　　（a）它是用方解石制作的。
　　（b）它是用石英制作的。
　　（c）为什么在高光通量密度的激光下工作时这种器件比二向色性偏振器更有用？
　　（d）罗雄起偏器具有哪些渥拉斯顿起偏器所缺乏的有用特性？

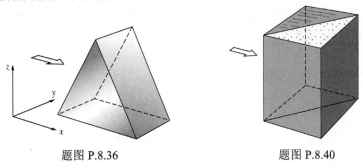

题图 P.8.36　　　　　　　　题图 P.8.40

8.41*　设想有一微波发射机发射线偏振波，已知 $\vec{E}$ 场平行于偶极子方向，我们希望从一水池（折射率为 9.0）的表面反射回全部光束，求微波束必须有的入射角并说明波束。

8.42*　透过一片偏振片滤光片看水池表面反射的天空（水的 $n = 1.33$），在什么角度下天空完全变暗？

8.43*　浸在水（$n_w = 1.33$）中的玻璃片（$n_g = 1.65$），对光反射的布儒斯特角是多少？

8.44*　某透明材料在空气中的临界角为 41.0°，求它的偏振角。

8.45*　一束光从某未知液体的表面上反射，用一片线偏振片来考察反射的光。发现当偏振片的中心轴（垂直于偏振片平面）与铅直方向成 54.30° 时，反射光全部透过，若是偏振片的透光轴平行于交界面。由此计算此液体的折射率。

8.46*　发现从浸在酒精（$n_e = 1.36$）里的玻璃板（$n_g = 1.65$）反射的光是完全线偏振的。在什么角度下这束部分偏振光将透射过玻璃板？

8.47*　一束自然光以 40°射到空气-玻璃界面（$n_{ti} = 1.5$），计算反射光的偏振度。

8.48*　证明反射光的偏振度（V_r）可以表示为

$$V_r = \frac{R_\perp - R_\parallel}{R_\perp + R_\parallel}$$

（提示：对非偏振反射光 $I_{r\parallel} = I_{r\perp}$，对偏振反射光 $I_p = I_{r\perp} - I_{r\parallel}$。）

8.49*　一束自然光从空气中以 70°入射到玻璃（$n = 1.5$）界面上被部分反射。计算总反射率。与入射角为（比方说）56.3°的情况比较，情况如何？加以说明。

8.50* 一束自然光从空气中以 56.0° 入射在玻璃（$n = 1.5$）板上。反射光部分偏振。求偏振度。（提示：参看习题 8.48。）

8.51* 一窄束光入射到一块干净材料的表面上，其反射光是全偏振的。若总反射率为 10%，求空气-此材料界面的透射率。

8.52 一条黄光以 50° 角入射到方解石片上，晶片的切割方式是使光轴平行于前表面并垂直于入射面，求两条出射光所张的角。

8.53* 一束光正入射石英片，石英片的光轴垂直于光束。若 $\lambda_0 = 589.3$ nm。计算寻常光和非常光的波长。它们的频率是多少？

8.54 入射的 $\mathscr{P}$ 态的电场矢量和一片四分之一波片的水平快轴成 +30° 角。详细描述出射波的偏振态。

8.55* 在两个理想的偏振片（第一个的光轴在铅直方向，第二个在水平方向）之间插入 10 个半波片。第一个半波片的快轴从铅直方向转 $\pi/40$，以后每个半波片都比前一个多转 $\pi/40$。求出射光辐照度与入射光辐照度之比。说明你的理由。

8.56* 假设你有一个线偏振器和一个四分之一波片，还有一个自然光源，你如何分辨前两个器件？

8.57* 线偏振光和水平成 130° 振动在第二、第四象限。让它通过一个 $\pi/2$ 推迟器，推迟器的快轴沿铅直方向。描述出射光的偏振状态。要是线偏振入射光的电场振动平行于慢轴，它应该怎么转（顺时针还是逆时针）？

8.58* 右圆光通过一个四分之一波片，波片的快轴在铅直方向。描述出射光的偏振态。偏振状态是否沿图 8.42 中圆的方向移动了一个象限？

8.59* 右圆光通过一个四分之一波片，波片的快轴在水平方向。解释为什么出射光是在一、三象限 45° 方向的线偏振光。

8.60* 在第二、第四象限的 135° 角方向振动的线偏振光通过一个半波片，波片的快轴在铅直方向。说明为什么出射光是在第一、第三象限的线偏振光。

8.61* 右圆光通过一个半波片，波片的快轴在铅直方向。描述出射光的偏振状态。

8.62* 在第一、第三象限与 x 轴成 60° 的方向上振动的线偏振光，通过一个四分之一波片，波片的快轴在水平方向。解释为什么出射光是左椭圆偏振光，椭圆的主轴在铅直方向。

8.63* 沿 x 轴振动的线偏振光通过一个四分之一波片，波片的快轴在 x 轴之上 45°。用相矢量方法图示，出射光是右圆偏振的。（提示：先在 x 轴上方 45° 画 x' 轴；E_y' 相矢量 O 位置在负 y 方向下面。）

8.64* 水平线偏振光通过一个四分之一波片，波片的快轴在水平方向上面 $\pi/8$ 弧度。利用相矢量方法图示出射光的偏振态。（提示：$\vec{\mathbf{E}}$ 是沿着 x 轴而在 x' 轴之下。所以向量 E_y' 以向下开始。）

8.65* 波长 590 nm 的左圆偏振光在 z 方向垂直通过一个石英片，变成一个右圆偏振光。石英片经过切割和抛光，光轴在 y 方向（$n_0 = 1.5443$, $n_e = 1.5534$），石英片的面是 xy 平面。（a）快轴在哪个的方向？（b）石英片最少要多厚？详细解释并画图。

8.66* $\mathscr{L}$ 态的光通过快轴为水平方向的八分之一波片，出射光的偏振态是什么？

8.67* 题图 P.8.67 为两个偏振片线起偏器，中间有一显微镜载玻片，上面贴着一片玻璃纸，说明你看见了什么。

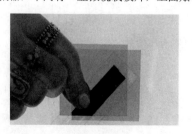

题图 P.8.67

8.68 设想非偏振的室内光几乎垂直地射到雷达屏的玻璃表面上，它的一部分将以镜反射方式射向观察者，从而使屏面的显示模糊。现在若用一个右圆起偏器盖在屏上，如题图 P.8.68 所示。画出入射光和反射光，标明它们的偏振态。反射光束会发生什么情况？

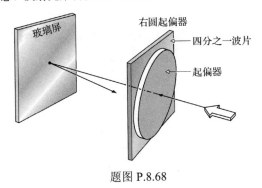

题图 P.8.68

8.69 在两个正交的线起偏器之间放置一个 45° 取向的巴俾涅补偿器，用钠光照明。当一片云母（折射率为 1.599 和 1.594）放在补偿器上时，暗带移动的距离为暗带间距的 1/4。求云母片的推迟和它的厚度。

8.70 一束光有没有可能由两个正交的非相干的 $\mathscr{P}$ 态组成而又不是自然光？加以说明。怎样才能得到这样一个光束？

8.71* 把蔗糖溶于水，溶液浓度为每立方厘米 1 克旋光物质（蔗糖）。在 20℃ 时对 $\lambda_0 = 589.3$ nm 的光的旋光率为每 10 cm $+66.45°$。一束竖直偏振 $\mathscr{P}$ 态的钠光进入 1 m 长的管子的一端，管子中有 1000 cm^3 溶液，其中含 10 g 蔗糖，问出射的 $\mathscr{P}$ 态在什么方向？

8.72 在两片正交的线起偏器之间放一片受有应力的光弹性材料。可以看到一组彩色的带（等色带）上叠加着一组暗带（等倾带）。我们怎样才能把等倾带去掉而只留下等色带？解释你的答案。附带说一句，这种装置和光弹性样品的取向无关。

8.73* 克尔盒的电极距离为 d，令 ℓ 为电极板的有效长度（由于电场的边缘效应，ℓ 和电极实际长度稍有不同）。证明

$$\Delta\varphi = 2\pi K \ell V^2/d^2 \qquad (8.48)$$

8.74 计算用 ADA（砷酸二氢铵）做的纵向泡克耳斯盒在 $\lambda_0 \approx 550$ nm 的半波电压，已知 $r_{63} = 5.5 \times 10^{-12}$ 及 $n_o = 1.58$。

8.75* 任意一个与水平方向成 θ 角的线偏振态，其琼斯矢量为

$$\begin{bmatrix} \cos\theta \\ \sin\theta \end{bmatrix}$$

证明这个矩阵与表 8.5 中 +45° 的 $\mathscr{P}$ 态一致。

8.76 写出代表一个与

$$\tilde{\mathbf{E}}_1 = \begin{bmatrix} 1 \\ -2i \end{bmatrix}$$

正交的偏振态的琼斯矢量 $\tilde{\mathbf{E}}_2$。简单描述这两个偏振态。

8.77* 由 $(1, 1, 0, 0)$ 和 $(3, 0, 0, 3)$ 代表的两个非相干光束叠加在一起。

（a）详细描述它们的每一个偏振态。

（b）出合光束的斯托克斯参量，描述它的偏振态。

（c）偏振度是多少？

（d）非相干光束 $(1, 1, 0, 0)$ 和 $(1, -1, 0, 0)$ 叠加产生什么样的光束？加以说明。

8.78* 通过用穆勒矩阵直接计算证明：一个单位辐照度的自然光，通过一个竖直的线偏振器后变成一个竖直的 $\mathscr{P}$ 态光。求它的相对辐照度和偏振度。

8.79* 通过用穆勒矩阵直接计算证明：一个单位辐照度的自然光，通过一个透光轴为+45°的线偏振器后变成一个+45°的 $\mathscr{P}$ 态光。求它的相对辐照度和偏振度。

8.80* 通过用穆勒矩阵直接计算证明：一个水平的 $\mathscr{P}$ 态光，通过一个快轴在水平方向的四分之一波片之后，没有变化。

8.81* 证实，矩阵

$$\begin{bmatrix} 1 & 0 & 0 & 0 \\ 0 & 0 & 0 & -1 \\ 0 & 0 & 1 & 0 \\ 0 & 1 & 0 & 0 \end{bmatrix}$$

是快轴为+45°的四分之一波片的穆勒矩阵。让一个45°的线偏振光穿过它，会发生什么情况？把水平的 $\mathscr{P}$ 态光输入这个器件，输出的是什么？

8.82* 穆勒矩阵

$$\begin{bmatrix} 1 & 0 & 0 & 0 \\ 0 & C^2 + S^2 \cos \Delta\varphi & CS(1 - \cos \Delta\varphi) & -S \sin \Delta\varphi \\ 0 & CS(1 - \cos \Delta\varphi) & S^2 + C^2 \cos \Delta\varphi & C \sin \Delta\varphi \\ 0 & S \sin \Delta\varphi & -C \sin \Delta\varphi & \cos \Delta\varphi \end{bmatrix}$$

（其中 $C = \cos 2\alpha$ 和 $S = \sin 2\alpha$）代表一个任意的波片，其推迟为 $\Delta\varphi$，快轴与水平方向成 α 角。用这个矩阵推出上题的结果。

8.83* 从上题给出的任意推迟量的穆勒矩阵出发，证明它与表 8.6 中的竖直快轴的四分之一波片的矩阵相同。

8.84 推导快轴在−45°的四分之一波片的穆勒矩阵。验证此矩阵和习题 8.81 的矩阵相抵消，所以光束相继通过这两个波片后不会变化。

8.85* 一束水平线偏振的光束通过上面两题中的每个四分之一波片。描述输出光的状态。说明哪个分量领先，并与图 8.9 比较。

8.86 用表 8.6 导出快轴在竖直方向的半波片的穆勒矩阵。用你的结果把一个 $\mathscr{R}$ 态变成 $\mathscr{L}$ 态。证实同一波片也把 $\mathscr{L}$ 态变成 $\mathscr{R}$ 态。相对相位领先或推迟 $\pi/2$ 的效果相同。导出快轴在水平方向的半波片的矩阵以核对这个结论。

8.87 构建一个可能的穆勒矩阵，描述由线起偏器和四分之一波片组成的右旋圆起偏器。这样一种器件显然是一个非均匀的二元件列阵，与表 8.6 中的均匀圆起偏器不同。证实你的矩阵的确会把自然光变成 $\mathscr{R}$ 态。证明它和均匀矩阵一样，让 $\mathscr{R}$ 态通过。你的矩阵把入射到输入端上的 $\mathscr{L}$ 转换为 $\mathscr{R}$ 态，而均匀的起偏器则全部吸收 $\mathscr{L}$ 态光。证实这一点。

8.88* 如果图 8.65 中的泡克耳斯盒调制器用辐照度为 I_i 的光照射，它透射的光束的辐照度 I_t 将是

$$I_t = I_i \sin^2 (\Delta\varphi/2)$$

画出 I_t/I_i 随外加电压变化的曲线。对应于透射极大值的电压有什么意义？对 ADP 和 $\lambda_0 = 546.1$ nm，使 I_t 为零的最低电压（大于零电压）是多大？要怎样重新安排才能使零电压的 I_t/I_i 为最大值？在这种新安排下，$V = V_{\lambda/2}$ 时的辐照度是多少？

8.89 写出振幅传输系数为 t 的各向同性吸收板的琼斯矩阵。有时可能想要记录相位的变化，因为即使是 $t = 1$ 的板，仍然是一块各向同性的相位推迟器。真空区域的琼斯矩阵是什么？理想的吸收体的琼斯矩阵又是什么？

8.90 构建振幅传输系数为 t 的各向同性吸收板的穆勒矩阵。什么样的穆勒矩阵将使任何波完全退偏振而不影响其辐照度？（这种穆勒矩阵没有物理的对应物。）

8.91　记住（8.33）式，用斯托克斯参量写出一个部分偏振光束中的非偏振通量密度分量（I_n）。为了检验你的结果，把通量密度为 4 的一个非偏振的斯托克斯矢量和通量密度为 1 的 R 态相加，然后看对合成波是否得到 $I_n = 4$。

8.92*　一个滤光器由下面的琼斯矩阵描述

$$\begin{bmatrix} \cos\alpha & \sin\alpha \\ -\sin\alpha & \cos\alpha \end{bmatrix}$$

对下面每种输入光求输出光的形式：

（a）入射光为平面偏振，偏振方向与水平方向成 θ 角（见习题 8.75）。

（b）左圆偏振光。

（c）右圆偏振光。

（d）由以上结果判别这是什么滤光器，说明如何制作它。

8.93　一个滤光器由下面的琼斯矩阵描述

$$\begin{bmatrix} \cos^2\alpha & \cos\alpha\sin\alpha \\ \cos\alpha\sin\alpha & \sin^2\alpha \end{bmatrix}$$

（a）入射光为平面偏振，与水平方向成 θ 角。求输出光的形式（见习题 8.75）。

（b）从（a）的结果推导出滤光器的性质。

（c）最少用另一个检测证实你的推导。

8.94*　两个线性滤光器的琼斯矩阵为

$$\mathcal{A}_1 = \frac{1}{\sqrt{2}}\, e^{-i\pi/4} \begin{bmatrix} 1 & i \\ i & 1 \end{bmatrix}$$

$$\mathcal{A}_2 = \frac{1}{\sqrt{2}}\, e^{i\pi/4} \begin{bmatrix} 1 & -i \\ -i & 1 \end{bmatrix}$$

认出这两个滤光器是什么滤光器。

8.95*　盛有旋光性糖溶液的盒子的琼斯矩阵为

$$\frac{1}{2\sqrt{2}} \begin{bmatrix} 1+\sqrt{3} & -1+\sqrt{3} \\ 1-\sqrt{3} & 1+\sqrt{3} \end{bmatrix}$$

（a）入射光为水平 $\mathscr{P}$ 态，求出射光的偏振。

（b）入射光为竖直 $\mathscr{P}$ 态，求出射光的偏振。

（c）求旋光材料产生的转角。

第9章 干 涉

在湿柏油路面的一层油膜上闪烁着的复杂彩色图样（见照片），是干涉现象很常见的一种表现[1]。我们可以在宏观尺度上，考虑水池中的表面波纹的相互作用这个与之相联系的问题。关于这类情况的日常经验使我们可以摹想复杂的扰动分布（例如图 9.1 所示的那种分布）。在这一分布中会有这样的区域，在这些区域中两个（或多个）波叠加的结果，部分甚至完全地相互抵消。在图样中也有另外一些区域，在那些地方合成的波谷和波峰比任何单个成分波的波谷和波峰更为显著。发生叠加之后，各个波又分开来并继续向前传播，丝毫不受在此以前的遭遇的影响。

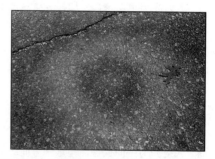

这些圆形的干涉条纹来自湿人行道上的油膜。它们是等厚条纹（见 9.4 节），所以在不同角度看都不改变。当然，它们也出现在彩虹里

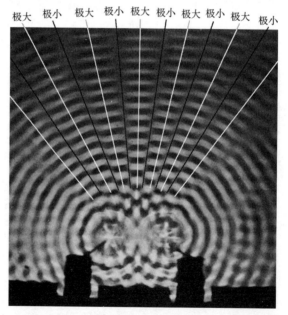

图 9.1 在一个波纹桶里两个同相位点源产生的水波。在图样的中部，楔形的极大区被两个黑色的平静区（极小区）隔开，楔形区里有波峰（细的亮带）和波谷（细的黑带）。虽然叠加的波节线看来是直线，实际上是双曲线。光学中与此等价的是图 9.3（c）画的电场分布

虽然这个题目可以从量子电动力学的视角处理（4.11.1 节），我们还是采用更为简单的方法。光的电磁本性的波动理论提供了进行解释的自然基础。我们还记得，描述光学扰动的表

---

[1] 柏油上的水层使油膜可以取光滑平面的形状。黑色的柏油则吸收了透射光，防止了使条纹模糊的背景反射。

示式是一个二阶的线性齐次偏微分方程 [（3.22）式]。我们已经看到，它服从重要的叠加原理。因此，在有两束或多束光重叠的空间一点上，总的电场强度 $\vec{E}$ 等于各个单独的光扰动的矢量和。于是简单地说，**光学干涉就是两束或多束光波的相互作用，这种相互作用产生的总辐照度不等于各束光波的辐照度之和。**

从大量的产生干涉的光学系统中，我们将挑选几种比较重要的来讨论。为了讨论的方便，我们将把干涉器件分成两种：分波阵面干涉和分振幅干涉。在前一种情况下，初级波阵面的各个不同部分或者直接用作发射次级波的光源，或者和光学仪器联合作用产生次级波的虚光源。然后把这些次级波聚到一起产生干涉。在后一种分振幅干涉的情况下，初级波本身分成两份，走过不同的光程之后，重新复合并发生干涉。

9.1 一般考虑

我们已经考察过两个标量波的叠加问题（7.1 节），这些结果在许多方面仍然可以用。但是，光当然是一种矢量现象，电场和磁场都是矢量场。了解这一事实，对于干涉现象的任何一种直观理解都有基本的意义。不用说，在许多情况下也可以造出特殊的光学系统，使得光的矢量本性没有什么实际重要性。因此我们将在矢量模型的范围内来导出干涉的基本方程，然后给出标量处理方法适用的条件。

按照叠加原理，由各个光源分别产生的场 $\vec{E}_1$，$\vec{E}_2$，…生成的在空间一点的总电场强度 $\vec{E}$ 由下式给出：

$$\vec{E} = \vec{E}_1 + \vec{E}_2 + \cdots \tag{9.1}$$

光扰动或光场 $\vec{E}$ 以大约 $4.3 \times 10^{14} \sim 7.5 \times 10^{14}$ Hz 的频率随时间极快地变化，快得使实际的光场无法实测。另一方面，辐照度 I 则可以用各种各样的探头（例如，光电管、热辐射计、照相乳胶或眼睛）直接测量。要研究干涉，最好从辐照度的角度来研究。

下面的分析的大部分内容并不需要具体规定波阵面的特殊形状，其结果是普遍适用的（习题 9.1）。然而，为了简单起见，考虑两个点光源 S_1 和 S_2，它们在均匀媒质中发射同一频率的单色波。令 S_1 和 S_2 的间隔 a 远大于 λ，选观察点 P 离光源足够远，使得在 P 点的两个波阵面都是平面（图 9.2）。暂且只考虑如下的线偏振波

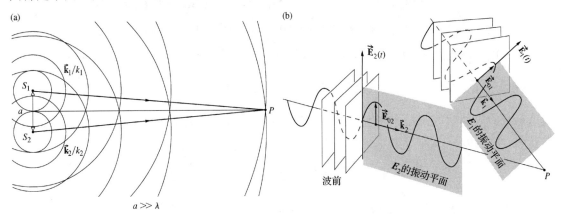

图 9.2　从两个点光源来的波在空间重叠

$$\vec{\mathbf{E}}_1(\vec{\mathbf{r}}, t) = \vec{\mathbf{E}}_{01} \cos(\vec{\mathbf{k}}_1 \cdot \vec{\mathbf{r}} - \omega t + \varepsilon_1) \tag{9.2a}$$

和

$$\vec{\mathbf{E}}_2(\vec{\mathbf{r}}, t) = \vec{\mathbf{E}}_{02} \cos(\vec{\mathbf{k}}_2 \cdot \vec{\mathbf{r}} - \omega t + \varepsilon_2) \tag{9.2b}$$

在第 3 章中看到，P 点的辐照度由下式给出：

$$I = \epsilon v \langle \vec{\mathbf{E}}^2 \rangle_T$$

由于我们只关心同种媒质中的相对辐照度，至少在此时，可以略去常数，令

$$I = \langle \vec{\mathbf{E}}^2 \rangle_T$$

$\langle \vec{\mathbf{E}}^2 \rangle_T$ 的意义当然是取电场强度的平方的时间平均值或 $\langle \vec{\mathbf{E}} \cdot \vec{\mathbf{E}} \rangle_T$。由于

$$\vec{\mathbf{E}}^2 = \vec{\mathbf{E}} \cdot \vec{\mathbf{E}}$$

在现在的情况下

$$\vec{\mathbf{E}}^2 = (\vec{\mathbf{E}}_1 + \vec{\mathbf{E}}_2) \cdot (\vec{\mathbf{E}}_1 + \vec{\mathbf{E}}_2)$$

所以

$$\vec{\mathbf{E}}^2 = \vec{\mathbf{E}}_1^2 + \vec{\mathbf{E}}_2^2 + 2\vec{\mathbf{E}}_1 \cdot \vec{\mathbf{E}}_2 \tag{9.3}$$

对等号两边时间平均值，得辐照度为

$$I = I_1 + I_2 + I_{12} \tag{9.4}$$

其中

$$I_1 = \langle \vec{\mathbf{E}}_1^2 \rangle_T \tag{9.5}$$

$$I_2 = \langle \vec{\mathbf{E}}_2^2 \rangle_T \tag{9.6}$$

及

$$I_{12} = 2\langle \vec{\mathbf{E}}_1 \cdot \vec{\mathbf{E}}_2 \rangle_T \tag{9.7}$$

最后一项称为干涉项。为了在这个特殊情况下算出它的大小，写出

$$\vec{\mathbf{E}}_1 \cdot \vec{\mathbf{E}}_2 = \vec{\mathbf{E}}_{01} \cdot \vec{\mathbf{E}}_{02} \cos(\vec{\mathbf{k}}_1 \cdot \vec{\mathbf{r}} - \omega t + \varepsilon_1) \times \cos(\vec{\mathbf{k}}_2 \cdot \vec{\mathbf{r}} - \omega t + \varepsilon_2) \tag{9.8}$$

或等价地

$$\vec{\mathbf{E}}_1 \cdot \vec{\mathbf{E}}_2 = \vec{\mathbf{E}}_{01} \cdot \vec{\mathbf{E}}_{02} [\cos(\vec{\mathbf{k}}_1 \cdot \vec{\mathbf{r}} + \varepsilon_1) \cos \omega t + \sin(\vec{\mathbf{k}}_1 \cdot \vec{\mathbf{r}} + \varepsilon_1) \sin \omega t]$$
$$\times [\cos(\vec{\mathbf{k}}_2 \cdot \vec{\mathbf{r}} + \varepsilon_2) \cos \omega t + \sin(\vec{\mathbf{k}}_2 \cdot \vec{\mathbf{r}} + \varepsilon_2) \sin \omega t] \tag{9.9}$$

我们还记得，函数 $f(t)$ 在时间间隔 T 内的时间平均值是

$$\langle f(t) \rangle_T = \frac{1}{T} \int_t^{t+T} f(t') \, dt' \tag{9.10}$$

简谐函数的周期 τ 是 $2\pi/\omega$，在现在讨论的情况下，$T \gg \tau$。这时积分前面的系数 $1/T$ 有很重要的作用。将（9.9）式乘开并求平均，得

$$\langle \vec{\mathbf{E}}_1 \cdot \vec{\mathbf{E}}_2 \rangle_T = \frac{1}{2} \vec{\mathbf{E}}_{01} \cdot \vec{\mathbf{E}}_{02} \cos(\vec{\mathbf{k}}_1 \cdot \vec{\mathbf{r}} + \varepsilon_1 - \vec{\mathbf{k}}_2 \cdot \vec{\mathbf{r}} - \varepsilon_2)$$

上式用了 $\langle \cos^2 \omega t \rangle_T = \frac{1}{2}$，$\langle \sin^2 \omega t \rangle_T = \frac{1}{2}$ 和 $\langle \cos \omega t \sin \omega t \rangle_T = 0$。于是干涉项为

$$I_{12} = \vec{\mathbf{E}}_{01} \cdot \vec{\mathbf{E}}_{02} \cos \delta \tag{9.11}$$

其中 δ 等于 $(\vec{k}_1 \cdot \vec{r} - \vec{k}_2 \cdot \vec{r} + \varepsilon_1 - \varepsilon_2)$，它是光程和初始相角差联合引起的相差。注意，如果 $\vec{E}_{01}$ 和 $\vec{E}_{02}$（因而 $\vec{E}_1$ 和 $\vec{E}_2$）相互垂直，那么 $I_{12} = 0$，因而 $I = I_1 + I_2$。两个垂直的 $\mathscr{P}$ 态将合并产生一个 $\mathscr{R}$ 态、$\mathscr{L}$ 态、$\mathscr{P}$ 态或者 $\mathscr{E}$ 态，但是通量密度的分布不变。

以后的工作中要遇到的最常见的情况是 $\vec{E}_{01}$ 和 $\vec{E}_{02}$ 平行。在这种情况下，辐照度简化为 7.1 节的标量处理方法求出的值。在这种条件下，

$$I_{12} = E_{01}E_{02}\cos\delta$$

这可以写成一种更方便的形式：注意到

$$I_1 = \langle \vec{E}_1^2 \rangle_T = \frac{E_{01}^2}{2} \tag{9.12}$$

和

$$I_2 = \langle \vec{E}_2^2 \rangle_T = \frac{E_{02}^2}{2} \tag{9.13}$$

干涉项变为

$$I_{12} = 2\sqrt{I_1 I_2}\cos\delta$$

于是总的辐照度是

$$I = I_1 + I_2 + 2\sqrt{I_1 I_2}\cos\delta \tag{9.14}$$

在空间不同地点，总的辐照度可以大于、小于或等于 $I_1 + I_2$，这取决于 I_{12} 的值，即取决于 δ。当 $\cos\delta = 1$ 时，即当

$$\delta = 0, \pm 2\pi, \pm 4\pi, \cdots$$

得到辐照度的最大值

$$I_{max} = I_1 + I_2 + 2\sqrt{I_1 I_2} \tag{9.15}$$

这时两个波之间的相位差是 2π 的整数倍，两个扰动是同相的。这种情况叫做**完全相长干涉**。当 $0 < \cos\delta < 1$，两个波有相位差，$I_1 + I_2 < I < I_{max}$，这个结果叫做相长干涉。当 $\delta = \pi/2$，$\cos\delta = 0$，这时我们说两个光扰动的相位差 90°，$I = I_1 + I_2$。对于 $0 > \cos\delta > -1$，$I_1 + I_2 > I > I_{min}$，这是相消干涉的条件。当两个波的相位差 180° 时，波谷与波峰重叠，$\cos\delta = -1$，结果得到辐照度的最小值

$$I_{min} = I_1 + I_2 - 2\sqrt{I_1 I_2} \tag{9.16}$$

当然，当 $\delta = \pm\pi, \pm 3\pi, \pm 5\pi, \cdots$ 都会产生这种结果，这种情况称为**完全相消干涉**。

另一个有些特别但却非常重要的情况发生在图 9.2 中到达 P 点的两个波的振幅相等（即 $\vec{E}_{01} = \vec{E}_{02}$）时。由于来自两个光源的辐照度分布这时是相等的，令 $I_1 = I_2 = I_0$。现在（9.14）式可以写成

$$I = 2I_0(1 + \cos\delta) = 4I_0\cos^2\frac{\delta}{2} \tag{9.17}$$

由此得到，$I_{min} = 0$，$I_{max} = 4I_0$. 对于两束光有夹角时的分析，见习题 9.3。

（9.14）式对从 S_1 和 S_2 发射的球面波同样成立。这种波可以表示成

$$\vec{E}_1(r_1, t) = \vec{E}_{01}(r_1) \exp[i(kr_1 - \omega t + \varepsilon_1)] \tag{9.18a}$$

和

$$\vec{E}_2(r_2, t) = \vec{E}_{02}(r_2) \exp[i(kr_2 - \omega t + \varepsilon_2)] \qquad (9.18b)$$

r_1 和 r_2 项是在 P 点重叠的球形波阵面的半径，也就是说，它们代表从光源到 P 点的距离。这时

$$\delta = k(r_1 - r_2) + (\varepsilon_1 - \varepsilon_2) \qquad (9.19)$$

当（r_1-r_2）变化时，S_1 和 S_2 周围区域内的通量密度也随之逐点变化。然而，根据能量守恒定律，我们期望 I 的空间平均值保持不变，并等于 $I_1 + I_2$ 的平均值，因此 I_{12} 的空间平均值必须等于零，这个性质可由（9.11）式证明，因为余弦项的平均值实际上是零（对这个问题的进一步讨论见习题 9.2）。

当 S_1 和 S_2 之间的距离比起 r_1 和 r_2 小得多，并且干涉区域比 r_1 和 r_2 也小得多时，（9.17）式就可适用。在这些条件下，可以认为 $\vec{E}_{01}$ 和 $\vec{E}_{02}$ 与位置无关，也就是说在所考虑的小区域内是常数。如果两个辐射源一样强，$\vec{E}_{01} = \vec{E}_{02}$，$I_1 = I_2 = I_0$，我们有

$$I = 4I_0 \cos^2 \frac{1}{2}[k(r_1 - r_2) + (\varepsilon_1 - \varepsilon_2)]$$

当

$$\delta = 2\pi m$$

而 $m = 0, \pm 1, \pm 2, \cdots$ 时为辐照度的极大值。类似地，当

$$\delta = \pi m'$$

而 $m' = \pm 1, \pm 3, \pm 5, \cdots$，或者 $m' = 2m + 1$ 时有辐照度的极小值 $I = 0$。利用（9.19）式，这两个表达式可以改写成这样：当

$$(r_1 - r_2) = [2\pi m + (\varepsilon_2 - \varepsilon_1)]/k \qquad (9.20a)$$

时为辐照度的极大值。而辐照度的极小值发生在

$$(r_1 - r_2) = [\pi m' + (\varepsilon_2 - \varepsilon_1)]/k \qquad (9.20b)$$

（9.20）式中每个方程都定义一族曲面，其中的每个曲面都是一个旋转双曲面。各个双曲面的顶点之间的距离等于（9.20a）式和（9.20b）式等号右端的量。双曲面的焦点位于 S_1 和 S_2。如果在辐射源处两波同相，即 $\varepsilon_1 - \varepsilon_2 = 0$，则（9.20a）式和（9.20b）式就简化成

[极大值] $$(r_1 - r_2) = 2\pi m/k = m\lambda \qquad (9.21a)$$

[极小值] $$(r_1 - r_2) = \pi m'/k = \frac{1}{2}m'\lambda \qquad (9.21b)$$

它们分别对应于辐照度的极大值和极小值。图 9.3a 画出几个辐照度极大值所在的曲面。放置在干涉区域内的屏上看到的暗带和亮带称为**干涉条纹**（图 9.3b）。当观察屏保持和本身平行做垂直移动，离点光源越远，条纹看起来越直。和两个光源等距离的中心亮带，叫做零阶条纹（$m = 0$），它处于 $m' = \pm 1$ 的两条极小值暗带中间，再外边是两条一阶（$m = \pm 1$）极大值亮带，再外边是两条 $m' = \pm 3$ 极小值暗带，等等。

因为光的波长 λ 非常小，在 $m = 0$ 的平面两边附近有很多 m 值小的表面。把一个垂直于 $m = 0$ 平面的观察屏放在远处，就会在 $m = 0$ 的条纹附近出现许多近乎平行的条纹，此时 $r_1 \approx r_2$。如果把 S_1 和 S_2 在图 9.3b 的竖直平面内垂直于 $\overline{S_1 S_2}$ 移动，条纹只是沿着本身平行移动。于是两条狭缝将产生大量精确排列的条纹，增大辐照度，使两个点光源的图样的中心区域基本上不变。

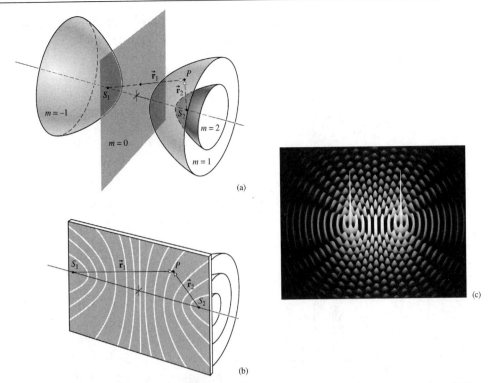

图 9.3 （a）两个点光源产生的辐照度极大值双曲面。当 $r_1 > r_2$ 时，m 为正。（b）辐照度最大值在包含 S_1 和 S_2 的平面上的分布。（c）在（b）所示平面上的电场分布。两个尖峰是点光源 S_1 和 S_2。注意光源的间距在（b）中和（c）中是不同的

9.1.1 近场/远场

为了数学上的简单，通常是在距离两个点光源很远的地方分析条纹图样。在这个区域，发生干涉的波可以看成平面波。在这里辐照度的余弦平方分布成立，可以看到一系列很直的亮暗条纹（图 9.4）。观察屏离光源更远时，所有的图样只是照原样放大而已。这就是大多数基础入门计算集中注意的场合，叫做**远场**。

两个波最初是球面波，只有离光源很远的地方才像平面波。当然，球面波的振幅随着传播距离的增加而变小。到达远场后，两个波已走得够元了，使得它的走过的路程的任何微小差异（$r_1 - r_2$）对它们的振幅已经没有什么影响，所引起的振幅的不同可以忽略。换句话说，当 P 点很远时，到达这一点的两个波的振幅可以看成

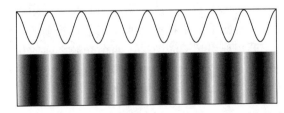

图 9.4 远场双光束干涉的余弦平方条纹。这条振荡曲线有些理想化，因为实际上左右两端的条纹反差比较弱

相同。如果一个波传播了 $1\,000\,000 \times \lambda$ 的距离，另一个传播了 $1\,000\,000.5 \times \lambda$ 的距离，虽然它们的相位差达到 π，但是它们的振幅却非常接近。所以只有这两个波的相对相位决定远场的干涉图样 [（9.21）式]，而它们的振幅则认为是相等的。

接近光源时，情况就不同了。这个区域叫做**近场**，两个波到达近场内任何一点时，既有相位差，振幅也可以不同。这就要做更复杂的分析，干涉条纹也更多变化，如图 9.5 所示。

图中两个点光源相隔 $a = 4\lambda$，在离光源不远的小空间内画出其辐照度。注意在很接近光源的距离 2λ 和 4λ 的地方，图样和远场的余弦平方分布很不一样。我们马上要在考察杨氏实验时回到这个问题。

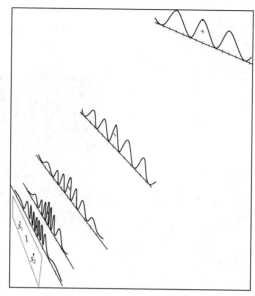

图 9.5 两个点光源 S_1 和 S_2 相隔 $a = 4\lambda$，在光源附近的条纹图样（辐照度图），曲线对应于离光阑的垂直距离为 $a/2$、a、$2a$、$4a$ 和 $8a$

9.2 发生干涉的条件

要两个光束发生干涉产生稳定的图样，它们的频率应当非常接近。大的频率差将引起依赖于时间的变化迅速的相位差，因而在探测时间内把 I_{12} 平均为零（参看 7.1 节）。如果两个光源都发射白光，红分量光和红分量光干涉，蓝分量光和蓝分量光干涉。数量众多的稍许位移的相似的单色干涉图样的重叠，产生了整体为白光的图样。这样的图样不像单色光的图样锐利或者多，但是白光会产生可观测到的干涉。

发生干涉的两个波的振幅相等或接近相等时，干涉图样最清楚。中心区的暗条纹和亮条纹分别对应于完全相消干涉和完全相长干涉，反差最大。

要想观察到干涉图样，两个光源之间的相位不一定要相同。要是它们有初始的相位差，只要这个相位差保持恒定，干涉条纹只比没有相差时移动少许点。这样的光源（无论是同相还是相差恒定）叫做**相干光源**[①]。

9.2.1 时间相干和空间相干

由于发射过程的微粒本性，普通的准单色光源产生的光是混合的光子波列。空间每一个被光照的点都有很好振荡的光场，在相位无规改变相位之前大约振荡百万次，持续时间短于 10 纳秒。这个时间间隔（在此间隔的光波像一个正弦波）是**时间相干性**的量度。光波以可预测的方式振荡的平均时间间隔叫做辐射的相干时间。相干时间越长，光源的时间相干性越好。

① 第 12 章专门研究相干性，这里只涉及直接有关的部分。

从空间一个固定点观察，光波在两次突然改变相位之间以足够接近正弦波的形式振荡若干次，它对应的空间尺度是相干长度 [（7.64）式]。我们也可以把光束描绘成一群波列，波形多少是正弦波平均长度为 Δl_c，每个波的相位互不相关。记住，**时间相干性表示了光谱的纯度**。如果光波是理想的单色光，光波就是一个完美的正弦波，有无限长的相干长度。所有实际的光源都不是理想的单色光，它们的频率都有一定的带宽，尽管有时带宽很窄。例如，一个普通的实验室放电灯的相干长度为几毫米，而某些激光器则可以提供数十千米的相干长度。

图 9.6 总结了这些想法。图 9.6a 中从点光源来的波是单色的，有完美的时间相干性。在 P_1' 发生的事，过一会儿就会发生在 P_2'，然后再发生在 P_3'，完全可以预测。事实上，依靠观察 P_4'，我们可以判定波在 P_1' 点任何时候做的事情。波上的每一点都是相关的；它的相干时间无限长。相反，图 9.6b 的点光源不时改变频率。这时离开很远的两点像 P_1' 和 P_4'，就不相关。波缺乏像图 9.6a 中那样的全面的时间相干，但也不是完全不能预测；靠得很近的两点像 P_2' 和 P_3'，的行为还是有些相关。这是部分时间相干的例子，它的量度就是相干长度，即扰动仍是正弦形式的最短距离，也就是，可以预测相位的最短长度。

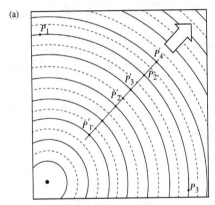 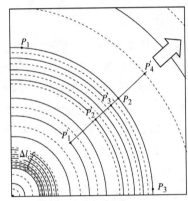

图 9.6 时间相干和空间相干。（a）具有两种完美相干性的波。（b）有完美的空间相干，但只有部分的时间相干

注意，在图 9.6 的两部分中，波在 P_1、P_2、P_3 点的行为是完全相互关联的。两个波列的每一个都来自单一一个点光源，P_1、P_2、P_3 点都在同一个波阵面上。这些侧向分开的点上的扰动是同相的，以后还会保持同相。所以这两个波显示了完全的**空间相干性**。相反，假定是广光源，由许多相隔很远的点光源（周期为 τ 的单色点光源）组成，像图 9.7 那样。如果我们每隔 τ 秒给图 9.7 的波的图样拍一张照片，照片都一样；每个波面都被后面一个波长远的相同波面代替。P_1'、P_2'、P_3' 上的扰动是关联的，这个波是时间相干的。

现在我们看稍微现实些的情况。假定每个点光源迅速地改变相位，无规地发射

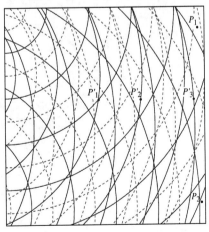

图 9.7 多个（图中为 4 个）隔得很开的到光源，合成波仍是相干的。但是这些光源的相位迅速且无规地变化，使得空间相关和时间相干相应地减小

10 ns 长的正弦波列。图 9.7 中的波将无规地改变相位、移动、合成，杂乱无章地重组。P_1'、P_2'、P_3' 上的扰动只在短于 10 ns 的时间内才相关联。相隔不远的两个点（像 P_1 和 P_2）上的波场，依赖于光源的大小，几乎完全不相关联。蜡烛火焰或者太阳光束就是这样的多个频率的堆集。

两个普通光源，例如两个灯泡，能够维持恒定的相对相位的时间不超过 Δt_c，所以它们产生的干涉条纹以极快的速率在空间无规移动，被平均掉，实际上观测不到。在发明激光器之前，没有两个单独光源能够产生可观测的干涉图样是公认的定则。但是激光器的相干时间可以很长，所以观察过两个独立激光器的干涉，并且拍了照片[①]。为了克服热光源不能产生干涉这个问题，最普通的方法就是让一个热光源产生两个相干的次级光源。

9.2.2　菲涅耳-阿拉果定律

在 9.1 节中，我们假定两个重叠的光学扰动矢量是线偏振的，互相平行。然而，那里的公式也可以应用于更复杂的情况；不论波的偏振态如何，都可以用。为了说明这一点，回想任何偏振态都可以用两个正交的 $\mathscr{P}$ 态来合成。对于自然光，两个 $\mathscr{P}$ 态互不相干，这样做没有什么特别的困难。

假定每个波的传播矢量都在同一个平面上，我们可以相对于这个平面将两个正交 $\mathscr{P}$ 态标志为 $\vec{E}_\parallel$ 和 $\vec{E}_\perp$，它们分别平行和垂直于这个平面（图 9.8a）。于是任何平面波，不论偏振还是不偏振，都可以写成 $(\vec{E}_\parallel + \vec{E}_\perp)$ 的形式。想象从两个相同的相干光源发出的两个波 $(\vec{E}_{\parallel 1} + \vec{E}_{\perp 1})$ 和 $(\vec{E}_{\parallel 2} + \vec{E}_{\perp 2})$ 在空间某处叠加在一起。合波的通量密度分布由两个独立的精确重叠的干涉图样 $\langle(\vec{E}_{\parallel 1} + \vec{E}_{\perp 2})^2\rangle_T$ 和 $\langle(\vec{E}_{\perp 1} + \vec{E}_{\parallel 2})^2\rangle_T$ 组成。因此，虽然我们是特别对线偏振光推出上节的式子的，这些公式可以应用于任何偏振态，包括自然光。

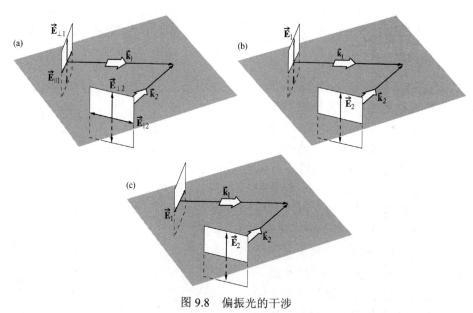

图 9.8　偏振光的干涉

① G. Magyar and L. Mandel, "Interference fringes produced by superposition of two independent maser light beams," *Nature* **198**, 255 (1963); F. Louradour, F. Reynaud, B. Colombeau, and C. Froehly, "Interference fringes between two separate lasers," *Am. J. Phys.* **61**,242 (1993); L. Basano and R Ottonello, "Interference fringes from stabilized diode lasers," *Am. J. Phys.* **68**, 245 (2000); E. C. G. Sudarshan and T. Rothman, "The two-slit interferometer reexamined," *Am. J. Phys.* **59**, 592 (1991).

注意，纵使 $\vec{E}_{\perp 1}$ 和 $\vec{E}_{\perp 2}$ 总是互相平行，参考平面上的 $\vec{E}_{\parallel 1}$ 和 $\vec{E}_{\parallel 2}$ 却不一定。只有在两个光束本身平行（即 $\vec{k}_1 = \vec{k}_2$）的情况下，它们才互相平行。干涉过程固有的矢量特性表现为 I_{12} 的点乘表达式 [（9.11）式] 不能忽略。有许多实际情况，光束接近平行，这时标量理论工作得很好。即使如此，图 9.8 中的（b）和（c）还是值得注意。它们描绘了两个相干的线偏振波的叠加。图 9.8b 中光束不平行但光矢量平行，发生了干涉。图 9.8c 中光矢量互相垂直，$I_{12} = 0$，即使光束平行也是如此。

菲涅耳和阿拉果对偏振光产生干涉的条件进行了广泛的研究，他们的结论总结了上面的一些考虑。**菲涅耳–阿拉果定律**是

（1）两个正交的相干 $\mathscr{P}$ 态不能干涉，$I_{12} = 0$，没有条纹产生。

（2）两个平行的相干 $\mathscr{P}$ 态会干涉，和自然光的干涉一样。

（3）自然光本身的两个互相垂直的 $\mathscr{P}$ 态成本不能干涉以生成可观测的条纹，即使把一个 $\mathscr{P}$ 态转到和另一个 $\mathscr{P}$ 态平行也不行。最后这一点好理解，因为这两个 $\mathscr{P}$ 态是不相干的。

9.3 分波阵面干涉仪

产生可持续干涉的主要问题在光源：它们必须是相干的。到目前为止，除了激光器，还不存在分开、独立、合适的相干光源。两百年前，杨氏（Thomas Young）在他的经典的双光束实验中解决了这个矛盾，他巧妙地把一个波阵面分成两个相干的部分，使它们发生干涉。

9.3.1 杨氏实验

1665 年，格里马耳第（Grimaldi）做了一个实验，来考察两个光束之间的相互作用。他让太阳光通过不透光的屏上的两个靠近的针孔，进入暗室。像暗箱一样（图 5.112），每个小孔投射一个太阳的像到远处的白色屏幕上。他想要显示，在两个亮圆重叠的地方，可能会产生黑暗。实验失败了，虽然当时他不太可能知道是什么原因。现在我们知道，初级光源太阳的圆盘面的角大小为 32 弧分，它太大了，因此入射光同时照两个小孔，空间相干性就不够好。要不这样做，太阳的角大小必须只有几弧秒。

一百四十年后，医生托马斯·杨（Thomas Young），在拍现象（我们知道拍现象是两个重叠的声波产生的）的指引下，开始了他建立光的波动本性的努力。他重做了格里马耳第的实验，但是这一次太阳光起初只通过一个小孔作为初级光源（图 9.9）。这就生成了一个空间相干的光束，可以同样地照亮两个孔径。这个实验的示意图见图 9.10；太阳光射到第一个不透光的屏上，从圆孔射出一个光锥。孔

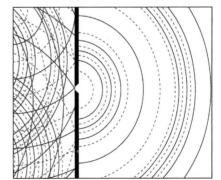

图 9.9 小孔散射的波是空间相干的，纵使不时间相干

越小，光扩展得越大，光锥底部的照明圆盘也越大。还有，孔越小，照在第二个屏（也即带

光阑的屏）上的光的相干性就越好。把光斑圆盘做得很大，使扩展开的球形波的片段能同时照亮两个圆孔。从这两个小孔发出的两个相干的光锥到达"观察屏"。两个小孔越靠近，两个光锥在观察屏上重叠得越多。在重叠的部分，两个波发生干涉，产生暗带和亮带，即条纹。当然，能量守恒；能量从暗区移到亮区。今天，因为已经了解有关的物理学道理，我们通常用两条狭缝代替两个小孔，以使透过的光更多（图 9.11a）。

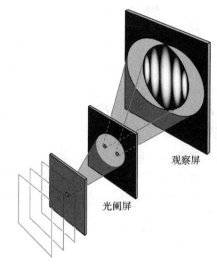

观察屏

光阑屏

图 9.10　杨氏实验中使用了从两个小孔射出的光锥。照明的波从左面射入，照在带有一个圆孔的屏上

考虑一个假设的单色平面波，照在一条长狭缝上。从这条狭缝向前衍射出柱面波。假设这个波又落在两条平行的相隔很近的狭缝 S_1 和 S_2 上，其三维视图见图 9.11a。只要位置对称，初级波面到达这两条狭缝将是精确同相的，它们构成两个相干的二级光源。只要从 S_1 和 S_2 出来的波重叠，就会产生干涉（假定其光程差小于相干长度 $c\Delta t_c$）。

图 9.11 中的（a）、（b）、（c）是杨氏实验的经典装置，虽然也有别种装置。今天通常取消了第一个屏，从激光器来的平面波直接照射在光阑屏上（图 9.11d）。实际操作时，图 9.11c 中 Σ_a 和 Σ_o 两个屏的距离要比两条狭缝的距离 a 大几千倍，所有的条纹都很靠近屏的中央 O。$\overline{S_1P}$ 和 $\overline{S_2P}$ 两条光线的程差，可以从 S_2 向 $\overline{S_1P}$ 作垂线来得到，这样做的近似程度很好。这个程差由

$$(\overline{S_1B}) = (\overline{S_1P}) - (\overline{S_2P}) \tag{9.22}$$

或

$$(\overline{S_1B}) = r_1 - r_2$$

给出。

继续采用近似$(r_1-r_2)= a\sin\theta$（习题 9.21），由于 $\theta \approx \sin\theta$，所以光程差可表示为

$$r_1 - r_2 \approx a\theta \tag{9.23}$$

注意到

$$\theta \approx \frac{y}{s} \tag{9.24}$$

所以

$$r_1 - r_2 \approx \frac{a}{s} y \tag{9.25}$$

根据 9.1 节，当

$$r_1 - r_2 = m\lambda \tag{9.26}$$

时将发生相长干涉。由后两个关系式得到

[第 m 个亮条纹]

$$y_m \approx \frac{s}{a} m\lambda \tag{9.27}$$

其中，$m = 0, \pm1, \pm2, \cdots$

如果我们把 0 处的极大算作第 0 条条纹，上式就给出屏上第 m 条亮纹的位置。可将上式代入（9.24）式，得到条纹的角位置；

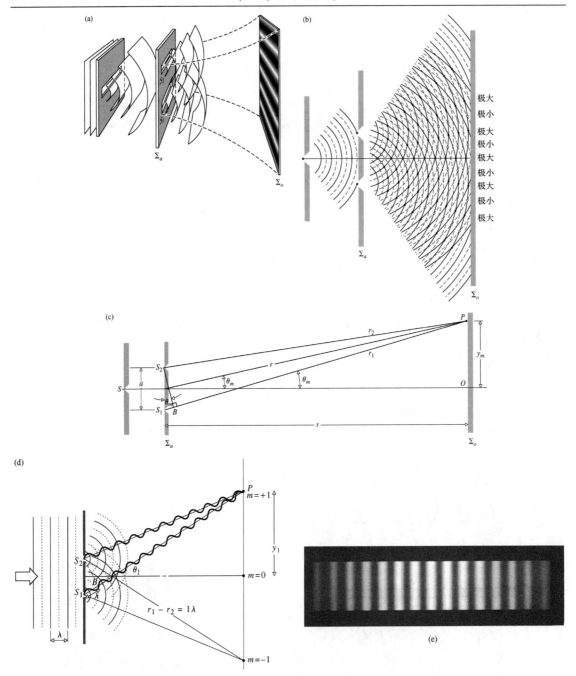

图 9.11 杨氏实验。（a）柱面波在光阑屏外的区域叠加；（b）重叠的波显出峰和谷。极大和极小位于差不多成直线的双曲线上；（c）杨氏实验的几何学；（d）光程差为一个波长对应于 $m = \pm1$，即第一阶极大；（e）（M. Cagnet, M. Francon, and J. C. Thierr: *Atlas optischer Erscheinungen*, Berlin-Heidelberg-New York: Springer, 1962.）

$$\theta_m = \frac{m\lambda}{a} \tag{9.28}$$

这个关系式可观察图 9.11c 直接得出。对于第 m 级干涉极大，r_1-r_2 的距离应当为 m 个整波长。因此从三角形 S_1S_2B 得到

$$a \sin \theta_m = m\lambda \qquad (9.29)$$

或者
$$\theta_m \approx m\lambda/a$$

屏上条纹的间隔从（9.27）式容易得到。两个相邻极大值的位置差为

$$y_{m+1} - y_m \approx \frac{s}{a}(m+1)\lambda - \frac{s}{a}m\lambda$$

或
$$\Delta y \approx \frac{s}{a}\lambda \qquad (9.30)$$

显然，红色条纹比蓝色条纹宽。

由于这个图样等价于从两个球面波叠加得到的图样（至少在 $r_1 \approx r_2$ 的区域内），我们可以应用（9.17）式。用相位差

$$\delta = k(r_1 - r_2)$$

（9.17）式可以写成

$$I = 4I_0 \cos^2 \frac{k(r_1 - r_2)}{2}$$

当然，得假定两个光束是相干的，并且有相等的辐照度 I_0。由

$$r_1 - r_2 \approx ya/s$$

总辐照度就变成

$$I = 4I_0 \cos^2 \frac{ya\pi}{s\lambda} \qquad (9.31)$$

如图 9.12 所示，相邻极大值的间隔是（9.30）式给出的 Δy。

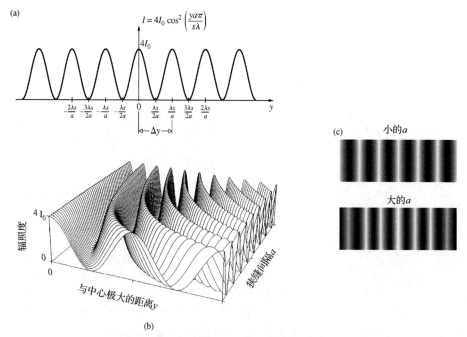

图 9.12 （a）理想化的辐照度与距离关系曲线；（b）条纹的距离 Δy 与狭缝间隔成反比，这从傅里叶分析就可以想到；想想空间间隔与空间频率间隔的反比关系；（c）增大狭缝间隔减小条纹的宽度。增大波长也增大条纹的宽度（b 的出处：A. B. Bartlett, University of Colorado, and B. Mechtly, Northeast Missouri State University, reproduced with permission from *Am. J. Phys* **62**, 6(1954). Copyright 1994, American Association of Physics Teachers.）

例题 9.1 一个竖直放置的不透光屏上有两条水平狭缝，中心相距 2.644 mm，它们被滤光后的放电灯的黄色平面波照明。在离孔径平面 4.500 m 处的竖直观察屏上生成水平条纹。第 5 个亮带位于中心（也就是零级）亮条纹之上 5.000 mm。（a）求出照明光在空气中的波长。（b）若整个空间充满豆油（$n = 1.4729$），第 5 级条纹应该在何处？

解

（a）因为 $y_5 = 5.000$ mm，从（9.27）式得知，在空气中

$$y_m \approx \frac{s}{a}m\lambda_0$$

这里 $s = 4.500$ m。$a = 2.644$ mm。所以

$$\lambda_0 = \frac{ay_5}{s5} = \frac{(2.644 \times 10^{-3}\,\text{m})(5.000 \times 10^{-3}\,\text{m})}{(4.500\,\text{m}) \times 5}$$

因而

$$\lambda_0 = 587.56\,\text{nm}$$

准确到 4 位有效数字

$$\lambda_0 = 587.6\,\text{nm}$$

（b）空间充满油时波长变短，条纹的新位置将更靠近仪器中心。所以

$$y'_m = \frac{s}{a}m\left(\frac{\lambda_0}{n}\right) = \frac{y_m}{n}$$

和

$$y'_m = \frac{5.000 \times 10^{-3}\,\text{m}}{1.4729}$$

最后，

$$y'_5 = 3.395\,\text{mm}$$

要做这个干涉实验，会碰到一个实际问题。如果用一个激光器直接照到狭缝上，由于激光束很窄，因而条纹不是带状的，更像是一排余弦平方亮点。让激光束传播几十米自然展宽后再照狭缝，可以改善这种情况。要是空间狭小，可以用两个透镜做一个激光扩束器（伽利略望远镜倒过来用），如图 9.13 所示。激光的相干性实在是好，只要透镜上留有指纹或灰尘，它就会产生干扰条纹。使用图 9.14 中的实验安排，可以消除这种干扰。如果想看到像图 9.11c 那样近乎完美的条纹，最好用这样的实验安排。

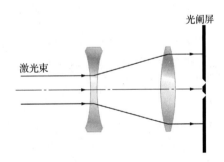

图 9.13　激光扩束器。这种装置器可以用来照明各种孔径，在有限空间演示干涉和衍射

用相矢量表示电场振幅

我们来看看，电磁子波如何相加，在观察屏上生成随地点而变化的合电场。图 9.15a 中画的是子波/光线以某个角度 θ 离开两条狭缝。然后它们要么通过一面大的正透镜会聚在焦平面的屏上，要么在远处的观察屏上某点 P 汇合。无论哪种情况，我们都认为子波走过同样的光程（OPL）到达 P 点，振幅的不同可以忽略。也就是说，E_{01} 和 E_{02} 基本上相等。所以合波仅由两个叠加子波的相位差决定。两个子波的光程差（见图 9.11c）为 $a\sin\theta$，对应的相差的波长数为 $(a\sin\theta)/\lambda$，双缝上的相位差为 $\delta_2 = 2\pi(a\sin\theta)/\lambda$。这就是两个相矢量的相差。记住，即使 θ 可能很小，子波间的相差也能够很大。

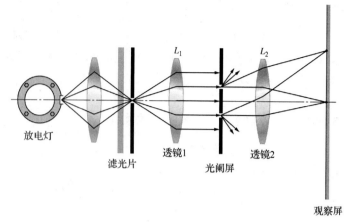

图 9.14　用非激光光源观察干涉条纹的方便的装置

要画出电场的振幅，得求出电场的振幅及其符号。为此取光阑屏中心到 P 点的光程作为参考基准；一个子波走过这个光程，其相矢量为正。在正前方向（$\theta = 0$）上，两个子波同相到达观察屏，走过同样的光程。对应的两个相矢量头尾相接（图 9.15c），得到振幅为极大值 $2E_{01}$（图 9.15b）。这是合成振幅的最大可能值，符号为正。

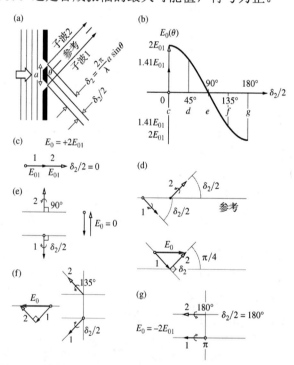

图 9.15　双缝干涉产生的电场。（a）双缝的几何形状；（b）电场曲线；（c）～（g）相矢量相加

现在考虑偏一个小角度 θ 的离轴光束（图 9.15a）。子波 1 沿角度 θ 传播的光程比参考路径长；它落后于参考路径的相位为 $\delta_2/2$；它的相矢量从正参考方向顺时针转。同时，子波 2 沿角度 θ 传播的光程比参考路径短，相矢量超前 $\delta_2/2$。换句话说，相对于参考路径，相矢量 2 逆时针旋转 $\delta_2/2$，而相矢量 1 顺时针旋转 $\delta_2/2$。其结果为，每个相矢量相对参考的相移都是 $\delta_2/2 = \pi(a\sin\theta)/\lambda$。然后将两个相矢量相加。由于对称性，合成的相矢量（画成灰色的 E_0）的

指向不是右（+）就是左（—）。注意，当相矢量指向和正的参考方向相反时，习惯说作"负振幅"，虽然"振幅"通常定义为正的量。

在图 9.15d 中，$\delta_2/2 = \pi/4$。相矢量 1 相对于参考方向顺时针转 $\pi/4$ 而相矢量 2 则逆时针转 $\pi/4$。合相矢量是正的，等于 $1.414\,E_{01}$。在图 9.15b 中画在 45° 处

两个相矢量不共线时，它们构成一个等腰三角形。$E_0 = E_{01}\cos\delta_2/2 + E_{02}\cos\delta_2/2$。因为一般 $E_{01} = E_{02}$，所以

$$E_0 = 2E_{01}\cos\delta_2/2$$

利用 $\delta_2/2 = \pi(a\sin\theta)/\lambda$，当 θ 很小时 $\theta \approx \sin\theta$。从（9.24）式 $\theta = y/s$，所以 $\delta/2 = ya\pi/s\lambda$。最后

$$E_0 = 2E_{01}\cos(ya\pi/s\lambda)$$

因为辐照度正比于电场振幅的平方，把 E_0 的表达式平方就得到（9.31）式；也可以看图 9.12。

在图 9.15e 中，每个相矢量对参考的相移 $\delta_2/2$ 是 $\pm\pi/2$。这意味着从上面狭缝出来的子波比从下面狭缝出来的子波超前 $\delta_2 = \pi$。两个相矢量方向相反；子波 1 落后中间参考四分之一波长，子波 2 则超前四分之一波长，合成电场的振幅为零。两个子波相位错开 π，互相抵消。

在图 9.15f 中，θ 更大，$\delta_2/2 = 3\pi/4 = 135°$，合成的相矢量为 $1.414\,E_{01}$，为负值。在子波 1 和子波 2 的光程差等于一个波长（即 $\delta_2 = 2\pi$）时，每个相矢量都相对于参考转了 $\delta_2/2 = \pi$（图 9.15g），合相矢量是负的，仍为极大值（$2E_{01}$）。

就这样，随着观察屏上观察点离开中心轴，电场的振幅以余弦形式振荡。图 9.15b 中的振幅平方正比于图 9.12 中的辐照度。不考虑比例常数，振幅平方的峰值 $(2E_{01})^2$ 等于辐照度峰值 $4I_0$，其中 I_0 是单条狭缝的辐照度（即单个子波的辐照度）。

记住，我们上面实际上假设了狭缝是无限的，所以图 9.12 的余弦平方辐照度是理想化的，事实上得不到[①]。实际的条纹如图 9.11e 所示，由于衍射的缘故，中心两边的条纹辐照度随着离中心距离的增大而减弱。

正如前面（图 9.5）说的，近场的条纹图样比余弦平方分布要复杂。这是由于（r_1-r_2）= $a\sin\theta$ 这个近似，在接近发射体时的有效性引起的。实际上，这个近似相当好[②]。参考图 9.11，只要 $r \gg 0.354a$，这个近似就成立。在 $r > 3.54a$ 时，这个近似的精确度好于 1%。在很接近光源的地方，图 9.3 的双曲线趋近直线。这可以从图 9.1 的水波看到。

衍射的宣示

图 9.10 画的是从不透光的屏上两个圆孔射出的辐射能圆锥体。这种直线投影是现实情况的简化，任何相干照明的物体都不是如此简单。光的实际分布叫做衍射图样，下一章将详细讨论。这里只要指出，每个单独的圆孔投影到观察屏是一个圆盘，圆盘的中心最亮，辐照度逐渐向外减弱，最后到零。圆盘之外还有一些亮的窄同心圆，其亮度逐渐向外减弱，很可能只有一两个能够看见。所以，当杨氏实验的光源是两个很靠近的圆孔时（或者像图 9.14 那样用一个透镜，使两个圆盘在观察屏上交叠），"余弦平方"的图样只在衍射包络内产生（图 9.16）。

类似地，相干光照明的单条竖直狭缝，投射到观察屏上的是一个长方形的亮带；狭缝越窄，亮带越宽。这个长方形亮带有绝大部分衍射能量，在中间最亮，逐渐减弱到在竖直边上为零。此外，它的两旁还伴有一些越来越弱的窄竖直带（图 10.15b）。

[①] 后面两章（第 10 章和第 12 章）将详细考虑增大初级的 S 或次级光源的狭缝宽度引起的图样的变化。在后一种情况，条纹的反差被用作相关度的量度（12.1 节）；在前一情况中，衍射效应变得重要。

[②] D. C. H. Poon, "How good is the approximation 'path dufference≈dsinθ'?" *Phys. Teach.* **40**, 460-462(Nov. 2002).

在杨氏实验中让两个长方形狭缝很窄，使这两个单缝衍射图样的中心带变得够宽。把两条狭缝靠得很近（或者用一个透镜），可以使两个宽的中心带重叠发生干涉。生成的余弦平方条纹图样被单缝衍射图样的宽中心带包络调制（图 9.17）。换句话说，用了狭缝光源之后，我们得到类似余弦平方的条纹，但是它们在中心极大的两边辐照度逐渐减弱（图 9.11e）。

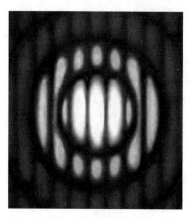

图 9.16 一对圆孔径的双光束干涉条纹

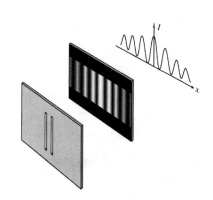

图 9.17 双缝条纹在中心极大两边逐渐减弱。余弦平方图样被单缝衍射包络调制

有限相干长度的效应

随着图 9.11c 中取 P 点在轴的上下离轴更远，$\overline{S_1 B}$（它小于或等于 $\overline{S_1 S_2}$）增大。如果初级光源的相干长度很短，随着光程差增大，完全一样的一对波群不再能精确地一起到达 P 点。不相关的波群部分的重叠占的分量不断增加，条纹的反差变坏。Δl_c 有可能小于 $\overline{S_1 B}$。这时，重叠的是不同的波群，而不是同一波群的两个相干的部分条纹消失。

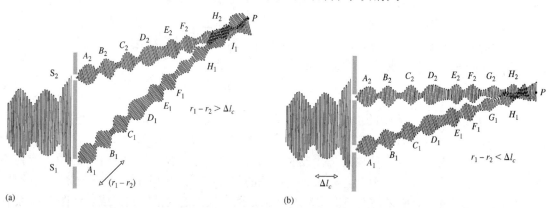

图 9.18 光由接连的波群组成，相干长度为 Δl_c。图示它们产生干涉的情况。（a）光程差超过 Δl_c；（b）光程差小于 Δl_c

在图 9.18a 中，光程差超过相干长度，从光源 S_1 出发的波群 E_1 和从 S_2 出发的波群 D_2 同时到达 P 点。发生短时间干涉后，波群 D_1 和波群 C_2 开始重叠。因为它们的相对相位不同，不能干涉。如果相干长度变长或者光程差变短，波群 D_1 或多或少和相应的波群 D_2 相互作用，后面每一对也一样。它们的相位是相关的，所以干涉图样是稳定的（图 9.18b）。因为白光光源的相干长度大约为三个波长，从（9.27）式看出，在中央极大两边只能各有三个条纹。

用白光（或宽带光）照明，各种颜色的光同位到达 $y = 0$，从每个孔径传播来的距离相等（图 9.19）。零阶条纹基本上是白色的。但是根据（9.27）式，y_m 是 λ 的函数，所以所有其他的高阶极大将显示波长的铺开。所以在白光中我们可以把第 m 个极大当作 m 阶的波长带，这种观念直接导致下一章的衍射光栅。

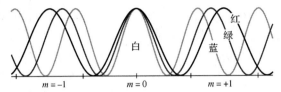

图 9.19　白光中杨氏实验的余弦平方辐照度分布。注意红条纹比绿条纹宽，绿条纹又比蓝条纹宽。在中心处所有的条纹重叠，产生白色的亮带。高阶条纹是彩色的

为了观察条纹图样，可以在一张薄纸片上穿两个针孔，孔的尺寸应当接近本页面上句点的大小，它们的中心间隔大约为针孔半径的 3 倍。晚上位于百来米外的一盏路灯、汽车前灯或者交通信号灯，都可以当作一个平面波源。纸片应当放在眼睛正前方，并且非常靠近眼睛。条纹将垂直于中心线出现。用 10.2.2 节中讨论的狭缝，观察干涉图样要容易得多，不过你还是用针孔试试看。

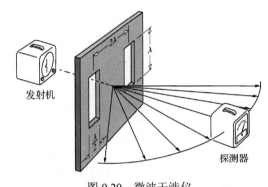

图 9.20　微波干涉仪

因为微波的波长比光波长得多，它也提供了一个容易观察双缝干涉的办法。在一薄金属片或金属箔上开两条狭缝（例如宽为 $\lambda/2$，长为 λ，间隔为 2λ）。就成为很好的次级光源（图 9.20）。

傅里叶分析的观点　当图 9.11b 中平面波照明第一条狭缝，衍射出的光在不透光的屏外面像柱面波；狭缝越窄越像柱面波。在屏外面，光以很宽的角度散开，等价于空间频率的范围很大。从傅里叶分析的观点来看，空间里无限窄的光源产生的光场的空间频率无限宽。一个点光源，即称为狄拉克 δ 函数（Dirac delta function，11.2.3 节）的理想的一维信号尖峰，它的变换是包含所有空间频率的连续等幅度的谱，即一个球面波。同样，一个理想的线光源引起发扰动是柱面波。

实际上，杨氏实验通常使用两个同相的狭缝光源，让 $s \gg a$。s 很大，使得产生的条纹系统对应于夫琅禾费干涉图样（10.2.2 节）。两条很窄的狭缝像两个线光源，两个理想的窄信号尖峰，而两个 δ 函数的变换是余弦函数，在图 11.14 我们会看到这一点。此时把狭缝认为是无限窄的，衍射图样中的电场幅度作余弦变化的，因而辐照度分布是图 9.12 所示的余弦平方。

粒子干涉　包括爱因斯坦在内的许多科学家相信，光是光子流，虽然光子是什么并没有完全搞清楚。的确，光是电磁性的和振荡的，一束普通的光显示波动性。因此才会自然说到光的波长，当然这才有光子的波长。类似地，我们也知道所有的客体，电子、中子、原子，甚至消防车，都有它的德布罗意波长，与动量成反比。所以知道电子在通过一对宽 90 nm 的狭缝后产生杨氏干涉条纹（图 9.21），就不要大惊小怪了。

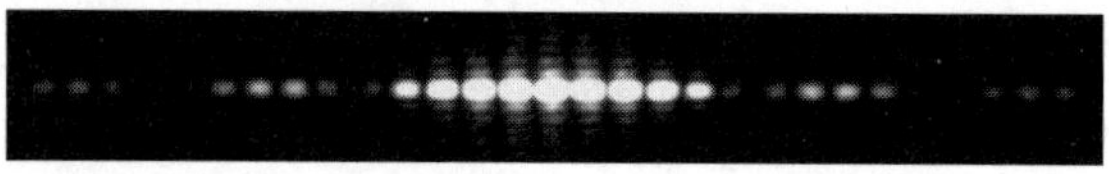

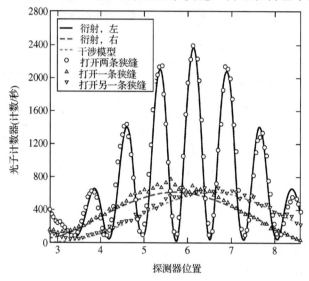

图 9.21　一束细电子束产生的杨氏双缝条纹。两条狭缝宽 90 nm，高 1540 nm，相隔 450 nm。余弦平方条纹被一个 90 nm 宽狭缝的衍射包络调制。中间线上下的弱条纹是狭缝上下边的衍射引起的

　　类似地，一束光可以非常微弱，使得一次只有一个光子打到孔径屏上，闪光一下，出现受调制的余弦平方的图样。只打开两个狭缝中的任何一个，出现的是宽的单狭缝衍射峰；这样的两个峰分别对应于各自的狭缝，可在图 9.22 中见到两个狭缝同时打开，每次只有一个光子通过光阑，却逐渐出现亮与暗的经典双缝的图样。这个值得注意的结果引起了一系列问题：光子（或者任何其他的粒子）是不是同时穿过两条狭缝，自己和自己干涉？

图 9.22　用单光子的杨氏实验

　　对这些令人困惑的现象，著名的物理学家狄拉克在 1930 年给出了一个颇为简单而富有传奇色彩的说法："每个光子只和它自己干涉，两个不同光子之间的干涉永远不会发生。"但是，两束分开的激光束能产生干涉，使得这个说法有点问题。说一个钠原子和别的钠原子干涉或者和自己干涉，没有多少意义。因此我们最好别拘泥于光子干涉及这个概念字面上的意义。2005 年诺贝尔奖得主格劳贝尔（Roy J. Glauber）说得好："在量子力学中干涉的不是粒子，而是某个事件的概率幅。事实上概率幅的相加就像复数相加，它能说明所有的量子力学干涉。"[1] 虽然这个过程可以用量子力学术语描述，揭露它的实际内容是物理学的伟大奇迹。

　　不要玄想经典的电磁波会解释这种实验；电磁波自有它辉煌的时刻。按照它的说法，两个连续的电磁波，各自带着能量，传播到远处的某一点 P，它们发现要互相抵消。这些波带来的能量怎么样了？它们如何被重新分配到旁边的极大去？也许（9.31）式从一开始就应当解释为光子的概率分布。

------

[1] 对一些物理学家来说，光子不过是辐射场的量子，并不是分离的粒子。参看 R. J. Glauber,"Dirac's famous ditum on interference: one photon or two," *Am. J. Phys.* **63**(1), 12(Jan. 1955)。它的引人入胜的发展，见 S. Kocis, B. Braverman, S. Ravets，M. Stevens, R. Mirin, L. Krister Shalm, and A. Steinberg, "Observing the average trajectories of singer photons in a two-slit interferometer", *Science* **332**(6034), 1170-1173(June 2011)。

几种别的干涉仪

和杨氏实验相同的物理和数学的考虑,可直接用于许多别的分波阵面干涉仪。这些干涉仪中最常见的是菲涅耳双反射镜,菲涅耳双棱镜和劳埃镜。

菲涅耳双反射镜 菲涅耳双反射镜由两个前面镀银的平面反射镜彼此倾斜一个很小的角度 θ 构成,如图 9.23 所示。两个镜面的交线平行于光源狭缝。从狭缝 S 来的柱面波阵面的一部分从第一个镜面反射,另一部分从第二个镜面反射。两个反射波相互重叠的空间出现一个干涉场。可以把狭缝 S 在两个反射镜中的像(S_1 和 S_2)看成距离为 a 的两个单独的相干光源。按照反射定律有 $\overline{SA} = \overline{S_1A}$,$\overline{SB} = \overline{S_2B}$;所以 $\overline{SA} + \overline{AP} = r_1$,$\overline{SB} + \overline{BP} = r_2$。两光线之间的光程就等于 $r_1 - r_2$。和杨氏干涉仪的情况一样,当 $r_1 - r_2 = m\lambda$ 时产生极大。同样,条纹的间距为

$$\Delta y \approx \frac{s}{a}\lambda$$

其中 s 是两个虚光源(S_1,S_2)平面同屏之间的距离。图 9.23 上夸大地画出,以使几何关系更清楚些。注意,要使两束光的电场矢量彼此平行或接近平行,那么镜面之间的角度 θ 必须非常小。令 $\vec{E}_1$ 和 $\vec{E}_2$ 代表从相干的虚光源 S_1 和 S_2 发射出的光波。在任何时刻,在空间一点 P 上这两个矢量的每一个都可以分解为平行于和垂直于图面的两个分量。令 $\vec{k}_1$ 和 $\vec{k}_2$ 分别平行于 $\overline{AP}$ 和 $\overline{BP}$,显然,只有 θ 很小时,$\vec{E}_1$ 和 $\vec{E}_2$ 在图面内的分量才近似平行。当 θ 减小时,a 减小,条纹变宽。

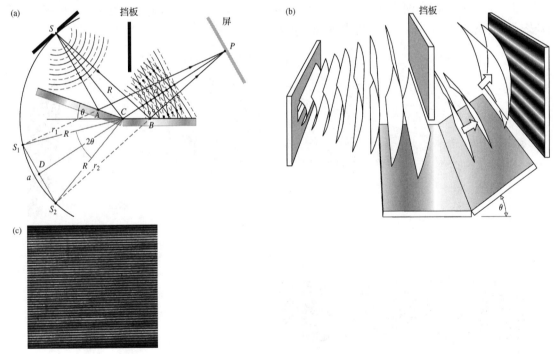

图 9.23 (a) 菲涅耳双反射镜。两个镜子间的角度 θ 被大为夸张地画出;
(b) 两束波,每束从一个反射镜反射,发生干涉;(c) 这些条纹是用法国奥赛(Orsay)的同步加速器 LURE 的 13.9 nm 辐射得到的

例题 9.2 考虑图 9.23a 中的双反射镜。(a) 证明条纹的间隔为

$$\Delta y \approx \frac{(R + d)\lambda}{a}$$

其中 λ 是照明光在所在的介质中的波长。（b）证明

$$\Delta y \approx \frac{(R+d)\lambda}{2R\theta}$$

解

（a）从杨氏实验

$$\Delta y \approx \frac{s}{a}\lambda$$

在这里，$s = \overline{DP} \approx R+d$，因此

$$\Delta y \approx \frac{(R+d)\lambda}{a}$$

（b）三角形 S_1CD 中

$$\frac{a}{2} = R\sin\theta \approx R\theta$$

所以，

$$\Delta y \approx \frac{(R+d)\lambda}{2R\theta}$$

　　菲涅耳双棱镜　菲涅耳双棱镜是底面连在一起的两个薄棱镜，如图 9.24 所示。一个圆柱面波阵面射到两个棱镜上。波阵面的上半部向下折射，下半部向上折射，在重叠的区域内发生干涉。这里同样存在两个虚光源 S_1 和 S_2，相隔一段距离 a。在 $s \gg a$ 的地方，a 可用棱镜角 α 表示（习题 9.27）。条纹间隔的表示式与前相同。

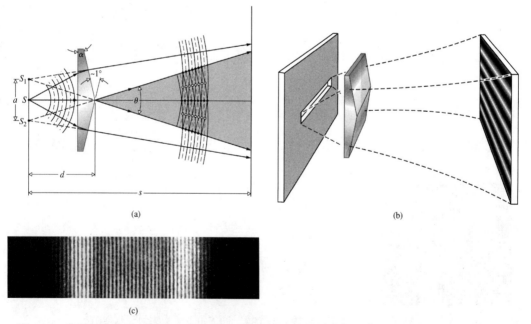

图 9.24　菲涅耳双棱镜。（a）双棱镜生成两个像光源；（b）用一条狭缝作光源，条纹为亮带；（c）G. Möllenstadt 用电子双棱镜观察到的干涉条纹，电子的行为再一次和光子一样

　　劳埃镜　我们要讨论的最后一种分波阵面干涉仪是劳埃镜。如图 9.25 所示，用一块电介质或金属平板作反射镜，从狭缝 S 来的圆柱面形波阵面的一部分被它反射。波阵面的另外一部分直接从狭缝射到屏上。这时两个相干光源之间的距离 a 为实际的狭缝和它在镜内的像 S_1

之间的距离。条纹的间隔仍然由 $(s/a)\lambda$ 给出。这种仪器的一个突出的特点是，在掠入射（$\theta_i = \pi/2$）时，反射光束发生 180° 的相移（于是两个振幅反射系数都等于 −1）。附加 $\pm\pi$ 的相移后，

$$\delta = k(r_1 - r_2) \pm \pi$$

辐照度变成

$$I = 4I_0 \sin^2\left(\frac{\pi ay}{s\lambda}\right)$$

劳埃镜的条纹图样和杨氏干涉的条纹图样是互补的；一个图样上的极大值所在的 y 值，对应于另一个图样上的极小。镜的上端等价于 $y = 0$，这时将是一条暗纹的中心，而不像在杨氏装置中那样是一条亮纹的中心。图样的下半部被反射镜本身挡掉了。现在考虑，如果在光线直接射到屏的光路上放一块透明薄片，会有什么情况发生。透明薄片将使每根直接到达的光线中的波长数目增加。于是整个干涉图样将向上移，移到一个在发生干涉之前反射光线走过更远一点的地方。由于这个器件很简单，它在很宽的电磁波谱范围内得到了应用。实在的反射面是各种各样的。对于 X 射线这个反射面是晶体，对于可见光则是普通的玻璃，对于微波是金属导线栅，对于无线电波是湖面或者甚至是地球的电离层[①]。

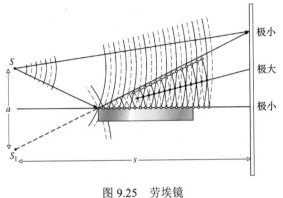

图 9.25 劳埃镜

例题 9.3 空气中 600 nm 波长的线状光源平行于劳埃镜，位于劳埃镜上方 5.00 mm。在离光源 5.00 m 的屏上观察条纹。求镜面上第一个辐照度极大的位置。

解

镜面对平分暗条纹，所以第一条亮纹在镜的上方距离 $\Delta y/2$ 处。由于

$$\Delta y = \frac{s}{a}\lambda = \frac{(5.00\ \text{m})}{2(5.00 \times 10^{-3}\ \text{m})}600 \times 10^{-9}\ \text{m}$$

因而

$$\Delta y = 3.00 \times 10^{-4}\ \text{m}$$

第一个极大位于镜子上方 0.150 mm。

创立光的波动理论

既然我们学习了杨氏实验和菲涅耳双反射镜，我们可以了解历史上的一个有趣的片段。当托马斯·杨医生在 1848 年发表他的工作时，人们广泛接受的关于光的本质的学说是牛顿的微粒说；光是一串粒子流，它能扰动以太（一种无所不在的介质），也能被以太中建立的波影响。光的粒子能够通过吸引力和排斥力和实物相互作用。当时，大多数人追随着牛顿对光学感兴趣的人追随牛顿拥护所谓的微粒说。只有少数几个有眼光的人（例如英格兰的杨氏、法国的阿拉果及他的学生菲涅耳）是波动说的拥护者。他们认为，光是以太中的弹性波。

[①] 对于狭缝有一定的宽度和频率有一定的带宽的情况，参见 R. N. Wolfe and F. C. Eisen, "Irradiance distribution in a Lloyd mirror interference pattern", *J. Opt. Soc. Am.* **38**, 706(1948).

可能会有人认为，杨氏实验是如此有说服力，会使粒子说的拥护者幡然改信光确实是波，简单明了。但是情况不是这样。杨氏"数学训练太差"，发表的文章晦涩难懂，没有几个人读。此外，实验中光要通过两条狭缝，可能会被争辩说是组成光的粒子和狭缝边缘的物质发生机械作用，把光的直线路线弄弯了（即衍射）。

在对杨氏的工作毫不知情的情况下，曾是工程师的菲涅耳，在 1816 年前后完成了他的双镜实验。这个实验的最大好处是完全不用衍射光阑。他在 1819 年写道："如果我们把一个镜子抬高一些，或者把照向镜子的光在反射前或者反射后挡掉，条纹就消失了……这就提供了进一步的证据，说明条纹不是镜子的边缘产生的，而是两束光相遇产生的。"有了菲涅耳杰出的理论和实验支持，光的波动学说逐渐胜出，到 1830 年左右，就被人们认为是两个学说中更强有力的一个。

上述的所有分波阵面干涉仪，都可以用激光器，或者放电灯，或者更老式的碳弧白光来演示（图 9.26）。

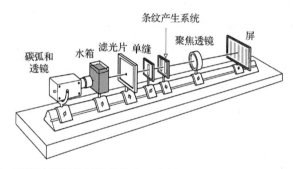

图 9.26　研究波阵面分割的传统光具座装置，光源是白光放电碳弧。水箱作冷却用的。这个装置相当老式，但是在大课堂中很有效

9.4　分振幅干涉仪

假设一束光射到一个半涂银镜面上[1]。一部分波会透射，另一部分波则会反射。透射波和反射波的振幅当然都比原来的振幅小。这可以形象地说成是振幅被"劈开"了。

如果能设法使两个分开的波再次落到一个探测器上，只要两个波之间原来的相干性未被破坏，就会发生干涉。如果它们的光程差大于波群的相干长度，在探测器上相遇的两部分属于不同的波群。在这种情况下，两部分之间不存在固定的相位关系，干涉图样是不稳定，因而观察不到。我们在后面比较详细地讨论相干性理论时，再回到这些概念上来。目前只限于讨论程差小于相干长度的情形。

9.4.1　介电膜——双束干涉

用片状的透明材料可以观察到干涉。材料的厚度可以从小于一个光波波长（例如绿光的波长 λ_0 大约是一张纸的 1/150）到几厘米的板。对于一种给定的电磁辐射，若一种材料的厚度与其波长同一量级，就叫做薄膜。在 20 世纪 40 年代，虽然对电介质薄膜的干涉现象已经

---

[1] 半涂银的镜子是半透明的，因为金属涂得很薄，所以透光。看半涂银的镜子时，可以看到镜子后面的东西，也能看到你自己的反射像。这类器件叫做分束器，它也可以用拉薄的薄膜来制作，甚至用不涂膜的玻璃板来制作。

知道得很清楚，但是没有找到多少实际用途。油膜和肥皂膜显示的色彩带来美学上和理论上的兴趣，主要是引起好奇心而已。

随着 20 世纪 30 年代合适的真空沉积技术的发展，可以在商业规模上精确地控制涂层，重新唤起了对介质膜的兴趣。在第二次世界大战中，交战双方都发现对方有各种镀膜的光学器件，到 20 世纪 60 年代，多层涂膜得到广泛的应用。

等倾条纹

考虑图 9.27 的简单情况，透明的电介质材料平行板的厚度为 d（图 9.27）。假定这个薄膜不吸收光，界面上的振幅反射系数很低，只需考虑图 9.28 中头两个反射光束 E_{1r} 和 E_{2r}（它们都只经过一次反射）。实际上，高阶反射光束（E_{3r} 等）的振幅减小得很快，这可在空气-水和空气-玻璃的界面上证实（习题 9.33）。暂且认为 S 是单色点光源。

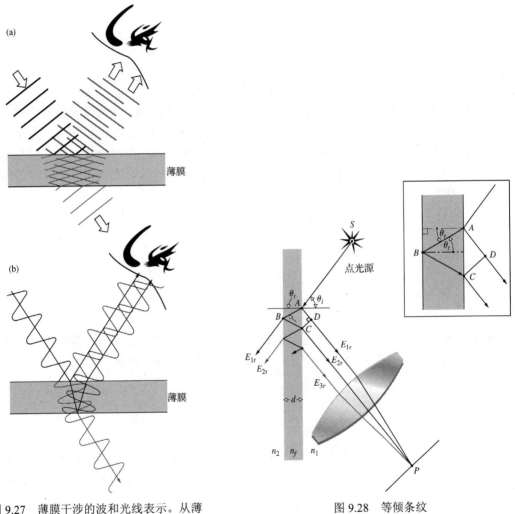

图 9.27　薄膜干涉的波和光线表示。从薄
　　　　膜上下表面反射的光干涉产生条纹

图 9.28　等倾条纹

薄膜的是用作分振幅的装置，所以可以认为 E_{1r} 和 E_{2r} 是位于薄膜后面的两个相干的虚光源；也就是 S 从第一个和第二个界面反射的像。离开薄膜的反射光束是平行的，可以用一个望远镜的物镜把它们聚焦到焦平面的 P 点上，也可以把眼睛聚焦到无穷远把它们聚焦到视网

膜上。从图 9.28，头两个反射光束的光程差为

$$\Lambda = n_f[(\overline{AB}) + (\overline{BC})] - n_1(\overline{AD})$$

由于 $(\overline{AB}) = (\overline{BC}) = d / \cos \theta_t$，

$$\Lambda = \frac{2n_f d}{\cos \theta_t} - n_1(\overline{AD})$$

现在，为了求（$\overline{AD}$）的表示式，写

$$(\overline{AD}) = (\overline{AC}) \sin \theta_i$$

利用斯涅耳定律，变为

$$(\overline{AD}) = (\overline{AC}) \frac{n_f}{n_1} \sin \theta_t$$

其中

$$(\overline{AC}) = 2d \tan \theta_t \tag{9.32}$$

Λ 的表示式为

$$\Lambda = \frac{2n_f d}{\cos \theta_t} (1 - \sin^2 \theta_t)$$

最后，

$$\Lambda = 2n_f d \cos \theta_t \tag{9.33}$$

与光程差对应的相差是自由空间传播数 k_0 与 Λ 的乘积 $k_0\Lambda$。如果薄膜浸泡在单一一种媒质中，其折射率可简单写为 $n_1 = n_2 = n$。对于空气中肥皂膜的情况，n 小于 n_f；对于两片玻璃之间的空气膜，n 大于 n_f。无论哪种情况，反射本身会引入一个附加的相移。回想起当入射角一直到接近 30°，不论入射光如何偏振，内反射光束和外反射光束将有 π 弧度的相对相移（图 4.52 和 4.3 节）。因此

$$\delta = k_0\Lambda \pm \pi$$

或者，更明显地

$$\delta = \frac{4\pi n_f}{\lambda_0} d \cos \theta_t \pm \pi \tag{9.34}$$

或

$$\delta = \frac{4\pi d}{\lambda_0} (n_f^2 - n^2 \sin^2 \theta_i)^{1/2} \pm \pi \tag{9.35}$$

相移的符号无关紧要，所以我们选负号使式子简单点。当 $\delta = 2m\pi$ 时，反射光中一个干涉极大（一个亮点）出现在 P 点。此时（9.34）式可以重新集项，得到

[极大]
$$d \cos \theta_t = (2m + 1) \frac{\lambda_f}{4} \tag{9.36}$$

其中 $m = 0, 1, 2, \cdots$，用了 $\lambda_f = \lambda_0/n_f$。这也对应于透射光中的极小。

例题 9.4 钠放电灯的黄色 D_1 线在真空中的波长为 5895.923 Å。假定这个光以 30.00° 角射在豆油油膜（$n = 1.4729$）面上，油膜张在一个架子上悬挂在空气中。如果被照射的区域强烈反光，这个区域的最小厚度应该是多少？

解

（9.36）式适用于反射极大：

$$d \cos \theta_t = (2m + 1) \frac{\lambda_f}{4}$$

最小厚度对应于最小 m 值，即 $m = 0$。因此，

$$d\cos\theta_t = \frac{\lambda_f}{4}$$

我们需要计算 λ_f 和 θ_t。用斯涅耳定律

$$n_i \sin\theta_i = n_t \sin\theta_t$$

得

$$\sin\theta_t = \frac{\sin 30.00°}{1.472\,9} = 0.339\,5$$

$\theta_t = 19.844°$。因此

$$d = \frac{\lambda_f}{4}\frac{1}{\cos 19.844°}$$

在这里要用到 $\lambda_f = \lambda_0 / n_f$，于是

$$d = \frac{\lambda_0}{4n_f}\frac{1}{\cos 19.844°}$$

因此，

$$d = \frac{589.59 \times 10^{-9}}{4(1.472\,9)}\frac{1}{0.940\,62}$$

得到

$$d = 1.064 \times 10^{-7}\,\text{m}$$

最小厚度为

$$d = 106.4\ \text{nm}$$

当 $\delta = (2m\pm1)\pi$ 时，即 π 的奇数倍，反射光的干涉极小（透射光的干涉极大）。这时。从（9.34）式得到

[极小]
$$d\cos\theta_t = 2m\frac{\lambda_f}{4} \tag{9.37}$$

我们看到，在（9.36）和（9.37）两式中，$\lambda_f/4$ 的奇数倍和偶数倍的出现是很重要的。当然，还有一种情况是 $n_1 > n_f > n_2$ 或者 $n_1 < n_f < n_2$，例如，氟化物薄膜沉积在玻璃的光学元件上，放在空气中，就是这种情况。这时不会出现 π 相移，上面的式子只要适当修改即可。

例题 9.5 一杯一氯苯（$n = 1.5248$）表面上漂浮着一层水膜（$n = 1.333$）。用 647 nm 的光垂直照明，水膜的一个大区域上显出明亮的红光。问水膜最少有多厚？

解
因为在两个界面上的反射都是外反射，所以没有附加的相对相移。因此，从（9.34）式

$$\delta = \frac{4\pi n_f}{\lambda_0}d\cos\theta_t$$

本题中 $\theta_t = 0$，所以

$$\delta = \frac{4\pi n_f}{\lambda_0}d$$

因为我们要的是相长干涉，$\delta = 2\pi$，所以

$$d = \frac{\lambda_0}{2n_f} = \frac{647 \times 10^{-9}\,\text{m}}{2 \times (1.333)}$$

因而

$$d = 243\ \text{nm}$$

这就是最小的厚度；厚度再增加 $\lambda_f/2$ 的整倍数，还会产生更多的极大。

如果用来聚焦光线的透镜孔径很小，干涉条纹只出现在一小部分膜上。离开点光源的光线，只有被直接反射到透镜的才能被看到（图9.29）。对扩展光源，光从各个方向到达透镜，条纹图样将伸展到薄膜的大面积上（图9.30）。

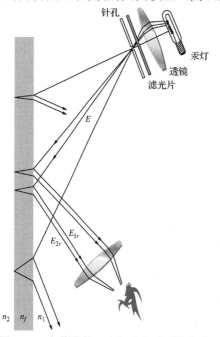

图 9.29　在薄膜的一小部分上看到的条纹

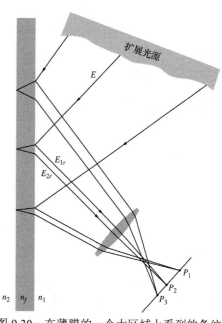

图 9.30　在薄膜的一个大区域上看到的条纹

角度 θ_i，或者等价地 θ_t 由 P 的位置决定，而 θ_t 又控制 δ。图 9.31 中在出现点 P_1 和 P_2 的条纹叫做**等倾条纹**（习题 9.39 讨论观察这些条纹的一些简单方法）。要记住，扩展光源上的每一点都和其他点不相干。当扩展光源的像被反射时，它看起来就是亮暗条纹组成的带。每个条纹都是一个圆弧，圆心落在眼睛到薄膜垂直线的交点。

随着薄膜变厚，E_{1r} 和 E_{2r} 之间的间隔 $\overline{AC}$ 也增大，因为

$$\overline{AC} = 2d\tan\theta_t \qquad [9.32]$$

若两条光线中只有一条光线能进入眼睛的瞳孔，干涉图样就会消失。望远镜的物镜比瞳孔大，能够收集两条光线，所以又能看到条纹。减小 θ_t（即减小 θ_i）也能减小间隔。奥地利物理学家 W. K. 海定格（Wilhelm Karl Haidinger，1795—1871）用这种方法在厚板看到这种等倾条纹，所以叫做**海定格条纹**。使用扩展光源，实验装置的对称性使干涉图样由一系列同心圆带组成，圆心在眼睛到薄膜的垂直线上（图 9.32）。观察者移动时，干涉图样也跟着移动。

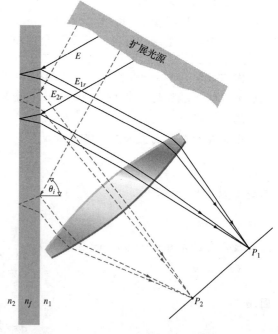

图 9.31　倾斜同一角度的光线到达同一点

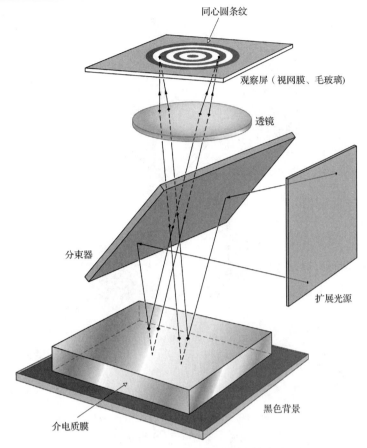

同心圆条纹

观察屏（视网膜、毛玻璃）

透镜

分束器

扩展光源

黑色背景

介电质膜

图 9.32 圆心在透镜轴上的海定格条纹

在商店的普通的橱窗玻璃上就可以看到海定格条纹。夜里，从玻璃向外找到街上一个霓虹灯广告，眼睛尽量向霓虹灯看，就可以看到以你的眼睛为圆心的圆形条纹在远处出现。

等厚条纹

有一类干涉条纹，决定它的主要参数是光学厚度 $n_f d$ 而不是 θ_i。这类干涉条纹叫做**等厚条纹**。在白光照明下，肥皂泡、几个波长厚的浮油膜、甚至氧化的金属表面上的彩虹颜色都是薄膜厚度不同产生的干涉。这类干涉带和地形地图的等高轮廓很相像。每条条纹都是薄膜上某一定厚度所在。通常 n_f 并不变化，所以条纹对应于薄膜厚度为某一常数的区域。所以，它们在检测光学元件（透镜、棱镜等）的表面性质时非常有用。例如，把要检测的表面和光学平面[①]接触。在两个表面之间的空气会产生一个薄膜干涉图样。如果待检测表面是平的，就出现一系列等间隔的直带，说明是一个楔形的空气薄膜，通常是由两个平面之间的灰尘造成的。两片平玻璃的一端夹一张纸片，可以形成一个很好的楔形，用来观察这些带。

用图 9.33 所示的方式观看近垂直入射，非均匀薄膜产生的轮廓图叫做**斐索条纹**。对于小角度 α 的薄楔，两条反射光线的光程差由（9.33）近似式给出，其中 d 是特定点的厚度，即

$$d = x\alpha \tag{9.38}$$

---

① 一个平面和理想平面的偏离不超过 $\lambda/4$ 时叫做光学平面。以前，最好的光学平面是用纯熔融石英做的。现在用玻璃-陶瓷材料（例如，CERVIT），它有非常小的热膨胀系数（大约为石英的六分之一）。少数光学平面可以做到 $\lambda/200$ 甚至更好。

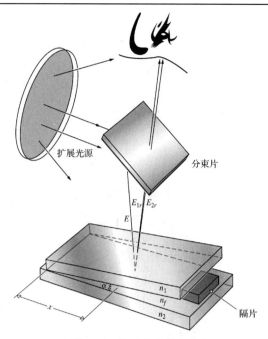

图 9.33 楔形薄膜的条纹

对于小的 θ_i，干涉极大的条件变为

$$\left(m + \frac{1}{2}\right)\lambda_0 = 2n_f d_m$$

或

$$\left(m + \frac{1}{2}\right)\lambda_0 = 2\alpha x_m n_f$$

其中，$m = 0, 1, 2, 3, \cdots$，第一条亮条纹是零阶（$m = 0$）极大。它邻接顶端（零厚度，不反射光）的暗纹。如果你喜欢，可以把最后的式子与为 $\left(m' - \frac{1}{2}\right)\lambda_0 = 2\alpha x_{m'} n_f$，现在 $m' = 1, 2, 3, \cdots$。虽然这种写法不合传统，它的好处是第 200 个条纹发生在 $m' = 200$，而不是 $m = 199$。

因为 $n_f = \lambda_0/\lambda_f$，$x_m$ 可以写成

$$x_m = \left(\frac{m + \frac{1}{2}}{2\alpha}\right)\lambda_f \tag{9.39}$$

亮条纹的中心（极大）位于距顶端的距离为 $\lambda_f/4\alpha$、$3\lambda_f/4\alpha$、等处，相邻两条纹的间隔 Δx 为

$$\Delta x = \lambda_f/2\alpha \tag{9.40}$$

α 越大，条纹越细（图 9.34）。

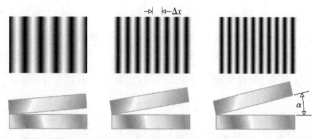

图 9.34 两片楔角为 α 的玻璃平板之间的薄膜产生的条纹。相邻两个极大的间隔为 $\Delta x = \lambda_f/2\alpha$。当 $\alpha \to 0$，条纹越来越少，越来越宽，最后完全消失

对应于两个相邻极大的薄膜厚度之差简单地为 $\lambda_f/2$。因为从下表面反射的光束穿过薄膜两次（$\theta_i \approx \theta_t \approx 0$），相邻极大的光程差为 λ_f。各个极大处的薄膜厚度为

$$d_m = \left(m + \frac{1}{2}\right)\frac{\lambda_f}{2} \tag{9.41}$$

即四分之一波长的奇数倍。穿越薄膜两次产生相移 π，加上从反射得到的相移 π，使两条光束又回到同相。

例题 9.6　图 9.33 所示的楔形空气薄膜被钠黄光照射［钠双线的中心，$\lambda_0 = 589.3 \text{ nm}$］。若楔角为 $0.50°$，问第 173 阶极大的中心离楔的顶端多远？

解　我们可以用下面两个式子的任一个。当 $m = 0, 1, 2, \cdots$

$$x_m = \frac{\left(m + \frac{1}{2}\right)\lambda_f}{2\alpha}$$

当 $m' = 0, 1, 2, \cdots$ 时，用

$$x_{m'} = \frac{\left(m' - \frac{1}{2}\right)\lambda_f}{2\alpha}$$

无论用哪个，α 的单位是弧度：

$$\alpha = \left(\frac{\pi \text{ rad}}{180°}\right)0.50° = 8.727 \times 10^{-3} \text{ rad}$$

因此，

$$x_m = x_{172} = \frac{\left(172 + \frac{1}{2}\right)589.3 \times 10^{-9}}{2(8.727 \times 10^{-3})} = 5.8 \text{ mm}$$

或

$$x_{m'} = x_{173} = \frac{\left(173 - \frac{1}{2}\right)589.3 \times 10^{-9}}{2(8.727 \times 10^{-3})} = 5.8 \text{ mm}$$

附的照片是竖直悬挂的肥皂薄膜，由于重力的影响变成楔形。用白光照明时，出现了各种颜色的带。顶部的暗区，薄膜厚度小于 $\lambda_f/4$。两倍这个厚度，加上反射引起的相移 $\lambda_f/2$，还是小于一个波长。因此反射的光线不同相。随着厚度进一步减小，总相差趋于 π。观察者处的辐照度趋于极小［(9.16) 式］，在反射光中薄膜显然是黑的[①]。

把两片干净的显微镜载玻片压在一起。载玻片中间的空气薄膜通常是不均匀的。在普通的室内光的照

液体肥皂水的楔形薄膜

[①] 当薄膜越来越薄直到最后消失，若要求反射的光通量密度平滑地趋于零，需要内反射和外反射之间有一相对相移 π。

明下，在表面上会清楚看到一串不规则的彩带（等厚条纹）。薄玻璃片在压力下变形，因此条纹相应移动和变化。用透明胶纸把两片玻璃粘在一起，透明胶纸会散射光，使反射条纹看到更清楚。

两片显微镜载玻片中间的空气薄膜产生的条纹

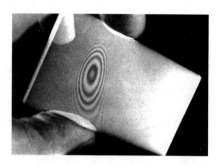

两片显微镜载玻片的牛顿环。载玻片中间的空气薄膜产生了干涉图样

(b)

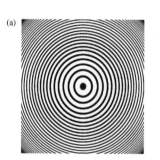

(a)

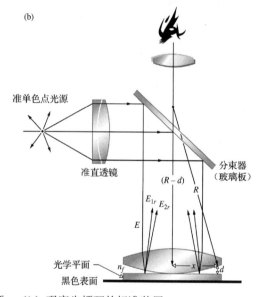

图 9.35 （a）反射光的牛顿环。（b）观察牛顿环的标准装置

如果两片玻璃是在一点上被压在一起，例如用一支尖锐的铅笔，在被压的这一点会产生一系列同心的近似圆形的条纹。这种条纹叫做**牛顿环**[①]。用图 9.35 的装置可以更精确地研究这个图样。图中在光学平面上放置一个透镜，用准单色光垂直照明。同心圆图样的不均匀量是透镜形状完美程度的量度。令 R 为凸透镜的曲率半径，距离 x 和空气薄膜厚度 d 的关系为

$$x^2 = R^2 - (R - d)^2$$

或更简单地

$$x^2 = 2Rd - d^2$$

[①] 胡克（Robert Hooke，1635—1703）和牛顿各自独立地研究了从肥皂泡到透镜间的空气薄膜等薄膜现象。下面引自牛顿的书《光学》：

我拿了两个玻璃物镜片，一个是 14 英尺望远镜的平凸物镜，另一个是 50 英尺望远镜的双凸大物镜；把一个物镜的平面向下放在另一个物镜上，我慢慢地压着它们，颜色就从圆的中间出现了。

由于 $R \gg d$，上式变为

$$x^2 = 2Rd$$

假定我们只想考察头两个反射光束 E_{1r} 和 E_{2r}。第 m 阶干涉极大将发生在薄膜中，当薄膜厚度符合下面的关系时：

$$2n_f d_m = \left(m + \frac{1}{2}\right)\lambda_0$$

由最后两个式子得到第 m 个亮环的半径为

[亮环] $$x_m = \left[\left(m + \frac{1}{2}\right)\lambda_f R\right]^{\frac{1}{2}} \tag{9.42}$$

其中 $m = 0, 1, 2, 3, \cdots$，最内面的第一个极大对应于 $m = 0$。如果你喜欢第一个极大对应于 $m' = 1$，可以把（9.42）式为

$$x_{m'} = \left[\left(m' - \frac{1}{2}\right)\lambda_f R\right]^{\frac{1}{2}}$$

同样，第 m 个暗环的半径为

[暗环] $$x_m = (m\lambda_f R)^{\frac{1}{2}} \tag{9.43}$$

其中 $m = 0, 1, 2, \cdots$，反射光的中心暗圆对应于 $m = 0$。然后第一个暗环为 $m = 1$，第二个为 $m = 2$，如此等等。

如果两片玻璃接触良好（没有灰尘），d 在中心（$x_0 = 0$）接近于零，所以这一点辐照度最小，是暗条纹。对透射光来说，观察到的图样刚好是反射光图样的互补，所以中心是亮的（见照片）。

当圆条纹变大（x_m 变大），条纹就变窄，条纹之间更加靠近。这可从 dx_m/dm 看出来：

$$2x_m \frac{dx_m}{dm} = R\lambda_f \qquad 或 \qquad \frac{dx_m}{dm} = \frac{R\lambda_f}{2x_m}$$

于是 x_m 越大，x_m 随 m 的变化越慢。

牛顿环是斐索条纹，它和海定格条纹的圆形图样的区别在于圆环直径随 m 变化的方式不同。海定格图样的中心区对应于 m 的极大值（习题9.38），恰好和牛顿环相反。

凸透镜和放在它下面的玻璃片之间的空气薄膜产生的干涉。用准单色光照明，透射光中的干涉条纹。牛顿第一个深入研究这种条纹，现在称之为牛顿环

例题 9.7 一个凸透镜放在光学平面上，整个装置放在空气中，没有灰尘。用汞放电灯的 546.07 nm 的绿光照射。如果透镜的曲率半径是 20.0 cm，求第 10 条亮纹离中心的距离。

解

我们知道

$$x_m = \left[\left(m + \frac{1}{2}\right)\lambda_f R\right]^{\frac{1}{2}}$$

或写成

$$x_{m'} = \left[\left(m' - \frac{1}{2}\right)\lambda_f R\right]^{\frac{1}{2}}$$

其中 $m' = 10$，所以

$$x_{m'} = \left[\left(10 - \frac{1}{2}\right)(546.07 \times 10^{-9})(20.0 \times 10^{-2})\right]^{\frac{1}{2}}$$

因而

$$x_{m'} = 1.02 \text{ mm}$$

经营透镜制作的光学商店，通常有一套精密的球形测试板或者测试规。透镜的设计者可以用特定的测试规看到的牛顿环的数目和规则性，来标明这个新透镜的光学表面的精度。不过，在高质量透镜的制作中应用测试规的做法，已经被使用激光干涉仪的更加精良的技术取代了（9.8.2 节）。

单层增透膜

今天，大多数透镜，从照相机透镜到眼镜片，都镀上一层或多层透明的介质膜来控制表面的反射。这些薄膜通常叫做增透膜。德国的卡尔·蔡司（Carl Zeiss）公司 1935 年发明了增透膜，大大改进了多元件视觉装置（如望远镜的瞄准器、双筒望远镜、潜望镜）的效率。它是如此有效，使得当时德国军方竭力对这个技术保密。我们将在 9.7.2 节详细讨论这方面的内容。在这里，我们将跳过许多数学分析作一个介绍，探讨单层增透涂膜这个较简单的情况。

考虑折射率为 n_f 的介质层敷在折射率为 n_s 的基底（玻璃或者其他光学材料）上。假定周围的介质（通常是空气）的折射率为 n_0，并且限于处理近垂直入射（即光或多或少正入射到器件上）的情况。回忆菲涅耳方程特别是（4.47）式，基底材料的折射率比空气大得越多，就有越多的光从空气-玻璃界面反射回空气。所以高折射率透镜更需要镀膜。

如图 9.27b 和图 9.31 所示，光线从薄膜的上下表面反射回来。因为它们是被浪费的光，我们希望这两个波的相位差 180° 相互抵消。最简单的安排是让 $n_s > n_f > n_0$，所有的反射都是外反射，不必附加任何相差。我们让薄膜的厚度为四分之一个波长（$h = \lambda_f/4$），这两个波就会在一定程度上互相抵消。当然，只有这两个波的振幅接近相等，它们才会接近完全抵消。假定在薄膜内不发生光的多次反射，（4.47）式告诉我们，$(n_f - n_0)/(n_f + n_0)$ 应当等于 $(n_s - n_f)/(n_s + n_f)$。要满足这个条件就要使增透膜的折射率为

$$n_f = (n_0 n_s)^{1/2}$$

[这等价于（9.102）式]。

对于在空气（$n_0 = 1.00$）中的玻璃基底（$n_s = 1.50$），薄膜材料的折射率应当为 $n_f = 1.22$。从（4.47）式薄膜的每个界面的反射率约为 0.98%，总的约为 2%。与之相比，裸的玻璃界面的反射率 $\approx 4\%$。但是，没有折射率为 1.22 的合适介质，我们通常选用氟化镁（MF_2），它是一种耐磨、容易蒸气沉积的透明材料，折射率为 1.38。

例题 9.8 用冕牌玻璃做的眼镜片，在波长为 555 nm 的下黄绿光折射率为 1.532。在其前镀上对这个波长增透的氟化镁薄膜（折射率为 1.38）。薄膜的最小厚度应当是多少？用白光照射时眼镜片反射什么颜色？

解

薄膜厚度 h 为

$$h = \lambda_f/4$$

其中 $\lambda_f = \lambda_0/n_f$。所以

$$h = \lambda_0/4n_f = (555\ \text{nm})/4(1.38) = 101\ \text{nm}$$

薄膜将反射透过薄膜的互补色，即偏蓝的品红色。

9.4.2 装有反射镜的干涉仪

迈克耳孙干涉仪

许多分振幅干涉仪利用反射镜和分束器。最著名的也是历史上最重要的是迈克耳孙干涉仪。它的光路见图 9.36。一个扩展光源（例如由一个放电管照明的漫反射毛玻璃板）发射一个波，一部分传向右边，在分束器 O 上分成两部分，一部分向右方透射，另一部分被反射。两个波由反射镜 M_1 和 M_2 反射返回到分束器。从 M_2 来的波一部分穿过分束器向前，从 M_1 来的波一部分由分束器偏转射向探测器。于是两束波又合在一起，可以预料会发生干涉。

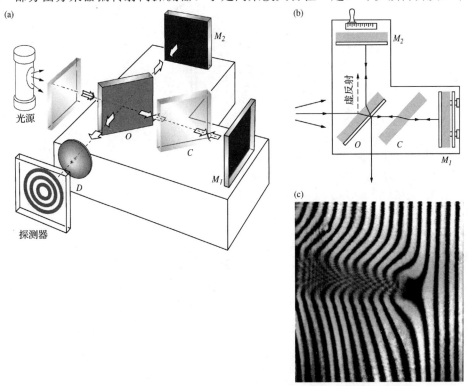

图 9.36　迈克耳孙干涉仪。（a）圆条纹以透镜为圆心；（b）显示光路的干涉仪顶视图；（c）当在一条光路中放进电烙铁的焊尖，楔形图样发生变形

注意，有一束光通过 O 三次，而另一束光仅通过它一次。因此只有在 OM_1 臂内插入一块补偿板 C，两束光才通过同样厚度的玻璃。补偿板除了不镀银或不镀薄膜之外，在其他方面和分束器完全相同。它也摆在 45° 角的位置上，使得 O 和 C 彼此平行。有了补偿板之后，任何光程差都只由实际程差引起。此外，由于分束器的色散，光程是 λ 的函数，因此对于定量的工作，没有补偿板的干涉仪只能用准单色光源。有了补偿器就可消除色散的影响，即使是带宽很宽的光源也会产生可分辨的条纹。

要了解条纹怎样生成，参看图 9.37 的作图法，其中物理元件多用数学表面来代表。在探

测器位置上的一个观测者，将同时在分束器内看到 M_1 和 M_2 两个反射镜及光源 Σ。因此，我们可以重画干涉仪，使它的所有元件好像在一条直线上。图中 M_1' 相当于反射镜 M_1 在分束器中的像，同时 Σ 也被移到同 O 和 M_2 成一直线。这些元件在图上的位置决定于它们与 O 的相对距离（例如，M_1' 可以在 M_2 之前、之后，或者与 M_2 重合，甚至能够穿过 M_2）。Σ_1 面和 Σ_2 面分别是光源 Σ 在镜 M_1 和 M_2 中的像。现在考虑光源上的一点 S，它向一切方向发光；我们来跟踪它发射的一条光线。实际上，从 S 来的一个波将在 O 分裂成两个，然后它的两部分由 M_1 和 M_2 反射。在我们的略图中，我们用这条光线在 M_2 和 M_1' 上反射回来代表上述过程。对于在 O 点的一个观察者，这两条反射光线好像是从像点 S_1 和 S_2 来的[注意图 9.37a 和 b 中画的一切光线都有共同的入射面]。就一切实用的目的而言，S_1 和 S_2 是相干的点光源，因而我们可以预料光通量密度分布将服从（9.14）式。

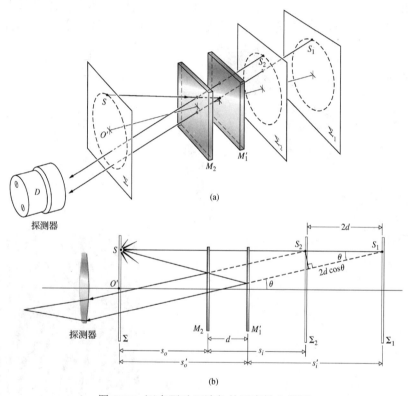

图 9.37　迈克耳孙干涉仪的示意性布置图

从图可以看出，这两条光线的光程差非常接近于 $2d\cos\theta$，它代表的相差为 $k_0 2d\cos\theta$。还有一个附加的相位项是由下述事实引起的：经过 OM_2 臂的波是在分束器里面内反射，而 OM_1 上的波则是在 O 上外反射。如果分束器只是一块不镀膜的玻璃板，那么这两种反射引起的相对相移将为 π 弧度。在

$$2d\cos\theta_m = m\lambda_0 \tag{9.44}$$

时（其中 m 为整数）将存在相消干涉而不是相长干涉。如果 S 点满足这个条件，那么 Σ 上位于半径为 $O'S$ 的圆上的任一点也都满足这个条件（O' 位于探测器的轴上）。如果装置所在的介质不是真空，（9.44）式中的 λ_0 应当换为该介质的 λ。

如图 9.38 所示，一个观察者将看到以他的眼珠的轴为圆心的一组同心环形条纹系。由于

眼睛的孔径很小，如果不在靠近分束器的地方用一个大透镜收集发出大部分的光线，观察者将看不到全部图样。

按照（9.44）式中 θ_m 和 λ_0 之间的关系，假如我们用一个含有许多频率的光源（如汞放电灯），那么每一个频率都将产生它自己的一个条纹系。还要注意，由于 $2d\cos\theta_m$ 必须小于光源的相干长度，所以用激光来演示这种干涉仪特别容易（见 9.5 节）。如果我们把激光产生的条纹同普通的钨丝灯泡或蜡烛的"白"光产生的条纹进行比较，这一点特别明显。在后一情况下如果我们想看到条纹的话，程差必须非常接近于零，而对于前者，10 cm 的光程差没有什么明显影响。

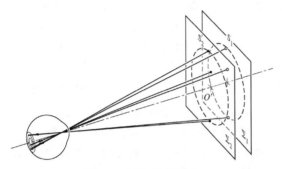

图 9.38　圆条纹的生成

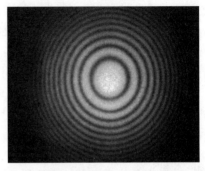

使用激光的迈克耳孙干涉仪的圆条纹

典型的准单色光干涉图样由大量明暗相间的环组成。一个特定的环对应于一个固定的级数 m。随着 M_2 移向 M_1'，d 减小，根据（9.44）式，$\cos\theta_m$ 增加，因而 θ_m 减小。每当 d 减小 $\lambda_0/2$，级数最高的一个环就消失，其他环则向中心收缩。随着越来越多的条纹在中心消失，每个剩下来的环就越来越宽，直到在整个屏上仅有几个条纹。到达 $d = 0$ 时，中心条纹将布满整个视场。由于在分束器上反射引起的相移 π，这时整个屏是干涉极小的（但是光学元件的缺陷能使这个干涉极小观察不到）。把 M_2 再移远，将使条纹重新在中心出现并向外移动。

注意，在（9.44）式中 $\theta_m = 0$ 对应的中心暗纹可由下式表示：

$$2d = m_0\lambda_0 \tag{9.45}$$

（记住这是一种特殊情况。中心区域可能既不对应于极大值也不对应于极小值）即使 d 只有 10 cm（对于激光并不是很大的程差），$\lambda_0 = 500$ nm，m_0 也将非常大，达到 400 000。对于一个固定的 d 值，相继的暗环将满足以下的式子：

$$\begin{aligned} 2d\cos\theta_1 &= (m_0 - 1)\lambda_0 \\ 2d\cos\theta_2 &= (m_0 - 2)\lambda_0 \\ &\vdots \\ 2d\cos\theta_p &= (m_0 - p)\lambda_0 \end{aligned} \tag{9.46}$$

任意环（例如第 p 环）的角位置由（9.45）式和（9.46）式联立得出，这时得到

$$2d(1 - \cos\theta_p) = p\lambda_0 \tag{9.47}$$

由于 $\theta_m \equiv \theta_p$，两者都正好是特定的干涉环在接收器上所张的半角，并且由于 $m = m_0 - p$，因而（9.47）式等价于（9.44）式。新形式更方便一些，对于 $d = 10$ cm（用上述同一个例子），第 6 个暗环可以用 $p = 6$ 来标定，若用第 p 个干涉环的级来表示，则 $m = 399\,994$。如果 θ_p 很小，

$$\cos\theta_p = 1 - \frac{\theta_p^2}{2}$$

由（9.47）式得到，第 p 个条纹的角半径为

$$\theta_p = \left(\frac{p\lambda_0}{d}\right)^{1/2} \tag{9.48}$$

图 9.37 代表一种可能的光路，其中我们只考虑了成对的平行出射光线。由于这些光线实际上不相交，如果不用某种会聚透镜，它们不能成像。实际上，聚焦在无限远处的观测者眼睛就是一个透镜。所产生的位于无限远的**等倾干涉条纹**（θ_m = 常数）有时也称为**海定格条纹**。图 9.37b 和图 9.3a 两个图都画了两个相干的点光源，比较这两个图表明，除了位于无穷远的虚条纹之外，还可能有由会聚光线生成的实条纹。这些条纹实际上确实存在。如果用一个扩展光源照明干涉仪，并且将所有外来光屏蔽，在暗室中很容易看到投映在屏上的图样（见 9.5 节）。条纹将出现在干涉仪前面的空间（也就是探测器所在的地方），条纹的大小随着与分束器距离的增加而增加。我们稍后再考虑用点光源照明引起的实条纹。

当干涉仪的两面反射镜互相倾斜成一小交角时，也就是当 M_1 和 M_2 不完全垂直时，将观察到**斐索条纹**。M_2 和 M_1' 之间的楔形空气隙生成平行直条纹图样。发生干涉的光线好像是从镜后一点发散而来。为了看到这些定域条纹，眼睛必须聚焦到这一点。可以用解析方法证明[①]，适当调节镜面 M_1 和 M_2 的方向，可以产生直的、圆的、椭圆的、抛物线或者双曲线形的干涉条纹——对实条纹和虚条纹都这样。

可以用迈克耳孙干涉仪进行极精确的长度测量。当可动镜移过 $\lambda_0/2$ 的距离时，每个条纹都移到原先被一个邻近条纹占据的位置上。用一个显微镜，只要数出移过一个参考点的干涉条纹的数目 N 或其分数，就可以确定镜子移动的距离 Δd：

$$\Delta d = N(\lambda_0/2)$$

今天的计数工作可以很容易地用电子学方法进行。迈克耳孙用这个方法对镉红线的条纹数进行了计数[②]，它对应于今日的 SI 长度单位的定义。

例题 9.9　厚度为 0.050 mm 的玻璃片（$n_g = 1.520$）插入迈克耳孙干涉仪的一条光路中，照明光为氦黄线（$\lambda_0 = 587.56$ nm）。因为插入这片玻璃片移动了多少干涉条纹？

解

光程差变动 $\lambda_0/2$ 对应于移动一个条纹。现在厚度为 D 的空气被玻璃片所代替，光程差变化为 $Dn_g - Dn_{air} = D(n_g-1)$。来回两次的光程差相当于 $N\lambda_0$，N 为条纹数目。所以

$$2D(n_g - 1) = N\lambda_0$$

因而

$$N = \frac{2D(n_g - 1)}{\lambda_0} = \frac{2(0.050 \times 10^{-3})(0.520)}{587.56 \times 10^{-9}}$$

最后， $N = 88.5$

用迈克耳孙干涉仪加几片偏振片滤光片可以验证菲涅耳-阿拉果定律。在干涉仪的两臂中各放进一片偏振片，容易改变两束光的电场矢量的方向而两条光的光程差则相当好地保持不变。

[①] 例如，可见 Valasek, *Optics*, p. 135。

[②] 这个方法需要数 3 106 327 条条纹。讨论如何避免直接计数，可参阅 Strong, *Concepts of Classical Optics*, p. 238。或 Williams, *Applications of Interferometry*, p. 51。

用金属片作反射镜，铁丝网作分束器，可以制作一个微波迈克耳孙干涉仪。把探测器放在中心条纹的位置，移动干涉仪的一个反射镜，容易测量到从极大到极小的变化，由此可以测量出微波波长λ。几片胶合板、塑料板、玻璃板插入干涉仪的一臂，数出条纹移动的数目可以得出这种材料的折射率，从而计算出它的介电常数。

原子干涉仪

在 20 世纪 90 年代初期，德国和美国的研究者研制出第一台原子干涉仪。用激光束把原子流一分为二，每一部分走过不同的路径之后再会合、重叠，从而生成干涉条纹。右边的照片是冷却到绝对温度百万分之几 K 的钠原子的干涉条纹。由于原子的德布罗意波长只有百分之几纳米，皮米（10^{-12} m）级的路程差都能测出。

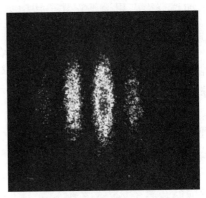

两束钠原子重叠的干涉条纹

测量相干长度

迈克耳孙干涉仪也可以用来测量光源的相干长度。图 9.39 中三个连续波列（波列后面的长串没有画出）射向分束器。每个波列的相干长度大约是 Δl_c。波列之间不同相，是无规的。三个波列都被分成两部分（分别用一撇和两撇表示），它们的能量一半到 M_1 一半到 M_2，然后它们被反射回分束器，最后到达观察者。当两个镜子与分束器的距离大致相等时，d 大致等于零。两束光到达观察者时，波列 A' 或多或少与波列 A" 重叠，波列 B' 或多或少与 B" 重叠，等等。每对波列（如 A' 和 A"，等等）都有可持续的相对相位，所以有效地干涉。其结果是干涉条纹稳定，反差很好。

随着 d 增大，波列 A" 落后于 A'，开始有一部分和 B' 重叠，B" 也有一部分和 C' 重叠，一直到光源都是这样。任何两个波列（例如 A" 和 B'）能发生干涉，但是它们的相差是任意的，和 A" 与 A' 的相差不同，所以它们的条纹图样也不同，整个辐照度分布混淆起来，反差变坏。当 $2d$ 等于平均的波列长度 Δl_c，干涉条纹就看不见了。

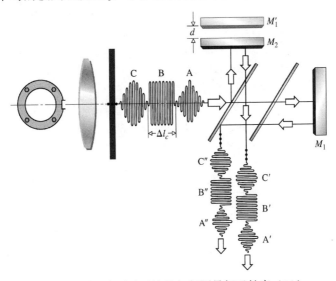

图 9.39 用迈克耳孙干涉仪如何测量相干长度（Δl_c）

马赫-曾德尔干涉仪

　　马赫-曾德尔干涉仪是另一种分振幅干涉仪。如图 9.40 所示，它由两个分束器和两个全反射镜组成。仪器内的两个波沿不同的路径传播。稍微倾斜一个分束器，就可以引入一个光程差。由于两条光路是分开的；这种干涉仪比较难调整。但也正是因为两条光路分开，这种干涉仪有很多用途。它甚至被用来得到电子干涉条纹[①]，这时干涉仪的形式虽然有很大的改变，但概念仍是类似的。

　　在一个光束中放进一个物体将会改变光程差，从而改变干涉条纹图样。这种器件一种常见的应用是观察用于研究的气室（例如风洞、激波管等）内气流图样中的密度变化。一个光束穿过待测气室的光学平面窗口，而另一光束则通过适当的补偿板。气室内的折射率随空间变化，光在这个区域传播。波阵面上的畸变生成了条纹。图 9.41 是磁压缩器 Scylla IV 的原理图，也附上实物照片。上述干涉仪在这仪器上有特别美妙的应用。这种仪器在洛斯·阿拉莫斯科学实验室中用来研究受控热核反应。在这一应用中，马赫-曾德尔干涉仪具有平行四边形的形状。两张红宝石激光干涉图，一张是管内没有等离子体时的背景图样，另一张是发生反应时等离子体内的密度轮廓。

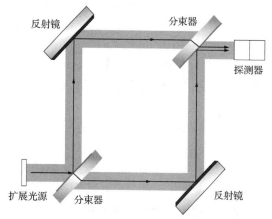

图 9.40　马赫-曾德尔干涉仪

Scylla IV，研究等离子体的一个早期的装置（加州大学，美国能源部）

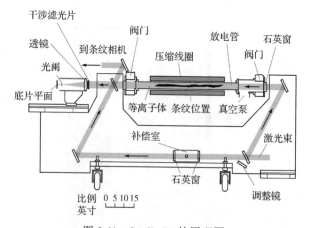

图 9.41　Scylla IV 的原理图

---

① L. Marton, J. Arol Simpson, and J. A. Suddeth, *Rev. Sci. Instr.* **25**, 1099(1954).

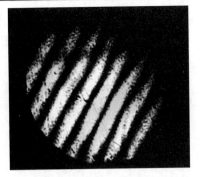
没有等离子体时的干涉图

有等离子体时的干涉图

萨尼亚克干涉仪

另外一种分振幅干涉仪叫做萨尼亚克（Sagnac）干涉仪，它和上面讨论的仪器有许多不同之处。它很容易调整，十分稳定。本章最后一节讨论它的一种十分有趣的应用——用作光陀螺。萨尼亚克干涉仪的一种形式如图 9.42a 所示，另一种如图 9.42b 所示；别的形式也有可能。这种器件的主要特征是两束光走过的路径相同但方向相反，二者都走过一个闭合回路，然后会合在一起产生干涉。只要对一面镜子的取向稍作任意改变，就会产生光程差，生成条纹图样。由于两束光一直叠在一起不能分开，这种干涉仪不能用于任何常规用途。要能只让一个光束产生变化，才能找到应用。

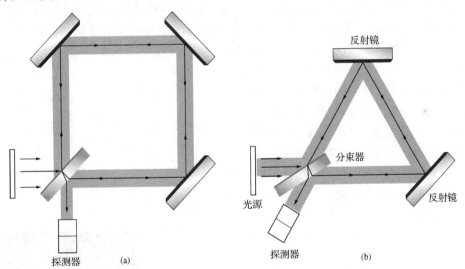

图 9.42 （a）萨尼亚克干涉仪。（b）另一种萨尼亚克干涉仪

实条纹

在考察实条纹（而不是虚条纹）的生成之前，先考虑另一种分振幅干涉量度器件，**坡耳（Pohl）条纹产生系统**，见图 9.43。它只不过是被点光源照明的一片透明薄膜。这时干涉条纹是实的，因此在干涉仪附近任意地方放一个屏，不用加会聚透镜系统，就可以在屏上截到一组条纹。在一盏水银灯前面遮一块上面带小孔（直径≈6 mm）的挡板，就是一个合用的光源。用一片普通的云母片作为透明薄膜，将它贴在深颜色的书皮上，书皮用作不透光的背景。如果有激光器，它的很长的相干长度和高光通量密度，使得随便用什么光滑而且透明的东西就

可以做这个实验。让光束通过一个透镜（焦距为 50～100 mm 即可），使光束直径扩大到 3～5 cm。然后用一块玻璃片（例如用显微镜的载玻片）把光束反射回去，不论光束在什么地方碰到观察屏，在照明圆斑内就会清楚看到条纹。

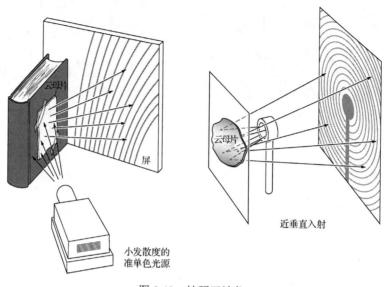

图 9.43　坡耳干涉仪

上面讨论的 4 种干涉仪都用点光源照明，所依据的物理原理可以通过作图来说明。它有两种形式，一种是图 9.44，一种是图 9.45[①]。图 9.44 的两条垂直线和图 9.45 的两条倾斜直线，代表两个镜面的位置或坡耳干涉仪中薄片的两个表面。假定在周围媒质中的一点 P 发生相长干涉，那么放在这一点上的一个屏将截到这个极大值及整个条纹图样，不必用任何会聚系统。发射干涉光束的两个相干虚光源就是实在的点光源 S 的两个镜像 S_1 和 S_2。请注意，这种实条纹图样用迈克耳孙干涉仪和萨尼亚克干涉仪都可以观察到。如果用扩展的激光光束来照明这两种器件，那么出射波会直接产生一个实条纹图样。这是一个极其简单而漂亮的演示。

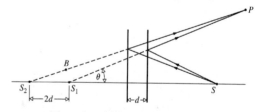

图 9.44　平行平面的点光源照明

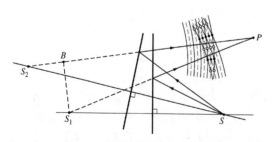

图 9.45　倾斜表面的点光源照明

使用氦氖激光的实迈克耳孙实条纹

① A. Zajac, H. Sadowski, and S. Licht, "The Real Fringes in the Sagnac and the Michelson Interferometers", *Am. J. Phys.* **29**, 669(1961).

9.5　干涉条纹的类型和位置

因为我们要在条纹的位置安放探测器（眼睛、照相机、望远镜），所以搞清楚某个干涉仪系统所产生的条纹的位置是很重要的。通常，条纹的位置是干涉仪的一个特性，每种干涉仪各不相同。

条纹的分类：首先，是实条纹还是虚条纹；其次，是非局域条纹还是局域条纹。实条纹可以不用附加的聚焦系统直接在屏上看到，形成条纹的光线自己汇聚到观察点。虚条纹的光线不汇聚，没有聚焦系统就不能投射到屏上。

非局域条纹是实条纹，它在空间一个有限的三维区域内处处存在。非局域就是干涉图样不限于某个小区域的意思。图 9.11 所示的杨氏实验，将整套的实条纹塞满次级光源之外的空间。这一类非局域条纹通常是由一个小光源（点光源或线光源）产生的，小光源本身可以是实光源，也可以是虚光源。相反，局域条纹只有在某个特殊的表面上才能清楚看到。这个表面可以在一张薄照相底片附近，也可以在无穷远处。这类条纹总是由于使用扩展光源生成的，但用一个点光源也能产生局域条纹。

坡耳干涉仪（图 9.43）在阐明这些原理时特别有用，因为用点光源可以让坡耳干涉仪产生实的非局域条纹，也可以产生虚的局域条纹。图 9.46 上半部表示的实的非局域条纹，可以在云母片前面的任何地方用屏截到。

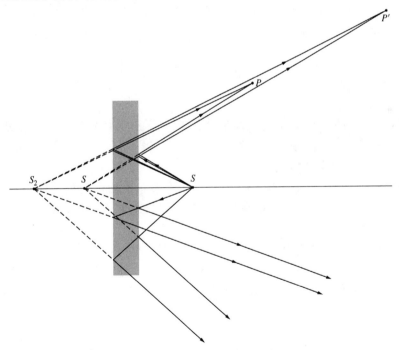

图 9.46　平行薄膜。画光线时没有考虑折射

对于非汇聚光线，因为眼睛的瞳孔很小，只能看到直接对准瞳孔的光线。位于某个位置的眼睛，看到这一小束光线不是亮点就是暗点，看不到更多的东西。要想接收到图 9.46 下半部所示的平行光线生成的扩展条纹图样，必须用一面大透镜来收集各个方向的光线。实际上，

因为光源不是理想点光源，而是有一点扩展，所以把眼睛对着薄膜而聚焦到无穷远，一般还是可以看到条纹。这些虚条纹位于无穷远处，等价于 9.4 节所讲的等倾条纹。同样，如果迈克耳孙干涉仪的 M_1 和 M_2 镜是平行的，位于无穷远处的圆的虚等倾条纹也能看到。我们可以想象是镜 M_1 和 M_2 的表面之间的薄空气膜产生这些干涉。从关于坡耳器件的图 9.43 看到，也出现实的非局域的条纹。

光从透明的楔片（楔角 α 很小）反射，在反射光中看到的条纹图样的几何示意图见图 9.47。条纹位置 P 由入射光的入射角决定。牛顿环有同一类定位机制，迈克耳孙干涉仪、萨尼亚克干涉仪及其他由两个稍微倾斜的反射平面组成的等价干涉系统的干涉仪，都有相同的定位机制。马赫-曾德尔干涉仪的楔形装置与众不同之处，就是通过转动镜子可以把得到的虚条纹定位在通常被测试室占据的区域内的任何平面上（图 9.48）。

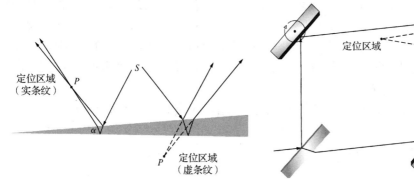

图 9.47　由楔形薄膜形成的条纹

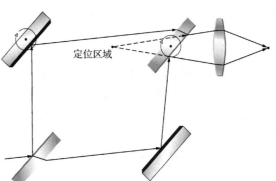

图 9.48　马赫-曾德尔干涉仪中的条纹

9.6　多光束干涉

迄今我们考察了两束相干光在多种不同条件下合成产生相干图样的情况。但是还有一些情况，此时有更多个彼此相干的波发生干涉。事实上，如果图 9.28 中的平行平板的振幅反射系数 r 不小（以前假定它很小），那么高次的反射波 $\vec{E}_{3r}$，$\vec{E}_{4r}$，…就相当重要。一块两面涂银使各个 r 接近于 1 的玻璃板，将产生许多条多次内反射光线。目前，我们只考虑薄膜、基底和周围媒质都是透明电介质的情形。这就避免了从镀金属面引起的更复杂的相位变化问题。

为了尽可能简单地开始我们的分析，令薄膜是无吸收的，且 $n_1 = n_2$。下面使用的符号将和 4.10 节的符号一致，令振幅透射系数为 t 和 t'，t 为到达薄膜上的一个波透入薄膜的振幅百分比，t' 为波离开薄膜时的透射百分比。光线实际上是垂直于波阵面的线，因此也垂直于光场 $\vec{E}_{1r}$，$\vec{E}_{2r}$，等等。由于各条光线近于平行，只要我们小心地考虑一切可能的相移，标量理论已够用了。

在图 9.49 中，反射波 $\vec{E}_{1r}$，$\vec{E}_{2r}$，$\vec{E}_{3r}$，…的标量振幅分别为 $E_0 r$，$E_0 tr't'$，$E_0 tr'^3 t'$，…，其中 E_0 是原来的入射波振幅，而由（4.89）式知 $r = -r'$。负号代表一个相移，我们将在下面讨论。同样，透射波 $\vec{E}_{1t}$，$\vec{E}_{2t}$，$\vec{E}_{3t}$，…的振幅为 $E_0 tt'$，$E_0 tr'^2 t'$，$E_0 tr'^4 t'$，…。考虑一组平行的反射光线，每条光线和所有其他反射光线之间都有固定的相位关系。相差是由光程差和各次反射时发生的相移联合引起的。无论如何，各个波相互之间是相干的。要是用一个透镜把这些光线收集起来并聚焦在一点 P，它们将产生干涉。总的辐照度的表示式，在两种特殊情况下有特别简单的形式。

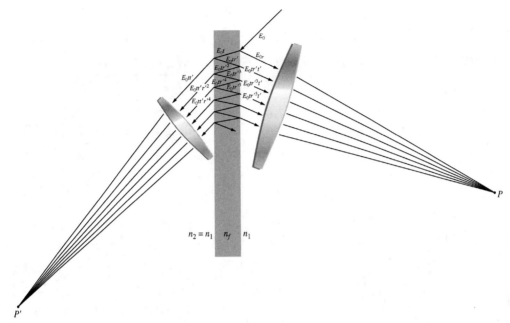

图 9.49 平行薄膜的多光束干涉

相邻光线之间的光程差为

$$\Lambda = 2n_f d\cos\theta_t \qquad [9.33]$$

所有的波，除了第一个波 $\vec{\mathbf{E}}_{1r}$ 之外，都在膜内发生过奇数次反射。从图 4.49 得知，每次内反射，平行于入射面的场分量的相位改变不是 0 就是 π，随内入射角 $\theta_i < \theta_c$ 而定。垂直于入射面的场分量，当 $\theta_i < \theta_c$ 时在内反射中相位不发生变化。于是很清楚，这种奇数次反射不引起这些波之间的相对相位变化（图 9.50）。作为第一种特殊情况，如果 $\Lambda = m\lambda$，则第二、第三、第四个波等在 P 点全都同相；但是波 $\vec{\mathbf{E}}_{1r}$，由于是在膜的上表面上反射的，所以和所有其他的波相位差 $180°$。相移还体现在下述事实中，即 $r = -r'$ 和 r' 只以奇数次幂出现。标量振幅之和，即 P 点的总反射振幅为

$$E_{0r} = E_0 r - (E_0 trt' + E_0 tr^3 t' + E_0 tr^5 t' + \cdots)$$

或者

$$E_{0r} = E_0 r - E_0 trt'(1 + r^2 + r^4 + \cdots)$$

因为 $\Lambda = m\lambda$，我们把式中的 r' 换成了 $-r$。当 $r^2 < 1$ 时，括号内的几何级数收敛到 $1/(1-r^2)$。所以

$$E_{0r} = E_0 r - \frac{E_0 trt'}{(1 - r^2)} \qquad (9.49)$$

在 4.10 节中考虑斯托克斯对可逆性原理[（4.86）式]的处理时曾经证明 $tt' = 1 - r^2$，由此得到

$$E_{0r} = 0$$

因此当 $\Lambda = m\lambda$ 时，第二、第三、第四个波等……等刚好和第一个波抵消，如图 9.51 所示。在这种情况下没有光反射；所有的入射能量都透射。第二种特殊情况出现在 $\Lambda = \left(m + \dfrac{1}{2}\right)\lambda$ 时。

这时第一条光线和第二条光线同相，而所有其他相邻的波，相位彼此依次差 $\lambda/2$，即第二个波和第三个波反相，第三个波和第四个波反相，等等。于是总的标量振幅为

$$E_{0r} = E_0r + E_0rtt' - E_0tr^3t' + E_0tr^5t' - \cdots$$

或者

$$E_{0r} = E_0r + E_0rtt'(1 - r^2 + r^4 - \cdots)$$

括号中的级数等于 $1/(1+r^2)$，所以这时

$$E_{0r} = E_0r\left[1 + \frac{tt'}{(1+r^2)}\right]$$

此时仍有 $tt' = 1-r^2$，因此如图9.52所示，有

$$E_{0r} = \frac{2r}{(1+r^2)}E_0$$

由于这种特殊情况使振幅比较大的第一个波和第二个波相加，因此它应当给出一个大的反射光通量密度。因为辐照度正比于 $E_{0r}^2/2$，由（3.44）式得到

$$I_r = \frac{4r^2}{(1+r^2)^2}\left(\frac{E_0^2}{2}\right) \qquad (9.50)$$

后面将证明，事实上这就是极大值 $(I_r)_{\max}$。

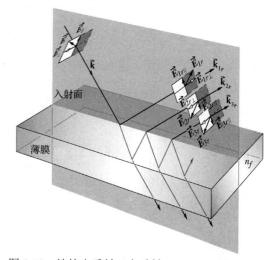

图9.50　纯粹由反射（内反射 $\theta_i < \theta'_p$）引起的相移

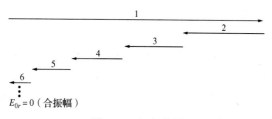

图9.51　相矢量图

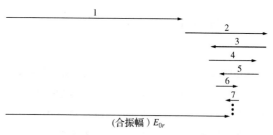

图9.52　相矢量图

现在我们以一种更一般的方式，利用复数表示来考虑多光束干涉问题。仍令 $n_1 = n_2$，这样就避免了在每个界面上引进不同的反射系数和透射系数。P 点的光场为

$$\tilde{E}_{1r} = E_0re^{i\omega t}$$

$$\tilde{E}_{2r} = E_0tr't'e^{i(\omega t - \delta)}$$

$$\tilde{E}_{3r} = E_0tr'^3t'e^{i(\omega t - 2\delta)}$$

$$\vdots$$

$$\tilde{E}_{Nr} = E_0tr'^{(2N-3)}t'e^{i[\omega t - (N-1)\delta]}$$

式中 $E_0e^{i\omega t}$ 为入射波。

上面各式中的 $\delta, 2\delta, \cdots, (N-1)\delta$ 各项，是相邻二光线的光程差引起的对相位的贡献（$\delta = k_0\Lambda$）。到达 P 点需要走过一段光程，因而引起了一项附加的相位，但是这对每条光线都是共同的，因此把它略去。第一条光线由于反射引起的相对相移体现在量 r' 内。于是总的反射标量波为

$$\tilde{E}_r = \tilde{E}_{1r} + \tilde{E}_{2r} + \tilde{E}_{3r} + \cdots + \tilde{E}_{Nr}$$

代入后（图 9.53）

$$\tilde{E}_r = E_0 r e^{i\omega t} + E_0 tr't' e^{i(\omega t - \delta)} + \cdots + E_0 tr'^{(2N-3)}t'$$
$$\times\, e^{i[\omega t - (N-1)\delta]}$$

这可以重新写成

$$\tilde{E}_r = E_0 e^{i\omega t}\{r + r'tt'e^{-i\delta}[1 + (r'^2 e^{-i\delta})$$
$$+ (r'^2 e^{-i\delta})^2 + \cdots + (r'^2 e^{-i\delta})^{N-2}]\}$$

若 $|r'^2 e^{-i\delta}| < 1$，并且级数的项数趋于无穷，级数收敛。合波为

$$\tilde{E}_r = E_0 e^{i\omega t}\left[r + \frac{r'tt'e^{-i\delta}}{1 - r'^2 e^{-i\delta}}\right] \tag{9.51}$$

在没有吸收的情况下，波不损失能量，我们可以用关系式 $r = -r'$ 和 $tt' = 1 - r^2$ 把（9.51）式重写为

$$\tilde{E}_r = E_0 e^{i\omega t}\left[\frac{r(1 - e^{-i\delta})}{1 - r^2 e^{-i\delta}}\right]$$

P 处的反射光通量密度为 $I_r = \tilde{E}_r \tilde{E}_r{}^*/2$，它等于

$$I_r = \frac{E_0^2 r^2 (1 - e^{-i\delta})(1 - e^{+i\delta})}{2(1 - r^2 e^{-i\delta})(1 - r^2 e^{+i\delta})}$$

上式可以化为

$$I_r = I_i \frac{2r^2(1 - \cos\delta)}{(1 + r^4) - 2r^2 \cos\delta} \tag{9.52}$$

式中，$I_i = E_0^2 / 2$ 代表入射光通量密度，因为 E_0 当然是入射波的振幅。同样，透射波的振幅为

$$\tilde{E}_{1t} = E_0 tt' e^{i\omega t}$$

$$\tilde{E}_{2t} = E_0 tt' r'^2 e^{i(\omega t - \delta)}$$

$$\tilde{E}_{3t} = E_0 tt' r'^4 e^{i(\omega t - 2\delta)}$$

$$\vdots$$

$$\tilde{E}_{Nt} = E_0 tt' r'^{2(N-1)} e^{i[\omega - (N-1)\delta]}$$

相加后得到

$$\tilde{E}_t = E_0 e^{i\omega t}\left[\frac{tt'}{1 - r^2 e^{-i\delta}}\right] \tag{9.53}$$

（因为我们感兴趣的是辐照度，忽略了由透过薄膜引起的一个共同因子 $e^{-i\delta/2}$。它只引起反射波和透射波之间 $\pi/2$ 的相差，不是我们这里关心的。）

把（9.53）式和它的复共轭相乘，得透射光的辐照度为（习题 9.53）

$$I_t = \frac{I_i(tt')^2}{(1 + r^4) - 2r^2 \cos\delta} \tag{9.54}$$

利用三角恒等式 $\cos\delta = 1 - 2\sin^2(\delta/2)$，（9.52）式和（9.54）式变为

$$I_r = I_i \frac{[2r/(1 - r^2)]^2 \sin^2(\delta/2)}{1 + [2r/(1 - r^2)]^2 \sin^2(\delta/2)} \tag{9.55}$$

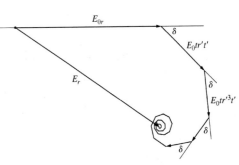

图 9.53　相矢量图

及
$$I_t = I_i \frac{1}{1 + [2r/(1 - r^2)]^2 \sin^2(\delta/2)} \tag{9.56}$$

后一式只在能量不被吸收时即 $tt' + r^2 = 1$ 时成立。如果入射能量确实不被吸收，那么入射波的通量密度应当等于从膜上反射的通量密度与膜所透射的总通量密度之和。从（9.55）式和（9.56）式看出，情况的确如此，即

$$I_i = I_r - I_t \tag{9.57}$$

但是，如果在电介质膜上镀有一层半透明的金属薄膜，上式就不对了。金属中感应出来的表面电流将耗散一部分入射电磁能。

考虑（9.54）式所描述的透射波。当 $\cos\delta = 1$ 即 $\delta = 2\pi m$ 时，分母最小，所以透射波有极大值

$$(I_t)_{\max} = I_i$$

在此条件下，（9.52）式表明

$$(I_r)_{\min} = 0$$

这正和从（9.57）式预期的一样。此外，从（9.54）清楚看出，当 $\cos\delta = -1$ 时，分母为极大值，而透射的光通量密度为极小值。此时 $\delta = (2m + 1)\pi$，并且

$$(I_t)_{\min} = I_i \frac{(1 - r^2)^2}{(1 + r^2)^2} \tag{9.58}$$

对应的反射光通量密度极大值为

$$(I_r)_{\max} = I_i \frac{4r^2}{(1 + r^2)^2} \tag{9.59}$$

要注意，当 $\delta = (2m + 1)\pi$，或

$$\frac{4\pi n_f}{\lambda_0} d\cos\theta_t = (2m + 1)\pi$$

时，等倾条纹图样有极大值，这就是前面只用头两个反射波所导出的结果（9.36）式。还要注意，（9.59）式证实了（9.50）式确实是极大值。

（9.55）和（9.56）两式的形式使我们引进一个新的量，叫做**锐度系数** F

$$F \equiv \left(\frac{2r}{1 - r^2}\right)^2 \tag{9.60}$$

用 F 可把这两个式子写为

$$\frac{I_r}{I_i} = \frac{F\sin^2(\delta/2)}{1 + F\sin^2(\delta/2)} \tag{9.61}$$

和

$$\frac{I_t}{I_i} = \frac{1}{1 + F\sin^2(\delta/2)} \tag{9.62}$$

其中 $[1 + F\sin^2(\delta/2)]^{-1} = \mathscr{A}(\theta)$ 叫做**爱里函数**。它代表透射的光通量密度分布，画在图 9.54 中。互补的函数 $[1 - \mathscr{A}(\theta)]$，即（9.61）式，画在图 9.55 中。当 $\delta/2 = m\pi$，对一切 F（因而 r）值，爱里函数都等于 1。当 r 趋近于 1，透射的光通量密度很小，只在 $\delta/2 = m\pi$ 诸点附近有尖锐的峰。多光束干涉引起能量密度从二光束的正弦图样重新分布（对于小的反射率的曲线则与正弦图样相似）。下面我们考虑衍射光栅时，还要进一步说明这个效应。在那里我们将会清楚地看到，增加产生干涉图样的相干光源的数目，会带来同样的成峰效应。由于爱里函数依赖于 δ，从（9.34）式和（9.35）式可知，它实际上是 θ_t 或者 θ_i 的函数，记为 $\mathscr{A}(\theta)$。通量密度

曲线中每个尖峰对应于一个特定的 δ 值,因而对应于一个特定的 θ_i 值。对于一块平面平行板,透射光的条纹是在几乎全黑的背景上的一组狭窄的亮环,而反射光的条纹是在几乎均匀的明亮背景上的一组窄暗环。

等厚条纹也能变得又窄又锐,只要在有关的反射面上稍微镀银以产生多光束干涉。

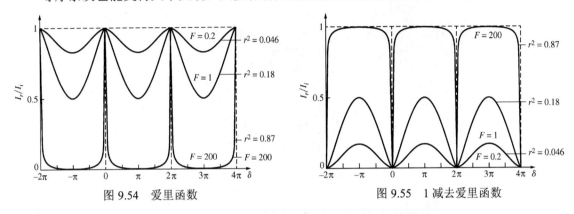

图 9.54 爱里函数   图 9.55 1 减去爱里函数

9.6.1 法布里–珀罗干涉仪

19 世纪末由法布里和珀罗首次制出的多光束干涉仪,在近代光学中非常重要。它的特殊价值在于,它除了是一种分辨本领极高的光谱仪器,还是基本的激光器谐振腔。在原理上,这种仪器是由相距为 d 的两块平行的高反射本领的平面组成。这是最简单的结构,下面将要看到,别的形式也广为使用。实际上,两块半镀银的或镀铝的光学平面玻璃构成了反射界面。当这个仪器用作干涉量度时,界面中间的空气隙一般为几毫米到几厘米,但用作激光器谐振腔时,则长度常常要长得多。要是一面反射镜能够移动,使空隙长度可以用机械方法改变,它就叫做干涉仪。当镜子的位置固定,并且可以在某种衬型(通常用殷钢或石英)上用螺丝调节共平行度,仪器就叫做标准具(虽然在广义上它仍是一个干涉仪)。如果把一片石英片的两个表面适当地抛光和镀银,它也是一个标准具;界面之间的空隙并不一定是空气。常常把板的不涂银的面稍微制成楔状(几弧分),以减少这些面上的反射所产生的干涉图样。

图 9.56 中的标准具用扩展光源照明,扩展光源可以是汞弧灯,或者是直径扩到几厘米的氦氖激光器的光束,只要把激光束送到调焦在无穷远处的望远镜的后端就行了。然后使光通过一片毛玻璃,使它成为漫射光。我们只跟踪从光源上某一点 S_1 射出的一条光线在标准具的路径。进入到半镀银板之后,光线在两个界面之间的空隙中多次反射。用一个透镜收集并聚焦在屏上,它们在屏上发生干涉,形成一个亮点或暗点。考虑这个特定的入射面,它包含了一切反射光线。从另一点 S_2 发出的平行于前一条光线并且在这个入射面内的任何光线,光点也产生在屏上同一点 P 上。我们将看到,上一节的讨论现在仍然适用,所以(9.54)式决定了透射光通量密度 I_t。

腔内多次反射产生的各个波,不论是从 S_1 还是从 S_2 出发,到达 P 点彼此都是相干的。但是从 S_1 射出的各条光线和从 S_2 射出的各条光线则是完全不相干的,所以不发生持久不变的互相干涉。它们对 P

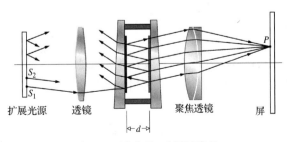

图 9.56 法布里–珀罗标准具

点的辐照度 I_t 的贡献，只是两个分别产生的辐照度之和。

　　以某一角度入射到空隙上的全部光线，将会产生一个均匀辐照度的圆形条纹（图 9.57）。用扩展的漫射光源，干涉带将是狭窄的同心环，它对应于多光束透射图样。

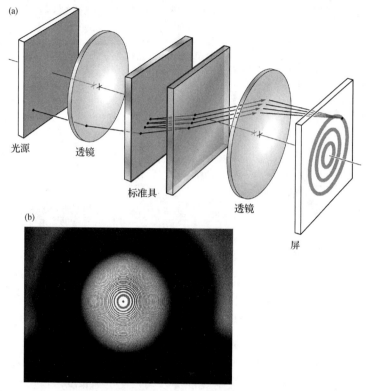

图 9.57　（a）法布里-珀罗标准具。（b）朝向标准具方向看到的轴对称条纹

　　用眼睛可以观察到条纹系，只要把眼睛直接对着标准具，并聚焦在无穷远。这时可以不用聚焦透镜，眼睛取代了它的功能。d 值大时，干涉环很密，也许得用一个望远镜来放大干涉图样。一个不贵的单筒镜就可以达到这个目的，并且能够把定域在无穷远处的条纹拍摄下来。从 9.5 节的讨论可以预料，用一个明亮的点光源能够产生实的非定域条纹。

　　常用半透明的金属薄膜来增加反射比（$R = r^2$），但它也吸收光通量密度的一部分 A；这一部分称为**吸收比**。

　　表示式

$$tt' + r^2 = 1$$

或

$$T + R = 1 \qquad [4.60]$$

（其中 T 为透射比），这时必须改写成

$$T + R + A = 1 \qquad (9.63)$$

金属膜还使情况进一步复杂化，即带来一个附加的相移 $\phi(\theta_i)$，它可以既不是 0 也不是 π。这时相继两个透射波之间的相位差为

$$\delta = \frac{4\pi n_f}{\lambda_0} d\cos\theta_t + 2\phi \qquad (9.64)$$

在我们考虑的情况下，θ_i 很小，ϕ 可以认为是常数。通常，d 是如此之大而 λ_0 是如此之小，

使得ϕ可以忽略。这时可以把（9.54）式写成

$$\frac{I_t}{I_i} = \frac{T^2}{1 + R^2 - 2R\cos\delta}$$

或者等价地

$$\frac{I_t}{I_i} = \left(\frac{T}{1-R}\right)^2 \frac{1}{1 + [4R/(1-R)^2]\sin^2(\delta/2)} \tag{9.65}$$

利用（9.63）式和爱里函数的定义，得

$$\frac{I_t}{I_i} = \left[1 - \frac{A}{(1-R)}\right]^2 \mathcal{A}(\theta) \tag{9.66}$$

作为比较，没有吸收时

$$\frac{I_t}{I_i} = \mathcal{A}(\theta) \tag{9.62}$$

因为被吸收的部分 A 永远不等于零，透射光通量密度的极大值$(I_t)_{max}$将总比 I_i 小一些。［我们还记得对于$(I_t)_{max}$，有 $\mathcal{A}(\theta) = 1$。］

因此，定义最大透明度为$(I_t)_{max}/I_i$：

$$\frac{(I_t)_{max}}{I_i} = \left[1 - \frac{A}{(1-R)}\right]^2 \tag{9.67}$$

一层 50 nm 厚的银膜将接近最大的 R 值，约 0.94，而 T 和 A 分别为 0.01 和 0.05。此时，最大透明度可达 1/36。因为

$$\frac{I_t}{(I_t)_{max}} = \mathcal{A}(\theta) \tag{9.68}$$

所以条纹的相对辐照度仍由爱里函数决定。

条纹的锐度（即辐照度在极大值两边下降得快慢）可用半宽度 γ 来量度。如图 9.58 所示，γ 是 $I_t = (I_t)_{max}/2$ 时的峰值宽度，以弧度为单位。

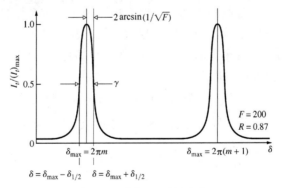

图 9.58 法布里-珀罗条纹

最大透明度出现在相位差的特定值 $\delta_{max} = 2\pi m$ 上。因此，当 $\delta = \delta_{max} \pm \delta_{1/2}$ 时，辐照度将降到极大值的一半，即 $\mathcal{A}(\theta) = \frac{1}{2}$。因为

$$\mathcal{A}(\theta) = [1 + F\sin^2(\delta/2)]^{-1}$$

于是当

$$[1 + F \sin^2(\delta_{1/2}/2)]^{-1} = \frac{1}{2}$$

时，有

$$\delta_{1/2} = 2\sin^{-1}(1/\sqrt{F})$$

由于 F 通常相当大，因此 $\sin(1/\sqrt{F}) \approx 1/\sqrt{F}$，因而半宽度 $\gamma = 2\delta_{1/2}$ 变为

$$\gamma = 4/\sqrt{F} \tag{9.69}$$

我们还记得 $F = 4R/(1-R)^2$，所以 R 越大，透射峰越尖锐。

　　另外一个特别重要的量，是相邻两个极大的间隔同半宽度的比值。定义为 $\mathscr{F} \equiv 2\pi/\gamma$，它叫做**锐度**，从（9.69）式得到

$$\mathscr{F} = \frac{\pi\sqrt{F}}{2} \tag{9.70}$$

在可见光波段上，大多数通常的法布里-珀罗干涉仪的锐度约为 30。对 $\mathscr{F}$ 的物理限制由镜面偏离平行的程度确定。记住，当锐度增大时，半宽度减小，但最大透明度也减小。顺便提一下，用镀膜的曲面镜系统，可达到 1000 的锐度值[①]。

法布里-珀罗光谱学

　　法布里-珀罗干涉仪常常用来考察光谱线的精细结构。我们并不打算对干涉光谱学进行全面的讨论，只限于给出有关的术语定义，并作一些简短推导[②]。

　　上面已经看到，一个假想的纯单色光波产生一个特定的圆形条纹系。但是 δ 是 λ_0 的函数，因此如果光源是由这样的两个单色成分组成的，那么将得到两个叠在一起的干涉环系统。当两套条纹部分重叠时，能不能分开辨认这两套条纹（即两套条纹是不是可分辨的），是有些不明确的。分辨辐照度相等而重叠的两个狭缝像，现在被普遍接受的是瑞利判据，虽然这个判据在当前的应用中带点任意性（这个判据在下一章衍射中还要再考虑，见图 10.40）。但是，利用这个判据，可以同棱镜光谱仪或光栅光谱仪作一比较。这个判据的最主要一点是，当两个条纹合起来形成宽的条纹时，如果在宽条纹的中心（或鞍点）两个条纹合成的辐照度是最大辐照度的 $8/\pi^2$ 倍，则两个条纹称为刚刚可以分辨的。这意味着我们会看到在一条宽的亮条纹中心有一个稍为暗一些的区域。为了稍微定量一些，参看图 9.59，并记住前面对半宽度的推导。考虑两条条纹的辐照度相等的情况，即 $(I_a)_{\max} = (I_b)_{\max}$。合成的条纹中，发生在 $\delta = \delta_a$ 和 $\delta = \delta_b$ 的合成辐照度相等，为

$$(I_t)_{\max} = (I_a)_{\max} + I' \tag{9.71}$$

在鞍点，辐照度 $(8/\pi^2)(I_t)_{\max}$ 是两个组成分量的辐照度之和，因此，记住（9.68）式，有

$$(8/\pi^2)\frac{(I_t)_{\max}}{(I_a)_{\max}} = [\mathscr{A}(\theta)]_{\delta=\delta_a+\Delta\delta/2} + [\mathscr{A}(\theta)]_{\delta=\delta_b+\Delta\delta/2} \tag{9.72}$$

　　利用（9.71）式所给出的 $(I_t)_{\max}$ 及

$$\frac{I'}{(I_a)_{\max}} = [\mathscr{A}(\theta)]_{\delta=\delta_a+\Delta\delta}$$

（9.72）式可对 $\Delta\delta$ 求解。对于大的 F，

[①] H. D. Polster 的文章 "Multiple beam interferometry"，*Appl. Opt.* **8**，522（1969）是重要的。用法布里-珀罗干涉仪做光学三极管，可以参看 E. Abraham, C. Seaton, and S. Smith, "The optical computer", *Sci. Am.* (Feb. 1983), p.85。

[②] 更完整的处理可参看 Born and Wolf, *Principle of Optics*，和 W. E. Williams, *Applications of Interferometry*。

$$(\Delta\delta) \approx \frac{4.2}{\sqrt{F}} \tag{9.73}$$

这代表两条可分辨条纹之间的最小相位增量$(\Delta\delta)_{\min}$，它可以同等价的最小波长增量$(\Delta\lambda_0)_{\min}$，频率增量$(\Delta\nu)_{\min}$，以及波数增量$(\Delta k)_{\min}$ 联系起来。从（9.64）式，对 $\delta = 2\pi m$，有

$$m\lambda_0 = 2n_f d \cos\theta_t + \frac{\phi\lambda_0}{\pi} \tag{9.74}$$

弃去 $\phi\lambda_0/\pi$ 项（它显然可以忽略），求微分，得到

$$m(\Delta\lambda_0) + \lambda_0(\Delta m) = 0$$

或

$$\frac{\lambda_0}{(\Delta\lambda_0)} = -\frac{m}{(\Delta m)}$$

负号只不过意味着 λ_0 减少时阶数增加，因此可以略去。δ 改变 2π，则 m 改变 1，

$$\frac{2\pi}{(\Delta\delta)} = \frac{1}{(\Delta m)}$$

所以

$$\frac{\lambda_0}{(\Delta\lambda_0)} = \frac{2\pi m}{(\Delta\delta)} \tag{9.75}$$

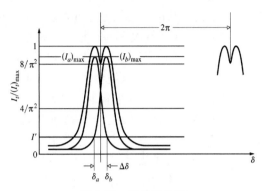

图 9.59 重叠的条纹

任何光谱仪的 λ_0 同最小可分辨波长差$(\Delta\lambda_0)_{\min}$ 之比叫做**色分辨本领**$\mathscr{R}$。在接近正入射时，

$$\mathscr{R} \equiv \frac{\lambda_0}{(\Delta\lambda_0)_{\min}} \approx \mathscr{F} \frac{2n_f d}{\lambda_0} \tag{9.76}$$

或者

$$\mathscr{R} \approx \mathscr{F} m$$

对波长为 500 nm，$n_f d = 10$ mm，$\mathscr{R} = 90\%$，分辨本领远超过 100 万，是最好的衍射光栅能达到的分辨本领。在这个例子中，$(\Delta\lambda_0)_{\min}$ 小于 λ_0 的 100 万分之一。就频率而言，**最小可分辨带宽**为

$$(\Delta\nu)_{\min} = \frac{c}{\mathscr{F}2n_f d} \tag{9.77}$$

因为 $|\Delta\nu| = |c\Delta\lambda_0/\lambda_0^2|$。

随着光源中两个频率分量的波长差得越来越多，图 9.59 中重叠在一起的两个峰就逐渐分开。波长差再增加，λ_0 波长的 m 级条纹将接近另一（$\lambda_0 - \Delta\lambda_0$）波长的（$m+1$）级条纹。发生重叠的特定波长差$(\Delta\lambda_0)_{fsr}$ 叫做**自由光谱范围**（free spectral range）。从（9.75）式，δ 变化 2π 对应于$(\Delta\lambda_0)_{fsr} = \lambda_0/m$，或者在接近垂直入射时

$$(\Delta\lambda_0)_{fsr} \approx \lambda_0^2/2n_f d \tag{9.78}$$

类似地

$$(\Delta\nu)_{fsr} \approx c/2n_f d \tag{9.79}$$

继续用上面的例子（即 $\lambda_0 = 500$ nm，$n_f d = 10$ mm），$(\Delta\lambda_0)_{fsr} = 0.0125$ nm。显然，如果我们想靠仅仅增加 d 来增大分辨本领，那么自由光谱范围就会减小，从而使不同级数重叠引起混淆。我们需要的是$(\Delta\lambda_0)_{\min}$ 尽可能小，而$(\Delta\lambda_0)_{fsr}$ 尽可能大。我们看到

$$\frac{(\Delta\lambda_0)_{fsr}}{(\Delta\lambda_0)_{\min}} = \mathscr{F} \tag{9.80}$$

从 $\mathscr{F}$ 原来的定义看来，这个结果并不出人意料。

法布里-珀罗干涉仪的应用和结构是多种多样的。曾把一个标准具和另一个标准具串接起

来使用，也曾把标准具和光栅光谱仪及棱镜光谱仪串接起来使用，也曾用多层介质膜代替反射镜面的金属涂层。

各种扫描技术现在也得到广泛使用。这种技术的优点是利用了光电探测器比感光底片具有更好的线性，以得到更为可靠的光通量密度测量结果。中心光点扫描的基本装置如图 9.60 所示。它依靠改变 n_f 或 d 而不是改变 $\cos\theta_t$ 以使 δ 变化来得到扫描。在某些装置中，是通过改变标准具中的空气压力来平滑地改变 n_f。另一种方法，则使一个反射镜作位移为 $\lambda_0/2$ 的机械振动，就足以扫过自由光谱范围，即扫过 $\Delta\delta = 2\pi$。利用压电材料作反射镜镜座产生机械移动是很常用的方法。压电材料加上电压之后，长度会发生变化，因而改变 d。电压的波形决定反射镜的运动。

同照相方法记录某一时刻在空间大范围上各点的辐照度不同，这种方法记录的是空间一点在一个很长的时间区间内的辐照度。

标准具本身的实际结构已经发生了一些重大的变革。1956 年科纳（Pierre Connes）首次提出了球面镜法布里-珀罗干涉仪。此后，

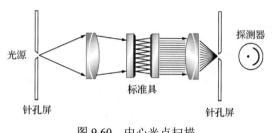

图 9.60 中心光点扫描

曲面镜系统在激光器谐振腔中已占绝对多数，此外，还在光谱分析中得到越来越多的应用。

9.7 单层膜和多层膜的应用

现在，电介质薄膜涂层在光学中有许多用途。在各种各样的表面上，从橱窗玻璃到高质量的照相机镜头，镀膜以消除不需要的反射，现在已经很普通了（参看照片）。多层的无吸收分束器和二色镜（对颜色有选择性的分束器，它透过某些波长，反射另一些波长）可以在市面上买到。

图 9.61 是一个截面图，表示用一个冷反射镜同一个热反射器组合起来，将红外辐射引至电影放映机后面。光源所发出的强烈的不需要的红外辐射都从光束中去掉，以避免对电影胶片加热。图 9.61 的上半部画出一个普通的背面涂银的反射镜以作比较。宇宙飞船的主要供电系统之一的太阳电池，宇航员的头盔和面罩，都是用这种防热涂层来屏蔽的。

在玻璃圆盘中心部分，两面镀圆形增透膜

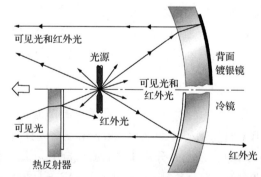

图 9.61 这个图的上半部是一个通常的系统，下半部是一个镀膜的系统

多层的宽带和窄带带通滤光片只让某一特定光谱范围上的波透射，它的通频带可以从红外到紫外。例如，在可见光区，在彩色电视照相机中这种滤光片对于把像分开起了重要的作用；在红外区，它们用于导弹制导系统，CO_2 激光器及人造卫星的地平传感器（horizon sensor）。薄膜器件的应用是多种多样的，结构也是多种多样的，从最简单的单层膜到复杂的 100 层或者更多层的膜。

对多层薄膜的理论处理，将讨论各个区域内的总电场和磁场以及它们的边界条件。对于多层涂膜的系统来说，这个方法要比前面所用的多重波方法更实用得多[①]。

9.7.1 数学处理方法

一个线偏振波投射到两个半无限的透明媒质之间的一层薄电介质膜上，如图 9.62 所示。在实际中，这可以对应于镀在透镜、反射镜或棱镜上的一层厚度不到一个波长的电介质膜。有一点在开始时就要说清楚：每一个波，E_{rI}，E'_{rII}，E_{tII}，等等，都代表在媒质中该点上沿着那个方向传播的所有可能的波的总和。因此，求和的过程已经包含在内。在 4.6.2 节讨论过，边界条件要求电场（$\vec{E}$）和磁场（$\vec{H}=\vec{B}/\mu$）的切向分量，在越过边界时连续（即在边界两边相等）。在边界 I 上

$$E_I = E_{iI} + E_{rI} = E_{tI} + E'_{rII} \tag{9.81}$$

以及

$$H_I = \sqrt{\frac{\epsilon_0}{\mu_0}}\,(E_{iI} - E_{rI})n_0\cos\theta_{iI}$$

$$H_I = \sqrt{\frac{\epsilon_0}{\mu_0}}\,(E_{tI} - E'_{rII})n_1\cos\theta_{iII} \tag{9.82}$$

这里利用了这个事实：非磁性介质中的 $\vec{E}$ 和 $\vec{H}$ 通过折射率和单位传播矢量发生联系

$$\vec{H} = \sqrt{\frac{\epsilon_0}{\mu_0}}\,n\hat{\mathbf{k}} \times \vec{E}$$

在边界 II 上

$$E_{II} = E_{iII} + E_{rII} = E_{tII} \tag{9.83}$$

$$H_{II} = \sqrt{\frac{\epsilon_0}{\mu_0}}(E_{iII} - E_{rII})n_1\cos\theta_{iII}$$

$$\tag{9.84}$$

$$H_{II} = \sqrt{\frac{\epsilon_0}{\mu_0}}E_{tII}n_s\cos\theta_{tII}$$

其中 n_s 为底层的折射率。按照（9.33）式，波穿过薄膜一次就发生 $k_0(2n_1d\cos\theta_{iII})/2$ 的相移，把它写为 k_0h，因此

$$E_{iII} = E_{tI}\mathrm{e}^{-ik_0h} \tag{9.85}$$

及

$$E_{rII} = E'_{rII}\mathrm{e}^{+ik_0h} \tag{9.86}$$

（9.83）和（9.84）两式现在可写成

$$E_{II} = E_{tI}\mathrm{e}^{-ik_0h} + E'_{rII}\mathrm{e}^{+ik_0h} \tag{9.87}$$

和

$$H_{II} = (E_{tI}\mathrm{e}^{-ik_0h} - E'_{rII}\mathrm{e}^{+ik_0h})\sqrt{\frac{\epsilon_0}{\mu_0}}n_1\cos\theta_{iII} \tag{9.88}$$

最后二式可对 E_{tI} 和 E'_{rII} 求解，再代入（9.81）和（9.82）两式，得到

$$E_I = E_{II}\cos k_0h + H_{II}(\mathrm{i}\sin k_0h)/\Upsilon_1 \tag{9.89}$$

和

$$H_I = E_{II}\Upsilon_1\mathrm{i}\sin k_0h + H_{II}\cos k_0h \tag{9.90}$$

其中

$$\Upsilon_1 \equiv \sqrt{\frac{\epsilon_0}{\mu_0}}n_1\cos\theta_{iII}$$

[①] 很好读的非数学的讨论，见 P. Baumeister and G. Pincus, "Optical interference coatings", *Sci. Am.* **223**, 59(December 1970)。

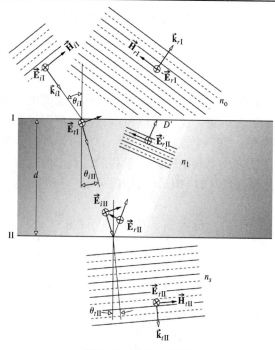

图 9.62　边界上的场

当 $\vec{\mathbf{E}}$ 在入射面内时作上面的计算，若

$$\Upsilon_1 \equiv \sqrt{\frac{\epsilon_0}{\mu_0}} n_1/\cos\theta_{i\text{II}}$$

将得到类似的等式。

用矩阵记号，上述线性关系的形式为

$$\begin{bmatrix} E_{\text{I}} \\ H_{\text{I}} \end{bmatrix} = \begin{bmatrix} \cos k_0 h & (\mathrm{i}\sin k_0 h)/\Upsilon_1 \\ \Upsilon_1\,\mathrm{i}\sin k_0 h & \cos k_0 h \end{bmatrix} \begin{bmatrix} E_{\text{II}} \\ H_{\text{II}} \end{bmatrix} \tag{9.91}$$

或

$$\begin{bmatrix} E_{\text{I}} \\ H_{\text{I}} \end{bmatrix} = \mathcal{M}_{\text{I}} \begin{bmatrix} E_{\text{II}} \\ H_{\text{II}} \end{bmatrix} \tag{9.92}$$

特征矩阵 $\mathcal{M}_1$ 把相邻两个界面上的场联系起来。因此，如果基底上敷有两层重叠的膜，就会有三个界面，这时

$$\begin{bmatrix} E_{\text{II}} \\ H_{\text{II}} \end{bmatrix} = \mathcal{M}_{\text{II}} \begin{bmatrix} E_{\text{III}} \\ H_{\text{III}} \end{bmatrix} \tag{9.93}$$

两边乘以 $\mathcal{M}_1$，我们得到

$$\begin{bmatrix} E_{\text{I}} \\ H_{\text{I}} \end{bmatrix} = \mathcal{M}_{\text{I}}\mathcal{M}_{\text{II}} \begin{bmatrix} E_{\text{III}} \\ H_{\text{III}} \end{bmatrix} \tag{9.94}$$

一般情况下，如果 p 是层数，每层都有特定的 n 和 h，则第一个界面和最后一个界面通过下式相联系：

$$\begin{bmatrix} E_{\text{I}} \\ H_{\text{I}} \end{bmatrix} = \mathcal{M}_{\text{I}}\mathcal{M}_{\text{II}} \cdots \mathcal{M}_p \begin{bmatrix} E_{(p+1)} \\ H_{(p+1)} \end{bmatrix} \tag{9.95}$$

整个系统的特征矩阵是各个单独的 2×2 矩阵的乘积（按照固有的顺序），即

$$\mathcal{M} = \mathcal{M}_{\mathrm{I}}\mathcal{M}_{\mathrm{II}} \cdots \mathcal{M}_p = \begin{bmatrix} m_{11} & m_{12} \\ m_{21} & m_{22} \end{bmatrix} \tag{9.96}$$

为了看出这个方法如工作，我们用上面这套办法来推导振幅反射系数和振幅透射系数。利用边界条件[（9.81），（9.82）和（9.84）三式]重新写出（9.92）式，并令

$$Y_0 = \sqrt{\frac{\epsilon_0}{\mu_0}} n_0 \cos\theta_{i\mathrm{I}}$$

和

$$Y_s = \sqrt{\frac{\epsilon_0}{\mu_0}} n_s \cos\theta_{t\mathrm{II}}$$

得到

$$\begin{bmatrix} (E_{i\mathrm{I}} + E_{r\mathrm{I}}) \\ (E_{i\mathrm{I}} - E_{r\mathrm{I}})Y_0 \end{bmatrix} = \mathcal{M}_1 \begin{bmatrix} E_{t\mathrm{II}} \\ E_{t\mathrm{II}}Y_s \end{bmatrix}$$

把矩阵展开就得到

$$1 + r = m_{11}t + m_{12}Y_s t$$
$$(1 - r)Y_0 = m_{21}t + m_{22}Y_s t$$

及
其中

$$r = E_{r\mathrm{I}}/E_{i\mathrm{I}} \quad 和 \quad t = E_{t\mathrm{II}}/E_{i\mathrm{I}}$$

因此

$$r = \frac{Y_0 m_{11} + Y_0 Y_s m_{12} - m_{21} - Y_s m_{22}}{Y_0 m_{11} + Y_0 Y_s m_{12} + m_{21} + Y_s m_{22}} \tag{9.97}$$

和

$$t = \frac{2Y_0}{Y_0 m_{11} + Y_0 Y_s m_{12} + m_{21} + Y_s m_{22}} \tag{9.98}$$

为了求得任何薄膜结构的 r 和 t，我们只需计算每层薄膜的特征矩阵，把各个矩阵相乘，然后把得出的矩阵元代入上面两个式子就行了。

9.7.2 抗反射敷层（增透膜）

现在考虑正入射这一极重要的情况，即

$$\theta_{i\mathrm{I}} = \theta_{i\mathrm{II}} = \theta_{t\mathrm{II}} = 0$$

它不但是最简单的情况，也是实际中通常近似发生的情况。现在对 r 加上脚标，脚标的数字代表薄膜的层数，则单层膜的反射系数为

$$r_1 = \frac{n_1(n_0 - n_s)\cos k_0 h + \mathrm{i}(n_0 n_s - n_1^2)\sin k_0 h}{n_1(n_0 + n_s)\cos k_0 h + \mathrm{i}(n_0 n_s + n_1^2)\sin k_0 h} \tag{9.99}$$

令 r_1 乘上它的复共轭，得到反射率为

$$R_1 = \frac{n_1^2(n_0 - n_s)^2 \cos^2 k_0 h + (n_0 n_s - n_1^2)^2 \sin^2 k_0 h}{n_1^2(n_0 + n_s)^2 \cos^2 k_0 h + (n_0 n_s + n_1^2)^2 \sin^2 k_0 h} \tag{9.100}$$

当 $k_0 h = \frac{1}{2}\pi$ 时，上式特别简单，这相当于薄膜的光学厚度 h 为 $\lambda_0/4$ 的奇数倍，此时 $d = \lambda_f/4$，因而

$$R_1 = \frac{(n_0 n_s - n_1^2)^2}{(n_0 n_s + n_1^2)^2} \tag{9.101}$$

值得注意的是，若

$$n_1^2 = n_0 n_s \tag{9.102}$$

R_1 就等于零。通常这样选择 d，使得在可见光的黄绿区（眼睛在这里最灵敏）h 等于 $\lambda_0/4$。冰晶石（$n=1.35$，一种铝和钠的氟化物），及氟化镁（$n=1.38$）是普通的低折射率薄膜。因为 MgF_2 更经久耐用，所以也最常用。在玻璃基底上（$n_s \approx 1.5$），这两种膜的折射率都稍微大了些，不能满足（9.102）式。然而，单层的 $\lambda_0/4$ 厚的氟化镁膜，仍能使玻璃的反射比在整个可见光谱上从 4% 降到比 1% 多一点。现在在光学仪器元件上涂抗反射敷层已是很普通的事了。在照相机的镜头上敷膜，可以减少杂散的内散射光引起的发雾，同时又显著地增大了像的亮度。在中心黄绿区两侧的波长上 R 增大；所以镜头表面在反射光中显得呈蓝-红色。

对于双层的四分之一波长抗反射敷层

$$\mathcal{M} = \mathcal{M}_I \mathcal{M}_{II}$$

更具体地为

$$\mathcal{M} = \begin{bmatrix} 0 & i/Y_1 \\ iY_1 & 0 \end{bmatrix} \begin{bmatrix} 0 & i/Y_2 \\ iY_2 & 0 \end{bmatrix} \tag{9.103}$$

在正入射时，它变为

$$\mathcal{M} = \begin{bmatrix} -n_2/n_1 & 0 \\ 0 & -n_1/n_2 \end{bmatrix} \tag{9.104}$$

把有关的矩阵元代入（9.97）式得到 r_2，再平方就得到反射比为

$$R_2 = \left[\frac{n_2^2 n_0 - n_s n_1^2}{n_2^2 n_0 + n_s n_1^2} \right]^2 \tag{9.105}$$

为使 R_2 在某一波长上精确等于零，需要

$$\left(\frac{n_2}{n_1} \right)^2 = \frac{n_s}{n_0} \tag{9.106}$$

这种薄膜称为双四分之一波长单极小敷层。只要 n_1 和 n_2 尽可能小，反射比就具有最宽的单极小值，并在选定的频率上等于零。从（9.106）式明显看出应有 $n_2 > n_1$；因此，目前已普遍采用玻璃（glass）-高折射率材料（high index）-低折射率材料（low index）-空气（air）系统，它简称为 gHLa。H 层通常用二氧化锆（$n=2.1$）、二氧化钛（$n=2.40$）和硫化锌（$n=2.32$），L 层通常用氟化镁（$n=1.38$）和氟化铈（$n=1.63$）。

表 9.1　增透膜材料的折射率

材　　料	折　射　率
Na_3AlF_6	1.35
MgF_2	1.3～1.4
SiO_2	1.46
玻璃	1.5～1.7
ThF_4	1.52
MgO	1.74
Al_2O_3	1.8～1.9
SiO	1.8～1.9
Si_3N_4	1.9
ZrO_2	2.0
Ta_2O_5	2.1～2.3
TiO_2	2.3
CeO_2	2.3～2.4
ZnS	2.32
$CdTe$	2.69
Si	3.85
Ge	4.05
$PbTe$	5.1

敷有单层氟化镁的镜头

敷有多层膜结构的镜头

还可以设计出其他的双层和三层结构，以满足在光谱响应、入射角、价格等方面的独特要求。上页左边的照片是用一个有 15 个元件的变焦镜头拍摄的，一盏 150 W 的灯直接对着照相机。镜头元件上敷有单层的氟化镁膜。右边的照片则用了三层抗反射敷层，反差的改善和炫光的减少是很明显的。

9.7.3 多层周期系统

最简单的周期系统是四分之一波堆（quarter-wave stack），它是由许多四分之一波长薄层构成的。图 9.63 所示的由高折射率材料和低折射率材料交替构成的周期结构设计为

$$g(HL)^3 a$$

图 9.64 画出一些多层膜滤光片的光谱反射比曲线，它代表这个光谱段的一般形式。高反射比中心带的宽度随折射率比值 n_H/n_L 的增大而增大，而其高度则随层数的增加而增大。注意，像 $g(HL)^m a$ 这种周期结构的最大反射比，在加上另一 H 层变成 $g(HL)^m Ha$ 之后，还可以进一步增加。用这种排列可以制出反射比非常高的镜面。

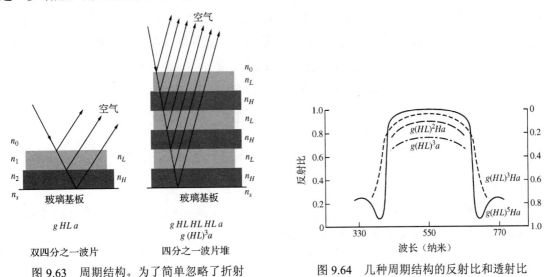

图 9.63　周期结构。为了简单忽略了折射　　　　图 9.64　几种周期结构的反射比和透射比

在薄膜堆的两面各加一层八分之一波长的低折射率薄膜，把整个排列变成

$$g(0.5L)(HL)^m H(0.5L)a$$

可以减小中心带短波长侧的小峰。这就起了增加短波长（高频率）透过比的效果，所以称为高通滤光片。类似地，

$$g(0.5H)L(HL)^m (0.5H)a$$

型的结构相当于两端的 H 层厚为 $\lambda_0/8$。它在长波长的低频区有更高的透射比，所以作为低通滤光片。

在非垂直入射时，直到偏至大约 30°，薄膜敷层的响应通常很少劣化。一般说来，增大入射角会使整个反射比曲线移到更短一些的波长。这种行径已被几种天然的周期结构证实，例如，孔雀和蜂鸟的羽毛、蝴蝶的翅膀，以及几种甲虫的背就是这样。

我们要考虑的最后一种多层膜系统是干涉滤光片，或更准确地说，法布里-珀罗滤光片。如果标准具的两块平板之间的间隔为 λ 的量级，那么各个透射的波长将相隔很远。利用彩色

玻璃或彩色胶片的吸收滤光片，可以把别的峰都挡掉而只留下一个峰，于是透过的光对应于这个尖锐的单峰，而标准具就用作一个窄带滤光片。这类器件的制作方法是：在玻璃承托上敷一层半透明金属膜，接着是一层氟化镁的隔片，然后再加另外一层金属敷层。

全电介质的法布里-珀罗滤光片（实际上无吸收）的结构都类似。下面是两个可能的例子：

$$g\ HLH\ LL\ HLH\ a$$

和

$$g\ HLHL\ HH\ LHLH\ a$$

第一个例子的特征矩阵为

$$\mathcal{M} = \mathcal{M}_H \mathcal{M}_L \mathcal{M}_H \mathcal{M}_L \mathcal{M}_L \mathcal{M}_H \mathcal{M}_L \mathcal{M}_H$$

但是由（9.104）式有

$$\mathcal{M}_L \mathcal{M}_L = \begin{bmatrix} -1 & 0 \\ 0 & -1 \end{bmatrix}$$

或者

$$\mathcal{M}_L \mathcal{M}_L = -\mathcal{I}$$

其中 $\mathcal{I}$ 单位矩阵。中心的双层对应于法布里-珀罗腔，其厚度为半个波长（$d = \lambda_f/2$）。因此它在所考虑的特定波长上对反射比没有影响，于是可以称它为缺（席）层，结果

$$\mathcal{M} = -\mathcal{M}_H \mathcal{M}_L \mathcal{M}_H \mathcal{M}_H \mathcal{M}_L \mathcal{M}_H$$

同样的情况将一再出现在中间两个矩阵上，显然最后将得到

$$\mathcal{M} = \begin{bmatrix} 1 & 0 \\ 0 & 1 \end{bmatrix}$$

根据（9.97）式，在所设计的特定频率上，正入射下滤光片的 r 化简为

$$r = \frac{n_0 - n_s}{n_0 + n_s}$$

即基片未镀膜时的值。特别是对于放在空气（$n_0 = 1$）中的一片玻璃（$n_s = 1.5$），理论的透射峰值为 96%（忽略基片后表面上的反射及阻挡滤光片和薄膜本身的吸收）。

9.8　干涉量度学的应用

利用干涉量度学原理有许多物理应用,其中有些在目前只有历史的或教学法上的意义了,而另一些则正得到十分广泛的应用。激光器的出现使得到高度相干的准单色光成为可能,因而使得建造新的干涉仪结构变得特别容易。

在图 9.27 中，光程差依赖于 λ（即光的颜色）和视角。用来印刷美钞面值的墨水含有有结构的微粒来产生干涉色。墨水中浸泡着许多朝向同一方向的小薄片。每个薄片都是多层的干涉滤光片。看的角度不同时，20 这个数字由黑变绿

9.8.1 散射光干涉

对散射光所引起的干涉条纹，最早的有记录的研究也许是牛顿的《光学》一书中的一段内容（*Optiks*，1704，Book Two，Part IV）。我们现在对这个现象的兴趣是双重的。首先，它提供了一种极容易得到很漂亮的彩色干涉条纹的方法。其次，它是一种很简单而非常有用的干涉仪的基础。

要看到干涉条纹，只要把一薄层普通的滑石粉轻轻擦在任何一面普通的背面涂银的镜子上（露滴也可以）。滑石粉层的厚度和均匀性都不是特别重要。至关重要的是要用一个明亮的点光源。在厚纸板上开一个直径约为 6 mm 的孔，罩在一盏好的闪光灯上，就可以作成一个满意的光源。开始，站在离镜子约一米的地方；要是站得太近，条纹就会太细太密而看不见。把闪光灯放在你的面颊旁去照射镜子，使得你能从镜子中看到灯泡的最亮的反射像。那么就可以清楚地看到明暗交替的带状条纹。

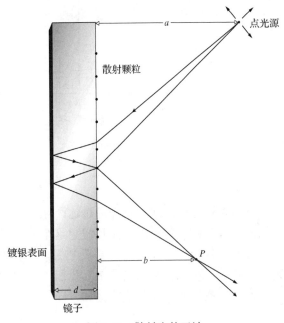

图 9.65 散射光的干涉

图 9.65 画的是点光源射出的两条相干光线，在经过不同的路径之后又都到达 P 点。一条光线先被镜面反射，然后被一粒透明的滑石粉颗粒散射到 P。另一条光线首先被滑石粉粒向下散射，然后再被镜面反射到 P 点。由此而来的光程差决定了在 P 点的干涉。

正入射时，干涉图样是一系列同心圆环，半径为[1]

$$\rho \approx \left[\frac{nm\lambda a^2 b^2}{d(a^2 - b^2)} \right]^{1/2}$$

现在考虑一种与此有关的装置，这种装置对于检验光学系统非常有用。它叫做**散射板**，通常由一块表面略粗糙的透明薄片构成。在图 9.66 所示的这样一个装置中，这块板用作分振幅器件。在这种应用中它必须有一个对称中心；也就是说要求对每个散射点，在其相对于一个中心点的对称位置上都要有另一个散射点。

在此系统中，准单色点光源 S 由透镜 L_1 成像在待测试的反射镜表面的 A 点。从光源来的一部分光被散射板散射，然后照亮整个镜面。镜面又把光反射回散射板。这个波连同在 A 点形成针孔的像的光，再一次通过散射板，最后到达像平面（可以在一个屏上或者在照相机内），在像平面上形成条纹。这些条纹的形成表明有干涉，之所以发生干涉，是因为最后的像平面内每一点都受到经过两条不同路径而到达该点的光所照明，一条来自 A，而另一条来自某点 B 反射的散射光。虽然初看之下有些奇怪，却的确得到像照片中可以看到的那样清晰的干涉条纹。

---

[1] 更详细的内容可看 A. J. deWitte, "Interference in scattered light", *Am. J. Phys.* **35**, 301(1967)。

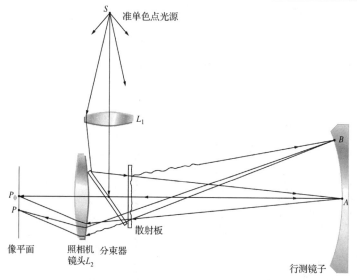

图 9.66　散射板装置

　　下面来较为详细地分析光通过这个系统的情况，设光最初入射在散射板上，并且假定这个光波是平面波，如图 9.67 所示。在通过散射板之后，入射的平面波阵面 $\vec{E}_i$ 将畸变为透射波阵面 $\vec{E}_T$。我们再想象把这个波分解成一系列傅里叶分波的叠加，即

$$\vec{E}_T = \vec{E}_1 + \vec{E}_2 + \cdots \qquad (9.107)$$

图 9.67a 中画出其中两个分量。现在我们赋予这两个分量以特殊的意义，即令 $\vec{E}_1$ 代表图 9.67 中传向 A 点的光，而 $\vec{E}_2$ 为传向 B 点的光。下面各阶段的分析可以照此办理。同样，令从 A 返回的波阵面用图 9.67b 中的波阵面 $\vec{E}_A$ 来表示。散射板将把它变成同一图中标为 $\vec{E}_{AT}$ 的不规则的透射波。这仍然对应于复杂的图形。

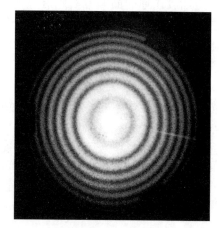

散射光的条纹

和上面的分法一样，这又可分成组成平面波的傅里叶分量。在图 9.67b 中，画出了这些分量波阵面中的两个，一个向左传播，另一个倾斜一个 θ 角；后一个波阵面记为 $\vec{E}_{A\theta}$，它被透镜 L_2 聚焦在屏上的 P 点（图 9.66）。

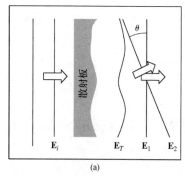

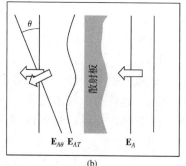

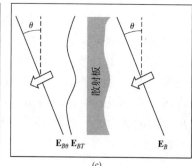

图 9.67　通过散射板的波阵面

从 B 返回散射板的波阵面在图 9.67c 中记为 $\vec{E}_B$。通过散射板之后，它将变形为 $\vec{E}_{BT}$。这个波阵面的一个傅里叶分量 $\vec{E}_{B\theta}$ 也倾斜 θ 角度，因此将被聚焦在屏上的同一点 P。

到达 P 点的某些波是相干的，会发生干涉。为了得到合辐照度 I_P，首先把到达 P 点的所有的波的振幅相加得到 $\vec{E}_P$，再把 $\vec{E}_P$ 平方并对时间求平均。

在上面的讨论中，仅仅考虑了镜面上的两个点光源。实际上，整个镜面当然都受到接踵而来的光的照射。镜面上每一点都将作为返回波的次级光源。所有这些波将被散射板变形，因而都可以分成许多个平面波分量。在每一组分量中，都会有一个分量倾斜 θ 角，所有这些倾斜 θ 角的分量都聚焦在屏上的同一点 P。所以合振幅为

$$\vec{E}_P = \vec{E}_{A\theta} + \vec{E}_{B\theta} + \cdots$$

到达像平面的光可以想象为由两个特殊的光场构成。一个光场只是在它通过散射板到镜面时被散射，另一个光场只是在它到达像平面的路上被散射。前一个光场散开地照在受试的镜面上，最后在屏上形成镜的像。后一光场开始聚焦在 A 附近的区域，尔后在屏上散射成一个弥散的光斑。选择 A 点是因为在它附近的小区域没有像差。这时，从 A 点反射的波用来作参考波面，把对应于整个镜面的波阵面同它来进行比较。干涉图样是一连串的条纹，从条纹的形状可以看出受试镜表面有否任何瑕疵[①]。

9.8.2　特外曼-格林干涉仪

特外曼-格林（Twyman-Green）干涉仪实质上是迈克耳孙干涉仪的一个变种。它在近代光学测试领域中非常重要。它的突出的物理特性包括用一个准单色点光源和一个透镜 L_1 提供入射的平面波，用一个透镜 L_2 使从光阑来的全部光线进入眼睛，所以 M_1 和 M_2 上任何部分，即整个视场，都能被看到。一个连续激光器是个优秀的光源，它可用于长的光程差和短的照相曝光时间。这就减少了振动的影响。使用激光器的特外曼-格林干涉仪是光学中最有效地测试工具之一。图 9.68 中用这个仪器检测一个透镜。球面镜 M_2 的曲率中心和透镜的焦点重合。如果待测的透镜没有像差，返回分束器的反射光将仍旧是平面波。但是，散光、慧差或球差使把波阵面畸变，它所产生的条纹可以肉眼看到或者照相下来。将 M_2 换成平面镜，就可以测试许多其他元件（棱镜、光学平板等）。对条纹图样解读后，可以标出需要进一步抛光的表面，校正太高或太低的地方。在精密光学系统、望远镜、高级相机等的加工过程中，甚至对干涉图进行电子学扫描，其结果用计算机分析。计算机控制的绘图仪自动生成被测试元件的表面轮廓图，或者透视的"三维"图形。这些工序可以在整个制作过程中使用，以保证生产出最高质量的光学仪器。波阵面的像差不到一个波长的复杂系统是新技术的成果。

9.8.3　转动萨尼亚克干涉仪

萨尼亚克干涉仪广泛用于测量转动速度。特别是**环形激光器**，实质上是在其一条或多条光路中包含一个激光器的萨尼亚克干涉仪，就是专门为此目的设计的。1963 年引入了第一个环形激光陀螺，各种此类器件的工作现在仍在继续（参看照片）。推动这个努力的最初的实验是萨尼亚克在 1911 年进行的。当时他把整个干涉仪（包括反射镜、光源、探测器）围绕通过其中心的铅直轴转动（图 9.69）。从 9.4.2 节我们知道，有两条重叠的光束穿越干涉仪，一条

---

① 对散射板的进一步的讨论，可参看较为简洁的文章：J. M. Burch, *Nature* **171,** 889(1953)，和 *J. Opt. Soc. Am.* **52**, 600(1962)。可以参考 R. M. Scott, "Scatter plate interferometry", *Appl. Opt.* **8**, 531(1969)，和 J. B. Houston, Jr., "How to make and use scatterplate interferometer", *Optical Spectra* (June 1970), p. 32。

顺时针，一条逆时针。转动使一条光束走的路比另一条短。在干涉仪内，结果就是条纹移动，移动量正比于转动的角速度 ω。在环形激光器内，就是两条光束的频率差正比于 ω。

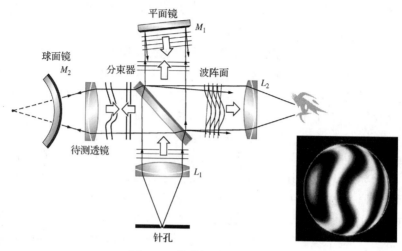

图 9.68 特外曼-格林干涉仪

早期的环形激光陀螺

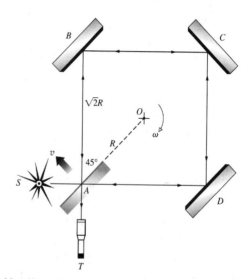

图 9.69 转动萨尼亚克干涉仪。原物为 1 m×1 m，ω = 120 转/分钟

考虑图 9.69 中画的装置。角 A（其他的角也一样）移动的速度为 $v = R\omega$，其中 R 是方形对角线的一半。应用经典的推理，光沿着 AB 走的时间为

$$t_{AB} = \frac{R\sqrt{2}}{c - v/\sqrt{2}}$$

或

$$t_{AB} = \frac{2R}{\sqrt{2}c - \omega R}$$

光从 A 到 D 的时间为

$$t_{AD} = \frac{2R}{\sqrt{2}c + \omega R}$$

逆时针和顺时针走一周的时间分别为

$$t_{\circlearrowright} = \frac{8R}{\sqrt{2}c + \omega R}$$

和

$$t_{\circlearrowleft} = \frac{8R}{\sqrt{2}c - \omega R}$$

对于 $\omega R \ll c$，这两个时间之差为

$$\Delta t = t_{\circlearrowleft} - t_{\circlearrowright}$$

取二项式展开近似

$$\Delta t = \frac{8R^2\omega}{c^2}$$

用光束生成的方形的面积 $A = 2R^2$ 表示

$$\Delta t = \frac{4A\omega}{c^2}$$

令所用的单色光的周期为 $\tau = \lambda/c$；那么条纹的分数位移 $\Delta N = \Delta t/\tau$ 为

$$\Delta N = \frac{4A\omega}{c\lambda}$$

这个结果已由实验证实。特别是，迈克耳孙和盖尔（Michelson and Gale）用这个方法来测量地球的自转角速度[①]。

因为上面的经典处理假设了光速比 c 大，违反了狭义相对论的原理，显然是有缺陷的。此外，由于整个系统是加速系统，应该用广义相对论才对。事实上，它们得到的结果是一样的。

9.8.4 雷达干涉测量术

2000 年 2 月，航天飞机奋进号（Endeavour）完成了一个使命，画出了地球上覆盖 1.19 亿平方千米面积的"三维"地图。这个壮举是用合成孔径雷达（Synthetic Aperture Radar，SAR）完成的。一般而言，观察系统的孔径越大，分辨本领就越高（10.2.6 节），可以看到更多的细节。合成孔径雷达利用飞机或者空间飞船的运动加上信号处理方法来模拟大天线。

利用整相阵列天线（第 123 页），空间飞船在与飞行方向垂直的方向上用一束雷达波来回扫描，在地球表面画出一个 225 km 宽的地带（图 9.70）。测量时，奋进号翻过身来飞，伸出一根 60 m 长的桅杆，桅杆末端装有两个接收天线（图 9.71）。合成孔径雷达从货舱的主天线送出一串每秒 1700 个高功率电磁脉冲，它既是发射器也是接收器。实际上，测量用了两个不同的雷达：一个 C 波段系统工作在波长 5.6 cm 上，提供大面积覆盖；一个更高分辨的 X 波段 3 cm 系统，提供 50 km 窄带地区内的细节（图 9.70）。雷达的像由无数个均匀小点组成，这些小点叫做像素。像素是图像信息的最小单位，小于一个像素的东西是看不见的。对主要的 C 波段，像素直径约为 12.5 m，可分辨的最小物体约为 30 m 大小。

通常雷达系统送出一个脉冲（脉冲宽度为 10～50 μs），然后接收返回的脉冲，记录其幅度和来回的时间。这就有了靶的位置和大小的粗略概念。但是为了收集地球表面物体的高度的数据，飞船雷达形貌计划（Shutter Radar Topography Mission，SRTM）利用了干涉测量术，把杨氏实验（第 491 页）倒过来做。无论如何，干涉测量技术在射电天文学和光学天文学中正变得越来越重要。

---

① Michelson and Gale，*Astrophys. J.* **61**，140（1925）.

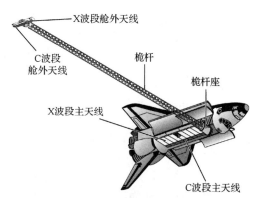

图 9.70　飞船进入轨道后，它的两个雷达系统在地球表面上各扫出一个带

图 9.71　航天飞机奋进号在其货舱里携带主要的 C 波段发射-接收天线，第二个接收天线装在 60 m 长的桅杆末端

合成孔径雷达是一个相干成像系统，它在雷达回波数据的收集和处理过程中保留了幅度和相位信息。从航天飞机发出一个信号（好像普通照相机的闪光，不过光谱控制得更严格）射到地面上（图 9.72），然后返回到两个天线，一个在货舱 P_1，另外一个在吊杆上 P_2。两者相隔长 60 m 的基线 a。两个雷达回波变成数码，记录下来，经过处理后显示为图像。请读者在习题 9.62 中（图 9.73）证明，以函数形式 $z(x)$ 表示的形貌，可以用高度 h、雷达的视角（look angle）θ、两个信号的相位差（称为干涉相）ϕ 表示为

$$z(x) = h - \frac{(\lambda\phi/2\pi)^2 - a^2}{2a\sin(\alpha - \theta) - (\lambda\phi/2\pi)}\cos\theta \tag{9.108}$$

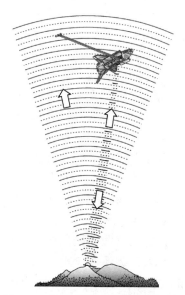

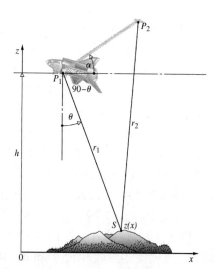

图 9.72　飞船发射一个雷达脉冲射到地面然后反射回去。回波被舱外和舱内天线接收

图 9.73　合成孔径雷达干涉仪的基本几何参数。地面上的点光源 S 把雷达脉冲反射回飞船。点 P_1 和 P_2 对应于两个接收器，一个在飞船舱内，另一个在桅杆末端

这类干涉仪测量 ϕ，即信号到达基线两端的相位差。为此用一个叫做互相关的过程（11.3.5

节），来解析地让这两个信号产生干涉。从两个天线来的信号构成的两组分别的数据在地面合成时，产生一个干涉图或条纹地图（见照片），它对形貌进行编码。干涉图对应于"等高条纹"的集合，如果你喜欢，叫做等高轮廓图。但是这个信息还要进一步提炼；等高线轮廓的高度还不知道。有了桅杆长度和方向的精确数据，用三角计算可以算出每条轮廓线的高度 $z(x)$。海洋面的数据提供了所有高度的海拔参考值。对逐个像素进行大量计算之后，最终得到三维的地貌图（见照片）。

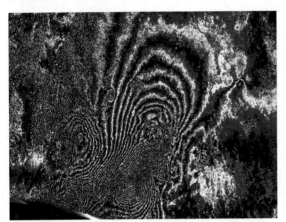 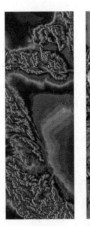 

1992 年 6 月加州 Landers 地震的合成孔径雷达干涉图。将地球资源一号卫星（ERS-1）在地震前后拍摄的照片组合起来得到这幅条纹图样，揭示了地面发生的移动。这张图覆盖的面积约为 125×175 km² （法国国家太空研究中心）

航天飞机奋进号在 2000 年拍的加州 San Andreas 的雷达像。左边的是地貌干涉图，右边的是分析所有数据之后得到的对应的"三维"地图（美国国家航空航天局）

习题

除带星号的习题外，所有习题的答案都附在书末。

9.1　在 9.1 节中，令

$$\tilde{\mathbf{E}}_1(\vec{r}, t) = \tilde{\mathbf{E}}_1(\vec{r})e^{-i\omega t}$$

和

$$\tilde{\mathbf{E}}_2(\vec{r}, t) = \tilde{\mathbf{E}}_2(\vec{r})e^{-i\omega t}$$

其中波阵面的形状没有特别规定。$\tilde{\mathbf{E}}_1$ 和 $\tilde{\mathbf{E}}_2$ 是依赖于空间和初相位的复矢量。证明干涉项为

$$I_{12} = \frac{1}{2}(\tilde{\mathbf{E}}_1 \cdot \tilde{\mathbf{E}}_2^* + \tilde{\mathbf{E}}_1^* \cdot \tilde{\mathbf{E}}_2) \tag{9.109}$$

在证明中需要计算 $T \gg \tau$ 时如下的项（再看一下习题 3.15）

$$\langle \tilde{\mathbf{E}}_1 \cdot \tilde{\mathbf{E}}_2 e^{-2i\omega t}\rangle_T = (\tilde{\mathbf{E}}_1 \cdot \tilde{\mathbf{E}}_2/T)\int_t^{t+T} e^{-2i\omega t'}dt'$$

证明对平面波，（9.109）式导出（9.11）式。

9.2　在 9.1 节中，我们考虑过两个点光源情况下能量的空间分布。我们讲过，对于间隔 $a \gg \lambda$ 的情况，I_{12} 的空间平均等于零。为什么是这样？要是 a 比 λ 小得多又将如何？

9.3*　回到图 2.25 并证明，如果两个振幅相同为 E_0 的平面电磁波，以 θ 角相交，在 yz 平面上的干涉图样是余弦平方的辐照度分布

$$I(y) = 4E_0^2 \cos^2\left(\frac{\pi}{\lambda} y \sin\theta\right)$$

找出辐照度为零的位置。条纹的间隔是多少？θ 角增大时条纹的间隔如何变化？把你的分析与得到 (9.17) 式的分析相比较［提示：用 2.7 节的波的表示式，把其中的相位用指数写出。］

9.4 如果在杨氏实验中（图 9.11）把光源狭缝 S 换成一个长灯丝灯泡，会得到干涉图案吗？若用两个这样的灯泡来代替狭缝 S_1 和 S_2，又会怎样？

9.5* 题图 P.9.5 所示的是一个小传声器的输出图样。两个小的压电扬声器相隔 15 cm，对着 1.5 m 外的传声器。已知 20℃ 时的声速为 343 m/s，求扬声器的近似驱动频率。讨论图样的性质，解释为什么中央有极小。

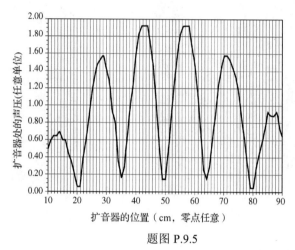

题图 P.9.5

9.6* 两个 1.0 MHz 的射频天线同相发射，它们在南北方向相隔 600 m。一个位于东边 2.0 km 的射频接收机和两个天线距离相等，接收到很强的信号。问接收机要向北移动多远才能重新接收到差不多强的信号？

9.7* 不透光的屏上两条平行狭缝相隔 0.100 mm。波长为 589 nm 的平面波照射这个屏。观察屏上的余弦平方条纹图样中两个相继的极大相隔 3.00 mm。问孔径屏到视屏相隔多远？

9.8* 杨氏实验中狭缝相隔 1.000 mm，离视屏 5.000 m 远。波长为 589.3 nm 的平面波照明狭缝，整个装置处在 $n = 1.000\,29$ 的空气中。要是把空气抽空，条纹间隔会发生什么变化？

9.9 氦氖激光器（$\lambda_0 = 632.8$ nm）的扩展光束，照射在含有相隔 0.200 mm 的两条狭缝的屏上。距离 1.00 m 的白色屏上出现了条纹图样。

（a）中心轴的上下多远（以弧度和毫米表示）出现第一个零辐照度？

（b）第 5 个亮带离轴多远（以毫米表示）？

（c）比较这两个结果。

9.10* 有两个相隔 1.00 mm 的针孔的铝箔浸在大水桶（$n = 1.33$）中。用 $\lambda_0 = 589.3$ nm 的平面波照明针孔，产生的条纹用在水中距针孔 3.00 m 的屏观看。求最接近仪器中心轴的两个极大的位置。

9.11* 红宝石激光器（$\lambda_0 = 694.2$ nm）的红色平面波在空气中照射到不透光屏上的两条平行狭缝，在远处的墙上形成条纹。观察到第 4 个亮带在中心轴上面 1.0°。计算狭缝的间隔。

9.12* 一张卡片上有两个直径 0.08 mm 的针孔，中心相隔 0.10 mm。用氩离子激光器的蓝光（$\lambda_0 = 487.99$ nm）平行光照明。如果观察屏上条纹间隔为 10 mm，观察屏应该离多远？

9.13* 白光照在两条长的狭缝上出射后在一个远的屏上观察。如果 $\lambda_0 = 780$ nm 的红光的第一级条纹和紫光的第二级条纹重合，紫光的波长是多少？

9.14* 考虑图 9.14 的装置。若第二个透镜的焦距为 f，证明极大的位置为 $y_m = mf\lambda/a$。［提示：从透镜 2 的中

心向中心轴上方 y_m 的高度画一条直线；直线和轴成 θ 角，$\theta \approx y_m/s$。]

9.15* 用图 9.14 的装置，第二个透镜的焦距为 f，求中心轴上下两个极小的中心的距离（用 f, λ, a 表示）。

9.16* 考虑双缝实验。令中心极大两边的第一条暗带对应于 $m' = \pm 1$，求中央轴到第 m' 个辐照度极小的距离 y_m。列出你用的近似并说明这些近似成立。

9.17* 金属片上两条狭缝中心相隔 2.70 mm。在空气中用平面波照明，条纹出现在 4.60 m 外的屏上。从任何一条暗条纹中心到 5 条暗纹外的极小的中心的距离为 5.00 mm。求照明光的波长。

9.18* 在杨氏实验中，把一片折射率为 n、厚度为 d 的玻璃片遮住其中一条狭缝，使第 m 个极大竖直发生移动。求这个移动的一般表达式。列出你的假设。

9.19* 单色光平面波以角度 θ_i 射到一个包含相隔为 a 的两条狭缝的屏上。导出从中心轴到第 m 个极大所在方向的角度的表示式。

9.20* 太阳光照射在有两条狭缝的屏上。狭缝相隔 0.20 mm，在 2.0 m 外的一张白纸上观察条纹。问从第一阶亮带中 $\lambda_0 = 400$ nm 的紫光到第二阶亮带中的 $\lambda_0 = 600$ nm 的红光的距离有多远？

9.21 考察（9.23）式的近似成立的条件：

（a）对图 9.11（c）中的三角形 $S_1 S_2 P$ 用余弦定律以得到

$$\frac{r_2}{r_1} = \left[1 - 2\left(\frac{a}{r_1}\right)\sin\theta + \left(\frac{a}{r_1}\right)^2 \right]^{1/2}$$

（b）把上式用麦克劳林级数展开，得到

$$r_2 = r_1 - a\sin\theta + \frac{a^2}{2r_1}\cos^2\theta + \cdots$$

（c）根据（9.17）式证明，若要 $(r_1 - r_2)$ 等于 $a\sin\theta$，就要求 $r_1 \gg a^2/\lambda$。

9.22 一束电子流，每个电子的能量为 0.5 eV（电子伏），入射到相隔 10^{-2} mm 的两条狭缝上。在狭缝后 20 m 的屏上，相邻两个极小的距离是多少？（$m_e = 9.109 \times 10^{-31}$ kg，1 eV $= 1.602 \times 10^{-19}$ J。）

9.23* 我们想要用平均波长为 500 nm、线宽为 2.5×10^{-3} nm 的光照明某些装置（杨氏实验、薄膜、迈克耳孙干涉仪等），以产生干涉条纹。大约光程差是多少条纹就消失？（提示：想想相干长度和习题 7.55。）

9.24* 设想一个不透光的屏上有三条水平的平行细狭缝。第二条狭缝在第一条狭缝下面，中心对中心的距离为 a，第三条狭缝在第一条狭缝下面距离为 $5a/2$。通过 δ 写出在远处屏上仰角为 θ 的一点的电场振幅，其中 $\delta = ka\sin\theta$。证明

$$I(\theta) = \frac{I(0)}{3} + \frac{2I(0)}{9}(\cos\delta + \cos 3\delta/2 + \cos 5\delta/2)$$

证实当 $\theta = 0$ 时，上式的 $I(\theta) = I(0)$。

9.25* 波长为 600.0 nm 的单色光照明空气中的菲涅耳双镜。光源的狭缝平行于镜子的交界，相隔 1.000 m。如果在离镜子交界 3.900 m 外的视屏上亮纹相隔 2.00 mm，求镜子的夹角 θ，以度表示。

9.26* 菲涅耳双镜的 $s = 2$ m，$\lambda_0 = 589$ nm，条纹的间隔 0.5 mm。如果点光源到两个镜子交界的垂直距离为 1 m，镜子的倾角是多少？

9.27* 证明图 9.23 的菲涅耳双棱镜中的 $a = 2d(n-1)\alpha$。

9.28* 用菲涅耳双棱镜从点光源得到干涉条纹。点光源离观察屏 2 m，棱镜放在光源和屏的中间。光的波长为 $\lambda_0 = 500$ nm，玻璃的折射率 $n = 1.5$。条纹的间隔为 0.5 mm 时，棱镜的角度是多少？

9.29 菲涅耳双棱镜的折射率为 n，浸在折射率为 n' 的介质中。求条纹间隔的一般表示式。

9.30* 钠光（$\lambda_0 = 589.3$ nm）的线光源在劳埃镜表面上面 10.0 mm，观察屏离光源 5.00 m，整个仪器在空气里。第一个极大离第三个极大多远？

9.31　用劳埃镜观察 X 射线的干涉条纹，条纹间隔为 0.0025 cm，所用波长为 8.33Å。若光源和屏的距离为 3 m，问 X 射线点源放在镜面之上多高的地方？

9.32　湖边的天线接收来自遥远的射电星的信号（题图 P.9.32），射电星刚好在地平线之上。写出天线检测到第一个极大时 δ 的表达式和射电量的角位置的表达式。

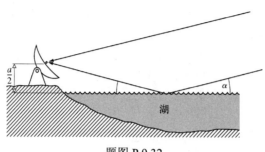

题图 P.9.32

9.33*　如果图 9.27 是空气中的玻璃板，证明 E_{1r}，E_{2r}，E_{3r}，的振幅分别为 $0.2E_{0i}$，$0.192E_{0i}$，$0.008E_{0i}$，E_{0i} 是入射光的振幅。利用正入射的菲涅耳系数，假定没有吸收。对空气中的水膜重复这个计算。

9.34　空气中的肥皂薄膜折射率为 1.34。如果膜的一个区域在正反射的光中呈鲜红色（$\lambda_0 = 633$ nm），这里的最小厚度是多少？

9.35*　平玻璃板上有一层酒精薄膜（$n = 1.36$）。用白光照明，在反射光中薄膜出现彩色的图样。若薄膜的一个区域只强烈反射绿光（500 nm），这个区域有多厚？

9.36*　空气中的肥皂薄膜（$n = 1.34$）有一个厚度为 550.0 nm 的区域。阳光从上面照射时有一个波长不反射，求此波长。

9.37*　干净的塑料片（$n = 1.59$）上有一层厚度为 25.0 nm 的均匀水层（$n = 1.333$）。问什么角度入射的蓝光（$\lambda_0 = 460$ nm）会被强烈反射？〔提示：修改（9.34）式。〕

9.38　考虑厚度为 2 mm、折射率为 1.5 的膜产生的海定格圆形条纹图样。用 $\lambda_0 = 600$ nm 的单色光照明，求中心条纹（$\theta_t = 0$）的级数 m。它是亮纹还是暗纹？

9.39　用普通的荧光灯（有些新型的荧光灯不行）做扩展光源，或者用马路上的汞路灯作点光源，照明显微镜的载片（用薄盖玻片更好）。描述条纹的形状。转动玻璃片，条纹变不变？重复图 9.29 和图 9.30 的条件。把一张塑料食物薄膜盖在杯子上重做这个实验。

9.40　波长为 500 nm 的平行光束垂直入射到折射率为 1.5 的楔形薄膜上，观察到条纹。如果条纹间隔为 1/3 cm，楔角是多少？

9.41*　把一片厚 7.618×10^{-5} m 的纸片夹在两片玻璃片的一端，中间形成一个楔形的空气薄膜。波长为 500 nm 的光从上面直接照明。在整个楔形面上有多少个亮纹？

9.42*　两片玻璃片中间的楔形空气薄膜用钠光（$\lambda_0 = 589.3$ nm）从上面照明。第 173 个亮条纹的中心（从两片玻璃的接触线算起）处的薄膜有多厚？

9.43　题图 P.9.43 是测试透镜的装置。请证明当 d_1 和 d_2 与 $2R_1$ 和 $2R_2$ 相比可以忽略。时

$$d = x^2(R_2 - R_1)/2R_1R_2$$

（回忆平面几何中关于相交的弦的线段的乘积定理。）证明第 m 个暗环的半径为

$$x_m = [R_1R_2m\lambda_f/(R_2 - R_1)]^{1/2}$$

它和（9.43）式有什么关系？

9.44* 用波长为 500 nm 的准单色光在一片薄膜上观察到牛顿环。如果第 20 条亮纹的半径为 1.00 cm，构成干涉系统一部分的透镜的曲率半径是多少？〔提示：小心你用的 m 值。〕

9.45* 牛顿环装置的玻璃元件中间落入灰尘时，它会引起薄膜厚度 Δd 的未知变动，干涉图样也随之改变。当光程差为 $2(d + \Delta d) = m\lambda_f$ 时，加上反射引起的附加相移，它对应于暗带。证明由

$$R = \frac{x_m^2 - x_{m-1}^2}{(m_m - m_{m-1})\lambda_f}$$

给出的透镜的曲率半径在实验室中能够由相邻的暗条纹得出，与 Δd 无关。

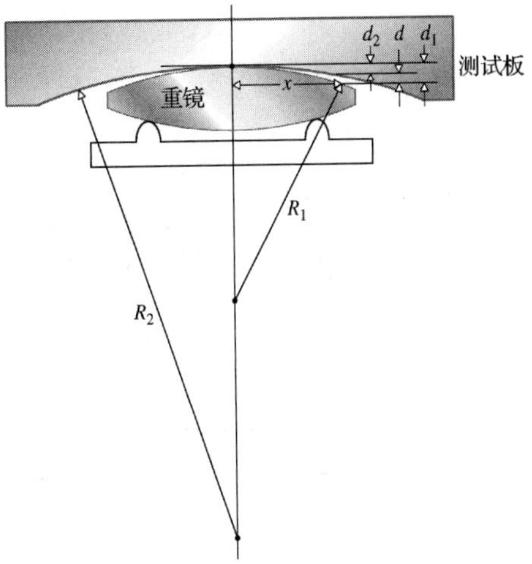

9.46* 从牛顿环的照片可以看到，大 m 值的条纹似乎间隔相等。为此，请证明

$$\frac{(x_{m+1} - x_m)}{(x_{m+2} - x_{m+1})} \approx 1 + \frac{1}{2m}$$

当 m 大的时候，相邻条纹的间隔近似相等。

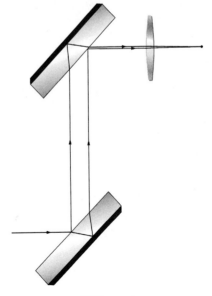

题图 P.9.43

9.47 用单色光照射迈克耳孙干涉仪。然后让一面反射镜移动了 2.35×10^{-5} m。在此过程中观察到移动了 92 对条纹（亮和暗算一对）。求入射光束的波长。

9.48* 移动迈克耳孙干涉仪的一面反射镜，在此过程中有 1000 对条纹移过观察望远镜的叉丝。若照明光波长为 500 nm，问镜子移动了多少距离？

9.49* 平均波长为 500 nm 的准单色光照明迈克耳孙干涉仪。可移动反射镜 M_1 距离分束器比固定反射镜 M_2 距分束器远了 d 的距离。把 d 减少 0.100 mm 导致许多对条纹扫过观察镜叉丝。求条纹对的数目。

9.50* 在迈克耳孙干涉仪的一条光路内放入一个长度为 10.0 cm 的气室，气室两端有两片平行的窗片。照明光为 600 nm。空气的折射率为 1.000 29。要是把空气抽空，移动的条纹有多少对？

9.51* 镉红光平均波长为 $\overline{\lambda}_0 = 643.847$ nm（见图 7.45），线宽为 0.0013 nm。用它照明一个迈克耳孙干涉仪，发现把镜子的距离从零增加到 D 时，条纹消失。证明

$$\Delta\lambda_0 = \frac{\overline{\lambda}_0^2}{\Delta l_c}$$

从而求出镉线的 D。

9.52* 题图 P.9.52 所示为雅明（Jamin）干涉仪。它如何工作？有什么用途？

9.53 从透射波的 (9.53) 式出现，计算光通量密度，即 (9.54) 式。

9.54 法布里-珀罗干涉仪反射镜的振幅反射系数为 $r = 0.8944$，求

（a）锐度系数，

（b）半宽度，

（c）锐度，

（d）反衬度因子，定义为

题图 P.9.52

$$C \equiv \frac{(I_t/I_i)_{max}}{(I_t/I_i)_{min}}$$

9.55 为了补齐推导分隔两个可分辨的法布里-珀罗条纹的最小相位增量为

$$(\Delta\delta) \approx 4.2/\sqrt{F} \qquad\qquad [9.73]$$

时的一些细节，首先证实

$$[\mathscr{A}(\theta)]_{\delta=\delta_a\pm\Delta\delta/2} = [\mathscr{A}(\theta)]_{\delta=\Delta\delta/2}$$

然后证明（9.72）式可重写为

$$2[\mathscr{A}(\theta)]_{\delta=\Delta\delta/2} = 0.81\{1 + [\mathscr{A}(\theta)]_{\delta=\Delta\delta}\}$$

当 F 大时，γ 小，$\sin(\Delta\delta)=\Delta\delta$。然后（9.73）式就得到了。

9.56 考虑迈克耳孙干涉仪中由光通量密度相等的两束光引起的干涉图样。用（9.17）式计算半宽度。相邻极大之间的间隔用 δ 表示是多少？锐度呢？

9.57* 证明折射率为 n_1 厚度为 $\lambda_f/4$ 的薄膜，只要 $n_s>n_1>n_0$，总是减少它所涂的基板的反射比。考虑最简单的情况：正入射，且 $n_0=1$。证明这等价于从两个界面反射回的波互相抵消。

9.58 证实涂一层 $\lambda/4$ 厚的高折射率（$n_1>n_s$）薄膜，总是增加它所涂的基板的反射比。证明从两个界面反射的波相长干涉。可以把四分之一波片堆 $g(HL)^m Ha$ 想成是一连串这样的结构。

9.59 在玻璃（$n_g=1.54$）表面上涂一层薄膜，使得对波长 540 nm 的正入射光不反射。求薄膜的折射率和厚度。

9.60 要在折射率为 1.55 的显微镜透镜上涂一层氟化镁薄膜来增加正入射黄光（$\lambda_0=500$ nm）的透过率，薄膜的最小厚度是多少？

9.61* 一个折射率为 1.55 的玻璃照相机镜头上要镀一层冰晶石薄膜（$n\approx1.30$），以减少正入射绿光（$\lambda_0=500$ nm）的反射。薄膜要多厚？

9.62* 用图 9.73（航天飞机雷达干涉仪的几何图），证明

$$z(x) = h - r_1\cos\theta$$

然后用余弦定律证明（9.108）式正确。

第10章 衍 射

10.1 引言

放在屏幕和点光源当中的一个不透明物体，在屏上投下一个复杂的阴影，这个阴影由亮区和暗区组成，与人们根据几何光学原理预期的有很大的不同（见照片）[1]。17 世纪格里马耳第（Francesco Grimaldi）的工作是第一次发表的对这种**光偏离直线传播的现象**的详细研究，这种现象他名之为"衍射"。衍射是波动现象的一个普遍特征，每逢波阵面（不论是声波、物质波还是光波）的一部分以某种方式受到阻碍时就会发生，如果在遇到障碍物（不论是透明的还是不透明的）的进程中，波阵面上一个区域的振幅或相位受到改变，就会发生衍射[2]。越过障碍物的波阵面的各区段因干涉而引起特定的能量密度分布，叫做衍射图样。干涉和衍射之间并不存在实质性的物理差别。然而习惯上（虽然并不总是恰当），当考虑的只是几个波的叠加时说是干涉，而讨论大量的波的叠加则说是衍射。尽管如此，同一现象在有些地方叫做多光束干涉，而在另一地方则叫做光栅上的衍射。

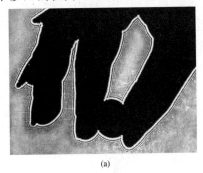
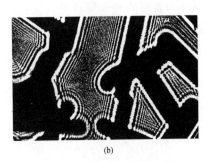

（a）   （b）

（a）拿着一枚硬币的手影，用氦氖激光束直接（不用透镜）投在 4×5
即显胶卷（A.S.A. 3000）上。 （b）氧化锌晶体对电子的菲涅耳衍射

要是能够用最强有力的现代理论量子电动力学（QED）来处理衍射问题就好了，但这是不现实的；它的分析过于复杂，又不带来什么新东西。我们只定性说明量子电动力学如何应用于少数几个基本场合。提供最简单而有效的公式的经典波动理论，就很够用了。还有，只要合适，将尽量用傅里叶分析来说明，尽管傅里叶分析要到下一章才详细讨论。

惠更斯-菲涅耳原理

作为探索这个问题的第一步，让我们重新考察惠更斯原理（4.4.2节）。按照这个原理，

---

[1] 只要光源足够强，很容易看到这个效应。用一个很亮的灯照一个小孔就可以。如果你看被点光源照射的铅笔，你会看到在阴影边缘有一个不寻常的亮区，甚至在阴影里面有不太亮的带。仔细看太阳光直照你的手所生成的影子。

[2] 虽然通常不考虑透明障碍物的衍射，但是要是夜间开汽车时有几滴雨点落在你的眼镜上，你就会熟悉这个效应。如果你没有经历过，滴几滴水或者口水在玻璃板上，拿到靠近眼睛的地方，通过它看一个点光源，你将看到亮和暗的条纹。

波阵面上的每一点可以看成次级球面子波的波源。于是波阵面或其任何一部分在空间的传播应当可以事先判定。在任一特定时刻，假定波阵面的形状是次级子波的包络（图 4.32）。但是，这一方法忽略了大部分次级子波，只保留了与包络共有的那一部分。由于这一缺点，惠更斯原理不能说明衍射过程。日常经验证明了这一点。声波（例如 $\nu = 500$ Hz, $\lambda \approx 68$ cm）很容易"绕过"电线杆和树木之类的大物体。而与之相反，这些东西用光照明时则投下相当清楚的阴影。然而惠更斯原理却与波长没有任何关系，在两种情况下应当预言同样的波阵面组态。

菲涅耳通过加进来干涉概念，解决了这个困难。相应的惠更斯-菲涅耳原理表述如下：**在给定时刻，波阵面上每一未被阻挡的点起着次级球面子波（频率与初波相同）波源的作用。障碍物外任一点上光场的振幅是所有这些子波的叠加（考虑它们的振幅和相对相位）。**

这些观念的最简单的定性应用，请看用波纹槽摄得的照片和图 10.1。如果入射平面波上每一未被挡住的点，起着一个相干的次级波源的作用，这些点之间的最大光程差将为 $\Lambda_{\max} = |\overline{AP} - \overline{BP}|$，它对应于孔径两端上的点源。但是 $\Lambda_{\max}$ 小于或等于 $\overline{AB}$，等号相当于 P 点在屏上的情形。若 $\lambda > \overline{AB}$，像图 10.1b 那样，那么 $\lambda > \Lambda_{\max}$，由于各个波起初是同相的，不论 P 在哪里，它们都必定发生不同程度的相长干涉（见波纹槽照片 c）。所以，**如果波长大于孔径，波将在障碍物之外大角度散开**。孔径越小，衍射波越接近圆形（第 499 页上的傅里叶分析的观点）。

当 $\lambda < \overline{AB}$ 时，发生相反的情况（见波纹槽照片 a）。这时 $\lambda > \Lambda_{\max}$ 的区域限于紧靠孔跟前的一个小区域内，只有在这里一切子波才发生相长干涉。在这个区域之外，一些子波可以发生相消干涉，"阴影"开始出现。记住，理想化的几何阴影对应于 $\lambda \to 0$。

光在屏外的表现的经典解释是，从孔径出射的许多小波产生"干涉"；这些小波在此区域的每一点以相矢量合成，依赖于它们的光程，有的点加强，有的点抵消。

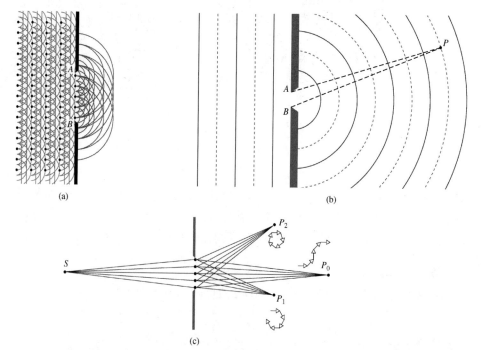

图 10.1　小孔衍射。（a）惠更斯子波；（b）经典的波动图像；（c）量子电动力学观点和概率幅

光在屏外的表现的量子力学解释（4.11.1 节）是，从孔径出来的光子的概率振幅发生"干涉"。也就是，它们在此区域的每一点以相矢量合成，依赖于它们的光程，有的点加强，有的点抵消。当这个孔有几个波长的宽度（如波纹槽照片 a），到任何一点 P 的许多路径对应于相矢量的相位有很宽的范围。考虑在正前方的一点 P_0。从 S 到 P_0 的直线对应于最短的光程。经过小孔到 P_0 的其他路线都稍长一些（跟孔的大小有关）。取它们对应的相矢量幅度相同，这些相矢量群聚在最短光程值周围，像图 4.80 那样。它们相互有小的相位差（一半+，一半-），头尾相接相加之后，它们先向一个方向转，然后又向反方向转，产生的合概率幅相当大。在 P_0 的光子计数器接收到很多光子。偏离正前方，每条路径的相矢量都有相当大的相位差，并且都有同样的符号。头尾相接相加后它们卷圈，相加之后的合概率幅很小或等于零。位于 P_1 的光子计数器只有很少的计数，位于 P_2 的光子计数器计数更少。

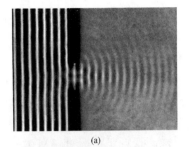

(a)

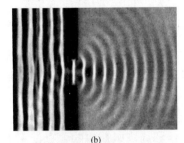

(b)

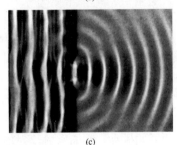

(c)

波纹槽中变化 λ 时通过小孔的衍射。当波长变长时，屏右边的波扩展到阴影区增加

如果把孔变得很小，即使 P_0 的光子计数减少，P_1 和 P_2 的光子计数也增加。孔变小时，所有到达 P_1 或 P_2 的路径更加接近，所以光程接近相等。相位差更小，相矢量的不再接近起点卷曲，合概率幅虽然小，但是处处有可观的值。

定性地说，量子电动力学和惠更斯-菲涅耳原理得到的普遍结论完全相同：过程的核心是光的衍射和干涉。

惠更斯-菲涅耳原理除了整个内容迄今在很大程度上是假设的之外，还有一些缺点，我们将在以后考察。基尔霍夫（Gustav Kirchhoff）直接根据波动微分方程的解，发展了一个更严格的理论。基尔霍夫虽然和麦克斯韦是同时代人，但他的工作完成于 1887 年赫兹用实验演示（因而使人们普遍了解）电磁波的传播之前，因而基尔霍夫用的是老的光的弹性固体理论。他的精致的分析使菲涅耳的假设得到了论证，并且使惠更斯原理作为波动方程的一个精确结果，得到更精密的表述。即使这样，基尔霍夫理论本身也是一个近似，在波长充分小时（亦即当衍射孔的尺寸比 λ 大得多时）才成立。困难在于我们需要求出满足障碍物边界条件的偏微分方程的解。这种严格解只有在很少几种特殊情况下才能得到。基尔霍夫理论尽管只讨论标量波，对光是一种横波矢量场这一事实毫无表示，然而它同实际符合得很好[①]。

应当强调指出，求一个特定衍射问题的严格解是光学中最难处理的问题之一。利用光的电磁理论求出的第一个这样的解，是索末菲（Arnold Johannes Wilhelm Sommerfeld, 1868—

[①] J. D. Jackson 的 *Classical Electrodynamics*，p.283 和 Sommerfeld 的 *Optics*，p.325 讨论了标量基尔霍夫理论的矢量表述。还可以看看 B. B. Baker and E. T. Copson 的 *The Mathematical Theory of Huygen's Principle*，它是衍射的一般参考书。这些书都不容易读。

1951）在 1896 年发表的。虽然他提的问题在物理上有些不现实，因为它包含有一个无限薄却不透明而且理想导电的平面屏，他的结果仍极有价值，对涉及的基本过程提供了很多的深入理解。

甚至今天，对许多有实际意义的衍射问题，这种严格解也不存在。因此，出于需要，我们将依赖惠更斯-菲涅耳和基尔霍夫的近似处理方法。最近，微波技术已被用来研究衍射场的特性（否则要对它进行光学考察几乎不可能）。这种详尽的研究也对基尔霍夫理论提供了很好的支持[①]。在许多情况下，对于我们的目的来说，更简单的惠更斯-菲涅耳处理是合适的。

10.1.1　不透明障碍物

衍射可以看成是由电磁波和某种物理障碍物的相互作用引起的，因此我们最好扼要地重新考察一下涉及的过程，即在不透明物体材料内，实际上到底发生了什么情况。

一种可能的描述方法是，认为屏是一块连续媒质，即它的微观结构可以忽略。对于一块无吸收的金属薄片（不产生焦耳热，所以电导率是无穷大），我们可以写出金属中的麦克斯韦方程组和周围媒质中的麦克斯韦方程组，然后在边界上使二者匹配。这时反射波和衍射波由薄片中的电流分布得出。

现在，在亚微观尺度上考察这个屏，设想在入射波的电场作用下，各个原子的电子云开始振动。前面提到电子振子以波源频率振动并重新辐射的经典模型工作得很好，因此不必考虑量子力学的描写方法。屏中的一个特定振子的振幅和相位由它周围的局部电场确定，而局部电场又是入射场和一切别的电子振子场的叠加。一张很大的不带孔的屏，不论它是黑纸还是铝箔，都有一个明显的效应：在屏后的区域内没有光场。靠近被照明一面的电子被入射光驱动而开始振动。它们发射辐射能，这个辐射能最后或被反射回来，或者以热的形式被材料吸收，或者二者兼而有之。不论是哪种情况，入射的初波和电子振子的场都将以这样的方式叠加，使得在屏后的任何一点上的光场为零。这看来好像是一种非常特殊的平衡，但是实际上不是这样。如果入射波没有被完全抵消，那么它将更深地进入屏的材料内，激励更多电子产生辐射，这又会进一步使初波减弱，直到最终消失（如果屏足够厚的话），甚至像银这样普通的不透明材料，在足够薄时也是透明的（我们还记得半镀银镜）。

现在在屏的中央挖一个圆盘形小孔，使光通过此孔射出。在这块圆盘上均匀分布的振子同圆盘一道被去掉了，屏内剩下的电子不再受它们影响。作为一个初步的当然也是近似的处理方法，假定振子之间的相互作用实际上可以忽略，即屏中的电子完全不因去掉圆盘中的电子而受影响。于是孔后的区域中的场将等于挖去圆盘之前所存在的场（即零场）减去圆盘单独的贡献。这个场除了符号之外，就仿佛是把光源和屏移去，只留下圆盘上的电子似的，而不是相反的情形。换言之，在这一近似下，衍射场可以被描绘成完全是由均匀分布在孔径区域上的一组假想的不相互作用的振子产生的。这当然就是惠更斯-菲涅耳原理的实质。

但是，我们可以预料，电子振子之间并非完全没有相互作用，而是存在一种短程作用，因为振子的场随距离减弱。从这个在物理上更真实的角度来看，圆盘被挖去，对孔边界附近的电子会有影响。对于大的孔，圆盘中的振子数目要比沿边界的振子数目多得多。在这样的情况下，如果观察点很远，并且是在向前的方向上，那么惠更斯-菲涅耳原理应当并且的确工作得很好。对于很小的孔，或者在孔附近的观察点上，边界效应变得重要起来，我们可以预

---

① C. L. Andrews, *Am. J. Phys.* **19**, 250(1951); S. Silver, *J. Opt. Soc. Am.* **52**, 131(1962).

期会发生困难。的确，在孔内的一点上，边界上的电子振子是极为重要的，因为它们最贴近。但是这些电子肯定不会不受到移去圆盘上邻近的振子的影响。这时，对惠更斯-菲涅耳原理的偏离将会是可观的。

10.1.2 夫琅禾费衍射和菲涅耳衍射

设想我们有一个不透明屏Σ（像图 10.1 中的屏），其上有一个小孔，被来自一个很远的点光源 S 的平面波照明。观察平面σ是一个与Σ平行并且很靠近的屏。在这些条件下，孔的一个像被投影到屏上，这个像除了在周界两侧有一些淡淡的条纹外是可以清楚辨认出来的（图 10.2）。当观察平面移到离Σ更远一些时，孔的像虽然还容易被认出，但是随着这些条纹变得更明显，像结构也变得越来越复杂。所观察到的这种现象叫做**菲涅耳**衍射或**近场**衍射。

波纹槽照片。在一种情况下，波简单地被一条狭缝衍射；在另一种情况下，一组等距离排列的点源横跨在孔上，产生出类似的图样

把观察平面向更远的地方继续移动将带来条纹的连续变化。在离Σ很远的地方，投影图样将会显著地散开，同实际的孔已经很少相似或者根本不相似了。此后移动σ，基本上就只改变图样的大小而不会改变它的形状。这是**夫琅禾费**衍射或**远场**衍射。如果在这一点我们能充分减小入射辐射的波长，那么图样又将回复到菲涅耳衍射的情形。如果λ进一步减小以至趋于零，那么条纹将会消失，像将呈几何光学所预言的极限孔的形状。回到原来的装置，如果现在点光源移向Σ，那么球面波将投射到孔上，而出现一个菲涅耳图样，即使是在一个很远的观察平面上。

考虑一个点光源 S 和一个观察点 P，它们二者都离Σ很远，并且不用透镜（习题 10.1）。**只要入射波和出射波在整个衍射孔（或障碍物）上近似于一个平面波（同它只差一个波长的一小部分），那么就得到夫琅禾费衍射。**也就是说，对 P 点有贡献的各条路径不同的相位，在决定合电场时是至关重要的。还有，如果孔径的入射和出射波阵面是平面，那么它们的相位差可以用孔径的两个变量的线性函数来描述。**孔径变量的线性是夫琅禾费衍射的决定性的数学判据。**另一方面，当 S 或者 P，或者二者离Σ太近，使得波阵面的曲率不能忽略不计，那么发生的就将是菲涅耳衍射。

孔径上每一个点都可以看作惠更斯子波光源，我们还应该关心它们的相对强度。当 S 靠近（和孔径的大小比较）时，照明小孔的是球形波阵面。从 S 到孔径的每一点的距离不同，因为电场强度反比于距离，所以在衍射屏上各点的电场强度也不同。入射的均匀平面波的情况就不一样。从孔径到 P 的衍射波也是这样。即使孔径上各点出射的振幅相同，如果 P 靠近，会聚在 P 上的波是球面波，孔径上各点到 P 的距离不同，所以振幅也不同。理想情况下，P 在无限远处（不论这是什么意思），到达 P 点的波是平面波，就不需要担心场强不同。这使夫琅禾费衍射变得简单。

作为一条经验定则，若孔径（或者障碍物）的最大宽度为 b，发生夫琅禾费衍射的条件为

$$R > b^2/\lambda$$

其中，R 是从 S 到Σ和从Σ到 P 这两个距离中短的一个（习题 10.1）。当然，R = ∞ 时，孔径的有限的尺寸就没有关系了。还有，λ的增大使衍射现象朝向夫琅禾费衍射移动。

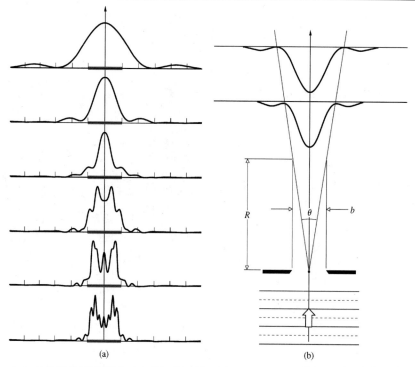

图 10.2　（a）离单缝的距离增大时衍射图样的变化：底下（距离近）是菲涅耳衍射，上面（距离
　　　　　远）是夫琅禾费衍射，灰色带是狭缝宽度；（b）远场粗略地可以从 R 算起，$R > b^2/\lambda$

　　一旦出现了夫琅禾费图样，把观察屏往更远处移动，图样就简单地放大。事实上，在
典型的夫琅禾费图样中，中心主峰对孔径屏的张角 θ 大致是个常数。图 10.2b 是平面波照射
衍射孔径的简单情况。一般 $\theta \approx \lambda/b$，因为图上知道 $R\theta \approx b$，由此推出 $R \approx b^2/\lambda$。粗略地讲，
R 以外就是远场。

　　实际上夫琅禾费条件可以用等效于图 10.3 的装置实现，其中 S 和 P 实际上都位于无穷远。
点光源 S 放在透镜 L_1 的主焦点 F_1 处，观察平面则是 L_2 的第二焦面。用几何光学的术语说，
光源平面和 σ 是共轭平面。

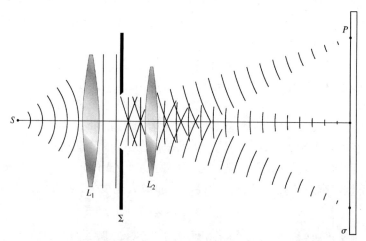

图 10.3　夫琅禾费衍射用透镜使光源和条纹图样二者都在离孔方便的距离上

同样的想法可以推广到对扩展光源或物体成像的任何透镜系统（习题 10.4）[①]。的确，所成的像将是一个夫琅禾费衍射图。正是由于这些重要的实际考虑以及其固有的简单性，我们将首先考察夫琅禾费衍射，然后再考察菲涅耳衍射，虽然前者只是后者的一种特例。

10.1.3　几个相干振子

作为研究干涉和衍射之间的一个简单而又合乎逻辑的桥梁，我们考虑图 10.4 的装置。图中画出 N 个相干的点源振子（或辐射天线）的直线阵列，各个振子在一切方面甚至偏振方向都完全相同。我们暂且认为振子没有固有的相差，即各个振子的初相角相同。图中的光线几乎全都平行，在某一很远的点 P 相交。如果这一阵列的空间尺度比较小，那么到达 P 点的各个波，由于走过差不多相等的距离，其振幅将基本上是相等的，即

$$E_0(r_1) = E_0(r_2) = \cdots = E_0(r_N) = E_0(r)$$

发生干涉的球面子波之和给出 P 点的电场，该场由下式的实部给定：

$$\tilde{E} = E_0(r)e^{i(kr_1 - \omega t)} + E_0(r)e^{i(kr_2 - \omega t)} + \cdots + E_0(r)e^{i(kr_N - \omega t)} \tag{10.1}$$

很明显，根据 9.1 节，对于这个例子的情况我们不必考虑电场的矢量本性。因此有

$$\tilde{E} = E_0(r)e^{-i\omega t}e^{ikr_1}$$
$$\times [1 + e^{ik(r_2 - r_1)} + e^{ik(r_3 - r_1)} + \cdots + e^{ik(r_N - r_1)}]$$

相邻的点源之间的相差 $\delta = k_0 \Lambda$，由于在折射率为 n 的媒质中 $\Lambda = nd\sin\theta$，因而 $\delta = kd\sin\theta$。利用图 10.4，可得 $\delta = k(r_2 - r_1)$，$2\delta = k(r_3 - r_1)$，等等。于是 P 点的场可以写成

$$\tilde{E} = E_0(r)e^{-i\omega t}e^{ikr_1}$$
$$\times [1 + (e^{i\delta}) + (e^{i\delta})^2 + (e^{i\delta})^3 + \cdots + (e^{i\delta})^{N-1}] \tag{10.2}$$

括号中几何级数的值为

$$(e^{i\delta N} - 1)/(e^{i\delta} - 1)$$

上式可以重新整理成以下形式

$$\frac{e^{iN\delta/2}[e^{iN\delta/2} - e^{-iN\delta/2}]}{e^{i\delta/2}[e^{i\delta/2} - e^{-i\delta/2}]}$$

或等效地

$$e^{i(N-1)\delta/2}\left(\frac{\sin N\delta/2}{\sin\delta/2}\right)$$

这时场变成

$$\tilde{E} = E_0(r)e^{-i\omega t}\,e^{i[kr_1 + (N-1)\delta/2]}\left(\frac{\sin N\delta/2}{\sin\delta/2}\right) \tag{10.3}$$

注意，若定义 R 为从振子直线的中央到 P 点的距离，即

$$R = \frac{1}{2}(N-1)d\sin\theta + r_1$$

则（10.3）式取以下形式

$$\tilde{E} = E_0(r)e^{i(kR - \omega t)}\left(\frac{\sin N\delta/2}{\sin\delta/2}\right) \tag{10.4}$$

[①] 不用任何辅助透镜，一个氦氖激光器就可以产生漂亮的图样，但是它需要很大的空间。

最后，在远处排成直线阵列的 N 个相干的全同点源所产生的衍射图样中的通量密度分布（对于复数 E，它正比于 $\tilde{E}\tilde{E}^*/2$）为

$$I = I_0 \frac{\sin^2(N\delta/2)}{\sin^2(\delta/2)} \tag{10.5}$$

其中 I_0 是任何一个波源到达 P 点的通量密度。对于 $N = 0$，$I = 0$；对于 $N = 1$，$I = I_0$，而对于 $N = 2$，$I = 4I_0\cos^2(\delta/2)$，与（9.17）式一致。I 对 θ 的函数关系在下式中更明显：

$$I = I_0 \frac{\sin^2[N(kd/2)\sin\theta]}{\sin^2[(kd/2)\sin\theta]} \tag{10.6}$$

$\sin^2[N(kd/2)\sin\theta]$ 项有急剧的起伏，然而调制它的函数 $\{\sin[(kd/2)\sin\theta]\}^{-2}$ 则变化比较缓慢。这个联合表示式给出一系列尖锐的主峰，它们之间隔着小的辅峰，主极大出现在使 $\delta = 2m\pi$（其中 $m = 0, \pm1, \pm2, \cdots$）的 θ_m 方向上，因为 $\delta = kd\sin\theta$，

$$d\sin\theta_m = m\lambda \tag{10.7}$$

由于在 $\delta = 2m\pi$ 时 $[\sin^2 N\delta/2]/[\sin^2\delta/2] = N^2$［由洛必达（L'Hospital）法则］，主极大值为 $N^2 I_0$。这正是我们预期的，因为在那个方向上所有振子同相。在垂直于阵列的方向（$m = 0$，$\theta_0 = 0$ 和 π）上，这个系统将辐射一个极大值。随着 θ 增大，δ 也增大，I 在 $N\delta/2 = \pi$（第一个极小点）下降到零。注意，若在（10.7）式中 $d < \lambda$，那么只有 $m = 0$ 或零级主极大存在。如果考察彼此相隔原子大小距离的电子振子构成的理想化的线光源，那么可以预期，光场中只有一个主极大。

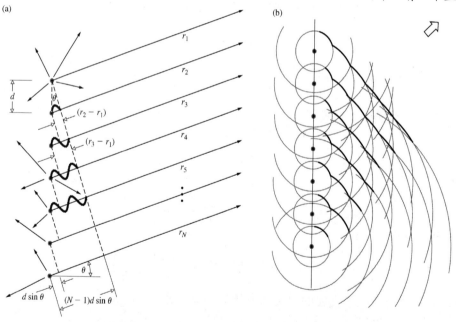

图 10.4　同相相干振子的直线阵列。（a）注意在所示的角度上 $\delta = \pi$。而当 $\theta = 0$ 时，δ 等于零；（b）从相干点源直线阵列射出的波阵面

下页照片中的天线阵列能够发射对应于主极大的窄波束或窄瓣中的辐射（图中的抛物面圆盘把辐射反射向前，辐射图样不再相对于公共轴对称）。假设有一个系统，在该系统中相邻的振子之间可以引入一个固有的相移 ϵ。这时

$$\delta = kd\sin\theta + \epsilon$$

各个主极大将出现在新的角度上:

$$d \sin\theta_m = m\lambda - \epsilon/k$$

如果只注意中央极大 $m = 0$,那么只要调节 ϵ 的值,就可以随意改变它的取向 θ_0。

可逆性原理,即没有吸收的话波的运动是可逆的,导致一个天线不论它是用作发射器还是用作接收器,有相同的辐射场图样。因此,只要在阵列每两个天线之间引入一个合适的相移 ϵ,再把各个天线的输出结合起来,就可以充当"有指向的"射电望远镜。对于某一 ϵ 值,系统输出对应于从空间某一特殊方向投射到阵列上的信号(参看 4.3.1 节关于相控阵雷达的讨论)。

照片中的望远镜是第一座多重射电干涉仪,是克里斯琴森(W. N. Christiansen)设计的,1951 年在澳大利亚建成。它由 32 个抛物面天线组成,每个的直径是 2 m,设计成在 21 cm 氢发射谱线的波长上同相工作。这些天线沿着一条东西基线排列,每两个间隔 7 m。这一特殊阵列利用地球自转作为扫描机制[①]。

澳大利亚悉尼大学早期的干涉射电望远镜($N = 32$,$\lambda = 21$ cm,$d = 7$ m,直径为 2 m,东西向基线为 700 英尺)

考察图 10.5,这个图画出一个理想化的电子振子线光源(例如,一条宽度比 λ 小得多的长狭缝被平面波照射时,惠更斯-菲涅耳原理的次级波源),每一点发射一个球面子波,这个子波可写为

$$E = \left(\frac{\varepsilon_0}{r}\right)\sin(\omega t - kr)$$

它明显地显示出振幅对 r 的反比关系。量 ε_0 叫做**波源强度**。现在的情况与图 10.4 的情况的不同在于,现在的波源很弱,而波源的个数 N 非常之多,它们之间的距离则非常之小。阵列上的一小段(但有限长度)Δy_i 将包含 Δy_i(N/D)个源,其中 D 是整个阵列的长度。现在假定整个阵列分成 M 个这样的段,即 i 从 1 取到 M,因此第 i 段对 P 点电场的贡献为

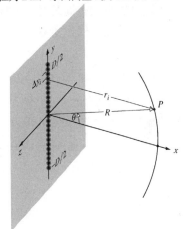

$$E_i = \left(\frac{\varepsilon_0}{r_i}\right)\sin(\omega t - kr_i)\left(\frac{N\Delta y_i}{D}\right)$$

图 10.5 一个相干线光源

只要 Δy_i 是这样小,使其中振子的相对相差可以忽略不计($r_i =$ 常数),因而它们的场可以简单地相长相加。令 N 趋于无穷大,我们就可以把这个阵列变成一个连续的相干线源。这种描述方法除了在宏观尺度上相当真实之外,还允许我们对更复杂的几何形状应用微积分工具。显然,当 N 趋于无穷大时,如果总输出有限,单个振子的波源强度必定要减小到趋于零。因此,我们可以定义一个常数 ε_L 为阵列每单位长度的波源强度,即

$$\varepsilon_L \equiv \frac{1}{D}\lim_{N\to\infty}(\varepsilon_0 N) \tag{10.8}$$

M 个分段在 P 点产生的总场强是

[①] 见 E. Brookner, "Phased-array radars", *Sci. Am.* (Feb. 1985), p.94。

$$E = \sum_{i=1}^{M} \frac{\mathcal{E}_L}{r_i} \sin(\omega t - kr_i)\Delta y_i$$

对于一个连续的线源，Δy_i 可以变成无限小（$M \to \infty$），于是求和就变成定积分

$$E = \mathcal{E}_L \int_{-D/2}^{+D/2} \frac{\sin(\omega t - kr)}{r}\,\mathrm{d}y \tag{10.9}$$

其中 $r = r(y)$。用来计算（10.9）式的近似方法当然取决于 P 点相对于阵列的位置，因此应当区分夫琅禾费衍射和菲涅耳衍射两种情况。相干的线光源现在还没有物理实体存在，但是我们要把它作为一种数学工具来用。

10.2 夫琅禾费衍射

10.2.1 单缝

回到图 10.5，现在设观察点离相干线光源很远，$R \gg D$。在这种情况下，$r(y)$ 同它的中点值 R 相差很少，因此量（$\mathcal{E}_L/R$）在 P 点之值基本上对于所有线元 $\mathrm{d}y$ 是常数，由（10.9）式可得，光源的微分线元 $\mathrm{d}y$ 在 P 处产生的场是

$$\mathrm{d}E = \frac{\mathcal{E}_L}{R} \sin(\omega t - kr)\,\mathrm{d}y \tag{10.10}$$

其中，（$\mathcal{E}_L/R$）$\mathrm{d}y$ 是波的振幅。注意，相位对 $r(y)$ 的变化要比振幅敏感得多，因此对它作近似时必须更加小心。同习题（9.21）中的做法完全一样，可以把 $r(y)$ 展开，以得到 r 对 y 的函数关系的明显表示式，于是

$$r = R - y\sin\theta + (y^2/2R)\cos^2\theta + \cdots \tag{10.11}$$

其中 θ 从 xz 平面量起。第三项可以略去，因为它对相位的贡献甚至当 $y = \pm D/2$ 时也不大，即 $(\pi D^2/4\lambda R)\cos^2\theta$ 必定可以忽略。当 R 足够大时，上述要求对一切 θ 值成立，这就是**夫琅禾费条件**，其中 r 和 y 成线性关系。代入（10.10）式并且积分，得到

$$E = \frac{\mathcal{E}_L}{R} \int_{-D/2}^{+D/2} \sin[\omega t - k(R - y\sin\theta)]\,\mathrm{d}y \tag{10.12}$$

最后

$$E = \frac{\mathcal{E}_L D}{R} \frac{\sin[(kD/2)\sin\theta]}{(kD/2)\sin\theta} \sin(\omega t - kR) \tag{10.13}$$

为简化上式，令

$$\beta \equiv (kD/2)\sin\theta \tag{10.14}$$

因此

$$E = \frac{\mathcal{E}_L D}{R}\left(\frac{\sin\beta}{\beta}\right)\sin(\omega t - kR) \tag{10.15}$$

最便于测量的量是辐照度 $I(\theta) = \langle E^2 \rangle_\mathrm{T}$（忽略常数因子），或者

$$I(\theta) = \frac{1}{2}\left(\frac{\mathcal{E}_L D}{R}\right)^2\left(\frac{\sin\beta}{\beta}\right)^2 \tag{10.16}$$

其中，$\langle \sin^2(\omega t - kR) \rangle_\mathrm{T} = \dfrac{1}{2}$。当 $\theta = 0$ 时，$\sin\beta/\beta = 1$，$I(\theta) = I(0)$，它对应于**主极大**。于是，在夫琅禾费近似下一个理想化的相干线光源产生的辐照度为

$$I(\theta) = I(0)\left(\frac{\sin\beta}{\beta}\right)^2 \tag{10.17}$$

或者用 sinc 函数（第 66 页）

$$I(\theta) = I(0)\,\text{sinc}^2\beta$$

这个式子关于 y 轴对称，它对在包含 y 轴的任何平面内测量的 θ 都有效。注意，由于 $\beta = (\pi D/\lambda)\sin\theta$，当 $D \gg \lambda$ 时，辐照度随着 θ 值离开零而极迅速地减弱。这是由于长度 D 的值大（使用可见光时，约为 1 cm 的数量级）使 β 变得很大而引起的。根据 (10.15) 式，线源的相位等效于位于阵列中央离开 P 点距离为 R 的一个点源的相位。于是最后得到，一个比较长的相干线源（$D \gg \lambda$）可以看作一个主要在 $\theta = 0$ 方向上辐射的点发射体，即它的发射类似于 xz 平面内的一个圆形波。反之，如果 $\lambda \gg D$，那么 β 很小，$\sin\beta \approx \beta$，$I(\theta) = I(0)$，于是辐照度对一切 θ 都是常数，线源也就类似于发射球面波的一个点源了。

现在可以讨论狭缝或者长而窄的矩形孔的夫琅禾费衍射了（图 10.6）。一个这样的孔的典型宽度大约为几百个波长，长度是几厘米。分析中惯用的步骤是，把这个狭缝分成一系列平行于 y 轴的微分长条（宽为 $\mathrm{d}z$，长为 ℓ）如图 10.7 中所示。但是我们立即看出，每个这样的长条就是一个长的相干线源，因此可以换成 z 轴上的一个点发射体。实际上，每个这样的发射体在 xz 平面（$y = 0$）上辐射一个圆形波。这肯定是合理的，因为狭缝很长，因而出射波阵面在缝的方向上实际上并未受到阻碍。因此，在平行于狭缝两端边界的方向上，几乎没有什么衍射。这样，这个问题就化为求沿着缝宽方向（z 轴）排列的无穷多个点源在 xz 平面上产生的场的问题。于是我们只需要计算每个线元 $\mathrm{d}z$ 的贡献 $\mathrm{d}E$ 在夫琅禾费近似下的积分。但是，这又等价于一个相干线源，因此如我们前面看到的那样，狭缝问题的完整的解是

$$I(\theta) = I(0)\left(\frac{\sin\beta}{\beta}\right)^2 \tag{10.17}$$

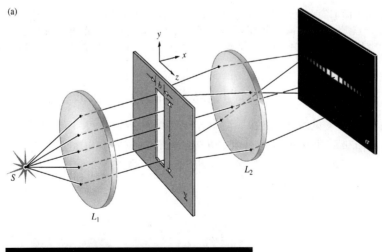

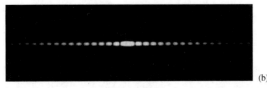

图 10.6 （a）单缝夫琅禾费衍射；（b）点光源照明单个竖直缝的衍射图样

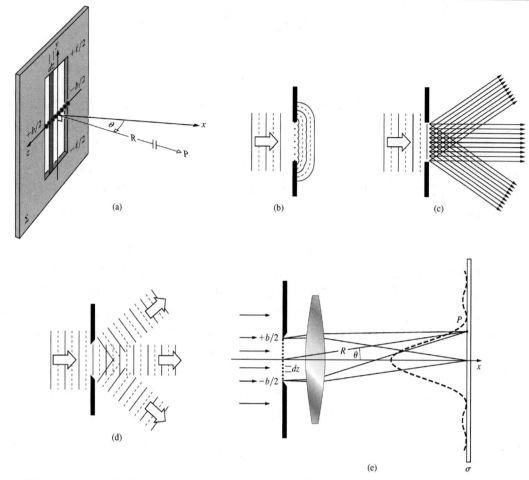

图 10.7　(a) σ 面上的点 P 离 Σ 无穷远；(b) 惠更斯子波射孔过径；(c) 用光线的等价表示，每一点都向所有方向射出光线，看到的是各个方向此的平行光线；(d) 这些光线束对应于平面波，可以把它们看成三维傅里叶分量；(e) 用单色平面波照射的单缝的辐照度分布

若

$$\beta = (kb/2)\sin\theta_0 \tag{10.18}$$

θ 是从 xy 平面量起的（见习题 10.2）。注意，现在线源很短，$D = b$，β 不大，虽然辐照度减弱得很快，但高阶辅峰仍然可以观察到。$I(\theta)$ 的极值出现在使 $dI/d\beta$ 为零的 β 值上，即

$$\frac{dI}{d\beta} = I(0)\frac{2\sin\beta(\beta\cos\beta - \sin\beta)}{\beta^3} = 0 \tag{10.19}$$

当 $\beta = 0$ 时，辐照度具有极小值等于零，因而

$$\beta = \pm\pi,\ \pm2\pi,\ \pm3\pi,\cdots \tag{10.20}$$

从（10.19）式还得到，当

$$\beta\cos\beta - \sin\beta = 0$$
$$\tan\beta = \beta \tag{10.21}$$

有这个超越方程的解可以用图解方法得到，如图 10.8 所示。曲线 $f_1(\beta) = \tan\beta$ 与直线 $f_2(\beta) = \beta$ 的交点是两个方程共有的，因而满足方程（10.21）。在相邻的两个极小点[（10.20）式]之间只存在一个这样的极值，因此 $I(\theta)$ 在这些 β 值（$\pm1.4303\pi,\ \pm2.4590\pi,\ \pm3.4707\pi,\cdots$）上必定有辅峰。

图 10.9 上画了一条长狭缝（方向垂直于纸面），我们用它来以非数学的方式说明所发生的事情。想象孔径上每一点都发射惠更斯子波。这时应于一股电磁波的洪流，每一电磁波都有相同的振幅、相位和波长，因为我们假定狭缝被均匀的单色平面电磁波垂直照射这些众多的惠更斯子波个都有相同的振幅、相位和频率。向前传播的波用图 10.9a 中的一束光线表示，它构成未被衍射的光束。在讨论这样照明的某种孔径的夫琅禾费衍射时，总是有这样的中央光束。如果观察屏非常远，或者在孔径附近一面大的正透镜（如图 10.7c），观察屏中心总会出现一个亮区，因为所有的波都走了相同的光程，同相到达，发生相长干涉。

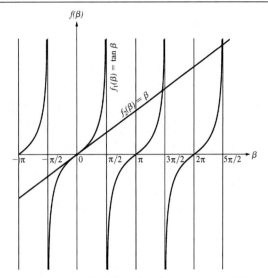

图 10.8 两条曲线的交点是方程（10.21）的解

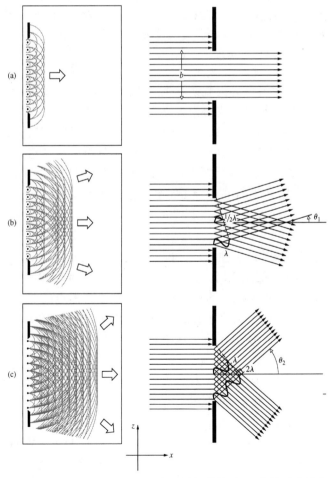

图 10.9 光在各个方向的衍射。狭缝是图 10.7 中那样的单缝。辐照度的零点发生在 $b\sin\theta_m = m\lambda$，如（b）和（c）中。插入的小图画的是惠更斯子波的发展。所有的入射光都是平面波

从狭缝射出的光向所有的方向传播，我们来看图 10.9b 中画的特定光束。到观察屏的子波的光程各不相同，光程差与光束的角度 θ 有关，θ 是从中心轴量起的。图 10.9b 中的光束以 θ_1 传播，使从狭缝顶端和从狭缝底端出发的两条光束的光程差令为 λ。因为狭缝的宽度为 b，所以 $b\sin\theta_1 = \lambda$。从狭缝中心出发的小波的光程和从顶端出发小波的光程相差 $\lambda/2$，两个小波互相抵消。类似地，从狭缝中心下面一点出发的小波，和从顶端下面一点出发的小波也相互抵消，等等。所有光阑上的小波都成对抵消，在观察屏上看到 θ_1 是个极小。换句话说，观察屏上 θ_1 的合电场振幅等于零。因为辐照度正比于电场振幅的平方，中心轴上下 θ_1 的角度没有光，所以在中心辐照度极大向两边减小，在两个一级极小处等于零。

随着 θ 进一步增大，合电场振幅因而辐照度再度上升，生成一个小的次级或者辅助极大。下面将用相矢量方法看这是怎样发生的。进一步增大角度到 $b\sin\theta_2 = 2\lambda$，产生另一个极小，见图 10.9c。想象把光阑分成 4 条，顶部四分之一的子波将抵消下面四分之一条的子波，第三个四分之一的抵消最后四分之一的，因为它们的相位都相差 $\lambda/2$，发生相消干涉，得到的总电场振幅等于零。一般有，零辐照度发生在

$$b\sin\theta_m = m\lambda$$

其中，$m = \pm1, \pm2, \pm3, \cdots$，它等价于（10.20）式，因为 $\beta = m\pi = (kb/2)\sin\theta_m$。注意，从狭缝顶端和底端来的两个子波的光程差为 $(b\sin\theta)$，这等价于波数差为 $(b\sin\theta)/\lambda$ 和单缝的相差 $\delta_1 = 2\pi(b\sin\theta)/\lambda$。于是 b 对应于单缝顶端和底端发射的小波相差 (δ_1) 的一半。

相矢量和电场振幅

图 10.10a 中画出一条狭缝在远处观察屏上产生的夫琅禾费衍射图样。为了弄明白电场振幅如何合成得出这个图样，考虑子波的相矢量表示。心中想着图 10.7e、图 10.9 和图 10.10，将狭缝等分成奇数（N）个小区域，每个小区域向前方发射子波。它们到达观察屏中轴上一点 P 时同相。这些电场全部相加，在图 10.10b 中将各个相矢量（它们各自有一个子波的电场振幅 E_{01}，E_{02}，E_{03}，等等）头尾相接相加。因为它们是同相的（单缝的相差 $\delta_1 = 0$，所以 $\beta = 0$），所以排成一条直线。图 10.10a 中点 1 的电场振幅为 $E_0(\theta) = E_0(0) = E_{01} + E_{02} + E_{03} + \cdots$，是合振幅的最大值。因为有 N 个小波，每个的振幅都是 E_{01}，所以 $E_0(0) = N E_{01}$。图中取 N 等于 9。

当 θ 增大时，观察屏上的 P 点往上移，每个到达的小波与相邻的小波都有相同的相差。当 P 点往上移到图 10.10a 上的点 2 时，$\beta = \pi/2$，狭缝两端小波的相差 $\delta_1 = 2\beta = \pi$，或者半个波长。用狭缝中心的小波作参考，它的相矢量 R（箭尾巴有黑点的那个）在图 10.10c 中仍然水平指向右方。狭缝中心下面出来的子波的相矢量（图 10.10c 中的 B_1，B_2，B_3，等，这里取 $N = 7$）走的光程比中心的长，所以落后于从中心出来的子波。相反，狭缝中心上面出来的子波的相矢量（图 10.10c 中的 A_1，A_2，A_3，等，这里取 $N = 7$），走的光程比中心的短，所以超前于相矢量 R。仍对图 10.10a 中的点 2，有 $\beta = \pi/2$，$\delta_1 = 180°$。图 10.10c 开始时只取 $N = 7$，而图 10.10d 继续取 N 趋于一个未标明的很大的奇数。

在图 10.10c 中，以中心水平的相矢量 R 为参考，从狭缝中心之下射出的 $(N-1)/2$ 个子波的相矢量，每一个都比上一个滞后，都要顺时针转 $\delta_1/(N-1) = 180°/(N-1)$。类似地，狭缝上面的 $(N-1)/2$ 个小波的相矢量，都比上一个超前，每一个都要逆时针转 $180°/(N-1)$。其结果是净相移 π；相矢量从光阑边缘向下（尾巴为圆圈）和向上（箭头为中空三角形）。如果 $N = 5, 7, 9, \cdots$，每个相矢量相应要转动 $45°$、$30°$、$22.5°$，等等。对任何奇数 N，合相矢量的振幅为 $E_0(\theta_2)$，

从左边的第一个尾巴（小圆圈）到右边最后的顶尖（空心箭头）；它平行于参考相矢量，因此为正。此外，它的值 $E_0(\theta_2)<E_0(0)$，因为圆上相矢量的总长度是 $E_0(0)$。

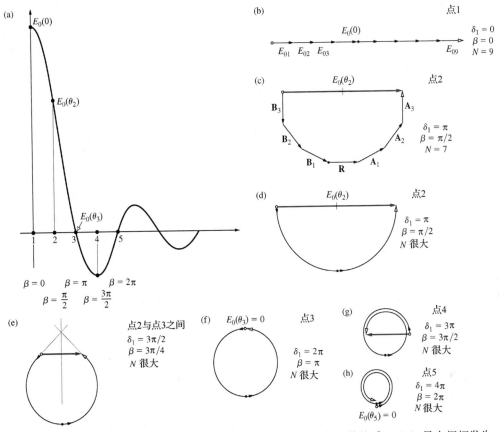

图 10.10 单缝夫琅禾费衍射的电场。（a）电场振幅与位置的函数关系；（b）最大振幅发生在 $\beta=0$；（c）$N=7$ 时的合振幅。$\mathbf{B}_1$ 比 $\mathbf{R}$ 落后 $30°$，所以顺时针转 $30°$。类似地，$\mathbf{B}_2$ 落后于 $\mathbf{B}_1$，$\mathbf{B}_3$ 落后于 $\mathbf{B}_2$；$\mathbf{B}_3$ 是狭缝底产生的。同样，$\mathbf{A}_1$ 超前 $\mathbf{R}$，$\mathbf{A}_2$ 超前 $\mathbf{A}_1$，$\mathbf{A}_3$ 超前 $\mathbf{A}_2$，都是超前 $30°$。$\mathbf{A}_3$ 是由狭缝顶产生的；（d）这里 $\delta_1=\pi$，$E_0(\theta_2)$ 为正；（e）当 $\delta_1=2\pi$，振幅为零；（f）在点 4，$E_0(\theta_4)$ 为负；（g）当 $\delta_1=4\pi$，$E_0(\theta_5)=0$

从对称性考虑，合相矢量永远是水平的，不论是正是负。换句话说，从狭缝顶来的子波的相矢量比从缝底来的子波的相矢量移动了 $2\beta=\pi$。因为在点 2 的 $\delta_1=\pi$，相矢量落在半圆上面，半圆的圆心是合相矢量的中点。中心到第一个尾巴的半径和中心到最后一个顶尖的半径，两个半径张的角度等于 $\delta_1=180°$。

现在假定 N 非常大，在任何一个给定的 θ 值上，单个相移很小，单个相矢量也很小。N 再大，头尾相接的相矢量就弯成一条连续曲线，叫做**振动曲线**（图 10.10d）。为了能更好地看到它如何随 θ 变化，我们把振动曲线的起点用空心圆圈标志，末端用空心箭头标志。弧的长度等于图 10.10b 中相矢量的长度 $E_0(0)$。

每一个 θ 值都有一条特殊形状的振动曲线。θ 增大时孔径两端子波的光程差增加，单个相矢量之间的相对相位增大，远离中轴的点的振动曲线的螺旋盘得更紧（圆弧的半径减小）。这意味着 P 点从中轴位置移开时最大的可能合振幅变得更小。对于图 10.10a 中点 2 和点 3 之间的 β 值，图 10.10d 的振动曲线的半圆弧现在向上弯得更多一些，半径减小时更靠近一点，因为弧的长度保持不变，如图 10.10e 所示。到第一个尾巴和最后一顶尖的两条半径所张的角度大于 180°。合相矢量仍然从左到右，是正的，但是振幅减小了。

在图 10.10a 的点 3，$\delta_1 = 2\beta = 2\pi$，即一个波长，这就是图 10.9b 中画的子波互相抵消的情况。由无穷小相矢量组成的圆弧（图 10.10e）从左边出来之后绕弯画了一个圆，又回到顶点，合相矢量等于零，即点 3 的电场振幅等于零。振动曲线的弧的中心就是圆心，见图 10.10f。画向相矢量的第一个尾巴和最后一个顶尖的两条半径现在重合，张的角度为 $\delta_1 = 360°$。圆顶上那个无穷小相矢量可以想象为指向左边，因为 θ 再增大合相矢量将是负的。

对图 10.10a 中的点 4，$\delta_1 = 2\beta = 3\pi$，半径又缩小了些，振动曲线绕过 3π（图 10.10g）。从无穷小参考相矢量（尾上的黑点）起测量，保持和曲线相切，第一个相矢量（用小空心圈标志）顺时针转 $3\pi/2$ 后指向上方。最后一个相矢量（用空心箭头标志）的顶尖逆时针转了 $\pi/2$ 后指向下方。合振幅很小，合相矢量指向参考相矢量的反方的。**电场是负的。**

图 10.10a 中的点 5，$2\beta = 4\pi$，第一个相矢量（从参考相矢量出发）顺时针转动 360°（图 10.10h），最后一个相矢量从开始的参考相矢量出发逆时针转 360°。这两个相矢量相遇，方向都指向右方，合电场振幅又为零。因为最后一个无穷小相矢量（空白箭头）指向右方，所以 θ 再增大时电场又是正的。以同样的方式（图 10.11），合电场振幅为零之后，再增加 θ 使电场变符号。

图 10.12 画出普遍的情况，振幅是 $E_0(\theta) = 2r\sin\beta$，弧长是 $E_0(0) = 2r\beta$。归一化的电场振幅为

$$\frac{E_0(\theta)}{E_0(0)} = \frac{\sin\beta}{\beta}$$

它的平方给出辐照度的式子（10.17）式。sinc 函数在 $\beta = \pm\pi, \pm 2\pi, \pm 3\pi, \cdots$ 时等于零。不像电场振幅可以取负值，辐照度是每单位面积每单位时间的能量，永远不能取负值。虽然电场振幅在理论上很重要，实际上我们测量的是辐照度，所以我们特别注意它。

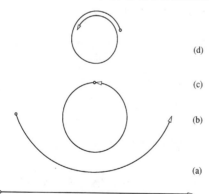

(d)

(c)

(b)

(a)

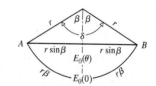

图 10.11　单缝相矢量相加的总结。当 P 从中心轴向外移时 θ 增加，从狭缝到 P 的距离增加，每个子波到达 P 时振幅减小，导致螺旋线向内卷。从（a）到（d）的曲线总长度不变。合相矢量（从空心圆圈到空心箭头）改变长度和符号，并且螺旋向内卷的

图 10.12　合振幅（从 A 到 B）为 $E_0(\theta) = 2r\sin\beta$，对应的弧长为 $E_0(0) = 2r\beta$

在这里应当作一点说明，提醒读者当心：惠更斯-菲涅耳原理的弱点是，它没有对在各个次级子波的表面上振幅随角度的变化给予恰当的考虑。当我们在菲涅耳衍射中考虑倾斜因子时，我们将再回到这个问题上来，在菲涅耳衍射中，这种效应是重要的。在夫琅禾费衍射中，从孔到观察平面的距离是如此之大，因此我们不必考虑这一效应，只要 θ 始终很小。

单缝辐照度

图 10.13 是（10.17）式表示的归一化的通量密度曲线，注意曲线上的某一点，例如 $\beta = 3.4707\pi$ 处的第三个辅峰；由于 $\beta = (\pi b/\lambda)\sin\theta$，如果增大缝宽 b 而又要保持 β 不变，就需要减小 θ。在这些条件下，整个图样将会向主极大缩拢。如果 λ 减小也会这样。

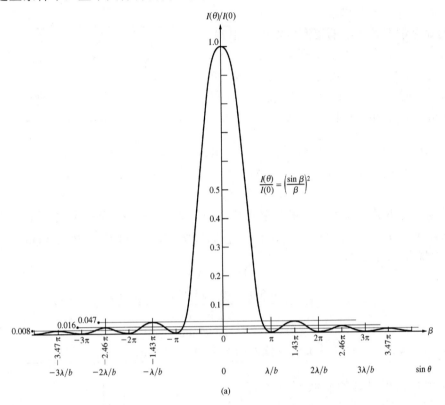

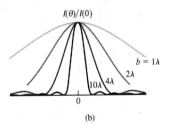

图 10.13 单缝的夫琅禾费衍射图样。（a）辐照度分布；（b）狭缝宽度 $b = \lambda, 2\lambda, 4\lambda, 10\lambda$ 的归一化辐照度

通常，条纹图样的宽度，因而中心极大的宽度，反比于狭缝的宽度。中心极大的宽度是从中心轴一边辐照度第一个为零（$m = +1$）处到另一边辐照度第一个为零（$m = -1$）处的距离。因为 $b\sin\theta_m = m\lambda$，并且通常角度都很小，$\sin\theta_m \approx \theta_m$，所以中央极大的**角宽度（$\Delta\theta$）**为（单位为弧度）

$$\Delta\theta = 2\theta_1 \approx 2\lambda/b$$

中心峰处（$\theta = 0$）归一化的辐照度 $I(\theta)/I(0)$ 由 $\beta = 0$ 时的 $(\sin\beta)/\beta$ 决定。记住 β 的单位是弧度，β 小的时候，$\sin\beta \approx \beta$，所以 $(\sin\beta)/\beta$ 趋于 1。下一个极大是个小峰，根据图 10.8，它位于 $\beta = 1.4304\pi$ 处。它的相对辐照度为

$$[(\sin\beta)/\beta]^2 = [(\sin 1.4304\pi)/1.4304\pi]^2 = 0.04719$$

这个峰值只有中心极大的 4.72%。表 10.1 列出了相继几个极大和极小的 β 值和对应的归一化辐照度。中心**主极大**的宽度是其他高阶条纹的两倍，它包含了到达观察屏的 80%以上的光。

当狭缝的宽度 b 比波长小，出射光在垂直于狭缝方向显著散开，中心的辐照度峰变得很宽。图 10.13b 是 b 从 λ 变到 2λ、变到 4λ、变到 10λ 时的归一化辐照度。每条曲线的极大值都设为 1.0。当然，减小 b 时峰变宽，能量分布在更宽的范围，由于能量守恒，$I(0)$ 应当减小。

表 10.1　单缝的夫琅禾费衍射

β	$\pm$归一化振幅	归一化辐照度	极大还是极小
0	1	1	极大
π	0	0	极小
1.4303π	-0.217	0.047	极大
2π	0	0	极小
2.4590π	0.128	0.016	极大
3π	0	0	极小
3.4707π	-0.091	0.008	极大
4π	0	0	极小

例题 10.1　考虑图 10.3 的装置。焦距 65.0 cm 的大透镜 L_2 紧挨着孔径屏上的狭缝（0.250 mm）。用镁的 518.36 nm 绿光照明。求观察屏 σ 上中心极大的宽度。

解

狭缝宽度为 b 的第 m 个极小的衍射角度 θ_m 为 $b\sin\theta_m = m\lambda$。第一个极小在观察屏上离中心极大的距离为 Y_1，$Y_1 = f\tan\theta_1$，f 为透镜 L_2 的焦距。因为 θ_1 很小，$\tan\theta_1 \approx \sin\theta_1$。所以 $Y_1 \approx f\lambda/b$。中心极大的宽度为 $2Y_1$

$$2Y_1 \approx 2f\lambda/b$$
$$2Y_1 \approx \frac{2(65.0 \times 10^{-2})(518.36 \times 10^{-9})}{0.25 \times 10^{-3}}$$
$$2Y_1 \approx 2.695 \text{ mm}$$

精确到 3 位有效数字，观察屏上中心极大的宽度为 2.70 mm。

传播到孔径屏以远的光波相当复杂，它在空间中不同的方向（沿不同的 θ 值）有不同的振幅。图 10.14 画出由图 10.3 装置（狭缝宽度为 b，透镜 L_2 焦距为 f）得到的归一化电场振幅和归一化的辐照度。要记住，负的电场振幅代表在那一点的电场和中心极大点处的电场相差 180°。

前面我们学过杨氏实验，在实验中用一个小孔（图 9.10）或一条狭缝（图 9.11）来限制直接照射孔径的光。我们是用最初的小孔衍射图样的中心极大来照明第二个屏上的两个孔径（两个针孔或者两条狭缝）。所以，如果第一

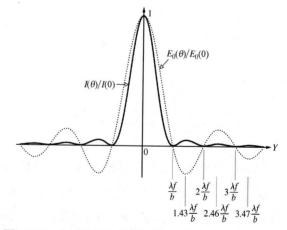

图 10.14　实线是归一化的辐照度。虚线是归一化的电场振幅。所用的透镜焦距为 f，狭缝宽度为 b。距离 Y 是到观察屏上中心极大（$Y = 0$）的距离

个屏的狭缝很窄，对应于夫琅禾费衍射图样的宽的主极大就会笼罩孔径屏上的两条狭缝。在第 12 章学习范西特-泽尼克定理（van Cittert-Zernike theorem）时会看到，即使是宽带宽的光源，主极大内的光仍有很高的空间相干度。

如果光源发射白光，那么随着 θ 的增大，高阶极大就会显示出向红色过渡的颜色序列，

各个不同颜色的光分量有自己的极小和辅极大，其角位置由其波长决定（习题 10.6）。确实，只有在 $\theta=0$ 附近的区域，所有各种成分的颜色才会重叠在一起得出白光。

如果把衍射屏 Σ 去掉，图 10.6 中的点光源 S 将成像在图样的中央位置上。在这种照明下，有狭缝时所生成的图样是在屏 σ 的 yz 平面上的一系列短划，很像 S 的一个散开的像（图 10.6b）。把 S 换成一个非相干的线光源，它平行于狭缝，位于准直透镜 L_1 的焦面上，将会把图样展宽成一组光带。线光源上任意一点都产生一组独立的衍射图样，每个独立的图样都相对于其他的图样在 y 方向平移。没有衍射屏，线光源的像是平行于原来狭缝的一条直线。有衍射屏，这条直线会扩展开，如同点源 S 的像那样（图 10.15）。记住，正是因为狭缝很窄这种扩展。

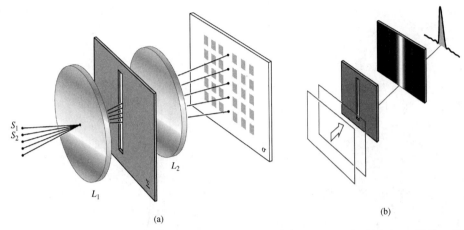

图 10.15 （a）用线光源产生的单缝图样；（b）用平面波照射单缝。参看图 10.18 的第一幅照片

单缝图样不用特殊设备就容易观察到。任何光源都可以（例如，晚间远处的一盏路灯，一盏小白炽灯，穿过窗帘上的小孔的一缕阳光），几乎像是一个点光源和线光源的任何东西都行，也许对我们的目的，最好的光源是一种普通的明亮的直丝指示灯泡（灯丝是直立的，长约 7.8 cm）。你可以随意做出各种各样的单缝装置，例如梳子或者叉子，把它转过一个角度以减小齿间的投影间距，或者在显微镜玻片上的一层墨渍上划一条刻痕等，一把便宜的游标卡尺可以做一个非常好的缝宽可变的狭缝。把游标卡尺拿近你的眼睛，使狭缝宽度为千分之几英寸并平行于灯丝。把眼睛聚焦在狭缝以外无穷远处，使眼球起 L_2 的作用。

10.2.2 双缝

乍看图 10.7，也许会以为主极大的位置总是和衍射孔径的中心在一条直线上；但是一般来说并不然。不论狭缝的位置在哪里，只要它的方向不变并且所作的近似成立，衍射图样实际上都是以透镜轴为中心，并且有完全相同的形状和位置（图 10.16）。平行于透镜轴的一切光线都会聚到 L_2 的第二焦点上，于是它就是 S

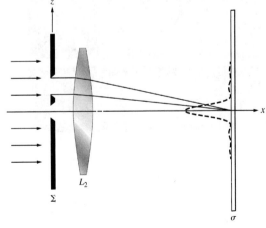

图 10.16 双缝装置

的像和衍射图样的中心。假设现在有两个长狭缝，缝宽为 b，从中心到中心的距离为 a

（图 10.17）。每个狭缝自身在观察屏 σ 上将产生相同的单缝衍射图样。来自两条狭缝的贡献在 σ 上的任何一点重叠在一起时，虽然每个贡献的振幅必须基本上相等，但它们的相位可以相差很大。由于每个狭缝上的次级波源是同一初波激发的，结果产生的子波将是相干的，因而必定会发生干涉。如果初平面波以某个角度 θ_i 入射到 Σ 上（参看习题 10.2），那么次级光源之间将有一个恒定的相对相差。在垂直入射时，一切子波都以同一相位被发射。在一特定的观察点上的干涉条纹，由来自两条狭缝的相重叠的子波走过的光程差确定。我们将看到，所得到的通量密度分布（图 10.18）是由单缝衍射图样调制的快速变化的双缝干涉系统的结果。

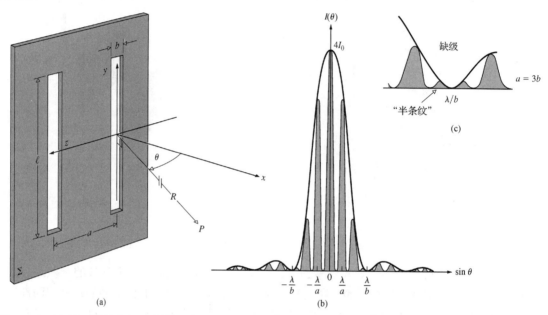

图 10.17　（a）双缝的几何示意图。σ 上的点 P 在无穷远处；（b）双缝图样（$a = 3b$）；（c）缺阶的细图

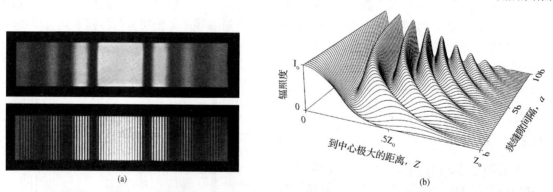

图 10.18　单缝和双缝夫琅禾费衍射图样。（a）单色光的照片；（b）最前面的曲线是狭缝的间隔为 b，即两条狭缝变成宽度为 $2b$ 的单缝时的情况。最远的曲线对应于两条狭缝的间隔 $a = 10b$。注意，所有的双缝图样的第一个极小离中心极大距离都是 Z_0。当狭缝宽度 b 比狭缝间隔 a 越来越小时，曲线逐渐与图 10.17b 相匹配

　　为了得到 σ 上一点的光扰动表示式，我们只要稍微改写一下对单缝的分析。把两个孔径的每一个都分成许多微分长条（dz 乘 ℓ），这些长条的行为类似于沿 z 轴排列的无穷多个点光源。于是，在夫琅禾费近似下 [（10.12）式]，对电场的总贡献是

$$E = C\int_{-b/2}^{b/2} F(z)\mathrm{d}z + C\int_{a-b/2}^{a+b/2} F(z)\mathrm{d}z \tag{10.22}$$

其中 $F(z) = \sin[\omega t - k(R - z\sin\theta)]$。常数振幅因子 C 是沿 z 轴单位长度上的次级光源强度（假定它在每个孔上都与 z 无关）除以 R，R 是从原点到 P 的距离，取为常数。我们只关心 σ 上的相对通量密度，因此 C 的实际数值现在对我们意义不大。积分（10.22）式得到

$$E = bC\left(\frac{\sin\beta}{\beta}\right)[\sin(\omega t - kR) + \sin(\omega t - kR + 2\alpha)] \tag{10.23}$$

其中，$\alpha \equiv (ka/2)\sin\theta$，和前面一样 $\beta \equiv (ka/2)\sin\theta$。这正是每一狭缝在 P 点产生的两个形如（10.15）式那样的场之和。第一狭缝到 P 的距离是 R，对相位的贡献为$-kR$。第二狭缝到 P 的距离是 $(R - a\sin\theta)$ 或者 $(R - 2\alpha/k)$，产生的相位项等于第二个正弦函数中的 $(-kR + 2\alpha)$。2β 是从一条狭缝的两边到达 σ 上的一点 P 的两条差不多平行的光线之间的相位差 $(k\Lambda)$。2α 则是从第一狭缝上的任意一点和第二狭缝上的对应点到达 P 点的两个波之间的相位差。进一步化简（10.23）式，变成

$$E = 2bC\left(\frac{\sin\beta}{\beta}\right)\cos\alpha \sin(\omega t - kR + \alpha)$$

上式平方并对比较长的时间间隔求平均，就得到辐照度

$$I(\theta) = 4I_0\left(\frac{\sin^2\beta}{\beta^2}\right)\cos^2\alpha \tag{10.24}$$

在 $\theta = 0$ 方向上，即当 $\beta = \alpha = 0$ 时，I_0 是每条狭缝对通量密度的贡献，而 $I(0) = 4I_0$ 则是总的通量密度。因子 4 来源于以下事实：电场的振幅是当一条狭缝被遮住时那一点上应有的振幅的 2 倍。

如果在（10.24）式中 b 非常之小（$kb \ll 1$），那么$(\sin\beta)/\beta \approx 1$，上式化为一对长的线光源（即杨氏实验）的通量密度表示（9.17）式。另一方面，如果 $a = 0$，这两条狭缝合而为一，则 $\alpha = 0$，（10.24）式变成 $I(0) = 4I_0(\sin^2\beta)/\beta^2$。这个式子等价于单缝衍射的（10.17）式，而光源强度增大了一倍。于是，可以把总的表示式看成是由干涉项 $\cos^2\alpha$ 被衍射项 $(\sin^2\beta)/\beta^2$ 调制而得。

如果缝宽有限但很窄，来自每个狭缝的衍射图样将在一个很宽的中心区域内是均匀的，在这个区域内将出现和理想化的杨氏条纹相似的光带。在

$$\beta = \pm\pi, \pm 2\pi, \pm 3\pi, \cdots$$

的角位置（θ 值）上，衍射效应使得没有光到达 σ，显然没有光可用于发生干涉。在 σ 上

$$\alpha = \pm\pi/2, \pm 3\pi/2, \pm 5\pi/2, \cdots$$

的那些点上，不管从衍射过程可以得到的实际光量是多少，对电场的各种贡献将完全异相而互相抵消。

当我们研究两条理想化狭缝的杨氏实验时，相角差为 $\delta = ka\sin\theta$ 和 $\alpha = \delta/2$。我们看到当 δ 是 π 的奇数倍，两条狭缝来的子波相位完全相反，在观察屏上互相抵消（图 9.15e）。换句话说，这时两个有关的相矢量反平行（方向相反），合成的电场振幅和辐照度都等于零。

双缝夫琅禾费图样的辐照度分布示于图 10.17b 和图 10.19 中。注意，它是图 9.12 和图 10.6 的组合。图 10.7 中的曲线是对 $a = 3b$ 即 $\alpha = 3\beta$ 的特殊情形。你可以对图形的形状得到一个大致的概念，因为若 $a = mb$，其中 m 是任何数，那么在中央衍射峰内将会有 $2m$ 个亮

纹[①]（"分数条纹"也算在内）（习题 10.14）。可能发生这样的情况：一个干涉极大值和一个衍射极小值（零）对应于同 θ 值，这时在该位置上没有光参与干涉过程，这个被抑制的峰叫做缺级。

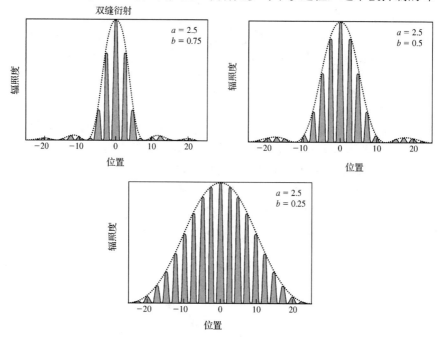

图 10.19 双缝夫琅禾费衍射。保持狭缝间隔 a 不变，狭缝宽度 b 由 0.75 mm 减小到 0.25 mm。当每条狭缝变窄时，虚线代表的单狭缝的包络变宽，包含更多的双缝（余弦平方）条纹，双缝条纹除了高度变化之外，别的保持不变

例题 10.2 两条平行的长狭缝，宽度为 b，间隔 $a = 0.100$ mm。用黄色钠光（$\lambda = 589.6$ nm）的平面波垂直照明。在远处的屏上的条纹图样总共有 9 个窄的极大，其亮度在中心峰的两侧逐渐减弱。求狭缝的近似宽度。

解

单缝衍射的公式 $b\sin\theta_{mD} = m_D\lambda$，下标 D 表示衍射。双缝干涉公式 $a\sin\theta_{mI} = m_I\lambda$，下标 I 表示干涉。有 9 个极大，主峰左右各有 4 个辅峰，所以 $m_I = \pm 4$。衍射主峰的边缘（θ_{1D}）对应于第 4 个干涉峰的边缘（θ_{4I}），所以

$$\sin\theta_{4I} = \sin\theta_{1D}$$

因而

$$\theta_{4I} = \theta_{1D}$$

所以

$$\frac{4\lambda}{a} = \frac{1\lambda}{b}$$

$$4b = a$$

$$b = \frac{0.100}{4}\ \text{mm}$$

所以 $b = 0.025$ mm。

---

① m 不必是整数，要是 m 是整数，就有图 10.17c 所示的"半条纹"。

双缝图样也很容易观察，看到的图样相对于你的努力非常值得。一个带有直灯丝的管状灯泡仍是最好的线光源。至于狭缝，可以把墨汁涂在显微镜玻片上，如果你手头有的话，用泡在酒精中的石墨胶质悬浮液更好（它更不透明）。用剃须刀片在干了的墨渍上划一对狭缝，然后站在离光源大约 10 英尺的地方，使狭缝平行于灯丝并拿近你的眼睛，眼睛聚焦在无穷远处，就当作所需的透镜。插入红色或蓝色的玻璃纸，观察条纹宽度的变化。用显微镜玻片盖住一条狭缝，然后再盖住两条狭缝时，观察将有什么情况发生。在 z 方向上缓慢移动狭缝；然后再拿住它们不动，在 z 方向移动你的眼睛；验证图样中心的位置的确是由透镜确定，而不是由孔径确定。

10.2.3 多缝衍射

我们现在考虑许多个（N 个）平行的长狭缝的衍射。在进行正式的数学分析之前，先用相矢量的知识来预期一些结果。图 10.20a 为三条狭缝的截面，每条狭缝宽度为 b，狭缝间隔为 a，被单色平面波垂直照射。远处观察屏上的电场振幅画在图 10.20b 中。这是观察点从中心轴垂直于狭缝扫过衍射图样得到的电场振幅。我们用旁边的相矢量图来导出这张图。在所有的情况下水平轴都是参考轴。对于三狭缝，相继狭缝来的小波的相差仍为 $\delta_3 = (2\pi/\lambda)a\sin\theta$。从孔径屏中心出发的子波的光程作为参考光程，它的相矢量（标号为 2，尾巴上带小黑点）水平向右，静止不动，取正值。另外两个相矢量（标号 1 和 3）各向顺时针和逆时针方向转 δ_3。

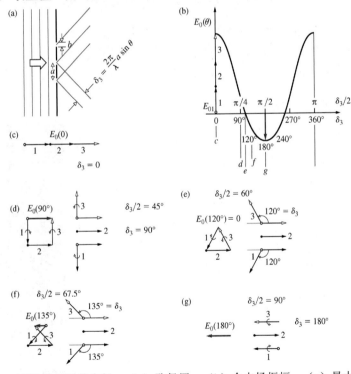

图 10.20 三狭缝衍射的电场。（a）孔径屏；（b）合电场振幅；（c）最大的电场振幅；（d）当 $\delta_3 = 90°$ 时合电场是正的；（e）当 $\delta_3 = 120°$ 时合电场振幅为零；（f）当 $\delta_3 = 135°$ 时合电场振幅为负；（g）当 $\delta_3 = 180°$ 时合电场振幅为 E_{01}

在图 10.20c 中，这时对应于中心轴上的一点（$\theta = 0$），相矢量排成一条直线，合振幅（$3E_{01}$）为最大值并为正。在图 10.20d 中，θ 增大，取相继相两个矢量的相差为 $\delta_3 = 90°$。来自中间狭缝的参考相矢量 2（尾巴上仍有一黑点）保持在水平方向，相对于它，相矢量 1 顺时针转 90°，相矢量 3 逆时针转 90°。三个相矢量首尾相接，合电场振幅为 1 E_{01}，正方向。

在图 10.20e 中，相对于参考相矢量 2 的相差 $\delta_3 = 120°$，相矢量 1 顺时针转，相矢量 3 逆时针转。三个相矢量形成等边三角形，合振幅为零。在图 10.20f 中，相对于参考相矢量 2 的相差 $\delta_3 = 135°$，合振幅小且为负值。在图 10.20g 中，$\delta_3 = 180°$，相矢量 1 和 3 顺时针和逆时针各转 180°，都和参考相矢量方向相反，抵消后合振幅为 $-1.0 E_{01}$；这就是小的负的**辅峰**，图 10.20b 中的曲线相对于这一点对称。电场振幅的平方得到辐照度的分布，在 0° 和 360° 的主峰正比于 $9E_{01}^2$，在 180° 的辅峰为 $1^2 E_{01}^2$。

一般而言，主极大发生在相继的两个子波的相移为 $m2\pi$ 时，m 是整数，包括 0。随着 θ 增大，相矢量总是要形成 N 边多角形（上例中是三角形）。振幅的零点发生在相差等于 $m'2\pi/N$ 处，其中 m' 为整数；在上例中，$m'=1$，$N=3$，所以 $\delta_3 = 2\pi/3 = 120°$ 时，有振幅的第一个零值。当 $\delta_N = \pi$，相矢量排成一条直线。N 是偶数时，合振幅等于零，N 是奇数时，合振幅等于 $\pm E_{01}$。在三狭缝的图样中，第二个零发生在 $m'=2$ 和 $\delta_3 = m'2\pi/N = 4\pi/3$，即图 10.20b 的 $\delta_3/2 = 120°$ 的地方。电场振幅的平方给出辐照度分布。

图 10.21 中是 $N=2$、3、4、5、6 的归一化辐照度。暂且将狭缝的宽度理想化为无穷小，因此忽略单缝衍射。在所有的情况中，狭缝间隔都是 a。狭缝数目是奇数时，有一条参考的中心狭缝；狭缝数是偶数时，没有中心狭缝。图 10.21 是相对辐照度随 $\frac{1}{2}\delta_N$ 变化的曲线。三狭缝图样中的主极大的位置和二狭缝图样中主极大的位置相同。三狭缝的相矢量数目比二狭缝多，所以比二狭缝更快到达第一个零点。狭缝越多，子波就有越多的方法使相位相变得不同。N 增加使辐照度主极大变窄变高，只有少量能量分配到（$N-2$）个辅极大中。实际的衍射图样见图 10.22。

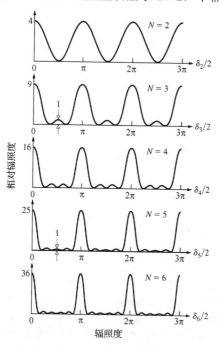

图 10.21　忽略单缝衍射的多缝辐照度图样。$\delta_N/2 = \dfrac{\pi}{\lambda} a\sin\theta$，$N$ 是平行的长狭缝的数目。注意主极大正比于 N^2

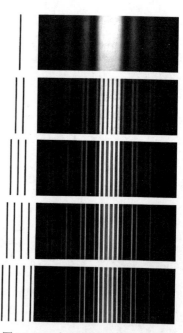

图 10.22　左方的狭缝的衍射图样

图 10.23 是四缝系统，图 10.23a 仍是各个 θ 值的电场振幅。情况总是，在中心轴（$\theta = 0$）上，4 个子波同相 $[\delta_4 = (2\pi/\lambda)a\sin\theta = 0]$。振幅为 E_{01} 的 4 个相矢量（标号为 1，2，3，4）在一条直线上，合振幅 $4E_{01}$ 为正的极大（图 10.23b）。这就是参考方向，尽管没有中央狭缝，因而没有特殊的参考相矢量。

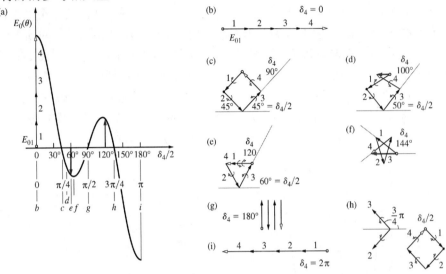

图10.23　四缝衍射的电场。（a）电场振幅；（b）相矢量排成一直线，振幅为正且为极大；（c）当 $\delta_4 = 90°$，合相矢量为零；（d）θ 增加到 $\delta_4 > 90°$，振幅为负；（e）$\delta_4 = 120°$，振幅为 $-E_{01}$；（f）$\delta_4 = 144°$，振幅还是 $-E_{01}$；（g）$\delta_4 = 180°$，4 个相矢量互相抵消；（h）$\delta_4/2 = 3\pi/4$，相矢量形成正方形，合成为零；（i）$\delta_4 = 2\pi$，相矢量排成直线，振幅等于 $-4E_{01}$

在图 10.23c 中，相继二相矢量的相差 θ 的值使 $\delta_4 = 90°$。因为 N 是偶数，没有中心子波。相矢量 2 和相矢量 3 相对于参考方向转了 $\delta_4/2 = 45°$，相矢量 2 从水平方向顺时针转动，相矢量 3 逆时针转动。4 个相矢量彼此相对转 $90°$，生成一个正方形，产生第一个零振幅（图 10.23c）。这个情况画在图 10.23a 的横坐标 $\delta_4/2 = \pi/4 = 45°$ 这一点上。这个结果验证了我们前面说的，当 $\delta_4 = m'2\pi/N = 2\pi/4$ 时出现第一个零点。

注意，三缝系统的第一个零点在 $\delta_3/2 = 120°$ 时出现；现在的主极大比以前更窄。δ_4 刚刚超过 $90°$，带小圈的相矢量 1 的尾巴就从右边越过带白箭头的相矢量 4，合相矢量很小，水平方向且为负值（图 10.23d）。θ 再增大（图 10.23e），顺时针转的相矢量 1 和逆时针转的相矢量 4 转得更低，合相矢量在水平方向负得更多。直到相矢量 1 和相矢量 4 重合，合相矢量（从圆圈到空白箭头）为 $-E_{01}$。

继续增大 θ 因而增大 δ_4。相矢量构成一个不完整的星形（图 10.23f），合成振幅为 $-E_{01}$。当 θ 增大使 $\delta_4 = 180°$ 时，4 个相矢量交替反平行互相抵消（图 10.23g），产生第二个极小。换句话说，$m' = 2$ 和 $\delta_4 = m'2\pi/N = \pi$。

因为没有中心狭缝，$\delta_4 = 3\pi/2$ 时。中间两个相矢量 2 和 3，前一个从参考轴顺时针转 $3\pi/4$，后一个逆时针转 $3\pi/4$。图 10.23h 中 4 个相矢量依次转 $3\pi/2$。结果是一个封闭的正方形，电场振幅为零。接下来，δ_4 再增大，相矢量的尾巴（小圆圈）向右移，相矢量 4 的顶尖（空白箭头）向左移动。在 $\delta_4 = 3\pi/2$ 后合振幅是水平方向且为负值。增加到 $\delta_4 = 2\pi$ 时等于 $-4E_{01}$；图 10.23a 表明这是 $\delta/2 = 3\pi/4$ 之后的负峰值。把这条曲线平方就得到图 10.21 的辐照度分布，它对应于图 10.22 的四缝条纹图样。

图 10.24a 是五缝的电场振幅分布。$m = 0$ 的主极大为 $5\,E_{01}$。紧接着的第一个零点在 $m' = 1$ 的 $\delta_5 = m'2\pi/N$，即 $\delta_5 = 2\pi/5$。相矢量自己围成一个正五边形，以水平指向右的参考相矢量 3 为底边（图 10.24b）。接着，相矢量 1（带空白圆圈）的尾巴顺时针运动，相矢量 5 的顶尖（空白箭头）逆时针运动。它们互相穿越，电场振幅变负（图 10.24c）。相矢量 1 和 5 接着穿过相矢量 3，最后在其下面头尾相接。这个值为 $\delta_5 = 4\pi/5$，对应于 $m' = 2$ 的第二个零点，相矢量围成一个五角星（图 10.24d），参考相矢量仍旧水平向右。增加 δ_5 使相矢量 5 的顶尖逆时针转到相矢量 1 尾巴的右边，合振幅为正，逐渐增大。在 $\delta_5/2 = \pi/2$ 时，得到在图 10.24a 当中的正辅极大。此时为图 10.24e，相矢量 4 从参考相矢量逆时针转 180° 指向左，而相矢量 5 从相矢量 4 逆时针转 180° 指向右。类似地，相矢量 2 从参考相矢量 3 顺时针转 180° 指向左，相矢量 1 从相矢量 2 顺时针转 180° 指向右。所以两个相矢量向左，三个向右。其中的 4 个互相抵消（图 10.24e）。合振幅为 $+1E_{01}$。整个电场振幅的分布围绕 $\pi/2$ 对称。

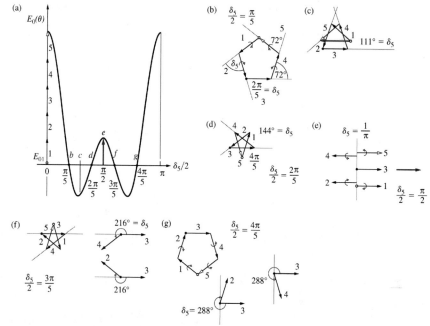

图 10.24 五缝衍射的电场。（a）电场振幅；（b）当 $\delta_5/2 = \pi/5$，$E_0(\theta) = 0$；（c）当 δ_5 在 $\pi/5$ 和 $2\pi/5$ 之间，电场是负的；（d）当 $\delta_5/2 = 2\pi/5$，$E_0(\theta) = 0$；（e）当 $\delta_5/2 = \pi$，$E_0(\theta) = E_{01}$；（f）当 $\delta_5/2 = 3\pi/5$，$E_0(\theta) = 0$；（g）当 $\delta_5/2 = 4\pi/5$，$E_0(\theta) = 0$

回想图 10.12，它让我们找到宽度为 b 的单缝衍射电场的表示式。用相似的方法，我们画出 N 条平行狭缝产生的夫琅禾费衍射的电场振幅的图 10.25。每个相矢量都是顶角为 $2\alpha = \delta_N$ 的等腰三角形的底边，其中 $\alpha = (\pi a \sin\theta)/\lambda$。现在暂且还是认为每条狭缝都是无限窄。图中表明每个相矢量的长度（即电场振幅）为

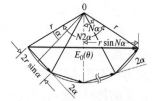

图 10.25 N 条平行狭缝产生的夫琅禾费衍射的振幅 $E_0(\theta)$

$$2r \sin\alpha = E_{01}$$

合相矢量幅度（从带空白小圆圈的尾巴到空白箭头的顶尖）为

$$2r \sin N\alpha = E_0(\theta)$$

两个等式相除得

$$E_0(\theta) = E_{01} \frac{\sin N\alpha}{\sin \alpha} \qquad (10.25)$$

这就是对应于图 10.20b、图 10.23a 和图 10.24a 中理想化曲线（忽略单缝衍射）的电场振幅的表示式。

注意，当 θ 趋于零时 α 趋于零，比值趋于 $N\alpha/\alpha$ 或干脆就是 N。更普遍地，当 α 等于 π 的整数倍时，分子和分母都是零，$E_0(\theta)= E_{01} = 0/0$，我们必须用洛必达法则，对（10.25）式右端的分子分母都求微商。当 α 趋于 π 的整数倍时，这个比值为 $\pm N$，因此主极大 $E_0 = \pm NE_{01}$，正是我们在图 10.20b、图 10.23a 和图 10.24a 中看到的。

为了要包括每条狭缝的衍射效应，回想起

$$\frac{E_0(\theta)}{E_0(0)} = \frac{\sin \beta}{\beta}$$

其中单缝产生的单个相矢量的幅度为 $E_0(0)= E_{01}$。因此

$$E_0(\theta) = E_{01} \frac{\sin \beta}{\beta} \frac{\sin N\alpha}{\sin \alpha} \qquad (10.26)$$

除了一个常数，这个量的平方就是辐照度。

几个狭缝的辐照度

得到被多条狭缝衍射的单色波的辐照度函数的步骤，和考虑双缝时基本相同。这里积分限必须再次作适当改变。考虑 N 条平行的长狭缝的情形，每条缝的宽为 b，中心到中心的间距为 a，如图 10.26 所示。再一次令坐标系原点在第一条狭缝的中心，屏 σ 上一点总的光扰动由下式给出：

$$\begin{aligned} E = &C\int_{-b/2}^{b/2} F(z)\,\mathrm{d}z + C\int_{a-b/2}^{a+b/2} F(z)\,\mathrm{d}z \\ &+ C\int_{2a-b/2}^{2a+b/2} F(z)\,\mathrm{d}z + \cdots \\ &+ C\int_{(N-1)a-b/2}^{(N-1)a+b/2} F(z)\,\mathrm{d}z \end{aligned} \qquad (10.27)$$

和前面一样，$F(z) = \sin[\omega t - k(R - z\sin\theta)]$。这适用于夫琅禾费条件，因此，孔径构形必须使所有狭缝都靠近原点，并且（10.11）式的近似

$$r = R - z\sin\theta \qquad (10.28)$$

适用于整个阵列。来自第 j 条狭缝（第一条狭缝的编号为零）的贡献只需计算（10.27）式中的一个积分

$$\begin{aligned} E_j = \frac{C}{k\sin\theta} [&\sin(\omega t - kR)\sin(kz\sin\theta) \\ &- \cos(\omega t - kR)\cos(kz\sin\theta)]_{ja-b/2}^{ja+b/2} \end{aligned}$$

而得到，只要我们要求 $\theta_j \approx \theta$。经过一些运算之后，上式变成

$$E_j = bC\left(\frac{\sin\beta}{\beta}\right)\sin(\omega t - kR + 2\alpha j)$$

式中用到 $\beta = (kb/2)\sin\theta$ 和 $\alpha = (kb/2)\sin\theta$。注意，这个式子等价于线光源的表示式（10.15），或者当然也等价于一个单缝，其中按照（10.28）式和图 10.26，$R_j = R - ja\sin\theta$，因此 $-kR + 2\alpha j = -kR_j$。由（10.27）式给出的总的光扰动简单地是各个狭缝的贡献之和，即

$$E = \sum_{j=0}^{N-1} E_j$$

或

$$E = \sum_{j=0}^{N-1} bC\left(\frac{\sin\beta}{\beta}\right)\sin(\omega t - kR + 2\alpha j)$$

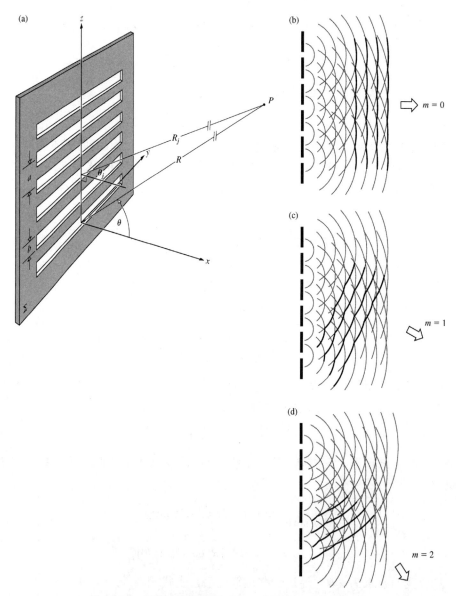

图 10.26 多缝的几何构型。点 P 在距离 Σ 无穷远的 σ 上

这个式子又可以写成一个复指数函数的虚部：

$$E = \text{Im}\left[bC\left(\frac{\sin\beta}{\beta}\right)e^{i(\omega t - kR)}\sum_{j=0}^{N-1}(e^{i2\alpha})^j\right] \tag{10.29}$$

但是在化简（10.2）式的过程中，我们已经计算过这个几何级数。因此（10.29）式化为

$$E = bC\left(\frac{\sin\beta}{\beta}\right)\left(\frac{\sin N\alpha}{\sin\alpha}\right)\sin[\omega t - kR + (N-1)\alpha] \tag{10.30}$$

从阵列中心到 P 点的距离等于 $[R-(N-1)(a/2)\sin\theta]$，因此 P 点的电场 E 的相位相当于从光源的中点射出的一个波的相位。通量密度分布函数是

$$I(\theta) = I_0\left(\frac{\sin\beta}{\beta}\right)^2\left(\frac{\sin N\alpha}{\sin\alpha}\right)^2 \tag{10.31}$$

记住 $\beta = (kb/2)\sin\theta$ 和 $\alpha = (kb/2)\sin\theta$。

注意 I_0 是任何一条狭缝射出的在 $\theta = 0$ 方向的通量密度，$I(0)= N^2 I_0$。换句话说，在正前方向上 P 点的波都同相，它们的场相长相加。每个狭缝自身产生完全相同的通量密度分布，叠加后各项贡献给出一个被单缝衍射包络线调制的多波干涉系统。若每个孔径的宽度缩到零，（10.31）式将变成直线相干振子阵列的通量密度表示（10.6）式。像前面讨论[（10.17）式]中那样，**主极大**发生在（$\sin N\alpha/\sin\alpha$）$= N$ 时，即当

$$\alpha = 0, \pm\pi, \pm2\pi, \cdots$$

时，或等效地，由于 $\alpha = (ka/2)\sin\theta$，得

$$a\sin\theta_m = m\lambda \tag{10.32}$$

其中 $m = 0, \pm1, \pm2, \cdots$，$m$ 称为衍射的级。这个结果是普遍的，它使这些极大的 θ 位置相同，而不论狭缝数目（$N \geqslant 2$ 的数值）是多少。每当 $(\sin N\alpha/\sin\alpha)^2 = 0$ 时，亦即当

$$\alpha = \pm\frac{\pi}{N}, \pm\frac{2\pi}{N}, \pm\frac{3\pi}{N}, \cdots, \pm\frac{(N-1)\pi}{N}, \pm\frac{(N+1)\pi}{N}, \cdots \tag{10.33}$$

时，有极小值即零通量密度。

例题 10.3　想象有 12 条平行狭缝，每条宽为 b 毫米，狭缝之间中心距离为 $5b$。狭缝被平面波照射，在远处的屏上产生夫琅禾费衍射。求一级主极大与零级主极大的辐照度之比。

解

利用（10.31）式，主极大发生在($\sin N\alpha/\sin\alpha$)$= N$。所以

$$I(\theta) = I(0)\left(\frac{\sin\beta}{\beta}\right)^2$$

因为 $a = 5b$

$$\beta = \frac{\pi}{\lambda}b\sin\theta = \frac{\pi}{\lambda}\frac{a}{5}\sin\theta = \frac{\alpha}{5}$$

第一级极大发生在 $\alpha = \pi$；因此 $\beta = \pi/5$。所以对 $m = 1$

$$I(\theta) = I(0)\left(\frac{\sin\beta}{\beta}\right)^2 = I(0)\left(\frac{\sin\pi/5}{\pi/5}\right)^2$$

所以，

$$\frac{I(\theta)}{I(0)} = \left(\frac{\sin \pi/5}{\pi/5}\right)^2 = \left(\frac{0.587\,8}{0.628\,3}\right)^2 = 0.936^2$$

一级主极大是零级主极大的 0.875 倍。

在相继两个主极大之间（即 α 变化 π）存在有（$N-1$）个极小。当然，在每一对极小之间将必定有一个**辅极大**。我们可以认为 $(\sin N\alpha/\sin \alpha)^2$ 项体现了干涉效应，它有一个变化很快的分子和变化很慢的分母。因此，辅极大近似地位于 $\sin N\alpha$ 取最大值的那些点上，即

$$\alpha = \pm \frac{3\pi}{2N}, \pm \frac{5\pi}{2N}, \cdots \tag{10.34}$$

相邻主极大之间的（$N-2$）个辅极大可以在图 10.22 中清楚地看到，这个图应该和图 10.21 仔细比较。把（10.31）式改写成

$$I(\theta) = \frac{I(0)}{N^2}\left(\frac{\sin \beta}{\beta}\right)^2\left(\frac{\sin N\alpha}{\sin \alpha}\right)^2 \tag{10.35}$$

（在上述这些点上 $|\sin N\alpha| = 1$），我们能得到这些辅峰处的通量密度的一些概念。当 N 很大时，α 很小，$\sin^2\alpha \approx \alpha$。在第一辅峰处 $\alpha = 3\pi/2N$，此时

$$I \approx I(0)\left(\frac{\sin \beta}{\beta}\right)^2\left(\frac{2}{3\pi}\right)^2 \tag{10.36}$$

这个通量密度已下降到相邻主极大的通量密度的大约 1/22（参看习题 10.17）。由于在 β 很小时 $(\sin \beta)/\beta$ 变化缓慢，它同 1 不会有很大的差别，很接近零级主极大，因此 $I/I(0) \approx 1/22$。下一个辅峰的这种通量密度比下降到 1/62，并且随着 α 趋向两个主极大中间的值而继续减小。在该对称点上，$\alpha \approx \pi/2$，$\sin \alpha \approx 1$ 通量密度比取极小值，大约 1/N^2。此后 $\alpha > \pi/2$，辅极大的通量密度开始增大。

读者试用管状灯泡和自制的狭缝复现图 10.22。要清楚看到次极大也许会有困难，结果双缝图样和多缝图样之间唯一可看出的差别可能是主极大之间的暗区表观上的加宽。像图 10.22 中那样，当 N 增加时，暗区将变得比亮带宽，辅峰逐渐消隐。如果认为每个主极大的宽度是由两旁的两个零点限定的，那么每个主极大的角宽度 θ（$\sin \theta \approx \theta$）约为 $2\lambda/Na$。当 N 增加时，主极大保持它们的相对间隔（λ/a），然而宽度变得越来越窄。图 10.27 示出 6 条狭缝的情形，这时 $a = 4b$。

（10.35）式中的多缝干涉项之形式为 $(\sin^2 N\alpha)/N^2\sin^2\alpha$；于是对大的 N 值，$(N^2\sin^2\alpha)^{-1}$ 可以看成一条包络线，在它之下 $\sin^2 N\alpha$ 迅速变化。注意，在 α 很小时，这一干涉项很像 $\text{sinc}^2 N\alpha$（图 10.28）。

例题 10.4 一个不透光的屏上有 7 条靠得很近的平行狭缝。用单色光照射，在远处的屏上出现夫琅禾费图样。（a）在零阶和一阶主极大之间有多少个辅辐照度峰？（b）假定每条狭缝都是无穷窄的，比较最小的辐照度辅极大和辐照度主极大。

解

（a）相继两个主极大之间有（$N-2$）个辅极大。此外有（$7-2$）= 5 个小峰处在 $m = 0$ 和 $m = 1$ 的主极大中间。（b）当 N 是大于 2 的奇数时，总有一个辐照度的辅极大落在两个主峰之间。这时 7 个相矢量中的 6 个相互反平行，互相抵消，合电场振幅为 $1E_{01}$。这就是最小的辅极大。在主极大时 7 个相矢量排成一条直线，合振幅为 $7E_{01}$。所以对应的辐照度之比为 $1^2/7^2 = 1/49$。

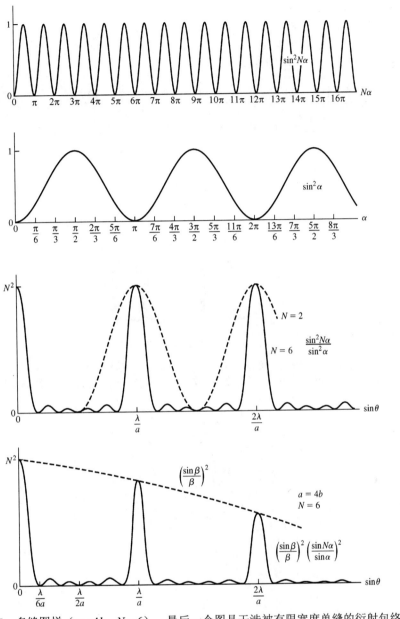

图 10.27　多缝图样（$a = 4b$，$N = 6$）。最后一个图是干涉被有限宽度单缝的衍射包络调制

10.2.4　矩形孔

　　考虑图 10.29 中的情形，一个在 x 方向上传播的单色平面波投射到不透明的衍射屏Σ上。我们想要求出在空间或等效地在某一任意的遥远的 P 点产生的（远场）通量密度分布。按照惠更斯-菲涅耳原理，可以把孔内的一个微分面元 dS 想象成覆盖着相干的次级点光源，但是 dS 的尺寸比λ小得多，所以它们在 P 点的全部贡献保持同相，因而发生相长干涉。不管θ值多大都是如此。亦即 dS 发射一个球面波（习题 10.22）。如果 ε_A 是单位面积的源强，假定它在整个孔上是常数，那么 dS 在 P 点产生的光扰动是下式

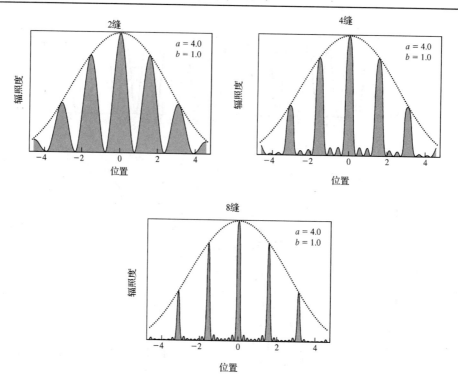

图 10.28　多缝衍射，每条缝的宽度都不是无穷小。开的狭缝越多，峰越窄。注意，主极大的位置
　　　　是固定的。还有，相邻两个主极大之间有（$N-2$）个辅极大（N 是狭缝数目，大于 1）

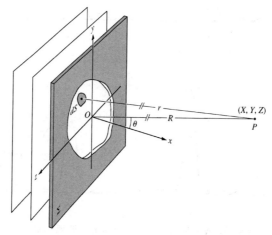

图 10.29　来自一个任意孔径的夫琅禾费衍射，这里 r 和 R 比孔的大小要大得多

$$dE = \left(\frac{\varepsilon_A}{r} \right) e^{i(\omega t - kr)} \, dS \tag{10.37}$$

的实部或者虚部。到底是实部还是虚部随你选，全看你是喜欢用正弦函数还是余弦函数而定。
它们除了差一个相移外没有别的差别。从 dS 到 P 的距离是

$$r = [X^2 + (Y - y)^2 + (Z - z)^2]^{1/2} \tag{10.38}$$

我们已经知道，这个距离趋向无穷大时，就是夫琅禾费条件。和前面一样，只要孔比较小，
在振幅项中把距离 r 换成距离 $\overline{OP}$ （也就是 R），就够了。但是，对相位中 r 的近似则需要更
小心处理；因为 $k = 2\pi / \lambda$ 是一个很大的数。为此我们把（10.38）式展开，利用

$$R = [X^2 + Y^2 + Z^2]^{1/2} \quad (10.39)$$

得到

$$r = R[1 + (y^2 + z^2)/R^2 - 2(Yy + Zz)/R^2]^{1/2} \quad (10.40)$$

在远场情形下，R 比孔的线度大得多，$(y^2 + z^2)/R^2$ 项肯定可以忽略。由于 P 点离Σ很远，即使 Y 和 Z 相当大，θ仍可保持很小，这就不必对辐射体的方向性（倾斜因子）作任何考虑。于是

$$r = R[1 - 2(Yy + Zz)/R^2]^{1/2}$$

在二项式展开中只保留前两项，我们便得到

$$r = R[1 - (Yy + Zz)/R^2]$$

到达 P 点的总扰动是

$$\tilde{E} = \frac{\mathcal{E}_A e^{i(\omega t - kR)}}{R} \iint_{\text{Aperture}} e^{ik(Yy + Zz)/R} \, dS \quad (10.41)$$

考虑图 10.30 所示的特殊情况，（10.41）式这时可以写成

$$\tilde{E} = \frac{\mathcal{E}_A e^{i(\omega t - kR)}}{R} \int_{-b/2}^{b/2} e^{ikYy/R} \, dy \int_{-a/2}^{a/2} e^{ikZz/R} \, dz$$

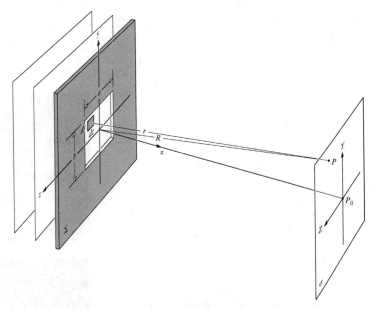

图 10.30 矩形孔径

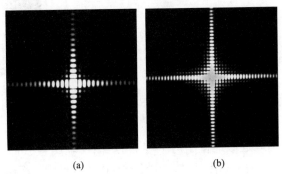

(a)   (b)

（a）方孔的夫琅禾费图样；（b）同一个图样，增加曝光量以显示一些暗的部分

其中 $dS = dydz$。令 $\beta' \equiv kbY/2R$ 和 $\alpha' \equiv kbZ/2R$，我们有

$$\int_{-b/2}^{+b/2} e^{ikYy/R} \, dy = b\left(\frac{e^{i\beta'} - e^{-i\beta'}}{2i\beta'}\right) = b\left(\frac{\sin\beta'}{\beta'}\right)$$

相仿地

$$\int_{-a/2}^{+a/2} e^{ikZz/R} \, dz = a\left(\frac{e^{i\alpha'} - e^{-i\alpha'}}{2i\alpha'}\right) = a\left(\frac{\sin\alpha'}{a'}\right)$$

因此

$$\tilde{E} = \frac{A\mathcal{E}_A e^{i(\omega t - kR)}}{R}\left(\frac{\sin\alpha'}{\alpha'}\right)\left(\frac{\sin\beta'}{\beta'}\right) \tag{10.42}$$

其中 A 是孔的面积。由于 $I = \langle(\mathrm{Re}\,\tilde{E})^2\rangle_T$，

$$I(Y, Z) = I(0)\left(\frac{\sin\alpha'}{\alpha'}\right)^2\left(\frac{\sin\beta'}{\beta'}\right)^2 \tag{10.43}$$

这里，$I(0)$ 是 P_0 点（即 $Y = 0$，$Z = 0$）的辐照度。在 $\alpha' = 0$ 或 $\beta' = 0$ 的那些 Y、Z 值上，$I(Y,Z)$ 取图 10.13 那种我们熟悉的形状。当 α' 或 β' 是 π 的非零整数倍时，或者等价地，当 Y 和 Z 分别是 $\lambda R/b$ 和 $\lambda R/a$ 的非零整数倍时，$I(Y,Z) = 0$，我们得到一个矩形的节线栅，如图 10.31 中所示。注意，Y 方向和 Z 方向上的图样大小同 y 方向和 z 方向的孔径线度成反比变化。一个水平的矩形孔产生的图样中心有一个铅直的矩形，反之亦然（图 10.32 和图 10.33）。

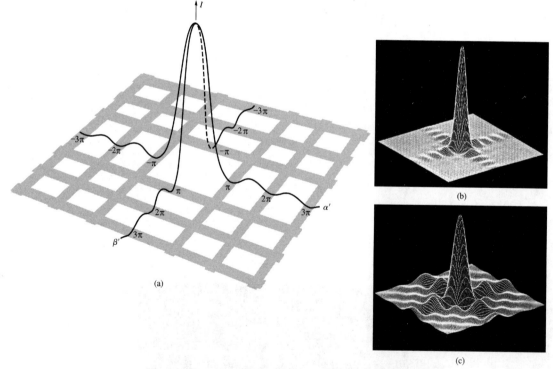

图 10.31　（a）方形孔的辐照度分布；（b）方形孔夫琅禾费衍射产生的辐照度；（c）方形孔夫琅禾费衍射产生的电场分布

沿着 β' 轴，$\alpha' = 0$，辅峰近似地位于两个零点的当中，即 $\beta'_m = \pm 3\pi/2, \pm 5\pi/2, \pm 7\pi/2, \cdots$ 处。在各个辅峰处 $\sin\beta'_m = 1$。当然，沿着 β' 轴由于 $\alpha' = 0$ 及 $(\sin\alpha')/\alpha' = 1$，因此相对辐照度简单地近似为

$$\frac{I}{I(0)} = \frac{1}{\beta_m'^2} \tag{10.44}$$

相仿地，沿着 α' 轴有

$$\frac{I}{I(0)} = \frac{I}{\alpha_m'^2} \tag{10.45}$$

通量密度比[①]非常迅速地从 1 下降到 1/22、降到 1/62、降到 1/122，等等。不但如此，离轴的次极大还要更小，例如离中心极大最近的四个角上的峰（它们的坐标对应于 $\beta' = \pm3\pi/2$ 和 $\alpha' = \pm3\pi/2$ 的组合），每一个的相对辐照度为 $(1/22)^2$。

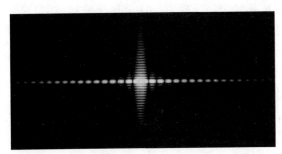

图10.32 垂直矩形孔的夫琅禾费衍射图样；b>a。小孔的高度大于宽度

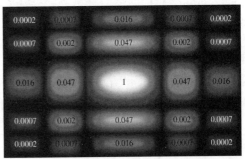

图 10.33 竖直矩形孔的夫琅禾费衍射图样（小孔的高度大于宽度，b>a）。在衍射中心的十字亮区标以 $A = 1$, $B = 0.047$, $C = 0.016$。于是对角线项为 $B \times B = 0.002$, $C \times C = 0.0002$。其他的项 $C \times B = B \times C = 0.0007$。某种表示还可以扩展到，$D = 0.0083$

例题 10.5 图 10.30 中不透光屏上的小孔大小，y 方向为 0.120 mm，z 方向为 0.240 mm。用氦氖激光器波长 543 nm 的光照明。一面焦距为 1.00 m 的大正透镜把夫琅禾费衍射图样投射在其焦平面的屏上。求在屏上 $Y = 2.00$ mm，$Z = 3.00$ mm 地方的相对辐照度 $I(Y, Z)/I(0)$。

解

从（10.43）式

$$I(Y, Z) = I(0)\left(\frac{\sin\alpha'}{\alpha'}\right)^2\left(\frac{\sin\beta'}{\beta'}\right)^2$$

其中，$\alpha' = kaZ/2R$ 和 $\beta' = kbY/2R$。现在 $R \approx f$，$a = 0.240$ mm，$b = 1.20$ mm，所以

$$I(Y, Z) = I(0)\left[\frac{\sin(\pi aZ/f\lambda)}{\pi aZ/f\lambda}\right]^2\left[\frac{\sin(\pi bY/f\lambda)}{\pi bY/f\lambda}\right]^2$$

$$\frac{I(Y, Z)}{I(0)} = \left[\frac{\sin(1388.5Z)}{1388.5Z}\right]^2\left[\frac{\sin(694.27Y)}{694.27Y}\right]^2$$

$$\frac{I(Y, Z)}{I(0)} = \left(\frac{-0.8541}{4.1655}\right)^2\left(\frac{0.9834}{1.3885}\right)^2$$

$$= (0.2050)^2(0.7082)^2$$

[①] 这些照片都是在大学本科生的实验课上拍的。一个 1.5 mW 的氦氖激光器用作平面波光源。仪器放在一间长的暗室里，干涉图样直接照在 4×5 的即显胶片（ASA 3000）上。胶片离一个小孔 9～10 m，所以不用透镜聚集。快门是学生硬纸板切纸机做的，直接挡在激光器前，没有曝光时间可言。任何照相机的快门（单反相机拿走镜头并把后面打开）都行，不过硬纸板更好玩。

因而

$$I(2, 3) = 0.0211I(0)$$

10.2.5 圆孔

圆孔的夫琅禾费衍射，在光学仪器的研制中有很重要的实际意义。考虑一个典型的装置：平面波照射包含一个圆孔的屏Σ，所成的远场衍射图样散布在一个远处的观察屏σ上。用一面大的聚焦透镜L_2，可以把σ挪到靠近孔的位置而图样不变。如果把L_2放在靠近Σ上衍射孔的位置，图样的形状基本上不变。到达Σ上的光波被孔径切割，只有一块圆形部分通过L_2继续传播，在焦平面上成像。很明显，这就是发生在眼睛、望远镜、显微镜或照相机镜头中的情况。一个理想的无像差会聚透镜对远处的一个点光源所成的像不是一个点，而是某种衍射图样。我们实际上只是收集入射波阵面的一部分，因此不能希望成一个理想的像。如上节所示，在远场情况下，一个任意孔径在P点产生的光扰动的表示式为

$$\tilde{E} = \frac{\mathcal{E}_A e^{i(\omega t - kR)}}{R} \iint_{\text{Aperture}} e^{ik(Yy + Zz)/R}\, dS \qquad [10.41]$$

对于一个圆孔，对称性会提醒我们在孔径平面和观察平面上都采用球坐标，如图 10.34 中所示。因此，令

$$z = \rho \cos\phi \qquad y = \rho \sin\phi$$
$$Z = q \cos\Phi \qquad Y = q \sin\Phi$$

于是微分面元为

$$dS = \rho\, d\rho\, d\phi$$

把这些表示式代入（10.41）式，它变成

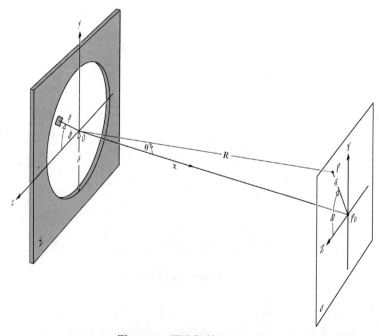

图 10.34　圆孔径的几何位置

$$\tilde{E} = \frac{\mathcal{E}_A e^{i(\omega t - kR)}}{R} \int_{\rho=0}^{a} \int_{\phi=0}^{2\pi} e^{i(k\rho q/R)\cos(\phi-\Phi)} \rho \, d\rho \, d\phi \tag{10.46}$$

由于完全轴对称，解一定与Φ无关。这样我们可以令 $\Phi = 0$（或任何一个别的值）以解（10.46）式，这样就使问题有所简化。

二重积分中与变量 ϕ 有关的部分

$$\int_0^{2\pi} e^{i(k\rho q/R)\cos\phi} \, d\phi$$

是一个在物理学数学中非常频繁出现的积分。它是一个独特的函数，不能够化为任何更普通的函数形式，例如双曲函数、指数函数或三角函数，除了这几种函数外，的确它也许是最常碰到的函数了。量

$$J_0(u) = \frac{1}{2\pi} \int_0^{2\pi} e^{iu\cos v} \, dv \tag{10.47}$$

叫做零阶的（第一类）贝塞尔函数。更一般地

$$J_m(u) = \frac{i^{-m}}{2\pi} \int_0^{2\pi} e^{i(mv + u\cos v)} \, dv \tag{10.48}$$

为 m 阶贝塞尔函数。$J_0(u)$ 和 $J_1(u)$ 的数值在大多数数学手册中都对大范围的 u 值列成表。正像正弦函数和余弦函数一样，贝塞尔函数也有级数展开式，它肯定并不比那些我们在中学时就熟悉的函数更深奥。我们在图 10.35 中看到，$J_0(u)$ 和 $J_1(u)$ 是慢慢衰减的振荡函数，它并没有什么特别奇异的性质。

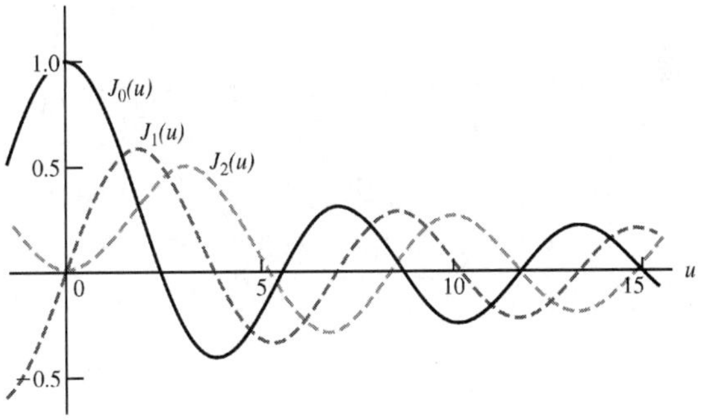

图 10.35　贝塞耳函数

（10.46）式可以改写成

$$\tilde{E} = \frac{\mathcal{E}_A e^{i(\omega t - kR)}}{R} 2\pi \int_0^a J_0(k\rho q/R)\rho \, d\rho \tag{10.49}$$

贝塞尔函数的另一个一般性质叫做递推关系，它是

$$\frac{d}{du}[u^m J_m(u)] = u^m J_{m-1}(u)$$

当 $m = 1$ 时，上式显然给出

$$\int_0^u u' J_0(u') du' = u J_1(u) \tag{10.50}$$

其中 u' 只作为虚变量。如果回到（10.49）式中的积分，作变数变换 $w = k\rho q/R$，于是 $d\rho = (R/kq)dw$，而

$$\int_{\rho=0}^{\rho=a} J_0(k\rho q/R)\rho \, d\rho = (R/kq)^2 \int_{w=0}^{w=kaq/R} J_0(w)w \, dw$$

用（10.50）式，得到

$$\tilde{E}(t) = \frac{\mathcal{E}_A e^{i(\omega t - kR)}}{R} 2\pi a^2 (R/kaq) J_1(kaq/R) \tag{10.51}$$

P 点的辐照度是 $\langle(\text{Re}\,\tilde{E})^2\rangle$ 或 $\frac{1}{2}\tilde{E}\tilde{E}^*$，即

$$I = \frac{2\mathcal{E}_A^2 A^2}{R^2}\left[\frac{J_1(kaq/R)}{kaq/R}\right]^2 \tag{10.52}$$

其中 A 是圆孔的面积。为求出图样中心处（即 P_0）的辐照度，令 $q=0$。从上述递推关系（$m=1$）得出

$$J_0(u) = \frac{\mathrm{d}}{\mathrm{d}u} J_1(u) + \frac{J_1(u)}{u} \qquad (10.53)$$

由（10.47）式我们看到 $J_0(0)=1$，从（10.48）式得知 $J_1(0)=0$。当 u 趋于零时比值 $J_1(u)/u$ 的极限同它的分子和分母各自导数的比相同[洛必达法则]。但这意味着（10.53）式的右边是这个极限值的两倍，所以在 $u=0$ 时 $J_1(u)/u=1/2$。因此 P_0 处的辐照度是

$$I(0) = \frac{\mathcal{E}_A^2 A^2}{2R^2} \qquad (10.54)$$

它和对矩形孔得到的结果（10.43）式相同。若假定 R 在整个图样上基本上恒定，我们可以写

$$I = I(0) \left[\frac{2J_1(kaq/R)}{kaq/R} \right]^2 \qquad (10.55)$$

由于 $\sin\theta = q/R$，辐照度可以写成 θ 的函数：

$$I(\theta) = I(0) \left[\frac{2J_1(ka\sin\theta)}{ka\sin\theta} \right]^2 \qquad (10.56)$$

这个函数画在图 10.36 中。由于轴对称性，因此高耸的中央极大对应于一个高辐照度的圆形亮斑，叫做**爱里斑**，因为首先导出（10.56）式的是英国皇家天文学家爱里（G. B. Airy，1801—1892）。中心亮斑被一个暗环包围着，暗环相当于函数 $J_1(u)$ 的第一个零点。由表 10.2 可知，当 $u=3.83$，即 $kaq/R=3.83$ 时，$J_1(u)=0$。可以把这第一个暗环的中心的半径 q_1 当作爱里斑的大小（图 10.37）。它由 $q_1 = 3.83R\lambda/2\pi a$ 给出，或

$$q_1 = 1.22 \frac{R\lambda}{2a} \qquad (10.57)$$

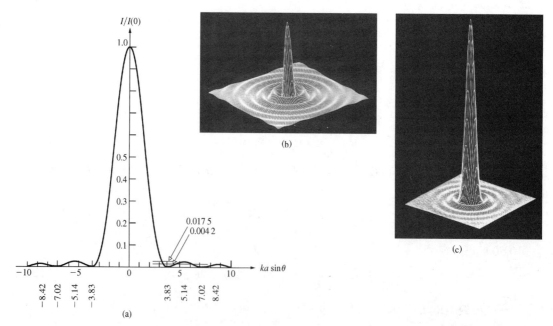

图 10.36 （a）爱里图样；（b）圆孔夫琅禾费衍射的电场；（c）圆孔夫琅禾费衍射的辐照度

对于一个聚焦到屏 σ 上的透镜，焦距 $f \approx R$，因此

[第一个暗环的半径]
$$q_1 \approx 1.22 \frac{f\lambda}{D}$$
（10.58）

其中 D 是孔的直径，即 $D = 2a$。（爱里斑的直径在可见光频谱范围内很粗略地等于透镜的 $f/\#$，单位为微米。）如照片所示，q_1 同圆孔直径成反比变化。当 D 趋于 λ 时，爱里斑可以非常大，圆孔开始像是一个球面波的点光源。

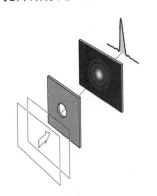

(a) 孔的直径 0.5 mm

(b) 孔的直径 1.0 mm

图 10.37　圆孔夫琅禾费衍射；爱里图样　　　　　　　　爱里条纹

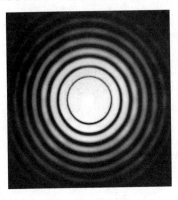

(a)　　　　　　　　(b)

（a）长曝光的爱里条纹（孔直径 1.5 mm）；（b）短曝光的中心爱里斑（同样的孔直径）

高级零点出现在 kaq/R 之值等于 7.02、10.17 等处。次极大位于 u 满足条件
$$\frac{\mathrm{d}}{\mathrm{d}u}\left[\frac{J_1(u)}{u}\right] = 0$$

的地方，这等价于 $J_2(u) = 0$。于是从表得出，这些次峰出现在 kaq/R 等于 5.14、8.42、11.6 等值上；而 $I/I(0)$ 分别从 1 下降到 0.0175、0.0042 和 0.0016（习题 10.36）。

透镜形状和圆形孔径匹配，圆形孔优于矩形孔，因为圆孔的辐照度曲线的中央峰周围要更宽一些，而此后下降得更快一些。入射到 σ 上的总光能在不同的极大上如何分布，是一个人们感兴趣的问题，但是这个问题过于复杂[①]，这里无法解决在图样的特定区域上对辐照度积分，发现 84% 的光到达爱里斑内，有 91% 的光在第二暗环以内。

---

① 参看 Born and Wolf, *Principles of Optics*，或者 Towne 的初级教程，*Wave Phenomena*, p. 464。

表 10.2 贝塞尔函数

x	$J_1(x)$*	x	$J_1(x)$	x	$J_1(x)$	x	$J_1(x)$*	x	$J_1(x)$	x	$J_1(x)$
0.0	0.0000	1.5	0.5579	3.0	0.3391	4.5	−0.2311	6.0	−0.2767	7.5	0.1352
0.1	0.0499	1.6	0.5699	3.1	0.3009	4.6	−0.2566	6.1	−0.2559	7.6	0.1592
0.2	0.0995	1.7	0.5778	3.2	0.2613	4.7	−0.2791	6.2	−0.2329	7.7	0.1813
0.3	0.1483	1.8	0.5815	3.3	0.2207	4.8	−0.2985	6.3	−0.2081	7.8	0.2014
0.4	0.1960	1.9	0.5812	3.4	0.1792	4.9	−0.3147	6.4	−0.1816	7.9	0.2192
0.5	0.2423	2.0	0.5767	3.5	0.1374	5.0	−0.3276	6.5	−0.1538	8.0	0.2346
0.6	0.2867	2.1	0.5683	3.6	0.0955	5.1	−0.3371	6.6	−0.1250	8.1	0.2476
0.7	0.3290	2.2	0.5560	3.7	0.0538	5.2	−0.3432	6.7	−0.0953	8.2	0.2580
0.8	0.3688	2.3	0.5399	3.8	0.0128	5.3	−0.3460	6.8	−0.0652	8.3	0.2657
0.9	0.4059	2.4	0.5202	3.9	−0.0272	5.4	−0.3453	6.9	−0.0349	8.4	0.2708
1.0	0.4401	2.5	0.4971	4.0	−0.0660	5.5	−0.3414	7.0	−0.0047	8.5	0.2731
1.1	0.4709	2.6	0.4708	4.1	−0.1033	5.6	−0.3343	7.1	0.0252	8.6	0.2728
1.2	0.4983	2.7	0.4416	4.2	−0.1386	5.7	−0.3241	7.2	0.0543	8.7	0.2697
1.3	0.5220	2.8	0.4097	4.3	−0.1719	5.8	−0.3110	7.3	0.0826	8.8	0.2641
1.4	0.5419	2.9	0.3754	4.4	−0.2028	5.9	−0.2951	7.4	0.1096	8.9	0.2559

*当 $x = 0, 3.832, 7.016, 10.173, 13.324, \cdots$ 时，$J_1(x) = 0$。

例题 10.6 不透光的屏上有一圆孔，直径为 4.98 mm，用氦氖激光器的光（$\lambda_0 = 543$ nm）垂直照明，在远处的屏上生成夫琅禾费衍射图样。求爱里斑的角宽度 $2\Delta\theta_1$。如果孔小至 $\dfrac{1}{10}$，情况如何？

解

我们知道 $\sin\theta = q/R$。令 $\Delta\theta_1$ 为爱里斑的角宽度之半。利用（10.57）式

$$\sin\Delta\theta_1 = 1.22\frac{\lambda}{2a} = \frac{q_1}{R}$$

对小角度，$\sin\Delta\theta_1 \approx \Delta\theta_1$。所以

$$2\Delta\theta_1 = 1.22\frac{\lambda}{a}$$

这里

$$2\Delta\theta_1 = 1.22\frac{543 \times 10^{-9}\,\text{m}}{2.49 \times 10^{-3}\,\text{m}}$$

所以

$$2\Delta\theta_1 = 2.66 \times 10^{-4}\,\text{rad}$$

最后，当 $a = 0.498$ mm，$2\Delta\theta_1 = 2.66 \times 10^{-3}$ 弧度。孔越小，爱里斑越大。

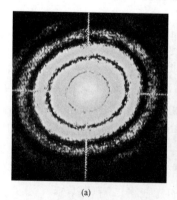
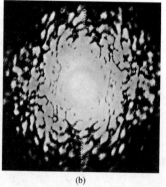

(a)   (b)

衍射作为一种可能的快捷自动分析癌症的巴氏（Pap）测试结果的手段开始得到研究。（a）正常子宫颈细胞的夫琅禾费衍射；（b）恶性子宫癌细胞的衍射图样十分不同

10.2.6　成像系统的分辨率

　　设想我们有某种透镜系统，对一个扩展的物成像。如果物是自发光的，那么有可能我们会认为它是由非相干光源阵列构成的。反之，在反射光中看到的物体，它的各个散射点之间肯定将呈现某种相位关联。当这些点光源实际上不相干时，透镜系统将成这个物的一个像，它由部分重叠的但是独立的爱里图样的分布组成。在像差可以忽略的高品质透镜中，由衍射引起的每个像点的扩展成了对像的质量的最终限制。

　　我们把问题作一些简化，只考虑远处的两个等辐照度的非相干点光源。例如，考虑通过望远镜物镜看到的两颗星，这里入射光瞳就相当于衍射孔。我们在上节看到，爱里斑的直径为 $q_1 = 1.22 f \lambda / D$。如果 $\Delta\theta$ 是对应的角大小，则 $\Delta\theta = 1.22\lambda/D$。因为 $q_1/f = \sin\Delta\theta \approx \Delta\theta$。每个星的爱里斑将在它的几何像点周围半角宽度 $\Delta\theta$ 内扩展开，如图 10.38 中所示。如果两个星的角距离为 $\Delta\varphi$，又若 $\Delta\varphi \gg \Delta\theta$，那么两个像将截然分开，容易分辨。随着两颗星彼此靠近，它们各自的像也会走到一起重叠起来，混合成一条模糊的条纹。采用瑞利爵士的判据，当一个爱里斑的中心落在另一颗星的爱里图样的第一个极小上时，我们说这两颗星刚刚可以分辨。（我们当然还可以做得更好一些；但是瑞利判据，虽然有其任意性，其优点是特别简单[1]。）这个最小可分辨角间隔或角分辨极限是

$$(\Delta\varphi)_{\min} = \Delta\theta = 1.22\lambda/D \qquad (10.59)$$

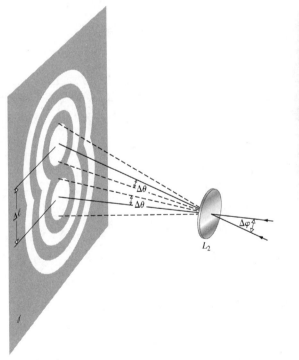
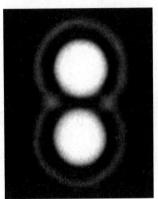

图 10.38　不重叠的像

　　如图 10.39 中所画的。如果 Δl 是两个像从中心到中心的距离，则**分辨极限**是

---

[1] 用瑞利自己的话来说："这个判据由于简单所以方便，由于究竟什么是分辨率这个概念本身的不确定性，这已经足够精确了。"进一步的讨论见 9.6.1 节。

$$(\Delta\ell)_{\min} = 1.22f\lambda/D \tag{10.60}$$

一个成像系统的**分辨本领**一般定义为 $1/(\Delta\varphi)_{\min}$ 或 $1/(\Delta\ell)_{\min}$。

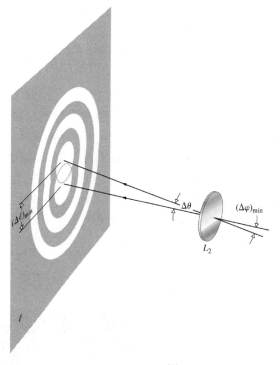
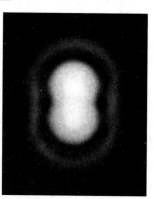

图 10.39　重叠的像

例题 10.7　一块直径 40 mm 的正透镜让两个星体在照相机的 CCD 成像。如果两个星体离地球 1000 光年，它们之间的距离是多少才能按瑞利判据刚好分辨开？假定 $\lambda_0 = 550$ nm。

解

根据（10.59）式

$$(\Delta\varphi)_{\min} = 1.22\lambda/D$$

因此

$$(\Delta\varphi)_{\min} = \frac{1.22(550 \times 10^{-9}\ \text{m})}{40 \times 10^{-3}\ \text{m}}$$

所以

$$(\Delta\varphi)_{\min} = 1.6775 \times 10^{-5}\ \text{rad}$$

星的距离 L 为

$$L = R(\Delta\varphi)_{\min} = 1000(1.6775 \times 10^{-5})$$

$L = 0.0168$ 光年。

要减小两个像之间的最小可分辨间隔，即要增大分辨本领，一个办法是使波长变小。在显微术中使用紫外线而不用可见光，就能观察更精细的细节。电子显微镜利用的等效波长约为光波波长的 10^{-4} 到 10^{-5} 倍。这使得它能够考察在可见光频段由于衍射效应将会完全模糊的物体。另一方面，也可以用增大物镜或反射镜的直径的方法来增大望远镜的分辨本领。这样做除了收集到更多的入射辐射之外，还将使所产生的爱里斑更小，因而得到一个轮廓更清楚的更明亮的像。帕洛马山 200 英寸望远镜的直径是 5 m（不计它的中央被挡住的一个小区域）。

在 550 nm 的波长下，它的角分辨极限是 2.7×10^{-2} 弧秒。反之，直径为 250 英尺的约德列尔岸（Jodrell Bank）上的射电望远镜工作在长得多的 21 cm 波长上，因此它的分辨极限大约只有 700 弧秒。人眼瞳孔直径当然是变化的，在明亮的照明条件下，约为 2 mm，对于 $\lambda = 550$ nm，$(\Delta\varphi)_{min}$ 约为 1 弧分。由于焦距约为 20 mm，视网膜上的 $(\Delta l)_{min}$ 约为 6700 nm，这大约为视觉感受器之间间距的两倍。因此，人眼应当有可能分辨距离大约 100 m 远、间隔为 2～3 cm 的两点。你也许不能分辨得这么好，千分之一也许更有可能。

斯帕罗（C. Sparrow）曾提出过关于分辨本领的一个更适当的判据。我们记得，在瑞利极限上相邻两个峰之间有一个中央极小或鞍点。进一步减小两个点光源之间的距离，将会使中央凹陷越来越浅，最终消失。对应这种情况的角间隔是斯帕罗极限。如图 10.40 中所示，得到的峰这时有一个很宽的平顶，即在原点（峰的中心）辐照度函数的二阶导数为零，斜率没有变化。

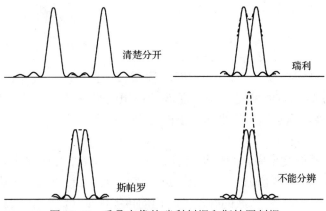

图 10.40 重叠点像的瑞利判据和斯帕罗判据

不像瑞利判据暗中假定了光源是非相干的，斯帕罗条件很容易推广到相干光源。此外，对等亮度双星的天文学研究表明，斯帕罗判据更为现实得多。

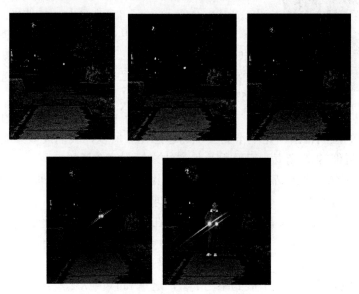

两个等辐照度的小光源的分辨

10.2.7　零阶贝塞尔光束

光通过小圆孔后，衍射光束中心的爱里斑的大小随距离增大，见（10.57）式。即使激光光束也是发散的，虽然看起来像平行光束。激光束最简单和最常见的模式是 TEM_{00} 模高斯光束（13.1.3 节）。如果 D_0 是光束的腰的直径（光束最窄处的直径），在传播了 z_R 距离后，光束的截面面积增加一倍。$z_R = \pi D_0^2 / 4\lambda$ 叫做瑞利长度。一切实际光束，不论准直得多好，都是发散的。

然而，自由空间波动微分方程有一类解是"不衍射"的。这些非扩展光束解中最简单的解对应于在 z 方向传播的单色波，其电场正比于零阶贝塞尔函数 J_0：

$$\tilde{E}(r, \theta, z, t) \propto J_0(k_\perp r) e^{i(k_\parallel z - \omega t)}$$

其中 $\tilde{E}(r,\theta,z,t)$ 在柱坐标中表示（P.40），$k_\parallel = k\cos\phi$，$k_\perp = k\sin\phi$，ϕ 在 0 到 90°之间取值。注意，当 $\phi = 0, \sin\phi = 0, J_0(0) = 1$，这时解是一个平面波。理想的平面波在传播时不扩展。但是理想的平面波不能局限在窄光束里，它们实际上并不存在。

这张照片只有 750 个像素。你能够分辨单个的像素方块，所以很难辨认出照片中的物体是什么。特别是把照片靠近你的脸时更是这样。为了看得清楚，你应当减少分辨每个像素的能力：减小你眼睛的瞳孔 D（眯着眼看），或者每个像素边的角距离（把照片移远）。如果你作了其中一项，你就可以认出照片就是作者鄙人。

在第 11 章的傅里叶变换中，我们将会看到，一个 $\tilde{E}(r,\theta,z,t)$ 这样的复数波形能够表示为无限个平面波之和，这些平面波的 k 值是连续的。特别是，$\tilde{E}(r,\theta,z,t)$ 可以当作无穷多个平面波的叠加，它们的传播矢量（波矢量）落在以 z 轴为中心轴的锥形内，锥的半角为 ϕ。这就是**贝塞尔光束**，或 J_0 **光束**的特征。

贝塞尔光束

因为辐照度正比于 $\tilde{E}\tilde{E}*$，一切对 z 的依赖都消失了；$I(r,\theta,t) \propto J_0^2(k_\perp r)$，在每个垂直于 z 轴的平面都一样。这意味着横向的辐照度图样在传播中不扩展。这个图样包含窄的中心区（直径为 $2.405/k_\perp$），还有一些的同心环围着它（见照片）。每个环携带的能量和中心峰差不多，仅仅为光束初始能量的大约 5%。

在现实中，不能造出完美的平面波来产生理想的 J_0 光束。平面波有无穷大的空间范围，是个不能实现的理想化。所以，我们最多只能在空间一个有限区域内造出一个近似的 J_0 光束；已经用几种方法来达到这个目的。

图 10.41a 是产生一个准 J_0 光束的简单方法。用波长为 λ 的单色平面波照射一个半径为 a、宽度约为 10 μm 的环形狭缝。孔径上每一点都是球面波的点光源。环形孔位于半径为 R 的透镜的前焦面上。每个球面子波离开透镜时是一个在角度为 ϕ 传播的平面波

$$\phi = \arctan\left(\frac{1}{2} a/f\right)$$

图 10.41b 中平面波重叠的区域扩展到距离 z_{max}，这里 $\tan\phi = R/z_{max} = a/2f$，因此

$$z_{max} = \frac{2Rf}{a}$$

这就是贝塞尔光束的传播长度或传播范围。如果让 a 保持很而小 R 很大，z_{max} 就比相近直径的高斯光束的瑞利范围大得多[1]。

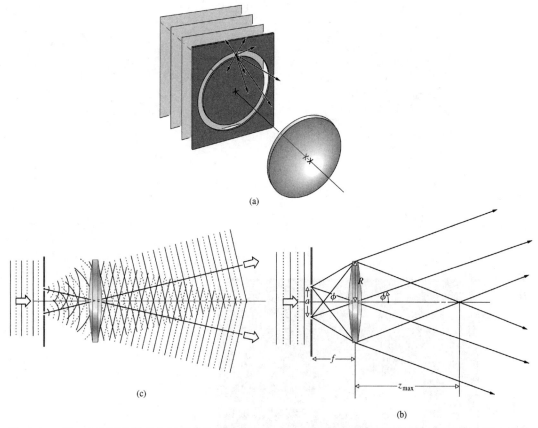

图 10.41 用一个环形狭缝产生贝塞尔光束的装置。（a）平面波照射的环形狭缝；（b）光阑放在透镜的前焦平面上，所以透镜出射平行光；（c）传播矢量在一个锥面上的平面波直到距离 z_{max} 都重叠

10.2.8 衍射光栅

衍射元件（不论是透光孔还是不透光的障碍物）的重复阵列能够使出射波的相位、振幅或二者产生周期性的交替变化，这种重复阵列叫做衍射光栅。这种装置的最简单的一种是10.2.3 节的多缝。它似乎是美国天文学家里滕豪斯（D. Rittenhouse）在 1785 年前后发明的。若干年后，夫琅禾费独立地重新发现了其原理，对光栅的理论和技术都做了许多重要贡献。最早的光栅的确是多缝装置，由绕在作支架用的两个平行螺丝之间的细线栅组成。波阵面在通过这样一个系统时，碰到交替的透明和不透明的区域，因而其振幅受调制。因此，一个多缝结构叫做**透射振幅光栅**。透射光栅的另一种更常见的形式是在平而明净的玻璃上刻上平行的凹槽（图 10.42a）。各条刻痕是散射光的一个光源，它们合在一起就构成一个有规则的平行线光源阵列。当光栅完全透明，因此振幅调制可以忽略不计时，光栅上光学厚度的有规则变

① Lord Rayleigh, "On the passage of electric waves through tubes, or the vibrations of dielectric cylinders," *Phil. Mag.*, S. 5, 43, No. 261, 125 (Feb. 1897); J. Durnin, "Exact solutions for nondiffracting beams. I. The scalar theory," *J. Opt. Soc. Am. A* **4**, 651 (1987); J. Durnin, J. J. Miceli, Jr., and J. H. Eberly, "Diffractionfree beams," *Phys. Rev. Lett.* **58**, 1499 (1987); C. A. McQueen, J. Arit, and K. Dholakia, "An experiment to study a 'nondiffracting' light beam," *Am. J. Phys.* **67**, 912 (1999).

化产生相位调制，便得到所谓**透射相位光栅**（见照片）。在惠更斯-菲涅耳表示中，你可以设想在光栅表面上子波以不同的相位出射。因此，出射的波阵面有形状的周期变化而不是振幅的周期变化，而这又等价于各种成分的平面波的角分布。

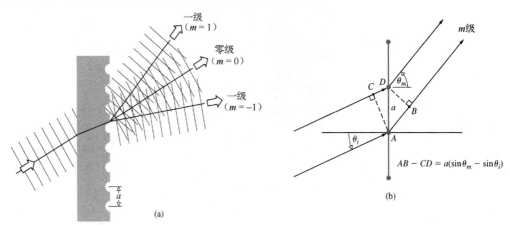

图 10.42　透射光栅

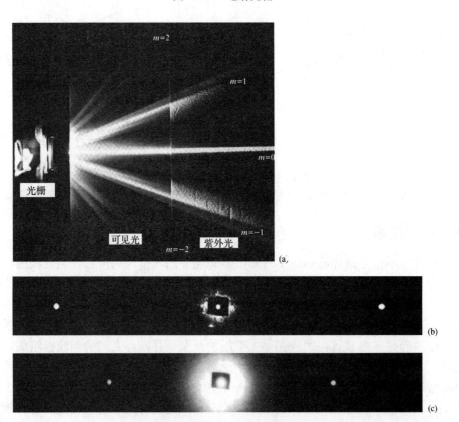

通过一个光栅的光。（a）左边区域是可见光谱，右边是紫外光谱；（b）氦氖激光（空气中波长为 632.8 nm）照在 530 线/毫米的光栅上时 $m=0$ 和 $m=\pm1$ 的衍射光束；（c）把上面的装置泡在水里。从测出的 θ_i 值，光栅方程给出氦氖激光在水中的波长 λ_{w} 为 471 nm，因此水的折射率为 $n_{\mathrm{w}}=1.34$

在从这种光栅上反射时，被不同的周期性表面特征散射的光将以一定的相位关系到达某点 P。反射后产生的干涉图样同透射产生的干涉图样非常相似。特别设计的以这种方式工作的光栅叫做**反射相位光栅**（图 10.43）。现代的这类光栅一般是刻在蒸镀在光学平面玻璃毛坯上的一层铝膜上。硬度很低的铝对金刚石刻线工具磨损较少，在紫外区的反射性能也更好。

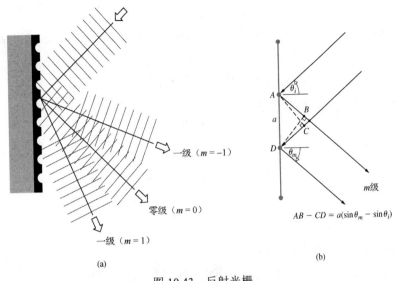

图 10.43 反射光栅

刻线光栅的制造极其困难，做成的也比较少。实际上大多数光栅是精致的刻线母光栅的优良塑制品或复制品。今日，很多光栅是用全息照相做的（13.3 节）。

如果通过一块透射光栅垂直地观看远处的平行的线光源，那么眼将起生成衍射图样的聚焦透镜的作用。回忆 10.2.3 节的分析和表示式

$$a \sin \theta_m = m\lambda \qquad [10.32]$$

它叫做正入射时的**光栅方程**。m 之值规定了各主极大的级。对于一个光谱范围很宽而且连续的光源，例如钨丝灯，$m = 0$，即零级像，对应于光源的不偏折的 $\theta_0 = 0$ 的白光像。光栅方程与 λ 有关，因此对于 $m \neq 0$ 的任何值，光源的各种颜色的像对应于稍微不同的角度 θ_m，因此展开成一条连续的光谱。微弱的辅峰所占的区域显得好像是没有任何光的暗带。一级谱 $m = \pm 1$ 出现在 $\theta_0 = 0$ 的两边，接着是高级谱（$m = \pm 2, \pm 3$，等等），并伴随着交替的暗区。注意，（10.32）式中的 a 变得越小，可以看见的级数也越少。

光栅方程事实上是描述杨氏双缝装置极大位置的（9.29）式，这不应当使你感到惊奇，所有同一个角度的干涉极大，现在只是变得更尖锐（就像法布里-珀罗标准具的多光束工作模式使得条纹更尖锐一样）。在双缝的情况，当观察点稍微偏离辐照度极大的中心时，从两条狭缝来的两个波多少还有一点同相，所以辐照度虽然变小了，但是还不太小。于是亮区很宽。相反，对多光束系统，虽然各个波在极大的中心相长干涉，但是一个小小的移动会导致某些波对其他波有 $\lambda/2$ 的相位差。例如，假定 P 点从 θ_1 移动到 $a\sin\theta = 1.010\lambda$，而不是 1.000λ，每个波到达 P 点时都比上一个波移动了 0.01λ。那么相差 50 条狭缝来的光就相差 $\lambda/2$，互相抵消。其结果就是在辐照度极大之外的迅速减弱。

例题 10.8 波长从 400 nm 到 600 nm 的多色光垂直入射到每米 500 000 个刻痕的透射光栅。附近的一个正透镜将透射光在其焦平面的屏幕上生夫琅禾费衍射图样。要使二级光谱展开有 2.00 cm 长，透镜的焦距应该多大？讨论图样的颜色相对于中心轴的顺序。

解

光栅方程

$$a \sin\theta_m = m\lambda$$

是主极大。二级谱的 $m = 2$。令 $Y_2(400)$ 和 $Y_2(600)$ 为屏上中心轴到这两个极端波长位置的距离，因此，

$$Y_2(600) - Y_2(400) = 2.00 \times 10^{-2}\text{ m}$$

令 $\theta_2(\lambda)$ 是波长 λ 离开中心轴线的角度：

$$\tan\theta_2 = Y_2/R = Y_2/f$$

因为

$$a \sin\theta_2 = 2\lambda$$

$$\sin\theta_2 \approx \tan\theta_2 = \frac{2\lambda}{a}$$

和

$$\frac{Y_2}{f} = \frac{2\lambda}{a}$$

这里 $a = 1/500000 = 2.00 \times 10^{-6}$，所以

$$Y_2(600) = \frac{2(600 \times 10^{-9})f}{2.00 \times 10^{-6}} = 0.60f$$

$$Y_2(400) = \frac{2(400 \times 10^{-9})f}{2.00 \times 10^{-6}} = 0.40f$$

及

$$2.00 \times 10^{-2}\text{ m} = Y_2(600) - Y_2(400) = 0.20f$$

由此得 $f = 0.10$ m。

λ 越大，θ_m 越大，谱线离中心轴线越远。所以紫色离中心轴最近，红色离中心轴最远。

下面讨论图 10.42 和图 10.43 所画的更普遍一些的斜入射的情况，对透射光栅和反射光栅两种情况，光栅方程都是

$$a(\sin\theta_m - \sin\theta_i) = m\lambda \tag{10.61}$$

这个表示式不论透射光栅本身的折射率是多大都同样适用（习题 10.63）。迄今考察过的各种器件的一个主要缺点（事实上也是这些装置现在被淘汰的原因）是，它们把可用的光能量分散到许多低辐照度的光谱级上。对于图 10.43 所示的那样的光栅，大部分入射光发生镜面反射，仿佛从一块平面镜上反射一样。由光栅方程可知，$\theta_m = \theta_i$ 对应于零级 $m = 0$。全部的光基本上都浪费了，至少对光谱学目的来说是这样，因为组成它的各个波长重叠在一起。

瑞利在 1888 年的《大英百科全书》中的一篇论文中提出，至少理论上有可能把能量从无用的零级谱转移到高级谱之一中去。在这一建议的推动下，伍德（R. W. Wood, 1868—1955）在 1910 年成功地刻制出形状可控制的沟槽，如图 10.44 中所示，称为**闪耀光栅**。绝大多数现代光栅都是这种形状的变形。非零的各级的角位置（即 θ_m 值）由 a、λ 和更直接相关的 θ_i 决定。但是 θ_i 和 θ_m 是从光栅平面的法线量起，而不是相对于单个沟槽的表面来量。另一方面，单个沟槽表面衍射图样中的峰的位置则对应于从这个表面的镜面反射。它由闪耀角 γ 决定，可以独立于 θ_m 改变。这同 10.1.3 节的天线阵列有些相似，在那里我们通过调节波源之间的相对相移而并不实际改变它们的取向，就能控制干涉图样的空间位置 [（10.6）式]。

考虑图 10.45 中的情况，这时入射波垂直于闪耀反射光栅平面即 $\theta_i = 0$，因此对于 $m = 0$，$\theta_0 = 0$。对于镜面反射 $\theta_i - \theta_r = 2\gamma$（图 10.44），现在绝大部分被衍射的辐射都集中在 $\theta_r = -2\gamma$ 的附近（θ_r 为负是因为入射光线和反射光线在光栅法线的同一侧）。这相当于一个特殊的非零级，它在中央像的一侧，这时 $\theta_m = -2\gamma$，即对于所要求的 λ 和 m，$a \sin a \sin(-2\gamma) = m\lambda$。

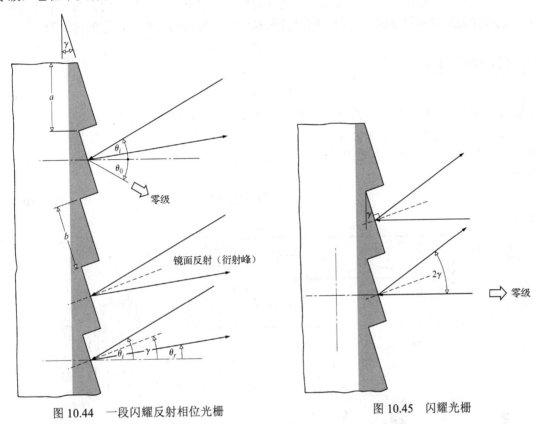

图 10.44　一段闪耀反射相位光栅　　　　　图 10.45　闪耀光栅

光栅光谱学

20 世纪 20 年代初期发展起来的量子力学，其最初的突破是在原子物理学领域中。对氢原子的精细结构的预言显示在它发射的辐射中，光谱学提供了有力的证据。对更大更好的光栅的需求变得突出了。使用范围从软 X 射线到远红外的光栅光谱仪继续受到注意。在天体物理学家手中，或携带在火箭上，它们正源源不断地提供关于宇宙起源的种种信息：从一颗星的温度、星系的旋转到类星体光谱中的红移。在 20 世纪 00 年代中期，哈里森（G. R. Harrison）和斯特洛克（G. W. Stroke）显著地提高了高分辨率光栅的质量。他们用的刻划机[1]。由干涉量度方法操纵的伺服机构控制。

下面更详细地讨论光栅光谱的一些主要特点。假定有一个无穷窄的非相干光源。它射出的一条光谱线的有效宽度可定义为一个主峰两侧的零点之间的角距离，即 $\Delta\alpha = 2\pi / N$，这由（10.33）式即可得出。在斜入射时，可以把 α 重新定义为 $(ka/z)(\sin\theta - \sin\theta_i)$，因此 α 的一个小变化为

---

[1]　关于这些了不起的机器的细节，见 A. R. Ingalls, *Sci. Am.* **186**, 45（1952），或者文章 E. W. Palmer and J. F. Verrill, *Contemp. Phys.* **9**, 257（1968）.

$$\Delta \alpha = (ka/2) \cos \theta \,(\Delta \theta) = 2\pi/N \qquad (10.62)$$

其中入射角恒定，即 $\Delta \theta_i = 0$。因此，即使入射光是单色光，这条谱线也有角宽度

$$\Delta \theta = 2\lambda/(Na \cos \theta_m) \qquad (10.63)$$

它属于仪器展宽。有趣的是，谱线的角宽度同光栅本身的宽度 Na 成反比。另一个重要的量是一定的波长差对应的角位置之差。它叫角色散，像棱镜的情形那样，它的定义为

$$\mathscr{D} \equiv d\theta/d\lambda \qquad (10.64)$$

对光栅方程求微商，得

$$\mathscr{D} = m/(a \cos \theta_m) \qquad (10.65)$$

这表明，随着光谱级的增大，两条不同频率的谱线之间的角间隔也增大。

　　具有近直角沟槽的闪耀平面光栅通常总是这样安装，使得入射的传播矢量几乎垂直于两个沟槽面中的一个，这是自准直的条件。这时 θ_i 和 θ_m 在法线的同侧，$\gamma \approx \theta_i \approx -\theta_m$（见图 10.46），由此

$$\mathscr{D}_{\mathrm{auto}} = (2 \tan \theta_i)/\lambda \qquad (10.66)$$

它与 a 无关。

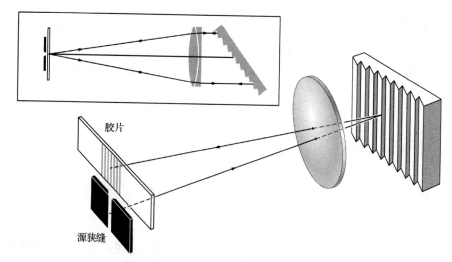

图 10.46　利特罗（Littrow）自准直装置

　　当两条谱线之间的波长差足够小以致彼此重叠时，合峰变得有些不明确了。定义光谱仪的**色分辨本领** $\mathscr{R}$ 为

$$\mathscr{R} \equiv \lambda/(\Delta \lambda)_{\min} \qquad [9.76]$$

其中 $(\Delta \lambda)_{\min}$ 是可分辨的最小波长差或**分辨极限**，λ 是平均波长。两个等通量密度条纹可以分辨的瑞利判据要求，一个条纹的主极大同另一条纹的第一极小重合（把这同 9.6.1 节中用的等价的说法比较）。如图 10.40 中所示，在这一分辨极限下，角间隔是线宽的一半，或从（10.63）式

$$(\Delta \theta)_{\min} = \lambda/(Na \cos \theta_m)$$

利用色散的表示式，得到

$$(\Delta \theta)_{\min} = (\Delta \lambda)_{\min} \, m/(a \cos \theta_m)$$

把这两个方程联立就给出 $\mathscr{R}$，即

$$\lambda/(\Delta\lambda)_{\min} = mN \tag{10.67}$$

或

$$\mathscr{R} = \frac{Na(\sin\theta_m - \sin\theta_i)}{\lambda} \tag{10.68}$$

分辨本领是光栅宽度 Na、入射角和 λ 的函数。一块 15 cm 宽并且每厘米有 6 000 条线的光栅总共有 9×10^4 条线，第二级上的分辨本领为 1.8×10^5。在 540 nm 的波长附近，这个光栅能够分辨的波长差为 0.003 nm。注意。分辨本领不可能超过 $2Na/\lambda$，这个值出现在 $\theta_i = -\theta_m = 90°$ 时。当光栅在自准直条件下使用时，得到最大的 $\mathscr{R}$ 值。由此

$$\mathscr{R}_{\text{auto}} = \frac{2Na\sin\theta_i}{\lambda} \tag{10.69}$$

θ_i 和 θ_m 仍然都在法线的同一侧。对于一块 260 mm 宽的哈里森闪耀光栅，按利特罗的安装方式，在大约 75° 的角度下，对 $\lambda = 500$ nm 的波长，分辨本领超过 10^6。

现在需要考虑各级之间重叠的问题。从光栅方程明显看出，第一级光谱中的 600 nm 的谱线的位置，和第二级光谱中 300 nm 的谱线或者 $m = 3$ 时 200 nm 谱线所在的位置，完全相同。如果波长为 λ 和 $(\lambda + \Delta\lambda)$ 的两条谱线在相邻的 $(m + 1)$ 和 m 级中正好重叠在一起，

$$a(\sin\theta_m - \sin\theta_i) = (m + 1)\lambda = m(\lambda + \Delta\lambda)$$

那么这个波长差叫做**自由频谱范围**（free spectral range）

$$(\Delta\lambda)_{\text{fsr}} = \lambda/m \tag{10.70}$$

这和法布里–珀罗干涉仪的情形中一样。同法布里–珀罗干涉仪比较，后者的分辨本领是

$$\mathscr{R} = \mathscr{F}m \tag{9.76}$$

可以取 N 为衍射光栅的锐度（习题 10.65）。

一个在第一级闪耀以得到最大的自由频谱范围的高分辨率光栅，为了维持 $\mathscr{R}$ 值，需要有很高的刻槽密度（直至每毫米大约 1200 条线）。（10.68）式表明，少刻一些线同时增大间距使光栅宽度 Na 不变，可以保持 $\mathscr{R}$ 不变。但是这就要增大 m，从而减小由重叠光谱级表征的自由频谱范围。如果这时 N 保持不变，而只让 a 变大，那么 $\mathscr{R}$ 随 m 增大，因此 $(\Delta\lambda)_{\text{fsr}}$ 还是减小；谱线的角宽度减小（即谱线变得更锐），光栅变得更粗，但是在一给定级中色散减小，其结果是在该级光谱中谱线互相靠近。

迄今我们讨论的是周期阵列的一个特殊类型，即直线光栅。关于它们的外形、安装和使用等方面更多的知识可参阅相关文献[①]。

有几种粗看之下想不到的家庭日用品可以用来作为粗制的光栅。留声机唱片的刻有纹沟的表面在掠入射附近工作得很好，CD 是很好的反射光栅。令人十分惊讶的是，在 $\theta_i \approx 90°$ 时，一只普通的细齿梳子（或一排订书钉）也会把组成白光的各种波长分离开来。这个现象发生的方式，同一个更正规的反射光栅发生的现象完全一样。格雷果里在 1673 年 5 月 12 日致友人的一封信中指出，太阳光穿过羽毛时会产生一种彩色图样，他要求把他的观察结果告诉牛顿先生。如果你也有一支羽毛，它的确是一个很好的透射光栅。

---

① 见 F. Kneubühl, "Diffraction grating spectroscopy," *Appl. Opt.* **8**, 505 (1969); R. S. Longhurst, *Geometrical and Physical Optics* 及 G. W. Stroke 的广泛详尽的文章，载于 *Encyclopedia of Physics*, Vol. 29, Edited by S. Flügge, p. 426。

例题 10.9　我们希望在一个透射光栅的二级谱中把钠的两根亮黄线（589.5923 nm 和 588.9953 nm）分开，这个光栅最少需要几条狭缝或刻痕？

解

光栅的分辨本领为 $\lambda/(\Delta\lambda)_{min}$，其中 λ 是平均波长 $\frac{1}{2}$（589.5923 + 588.9953）nm = 589.2938 nm。$(\Delta\lambda)_{min}$ = (589.5923 – 588.9953) nm = 0.597 nm。从（10.67）式，$m = 2$，

$$\frac{\lambda}{(\Delta\lambda)_{min}} = mN$$

所以

$$N = \frac{589.2938 \text{ nm}}{2(0.597 \text{ nm})}$$

$$N = 493.5$$

光栅最少需要有 494 条狭缝才能把这两条谱线分开。

二维光栅和三维光栅

假设衍射屏 Σ 包含数目很大的（N 个）全同衍射体（孔或障碍物），并且想象这些衍射体以完全无规的方式分布在 Σ 的表面上，我们还要求每个衍射体的取向相同。想象用平面波照射这个衍射屏，从 Σ 出射的波用一个理想透镜 L_2 聚焦（见图 10.16）。各个单孔产生全同的夫琅禾费衍射图样，所有这些图样再重叠在像平面 σ 上。如果这些孔的位置没有周期性规律，那么除了到达 σ 上任意一点 P 的波的相对相位是无规分布之外，我们不能再预言任何别的东西。但是，我们必须非常小心，因为有一个例外，它发生在当 P 点是在中央轴上即 $P = P_0$ 时，从所有开孔来的平行于中央轴的一切光线，在到达 P_0 之前走过的光程相等，因此它们将以相同的相位到达，并发生相长干涉。

现在考虑一束任意方向的平行光线（不在中央轴方向上），其中每一条光线从不同的孔射出，这些光线将被聚焦到 σ 的一点上，每条光线到达时的相位取 0 和 2π 之间任何值的概率相等。我们想知道，这 N 个振幅相等而相对相位无规的相矢量，叠加之后的合电场会是什么样子。这个问题的解答需要用概率论仔细分析，无法在这里讨论[①]。重要的是，许多相位无规的相矢量之和并不像你想的那样简单地等于零。因为统计学的原因，一般的分析首先假定有大量的单张孔径屏，每个屏上都有 N 个无规的衍射孔，譬如说 $N = 100$，用单色光照射这些屏。若是两个不同的无规分布的屏的衍射图样有一点不一样，哪怕差别很小，你不要奇怪。无论如何，这些屏的衍射图样是不同的，N 越小，不相同就越明显。因为是普通分析，我们总可以期望，只要这样的屏足够多，它们的相似性总会统计地显示出来。

在 σ 上的一个离轴点，把这许多个生成的合辐照度分布求平均，得到的平均辐照度 I_{av} 将等于单孔辐照度 I_0 的 N 倍，$I_{av} = N I_0$。而且，不论 N 多大，任何一张孔径屏在任何一点产生的辐照度可以和这个平均值相差很大。这些围绕平均值的逐点涨落表现为每一张图样里的颗粒性，它倾向于生成一种径向的丝状结构。如果在图样的一个小区域内（它仍包含许多涨落）对这种结构求平均，它将会平均掉得出 $N I_0$。

当然，在任何现实的实验中，情况将不会和理想情况完全符合：譬如没有单色光，或者

---

① 统计处理可参考 J. M. Stone, *Radiation and Optics*, p.146, 以及 Sommerfeld, *Optics*, p.194。也可以看 R. B. Hoover, "Diffration plates for classroom demonstration", *Am. J. Phys.* **37**, 871（1969），以及 T. A. Wiggins, "Hole gratings for optics experiments", *Am. J. Phys.* **53**, 227（1985）。

不重叠的衍射体的真正随机的阵列。但是无论如何，用接近平面波的准单色光照明包含 N 个"无规"衍射体的屏，我们可以预期会看到一个有斑痕的通量密度分布，很像是由单个孔径产生的，但是强 N 倍。而且，在中心轴上有一个亮斑，其通量密度是单个孔径的 N^2 倍。例如，如果屏包含 N 个长方孔（图 10.47a），它产生的图样（图 10.47b）很像第 585 页上那张方孔衍射照片。类似地，图 10.47c 的圆孔阵列，将产生图 10.47d 中的衍射环。

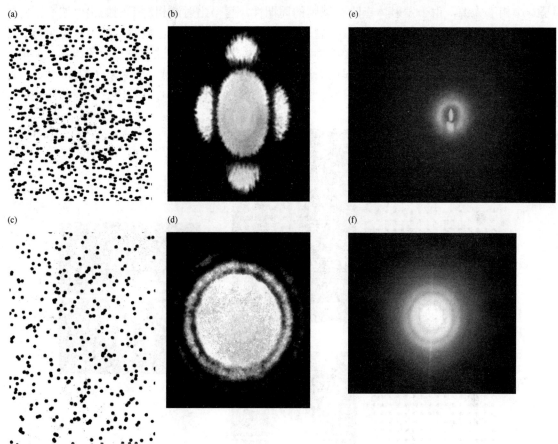

图 10.47 （a）矩形孔的无规阵列；（b）白光的夫琅禾费图样；（c）圆孔的无规排列；（d）白光的夫琅禾费图样；（e）透过一片雾化玻璃看一支蜡烛的火焰；（f）通过一片覆盖着透明的石松孢子粉的玻璃看一个白光点光源，它产生一个类似的彩色环系统

随着孔的数目增加，中央光斑将趋于变得如此之亮，使图样的其余部分变模糊。还要注意，当所有的孔以完全相干的方式照明时，上述讨论也适用。实际上，衍射通量密度分布将由相干度决定（见第 12 章）。衍射图样将从用完全非相干光照明时的无干涉的情况，逐渐过渡到前面讨论过的完全相干照明的情况（习题 10.67）。

从所谓二维相位光栅也会产生同类效应。例如，在太阳或月亮周围常常看到的日晕或月晕，就是由无规的水蒸气小滴（即云的微粒）的衍射引起的。如果你想复制这个效应，那么在显微镜玻片上呵气使它起雾，或者擦上一层很薄的滑石粉。然后，透过它看一个白光点光源，应当看见在白色的中央亮斑周围，有清晰的同心彩色圆环图样[（10.56）式]。如果你只看见一个白色模糊斑，则说明你还没有得到大小大致相等的微粒分布；不妨用滑石粉再试一下。透过一只普通的网眼尼龙长袜，能够看到非常漂亮的近似于同心环系统的图样。如果你那里刚巧有水银蒸气路灯，你就能轻易地看见组成它们的全部可见光频谱（如果看不到，把一只日光灯管的大部分遮住，留下一点作为一个小光源）。注意，增加尼龙层数，对称性也增强。顺便一提，光栅的发明人里滕豪斯（Rittenhouse）正是通过这一现象对这个问题发生兴趣的，只不过他用的是一块丝手帕。

考虑衍射基元的有规则的二维阵列（图 10.48）。用入射的平面波照明，每个小基元就像是一个相干光源，由于发射体点阵有规则的周期性，每个出射波相对于别的出射波有固定的相位关系。这时将存在某些方向，在这些方向上相长干涉占优势。显然，如果从各个衍射基元到 P 的距离使各个波接近于同相到达，就会发生这种情况。透过一块方形薄织物（如尼龙窗帘），或者一个滤茶器的精细金属网看一个点光源，可以观察到这个现象（图 10.48e）。衍射像实际上是成直角的两个光栅图样的叠加。仔细考察图样的中心以看出它的栅状结构。

图 10.48　（a）矩形孔的有序阵列；（b）得到的白光夫琅禾费图样（c）圆形孔的有序阵列；（d）得到的白光夫琅禾费图样；（e）透过一片绷紧的织物看一个白色点光源

至于三维光栅的可能性，看来在概念上并没有什么特别的困难。散射中心的一个有序空间阵列肯定会在特殊的方向上产生干涉极大。1912 年，劳厄（Max von Laue，1879—1960）有一个创造性的想法，即利用晶体中有规则排列的原子作三维光栅。从光栅方程［(10.61) 式］很显然有，如果 λ 比光栅间距大得多，只可能有零级（$m = 0$），这等价于 $\theta_0 = \theta_i$，即镜面反射。由于晶体中的原子间距一般是几埃（1 Å = 0.1 nm），光只能发生零级衍射。

劳厄解决这个问题的办法是不用光，而是用波长与原子间距离差不多的 X 射线来探测晶格（图 10.49a）。一窄束白 X 光（X 光管发射的宽带连续频谱）直接射到一块薄单晶上，底片（图 10.49b）上就会显示出由位置精确确定的斑点的阵列组成的夫琅禾费图样。这些相长干涉斑出现在当 X 光束同晶体中的一组原子平面之间的夹角满足布拉格定律

$$2d \sin\theta = m\lambda \tag{10.71}$$

时。注意，在 X 光工作中，角度 θ 传统上是从平面量起而不是从平面的法线量起。每组平面把一个特定波长衍射到特定的方向。所附的照片清楚地显示了波纹池中类似的行为。

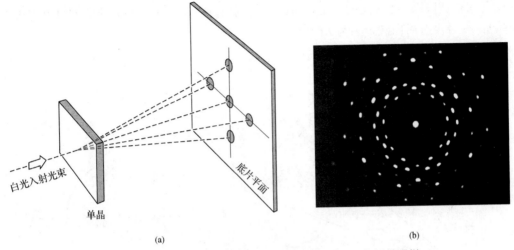

图 10.49　（a）透射劳厄图样；　（b）石英（SiO_2）的衍射图样

波纹槽中从钉子（作为点散射体）阵列上反射的水波

　　不把 λ 减小到 X 射线波段，而是把一切东西都放大大约 10 亿倍，那么一个用金属球做的格子就是微波的光栅。

10.3　菲涅耳衍射

10.3.1　球面波的自由传播

　　在夫琅禾费衍射情况下，衍射系统相对说来比较小，观察点离得很远。在这些条件下，惠更斯-菲涅耳原理的一些可能出问题的方面可以完全过关，不必操心。但是下面我们要讨论一直伸展到衍射体本身的近场区域，这时上面的近似可能不适用。因此我们再回到惠更斯-菲涅耳原理，重新对它进行更仔细的考察。在任何时刻，可以把初波阵面上的每一点都想象成一个持续不断地发射球面次级子波的源。但是，如果每个子波向一切方向均匀地辐射，那

么除了产生一个向前进的波以外，还会出现一个向波源后退的反向波。实验上并没有发现这样的波，因此我们必须对次级发射体的辐射图样作某些修改。我们现在引入一个叫做**倾斜因子**的函数 $K(\theta)$，以描写次级发射的方向性。菲涅耳已经认识到需要引入这样一个量，但他仅仅对它的形式作过一些猜测[①]。要等到更解析的基尔霍夫表述，才给出 $K(\theta)$ 的一个实际的表示式，我们在 10.4 节中将看到，这个表示式是

$$K(\theta) = \frac{1}{2}(1 + \cos\theta) \tag{10.72}$$

其中 θ 是同初波阵面的法线 $\vec{k}$ 的夹角，如图 10.50 中所示。这个函数在向前的方向上有极大值，$K(0)=1$；并且没有后向波，因为 $K(\pi)=0$。

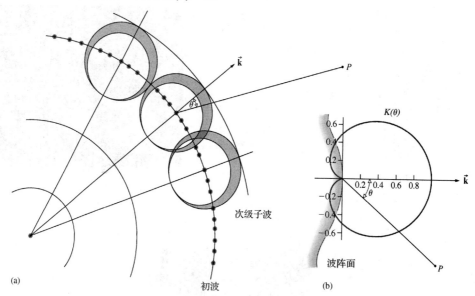

图 10.50 （a）次级子波；（b）倾斜因子 $K(\theta)$

我们现在来考察点源 S 发射的球面单色波的自由传播。如果惠更斯-菲涅耳原理正确，那么我们应当能够把到达一点 P 的次级子波相加，得出不受障碍的初波。在这个过程中，我们将得到对惠更斯-菲涅耳原理的一些深入理解，认识它的一些缺陷，并且发展出一种很有用的技术。考虑图 10.51 中所示的作图法。球面相当于 $t=0$ 时从 S 发出的在任意时刻 t' 的初波阵面。这个扰动的半径为 ρ，它可以用任何一个描述简谐球面波的数学式子来表示，例如，

$$E = \frac{\varepsilon_0}{\rho}\cos(\omega t' - k\rho) \tag{10.73}$$

如图所示，我们把波阵面分为许多环状区域，各个区域的边界线对应于波阵面与一系列球面的交线，这些球面的球心在 P，半径为 $r_0 + \lambda/2, r_0 + \lambda, r_0 + 3\lambda/2$，等等。这些环状区域就是**菲涅耳波带**或半周期带。注意，对于一个波带上的一个次级点波源，在下一个相邻的波带上一定有一个点波源与之对应，它离 P 的距离更远 $\lambda/2$。由于各个波带虽小但其大小却是有限的，我们再把它分成如图 10.52 所示的环形微分面元 dS。dS 内的一切点源是相干的，我们假定**每**

---

① 读读菲涅耳的原话很有意思。记住，他是在谈作为以太弹性振动的光：

　　"因为与初级波处处相连通的脉冲指向法线方向，在这个方向压缩以太比其他方向更强；由它发出的光线，如果单独起作用，越偏离这个方向就越弱。

　　要研究每个扰动中心周围的强度变化的规律，无疑是一件十分困难的事；……"

个点源都和初波同位辐射 [（10.73）式]。这些次级子波走过一段距离 r，在时刻 t 到达 P 点，所有的子波都以相同相位 $\omega t - k(\rho + r)$ 到达。在与 S 距离为 ρ 处初波的振幅为 ε_0 / ρ。因此，我们假定 dS 上次级发射体单位面积的源强 ε_A 正比于 ε_0 / ρ，比例系数为 Q，即 $\varepsilon_A = Q \varepsilon_0 / \rho$。因此，d$S$ 上的次级波源对 P 点的光扰动的贡献为

$$dE = K \frac{\varepsilon_A}{r} \cos[\omega t - k(\rho + r)]\, dS \qquad (10.74)$$

倾斜因子（K）一定变化得很慢，在一个菲涅耳波带上可以取为常数。要得到 dS 作为 r 的函数，从

$$dS = \rho\, d\varphi\, 2\pi(\rho \sin\varphi)$$

出发，利用余弦定律得到

$$r^2 = \rho^2 + (\rho + r_0)^2 - 2\rho(\rho + r_0)\cos\varphi$$

保持 ρ 和 r_0 不变，对这个式子微分给出

$$2r\, dr = 2\rho(\rho + r_0)\sin\varphi\, d\varphi$$

利用 dφ 的值，求得面积元是

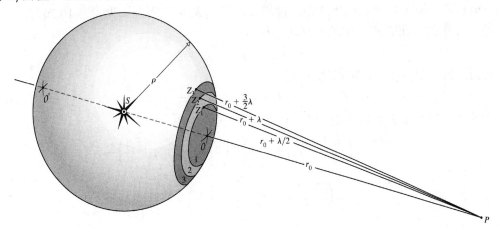

图 10.51　一个球形波阵面的传播（1）

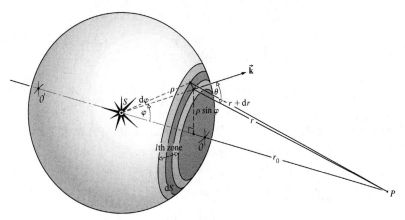

图 10.52　一个球形波阵面的传播（2）

$$dS = 2\pi \frac{\rho}{(\rho + r_0)} r \, dr \tag{10.75}$$

从第 l 个波带到达 P 的扰动为

$$E_l = K_l 2\pi \frac{\varepsilon_A \rho}{(\rho + r_0)} \int_{r_{l-1}}^{r_l} \cos[\omega t - k(\rho + r)] \, dr$$

于是

$$E_l = \frac{-K_l \varepsilon_A \rho \lambda}{(\rho + r_0)} [\sin(\omega t - k\rho - kr)]_{r = r_{l-1}}^{r = r_l}$$

引入 $r_{l-1} = r_0 + (l-1)\lambda/2$ 及 $r_l = r_0 + l\lambda/2$，上式化为（习题 10.69）

$$E_l = (-1)^{l+1} \frac{2K_l \varepsilon_A \rho \lambda}{(\rho + r_0)} \sin[\omega t - k(\rho + r_0)] \tag{10.76}$$

注意，根据 l 是奇数还是偶数，E_l 的振幅正负交替变化，这意味着来自相邻波带的贡献反相，因而倾向于抵消。正是在这里倾斜因子成了重大的差别。当 l 增大时，θ 增大而 K 减小，因此相邻两波带的贡献实际上不会彼此完全抵消。值得注意的是，E_l/K_l 与任何位置变量无关。虽然各波带的面积差不多相等，但随着 l 增大它们确实也增大一点，这意味着发射体数目的增加。但从各个波带到 P 点的平均距离也增大，使 E_l/K_l 保持不变（见习题 10.70）。

所有 m 个波带在 P 点产生的光扰动之和为

$$E = E_1 + E_2 + E_3 + \cdots + E_m$$

由于它们的符号交替变化，可以把它写作

$$E = |E_1| - |E_2| + |E_3| - \cdots \pm |E_m| \tag{10.77}$$

若 m 是奇数，这个级数可以用两种方式改写，一种方式是

$$E = \frac{|E_1|}{2} + \left(\frac{|E_1|}{2} - |E_2| + \frac{|E_3|}{2} \right) + \left(\frac{|E_3|}{2} - |E_4| + \frac{|E_5|}{2} \right) + \cdots$$

$$+ \left(\frac{|E_{m-2}|}{2} - |E_{m-1}| + \frac{|E_m|}{2} \right) + \frac{|E_m|}{2} \tag{10.78}$$

另一种方式是

$$E = |E_1| - \frac{|E_2|}{2} - \left(\frac{|E_2|}{2} - |E_3| + \frac{|E_4|}{2} \right)$$

$$- \left(\frac{|E_4|}{2} - |E_5| + \frac{|E_6|}{2} \right) + \cdots \tag{10.79}$$

$$+ \left(\frac{|E_{m-3}|}{2} - |E_{m-2}| + \frac{|E_{m-1}|}{2} \right) - \frac{|E_{m-1}|}{2} + |E_m|$$

这时有着两个可能：一个是 $|E_l|$ 大于它的两个相邻项 $|E_{l+1}|$ 和 $|E_{l-1}|$ 的算术平均值，一个是小于这个平均值。这实际上是关于 $K(\theta)$ 的变化率问题。当

$$|E_l| > (|E_{l-1}| + |E_{l+1}|)/2$$

时，每个括号中的项是负的。从（10.78）式得到

$$E < \frac{|E_1|}{2} + \frac{|E_m|}{2} \tag{10.80}$$

而从（10.79）式有

$$E > |E_1| - \frac{|E_2|}{2} - \frac{|E_{m-1}|}{2} + |E_m| \tag{10.81}$$

由于倾斜因子经过很多的波带才从 1 变到 0，我们可以忽略相邻两个波带之间的任何变化，即认为 $|E_1| \approx |E_2|$ 和 $|E_{m-1}| \approx |E_m|$。表示（10.81）式在同样的近似程度下变为

$$E > \frac{|E_1|}{2} + \frac{|E_m|}{2} \tag{10.82}$$

从（10.80）式和（10.82）式可以得出结论

$$E \approx \frac{|E_1|}{2} + \frac{|E_m|}{2} \tag{10.83}$$

当

$$|E_l| < (|E_{l-1}| + |E_{l+1}|)/2$$

时也得到同样的结果。若级数（10.77）式中的最后一项 $|E_m|$ 对应于偶数 m 时，同样的步骤（习题 10.71）导出

$$E \approx \frac{|E_1|}{2} - \frac{|E_m|}{2} \tag{10.84}$$

菲涅耳推测，倾斜因子应当是使最后一个有贡献的波带出现在 $\theta = 90°$，即

$$K(\theta) = 0 \quad 对于 \quad \pi/2 \leqslant |\theta| \leqslant \pi$$

如果是这样，（10.83）式和（10.84）式在 $|E_m|$ 趋于零时，都化为

$$E \approx \frac{|E_1|}{2} \tag{10.85}$$

因为 $K_m(\pi/2) = 0$。或换个办法，用基尔霍夫的正确的倾斜因子，把整个球面波分成许多个波带，最后一个或第 m 个波带在 O' 周围。这时 θ 趋于 π，$K_m(\pi) = 0$，$|E_m| = 0$，再一次有 $E \approx |E_1|/2$。由整个未受阻碍的波阵面产生的光扰动近似地等于第一个波带的贡献的一半。

如果初波在时间 t 内直接从 S 传播到 P，那么它的形式将为

$$E = \frac{\varepsilon_0}{(\rho + r_0)} \cos[\omega t - k(\rho + r_0)] \tag{10.86}$$

但是次级子波[（10.76）式和（10.85）式]合成的扰动为

$$E = \frac{K_1 \varepsilon_A \rho \lambda}{(\rho + r_0)} \sin[\omega t - k(\rho + r_0)] \tag{10.87}$$

这两个式子必须完全等价，我们要通过对（10.87）式中的常数的解释来做到这点。注意，在如何解释常数这件事情上有一定的选择余地。我们乐于取倾斜因子在向前的方向上等于 1，即 $K_1 = 1$，而不是 $1/\lambda$，由此得到 Q 必须等于 $1/\lambda$。这时 $\varepsilon_A \rho \lambda = \varepsilon_0$，这个式子在量纲上是正确的。记住，$\varepsilon_A$ 是半径为 ρ 的初波波阵面单位面积上的次级子波源强，ε_0/ρ 是该初波 $E_0(\rho)$ 的振幅。于是 $\varepsilon_A = E_0(\rho)/\lambda$。此外还有一个问题，即（10.86）式和（10.87）式之间有一相差 $\pi/2$。如果我们同意假定次级光源的辐射与初波有相差 $\lambda/4$（见 4.2.3 节），这一点可以得到解释。

我们已经看到，惠更斯-菲涅耳原理原来的说法必须加以修改，但是这一点不应当影响应用这个原理的很实际的理由，这些理由有两方面：第一，可以证明，惠更斯-菲涅耳理论是基尔霍夫表述的一种近似，因此不再是一种人为的东西；第二，它以简单的方式得出了许多预言，这些预言与实验观察符合得很好。别忘了，它在夫琅禾费近似中工作得很不错。

10.3.2　振动曲线

现在来讨论定性分析许多衍射问题的一种图解方法，这些衍射问题绝大多数是由问题的圆对称性引起的。

想象把图 10.51 中的第一菲涅耳波带或极区菲涅耳波带同中心在 P 半径为

$$r_0 + \lambda/2N,\ r_0 + \lambda/N,\ r_0 + 3\lambda/2N, \cdots,\ r_0 + \lambda/2$$

的多个球面相交，把这个波带分成 N 个子波带。每个子波带都对 P 点的扰动有贡献，它们的总扰动当然刚好是 E_1。由于在这整个波带上从 O 到边界的相差是 π 弧度（对应于 $\lambda/2$），因此每个子波带相移 π/N 弧度。图 10.53 画出了这些子波带的相矢量的矢量相加，这里为了方便取 $N = 10$。这个相矢量串同它的外接圆会有不大的偏离，因为倾斜因子使每个相继的振幅缩小一些。若子波带的数目增大到无穷，即 $N \to \infty$，矢量多边形就弯成一段光滑的螺线，叫做**振动曲线**。每增加一个菲涅耳波带，这个振动曲线在向里旋进的同时就绕过半圈和相角 π。如图 10.54 所示，螺线上的点 $O_s, Z_{s1}, Z_{s2}, Z_{s3}, \cdots, O_s'$ 分别对应于图 10.51 的波阵面上的 $O, Z_1, Z_2, Z_3, \cdots, O'$ 点。$Z_1, Z_2, Z_3, \cdots, Z_m$ 中每一点都在一个波带的周界上，因而 $Z_{s1}, Z_{s2}, Z_{s3}, \cdots, Z_{sm}$ 每点相隔半圈。后面在（10.91）式中我们将看到，各波带的半径正比于它的数字标号 m 的平方根，第 100 个波带的半径只有第一个波带的 10 倍。因此，角度 θ 开头增大很快，此后随着 m 变大，它的增大就逐渐慢下来。因此，只是对前几个波带 $K(\theta)$ 才急速减小。结果，当螺线随着 m 增大而转圈时逐渐变得越来越紧密，同圆的偏离也一圈比一圈小。

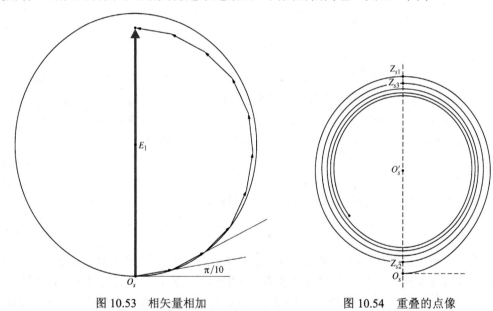

图 10.53　相矢量相加　　　　　　图 10.54　重叠的点像

记住，这个螺线是由无穷多个相矢量构成的，每一个都有一个很小的相移。P 点上来自波阵面上任意两点（例如 O 和 A）的两个扰动之间的相对相位示于图 10.55。振动曲线在 O_s 和 A_s 两点的切线的夹角是 β，它就是要求的相角差。如果点 A 位于波阵面的一个帽形区域的边界上，那么这个整个区域在 P 点产生的合矢量是 $\overrightarrow{O_s A_s}$，相角为 δ。

一个未受阻碍的波在 P 点产生的总扰动是 O 和 O' 之间全部波带的贡献之和。因此，从 O_s 到 O_s' 的相矢量长度正是这个扰动的振幅。注意，正如预期的那样，振幅 $O_s O_s'$ 刚好是第一波带的贡献 $O_s Z_{s1}$ 的一半。还要看到，$\overrightarrow{O_s O_s'}$ 相对于从 O 到达 P 的波有一个相差 $90°$，在 O 点发出的一个与初激发同相的子波，传到 P 点时仍然与初波同相。这意味着 $\overrightarrow{O_sO_s'}$ 与未受阻碍的初波的相位差 90°。我们已经看到，这是菲涅耳理论的一个缺点。

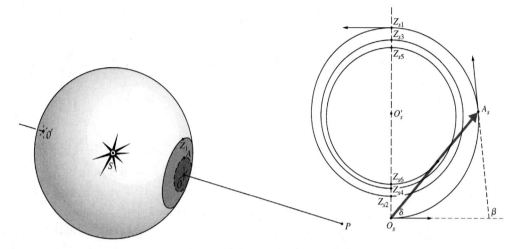

图 10.55　波阵面和对应的振动曲线

10.3.3　圆孔

球面波

将上面这一套菲涅耳程序应用于点光源，可以用来作为研究圆孔上的衍射的半定量方法。想象一个单色球面波投射到包含一个小孔的屏上，如图 10.56 所示。首先记录到达放在对称轴上 P 点的一个很小的探头上的辐照度。我们的意图是在空间各处移动探头，以得到一张Σ后面区域的辐照度逐点分布图。

假定 P 点的探头"看见"有 m（整数）个波带填满孔径。实际上，探头只记录 P 点的辐照度，波带并不是真实的。若 m 是偶数，则由于 $K_m \neq 0$，

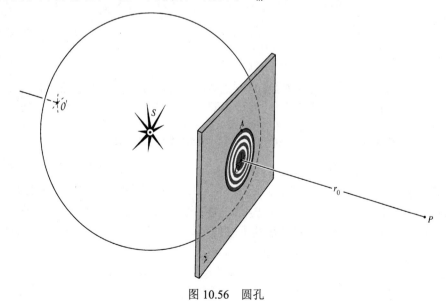

图 10.56　圆孔

$$E = (|E_1| - |E_2|) + (|E_3| - |E_4|) + \cdots + (|E_{m-1}| - |E_m|)$$

因为任意相邻两个带的贡献差不多相等，因此

$$E \approx 0$$

及 $I \approx 0$。另一方面，若 m 是奇数

$$E = |E_1| - (|E_2| - |E_3|)$$

$$- (|E_4| - |E_5|) - \cdots - (|E_{m-1}| - |E_m|)$$

所以
$$E \approx |E_1|$$

它大约是未受阻挡的波的振幅的两倍。这确实是一个惊人的结果。在波的路径上插入一块屏，从而挡住大部分波阵面，使 P 点的辐照度增大到 4 倍。能量守恒显然要求在别的点上辐照度减小。由于装置是完全对称的，可以预期得到一幅圆环形图样。如果 m 不是整数，即在孔中出现一个波带的一部分，则 P 处的辐照度是零和极大值之间的某个值。

如果想象孔从初值差不多为零逐渐扩大，也许可以看得更清楚一些。P 点扰动的振幅可以从振动曲线得出，其中 A 是小孔边缘上的任何一点，相矢量 $\overrightarrow{O_s A_s}$ 的大小是要求的光场振幅。细看图 10.57，我们看到，随着小孔变大，A_s 沿反时针方向，环绕螺线向 Z_{s1}（极大值）移动。若小孔中出现第二波带，使 $O_s A_s$ 减小到 $O_s Z_{s2}$，它几乎为零，P 变成一个暗点。随着孔径的增大，$O_s A_s$ 的长度在近似为零和一系列相继的极大值之间振荡，这些极大值本身又逐步减小。最后，当孔很大时，波基本上不受阻碍，A_s 趋于 O'_s，$O_s A_s$ 的进一步变化已难以察觉了。

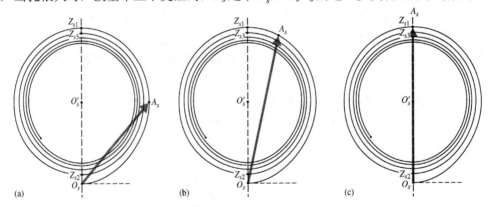

图 10.57　不透光的屏上的圆孔的振动曲线。设 A 点在孔的边缘，A_s 是振动螺线上的对应点。（a）孔很小，只有第一个菲涅耳带的大约一半出现在它之内。对应于电场振幅的相矢量 $\overrightarrow{O_s A_s}$ 的长度很小；（b）孔大一点，$\overrightarrow{O_s A_s}$ 也大一点，绕过第一带的大约四分之三；（c）整个第一带都在孔内。相矢量 $\overrightarrow{O_s A_s}$ 为极大，轴上的电场也是极大。再增加孔的大小会减小相矢量因而减小轴上的辐照度

为了绘出图样的其余部分，我们沿着图 10.58 中所示的垂直于中心轴的任何直线移动探头。假定在 P 点有两个完整的波带充满孔径，所以 $E \approx 0$。在 P_1 点，第二个波带被部分遮掩，第三个波带开始露出；E 不再是零。在 P_2 点，第二个波带的大部分被遮住，第三个波带则更明显。由于第一波带的贡献和第三波带的贡献同相，所以放在通过 P_2 的虚线圆周任何一点上的探头记录下一个亮斑。随着探头沿径向向外移动，相继的波带的一部分逐步露出，探头检测到一系列相对极大值和极小值。下面的照片给出直径从 1 mm 到 4 mm 的一些小孔的衍射图样，这些图样出现在离小孔 1 m 的屏上。从左上方出发向右移动，前 4 个孔是如此之小，只

露出第一波带的一部分；第 6 个孔露出第一和第二波带，因此它的中心是暗的；第 9 个孔露出了前三个波带，它的中心再次变为明亮。注意，在图 10.58 中，即使在 P_3 点稍微超出几何阴影区一点点，第一波带也部分地露出。后面几个有贡献的弓形部分每一个都只是各自的波带的一小部分，可以忽略。因此，所有不完整的波带所引起的振幅之和，虽然很小，却仍是有限的。但是，更深入到几何阴影区中，整个第一波带都被遮住，后面各项仍可以忽略不计，这时级数真的趋于零，而 P 点变暗。

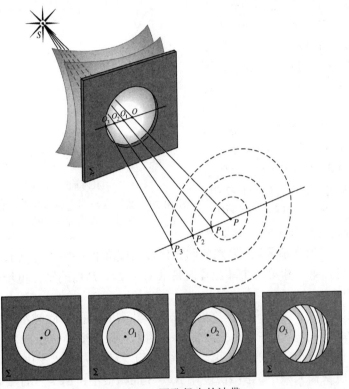

图 10.58　圆孔径内的波带

通过计算一个给定孔上波带的数目，可以对我们所讨论的东西的实际大小得到更好的感知。每个波带的面积（由习题 10.70）由下式给出：

$$A \approx \frac{\rho}{(\rho + r_0)} \pi r_0 \lambda \qquad (10.88)$$

菲涅耳波带的面积基本上都相等，虽然半径增加，面积也增加，不过增加非常少。

如果孔的半径为 R，那么孔内的波带数目 N_F 的一个良好近似为

$$N_F = \frac{\pi R^2}{A} = \frac{(\rho + r_0)R^2}{\rho r_0 \lambda} \qquad (10.89)$$

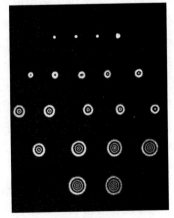

圆孔径增大时的衍射图样

这个量常常叫做菲涅耳数。例如，孔后 1 m 处有一个点光源（$\rho = 1$ m），而观察平面在孔前面 1 m 处（$r_0 = 1$ m），$\lambda =$ 500 nm，那么 $R = 1$ nm 有 4 个波带；而 $R = 1$ cm 有 400 个波带。当 ρ 和 r_0 都增大到使孔中

只露出一个波带的一小部分时，$N_F \ll 1$，发生夫琅禾费衍射。这实质上是 10.1.2 节的夫琅禾费衍射条件的另一个说法；参看习题 10.1。当 $N_F \geqslant 1$ 时，得到菲涅耳衍射。

由（10.89）式可得，填满孔径的波带数目依赖于从 P 到 O 的距离。当 P 沿中央轴向随便那个方向移动，露出的波带数目（不论是增加还是减少）在奇数和偶数之间振荡。结果，辐照度经过一系列极大值和极小值。显然，在夫琅禾费衍射中不会发生这种情况，根据定义，这时孔径中只出现一个波带的一小部分[①]。

图 10.59 显示直径 D 固定的圆孔轴上归一化辐照度的变化。归一化使最大的夫琅禾费辐照度为 1.00。想象轴上的观察点 P 从很远的距离向孔径屏移动（图上表现为数据点自右向左移动）。当小探测器在离屏很远的位置测量时，在孔内只能看到第一波带的一小部分，得到远场衍射图样，其轴上归一化辐照度为 1.00。把探测器移近 O 使装置过渡到近场，轴上辐照度减小。随着 P 移向 O 中，第一个波带越来越多地出现在孔径中，直到第一个波带完全充满小孔。这时光

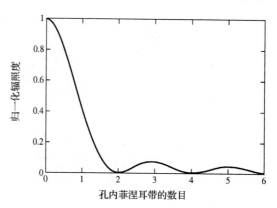

图 10.59　圆孔直径固定时，轴上一点 P 移向 O，引起孔内的菲涅耳波带数增加，P 点的辐照度发生变化

的大部分被重新分布到离轴区域，P 点的归一化辐照度降低 0.4；我们无疑已经进入近场。当 P 再靠近使小孔包含第一和第二个菲涅耳波带（$N_F = 2$），P 点的轴上电场等于零，辐照度也等于零，见图 10.59。

在固定直径的孔内，出现的波带数越多，每个波带的面积 A 就越小，这在（10.89）式中很明显。随着 N_F 变大，从这些缩小的波带到 P 的电场振幅变小。保持 D 为常数，轴上辐照度的极大值（由任何一个完整的波带引起的辐照度）将依 $(1/N_F)^2$ 变化。因此，当 P 趋于 O 时，轴上的辐照度次极大减小：图 10.59 中 $N_F = 3$ 的峰很小，$N_F = 5$ 的峰更小。

相反，我们在前面看到，如果孔的直径增大，保持 P 不动，让孔里有更多一个的奇数编号的波带，那么轴上辐照度将增大，增加的量和第一个波带单独的贡献一样大。这时，随着孔增大，孔所包含波带数增加，每个波带的面积不变。每个波带在 P 点贡献相同的电场振幅，正负交替。电场从 E_1 到 0 又回到 E_1，一直下去。令 I_u 是无阻挡时 P 点的辐照度，放了孔径之后，随着孔的增大，P 点的辐照度从 $4I_u$ 变到 0，又变回 $4I_u$，这样来回振荡。图 10.60（用快速傅里叶变换产生）画出了圆孔包含大约 0 个、0.5 个、1.0 个、1.5 个、2.0 个菲涅耳波带时的辐照度分布。最高的曲线是夫琅禾费衍射图样（爱里斑），它与第一波带的一小部分相联系，归一化为轴上辐照度为 1.0。如所预期，一个完整的带产生轴上辐照度峰为 0.4，两个波带产生的轴上辐照度为零。为了比较，图 10.61 把这几个辐照度曲线按统一的比例尺画在一起。

现在把一个不透光的小圆盘放在圆孔的中心，透光孔是圆环形（图 10.62）。研究波带片时需要这样的形状。在这个图中，从轴上的点 P 看，这个盘碰巧挡掉第一个波带的大约一半。此时，振动曲线上相矢量从和圆盘边缘 A 点对应的 A_s 出发，而不是从和原来的圆孔中心对

① D. S. Burch, "Fresnel diffraction by a circular aperture", *Am. J. Phys.* **53**, 255(1985).

应的 O_s 出发。点 A_s 位于曲线上 O_s 和第一波带的终点 Z_{s1} 的中间。相矢量的终点是和孔边缘点 B 对应的 B_s。在本例的情形，环形孔包含了大约 9.2 个波带。相矢量的长度对应于环形孔的菲涅耳衍射在 P 点产生的电场振幅。

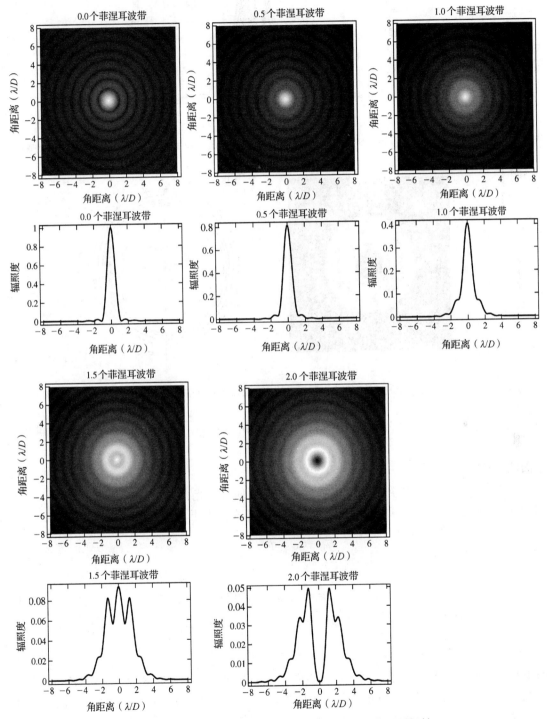

图 10.60　圆孔的衍射图样，从夫琅禾费衍射到菲涅耳衍射

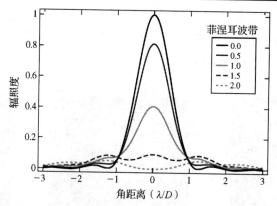

图 10.61 圆孔包含大约 0 个、0.5 个、1.0 个、1.5 个、2.0 个菲涅耳波带时的辐照度分布。曲线重叠以便比较

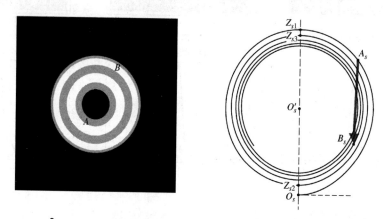

图 10.62 一个包含大约 $3\frac{2}{3}$ 个波带的环形孔。不透光的中心圆盘（A 点在它的边上）挡掉第一个波带的大约三分之二。点 B 在开孔的外缘上，对应于振动曲线的点 B_s。相矢量 $\overrightarrow{A_s B_s}$ 给出轴上观看波带点上的电场振幅

平面波

现在假定把点光源移到离衍射屏很远的地方，使入射光可以看成平面波（$\rho \rightarrow \infty$）。参看图 10.63，现在来推导第 m 个波带的半径 R_m 的表示式。由于 $r_m = r_0 + m\lambda/2$，于是

$$R_m^2 = (r_0 + m\lambda/2)^2 - r_0^2$$

因此

$$R_m^2 = mr_0\lambda + m^2\lambda^2/4 \qquad (10.90)$$

在大多数情况下，只要 m 不是特别大，（10.90）式中的第二项可以忽略。因此

$$R_m^2 = mr_0\lambda \qquad (10.91)$$

即半径正比于整数的平方根。用一台准直的氦氖激光器（$\lambda_0 = 632.8$ nm），从 1.58 m 的距离上看，第一个波带的半径 1 mm。在这些具体条件下，只要 $m \ll 10^7$，（10.91）式就可以用，这时 $R_m = \sqrt{m}$（以毫米为单位）。图 10.58 这时需要作一点修改，即直线 O_1P_1、O_2P_2 和 O_3P_3 现在是从观察点向 Σ 作的垂线。

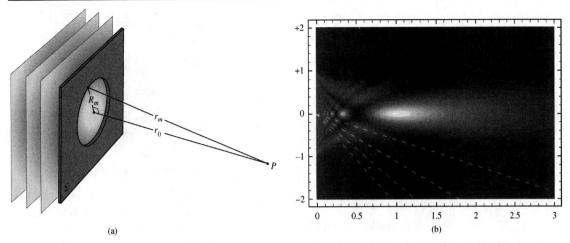

图 10.63 （a）平面波入射到圆孔上。（b）三维辐照度分布的截面。水平轴的单位是 R^2/λ，垂直轴的单位是 R，R 是孔的半径。于是孔从 $+1$ 延伸到 -1。在距离 $R^2/\lambda = r_0$ 处，孔包含一个菲涅耳波带，辐照度为极大。再远时 $I(r)$ 单调下降，直至远场区。夫琅禾费辐照度分布的头四个零点落在虚线上

例题 10.10 一个不透光屏 Σ 上有一个直径为 2.00 mm 的圆孔。波长 $\lambda_0 = 550$ nm 的单色点光源位于垂直于 Σ 的中心轴上。光源在 Σ 前面 3.00 m，观察点 P 在 Σ 后面 3.00 m 的中心轴上。计算从 P 点看填满圆孔的菲涅耳波带的数目。在 P 点是个亮点还是个黑点？证实衍射图样是近场衍射。

解

从点光源 S 到孔中心 O 的距离为 ρ。从 O 到 P 的距离为 r_0。因此，

$$N_F = \frac{(\rho + r_0)R^2}{\rho r_0 \lambda} = \frac{(3.00 + 3.00)(2.00 \times 10^{-3})^2}{(3.00)(3.00)(550 \times 10^{-9})}$$

$$N_F = \frac{6.00(4.00 \times 10^{-6})}{4.95 \times 10^{-6}}$$

所以波带数目 $N_F = 4.8$。N 是 5 时，P 是亮点；$N = 4.8$ 是比较亮的点。

按照 10.1.2 节，夫琅禾费衍射的条件是

$$R > a^2/\lambda$$

其中 a 是孔的最大宽度，R 是从 S 到 Σ 或从 Σ 到 P 中距离短的那一个。这里 $R = 3.00$ m，$a = 2.00$ mm，$\lambda = 550$ nm。因为

$$a^2/\lambda = (2.00 \times 10^{-3})^2/550 \times 10^{-9}$$

所以 $a^2/\lambda = 7.3$ m

而 $R = 3.00$ m。这是菲涅耳衍射。

10.3.4 圆形障碍物

1818 年，菲涅耳参加了法国科学院主办的一次竞赛。在发生了一个很有趣的故事之后，他的关于衍射理论的论文最后赢得了头奖和荣誉论文的称号。评审委员会由拉普拉斯、毕奥、泊松、阿拉果和盖吕萨克组成，这的确是一个不好对付的小组。泊松是反对光的波动说的一个积极分子，他从菲涅耳理论推出一个引人注目的并且似乎站不住脚的结论：在圆形不透明

障碍物的阴影的中心能够看到一个亮点；他觉得这个结论证明了菲涅耳的方法是荒谬的。从下述有点过于简单的论据，我们可以得到同样的结论。我们还记得，一个未受阻碍的波产生一个扰动 $E \approx |E_1|/2$，见（10.85）式。如果某种障碍物正好盖住第一菲涅耳波带，因此将它的贡献 $|E_1|$ 减掉，那么 $E \approx -|E_1|/2$。因此，轴上的某一点 P 的辐照度并不因插入那个障碍物而发生变化。泊松作为对波动说的致命一击而提出的这一惊人的预言，几乎立即就由阿拉果在实验上证实了；亮点确实存在。有趣的是，泊松亮点（这是它现在的名称）早在多年以前（1723 年）就已经被马拉耳第（Maraldi）观察到了，但这一工作长期没被人们注意[1]。

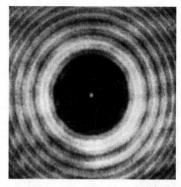

一个直径为 3 mm 的滚珠的阴影。滚珠贴在普通的显微镜玻片上。用氦氖激光器照射。出现的一些微弱的非同心圆条纹，是由光束中的显微镜玻片和透镜引起的

我们来更仔细地考察这个问题，从照片可以明显看出，在实际的阴影图样中有着丰富的结构。如果不透明的障碍物（可以是一个圆盘或一个球）遮住了前 ℓ 个波带，则

$$E = |E_{\ell+1}| - |E_{\ell+2}| + \cdots + |E_m|$$

（同前面一样，这里的符号除了交替项必须相减之外，没有绝对的意义）。与对圆孔径的分析不同，这里 E_m 趋于零，因为 $K_m \to 0$。这个级数必须用同未受阻碍的波的同样方法[（10.78）式和（10.79）式]来计算。重复前述步骤，得到

$$E \approx \frac{|E_{\ell+1}|}{2} \tag{10.92}$$

中央轴上的辐照度一般只比未受阻挡的波的辐照度稍小一点。**除了紧挨着圆形障碍物之后的地方之外，中央轴上处处有亮点。在圆盘周界范围外传播的子波以同一相位在中央轴上相遇。**注意，当 P 移近圆盘时，θ 增大，$K_{\ell+1} \to 0$，辐照度逐渐下降到零。如果圆盘很大，那么第（$\ell+1$）个波带非常窄，障碍物表面上的任何不规则性都可能严重地遮挡那个波带。为了易于观察到泊松亮点，障碍物必须很光滑而且是圆形的。

如果 A 是圆盘或圆球周界上的一点，A_s 是振动曲线上对应的点（图 10.64）对于固定的一点 P，随着圆盘的增大，A_s 沿反时针方向沿螺线绕向 O_s'，振幅 $A_s O_s'$ 逐渐减小。当 P 向着大小固定的圆盘移动时，发生同样的情况。对于小的障碍物时，$A_s O_s'$ 近似等于 $O_s O_s'$，轴上 P 点的辐照度近似等于没有障碍物的辐照度。

在中央轴外的地方，在图 10.58 中的圆孔径情况下

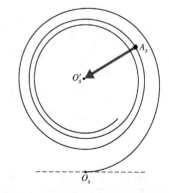

图 10.64　用于圆形障碍物的振动曲线

被遮挡的波带现在将会显露出来，显露出来的波带则被遮住。因此，环绕着中央亮点将会有整整一系列同心亮环和暗环（图 10.65）。

这个不透明圆盘把 S 成像在 P，相仿地也将对一个扩展光源中的每一点成一个粗糙的像。坡耳（R. W. Pohl）已经证明，因此可以用一个小圆盘作一个粗糙的正透镜。

---

[1] 见 J. E. Harvey and J. L. Forgham, "The spot of Arago: New relevance for an old phenomenon", *Am. J. Phys.* **52**, 243(1984).

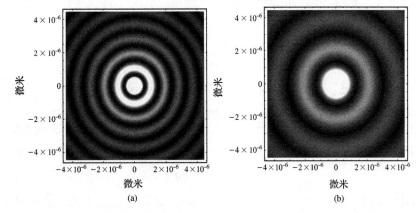

图 10.65　泊松亮点。这些计算机生成的像显示了衍射图样的内区。环的亮度被故意增强以便看清楚。圆障碍物的直径为 40 μm。（a）$\lambda = 350\,nm$；（b）$\lambda = 700\,nm$

观察衍射图样没有什么困难，但是需要有一个望远镜或双筒望远镜。把一个小的滚珠（直径约为 3 mm 或 6 mm）粘到一块显微镜玻片上，玻片可以用手拿着。把滚珠放在离点光源几米外的地方，并在离它 3 m 或 4 m 远的地方观察。把它放在光源的正前方而且把光源完全挡住。由于 r_0 很大，需要用望远镜来放大这个像。如果你能够把望远镜拿得很稳，光环系统应当很清晰。

10.3.5　菲涅耳波带片

在前面的讨论中，利用了相继的两个菲涅耳波带趋于相互抵消这一性质（图 10.66）。这意味着，如果把全部偶数波带或奇数波带除掉，我们将观察到 P 处辐照度的惊人增大。能改变每隔半个周期的波带内的光的振幅或相位的屏，叫做**波带片**[①]。

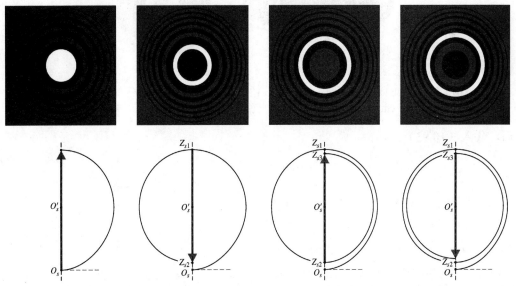

图 10.66　相继的波带的相矢量符号相反。它们的长度非常接近，所以遮挡所有的奇数编号或者偶数编号的波带都会极大地增加电场振幅，使它等于所有相矢量之和

[①] 波带片看来是瑞利发明的。证据是他的笔记本中 1871 年 4 月 11 日的这段记载："挡掉奇数惠更斯波带以增大中心的光强这个实验非常成功。"

假设要做一个波带片，它只通过前 20 个奇数波带而挡掉偶数波带，则

$$E = E_1 + E_3 + E_5 + \cdots + E_{39}$$

并且其中每一项都近似相等。对于一个未受阻碍的波阵面，P 处的扰动应为 $E_1/2$，然而，用了这个波带片则 $E \approx 20E_1$。把图 10.66 的所有奇数波带或偶数波带的相矢量头尾相接相加，在轴上产生了非常大的电场振幅。辐照度增加到 1600 倍。

要计算图 10.67 中所示的波带的半径，参看图 10.68。第 m 个波带的外缘标以点 A_m。按定义，走过路程 S—A_m—P 的光同走过路程 S—O—P 的光到达时的相位必须差 $m\lambda/2$，即

$$(\rho_m + r_m) - (\rho_0 + r_0) = m\lambda/2 \tag{10.93}$$

显然，$\rho_m = (R_m^2 + \rho_0^2)^{1/2}$ 和 $r_m = (R_m^2 + r_0^2)^{1/2}$。利用二项式级数把这两个式子展开。由于 R_m 很小，只保留前两项，给出

$$\rho_m = \rho_0 + \frac{R_m^2}{2\rho_0} \quad \text{和} \quad r_m = r_0 + \frac{R_m^2}{2r_0}$$

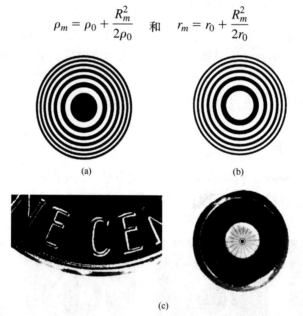

(a)　　(b)

(c)

图 10.67　（a）和（b）波带片。（c）用来对 α 粒子成像的波带片，α 粒子来自前面 1 cm 的靶，在后面 5 cm 的底片上成像。波带片直径 2.5 mm，包含 100 个带，最窄的带为 5.3 μm 宽

最后，代入（10.93）式，

$$\left(\frac{1}{\rho_0} + \frac{1}{r_0}\right) = \frac{m\lambda}{R_m^2} \tag{10.94}$$

在平面波照明下（$\rho_0 \rightarrow \infty$），（10.94）式化为

$$R_m^2 = mr_0\lambda \tag{10.91}$$

它是（10.90）式表述的精确表示式的一个近似。（10.94）式和薄透镜公式有相同的形式，这并不仅是一个巧合，因为实际上 S 在会聚的衍射光中成像在 P 点。因此，主焦距是

$$f_1 = \frac{R_m^2}{m\lambda} \tag{10.95}$$

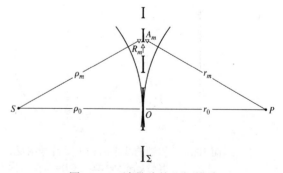

图 10.68　波带片的几何关系

（注意，波带片有强烈的色差。）S 和 P 两点称为共轭焦点。用一光束准直入射（图 10.69），像距就是主焦距或一级焦距，它又对应于辐照度分布中的一个主极大。除了这个实像之外，还有一个虚像，由发散光在 Σ 之前一段距离 f_1 处生成。在离 Σ 一段距离 f_1 的地方，波带片上的各个圆环都刚好被波阵面上的一个个半周期波带填满。如果沿 S-P 轴把一个探头移向 Σ，它会记录下一系列很小的辐照度极大值和极小值，直到离 Σ 为 $f_1/3$ 处。在这个三级焦点上有一个很大的辐照度峰。在 $f_1/5$，$f_1/7$ 等处还有另外的焦点，这就不像一块透镜了，但更不像一块简单的不透明圆盘。

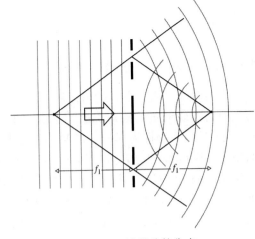

图 10.69 波带片的焦点

按照瑞利的建议，伍德制作了一个相位反转波带片，他不是挡掉每隔一个波带，而是增大每隔一个波带的厚度，因此把它们的相位延迟 π。由于整块板是透明的，振幅应当加倍，辐照度应当增大到 4 倍。实际上，这个装置不可能工作得那么好，因为每个波带上的相位并不真正是常数。在理想情况下，应当使一个波带上的延迟逐渐变化，并在下一个波带开始的地方跳回 π 弧度[①]。

制造光学波带片的通常办法是，画一个大尺寸的模型，然后用照相方法缩小它。具有数百个波带的波带片，可以在准直的准单色光中对牛顿环图样照相来制作。纸板上的铝箔圆环对于微波是很好的波带片。

波带片可以用金属以自支承的辐条结构制成，因此透明区域没有任何材料。这种波带片可以在从紫外到软 X 射线的波段内当透镜用，普通玻璃在这个波段内是不透明的。

例题 10.11 使用 500 nm 波长的光的波带片的主焦距为 200 cm。限制波带片的直径只能稍大于 10.0 cm；它必须包含多少个透明带？找出三级焦点位置，从这个位置波阵面上刚好 3 个菲涅耳半周期带填满波带片的每一个透明区。

解

从（10.95）式

$$f_1 = \frac{R_m^2}{m\lambda}$$

和

$$200 \times 10^{-2} = \frac{(10.0 \times 10^{-3})^2}{m(500 \times 10^{-9})}$$

所以 $m = 100$；波带片上有 100 个透明带。

对于三级焦点，每个透明区由三个半周期的菲涅耳带填满。根据（10.91）式，在 P 点看，从 P 点到头三个半周期菲涅耳带的半径为 $\sqrt{3r_0\lambda}$，它应当等于波带片上第一区的开半径 R_1。换句话说，若 P 是三阶焦点，$r_0 = f_3$，波带片上第一区的半径为

$$R_1 = \sqrt{3r_0\lambda} = \sqrt{3f_3\lambda}$$

① 见 Ditchburn, *Light*, 2nd ed., p. 232; M. Sussman, "Elementary diffraction theory of zone plates," *Am. J. Phys*. **28**, 394 (1960); Ora E. Myers, Jr., "Studies of transmission zone plates," *Am. J. Phys*. **19**, 359 (1951); 以及 J. Higbie, "Fresnel zone plate: Anomalous foci," *Am. J. Phys*. **44**, 929 (1976)。

所以
$$f_3 = \frac{1}{3}\frac{R_1^2}{1\lambda} = \frac{1}{3}f_1$$

10.3.6　菲涅耳积分和矩形孔

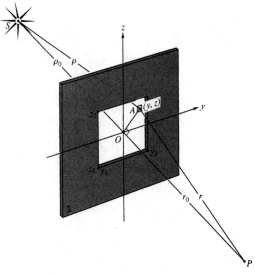

下面讨论一类菲涅耳衍射问题，这类衍射不再具有前面研究过的圆对称性。考虑图 10.70，其中 dS 是位于坐标为 (y,z) 的某一任意点 A 的面积元。原点 O 的位置由从单色点光源向Σ作垂线确定。dS 上的次级光源对 P 点的光扰动的贡献之形式由（10.74）式给出。利用从自由传播的波中所学到的知识$(\varepsilon_A\rho\lambda = \varepsilon_0)$，可以把该式改写成

$$dE_P = \frac{K(\theta)\varepsilon_0}{\rho r\lambda}\cos[k(\rho + r) - \omega t]\,dS \qquad (10.96)$$

上式中相位的符号同（10.74）式相比作了改变，现在的写法与习惯的处理方法一致。在孔的线度比ρ_0和 r_0 小得多的情况下，取 $K(\theta) = 1$ 并在振

图 10.70　矩形孔的菲涅耳衍射

幅系数中令 $1/\rho r$ 等于 $1/\rho_0 r_0$。对相位中引入的近似需要更小心处理，对三角形 SOA 和 POA 应用勾股定理，得到

$$\rho = (\rho_0^2 + y^2 + z^2)^{1/2}$$

和

$$r = (r_0^2 + y^2 + z^2)^{1/2}$$

利用二项式级数把这两个式子展开，得到

$$\rho + r \approx \rho_0 + r_0 + (y^2 + z^2)\frac{\rho_0 + r_0}{2\rho_0 r_0} \qquad (10.97)$$

注意，这个近似要比夫琅禾费分析中用的近似（10.40）式更为敏感，那一近似忽略了孔径变量的二次项和更高次项。用复数表示，P 点的扰动是

$$\tilde{E}_P = \frac{\varepsilon_0 e^{-i\omega t}}{\rho_0 r_0 \lambda}\int_{y_1}^{y_2}\int_{z_1}^{z_2} e^{ik(\rho + r)}\,dy\,dz \qquad (10.98)$$

按照通常的推导形式，引入无量纲变量 u 和 v，其定义为

$$u \equiv y\left[\frac{2(\rho_0 + r_0)}{\lambda\rho_0 r_0}\right]^{1/2} \qquad v \equiv z\left[\frac{2(\rho_0 + r_0)}{\lambda\rho_0 r_0}\right]^{1/2} \qquad (10.99)$$

把（10.97）式代入（10.98）式并用新变量，得到

$$\tilde{E}_P = \frac{\varepsilon_0}{2(\rho_0 + r_0)}e^{i[k(\rho_0 + r_0) - \omega t]}\int_{u_1}^{u_2} e^{i\pi u^2/2}\,du\int_{v_1}^{v_2} e^{i\pi v^2/2}\,dv \qquad (10.100)$$

积分前面的项代表 P 点的未受阻碍的扰动除以 2；且称之为 $\tilde{E}_u/2$。积分本身可以利用两个函数 $\mathscr{C}(w)$ 和 $\mathscr{S}(w)$（其中 w 代表 u 或 v）来计算。这两个量叫做菲涅耳积分，其定义为

$$\mathscr{C}(w) \equiv \int_0^w \cos(\pi w'^2/2)\,dw'$$

$$(10.101)$$

$$\mathscr{S}(w) \equiv \int_0^w \sin(\pi w'^2/2)\,dw'$$

这两个函数已经得到广泛的研究，它们的数值可以从表 10.3 和图 10.71 得到。我们在这里对

它们感兴趣是由于

$$\int_0^w e^{i\pi w'^2/2}\, dw' = \mathscr{C}(w) + i\mathscr{S}(w)$$

而这个式子具有（10.100）式中的积分的形式。于是 P 点的扰动是

$$\tilde{E}_P = \frac{\tilde{E}_u}{2}\,[\mathscr{C}(u) + i\mathscr{S}(u)]_{u_1}^{u_2}\,[\mathscr{C}(v) + i\mathscr{S}(v)]_{v_1}^{v_2} \qquad (10.102)$$

它可以用表中列出的 $\mathscr{C}(u_1)$、$\mathscr{C}(u_2)$、$\mathscr{S}(u_1)$ 等的值计算出来。如果保持孔径的位置固定，而计算观察平面的所有各点上的扰动，算起来将非常之麻烦。我们将代之以固定的 $S{-}O{-}P$ 直线，设想我们在 Σ 平面内通过小位移移动孔径。这样做的效果是使原点 O 相对于固定的孔径发生平移，从而在 P 点对图样进行扫描。O 的每一个新位置对应于一组新的相对边界位置 y_1，y_2，z_1 和 z_2。而这又意味着 u_1，u_2，v_1 和 v_2 的新数值，这些新数值代入（10.102）式时给出新的 $\tilde{E}_p$。只要孔径的移动距离比 ρ_0 小得

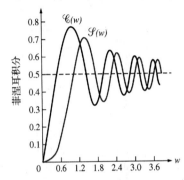

图 10.71　菲涅耳余弦积分和菲涅耳正弦积分

多，这一步骤中遇到的误差可以忽略。因此，这种方法更适合于平面波入射的情况，这时，若 E_0 是入射平面波在 Σ 上的振幅，（10.96）式简单地变为

$$dE_P = \frac{E_0 K(\theta)}{r\lambda}\cos(kr - \omega t)\, dS$$

和前面一样，其中 $\varepsilon_A = E_0/\lambda$。这一次我们令

$$u = y\left(\frac{2}{\lambda r_0}\right)^{1/2} \qquad v = z\left(\frac{2}{\lambda r_0}\right)^{1/2} \qquad (10.103)$$

这里，把（10.99）式中的分子和分母都除以 ρ_0，然后令 ρ_0 趋于无穷大；得到 $\tilde{E}_p$ 的形式和（10.102）式相同，其中 $\tilde{E}_u$ 仍为未受阻碍的扰动。P 点的辐照度是 $\tilde{E}_p \tilde{E}_p^*/2$，于是

$$I_P = \frac{I_u}{4}\left\{[\mathscr{C}(u_2) - \mathscr{C}(u_1)]^2 + [\mathscr{S}(u_2) - \mathscr{S}(u_1)]^2\right\}$$
$$\times \left\{[\mathscr{C}(v_2) - \mathscr{C}(v_1)]^2 + [\mathscr{S}(v_2) - \mathscr{S}(v_1)]^2\right\} \qquad (10.104)$$

其中，I_u 是 P 点未受阻碍时的辐照度。

例题 10.12　$2.00\text{ mm}\times 2.00\text{ mm}$ 的一个方孔，受到波长为 500 nm 的平面波照射。观察点 P 离孔 4.0 m，并且正对着孔中心的 O 点。利用菲涅耳积分是奇函数和表 10.3，求 P 点的辐照度，用未阻挡的辐照度 I_u 表示。

解

从（10.103）式，

$$u = y\left(\frac{2}{\lambda r_0}\right)^{1/2} \quad \text{和} \quad v = z\left(\frac{2}{\lambda r_0}\right)^{1/2}$$

参照图 10.70，$z_1 = -1.00\text{ mm}$，$z_2 = +1.00\text{ mm}$，$y_1 = -1.00\text{ mm}$，$y_2 = +1.00\text{ mm}$。因此 $u_1 = -1.00$，$u_2 = +1.00$，$v_1 = -1.00$，$v_2 = +1.00$。菲涅耳积分是奇函数，所以

$$\mathscr{C}(w) = -\mathscr{C}(-w) \quad \text{和} \quad \mathscr{S}(w) = -\mathscr{S}(-w)$$

（10.104）式变为

$$I_P = \frac{I_u}{4} \left\{ \left[2\mathscr{C}(1) \right]^2 + \left[2\mathscr{S}(1) \right]^2 \right\}^2$$

从表 10.3，$\mathscr{C}(1) = 0.7799$ 和 $\mathscr{S}(1) = 0.4383$，所以

$$I_P = \frac{I_u}{4} \left\{ 2.433\,0 + 0.768\,4 \right\}^2$$

因此

$$I_P = 2.56\,I_u$$

表 10.3 菲涅耳积分

w	$\mathscr{C}(w)$	$\mathscr{S}(w)$	w	$\mathscr{C}(w)$	$\mathscr{S}(w)$
0.00	0.000 0	0.000 0	3.50	0.532 6	0.415 2
0.10	0.100 0	0.000 5	3.60	0.588 0	0.492 3
0.20	0.199 9	0.004 2	3.70	0.542 0	0.575 0
0.30	0.299 4	0.014 1	3.80	0.448 1	0.565 6
0.40	0.397 5	0.033 4	3.90	0.422 3	0.475 2
0.50	0.492 3	0.064 7	4.00	0.498 4	0.420 4
0.60	0.581 1	0.110 5	4.10	0.573 8	0.475 8
0.70	0.659 7	0.172 1	4.20	0.541 8	0.563 3
0.80	0.723 0	0.249 3	4.30	0.449 4	0.554 0
0.90	0.764 8	0.339 8	4.40	0.438 3	0.462 2
1.00	0.779 9	0.438 3	4.50	0.526 1	0.434 2
1.10	0.763 8	0.536 5	4.60	0.567 3	0.516 2
1.20	0.715 4	0.623 4	4.70	0.491 4	0.567 2
1.30	0.638 6	0.686 3	4.80	0.433 8	0.496 8
1.40	0.543 1	0.713 5	4.90	0.500 2	0.435 0
1.50	0.445 3	0.697 5	5.00	0.563 7	0.499 2
1.60	0.365 5	0.638 9	5.05	0.545 0	0.544 2
1.70	0.323 8	0.549 2	5.10	0.499 8	0.562 4
1.80	0.333 6	0.450 8	5.15	0.455 3	0.542 7
1.90	0.394 4	0.373 4	5.20	0.438 9	0.496 9
2.00	0.488 2	0.343 4	5.25	0.461 0	0.453 6
2.10	0.581 5	0.374 3	5.30	0.507 8	0.440 5
2.20	0.636 3	0.455 7	5.35	0.549 0	0.466 2
2.30	0.626 6	0.553 1	5.40	0.557 3	0.514 0
2.40	0.555 0	0.619 7	5.45	0.526 9	0.551 9
2.50	0.457 4	0.619 2	5.50	0.478 4	0.553 7
2.60	0.389 0	0.550 0	5.55	0.445 6	0.518 1
2.70	0.392 5	0.452 9	5.60	0.451 7	0.470 0
2.80	0.467 5	0.391 5	5.65	0.492 6	0.444 1
2.90	0.562 4	0.410 1	5.70	0.538 5	0.459 5
3.00	0.605 8	0.496 3	5.75	0.555 1	0.504 9
3.10	0.561 6	0.581 8	5.80	0.529 8	0.546 1
3.20	0.466 4	0.593 3	5.85	0.481 9	0.551 3
3.30	0.405 8	0.519 2	5.90	0.448 6	0.516 3
3.40	0.438 5	0.429 6	5.95	0.456 6	0.468 8
6.00	0.499 5	0.447 0	6.50	0.481 6	0.545 4
6.05	0.542 4	0.468 9	6.55	0.452 0	0.507 8
6.10	0.549 5	0.516 5	6.60	0.469 0	0.463 1
6.15	0.514 6	0.549 6	6.65	0.516 1	0.454 9
6.20	0.467 6	0.539 8	6.70	0.546 7	0.491 5
6.25	0.449 3	0.495 4	6.75	0.530 2	0.536 2
6.30	0.476 0	0.455 5	6.80	0.483 1	0.543 6
6.35	0.524 0	0.456 0	6.85	0.453 9	0.506 0
6.40	0.549 6	0.496 5	6.90	0.473 2	0.462 4
6.45	0.529 2	0.539 8	6.95	0.520 7	0.459 1

要求出上例中图样的别的某个地方（例如中心左方 0.1 mm 处）的辐照度，于是，相对于 OP 直线移动孔径，有 $u_2 = 1.1, u_1 = -0.9, v_2 = 1.0$ 和 $v_1 = -1.0$。得到的 I_P 也将等于离开中央右方 0.1 mm 处的辐照度。的确，由于孔径是方形的，离开中心正上方或正下方 0.1 mm 处也得到同样的值（见照片）。

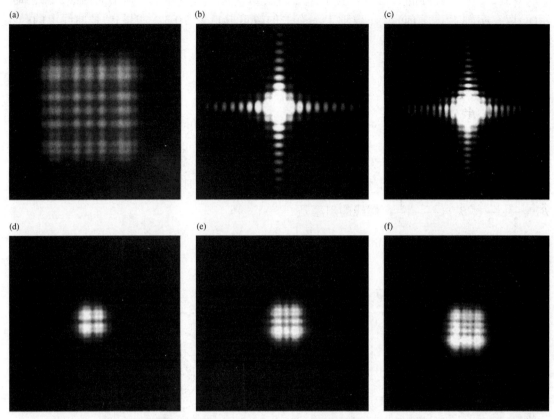

（a）方孔径的一幅典型的菲涅耳图样。（b）～（f）是在相同的条件下，不断增大的方口径的一系列菲涅耳图样。注意，随着孔变得越来越大，图样从展布的类夫琅禾费分布变成一个更为局域的结构

让孔径的尺寸无限增大，我们能够趋近于自由传播的极限情况。应用 $\mathscr{C}(\infty) = \mathscr{S}(\infty) = \dfrac{1}{2}$ 和 $\mathscr{C}(-\infty) = \mathscr{S}(-\infty) = \dfrac{1}{2}$，正对孔径中心的 P 点的辐照度为

$$I_P = I_u$$

这完全正确。考虑到图 10.70 中长度 $\overline{OA}$ 很大时，推导中所做的各种近似不再适用，这个结果是很值得注意的。但是应当认识到，满足上述近似条件的比较小的孔径，仍然可以足够大，大到在正对孔径中心的区域里实际上不显示衍射效应。例如，令 $\rho_0 = r_0 = 1$ m，一个对 P 的张角约为 $1°\sim 2°$ 的孔径，对应的 $|u|$ 和 $|v|$ 的值大约为 $25\sim 50$。这时量 $\mathscr{C}$ 和 $\mathscr{S}$ 非常接近它们的极限值 1/2。因此，进一步增大孔径尺寸，使近似条件受到破坏，只会带来一个小误差。这意味着，只要 $r_0 \gg \lambda$ 和 $\rho_0 \gg \lambda$，我们不必为限制实际的孔径大小而过于操心。远离 O 的那部分波阵面的贡献一定很小，这一情况可归因于倾斜因子和次级子波振幅同 r 的反比关系。

10.3.7 考纽螺线

巴黎理工大学教授考纽（M. A. Cornu，1841—1902）发明了求菲涅耳积分的一种漂亮的几何作图法，它同前面讨论过的振动曲线类似。图 10.72 中的曲线叫做**考纽螺线**，它是当 w 取 0 到 $\pm\infty$ 的一切可能的值时，复平面上的点 $\tilde{B}(w) \equiv \mathscr{C}(w) + i\mathscr{S}(w)$ 画出的曲线。画图时，$\mathscr{C}(w)$ 取在实轴上，$\mathscr{S}(w)$ 取在虚轴上。有关的数值取自表 10.3。如果 $d\ell$ 是曲线上的一小段弧长，有

$$d\ell^2 = d\mathscr{C}^2 + d\mathscr{S}^2$$

根据定义（10.101）式，

$$d\ell^2 = (\cos^2 \pi w^2/2 + \sin^2 \pi w^2/2)\, dw^2$$

和

$$d\ell = dw$$

图 10.72 沿着螺线标出对应于弧长的 w 值。当 w 趋于 $\pm\infty$ 时，这条曲线旋进到它的极限值 $\tilde{B}^+ = \frac{1}{2} + i\frac{1}{2}$ 和 $\tilde{B}^- = -\frac{1}{2} - i\frac{1}{2}$。螺线的斜率是

$$\frac{d\mathscr{S}}{d\mathscr{C}} = \frac{\sin \pi w^2/2}{\cos \pi w^2/2} = \tan \frac{\pi w^2}{2} \tag{10.105}$$

因此，螺线上任一点的切线与 $\mathscr{C}$ 轴的夹角是 $\beta = \pi w^2 / 2$。

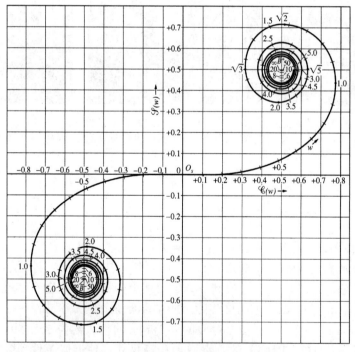

图 10.72 考纽螺线

考纽螺线既可用作定量确定衍射图样的方便工具，也可用来帮助得到一幅衍射图样的定性图像（同振动曲线的情况一样）。作为它的定量使用的一个例子，我们再次考虑上一节讨论过的 2 mm 方孔的衍射问题（$\lambda = 500$ nm，$r_0 = 4$ m，平面波照明）。我们想求的是正对孔中心

的 P 点的辐照度，这一点 $u_1 = -1.0$，$u_2 = 1.0$。变量 u 是沿着弧测量的，即在螺线上把 w 换成 u。在螺线上确定两个点，它们离 O_s 的距离等于 u_1 和 u_2；（这两点相对于 O_s 是对称的，因为 P 现在正对着孔中心）。把这两点分别标为 $\tilde{B}_1(u)$ 和 $\tilde{B}_2(u)$，如图 10.73 所示。从 $\tilde{B}_1(u)$ 引向 $\tilde{B}_2(u)$ 的相矢量 $\tilde{\mathbf{B}}_{12}(u)$ 正是复数 $\tilde{B}_2(u) - \tilde{B}_1(u)$

$$\tilde{\mathbf{B}}_{12}(u) = [\mathscr{C}(u) + \mathrm{i}\mathscr{S}(u)]_{u_1}^{u_2}$$

它是 $\tilde{E}_p$ 的表示（10.102）式中的第一项。相仿地，对于 $v_1 = -1.0$ 和 $v_2 = 1.0$，$\tilde{B}_2(v) - \tilde{B}_1(v)$ 为

$$\tilde{\mathbf{B}}_{12}(v) = [\mathscr{C}(v) + \mathrm{i}\mathscr{S}(v)]_{v_1}^{v_2}$$

它是 $\tilde{E}_p$ 的后面部分。这两个复数的大小正是相应的 $\tilde{\mathbf{B}}_{12}$ 相矢量的长度，它可以用一条尺子并利用两个坐标轴上的分度，从曲线读出。于是辐照度为

$$I_P = \frac{I_u}{4} |\tilde{\mathbf{B}}_{12}(u)|^2 |\tilde{\mathbf{B}}_{12}(u)|^2 \tag{10.106}$$

问题便解决了。注意，沿螺线的弧长，即 $\Delta u = u_2 - u_1$ 和 $\Delta v = v_2 - v_1$，分别与孔径在 y 方向和 z 方向上的总线度成正比。因此这段弧长是常数，与 P 在观察平面上的位置无关。另一方面，架在弧长上的相矢量 $\tilde{\mathbf{B}}_{12}(u)$ 和 $\tilde{\mathbf{B}}_{12}(v)$ 则不是常数，它们的确取决于 P 的位置。

现在我们假定孔径的大小可以调节，但保持 P 正对着衍射孔的中央。随着方孔逐渐开大，Δu 和 Δv 因而也相应增大。这两个弧长的端点 $\tilde{B}_1$ 和 $\tilde{B}_2$ 沿着逆时针方向分别向它们的极限值 $\tilde{B}^-$ 和 $\tilde{B}^+$ 旋进。相矢量 $\tilde{\mathbf{B}}_{12}(u)$ 和 $\tilde{\mathbf{B}}_{12}(v)$（由于对称性，在本例中这两个相矢量完全相同）则通过一系列极值。因此图样中的中央光斑逐渐从相对亮变暗，然后再回复过来。同时，整个辐照度分布从一个漂亮的错综图样连续地变为下一个图样（见第 627 页上的照片）。对于任一特定

的孔径大小，偏心衍射图样可以由对 P 点重新定位来计算。一个有用的方法是把弧长想象成一条弦线，其长度等于 Δv 或 Δu。设想它在螺线上，开始时其中点在 O_s。当 P 点移动时，例如沿着 y 轴向左移动时（图 10.70），y_1 因而 u_1 都变为负得小一些，而 y_2 和 u_2 则变为更大的正数。结果是这条 Δu 弦线滑动螺线之上。当 Δu 弦线的两个端点之间的距离改变时，$|\mathbf{B}_{12}(u)|$ 也改变，辐照度[（10.106）式] 也相应变化。当 P 位于几何阴影的左缘时，$y_1 = u_1 = 0$。随着观察点移进几何阴影区，u_1 变成正数并增大，Δu 弦线现在整个都在考纽螺线的上半部。当 u_1 和 u_2 继续增大时，弦线在 $\tilde{B}^+$ 极限周围绕得越来越紧，它的端点 $\tilde{B}_1$ 和 $\tilde{B}_2$ 越来越靠近，结果 $|\tilde{\mathbf{B}}_{12}(u)|$

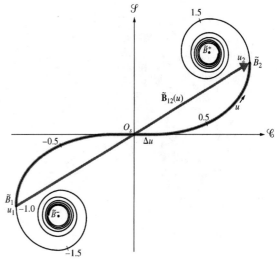

图 10.73　考纽螺线

变得很小，并且 I_P 在几何阴影的区域内减小（在下一节中，将更详尽地回到这个问题上来）。在 z 方向上扫描时，同一过程也适用；这时 Δv 是常数，而 $|\tilde{\mathbf{B}}_{12}(v)|$ 变化。

如果孔完全打开，露出一个未受阻碍的波，那么 $u_1 = v_1 = -\infty$，这意味着 $\tilde{B}_1(u) = \tilde{B}_1(v) = \tilde{B}^-$ 及 $\tilde{B}_2(u) = \tilde{B}_2(v) = \tilde{B}^+$。$\tilde{B}^- \tilde{B}^+$ 直线与 $\mathscr{C}$ 轴成 45° 角，其长度等于 $\sqrt{2}$。因此，相矢量 $\tilde{\mathbf{B}}_{12}(u)$ 和 $\tilde{\mathbf{B}}_{12}(v)$

的大小都为 $\sqrt{2}$ ，相位为 $\pi/4$ ，即 $\tilde{\mathbf{B}}_{12}(u)=\sqrt{2}\exp(\mathrm{i}\pi/4)$ 及 $\tilde{\mathbf{B}}_{12}(v)=\sqrt{2}\exp(\mathrm{i}\pi/4)$ 。由（10.102）式得到

$$\tilde{E}_P = \tilde{E}_u \mathrm{e}^{\mathrm{i}\pi/2} \qquad\qquad (10.107)$$

和 10.3.1 节中一样，除了相位差 $\pi/2$ 外，我们得到了未受阻碍的振幅[①]。最后，用（10.106）式， $I_p = I_u$ 。

图 10.74 画的是从相干线光源传来的一个圆柱面形波阵面，考虑这个图，我们能够对考纽螺线究竟代表什么，构建一幅更易理解的图像。下面的步骤和推导振动曲线时用的步骤完全相同，对于更不慌不忙的讨论，请读者回头参考 10.3.2 节。只要说明下面一点就够了：这个波阵面和一组轴心在 P 点的圆柱面（半径为 $r_0+\lambda/2$ ， $r_0+\lambda$ ， $r_0+3\lambda/2$ ，等等）相交的交线，将此波阵面划分成许多条形半周期波带，这些条形波带的贡献正比于它们的面积，而其面积减小得很快。这一点是和圆形波带不同的，圆形波带的半径增大，从而保持面积近于是常数。每个条形波带同样又分成 N 个子波带，相邻两个子波带的相对相差为 π/N 。中心线以上的波带对振幅的全部贡献的矢量和是一个螺绕的多边形。令 N 趋于 ∞ ，并且把中心线以下的条形波带所产生的贡献也包括在内，使多边形越来越光滑，变成一条连续的考纽螺线。这不会令人感到意外，因为相干线光源产生无穷多个重叠的点光源图样。

图 10.75 示出在螺线的不同位置上的一些单位正切矢量。 O_s 处的矢量对应于穿过波阵面上 O 点的中心轴的贡献。与各个条形波带的边界相应的点的位置可以在螺线上定出，因为在那些位置上的相对相位 β 是 π 的偶数倍或者奇数倍。例如螺线上的 Z_{s1} 点（图 10.75），是同波阵面上的 z_1 （图 10.74）相联系的，根据定义，它同 O_s 的相位差 180° 。因此 Z_{s1} 一定位于螺线的顶部，这里 $w=\sqrt{2}$ ，因为此处 $\beta=\pi w^2/2=\pi$ 。

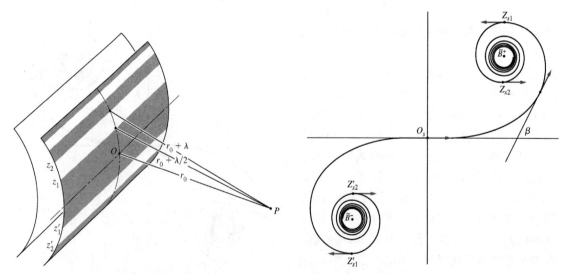

图 10.74　圆柱面形波阵面的波带　　　　　　图 10.75　与圆柱面形波阵面相联系的考纽螺线

在以后的讨论中，分析障碍物的效应时，设想这些条形波带被挡住将会有帮助。很明显，人们甚至能够制造一种适当的波带片，它能做到这一点以得到某些好处，这样的器件已在使用中。

[①] 这个相位差异在 10.4 节中将用基尔霍夫理论解决。

10.3.8 单狭缝的菲涅耳衍射

我们可以把长缝的菲涅耳衍射作为矩形孔问题的推广来处理。这时只需要把矩形拉长，让 y_1 和 y_2 移到离 O 很远的地方，如图 10.76 中所示。当观察点沿 y 轴移动时，只要狭缝两端的垂直边界实际上仍然都在无穷远，则 $u_2 \approx \infty$，$u_1 \approx -\infty$，而 $\tilde{B}(u) \approx \sqrt{2}e^{i\pi/4}$。对于点光源或平面波照明，由（10.106）式有

$$I_P = \frac{I_u}{2}|\tilde{B}_{12}(v)|^2 \tag{10.108}$$

衍射图样与 y 无关。确定狭缝宽度的 z_1 和 z_2 值决定了重要的参量 $\Delta v = v_2 - v_1$，Δv 而它又支配 $\tilde{B}_{12}(v)$。再一次想象我们有一条长度为 Δv 的弦放在螺线上。在正对 O 点的 P 点，孔径是对称的，弦线的中心在 O_s（图 10.77）。只要量出弦长 $|\tilde{B}_{12}(v)|$，并代入（10.108）式，就可以求出 I_p。在 P_1 点 z_1 因而 v_1 负得比原来小，而 z_2 和 v_2 则是比原来大的正数。弧长 Δv（弦线）沿螺线向上移动（图 10.77），弦长将减小。随着观察点向下移入几何阴影，弦线绕着 $\tilde{B}^+$ 卷起来，而弦长则通过一系列相对极值。如果 Δv 很小，我们想象的这根弦线也很小，而弦长 $|\tilde{B}_{12}(v)|$ 只有当螺线自身的曲率半径很小时才显著减小。这种情况发生在 $\tilde{B}^+$ 或 $\tilde{B}^-$ 的附近，即进入几何阴影内很远的地方。因此，只要这个孔径比较小，在孔径边缘外很远的地方还会有光。还要注意，当 Δv 很小时，将有一个很宽的中央极大。实际上，如果 Δv 比 1 小很多，那么 $r_0\lambda$ 比孔宽大很多，夫琅禾费条件成立。当我们知道对于很大的 w 菲涅耳积分有三角函数表示（见习题 10.85）时，这种从（10.108）式向（10.17）式形式的过渡就更显得有道理了。

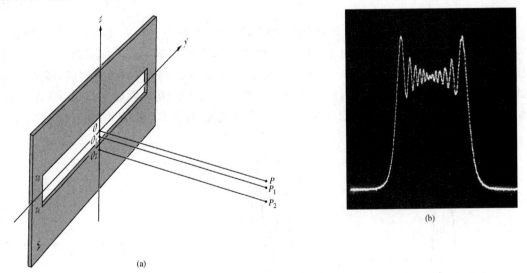

(a)

(b)

图 10.76 （a）单缝的几何关系；（b）很靠近宽狭缝时的典型的近场辐照度分布。用氦氖激光器照明狭缝，用光二极管探测。照片的水平方向为示意图中的 z 方向

随着狭缝变宽，对于固定的 r_0，Δv 变得更大，直到对于正对狭缝中央的一点，情况变得像图 10.78 中那样为止。如果观察点竖直向上或向下移动，则 Δv 沿螺线向下或向上滑动。但是在这两种情况下弦长都增长，因此衍射图样的中央必定是一个相对极小，条纹现在出现在狭缝的几何像之内，不像夫琅禾费图样那样。

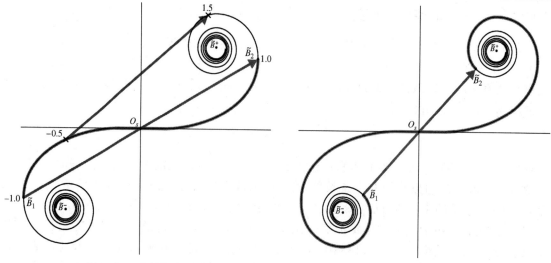

图 10.77 狭缝的考纽螺线

图 10.78 狭缝图样中的一个辐照度极小。
O_s 周围的中心区是打开透光的

图 10.79 是两条 $|\tilde{\mathbf{B}}_{12}(w)|^2$ 对 $(w_1 + w_2)/2$ 的关系的曲线，后者是弧长 Δw 的中心（记住符号 w 代表 u 或 v）。Δw 的范围大约从 1 到 10 的这样一族曲线将覆盖感兴趣的区域。这些曲线是这样计算出来的：首先选取一个特定的 Δw，然后当 Δw 沿着考纽螺线滑动时，从螺线读出相应的 $|\tilde{\mathbf{B}}_{12}(w)|$ 值。对于长狭缝

$$I_P = \frac{I_u}{2}|\tilde{\mathbf{B}}_{12}(v)|^2 \qquad [10.108]$$

由于 Δz 是对应于 Δv 的缝宽，图 10.79 中每条曲线正比于给定狭缝的辐照度分布。例如，图 10.79a 可以读为当 $\Delta v = 2.5$ 时 $|\tilde{\mathbf{B}}_{12}(v)|^2$ 对 $(v_1 + v_2)/2$ 的曲线，横坐标与 $(z_1 + z_2)/2$ 即观察点离开狭缝中央的位移相连系。在图 10.79b 中，$\Delta w = 3.5$，这意味着 $\Delta v = 3.5$ 的一个狭缝有明显的条纹出现在几何像之内，正如预期的那样（习题 10.84）。当然，这些曲线也可以明显地用 Δz 或者 Δy 的值来画出，但那样就会不必要地把它们局限于一组位形参数 ρ_0、r_0 和 λ。

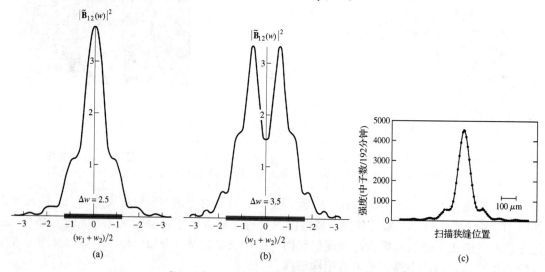

图 10.79 $|\tilde{\mathbf{B}}_{12}(w)|^2$ 对 $(w_1 + w_2)/2$ 的关系曲线。（a）$\Delta w= 2.5$；
（b）$\Delta w = 3.5$；（c）中子束经过单缝的菲涅耳衍射

随着狭缝进一步变宽（图 10.80），Δv 趋近 10 继而超过 10。更多的条纹出现在几何像之内，并且衍射图样不再明显地超出这个像的范围之外。看起来好像是由两个半无穷大的不透光屏生成的（见 10.3.9 节）。

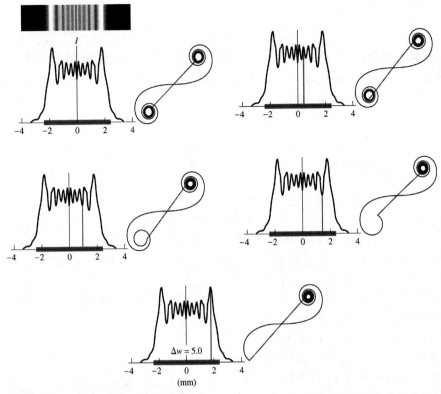

图 10.80　5 mm 宽的竖直狭缝的菲涅耳衍射。5 个相同的辐照度分布图都有一条竖直的灰线，对应于计算衍射的点。相关的考纽螺线上的相矢量代表这几个位置上不同的电场振幅

同样的推理也可以用来分析矩形孔径，这时也可以利用图 10.79 的曲线。

在两个手指之间可以生成一个长而窄的间隙，在距离一臂远的地方实际观察此间隙的菲涅耳衍射。用另一只手在靠近眼睛的地方构成一条类似的平行狭缝。用一个亮光源（如白天的天空或一盏大灯）照明远处的狭缝，通过近处的孔径观察它。在插入近处的狭缝后，远处的缝显得增宽了，而且一行行条纹将明显可见。

例题 10.13　心中想着图 10.76a，考虑一条宽度为 0.70 mm 的水平长狭缝。用图 10.72 的考纽螺线，求出离 O 为 1.0 m 的 P 点辐照度与无障碍光阑的辐照度的近似比值。照明光波长为 600 nm。

解

辐照度的计算可利用（10.108）式

$$\frac{I_P}{I_u} = \frac{1}{2}|\tilde{\mathbf{B}}_{12}(v)|^2$$

首先要计算 v

$$v = z\left(\frac{2}{\lambda r_0}\right)^{1/2}$$

得

$$v = z\left[\frac{2}{600 \times 10^{-9}(1.0\,\text{m})}\right]^{1/2} = z(1825.7)$$

有 $z = \pm\dfrac{1}{2}$（0.70 mm）

$$v_1 = -0.64 \quad \text{和} \quad v_2 = +0.64$$

螺线上每个刻度是 0.1，在 -0.64 的地方画一个点，它是 $\tilde{B}_1$。在 $+0.64$ 的地方画一个点，它是 $\tilde{B}_2$。从 $\tilde{B}_1$ 到 $\tilde{B}_2$ 的相矢量是 $\tilde{B}_{12}$。把它的长度画在一张纸的边上，再用螺线图的横坐标或纵坐标上的刻度量出这个长度。量出 $|\tilde{B}_{12}| \approx 1.25$，所以

$$\frac{I_P}{I_u} = \frac{1}{2}|\tilde{B}_{12}|^2 \approx 0.78$$

10.3.9　半无穷不透明屏

我们现在去掉图 10.76a 中 $\sum$ 的上半部分，构建一个半无穷的平面不透明屏。做到这一点很简单，只要令 $z_2 = y_1 = y_2 = \infty$。记住原来的近似，我们规定几何条件使观察点靠近屏的边缘。由于 $v_2 = u_2 = \infty$ 和 $u_1 = -\infty$，由（10.104）式或（10.108）式得出

$$I_P = \frac{I_u}{2}\left\{\left[\frac{1}{2} - \mathscr{C}(v_1)\right]^2 + \left[\frac{1}{2} - \mathscr{S}(v_1)\right]^2\right\} \qquad (10.109)$$

当 P 点正对着边缘时，$v_1 = 0$，$\mathscr{C}(0) = \mathscr{S}(0) = 0$ 和 $I_p = I_u/4$。这正是我们预期的，因为波阵面的一半被挡掉了，扰动的振幅减半，辐照度降到四分之一。这一情况发生在图 10.81 和图 10.82 中的点（3）上。进入几何阴影区内移到点（2），然后再到点（1）并且进一步向里移动，相继的弦长明显地单调减小（习题 10.85）。在这一区域内不存在辐照度的振荡；辐照度只是迅速下降。在（3）之上的任何一点，屏边缘都在它之下，即 $z_1 < 0$ 和 $v_1 < 0$。大约在 $v_1 = -1.2$ 处，弦长达到最大，辐照度取最大值。此后 I_P 在 I_u 附近振荡，大小逐渐减小。用灵敏的电子学技术可以观察到数百条条纹[1]。

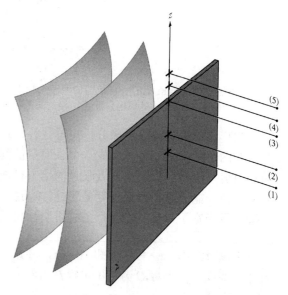

图 10.81　半无穷不透明屏

显然，所附照片中的衍射图样作为一种极限情形会出现在宽缝（Δv 大于 10）的边缘附近。只有当 λ 趋于零时，才会得到几何光学规定的那种辐照度分布。的确，当 λ 减小时，条纹越来越移近边缘，并且范围不断变小。

利用放在宽光源前面一臂远的任何一种狭缝作为光源，可以观察到直边衍射图样。在离眼很近的地方引入一块不透明障碍物（例如一块涂黑的显微镜玻片或刮脸刀片），当障碍物的边在平行于它的光源狭缝前面通过时，就会出现一组条纹。

---

[1] J. D. Barnet and F. S. Harris, Jr., *J. Opt. Soc. Am.* **52**, 637(1962).

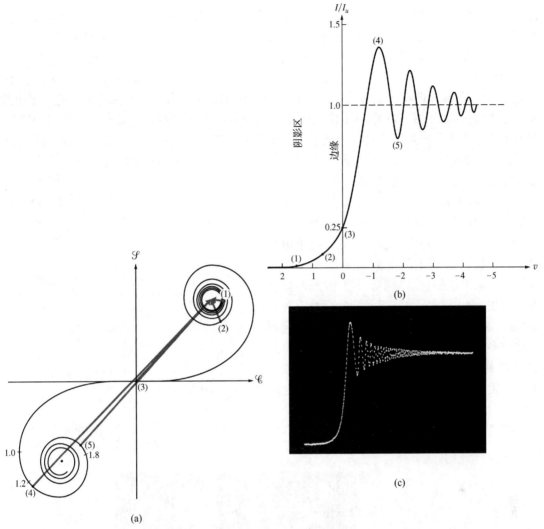

图 10.82 （a）半无穷大屏的考纽螺线；（b）计算得到的对应的辐照度分布；
（c）用光电二极管测量的氦氖激光器照明产生的同一辐照度图样

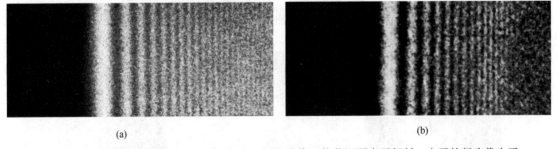

（a）半屏的衍射条纹图样；（b）半平面（MgO 晶体）的菲涅耳电子衍射。电子的行为像光子

10.3.10 狭长障碍物的衍射

回忆一下前面对单狭缝的讨论；考虑其互补情形，即狭缝换成不透明物而屏则透明。例如，让我们想象一根铅直的不透明电线，在正对电线中点的一点上，有两个隔开的区域对它

有贡献，一个从 y_1 延伸到$-\infty$，一个从 y_2 延伸到$+\infty$。在考纽螺线上，它们对应于从 u_1 到 $\tilde{B}^-$ 和从 u_2 到 $\tilde{B}^+$ 的两段弧长。观察平面上一点 P 处的扰动的振幅，是两个相矢量 $\overrightarrow{B^- u_1}$ 和 $\overrightarrow{u_2 B^+}$ 的矢量和的大小，如图 10.83 所示。同不透明圆盘的情形一样，对称性使中央轴上总有一个被照亮的区域。这一点可以从螺线看出，因为当 P 点在中央轴上时 $\overrightarrow{B^- u_1} = \overrightarrow{u_2 B^+}$，它们之和不可能为零。弧长 Δu 代表螺线上被挡住的区域，这个区域随电线直径增大而增大。对于粗电线，u_1 趋于 $\tilde{B}^-$，u_2 趋于 $\tilde{B}^+$，相矢量的长度减小，阴影轴上的辐照度也就降低。这在附的照片中看得很明显，这些照片示出自动铅笔的一段细铅心，和一根直径为 1/8 英寸的棒投映出的图样。设想在观察平面（或底片平面）的 P 点上，有一个很小的辐照度探头。当 P 点离开中央轴向右移动时，y_1 和 u_1 负得更大，而 y_2 和 u_2（它们是正数）则减小。不透明区域 Δu 沿着螺线下滑。当探头正好在几何阴影的边缘上时，$y_2 = 0$，$u_2 = 0$，即 u_2 位于 O_s。注意，如果电线很细，即如果 Δu 很小，当 u_2 趋向 O_s 时，探头将记录到辐照度的逐渐减小。另一方面，如果电线很粗，Δu 很大，则 u_1 和 u_2 也很大，当 Δu 沿螺线向下滑动时，两个相矢量在这个过程中转过许多圈，相位有时相同，有时相异。得到的出现在几何阴影中的极值在中间这张照片中看得很明显。事实上，几何阴影内条纹之间的间隔与棒的宽度成反比，就像图样是由在棒的边缘反射的两个波的干涉（杨氏实验）产生的一样。

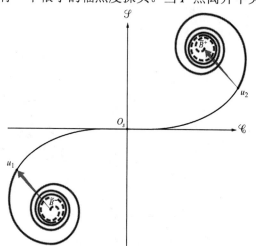

图 10.83　窄障碍物的考纽螺线。O_s 周围的中心区域被挡住，不透光

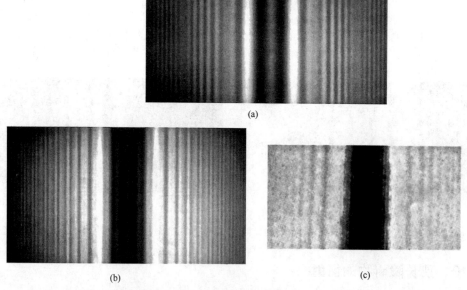

(a)

(b)　　　　(c)

（a）自动铅笔铅心投映出的阴影图样；　（b）直径为 3 mm 的棒投映出的阴影图样；
（c）物质波的衍射，直径为 2 μm 的镀金属的石英丝的菲涅耳电子衍射图样

例题 10.14 考虑水平放置的窄长的不透明长方形物体,其宽度为 0.7 mm,长度很长。中心轴线上的观察点 P 离长方形中心 O 为 1 m。用图 10.72 的考纽螺线求 P 点的辐照度与拿走长方形后的辐照度之比。照明光波长为 600 nm。

解

本题涉及两个相矢量,分别对应来自障碍物上下的光。一个相矢量从 $\tilde{B}^-$ 到 $\tilde{B}_1$,另一个从 $\tilde{B}_2$ 到 $\tilde{B}^+$。先找出 v_1 和 v_2,由它们定出 $\tilde{B}_1$ 和 $\tilde{B}_2$ 的位置。由于

$$v = z\left(\frac{2}{\lambda r_0}\right)^{1/2}$$

所以

$$v = z\left[\frac{2}{600 \times 10^{-9}(1.0 \text{ m})}\right]^{1/2} = z(1825.7)$$

代入 $z = \pm\frac{1}{2}$ (0.70 mm),得到

$$v_1 = -0.64 \qquad 和 \qquad v_2 = +0.64$$

在螺线上找到 −0.64 的点,就是 $\tilde{B}_1$;+0.64 的点,就是 $\tilde{B}_2$。由于 $|\tilde{B}_{-1}| = |\overrightarrow{B^-B_1}|$ 和 $|\tilde{B}_{1+}| = |\overrightarrow{B_1B^+}|$ 彼此相等,都≈0.38。因为这两个相矢量是平行的,合振幅$|\tilde{\mathbf{B}}|$为 ≈0.76。所以

$$\frac{I_P}{I_u} = \frac{1}{2}|\tilde{\mathbf{B}}|^2 \approx 0.29$$

10.3.11 巴俾涅原理

如果一个衍射屏上的透明区正好与另一个衍射上的不透明区对应,并且反过来也一样,则称这两个衍射屏是互补的。两个这样的屏叠合,组合起来的屏显然是完全不透明的。现在,令 E_1 或 E_2 分别为两个互补屏之一 Σ_1 或 Σ_2 单独存在时到达 P 点的标量光扰动。每个孔径的总贡献由对该孔径所围的面积积分来确定。如果两个孔径同时出现,那么根本就没有不透明的区域;积分限趋于无穷,我们就得到不受阻碍的扰动 E_u,于是

$$E_1 + E_2 = E_u \tag{10.110}$$

这就是**巴俾涅(Babinet)原理**。仔细观察图 10.78 和图 10.83,它们画的是透明狭缝和狭长不透明障碍物的考纽螺线图。如果使两个装置成为互补的,那么图 10.84 就清楚地说明了巴俾涅原理。由狭长不透明障碍物引起的相矢量 $(\overrightarrow{B^-B_1} + \overrightarrow{B_2B^+})$ 和由狭缝引起的相矢量 $\overrightarrow{B_2B_1}$ 合起来给出不受阻碍时的相矢量 $\overrightarrow{B^-B^+}$。

这个原理意味着,当 $E_u = 0$ 时,$E_1 = -E_2$,即这两个扰动的大小精确相等,相位差180°。因此,如果用 Σ_1 或 Σ_2 作衍射物,将观察到完全相同的辐照度分布,这很有意思。但是很明显,这个原理不可能完全正确,因为对于点光源发出的一个未受阻碍的波,没有振幅为零的点(即处处 $E_u \neq 0$)。但是,如果像图 10.6 中那样;用一个理想透镜把光源成像在 P_0(Σ_1 或 Σ_2 都不出现),那么在 P_0 的紧邻范围之外(在爱里斑之外),将有一个很大的、振幅实质上为零的区域,在这个区域中 $E_1 + E_2 = E_u = 0$。因此只有对夫琅禾费衍射的情形,互补的屏才会产生等同的辐照度分布,即 $E_1 = -E_2$(除 P 点外)。但是无论如何,(10.110)式在菲涅耳衍射 F 成立,虽然辐照度并不遵从简单的关系。这一点以图 10.84 的狭缝和狭长障碍物为例得到了说明。对于圆孔和圆盘的情形,考察图 10.85。(10.110)式显然仍旧可以用,虽然衍射图样肯定不同。

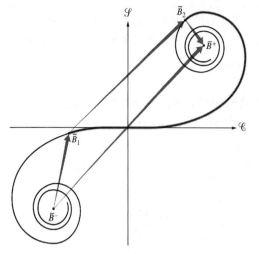

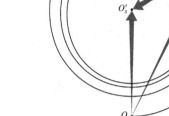

图 10.84 用考纽螺线说明巴俾涅原理　　　　　　图 10.85 用振动曲线说明巴俾涅原理

巴俾涅原理的真正的美在应用于夫琅禾费衍射时最明显，如图 10.86 所示，这时互补屏的衍射图样几乎完全相同。

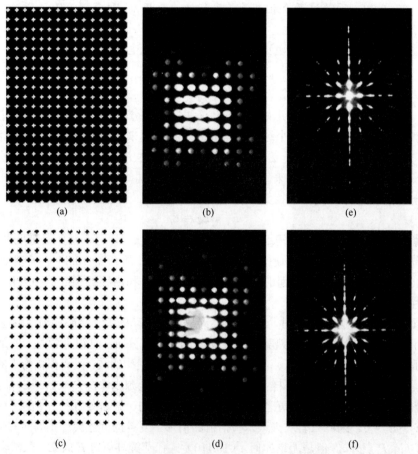

图 10.86 （a）～（d）是棱角磨圆的十字形孔和互补障碍物的规则阵列的白光衍
射图样；（e）和（f）分别是矩形孔和矩形障碍物的规则阵列的衍射图样

10.4 基尔霍夫标量衍射理论

我们在比较简单的惠更斯-菲涅耳原理的范围里，相当满意地描述了许多种衍射情况。但是，这种分析方法的基础，即把波阵面看成是上面盖满了虚拟点光源的表面这整个看法，只是一个假设，而不是从基本原理推导出来的。基尔霍夫的讨论表明，这些结果实际上可以从标量波动微分方程推导出来。

下面的讨论是相当刻板和复杂。因此，我们把部分内容放在附录 B 中，在那里可以尽量追求形式的简练，并且可以为了严格而牺牲易读性。

过去在处理单色点光源的分布时，我们对单个的波进行叠加来计算 P 点的合光扰动 E_P。但是还有另一种完全不同的方法，这种方法是在势论中建立的。在势论中，我们并不关心光源本身，关心的是包围 P 点的一个任意闭曲面上的标量光扰动及其导数。我们假定，作一次傅里叶分析可以把它的成分中各个频率分开，因此每次我们只需讨论一个频率。单色光扰动 E 是波动微分方程

$$\nabla^2 E = \frac{1}{c^2}\frac{\partial^2 E}{\partial t^2} \tag{10.111}$$

的解，没有规定这个波的精确空间性质，可以把它直接写成

$$\tilde{E} = \tilde{\mathscr{E}}e^{-ikct} \tag{10.112}$$

其中 $\tilde{\mathscr{E}}$ 代表扰动的空间部分（用复数表示）。代入波动方程，方程变成

$$\nabla^2\tilde{\mathscr{E}} + k^2\tilde{\mathscr{E}} = 0 \tag{10.113}$$

这个方程叫做亥姆霍兹方程，在书末的附录 B 中借助格林定理求出了它的解。任一点 P 的光扰动，如果用包围 P 的一个任意的闭合面上的光扰动及其梯度的值来表示，求得为

$$\tilde{\mathscr{E}}_P = \frac{1}{4\pi}\left[\oiint_S \frac{e^{ikr}}{r}\nabla\tilde{\mathscr{E}}\cdot \mathrm{d}\vec{\mathbf{S}} - \oiint_S \tilde{\mathscr{E}}\nabla\left(\frac{e^{ikr}}{r}\right)\cdot \mathrm{d}\vec{\mathbf{S}}\right] \tag{10.114}$$

（10.114）式叫做基尔霍夫积分定理，对应的几何情况如图 10.87 所示。

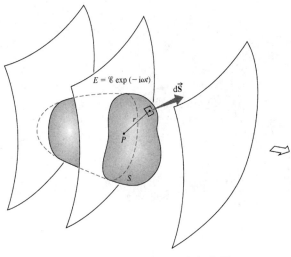

图 10.87 包围 P 点的任意闭合面 S

现在我们把这个定理应用到从一个点光源 S 发出的不受阻碍的球面波的特殊情况，如图 10.88 所示。这个扰动的形式为

$$\tilde{E}(\rho, t) = \frac{\mathcal{E}_0}{\rho} \, \mathrm{e}^{\mathrm{i}(k\rho - \omega t)} \qquad (10.115)$$

此时

$$\tilde{\mathcal{E}}(\rho) = \frac{\mathcal{E}_0}{\rho} \, \mathrm{e}^{\mathrm{i}k\rho} \qquad (10.116)$$

如果把它代入（10.114）式，后者变为

$$\tilde{\mathcal{E}}_P = \frac{1}{4\pi} \left[\oiint_S \frac{\mathrm{e}^{\mathrm{i}kr}}{r} \frac{\partial}{\partial \rho} \left(\frac{\mathcal{E}_0}{\rho} \, \mathrm{e}^{\mathrm{i}k\rho} \right) \cos(\hat{\mathbf{n}}, \hat{\boldsymbol{\rho}}) \, \mathrm{d}S \right.$$

$$\left. - \oiint_S \frac{\mathcal{E}_0}{\rho} \, \mathrm{e}^{\mathrm{i}k\rho} \frac{\partial}{\partial r} \left(\frac{\mathrm{e}^{\mathrm{i}kr}}{r} \right) \cos(\hat{\mathbf{n}}, \hat{\mathbf{r}}) \, \mathrm{d}S \right]$$

其中，$\mathrm{d}\vec{\mathbf{S}} = \hat{\mathbf{n}}\mathrm{d}S$，$\hat{\mathbf{n}}$、$\hat{\mathbf{r}}$ 和 $\hat{\boldsymbol{\rho}}$ 是单位矢量，

$$\nabla\left(\frac{\mathrm{e}^{\mathrm{i}kr}}{r} \right) = \hat{\mathbf{r}} \frac{\partial}{\partial r} \left(\frac{\mathrm{e}^{\mathrm{i}kr}}{r} \right)$$

和

$$\nabla \mathcal{E}(\rho) = \hat{\boldsymbol{\rho}} \partial \mathcal{E} / \partial \rho$$

积分号下的微商是

$$\frac{\partial}{\partial r} \left(\frac{\mathrm{e}^{\mathrm{i}k\rho}}{\rho} \right) = \mathrm{e}^{\mathrm{i}k\rho} \left(\frac{\mathrm{i}k}{\rho} - \frac{1}{\rho^2} \right)$$

和

$$\frac{\partial}{\partial r} \left(\frac{\mathrm{e}^{\mathrm{i}kr}}{r} \right) = \mathrm{e}^{\mathrm{i}kr} \left(\frac{\mathrm{i}k}{r} - \frac{1}{r^2} \right)$$

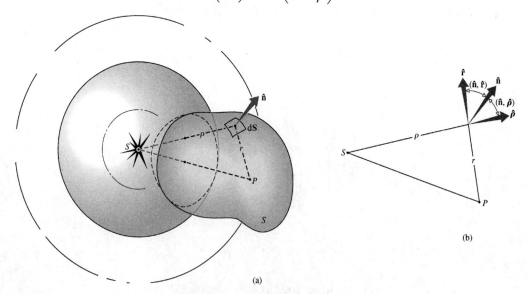

(a)

图 10.88 从点 S 射出的球面波

当 $\rho \gg \lambda$ 及 $r \gg \lambda$ 时，$1/\rho^2$ 项和 $1/r^2$ 项可以忽略。这一近似在光学波段很好，但是对微波不一定对。往下做，我们写出

$$\tilde{\mathscr{E}}_p = -\frac{\varepsilon_0 i}{\lambda} \oiint_S \frac{e^{ik(\rho + r)}}{\rho r} \left[\frac{\cos(\hat{\mathbf{n}}, \hat{\mathbf{r}}) - \cos(\hat{\mathbf{n}}, \hat{\boldsymbol{\rho}})}{2} \right] dS \qquad (10.117)$$

这个式子叫做菲涅耳–基尔霍夫衍射公式。

仔细考察（10.96）式，此式表示惠更斯–菲涅耳理论中面元 dS 在 P 点产生的扰动，将这个式子同（10.117）式比较。在（10.117）式中，对角度的依赖关系包含在单独一项 $\frac{1}{2}[\cos(\hat{\mathbf{n}}, \hat{\mathbf{r}}) - \cos(\hat{\mathbf{n}}, \hat{\boldsymbol{\rho}})]$ 之中，我们将把它叫做**倾斜因子** $K(\theta)$，后面将会证明它等价于（10.72）式。还要注意，k 处处都可以换成 $-k$，这是因为我们肯定可以把（10.115）式的相位选成（$\omega t - k\rho$）。想着（10.112）式，把（10.117）式两边都乘以 $\exp(-i\omega t)$，则微分元是

$$dE_P = \frac{K(\theta)\varepsilon_0}{\rho r \lambda} \cos[k(\rho + r) - \omega t - \pi/2] dS \qquad (10.118)$$

它是离 P 点距离 r 的面积元 dS 产生的对 E_P 的贡献。相位中的 $\pi/2$ 项得自 $-i = \exp(-i\pi/2)$。因此，基尔霍夫理论也给出同样的总结果，而且它还包含了正确的 $\pi/2$ 相移，这是惠更斯–菲涅耳处理方法中没有的。

我们还必须保证能够使曲面 S 对应于波阵面的不受阻挡的部分，如同在惠更斯–菲涅耳原理中那样。对于从点源 S 发出的自由传播的球面波，构建图 10.89 所示的双连通区域。曲面 S_2 完全包围了小球面 S_1。在 $\rho = 0$ 处，扰动 $E(\rho, t)$ 有一个奇点，因此完全被排除在 S_1 和 S_2 之间的体积 V 之外。面积分现在必定包括两个曲面 S_1 和 S_2。但是现在可以让 S_2 向外无限增大，让它的半径趋于无穷。这时它对面积分的贡献为零。（不论入射扰动的形式如何，只要它下降得至少同球面波一样快，这个结论就成立。）余下的曲面 S_1 是中心在点光源的一个球面。由于在 S_1 上 $\hat{\mathbf{n}}$ 和 $\hat{\boldsymbol{\rho}}$ 反平行，由图 10.88b 显然有，角 $(\hat{\mathbf{n}}, \hat{\mathbf{r}})$ 和 $(\hat{\mathbf{n}}, \hat{\boldsymbol{\rho}})$ 分别是 θ 和 $180°$。于是倾斜因子变成

$$K(\theta) = \frac{\cos\theta + 1}{2}$$

即（10.72）式。显然，由于进行积分的曲面 S_1 以 S 为中心，它的确相当于某一时刻的球形波阵面。**因此惠更斯–菲涅耳原理可以直接追溯到标量波动微分方程。**

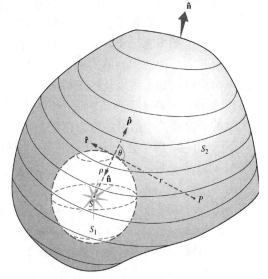

图 10.89 包围 S 点的双连通区域

我们对基尔霍夫原理不想讨论更多了，不过要简要指出如何把它应用于衍射屏情形。一般取包围观察点 P 的单个闭合积分曲面为整个屏 Σ 再戴上一顶无穷大半球面帽子。于是需要考虑三个不同的区域。无穷大半球面对积分的贡献为零。此外，假定紧靠不透明屏之后不存在扰动，所以这第二个区域也没有贡献。因此 P 点的扰动只由孔的贡献确定，只需要在这个区域上积分（10.117）式。

于是，利用惠更斯–菲涅耳原理获得的圆满结果现在在理论上得到了充分的论证，主要的限制是 $\rho \gg \lambda$ 及 $r \gg \lambda$。

10.5　边界衍射波

在 10.1.1 节中说过，可以想象衍射波是由一个虚构的次级发射体的分布所产生的，这些发射体散布在波阵面上的不受阻碍部分，这就是惠更斯-菲涅耳原理。然而，还有另一种全然不同并且很吸引人的可能性。假定入射波使衍射屏 Σ 背面的电子发生振荡，然后这些电子产生辐射。我们预计会有双重效应。首先，远离孔径边界的所有振子都向后朝着光源辐射，使得除了孔径自身的投影之内的点之外，在一切点上都抵消入射波。换句话说，如果这是唯一产生贡献的机制，那么在观察平面上会出现孔径的一个理想的几何像。然而，还存在着由孔径边界附近的那些振子产生的另一项贡献。这些次级波源辐射的一部分能量向前方传播。这个散射波（称为边界衍射波）和初波的不受阻碍部分（称为几何波）的叠加给出了衍射图样。考察下述装置，会看到一个很有说服力的理由要求仔细考虑这一方案。在一张纸上撕一个任意形状的小孔（半径 ≈ $\frac{1}{2}$ cm），把它拿在一臂远的地方，看一个在几米之外的普通电灯泡。即使你的眼睛在阴影区，孔径的边缘也被照得很亮。下面的波纹槽照片也说明了这个过程。注意狭缝的每个边缘如何像是一个圆形扰动的中心，这个扰动传播到孔径之外。波纹槽里没有电子振子，这意味着这些观念有一定的普遍性，也适用于弹性波。

用边界散射波同几何波的干涉来描述衍射，也许比惠更斯-菲涅耳原理中虚构的发射体在物理上更有吸引力。然而，它并不是一个新概念。实际上，在菲涅耳关于衍射的著名研究报告之前，它已由知识渊博的杨氏首先提出来了。但当时菲涅耳的杰出成就，却遗憾地使杨氏信服，放弃了自己的观念。他在 1818 年致菲涅耳的一封信中最后这样做了。由基尔霍夫的工作加强的菲涅耳关于衍射的概念得到人们的普遍接受，并一直持续下来（直到 10.4 节）。杨氏理论开始复活是在 1888 年。当时 G. A. Maggi 证明：至少就点光源而言，基尔霍夫的分析等效于由两项产生的贡献。其中一项是几何波；另一项是一个积分，遗憾的是，那时找不到这个积分明确的物理解释。

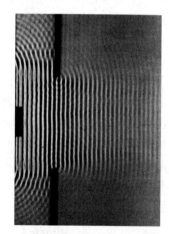

波纹槽中穿过一个狭缝的波

E. Maey 在他的博士论文（1893 年）中证明：对于半无穷大平面的情况，的确可以从修正后的基尔霍夫理论得出一个边界波。索末菲给出的半平面问题的严格解（见 10.1 节）表明：从屏的边缘确实发出一个柱面波。它传播到几何阴影区，也传到被照明的区域。在后一区域中，边界衍射波与几何波结合，完全和杨氏理论一致。A. W. Rubinowicz 在 1917 年已经能证明：平面波或球面波的基尔霍夫公式，可以适当地分解成两个所要求的波，从而揭示了杨氏的观念基本上正确。后来他又确定，在一级近似上，边界衍射波是初波在孔径边缘反射生成的。1923 年，F. Kottler 指出了 Maggi 的解和 Rubinowicz 的解的等价性，现在人们称之为 Young-Maggi-Rubinowicz 理论。最近，宫本镰郎（Kenro Miyamoto）和 E. Wolf（1962 年）已经把边界衍射波推广到任意的入射波的情形[①]。

[①] A. Rubinowicz 的文章中有很全面的参考文献目录，见 *Progress in Optics*, Vol.4, p.199。

　　凯勒（J. B. Keller）提出了解决这个问题的一个很有用的现代方法。他发展了衍射的几何理论，这个理论同杨氏的边界波图像有密切联系。除普通的几何光学光线以外，他假设还存在衍射光线。支配这些衍射光线的法则类似于反射定律和折射定律，用这些法则来确定最后得到的场。

习题

除带星号的习题外，所有习题答案都附在书末。

10.1　在不透明屏上有一个直径为 a 的圆孔，点光源 S 到圆孔中心的垂直距离为 R。如果 S 到周界的距离是（$R + \ell$），证明：当

$$\lambda R >> a^2/2$$

时，在很远的屏上将出现夫琅禾费衍射。如果孔的半径是 1 mm，$\ell \leqslant \lambda/10$，$\lambda = 500$ mm，那么满足上述条件的 R 至少是多大？

10.2*　在 10.1.3 节我们谈到过在直线排列的振子之间引入一个固有相移 ε。心中想着这点，证明：当入射平面波与狭缝的平面成 θ 角时，（10.18）式变成

$$\beta = (kb/2)(\sin\theta - \sin\theta_i)$$

10.3　参考第 561 页上的多天线系统，计算相邻波瓣（主极大）之间的角间隔和中心极大的宽度。

10.4　考察图 10.3 的装置，看看在透镜的像空间里发生了什么事；换句话说，搞清楚出射光瞳位置和衍射过程的关系。证明题图 P.10.4 的装置等价于图 10.3 的装置，因此将发生夫琅禾费衍射。自己设计至少一个这种装置。

10.5*　考虑单缝夫琅禾费衍射。计算中心极大与其两边的第一次极大的辐照度的比值。用图 10.13 检验你的结果。

10.6　单缝夫琅禾费衍射图样的中心和第一个极小值之间的角距离叫做半角宽度。写出它的表示式。狭缝到观察屏的距离为 L，中间没有聚焦透镜，求对应的半线宽度。注意，半线宽度也是相继极小值之间的距离。

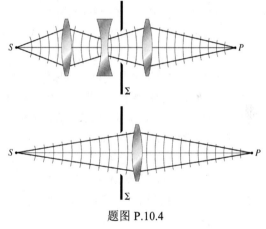

题图 P.10.4

10.7*　不透光屏上单狭缝宽 0.10 mm，用氪离子激光器（$\lambda_0 = 461.9$ nm）照明（在空气中）。观察屏距离 1.0 m。问产生的衍射图样是不是远场衍射图样，计算中心极大的角宽度。

10.8*　不透光屏上单狭缝（在空气中）用氦氖激光器的 1152.2 nm 红外光照明，其夫琅禾费衍射图样的第 10 个暗带的中心与中心轴成 6.2°角。求狭缝的宽度。如果整个装置不是放在空气（$n_a = 1.000\ 29$）中而是浸在水（$n_w = 1.33$）中，第 10 个暗带中心将在什么角度出现？

10.9　一束准直的微波投射在包含一条 20 cm 宽水平狭缝的金属屏上。一个在远场区域平行于屏移动的探测器在中心轴之上 36.87°角处找到辐照度第一个极小。求辐射的波长。

10.10*　来自镁灯（$\lambda = 518.36$ nm）的平面波垂直照射在不透光的屏上，屏上有一条 0.250 mm 宽的长狭缝。附近一面大的正透镜在观察屏上生成夫琅禾费衍射图样的锐取焦像。第 4 个暗纹的中心离中心轴 1.20 mm。求透镜的焦距。

10.11* 用焦距为 f 的透镜在观察屏上生成单缝夫琅禾费衍射图样。证明第一个辅亮带的峰在屏上离中心轴的距离 Y 为

$$Y \approx 1.4303 \frac{\lambda f}{b}$$

10.12* 绿光（$\lambda = 546.1$ nm）平面波垂直投射到不透光屏的一条长狭缝（0.15 mm 宽）上。狭缝后面紧贴着放置一面焦距为 + 62.0 cm 的大透镜，在焦平面上生成夫琅禾费衍射图样。求中心辐照度主极大的宽度（零到零）。

10.13* 一条宽度为 0.20 mm 的长狭缝被准直的氢蓝光（$\lambda = 486.1$ nm）照射。狭缝后面紧贴着放置一面焦距为 60.0 cm 的大透镜，在透镜的焦平面产生衍射图样。辐照度的第一个和第二个零点距离多远？

10.14 对于双缝夫琅禾费衍射图样，若 $a = mb$，证明中心衍射极大内的亮纹数目（包括不完整的部分）为 $2m$。

10.15* 不透光的屏上有两条长狭缝，宽 0.10 mm，相隔 0.20 mm。照明光波长 500 nm。如果观察屏 2.5 m 远，衍射图样是对应于夫琅禾费衍射还是菲涅耳衍射？中心亮带内将看到多少条杨氏条纹？

10.16* 在一个双缝装置中，每条狭缝宽度为 0.020 mm。用钠黄光（$\lambda = 589.6$ nm）的平面波照明。夫琅禾费条纹图样由 11 条窄的亮纹组成，它们的辐照度随着离中心极大的距离逐渐减弱。求狭缝间的间隔。

10.17 求三缝夫琅禾费衍射图样中辅极大的相对辐照度。当 $a = 2b$ 时，画出两缝和三缝辐照度分布的图。

10.18* 单色平面光波照明三条非常窄的平行狭缝，远处观察屏上的电场振幅为 E_{01}。比较合夫琅禾费衍射图样中中间辅助极大和零级主极大的振幅。它和上题的结果比较又怎样？详细说明你的答案。你应当忽略单条狭缝的衍射。

10.19* 安排两个孔径屏产生两个夫琅禾费衍射图样，一个屏上有 8 条很靠近的平台狭缝，另一个有 16 条。其他的条件都相同，比较它们的辐照度分布。即，每个图样在两个相邻主极大之间有几个辅极大？如果令 16 缝图样的零级峰值辐照度为 1.0，那么 8 缝图样对应的零级峰值辐照度是多少？哪一个的主极大更宽？对每一个画一张草图。

10.20* 假定一个不透光的屏上有 15 条长狭缝。还假定相邻狭缝中心对中心的距离等于 4 倍狭缝缝宽。若夫琅禾费衍射图样出现在一个屏上，求二级主极大与零级极大的辐照度的比值。

10.21* 考虑单色光照明 8 条很窄的狭缝的夫琅禾费衍射图样。（a）画出产生的辐照度分布。（b）从相矢量的观点，解释第一个极小的产生。（c）在两个主极大当中，为什么电场为零？（d）从零级的主极大量起的第二个极小的电场振幅，在相矢量图看起来是什么样的？（e）在上面考虑的每个极小值上，相继两个相矢量之间的角度是多少？

10.22* 从有限宽度的狭缝的辐照度表示式出发，然后让狭缝缩小为极小的面积元，证明此时各个方向的发射都相等。

10.23* 不透光的屏上有一个 0.199 mm（z 方向）×0.100 mm（y 方向）的矩形孔。用氦氖激光器的 543 nm 波长的光照明。一个焦距为 1.00 m 的大的正透镜在其焦平面上生成夫琅禾费衍射图样。求第一个极小在 Y 轴和 Z 轴上的位置。

10.24* 考虑一个 0.200 mm（y 方向）×0.100 mm（z 方向）矩形孔的夫琅禾费衍射图样。照射光是氦氖激光器波长 543 nm 的光，观察屏离孔 10.0 m 远。求沿 Y 轴和 Z 轴离图样中心 1.00 mm 处的相对辐照度。

10.25* 证明：不论孔径的形状如何，只要孔区域上的电场相位不变，夫琅禾费衍射图样有一个对称中心，即 $I(Y,Z) = I(-Y,-Z)$。从（10.41）式开始。在第 11 章我们将看到，这个限制等价于说孔径函数是实值函数。

10.26 记住习题 10.25 的结果，讨论下面的问题：如果孔径自身对某条直线是对称的，那么它的夫琅禾费衍射图样也是对称的。假定是单色平面波正入射。

10.27 从对称性考虑，粗略画出等边三角形孔径和正加号形孔径的夫琅禾费衍射图样。

10.28 题图 P.10.28 是拉长的矩形孔径的远场辐照度分布。这些孔要怎样摆放才能产生这个图样？详细阐明你的理由。

10.29 题图 P.10.29a 和题图 P.10.29b 分别是拉长的矩形孔径的远场电场分布和辐照度分布。描述这些孔的位置排布，说明你的推理。

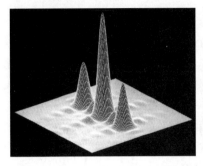 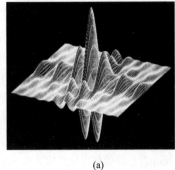 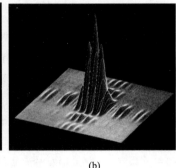

(a)　　　　　　　　　　(b)

题图 P.10.28　　　　　　　　题图 P.10.29

10.30 题图 P.10.30 是计算机生成的夫琅禾费辐照度分布。描述孔径的形状，详述你的理由。

10.31 题图 P.10.31 是不透光屏上某个孔的远场电场分布。描述孔径的形状，详述你的理由。

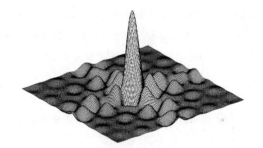

题图 P.10.30　　　　　　　　题图 P.10.31

10.32 根据上面五个问题，辨认题图 P.10.32。说明它是什么、什么孔径会产生它。

10.33* 一个直径 2.4 cm 的正透镜，焦距 100 cm，对远处的一个小的红色（656 nm）氢灯成像。求出现在焦平面上中心圆点的线大小。

10.34* 我们想用业余望远镜上直径为 15 cm 的物镜，把一个遥远星体成像在 CCD 上。假定平均波长为 540 nm，焦距为 + 140 cm，求爱里斑的大小。如果把透镜的直径加倍而别的条件不变，爱里斑的大小怎么变？

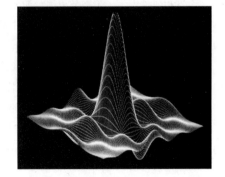

题图 P.10.32

10.35* 想象你正在凝视一颗星。你的扩大了的瞳孔直径为 6.00 mm。典型眼睛中的视网膜在瞳孔后面 21.0 mm。眼球中玻璃体的折射率为 1.337，求你的视网膜上生成的爱里斑的大小。假定平均的真空波长为 550 nm。

10.36* 证实圆孔的远场衍射爱里图样中第一个"环"的峰值辐照度 I_1 有 $I_1/I(0) = 0.0175$。解题时会用到

$$J_1(u) = \frac{u}{2}\left[1 - \frac{1}{1!2!}\left(\frac{1}{2}u\right)^2 + \frac{1}{2!3!}\left(\frac{1}{2}u\right)^4 - \frac{1}{3!4!}\left(\frac{1}{2}u\right)^6 + \cdots\right]$$

10.37* 对于大的 u 值，

$$J_1(u) = \frac{1}{\sqrt{\pi u}}(\sin u - \cos u)$$

用这个关系证明：远离爱里图样中心的相继两个极小之间的角间隔（$\Delta\theta$）为

$$\Delta\theta = \frac{\lambda}{2a\cos\theta}$$

［提示：写出 $\sin\theta$ 的表示式，对 m 求微商，相继的极小 $\Delta m = 1$。］

10.38 由于总是有衍射存在，没有透镜可以把光聚焦为一个理想的点。估计在透镜的焦点上可预期的最小光斑的大小。讨论焦距、透镜直径和光斑大小之间的关系。取透镜的 f 数大约为 0.8 或 0.9，这是快镜头能达到的程度。

10.39 题图 P.10.39 是几个孔的形状。粗略画出每个孔的夫琅禾费衍射图样。注意，圆形区域将产生中心在原点的爱里型圆环系统。

题图 P.10.39

10.40* 假定一个激光器发射一个 2 mm 直径的衍射置限光束（$\lambda_0 = 632.84$ nm）。在距离激光器 376×10^3 km 的月球上光斑有多大？忽略地球大气的效应。

10.41* 如果你通过一个 0.75 mm 的孔看视力检查表，你或许会觉得视力下降了。假定这仅仅是衍射引起的，取 $\lambda_0 = 550$ nm，计算角分辨极限。比较你的结果和 4.0 mm 瞳孔的角分辨极限 1.7×10^{-4} 弧度。

10.42* 我们想观察两颗遥远的亮度相等的星，它们的角距为 50.0×10^{-7} 弧度。假定平均波长为 550 nm，物镜的直径最小要多大才能分辨它们（按照瑞利判据）？

10.43* 用瑞利判据，求人眼刚好能够分辨的相等亮度的两点所张的最小角度。假定瞳孔直径为 2.0 mm，平均波长 550 nm。眼内介质的折射率为 1.337。

10.44* 眼睛的近点为 25 cm。在这里眼睛刚能分辨的两个相同的点距离是多少？参看上题。

10.45 新印象派画家瑟拉（G. Seurat）是点彩派的一个成员。他的画是由无数个紧挨着的纯颜色的小点（≈ 0.1 英寸 $= 2.54$ mm）组成的。颜色混合的感觉在观察者的眼睛内产生。为了产生这种感觉，看画时要站多远？

10.46 帕洛马山天文台望远镜的物镜直径为 508 cm。求波长为 550 nm 时它的角分辨极限是多少，用弧度、度和弧秒表示。帕洛马远镜能分辨月面上相隔多远的物体？月地距离为 3844×10^8 mm，取波长为 $\lambda_0 = 550$ nm。假定人眼的瞳孔直径为 4.00 mm，它能够分辨月球上相隔多远的物体？

10.47* 一个望远镜的物镜直径为 10.0 cm，用来观看两个亮度相等的 550 nm 光源。（a）用瑞利判据。两个光源刚能分辨的角间隔是多少？（b）如果它们在 1000 km 距离处，它们彼此相隔多远？

10.48* 解释为什么可以用发蓝光的激光器改善 DVD 技术。

10.49* 我们想在 161 km（约 100 英里）的距离上读出车牌上的数字（大小约为 5 cm×5 cm），间谍卫星上的物镜需要多大？假定平均波长为 550 nm。

10.50* 哈勃空间望远镜物镜的直径为 2.4 m。若平均波长为 550 nm，求在 600 km（约 370 英里）处的线分辨极限。

10.51* 刻痕间隔 3.0×10^{-6} m 的透射光栅，用一窄束红宝石激光器的红光（$\lambda_0 = 694.3$ nm）照射。距离 2.0 m 的屏上，在不偏转光的两侧出现衍射光斑。两个最近的光斑每个离中心轴多远？

10.52* 刻痕相隔 0.6×10^{-3} cm 的衍射光栅用波长 500 nm 的光照射。三级极大出现在什么角度？

10.53* 一个衍射光栅的黄光（$\lambda_0 = 550$ nm）二级光谱出现在 25° 上。求光栅刻痕的间隔。

10.54* 氢放电灯的准直红光（656.2816 nm）垂直入射在透射光栅上，它的二级谱与中心轴成 42.00° 角。光栅每厘米有多少条刻痕？对于氢光谱中的蓝光（486.1327 nm），它的二级谱的角位置在哪里？

10.55 白光正入射在每厘米 1000 条刻痕的透射光栅上。一级谱中红光（$\lambda_0 = 650$ nm）的角度是多少？

10.56* 实验室的钠灯有两条强的黄线，波长分别为 589.5923 nm 和 588.9953 nm。被一个每厘米 10 000 条线的光栅衍射到 1.00 m 外的屏上，这两条线的一级谱距离多远？

10.57* 记住例题 10.9（P.607）中的透射光栅上应该有多少刻痕，才能够把钠的双线在一级谱分开？比较上题和本题的答案。

10.58* 一个透射光栅的刻痕为 5900 条线/厘米。波长 400 nm 到 720 nm 波段的光正入射到光栅上。一级光谱的角宽度多大？

10.59* 阳光照射在每厘米 5000 条线的透射光栅上。从 390 nm 到 780 nm 这个波段，三级谱和二级谱有没有交叠？

10.60* 一束准直的多色光，波长从 500 nm 到 700 nm，正入射在一个 590 000 条线/米的透射光栅上。如果 s 要让整个二级谱都出现，狭缝最多能多宽？ [提示：二级谱必须出现在每条狭缝的衍射包络里。]

10.61 频率为 4.0×10^{14} Hz 的光入射到每厘米 10 000 条线的光栅上。用这个器件最高能看到哪一级的谱线？加以说明。

10.62* 一个光栅光谱仪，在地球上的真空中对 500 nm 波长的光，将其一阶谱以偏角 20.0° 射出。作为比较，放在星球蒙戈（科幻小说中的星球）上，同一个波长的光以 18.0° 衍射。求蒙戈上大气的折射率。

10.63 证明透射光栅方程式

$$a(\sin \theta_m - \sin \theta_i) = m\lambda \qquad [10.61]$$

与折射率无关。

10.64* 总宽度为 10.0 cm 的光栅，刻线数为 600 线/ mm。其二级谱的分辨本领是多少？对平均波长为 500 nm 的光，能分辨的波长差是多少？

10.65 一个高分辨率光栅宽 260 mm，每毫米 300 条线，自准直时在大约 75° 的角度上。对 $\lambda = 500$ nm 的光的分辨本领大约为 10^6。这个分辨本领 $\mathscr{R}$ 和光谱自由程 $(\Delta\lambda)_{fsr}$，与一台有 1 cm 空气隙和锐度为 25 的法布里-珀罗标准具相比如何？

10.66 一个光栅总共应该有多少条刻痕，才能够在第三级光谱上刚能分辨钠双线（$\lambda_1 = 5895.9$Å，$\lambda_2 = 5890.0$ Å）？

10.67* 一个不透光的屏上无规地分布 30 个圆孔。每个孔都被独自的平面波照明，各个平面波之间彼此完全不相干。描述其远场衍射图样。

10.68 设想你通过一片方形织物观看 20 m 外的点光源（$\lambda = 600$ nm）。如果你看到的是题图 P.10.68 那个样子，即围绕点光源的亮点的方形阵列，最近两个亮点的视距离为 12 cm。问布的纺线有多密？

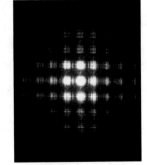

题图 P.10.68

10.69* 写出得到（10.76）式必需的数学推导。

10.70 参看图 10.52，在第 l 带对 $dS = 2\pi\rho^2 \sin\varphi d\varphi$ 积分，得到带的面积为

$$A_l = \frac{\lambda\pi\rho}{\rho + r_0} \left[r_0 + \frac{(2l-1)\lambda}{4} \right]$$

证明到第 l 带的平均距离为

$$r_l = r_0 + \frac{(2l-1)\lambda}{4}$$

所以比值 A_l / r_l 为常数。

10.71* 推导（10.84）式。

10.72* 不透明屏上的圆孔直径为 6.00 mm。用波长 500 nm 的准直光垂直照射。从中心轴上离屏 6.00 m 的 P 点能"看见"多少个菲涅耳带？P 点是亮的还是暗的？在 P 点所在的竖直平面上，衍射图样大概是怎样的？

10.73* 氩离子激光器波长 568.19 nm 的准直光正入射到一个圆孔径上。从距离为 1.00 m 的轴上一点看过去，圆孔显露出第一个菲涅耳半周期带。求圆孔直径。

10.74* 平面波垂直入射到一个有半径为 R 的小圆孔的屏上。从轴上某一点 P 看过去，圆孔显露出半个第一半周期带。P 的辐照度和没有屏时的辐照度相比是多少？〔提示：参看（10.54）式和（10.55）式。〕

10.75* 孔径屏 Σ 上有半径为 ρ_0 的圆孔，点光源 S 位于圆孔前面垂直距离为 ρ_0 处。屏后距离 r_0 是处轴上的观察点 P。证明：在 P 点看到的第 l 个菲涅耳带产生的电场为

$$E_l = (-1)^{l+1} \frac{2\mathcal{E}_0}{(\rho_0 + r_0)} \cos[\omega t - k(\rho_0 + r_0)]$$

10.76* 单色平面波垂直照明屏上一个小圆孔。在孔后面中心轴上一点 P 看，刚好有三个菲涅耳带填满小孔。如果在孔径屏上入射光的辐照度为 I_u，证明 P 的辐照度非常接近 $4I_u$。〔提示：因为是平面波，未受阻挡时 P 的辐照度为 I_u。〕

10.77* 平面波（$\lambda = 550$ nm）垂直入射到不透光屏 Σ 上的 5.00 mm 直径圆孔上。衍射图样在另一个屏 σ 上观测。屏 σ 慢慢移向孔径。移动到什么距离近场图样（亮暗环系统）的第一个辐照度极大落在中心轴的 P 点上？移动到什么距离第一个辐照度极小出现在 P 点？〔提示：当整个第一菲涅耳带完全显露时达到第一个极大。〕

10.78* 一个不透光的屏 Σ 上有一个半径为 R 的圆孔。一个点光源位于 Σ 之前，在圆孔中心轴上距离 ρ_0 处，观测点 P 在 Σ 之后圆孔中心轴上距离 r_0 处。如果 $R = 1.00$ mm，$\rho_0 = 1.00$ m，$r_0 = 1.00$ m，$\lambda_0 = 500$ nm。从 P 看过去圆孔中有几个菲涅耳带？P 点是亮是暗？在包括 P 点的竖直屏上的衍射图样看起来大概是什么样子？

10.79* 考虑上题，设我们将一半径为 R_D 的不透明圆盘放在圆孔中心，使不挡光的区域现在是一个圆环。若 $R_D = 0.5$ mm，求 P 点现在的辐照度（I）与不放圆盘时的辐照度（I_u）之比。

10.80* 一个菲涅耳波带片中心是 $m = 1$ 的透明圆盘，第 10 个透明区的直径为 6.00 mm。求 $\lambda_0 = 600$ nm 时波带片的主焦距。

10.81* 我们想要制作一个菲涅耳波带片，它对氩离子激光器波长 647 nm 的光的主焦距为 2.00 m。问中心的透明孔应该多大？如果它有 30 个透明区，这个波带片的最小直径是多少？

10.82* 一个不透光屏上有个矩形孔，水平方向 2.00 mm，铅直方向 1.00 mm。用波长 500 nm 的准直光束垂直照明。如果入射辐照度为 30.0 W/m²，求孔后 5.0 m 中心轴上一点的近似辐照度。

10.83* 一束红宝石激光器（694.3 nm）准直光束的辐照度为 10 W/m²，垂直照射带有边长 5.0 mm 的方孔的不透光屏。计算离方孔 250 cm 的中心轴上一点的辐照度。检验这是近场衍射。

10.84 用考纽螺线画出 $\Delta w = 5.5$ 时 $|\tilde{\mathbf{B}}_{12}(w)|^2$ 对 $(w_1 + w_2)/2$ 的草图。和图 10.79 的结果比较。

10.85 对于大的 w 值，菲涅耳积分的渐近形式为

$$\mathscr{C}(w) \approx \frac{1}{2} + \left(\frac{1}{\pi w}\right) \sin\left(\frac{\pi w^2}{2}\right)$$

$$\mathscr{S}(w) \approx \frac{1}{2} - \left(\frac{1}{\pi w}\right) \cos\left(\frac{\pi w^2}{2}\right)$$

用它们证明，当 z_1 变大因而 v_1 变大时，半无穷不透光屏阴影区内的辐照度与离边缘的距离成平方反比关系下降。

10.86 如果图 10.81 中的半平面Σ是半透明的，你预期在观测平面上会看到什么？

10.87 氦氖激光器（$\lambda_0 = 632.8$ nm）发出的准直平面波照射在直径为 2.5 mm 的钢棒上，画出离棒 3.16 m 的屏上的衍射图样的草图。

10.88 粗略画出双缝的菲涅耳衍射图样的辐照度函数。在 P_0 点看考纽螺线图是什么样？

题图 P.10.89

10.89* 分别画出题图 P.10.89 所示两个孔径可能的菲涅耳衍射图样的草图。

10.90* 假设图 10.76 中的狭缝非常宽，它的菲涅耳衍射图样看起来是什么样？

10.91* 宽度为 0.1 mm 的长狭缝被距离 0.90 m 处的点光源照明，光的波长为 500 nm。由光源向狭缝中心线引一条垂直线，垂直线上在狭缝后面 2.0 m 的点为观测点。求这一点的辐照度，用没有障碍物时的辐照度来表示。

10.92* 宽度为 0.70 mm 的一条长的水平狭缝被 600 nm 波长的光照明。P 点在狭缝后面 1.0 m 处，正对着狭缝下边缘。没有屏时 P 点的辐照度为 100 W/m^2，求光通过狭缝后 P 点的近似辐照度。用考纽螺线。

10.93* 一个水平放置的狭长的不透光矩阵物体，宽度为 0.70 mm，用波长 600 nm 的光照射。点 P 距此物体 1.0 m，高度和不透光物体的下缘一样高。求有无障碍物时 P 点上辐照度之比。

第 11 章　傅里叶光学

11.1　引言

这一章将进一步讨论第 7 章介绍的傅里叶方法，意图是提供关于这个题目的坚实基础知识，而不是对它作完备讨论。傅里叶分析方法除了数学上的实际威力之外，还给出一个用空间频率处理光学过程的奇妙方法[①]。发现一大堆新的解析结果总是使人兴奋，但是，揭示思索各种物理问题的另一种思想方法也许更有价值——下面我们这两件事都要做[②]。

我们的主要动机是理解光学系统如何处理光以生成像。归根结底，我们想知道的是关于到达像平面的光波的振幅和相位的全部知识。傅里叶方法特别适合于这一任务，因此首先推广前面已开始的对傅里叶变换的讨论。有几个变换式对我们的分析特别有用，首先考虑这些函数的变换式。其中包括 δ 函数，后面将用它代表一个点光源。在 11.3.1 节中，将考虑光学系统如何对一个由大量的 δ 函数点光源构成的物发生响应。在全部讨论中都将探讨傅里叶分析与夫琅禾费衍射之间的关系，但在 11.3.3 节中特别着重讨论这一点。结束本章时将回到像质评价问题，但这次是从一个不同的、虽则是相关的角度出发：不是把物当作点光源的集合处理，而是把它当作平面波的散射体来处理。

11.2　傅里叶变换

11.2.1　一维变换

在 7.4 节我们曾看到，某个空间变量的一维函数 $f(x)$ 可以表示为无穷多个谐波分量的线性组合：

$$f(x) = \frac{1}{\pi}\left[\int_0^\infty A(k)\cos kx\,\mathrm{d}k + \int_0^\infty B(k)\sin kx\,\mathrm{d}k\right] \qquad [7.56]$$

其中，决定各个空间角频率(k)的贡献大小的权重因子 $A(k)$ 和 $B(k)$ 分别是 $f(x)$ 的傅里叶余弦变换式和正弦变换式，由下式给出：

$$A(k) = \int_{-\infty}^{+\infty} f(x')\cos kx'\,\mathrm{d}x'$$

[①] 进一步的非数学讨论见 13.2 节。

[②] 本章的通用参考文献，见 R. C. Jennison, *Fourier Transforms and Convolutions for the Experimentalist*《实验工作者用傅里叶变换和卷积》；N. F. Barber, *Experimental Correlograms and Fourier Transforms*《实验关联图和傅里叶变换》；A. Papoulis, *Systems and Transforms with Applications in Optics*《系统和变换及其在光学中的应用》；J. Gaskill, *Linear System, Fourier Transforms, and Optics*《线性系统、傅里叶变换和光学》；R. G. Wilson, *Fourier Series and Optical Transform Techniques in Contemporary Optics*《傅里叶级数和现代光学中的光学变换技术》；及 B. W. Jones 等人的一套漂亮的小册子 *Images and Information*《图像和信息》。

及

$$B(k) = \int_{-\infty}^{+\infty} f(x') \sin kx' \, dx' \qquad [7.57]$$

其中 x' 是用来进行积分的哑变量，因此 $A(k)$ 和 $B(k)$ 都不是 x' 的显函数，选用什么符号表示这个变量无关紧要。正弦变换式和余弦变换式可以合写为下面的单一复指数表示式：将（7.57）式代入（7.56）式，得

$$f(x) = \frac{1}{\pi} \int_0^{\infty} \cos kx \int_{-\infty}^{+\infty} f(x') \cos kx' \, dx' \, dk + \frac{1}{\pi} \int_0^{\infty} \sin kx \int_{-\infty}^{+\infty} f(x') \sin kx' \, dx' \, dk$$

但由于 $\cos k(x'-x) = \cos kx \cos kx' + \sin kx \sin kx'$，上式可改写为

$$f(x) = \frac{1}{\pi} \int_0^{\infty} \left[\int_{-\infty}^{+\infty} f(x') \cos k(x' - x) \, dx' \right] dk \qquad (11.1)$$

方括号中的量是 k 的偶函数，因此改变外积分限后得

$$f(x) = \frac{1}{2\pi} \int_{-\infty}^{+\infty} \left[\int_{-\infty}^{+\infty} f(x') \cos k(x' - x) \, dx' \right] dk \qquad (11.2)$$

因为我们是在找指数表示式，我们想起欧拉定理。因此，想到

$$\frac{i}{2\pi} \int_{-\infty}^{+\infty} \left[\int_{-\infty}^{+\infty} f(x') \sin k(x' - x) \, dx' \right] dk = 0$$

因为方括号里的因子是 k 的奇函数。将上面两个式子相加，得到傅里叶积分的复数形式[①]

$$f(x) = \frac{1}{2\pi} \int_{-\infty}^{+\infty} \left[\int_{-\infty}^{+\infty} f(x') e^{ikx'} \, dx' \right] e^{-ikx} \, dk \qquad (11.3)$$

于是可以写为

$$f(x) = \frac{1}{2\pi} \int_{-\infty}^{+\infty} F(k) e^{-ikx} \, dk \qquad (11.4)$$

若是

$$F(k) = \int_{-\infty}^{+\infty} f(x) e^{ikx} \, dx \qquad (11.5)$$

在（11.5）式中已令 $x' = x$。函数 $F(k)$ 是 $f(x)$ 的**傅里叶变换式**，用符号表示为

$$F(k) = \mathcal{F}\{f(x)\} \qquad (11.6)$$

实际上，文献中出现了好几种定义傅里叶变换等价的、稍有不同的方法。例如，指数中的正负号可以互换，或者因子 $1/2\pi$ 可以在 $f(x)$ 和 $F(k)$ 之间对称地拆分，即每一个都具有系数 $1/\sqrt{2\pi}$。注意 $A(k)$ 是 $F(k)$ 的实部，$B(k)$ 是它的虚部，即

$$F(k) = A(k) + iB(k) \qquad (11.7a)$$

在 2.4 节曾看到，一个这样的复数量也可以写成一个实数值的振幅 $|F(k)|$（振幅谱）加一个实数值的相位 $\phi(k)$（相位谱）：

---

① 为了保持记号为标准形式，在不失清晰时，我们省去用来表示一个量为复数量的波浪形符号。

$$F(k) = |F(k)| e^{i\phi(k)} \tag{11.7b}$$

这种形式有时可能很有用[见（11.96）式]。

　　正如 $F(k)$ 是 $f(x)$ 的变换式，我们称 $f(x)$ 为 $F(k)$ 的**逆傅里叶变换**，或用符号表示

$$f(x) = \mathscr{F}^{-1}\{F(k)\} = \mathscr{F}^{-1}\{\mathscr{F}\{f(x)\}\} \tag{11.8}$$

常常把 $f(x)$ 和 $F(k)$ 称为一对傅里叶变换对偶。用空间频率 $\kappa = 1/\lambda = k/2\pi$ 能够将正逆傅里叶变换式写成更对称的形式。尽管如此，不论表示成什么形式，正变换式和逆变换式不会完全相同，因为指数中有一负号。结果（习题 11.13），在我们现在采用的书写规则下，

$$\mathscr{F}\{F(k)\} = 2\pi f(-x) \quad \text{而} \quad \mathscr{F}^{-1}\{F(k)\} = f(x)$$

在学习阿贝成像理论时将看到，这个关系式与以下事实相联系，即单个透镜成倒立实像。这一点常常无关紧要，特别对偶函数 $f(x) = f(-x)$，因此可以预期，函数与其变换式之间是相当平等的。

　　显然，如果 f 是时间函数而不是空间函数，为了得到时域中合适的变换对偶，只要把 x 换成 t，再把空间角频率 k 换成时间角频率 ω，即

$$f(t) = \frac{1}{2\pi}\int_{-\infty}^{+\infty} F(\omega) e^{-i\omega t} d\omega \tag{11.9}$$

及

$$F(\omega) = \int_{-\infty}^{+\infty} f(t) e^{i\omega t} dt \tag{11.10}$$

　　应当指出，如果将 $f(x)$ 写成几个函数之和，则它的变换（11.5）式显然也将是单个组分函数的变换式之和。有时可以将这作为一个简便方法，用来建立由熟悉的组分函数构成的复杂函数的变换式。图 11.1 使这一步骤不言自明。

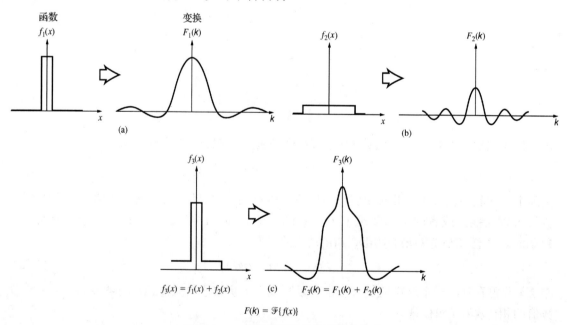

图 11.1　一个复合函数及其傅里叶变换

例题 11.1

证明：若 $f(x)$ 之傅里叶变换式为 $F(k)$，则 $f(ax)$ 之变换式为 $(1/a)F(k/a)$，其中 a 是一个正的常量。

解

$f(ax)$ 的变换为

$$\int_{-\infty}^{+\infty} f(ax)\,\mathrm{e}^{\mathrm{i}kx}\mathrm{d}x$$

令 $y = ax$，于是 $\mathrm{d}y = a\mathrm{d}x$，上面的积分变为

$$\frac{1}{a}\int_{-\infty}^{+\infty} f(y)\,\mathrm{e}^{\mathrm{i}ky/a}\mathrm{d}y$$

考虑到空间角频率现在变成 k/a，这个积分等于

$$\frac{1}{a}F(k/a)$$

即证。

高斯函数的傅里叶变换

作为上述方法的一个例子，我们考察高斯概率函数

$$f(x) = C\mathrm{e}^{-ax^2} \tag{11.11}$$

其中，$C = \sqrt{a/\pi}$，a 是常量。可以把这个函数设想为一个脉冲在 $t = 0$ 时刻的波形轮廓。这个熟悉的钟形曲线（图 11.2a）在光学中经常遇到。它与各种各样的问题有密切关系，如单个光子的波包表示、TEM$_{00}$ 模式激光光束截面的辐照度分布，以及相干性理论中对热光的统计处理。它的傅里叶变换式 $\mathscr{F}\{f(x)\}$ 由计算下面的积分得到：

$$F(k) = \int_{-\infty}^{+\infty} (C\mathrm{e}^{-ax^2})\mathrm{e}^{\mathrm{i}kx}\mathrm{d}x$$

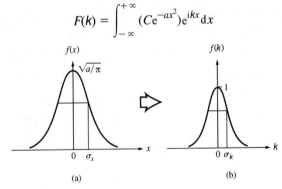

图 11.2　高斯函数及其傅里叶变换式

配方后，指数 $-ax^2 + \mathrm{i}kx$ 变成 $-(x\sqrt{a} - \mathrm{i}k/2\sqrt{a})^2 - k^2/4a$，令 $x\sqrt{a} - \mathrm{i}k/2\sqrt{a} = \beta$，得

$$F(k) = \frac{C}{\sqrt{a}}\mathrm{e}^{-k^2/4a}\int_{-\infty}^{+\infty}\mathrm{e}^{-\beta^2}\mathrm{d}\beta$$

在积分表中可查出上式中定积分之值等于 $\sqrt{\pi}$，于是

$$F(k) = \mathrm{e}^{-k^2/4a} \tag{11.12}$$

这仍是一个高斯函数（图 11.2b），自变量为 k。函数的标准偏差之定义为函数值减小到极大值的 $\mathrm{e}^{-1/2} = 0.607$ 倍时自变量（x 或 k）的改变范围。于是这两条曲线的标准偏差分别为 $\sigma_x = $

$1/\sqrt{2a}$ 和 $\sigma_k = \sqrt{2a}$ ，并且 $\sigma_x\sigma_k = 1$。随着 a 增大，$f(x)$ 变得更窄，而 $F(k)$ 则相反变得更宽。换句话说，脉冲长度越短，其空间频带越宽。表 11.1 列举了傅里叶变换式的某些对称性特征。高斯函数是实数偶函数，它的傅里叶变换式也是实数偶函数。

表 11.1　傅里叶变换式的对称性质

$f(x)$或 $f(t)$	$F(k)$或 $F(\omega)$
实数偶函数	实数偶函数
实数奇函数	虚数奇函数
虚数偶函数	虚数偶函数
虚数奇函数	实数奇函数
复数偶函数	复数偶函数
复数奇函数	复数奇函数

11.2.2　二维变换

迄今我们只限于讨论一维函数，但是光学中一般涉及二维信号：例如孔径上的光场或者像平面上的通量密度分布。很容易将傅里叶变换对偶推广到二维情形，这时有

$$f(x, y) = \frac{1}{(2\pi)^2}\iint_{-\infty}^{+\infty} F(k_x, k_y)e^{-i(k_x x + k_y y)}dk_x dk_y \qquad (11.13)$$

及

$$F(k_x, k_y) = \iint_{-\infty}^{+\infty} f(x, y)e^{i(k_x x + k_y y)}dx dy \qquad (11.14)$$

k_x 和 k_y 分别是沿 x 坐标轴和 y 坐标轴方向的空间角频率。假定我们观察由黑、白方块交替组成的瓷砖地板的像，方块的边界分别与 x 和 y 方向平行。如果地板的广度无限，那么可以用一个二维傅里叶级数表示反射光的数学分布。若每块瓷砖的长度为 ℓ，那么沿每一坐标轴方向的空间周期为 2ℓ，相应的空间角频率的基频将等于 π/ℓ。要建造一个描写这幅图景的函数，肯定需要这些空间角频率的波和它们的谐波。

如果图样的大小有限，函数不再是真正的周期函数了，必须用傅里叶积分代替傅里叶级数。实际上，（11.13）式表明，函数 $f(x,y)$ 可以由 $\exp[-i(k_x x + k_y y)]$ 形式的基元函数的线性组合构成，每个基元函数的振幅和相位由一个复数因子 $F(k_x, k_y)$ 适当加权。变换式只不过告诉你，在这一做法中每个基元分量应当取多大并取什么相位。在三维情形下，基元函数的形式为 $\exp[-i(k_x x + k_y y + k_z z)]$ 或 $\exp(-i\vec{\mathbf{k}}\cdot\vec{\mathbf{r}})$，它相当于一些平面。而且，若 f 是一波函数，即某种三维波动 $f(\vec{\mathbf{r}}, t)$，这些基元分量便变成 $\exp[(-i\vec{\mathbf{k}}\cdot\vec{\mathbf{r}} - \omega t)]$ 形式的平面波。换句话说，扰动可以由具有不同传播数并且在不同方向上传播的平面波的线性组合合成。同样，在二维情况下，基元函数也"朝向"不同的方向。这就是说，对于给定的一组 k_x 和 k_y 值，基元函数的指数或相位沿下面的直线取常数值：

$$k_x x + k_y y = 常数 = A$$

或

$$y = -\frac{k_x}{k_y}x + \frac{A}{k_y} \qquad (11.15)$$

这种情形类似于以下的情况：一组平面垂直于 xy 平面，它们与 xy 平面的交线由（11.15）式取不同的 A 值给出。我们把垂直于这组直线的一个矢量叫做 $\vec{\mathbf{k}}_\alpha$，它有两个分量 k_x 和 k_y。图 11.3 对于给定的一组 k_x 和 k_y 值画出几条这样的直线，其中 $A = 0, \pm 2\pi, \pm 4\pi, \cdots$。直线的斜率等于 $-k_x/k_y$ 或 $-\lambda_y/\lambda_x$，而 y 轴上的截距等于 $A/k_y = A\lambda_y/2\pi$。等相位线的取向为

$$\alpha = \arctan\frac{k_y}{k_x} = \arctan\frac{\lambda_x}{\lambda_y} \qquad (11.16)$$

沿 $\vec{\mathbf{k}}_\alpha$ 方向测量的波长或空间周期 λ_α 可从图中的相似三角形求得，其中 $\lambda_\alpha/\lambda_y = \lambda_x/\sqrt{\lambda_x^2 + \lambda_y^2}$，于是

$$\lambda_\alpha = \frac{1}{\sqrt{\lambda_x^{-2} + \lambda_y^{-2}}} \qquad (11.17)$$

空间角频率 $k_\alpha = 2\pi/\lambda_\alpha$ 如所预期为

$$k_\alpha = \sqrt{k_x^2 + k_y^2} \qquad (11.18)$$

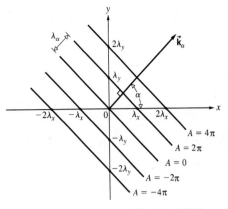

这意味着，要构建一个二维函数，除了空间频率为 k_x 和 k_y 的简谐波项之外，一般还必须将别的简谐波项包括进来，这些简谐波项的传播不沿 x 轴和 y 轴方向。我们即将看到这是怎样做的（第 666 页）。

图 11.3　（11.15）式的几何示意图

我们暂时回到图 10.7，图中画了一个孔径，并通过几种不同的方式表示离开孔径的衍射波。其中一个方式是将复杂的射出波前想象为从某一方向范围射来的平面波的叠加（图 7.52）。这些平面波是傅里叶变换式的分量，它们向特定的方向射出，具有特定的空间角频率值——空间频率为零的项对应于不偏转的轴向波；更高的空间频率项以越来越大的角度偏离中心轴射出。这些傅里叶分量组成了从孔径射出的衍射波场。

圆柱函数的变换式

圆柱函数

$$f(x, y) = \begin{cases} 1 & \sqrt{x^2 + y^2} \leq a \\ 0 & \sqrt{x^2 + y^2} > a \end{cases} \qquad (11.19)$$

（图 11.4a）提供了傅里叶方法二维应用的一个重要实例。它所用的数学并非特别简单，但是这一计算与透镜和圆孔的衍射理论之间的关联，充分说明这一实例值得研究。明显的圆对称性提醒我们使用极坐标，因此令

$$\begin{aligned} k_x &= k_\alpha \cos\alpha \\ k_y &= k_\alpha \sin\alpha \\ x &= r\cos\theta \\ y &= r\sin\theta \end{aligned} \qquad (11.20)$$

这时 $dxdy = rdrd\theta$。变换式 $\mathscr{F}\{f(x)\}$ 可以写成

$$F(k_\alpha, \alpha) = \int_{r=0}^{a} \left[\int_{\theta=0}^{2\pi} e^{ik_\alpha r\cos(\theta-\alpha)} d\theta \right] r\, dr \qquad (11.21)$$

由于 $f(x, y)$ 是圆对称的，它的变换式也必定圆对称。这意味着 $F(k_\alpha, \alpha)$ 不依赖于 α。所以可以令 α 等于某个常数（我们取 $\alpha = 0$）使积分简化，得到

$$F(k_\alpha) = \int_0^a \left[\int_0^{2\pi} e^{ik_\alpha r\cos\theta} d\theta \right] r\, dr \qquad (11.22)$$

由（10.47）式有

$$F(k_\alpha) = 2\pi \int_0^a J_0(k_\alpha r) r\, dr \qquad (11.23)$$

其中 $J_0(k_\alpha r)$ 是零阶贝塞尔函数。引入变量变换 $k_\alpha r = w$，我们有 $dr = k_\alpha^{-1} dw$，因而积分变为

$$\frac{1}{k_\alpha^2} \int_{w=0}^{k_\alpha a} J_0(w) w\, dw \qquad (11.24)$$

用（10.50）式，傅里叶变换式取一阶贝塞尔函数形式（见图 10.35），即

$$F(k_\alpha) = \frac{2\pi}{k_\alpha^2} k_\alpha a J_1(k_\alpha a)$$

或

$$F(k_\alpha) = 2\pi a^2 \left[\frac{J_1(k_\alpha a)}{k_\alpha a} \right] \qquad (11.25)$$

这个表示式（图 11.4b）和圆孔的夫琅禾费衍射图样中的电场分布公式（10.51）式之间的相似当然并非偶然。

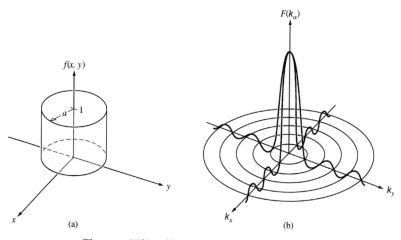

图 11.4　圆柱函数（或礼帽函数）及其变换式

我们很快就会看到，在夫琅禾费衍射的情形下，孔径上的电场函数的变换式普遍等于衍射图样的电场。由于场的值是振荡的因而会变负，不容易在一张黑白图上印出光场的变化。图 11.5 试图作这一努力；它是越来越大的几个圆孔的二维变换式的绝对值的图示。同时对亮度作了调节，以将变换式在同一页上印出，最终它们看来很像辐照度分布。

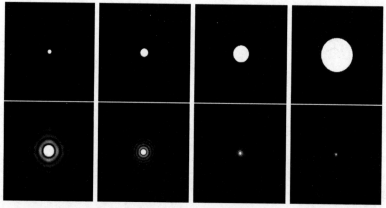

图 11.5　上排是 4 个尺寸越来越大的圆形空间信号，下排是对应的各个圆形信号的二维傅里叶变换式

透镜作为实现傅里叶变换的器件

图 11.6 画的是一张透明片，置于一块会聚透镜的前焦面上，被一束平行光照明。这个物散射平面波，散射波由透镜收集，将平行光束会聚在其后焦面上。如果将一个屏幕置

于Σ_t，即所谓**变换平面**处，我们将看到其上有物的远场衍射图样。（它实质上是图 10.7e 的配置。）换句话说，物掩模上的电场分布（叫做**孔径函数**）被透镜变换为远场衍射图样。虽然对大多数目的而言这个说法是对的，它却并非绝对正确。毕竟透镜并没有在一个平面上实际成像。

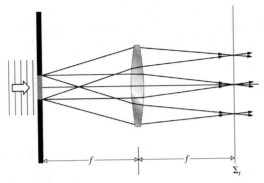

图 11.6　置于透镜前焦点（物方焦点）的透明片衍射的光，经透镜会聚，在透镜的后焦点（像方焦点）成一远场衍射图样

值得注意的是，夫琅禾费 $\vec{E}$ 场图样对应于孔径函数的精确傅里叶变换——这一事实将在 11.3.3 节中更严格地进一步证实。在这里物是位于前焦面上，所有各个衍射波到达变换平面时走过实质上相等的光程长度，保持了它们的相位关系。当物从前焦面上移开时，事情就不会这样。这时将会有一个相位偏差，但是这实际上并不引起什么严重后果，因为我们一般感兴趣的是辐照度，在这里相位信息已经被平均掉了，相位畸变是观测不到的。

于是，若一个不透明的物掩模上开一个圆孔（图 11.5），孔上的 $\vec{E}$ 场将与图 11.4a 的礼帽相似，而其衍射场即其傅里叶变换在空间的分布，则是一个贝塞尔函数，其形状很像图 11.4b。类似地，若物透明片的密度只沿一个坐标轴变化，使它的振幅透射率的轮

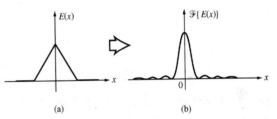

图 11.7　三角形函数的傅里叶变换式是 sinc^2 函数

廓为三角形（图 11.7a），则其衍射图样中电场的振幅将对应于图 11.7b——三角形函数的傅里叶变换式是 sinc 函数的平方。

11.2.3　狄拉克 δ 函数

许多物理现象以很大的强度发生在非常短的时间间隔内，人们常常要讨论系统对这种激励的响应。例如，一个机械装置（如一个弹子球）将如何回应铁锤的一击？或一个给定的电路，如果输入一个短促的电流脉冲，其行为将如何？同样，我们也可以想象一些激励，它们是空间而不是时间中的陡脉冲。放置在黑暗背景中的一个明亮的小光源，实质上是一个高度局域化的二维的空间脉冲——它是辐照度的一个尖峰。这类尖峰激励的一个方便的、理想化的数学表述就是狄拉克 δ 函数 $\delta(x)$。这个函数除了在原点外处处为零，而在原点，函数值趋于无穷大，趋近方式是使它包围的面积保持为单位面积，即

$$\delta(x) = \begin{cases} 0 & x \neq 0 \\ \infty & x = 0 \end{cases} \tag{11.26}$$

及

$$\int_{-\infty}^{+\infty} \delta(x)\, dx = 1 \qquad (11.27)$$

这不是传统数学意义上的真正的函数。实际上，由于它的性质如此奇异，从 1930 年狄拉克（P. A. M. Dirac）引进它并使它声名显赫之后，它长期成为人们激烈争论的焦点。但是物理学家是重实效的，他们发现 δ 函数非常有用，不久它就变成了一个现成的工具，尽管似乎还缺乏严格的证明。δ 函数的严密数学理论是在大约 20 年后，在 20 世纪 50 年代初，才主要由施瓦兹（L. Schwartz）发展起来。

也许应用 δ 函数的最基本的运算是计算积分

$$\int_{-\infty}^{+\infty} \delta(x) f(x)\, dx$$

其中表示式 $f(x)$ 对应任何连续函数。在原点附近从 $x = -\gamma$ 到 $+\gamma$ 的一个小区域内，由于在 $x = 0$ 处函数连续，所以 $f(x) \approx f(0) \approx$ 常数。从 $x = -\infty$ 到 $x = -\gamma$ 及从 $x = +\gamma$ 到 $x = +\infty$，积分之值为零，原因很简单，因为在这些地方 δ 函数之值为零。于是这个积分等于

$$f(0) \int_{-\gamma}^{+\gamma} \delta(x)\, dx$$

因为除 $x = 0$ 外在所有的 x 值上都有 $\delta(x) = 0$，积分区间可以任意小，即 $\gamma \to 0$，从（11.27）式仍有

$$\int_{-\gamma}^{+\gamma} \delta(x)\, dx = 1$$

于是得到精确结果

$$\int_{-\infty}^{+\infty} \delta(x) f(x)\, dx = f(0) \qquad (11.28)$$

这一性质通常叫做 δ 函数的筛选性质，因为它将函数 $f(x)$ 在 $x = 0$ 处之值从函数的一切其他可能值中抽出。相似地，令原点移动某一大小 x_0，

$$\delta(x - x_0) = \begin{cases} 0 & x \neq x_0 \\ \infty & x = x_0 \end{cases} \qquad (11.29)$$

函数的尖峰将移到 $x = x_0$ 而不在 $x = 0$，如图 11.8 所示。相应的筛选性质可以这样得到，令 $x - x_0 = x'$ 并令 $f(x' + x_0) = g(x')$，于是有

$$\int_{-\infty}^{+\infty} \delta(x - x_0) f(x)\, dx = \int_{-\infty}^{+\infty} \delta(x') g(x')\, dx' = g(0)$$

因为 $g(0) = f(x_0)$，因此

$$\int_{-\infty}^{+\infty} \delta(x - x_0) f(x)\, dx = f(x_0) \qquad (11.30)$$

与其为 $\delta(x)$ 在每一 x 值上的精确定义操心，还不如继续沿着规定 $\delta(x)$ 对某一别的函数 $f(x)$ 的效应这条线索讨论下去更有成果。因此，（11.28）式实际上定义了整整一组运算，这组运算对函数 $f(x)$ 指定了一个对应的数 $f(0)$。附带提一下，实现这个功能的运算叫做泛函。

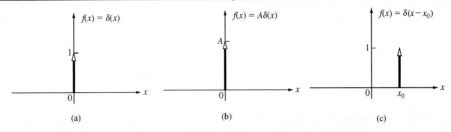

图 11.8　代表 δ 函数的箭头的高度对应于函数下的面积

有可能建造若干个脉冲序列，序列中每个脉冲的宽度越来越窄，同时高度越来越大，使任何一个脉冲包含的面积都是单位面积。高度为 a/L 而宽度为 L/a 的方脉冲序列（其中 $a = 1$，$2, 3, \cdots$）满足这个要求；高斯函数（11.11）式的序列

$$\delta_a(x) = \sqrt{\frac{a}{\pi}}\, \mathrm{e}^{-ax^2} \tag{11.31}$$

（见图 11.9）也满足这个要求；或 sinc 函数的序列

$$\delta_a(x) = \frac{a}{\pi}\, \mathrm{sinc}\,(ax) \tag{11.32}$$

同样也能够满足。这类趋向于筛选性质即

$$\lim_{a \to \infty} \int_{-\infty}^{+\infty} \delta_a(x) f(x)\,\mathrm{d}x = f(0) \tag{11.33}$$

的瘦而高的函数序列叫做 δ 序列。可以想象 $\delta(x)$ 是这个序列当 $a \to \infty$ 的收敛极限，这个想法常常很有用，但实际上并不严格正确。这些观念到二维的推广由下面的定义给出

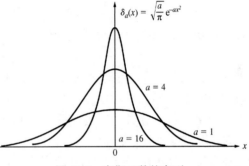

图 11.9　高斯函数的序列

$$\delta(x, y) = \begin{cases} \infty & x = y = 0 \\ 0 & \text{其他} \end{cases} \tag{11.34}$$

及

$$\iint_{-\infty}^{+\infty} \delta(x, y)\,\mathrm{d}x\mathrm{d}y = 1 \tag{11.35}$$

筛选性质这时变为

$$\iint_{-\infty}^{+\infty} f(x, y)\,\delta(x - x_0)\,\delta(y - y_0)\,\mathrm{d}x\mathrm{d}y = f(x_0, y_0) \tag{11.36}$$

δ 函数的另一种表示来自傅里叶积分（11.3）式，可以把它重写为

$$f(x) = \int_{-\infty}^{+\infty} \left[\frac{1}{2\pi}\int_{-\infty}^{+\infty} \mathrm{e}^{-ik(x-x')}\mathrm{d}k\right] f(x')\,\mathrm{d}x'$$

于是

$$f(x) = \int_{-\infty}^{+\infty} \delta(x - x') f(x')\,\mathrm{d}x' \tag{11.37}$$

若

$$\delta(x - x') = \frac{1}{2\pi}\int_{-\infty}^{+\infty} \mathrm{e}^{-ik(x-x')}\mathrm{d}k \tag{11.38}$$

（11.37）式与（11.30）式相同，因为根据定义由（11.29）式有 $\delta(x - x') = \delta(x' - x)$。（11.38）式中的（发散）积分除了在 $x = x'$ 外处处为零。显然，当 $x' = 0$，$\delta(x) = \delta(-x)$，并且

$$\delta(x) = \frac{1}{2\pi} \int_{-\infty}^{+\infty} e^{-ikx} dk = \frac{1}{2\pi} \int_{-\infty}^{+\infty} e^{ikx} dk \qquad (11.39)$$

这意味着，通过（11.4）式，可以把 δ 函数看成 1 的傅里叶逆变换式，即 $\delta(x) = \mathscr{F}^{-1}\{1\}$，因而 $= \mathscr{F}\{\delta(x)\} = 1$。我们可以想象一个方脉冲作傅里叶变换，方脉冲变得越来越窄，越来越高，它的变换式就变得越来越宽，直到最后脉冲的宽度变成无穷小，它的变换式则变成无限宽——换句话说，变成一个常数。

位移和相移

如果 δ 函数的尖峰从 $x = 0$ 移到 $x = x_0$，它的变换式将改变相位而不是改变振幅——振幅仍然等于 1。为了看出这点，我们计算

$$\mathscr{F}\{\delta(x - x_0)\} = \int_{-\infty}^{+\infty} \delta(x - x_0) e^{ikx} dx$$

由筛选性质（11.30）式，上式变为

$$\mathscr{F}\{\delta(x - x_0)\} = e^{ikx_0} \qquad (11.40)$$

我们看到，只是相位受影响，振幅仍然是 1，和 $x_0 = 0$ 时一样。整个这个过程可以更直观地理解，如果我们换到时域中去，并且想象在 $t = 0$ 时刻产生一个无限窄的脉冲（例如一个火花）。它有无穷多个频率分量，这些分量在产生时刻（$t = 0$）初始都同相。反之，假设脉冲产生在 t_0 时刻。每一频率成分仍将产生，但此时各谐波分量是在 $t = t_0$ 时刻同相。因此，如果向后倒推，那么每个分量在 $t = 0$ 时的相位必不相同，随具体频率而定。而且我们还知道，所有这些分量叠加的结果，除在 t_0 时刻外处处为零，因此，有一个与频率有关的相移是合理的。对于空域，这个相移在（11.40）式中很明显。注意它的确随空间角频率 k 变化。

所有这些都普遍适用，我们看到，一个在空间（或时间）中移动了位置的函数的傅里叶变换式是未移动的函数的变换式乘一个指数函数，指数项与相位为线性关系（习题 11.17）。当我们考虑几个分开的但在别的方面完全相同的点光源的像时，变换式的这一性质将特别有兴趣。可以依靠图 11.10 和图 7.34 从图上领会这个过程。要将方波向右移动 $\pi/4$，基频波必须移动 1/8 个波长（或者说 1.0 mm），每一分量也必须移动同一距离（即 1.0 mm）。所以每一分量的相位必须移动一个专属于它的大小，以产生一个 1.0 mm 的位移。在这里，就是每个分量的相位移动 $m\pi/4$。

正弦函数和余弦函数

前面我们看到（图 11.1），如果手头的函数可以写成各个单个函数之和，它的变换式也直接是它各个分量函数的变换式之和。若我们有一串 δ 函数，均匀排开像一把梳子上的齿一样，

$$f(x) = \sum_j \delta(x - x_j) \qquad (11.41)$$

当项数为无穷多时，常称这个周期函数为 comb(x)（comb 为梳之意）。无论如何，它的变换式将简单地是形如（11.40）式的项之和：

$$\mathscr{F}\{f(x)\} = \sum_j e^{ikx_j} \qquad (11.42)$$

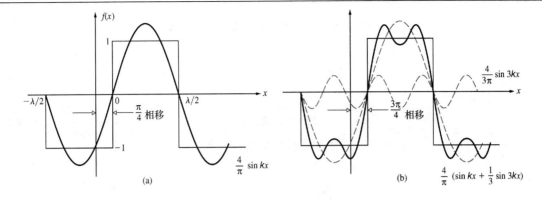

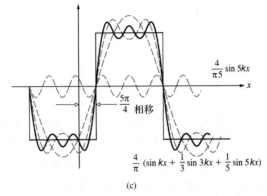

图 11.10 一个移动的方波，它表明其每个分量波的相位的相应变化

特别是，若有两个 δ 函数，一个在 $x_0 = d/2$ 处，另一个在 $x_0 = -d/2$ 处，

$$f(x) = \delta[x - (+d/2)] + \delta[x - (-d/2)]$$

和

$$\mathcal{F}\{f(x)\} = \mathrm{e}^{\mathrm{i}kd/2} + \mathrm{e}^{-\mathrm{i}kd/2}$$

它正是

$$\mathcal{F}\{f(x)\} = 2\cos(kd/2) \tag{11.43}$$

如图 11.11 中所示。于是这样两个对称的 δ 函数之和的变换式是余弦函数，反之亦然。合成的函数是一个实值偶函数，变换式 $\mathcal{F}(k) = \mathcal{F}(f(x))$ 也是实值偶函数。这应当使我们想起用无限窄狭缝做的杨氏实验——以后我们会回到这个问题。如果像图 11.12 中那样改变一个 δ 函数的极性，那么合成的函数是非对称的，它是奇函数。

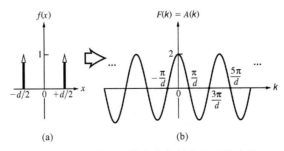

图 11.11 两个 δ 函数和它们的余弦函数变换

$$f(x) = \delta[x - (+d/2)] - \delta[x - (-d/2)]$$

及

$$\mathscr{F}\{f(x)\} = e^{ikd/2} - e^{-ikd/2} = 2i\sin(kd/2) \tag{11.44}$$

于是实数值正弦变换（11.7）式是

$$B(k) = 2\sin(kd/2) \tag{11.45}$$

它也是一个奇函数。一般而言，实值奇函数的傅里叶变换式是虚值奇函数。

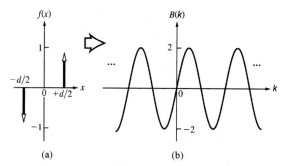

图 11.12 两个 δ 函数和它们的实值正弦函数变换式 $B(k)$。$F(k)$ 如（11.44）式中所
示实际上仍为虚数。任何实值奇函数的变换式为虚值奇函数（见表 11.1）

这引起了一件有趣的事。我们还记得，有两种不同的方法考虑复值函数的变换：或作为
实部与虚部之和，从（11.7a）式出发；或作为振幅与相位项之积，从（11.7b）式出发。余弦
函数和正弦函数刚好是两个相当特别的函数：前者与纯实值贡献相联系，后者与纯虚值贡献
相联系。绝大多数函数，甚至简谐函数，通常都是实部和虚部的组合。例如，一个余弦函数
一旦有一小的移动，则得到的新函数在典型情况下既非奇函数又非偶函数，它既有实部又有
虚部。而且，它仍可表示为余弦函数的振幅谱，只是发生了相应的相移（图 11.13）。注意，
当余弦函数移动 $\lambda/4$ 变成正弦函数时，两个分量 δ 函数之间的相对相差仍为 π 弧度。

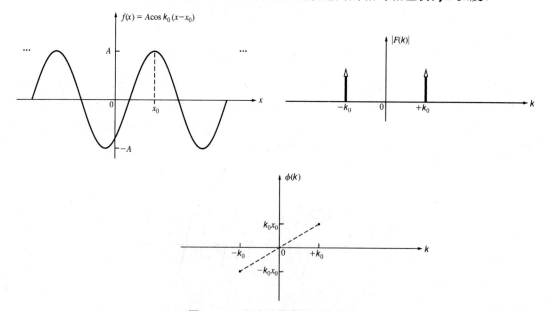

图 11.13 移动后的余弦函数的谱

图 11.14 以总结形式展示了若干个变换式，大多是简谐函数的。注意图 11.14a 中和图 11.14b 中的函数和变换式如何组合生成图 11.14d 中的函数和变换式。作为一条规则，简谐函数的频谱中的两个 δ 函数位于 k 轴上，与原点的距离等于 $f(x)$ 的基频空间角频率。由于任何良性周期函数可以展开为傅里叶级数，它也可表示为一组 δ 函数对偶的阵列，每一对偶有相应的权重，离 k 原点的距离等于具体的简谐分量的空间角频率——任何周期函数的频谱是分立的。周期函数中最值得注意的是 $\mathrm{comb}(x)$：如图 11.15 中所示，它的变换式也是 comb 函数。

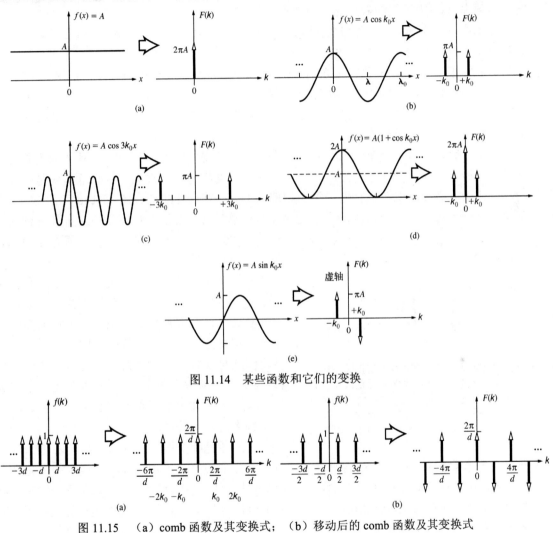

图 11.14 某些函数和它们的变换

图 11.15 （a）comb 函数及其变换式；（b）移动后的 comb 函数及其变换式

11.3 光学应用

11.3.1 二维像

为了理解一个二维像如何从它的傅里叶分量合成得出，我们来考察图 11.16。图左边受余弦调制的黑白"条纹"图样是一个空间亮度信号。它有单一的空间频率，这个空间频率可以通过沿着垂直于条纹的水平 x 轴对条纹扫描来决定。

取信号的振幅对应于观察到的条纹反衬度，即，$(I_{max} - I_{min})/(I_{max} + I_{min})$。这个图样可以相对于当前的位置向右或向左移动，而不改变其空间频率或振幅，这相当于改变正弦函数的相位。这三个量——频率、振幅和相位——能够完备地描述这个亮度图样。

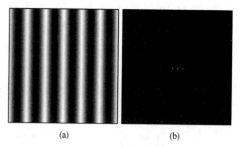

图 11.16 （a）亮度的正弦式变化；（b）它的傅里叶变换

图 11.16 中的信号类似于一个单色波，取它有单一的空间频率 k_0。为了真的做到这一点，必须把它当作不受图中的矩形框限制，因此它实际上是一个理想化的东西，正如时域中的单色波是理想化的一样。数学上的正弦曲线在 -1 和 $+1$ 之间振荡，平均值为 0。对于在纸上印出的正弦变化亮度图，不可能是这种情况，因为它不可能有负值。因此，这个信号里必须包含一个零频率直流项，这一项将振荡向上提升，使它不至于变负（见图 11.14d）。因此，我们将在正弦变化曲线上加一个常量，这个常量如图 11.14a 中所示。

这个常量究竟要将正弦变化曲线向上提升多高，使得信号不再为负，由具体的正弦变化图样决定；最小的提升量（即直流项）与最大的反衬度相适应。直流分量在这里像是一片均匀的灰色背景，必须出现在所有这一类的物理像中。它在图 11.14a、图 11.14d 和图 11.17 中表示为一个频率为零的尖矛。若正弦变化曲线的振幅为 A，要把正弦变化曲线全部升到水平轴之上成为正量，这个直流尖矛必须为 $2\pi A$，如图 11.14d 所示。

早先在图 7.42 中介绍了画一个关于正负空间频率对称的变换式的想法。我们那样做，既是因为复数表示自动会那样做，也是因为衍射图样就是这样在直流分量两边对称的。因此，我们的正弦空间信号在频率空间里将表示为图 11.14d 中那样：两个 δ 函数尖矛位于 $\pm k_0$，在直流尖矛的两边。因为 k_0 分量分成了两个以使变换对称，两个非零频率的尖矛的振幅为 $2\pi A/2$。

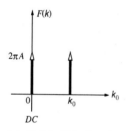

图 11.17 对应于空间频率为 k_0 的正弦空间信号的两个 δ 函数尖矛。直流项将信号往上抬使它在 0 与 $+2A$ 之间振动绝不变负。为使变换对称，k_0 尖矛分成两个，像图 11.14d 中那样

二维傅里叶变换示于图 11.16 的右方，其中每一个点或像素代表一个特定的傅里叶频率分量。中心点是直流项，在物理像系统中总是有这样一项。在它的两侧有两点，它们代表了正弦变化曲线。各像素的亮度代表了各个特定空间频率的傅里叶分量的大小，虽然在图 11.16b 中实际看不出来。这时，信号带是竖直的，因此频谱像素沿着一条与之垂直地穿过直流中心的水平线散布。频域中的这三个像素完全等价于相关联的亮度正弦曲线；它们告诉了我们为描述空域中的这个信号所需要知道的一切知识。

若空间信号的波长有变化，变换的像素之间的间隔将反向变化：空间波长越短，即空间频率越高，像素就分得越开，但是整个图样总是关于零点对称。在图 11.18 中遇到了几个信号：（a）一个频率相当低的基频 k_0，（b）它的 3 次谐波 $3k_0$，（c）它的 5 次谐波 $5k_0$，（d）它的 7 次谐波 $7k_0$。每个信号在中央有一条亮带，全都同相。每个信号的 3 个变换像素相隔得越来越远。一个像素离变换的中心（即离中心的直流值）的距离（在变换平面的任何方向上）越大，它的空间频率就越高。空间里的一个精细图样的变换需要高频分量（离中心远的像素）。不论多么复杂，任何物理变换沿着通过其中心的直线总是对称。

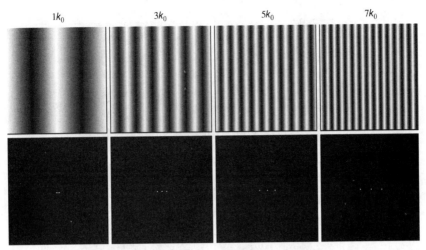

图 11.18　几个亮度正弦信号和它们的傅里叶变换。空间频率的范围从基频 k_0 到 3 倍频、5 倍频和 7 倍频谐波

这里，我们利用了图 11.1 中所示的几个函数之和的变换就是这些函数单个变换之和的事实。因此，将图 11.18 中所示的几个不同频率的正弦信号相加，得出图 11.19 中复杂的带型图样。每个复杂图样的傅里叶变换就是单个变换式之和；随着中央条纹在信号序列中越来越亮和越来越窄，直流项越来越大，虽然看出这一点很不容易。这个过程使我们想起多光束衍射，在这个过程中，随着参加衍射的光束增多，主极大变得越来越细，越来越高。

现在设单个正弦信号旋转某个角度，像图 11.3 中那样。图 11.20 中的信号的空间波长和振幅都和图 11.16 中的一样，不加改变。斜过来的信号（仍然假设它是无界的）给出的变换和以前一样，仍是 3 个 δ 函数。与以前相同，这 3 个像素位于一条与信号条垂直的直线上，因此与信号旋转一个相同的角度。在上面讨论的一切情形里，如果取每个变换式（即那些 δ 函数）的逆变换，将会复制出原来的空间信号。

现在将图 11.20a 中斜过来的信号加到图 11.18 中的最低频信号上去。换句话说，将图 11.21a 和图 11.21b 合并，产生出图 11.21c 左方的图样。这个合成信号的变换式是其组成成分的单个变换式之和，即，三个水平的 δ 点躺在三个斜着排的 δ 点上。这也让我们开始知道，通过将许多在不同方向、跨越很宽的空间频率范围的正弦项相加，可以生成多么复杂的像。

我们还记得，蒙娜丽莎像及其傅里叶变换由成千上万个频率像素构成（图 7.50）。考虑这个变换，画一条直线通过其中心。这条直线上任何一个像素对应于垂直于这条直线上的一个特定的正弦亮度分布，其空间频率正比于它同直流中心的距离。

所有这一切在下面从图 11.22a 起始的几张照片里都会发生。我们从一张爱因斯坦年轻时的照片开始，这张照片有点像素化[①]，先不管这个。我们想要的是表明一幅图像如何从一定的频率范围和方向范围内的空间正弦函数综合得出。这幅像的完整的傅里叶变换在图 11.22b 中给出。我们要逐步地做这件事，并且不做完，以造出爱因斯坦肖像的仿冒物。沿着中心的水平直线向外走，遇到的像素对应于竖直方向的频率越来越高的亮度变换正弦曲线。沿着通过直流像素的任何一条直线都是如此，垂直于直线的是亮度按正弦变化的亮带。

---

① 像素化（pixelate），指一幅图像的像素不够多，使图像看起来粗糙、不够细、不连续。

信号　　　　　变换

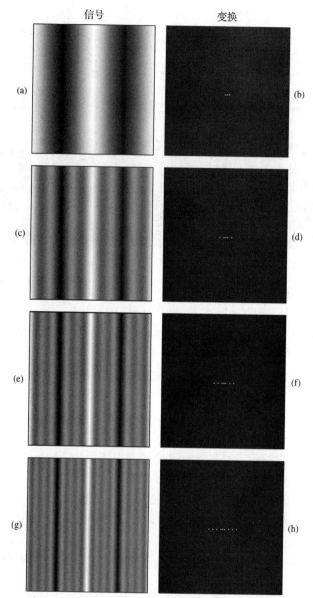

图 11.19　正弦信号的组合和它们的频谱。参看图 11.17，看到这里的（c）是 $1k_0$ 信号和 $3k_0$ 信号之和，（e）是 $1k_0$ 信号、$3k_0$ 信号和 $5k_0$ 信号之和，（g）是 $1k_0$、$3k_0$、$5k_0$ 和 $7k_0$ 信号之和

仅仅让 30 条在不同方向上有不同空间频率的亮度变化正弦曲线相加（图 11.23b），就已隐约出现了一张人像，不过还很难使我们联想到这位伟人。尽管如此，好像还是出现了一张脸：两只眼睛，一个鼻子，甚至还能辨认出一把小胡子（图 11.23a）。在傅里叶变换中加上更多项（图 11.24b），就得出一幅可以清晰辨认出的爱因斯坦像（图 11.24a）。

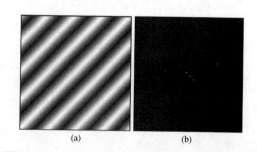

图 11.20　一个斜过来的正弦信号及其傅里叶变换

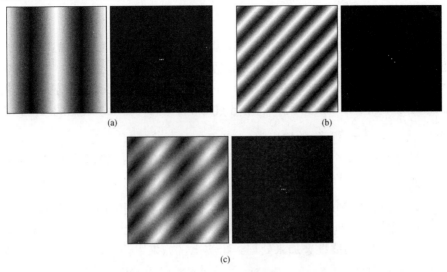

图 11.21　两个正弦信号（a）和（b）相加得出（c）和它们的傅里叶变换

图 11.22　（a）爱因斯坦的一幅有些像素化的肖像。（b）这幅爱因斯坦肖像的傅里叶变换

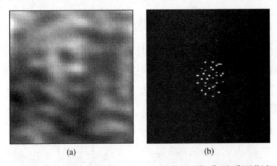

图 11.23　在傅里叶变换中取 30 个像素（b），已能开始看到爱因斯坦像在（a）中出现

图 11.24　在傅里叶变换中取更多像素（b），爱因斯坦像就出来了（a）

11.3.2　线性系统

傅里叶方法提供了一个特别优美的框架，从它发展出一种对成像的描述方式。大体而言，这就是我们往下讨论的大方向，虽然为了推演要用的数学，免不了唠叨一些次要的离题话。

这个分析的关键之点是线性系统的概念，它是用其输入-输出关系来定义的。设一个输入信号 $f(y,z)$ 通过某个光学系统后得到一个输出 $g(Y,Z)$。我们称这个系统是线性的，若：

1. $f(y,z)$ 乘一常数 a 后产生的输出为 $ag(Y,Z)$。
2. 当输入是两个（或多个）函数的加权和 $af_1(y,z)+bf_2(y,z)$ 时，输出的形式相似为 $ag_1(Y,Z)+bg_2(Y,Z)$，其中 $g_1(Y,Z)$ 和 $g_2(Y,Z)$ 分别是 $f_1(y,z)$ 和 $f_2(y,z)$ 产生的输出。

此外，若一线性系统具有平稳性，即改变输入的位置只是改变输出的位置而不改变它的函数形式，这个线性系统是空间不变的。这句话背后的意思是，光学系统产生的输出，可以当作物上每个点引起的输出的线性叠加来处理。事实上，如果用符号 $\mathscr{L}\{\}$ 代表线性系统的运作，则输入和输出可以写成

$$g(Y, Z) = \mathscr{L}\{f(y, z)\} \tag{11.46}$$

用 δ 函数的筛选性质（11.36）式，上式变成

$$g(Y, Z) = \mathscr{L}\left\{ \iint\limits_{-\infty}^{+\infty} f(y', z')\delta(y' - y)\delta(z' - z)\,\mathrm{d}y'\mathrm{d}z' \right\}$$

积分式将 $f(y,z)$ 表示为基元 δ 函数的线性组合，每个 δ 函数上加权重 $f(y',z')$。从第二个线性条件得，系统的算符可以等价地作用于每个基元函数；于是

$$g(Y, Z) = \iint\limits_{-\infty}^{+\infty} f(y', z')\mathscr{L}\{\delta(y' - y)\delta(z' - z)\}\,\mathrm{d}y'\mathrm{d}z' \tag{11.47}$$

量 $\mathscr{L}\{\delta(y'-y)\delta(z'-z)\}$ 是系统对位于输入空间的 (y',z') 点上的 δ 函数的响应——它叫**脉冲响应**。显然，已知一个系统的脉冲响应，则输出可以通过（11.47）式直接由输入决定。若基元光源是相干的，输入信号和输出信号必定是电场；若是非相干的，它们是通量密度。

考虑图 11.25 中画的自发光光源因而它是非相干光源。可以想象物平面 Σ_0 上每一点都发光，发出的光由光学系统处理。射出的光在焦平面或像平面上生成一个亮点。此外，假定物平面和像平面之间的放大率为 1。这时像将和原物一样大小并且是正立的，这使它的处理暂时更容易些。注意，若放大率（M_T）大于 1，像将比物大。因此，全部结构细节将更大和更宽，从而将综合出像的简谐分量的空间频率将会比物的空间频率低。例如，若物是一张按正弦规律变化的黑白线图样（一个正弦振幅光

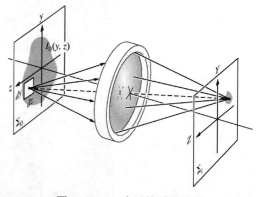

图 11.25　一个透镜系统成像

栅），它成的像的极大之间的间隔将更大，因此空间频率更低。此外，像的辐照度将会减小到 $1/M_T^2$，因为像的面积将增大到 M_T^2 倍。

若 $I_0(y,z)$ 是物平面上的辐照度分布，那么位于 (y,z) 点的面元 $\mathrm{d}y\mathrm{d}z$ 发射的辐射通量为

$I_0(y,z)\mathrm{d}y\mathrm{d}z$。由于衍射（和可能出现的像差），这束光在像平面的有限大小面积上散开为一个模糊的亮斑，而不是聚焦到一点。辐射通量的散开在数学上用一个函数 $\mathcal{S}(y,z;Y,Z)$ 描写，使得从 $\mathrm{d}y\mathrm{d}z$ 到达像点的通量密度为

$$\mathrm{d}I_i(Y, Z) = \mathcal{S}(y, z; Y, Z)I_0(y, z)\,\mathrm{d}y\,\mathrm{d}z \tag{11.48}$$

这就是像平面上(Y,Z)处的光斑，$\mathcal{S}(y,z;Y,Z)$ 叫做点扩展函数。换句话说，当光源面元 $\mathrm{d}y\mathrm{d}z$ 上的辐照度 $I_0(y,z)$ 为 $1\ \mathrm{W/m^2}$ 时，$\mathcal{S}(y,z;Y,Z)\mathrm{d}y\mathrm{d}z$ 便是它在像平面上产生的辐照度分布。由于光源是非相干的，它的每个面元对通量密度的贡献相加，因此

$$I_i(Y, Z) = \iint\limits_{-\infty}^{+\infty} I_0(y, z)\,\mathcal{S}(y, z; Y, Z)\,\mathrm{d}y\,\mathrm{d}z \tag{11.49}$$

在一个无像差的"理想"衍射置限光学系统中，$\mathcal{S}(y,z;Y,Z)$ 的形状对应于(y,z)点上的点光源的衍射图样。显然，如果我们使输入等于中心在(y_0,z_0)点的 δ 脉冲，则 $I_0(y,z) = A\delta(y-y_0)\,\delta(z-z_0)$。这里大小为 1 的常量 A 带有所需的单位（即辐照度乘面积）。于是

$$I_i(Y, Z) = A\iint\limits_{-\infty}^{+\infty} \delta(y - y_0)\delta(z - z_0)\mathcal{S}(y, z; Y, Z)\,\mathrm{d}y\,\mathrm{d}z$$

因此由筛选性质

$$I_i(Y, Z) = A\mathcal{S}(y_0, z_0; Y, Z)$$

点扩展函数的函数形式与一个 δ 脉冲输入产生的像完全相同。它就是系统的脉冲响应[比较（11.47）式和（11.49）式]，不论系统在光学上是否理想。在一个很好地校正过的系统中，$\mathcal{S}$ 就是中心在高斯像点的爱里辐照度分布函数（10.56）式，只差一个相乘的常数因子（图 11.26）。

若系统是空间不变的，点光源输入可以在物平面上移动，这除了改变它的像的位置外，不带来任何别的影响。等效地，我们也可以说任何一点(y,z)的扩展函数相同。但实际上，扩展函数会变，不过即使如此，也可以把像平面分成许多小区域，在每个小区域里 S 不明显变化，于是，若物因而其像足够小，可以认为系统是空间不变的。我们可以想象在 Σ_i 的每个高斯像点上有一个扩展函数，每一个乘一个不同的权重因子 $I_0(y,z)$，但是都有与(y,z)无关的相同的一般形状。由于已令放大率等于 1，任何物点和共轭像点的坐标值的大小相同。

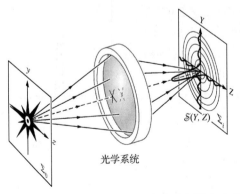

图 11.26　点扩展函数：光学系统用一个点光源输入产生的辐照度

若是和相干光打交道，我们还是要考虑系统如何作用于输入的 δ 脉冲，但这时 δ 脉冲代表的是场的振幅。产生的像再一次用一个扩展函数描述，不过它是一个振幅扩展函数。对一个

衍射置限的圆孔径，其振幅扩展函数与图 10.36b 相像。最后，我们还必须关心相干场相互作用时在像平面上将会发生的干涉。与之相反，对于非相干的物点，发生在像平面上的过程仅仅是对重叠的辐照度求和，像图 11.27 中对一个维度画的那样。每个点光源有自己的强度，对应于一个适当标度的 δ 脉冲，在像平面上，每个这样的脉冲都经由扩展函数变得轮廓不清。一切重叠的贡献之和便是像的辐照度。

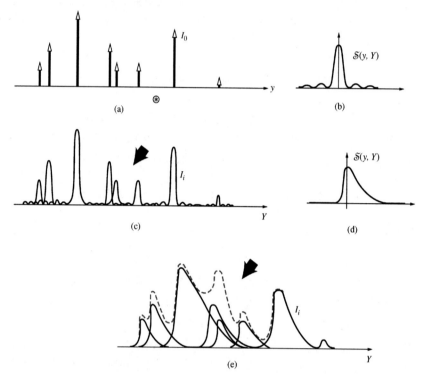

图 11.27 这里（a）首先与（b）卷积生成（c），然后与（d）卷积生成（e）。
生成的图样是所有扩展开的贡献之和，如（e）中的虚线所示

$\mathbb{S}(y,z;Y,Z)$ 对像空间和物空间变量有何种依赖关系?就其中心的位置而言，扩展函数只能依赖(y,z)。于是 $\mathbb{S}(y,z;Y,Z)$ 在 Σ_i 上任意一点的值仅仅依赖于这一点离 $\mathbb{S}$ 的中心所在的特定的高斯像点（$Y=y,Z=z$）的距离（图 11.28）。换句话说

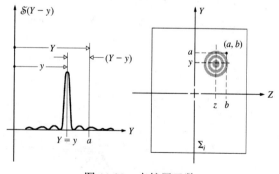

$$\mathbb{S}(y,z;Y,Z)=\mathbb{S}(Y-y,Z-z) \quad (11.50)$$

当物点在中心轴上（$y=0$，$z=0$）时，高斯像点也在中心轴上，这时扩展函数正好是 $\mathbb{S}(Y,Z)$，如图 11.26 中所示。在空间不变和非相干光的情况下

图 11.28 点扩展函数

$$I_i(Y,Z)=\iint\limits_{-\infty}^{+\infty}I_0(y,z)\mathbb{S}(Y-y,Z-z)\mathrm{d}y\mathrm{d}z \quad (11.51)$$

11.3.3　卷积积分

图 11.27 是组成物的各个点源 δ 函数的分布的一个一维表示。对应的像实质上是这样得到的：将一个有适当权重的点扩展函数"分到" Σ_i 上每一像点位置，然后将每一点上沿 Y 方向的贡献相加。这种将一个函数分到另一个函数的每一点上（并被加以权重）的过程叫做求卷积，我们说，求一个函数 $I_0(y)$ 与另一函数 $\delta(y, Y)$ 的卷积，或倒过来，求 $\delta(y, Y)$ 与 $I_0(y)$ 的卷积。

这一运算同样也可在二维进行，（11.51）式所谓的卷积积分实际上做的就是这件事。相应的描述两个函数 $f(x)$ 和 $h(x)$ 的卷积的一维表示式

$$g(X) = \int_{-\infty}^{+\infty} f(x) h(X - x) \mathrm{d}x \tag{11.52}$$

更容易理解些。在图 11.27 中，两个函数之一是一群 δ 脉冲，卷积运算特别容易直观摹想。我们仍然可以将任何一个函数想象为由一个"紧密堆集"的 δ 脉冲连续统组成，并按这种方式来处理它。现在我们来较为细致地考察一下，要实际求卷积，（11.52）式中的积分数学上应如何处理。这个过程的实质特征示于图 11.29 中。在输出空间某点 X_1 生成的信号 $g(X_1)$ 是存在于 X_1 点的一切交叠的单个贡献的线性叠加。换言之，光源的每一线元 $\mathrm{d}x$ 产生一个特定强度的信号 $f(x)\mathrm{d}x$，然后它被系统散开到高斯像点（$X = x$）周围的一个区域里。于是 X_1 点的输出为 $\mathrm{d}g(X_1) = f(x) h(X_1 - x)\mathrm{d}x$。积分把来自光源各个线元的所有这些贡献相加。当然，离 Σ_i 上给定点越远的线元的贡献越小，因为扩展函数通常随距离加大而下降。于是我们可以想象 $f(x)$ 为一个一维辐照度分布，如图 11.30 中所示的一系列竖直光带。如果一维的**线扩展函数** $h(X - x)$ 是图 11.30d 中所示的那样，产生的像就只会是输入的有些模糊的变形（图 11.30e）。

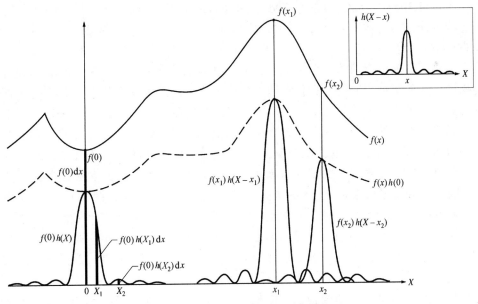

图 11.29　加权的扩展函数的交叠

现在我们将卷积更多地当作一个数学实体来考察。实际上它是一个相当微妙的东西，它实现的过程肯定不是乍一看就一目了然的；因此，让我们从一个稍许不同的观点来研究它。于是，我们将有两种考虑卷积积分的方式，我们将证明，两种方式是等效的。

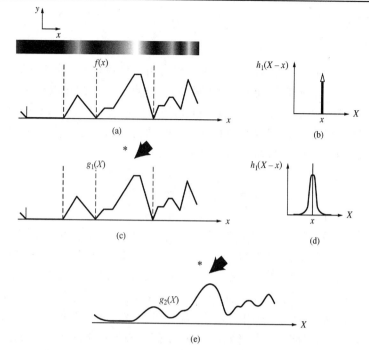

图 11.30 在（a）中，辐照度分布被转化为一个函数 $f(x)$。这个函数与与 δ 函数（b）卷积产生 $f(x)$ 的一个复制品。与之对比，$f(x)$ 与（d）中的扩展函数 h_2 的卷积则给出一条被光滑化的曲线，由（e）中的 $g_2(x)$ 表示

设 $h(x)$ 为图 11.31a 中的非对称函数。于是 $h(-x)$ 如图 11.31b 中所示，它移动后的形式 $h(X-x)$ 则示于图 11.30c 中。$f(x)$[画在 11.30d 中]和 $h(x)$ 的卷积是（11.52）式给出的 $g(X)$。常常把这个卷积更简洁地写成 $f(x) \circledast h(x)$。积分只是说，对于所有 x 值，积函数 $f(x)h(X-x)$ 之下的面积为 $g(x)$。显然，只有在 $h(X-x)$ 不为零的区间 d 上，即在两条曲线交叠的地方（图 11.31e），乘积才不为零。在输出空间的一个特定点 X_1，乘积函数 $f(x)h(X_1-x)$ 下的面积为 $g(X_1)$。可以把这种相当直接的解释去同前面那种物理上更令人满意的观点联系起来，那种观点把积分看成是交叠点的贡献，如前面图 11.29 中画的那样。记得我们在那里说过，每个元光源在像平面上散开成一个模糊的光斑，这个光斑有扩展函数的形状。现在设我们采用直接方法来计算图 11.31e 中乘积函数在 X_1 点的面积即 $g(X_1)$。以交叠区域中任何一点（比方说 x_1）为中心的微分元 $\mathrm{d}x$（图 11.32a）对这个面积的贡献大小将等于 $f(x_1)h(X_1-x_1)\mathrm{d}x$。从交叠的扩展函数的方案看，同一微分元也将作完全一样的贡献。为了看出这一点，考察图 11.32 中的 b 和 c。现在将它们画在输出空间里。图 11.32c 中画的扩展函数的"中心"在 $X=x_1$ 处。这时位于物上 x_1 处的元光源 $\mathrm{d}x_1$ 产生出一个正比于 $f(x_1)h(X-x_1)$ 的散开的信号，如 d 中所示，其中 $f(x_1)$ 只是一个数。这个信号的位于 X_1 的一份为 $f(x_1)h(X_1-x_1)\mathrm{d}x$，它的确与图 11.32a 中 x_1 处的 $\mathrm{d}x$ 做的贡献完全相同。同样，图 11.32a 中乘积面积的每一微分元（在任何 $x=x'$ 处）都有其对应物，其曲线形状与图 11.32d 中的曲线相像，但是"中心"位于一个新点($X=x'$)上。超出 $x=x_2$ 以外的点没有贡献，因为它们不在图 11.32a 的交叠区域内，或者等当地说，因为它们离 X_1 太远，以致不能散开到 X_1，如图 11.32e 中所示。

如果卷积的函数足够简单，那么 $g(X)$ 根本不用进行任何计算就能大致确定。在图 11.33 和图 11.34 中，用上面讨论的两种观点示出两个相同的方脉冲的卷积。在图 11.33 中，组成 $f(x)$

的每个脉冲扩展为一个方脉冲并求和。在图 11.34 中，画出了 h 变动时交叠面积随 X 的变化。两种情况下的结果都是一个三角形脉冲。

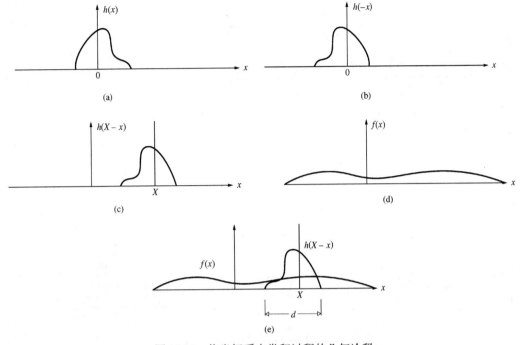

图 11.31　物坐标系中卷积过程的几何诠释

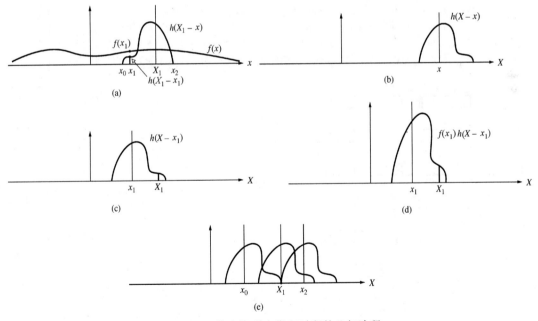

图 11.32　像坐标系中卷积过程的几何诠释

附带提一句，注意 $(f \circledast h) = (h \circledast f)$，这从在（11.52）式中作变量变换（$x' = X - x$）可以看出，小心积分限（见习题 11.18）。

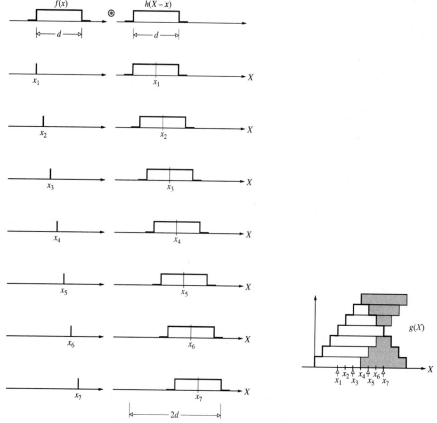

图 11.33 两个高度为 1.0 的矩形"棚车"脉冲的卷积。我们用有限个（7 个）δ 函数来表示 $f(x)$，以说明得出 $g(X)$ 的步骤，$g(X)$ 应为三角形脉冲。构成 $f(x)$ 的位于 x_1, x_2, x_3 等处 的每个脉冲，散开为中心位于 x_1, x_2, x_3 等处的矩形信号。然后将图右边移动后的 矩形竖列中每个这样的信号的面积相加以得出卷积。注意卷积如何伸展到 $2d$ 距离上

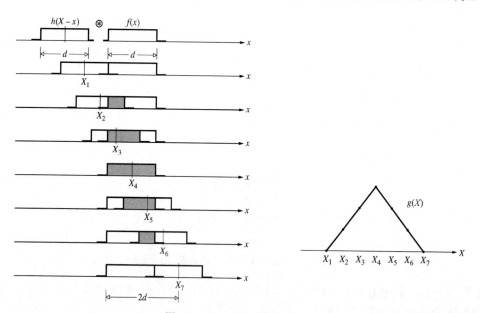

图 11.34 两个方脉冲的卷积

卷积的定义（11.52）式可以得到解释，我们现在将用直截了当的图解方法来求这个积分，不过先谈几个辅助概念。考虑图 11.35a 中所示的要卷积的两个空间信号 $f(x)$ 和 $h(x)$。注意这两个函数都是非对称的。将这两个函数通过虚的积分变量 x 画出。一般而言，像这样的函数以及我们前面看过的几个函数，它们在一个有限区域外处处为零，我们说这样的函数是有紧支集的。这样的函数进行卷积时，得出的卷积的宽度为两个分量函数的总宽度之和。

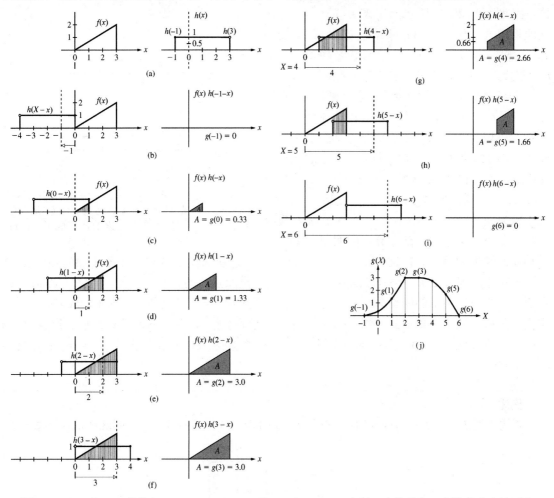

图 11.35　$f(x)$ 和 $h(x)$ 的卷积 $g(x) = f(x) \circledast h(x)$。取 $f(x)$ 和 $h(X-x)$ 在每一点的乘积，在这些点上这两个函数在特定 X 值下都存在。乘积曲线下的面积 A（图的左部）便是这个 X 值下 $g(X)$ 之值

我们将选择让 $h(x)$ 扫过 $f(x)$。因此，将 $h(x)$ 相对于它的坐标（$x=0$ 处的竖直虚线）反过来，从而生成卷积积分所需的镜像 $h(-x)$。为了让 $h(-x)$ 向右运动，将它写作 $h(X-x)$ 并参看图 11.36。变量 X 是 $h(-x)$ 的坐标从静止点 $x=0$ 出发的位移，$x=0$ 是哑变量坐标架的原点。在图 11.36 的 a 部分，这二者（竖直虚线和 $x=0$ 轴）紧挨着，$X=0$，$h(X-x) = h(0-x) = h(-x)$。为了检验这个机制，令 $x=-3$，它对应于矩形函数的左边界（用一个小空心圆表示），并在图 11.36a 中考察这个位置上的 $h(X-x)$。这里 $h[0-(-3)] = h(0+3) = h(3)$，并与图 11.35a 中为同一值（再次用小空心圆标示）；迄今为止数学都有效。现在将矩形向右移一个单位。即令 $X=1$，像图 11.36b 中那样。于是 $h(X-x) = h(1-x)$，并且，比方说，若令 $x=+2$，这次是对应矩形函数的右边界（用小实心圆标出），则 $h(X-x) = h(-1)$，再次与图 11.35a 中的 $h(x)$ 相配。于是，随着 X 增大，

扫到右方，这正是我们要它做的。

回到卷积积分和图 11.35 上来，并继续这一过程。在图 11.35b 中，两个函数刚好接触，不重叠，乘积面积为 0。$h(X-x)$ 的用虚线表示的运动的坐标是在 $x = -1$。它在固定原点 0 的左方 1 单位，因此 $X = -1$。卷积 $g(x)$ 在 $X = -1$ 为零，不过它即将增大（见图 11.35j 中的 $g(x)$ 曲线）。随着 $h(X-x)$ 向右方移得更远，它与总是静止不动的 $f(x)$ 重叠，见图 11.35c。在重叠区域的每个 x 值上画一条竖线，在这些竖线上找到两个函数的值。然后在每个 x 取这两个值之积，画乘积曲线（这时乘积曲线是在三角形的斜边上，因为 $h(X-x)$ 的大小为 1）。$f(x)h(X-x)$ 下的面积是 $g(X)$ 在 $h(X-x)$ 的坐标位置（竖直虚线，相继在 $X = -1$、0、1、2、3、4、5 和 6）上之值。

因为 $h(X-x)$ 的大小不变，刚好为 1.0，重叠面积，即由三角形的一部分界定的面积 $f(x)$，等

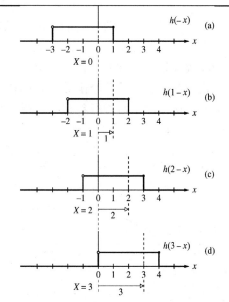

图 11.36　$X = 0$、1、2 和 3 的函数 $h(X-x)$。矩形脉冲向右方运动。注意 $h(x)$ 关于原点是反过来的，变成了 $h(-x)$

于乘积曲线下的面积。在这种情形下（图 11.35c），这块面积是 0.33，在图 11.35g 中将它画在 $X = 0$ 处，因为图 11.35c 中 $h(X-x)$ 的坐标是在离原点 0 的距离为零处。在图 11.35d 中，底边为 2 的小三角形的面积为 1.33。这就是这个卷积在 $X = 1$ 处之值。在图 11.35e 中，$X = 2$，乘积的面积是整个三角形的面积，即 3。它将继续保持为 3，直至 $h(X-x)$ 的左边到达 $x = 0$（图 11.35f），此后 $f(x)$ 三角形的部分跑出左边的重叠区域，卷积逐渐在 $X = 6$ 下降到零（图 11.35h）。

例题 11.2

考虑下图中画的函数 $f(x)$ 和 $h(x)$。用图解方法求这两个函数的卷积，说明这个过程的每一步。

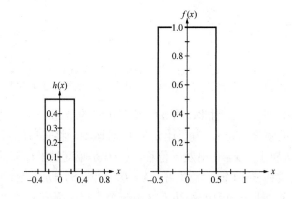

解

由于 $f(x)$ 和 $h(x)$ 的卷积与 $h(x)$ 和 $f(x)$ 的卷积是一回事，让我们保持 $f(x)$ 固定，让 $h(x)$ 在它上面扫过。因为这些函数是对称的，$h(x) = h(-x)$，对函数的镜像没有什么要特别操心的。我们将以 $f(x)$ 的纵坐标轴为中心来求卷积。我们将看到，$g(X)$ 的图像是那条淡灰色曲线。

在图（a）这幅图里，$h(X-x)$刚刚挨到$f(x)$，开始重叠，卷积也从这里开始；这就是说，超出该点（$x=-0.75$）它的值就不等于 0，这一点是由$h(X-x)$的横坐标位置（$X=-0.75$）决定的。因此在（d）中的X轴上$X=-0.75$处画一点，卷积曲线从这里开始。

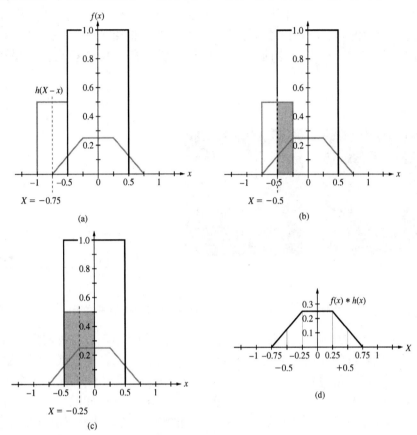

在图（b）这幅图里，$h(X-x)$已向右移动，使它的足足一半与$f(x)$重叠。图中的灰色区域由作为哑变量x的函数的逐点乘积$f(x)h(X-x)$围出。换句话说，在两个函数都存在的重叠区域内的x轴上的每点，画一条竖线，求每个函数在此线上的值。（比方，在x_1点，这两个函数值就是$f(x_1)$和$h(X-x_1)$。）在两个函数重叠的每一点都这么做。当然，只有在两个函数都不为零的地方乘积之值才不为零。然后画一条曲线表示乘积作为x的函数。**乘积曲线下的面积（灰色区域）就是卷积在那一点的值，该点的位置由$h(X-x)$的竖轴所在位置规定。**对于图（b）中的情形，$h(X-x)$之值恒定为 0.5，$f(x)$之值恒定为 1.0，因此在–0.5 至–0.25 之间的每一个x值上，乘积之值为 0.5。这条水平直线高 0.5。因此它下面的面积为$(0.5)\times(0.25)=0.125$。把这个值画在$X=-0.5$上，$X=-0.5$是$h(X-x)$的竖直轴所在的位置，我们就得到了卷积曲线的第二点（d）。不过要知道，在这个简单例子中，重叠面积和乘积面积刚好相等，这是因为$f(x)$大小不变为 1。**一般而言，乘积面积不会简单地等于重叠面积。**

在图（c）中，灰色的乘积面积为$(0.5)\times(0.5)=0.25$，我们将它画在图（d）中的卷积曲线的$X=-0.25$处（这是$h(X-x)$的竖直轴位置所在）。此后将一直保持这个值，直到$h(X-x)$在$x=+0.25$处开始从$f(x)$里面移出来。在此之后，它线性减小，最后变为零，其基底宽度为两个函数的宽度之和。

有若干方法对两组二维数据在物理上求卷积，现在就一些简单情况作简短介绍。设在一不透明屏上有一圆孔受到均匀照明（图 11.37a），我们想要定出这个孔的孔径函数 $f(x,y)$ 与其自身的卷积。因为 $f(x,y)$ 是对称的，它关于任一轴的镜面反射都没有任何特别效应；只需将一个圆在另一个圆上扫过并记下每次移动后的乘积面积。我们已经看到，将两个一维的矩形脉冲卷积如何得出一个三角形脉冲。类似地，将图 11.37a 中的圆形"礼帽"与它自身作卷积，将产生一个有点弯曲的圆锥形辐照度图样，从中心极大值近乎直线地减弱，见图 11.37b。

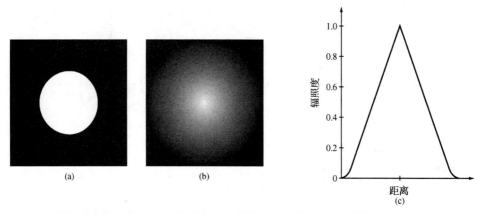

图 11.37 （a）均匀照明的圆孔；（b）圆孔与它自身的卷积在空间呈现的样子；（c）辐照度大小变化图

作为一个更复杂些的例子，让我们考察图 11.38a 中的三点图样。我们想要用图解方法求这个二维信号与它自身的卷积。实现这个过程的一个方法是：在一张纸上画由水平和竖直直线构成的方格子，将三项明亮的"礼帽"型辐照度点光源在格子线上摆成一个 L 形图样（L 的两画在 x 轴和 y 轴上，角点在原点）——这是 $f(x,y)$。格子线的间隔（一个分隔）应当与最邻近的邻点的中心至中心距离匹配。造一张完全相同的格子，在这张格子上将要构建卷积。现在在一片清晰透明的塑料上画相同的三点 L（和前面一样，L 的两画在 x 轴和 y 轴上）——这是 $h(x,y)$。将塑料片沿着 y 轴翻转盖到 y 轴上，生成 $h(y, X-x)$；这时 L 面向左方。再次围绕 x 轴翻转，生成 $h(Y-y, X-x)$；这时 L 上下颠倒并面向左方，好像它环绕一个圆孔径转了 180° 似的。

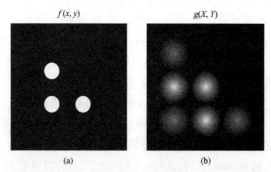

图 11.38 （a）中所示为 $f(x,y)$，它与自身的卷积 $g(x,y)$ 示于（b）中。见图 11.53

将塑料片 $h(Y-y, X-x)$ 和它的三个圆点放在纸上，使它的 x 轴平行于纸上的 x 轴，但比纸上的 x 轴低一些。将塑料片向右每次扫过一个刻度，记录重叠的点对的数目（实质上就是面积）——开始时什么也没有。将带有 $h(Y-y, X-x)$ 的塑料片沿 y 轴向上提升一格，然后再次将它向右扫。因为特定的图样（图 11.38a）在 x 轴上和更上方，这两组点 $h(Y-y, X-x)$ 和 $f(x,y) = h(x,y)$ 只有当两个 x 轴共线时才开始发生重叠。于是，当两个 L 的尖角正好重叠时，便在卷积图的对应位置（左下方）记录下一个圆斑，峰值为 1.0 的辐照度图（图 11.38b）。下一步，将塑料片向右再移一格，注意这时有两对点发生重叠。因此，在卷积图上进来了一个明亮的圆斑，一幅峰值为 2.0 的辐照度图。清晰的塑料片向右再移一格，会发生另一对点的重叠，记录下另一个峰值 1.0 的圆斑。这就结束了对图 11.38b 中最下面一行图（1.0,2.0,1.0）的讨论。

　　将塑料函数 $h(Y-y, X-x)$ 在 y 方向再向上提一格，然后向右扫一格。这产生了两对点重叠，在卷积图的第二行第一个位置出来了一个最大辐照度为 2.0 的亮斑。再移一格又使两对点重叠，在卷积图第二行出现了另一个 2.0 亮斑。最后，将移动的函数再次往上提一格并向右扫，有一对点发生重叠，卷积图（图 11.38b）上再添一个峰值 1.0 的斑。

　　图 11.39 示出（11.51）式给出的两个二维函数 $I_0(y,z)$ 和 $\mathcal{S}(y,z)$ 的卷积。这里乘积曲面 $I_0(y,z)\mathcal{S}(Y-y, Z-z)$ 下的体积（即重叠区域）等于 (Y,Z) 处的 $I_i(Y,Z)$；见习题 11.21。

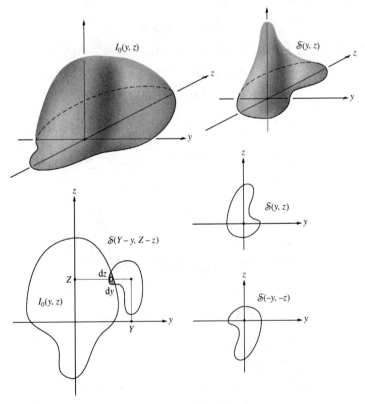

图 11.39　二维空间的卷积

卷积定理

　　设有两个函数 $f(x)$ 和 $h(x)$，其傅里叶变换式分别是 $\mathcal{F}\{f(x)\} = F(k)$ 和 $\mathcal{F}\{h(x)\} = H(k)$。卷积定理说：若 $g = f \circledast h$，则

$$\mathcal{F}\{g\} = \mathcal{F}\{f \circledast h\} = \mathcal{F}\{f\} \cdot \mathcal{F}\{h\} \tag{11.53}$$

或

$$G(k) = F(k)H(k) \qquad (11.54)$$

其中 $\mathscr{F}\{g\} = G(k)$。两个函数的卷积的傅里叶变换等于它们的傅里叶变换的乘积。其证明是直截了当的：

$$\mathscr{F}\{f \circledast h\} = \int_{-\infty}^{+\infty} g(X)\mathrm{e}^{ikX}\mathrm{d}X = \int_{-\infty}^{+\infty} \mathrm{e}^{ikX}\left[\int_{-\infty}^{+\infty} f(x)h(X-x)\,\mathrm{d}x\right]\mathrm{d}X$$

于是

$$G(k) = \int_{-\infty}^{+\infty}\left[\int_{-\infty}^{+\infty} h(X-x)\mathrm{e}^{ikX}\,\mathrm{d}X\right]f(x)\,\mathrm{d}x$$

在内层积分中，若令 $w = X - x$，则 $\mathrm{d}X = \mathrm{d}w$，并且

$$G(k) = \int_{-\infty}^{+\infty} f(x)\mathrm{e}^{ikx}\mathrm{d}x \int_{-\infty}^{+\infty} h(w)\mathrm{e}^{ikw}\mathrm{d}w$$

因此

$$G(k) = F(k)H(k)$$

定理得证。作为它的应用的一个例子，请看图 11.40。因为两个相同的方脉冲的卷积（$f \circledast h$）是一个三角形脉冲（g），它们的变换式之积必定是 g 的变换式，即

$$\mathscr{F}\{g\} = [d\,\mathrm{sinc}(kd/2)]^2 \qquad (11.55)$$

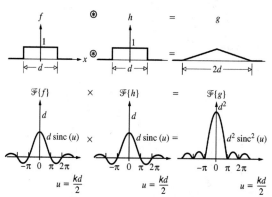

图 11.40　卷积定理的图解说明

作为另一个例子，我们看一个方脉冲与图 11.12 中两个 δ 函数的卷积。得出的双脉冲的变换式（图 11.41）仍是单个变换式的乘积。

（11.53）式的 k 空间对应物（即频率卷积定理）由下式给出：

$$\mathscr{F}\{f \cdot h\} = \frac{1}{2\pi}\mathscr{F}\{f\} \circledast \mathscr{F}\{h\} \qquad (11.56)$$

即乘积的变换式等于各自的变换式的卷积。

图 11.42 很漂亮地说明了这一点。这里 $f(x)$ 是一个无穷长的余弦函数，它与一个方脉冲 $h(x)$ 相乘，结果将 $f(x)$ 截断为一个短的振荡波列 $g(x)$。$f(x)$ 的变换是一对 δ 函数，方脉冲的变换是一个 sinc 函数，两个变换的卷积是 $g(x)$ 的变换。比较这个结果与（7.60）式的结果。

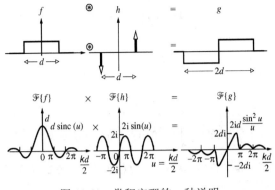

图 11.41　卷积定理的一种说明

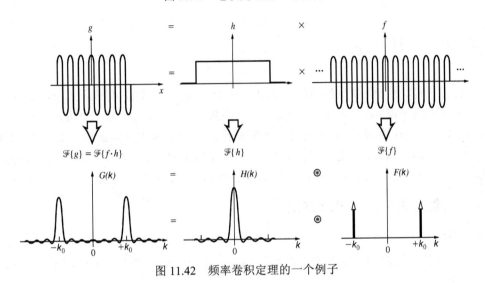

图 11.42　频率卷积定理的一个例子

高斯型波包的变换式

作为说明卷积定理的用处的另一个例子，我们来计算处于图 11.43 中的波包形态的光脉冲的傅里叶变换。先用一个很一般的方法。我们注意到，由于一维简谐波之形式为

$$\tilde{E}(x, t) = E_0 e^{-i(k_0 x - \omega t)}$$

要得到所要的形状的脉冲，只需调制振幅即可。假定波的轮廓不依赖于时间，可以把它写成

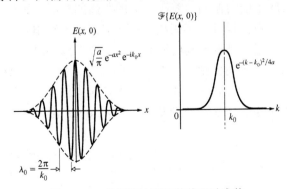

图 11.43　高斯型波列及其傅里叶变换

$$\tilde{E}(x, 0) = f(x)e^{-ik_0 x}$$

为了决定 $\mathscr{F}\{f(x)e^{-ik_0 x}\}$，要计算

$$\int_{-\infty}^{+\infty} f(x)e^{-ik_0 x}e^{ikx}dx \tag{11.57}$$

令 $k' = k - k_0$，得到

$$F(k') = \int_{-\infty}^{+\infty} f(x)e^{ik'x}dx = F(k - k_0) \tag{11.58}$$

换言之，若 $F(k) = \mathscr{F}\{f(x)\}$，那么 $F(k - k_0) = \mathscr{F}\{f(x)e^{-ik_0 x}\}$。对于图中所示的高斯型包络（11.11）式的特殊情形，$f(x) = \sqrt{a/\pi}e^{-ax^2}$，即

$$\tilde{E}(x, 0) = \sqrt{a/\pi}\ e^{-ax^2}e^{-ik_0 x} \tag{11.59}$$

从前面的讨论和（11.12）式有

$$\mathscr{F}\{\tilde{E}(x, 0)\} = e^{-(k-k_0)^2/4a} \tag{11.60}$$

这个变换式还可以用一个很不相同的方法从（11.56）式得出。这时将表示式 $\tilde{E}(x,0)$ 看成两个函数 $f(x) = \sqrt{a/\pi}\exp(-ax^2)$ 和 $h(x) = \exp(-ik_0 x)$ 的乘积。计算 $\mathscr{F}\{h\}$ 的一个方法是在（11.57）式中令 $f(x) = 1$。将 k 换成 $k - k_0$，就得到 1 的变换式。由于 $\mathscr{F}\{1\} = 2\pi\delta(k)$（见习题 11.4），便有 $\mathscr{F}\{e^{-ik_0 x}\} = 2\pi\delta(k - k_0)$。于是 $\mathscr{F}\{\tilde{E}(x,0)\}$ 等于 $2\pi\delta(k - k_0)$ 与中心在零点的高斯函数 $\exp(-k^2/4a)$ 的卷积乘以 $1/2\pi$。结果[①]仍是一个中心在 k_0 的高斯函数，即 $e^{-(k-k_0)^2/4a}$。

11.3.4 衍射理论中的傅里叶方法

夫琅禾费衍射

傅里叶变换理论对夫琅禾费衍射机制提供了一个特别优美的深入认识。回到（10.41）式，将它改写为

$$E(Y, Z) = \frac{\mathcal{E}_A e^{i(\omega t - kR)}}{R}\iint_{\text{Aperture}} e^{ik(Yy + Zz)/R}dy\,dz \tag{11.61}$$

这个公式适用于图 10.29，这个图画的是 yz 平面上一个任意的衍射孔径，被一个单色平面波照射。量 R 是从孔径中心到场为 $E(Y,Z)$ 的输出点的距离。孔径单位面积上的光源强度用 $\mathcal{E}_A$ 表示。我们说的电场当然是随时间变的；$\exp i(\omega t - kr)$ 项表明了 (Y,Z) 点的净扰动相位与孔径中心的相位的联系。$1/R$ 对应于场的振幅随着离孔径的距离的衰减。积分号前的相位项的意思不大，因为我们只对场的相对振幅分布感兴趣，在任何特定的输出点上的绝对相位是多少并无关紧要。因此，如果我们把自己限在输出空间中的一个小范围内，在这个范围内 R 基本上是个常数，那么除了 $\mathcal{E}_A$ 外积分号前的所有系数可以归并为一个单一常数。

迄今为止都假设 $\mathcal{E}_A$ 在整个孔径上是不变的，但情况肯定不一定是这样。确实，如果在孔径上放一块不平整又不干净的玻璃，那么从各个面元 $dydz$ 出射的场的振幅和相位都可以不

[①] 在这一推导中，实际上一开始就已用了 $\exp[-ik_0 x]$ 的实部，因为复指数函数的傅里叶变换并不同于 $\cos k_0 x$ 的变换，事后取实部是不够的。这是人们在生成复指数函数之积时总是要遇到的那同一类困难。事实上，最终答案（11.60）式应当包含一个附加的 $\exp[-(k+k_0)^2/4a]$ 项，及一个相乘的常数因子 $1/2$。不过，第二项相比之下通常可以忽略。即使这样，若我们一开始用的是 $\exp[+ik_0 x][$（11.59）式]，则产生的只有可以忽略的量！以这种方式使用复指数函数来表示正弦或余弦函数，严格说来是不正确的，虽然实用上这种做法非常见。作为一条捷径，使用时必须极度小心。

同。玻璃中可能存在的非均匀吸收，以及依赖于位置的光程长度，肯定会影响衍射场分布。ε_A 的变化，同相乘的常数因子一样，可以合并成一个单一的复数量

$$\mathscr{A}(y, z) = \mathscr{A}_0(y, z)e^{i\phi(y, z)} \tag{11.62}$$

它称为孔径函数。孔径上场的振幅由 $\mathscr{A}_0(y, z)$ 描述，而逐点的相位变化则由 $\exp[i\phi(y,z)]$ 表示。因此，$\mathscr{A}_0(y, z)\mathrm{d}y\mathrm{d}z$ 正比于从光源的微分元 $\mathrm{d}y\mathrm{d}z$ 出射的衍射场。将上面讲的合在一起，可以将（11.61）式重写为更一般的形式

$$E(Y, Z) = \iint\limits_{-\infty}^{+\infty} \mathscr{A}(y, z)e^{ik(Yy+Zz)/R}\,\mathrm{d}y\,\mathrm{d}z \tag{11.63}$$

因为孔径函数只在孔径上不等于零，积分限可以延伸到 $\pm\infty$。

　　将给定点 P 处的 $\mathrm{d}E(Y,Z)$ 想象为仿佛是一个在 $\vec{k}$ 方向传播的平面波（如图 11.44），其振幅由 $\mathscr{A}(y, z)\mathrm{d}y\mathrm{d}z$ 确定，将会是有帮助的。为了强调（11.63）式和（11.14）式之间的相似，让我们定义空间频率 k_Y 和 k_Z 为

$$k_Y \equiv kY/R = k\sin\phi = k\cos\beta \tag{11.64}$$

和

$$k_Z \equiv kZ/R = k\sin\theta = k\cos\gamma \tag{11.65}$$

对于像平面上的每一点，有一个对应的空间频率。衍射场现在可以写为

$$E(k_Y, k_Z) = \iint\limits_{-\infty}^{+\infty} \mathscr{A}(y, z)e^{i(k_Y y + k_Z z)}\,\mathrm{d}y\,\mathrm{d}z \tag{11.66}$$

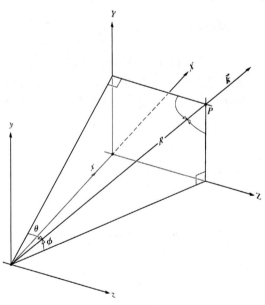

图 11.44　几何示意图

并得到以下关键结论：夫琅禾费衍射图样中的场分布，等于孔径上场分布（即孔径函数）的傅里叶变换式。用符号表示为

$$E(k_Y, k_Z) = \mathscr{F}\{\mathscr{A}(y, z)\} \tag{11.67}$$

像平面上的场分布是孔径函数的空间频谱。于是逆变换为

$$\mathscr{A}(y, z) = \frac{1}{(2\pi)^2} \iint_{-\infty}^{+\infty} E(k_Y, k_Z) e^{-i(k_Y y + k_Z z)} \, dk_Y \, dk_Z \qquad (11.68)$$

即

$$\mathscr{A}(y, z) = \mathscr{F}^{-1}\{E(k_Y, k_Z)\} \qquad (11.69)$$

像我们一再看到的那样，信号越局域化，它的变换式扩展得越宽——在二维情况下同样的结论也成立。衍射孔径越小，衍射光束的角宽度就越大，或等效地说，空间频带宽度越大。

还有一个小问题应当在这里说一下。如果试图在远处的一个屏上实际观察夫琅禾费图样（不用透镜），得到的将只是一个近似，真正的夫琅禾费图样是在平行光中生成，这种平行光不会在任何有效距离上会聚。这一般不会造成任何麻烦，因为实际观察的是辐照度，它同大距离上的理想分布是不可分辨的。但是，在任何虽然遥远但仍然有限距离的位置上，衍射电场的分布将和孔径函数的傅里叶变换在相位上稍有不同。由于我们甚至不能测量电场，这个问题不像是一个有实际意义的问题，今后将简单地忽视它。

单缝

作为说明这个方法的一个实例，考虑图 10.15 中的一条 y 方向的长狭缝，它被一个平面波照明。假定在孔径上没有相位或振幅变化，$\mathscr{A}(y, z)$ 具有方脉冲的形状：

$$\mathscr{A}(y, z) = \begin{cases} \mathscr{A}_0 & \text{当 } |z| \leq b/2 \text{ 时} \\ 0 & \text{当 } |z| > b/2 \text{ 时} \end{cases}$$

其中 $\mathscr{A}_0$ 不再是 y 和 z 的函数。若把它当作一个一维问题来处理，

$$E(k_Z) = \mathscr{F}\{\mathscr{A}(z)\} = \mathscr{A}_0 \int_{z=-b/2}^{+b/2} e^{ik_Z z} \, dz$$

$$E(k_Z) = \mathscr{A}_0 b \operatorname{sinc} k_Z b/2$$

其中的 $k_Z = k \sin \theta$，这正是 10.2.1 节里导出的形式。矩形孔径的远场衍射图样（10.2.4 节）是狭缝衍射图样的二维对应物。令 $\mathscr{A}(y, z)$ 在孔径上仍等于 $\mathscr{A}_0$（图 10.30），

$$E(k_Y, k_Z) = \mathscr{F}\{\mathscr{A}(y, z)\}$$

$$E(k_Y, k_Z) = \int_{y=-b/2}^{+b/2} \int_{z=-a/2}^{+a/2} \mathscr{A}_0 e^{i(k_Y y + k_Z z)} \, dy \, dz$$

于是

$$E(k_Y, k_Z) = \mathscr{A}_0 \, ba \operatorname{sinc} \frac{bkY}{2R} \operatorname{sinc} \frac{akZ}{2R}$$

正像（10.42）式中一样，其中 ba 是孔的面积。

杨氏实验：双缝　在对杨氏实验的初次讨论中（9.3 节），我们取缝的宽度为无穷小。于是孔径函数是对称的两个 δ 脉冲，而衍射图样中对应的场振幅是其傅里叶变换，即余弦函数。求平方后，得到图 9.12 的熟悉的余弦平方辐照度分布。更现实地，每个孔径实际上具有某个有限大小的形状，真实的衍射图样绝不可能这样简单。图 11.45 示出的是空洞是实际狭缝的情形。孔径函数 $g(x)$ 由定下每条缝位置的 δ 函数构成的 $h(x)$ 与对应于具体开孔的矩形脉冲 $f(x)$ 作卷积而得到。由卷积定理，它们的傅里叶变换式之积就是受调制的余弦振幅函数，它代表

落在像平面上的衍射场。平方后将产生预期的辐照度分布，如图 10.18 所示。图上画出了一维变换式与自变量 k 的函数关系曲线，不过这等价于借（11.64）式之助对像空间变量来画。（同样的推理用于圆孔径将得出图 12.2 中的条纹图样）。

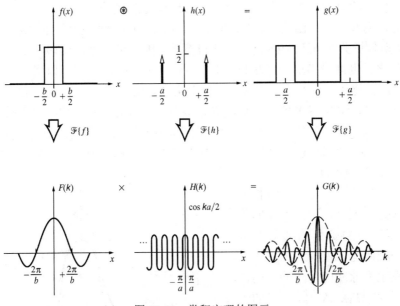

图 11.45　卷积定理的图示

三缝　参看图 11.14d，我们清楚地看到，图中的三个 δ 函数的阵列的傅里叶变换将产生一个被抬升的余弦函数，升高多少与零频项即位于原点的 δ 函数成正比。当这个 δ 函数的振幅是另两个的两倍大时，抬升的余弦函数之值完全为正。现在假设我们有三条理想窄的平行狭缝，受到均匀照明。其孔径函数对应于图 11.46a，中间的 δ 函数的大小是它以前的大小的一半。因此，余弦变换式将往下降四分之一，见图 11.46b。这对应于衍射电场的振幅，它的平方（图 11.46c）是三缝衍射的辐照度图样。

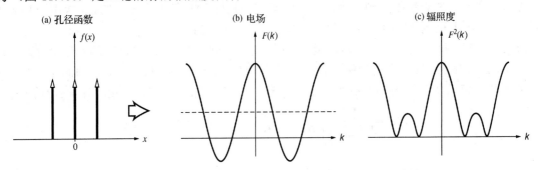

图 11.46　代表 3 条狭缝的 3 个相等的 δ 函数的傅里叶变换

切趾法

切趾法（apodization）这个术语来自希腊文 α（拿走）和 $\pi o \delta o \sigma$（意思是脚）。它的意思是抑制衍射图样的次极大（傍瓣）或"脚趾"的过程。在圆形光瞳的情况（10.2.5 节），衍射图样是一个中央亮点周围环绕着许多同心环。第一个环的通量密度是中心峰值的 1.75%——这个值虽小，却会带来麻烦。投射到像平面上的光的大约 16% 分布在各个环上。这些傍瓣的出现将使光学系统的分辨本领减小到需要用切趾法的程度，这样的情况往往在天文学和光谱学中出现。例如，天空中最亮的恒星天狼星（在大犬座中）实际上是一个双星。它的伴星是一个暗淡的白矮星，它们环绕公共质心旋转。由于极大的亮度差异（10^4 比 1），用望远镜观察时，暗淡的伴星的像通常被主星的衍射图样的傍瓣完全掩盖。

切趾法可以用好几种方法实现，例如改变孔径的形状或改变孔径的传输特性[①]。从（11.66）式我们已知，衍射场分布等于 $\mathscr{A}(y,z)$ 的傅里叶变换。因此可以用改变 $\mathscr{A}_0(y,z)$ 或 $\phi(y,z)$ 的办法使傍瓣发生变化。也许最简单的方法是只对 $\mathscr{A}_0(y,z)$ 进行处理。这可以用适当镀膜的平板玻璃覆盖孔径（或把物镜本身适当镀膜）在物理上实现。设在 yz 平面内从中心沿径向向外趋向圆形光瞳的周界时，涂层越来越不透明，透射场将相应地随离开光轴的距离减小，直到在孔径周界上变成可以忽略。特别是，想象这种振幅减小遵循高斯曲线。于是 $\mathscr{A}_0(y,z)$ 是高斯函数，它的变换式 $E(Y,Z)$ 同样也是高斯函数，从而各个光环就消失了。即使中心峰值变宽，傍瓣却的确被抑制了（图 11.47）。

审视这一过程的另一富于启发性的、吸引人的方式是认识到，更高的空间频率将会对丰富要综合的函数的细节做出贡献。早先在一维情况下曾看到（图 7.34），高频是用来充填方脉冲的边角的。同样，由于 $\mathscr{A}(y,z) = \mathscr{F}^{-1}\{E(k_Y, k_Z)\}$，孔径的尖锐边缘要求在衍射场中必定有高空间频率的可观的贡献。由此得到，使 $\mathscr{A}_0(y,z)$ 逐渐减弱会减弱这些高频，而这就会抑制旁瓣。

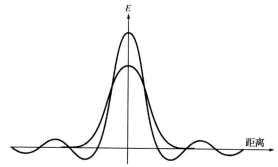

图 11.47　爱里图样与高斯函数的比较

切趾法是内容更广的空间滤波技术的一个方面，在第 13 章将对空间滤波技术作一广泛而非数学的讨论。

阵列定理

将上面的一些想法推广到二维情况，设想有一张屏，上有 N 个相同的孔，如图 11.48 所示。在每个孔径内相同的相对位置上，分别在位置 (y_1, z_1)，(y_2, z_2)，$\cdots$，(y_N, z_N) 放置一点 O_1，O_2，$\cdots$，O_N。每一点作为一个本地坐标系 (y', z') 的原点。于是第 j 个孔径的本地坐标系中的一点 (y', z') 在 (y,z) 坐标系中的坐标就是 $(y_j + y', z_j + z')$。在相干单色照明下，得到的像平面上某点 P 上的夫琅禾费衍射场 $E(Y,Z)$ 将是每个分开的孔径在 P 点产生的场的叠加；换句话说，

$$E(Y, Z) = \sum_{j=1}^{N} \iint_{-\infty}^{+\infty} \mathscr{A}_I(y', z') \mathrm{e}^{\mathrm{i}k[Y(y_j + y') + Z(z_j + z')]/R} \, \mathrm{d}y' \mathrm{d}z' \qquad (11.70)$$

或

$$E(Y, Z) = \iint_{-\infty}^{+\infty} \mathscr{A}_I(y', z') \mathrm{e}^{\mathrm{i}k(Yy' + Zz')/R} \, \mathrm{d}y' \mathrm{d}z' \times \sum_{j=1}^{N} \mathrm{e}^{\mathrm{i}k(Yy_j + Zz_j)/R} \qquad (11.71)$$

其中，$\mathscr{A}_I(y', z')$ 是适用于每个孔的单个孔径函数。用（11.64）式和（11.65）式，可将上式改写为

[①] 对这个题目的一个内容渊博的讨论，见 P. Jaquinot 和 B.Roizen-Dossier, "Apodization", Vol.III of Progress in Optics。

$$E(k_Y, k_Z) = \iint\limits_{-\infty}^{+\infty} \mathcal{A}_I(y', z') e^{i(k_Y y' + k_Z z')} \, dy' \, dz' \times \sum_{j=1}^{N} e^{i(k_Y y_j)} e^{i(k_Z z_j)} \qquad (11.72)$$

注意上式中的积分是单个孔径函数的傅里叶变换，而和式则是下述的 δ 函数阵列的傅里叶变换〔（11.42）式〕

$$A_\delta = \sum_j \delta(y - y_j) \delta(z - z_j) \qquad (11.73)$$

既然 $E(k_Y, k_Z)$ 自身是整个阵列的总孔径函数的变换式 $\mathcal{F}\{\mathcal{A}(y, z)\}$，我们有

$$\mathcal{F}\{\mathcal{A}(y, z)\} = \mathcal{F}\{\mathcal{A}_I(y', z')\} \cdot \mathcal{F}\{A_\delta\} \qquad (11.74)$$

这个等式是**阵列定理**的一种陈述，这个定理说：**许多方向相同的全同孔径阵列的夫琅禾费衍射图样中的场分布，等于单个孔径函数的傅里叶变换式（即它的衍射场分布）乘以排列成同样组态的一组点源将产生的图样（即 A_δ 的变换式）。**

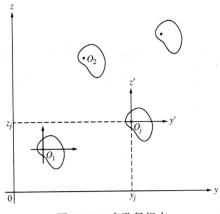

图 11.48　多孔径组态

这还可以从一种稍微不同的观点来看。总的孔径函数可以由单个孔径函数与合适的 δ 函数阵列求卷积得到，每个 δ 函数坐落在坐标原点 (y_1, z_1)，(y_2, z_2)，等之中的一个上。因此

$$\mathcal{A}(y, z) = \mathcal{A}_I(y', z') * A_\delta \qquad (11.75)$$

于是阵列定理直接从卷积定理（11.53）式推出。

作为一个简单例子，设想再次用沿 y 方向的两条狭缝做杨氏实验，狭缝宽为 b，两条狭缝的间距为 a。每条狭缝单独的孔径函数都是阶跃函数，

$$\mathcal{A}_I(z') = \begin{cases} \mathcal{A}_{I0} & \text{当} \ |z'| \leq b/2 \ \text{时} \\ 0 & \text{当} \ |z'| > b/2 \ \text{时} \end{cases}$$

于是

$$\mathcal{F}\{\mathcal{A}_I(z')\} = \mathcal{A}_{I0} b \operatorname{sinc} k_Z b/2$$

对于位于 $z = \pm a/2$ 的狭缝，

$$A_\delta = \delta(z - a/2) + \delta(z + a/2)$$

由（11.43）式

$$\mathcal{F}\{A_\delta\} = 2 \cos k_Z a/2$$

因而

$$E(k_Z) = 2 \mathcal{A}_{I0} b \operatorname{sinc}\left(\frac{k_Z b}{2}\right) \cos\left(\frac{k_Z a}{2}\right)$$

同早先得到的结论（图 11.31）相同。得到的辐照度图样是受一个 sinc 函数平方衍射包络调制的一组余弦函数平方干涉条纹。

11.3.5　频谱和相关

帕塞瓦尔公式

设 $f(x)$ 是一个有限宽度的脉冲，$F(k)$ 是它的傅里叶变换式〔（11.5）式〕。回想 7.8 节，我

们知道函数 $F(k)$ 是 $f(x)$ 的空间频谱的振幅。于是 $F(k)\mathrm{d}k$ 表示脉冲的频率在 k 到 $k+\mathrm{d}k$ 之间的分量的振幅。因此 $|F(k)|$ 仿佛起着频谱振幅密度的作用，它的平方 $|F(k)|^2$ 应当正比于单位空间频率间隔内的能量。类似地，在时域中，若 $f(t)$ 是辐射电场，$|f(t)|^2$ 便正比于辐射通量或功率，而发射的总能量则正比于 $\int_0^\infty |f(t)|^2\,\mathrm{d}t$。让 $F(\omega)=\mathscr{F}\{f(t)\}$，看来 $|F(\omega)|^2$ 必定是每单位时间频率间隔内能量的量度。更精确点，让我们通过适当的傅里叶变换来计算 $\int_{-\infty}^{+\infty} |f(t)|^2\,\mathrm{d}t$。因为

$$|f(t)|^2 = f(t)f^*(t) = f(t)\cdot[\mathscr{F}^{-1}\{\mathscr{F}(\omega)\}]^*,$$

$$\int_{-\infty}^{+\infty} |f(t)|^2\,\mathrm{d}t = \int_{-\infty}^{+\infty} f(t)\left[\frac{1}{2\pi}\int_{-\infty}^{+\infty} F^*(\omega)\mathrm{e}^{+\mathrm{i}\omega t}\mathrm{d}\omega\right]\mathrm{d}t$$

交换积分次序，得到

$$\int_{-\infty}^{+\infty} |f(t)|^2\,\mathrm{d}t = \frac{1}{2\pi}\int_{-\infty}^{+\infty} F^*(\omega)\left[\int_{-\infty}^{+\infty} f(t)\mathrm{e}^{\mathrm{i}\omega t}\mathrm{d}t\right]\mathrm{d}\omega$$

因此

$$\int_{-\infty}^{+\infty} |f(t)|^2\,\mathrm{d}t = \frac{1}{2\pi}\int_{-\infty}^{+\infty} |F(\omega)|^2\,\mathrm{d}\omega \tag{11.76}$$

其中 $|F(\omega)|^2 = F^*(\omega)F(\omega)$。（11.76）式叫做帕塞瓦尔（Parseval）公式。如预期的那样，总能量正比于 $|F(\omega)|^2$ 曲线下的面积，因而有时把 $|F(\omega)|^2$ 叫做功率谱或能量的谱分布。空域的相应公式为

$$\int_{-\infty}^{+\infty} |f(x)|^2\,\mathrm{d}x = \frac{1}{2\pi}\int_{-\infty}^{+\infty} |F(k)|^2\,\mathrm{d}k \tag{11.77}$$

洛伦兹线型

作为这些观念如何应用于实际中的一个说明，考虑图 11.49 中画的 $x=0$ 处的阻尼简谐波 $f(t)$。这里

$$f(t) = \begin{cases} 0 & \text{从 } t=-\infty \text{ 到 } t=0 \\ f_0\mathrm{e}^{-t/2\tau}\cos\omega_0 t & \text{从 } t=0 \text{ 到 } t=+\infty \end{cases}$$

每当一个量的变化率依赖于它的瞬时值时，将相当普遍地出现负指数依赖关系。在现在的情况下，可以假设原子辐射的功率按 $(\mathrm{e}^{-t/\tau})^{1/2}$ 变化。任何时候，都把 τ 称为振动的时间常数，而 $\tau^{-1}=\gamma$ 则称为阻尼常数。$f(t)$ 的变换式为

$$F(\omega) = \int_0^\infty (f_0\mathrm{e}^{-t/2\tau}\cos\omega_0 t)\mathrm{e}^{\mathrm{i}\omega t}\mathrm{d}t \tag{11.78}$$

计算后得到

$$F(\omega) = \frac{f_0}{2}\left[\frac{1}{2\tau} - \mathrm{i}(\omega+\omega_0)\right]^{-1} + \frac{f_0}{2}\left[\frac{1}{2\tau} - \mathrm{i}(\omega-\omega_0)\right]^{-1}$$

当 $f(t)$ 是一个原子的辐射场时，τ 表示激发态的寿命（从大约 1.0 ns 到 10 ns）。现在若我们构建功率谱 $F(\omega)F^*(\omega)$，它将由中心在 $\pm\omega_0$ 的两个峰组成，两峰相隔 $2\omega_0$。在光学频段，$\omega_0 \gg \gamma$，两个峰都很窄，离得很远，实际上不会交叠。两个峰的形状由图 11.49 中的调制包络的变换式决定，它是一条负指数曲线。峰的位置由被调制的余弦波的频率确定，存在有两个峰这一事实，则是余弦函数的频谱在这个对称的频率表示中的反映。为了从 $F(\omega)F^*(\omega)$ 决

定可观察的频谱，只需考虑正频率项，即

$$|F(\omega)|^2 = \frac{f_0^2}{\gamma^2} \frac{\gamma^2/4}{(\omega - \omega_0)^2 + \gamma^2/4} \tag{11.79}$$

它在 $\omega = \omega_0$ 处有极大值 f_0^2/γ^2，如图 11.50 所示。在半功率点 $(\omega - \omega_0) = \pm\gamma/2$，$|F(\omega)|^2 = f_0^2/2\gamma^2$，这是极大值的一半。两个半功率点之间的谱线宽度等于 γ。

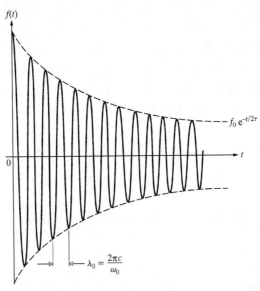

图 11.49　阻尼简谐波

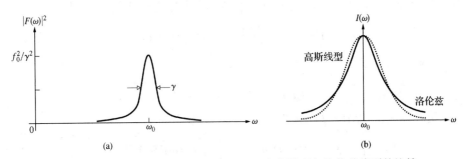

图 11.50　（a）洛伦兹线型的共振；（b）高斯线型与洛伦兹线型的比较

（11.79）式给出的曲线叫做**共振曲线**或**洛伦兹线型**。由激发态的有限寿命引起的频带宽度叫做自然线宽。

如果发生辐射的原子受到碰撞，它会损失能量，从而进一步缩短发射的持续时间。在这个过程中频带宽度增大，这叫做**洛伦兹增宽**。这时频谱仍然具有洛伦兹线型。还有，由于气体中原子的无规热运动，频带宽度将会通过多普勒效应增大。这叫做多普勒增宽，它形成高斯型频谱。高斯型频谱在 ω_0 邻近下降得比洛伦兹线型慢，然后比后者下降更快。这些效应可以通过对高斯函数和洛伦兹函数进行卷积，使它们在数学上合在一起，得出单一频谱。在低气压下的气体放电中，高斯型要宽得多，一般占主导地位。

自关联和交叉关联

在信号分析——包括空间信号和时间信号——这门学科中，有对数据集合进行比较的重要技术：交叉关联和自关联。在时域里，交叉关联提供了对存在于两个波形（或两组数据）之间的相似性的量度，它被显示为被加于两个信号之一的时移的函数。换句话说，将一个信号越过另一个信号移动，在每个相对位置上比较这两个信号。我们更常关心的是图像，它们的关联是空域中 *X* 的函数，对应于两个函数 *f*(*x*) 与 *h*(*x*) 之积的积分，倘若它们中的一个沿 *x* 轴先移动一段距离 *X*。常常有一个长时间持续的时间信号（比方说一个总是存在的造成模糊的噪声背景），人们要在其中搜寻一个更短暂的特定信号。或者，我们面前可能有一大堆数据，比方，一个城市房顶的照片，我们必须在这张照片中搜寻特定的一座建筑。

一个信号和它自身的交叉关联叫做自关联。它代表一组数据与这组数据的时间延迟（或空间移位）版本之间的相似程度。换句话说，自关联是空域中 *X* 的函数，它对应于函数 *f*(*x*) 与其自身沿 *x* 轴移动一个距离 *X* 后的新函数的乘积的积分。今天已有这样的光学器件，称为关联器，它实时实现这一过程。这些技术有各种各样的应用，从指纹和 DNA 证认到自动生产线上机器人眼的运作。

现在回到帕塞瓦尔公式的推导，全程再重复一次，但稍作修正。我们想要用与前面大致相同的方法计算 $\int_{-\infty}^{+\infty} f(t+\tau)f^*(t)\mathrm{d}t$。于是，若 $F(\omega) = \mathscr{F}\{f(t)\}$，

$$\int_{-\infty}^{+\infty} f(t+\tau)f^*(t)\,\mathrm{d}t = \int_{-\infty}^{+\infty} f(t+\tau) \times \left[\frac{1}{2\pi}\int_{-\infty}^{+\infty} F^*(\omega)\mathrm{e}^{+\mathrm{i}\omega t}\,\mathrm{d}\omega\right]\mathrm{d}t \tag{11.80}$$

改变积分次序，上式变为

$$\frac{1}{2\pi}\int_{-\infty}^{+\infty} F^*(\omega)\left[\int_{-\infty}^{+\infty} f(t+\tau)\mathrm{e}^{\mathrm{i}\omega t}\,\mathrm{d}t\right]\mathrm{d}\omega = \frac{1}{2\pi}\int_{-\infty}^{+\infty} F^*(\omega)\mathscr{F}\{f(t+\tau)\}\,\mathrm{d}\omega$$

为了计算最后的积分中的变换式，注意在（11.9）式中作变量变换后得到

$$f(t+\tau) = \frac{1}{2\pi}\int_{-\infty}^{+\infty} F(\omega)\mathrm{e}^{-\mathrm{i}\omega(t+\tau)}\mathrm{d}\omega$$

因而

$$f(t+\tau) = \mathscr{F}^{-1}\{F(\omega)\mathrm{e}^{-\mathrm{i}\omega\tau}\}$$

所以如上所述，$\mathscr{F}\{f(t+\tau)\} = F(\omega)\mathrm{e}^{-\mathrm{i}\omega\tau}$，（11.80）式变为

$$\int_{-\infty}^{+\infty} f(t+\tau)f^*(t)\,\mathrm{d}t = \frac{1}{2\pi}\int_{-\infty}^{+\infty} F^*(\omega)F(\omega)\mathrm{e}^{-\mathrm{i}\omega\tau}\,\mathrm{d}\omega \tag{11.81}$$

两边都是参量 *τ* 的函数。这个公式的左边叫做 *f*(*t*) 的**自相关**，用

$$c_{ff}(\tau) \equiv \int_{-\infty}^{+\infty} f(t+\tau)f^*(t)\,\mathrm{d}t \tag{11.82}$$

表示，常常用符号写作 *f*(*t*)★*f**(*t*)。取两边的变换式，这时（11.81）式变为

$$\mathscr{F}\{c_{ff}(\tau)\} = |F(\omega)|^2 \tag{11.83}$$

这是**维纳-辛钦**（Wiener-Khintchine）**定理**的一种形式，它使我们能够用生成函数（generating function）的自关联来定出频谱。$c_{ff}(\tau)$ 的这个定义适用于函数的能量有限的情形。如果情况不是这样，必须稍作改变。这个积分通过简单的变量变换（$t + \tau$ 变为 *t*）也可重新表示为

$$c_{ff}(\tau) = \int_{-\infty}^{+\infty} f(t)f^*(t-\tau)\,\mathrm{d}t \tag{11.84}$$

同样，函数 $f(t)$ 和 $h(t)$ 的交叉关联定义为

$$c_{fh}(\tau) = \int_{-\infty}^{+\infty} f^*(t)h(t + \tau)\,\mathrm{d}t \tag{11.85}$$

例题 11.3

若 $f(x)$ 是空域中的实值函数，证明 $c_{ff}(X)$ 是一个偶函数。

解 自关联函数将是一个偶函数，若 $c_{ff}(X)$ 等于 $c_{ff}(-X)$。于是，由（11.84）式给出的 $c_{ff}(X)$ 出发，

$$c_{ff}(X) = \int_{-\infty}^{\infty} f(x)f^*(x - X)\mathrm{d}x$$

并写出

$$c_{ff}(-X) = \int_{-\infty}^{\infty} f(x)f^*(x + X)\mathrm{d}x$$

但 $f(x)$ 为实数，因此

$$c_{ff}(-X) = \int_{-\infty}^{\infty} f(x)f(x + X)\mathrm{d}x$$

现在令 $u = x + X$，因此 $x = u - X$，$\mathrm{d}x = \mathrm{d}u$。于是

$$c_{ff}(-X) = \int_{-\infty}^{\infty} f(u - X)f(u)\mathrm{d}u$$

由于 u 只是一个哑变量，

$$c_{ff}(-X) = c_{ff}(X)$$

关联分析实质上是一种比较两个信号的手段，用来定出它们之间的相似程度。在自关联中，原来的函数在时间中移动一个 τ，生成移动后的函数和未移动的函数的乘积，然后通过积分手段求这个乘积曲线下的面积（对应于重叠程度）。做这件事的一个原因是要在随机噪声背景下提取一个信号。注意，一个周期函数的自关联自身也是周期函数。

要看清上述过程每一步，对一个简单函数求自关联，比如图 11.51 中的 $A\sin(\omega t + \varepsilon)$。在这个图的每一部分，函数都移动一个值 τ，生成乘积 $f(t)\cdot f(t + \tau)$，然后计算这个乘积函数下的面积，并在图 11.51e 中画出。注意，对不同的 ε 值这个过程并无不同。最终结果为 $c_{ff}(\tau) = \frac{1}{2}A^2\cos\omega\tau$，随着 τ 经过 2π，这个函数经历一个周期，因此它和 $f(t)$ 的频率相同。于是，如果有一个生成自关联的过程，就能从这个过程重新构建出原来的振幅 A 和角频率 ω。

例题 11.4

求实函数 $f(x)$

$$f(x) = \begin{cases} 0 & x < 0 \\ 1 - x & 0 < x < 1 \\ 0 & x > 1 \end{cases}$$

的自关联函数 $c_{ff}(x)$。函数 $f(x)$ 是一个锯齿。调节 $c_{ff}(x)$ 使它关于 $x = 0$ 对称，在 $x = 0$ 其值等于 1.0。

解 令 u 为哑变量。用（11.85）式

$$c_{ff}(x) = \int_{-\infty}^{\infty} f^*(u) f(u+x)\mathrm{d}u = \int_0^{1-x} (1-u)(1-u-x)\mathrm{d}u$$

其中 $f^*(u) = f(u) = 1 - u$ 及 $f(u+x) = 1 - (u+x)$。

这个式子，不论看起来多么吓人，给出了自关联函数作为 x 的函数。

$$(1-u)(1-u-x) = 1 - u - x - u + u^2 + ux$$

及

$$c_{ff}(x) = \int_0^{1-x} [(1-x) - u(2-x) + u^2]\mathrm{d}u$$

因此

$$c_{ff}(x) = (1-x)^2\left[1 - \frac{(2-x)}{2} + \frac{(1-x)}{3}\right]$$

及

$$c_{ff}(x) = (1-x)^2(1/3 + x/6)$$

由此得出

$$c_{ff}(x) = \frac{1}{3} - \frac{x}{2} + \frac{x^3}{6}$$

为了使它关于 $x = 0$ 对称，把它写为

$$c_{ff}(x) = \frac{1}{3} - \frac{|x|}{2} + \frac{|x^3|}{6}$$

在 $x = 0$ 时，它的值是 1/3，因此将它乘以 3 以归一化。在区域 $-1 < x < +1$ 中，

$$c_{ff}(x) = 1 - \frac{3}{2}|x| + \frac{1}{2}|x^3|$$

在其他一切地方，$|x| > 1$，它等于 0。

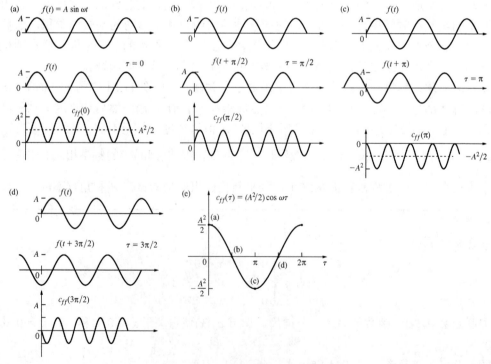

图 11.51　正弦函数的自关联函数

假定函数为实值，可以把 $c_{fh}(\tau)$ 改写为

$$c_{fh}(\tau) = \int_{-\infty}^{+\infty} f(t)h(t+\tau)\, \mathrm{d}t \qquad (11.86)$$

它显然同 $f(t)$ 和 $h(t)$ 的卷积的表示式相似。（11.86）式用符号可写为 $c_{fh}(\tau) = f(t) \star h(t)$。若 $f(t)$ 和 $h(t)$ 中有一个是偶函数，那么 $f(t) * h(t) = f(t) \star h(t)$，下面马上就会看到例子。我们还记得，卷积是把函数中的一个翻转过来，然后将乘积面积（乘积曲线下的面积）加起来（图 11.31）。与之相反，关联则是不翻转函数而把交叠部分相加，因此，若函数是偶函数，即 $f(t) = f(-t)$，那么翻转（或沿对称轴折过来）后它不改变，因而两个被积函数全同。为了能得到这个结果，两个函数中必须有一个是偶函数，因为 $f(t) * h(t) = h(t) * f(t)$。因此一个方脉冲的自关联等于此脉冲和它自身的卷积，它给出一个如图 11.34 所示的三角形信号。从（11.83）式和图 11.40 也得到相同的结论。方脉冲的变换式是一个 sinc 函数，因此功率谱的变化与 $\text{sinc}^2 u$ 成正比。$|F(\omega)|^2$ 的逆变换式即 $\mathscr{F}^{-1}\{\text{sinc}^2 u\}$ 就是 $c_{ff}(\tau)$，我们已经看到，它也是一个三角状脉冲（图 11.52）。

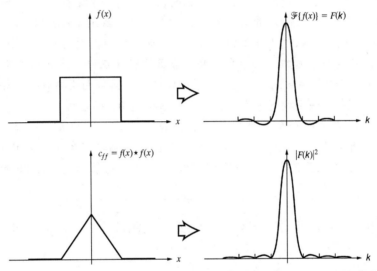

图 11.52　方脉冲 $f(x)$ 的傅里叶变换式的平方（即 $|F(k)|^2$）等于 $f(x)$ 的自关联函数的傅里叶变换

例题 11.5

图 11.53 中是一个二维信号和它的自关联函数。三个亮圆是一张不透明屏上被均匀照明的圆孔。说明如何才能得出它的自关联函数。讨论它的突出特征，将它与前面图 11.38 中所示的卷积作比较。

解　像前面分析图 11.38 时做的那样，想象你用一片清晰的塑料盖住三个小孔。画三个完全一样的点，每个孔上一个。通过 L 形的三个孔画 x 和 y 轴，原点在角顶的孔上。在塑料片上做同样的事。

我们要的是自关联函数，因此没有镜面反射问题（没有像的左右反转），塑料片只是滑动。在纸上如前画坐标架，然后把塑料片按它原来的取向盖在纸上，使它最上面的点落在 x 轴上并处于 L 形三孔之左。现在将塑料函数片向右滑动，直到它的最上一点与 L 角上的洞叠合。在相应的位置上（即在 y 轴上，比自关联函数图上的原点低一分度处），记下一个圆斑，其中

心辐照度峰值为 1.0。这是图 11.53b 中最底下一行的起始。将塑料函数片向右再滑动一个分度，出现了另一对点。于是，在自关联函数图底行（1.0，1.0）处再记录另一个辐照度峰值 1.0 的圆斑。

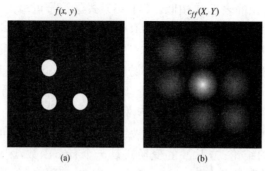

图 11.53   一个二维函数 $f(x, y)$ 和它的自关联函数。比较图 11.38

继续这样做，将塑料函数片放在 L 形三孔的左边，将它在坐标架上上升一个分度，从而让二者的 x 轴重叠，再让它向右滑动。又有一对点出现，因此在自关联函数图的第二行左端的起始位置有一个最大辐照度为 1.0 的圆斑。下一步将塑料片向右再移一个分度；这时全部三个孔都重叠，产生一个光斑，位于自关联函数第二行的正中，最大辐照度为 3.0。这是自关联函数的峰值，当两个函数完全匹配时发生。将塑料片函数向右再移一个分度得出一个 1.0 的辐照度，出现在自关联函数图中间一行（1.0，3.0，1.0）的右端。

将塑料片函数再上移一个分度在自关联函数图的第三行即最后一行上产生两个相继的 1.0 辐照度的圆斑（1.0，1.0）。以这种方式，L 形点函数在完全相同的 L 形孔上扫开，生成一个二维的自关联函数。这里没有镜面反射，这个结果与图 11.38b 的自卷积是非常不同的。

一个函数在从 $-\infty$ 到 $+\infty$ 的积分区间上有无穷大的能量 [（11.76）式]，但是仍然具有有限的平均功率

$$\lim_{T \to \infty} \frac{1}{2T} \int_{-T}^{+T} |f(t)|^2 \, \mathrm{d}t$$

这显然是可能的。因此要定义一个除以积分区间的关联函数：

$$C_{fh}(\tau) \equiv \lim_{T \to \infty} \frac{1}{2T} \int_{-T}^{+T} f(t) h(t + \tau) \, \mathrm{d}t \tag{11.87}$$

例如，若 $f(t) = A$（即一个常数），它的自关联函数就是

$$C_{ff}(\tau) \equiv \lim_{T \to \infty} \frac{1}{2T} \int_{-T}^{+T} (A)(A) \, \mathrm{d}t = A^2$$

而功率谱（它是自关联函数的傅里叶变换）就变为

$$\mathscr{F}\{C_{ff}(\tau)\} = A^2 \, 2\pi \delta(\omega)$$

即在原点（$\omega = 0$）的单个脉冲，有时把它叫做直流项。注意，可以将 $C_{fh}(\tau)$ 看作两个函数乘积的时间平均，其中的一个函数平移了一个时间间隔 τ。在下一章将出现 $\langle f^*(t) h(t + \tau) \rangle$ 形式的表示式，它们是联系两个电场的相干函数。它们对分析噪声问题（例如底片的颗粒噪声）也有用。

　　显然能够从一个函数的傅里叶变换式重建这个函数，但是一旦将变换式像（11.83）式中那样进行平方，就会失去有关频谱分量的正负号的信息，即它们的相对相位。同样，一个函数的自关联不包含相位信息，并且不是唯一的。为了更清楚地看出这一点，设想有多个简谐函数，其振幅和频率各不相同。改变它们的相对相位，合成的函数就会改变，其变换式亦然，但是无论如何在任何频率上的能量大小必须是常数。于是，不管合成后的波形是什么形式，其自关联函数是不变的。下面留下来作为一个习题，请读者用解析方法证明，若 $f(t) = A\sin(\omega t + \epsilon)$，则有 $C_{ff}(\tau) = (A^2/2)\cos\omega\tau$，这证实了相位信息已经丢失。

　　图 11.54 表示对两个二维空间函数进行关联处理的一种光学方法。每个信号各用一张照像透明片 T_1 和 T_2 上辐照度透射率的逐点变化代表。对于比较简单的信号（如方脉冲），可以用具有合适的孔径的不透明屏代替透明相片[①]。像的任何一点 P 上的辐照度由一束穿过两张透明片的平行光聚焦而得。P 的坐标（$\theta f, \varphi f$）由光束的取向（即角度 θ 和 φ）确定。如果两张透明片全同，那么通过第一张透明片上任何一点 (x,y)[其透射率为 $g(x,y)$]的一条光线将通过第二张透明片上对应的一点 $(x+X, y+Y)$ [透射率为 $g(x+X, y+Y)$]。坐标的移动由 $X = \ell\theta$ 和 $Y = \ell\varphi$ 给出，其中 ℓ 是两张透明片的间距。因此 P 点的辐照度正比于 $g(x,y)$ 的自关联，即

$$c_{ff}(X, Y) = \iint\limits_{-\infty}^{+\infty} g(x, y) g(x + X, y + Z)\,dx\,dy \qquad (11.88)$$

整个通量密度图样叫做关联图。若两张透明片不同，像当然就代表两个函数的交叉关联。同样，若一张透明片相对于另一张旋转 $180°$，就能得到卷积（见图 11.39）。

　　在往下讲之前，确定我们确实很好地理解了用关联函数完成的运算的物理意义。因此，假定有一个无规的似噪声信号（例如空间一点上的涨落的辐照度或一个时变的电压或电场），如图 11.55a 中所示。$f(t)$ 的自关联实际上是将函数与它在另外某一时刻的值作比较。例如，取 $\tau = 0$，积分运算是追踪信号随时间的变化，对 $f(t)$ 和

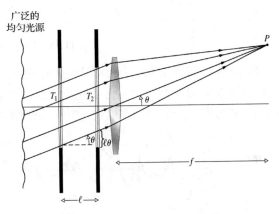

图 11.54 两个函数的光学关联

$f(t + \tau)$ 的乘积求和并求平均，这时这个乘积简单就是 $f^2(t)$。由于在每一 t 值 $f^2(t)$ 都为正，$C_{ff}(0)$ 将是一个相当大的数。另一方面，将噪声同它自身移动一段时间 $+\tau_1$ 后之值相比较时，$C_{ff}(\tau_1)$ 将会减小一些。因为总会有某些时刻 $f(t)f(t + \tau_1)$ 是正的，而在另一些时刻则是负的，因此积分之值会下降（图 11.55b）。换言之，把信号相对于自身平移，就减小了以前（$\tau = 0$）在任何时刻都有的逐点相似。随着这个移动量 τ 增大，曾经有过的一点点小关联很快就消失了，如图 11.55c 中所示。从自关联和功率谱构成傅里叶变换对偶 [（11.83）式] 这一事实出发，可以假定，噪声的频带愈宽，则其自关联函数愈窄。因此对于宽带噪声，即使很小一点移动也会显著减小 $f(t)$ 和 $f(t + \tau)$ 之间的任何相似。而且，若信号包含一群无规分布的方脉冲，可以直观看出，前面所说的相似在一段同脉冲宽度大致相当的时间里都保持着。脉冲的宽度（持续

① 见 L. S. G. Kovasznay and A. Arman, Rev. Sci, Instr. **28**, 793(1958)，及 D. McLachlan, Jr,. J. Opt. Soc. Am, **52**, 454(1962)。

时间）越宽，关联随 τ 增大的减小就越慢。但是这就等于说，减小信号的带宽使 $C_{ff}(\tau)$ 变宽。所有这些都与前面的观察一致，即自关联中丢失了一切相位信息，这种信息在这里就相当于无规脉冲在时间中的位置。显然，$C_{ff}(\tau)$ 不应受脉冲沿着 t 的位置的影响。

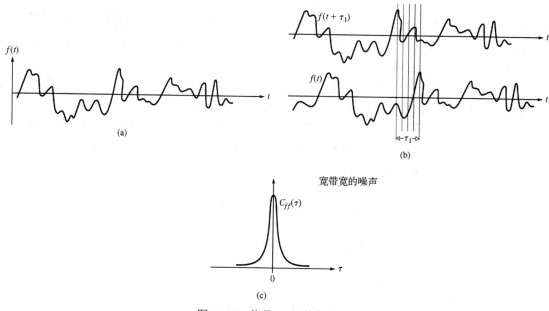

图 11.55　信号 $f(t)$ 及其自关联

非常相似，交叉关联作为相对时间移动 τ 的函数，是两个不同波形 $f(t)$ 和 $h(t)$ 之间相似的量度。和自关联不同，现在 $\tau = 0$ 并无任何特别之处。我们仍然在每个 τ 值对乘积 $f(t)h(t+\tau)$ 求平均，通过（11.87）式得出 $C_{fh}(\tau)$。对于图 11.56 中所示的函数，$C_{fh}(\tau)$ 在 $\tau = \tau_1$ 处应当有一个正峰。

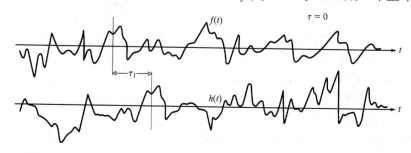

图 11.56　$f(t)$ 和 $h(t)$ 的交叉关联

从 20 世纪 60 年代以来，为发展能够迅速分析图像数据的光学处理器付出了巨大的努力。它的潜在应用范围从比较指纹到扫描文件找出某个词或短语；从屏蔽空中侦察图像到生成导弹的地形制导系统。依靠使用关联技术来实现的这种光学图像识别的一个例子示于图 11.57 中。照片 a 中所示的输入信号 $f(x,y)$ 是某一地区的宽幅图，要在其中搜索一组特别的结构（照片 b），把这组特别结构孤立出来作为参考信号 $h(x,y)$。当然，这样小的架构是很容易用眼睛直接扫描的，因此为了让事情更现实，想象输入是几百尺长的侦察照片。用光学方法对这两个信号进行关联的结果示于照片 c 中，在照片 c 中从关联峰立即看到，想要的那组结构的确在输入图景中存在，它的位置由峰标出。

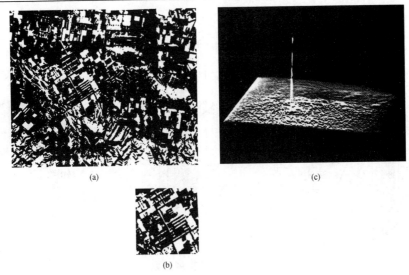

图 11.57　光学图像识别的一个例子。（a）输入信号，（b）参考数据，（c）关联图

11.3.6　传递函数

概念介绍

直到今日，确定光学元件或光学系统的品质的传统方法仍是评价它的分辨极限。分辨率越高，就认为系统越好。按照这种方法的精神，人们可用一个分辨靶来检验一光学系统，分辨靶由例如一系列黑白相间的平行长条组成。我们曾看到，一个物点成像为一个光斑，由点扩展函数 $\mathcal{S}(Y,Z)$ 描述，如图 11.28 中所示。在非相干光照明下，这些基元通量密度图样相互交叠，线性相加，生成最后的像。点扩展函数的一维对应物是线扩展函数 $\mathcal{S}(Z)$，它对应于宽度为无穷小的一个（几何）线光源的像上的通量密度分布（图 11.58）。由于即使一个理想完善的光学系统也受到衍射效应的限制，分辨靶（图 11.59）的像将会有些模糊（见图 11.30）。于是，随着靶上长条的宽度变得越来越窄，最后将达到一个限度，这时细线结构［类似于龙基刻线（Ronchi ruling）］将不再可以分辨——这就是系统的分辨极限。我们可以把它看成是空间频率的截止，而每一亮条和暗条对偶构成物上的一个周期（它通常的量度方法是**每毫米的线对数目**）。强调这个方法缺点的一个明显类比，是直接根据上截止频率来评价一个高保真度声学系统的品质。这个方法的局限性，在引进诸如氧化铅光导摄像管、正摄像管和光导摄像管之类的探测器后变得很明显。这些摄像管具有比较粗的扫描光栅，它将透镜-摄像管系统的分辨极限定在相当低的空间频率上。因此，设计这类探测器前面的光学系统，合理的做法看来应该是，让它在这个有限的频率范围内提供最大的反衬度。选择一个匹配的透镜系统，只考虑它本身有很高的分辨极限，显然是不必要的，也许如我们将看到的那样，甚至是有害的。显然，要是有适用于整个工作频率范围的某个优值因数，那将会更有用。

我们已将物表示为点光源的集合，每个物点都被光学系统成像为一个点扩展函数，这一份光然后卷积变成像。现在从一个不同的、虽然有关系的角度来分析像的问题。考虑物是一个输入光波的源，这个输入光波自身由平面波组成。向特定方向的传播通过（11.64）和（11.65）两式对应于空间频率特定的值。在光学系统将光从物传到像时，它如何改变每个平面波的振幅和相位？

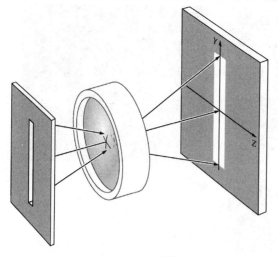

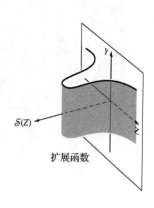

图 11.58　线扩展函数

评价一个系统的性能的一个非常有用的参量是**反衬度**或**调制度**，其定义为

$$\text{调制度} \equiv \frac{I_{\max} - I_{\min}}{I_{\max} + I_{\min}} \qquad (11.89)$$

作为一个简单例子，设输入为余弦函数形状的辐照度分布，它是一张受到非相干照明的透明片产生的（图 11.60）。这里的输出也是一个余弦函数，不过有一些改变。调制度对应于函数相对于其平均值变化的大小除以这个平均值，它是函数的涨落从其直流背景分辨出来的难易程度的一个测度。输入的调制度是极大值 1.0，但是输出调制度只有 0.17。这只是我们假想的

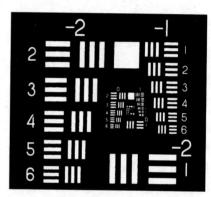

图 11.59　条形靶分辨率图

系统对实质上一个输入空间频率的反应——若是知道它在一切空间频率上的反应那该有多好。此外，这里的输入调制度是 1.0，很容易与输出比较。一般情况下它将不是 1.0，因此定义像调制度与物调制度在一切空间频率下之比为**调制传递函数**（Modulation Transfer Function），简写为 MTF。

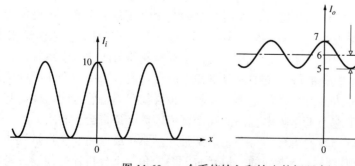

图 11.60　一个系统输入和输出的辐照度

图 11.61 是两个假设的透镜的 MTF 曲线的图。二者都从零频率（直流）值 1.0 出发，二者各自在某个空间频率上与横坐标轴相交，在这个截止频率上，系统已不再能分辨数据。若

它们都是衍射置限透镜，这个截止频率只与
衍射有关，因而只与孔径的大小有关。尽管
透镜 1 有更高的分辨极限，但是如果同特定
的探测器耦合，透镜 2 肯定会提供更好的工
作性能。

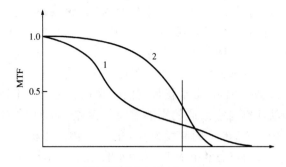

探测器的截止空间频率（线对/mm）

图 11.61　两个透镜的调制度与空间频率的关系

　　应当指出，方条靶提供的输入信号是一
系列方脉冲，像的反衬度实际上是它的傅里
叶分量产生的反衬度变化的叠加。的确，下
面内容中的关键点之一就是：光学元件起着
线性算符的功能，将一个正弦输入变换成一
个无畸变的正弦输出。尽管如此，输入和输出辐照度分布一般不会等同。例如，系统的放大
率会影响输出的空间频率（以后放大率都取为 1）。衍射和像差减小正弦曲线的振幅（反衬度）。
最后，非对称像差（例如彗差）和光学元件的偏心使输出正弦曲线位置发生移动，它相当于
引进一个相移。后面这一点在图 11.13 中已经考虑过，用图 11.62 可以更好地理解。

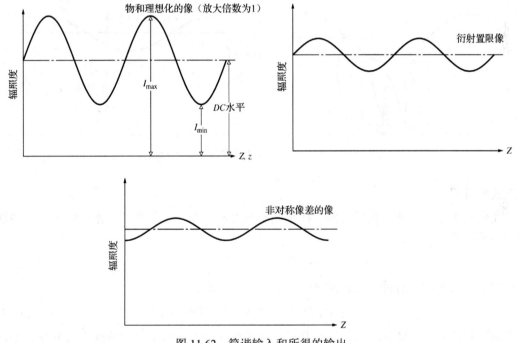

图 11.62　简谐输入和所得的输出

　　若扩展函数是对称的，像的辐照度将是一条未移动的正弦曲线，但一个非对称的扩展函
数显然会把输出弄得过头一些，如图 11.63 中所示。不论哪种情况，不管扩展函数的形式如
何，若物是简谐的，像也将是简谐的。因此，若我们想象物是由其傅里叶分量构成的，那么
光学系统如何把这些单个简谐分量变换成像的相应的傅里叶分量，是这个变换过程的最本质
的特征。担任这一功能的函数叫做**光学传递函数**（Optical Transfer Function，OTF）。它是一
个依赖于空间频率的复数量，它的模量是调制传递函数（Modulation Transfer Function，MTF），
而它的相位自然是**相位传递函数**（Phase Transfer Function，PTF）。前者是从物到像的反衬度
减小在频谱上的量度，后者表示相应的相对相移。相移在共轴光学系统中只在离轴处时发生，

而且我们对 PTF 常常不如对 MTF 感兴趣。虽然如此，对传递函数的每种应用都必须细心研究；有这样的情况存在，其中 PTF 起着关键作用。实际上，MTF 已经成为一种用得很广泛的方法，用来表明从透镜、磁带和底片到望远镜、大气层和眼睛（不多举了）等各种各样光学元件和系统的性能。而且，它还有这样的好处：若系统中各个独立元件的 MTF 已知，那么总的 MTF 常常就是它们的乘积。这一点不适用于透镜的级联，因为一个透镜中的像差可以补偿与它级联的别的透镜的像差，因而它们相互不是独立的。于是，如果用相机拍摄在 30 周/毫米下调制度为 0.3 的一个物，相机镜头设定在 30 周/毫米下之 MTF 为 0.5，用的是在 30 周/毫米下 MTF 为 0.4 的底片[①]（如柯达 Tri–X 底片），那么像调制度将是 0.3×0.5×0.4 = 0.06。

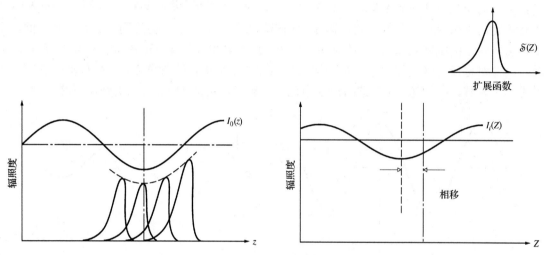

图 11.63　　非对称扩展函数下的简谐输入和输出

更正式的讨论

我们在（11.51）式中已经看到，在空间不变性和非相干光条件下，像可以表示为物辐照度和点扩展函数的卷积，即

$$I_i(Y, Z) = I_0(y, z) \circledast S(y, z) \tag{11.90}$$

在空间频率域中相应的说法从其傅里叶变换式得到，即

$$\mathscr{F}\{I_i(Y, Z)\} = \mathscr{F}\{I_0(y, z)\} \cdot \mathscr{F}\{S(y, z)\} \tag{11.91}$$

这里用了卷积定理（11.53）式。这就是说，像辐照度分布的频谱等于物辐照度分布的频谱和扩展函数的变换式的乘积（图 11.64）。因此，正是乘以 $\mathscr{F}\{S(y,z)\}$ 使物的频谱发生变化，将它转换为像的频谱。换言之，是 $\mathscr{F}\{S(y,z)\}$ 将物频谱转化为像频谱。这正是 OTF 履行的职能，我们确实将定义非归一化的 OTF 为

$$\mathscr{T}(k_Y, k_Z) \equiv \mathscr{F}\{S(y, z)\} \tag{11.92}$$

$\mathscr{T}(k_Y, k_Z)$ 的模将使物频谱的各个频率分量的振幅发生变化，它的相位当然也将适当地改变物的频谱分量的相位而得出 $\mathscr{F}\{I_i(Y,Z)\}$。注意，（11.90）式右边唯一和实际的光学系统有关的

[①] 附带说一句，将底片当作无噪声的线性系统来处理的整个想法有些可疑。进一步阅读例如 J. B. De Velis 和 G. B. Parrent, Jr., "Trasfer Function for cascaded optical systems", *J. Opt. Soc. Am.* **57**, 1486（1967）。

量是 $\mathcal{S}(y, z)$ ，因此扩展函数是 OTF 在空域的对应物就不奇怪了。

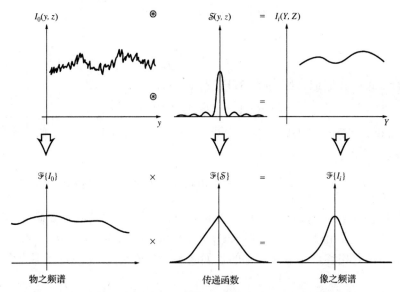

图 11.64　物谱与像谱之间通过 OTF 表示的关系，及物辐照度与像辐照
度之间通过点扩展函数表示的关系——都在非相干照明下

现在我们来证明前面说的一个简谐输入变换为一个有些变化的简谐输出。为此，设

$$I_0(z) = 1 + a\cos(k_Z z + \epsilon) \tag{11.93}$$

这里为简单起见，再次用一维分布。1 是直流偏置值，确保辐照度不取任何无物理意义的负值。既然 $f \circledast h = h \circledast f$，在这里用

$$I_i(Z) = \mathcal{S}(Z) \circledast I_0(z)$$

将更方便些，因此

$$I_i(Z) = \int_{-\infty}^{+\infty} \left\{ 1 + a\cos[k_Z(Z - z) + \epsilon] \right\} \mathcal{S}(z)\,\mathrm{d}z$$

展开余弦项，得到

$$I_i(Z) = \int_{-\infty}^{+\infty} \mathcal{S}(z)\,\mathrm{d}z + a\cos(k_Z Z + \epsilon)\int_{-\infty}^{+\infty}\cos k_Z z\,\mathcal{S}(z)\,\mathrm{d}z + a\sin(k_Z Z + \epsilon)\int_{-\infty}^{+\infty}\sin k_Z z\,\mathcal{S}(z)\,\mathrm{d}z$$

回头参考（7.57）式，我们认出上式的第二项和第三项积分分别是 $\mathcal{S}(z)$ 的傅里叶余弦和正弦变换式，即 $\mathscr{F}_c\{\mathcal{S}(z)\}$ 和 $\mathscr{F}_s\{\mathcal{S}(z)\}$ 。于是

$$I_i(Z) = \int_{-\infty}^{+\infty} \mathcal{S}(z)\,\mathrm{d}z + \mathscr{F}_c\{\mathcal{S}(z)\}\,a\cos(k_Z Z + \epsilon) + \mathscr{F}_s\{\mathcal{S}(z)\}\,a\sin(k_Z Z + \epsilon) \tag{11.94}$$

还记得我们已经用得很熟的复变换式是这样定义的：

$$\mathscr{F}\{f(z)\} = \mathscr{F}_c\{f(z) + i\mathscr{F}_s\{f(z)\} \tag{11.95}$$

或

$$F(k_Z) = A(k_Z) + iB(k_Z) \tag{11.7}$$

而且，

$$\mathscr{F}\{f(z)\} = |F(k_Z)|\mathrm{e}^{\mathrm{i}\varphi(k_Z)} = |F(k_Z)|[\cos\varphi + i\sin\varphi]$$

其中

$$|F(k_Z)| = [A^2(k_Z) + B^2(k_Z)]^{1/2} \qquad (11.96)$$

及

$$\varphi(k) = \arctan\frac{B(k_Z)}{A(k_Z)} \qquad (11.97)$$

用完全相同的方式，我们把这应用于 OTF，把它写成

$$\mathscr{F}\{\mathcal{S}(z)\} \equiv \mathcal{T}(k_Z) = \mathcal{M}(k_Z)e^{i\Phi(k_Z)} \qquad (11.98)$$

其中 $\mathcal{M}(k_z)$ 和 $\Phi(k_z)$ 分别是未归一化的 MTF 和 PTF。作为留给读者的一个习题，请证明（11.94）式可以改写成

$$I_i(Z) = \int_{-\infty}^{+\infty} \mathcal{S}(z)\,\mathrm{d}z + a\mathcal{M}(k_Z)\cos[k_Z Z + \epsilon - \Phi(k_Z)] \qquad (11.99)$$

注意这个函数同输入信号 $I_0(z)$[（11.93）式]的形式相同，这正是我们要确定的。若线扩展函数是对称的，即它是偶函数，那么 $\mathscr{F}_s\{\mathcal{S}(z)\} = 0$，$\mathcal{M}(k_z) = \mathscr{F}_c\{\mathcal{S}(z)\}$，及 $\Phi(k_z) = 0$；如我们在上一节指出的，没有相移。对于非对称的扩展函数（奇函数），$\mathscr{F}_s\{\mathcal{S}(z)\}$ 不为零，PTF 也不等于零。

现在的习惯做法是，将 $\mathcal{T}(k_z)$ 除以它在空间频率为零时的值（即 $\mathcal{T}(0) = \int_{+\infty}^{+\infty} \mathcal{S}(z)\mathrm{d}z$），以定义一组归一化的传递函数。归一化的扩展函数为

$$\mathcal{S}_n(z) = \frac{\mathcal{S}(z)}{\displaystyle\int_{-\infty}^{+\infty} \mathcal{S}(z)\,\mathrm{d}z} \qquad (11.100)$$

而归一化的 OTF 为

$$T(k_Z) \equiv \frac{\mathscr{F}\{\mathcal{S}(z)\}}{\displaystyle\int_{-\infty}^{+\infty} \mathcal{S}(z)\,\mathrm{d}z} = \mathscr{F}\{\mathcal{S}_n(z)\} \qquad (11.101)$$

或在二维情形下为

$$T(k_Y, k_Z) = M(k_Y, k_Z)e^{i\Phi(k_Y, k_Z)} \qquad (11.102)$$

其中 $M(k_Y, k_Z) \equiv \mathcal{M}(k_Y, k_Z)/\mathcal{T}(0, 0)$。因此，（11.99）式中的 $I_i(Z)$ 应当正比于

$$1 + aM(k_Z)\cos[k_Z Z + \epsilon - \Phi(k_Z)].$$

像的调制度（11.89）式变为 $am(k_Z)$，物的调制度[（11.93）式]是 a，二者的比值如所预期等于归一化的 MTF $= M(k_Z)$。

上面的讨论只是一个初步介绍，它更多的是用来打一个坚实的基础而不是建立一个完整的理论结构。还有许多别的内容需要深入探讨，例如光瞳函数的自关联与 OTF 之间的关系，以及由此得到的计算和测量传递函数的手段（图 11.65）——但是这些请读者参看文献[①]。

---

① 请参阅 F. Abbott 的系列论文 "The evolution of the transfer function"，开始刊载于 *Optical Spectra* 杂志的 1970 年 3 月号；G. B. Parrent 和 B. J. Thompson 的论文 "Physical optics notebook"，开始刊载于 *S. P. I. E.* 杂志第 3 卷（1964 年 12 月）；或 K. Sayanagi 1967 年的论文 "Image structure and transfer"，可向罗切斯特大学光学研究所索取。对于强调实用的目的，一些书籍也值得参考，如 E. Brown 的 *Modern Optics Engineering*，W. Smith 的 *Modern Optical Engineering*，以及 L. Levi 的 *Applied Optics*。在所有这些书里，小心变换式中的符号约定。

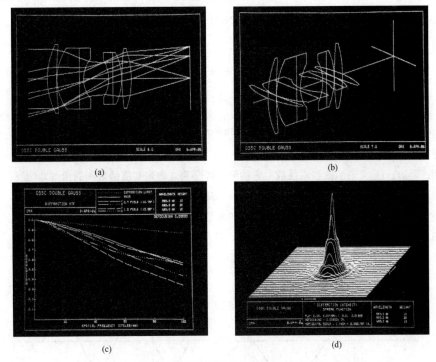

图 11.65　可从计算机技术得到透镜设计信息的一个例子

习题

除带星号的习题外，所有习题的答案都附在书末。

11.1　求下述函数的傅里叶变换式：

$$E(x) = \begin{cases} E_0 \sin k_p x & |x| < L \\ 0 & |x| > L \end{cases}$$

画出 $\mathscr{F}\{E(x)\}$ 的简图。讨论它与图 11.11 的关系。

11.2*　求下述函数的傅里叶变换式：

$$f(x) = \begin{cases} \sin^2 k_p x & |x| < L \\ 0 & |x| > L \end{cases}$$

画出它的简图。

11.3　求下述函数的傅里叶变换式：

$$f(t) = \begin{cases} \cos^2 \omega_p t & |t| < T \\ 0 & |t| > T \end{cases}$$

画 $F(\omega)$ 的简图，然后画出 $T \to \pm\infty$ 时它的极限形式。

11.4*　证明 $\mathscr{F}\{1\} = 2\pi\delta(k)$。

11.5*　求函数 $f(x) = A \cos k_0 x$ 的傅里叶变换式。

11.6*　考虑函数

$$E(t) = E_0 e^{-i\omega_0 t} e^{-t^2/2\tau^2}$$

首先检验指数是无单位的。然后证明，$E(t)$ 的傅里叶变换式是

$$E(\omega) = \sqrt{2\pi}E_0\tau e^{-\tau^2(\omega-\omega_0)^2/2}$$

你可能要用到积分恒等式

$$\int_{-\infty}^{+\infty} e^{-ax^2+bx+c}dx = \left(\frac{\pi}{a}\right)^{1/2} e^{\frac{1}{4}(b^2/a)+c}$$

11.7* 仍想着上题，证明：下式

$$E(\omega) = \sqrt{2\pi}E_0\tau e^{-\tau^2(\omega-\omega_0)^2/2}$$

的逆变换回到 $E(t)$。

11.8* 证明：若 $f(x)$ 是实值函数和偶函数，它的傅里叶变换式也是实值函数和偶函数。[提示：从（11.5）式出发，用 2.5 节的欧拉公式，并假设 $f(x)$ 有实部和虚部。]

11.9 若 $\mathscr{F}\{f(x)\} = F(k)$ 及 $\mathscr{F}\{h(x)\} = H(k)$，若 a 和 b 是常数，求 $\mathscr{F}\{af(x) + bh(x)\}$。

11.10 题图 P.11.10 中有两个周期函数 $f(x)$ 和 $h(x)$，将它们相加得出 $g(x)$。画 $g(x)$ 的草图；然后画出频谱的实部和虚部，以及这三个函数每一个的振幅谱。

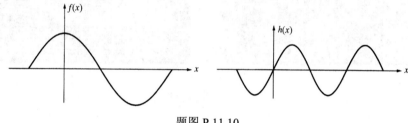

题图 P.11.10

11.11 计算题图 P.11.11 中的三角形脉冲的傅里叶变换式。画出你的答案的草图，在曲线上标出所有有关的值。

11.12* 若 $\mathscr{F}\{f(x)\} = F(k)$，引入一个常数标度因子 $1/a$，求 $f(x/a)$ 傅里叶的变换式。证明 $f(-x)$ 的变换式为 $F(-k)$。

11.13* 证明傅里叶变换式 $\mathscr{F}\{f(x)\}$ 的傅里叶变换等于 $2\pi f(-x)$，它不是原来的傅里叶变换式的逆变换，逆变换为 $f(x)$。

11.14* 常常定义矩形函数为

$$\text{rect}\left|\frac{x-x_0}{a}\right| = \begin{cases} 0, & |(x-x_0)/a| > 1/2 \\ 1/2, & |(x-x_0)/a| = 1/2 \\ 1, & |(x-x_0)/a| < 1/2 \end{cases}$$

其中，在不连续点令函数值为 1/2（见图 P.11.14）。求函数

$$f(x) = \text{rect}\left|\frac{x-x_0}{a}\right|$$

的傅里叶变换式。$f(x)$ 是一个像图 11.1b 中那样的方脉冲，从原点移动了一个距离 x_0。

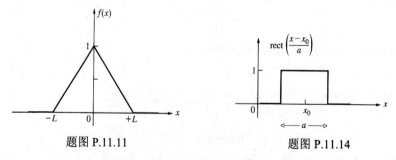

题图 P.11.11　　　　　　　　　题图 P.11.14

11.15* 心里想着前面两道题，从 $\mathscr{F}\{\text{rect}(x)\} = \text{sinc}(1/2k)$ 出发，证明：$\mathscr{F}\{(1/2\pi) \times \text{sinc}(1/2x)\} = \text{rect}(k)$，即

（7.58）式取 $L = a$，其中 $a = 1$。）

11.16* 用（11.38）式，证明 $\mathscr{F}^{-1}\{\mathscr{F}\{f(x)\}\} = f(x)$。

11.17* 已知 $\mathscr{F}\{f(x)\}$，证明 $\mathscr{F}\{f(x - x_0)\}$ 与它只差一个线性的相位因子。

11.18 直接证明 $a \circledast b = b \circledast a$。再用卷积定理证明这个关系。

11.19* 证明函数 $f(x)$ 与 $g(x)$ 的卷积下的面积等于每个函数下的面积的乘积。

11.20* 考察题图 P.11.20 中的三个曲线图，解释它们说明什么。讨论 $g(X)$ 的形状是怎样产生的。为什么 $g(X)$ 关于 $X = 0$ 对称？$g(X)$ 的宽度的意义是什么？计算 $g(X)$ 的峰值。

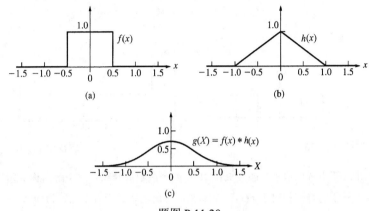

题图 P.11.20

11.21* 设有两个函数 $f(x,y)$ 和 $h(x,y)$，两个函数分别在 xy 平面上的一个方形区域内取值 1，在其他任何地方为零（见题图 P.11.21）。若 $g(X,Y)$ 是它们的卷积，画出曲线 $g(X,0)$。

11.22 在上题中，举出理由证明：若将 h 看作扩展函数，卷积在 $|X| \geq d + \ell$ 处为零。

11.23* 用图 11.30 中的方法，对题图 P.11.23 中的两个函数求卷积。

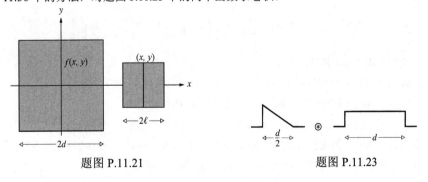

题图 P.11.21　　　　　　　　题图 P.11.23

11.24 若 $f(x) \circledast h(x) = g(X)$，证明在将一个函数移动 x_0 后，我们得到 $f(x - x_0) \circledast h(x) = g(X - x_0)$。

11.25* 题图 P.11.25 中画了单个"锯齿"函数和它的卷积。注意，卷积是非对称的——解释为什么这是合理的。为什么卷积从 0 开始？卷积有多宽？这与 $f(x)$ 有什么关系？

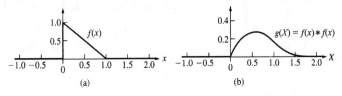

题图 P.11.25

11.26* 用作图方法求题图 P.11.26 中两个函数 $f(x)$ 和 $h(x)$ 的卷积。卷积的宽度是多少？它是对称的吗？它从何处开始？

11.27* 用解析方法证明，任何函数 $f(x)$ 与一个 δ 函数 $\delta(x)$ 的卷积，生成原来的函数 $f(X)$。

11.28 证明 $\delta(x-x_0) \circledast f(x) = f(X-x_0)$，并讨论这个结果的意义。画这两个有关函数的简图，并作它们的卷积。注意用一个不对称的 $f(x)$。

11.29* 证明：$\mathscr{F}\{f(x)\cos k_0 x\} = [F(k-k_0)+F(k+k_0)]/2$ 及 $\mathscr{F}\{f(x)\sin k_0 x\} = [F(k-k_0)-F(k+k_0)]/2i$。

11.30* 题图 P.11.30 中有两个函数。用作图方法求它们的卷积并画出结果的草图。

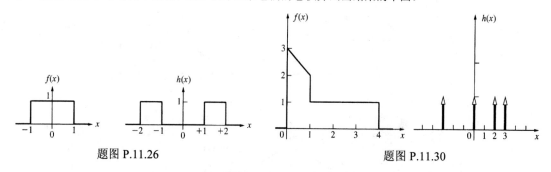

题图 P.11.26　　　　　　　　　　题图 P.11.30

11.31* 用作图方法求（至少近似地求）题图 P.11.30 中两个函数的卷积。这个解向你提示了什么？为什么卷积是对称的？卷积的峰值相对于 $f(x)$ 和 $h(x)$ 在何时出现？卷积有多宽？为什么？

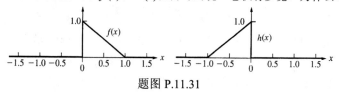

题图 P.11.31

11.32 求函数

$$f(x) = \mathrm{rect}\left|\frac{x-b}{b}\right| + \mathrm{rect}\left|\frac{x+b}{b}\right|$$

的傅里叶变换式（见习题 11.14）。

11.33 给出函数 $f(x) = \delta(x+3) + \delta(x-2) + \delta(x-5)$，求它和任意函数 $h(x)$ 的卷积。

11.34* 题图 P.11.34 中画了两个函数。画出它们的卷积生成的函数的草图。

11.35* 题图 P.11.35 中画了一个 rect 函数（定义见前）和一个周期性的 comb 函数。对二者作卷积得出 $g(x)$。画出这些函数每一个的变换与空间频率 $k/2\pi = 1/\lambda$ 的关系图。核对你的结果与卷积定理是否相符。通过 d 标出水平轴上一切有关的点——如 $f(x)$ 的变换式的零点。

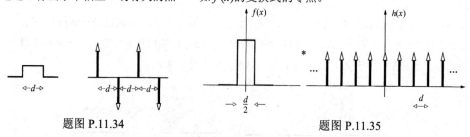

题图 P.11.34　　　　　　　　题图 P.11.35

11.36 题图 P.11.36 在一维上显示了一个被照亮的孔径上的电场，这个孔径由几个不透明条形成的光栅构成。考虑这个电场是由周期性的方波 $h(x)$ 和一个单位矩形函数 $f(x)$ 的乘积生成，画出在夫琅禾费区域内得到的电场的草图。

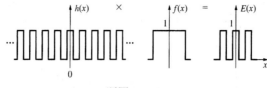

题图 P.11.36

11.37　证明（对一个正入射的平面波），若孔径有一个对称中心（比如，若孔径函数是偶函数），那么夫琅禾费情况下的衍射场也有一个对称中心。

11.38　设一个给定的孔径产生夫琅禾费场衍射图样 $E(Y, Z)$。证明，若改变孔径的大小，使孔径函数由 $\mathscr{A}(y, z)$ 变为 $\mathscr{A}(\alpha y, \beta z)$，那么新的衍射场便将是

$$E'(Y, Z) = \frac{1}{\alpha\beta} E\left(\frac{Y}{\alpha}, \frac{Z}{\beta}\right)$$

11.39　证明，当 $f(t) = A \sin(\omega t + \varepsilon)$，有 $C_{ff}(\tau) = (A^2/2)\cos\omega\tau$，这证实了自关联函数中相位信息的丢失。

11.40　设有一条沿 y 方向的单缝，宽为 b，其孔径函数在整条缝上是一常数，值为 $\mathscr{A}_0$。若现在用一个余弦函数的振幅掩模对狭缝作此趾处理（换句话说，让孔径函数从孔径中心的值 $\mathscr{A}_0$ 按照余弦函数规律下降到 $\pm b/2$ 处之值 0），衍射场是怎样的？

11.41*　用作图方法求题图中两个函数的交叉关联 $c_{fh}(x)$。它有多宽？在 x 的什么值上关联有峰值？$c_{fh}(x)$ 的极大值是多大？它对称吗？[提示：让一个函数在另一个函数上滑动。]

11.42*　考虑周期函数

$$f(x) = \cos(kx + \epsilon)$$

其振幅为 1.0，ε 是一个任意相位项。证明自关联函数（归一化前）为

$$c_{ff}(x) = \frac{1}{2}\cos kx$$

见图 11.49。

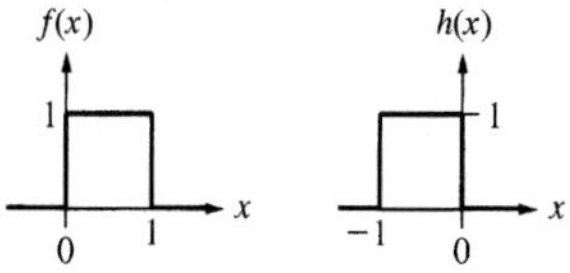

题图 P.11.41

11.43*　一个矩形脉冲从 $-x_0$ 延伸到 $+x_0$，高度为 1.0。画出它的自关联函数 $c_{ff}(X)$ 的草图。$c_{ff}(X)$ 有多宽？它是个偶函数还是奇函数？它从何处开始（变为非零）？在何处完结？

11.44*　题图 P.11.44 中画了单个"锯齿"函数和它的自关联函数。解释为什么 $c_{ff}(x)$ 会关于原点对称。为什么它从 -1 延伸到 $+1$？只要合适就画个草图。

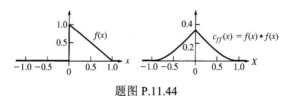

题图 P.11.44

11.45*　从积分的定义出发，证明 $f(x) \star g(x) = f(x) * g(-x)$，其中各个函数为实函数。

11.46*　题图 P.11.46 中有一个函数 $f(x)$。按比例画出它的自关联函数 $c_{ff}(X)$ 并标度。组成 $c_{ff}(X)$ 的每单个峰有多宽？

11.47*　题图 P.11.47 中所示的函数 $f(x)$ 由等间隔的 δ 函数的周期阵列构成，构建它的自关联函数，并讨论它是否周期函数。

11.48*　想象一个不透明屏幕上有两个小圆孔，受到均匀照明，如题图 P.11.48 所示。构建它的自关联函数。讨论自关联中每一个生成的光斑中的辐照度分布，标出自关联中几个光斑的相对辐照度。

讨论自关联的总体大小（与原来的函数比较）。

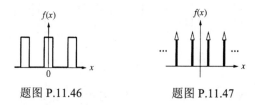

题图 P.11.46   题图 P.11.47

11.49* 题图 P.11.49 中示出一不透明掩模上的透明环。画出它的自关联函数的粗略草图，取 l 为你画这个函数时所用的中心到中心的间隔。

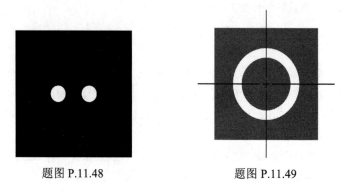

题图 P.11.48   题图 P.11.49

11.50* 将图 11.49 中的函数考虑为一余弦载波乘一个指数包络。用频率卷积定理估计它的傅里叶变换式。

第12章 相干性理论初步

迄今为止，我们在讨论涉及波的叠加的现象时，只限于处理要么完全相干要么完全不相干的扰动。之所以这样做，主要是出于数学上的方便，因为情况往往是，物理上的极端状况是最容易用解析方法讨论的。其实，这两种极端状态更多是概念性的理想化，而不是实际的物理现实。在这对立的两极之间存在一个中间地带，现在对它讨论很多，那就是部分相干性领域。即使如此，延拓理论结构并不是一个新需求：它至少可以追溯到 19 世纪 60 年代中期，当时维尔德（E. Verdet）证明了，一个通常被认为是非相干的初级光源比如太阳，用它来照明杨氏实验（9.3 节）中两个隔得很近（≤ 0.05 mm）的针孔，也能产生可以观察的干涉条纹。但是，研究部分相干性的理论兴趣一直处于休眠状态，直到 20 世纪 30 年代才由范西特（P. H. Van Cittert）、后来又由泽尼克（F. Zernike）把它唤醒。随着技术的进步，从实质上是光频噪声发生器的传统光源发展到激光器，这个题目获得了新的动力。此外，最近发明的单光子探测器，使考察与光场的粒子特性相联系的有关过程成为可能。

当前光学相干性理论是一个极为活跃的研究领域。因此，虽然这个领域中的许多令人激动的内容超出了本书的程度，我们还是要介绍一些基本观念。

12.1 引言

前面（7.10 节）我们发展了一幅非常有用的准单色光图像，把它看成一串相位无规分布的有限长度的波列（图 7.47）。这样一种扰动近乎正弦扰动，虽然频率确实在某个平均值附近缓慢变化（缓慢是相对于振荡频率 10^{15} Hz 而言）。而且，振幅同样也涨落，但是这种涨落也是比较慢的变化。组分波列存在的大致的平均时间 Δt_c 称为相干时间，由频带宽度 $\Delta \nu$ 的倒数给出。

把相干效应分成（尽管带些人为性）**时间相干性**和**空间相干性**（第 488 页）两类常常会带来方便。前者直接与光源的有限带宽有关，而后者与光源大小在空间是有限大有关。

诚然，若光是单色的，$\Delta \nu$ 将是零而 Δt_c 为无穷大，但是这当然是达不到的。然而，在一段比 Δt_c 小得多的时间间隔内，实际的波的行为实质上与它似乎是单色波一样。实际上，相干时间就是可以在其内合理地预言光波在空间一给定点的相位的那段时间间隔。这就是时间相干性的意思，也就是说，若 Δt_c 大，波就有高度的时间相干性，反之亦然。

同一特性可以从有些不同的侧面来看。为此，设想在从一个准单色点光源引出的相同的半径上有两个分开的点 P'_1 和 P'_2（见图 9.6）。若相干长度 $c\Delta t_c$ 比 P'_1 和 P'_2 之间的距离 r_{12} 大得多，那么单个波列很容易伸展在整个区间上。于是 P'_1 点的扰动与发生在 P'_2 点的扰动高度关联。反之，如果这个纵向间距比相干长度大得多，那么在间隔 r_{12} 内排得下许多个波列，各个的相位都不相关联。这时，空间这两点的扰动在任何时刻都将彼此无关。关联存在的程度有时换个说法叫做纵向相干性的大小。不论我们用相干时间 Δt_c 还是用相干长度 $c\Delta t_c$ 来思考，这个效应都是由光源的有限带宽引起的。

空间相干性的概念则最常用于描写由普通光源的有限空间大小引起的效应。假设有一个经典的扩展单色光源，我们认为其上的两个点辐射源（它们之间的间隔λ大）的行为是相当独立的。也就是说，它们发射的两个扰动的相位之间不存在关联。这种扩展光源一般叫做非相干光源，但是我们即将看到，这种叫法会使人产生误解。通常人们对光源自身发生什么事并没有太大兴趣，感兴趣的是在辐射场的某个遥远的区域内发生的事情。要回答的问题实际上是：光源的本性及其几何位形，同它们引起的光场中横向隔开的两点之间的相位关联有什么关系？

这使我们想起了杨氏实验，在这个实验中，一个初级单色光源 S 照明一块不透明屏上的两个针孔。这两个针孔作为次级光源 S_1 和 S_2，在远处的观察平面Σ_o上产生干涉条纹图样（图9.11）。我们早已知道，若 S 是理想点光源，那么从不透明屏上任何一组孔径 S_1 和 S_2 发出的子波将保持恒定的相对相位；它们将完全相关联因而是相干的。结果得到一组完全确定的稳定条纹，光场是空间相干的。在另一种极端情况下，若两个针孔用两个独立的热光源（即使光源的带宽很窄）照明，那么不存在关联；用现有的各种探测器观察不到干涉条纹，我们说 S_1 和 S_2 的场是非相干的。干涉条纹的产生提供了最方便的测量相干性的手段。

回到9.1节和（9.7）式的普遍考虑，可以得到对这个过程的一些深入理解。想象两个向前行进的标量波 $E_1(t)$ 和 $E_2(t)$，它们在 P 点重叠，如图9.2中所示。若光是单色光并且两束光有相同的频率，那么产生的干涉图样将依赖于它们在 P 点的相对相位。若两个波同相，$E_1(t)E_2(t)$对一切 t 都为正，因为两个场同时上升下降。因此，$I_{12} = 2\langle E_1(t)E_2(t)\rangle_T$ 将是一个非零的正数，净辐照度 I 将超过 $I_1 + I_2$。类似地，若两个光波完全反相，一个为正时另一个为负，那么乘积 $E_1(t)E_2(t)$ 永远为负，给出一个负干涉项 I_{12}，结果 I 将小于 $I_1 + I_2$。在这两种情形下，两个场的乘积时刻都在振荡，但仍然要么全正要么全负，所以在时间中的平均为一非零值。

现在考虑更现实的情况，这时两个光波是准单色的，与图7.47中的扰动相像，它有一个有限大小的相干长度。如果再次生成乘积 $E_1(t)E_2(t)$，在图12.1中看到，它随时间变化，从负值漂移到正值。因此，干涉项 $\langle E_1(t)E_2(t)\rangle_T$（它取平均的时间区间比波的周期长得多）即使不是零，也将会很小：$I \approx I_1 + I_2$。换句话说，只要两个光波的升降没有关联，它们就不会维持一个恒定的相位关系，它们将不会完全相干，不会生成第9章中考虑的理想高反衬度干涉图样。这里要提醒大家，（11.87）式表示两个函数在 $\tau = 0$ 的交叉关联。的确，若将 P 点在空

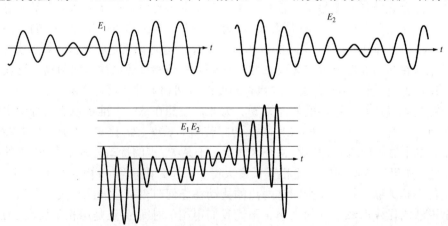

图12.1　两个重叠的 E 场和它们的乘积作为时间的函数。两个场的关联越少，乘积的平均值越接近于零

间中移动（比方沿着杨氏实验中的观察平面移动），从而在两个光波之间引进一个相对时间延迟 τ，那么干涉项就变成 $\langle E_1(t)E_2(t + \tau)\rangle_T$，它是交叉关联。相干性就是关联，在 12.4 节将正式给出这一结论。

也可以用杨氏实验，用一个有限带宽的光源来演示时间相干性效应。图 12.2a 显示用一台氦氖激光器照明两个小的圆形孔径得出的干涉条纹图样。在拍摄图 12.2b 的照片之前，在一个小孔（比如说 S_1）上放置一块 0.5 mm 厚的光学平板玻璃。图样的形状没有什么变化（除了位置有移动之外），因为激光的相干长度远远大于玻璃板引入的光程差。反之，若用准直的汞弧光来重复同一实验（图 12.2 中的 c 和 d），加上玻璃板后条纹便消失。这时的相干长度很短，玻璃板引入的附加光程差已足够长，使得从两个孔来到观察平面的两个波列没有关联。换言之，在离开 S_1 和 S_2 的任意两个相干波列中，离开 S_1 的那个波列在玻璃板中被延迟得那么长，使得它完全落在另一波列之后，在到达 Σ_o 时遇到来自 S_2 的一个完全不同的波列。

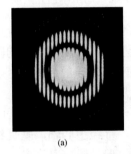 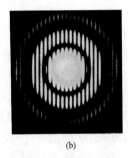 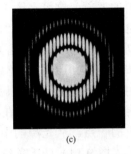 

　　(a)　　　　　　　　(b)　　　　　　　　(c)　　　　　　　　(d)

图 12.2　来自一对圆形孔径的双光束干涉。（a）氦氖激光照射小孔；（b）仍用激光照射，但在一个小孔上盖了一块 0.5 mm 厚的玻璃板；（c）用准直汞弧灯照明但不加玻璃板得到的条纹；（d）用汞弧灯并插入玻璃板，条纹就消失了

在时间相干性和空间相干性这两种场合，我们实际上关心的是同一种现象，即光扰动之间的关联。即，我们普遍感兴趣的是决定光场在时空中两点上的相对涨落所产生的效应。诚然，时间相干性这个术语似乎意味着一种专属于时间的效应。然而，它既与波列在空间中的也与波列在时间中的有限大小有关，有人甚至宁肯把它叫做纵向空间相干性而不叫时间相干性。尽管这样，它本质上的确依赖于相位在时间中的稳定性，因此我们将继续使用时间相干性这个术语。空间相干性或者也可以叫做横向空间相干性，也许这样更好理解，因为它与波阵面的概念如此紧密地相联系。因此，如果横向移开的两点在给定时刻处于同一波阵面上，我们便说这些点上的场是空间相干的（参看 12.4.1 节）。

12.2　条纹和相干性

干涉条纹是一个容易观察到的相干性显示。若一光学装置产生条纹，涉及的光场必定是相干的，至少在某种程度上相干。本节探索如何对这种现象作定量描述。

除了相干长度和相干时间的概念之外，还有另一个概念相干面积，在概念上很有用。为了理解这个概念，考虑图 12.3 中简略画出的经典的双孔径装置。这两个孔径可以是两个针孔，或两条很窄的狭缝。扩展的准单色光源，从无数个独立的原子发射体发出光，假设它有均匀的辐照度和平均波长 $\bar{\lambda}_0$。把它想象为某个热光源，如一盏白炽灯、一具放电灯或者太阳，后面跟着一个滤波器。来自热光源的辐射与噪声相似，它包含很宽的频谱和一个无规的、快速涨落的相位。我们将光过滤，减小它的带宽，使它更易于分析，最终让它等价于窄带噪声。

这里的分析可能会使人感到一些困惑，因为一下子要讲这么多东西。这里有将发生干涉的电磁波子波，由这些子波产生的辐照度条纹（它们叫做组成条纹），以及由组成条纹重叠（没有任何相互作用）得出的实际观察到的亮带和暗带图样（最终条纹）。

光源、孔径屏幕和观察平面都隔着很大的水平距离。因此，正像我们前面看到的那样，杨氏实验的余弦函数平方图样受到由每个孔径的有限大小引起的夫琅禾费衍射的调制。这里（图 12.3）

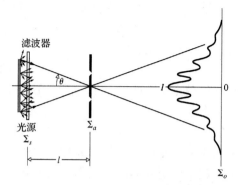

图 12.3 一个经过滤波的热光源照明一对小孔。最后得到的辐照度条纹由部分相干的准单色光生成

与以前不同的是，图中的辐照度条纹仿佛是"浮"在 $I = 0$ 线之上。它们不是像在前面研究过的理想化情形（如图 9.17）中那样从零（黑暗）出发，那里假设照明是完全相干的。这里的图中的每个辐照度峰仍和以前一样处于衍射包络之下，但是每个峰比以前矮了；条纹显得没有以前清晰（黑带消失了）。由于相干性理论都是讨论条纹的，我们说现在光场只是**部分相干**。

在远处的孔径平面上的光场（简略地画在图 12.4 中）可以看成是一大堆独立的电磁平面波，每个波发源于光源上的一点。从光源的中心射出这样的一个子波，行经中心轴，垂直到达孔径，最后形成熟悉的（图 9.14）杨氏条纹系统，虽然不是很清晰。但是现在有许多互不关联的波以多个方向照到孔径屏幕上，每一个都射出一个余弦平方条纹图样。每一个都侧向有一点移动，移动多少取决于角度 θ，它们在观察平面 Σ_o 上都重叠在一起。我们想要能够知道，由这一大堆电磁子波引起的辐照度分布是什么样子，它如何依赖于热光源的大小、形状和位置。

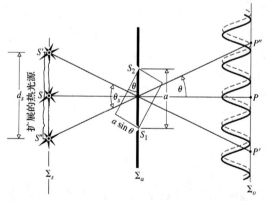

图 12.4 点光源 S、S'和 S''经过杨氏双孔装置产生的辐照度条纹

为了使事情一开始就得到简化，假设只存在两个光源点：S'处于扩展光源的外缘，而 S 处于其中心。光源点 S 生成一幅以其在 P 点的零阶极大值为中心的余弦平方干涉图样。而 S' 生成的辐照度图样的中心则在从 S'到 P'的直线上（这里 $m = 0$），它的亮带与此直线的角距离等于 $\theta_m = m\bar{\lambda}_0 / a$。$P'$的位置由 S'的位置决定。这两个光源点彼此独立；来自它们的电磁波不能持续发生干涉。它们分别产生的各组组分辐照度条纹简单地堆在 Σ_o 上（图 12.5）。

　　取 S' 和 S 起初离得很近。在图 12.5a 中忽略衍射，两组组分条纹几乎重叠，峰和峰叠在一起，得出一组明亮的、非常确定的图样，这组图样"浮"在 $I = 0$ 轴上。将 S' 横向移动离开 S，将会把 P' 移动离开 P，并且两组余弦平方辐照度图样将进一步彼此分开。我们实际看到的最终的条纹（这一叠加的结果），将变得更不清晰，直到 S' 产生的辐照度峰刚好填上 S 产生的辐照度谷（图 12.5c）。于是两组组成条纹便融合在一起，消失为一片均匀的光（见习题 12.2）。这个极端条件在何处达到可以用来定义光的相干性，我们的分析一部分也是为了这个目的。

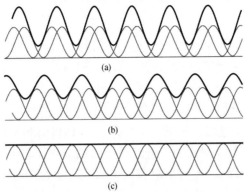

图 12.5　两组理想化的辐照度条纹的重叠显示出，随着它们的相位差得越来越多，它们变得越来越不清晰

　　两个子波，一个从 S 经 S_2 到 P，另一个从 S 经 S_1 到 P，同相到达，产生一个传统的余弦平方辐照度图样，其极大值在 P 点。现在假设 S' 碰巧处于这样的位置，使 P' 位于这个（S' 的）辐照度图样的一个极小值上。S' 在 P' 点产生的极大值这时刚好与 S 在这一点产生的极小值叠合。实际上，S 的所有极小值这时将与 S' 的所有极大值重叠，完全洗掉最终的条纹系统（图 12.5c）。为使此事发生，我们需要两组光场（电磁场）子波的相对相位差等于奇数倍 π 弧度。即，从 S 经 S_2 到 P 的子波，与从 S 经 S_1 到 P 的子波，同相到达 P，正如从 S' 经 S_2 到 P 的子波，与从 S' 经 S_1 到 P 的子波同相到达 P 一样。但是，不论两个电磁子波在 P 点的相位是多少，它们在 P' 点的相位必须差半个波长。这使得组分辐照度图样产生一个半波相对移动，将 S' 的每个极大值放在 S 的每个极小值上，反之亦然。

　　为了做到这一点，重新考察图 12.4 并注意到，一个沿着中心 SP 轴行进到达 Σ_a 的平面波，与一个沿 $S'P'$ 轴行进的平面波有一夹角 θ。从 S' 到 P' 的光程比从 S 到 P 的光程要长 $a\sin\theta$。随着 θ 变小，S' 趋近 S，$a\sin\theta$ 趋于零。要使 P 点和 P' 点的电磁子波的相位彼此差 π，$a\sin\theta$ 必须等于 $\lambda_0/2$（或其奇数倍）。角度小时，$\sin\theta \approx \theta$，当 $\theta \approx \bar\lambda_0/2a$ 时条纹消失。或更普遍地、更理想地说，当 $\theta \approx \left(m + \dfrac{1}{2}\right)\bar\lambda_0 / a$ 时条纹消失，其中 $m = 0, 1, 3, \cdots$。一旦最终条纹消失后，若继续将 S' 移动离开 S，两个组成辐照度分布将再次彼此趋近，条纹将理想地再次出现，只是可能模糊一些。

　　让我们把以上结果应用到一个大小为 d_s 的线光源上，如图 10.4 中的线光源，但是组成它的点光源现在不是相干光源。在图 12.4 中取此光源从 S' 延伸到 S''。换种方式，也可考虑 Σ_S 平面（垂直于页面）上的一个狭缝光源，其宽度为 $S'S''$。正如 S' 和 S 在位置恰当时二者组成一个协调的对偶同时起作用，使它们单独产生的两组组成条纹变得模糊不清，也可以想象同样的过程沿着线光源逐点发生。于是，想象 S' 和 S 处于这样的位置，它们单个产生的条纹重叠在一起并消失。将一个点光源放在这条线上并刚好在 S' 之下，将另一个刚好放在 S 之下。这两个点光源也组成协调的对偶，它们单独在 Σ_a 上产生的条纹也将被洗掉。对于这条线上协调的点光源对偶，直到刚好在 S 上及刚好在 S'' 上的一对，情况都是如此。安排 S' 和 S，使它们的余弦平方辐照度条纹模糊掉，已足以让整条线光源上每个微细的点光源（除了一个）产生的组分条纹模糊。显然，若让线光源垂直于图的平面（平行于矩形孔径）移动，它就变成一个有限宽度为 $S'S''$ 的狭缝光源，上面的论据仍然成立；条纹依然消失。当条纹消失为一片多少均匀的光斑时，光源狭缝张一个角度 $\theta_s = 2\theta$，因此

$$\theta_s \approx \overline{\lambda}_0/a \qquad (12.1)$$

要能清晰观察到条纹，在孔径平面上看，光源张的角度必须比 θ_S 小得多。

一个圆形的热光源，假设它有均匀的辐照度（图 12.4），再次照亮两个针孔，针孔相隔距离 a。光源的线大小为 d_s，经过滤波，因此发射平均真空波长为 $\overline{\lambda}_0$ 的光。想象一个被照明的圆形区域，直径 $d_c \approx a$，投影到 Σ_a 上，刚刚围着两个孔，这样 $d_c \approx \overline{\lambda}_0/\theta_s$。小于 d_c 的孔径间隔将产生看得越来越清楚的条纹。因此，可以把 d_c 叫做**横向相干距离**，尽管我们的分析相当粗糙。后面将讨论有关相干性理论的一种经过改进的处理，范西特–泽尼克定理和爱里衍射图样。它证实了当 $d_c = 1.22\,\overline{\lambda}_0/\theta_s$ 时条纹首次消失。Σ_a 上被照亮的圆的直径为 d_c，它的面积的数量级

$$A_c \approx (\overline{\lambda}_0/\theta_s)^2 \qquad (12.2)$$

可以叫做**相干面积**（虽然即将考虑它的一个更实用一些的定义）。若光源到孔径的距离为 l，并且若把光源的面积 A_s 简单地近似为 d_s^2，请读者当作一个习题证明，相干面积的另一种表述是

$$A_c \approx \frac{l^2\,\overline{\lambda}_0^2}{A_s} \qquad (12.3)$$

随着离光源的距离（l）增大，相干面积增大。 这是因为 Σ_s 离孔径屏幕越远，每个非相干点光源照它的光束就越窄——并且它们的组成条纹集互相隔开越少。换句话说，星星射来的光线以很小的张角射到仪器上，它们的余弦平方图样近乎峰叠峰式地叠在一起。随着光从光源传播得越远，即随着光趋于准直，相干性增大。这是为什么通过两个离得近的针孔观看远处的街灯能够看见杨氏条纹的原因——请试试看。这也是一般不好说一个光源是相干或部分相干的原因；只有光是相干的或非相干的。

这里对横向相干长度作一些提醒是合适的，因为它基本上是一个人为的概念。不论这个概念多么有用，用时必须小心。首先它只是一个数量级大小，我们有多种方法得出它，不论孔径之一是否在中心轴上，还是这个轴在两个孔的中间，都可以引出别种表述，甚至有成倍的差异。得知对于不同形状的孔径变化还会更大，有些作者宁可用更大的面积，取 $d_c = 1.22\,\overline{\lambda}_0/\theta_s$ 为相干面积的"半径"而不是它的直径。

例题 12.1

在地球表面，太阳张的角度为 0.533°。设我们对太阳光过滤，只让波长为 500 nm 的准单色光通过，并且想要观察杨氏双针孔条纹。两个小孔最多可以相隔多远？

解：用 $d_c = \overline{\lambda}_0/\theta_s$，这里 $\theta_s = 0.533° = 9.30 \times 10^{-3}$ rad，

$$d_c \approx \frac{500 \times 10^{-9}\,\text{m}}{9.30 \times 10^{-3}\,\text{rad}} \approx 5.4 \times 10^{-5}\,\text{m}$$

小孔的间隔应当小于大约 54 μm。

图 12.6 是图解式的总结：单个条纹的宽度与两孔中心到中心的距离成反比（9.3.1 节）。最后的带条纹的光斑的总体大小反比于每个孔的大小尺度（10.2.5 节）。可从图 12.6a 看到，一个小热光源如何产生一幅清晰的辐照度图样——亮带和暗带。移动过的组分条纹（图中示出两组）受到单个孔的夫琅禾费衍射包络的调制。最后得出的条纹稍稍"浮"在 $I = 0$ 轴上。反之，一个大光源（图 12.6b）产生不清晰的最终条纹，随着辐照度的扩展受到一个更矮的包络调制。极亮和极暗混在一起，几乎成为一片均匀。剩下的暗淡条纹"浮"在 $I = 0$ 轴上很高的地方。

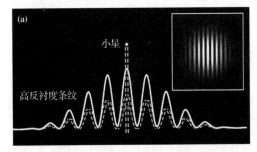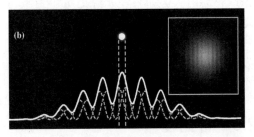

图 12.6　（a）小的均匀光源生成的高反衬度条纹；（b）更大的均匀光源生成的反衬度较低的条纹

12.2.1　衍射和消失的条纹

让我们回到这种状况：来自有限大小热光源的光场是非相干光，条纹消失。这时，把光源当作有限大小的孔径所产生的衍射图样，似乎应当与余弦平方图样被洗掉有某种关系。由于产生这些条纹的光来自这个光源，而加宽光源使条纹的品质降级，这句话表面看来不是没有道理。的确，有一个很有用的表述，叫做范西特-泽尼克定理，专门讲述这一关系，我们很快要讲到它。这个定理是高度数学的，并且有些晦涩难解，因此我们现在先打基础，以后会有回报的。

在图 12.7 中屏幕 Σ_s 的左边，有一光源供给经过滤波的热光。光源屏幕上有一小孔，直径为 d_s，它起着扩展光源的作用，照亮一套与图 12.3 很相像的杨氏实验装备。可以再次把从小孔流来的光想象为一大群平面波，来自各个不同的方向——这在前面已讨论过好几次了。它们是照亮两个孔径的电磁子波，给出余弦平方条纹。

如果光源小孔只由向前方行进的平面波照明（图 10.2b），它将在一个圆锥内再发射子波，从而将夫琅禾费图样投射到远处的孔径屏上。它的主衍射峰将张一个大

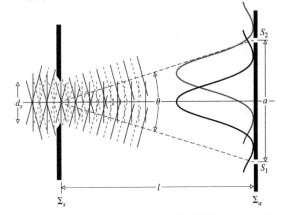

图 12.7　来自热光源的衍射。这个图只画了散布在孔径屏幕上的许多个组分夫琅禾费衍射图样中的两个

角度 $\theta = \bar{\lambda}_0 / b$，这里 $b = d_s$。显然，当 d_s 小时，θ 大，杨氏实验的两个小孔将被相干照明，并生成余弦平方条纹。这些容易观察到（图 9.10）。

以别的角度投射到光源小孔的平面波，又在孔径屏上生成衍射图样，这些图样成比例地移离中心轴。但每个宽的中心衍射峰仍将照明双孔中的两个孔，这才是重要的。在这个节骨眼上，只要 d_s 小，仍然有第 9 章讨论过的杨氏实验。

再次考虑沿中心轴方向的平面波，但这一次假设光源孔宽了，因此 θ 减小，中心衍射峰变窄，直到它的宽度刚刚等于 a，Σ_a 上两个孔相隔的距离。当衍射图样中位于中央峰两侧（间距为 a）的第一极小（$m = \pm 1$）重叠在两个孔上时，此前产生的杨氏条纹必定消失。这时简单地没有来自这个中央平面波的光到达 Σ_a 上的随便哪个孔。那么，这个光源发出的所有别的平面波又怎样呢？它们生成完全一样的夫琅禾费图样，但是稍许移动离开中心轴一些。虽然每个这样的峰都将相似地照亮至少一个孔（如图 12.7 中的 S_2），但若它照亮了这个孔就一定照不到另一个孔（如图 12.7 中的 S_1）。这意味着，不能到达 Σ_a 上两个孔的光是非相干光，杨氏条纹将会消失。如果使光源更宽，当微弱的二级衍射极大同时到达两个孔时，条纹将会暗淡地重现。

很普遍地，在热光源的一个特定表示在一个空间区域里生成的远场衍射图样，与这个光源发出的在同一区域里的光的相干性之间，应当有一个关系（范西特-泽尼克定理讨论的正是这个关系）。

12.3　可见度

干涉量度系统产生的条纹的质量可以用可见度 $\mathscr{V}$ 定量描述。它是迈克耳孙最先提出的，其定义为

$$\mathscr{V}(\vec{r}) \equiv \frac{I_{\max} - I_{\min}}{I_{\max} + I_{\min}} \tag{12.4}$$

它等同于（11.89）式中的调制度。这里 $I_{\max}$ 和 $I_{\min}$ 分别是条纹系统中的极大和相邻的极小对应的辐照度。

例题 12.2

回到对两个点源引起的干涉的讨论（9.14）式，证明这时可见度的最大可能值为 1.0。这在何时发生？何时可见度为零？

解　（9.14）式为

$$I = I_1 + I_2 + 2\sqrt{I_1 I_2} \cos \delta$$

它有一个极大值

$$I_{\max} = I_1 + I_2 + 2\sqrt{I_1 I_2}$$

和极小值

$$I_{\min} = I_1 + I_2 - 2\sqrt{I_1 I_2}$$

于是两个理想光源产生的可见度为

$$\mathscr{V}(\vec{r}) = \frac{I_{\max} - I_{\min}}{I_{\max} + I_{\min}} = 2 \frac{\sqrt{I_1 \, I_2}}{(I_1 + I_2)}$$

假设 $I_1 = CI_2$，其中 C 是一个数，于是

$$\mathcal{V}(\vec{r}) = \frac{2\sqrt{C}\, I_2}{(C+1)I_2} = \frac{2\sqrt{C}}{C+1}$$

容易看到，这个峰在 $C=1$，或 $I_1=I_2=I_0$，由此

$$\mathcal{V}(\vec{r}) = \frac{2I_0}{2I_0} = 1.0$$

当 $I_{\max}=I_{\min}$，即，当条纹消失，回到一片均匀的光场，可见度为零。显然，观察杨氏条纹的最佳装置要求两个孔受到完全同样的照明，$I_1=I_2$。

如果我们做杨氏实验，可以再次改变两孔的间距或初级准单色热光源的大小，测量$\mathcal{V}$ 随之的变化，把这些变化与相干性概念更正式地联系起来。依靠图 12.8 的帮助，可以导出通量密度分布的解析表达式[①]。用透镜 L 更有效地定位条纹图样，即，使有限大小针孔衍射的光锥更完全地交叠在Σ_o平面上。从 9.3 节得知，位于中央轴上的点光源 S' 会产生下式给出的通常图样：

$$I = 4I_0 \cos^2\left(\frac{Ya\pi}{s\lambda}\right) \tag{12.5}$$

相仿地，位于垂直于 $\overline{S_1S_2}$ 的直线上、在 S'的上方或下方的点光源，会产生相同的直带条纹系统，在平行于条纹的方向上稍有移动。因此把点光源 S' 换成一个不相干的线光源（垂直于画面），实际上只是增加可用的光量。这一点我们大概已经知道了。相反，一个离轴点光源（如 S''）将产生一个以 P''为中心的图样，P''是没有孔屏时 S''在Σ_0上的像点。S''发出的一个"球面"子波聚焦在 P''点；因此从 S''到 P''的所有光线走过相等的光程，所以干涉一定是相长干涉；换句话说，中心极大值出现在 P''点。光程差 $\overline{S_1P''}-\overline{S_2P''}$ 是位移 $\overline{P'P''}$ 的原因。因此，S''产生的条纹系统与 S'产生的条纹系统全同，但相对于后者有一移动 $\overline{P'P''}$。由于这些点光源是非相干的，在Σ_o上它们的辐照度相加而不是场振幅相加。

一个宽的准单色热光源，具有矩形孔径，宽度为 b，它产生的图样可以通过求一个平行于 $\overline{S_1S_2}$ 的"非相干"连续线光源产生的辐照度来决定。注意，在图 12.8b 中，变量 Y_0描述没有孔径平面时光源的像上任何一点的位置。在有Σ_a出现时，线光源的每个微分元都将贡献一个条纹系统，以它自己的像点为中心，它在Σ_o上离原点的距离为 Y_0。此外，它对通量密度图样的贡献 dI 正比于微分线元，或更方便地说，正比于线元在Σ_o上的像 dY_0。于是，用（9.31）式，dY_0 对总辐照度的贡献为

$$dI = A\, dY_0 \cos^2\left[\frac{a\pi}{s\lambda}(Y-Y_0)\right]$$

其中 A 是适当的常数。这个式子与（12.5）式相似，是由小段光源产生的、以 Y_0 为中心的小辐照度的一个完整的条纹系的表示式。这一小段光源的像对应于 Y_0 处的 dY_0。对线光源的像的大小 w 积分，我们便有效地对光源积分，得到全部图样：

$$I(Y) = A\int_{-w/2}^{+w/2} \cos^2\left[\frac{a\pi}{s\lambda}(Y-Y_0)\right] dY_0$$

经过一些直接的三角函数运算后，它变为

[①] 这里的讨论部分遵循 Towne 在 *Wave Phenomena* 一书第 11 章中的做法。见 Klein, *Optics* 的 6.3 节或习题 12.13（不同的版本）。

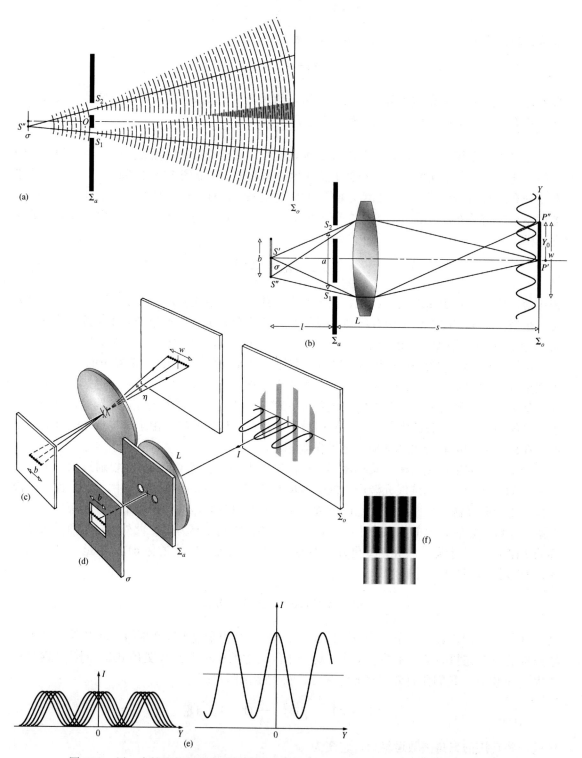

图 12.8　用一个扩展的狭缝光源做的杨氏实验。（e）简单表示具有同样空间频率的移动条纹如何重叠和组合，生成具有同样空间频率但可见度降低的净扰动（见图 7.9）。（f）表示随着可见度减小（从上到下）条纹看起来的模样

$$I(Y) = \frac{Aw}{2} + \frac{A}{2}\frac{s\lambda}{a\pi}\sin\left(\frac{a\pi}{s\lambda}w\right)\cos\left(2\frac{a\pi}{s\lambda}Y\right)$$

辐照度围绕着平均值 $\overline{I} = Aw/2$ 振荡，平均值随 w 增大，而 w 又随光源狭缝的宽度增大。因此

$$\frac{I(Y)}{\overline{I}} = 1 + \left(\frac{\sin a\pi w/s\lambda}{a\pi w/s\lambda}\right)\cos\left(2\frac{a\pi}{s\lambda}Y\right) \tag{12.6}$$

或

$$\frac{I(Y)}{\overline{I}} = 1 + \mathrm{sinc}\left(\frac{a\pi w}{s\lambda}\right)\cos\left(2\frac{a\pi}{s\lambda}Y\right) \tag{12.7}$$

由此可得，相对辐照度的极值由下式给出：

$$\frac{I_{\max}}{\overline{I}} = 1 + \left|\mathrm{sinc}\left(\frac{a\pi w}{s\lambda}\right)\right| \tag{12.8}$$

和

$$\frac{I_{\min}}{\overline{I}} = 1 - \left|\mathrm{sinc}\left(\frac{a\pi w}{s\lambda}\right)\right| \tag{12.9}$$

当 w 与条纹宽度 $(s\lambda/a)$ 相比很小时，sinc 函数趋于 1，因此 $I_{\max}/\overline{I} = 2$ 而 $I_{\min}/\overline{I} = 0$（见图 12.9）。随着 w 增大，$I_{\min}$ 开始不等于零，条纹的反衬度变小，直到最后在 $w = s\lambda/a$ 时完全消失。在自变量值 π 与 2π（即 $w = s\lambda/a$ 与 $w = 2s\lambda/a$）之间，sinc 函数是负的。随着初级狭缝光源变宽超过 $w = s\lambda/a$，条纹重新出现，但是相位移动了；换句话说，以前在 $Y = 0$ 处是一极大，现在这里将是一个极小。

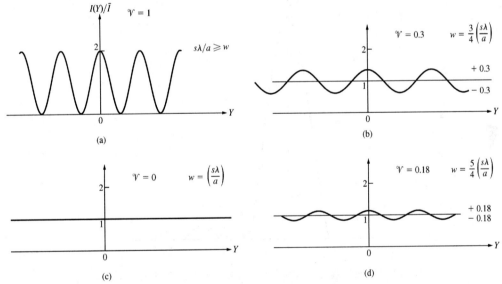

图 12.9　光源狭缝宽度不同时的条纹。这里 w 是狭缝的像的宽度，$s\lambda/a$ 是条纹的峰到峰的宽度

通常，光源的大小 b 和狭缝间的间隔 a 比起屏幕之间的距离 l 和 s 来都很小，因此可以作一些简化近似。在我们通过 w 和 s 表述以上考虑时，从图 12.8c 可得，用中心角 η，有 $b \approx l\eta$ 和 $w \approx s\eta$；从而 $w/s \approx b/l$。因此，$(a\pi w/s\lambda) \approx (a\pi\eta/\lambda) \approx (a\pi b/l\lambda)$。由（12.4）式得条纹的可见度为

$$\mathscr{V} = \left|\mathrm{sinc}\left(\frac{a\pi w}{s\lambda}\right)\right| = \left|\mathrm{sinc}\left(\frac{a\pi b}{l\lambda}\right)\right| \tag{12.10}$$

如图 12.10 所示。我们看到，$\mathscr{V}$ 是光源宽度和两孔间距 a 的函数。保持其中任何一个参量不变而改变另一个，将使 $\mathscr{V}$ 完全一样地变化。注意在图 12.9a 中可见度等于 1，因为 $I_{\min} = 0$。于

是显然，观察平面上条纹系的可见度与光在孔径屏上的分布方式有联系。如果初级光源事实上是点光源，b 将等于零，可见度将是理想的 1。我们且不说这么理想的情况，$(a\pi b/l\lambda)$ 越小越好，即 $\mathcal{V}$ 越大，条纹越清晰。我们可以将 $\mathcal{V}$ 想象为初级光源发出的光散布在孔径屏上时的相干程度的量度。记住前面曾遇到过 sinc 函数，它与矩形孔径产生的衍射图样有联系。

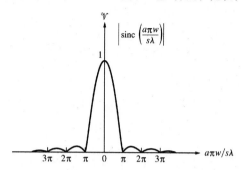

图 12.10　（12.10）式给出的可见度。将它用于一个部分相干光狭缝光源（$\mathcal{V}<1$）

若初级光源是圆形的，可见度计算起来要更复杂得多。计算结果表明可见度正比于一阶贝塞尔函数（图 12.11）。这也使人想起衍射，不过这一次是圆孔衍射 [（10.56）式]。你可能已经猜到，$\mathcal{V}$ 的表示式与对应的同样形状的孔的衍射图样之间的这种相似不是偶然的，而是范西特-泽尼克定理的显示。我们现在就来讨论。

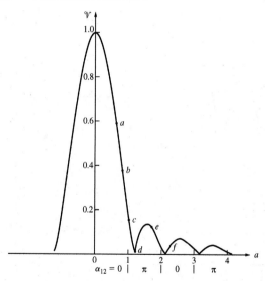

图 12.11　均匀圆形光源发出的部分相干光产生的可见度（$\mathcal{V}<1$）

图 12.12 画出了一组条纹系统，它们属于大小恒定的圆形热光源，但 S_1 和 S_2 的间距 a 逐渐增大。图中从（a）到（d）可见度逐步减小，然后（e）增大，而（f）再次减小。所有对应的 $\mathcal{V}$ 值都画在图 12.11 上。注意峰的移动，即图 12.11 的第二瓣上（在这个区间内贝塞尔函数为负）的每一点图样中心处相位的改变。换句话说，（a）、（b）和（c）具有中心极大值，（d）和（e）却有中心极小值，而第三瓣上的（f）则回到极大。按同样的方式，对一个狭缝光源，（12.7）式中的 sinc($a\pi w/s\lambda$) 取正值或负值的区间将分别给出 $I(0)/\bar{I}$ 的极大值和极小值。这些又对应于图 12.10 中可见度曲线的奇数瓣或偶数瓣。记着，我们也可以定义一个复数可见度，大小为 $\mathcal{V}$，辐角对应于相移——我们后面会回到这个概念上来。

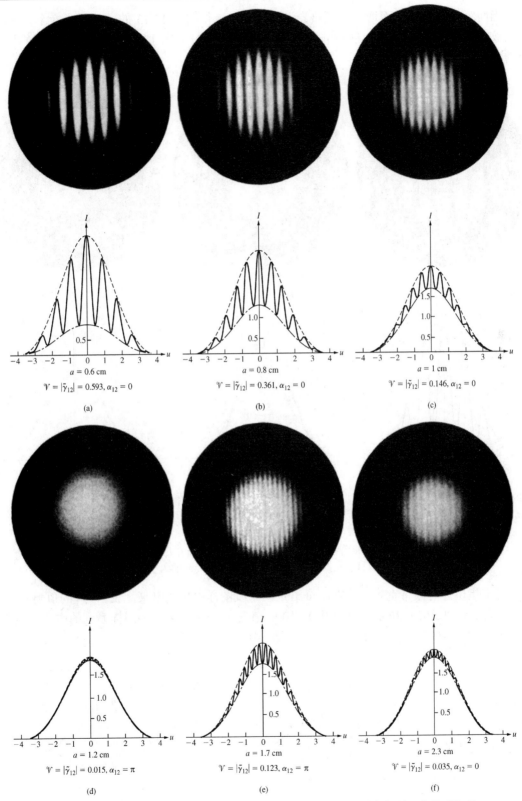

图 12.12　用部分相干光得到的双光束干涉图样。照片对应于孔径间隔 a 变化引起的可见度的变化。在理论曲线中数学式及数学式。一些符号将在后面讨论

当间距 a 保持不变而增大初级热光源的直径时，得到图 12.13 的结果。或换个说法，由于条纹的宽度与 a 成反比，亮带和暗带的空间频率随着 a 从图 12.12a 中的值增大到 f 中的值而增大。

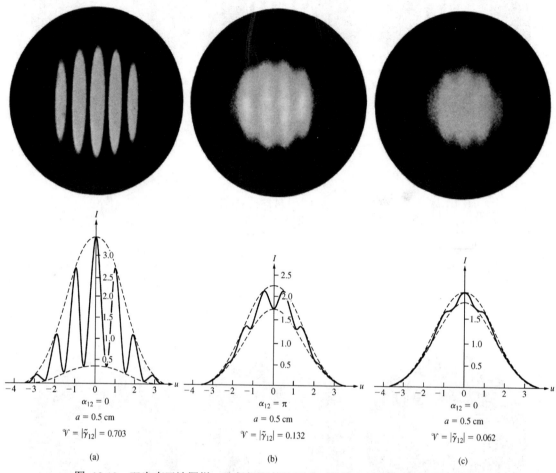

$\alpha_{12} = 0$

$a = 0.5\ cm$

$\mathcal{V} = |\tilde{\gamma}_{12}| = 0.703$

(a)

$\alpha_{12} = \pi$

$a = 0.5\ cm$

$\mathcal{V} = |\tilde{\gamma}_{12}| = 0.132$

(b)

$\alpha_{12} = 0$

$a = 0.5\ cm$

$\mathcal{V} = |\tilde{\gamma}_{12}| = 0.062$

(c)

图 12.13　双光束干涉图样。孔径间距保持不变，从而在每幅照片中的单位位移上给出数目固定的条纹。改变初级非相干源的大小改变了条纹可见度

还应指出，有限带宽效应将在一个给定的条纹图样中显现出来，表示为 $\mathcal{V}$ 的值随着 Y 逐渐减小，如图 12.14 中所示（见习题 12.10）。在这些情况下用每一图样系列的中央区域来决定可见度时，$\mathcal{V}$ 对孔径间隔的依赖关系将再次与图 12.11 适配。

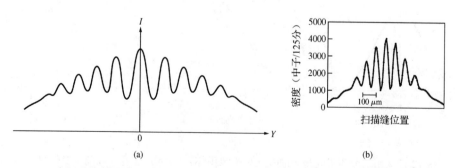

(a)

密度（中子/125分）

100 μm

扫描缝位置

(b)

图 12.14　（a）有限带宽使 $\mathcal{V}$ 值随着 Y 增大而减小；（b）这个图样是慢中子束通过两条狭缝生成的

12.4　互相干函数和相干度

现在让我们用更形式的方法讨论得更深入一些。仍然假定有一个宽的窄带光源，它产生的光场的复数表示是 $\tilde{E}(\vec{r},t)$。我们将忽略偏振效应，因此作标量处理就行了。空间两点 S_1 和 S_2 的扰动分别为 $\tilde{E}(S_1,t)$ 和 $\tilde{E}(S_2,t)$，或更简洁地写成 $\tilde{E}_1(t)$ 和 $\tilde{E}_2(t)$。然后，如果用一个上面有两个圆孔的不透明屏将这两点隔开（图 12.15），我们就回到了杨氏实验。这两个小孔作为次级子波的波源，次级子波向外传播到 Σ_o 上的某一点 P。P 点的总场强是

$$\tilde{E}_P(t) = \tilde{K}_1\tilde{E}_1(t - t_1) + \tilde{K}_2\tilde{E}_2(t - t_2) \tag{12.11}$$

其中 $t_1 = r_1/c$，$t_2 = r_2/c$。这表明，时空中一点（P, t）的场可以由分别在 t_1 和 t_2 时刻存在于 S_1 和 S_2 的场来确定。t_1 和 t_2 是现在交叠于 P 点的光当初从孔径射出的时刻。量 $\tilde{K}_1$ 和 $\tilde{K}_2$ 称为传播函数，它们依赖于孔径的大小和它们相对于 P 点的位置。它们在数学上影响场穿越任一个小孔后发生的变化。例如，从这个装置的针孔发出的次级子波与入射到孔屏 Σ_a 上的初波的相位差 $\pi/2$ 弧度（10.3.1 节）。显然，$\tilde{E}(\vec{r},t)$ 在越过 Σ_a 后会发生相移——$\tilde{K}$ 因子正是干这个用的。此外，它们还反映由一些物理原因（吸收、衍射等）可能引起的场的减弱。由于场有一个由乘 $\exp(i\pi/2)$ 引入的 $\pi/2$ 相移，$\tilde{K}_1$ 和 $\tilde{K}_2$ 是纯虚数。

在某一比相干时间长的有限时间间隔内测得的 P 点的总辐照度为

$$I = \langle \tilde{E}_P(t)\tilde{E}_P^*(t) \rangle_\mathrm{T} \tag{12.12}$$

应当记住，（12.12）式是在甩掉几个常数因子的情况下写出的。因此，用（12.11）式得

$$\begin{aligned}
I = \ &\tilde{K}_1\tilde{K}_1^*\langle \tilde{E}_1(t - t_1)\tilde{E}_1^*(t - t_1)\rangle_\mathrm{T} \\
&+ \tilde{K}_2\tilde{K}_2^*\langle \tilde{E}_2(t - t_2)\tilde{E}_2^*(t - t_2)\rangle_\mathrm{T} \\
&+ \tilde{K}_1\tilde{K}_2^*\langle \tilde{E}_1(t - t_1)\tilde{E}_2^*(t - t_2)\rangle_\mathrm{T} \\
&+ \tilde{K}_1^*\tilde{K}_2\langle \tilde{E}_1^*(t - t_1)\tilde{E}_2(t - t_2)\rangle_\mathrm{T}
\end{aligned} \tag{12.13}$$

现在假定波场是平稳的，在经典光学中几乎全是这种情况；换句话说，就是它的统计特性不随时间变化，所以时间平均值与我们对时间原点的选法无关。即使场变量存在涨落，时间原点仍可移动，（12.13）式中的平均值不受影响。我们决定在什么时刻测量 I 都没关系，因此，时间平均的前两项可以改写为

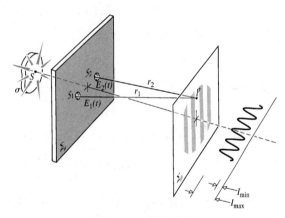

图 12.15　杨氏实验

$$I_{S_1} = \langle \tilde{E}_1(t)\tilde{E}_1^*(t) \rangle_\mathrm{T} \quad 和 \quad I_{S_2} = \langle \tilde{E}_2(t)\tilde{E}_2^*(t) \rangle_\mathrm{T}$$

其中时间原点分别移动 t_1 和 t_2。下标强调它们是 S_1 点和 S_2 点的辐照度。还有，若令 $\tau = t_2 - t_1$，在（12.13）式的最后两项中可以把时间原点平移 t_2，并且把这两项写成

$$\tilde{K}_1\tilde{K}_2^*\langle \tilde{E}_1(t + \tau)\tilde{E}_2^*(t)\rangle_\mathrm{T} + \tilde{K}_1^*\tilde{K}_2\langle \tilde{E}_1^*(t + \tau)\tilde{E}_2(t)\rangle_\mathrm{T}$$

但这是一个量加上它自身的复共轭，因此它正好等于其实部的 2 倍，即

$$2\,\mathrm{Re}\,[\tilde{K}_1\tilde{K}_2^*\langle \tilde{E}_1(t + \tau)\tilde{E}_2^*(t)\rangle_\mathrm{T}]$$

$\tilde{K}$ 因子是纯虚数，因而 $\tilde{K}_1\tilde{K}_2^* = \tilde{K}_1^*\tilde{K}_2 = |\tilde{K}_1||\tilde{K}_2|$。这一项的时间平均部分是一个交叉互相关

函数[11.3.4 节]，其形式为

$$\tilde{\Gamma}_{12}(\tau) \equiv \langle \tilde{E}_1(t+\tau)\tilde{E}_2^*(t)\rangle_T \tag{12.14}$$

并且把它叫做 S_1 点和 S_2 点的光场的互相干函数。利用上面讲的这些，（12.13）式之形式变为

$$I = |\tilde{K}_1|^2 I_{S_1} + |\tilde{K}_2|^2 I_{S_2} + 2|\tilde{K}_1||\tilde{K}_2|\operatorname{Re}\tilde{\Gamma}_{12}(\tau) \tag{12.15}$$

$|\tilde{K}_1|^2 I_{S_1}$ 项和 $|\tilde{K}_2|^2 I_{S_2}$ 项（仍然不管相乘的常数因子）分别是只打开这一个或那一个孔时 P 点的辐照度；换句话说，即分别在 $\tilde{K}_2=0$ 时或 $\tilde{K}_1=0$ 时 P 点的辐照度。把它们用 I_1 和 I_2 表示，（12.13）式变为

$$I = I_1 + I_2 + 2|\tilde{K}_1||\tilde{K}_2|\operatorname{Re}\tilde{\Gamma}_{12}(\tau) \tag{12.16}$$

注意，若使点 S_1 和点 S_2 重合，互相干函数就变为

$$\tilde{\Gamma}_{11}(\tau) = \langle \tilde{E}_1(t+\tau)\tilde{E}_1^*(t)\rangle_T$$

或

$$\tilde{\Gamma}_{22}(\tau) = \langle \tilde{E}_2(t+\tau)\tilde{E}_2^*(t)\rangle_T$$

可以设想，从这个汇合的点光源发出两个波列，而且通过某种方法得到一个正比于 τ 的相对相位延迟。在现在的情况下 τ 变为零（由于光程差趋于零），这些函数化为 Σ_a 上对应的辐照度 $I_{S_1} = \langle \tilde{E}_1(t)\tilde{E}_1^*(t)\rangle_T$ 和 $I_{S_2} = \langle \tilde{E}_2(t)\tilde{E}_2^*(t)\rangle_T$。因此

$$\Gamma_{11}(0) = I_{S_1} \quad 和 \quad \Gamma_{22}(0) = I_{S_2}$$

这些函数叫做自相干函数。于是

$$I_1 = |\tilde{K}_1|^2 \Gamma_{11}(0) \quad 和 \quad I_2 = |\tilde{K}_2|^2 \Gamma_{22}(0)$$

想起（12.16）式，注意到

$$|\tilde{K}_1||\tilde{K}_2| = \sqrt{I_1}\sqrt{I_2}/\sqrt{\Gamma_{11}(0)}\sqrt{\Gamma_{22}(0)}$$

定义互相干函数的归一化形式（归一化交叉相关函数）为

$$\tilde{\gamma}_{12}(\tau) \equiv \frac{\tilde{\Gamma}_{12}(\tau)}{\sqrt{\Gamma_{11}(0)\Gamma_{22}(0)}} = \frac{\langle \tilde{E}_1(t+\tau)\tilde{E}_2^*(t)\rangle_T}{\sqrt{\langle|\tilde{E}_1|^2\rangle_T\langle|\tilde{E}_2|^2\rangle_T}} \tag{12.17}$$

由于立即就会明白的原因，把它叫做复相干度。于是（12.16）式可以改写为

$$I = I_1 + I_2 + 2\sqrt{I_1 I_2}\operatorname{Re}\tilde{\gamma}_{12}(\tau) \tag{12.18}$$

这是部分相干光的普遍的干涉定律。

对于准单色光，光程差带来的相角差由下式给出：

$$\varphi = \frac{2\pi}{\bar{\lambda}}(r_2 - r_1) = 2\pi\bar{\nu}\tau \tag{12.19}$$

其中 $\bar{\lambda}$ 和 $\bar{\nu}$ 是平均波长和平均频率。既然 $\tilde{\gamma}_{12}(\tau)$ 是一个复数量，可以表示为

$$\tilde{\gamma}_{12}(\tau) = |\tilde{\gamma}_{12}(\tau)|e^{i\Phi_{12}(\tau)} \tag{12.20}$$

$\tilde{\gamma}_{12}(\tau)$ 的相角与前面的（12.14）式及场之间的相角有联系。若令 $\Phi_{12}(\tau) = \alpha_{12}(\tau) - \varphi$，那么

$$\operatorname{Re}\tilde{\gamma}_{12}(\tau) = |\tilde{\gamma}_{12}(\tau)|\cos[\alpha_{12}(\tau) - \varphi]$$

于是（12.18）式可以表示为

$$I = I_1 + I_2 + 2\sqrt{I_1 I_2}|\tilde{\gamma}_{12}(\tau)|\cos[\alpha_{12}(\tau) - \varphi] \tag{12.21}$$

由（12.17）式和施瓦兹不等式可以证明，$0 \leqslant |\gamma_{12}(\tau)| \leqslant 1$。事实上，比较（12.21）式和（9.5）式（后者是对完全相干的情况导出的）显然可以看出，若 $|\tilde{\gamma}_{12}(\tau)| = 1$，$I$ 将与在 S_1 和 S_2 两点的相位差为 $\alpha_{12}(\tau)$ 的两个相干波产生的辐照度相同。若情况为另一极端，$|\tilde{\gamma}_{12}(\tau)| = 0$，则 $I = I_1 + I_2$，不发生干涉，我们说两个扰动是非相干的。当 $0 < |\tilde{\gamma}_{12}(\tau)| < 1$ 时，得到部分相干性；其量度就是 $|\tilde{\gamma}_{12}(\tau)|$ 自身，叫做**相干度**。于是总结起来有：

$$|\tilde{\gamma}_{12}| = 1 \quad \text{相干性极限}$$

$$|\tilde{\gamma}_{12}| = 0 \quad \text{非相干性极限}$$

$$0 < |\tilde{\gamma}_{12}| < 1 \quad \text{部分相干性}$$

必须强调整个过程的基本的统计本性。显然，在辐照度分布的各个表示式中，$\tilde{\Gamma}_{12}(\tau)$ 因而还有 $\tilde{\gamma}_{12}(\tau)$ 是关键的量；它们是前面所说的干涉项的实质部分。应当指出，$\tilde{E}_1(t+\tau)$ 和 $\tilde{E}_2(t)$ 事实上是发生在时间和空间中不同点的两个扰动。我们也预期，这些扰动的振幅和相位将以某种方式随时间涨落。如果在 S_1 和 S_2 点的这些涨落完全独立无关，那么 $\tilde{\Gamma}_{12}(\tau) = \langle \tilde{E}_1(t+\tau)\tilde{E}_2^*(t) \rangle_{\mathrm{T}}$ 将趋于零，因为 $\tilde{E}_1$ 和 $\tilde{E}_2$ 可正可负，正负的概率相同，它们乘积的平均值为零。在这种情况下不存在相关，$\tilde{\Gamma}_{12}(\tau) = \tilde{\gamma}_{12}(\tau) = 0$。若 $(t+\tau)$ 时刻 S_1 处的场与 t 时刻 S_2 处的场完全相关，那么尽管各自都有涨落，它们的相对相位应当保持不变。场的乘积的时间平均值肯定不会为零，正像哪怕两个扰动只要有一点相关它们乘积的平均值就不为零一样。

与 $\cos 2\pi\bar{\nu} t$ 和 $\sin 2\pi\bar{\nu}\, t$ 相比，$|\tilde{\gamma}_{12}(\tau)|$ 和 $\alpha_{12}(\tau)$ 二者都是 τ 的变化缓慢的函数。换句话说，P 点扫过生成的条纹系统时，I 在空间的逐点变化主要是由 φ 随 $(r_2 - r_1)$ 而变所引起。

当（12.21）式中的余弦项分别等于 +1 和 −1 时，I 取极大值和极小值。于是 P 点的可见度为（习题 12.14）

$$\mathcal{V} = \frac{2\sqrt{I_1}\,\sqrt{I_2}}{I_1 + I_2} |\tilde{\gamma}_{12}(\tau)| \tag{12.22}$$

也许最常见的安排是进行调节使 $I_1 = I_2$。这时

$$\mathcal{V} = |\tilde{\gamma}_{12}(\tau)| \tag{12.23}$$

即，复相干度的模恒等于条纹的可见度（再看一遍图 12.12）。

认识到下面这点是很重要的：（12.17）式和（12.18）式显然告诉我们，如何从直接测量确定 $\tilde{\Gamma}_{12}(\tau)$ 和 $\tilde{\gamma}_{12}(\tau)$ 的实部的方法。将两个扰动的通量密度调节成相等后，（12.23）式提供了一个实验手段，从生成的条纹图样求 $|\tilde{\gamma}_{12}(\tau)|$。而且，中心条纹位置的离轴位移（从 $\varphi = 0$）是 $\alpha_{12}(\tau)$ 的量度，$\alpha_{12}(\tau)$ 是 S_1 和 S_2 处的扰动的相位的表观相对推迟。因此，测量可见度和条纹位置既给出复相干度的大小，也给出它的相位。

顺便可以证明[①]，当且仅当光场是严格单色的，$|\tilde{\gamma}_{12}(\tau)|$ 才对一切 τ 值和任何一对空间点等于 1，因而这种情形是达不到的。而且，对一切 τ 值和任何一对空间点都有 $|\tilde{\gamma}_{12}(\tau)| = 0$ 的一个非零辐射场也不可能存在于自由空间。

12.4.1　时间相干性和空间相干性

现在将时间相干性和空间相干性概念与上面的形式理论联系起来。

---

① 证明在 Beran 和 Parrent 的书 *Theory of Partial Coherence* 的 4.2 节给出。

若图 12.15 中的初级光源缩小为一个位于光轴上的、具有有限频带宽度的点光源，那么时间相干性效应将是主要的。这时 S_1 和 S_2 处的光扰动将完全相同。实际上，两点间的互相干函数（12.14）式将变为场的自相干函数。因而 $\tilde{\Gamma}(S_1, S_2, \tau) = \tilde{\Gamma}_{12}(\tau) = \tilde{\Gamma}_{11}(\tau)$ 或 $\tilde{\gamma}_{12}(\tau) = \tilde{\gamma}_{11}(\tau)$。当 S_1 和 S_2 合为一点时，也发生同样的事。有时把 $\tilde{\gamma}_{11}(\tau)$ 叫做这一点上时间间隔为 τ 的两个时刻的复数时间相干度。在分振幅干涉仪（如迈克耳孙干涉仪）中（其中 τ 等于光程差除以 c），情况就是这样。这时 I 的表示式［即（12.18）式］应含 $\tilde{\gamma}_{11}(\tau)$ 而不是 $\tilde{\gamma}_{12}(\tau)$。

假设一个光波被一个分振幅干涉仪分成两个相同的扰动，扰动形式为

$$\tilde{E}(t) = E_0 e^{i\phi(t)} \tag{12.24}$$

然后再复合在一起产生条纹图样。这时

$$\tilde{\gamma}_{11}(\tau) = \frac{\langle \tilde{E}(t+\tau)\tilde{E}^*(t)\rangle_{\mathrm{T}}}{|\tilde{E}|^2} \tag{12.25}$$

或

$$\tilde{\gamma}_{11}(\tau) = \langle e^{i\phi(t+\tau)} e^{-i\phi(t)}\rangle_{\mathrm{T}}$$

从而

$$\tilde{\gamma}_{11}(\tau) = \lim_{T\to\infty}\frac{1}{T}\int_0^T e^{i[\phi(t+\tau)-\phi(t)]}\,\mathrm{d}t \tag{12.26}$$

及

$$\tilde{\gamma}_{11}(\tau) = \lim_{T\to\infty}\frac{1}{T}\int_0^T (\cos\Delta\phi + i\sin\Delta\phi)\,\mathrm{d}t$$

其中 $\Delta\phi = \phi(t+\tau) - \phi(t)$。对一个其相干长度为无穷的严格的单色平面波，$\phi(t) = \vec{k}\cdot\vec{r} - \omega(t)$，$\Delta\phi = -\omega\tau$，及

$$\tilde{\gamma}_{11}(\tau) = \cos\omega\tau - i\sin\omega\tau = e^{-i\omega\tau}$$

于是 $|\tilde{\gamma}_{11}| = 1$，$\tilde{\gamma}_{11}$ 的幅角是 $-2\pi\nu\tau$，我们得到完全相干性。与之对比，对于 τ 大于相干时间的准单色波，$\Delta\phi$ 将是随机的，在 0 和 2π 之间随机变化，使积分平均为零，$|\tilde{\gamma}_{11}(\tau)| = 0$，相当于完全非相干性。一台迈克耳孙干涉仪两臂的长度差 30 cm，引起的光程差为 60 cm，相当于复合光束之间时间延迟 $\tau = 2$ ns。这大致等于一具好的同位素放电灯的相干时间。在这种照明条件下，图样的可见度将是很差的。如果改为使用白光，那么 $\Delta\nu$ 很大，Δt_c 非常小，相干长度小于一个波长。为了使 $\tau < \Delta t_c$，即为了使可见度良好，就必须使光程差比一个波长小得多。另一个极端情况是激光，这时 Δt_c 可以如此之长，要使可见度明显下降，$c\tau$ 之值必须很大，这需要一个大到不切实际的干涉仪。

我们看到，作为时间相干性的量度的 $\tilde{\Gamma}_{11}(\tau)$，必定与光源的相干时间因而与光源的带宽紧密联系。的确，**自相干函数 $\tilde{\Gamma}_{11}(\tau)$ 的傅里叶变换式，就是描写光能量的谱分布的功率谱**（见11.3.4 节）。

如果我们回到杨氏实验（图 12.15），但是用带宽很窄的扩展光源，那么空间相干性效应将是主要的。S_1 和 S_2 处的光扰动是不同的，干涉条纹图样依赖于 $\tilde{\Gamma}(S_1, S_2, \tau) = \tilde{\Gamma}_{12}(\tau)$。通过考察中心条纹附近的区域，那里 $(r_2 - r_1) = 0$，$\tau = 0$，可以决定 $\tilde{\Gamma}_{12}(0)$ 和 $\tilde{\gamma}_{12}(0)$。后一量是两点在相同时刻的复数空间相干度。$\tilde{\Gamma}_{12}(0)$ 对描述下面将讨论的迈克耳孙测星干涉仪起着重要作用。

一个空间区域中的复相干度与产生光场的扩展光源上对应的辐照度分布之间，有一个很方便的关系。我们将利用这个关系即范西特-泽尼克定理作为一个计算辅助工具，而不对它作

正式推导。其实，12.2 节的分析已经提示了一些实质性的东西。图 12.16 画的是一个扩展的准单色热光源 S，它位于平面 Σ_s 上，其辐照度分布为 $I(y,z)$。图中还画了一个观察屏，上面有两点 P_1 和 P_2。它们离 S 的一个小单元的距离分别为 R_1 和 R_2。正是在这个平面上我们想要决定 $\tilde{\gamma}_{12}(0)$，它描述两点的场振动的相关。注意，虽然光源是"非相干光源"，到达 P_1 和 P_2 的光一般会相关到某种程度，因为每个光源基元都对每个这样的点上的场有贡献。

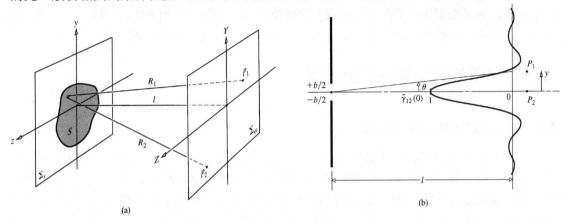

图 12.16 （a）范西特-泽尼克定理的几何布局；（b）归一化的衍射图样对
应于相干度。这里对一个矩形光源狭缝其衍射图样为 $\mathrm{sinc}(\pi by/l\lambda)$

从 P_1 和 P_2 点的场计算 $\tilde{\gamma}_{12}(0)$，得出一个积分，它有熟悉的结构。这个积分与一个熟知的衍射积分有相同的形式，并且给出相同的结果：若是我们恰当地重新解释每一项的话。比如，$I(y,z)$ 会出现在这个相干性积分中，样子像是衍射积分的孔径函数。于是，假设 S 不是一个光源而是一个同样大小和形状的孔径，并假设 $I(y,z)$ 不是对辐照度的描述，而是对应于这个孔径上的场分布的函数形式。换句话说，想象在孔径上覆盖着一张透明片，其振幅透过特性的函数形式对应于 $I(y,z)$。而且，想象这个孔径被一个向固定点 P_2 会聚的球面波照明（见图 12.16b），因此将会有一个以 P_2 为中心的夫琅禾费衍射图样。这个衍射场分布，在 P_2 点归一化为 1 后，在任一点（比方，在 P_1 点）都等于 $\tilde{\gamma}_{12}(0)$ 在该点的值。这就是范西特-泽尼克定理。

一颗星星是无数个原子的集合，这些原子混乱地发射一大堆互无联系的非相干辐射。但是在离星星很远的地方，星光变成相干的了。这里，13 只鸭子在池塘里混乱地扑腾，它们产生的波在离开"热"源后清晰地变得很有组织

当 P_1 和 P_2 紧紧靠近并且 S 与 l 相比很小时，复相干度等于光源上的辐照度分布的归一化的傅里叶变换式。而且，若光源有均匀的辐照度，则当光源是一个狭缝时，$\tilde\gamma_{12}(0)$ 简单地是一个 sinc 函数；当光源是圆形时，$\tilde\gamma_{12}(0)$ 是一个贝塞尔函数。注意，在图 12.16b 中的 sinc 函数对应于图 10.13 中用的 sinc 函数，那里 $\beta = (kb/2)\sin\theta$，并且 $\theta \approx \sin\theta$。于是若 P_1 离 P_2 之距离为 y，$\beta = kb\theta/2$ 且 $\theta = y/l$，于是 $|\tilde\gamma_{12}(0)| = |\text{sinc}(\pi by/l\lambda)|$。我们将在习题中进一步探索这个结果。如果想要用一个圆形或矩形的热光源产生一个具有高相干度的区域，你只要工作在这个光源在远处的屏上产生的夫琅禾费衍射图样的中央极大区域中就行了。

12.5 相干性和测星干涉测量术

12.5.1 迈克耳孙测星干涉仪

1890 年，迈克耳孙按照斐索早先的一个建议，提出了一种干涉量度装置（图 12.17），我们在这里对这个装置感兴趣，不仅因为它是某些现代重要技术的先驱，而且还因为它适合于用相干性理论进行解释。如它的名称所表明的，测星干涉仪的功能是测量遥远天体的很小的角的大小。

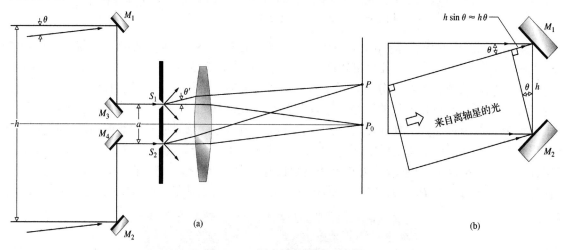

图 12.17　迈克耳孙测星干涉仪

两面离开很远的可移动的反射镜 M_1 和 M_2，收集来自一个很远的恒星的光线（可以认为是平行光）。然后光经由 M_3 和 M_4，穿过一块掩膜上的小孔 S_1 和 S_2，进入望远镜的物镜。使光程 $M_1M_3S_1$ 和 $M_2M_4S_2$ 相等，因此 M_1 和 M_2 处的扰动之间的相对相角差跟 S_1 和 S_2 之间的相对相角差相同。两个小孔在物镜的焦平面上产生通常的杨氏实验的条纹图样。其实，掩膜及其上的开孔都不是真正必需的；反射镜自身就可以起小孔的作用。

假设现在将装置的中心轴指向聚得很近的双星系统中的一员。由于涉及的距离非常之大，不论从哪颗星到达干涉仪的光线都准直得很好。此外我们还假定（至少暂时假定），星光的线宽很窄，其中心在平均波长 $\bar\lambda_0$ 附近。轴向的星星在 S_1 和 S_2 产生的扰动同相，产生出中心在 P_0 的亮带和暗带图样。

同样，来自另一星体的光线与前述光线成某一角度 θ 到达，但是这时 M_1 和 M_2 处（因而 S_1 和 S_2 处）的扰动的相位大约差 $\bar k_0 h\theta$，或者说，时间推迟了 $h\theta/c$，如图 12.17b 所示。生成

的条纹系中心在 P 点，它从 P_0 点偏移了一个角度 θ'，使得 $h\theta/c = a\,\theta'/c$。由于这些星星的行为仿佛是非相干点光源，单个产生的辐照度分布简单地叠加。每个星星生成的条纹之间的间隔相等，并且只与 a 有关。但是可见度随 h 变化。于是，若 h 从近于零增大到 $\overline{k}_0 h\theta = \pi$，即增大到

$$h = \frac{\overline{\lambda}_0}{2\theta} \tag{12.27}$$

那么两组条纹系的相对位移将不断增大，直到最后，一颗星的极大值与另一颗星的极小值在这一点重叠，若它们的辐照度相等，则 $\mathcal{V} = 0$。于是，当条纹消失时，只需测量 h 就可决定两颗星之间的角距离 θ。注意，相应的 h 值与 θ 成反比。

　　注意，即使假定两个点光源（两颗星）完全无关联，得出的任何两点（M_1 和 M_2）的光场也不一定是非相干的。而且，当 h 变得很小时，从每个点光源来的光到达 M_1 和 M_2 的相对相位实际上为零；$\mathcal{V}$ 趋于 1，在这些位置上场是高度相干的。

　　以与处理双星系统大致相同的方式，可以测量某些单星的角直径（$\theta = \theta_s$）。条纹可见度仍然对应于 M_1 和 M_2 处的光场的相干度。如果假设星星是非相干点光源的一个圆形分布，具有均匀的耀度，那么它的可见度就等同于图 12.11 中画的。前面曾提到，对这种光源，可见度 $\mathcal{V}$ 由一阶贝塞尔函数给出，实际上它可表示为

$$\mathcal{V} = |\tilde{\gamma}_{12}(0)| = 2\left|\frac{J_1(\pi h\theta_s/\overline{\lambda}_0)}{\pi h\theta_s/\overline{\lambda}_0}\right| \tag{12.28}$$

我们记得在 $u = 0$ 处 $J_1(u)/u = \dfrac{1}{2}$，$\mathcal{V}$ 之极大值为 1。$\mathcal{V}$ 的第一个零点出现在 $\pi h\theta_s / \overline{\lambda}_0 = 3.83$ 时，如图 10.36 所示。等效地说，当

$$h = 1.22\frac{\overline{\lambda}_0}{\theta_s} \tag{12.29}$$

时条纹消失，并且同前面一样，只要测量 h 就可求出 θ_s。

　　在迈克耳孙的装置中，两块外伸的反射镜可以在一条长梁上移动，这根梁装在威尔逊山天文台的 100 英寸反射望远镜上。用这个装置测量其角直径的第一颗星是参宿四（猎户座 α）。它是猎户座左上方的一颗橙色的星。事实上，它的名称是一句阿拉伯短语的缩写，这句短语的意思是"当中那个人（猎户）的腋窝"。1920 年 12 月一个寒冷的夜晚，他将干涉仪产生的条纹调到在 $h = 121$ 英寸处消失了，并且有 $\overline{\lambda}_0 = 570$ nm，$\theta_s = 1.22(570\times10^{-9})/121(2.54\times10^{-2}) = 22.6\times10^{-8}$ 弧度或 0.047 弧秒。利用由视差测量求出的它的已知距离，得出它的直径大约是 2.4 亿英里，或太阳直径的大约 280 倍。实际上，参宿四是一颗不规则的变星，它的最大直径大得惊人，比火星围绕太阳的轨道还大。使用测星干涉仪的主要限制是，除了那些最大的星以外，要求的反射镜间距都长得令人感到不便。在射电天文学中情况也一样，类似的装置在射电天文学中广泛用来测定天体射电源的大小。

　　附带提一句，我们经常假定"良好的"相干性意味着可见度为 0.88 或更佳。对于一个圆盘形光源，这发生现在（12.28）式中的 $\pi h\theta/\overline{\lambda}_0$ 等于 1 时，即当

$$h = 0.32\frac{\overline{\lambda}_0}{\theta_s} \tag{12.30}$$

时。对于距离为 R 的一个直径为 D 的带宽很窄的光源，相干面积等于 $\pi(h/2)^2$，在其上 $|\tilde{\gamma}_{12}| \geqslant 0.88$。由于 $D/R = \theta_s$，

$$h = 0.32 \frac{R\overline{\lambda}_0}{D} \qquad (12.31)$$

这些表示式用来估计一个干涉或衍射实验中需要的物理参量是非常方便的。例如，如果把一块红色滤光片放在直径 1 mm 的圆盘形闪光光源之前，并且站在光源之后 20 m，则

$$h = 0.32 \times (20) \times (600 \times 10^{-9})/10^{-3} = 3.8 \text{ mm}$$

这里取平均波长为 600 nm。这意味着一组间距大约等于或小于 h 的小孔应当产生清晰的干涉条纹。

现代天文干涉测量术

今天迈克耳孙测星干涉仪已经成为多种样式的优秀的超高分辨率机器，它使陆基天文学发生了革命性的变化，并且许诺在太空也会做到这一点。中心问题是分辨率，分辨远处物体的细节的能力。一台基于反射镜或透镜的成像望远镜的分辨率随它的孔径增大而提高，主反射镜或透镜越大，望远镜能分辨的细节越精细，至少原则上是这样。可是，地球上的永远涡动的大气，把哪怕是最大的望远镜的分辨率限制为大约 0.5 as（弧秒），只不过业余爱好者用的一台较好的后院望远镜的水平。

为了克服这个限制，人们建立了自适应光学系统（第 285 页）。用这种方法改造，现代天文望远镜又转过头来趋近它的理论分辨能力，般配甚至超过哈勃空间望远镜的分辨能力。有这样的系统服役，仪器的分辨率达到了 ≈ 50 mas（毫弧秒）。下一代大望远镜（第 281 页）甚至还将做得更好。不过归根结底，分辨率还是受到初级光学元件的大小以及伴之而来的建造越来越大的望远镜的成本费用的约束。镜子造得越大，遇到的技术问题越具挑战性，与重力的斗争就越使人生畏。我们不想看到一台有足球场那么大的望远镜，已经有一段时间了。

从工程的角度比较，一台干涉仪，我们想做多大便可以做多大。一台测星干涉仪的分辨率决定于它的各个反射镜的间隔，而不决定于它们的大小（图 12.18）。安装在俯瞰洛杉矶市的威尔逊山上（迈克耳孙原来的仪器就建立在这里）的 CHARA 阵列，用了 6 台直径 1 m 的望远镜，各台之间的间隔为数百米。光沿着抽空的管道行进，被引到一个中心实验室，在那里光又并合，生成干涉条纹，与迈克耳孙 1920 年做的很相似。仪器自身必须不引入任何大于一个波长的十分之几的程差，否则虚假的效应就将使观察无效。而且，要研究的任何星体在天空运动时必须追踪，但是这势必改变通过两个望远镜的光程差，每秒达几个波长。这通过使用延迟线得到改正，延迟线由上面装有反射镜的运动小车构成，小车在数百米长的精密轨道上来回滚动。用三架或更多望远镜同时收集光，可以跨过不同的基线进行测量，从而能够拼凑出一颗星的二维图像。

CHARA 阵列的分辨率 ≈ 1 mas；这大约是洛杉矶的一枚一分硬币对亚特兰大的一个观察者所张的角度。

12.5.2 关联干涉测量术

我们暂且回到热光源发出的扰动的表示式，这曾在 7.4.3 节讨论过。这里"热"这个词意味着光场主要是由从大量独立的原子光源发出的自发发射波叠加而成[1]。一个准单色光场可以表示为

$$E(t) = E_0(t) \cos [\varepsilon(t) - 2\pi \overline{\nu} t] \qquad [7.65]$$

---

[1] 热光有时也叫做高斯型光，因为光场的振幅遵循高斯型概率分布。

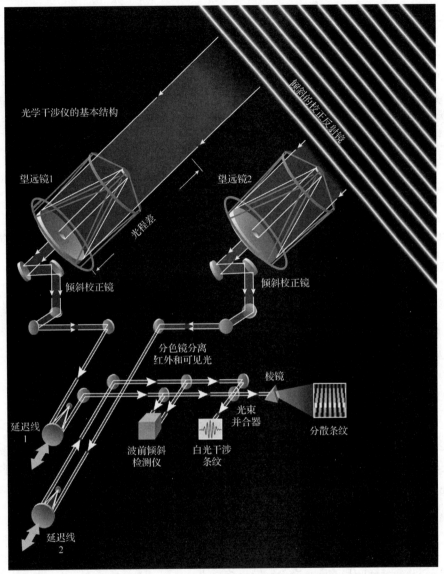

图 12.18　现代形式的测星干涉仪。相隔一段可观距离的两台或多台望远镜输出信号，信号再组合生成干涉条纹

振幅是时间的一个变化比较慢的函数，相位亦然。就此而言，在振幅（即场振动的包络）或相位有明显变化之前，波可能已经经历了成千上万次振荡。因此，正如相干时间是相位涨落的时间间隔的量度一样，还有一个时间间隔的量度，在其内可以很好地预言 $E_0(t)$。ε 的巨大涨落一般伴随有对应的 E_0 的巨大涨落。关于场振幅涨落的知识也许可以与相位涨落因而与关联函数（即相干性）联系起来。因此，可以预期，在场的相位有关联的时空中的两点，振幅也是有联系的。

当迈克耳孙测星干涉仪中出现一幅干涉图样，是因为孔径 M_1 和 M_2 上的场有某种关联，即 $\tilde{\Gamma}_{12}(0) = \langle \tilde{E}_1(t+\tau)\tilde{E}_2^*(t) \rangle_T \neq 0$。若我们能够测量这些点上场的振幅，那么它们的涨落同样也将显示一种相互联系。由于这实际做不到，因为涉及的频率很高，可以代之以测量和比较 M_1 和 M_2 点上辐照度的涨落，并通过某种迄今还不知道的方法推断 $|\tilde{\gamma}_{12}(0)|$。换句话说，如果有一些 τ 值在这些值上 $\tilde{\gamma}_{12}(\tau)$ 不为零，则这两点的场部分相干，并且隐含着这些位置上的辐照

度涨落之间有关联。这就是汉布里-布朗（R. Hanbury-Brown）与特威斯（R. Q. Twiss）等人 1952 年至 1956 年期间做的一系列著名实验的主导思想。他们工作的最大成就是关联干涉仪。

迄今为止，我们只是对现象作一直观说明，未作严格的理论讨论。那样严格的分析超出了本书的范围，我们只能满足于概述它的突出特点。正如在（12.14）式中一样，我们感兴趣的是决定交叉关联函数，但是这一次是部分相干场中两点的辐照度的互相关函数$\langle I_1(t + \tau)I_2(t)\rangle_\mathrm{T}$。假定组成它的各个波列（仍用复值场表示）是按高斯型统计随机发射的，最后

$$\langle I_1(t + \tau)I_2(t)\rangle_\mathrm{T} = \langle I_1\rangle_\mathrm{T}\langle I_2\rangle_\mathrm{T} + |\tilde{\Gamma}_{12}(\tau)|^2 \qquad (12.32)$$

或

$$\langle I_1(t + \tau)I_2(t)\rangle_\mathrm{T} = \langle I_1\rangle_\mathrm{T}\langle I_2\rangle_\mathrm{T} \left[1 + |\tilde{\gamma}_{12}(\tau)|^2\right] \qquad (12.33)$$

瞬时辐照度涨落 $\Delta I_1(t)$ 和 $\Delta I_2(t)$ 由瞬时辐照度 $I_1(t)$ 和 $I_2(t)$ 围绕它们的平均值 $\langle I_1(t)\rangle_\mathrm{T}$ 和 $\langle I_2(t)\rangle_\mathrm{T}$ 的变化给出，如图 12.19 所示。因此，若用

$$\Delta I_1(t) = I_1(t) - \langle I_1\rangle_\mathrm{T} \quad \text{和} \quad \Delta I_2(t) = I_2(t) - \langle I_2\rangle_\mathrm{T}$$

及以下事实

$$\langle \Delta I_1(t)\rangle_\mathrm{T} = 0 \quad \text{和} \quad \langle \Delta I_2(t)\rangle_\mathrm{T} = 0$$

那么（12.32）式和（12.33）式就变为

$$\langle \Delta I_1(t + \tau)\Delta I_2(t)\rangle_\mathrm{T} = |\tilde{\Gamma}_{12}(\tau)|^2 \qquad (12.34)$$

或

$$\langle \Delta I_1(t + \tau)\Delta I_2(t)\rangle_\mathrm{T} = \langle I_1\rangle_\mathrm{T}\langle I_2\rangle_\mathrm{T}|\tilde{\gamma}_{12}(\tau)|^2 \qquad (12.35)$$

（习题 12.18）。这就是所求的辐照度涨落的互相关函数。只要所研究的两点上的场是部分相干的，它们就存在。附带说一下，这些表达式对应于线偏振光。如果波是非偏振的，那么必须在这些式子右边引入一个相乘因子 $\frac{1}{2}$。

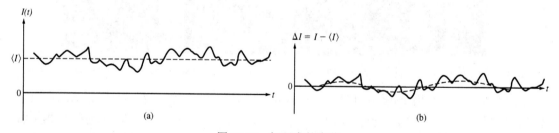

图 12.19 辐照度的变化

关联干涉量度术的有效性首先在频谱的射频区内确立，射频区内信号检测是十分简单的事情。不久后，1956 年，汉布里-布朗和特威斯提出了图 12.20 所示的光学测星干涉仪。但是在光频下适用的唯一探测器是光电器件，它的工作原理是根据光场的量子化本性。于是

……从来没有肯定过，在光电发射过程中，关联性会完全保存下来。

由于这些原因，进行下述实验[①]。

---

① 摘自 R. Hanbury-Brown and R. Q. Twiss, "Correlation between photons in two coherent beams of light", *Nature* **127**, 27(1956).

实验示于图 12.21 中。从汞弧来的光经滤光后通过一个矩形孔，出射波阵面的不同部分被两个光电倍增管 PM_1 和 PM_2 取样。移动 PM_1 即改变 h 以改变相干度。假定两个光电倍增管输出的信号正比于入射辐照度 $I_1(t)$ 和 $I_2(t)$。然后信号经过滤波和放大，滤掉每个信号的不变分量即直流分量（它们正比于 $\langle I_1\rangle_{\mathrm{T}}$ 和 $\langle I_2\rangle_{\mathrm{T}}$），只留下涨落 $\Delta I_1(t)=I_1(t)-\langle I_1\rangle_{\mathrm{T}}$ 和 $\Delta I_2(t)=I_2(t)-\langle I_2\rangle_{\mathrm{T}}$。然后两个信号在关联器中相乘，最后把乘积的时间平均值（正比于 $\langle \Delta I_1(t)\Delta I_2(t)\rangle_{\mathrm{T}}$）记录下来。由实验从（12.35）式推出的对各种不同间距 h 的 $|\tilde{\gamma}_{12}(0)|^2$ 值，与理论计算符合得很好。对所给的几何条件，确定存在着关联，而且经过光电检测后关联仍然保持下来。

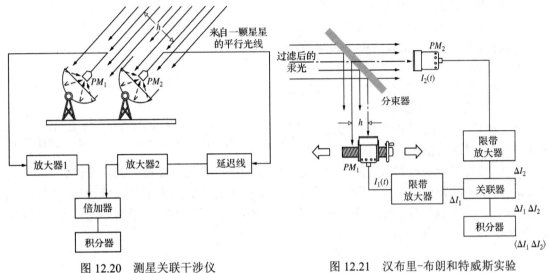

图 12.20　测星关联干涉仪　　　　　　　图 12.21　汉布里-布朗和特威斯实验

　　辐照度涨落的频带宽度大致等于入射光的带宽 $\Delta\nu$，即 $(\Delta t_c)^{-1}$，大约为 100 MHz 或更大些。这比试图跟随频率为 10^{15} Hz 的交变场要好多了。但即使这样，还是需要通频带大约为 100 MHz 的快速电路。实际的探测器具有有限的分辨时间 T，因此信号电流 $\mathscr{S}_1$ 和 $\mathscr{S}_2$ 实际上与 $I_1(t)$ 和 $I_2(t)$ 在 T 内的平均值成正比，而不是正比于它们的瞬时值。实际上，测出的涨落已经变滑顺了，如图 12.19b 中的虚线所示。对于 $T>\Delta t_c$（通常常都是这种情况），这使实际观察到的关联减小到 $\Delta t/T$ 倍：

$$\langle \Delta\mathscr{S}_1(t)\Delta\mathscr{S}_2(t)\rangle = \langle \mathscr{S}_1\rangle\langle \mathscr{S}_2\rangle \frac{\Delta t_c}{T}|\tilde{\gamma}_{12}(0)|^2 \tag{12.36}$$

例如，在上述实验装置中，过滤后的汞弧光的相干时间大约是 1 ns，而电子线路的通带宽度的倒数即有效积分时间 ≈ 40 ns。注意，（12.36）式同（12.35）式在概念上没有任何不同，只是更现实一些。

　　在他们实验成功之后不久，汉布里-布朗和特威斯建造了图 12.20 所示的测星干涉仪。探照灯反射镜用来聚集星光并将星光聚焦到两个光电倍增管上。一个臂上装有延迟线，使两个反射镜能够在物理上位于同一高度，能够补偿光的到达时间的任何差异。在探测器的不同间距下测量 $\langle \Delta I_1(t)\Delta I_2(t)\rangle_{\mathrm{T}}$，可以推出相干度的模的平方 $|\tilde{\gamma}_{12}(0)|^2$，而它又给出光源的角直径，与在迈克耳孙测星干涉仪中的情形一样。不过，间距 h 现在可以很大，因为人们不用担心搞乱波的相位，像在迈克耳孙的仪器中那样。在迈克耳孙的仪器中，一面反射镜稍微移动几分之一个波长都是致命的。相反，在这里，相位是没用的，因此反射镜甚至不必有高光学质量。第一颗考察的星是天狼星，得到它的角直径为 0.0069 弧秒。1965 年，在澳大利亚的 Narrabri

建造了一座关联干涉仪（迈克耳孙测星干涉仪的等当物，基线长 188.4 m）。用这台仪器可以测量角直径小到 0.0005 弧秒的一些星星，这比参宿四的角直径 0.047 弧秒要小得多[1]。

如果入射光很接近单色光，并且通量密度很高，那么辐照度关联涉及的电子学技术可以简化很多。激光不是热光，不显示同样的统计涨落，但是可以用它产生膺热光[2]。膺热光源由一个普通的亮光源（激光器是最方便的）和一块运动的光学厚度不均匀的媒质（例如一块旋转的毛玻璃圆盘）组成。若用一个响应足够慢的探测器来考察从一块静止毛玻璃上射出的散射光，那么固有的辐照度涨落将完全变滑顺。使毛玻璃动起来，就出现辐照度涨落，模拟的相干时间与圆盘的转速相称。实际

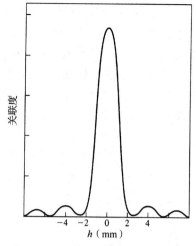

图 12.22　膺热光源的关联函数［引自 A. B. Haner and N. R. Iscnor, *Amer. J. Phys.*, **38.**, 748(1970).］

上，我们得到了相干时间 Δt_c 可变（例如从 1 s 到 10^{-5} s）的一种极亮的热光源，可以用它考察一切相干性效应。例如，图 12.22 示出一个圆形孔径膺热光源的关联函数，它正比于 $[2J_1(u)/u]^2$，是由辐照度的涨落测定的。实验装置类似于图 12.21 的装置，虽然电子学线路简单得多[3]。

习题

除带星号的习题外，所有习题的答案都附在书末。

12.1*　两个单色点光源同相位辐射。在通常距离的观察平面上（观察平面平行于连接两个光源的直线），一个光源产生的辐照度是另一光源的辐照度的 100 倍。证明它们产生的干涉条纹图样总的是这样的：

$$I_{\max} = \left(\sqrt{I_1} + \sqrt{I_2} \right)^2$$

和

$$I_{\min} = \left(\sqrt{I_1} - \sqrt{I_2} \right)^2$$

画一个曲线图表示净辐照度与离中心轴距离的关系。干涉图样实际上是什么样子？定出其可见度。

12.2*　心中想着图 12.3，确定：当两个非相干的余弦平方条纹系统（每一个的形式为 $I_0\cos^2\alpha$ 这样重叠，使得一个的峰落在另一个的谷上，那么最后得到的是 $I = I_0$——均匀照明。

12.3*　证明（12.2）式

---

[1] 关于辐照度关联的光子侧面的讨论，见 Garburly, *Optical Physics*, 6.2.5.2 节，或 Klein, *Optics*, 6.4 节。

[2] 见 W. Martienssen 和 E. Spiller, "Coherence and fluctuations in light beams", *Am. J. Phys.* **32**, 919, (1964), 及 A. B. Haner 和 N. R. Isenor, "Intensity correlations from pseudothermal light sources", *Am. J. Phys.* **38**, 748, (1970). 两篇文章都很值得学习。

[3] 本章的一篇上佳的全面参考文献是 L. Mandel and E. Wolf, "Coherence properties of optical fields", *Revs. Modern Phys.* **37**, 231 (1965); 不过读起来相当费力。也可参看 K. I. Kellermann, "Intercontinental radio astronomy", *Sci. Am.* **226**, 72 （1972 年 2 月号）。

$$A_c \approx \left(\frac{\overline{\lambda}_0}{\theta_s} \right)^2$$

是合理的。然后将 A_s 近似为 $d_s{}^2$，证明

$$A_c \approx \frac{l^2 \overline{\lambda}_0^2}{A_s}$$

注意 A_c 随着 l 变大而变大。

12.4* 一个小的准单色光热光源（平均波长 500 nm，面积为 $1.0 \times 10^{-6}\ \text{m}^2$），被用来照明一个不透明屏，屏上有两个针孔，每个的直径是 0.10 mm。这个屏前面 2 m 处是一个圆盘形的均匀辐照的光源。定出相干面积大小的数量级。

12.5* 一个光源，从孔径屏幕的中心观看时张的立体角为 Ω_s。证明

$$A_c \approx \frac{\overline{\lambda}_0^2}{\Omega_s}$$

表示相干面积。当我们不知道到光源的距离时这个式子是有用的。注意光源越小，相干面积越大。

12.6* 从地球表面观看，太阳圆面张的角约为 9.3×10^{-3} rad（弧度）。如果将太阳光过滤，只剩下平均波长 550 nm，那么在一个以地球为基底的孔径屏上，相干面积大约多大？两个针孔在这个屏上应当离多远，否则它们产生的干涉条纹就会消失？（提示：钻研上题。）

12.7* 尽管相干面积随着 Σ_a 远离 Σ_s 而增大，有一个量是不变的，那就是相干面积对光源中心所张的立体角 Ω_c。证明远处一个物体如一颗星所张的立体角的表示式为

$$\Omega_c \approx \frac{\overline{\lambda}_0^2}{A_s}$$

随着 Σ_a 远离 Σ_s，它与立体角锥相交，导致 A_c 之值越来越大。

12.8 假设我们用一台迈克耳孙干涉仪，以汞气灯为光源，生成一套干涉条纹图样。在你心中点亮这盏灯，讨论随着汞蒸气压到达其稳态值，条纹会发生什么变化？

12.9* 在杨氏实验中，同时用两个频率有些不同的单色平面波照亮狭缝，我们想要考察它们在观察平面上产生的辐照度。设它们的电场分别是 E_1 和 E_2。取 $\lambda_1 = 0.8\ \lambda_2$，画出它们与时间的关系。再画（观察平面 P 点上的）乘积 $E_1 E_2$ 与时间的关系。此乘积在较长的一段时间间隔里的平均值如何？$(E_1 + E_2)^2$ 又怎样？将它与 $E_1{}^2 + E_2{}^2$ 比较。在一段比波的周期长得多的时间间隔里，求 $\langle (E_1 + E_2)^2 \rangle_T$ 的近似式。

12.10* 心中想着上题，现在考虑在给定时刻事物在空间的散布。每个波单独都将引起一个辐照度分布 I_1 和 I_2。将二者沿同一空间坐标轴画出，再画它们的和 $I_1 + I_2$。讨论你的结果的意义。比较你的工作与图 7.16。随着更多不同频率的波的加入，净辐照度会发生什么情况？用相干长度的术语解释之。假想随着频带宽度趋于无穷，图样会发生什么情况？

12.11 心中想着上题，回到图 11.51 中所示的正弦函数的自关联。现在假设有一个信号，由大量的正弦分量组成。想象你取这个复杂信号的自关联函数（用三个或四个分量开始），并画出结果，如图 11.51e 所示。当波的数目很大、信号与无规噪声相似时，自关联函数看来是什么样？$\tau = 0$ 时的值有什么意义？这种情况如何与上题作比较？

12.12* 想象我们有图 12.8 中的实验装置。若条纹间的间隔（极大值到极大值）为 1 mm，并且光源缝投影到屏上的宽度为 0.25 mm，计算可见度。

12.13 参看题图 P.12.13 的狭缝光源和针孔屏幕的安排，通过对光源积分证明

$$I(Y) \propto b + \frac{\sin{(\pi a / \lambda l)} b}{\pi a / \lambda l} \cos{(2\pi a Y / \lambda s)}$$

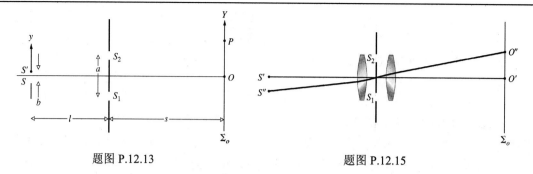

题图 P.12.13　　　　　　　　　　　　　题图 P.12.15

12.14 完成导出可见度表示（12.22）式的推导细节。

12.15 什么情况下本题题图 P.12.15 中屏幕 Σ_o 上的辐照度等于 $4I_0$？其中 I_0 是两个非相干点光源中随便一个单独产生的辐照度。

12.16* 设我们要排杨氏双孔实验，在钠光灯（$\bar\lambda_0 = 589.3$ nm）前放一个直径 0.1 mm 的小圆孔作光源。从光源到孔屏的距离为 1 m，条纹图样消失时屏上两个小孔相距多大距离？

12.17* 看图 9.10 中画的杨氏实验。准单色热光被过滤到平均波长 500 nm，从左方射到光源屏幕直径 0.10 mm 的小孔上。要开始观察到条纹，两个针孔最多可以离大致多远？光源离孔径屏 1.0 m。

12.18 证明（12.34）式和（12.35）式来自（12.32）和（12.33）两式。

12.19* 回到（12.21）式，将它拆成两项，分别代表相干的组分和非相干的组分，前者来自两个相干波的叠加（辐照度为 $|\tilde\gamma_{12}(\tau)|I_1$ 和 $|\tilde\gamma_{12}(\tau)|I_2$，具有相对相位 $\alpha_{12}(\tau)-\varphi$），后者来自（辐照度为 $[1-|\tilde\gamma_{12}(\tau)|]\,I_1$ 和 $[1-|\tilde\gamma_{12}(\tau)|]\,I_2$）的非相干波的叠加。推导 $I_{相干}/I_{非相干}$ 及 $I_{非相干}/I_{总}$ 的表示式。讨论这种另类表述的物理意义，以及我们怎样可以通过它来求得条纹的可见度。

12.20 想象我们做杨氏实验的仪器设备，两个针孔之一现在蒙上了一片中性滤波片，它将辐照度减到 1/1，另一孔则盖着一块透明玻璃，使两个孔没有相对相移。假设为完全相干照明，计算可见度。

12.21* 设杨氏双缝实验仪器被平均波长为 550 nm 的阳光照着。决定将使条纹消失的缝距。

12.22* 回到图 12.8 和宽而长的矩形准单色光源（$\bar\lambda_0 = 500$ nm）。两条可动的狭缝之间的间隔应当多大，才使 Σ_o 上的条纹图样随着间隔（从零开始）增大而第一次消失？光源在孔径屏幕之前 1 m，光源的宽度为 0.10 mm。

12.23* 回到图 12.8 和宽缝准单色光源。要使条纹的可见度为 0.9，光源应当多宽？光源在孔径屏的前方 1 m 处，$\bar\lambda_0 = 550$ nm。孔径狭缝的间隔为 0.20 mm。（提示：你也许得查查相关数学表，看 $\mathrm{sinc}(\pi/4)$ 是多少。）

12.24 我们想要建造一台双针孔实验设备，光源是均匀的准单色非相干光热光，平均波长 500 nm，宽度为 b，离孔径屏 2 m。若二针孔相距 0.50 mm，要求观察平面上条纹的可见度不小于 85%，光源可以有多宽？

12.25* 假设有准色的、均匀的非相干光热光的狭缝光源，如前面附有掩模和滤光片的放电灯。我们想要照明 10.0 m 外的孔径屏上的一个区域，使得当波长为 500 nm 时，在一个 1.0 mm 宽的区域里处处的复相干度的模量大于等于 90%。缝可以多宽？

12.26* 题图 P.12.26 示出两个准单色非相干光点光源照亮一片掩模上的两个针孔。证明在观察平面上生成的条纹的可见度为极小值的条件是

$$a(\alpha_2 - \alpha_1) = \tfrac{1}{2}m$$

其中 $m = \pm 1, \pm 3, \pm 5, \cdots$

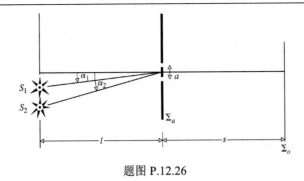

题图 P.12.26

12.27　想象有一台宽的准单色光源（$\lambda = 500$ nm），由一系列竖直的、无限窄的非相干线光源组成，相互之间间隔为 500 μm。用这个光源照明 5.0 m 外的孔径屏幕上的一对极窄的竖直狭缝。要产生可见度为极大值的条纹系统，两条缝的间距应当多大？

12.28*　前面作为一个例子，我们曾用 $d_c \approx \overline{\lambda}_0 / \theta_s$ 计算太阳光的近似横向相干距离。现在用更保守的导致（12.31）式的观念求同一量，圆形热光源的相干面积的直径。

12.29*　考虑迈克耳孙测星干涉仪。当光来自两颗同等亮的星时，在什么条件下条纹消失？比较这种情况与只有一颗适度角大小的均匀亮星的情况。写出两种情况下光源在仪器处所张角度的表示式。

12.30*　在用迈克耳孙测星干涉仪研究大角星（牧夫座 α）时，当两面反射镜离开 24 英尺（约 7.3 m）远时，条纹消失。假设光的平均波长为 500 nm，这颗星在地球上张的角是多少？答案的单位用弧秒。

第13章 现代光学：激光器和其他课题

13.1 激光器和激光

在 20 世纪 50 年代早期，通过许多科学家的努力，一种叫做微波激射器（maser）的器件问世了。这些科学家包括美国的汤斯（Charles H. Townes）、苏联的普罗霍洛夫（Alexander M. Prokhorov）和巴索夫（Nikolai G. Basov），他们因这一工作分享了 1964 年的诺贝尔物理学奖。Maser 是 Microwave Amplification by Stimulated Emission of Radiation（通过受激发射辐射对微波放大）的缩写，如其名所示，它是一具噪声极低的微波放大器。它以当时还很不熟悉的方式工作，直接利用物质与辐射能之间的量子力学相互作用。几乎从它一发明开始就有人猜测，同样的技术是否能推广到光学频段。1958 年，汤斯和肖洛（Arthur L. Schawlow）先知般地确立了通过受激发射辐射对光放大（其英文首字母缩写即 Laser，激光器）所必需的普遍物理条件。然后，1960 年 7 月梅曼（Theodore H. Maiman）宣布，第一台光波激射器即激光器成功运作——这肯定是光学史上也是科学史上一座伟大的里程碑。

激光器是一种量子力学器件，它以巧妙的方式，让原子在和电磁辐射的相互作用过程中，产生"奇妙"的光。为了对激光器的工作原理和激光的特性有扎实的初步了解，先要讲一点普通热光源（如灯泡、星星）的基础理论。这就需要介绍黑体辐射，它也是电磁辐射与物质相互作用的基础。然后要讨论玻尔兹曼分布（第 743 页）应用于原子能级。有了这个做基础，就能够通过爱因斯坦 A 和 B 系数（第 743 页）来理解受激辐射的核心概念。

13.1.1 辐射能与物质的平衡

想要搞清楚光（也就是辐射能）是什么东西，使物理学发生了翻天覆地的变化，这件事并不令人感到意外。量子理论最早开始于 1859 年，当时在研究难以理解的**黑体辐射**现象。那一年，达尔文发表了《物种起源》，基尔霍夫则提出一个智力挑战，引起物理学的革命。

基尔霍夫当时正在研究物体和辐射能交换能量达到热平衡的方式。**热辐射**是一切物体发射的电磁能，起源于构成物体的原子的无规运动。他用发射系数 ε_λ 和吸收系数 α_λ 表征物体发射和吸收电磁能的能力。ε_λ 是以 λ 为中心的一小段波长范围内，每单位面积单位时间所发射的能量，它的单位是 W/m^2/m（瓦/米^2/米）。这需要有在某个波段测量能量的器件。α_λ 是在这个波段每单位面积单位时间吸收的能量的相对百分数。发射系数和吸收系数依赖于物体表面的性质（颜色、材质，等等）和波长。一个物体可能在某一波长很好地发射和吸收，而在另一波长上的发射和吸收则很小。

考虑一个与外界隔绝的腔在某一温度 T 处于某种热平衡。假定腔里充满了很多个波长的辐射能量，就像一个烧得通红的火炉。基尔霍夫假定有一个依赖于 T 的分布函数 $I_\lambda(\lambda)$，是在波长 λ 上每单位面积单位时间的能量；称为腔内的光谱通量密度，当辐射能离开腔时则叫做光谱出射率。他认为，腔壁吸收的所有波长的总能量必定等于腔壁发射的总能量，不然的话，T 就会改变。基尔霍夫还认为，如果腔壁是由不同的材料构成的，它们对温度 T 的性质纵有不同，在任何波长范围也都适用同样的平衡条件。不管腔的材料如何不同，在λ吸收的能量 $\alpha_\lambda I_\lambda(\lambda)$必定等于辐射的能量$\varepsilon_\lambda$。这就是**基尔霍夫定律**

$$\frac{\varepsilon_\lambda}{\alpha_\lambda} = I_\lambda \tag{13.1}$$

其中I_λ的单位为 J/m^3·s，或者 W/m^3。它是一个普适函数，不管腔的材料、颜色、大小、形状如何不同，只依赖于 T 和 λ。这是极不平常的！更有甚者，很早之前（1792 年）英国的陶艺家韦奇伍德（T. Wedgwood）就指出过，在烧红的窑里，不论被烧制的东西的大小、形状、材质，都和窑壁变得一样灼红。

虽然基尔霍夫未能提出能量分布函数的普遍形式，但是他确实观察到，一个$\alpha_\lambda = 1$的完美吸收体，看起来是黑的，这时有 $I_\lambda = \varepsilon_\lambda$。还有，一个完美的黑体的分布函数和同样温度的与外界隔绝的腔的分布函数相同（设想这样的黑体在热炉子里达到平衡）。在一个孤立的腔里，辐射能量的平衡分布在一切方面都相同，"就像从同样温度的绝对黑体来的一样"。所以，**从腔里一个小孔发射的能量，应当和同样温度的绝对黑体的辐射一样**。

科学界接受了用实验测定I_λ的挑战，但是技术的困难使得进展缓慢。基本的装置（见图 13.1a）十分简单，但是随之而来的是要有一个可靠的热源，这是一个长期令人困扰的问题。要提取的数据应当和探测器的结构无关，最好要画出每单位时间、从窗口进入探测器的单位面积，在探测器容许的单位波长范围内的辐射能曲线。最后记录下来的这类曲线如图 13.1b 所示，每个温度画一条I_λ。

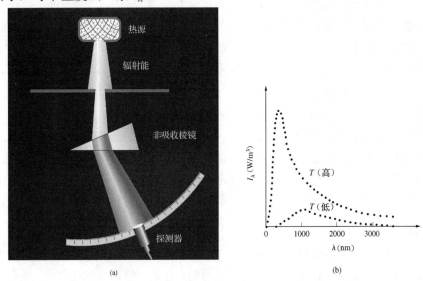

图 13.1　（a）测量黑体辐射的基本实验装置；（b）探测器在不同波长测量到的 I_λ。每条曲线对应于一个特定的热源温度

斯蒂芬-玻尔兹曼定律

1865 年，廷德尔（John Tyndall）发表了一些实验结果，其中包括测定了加热铂丝辐射的总能量，在 1200℃（1473K）时比 525℃（798K）时的能量大 11.7 倍。很凑巧，斯蒂芬（Josef Stefan）在 1879 年发现，$(1473K)^4/(798K)^4 = 11.6$，很接近 11.7。所以他猜测辐射能量正比于 T^4。斯蒂芬是对的，对得太幸运了，因为廷德尔的结果实际上远非黑体辐射。纵使如此，玻尔兹曼很快（1884 年）赋予斯蒂芬的结论一个理论基础。玻尔兹曼用热力学定律和基尔霍夫定律来处理圆筒中活塞

的辐射压力，他的方法和处理圆筒里的气体一样，不过把气体换成电磁波。最后的斯蒂芬-玻尔兹曼定律是（现在我们的推导方法与此不同，但是结果是一样的）

$$P = \sigma A T^4 \tag{13.2}$$

P 是所有波长的总辐射功率，A 是辐射表面的面积，T 是热力学温度（单位为 K，）σ 是个普适常数

$$\sigma = 5.67033 \times 10^{-8} \ \text{W/m}^2 \cdot \text{K}^4$$

图 13.1b 中某一温度 T 的黑体辐射曲线下的面积，按照（13.2）式，就是 $P / A = \sigma T^4$。

　　现实的物体不是完全的黑体；碳黑的吸收率接近于 1，但只在包括可见光的某些频段，在远红外波段吸收率就很低。然而，大多数物体在某个温度和某个波长像黑体，例如你，在红外波段就很像黑体。因此，对普通的物体写一个相似的表示式是有用的。为此，引入一个因子叫做总发射率（ε），把普通物体的热辐射和黑体的热辐射联系起来，

$$P = \varepsilon \sigma A T^4$$

对于黑体，$\varepsilon = 1$。表 13.1 列出了室温中一些物体的 ε 值，其中 $0<\varepsilon<1$。注意，ε 没有单位。

如果吸收率为 α 的物体放在一个封闭的腔或封闭的房间里，封闭物的发射率为 ε_e，温度为 T_e，物体辐射率为 $\varepsilon \sigma A T^4$，在封闭空间里吸收率为 $\alpha(\varepsilon_e \sigma A T_e^4)$。因为达到平衡，封闭空间的温度和物体温度相同（$T = T_e$），吸收率和发射率相等，所以 $\alpha \varepsilon_e = \varepsilon$，这在任何温度都是对的。当 $T>T_e$ 时物体有净功率发射，而当 $T<T_e$ 时物体有净功率吸收，发射和吸收的功率

$$P = \varepsilon \sigma A (T^4 - T_e^4)$$

表 13.1　总发射率的若干代表值*

材料	ε
铝箔	0.02
铜，抛光	0.03
铜，氧化	0.5
碳	0.8
白漆，平坦	0.87
红砖	0.9
混凝土	0.94
黑漆，平坦	0.94
烟灰	0.95

*$T = 300\text{K}$，室温

所有不在零度 K 的物体都辐射，T^4 使辐射对温度的变化高度敏感。一个 0℃（273 K）的物体加热到 100℃（373 K）时，辐射能量增加 3.5 倍。增加温度增加了净功率辐射，这就是为什么增加物体的温度越高越困难（试试看把不锈钢匙加热到 1300℃）。增加物体的温度也使辐射能量在不同波长上的分布发生改变，在灯泡里的灯丝烧断那一瞬间，电阻、电流、温度升高，灯丝从平常工作时的红白色变成闪亮的蓝白色。

维恩位移定律

　　应用经典理论解决黑体辐射问题最后一个引人注目的成功是 1893 年德国物理学家维恩（Wilhelm Otto Fritz Franz Wien，1864—1928）取得的。他是一位诺贝尔奖得主，他的朋友管他叫维利。他推导的定律今天称为**位移定律**。每条黑体辐射曲线都在某个波长 $\lambda_{\max}$ 达到最高点，这个波长是这条曲线特有的因而是与温度 T 特有的。在这个波长上黑体辐射最多的能量。维恩证明

$$\lambda_{\max} T = \text{常数} \tag{13.3}$$

实验测出这个常数为 0.002 898 m·K。这个峰值波长反比于温度。提升温度使辐射总体向短波长即高频方向移动（参看图 13.2 的虚线）。当烧红的煤炭或者闪亮的星星变得更热时，发的光从红外变成红热，再变成蓝白色。一个人或者一片木材都近似地是个黑体，平时辐射的大部分是红外，在 600℃ 或者 700℃ 左右开始发出微弱的可见光，这时候人体或者木材早就分解了。烧成鲜红的木材或者发红的烙铁大约在 1300℃ 才开始。

1899 年，用加热的腔上的一个开孔作为黑体辐射源（图 13.3），实验大有进展。进入小孔的能量在腔内多次反射，最终被吸收（眼睛的瞳孔看起来是黑的，就是这个道理）。一个近乎理想的吸收体就是一个近乎理想的发射体，炉子表面上的一个小孔就是非常好的**黑体辐射热源**。

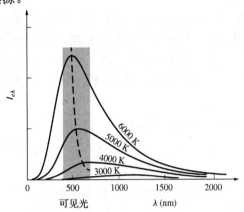

图 13.2　黑体辐射曲线。经过各条曲线顶
　　　　　点的双曲线对应于维恩定律

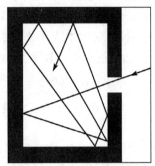

图 13.3　辐射能进入腔的小孔，就很难有机会再
　　　　　出来，所以这个孔看起来是黑的。反过
　　　　　来，受热的腔上的小孔，就是黑体热源

到这时，经典理论开始走下坡路了。想用电磁学理论来拟合图 13.2 整条辐射曲线的所有企图都少有进展。维恩得出了一个公式，它在短波长区域与观察数据符合得很好，但在长波长区域偏离得厉害。瑞利和琼斯（James Jeans，1877—1946）发展了用闭合体内场的驻波模式描述的瑞利-琼斯公式，但只在很长的波长区段才符合实验曲线。经典理论的失败完全不可解释；物理学的转折点来到了。

普朗克辐射定律

普朗克（Max Karl Ernst Ludwig Planck）在 42 岁时有些不情愿地当上了量子理论之父。像世纪之交的许多其他理论家一样，他也研究黑体辐射。普朗克不但成功地推导出基尔霍夫分布函数，还使物理学发生了翻天覆地的变化。这里不准备讲他的推导细节，何况他原来的版本是错的（爱因斯坦和玻色几年后改正了这个错误）。但是，它的冲击是如此之大，讲讲它的正确的部分还是值得的。

普朗克知道，把有任意能量分布的分子放进一个恒温的容器内，达到平衡后分子最后的速度服从麦克斯韦-玻尔兹曼分布。可以假定，如果任意分布的辐射能注入恒温的腔内，达到平衡后辐射能服从基尔霍夫分布。

1900 年 10 月，普朗克根据当时最新的实验结果导出了一个分布公式。它的数学技巧混合了幸运的推测，使这个公式和当时的实验数据完全符合。这个理论包含了两个基本常数，其中一个 h 后来叫做**普朗克常数**。即使这个理论不解释任何东西，提出它本身就是巨大的成功。当时普朗克没有想到，他这一步无意之中革新了我们对物理世界的认知。

很自然，普朗克开始构建一个可以逻辑导出他的公式的理论框架。他假定腔内的辐射是和某种简单的微观振子相互作用。这些振子在腔壁的表面上振动，吸收和再发射辐射能，与壁腔的材料无关。（事实上，腔壁上原子的行为正是这样。由于固体壁上的原子的紧密排列，每个原子都要和大量的邻近的原子相互作用，使得通常的固有尖锐共振振动变得模糊不清，让振子在很宽的频率范围振动，因而发射连续谱。）尽全力尝试后，普朗克未能成功。当时，他是马赫（E. Mach）的信徒，而马赫本人对原子的真实性是不屑一顾的。问题一直得不到解决，最后逼得普朗克只能"绝境求生"。普朗克犹犹豫豫地转向玻尔兹曼的"不合口味的"统计方法，这个方法本来是用来处理气体中的原子云的。

玻尔兹曼是伟大的原子论倡导者，而普朗克有一段时间属于对立的阵营。现在普朗克被迫采用对手的统计方法，肯定不会高兴。如果要用玻尔兹曼对原子计数的构架来对付像能量这种连续量，必须做一些调整。于是普朗克认为，振子的总能量必须分成"能量单元"（至少暂时得这样做），这样才能计数。给定这些能量单元的值正比于振子的频率ν。记住，普朗克已经先有公式，公式里已出现了$h\nu$。普朗克常数

$$6.6260755 \times 10^{-34} \, \text{J} \cdot \text{s} \quad \text{或者} \quad 4.1356692 \times 10^{-15} \, \text{eV} \cdot \text{s}$$

是个非常小的数，所以$h\nu$（它有能量的单位）也是十分小的量。因此，他令能量基元的值就等于它：$\mathscr{E} = h\nu$。

这是一个统计分析，核心问题是计数。照玻尔兹曼原来的方法，自然要把能量平滑化，使它像平常那样是连续的。怪就怪在普朗克偶然揭开了自然界一个隐藏的秘密：**能量是量子化的**，而普朗克自己并不知道。

作为对基尔霍夫挑战的回答，普朗克推导出（在拟合数据曲线时已经得到）光谱辐照度的公式

$$I_\lambda = \frac{2\pi h c^2}{\lambda^5} \left[\frac{1}{e^{\frac{hc}{\lambda k_B T}} - 1} \right] \qquad (13.4)$$

其中k_B是玻尔兹曼常数，I_λ是每单位时间、单位面积、单位波长间隔的能量。这就是**普朗克辐射定律**。它和黑体辐射数据符合得非常好（图13.4）。请注意，这个表示式包含了光速、玻尔兹曼常数、普朗克常数h，它连通了电磁理论和原子领域。

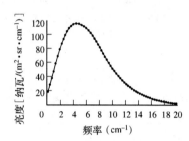

图 13.4 宇宙背景辐射。宇宙在大爆炸中产生后就膨胀和冷却。在微波谱段测量的这些数据点是由 COBE 卫星探测的。实线是温度为 2.735±0.06K 的普朗克黑体辐射曲线

例题 13.1

黑体的面积$1.0 \, \text{m}^2$，温度是人感到很舒服的$300 \, \text{K}$。求在波长为$1.0 \, \mu\text{m}$、波长范围为$0.1 \, \mu\text{m}$的辐射功率。

解： 每单位时间辐射的能量为功率P

$$P = I_\lambda \Delta\lambda \, \Delta A$$

因此

$$P = \frac{2\pi h c^2}{\lambda^5} \left[\frac{1}{e^{hc/\lambda k_B T} - 1} \right] \Delta\lambda \, \Delta A$$

或者利用习题 13.11 的结果

$$P = \frac{3.742 \times 10^{-25} \, \Delta\lambda \, \Delta A}{\lambda^5 (e^{0.0144/\lambda T} - 1)} \, \text{W/m}^2 \cdot \text{nm}$$

取$\Delta\lambda$单位为纳米，λ为米，

$$P = \frac{3.742 \times 10^{-25}(100 \, \text{nm})(1)}{1 \times 10^{-30}(7.017 \times 10^{20} - 1)}$$

所以
$$P = 5.3 \times 10^{-14} \, \text{W}$$

这是很小的功率。

虽然（13.4）式和以前的理念有很大的偏离，普朗克仍旧不想和经典理论决裂。对他来说，即使是提议辐射能有可能不连续，也是不能想象的。后来他曾说："从一开始能量被迫以某一大小存在一起就纯粹是一个形式的假设，我其实并没有对它想很多"。只是到 1905 年前后，从更为大胆的思想家爱因斯坦那里，我们才知道原子振子确实存在，它们的能量是量子化的。每个振子的能量只能是 $h\nu$ 的整数倍。而且，**辐射能自身是量子化的，以 $\mathscr{E} = h\nu$ 的大小存在**。

13.1.2　受激发射

激光器利用介质中能量高的原子加强光场，完成了"光的放大"。因此我们来考察在任意温度下原子系统的能态的正常分布是怎样的。这个问题是统计力学这个更大学科的一部分，有个专门的名字，叫做麦克斯韦-玻尔兹曼分布。

能级的布居数

设想有一个充有气体的容器，处在某个平衡温度 T。如果 T 比较低，譬如说在室温，大多数原子将处在基态，但也有少数原子暂时得到足够的能量升到激发态。经典的麦克斯韦-玻尔兹曼分布认为，激发态能量为 $\mathscr{E}_i$ 的原子，每单位体积平均有 N_i 个

$$N_i = N_0 e^{-\mathscr{E}_i / k_B T}$$

其中，N_0 对某一温度是常数。能态越高（即 $\mathscr{E}_i$ 越大），其上的原子越少。

因为我们关心是任意两态之间的原子跃迁，考虑第 j 个态，它的能量 $\mathscr{E}_j > \mathscr{E}_i$。它有 $N_j = N_0 e^{-\mathscr{E}_j / k_B T}$，所以占据这两个能态的布居数之比为

$$\frac{N_j}{N_i} = \frac{e^{-\mathscr{E}_j / k_B T}}{e^{-\mathscr{E}_i / k_B T}} \tag{13.5}$$

这是相对布居数。于是

$$N_j = N_i e^{-(\mathscr{E}_j - \mathscr{E}_i)/k_B T} = N_i e^{-h\nu_{ji}/k_B T} \tag{13.6}$$

这里用了这一事实：从 j 态到 i 态的跃迁对应于能量变化 $(\mathscr{E}_j - \mathscr{E}_i)$。由于这一跃迁伴随着发射一个频率为 ν_{ji} 的光子，代入得到 $(\mathscr{E}_j - \mathscr{E}_i) = h\nu_{ji}$。

爱因斯坦 A 系数和 B 系数

1916 年爱因斯坦提出一个漂亮而又相当简单的理论，来处理电磁辐射中的实物介质吸收和再发射的动态平衡。这个分析被用来验证普朗克的辐射定律，而更重要的是，它是激光器的理论基础。想必读者已经熟悉吸收的基本机制（见图 3.35）。假设原子处于最低能态或者基态。能量合适的光子和原子相互作用，把能量交给原子，使原子的电子云有一个新的组态。原子跳到一个能量更高的激发态（图 13.5）。在致密介质中，原子倾向于和抖动的邻居相互作用，通过碰撞交出它富余的能量传走。

这种能量多余的组态通常（但不全是）寿命很短，大约 10 ns 左右。没有任何外界影响的作用，原子将把过多的能量以光子射出，从而回到稳定的状态。这个过程叫做自发发射（图 13.5b）。

值得注意的是，还有第三个过程，它是爱因斯坦首次提出的，并且在几乎半个世纪后才发明的激光器的运作中起关键作用。对于浸在电磁辐射的介质，光子有可能和仍处在激发态

的原子相互作用。在入射光子的作用下，原子把过剩的能量放出来，这个过程叫做**受激发射**（图 13.5）。

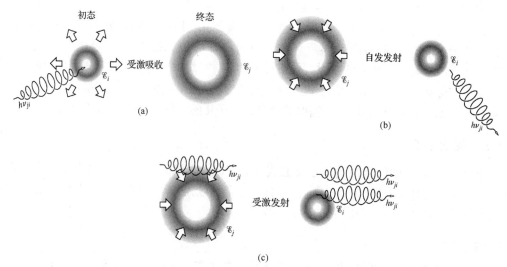

图 13.5 示意图：（a）受激吸收；（b）自发发射；（c）受激发射的示意图

在吸收的情况，原子从初态激发到高能量态，初态中原子数目的变化的速率必定依赖于淹没原子的光子场的强度。换句话说，它必定依赖于（3.34）式给出的能量密度 u，更专门地说，它必定依赖于驱动跃迁的频率范围内的能量密度，即谱能量密度 u_ν。u_ν 是每单位体积、单位频率间隔的能量，单位是焦耳·秒/米^3（J·s/m^3）。如果我们把辐射场当作光子气体，谱能量密度就是每单位频率间隔的光子密度。原子数目的变化速率，即**跃迁速率**，也正比于布居数，即原子在这个态的数密度 N_i。N_i 越大，每秒通过吸收离开的就越多。因为这个过程是由光子场驱动的，我们把它叫做**受激吸收**。于是，跃迁速率为

[受激吸收]
$$\left(\frac{\mathrm{d}N_i}{\mathrm{d}t}\right)_{ab} = -B_{ij}N_i u_\nu \tag{13.7}$$

其中 B_{ij} 是比例常数，即爱因斯坦吸收系数。负号是因为 N_i 在减少。类似地，对于受激发射，

[受激发射]
$$\left(\frac{\mathrm{d}N_j}{\mathrm{d}t}\right)_{st} = -B_{ji}N_j u_\nu \tag{13.8}$$

常数 B_{ji} 是爱因斯坦受激发射系数。对于自发发射，过程与辐射场环境无关，所以

[自发发射]
$$\left(\frac{\mathrm{d}N_j}{\mathrm{d}t}\right)_{sp} = -A_{ji}N_j \tag{13.9}$$

这是由于自发发射引起的高能态布居数 N_j 的减少率。A_{ji} 是从能级 j 落向能级 i 的爱因斯坦自发发射系数。因为受激发射率依赖于 u_ν 而自发发射率与 u_ν 无关，所以能量密度高的时候（激光器内就是这样）受激发射起主要作用。

例题 13.2

一个 10 mW 的激光器在平均波长为 500 nm 上发射。求受激发射率。

解：激光器输出为 10×10^{-3} J/s。我们需要知道每个光子带走多少能量 E。因为 $E = h\nu$ $h\nu$ 和 $c = h\nu$

$$E = \frac{hc}{\lambda} = \frac{(6.626 \times 10^{-34})(2.998 \times 10^8)}{500 \times 10^{-9}}$$

所以 $E = 3.973 \times 10^{-19}$ J。光子发射率为

$$\frac{10 \times 10^{-3}\,\text{J/s}}{3.973 \times 10^{-19}\,\text{J}} = 2.52 \times 10^{16}\,\text{photons/s}$$

这里可以假定实质上一切都是由受激发射产生的。

记住，跃迁速率为系统中所有原子每秒跃迁的次数，把它除以原子数，就是一个原子每秒的跃迁概率 $\mathscr{P}$。因此，每秒自发发射的概率为 $\mathscr{P}_{sp} = A_{ji}$。

对于单个激发原子自发跃迁到低能量态，每秒跃迁概率的倒数就是激发态的平均寿命 τ。于是，如果只有自发发射，处于激发态的 N 个原子的总跃迁速率（即每秒发射的光子数目）为 $N\mathscr{P}_{sp} = NA_{ji} = N/\tau$。跃迁概率小意味着寿命长。一个处在高能级的电子一般可以衰变到几个不同的低能级，如图 13.6 所示。掉到每一个低

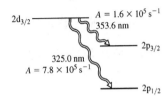

图 13.6　氦镉激光器中两个强发射跃迁

能级有不同的辐射跃迁概率，总的概率是它们之和 ΣA_{ji}。那些看来容易发生的跃迁叫做**允许跃迁**，很不容易发生的叫做**禁戒跃迁**。在可见光波段，允许跃迁的 A_{ji} 的值从 $10^6\,\text{s}^{-1}$ 到 $10^8\,\text{s}^{-1}$。而对禁戒跃迁，A_{ji} 小于 $10^4\,\text{s}^{-1}$。

例题 13.3

一个样品，单位体积中有 N_j 个电子处在激发能级 j 上，而激发能级 j 刚刚在基态能级 i 之上。证明，由于电子通过自发发射离开 j 能级，使 j 能级的布居数随时间指数减少。对于 j 能级的寿命你能说些什么？

解：从（13.9）式

$$\frac{dN_j}{dt} = -A_{ji}N_j$$

因此

$$\frac{dN_j}{N_j} = -A_{ji}\,dt$$

两边积分

$$N_j = N_j(0)\,e^{-A_{ji}t}$$

其中 $N_j(0)$ 为 $t = 0$ 时的 N_j。

布居数在 $\tau = 1/A_{ji}$ 的时间里从原来的值掉到它的 1/e。

我们跟随爱因斯坦，假定：（1）辐射场和场中的原子在任何温度 T 下都处于热力学平衡；（2）能量密度就是温度 T 下的黑体辐射；（3）两个态的数密度服从麦克斯韦-玻尔兹曼分布。

因为系统处于平衡，所以向上（$i \rightarrow j$）跃迁的速率应当等于向下（$j \rightarrow i$）的跃迁速率：

$$B_{ij}N_i u_\nu = B_{ji}N_j u_\nu + A_{ji}N_j$$

两边同除以 N_i，重排一下，得

$$\frac{N_j}{N_i} = \frac{B_{ij}u_\nu}{A_{ji} + B_{ji}u_\nu}$$

利用（13.6）式，上式变为

$$e^{-h\nu_{ji}/k_B T} = \frac{B_{ij}u_\nu}{A_{ji} + B_{ji}u_\nu}$$

对 u_ν 求解，得到

$$u_\nu = \frac{A_{ji}/B_{ji}}{(B_{ij}/B_{ji})e^{h\nu_{ji}/k_B T} - 1} \tag{13.10}$$

爱因斯坦指出，随着 $T \to \infty$，光的谱能量密度（即谱光子密度）也趋向无穷大。图13.2表明 I_λ 随 T 增大，这暗含着 u_ν 也一样。事实上，$I_\nu = \frac{1}{4}cu_\nu$，这个下面马上就会讲到。因为 $e^0 = 1$，u_ν 大的唯一方法是当 T 大时

$$B_{ij} = B_{ji} = B$$

但是这些常数是依赖于温度的，所以它们必定在任何温度 T 都相等。受激发射概率和受激吸收概率分别是 $\mathscr{P}_{st} = B_{ji}u_\nu$ 和 $\mathscr{P}_{ab} = B_{ji}u_\nu$。所以，**受激发射概率和受激吸收概率**完全相同；一个低能态的原子受激向上跃迁的概率和一个激发原子受激向下跃迁的概率相等

令 $A = A_{ji}$，简化（13.10）式

$$u_\nu = \frac{A}{B}\left[\frac{1}{e^{h\nu_{ji}/k_B T} - 1}\right] \tag{13.11}$$

把上式与光谱出射率

$$I_\lambda = \frac{2\pi hc^2}{\lambda^5}\left[\frac{1}{e^{\frac{hc}{\lambda k_B T}} - 1}\right] \tag{13.4}$$

比较，可以把比值 A/B 用基本的量表示。首先把 I_λ 变为 I_ν，它们分别是每单位间隔 $d\lambda$ 和 $d\nu$ 上的出射辐照度的表示式。利用 $\lambda = c/\nu$，微分得到 $d\lambda = -cd\nu/\nu^2$。因为 $I_\lambda d\lambda = I_\nu d\nu$，弃去符号（因为它仅表示一个微分增加时另一个微分减小），我们得到 $I_\lambda c/\nu^2 = I_\nu$；所以

$$I_\nu = \frac{2\pi h\nu^3}{c^2}\left[\frac{1}{e^{\frac{h\nu}{k_B T}} - 1}\right] \tag{13.12}$$

现在，最后一步只需比较容器中的谱能量密度 u_ν 与从容器射出的光谱出射率

$$I_\nu = \frac{c}{4}u_\nu \tag{13.13}$$

不必麻烦读者推导这个关系式，只判断它是正确的就够了。记住 I_ν 对应于穿过单位面积由容器向外的法向能量流。在3.3.1节我们看到，垂直于单位面积的瞬时功率流（坡印廷矢量）为 $S = cu$，所以对于光束，平均有 $I = cu$。在容器内，光向各个方向传播，并不是所有对 u 有贡献的光子都对一个特别方向上的出射有贡献。假设容器内的一片水平的单位面积，穿过它向上和向下的能流一样多。并且，只有垂直于这块面积的分量才对 S 有贡献。那么1/4这个因子并非不合理的。

从（13.11）、（13.12）、（13.13）三式，得到

$$\frac{A}{B} = \frac{8\pi h\nu^3}{c^3} \tag{13.14}$$

自发发射的概率正比于受激发射概率；一个原子对某一机制的敏感度正比于对另一机制的敏

感度。激光器是依靠受激发射工作的，以牺牲受激发射（即 B）为代价来增加自发发射（即 A）会损害这个过程。由于 A/B 正比于 v^3，所以 X 光波段的激光器很难实现。

例题 13.4

2 mW 的氦氖激光器发射的波长为 632.8 nm 的激光束，直径为 1.5 mm。求爱因斯坦 A 系数和 B 系数的比值。

解：从（13.14）式，

$$\frac{A}{B} = \frac{8\pi h\nu^3}{c^3} = \frac{8\pi h}{\lambda^3}$$

所以

$$\frac{A}{B} = \frac{8\pi \ 6.626 \times 10^{-34} \text{J} \cdot \text{s}}{(632.8 \times 10^{-9}\text{m})^3}$$

于是

$$\frac{A}{B} = 6.572 \times 10^{-14} \text{J} \cdot \text{s/m}^3$$

假设一个原子系统只有两个态，处于热平衡状态。并假设原子具有很长的平均寿命，所以可以忽略其自发发射。当这个系统遇上能量合适的光子，受激吸收要减少低能级 i 的布居数，受激发射要减少高能级 j 的布居数。系统通过受激吸收每秒消失的光子数正比于 $\mathscr{P}_{ab}N_i$，通过受激发射每秒增加的光子数正比于 $\mathscr{P}_{st}N_j$。由于 B 系数相等，所以 $\mathscr{P}_{st}=\mathscr{P}_{ab}$，因而 $\mathscr{P}_{ab}N_j=\mathscr{P}_{st}N_j$。如果系统处在热平衡，$N_i>N_j$，这意味着系统每秒消失的光子数超过每秒增加的光子数；这是因为，在任何温度下，低能级的原子总是比高能级的原子多，所以净吸收光子。如果我们能够产生布居数反转，使 $N_i<N_j$，受激发射就会压倒受激吸收，事情就会反过来。

13.1.3　激光器

考虑通常的介质中，有些原子处于某一激发态，用量子力学符号记为 $|j\rangle$。若入射光束中的一个光子触发这些激发原子之一进入受激发射，频率为 v_{ji}，如图 13.5c 所示。这个过程的一个值得注意的特征是，发射出来的光子和入射的光子相位相同，偏振相同，传播方向也相同。我们说，发射的光子和入射波处于同一个模式，加强了这个模式，增大了这个模式的通量密度。但是，由于通常大多数原子处于基态，吸收远大于受激发射。

这就产生一个有趣的问题：如果能够用某种方法使大部分原子激发到上能级，而下能级几乎是空的，那将会发生什么事情？由于明显的原因，这种情况叫做**布居数反转**。一个频率合适的光子会触发受激光子的雪崩式发射，发射的所有光子都同相。假若没有别的明显的竞争过程（例如散射）并维持布居数反转，初始波将不断增大。事实上，需要泵入能量（电能、化学能、光能等）以维持反转，给出穿过激活介质的光束。

第一台（脉冲式红宝石）激光器　为了了解上述原理在实际中如何实现，让我们看一看梅曼（Maiman）原来的器件（图 13.7）。第一台运转的激光器的激活媒质是一小块人造的圆柱形淡红色红宝石，即含 0.05%（重量）的 Cr_2O_3 的 Al_2O_3 晶体。红宝石早先是用在微波激射器中，后来肖洛（Schawlow）建议把它用在激光器中。它至今仍是最常用的晶体激光媒质之一。把红宝石棒的两个端面抛光成与轴垂直的平行面。两个端面都镀银（一个面是部分镀银）以生成**谐振腔**。

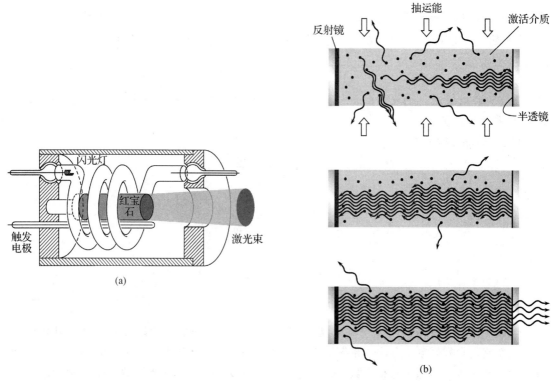

图 13.7　第一台红宝石激光器的结构，尺寸和实物差不多

　　红宝石棒外面围着一盖螺旋形的气体放电闪光灯，它提供了宽带的**光抽运**。红宝石之所以呈红色，是因为铬原子的吸收带在光谱的蓝区和绿区（图 13.8a）。点亮闪光灯，产生持续几毫秒的强烈闪光。这些能量的大部分损失掉变为热，但也有许多 Cr^{+++} 离子被激发到吸收带中。一个简化的能级图如图 13.8b 所示。激发的离子迅速弛豫（在大约 100 ns 内），把能量交给晶格，完成无辐射跃迁，优先"掉"入一对相隔很近的长寿命过渡态。它们在这个所谓的**亚稳态**上停留数毫秒（室温下 ≈ 3 ms），然后随机地、在大多数情况下自发地掉到基态。与此同时，发出红宝石的特征红色荧光辐射。向低能级的跃迁占压优势，辐射发生在以 694.3 nm 为中心相当宽的光谱区段内，向四面八方发射，是非相干的辐射。

　　抽运率再增大一些，就会产生粒子数反转，头几个自发发射的光子激发出一个链式反应。一个量子促使另一个量子迅速地同相发射，把能量从亚稳态原子倾泻到生成的光波中（图 13.7b）。假定有足够的能量克服两个反射镜端面上的损耗，那么光波在激活媒质中来回穿过时，将不断得到加强。因为两个端面中有一个是部分镀银的，从红宝石棒的这一端将有一个很强的红色激光脉冲（持续约 0.5 ms，带宽约 0.01 nm）射出。

　　注意这一切配合得多么巧妙：宽吸收带使起初的激发较为容易，亚稳态的长寿命则有利于粒子数反转。原子系统实际上包括吸收带、亚稳态和基态。因此，它叫做三能级激光器。

　　今天的红宝石激光器一般是高功率的脉冲相干辐射源，主要用于消除纹身和全息照相。这种器件运行的相干长度为 0.1~10 m。其结构通常是两个平面反射镜，一个全反射，一个部分反射。作为振荡器，红宝石激光器产生毫秒级脉冲，能量为 50~100 J。使用振荡器-放大器串接方式，能量可以超过 100 J。商品红宝石激光器的总效率小于 1%，产生的光束直径

1~25 mm，发散度从 0.25 mrad（毫弧度）到 7 mrad。今天已经有各种各样的激光器，红宝石激光器已经没有昔日的重要性了。

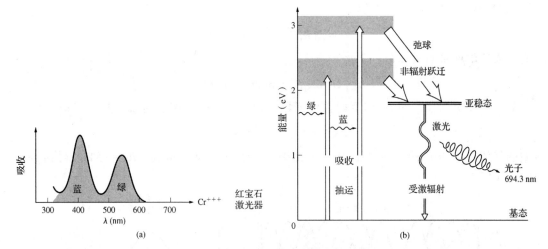

图 13.8　红宝石的能级

光学谐振腔　光学谐振腔（这里当然是一个法布里-珀罗标准具）在激光器的运转中起着最重要的作用。在激光器工作过程的起始阶段，自发发射的光子向一个方向发射，它引起的受激发射光子也是这样。但是所有这些受激发射光子，除了沿着十分接近于腔轴的方向传播以外，别的光子都很快穿过红宝石的侧面跑了。而轴向光束则相反，随着往复穿过激活媒质而不断加强。这就解释了发射出来的激光束的惊人的方向性，它实际上是一个相干的平面波。虽然媒质的作用只是对波进行放大，但是谐振腔提供的光学反馈却把这个系统变为一个振荡器，即一个光发生器。因此 Laser 这个缩写词（前面看到，它的意思是光放大）就有点名不符实了。

因为激光器中的光束是在来回传播的过程中建立起来的，它像电子放大器一样，可以用"增益"来描述。放大器的增益是输出信号强度与输入信号强度之比。相应地，一束弱光束从一端进入激光器的激活介质（即增益介质），得到放大后从另一端出来。激光器的介质通过它本身原子的受激发射，把能量加进光束。

假定激光器的介质是被激发的气体。气体放电发射光，气体中的原子以很高的速度运动，因此，由于多普勒效应光的频率会有所移动。原子的跃迁发射本来是限在 ν_0 附近很窄的频率范围，现在加宽成很宽的高斯型频带。这个过程叫做**多普勒加宽**，它是气体激光器的性能的决定性因子。实际上，增益正比于发射的多普勒宽度。换句话说，增益依赖于激光器介质自发发射的线型（频率分布）。处于某个特定激发态的原子，能够被光场中的光子激发而发射，这个光子的频率（能量）必须是与原子即将发生的到低能态的跃迁关联的频率。多普勒加宽改变了这些光子的可用程度，因而影响了增益。对一个中等增益的系统，高斯钟形曲线很好地表示了增益对频率的依赖关系（图 13.9a）。所以对于弱信号，增益曲线的峰值（对应于多普勒曲线的中心）就是未饱和的增益峰值，简称为增益。

现在把工作介质放在两面反射镜之间形成一个谐振腔，腔内将有几种损耗机制起作用：反射镜会泄漏能量、腔内各种缺陷的吸收和散射，等等。定义**增益系数** g（单位为 cm^{-1}）为光束走过 1.0 cm 激光器介质获得的放大，**衰减系数** α（单位为 cm^{-1}）为光束走过 1.0 cm 后各种可能的损耗机制（不包括镜面上的不完全反射，这容易测量）引起的损耗。然后取两面

镜子的反射率为 R_1 和 R_2。辐照度为 I_0 的一束光从第一个镜子出发，走了 L 距离后到达第二个镜子时为 $I = I_0\exp[(g-\alpha)L]$。从第二个镜子反射后回到第一个镜子，经反射后再出发。这样一个周期经过激活区两次，所以

$$I = I_0 R_1 R_2 \exp[2(g-\alpha)L]$$

总的二次通过增益 G 是 I/I_0，等于

$$G = R_1 R_2 \exp[2(g-\alpha)L]$$

当增益刚好超过损耗，即 $G = 1.0$ 时，激光器开始振荡。所以**阈值增益系数**为

$$g_{阈} = \alpha + (1/2L)\ln(1/R_1 R_2)$$

典型的气体激光器中 α 可以忽略。所以，如果 $L = 15$ cm，$R_1 = 98\%$，$R_2 = 95\%$，得到 $g_{阈} = 2.4 \times 10^{-3}$ cm^{-1}。

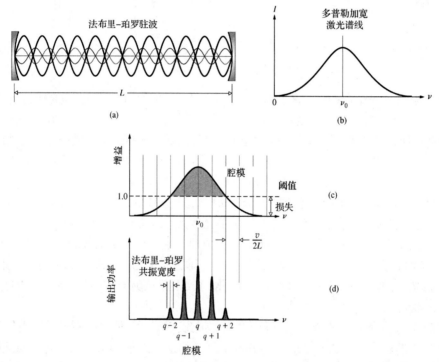

图 13.9　（a）腔内驻波；（b）多普勒加宽的高斯型发射谱线；（c）增益带宽图显示腔模的位置；（d）被调制的法布里-珀罗共振，对应于激光器的发射

　　任何激光器要工作稳定的话，工作介质的峰值增益要足够大，使得从介质得到的能量超过一切能量损耗加光束的输出能量。

　　在腔内传播的扰动取驻波形式，由镜面间的距离 L 决定（图 13.9b）。当 L 等于半波长的整数倍 m 时，能生成驻波，腔就共振。这个想法只不过是每个镜面都应当是波节，这只有在 L 等于 $\lambda/2$（这里 $\lambda = \lambda_0/n$）的整数倍时才有可能。所以

$$m = \frac{L}{\lambda/2}$$

和

$$\nu_m = \frac{m v}{2L} \tag{13.15}$$

因此腔的纵模有无限多个，每一个有不同的频率 ν_m。相邻两上模的频率差是常数

$$\nu_{m+1} - \nu_m = \Delta\nu = \frac{v}{2L} \qquad (13.16)$$

这是标准具的自由光谱范围 [（9.79）式]，也等于双程时间的倒数。对 1 m 长的气体激光器，$\Delta\nu \approx 150\,\text{MHz}$。

　　腔的共振模的频率宽度比正常的自发原子跃迁的宽度小得多（图 13.9d）。这些模式，不论是一个还是几个，将是腔中能够留存下来的模式，因此输出光束限于靠近这些频率的频带。换句话说，辐射跃迁的频率范围比较宽，谐振腔将从中选出某几个窄带甚至一个宽带模进行放大。如有必要，可以只选择一个腔模放大。这是激光器具有极好的准单色性的原因。由于红宝石中铬离子和晶格的相互作用，铬离子的有关跃迁的线宽很宽，大约为 0.53 nm（330 GHz）；而对应的激光器谐振腔共振模之间的间隔要窄得多，为 0.000 05 nm（30 MHz）。图 13.9 表示一个典型的跃迁线型和一连串的腔模，模之间的间隔为 $v/2L$，对红宝石来说是 30 MHz。只有落在激活区的腔模（图 13.9c 的灰色区）才能在腔内维持振荡，以激光的形式射出。

例题 13.5

　　在 632.8 nm 波长上工作的氦氖激光器的多普勒展宽为 $1.5 \times 10^9\,\text{Hz}$；这基本上是增益的带宽。假定激光器的反射镜相距 0.8 m，计算近似的纵模数，假定混合气体的折射率为 1.0。

　　解： 相邻纵模的间隔由（13.16）式给出

$$\Delta\nu = \frac{v}{2L} = \frac{3 \times 10^8\,\text{m/s}}{2(0.8\,\text{m})}$$

得 $\Delta\nu = 187.5\,\text{MHz}$。$1.5 \times 10^9\,\text{Hz}$（半最大值的全宽度）除以 $\Delta\nu$

$$\frac{1.5 \times 10^9\,\text{Hz}}{0.187\,5 \times 10^9\,\text{Hz}} = 8$$

一共有 8 个 $\Delta\nu$ 的间隔。考虑到边界上还有一个模，所以激光中包含了 9 个模式（见图 13.9）。

　　在腔内只产生一个模式的一个方法，就是让（13.16）式给出的模式间隔超过跃迁带宽。这时，在展宽的跃迁提供的频率范围中只有一个模式（图 13.10）。对于工作在 632.8 nm 的氦氖激光器，需要腔长在 10 cm 左右才能保证单纵模输出。这个特别方法的缺点是，它限制了贡献能量给光束的激活区的长度，因而限制了激光器的输出功率。

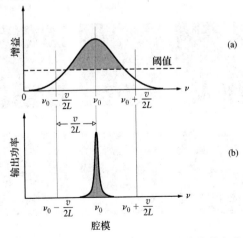

图 13.10　激光器的单纵模运作。注意在（a）中增益曲线的灰色激活区域内只有一
　　　　　个模式。所以只有频率为 ν_0 的光能够在腔内建立起来，作为激光束输出

　　振荡纵模或轴的模对应于沿腔的 z 轴方向的驻波，除它之外，腔内还可以维持**横膜**（图 13.11 和图 13.12）。因为电磁场很接近于和 z 轴垂直，它们叫做 TEM_{mn} 模（TEM 是横电磁的英文缩写），下标 m 和 n 是出射光束截面内 x 方向和 y 方向上的横向节线的数目（整数）。这就是说，光束在横截面上分成一个或几个区域。每个图样阵列和一种 TEM 模式相联系，如图 13.13 和图 13.14 所示。最低阶横模或 TEM_{00} 也许是用得最多的模式。这有几个原因：光束截面上的光通量密度是理想的高斯型（图 13.15）；和别的模不同，光束截面上各点的电场没有相移，因此是完全空间相干；光束的发散角最小，并且这个模式可以聚焦成最小的光点。注意这种模中的振幅在波阵面上实际上并非常数，因此它是非均匀波。

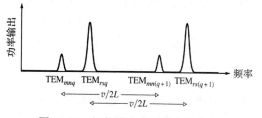

图 13.11　振荡模式在频域上的分布

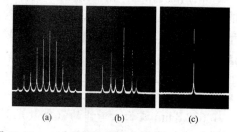

图 13.12　一个连续气体激光器的三种运作状态：（a）几个纵模，包络近似为高斯型；（b）几个纵模和横模；（c）单纵模

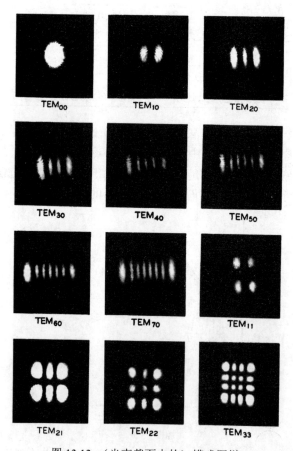

图 13.13　（光束截面中的）模式图样

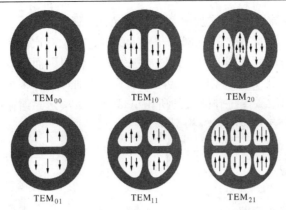

TEM₀₀　TEM₁₀　TEM₂₀
TEM₀₁　TEM₁₁　TEM₂₁

图 13.14　长方形对称模式结构。也能观察到圆对称的模，但是任何不对称（如布儒斯特窗片）就会破坏它们

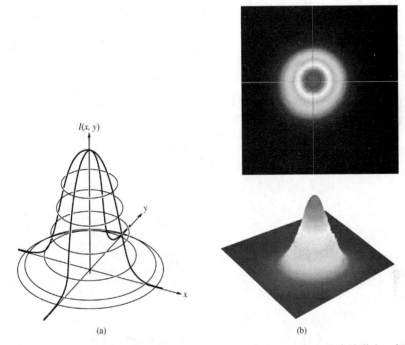

$I(x, y)$

(a)　(b)

图 13.15　（a）高斯型辐照度分布；（b）波长 405 nm、20 mW 的连续激光二极管的实际的激光束截面。彩色图要漂亮得多，从顶上的红色变到基底的蓝色

各种模的完整标记形式为 TEM_{mnq}，其中 q 是纵模数。每一个横模（m, n）可以有许多个纵模（即不同的 q 值）。然而，常常没有必要与某一特定的纵模打交道，q 附标通常可以弃去[1]。

另外几种腔结构在实用上比原来的平面平行腔重要得多（图 13.16）。例如，要是用相同的两个凹球面镜来代替平面镜，它们之间的距离约等于它们的半径，我们就得到共焦谐振腔。这时两面镜子的焦点几乎和腔轴的中点重合，这就是共焦这一名称的由来。

要是将其中一个球面镜换成平面镜，这种腔叫做半球面谐振腔或半共心谐振腔。这两种结构调整起来都比平行平面腔容易得多。激光腔又可以分成稳定腔和不稳定腔，这取决于光束在腔内来回一次之后重复自身的相似程度，因而维持接近光轴线的程度（图 13.17）。不稳

---

[1] 见 R. A. Phillips and R. D. Gehrz, "Laser mode structure experiments for undergraduate laboratories," *Am. J. Phys.* **38**, 429 (1970).

定腔中的光束都会"跑掉"，每一次反射都更偏离光轴，直到迅速完全离开谐振腔。相反，稳定腔（镜子有高反射率，如 100% 和 98%）内光束可以传播 50 次以上。不稳定腔通常用在高功率激光器中，光束扫过大范围的激活介质加强了放大作用因而可以提取更多的能量。这种方法对于增益很高的介质（如二氧化碳或者氩离子）特别有用，因为光束每来回一次都得到很多能量。所需的来回次数由工作介质的所谓小信号增益决定。谐振腔构型的实际选择由系统的具体需求决定，没有万能的最好构型。

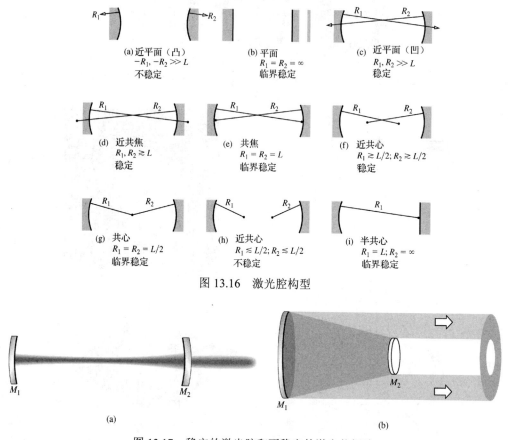

(a) 近平面（凸）
$-R_1, -R_2 \gg L$
不稳定

(b) 平面
$R_1 = R_2 = \infty$
临界稳定

(c) 近平面（凹）
$R_1, R_2 \gg L$
稳定

(d) 近共焦
$R_1, R_2 \gtrsim L$
稳定

(e) 共焦
$R_1 = R_2 = L$
临界稳定

(f) 近共心
$R_1 \gtrsim L/2; R_2 \gtrsim L/2$
稳定

(g) 共心
$R_1 = R_2 = L/2$
临界稳定

(h) 近共心
$R_1 \lesssim L/2; R_2 \lesssim L/2$
不稳定

(i) 半共心
$R_1 = L; R_2 = \infty$
临界稳定

图 13.16 激光腔构型

图 13.17 稳定的激光腔和不稳定的激光共振腔

腔内能量的衰减用共振腔的 Q 值或**品质因数**表示。这种表示方法的起源可以追溯到无线电工程的早期，当时用它来描写一个振荡（调谐）回路的性能。一个高 Q 低损耗回路意味着窄带通和调谐很尖锐的无线电回路。如果光学腔由于某种原因被破坏，例如挪动或取走一个反射镜，激光通常就停了。在故意这样做以延迟激光腔内振荡的建立时，这种方法叫做 Q 突变或 Q 开关。腔内辐射场通过受激发射不断地消耗掉粒子数反转，因此激光器的功率输出是自行受限的。但是，振荡一停，被抽运到长寿命的亚稳态原子数目就会大为增加，产生很强的粒子数反转。腔在适当的时刻一开通，随着所有的原子几乎一致地掉到低能态，将发出一个功率巨大（可高达数百兆瓦）的巨脉冲。目前已有许多用各种不同方式控制的 Q 开关装置，例如，在光照下变成透明的可漂白的吸收体、转动棱镜和反射镜、机械斩光器、超声盒、克尔盒或泡克耳斯盒之类的电光快门等均在使用中。

高斯型激光束 共振腔内的 TEM_{00} 模具有高斯型的轮廓（图 13.15）；波的强度的横向变

化是关于中心轴对称的钟形曲线（图 13.18a）。在垂直于中心传播轴 z 的横截面上，r 为面上一点到中心的距离。高斯型函数的形式是 $\exp(-r^2)$。因为光束强度沿径向向外减小，最好指定一个边界作为光束的宽度。现在指定它是光束电场从中心最大值 E_0 降到 E_0/e（或者 $37\% \, E_0$）的 r 值，记为 w，称为光束的半宽度。在 $r = w$ 处，依赖于电场振幅平方的辐照度 I 降到 I_0/e^2，即 $14\% \, I_0$。光束的大部分能量集中在这个半径为 w 的虚拟的圆柱里，其中（图 13.18b）

$$I = I_0 e^{-2r^2/w^2}$$

在 $r = w$ 处 $I = I_0 e^{-2}$。

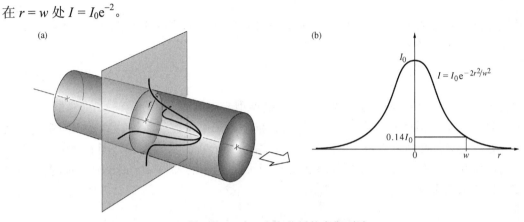

图 13.18　在 z 方向传播的高斯型波

从图 13.17a 可以看到，激光腔使用曲面镜时，光束趋向"聚焦"，产生一个半径为 w_0 的最小横截面，叫做光腰。这时，激光光速在激光腔外的发散基本上是来自这个光腰的发散的连续（图 13.19 和图 13.20）。一般而言，这个束腰是在激光腔的两面反射镜之间；其精确的位置由腔的设计决定。例如，共焦谐振腔（图 13.16）的光腰在两面反射镜的中点。

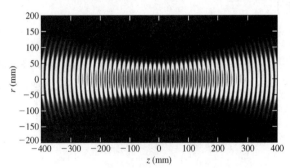

图 13.19　高斯型光束的瞬时辐照度：$w = 40$ mm，$\lambda = 30$ mm

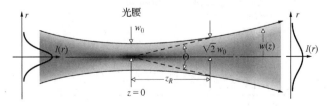

图 13.20　高斯型光束的传播。两个相隔 $d = 2z_R$ 的凹面镜构成一个
共焦腔，其中一面反射镜为半透镜，光束以角发散度 Θ 输出

将原点 $z = 0$ 设在光腰上。对谐振腔内电磁波的更完整的分析给出，任意 z 位置的半宽度为

$$w(z) = w_0 \left[1 + \left(\frac{\lambda z}{\pi w_0^2} \right)^2 \right]^{1/2} \tag{13.17}$$

其中 w_0 是**最小半径**。这个 $w(z)$ 表示式给出的光束形状，是绕 z 轴旋转的双曲线。光速发散度的实际量度是横截面变成两倍的距离，或等价地，$w(z) = \sqrt{2} w_0$ 之 z 值。这个特殊长度叫做瑞利长度 z_R。从上面 $w(z)$ 的式子可知

$$z_R = \frac{\pi w_0^2}{\lambda}$$

考虑由两个凹面镜形成的共焦腔，每个凹面镜的曲率半径为 R，相隔间距为 L。若 $R = L = 2z_R$，从几何学可知最小半径为

$$w_0 = \sqrt{\frac{\lambda L}{2\pi}} \tag{13.18}$$

许多激光器可以工作于 TEM_{00} 模，输出光束为高斯型光束。

光腰越小（最小截面积越小），瑞利长度就越小，光束发散得越快。离光腰的距离很远（$z \gg z_R$）处，光束的全角宽度 Θ（单位为弧度）趋近 $2w(z)/z$。换句话说，随着一条长度为 z 的直线转动 Θ 角，它的端点扫出的距离 $\approx 2w(z)$。因此，当 z 很大和 $w(z)$ 很小时，ω_0 表示式中的第二项比 1 大得多，

$$w(z) \approx w_0 \left[\left(\frac{\lambda z}{\pi w_0^2} \right)^2 \right]^{1/2} \approx \frac{\lambda z}{\pi w_0}$$

因为 $\Theta \to 2w(z)/z$，

$$\Theta = \frac{2\lambda}{\pi w_0} = 0.637 \frac{\lambda}{w_0}$$

我们仍然得到，**w_0 越小，光束发散度 Θ 越大**。这有点像为何人们习惯于用扩音喇叭，出来的口径越大，声波发散越小。

例题 13.6

一个工作于 TEM_{00} 模的氦氖激光器发射波长为 632.8 nm 的光束。对称的激光器共焦腔反射镜之间的距离为 28.0 cm。求光束内最小的半径。并求光束从激光器射出的发散角。

解：由（13.18）式求最小半径 w_0

$$w_0 = \sqrt{\frac{\lambda L}{2\pi}} = \left[\frac{(632.8 \times 10^{-9})(28 \times 10^{-2})}{2\pi} \right]^{1/2}$$

所以

$$w_0 = 0.168 \text{ mm}$$

光束的发散角为

$$\Theta = 0.637 \frac{\lambda}{w_0} = 0.637 \frac{632.8 \times 10^{-9}}{0.168 \times 10^{-3}}$$

所以 $\Theta = 2.399$ 毫弧度，或者 $0.137°$。

当激光器谐振腔是由两片平面镜组成时，将会产生由于衍射而孔径受限的光束，这时情况不一样了。回忆（10.58）式，$q_1 \approx 1.22 f\lambda/D$，其中 D 是孔的直径。这个表示式描述了爱里斑的半径，两边除以 f 就得到初始直径为 D 的圆形衍射光束的半角宽度。把它加倍得到全角

宽度Θ，或者叫做孔径受限激光束的发散度：

$$\Theta \approx 2.44\lambda/D$$

作为比较，在离最小截面很远的地方，束腰激光束的全角宽度为

$$\Theta \approx 1.27\lambda/D_0 \tag{13.19}$$

其中 $D_0 = 2w_0$ 为光腰直径，能够从具体的谐振腔构型计算出来。

氦氖激光器　梅曼在 1960 年 7 月 7 日纽约的一次新闻发布会上宣布了第一台激光器运转的消息[①]。1961 年 2 月，贾范（Ali Javan）和他的同事班尼特（W. R. Bennett）、郝里奥特（Jr., D. R. Herriott），报道了 1152.3 nm 的连续波氦氖气体激光器的成功运转。氦氖激光器（图 13.21）现在仍被广泛使用，最常用来在可见频段（632.8 nm）提供几个毫瓦的连续功率。它的吸引力（除了教学法意义之外）主要在于它易于制造，比较便宜，工作可靠，并且在大多数情况下，只要按一下开关就能运转。通常用放电（直流放电、交流放电或者无电极的射频激发）来实现抽运。用一个外加电场来加速自由电子和离子，产生碰撞，结果使气体媒质（典型状况为大约 0.8 毛的氦和大约 0.1 毛的氖的混合物，毛为压强单位，1 毛≈1.3 标准大气压）进一步电离和激发。许多氦原子，在从几个高能级掉下来之后，积聚在长寿命的 $2^1 s$ 态和 $2^3 s$ 态上。这些都是亚稳态（图 13.22），从这些态没有容许的辐射跃迁。被激发的氦原子和处于基态的氖原子发生非弹性碰撞，把能量交给氖原子，把它们提升到 5s 态和 4s 态。这些态是激光器的高能级，于是相对于较低的 4p 态和 3p 态的粒子数反转。在 5s 和 4s 之间的跃迁是禁戒的。自发发射的光子引起受激发射，然后开始了链式反应。占优势地位的激光跃迁对应于红外区的 1152.3 nm 和 3391.2 nm 及大家更熟悉的可见区的 632.8 nm（鲜红色）。p 态的电子都被排挤到 3s 态，p 态上粒子数很少，因此可以经常维持粒子数反转。3s 态是亚稳态，3s 原子把能量损耗在容器壁上之后返回基态。这就是放电管的直径反过来影响增益的原因，因此它是一个重要的设计参量。红宝石的激光跃迁是掉到基态，与之相反，氦氖激光器的受激发射发生在两个高能级之间。它的意义在于：由于 3p 态上通常很少有粒子，所以很容易得到粒子数反转，毋须让基态空掉一半。

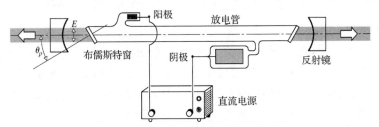

图 13.21　简单的早期氦氖激光器结构

看图 13.21，它画的是典型的氦氖激光器的有关特征。两面反射镜上镀了多层介质膜，反射比超过 99%。放电管的两端有布儒斯特窗（即倾斜角为偏振角的平板玻璃），使激光输出是线偏振的。若将这两个端面换成垂直于腔轴，反射损耗就会变得大得无法容忍（每个界面上为 4%）。把端面倾斜成偏振角，对于电场分量平行于入射面（图中的纸面）的光，这种窗口应当透过 100%。所以这种偏振态很快就处于压倒优势，因为垂直分量在每次通过窗口时都被部分

---

① 传统上是以发表论文的方式让新发现为人所知，他的论文却被 *Physial Review Letters*（《物理评论快报》）拒登，这是这份杂志永远不可弥补的憾事。

反射而偏离腔轴。入射面内的线偏振光很快就变为腔内占压倒优势的激发机制，最后完全排除了垂直偏振。因此从氦氖激光器发出的光总是线偏振的[①]。

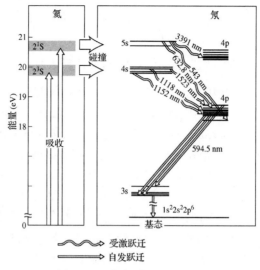

图 13.22　氦氖激光器能级图

直到 20 世纪 70 年代中期，典型的商品氦氖激光器是把窗口用环氧树脂封在激光管的端口，反射镜装在管外面，这是一种不好的方法。胶终归会漏气，漏进水蒸气，漏出氦气。现在的氦氖激光器采用硬封接，玻璃直接封在金属（可伐合金，Kovar）上，这种金属支撑着放电管内的反射镜片。镜片（通常其中一个镜片有接近 100% 的反射率）采用现代的耐用镀膜，可以忍受管内的放电环境。工作寿命从 20 世纪 60 年代的数百小时提高到现在 20 000 h 以上。布儒斯特窗通常是任选的，大多数商品氦氖激光器产生的光束是非偏振的。典型的大量生产的氦氖激光器（功率输出从 0.5 mW 到 5 mW）工作在 TEM_{00} 模，相干长度约 25 cm，光束直径约 1 mm，总效率很低，只有 0.01% 到 0.1%。虽然也有红外和绿光（543.5 nm）的氦氖激光器，还是红光 632.8 nm 的氦氖激光器最普遍。

激光器发展简述

激光技术发展如此迅速，一两年前在实验室得到突破的东西，今天可能是货架上的普通商品。这阵旋风肯定不会停下来，让"最小的""最大的""功率最强的"这些词长久适用。心中记住这点，我们来对现在的状况作一简述（见表 13.2），而不打算预测今后肯定会出现的奇迹。现在激光束已经从月球反射回来，已经点焊了剥离的视网膜，产生了核聚变的中子，刺激种子生长，用作通信链接，读 CD 片，制导铣床、导弹、船舶和光栅刻线机，传送彩色电视图像，在钻石上打孔，抬起轻的物体[②]，以及完成无数稀奇古怪的事。

固态激光器　除红宝石外，还有许多别的固态激光器，输出波长从大约 170 nm 到 3900 nm。这些激光器是在玻璃或者晶体中掺入能提供所需能态的离子。红宝石就是刚玉

[①] 横向的 $\mathscr{P}$ 态光被布儒斯特窗反射掉并不意味着损失了一半的激光能量。因为被反射出放电管，使谐振腔不能不断向这个偏振分量提供能量，不能再进行受激发射。

[②] 见 M. Lubin and A. Fraas, "Fusion by laser," *Sci. Am.* 224, **21** (June 1971)；R. S. Craxton, R. L. McCrory, and J. M. Soures, "Progress in laser fusion," *Sci. Am.* 255, **69** (August 1986)；以及 A. Ashkin, "The pressure of laser light," *Sci. Am.* 226, **63** (February 1972)。

（Al_2O_3 晶体）掺铬。把三价稀土离子 Nd^{3+}、Ho^{3+}、Gd^{3+}、Tm^{3+}、Er^{3+}、Pr^{3+}、Eu^{3+} 掺入 $CaWO_4$、Y_2O_3、$SrMoO_4$、LaF_3、钇铝石榴石（简称 YAG）和玻璃（不多举了）中，将产生激光作用。其中掺钕 YAG 和掺钕玻璃最为重要。它们都是高功率激光介质，工作波长约为 1060 nm。Nd:YAG 已经产生了超过千瓦的连续功率。

表 13.2　现有激光器样品及其发射波长

固态激光器		类型	波长（nm）
类型	波长（nm）	XeCl	308
Cr:Al₂O₃（红宝石）	694.3	XeF	353
Cr:BeAl₂O₃（铝酸铍）	700～830	XeO	537.6, 544.2
Cr:LiCaF	700～830	金属蒸气激光器	
Cr:LiSrAlF	800～1050	类型	波长（nm）
Cr:ZnSe	2200～2800	铜蒸气	510.5, 578.2
Er:YAG（掺铒石榴石）	2940	金蒸气	627.8
Ho:YAG	2100	铅蒸气	722.9
Nd:Glass（掺钕玻璃）	1080, 1062, 1054	HeAg	224.3
Nd:YAG	1064.1, 266, 355, 532, 1320	HeCd	441.56, 352.0, 353.6
Nd:YCOB	≈ 1060	HeHg	567, 615
Nd:YLF	1047, 1053	HeSe	497.5, 499.2, 506.8, 517.6, 522.7, 530.5
Nd:YVO₄	1064	NeCu	248.6
Pr:Glass	933, 1098	锶蒸气	430.5
Sm:CaF₂	708.5	半导体激光器	
Ti:sapphire（钛宝石）	650～1180	类型	波长（nm）
Tm:YAG	2000	AlGaAs	630～900
U:CaF₂	2500	AlGaInP	630～900
Yb:Glass	1030	GaAlAs/GaAS	720～900
Yb:YAG	1030	GaAs/GaAS	904
气体激光器		GaInPAs/GaAS	670～680
类型	波长（nm）	GaN/SiC	423, 405～425
氩离子	488.0, 514.5, 275, 363.8, 457.9, 465.8, 528.7	InGaAsP/InP	1000～1700
二氧化碳	10600, 9600	PbSnSe	8000～30 000
一氧化碳	4700～8200, 2500～4200	量子串接	中红外到远红外
氦镉	441.6, 330.0	液体激光器	
氦氖	632.8, 543.5, 593.9, 1523	类型	波长（nm）
氰化氢	337 000	香豆素	≈ 460～558
氪离子	647.1, 676.4, 416, 530.9, 568.2, 752.5, 799.3	二氰亚甲基	610～705
氮	337.1	铕离子螯合物	613.1
水蒸气	28 000, 118 600	奇通红	600～650
氙离子	540	若丹明	≈ 528～640
		芪	≈ 391～465
准分子激光器		化学激光器	
ArCl	169, 175	类型	波长（nm）
ArF	193.4	AGIL（全气相碘激光器）	1315
ArO	558	COIL（化学氧碘激光器）	1315
F₂	157	DF-CO₂	10 600
HgBr	499～504.6	DF	≈ 2700～≈ 4200
KrCl	222	HBr	4000
KrF	248	HF	2700～2900
XeBr	282		

Nd:YAG（Nd:Y$_3$Al$_5$O$_{12}$）激光器是使用最广泛的固态激光器，用于医疗、靶位指示、测距、倍频、材料加工，等等。更新的是高功率的掺钕氟化锂钇（Nd:YLF）和掺钕的正钒酸钇（Nd:YVO$_4$）激光器，它们也工作在红外波段（1064 nm）。几个七号电池就能够为一个便宜的红外半导体激光器供电，它能抽运处于光学谐振腔内的 Nd:YVO$_4$ 晶体。把一片 KTP 倍频晶体放在腔内，就得到一只准直得很好的绿光激光笔。

类似地，还有各种掺镱的激光介质，像 Yb:YAG 和 Yb:KGW，通常在 1020～1050 nm 有较大的功率。钬 YAG（Ho:YAG）激光器工作在 2100 nm，常被用来粉碎胆结石和肾结石及杀死恶性肿瘤。铒 YAG（Er:YAG）激光器工作在 2940 nm，是牙科医生爱用的。这只是今天固态激光器应用的几个例子。

例题 13.7

一根 Nd:YAG 激光棒，1% 浓度的 Nd 离子掺在 YAG 晶体里，它对应于激光棒内 Nd^{3+} 的密度为 1.38×10^{26} m^{-3}。假定这些离子立刻被抽运到 ^{4}F$_{3/2}$ 上能级，然后向下跃迁发射 1060 nm 的辐射。求激光棒每立方米的辐射能量。

解： 先求每个光子的能量

$$E = h\nu = \frac{hc}{\lambda} = \frac{(6.626 \times 10^{-34} \text{ J} \cdot \text{s})(2.998 \times 10^8 \text{ m/s})}{1060 \times 10^{-9} \text{m}}$$

所以

$$E = 1.874 \times 10^{-19} \text{ J}$$

一共有 1.38×10^{26} 离子/m^3，每个离子辐射 1.874×10^{-19} J，所以每立方米辐射

$$E_T = (1.874 \times 10^{-19} \text{ J})(1.38 \times 10^{26} \text{ m}^{-3})$$

所以

$$E_T = 25.9 \times 10^6 \text{ J/m}^3$$

把几个激光器串接，可以产生巨大的脉冲输出功率。第一个激光器用作 Q 开关振荡器，对下级点火，下一级是放大器，其后还可以有更多的放大器。减少谐振腔内的反馈，激光器不再自激振荡，但是它将放大触发了受激发射的入射波。于是放大器事实上就是激活介质，虽然受到抽运，但是两个端面只是部分反射，或者干脆不反射。这种红宝石激光器，可以输出持续几纳秒的几吉瓦（1 GW = 10^9 W）的脉冲，有商品出售。

1984 年 12 月 19 日，位于加州的劳伦兹·利弗莫尔国家实验室（LLNL）的当时最大的激光器诺瓦（Nova）的全部 10 束激光同时启动工作，输出"热身"的激光，在 1 ns 的脉冲里输出 18 kJ 的 350 nm 波长的辐射。这个巨大的掺钕玻璃激光器，是设计来将 120 TW（1 TW = 10^{12}W）的功率聚集到一个聚变的小靶上的。这个功率比美国全国的发电厂的总功率的 500 倍还多，虽然时间只有 10^{-9} s。在 20 世纪 90 年代后期，诺瓦工作的最后几年，LLNL 的研究者只用诺瓦的一束激光产生了 1.25 PW（1PW = 10^{15} W）的脉冲，每个脉冲持续 490 fs（1 fs = 10^{-15} s），携带能量 580 J。

诺瓦激光器

诺瓦的继承者座塔在罗切斯特大学的激光能量学实验室（LLE）里，有 24 个固态激光器，于 1980 年开始运行。现在，LLE 运转的欧米茄（Omega）激光器输出 30～45 kJ，是全世界顶尖的激光聚变研究设备之一。1995 年升级后，欧米茄有 60 束紫外光束，是一台由掺钕的磷酸盐玻璃三倍频激光器，能把 $60×10^{12}$ W 的辐射功率集中到一个针孔大小的靶上。为此，最初的激光输出多次分束，每一束随后用钕玻璃棒状激光放大器和片状激光放大器放大，到达靶之前用 KDP 晶体三倍频到 351 nm 波长（13.4.2 节）。欧米茄激光器每小时最多动作一次，以满足研究者各种各样的需要。

欧米茄的继承者是装在加州利弗莫尔的能源部巨大的国家点火装置（NIF）。这台装置设计使用 192 束激光产生 500 TW 辐射能的脉冲，2010 年第一次点火实验。

在国家点火装置，辐射能流的开始是一个低功率（几纳焦耳）的红外（1053 nm）脉冲，从掺镱的光纤激光器输出。这个光束分成许多光束，送到钕玻璃前置放大器，放大后的能量约为 6 J。玻璃放大器的主系列，由 7680 支闪光氙灯抽运，把所有光束的能量提高到 4 MJ。空间滤波器清理光束，除去沿路由光学不完整引起的任何畸变，保证光束到达靶时是高度均匀的。

热靶中的电子非常有效地吸收红外，严重地干扰了氘氚压缩和随后要触发的热核反应。因此，在到达靶之前，先把光束变成紫外光。为此让光束相继通过两层 KDP 晶体。第一层把 1053 nm 的红外变成 527 nm 的绿光，第二层变换成 351 nm 的紫外光。整个过程的效率大约为 50%，总能量减小到 1.8 MJ。

国家点火装置在 2009 年首次开足 192 个激光束，把 1.1 MJ 的紫外光输入靶室，成为地球上最强的激光器。

实质上在 2010 年运转的 NIF 以激光器
为基础的惯性约束聚变装置的一部分

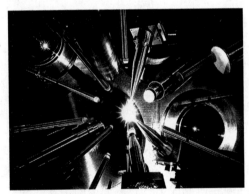

在 LLE 激光聚变装置的靶室内，用 30 kJ 的欧米茄激光器照射充氘/氚的小靶球，产生聚变反应

气体激光器

多种多样的气体激光器工作在从远红外到紫外（波长为 1 mm～150 nm）的波谱范围。它们之间的佼佼者有氦氖、氩、氪，还有几种分子气体系统，如二氧化碳、氟化氢、氮分子（N_2）。氩主要发紫色、蓝绿、绿色激光（分别对应于 457.9 nm、488.0 nm、514.5 nm 波长），可以是脉冲也可以连续工作。通常它的输出为几瓦的连续波，但也可输出高达 150 W 的连续波。氩离子激光器在某些方面和氦氖激光器很相似，但是氩离子激光器功率更大，波长更短，线宽更宽，价钱也更贵。TEA 激光器是气体大气压横向放电（Transverse Electrical Discharge in gas at Atmosphetic pressure）激光器的缩写，是 337.1 nm 紫外的比较廉价的光源。所有的惰性气体（He、Ne、Ar、Kr、Xe）都已单独射出激光。别的许多元素的气态离子也射出激光，但前一组被广泛地研究过。

CO_2 分子的激光跃迁发生在分子振动模式之间，发射 10.6 μm 的红外线，典型的连续功率为几瓦到几千瓦。掺入 N_2 和 He 之后，它的效率非常高，可达约 15%。一根 200 m 长的放电管的激光连续输出达 10 kW，而小得多的"桌上型"激光器早就可以买到商品了。在 20 世纪 70 年代，创纪录的输出是一个实验性的气体动力学激光器创造的，它利用对 CO_2、N_2 和 H_2O 混合气体的热抽运，在 10.6 μm 波长上产生了多模的 60 kW 连续波。

脉冲氮激光器工作在紫外 337.1 nm，连续的氦镉激光器工作在紫外 325 nm。别的几种金属离子（或金属蒸气）激光器产生深紫外发射，如 HeAg 产生 224 nm 激光，NeCu 产生 248.6 nm 激光。在可见波段的有铜蒸气（510.6 nm，578.2 nm）和金蒸气（627 nm）。He-Cd 激光器辐射 325.0 nm 和 441.6 nm。这些谱线来自镉离子和亚稳态氦原子碰撞而被激发的跃迁。

准分子激光器是一类气体激光器，它通过放电得到能量。通常准分子激光器是两种成分的组合，其中一种是惰性气体如氙、氪、氩，另一种是反应气体如氟、氯、溴。准分子只能存在于激发态形式。准分子激光器像 XeF（351 nm）、XeCl（308 nm）、XeBr（282 nm）、KrF（248 nm）、KrCl（222 nm）、ArF（193 nm），通常在紫外波段输出数十毫瓦。它们通常用于眼科治疗、精密微加工制造半导体集成电路。

以前说过，掺钛蓝宝石（Ti:sapphire）锁模激光器是十分稳定的红外（650～1100 nm）器件，可调谐范围很大。它们是用来产生大功率超短脉冲的理想器件，有许多应用，特别是在光谱学仪和激光测距（LIDAR）系统中。

半导体激光器

半导体激光器，也叫做结型激光器或二极管激光器，紧跟着发光二极管（LED）于 1962 年发明。今天它在电光学中唱主角，这主要是由于它的光谱纯度、高效率（≈ 100%）、坚固耐用，能够在极高的频率下调制、长寿命、虽然只有针头大的尺寸却有不小的功率（可达 200 mW）。结型激光器已经大量用于光纤通信、CD（780 nm）、DVD（650 nm）系统、激光笔等。

第一个半导体激光器用砷化镓一种材料制成，砷化镓适当掺杂生成 pn 结。同质结构引起的高的激光阈值，限制它们只能在低温下脉冲工作，否则在微小结构内产生的热会把它烧坏。1964 年研制成第一只可调谐的铅盐二极管激光器，过了十来年才商品化。它在液氮温度下工作，这肯定不方便，但是它可以从 2 μm 扫到 30 μm。

后来随着阈值减小，出现了工作在室温下的二极管连续波激光器。跃迁发生在导带和价带之间，受激发射就在 pn 结附近（图 13.23）。通常当电流经过半导体二极管向前流动，n 层的导带电子和 p 层的空穴复合，以光子的形式射出能量。这个辐射过程在与已有的吸收机制（如产生声子）争夺能量，当复合层小而电流大时它占优势，要使系统发出激光，二极管发的光要留在谐振腔内，这只要把垂直于结通道的平面抛光一般就能做到。

今天制作半导体激光器以满足各种具体需要，波长范围从大约 400 nm 到 30 μm。20 世纪 70 年代早期就有 GaAs/GaAlAs 连续波激光器，在室温工作于 750～900 nm 区域（依赖于铝和镓的相对含量）。小小的二极管芯片体积只有 $1/16$ cm^3。图 13.23b 显示典型的异质结构（由不同材料生成的器件）二极管激光器。光束从 0.2 μm 厚的 GaAs 激活会向两个方向发射。

这种小激光器通常可以输出直到 20 mW 的连续波功率。为了使频率落在光纤玻璃的低损耗区（$\lambda \approx 1.3\ \mu m$），20 世纪 70 年代中期研制出了 GaInAsP/InP 激光器，输出波长为 1.2～1.6 μm。GaN 二极管激光器输出 405 nm 的紫光，用来读写蓝光光盘。量子串接激光器在中红外和远红外区发射，2006 年已经可以大范围调谐的商品上市，现在它是特别有用的研究工具。

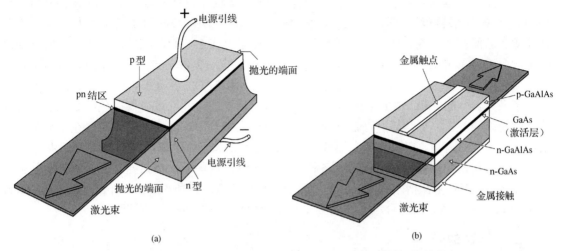

图 13.23 （a）早期的砷化镓 pn 结激光器；（b）更现代的二极管激光器

照片中显示的是断裂耦合腔激光器，它里面通过控制轴向模数目来产生带宽极窄的可调谐辐射。隔着一个小间隙耦合在一起的两个谐振腔，只让在两个腔都能维持的模式存在，因而辐射的带宽非常窄[1]。

早期的断裂耦合腔激光器

液体激光器

第一台液体激光器运转于 1963 年[2]。所有这类早期器件无一例外都是**螯合物**，即金属离子和有机自由基结合的金属有机化合物。最初的液体激光器的介质是苯甲酰化铕的酒精溶液，发射的波长为 613.1 nm。1966 年发现了非螯合物有机液体的激光作用。在研究氯铝酞菁溶液的受激拉曼发射时，意外地发现它在 755.5 nm 波长上发出激光[3]。

从此，一大批荧光染料溶液，如荧光素、香豆素、若丹明，都发出了激光，频率从红外到紫外。通常它们是脉冲工作，虽然连续工作也得到过。有机染料很多很多，看来建造一个激光器，使工作在可见光的任何频率都是可能的。而且，这些器件的一个突出特点是，可以在很宽的波段连续调谐（范围大约是 70 nm，有些脉冲系统的调谐范围超过 170 nm）。有些其他装置可以改变初级激光束的频率（光束进去是这个颜色，出来是另一个颜色，见 13.4 节），但对染料激光器，初级光束自身就可调谐。调谐的方法可以是改变染料的浓度，或者改变染

① 见 Y. Suematsu, "Advances in semiconductor lasers", *Phy. Today*, **32** (May 1985)。关于异质结构二极管激光器，参考 M. B. Panish and I. Hayashi, "A new class of diode lasers", *Sci. Am.* 225, **32** (July 1971).

② 详细可参看 Adam Heller, "Laser action in liquids", *Phys. Today* (November 1967)，p.35.

③ P. Sorokin, "Organic lasers", *Sci. Am.* 220, **30** (Febrary 1969).

料盒的长度，或者调节谐振腔末端的衍射光栅反射器。多色染料激光器系统。可以用开关从一种染料转换到另一种染料，工作的频率范围非常宽，现在已有商品。

化学激光器

化学激光器是抽运化学反应释放的能量的激光器。第一台化学激光器运转于 1964 年，到 1969 年才研制出连续波化学激光器。氟化氘-二氧化碳（DF-CO_2）激光器是自持的，不需要外能源。简而言之，混合气体中两种普通气体的化学反应 $F_2 + D_2 \rightarrow 2DF$，产生足够的能量以抽运一台 CO_2 激光器。氟化氢激光器发射的波长为 2700~2900 nm，氘激光器为 3800 nm。

激光器种类繁多，有固体、气体、液体、蒸气（如 H_2O）激光器，有半导体激光器、自由电子激光器（600 nm~3 mm）、X 射线激光器、掺杂玻璃纤维激光器、色心激光器和具有特殊性能的激光器，如超短脉冲激光器、频率超稳定激光器。最后这个激光器在高分辨率光谱学研究中非常有用，在别的研究领域中的需求也在增长（如用来检测重力波的干涉仪）。这些激光器要精密控制谐振腔，以对抗各种干扰的影响，这些干扰包括温度变化、振动甚至声音的影响。科罗拉多州博尔德（Boulder）的天体物理联合研究所（Joint Institute for Laboratory Astrophysics，JILA）的一台激光器的频率稳定度保持在 10^{14} 分之一附近。

13.1.4　神奇的光

每种激光器光束的特性都有所不同，但是多少有一些共同之处。明显的事实是，大多数激光束有优良的方向性，高度准直。在侧面是看不到激光束的，但是在光路上吹一口烟，通过散射你就可以看到光束是如何笔直地穿过房间的。工作在 TEM_{00} 模的氦氖激光器光束的发散度不到 1 弧秒。这个模式近似于高斯型辐照度分布，光通量密度从光束的中心轴极大值向外减弱，没有旁瓣。典型的激光束很窄，直径不超过几毫米。因为光束很像切出来的一束平面波，所以是高度空间相干的。事实上，它的方向性就是这种相干性的一种表现。激光是准单色的，频宽很小（7.4.2 节）。换句话说，它是高度时间相干的。

激光的另一个特性是能够在这么窄的频宽里输送大的光通量或大的辐射功率。激光发射的能量集中在很窄的光束里。相反，一盏 100 W 的白炽灯泡可以比一个低功率的连续波激光器发出多得多的辐射能量，但是它的发射是非相干的，张一个大立体角，并且有很宽的频宽。一面好透镜[①]能够完全截住激光束，把它的几乎全部能量聚焦在一个小点上（小点的直径与 λ 和焦距成正比，与光束的直径成反比）。用普通的短焦距透镜可以聚焦到光斑的直径只有千分之一厘米。聚焦的激光束里的光通量密度可以超过 10^{17} W/cm^2，与之对照，焊接用的氧乙炔火焰中只有 10^3 W/cm^2。为了对这个功率水平有个感性认识，把几千瓦的连续 CO_2 激光束聚焦，10 s 左右就可以烧穿四分之一英寸厚的不锈钢钢板。为了比较，在普通光源前面放一个针孔和一片滤光片肯定也可以产生空间和时间相干光，但是它只占总功率输出的一小部分。

飞秒光脉冲

20 世纪 70 年代早期锁模染料激光器的出现，大大地推动了超短光脉冲的产生[②]。1974 年之前已经产生了亚皮秒光脉冲（1 ps = 10^{-12} s），但直到 70 年代末没有什么重大进展。1981 年在产生飞秒激光脉冲（小于 0.1 ps 或 100 fs）方面有两个独立的进展：贝尔实验室的一个

---

① 因为激光束是准单色和沿透镜的轴入射，所以球差是主要的问题。

② 见 Chandrashekhar Joshi and Paul Corkum, "Interactions of ultra-intense laser light with matter", *Phys. Today* **36** (January 1995)。

小组研发了碰撞脉冲环型染料激光器，国际商用机器公司（IBM）的一个团队提出了脉冲压缩的新机制。

这些成就除了可以应用在电-光通信的实用领域，还牢靠地建立了一个新的研究领域，叫做超快现象。对一个发生得十分快的过程（例如，半导体的载流子动力学、荧光、光化学生物过程、分子构型改变），研究这些过程最有效的办法，就是要在比这个过程短的时间尺度上来考察它。持续 ≈ 10 fs 的脉冲打开了一条全新的路子，对物质以前不清楚的方面进行研究。

持续仅 8 fs（10^{-15} s）的脉冲，现在已经常规地产生出来，它的长度对应于红光 4 个波长。产生它的一个方法，基于 20 世纪 50 年代的雷达的思路，叫做脉冲压缩。把初始激光脉冲的频谱加宽，就使它的倒数、或脉冲的时间宽度变窄。$\Delta \nu$ 和 Δt 是一对共轭的傅里叶变量[（7.63）式]。把几皮秒长的输入脉冲通过一个非线性色散介质，即一条单模光纤。光强足够高时，折射率有一个可观的非线性项（13.4 节），脉冲的载频会有一个依赖于时间的移动。在通过大约 30 m 光纤时，脉冲的频率提高，叫做"啁啾"现象。也就是脉冲的频谱将会展开，低频在前面，高频在后面[①]。然后让光谱已经加宽的脉冲再通过另一个色散系统（一条延迟线），如一对衍射光栅。频率不同的波走不同的路，使蓝移的尾巴赶上红移的前沿，生成时间压缩的输出脉冲。

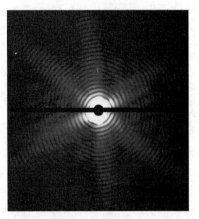

世界上最强的自由电子 X 光激光器（斯坦福直线加速器相干光源）生成的微病毒的 X 光衍射图样

散斑效应

激光的空间相干性的一个相当明显并且容易观察的显示是它从漫反射面反射得到的颗粒状外貌。把一个氦氖激光器（632.8 nm）通过一个简单的透镜扩束，然后投射到墙壁或者一片纸上。被照射的圆盘区域呈现出明暗的斑点，令人眼花缭乱地闪烁着。眯着眼睛看时颗粒变大，对屏幕走过去，它又缩小。摘掉眼镜，斑纹图样仍然非常清晰。事实上，如果你是近视眼，透镜上灰尘引起的衍射条纹会因你摘掉眼镜而模糊消失，但是这些斑纹不会。拿一支铅笔，放在离眼睛不同的距离上，使圆盘刚好出现在铅笔之上。在每个位置，眼睛聚焦在铅笔上。不论你在何处聚焦，颗粒结构非常清楚。换一个望远镜来看这些图样，把望远镜的聚焦距离从最近调到最远，即使墙壁已完全模糊，颗粒一直非常清楚。

从漫反射表面散射的空间相干光，使其周围区域充满了稳定的干涉图样（就像 9.3 节的分波阵面装置一样）。在漫反射表面上颗粒非常小，但是，随着距离变大，颗粒也变大。在空间的任何位置，合电场是许多作贡献的散射子波的叠加。这些子波必定有恒定的相对相位，由散射体到观察点的光程决定的，这时干涉图样就稳定了。下页的照片很好地显示这种情况。照片上的水泥砖块一次用激光照明，另一次用准直的汞弧光灯照明，两者都有相同的空间相干度。激光的相干长度远远大于表面特征的高度，汞光的相干长度则否。在前一情况下，照片上的散斑很大，模糊了表面的结构；对于后者，尽管是空间相干的，照片上看不见散斑图样，表面结构突显出来。由于粗糙的纹理，由表面上两个鼓包到观察点的两个子波，它们之间的光程差

---

① 此处译者稍作解释。作者在这里说的是激光脉冲压缩，这在 20 世纪 90 年代是一个热门领域。强激光通过光纤时，前面部分的激发改变了光纤的折射率，使后面的光相位发生调制，输出光纤后频谱变宽，低频部分在前，高频部分在后。——译者注

通常都超过汞光的相干长度。叠加的波列的相对相相位随时间无规地快速变化，洗掉了大尺度的干涉图样。

会聚在屏前方的散射波生成了实条纹系统。用一张纸放在适当位置和干涉图样相交，就可以看到条纹。在空间生成实像之后，光线继续发散，因此把眼睛适当聚焦，就能直接看到像的任何区域。相反，原来发散的光线，在眼睛看来就好像是从散射屏后面射出一样，因此成一个虚像。

由于色差，正常眼睛和远视眼倾向于把红光聚焦在屏后。相反，近视的人看到实场，在屏前方（与波长无关）。如果观察者把头偏向右方，在前一情形图样也偏向右方（焦点在屏外），而在后一情形则偏向左方（焦点在屏前）。如果你看的时候离表面很近，图样将跟随你的头运

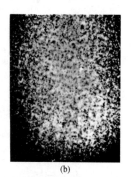

散斑图样。（a）汞弧灯照明的水泥砖块；（b）氦氖激光器照明的水泥砖块

动。从窗户向外看，也有同样的表现视差运动；窗外的物体跟着你的头动，窗内的相反。明亮的窄带宽的空间相干的激光束最适合观察颗粒效应，虽然其他的方法肯定也行[①]。用不滤光的太阳光看，颗粒很小，在表面上，还带颜色。这种效应用平滑的平又黑的材料（如招贴画的纸）最容易看到，在指甲或旧的硬币上也行。

虽然颗粒效应提供了美学上和教学上令人惊奇的演示结果，但是在相干照明系统中可能是实在的麻烦。例如，在全息中散斑图样对应于讨厌的背景噪声。顺便说一句，在用一台可移动的收音机收听时，会遇到同样的事情。这时在不同的位置，收音机的信号强度也不同，因环境和产生的干涉图样而异。

自发拉曼效应

一个受激发的原子发射一个光子之后，有可能并不回到原来的初态。在量子理论出现之前，斯托克斯（G. Stokes）早就观察到这类行为，并作了广泛的研究。因为原子掉到某个中间态，它发射光子的能量比入射的初始光子能量小，这叫做**斯托克斯跃迁**。如果这个过程发生得很快（大约 10^{-7} s），叫做**荧光**，要是有可观的延迟（有时延迟几秒、几分钟甚至几小时），叫做**磷光**。在我们的日常生活中，用紫外光来产生可见的荧光是经常发生的。许多普通的材料（例如洗衣粉、有机染料、牙齿的珐琅质），在紫外光的辐照下都会发射出特征的可见光光子；因此，广泛应用这个现象来制作商业广告和"洁白"衣服。

准单色光被物质散射后，主要包含相同频率的光。但是也有可能观测到频率更高或更低的分量（边带）。此外，边带和入射频率 ν_i 之差是材料的特征，所以可以在光谱学中得到应用。现在叫做**自发拉曼效应**的过程，斯梅卡（Adolf Smekal）在 1923 年就预告其存在，1928 年，当时是加尔各答大学物理教授的拉曼（Raman，1888—1970）用实验观测到。这个效应需要强光源（通常用汞放电灯）和大块的样品才能产生，难以找到实际用途。所以，虽然拉曼效应有潜在的应用价值，但是热过一阵之后就过去了。有了激光器之后，情况完全改变。**拉曼光谱学**现在是一个独一无二的强有力的分析工具。

① 关于这个效应的进一步的文献，见 L. I. Goldfischer, *J. Opt. Soc. Am.* **55**, 247 (1965); D. C. Sinclair, *J. Opt. Soc. Am.* **55**, 575 (1965); J. D. Rigden and E. I. Gordon, *Proc. IRE* **50**, 2367 (1962); B. M. Oliver, *Proc. IEEE* **51**, 220 (1963).

要了解拉曼效应，先回顾一下分子光谱的特性。分子可以吸收远红外和微波的辐射能量，转变为转动动能。它也能吸收红外光子（波长约在 10^{-2} mm 到 700 nm），把辐射能变为分子的振动能量。最后，它还能像原子一样，通过电子跃迁的机制吸收可见和紫外区域的能量。假定有一个分子处在某个振动态，按量子力学的记法称为 $|b\rangle$，见图 13.24a。它不需要是一个激发态。能量为 $h\nu_i$ 的入射光子被吸收，系统的能量升高到某个中间态或者虚态，在这个态发生斯托克斯跃迁，发射（散射）一个光子，其能量 $h\nu_s < h\nu_i$。由于能量守恒，能量差 $h\nu_i - h\nu_s = h\nu_{cb}$ 用来把分子激发到某个高振动能级 $|c\rangle$，激发到电子能级或者转动能级也是可能的。

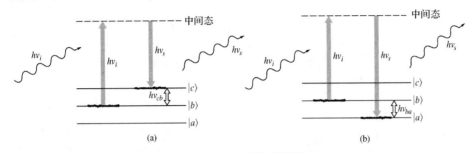

图 13.24　自发拉曼散射

另一情况是，如果初态是一个激发态（只要加热样品就行），分子吸收和发射光子后，可能掉到比初态更低的态（图 13.24b），完成一个反斯托克斯跃迁。在这种情况下，$h\nu_s > h\nu_i$，分子的振动能量（$h\nu_{ba} = h\nu_s - h\nu_i$）转变为辐射能。无论哪种情况，$\nu_s$ 和 ν_i 之差对应于被研究材料中的某两个能级之间的能量差，因此得到分子结构的信息。为了比较，图 13.25 画出了瑞利散射，这时 $\nu_s = \nu_i$。

激光器是自发拉曼散射的理想光源。它亮度高，准单色，可用的频率范围很广。图 13.26 是一个典型的激光拉曼系统。全套研究仪器，包括激光器（通常是氦氖、氩或者氪激光器）、聚焦透镜系统、光子计数电子学仪器等已有商品出售。

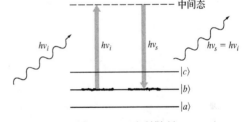

图 13.25　瑞利散射

因为拉曼散射的光包括原来的激光（ν_i）和拉曼光（ν_s），所以需要用双扫描单色仪来区分 ν_i 和 ν_s。虽然与分子转动有关的拉曼散射在使用激光器之前就观察到了，但是用了激光器之后灵敏度大提高，使观察更容易，甚至还可以考察电子运动的效应。

受激拉曼效应

1962 年伍德伯里（E. J. Woodbury）和恩戈（W. K. Ng）幸运地发现了受激拉曼散射。他们的实验用了硝基苯克尔盒光开关（参看 8.11.3 节）的兆瓦级脉冲红宝石激光器。他们发现，波长为 694.3 nm 的入射光的能量，大约有 10% 转移到看来是相干散射的 766.0 nm 波长的光束。随后，判定这个大约 40 THz 的频移对应于硝基苯分子的一个振动模，还发现散射光束中有新的频率。用聚焦的高能激光脉冲，可以在固体、液体、稠密的气体中产生受激拉曼散射（图 13.27）。这个效应图示在图 13.28 中。图中有两个光子束同时射到分子上，一个光束是激光频率 ν_i，另一个光束是散射频率 ν_s。在原来的装置中，散射光束在样品中来回反射，但是没有谐振腔也能产生这个效应。激光束失去一个光子 $h\nu_i$，而散射光束得到一个光子 $h\nu_s$，随后被放大。剩下的能量（$h\nu_i - h\nu_s = h\nu_{ba}$）交给了样品。只有激发的激光束的通量密度超过某个高阈值时，才会发生链式反应，把入射光束的大部分转换为受激拉曼光。

受激拉曼散射提供了一个全新波段的高通量密度相干光源，从红外到紫外。还应该说一下，原则上每种自发散射机制（如瑞利散射和布里渊散射）都有对应的受激散射[①]。

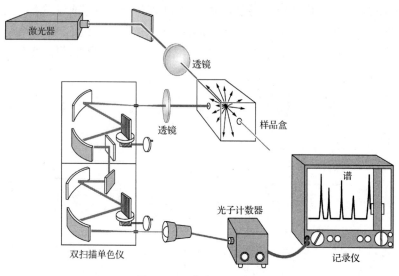

图 13.26　激光拉曼系统

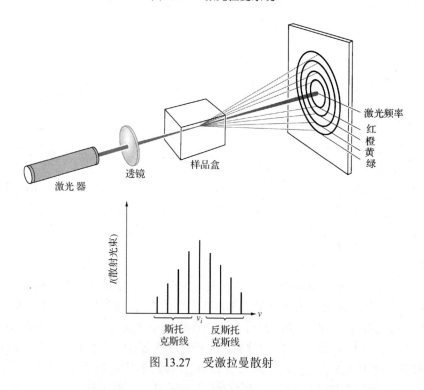

图 13.27　受激拉曼散射

---

① 这个课题的进一步的文献阅读，可参阅 Nicolaas Bloembergen 的评论性教学文章："The Stimulated Raman Effect"，*Am. J. Phys.* **35**, 989 (1967)。这篇文章包含了非常好的参考文献和历史附录。文集 *Laser and Light* 中的多篇文章也涉及这个课题，高度推荐去阅读。

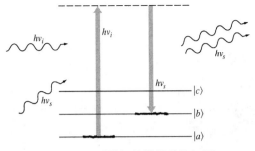

图 13.28　受激拉曼散射的能级图

13.2　成像——光学信息的空间分布

用光学方法处理各种各样的数据已经成了工程上的既成事实。从 20 世纪 60 年代以来的文献，反映了各种领域对光学数据处理这种方法的广泛兴趣。它已在许多领域内得到实际应用，如电视和照相图像增强、雷达和声呐信号处理（整相阵列天线和综合阵列天线分析）以及图形识别（例如航空相片判读和指纹研究）等，这里只举了很少几种。

我们在这里介绍所用的术语和一些观念，它们是为理解光学中这一当代的突破所必需的。

13.2.1　空间频率

在电过程中人们关心的是信号随时间的变化，例如，空间某一固定位置的一对端子上的电压的逐时逐刻的变化。而在光学中，我们关心的则是在固定时刻分布在一个空间区域上的信息。例如，可以把图 13.29a 中所画的景物看成一个二维的通量密度分布。它可以是一张被光照射的透射薄膜，一幅电视画面，或者是投映在屏上的一个像；不论哪种情况都假定有某个函数 $I(y,z)$，它给出图中每一点上的 I 值。为了使事情简化一些，假设对屏上的一根水平线 $z = 0$ 扫描，并画出辐照度随距离的逐点变化，如图 13.29b 所示。用第 7 章和第 11 章所讨论的傅里叶分析方法，函数 $I(y,0)$ 可以从简谐函数合成出来。本例中的函数相当复杂，需要用很多项才能把它足够好地表示出来。但只要 $I(y,0)$ 的函数形式已知，下一步并不难。沿另一根线例如 $z = a$ 扫描，得到 $I(y,a)$，如图 13.29c 所示，它碰巧是一系列等间隔的方脉冲。这个函数我们在 7.3 节中曾详细讨论过，在图 13.29d 中粗略地画出它的几个傅里叶分量。如果图 13.29c 中各个峰（从中心到中心）的间隔比方说是 1 cm，那么空间周期就等于每周 1 cm，而它的倒数则是空间频率，它等于每厘米 1 周。

一般而言，我们能够把同任何一根扫描线相联系的信息，变换为一系列具有适当振幅和空间频率的正弦函数。对于图 13.30 的那种简单正弦波靶或方波靶的情况，每一条这样的水平扫描线都相同，图形实际上是一维的。合成一个方波所需的傅里叶分量的空间频率谱如图 7.40 所示。反之，酒瓶和分支烛台图像的 $I(y,z)$ 则是二维的，必须用二维傅里叶变换（7.4.4 节和 11.2.2 节）来考虑。我们还可以提一下，至少在原则上，也可以记录下图景的每一点上电场的振幅，然后把这个信号类似地分解为其傅里叶分量。

我们还记得（11.3.3 节），远场衍射或夫琅禾费衍射图样实际上就是孔径函数 $\mathscr{A}(y,z)$ 的傅里叶变换式。孔径函数在输入平面（即物平面）上是正比于单位面积的光源强度 $\varepsilon_A(y,z)$〔（10.37）式〕的，换句话说，如果物平面上的光强分布由 $\mathscr{A}(y,z)$ 给出，那么它的二维傅里叶变换式将表现为一个很远的屏上的光强分布 $E(Y,Z)$。像图 7.52 中一样，可以在物后

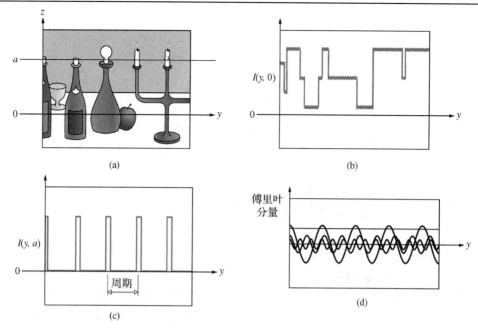

图 13.29　一个二维的辐照度分布

放一个透镜（L_t）以缩短到像平面的距离。这个物镜通常叫做**变换透镜**，因为可以把它看成仿佛是一个光学计算机，它能产生瞬时的傅里叶变换。现在，假设用一束空间相干的准单色光波，比方从激光器射出的平面波或经过准直和滤波的汞弧光，来照射一个有点理想化的透射光栅（图 13.31）。不论用哪种光源，都假定光场振幅在入射波阵面上处处恒定。于是孔径函数是一个周期的阶跃函数（图 13.32），即当我们在物平面上从一点运动到另一点时，光场的振幅要么是零，要么是一个常值。如果 a 是光栅线间距，那么它也是阶跃函数的空间周期，而它的倒数则是光栅的空间基频。衍射图样中的中央亮斑（$m=0$）则是对应于零空间频率的直流项，它是由于输入 $\mathscr{A}(y)$ 处处为正而引起的偏场。通过把阶跃函数图样建立在一个均匀的灰色背景上的办法，可以移动这个偏场。像平面（本例中即变换平面）中的亮点离中心轴越远，它们对应的空间频率（m/a）根据光栅方程 $\theta_m = \lambda(m/a)$ 就随之增大。越粗的光栅的 a 值越大，因此，对一给定的级（m）将有一个较低的频率 m/a，而亮点将更靠近中心轴（或光轴）。

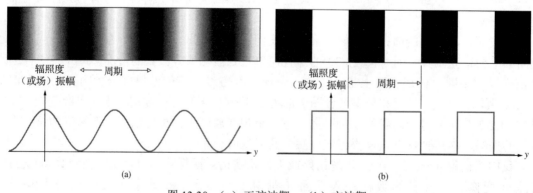

图 13.30　（a）正弦波靶；（b）方波靶

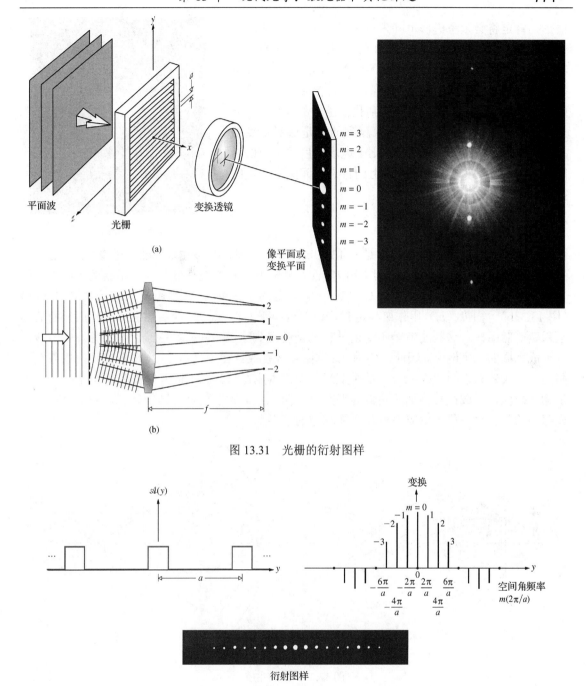

图 13.31 光栅的衍射图样

图 13.32 方波及其变换

如果用一个透明度如同正弦标板的物体（图 13.30a），以使孔径函数按正弦变化，那么在理想条件下在变化平面上只应出现三个亮点，即零频率的中心峰值，以及中心两侧的一级项或基频项（$m = \pm 1$）。推广到二维情形，一个交叉的光栅（网）将得出下页照片所示的衍射图样。注意，图中除了网的水平方向和竖直方向的明显周期性之外，它在别的方向例如沿对角线方向也是重复的。一个更复杂的物体，比如一张月面透明薄膜，将会产生一个极复杂的衍射图样。由于光栅的周期性简单，可以认为它的分量是傅里叶级数；而对于月面透明薄膜的情形，肯定将必须考虑傅里叶积分变换。不论哪种情形，衍射图样中的一个亮点都表示出现了一个特定的空间频率，它正比于亮点离光轴（零频率位置）的距离。正负频率分量出现在中央轴正相反的两侧。如果能够量出变换平面中每点的电场，就能确实观察到孔径函数的变换式，但是这在实际上是做不到的。能探测到的只是通量密度分布，在它的每一点上，辐照度正比于电场强度的平方的时间平均值，或等效地正比于该点上的特定空间频率分量的振幅的平方。

网格光栅的衍射图样

13.2.2　阿贝成像理论

考虑图 13.33a 中的系统，它是图 13.33b 的画得更细致的形式。从准直透镜（L_c）射出的平面单色波阵面被一光栅衍射，结果波阵面发生畸变，我们把它分解为一组新的平面波，每一个对应于一个给定级 $m = 0, \pm 1, \pm 2, \cdots$ 或给定的空间频率，并在一个特定方向上传播（图 13.33b）。物镜（L_t）用作变换透镜，以在变换平面 Σ_t（即 L_t 的后焦面）上形成光栅的夫琅禾费衍射图样。这些波当然还要越过 Σ_t 向前传播到达像平面 Σ_i，在 Σ_i 上叠加并发生干涉，以形成光栅的一个倒像。因此，G_1 和 G_2 这两点分别成像在 P_1 和 P_2。物镜形成了两幅截然不同的、令人感兴趣的图样。一个是傅里叶变换，生成在与光源平面共轭的焦平面上；另一个是物体的像，生成在与物平面共轭的平面上。图 13.34 表示一个同样的装置，对一个受相干光照明的狭长水平狭缝生成傅里叶变换和像的情形。

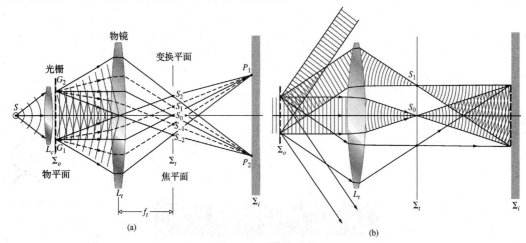

图 13.33　像的生成

我们可以把图 13.33a 中的 S_0、S_1、S_2 等各点看成仿佛是发射惠更斯子波的点源，而它们在 Σ_t 上所产生的衍射图样就是光栅的像。换句话说，像是由一个双衍射过程产生的。换种方式，我们也可以这样想象这个过程：入射波被物体衍射，所得到的衍射波然后再一次受到物镜的衍射。如果没有这个透镜，在 Σ_i 上本应出现物体的衍射图样而不是物体的像。

这些观念是阿贝（Ernst Abbe，1840—1905）于 1873 年首次提出的[①]。他当时的兴趣是

[①] 瑞利在 1896 年提出了另一种方法，两种方法最终是等价的。他把物上的每一点都看成相干光源，发出的波被透镜衍射成一个爱里斑。物体上每个点的爱里斑的中心就在这一点在 Σ_i 上的理想像点。所以 Σ_i 就被相互有些重叠并且相互干涉的爱里斑覆盖。

在显微镜理论方面，这个理论同上面的讨论的关系是很明显的，若把 L_t 当作显微镜的物镜。而且，如果把光栅换成一片某种薄而半透明的材料（即要考察的标本），它由一个很小的光源通过聚光器照明，那么这个系统肯定像是一个显微镜。

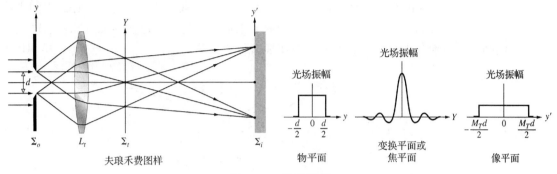

图 13.34　狭缝的像

蔡斯（Carl Zeiss，1816—1888）19 世纪中叶在耶纳城（Jena）经营一间制作显微镜的小作坊，他认识到那时流行的经验摸索方法的不足。1866 年，他聘请阿贝（当时是耶纳大学的一个讲师），以开创一个更科学的显微镜设计方法。阿贝立即从实验发现，较大的孔径分辨率较高，即使表观的入射光锥只占物镜的一小部分。周围的"暗区"不知怎么也会对像有贡献。因此他采取了这样一种做法：当时已经熟知的发生在透镜边缘上的衍射过程（它对点光源将导致爱里斑），在这里起的作用同它对非相干光照明的望远镜物镜起的作用不同。标本大小为λ的量级时，它们显然要把光散射到显微镜物镜的"暗区"中去。注意，若如图 13.33b 所示，物镜的孔径不够大，不足以收集全部衍射光，那么像就不和物精确对应。相反，它对应于一个虚构的物，这个物的完整的衍射图样与 L_t 收集的图样相配。我们从上节知道，夫琅禾费图样丢失的这一部分外部区域与更高的空间频率相联系。因此，我们即将看到，失去它们会给像的清晰度和分辨率带来损失。

从实际的角度来说，除非前面考虑的光栅宽度为无穷大，否则它不可能是严格周期性的。这意味着它有一个连续的傅里叶频谱，其中占主导地位的是通常的分立的傅里叶级数项，别的项的振幅要小得多。复杂的不规则物体的傅里叶变换明显地显示出连续的本性。无论如何，应强调指出：除非物镜的孔径为无穷大，否则它的作用就像是一个低通滤波器，它剔除某一给定值以上的空间频率，通过这个值以下的一切空间频率（前者即那些超出透镜的物理边界的空间频率）。因此，一切实际的透镜系统在相干照明下，重现一个实际物体的高次空间频率成分的能力，都是受限制的[1]。还可以指出，工作在高空间频率上的光学成像系统，有一种基本的非线性特性[2]。

13.2.3　空间滤波

假设我们实际建立图 13.33a 所示的系统，用一台激光器作平面波源。若要使 S_0、S_1、S_2 诸点成为夫琅禾费图样的源，那么成像屏必须放在 $x = \infty$ 处（虽然 10～40 m 常常就行了）。我们不怕引起大家腻烦，再次提醒一句：原来要用 L_t，就是为了把物体的衍射图样从无穷远

① 要知道阿贝在光学的许多成就，可参看 H. Volkmann, "Ernst Abbe and his work", *Appl. Opt.* **5**, 1720(1966).

② R. J. Becherer and G. B. Parrent, Jr., "Nonlinearity in optical imaging system", *J. Opt. Soc. Am.* **57**, 1479(1967).

移到近处来。现在为了同一目的，再引入一个成像透镜 L_i（图 13.35 和图 13.36）。以使一组源点 $S_0, S_1, S_2, \cdots$ 的衍射图样从无穷远移到近处，从而将 Σ_t 移到一个方便的距离。变换透镜使来自物的光会聚为 Σ_t 平面上的一幅衍射图样；即，它在 Σ_t 上产生物的二维傅里叶变换。也就是说，物的空间频率谱散布在变换平面上。然后 L_i（"逆"变换透镜）再把分布在 Σ_t 上的光的衍射图样投射到像平面上。换句话说，它对衍射光束再发生衍射，这实际上意味着它产生了一个（倒的）逆变换。于是 Σ_t 上的数据的逆变换表现为最后的像。

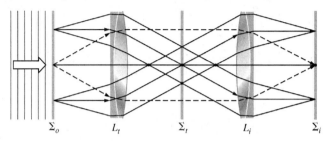

图 13.35　物平面、变换平面和像平面

在实际中，L_t 和 L_i 常常是全同的（$f_t = f_i$），很好地校正过的，由多块透镜组成的镜头（为了高质量的工作，它们的分辨率要在 150 线对/毫米左右，1 线对就是图 13.30b 中的一个周期）。对于要求较低的应用，两个大孔径（大约 100 mm）的焦距合适的（30～40 cm）投影仪镜头也工作得很好。然后只需把两块透镜来回移动，使两块透镜的后焦面同 Σ_t 重合。附带说一句，输入平面或物平面离 L_t 的距离并不一定是一个焦距，Σ_t 上仍会出现变换。移动 Σ_o 只影响振幅分布的相位，这通常是人们不太感兴趣的。图 13.35 和图 13.36 中所示的装置常常称为**相干光计算机**。它使我们能够在变换平面内插入一些障碍物，例如，掩模（mask）或滤波器，用这种办法来部分地或完全地堵住某些空间频率，使它们不能到达像平面。这个改变像的频谱的过程叫做**空间滤波**（见 7.4.4 节）。

从前面关于夫琅禾费衍射的讨论我们知道，Σ_o 上的一条长狭缝，不论它的取向和位置如何，都会在 Σ_t 上产生一个变换，这个变换由一系列排布在一条通过原点并且垂直于狭缝的直线上的光带组成（图 10.6）。因此，若一个直线形物体由 $y = mz + b$ 描述，则其衍射图样沿着直线 $Y = -Z/m$，或者等价地，由（11.64）和（11.65）两式得到 $k_Y = -k_Z / m$。记住这一点及爱里斑的图样，我们应当能够预测各种形状的物的变换的粗结构的某些方面。还要记住这些变换是以系统的光轴（频率为零）为中心的。例如，若物是一个透明的加号，其水平线比竖直线粗，那么它的二维变换式的形状也多少像一个加号。较粗的水平线产生一系列较短的竖直光带，而较细的铅直线则产生一系列较长的水平光带。记住，物元素的尺寸越小则其衍射角度越大。因此，也可以按阿贝的方式来想象整个过程，而不用空间频率滤波和变换的观念，这些观念代表的是近代的通信理论的影响。

图 13.36 中符号 **E** 的竖直部分产生很宽的频谱，表现为水平方向的图样。注意，一个给定物上的一切平行的线光源在变换平面上都对应于一根单一的直线阵列。而它又通过 Σ_t 上的原点（截距为零），正如光栅的情形一样。一个透明的数字 5 所产生的图样将既有亮点的水平分布又有竖直分布，它们伸展到一个很大的频率范围。这个图样中也将有频率较低的同心环状结构。圆盘和圆环等的变换式显然将是圆形对称的。类似地，一个水平的椭圆孔将产生铅直指向的同心椭圆光带。远场图样经常具有一个对称中心（见习题 10.25 及习题 11.37）。

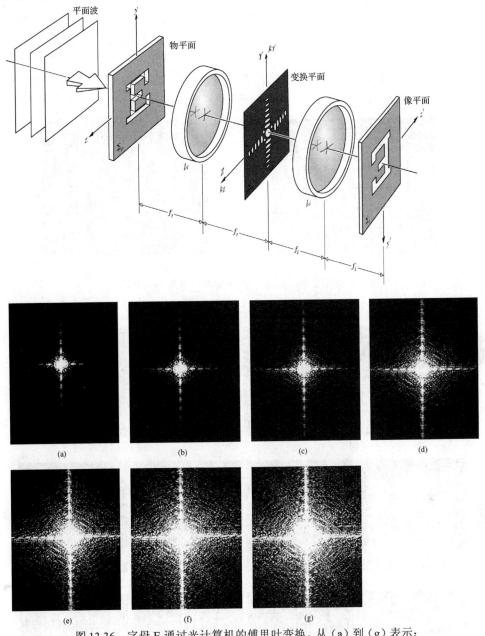

图 13.36　字母 E 通过光计算机的傅里叶变换。从（a）到（g）表示：
随着曝光时间增长，显示出变换的越来越多的细节

现在我们可以较好地理解空间滤波过程了，为此，考虑一个实验，它同波特（A. B. Porter）在 1906 年发表的实验非常相似。图 13.37a 示出一个精细的网格，它的周期性图样受到几粒灰尘的扰乱。把网格放在 Σ_0 处，图 13.37b 示出出现在 Σ_t 上的变换式的样子。现在有趣的事发生了——由于与灰尘有关的变换信息以无规的云雾状分布在中心点附近，因此我们在 Σ_t 插入一块不透明的模片就很容易把它去掉。如果这块模片在每个主极大处有一孔，只让这些频率通过，那么像将显得没有灰尘，如图 13.38a 所示。在另一种极端情况下，如果只让中心附近的云雾状图样通过，那么就没有什么周期性结构出现，剩下一个实际上只由灰尘粒子组成的像（图 13.38b）。只让零级中心亮点通过将产生一个均匀照明的（直流）场，就像网格不放在那里似的。注意，随着越

来越多的高频分量被遮掉，像的细节也显著变坏［图 13.38 中的（d）～（f）］。如果还记得一个具有"陡沿"的函数是怎样由它的各次谐波分量合成出来的，这是很容易理解的。图 7.34 的方波可以用来说明这一点。很明显，加上高次谐波主要是用来使角变方以及使之后所得出的像波形的峰和谷变平。这样，**空间频率的高频分量有助于详细表明像的亮暗之间清晰边界**，而去掉高频项就使阶跃函数的方角变圆，随之而来的就是二维情况下的分辨率受到损失。

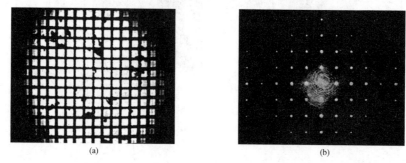

(a)　　　　　　　　　　(b)

图 13.37　带一些灰尘的精细的网格及其变换式

改变了的像　　滤波变换　　　　改变了的像　　滤波变换

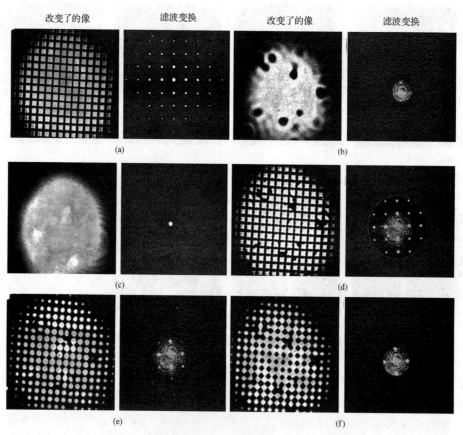

(a)　　　　　　　　　　(b)

(c)　　　　　　　　　　(d)

(e)　　　　　　　　　　(f)

图 13.38　把图 13.37（b）衍射图样的不同部分用掩片或空间滤波器挡掉之后生成的像

如果让一切频谱都通过而单单不让中央亮点通过，以去掉直流分量（图 13.38c），那么情况又会怎样呢？在照片中原来的像上呈现为黑色的一点表明该点的辐照度近于零，因而光场振幅也近于零；所有各个光场分量在该点完全相消，因此没有光。但是随着去掉直流项，该点

的光场振幅肯定不再为零。平方
后（$I \propto E_0^2 / 2$）就会得出一个不
为零的辐照度。由此可得，原来
在照片中为黑的区域现在将变
白，而原来为白的区域现在则会
变成灰色，如照片所示。

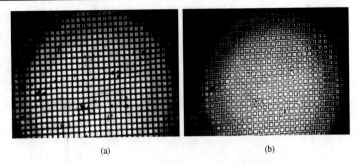

(a)　　　　　　　　　(b)

把图 13.37（a）的衍射的零级去掉之后生成像（b）

现在考察这种技术的某些
可能应用。图 13.39a 表示一张复
合的月面照片，它由许多长条胶
片拼合而成。各种视频数据是由月球轨道飞行器 1 号上的遥测器传送到地球上来的。显然，原物
照片中相邻两条之间的栅状的、有规则的不连续性，会产生带宽很宽的竖直频率分布，这在图
13.39c 中看得很明显。在这些频率分量被挡掉之后，增强后的像就显不出它曾是一张镶嵌照片的
痕迹了。同样，也可以抑制亚原子粒子径迹的气泡室照片中的额外的数据[1]。由于未散射的粒子
束径迹的存在（图 13.40），使这些照片难以分析，但是由于未散射粒子的径迹都是平行的，所以
它们很容易用空间滤波的方法去掉。

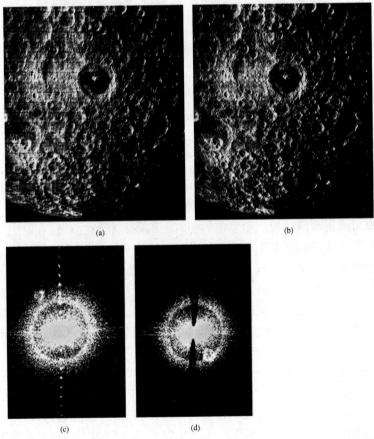

图 13.39　空间滤波。（a）月球轨道飞行器拍摄的一张拼合的月面照片；（b）经过滤波后无水平线的照片；
　　　　　（c）月面景色的一个典型的未经滤波的变换式（功率谱）（d）竖直光点被滤掉后的衍射图样

---

[1] D. G. Falconer, "Optical processing of bubble chamber photographs", *Appl. Opt.* **5**, 1365(1966)，有光计算机的一些其他应用。

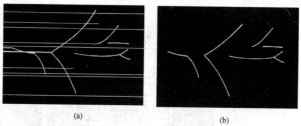

图 13.40　未经滤波的和经过滤波的气泡室径迹

现在来考虑熟知的点染制版（half-tone）或摹真的过程，印刷工人用这种方法，能够只用黑色油墨和白纸印出包含不同灰色色调的图像（仔细看一下报纸上的照片）。如果把一张这样的摹真透明胶片插在图 13.35 中的 Σ_o 平面上，那么它的频谱将出现在 Σ_t 上。由于点染网格而产生的频率较高的分量很容易去掉，这样就能得到一个具有不同深浅的灰色的像，而不显现原来的图片的不连续性（图 13.41）。实际采用基本棋盘格子的变换的一张负片，能够制成一个精密的滤波器，它只阻挡方格的频率。或者换个方法，只用一个低通圆孔滤波器通常也就行了（但是这时会漏掉原来的景象中的一些高频细节），至少在网格频率较高时是这样。

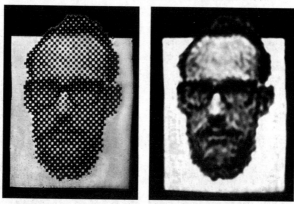

图 13.41　左边是一张只由黑白方格组成的画像的点染制版。右边是滤去高频之后的像，这时不同的灰色层次出现，截然分明的边界消失了

同样的步骤可以用来清除放大很多倍的照片上的颗粒状特性，这在航空摄影侦察中有价值。反过来，也可以通过加强其高频分量的办法，来突出一张有些模糊的照片的细节。这可以用一个更多地吸收频谱中的低频分量的滤波器来做到。从 20 世纪 50 年开始，为摄影图像的增强做了大量研究工作，得到的成功的确引人注目。巴黎大学光学研究所的 A. Maréchal 在这方面做出了突出的贡献，他把吸收滤波器同移相滤波器结合起来，以重建很模糊的照片中的细节。这些滤波器是淀积在光学平板玻璃上的透明敷层，以便延迟频谱的不同部分的相位（13.2.4 节）。

随着光学数据处理工作在未来几十年的发展，我们肯定将看到，在越来越多的应用中摄影装置将换成实时的电光器件（例如，由超声-光调制器阵列构成的多通道输入已经投入使用）[①]。当输入、滤波和输出功能都可以用电光方法履行时，相干光计算机将会相当成熟，成为一种更有力的工具。这样一个系统将能够源源不断地输入实时数据同时输出实时数据。

---

① 我们只触及光学数据处理这个题目，更全面的讨论见 Goodman《傅里叶光学导论》第 7 章（詹达三等译，科学出版社，1976）。这篇文献也包括了一个很好的进一步阅读期刊论文的文献目录。又见 P. F. Mueller, "Linear multiple image storage," *Appl. Opt.* **8**, 267 (1969)。这里，和现代光学的许多领域一样，前沿在迅速向前推进，不与时俱进就会落伍。

13.2.4　相衬法

　　上一节中曾简短地提到，可以通过引入一个移相滤波器使重现的像发生变化。这一方法的最著名的例子也许要回溯到 1934 年荷兰物理学家泽尼克（F. Zernike）的工作，他发明了**相衬法**，并且把它应用于相衬显微镜。

　　一个物体之所以能够被"看见"，是因为它有别于其环境：它具有颜色、色调或者缺乏某种颜色，这就使它同背景之间有反衬。这种结构叫做幅物体，因为它能够被观察到是由于它所引起的光波振幅的变化。被这样一个物体所反射或透射的光波在反射或透射过程中变成调幅波。与之有别，我们常常想要"看到"相物体，所谓相物体即是透明的物体，因而同其环境之间没有反衬，它只改变被察觉的光波的相位。这种物体的光学厚度通常是逐点变化的，这或者是由于折射率的变化，或者是由于其实际的几何厚度变化，或者是二者都变。显然，由于眼睛不能察觉相位的变化，这种物体是不可见的。就是这个问题使生物学家发展出对透明的显微镜标本进行染色的多种技术，这样来把相物体转换为幅物体。但是这个方法在许多方面都不能令人满意，比如，在染色同时就杀死了标本，而我们要研究的正是它的生命过程，这是经常发生的情况。

泽尼克（F. Zernike，1888—1966）
获得 1953 年诺贝尔物理学奖

　　我们还记得，当等相面的一部分以某种方式受到阻碍时，也就是说，当波阵面上的一个区域发生变化（不论是振幅，还是相位发生变化，即形状的变化）时，就会发生衍射。那么假设一个平面波通过一个透明微粒，它使波阵面上一个区域的相位推迟，出射波不再是理想平面波了，而是包含一个小凹陷，对应于被标本推迟的区域；换句话说，这个波被调相了。

　　把事情简化一些，我们可以把调相波 $E_{PM}(\vec{r},t)$（图 13.42）看成由原来的入射平面波 $E_i(x,t)$ 加上一个局域的扰动 $E_d(\vec{r},t)$ 组成。（符号 $\vec{r}$ 意味着 E_{PM} 和 E_d 依赖于 x, y 和 z；即它们在 yz 平面上变化，而 E_i 则是均匀的，在 yz 平面上不变。）如果相位推迟很小，则局域的扰动是一个振幅 E_{0d} 很小的波，比原来的波落后差不多 $\lambda_0/4$，如图 13.43 所示。图 13.43 表明 $E_{PM}(\vec{r},t)$ 与 $E_i(x,t)$ 之差即为 $E_d(\vec{r},t)$。扰动 $E_i(x,t)$ 叫做直达波或零级波，而 $E_d(\vec{r},t)$ 则叫做衍射波。前者在 Σ_i 上产生一个均匀照明场，不受物的影响，而后者则携带着关于该微粒的光学结构的全部信息。这些高次空间频率项在以大角度从物上散开之后（见 13.2.2 节），再被会聚到像平面上。直达波和衍射波以 $\pi/2$ 的相差复合，再次形成调相波。由于重建波 $E_{PM}(\vec{r},t)$ 的振幅在 Σ_i 上处处相同（尽管相位逐点变化），因此通量密度是均匀的，看不到有什么像。同样，一个相位光栅的零级谱和高级谱的相位将要差 $\pi/2$。

　　如果我们能够设法使直达光束和衍射光束之间的相对相位在它们复合前移动一个附加的 $\pi/2$，它们将仍然是相干的，并且能够发生相长干涉或者相消干涉（图 13.44）。不论是相长还是相消，在整个像区域上重建的波阵面都将是调幅的：像就成为可见的了。

　　可以用很简单的解析方法看出这一点。令

$$E_i(x, t)\big|_{x=0} = E_0 \sin \omega t$$

为 Σ_o 上没有样品时的单色入射光波。微粒引起一个同位置有关的相位变化 $\phi(y,z)$，于是刚离开样品的光波为

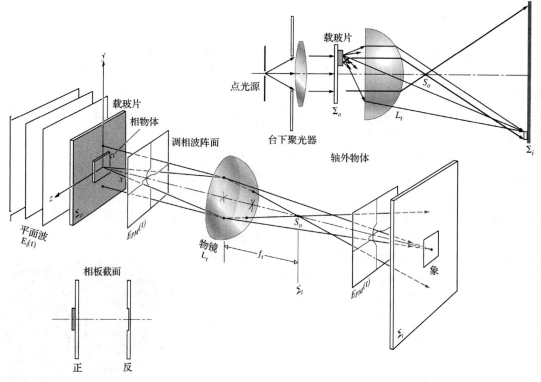

图 13.42　相衬装置

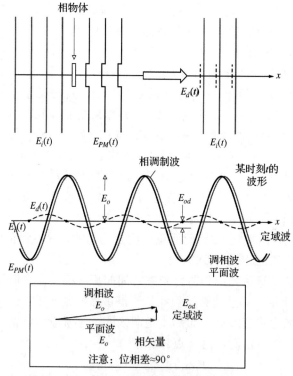

图 13.43　相衬过程中的波阵面

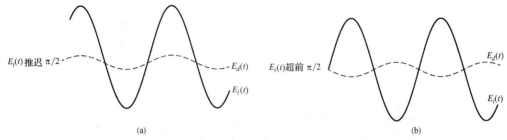

图 13.44　位移的动效应

$$E_{PM}(\vec{r}, t)\big|_{x=0} = E_0 \sin [\omega t + \phi(y, z)] \qquad (13.20)$$

这是一个振幅恒定的波，在共轭的像平面上基本上也是如此。这就是说，虽然有一些损失，但是如果透镜很大又没有像差，而且我们不管像和物在方向和大小上的差异，那么（13.20）式将足以代表Σ_o和Σ_t上的调相波。把这一扰动重写为

$$E_{PM}(y, z, t) = E_0 \sin \omega t \cos \phi + E_0 \cos \omega t \sin \phi$$

并且我们只限于ϕ值很小的情况，上式变为

$$E_{PM}(y, z, t) = E_0 \sin \omega t + E_0 \phi(y, z) \cos \omega t$$

头一项与物无关，但第二项显然与物体有关。然后，如上所述，如果把它们的相对相位改变$\pi/2$，即要么把余弦换成正弦，要么反过来，便得到

$$E_{AM}(y, z, t) = E_0[1 + \phi(y, z)] \sin \omega t \qquad (13.21)$$

这是一个调幅波。注意$\phi(y,z)$可以用傅里叶展开式表示，从而引入与物相联系的空间频率。顺便说一句，上面的讨论与阿姆斯特朗（E. M. Armstrong）1938 年提出的把调幅的无线电波转换为调频波的方法完全类似 [$\phi(t)$可以看成是一种频率调制，其中零级项是载波]。阿姆斯特朗为了把载波从剩下的信息谱分离出来以实现$\pi/2$的相移，用了一个电池带通滤波器。泽尼克完成实质相同的工作的方法如下：他把一个空间滤波器插在物镜的变换平面Σ_t上，这个滤波器能够带来$\pi/2$的相移。注意，直达光实际上将在Σ_t处的光轴上形成光源的一个很小的像。于是空间滤波器可以是在一块折射率为n_g的透明玻璃板上，镂蚀一个深度为d的很小的圆形凹陷。在理想情况下，只有直达光束才会通过凹陷，这时它相对于衍射波将有一大小为$(n_g-1)d$的相位超前，使它等于$\lambda_0/4$。这种滤波器叫做**相板**，由于它的效果相当于图 13.44b，即相消干涉，较厚的和折射率较高的相物体将呈现为明亮背景下的暗物。如果在相板中心不是一个凹陷而是有一个很小的隆起圆盘，那么情况就会相反。前一种情况叫做正相衬，后一种情况叫做负相衬。

在实际工作中，不是用点光源而是用一个扩展光源加一个台下聚光器以得到一个更亮的像。从聚光镜射出的平面波照明一个环孔光阑（图 13.45），由于这个光阑是光源平面，因此它同物镜的变换平面共轭。图中画出的零级波按照几何光学的原则透射穿过物体，然后它们再穿越位于Σ_i的相板上的细环形区域：相板上的这一区域很小，因此衍射光线锥的绝大部分不通过它。如果把环形区域也做成吸收的（镀一层金属薄膜就行），那么强而且均匀的零级项相对于高级项将会减小，反衬度会得到改进（图 13.46）。如果你愿意，E_0可以减小到和衍射波E_{0d}差不多大小。一架显微镜一般都带了一套这样的具有不同的吸收的相板。

在近代光学（这个嫁给通信理论的娇羞的新娘）的语言里，相衬法只不过是这样一个过程：在这个过程中，我们通过使用一个合适的空间滤波器，在一个相物体的傅里叶变换的零级频谱中引进一个$\pi/2$相移（也许还对它的振幅作一些衰减）。

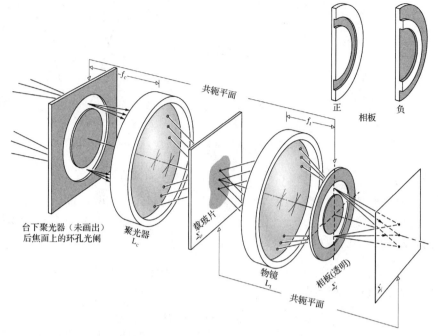

图 13.45   相衬法（只画出零级光）

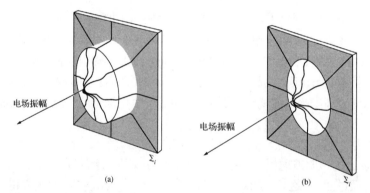

图 13.46   像平面的一个圆形区域上的光场振幅。在（a）的情况下相板中没有吸收，辐照度图样是在一个很大的本底坪上的小起伏。在（b）的情况下零级波受到衰减，反衬度增大了

　　相衬显微镜使泽尼克获得 1953 年的诺贝尔奖，它得到了广泛的应用（见照片）；也许其中最迷人的是用来研究有机物的生命机能，用别的方法是看见的。

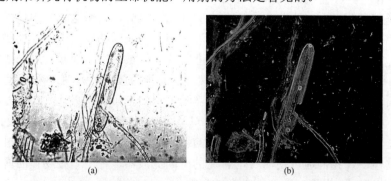

（a）硅藻、纤维质和细菌的普通显微照片；　（b）同一景物的相位显微照片

13.2.5　暗场法和纹影法

让我们仍回到观察相物体的图 13.42，但这一次不是对中央零级进行延迟和衰减，而是用一个不透明圆盘放在 S_0 处把它完全去掉。如果没有物的话，像平面将是一片黑暗，这就是**暗场法**这一名称的来源。当存在被观察的物时，只有局域的衍射波才会出现在 Σ_i 上形成像（这在显微术中也可以做到，只要斜对物体照明，因此没有直照光进入物镜）。注意，通过除去直流分量，振幅分布将会降低（像图 13.46 中那样），在滤波之前接近零的那些部分将变成负的。因为辐照度正比于振幅的平方，这将会使反衬度从同一物体用相衬法所看到的情况（见 13.2.3 节）发生一些反转。一般而言，这种方法不如相衬法令人满意，相衬法在像上产生的通量密度分布直接同物上各点所引起的相位变化成正比。

1864 年，特普勒（A. Toepler）引进了一种考察透镜缺陷的方法，这一方法后来叫做**纹影法**[①]。我们准备在这里讨论这个方法，因为它在流体力学研究的宽广领域内得到广泛的应用，还因为它是空间滤波技术应用的另一个漂亮的例子。纹影系统在弹道学、空气动力学和超声波分析中特别有用（参看照片），并且在任何想要通过折射率的勘测来考察压力变化的地方的确都很有用。

蜡烛火焰中匙子的纹影照片

设我们安装用来观察夫琅禾费衍射的随便一个什么装置，例如图 10.3 或题图 P.10.4。但是现在我们不是用某个孔径作为产生衍射的幅物体，而是插入一个相物体，例如一个充气室（图 13.47）。在 Σ_t 上仍然产生一个夫琅禾费衍射图样，如果这个平面后面有照相机物镜，那么在底片平面上就会形成充气室的一个像。于是我们可以对测试区域内的任何幅物体照相，但是相物体当然仍是看不见的。想象我们现在在 Σ_t 平面上引进一个刀口，把它自下而上升起，直到它挡住（有时只是部分挡住）零阶光为止，因此下半侧的一切高阶光也都被挡住。像暗场法中一样，相物体这时就可以看见了。测试室窗口中的不均匀性和透镜内的瑕疵也可以显出来了。由于这个原因，以及通常需要一个大视场，反射镜系统（图 13.48）现在不太用了。

当得出的数据要用电子学方法（例如通过一个光探头）分析时，一般采用准单色照明。另一方面，频谱很宽的光源使我们可以开发利用照相乳胶的相当高的感色灵敏度，已经设计出许多种彩色纹影系统。

[①] 纹影是从德文 Schlieren 翻译过来的，意为条纹。因为德文的名词第一个字母大写，在英文中容易使人误解为人名。

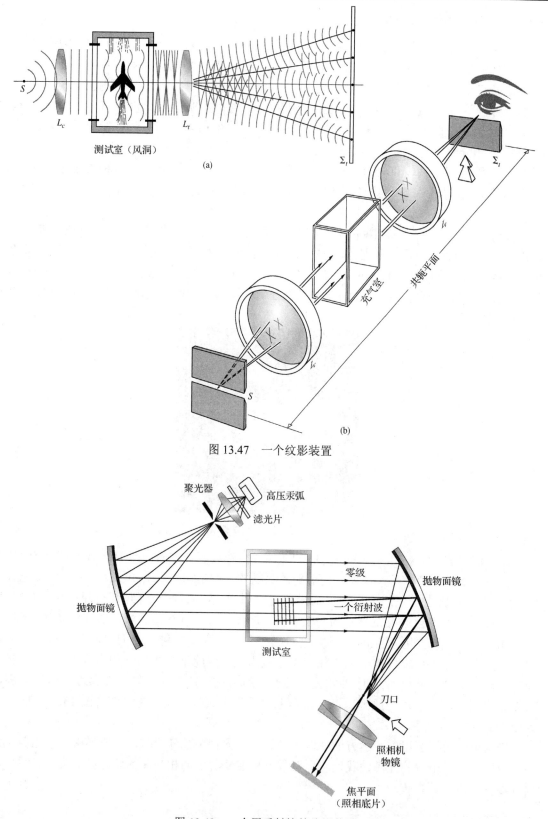

图 13.47　一个纹影装置

图 13.48　一个用反射镜的纹影装置

13.3 全息术

照相技术已经来到世上很长一段时间了，我们都已习惯于观看压缩在相册平面上的三维世界。没有纵深的电视画面中的推销员，在无数次磷光闪光中微笑着，尽管他确定是在那里，但他似乎同明信片上印的埃菲尔铁塔同样地显得不够真实。它们二者都受到严重的局限，即只是一幅辐照度图。换句话说，在用通常的方式以任何传统手段重现一幅景物的像，我们最终看到的并不是曾经一度包围物体的光场的准确再现，而只是光场振幅的平方的逐点记录。从相片上反射的光携带有关辐照度的信息，但并不携带曾经一度从物体发出的光波的相位信息。确实，如果原来的波的振幅和相位二者都能设法重建，那么得到的光场（假设频率相同）同原来的光场将不可分辨。这意味着你将能够以真正三维的方式看见（并拍摄）重建的像，就像这个物体在你跟前实际产生这个波一样。

13.3.1 各种方法

加伯（D. Gabor）1947 年在英国的 Thomson-Houston 公司的研究实验室中进行他的著名的全息术实验之前，曾经沿着这条思路思考了好些年。他的原始装置画在图 13.49 中。它是

加伯（1900—1979），匈牙利出生的英国物理学家，获得 1971 年的诺贝尔奖

一种两步无透镜成像过程，在这个过程中，他首先用照相方法，记录了从一个物体散射来的准单色光同一个相干的参考波相互作用后产生的干涉图，记录在透明胶片上，所得到的图样他称之为**全息图**（hologram），这个字来自希腊字 holos，意思是"全部"。第二步用一束相干光通过这张透明胶片的衍射来重建光场或重建像。同泽尼克的相衬方法（13.2.4 节）很相似，全息图是由不散射的背景波或参考波同来自一个半透明的小物体 S 的衍射波发生干涉而成，早期所用的物体常常是一张缩微胶片。这里关键在于，干涉图样或全息图通过条纹的组态包含了物所散射的波的振幅和相位信息。

当然，现在我们还根本看不出，用一个平面波照射处理后的全息图，能够重建原来的物的一个像。目前只能说到这一步：如果物很小，散射波将近似为球面波，而干涉图样是一组同心圆环（中心在通过物体并垂直平面波的轴上）。除了这些圆形条纹的辐照度是逐条向下一条渐变之外，产生的通量密度分布相当于一片普通的菲涅耳波带片（10.3.5 节）。我们还记得，波带片的作用有些像透镜，它把准直光衍射成会聚到一个实焦点 P_r 的光束。此外，它还产生一个发散波，好像是从 P_r 来的，并构成一个虚像。因此我们可以想象（虽然过分简单了些），扩展物体上的每一点都产生自己的波带片，其位置与别的波带片错开，而所有这些部分重叠的波带片的整体就构成全息图[1]。

在重建过程中，每一个分波带片都形成单个物点的一个实像和一个虚像，这样，全息图就逐点重建出原来的光场。当重建光束与原来的记录光束的波长相同时（不一定这样，而且常常不是这样），虚像没有畸变，并且出现在物体原先所在的位置上。因此实际上虚像场对应于原来的物场。所以，虚像有时叫做真像（true image），而另一个像叫做实像或者共轭像，后者也许更恰当一些。无论如何，我们把全息图看成许多干涉图样的综合，至少对这种非常

---

[1] 见 M. P. Givens, "Introduction to holography", *Am. J. Phys.* **35**, 1056 (1967).

简单的组态，这些干涉图样就像波带片。我们马上就会看到，正弦光栅也是一个同样基本的条纹系统，可以构成复杂的全息图。

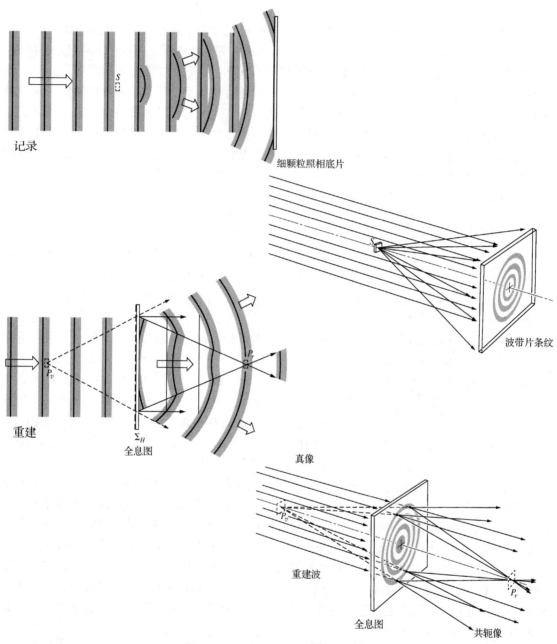

图 13.49　同轴全息记录和像的重建

　　加伯的这一研究工作获得了 1971 年度的诺贝尔物理学奖，他原来的动机是改进电子显微镜。他的工作起初引起了人们的一些兴趣，但是总的来说，这个工作处于几乎不受注意的被遗忘的状态大约有 15 年。到了 20 世纪 60 年代初，对加伯的**波阵面重建**过程的兴趣又复活了，特别是对于与一些雷达问题的关系。在大量的新型相干激光光源的协助和一些技术进展的影响下，全息术很快便成为一门得到广泛研究并且大有前途的课题。这次复兴发端于密歇根大学雷达实验室的利思（E. N. Leith）和乌帕特尼克斯（J. Upatnieks）的工作。除别的东西以外，他们还引入了一种产生全息图的改进装置，如图 13.50 所示。不像在加伯的同轴光路中共轭像令人烦扰地位于真像之前，现在这两个像令人满意地离轴分开了，如图中所示。全息图仍然是由一个相干参考波和物体散射的波产生的干涉图样（这种类型的全息图有时称为**边带菲涅耳全息图**）。图 13.51 是从透明物体产生边带菲涅耳全息图的等效布置。

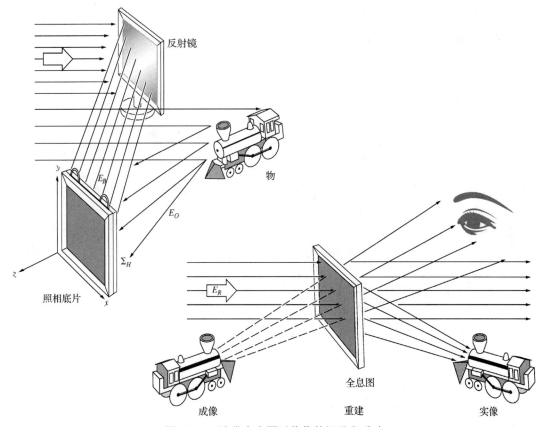

图 13.50　边带全息图对物像的记录和重建

可以用两种方法理解这个过程：一个是形象化的傅里叶光学方法，另一个是直接的数学方法。我们从两种视角都要看，因为它们相互补充。首先，它本质上是一个干涉问题（或者换个说法，衍射问题）。复杂物的波阵面可以用其傅里叶分量的平面波合成（图 7.52 和图 10.7d），这些平面波在与物光场的不同空间频率方向上传播，被反射或透射。每个傅里叶平面波和参考波在照相底片上发生干涉，以干涉图样的形式保存与特定空间频率有关的信息。

要看这是如何发生的，考察图 13.52 的简化的两上波的情况。在图示的时刻，参考波

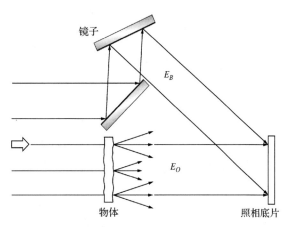

图 13.51　透明物体的边带菲涅耳全息图装置

恰好波峰落在底片面上，而被散射的物的子波以 θ 角度入射，同样在底片表面的 A、B、C 三点上有波峰。这三点对应于这个时刻的干涉极大。当两个波向右传播时，在这几点仍保持同相，波谷和波谷重叠，极大值仍固定在 A、B、C 点。在这些点之间，波谷和波峰重叠，存在极小点。这两个波的相对相位 ϕ，在底片上逐点变化，可以写为 x 的函数。因为 x 的长度改变 $\overline{AB}$ 时 ϕ 改变 2π，所以 $\phi/2\pi = x/\overline{AB}$。因为 $\sin\theta = \lambda/\overline{AB}$，所以相位

$$\phi(x) = (2\pi x \sin\theta)/\lambda \tag{13.22}$$

如果两个波的振幅一样都是 E_0，从（7.17）式得到合电场为

$$E = 2E_0 \cos\frac{1}{2}\phi \sin\left(\omega t - kx - \frac{1}{2}\phi\right)$$

辐照度分布正比于电场振幅的平方，由（3.44）式得

$$I(x) = \frac{1}{2}c\epsilon_0\left(2E_0\cos\frac{1}{2}\phi\right)^2 = 2c\epsilon_0 E_0^2 \cos^2\frac{1}{2}\phi$$

或

$$I(x) = 2c\epsilon_0 E_0^2 + 2c\epsilon_0 E_0^2 \cos\phi \tag{13.23}$$

得到沿底片平面的余弦型辐照度分布，空间周期为 $\overline{AB}$，空间频率为（$1/\overline{AB}$），即 $\sin\phi/\lambda$。

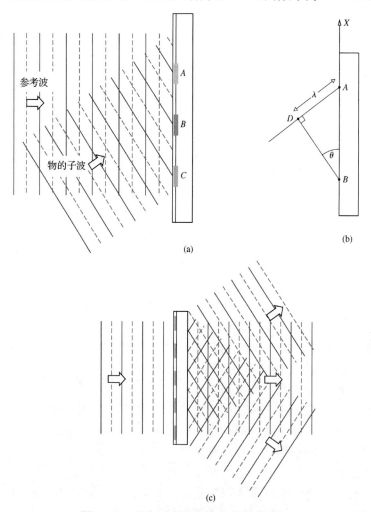

图 13.52　两个平面波干涉产生余弦光栅

让底片的振幅透过率对应于 $I(x)$，得到余弦光栅。用和原来参考波一样的平面波照射这个简单的全息图（它对应于无结构的物体，不包含信息），如图 13.52c 所示，将有三个光束射出：一个零阶光束，两个一阶光束。其中一个一阶光束的方向和原来的物光束一样，对应于重建的波阵面。

现在从这个最基础的全息图再进一步，考察有一些光学结构的物。设物是一张有简单的周期结构的透明片，具有单一的空间频率，即一个余弦光栅。图 13.53 中画了一个有点理想化情况，它忽略了由于光束和光栅的有限大小引起的微弱的高阶项，图中画有被照明的光栅，三束透射光束和参考光束。这个结果和图 13.47 稍有不同，三个透过波和参考波的角度 θ 都有些不同。因此，三个重叠区有三个余弦条纹，根据（13.22）式，它们的空间频率略有不同。当我们回放全息图时，图 13.53，我们得到三样东西：未衍射波，虚像，实像。可以看到，只有三束光在一起生成它们的空间频率的地方，才生成原来光栅的像。

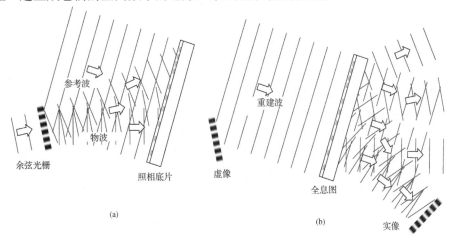

图 13.53 注意有三个空间频率不同的区域，每个区域在再次被照射照明的全息图上产生三个波

可以预期，使用更复杂的物时，物波与参考波的相对相位 ϕ 将逐点变化，十分复杂，对没有物时两个平面波产生的基本载波信号（图 13.54）予以调制。我们可从图 13.53 推广得出结论，相位差 ϕ（它随 θ 而变）已被编码在条纹的组态中。而且，若参考波和物波的振幅不同，这些条纹的辐照度也会相应改变。所以可以认为，底片上每点物波的振幅也已被编码在条纹的可见度之中。

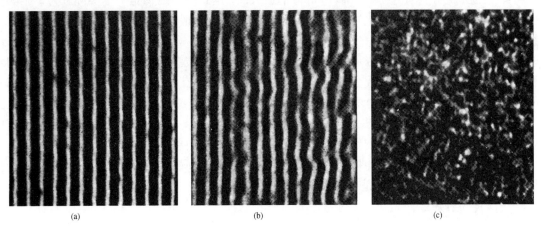

图 13.54 对全息图条纹不同程度的调制

图 13.50 中画的过程可以用解析方法处理。设 xy 平面是全息图平面 Σ_H，那么

$$E_B(x, y) = E_{0B} \cos [2\pi\nu t + \phi(x, y)] \qquad (13.24)$$

是 Σ_H 上的平面本底波（参考波），这时不考虑偏振。它的振幅 E_{0B} 是常数，而相位则是坐标的函数。这意味着参考波阵面相对于 Σ_H 以某种已知方式倾斜。比如，若绕 y 轴旋转一个角度 θ 可使波的方向在 Σ_H 内，那么全息图平面上任一点的相位将依赖于它的 x 值。于是 ϕ 再次取形式

$$\phi = \frac{2\pi}{\lambda} x \sin \theta = kx \sin \theta$$

它与 ν 无关并且随 x 线性变化。为简单起见，我们把它一般地写成 $\phi(x,y)$，并记住它是一个简单的已知函数。物散射的波可表示为

$$E_O(x, y) = E_{0O}(x, y) \cos [2\pi\nu t + \phi_O(x, y)] \qquad (13.25)$$

式中的振幅和相位现在都是坐标的复杂函数，对应于一个不规则波阵面。从通信理论的观点来看，这是一个被调幅和调相的载波，它携带着关于物的一切信息。注意，这种信息被编码在波的空间变化而不是波的时间变化中。两个扰动 E_B 和 E_O 叠加并且发生干涉，生成一个辐照度分布，用照相乳胶记录下来。除一个常数因子外，最后得到的辐照度为 $I(x,y) = \langle (E_B + E_O)^2 \rangle_T$，从 9.1 节，它由下式给出：

$$I(x, y) = \frac{E_{0B}^2}{2} + \frac{E_{0O}^2}{2} + E_{0B}E_{0O} \cos (\phi - \phi_O) \qquad (13.26)$$

我们再次看到，物波的相位确定了 Σ_H 上辐照度极大和极小的位置。此外，在全息图平面上反衬度或条纹可见度

$$\mathcal{V} \equiv (I_{\max} - I_{\min})/(I_{\max} + I_{\min}) \qquad [12.4]$$

把（13.26）式代入后，为

$$\mathcal{V} = 2E_{0B}E_{0O}/(E_{0B}^2 + E_{0O}^2) \qquad (13.27)$$

它包含了关于物波振幅的相应信息。

再一次用通信理论的语言，我们可以看到，底片既起存储器作用，又起检波器或混频器作用。在底片表面上产生对应于调制的空间波形的不透明区域的分布。因此，（13.26）式中的第三项或差频项，通过 $E_{0O}(x,y)$ 和 $\phi_O(x,y)$ 同位置的关系，进行调幅又进行调相。

图 13.54b 是全息图中条纹图样一部分的放大图，全息图中的物是一个实际上为二维的简单半透明物体。如果两个发生干涉的波都是理想平面波（如图 13.54a 中），那么就不存在条纹位置和辐照度的明显变化（它们代表信息），得出传统的杨氏图样（9.3 节）。这种正弦透射光栅组态（图 13.54a）可以看作是将要受信号调制的载波波形。下一步我们可以设想物上每一点产生一个波带片，无数个波带片图样的相干叠加，把图 13.54a 的组态，变成图 13.54b 的条纹。当调制量进一步大为增加时（对一个很大的三维漫反射物，情况就是这样），条纹就失去在图 13.54b 中仍可辨认出的那种对称性，变得更为复杂。有时候，全息图上常覆盖有额外的涡纹和同心环系统，它们是由光学元件上的尘埃等的衍射产生的。

可以使处理过的全息图的振幅透射正比于 $I(x,y)$。这时，最后的出射波 $E_F(x,y)$ 就正比于乘积 $I(x,y)E_R(x,y)$，其中 $E_R(x,y)$ 是投射到全息图上的重建波。于是，如果频率为 ν 的重建波同本底波一样斜入射到 Σ_H 上，可以写出

$$E_R(x, y) = E_{0R} \cos [2\pi\nu t + \phi(x, y)] \qquad (13.28)$$

最后的出射波（除一个相乘的常数外）是（13.26）式和（13.28）式的乘积：

$$E_F(x, y) = \frac{1}{2} E_{0R}(E_{0B}^2 + E_{0O}^2) \cos [2\pi\nu t + \phi(x, y)] + \frac{1}{2} E_{0R} E_{0B} E_{0O} \cos (2\pi\nu t + 2\phi - \phi_O)$$
$$+ \frac{1}{2} E_{0R} E_{0B} E_{0O} \cos (2\pi\nu t + \phi_O) \tag{13.29}$$

这三项描述从全息图射出的光；第一项可改写为

$$\frac{1}{2}(E_{0B}^2 + E_{0O}^2) E_R(x, y)$$

它是调幅的重建波。实际上，全息图的每一部分都起衍射光栅的作用，这一项是不偏转的（直达的）零级光束。由于它不包含关于物波相位 ϕ_O 的信息，它并不重要。

另外两项或边带波分别是和项和差项，它们是类光栅全息图所衍射的两个一级波。其中的第一项即和项，代表一个和物波 $E_{0O}(x,y)$ 振幅相同（除一个常数因子外）的波。此外，它的相位中包含 $2\phi(x,y)$，应当还记得，这一项是由于把本底波和重建波的波阵面相对于 Σ_H 倾斜而产生的。正是这个相位因子使实像和虚像分开一个角度。此外，和项包含的不是物波的相位，而是它的负值。因此它的确携带着关于物的一切信息，但是以不太正确的方式携带着。实际上，它就是会聚光在全息图外的空间（即全息图与观察者之间的空间）所成的实像。负的相位表现为一个里外颠倒的像，有点像当立体相片的一对元素互换位置时发生的幻视效应。凸起表现为凹陷，在 Σ_H 之前、靠近 Σ_H 的物点仍成像在靠近 Σ_H 处，但在 Σ_H 之后。因此，原来景物中最靠近观察者的点在实像中显得离观察者最远。景物在它自身上沿着一条轴翻转过来，其方式也许必须看到才能理解。

例如，设想你正在观察一个保龄球道的全息共轭像。后一排球瓶尽管被前排球瓶部分地遮住，却还是成像在更靠近观察者的地方。尽管这样，但是要记住它并不像你从后面来看球瓶阵列那样，从球瓶的背面并没有光被记录下来，你是在看一幅前后颠倒的前视图。因此通常共轭像用途有限，虽然用实像作为物来生成第二张全息图可以使它有一个正常的图形。

（13.29）式中的差项除了一个常数因子之外，与物波 $E_{0O}(x,y)$ 的形式完全相同。如果你不是凝视被照明的全息图本身而是透过它看，好像全息图是一个观看外面的窗口，你将会"看见"物体就好像它真的坐落在那里似的，你可以稍微挪动一下你的头，环顾前景中一个物体的四周，以便看见原先被挡住的景物。换句话说，除了理想的三维性之外，视差效应也很明显，就像是真的原物一样（见照片）。设想你在看由放大镜对一页书聚焦的全息像。当你相对于全息图平面移动眼时，被放大镜放大的那些字（它们本身也只是一个像）的确也变化，正像在真实生活中用"真实的"透镜来看"真实的"书一样。在其有相当大景深的扩展景物的情况下，在不同的距离上观察景物的不同区域时，眼睛必须重新聚焦。同样，如果要拍摄虚像的不同区域，照相机镜头也必须重新调焦（见下页照片）。

全息图还显示其他一些极为重要和有趣的特征。例如，如果你靠近窗户站着，你可以用一块纸板把窗挡住只留下一块小区域，通过它向外窥视而仍然能看见窗外的景物，全息图也是这样，因为每一小块全息图都包含着有关整个物体的信息，并且能够重建出整个像，虽然分辨率会降低。

图 13.55 用图画方式对上述内容做了一个总结，同时也告诉你如何拍一张全息照片，如何看一张全息照片。这里的照相乳胶层有一定的厚度，不像图 13.52 那样看成纯粹二维的。当然，所有乳胶都有一定的厚度，通常为 10 μm 厚。作为比较，条纹的空间周期平均为 1 μm 左右。图 13.56a 更接近实际情况，画出了乳胶中实际存在的三维条纹。对于平面波，这些平

行的条纹平面平分参考波和物波形成的夹角。到目前为止，所考虑的全息图都是**透射型全息图**，都是透过全息图来看的。拍摄这样的全息图，要让参考波和物波从底片的同一边穿过底片。

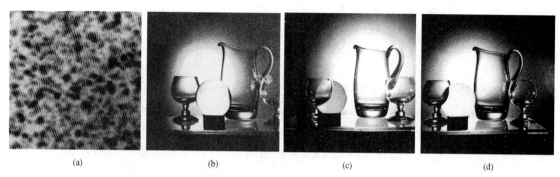

从同一张全息图（a）的不同视角拍摄的照片（b）、（c）、（d）

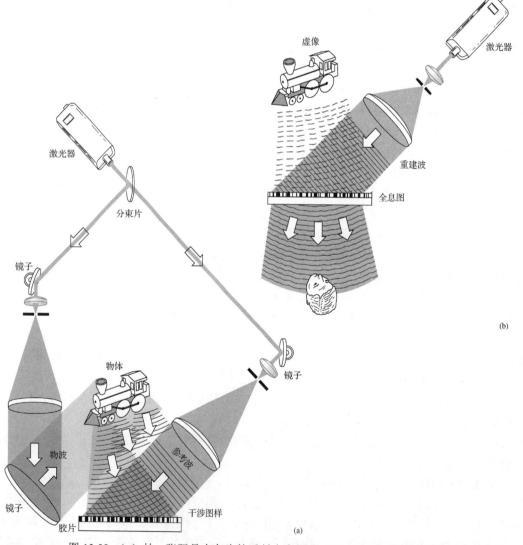

图 13.55 （a）拍一张玩具火车头的透射全息图；（b）从透射全息图回放

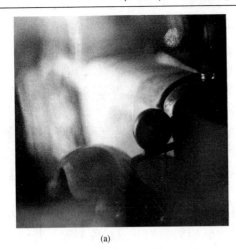
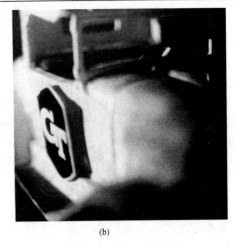

一个模型汽车的重建全息像。（a）和（b）的相机位置和焦平面不同

　　当参考波和物波从相反两侧向乳胶传播时，如图 13.56b 所示，发生类似的事情。为简单起见，仍令两个波都是平面波。条纹是平面，和底片的面平行。要是实际的物波是弯曲不平的，它和平面的相干的参考波重叠之后，生成的条纹受到描述物体的信息所调制。对应的三维衍射光栅叫做**反射全息图**。回放的时候，它把照明光束向观察者散射，观察者看到的是全息图后面的虚像（就像看镜子一样）。

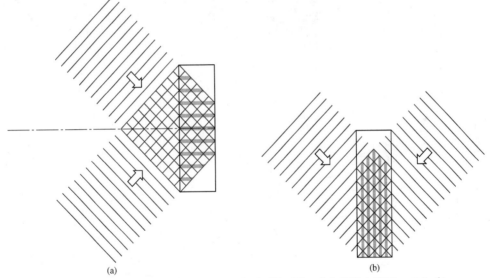

图 13.56　（a）向底片同一侧传播的两个平面波干涉，产生透射全息图；（b）向底片两侧传播的两个平面波干涉，生成反射全息图。忽略了折射

　　波带片解释对迄今我们讨论过的各种全息照相方案都适用，不管衍射波是近场类型还是远场类型（即不管是菲涅耳全息图还是夫琅禾费全息图）。其实，它普遍适用于这样的情况，即干涉图是由每一物点散射的球面子波和一个相干的平面参考波，球面参考波（只要它的曲率与球面子波的曲率不同）叠加所产生的场合。因此这些全息照相方案有一个共同的固有问题，它是由于下述事实引起的：根据（10.91）式，波带片的半径 R_m 随 $m^{\frac{1}{2}}$ 变化。于是离每个波带片透镜的中心越远（即 m 值越大），波带条纹越密集。这相当于必须由照相底片记录下

来的亮暗环的空间频率增大了。这件事也可以从余弦光栅的表示来理解，余弦光栅的空间频率随 θ 角增大而增大。不管胶片的微粒多细，它的空间频率响应都是有限的，存在一个截止频率，在这个频率以上就不能记录数据。这一切表明分辨率有一固有的限制。相反，如果能使条纹的平均频率变成常数，那么照相媒质所施加的限制就将大为减轻，分辨率相应增大。只要胶片能够记录这种平均空间条纹频率，那么即使像 Polaroid P/N 这样的粗粒乳胶也能用，分辨率不会有大的损失。图 13.57 表示能做到这一点的一种装置，它使物体衍射子波同曲率大致相同的球面参考波发生干涉。得到的干涉图称为傅里叶变换全息图（在这个特例中，它属于高分辨率无透镜类型）。这一方案的设计，使参考波抵消相位对 Σ_H 上的位置的二次（波带片透镜型）依赖关系。但是只对一个平面（二维）物体，才能精确做到这一点。在三维物体的情况下（图 13.58），只在一个平面上才是这样，因此所得到的全息图是两种类型全息图（即波带片透镜全息图和傅里叶变换全息图）的组合。不像别种装置，傅里叶变换全息图产生的两个像都是虚像，两像在同一平面上，并且其方向好像是经过原点反射一样（见照片）。

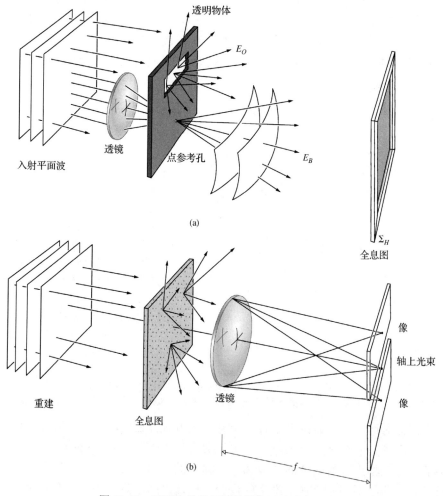

图 13.57　透明物体的无透镜傅里叶变换全息术

所有上述的全息图的类光栅本性在这里也是很明显的。实际上，如果通过一张傅里叶变换全息图看一盏小的白光光源（在暗室中的手电筒就很不错），你会看见两个镜像，但是它们非常模糊，并且被光谱彩色带围绕着。这同白光穿过光栅的情况极为相似[①]。

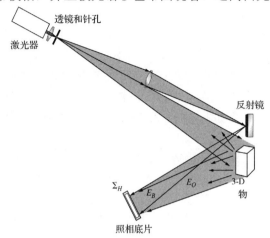

图 13.58　无透镜傅里叶变换全息术（不透明物体）　　　傅里叶变换全息图的重建像

13.3.2　进展和应用

多年来，全息术是一项正在寻求应用的发明，尽管有某些明显的可能性，如必然会搞的立体广告之类。幸好，近年来几种重要的技术进展已经开始了，它们肯定会不断地扩大全息术的范围和用途。这一领域中的早期工作，是以无数的玩具汽车、玩具火车、棋子和小塑像的像为代表的：一句话，是放在巨大的花岗石上的小物体的像。这些物体之所以必须很小，是由于激光器的功率和相干长度的限制；而永远出现的笨重的花岗石工作台，则是用来隔绝哪怕是最小的振动，这些振动能使条纹模糊，因而损害甚至抹去了所存储的数据。一个很大的声音或者一阵风就能使照相底片、物体或反射镜在曝光期间内（曝光时间本身要持续一分钟左右）移动零点几微米，结果使重建像的质量变坏。这是全息术的静物阶段。但是现在采用了新型的更灵敏的底片并且有红宝石单模脉冲激光器的短持续时间（≈ 40 ns）和高功率的脉冲激光，甚至肖像和定格景物的全息术也已成为现实了[②]（见照片）。

全息肖像图的重建

整个 20 世纪 60 年代和 70 年代的大部分时间，这个领域着重的是全息术的视觉奇迹。一直到 20 世纪 80 年代，生产了上亿张廉价塑料反射全息片（贴在信用卡上，塞在糖果包装袋里，装饰杂志、珠宝、唱片专辑的封面）。随着稳定、便宜、能够产生高质量像的光聚合物的发展，更刺激了生产这种用后即扔的全息片。现在已经广泛认识到全息术在非图像方面的潜能，新的研究方向就是去寻找越来越多的重要应用。

---

① 见 DeVelis and Reynolds, *Theory and Applications of Holography*; Stroke, *An Introduction to Coherent Optics and Holography*; Goodman, *Introduction to Fourier Optics*; Smith, *Principles of Holography*; 或者 *The Engineering Uses of Holography*, edited by E. R. Robertson and J. M. Harvey.

② L. D. Siebert, *Appl. Phys. Letters* **11**, 326 (1967)，以及 R. G. Zech and L. D. Siebert, *Appl. Phys. Letters* **13**, 417 (1968).

体全息图

苏联的邓尼苏克（Y. N. Denisyuk）在 1962 年引进了一种产生全息图的机制，这种机制在概念上与李普曼（G. Lippmann）早期的（1891 年）彩色照相过程相似。简而言之，物波被物体反射并且向后传播，和入射的相干本底波重叠。这样，这两个波建立一个三维的驻波图样，如图 13.56 所示。产生的条纹空间分布被感光乳胶记录在它的全部厚度上，生成所谓的**体积全息图**。从那时起已经引进了几种变型，但是基本概念相同：体全息图不是去产生一个二维的类光栅散射结构，而是一个三维光栅。换句话说，它是相物体或幅物体的一个三维的、被调制的、周期性阵列，代表着数据。它可以被记录在好多种媒质中，例如，厚的感光乳胶（其中的幅物体是淀积的银粒）；光色玻璃；卤素晶体如 KBr，它通过色心变化对辐照度产生响应；或者像铌酸锂那样的铁电晶体，它的折射率发生局域变化，从而形成的结构可以称为相位体全息图。不论用什么记录方法，我们得到的都是数据的体积阵列，以某种方式储存在这种媒质中，在重建过程中它起的作用很像是 X 射线照射下的一块晶体，它按照布拉格定律散射入射的重建波。这并不令人感到意外，因为散射中心和 λ 二者都只不过按比例加以放大。

体全息图的一个重要特点是波长和散射角的相互依赖关系 [通过布拉格定律，$2d\sin\theta = m\lambda$，（10.71）式]，即只有某一种颜色的光才被全息图衍射到一个特定的角度上。另一个重要性质是，通过逐次改变入射角（或波长），单块体积媒质可以同时存储大量的共存全息图。后一性质使这种系统作为高密度记忆器件极有吸引力。例如，曾用 8 mm 厚的全息图储存了 550 页信息，每一页都可以单独提取。理论上，单块铌酸锂晶体能够很容易地存储几千张全息图，其中任何一张全息图都可以用激光光束在适当的角度上对晶体寻址加以再现。现在的研究集中在铌酸钽钾（KTN）上，它是一个潜在的光折变晶体储存介质。试想想：把一部立体全息电影、一部丛书或者每个人的重要统计资料（美痣、信贷卡、税务、坏习惯、收入、生活经历等），都记录在一小块透明晶体中！

利用黑白体全息片已经做成了彩色的重建像。使用两束、三束或更多束不同颜色、互不相干而重叠在一起的激光光束，产生一个物体的分立的、共存的组分全息图。这可以一次制一种组分的，也可以同时制作。当这些全息图同时用各种颜色的光束照射时，就得到一个彩色的像。

斯特洛克和拉别里耶（G. W. Stroke and A. E. Labeyrie）提出的另一种重要并且很有前途的方案叫做**白光反射全息术**。这时，重建波是一束普通的白光，比方说来自手电筒或者放映机的光，它的波阵面与原来的准单色本底波相似。当这个光束从观察者同一侧照射全息图时，只有以合适的布拉格角进入体积全息图的特定波长才被反射形成一个重建的三维虚像。因此，如果景物是用红色激光记录的，那么应当只有红光才会被反射成像。但是，指出下面这一点在教学法上是有意义的：乳胶在定影过程中可能会收缩，如果不用化学方法（比如说用三乙醇胺）使乳胶胀回原来的形状，那么布拉格平面的间距 d 就要减小。这意味着在一给定的角度 θ，反射波长将按比例减小。因此，一个用氦氖红光记录的景物，在用白光光束重建时，可能得出橙色甚至绿色的像。

如果储存了重叠的对应于不同波长的一些全息图，那么就会得到一个彩色像。用普通的白光光源重建全色立体像的优点是明显的也是影响深远的。

全色反射全息图中一张美国邮票的三个不同的样子

光电子学图像重建

考虑产生简单的全息图的步骤：平面波入射到一组物体（例如一盘国际象棋）上，反射被扭曲的波场。波阵面的扭曲对应于物体的特性和空间位置。然后让反射波和一个参考波发生干涉，参考波和原来的入射波完全相同。生成的干涉图样是全息图的核心，通常它记录在一帧颗粒度很小的照相底片上。从一盘国际象棋来的扭曲的波其实就是我们直接观看景物时所"看到的"。物体反射的波和参考平面波干涉产生的图样携带了物波的振幅和相位的全部信息。底片显影后布满小条纹，就是全息图。用参考波照射时，全息图透射出重建的一盘象棋的扭曲波。我们看全息图，就像看一扇窗口，看到的三维景色是一盘国际象棋，仍然在那里反射光。

现在把国际象棋拿走，换成一个半透明的器件，它能够把入射的平面波整形，使它和原来的扭曲波一模一样，完全代替原来的情景。这个仿造的物波能够继续产生国际象棋的全息图，尽管那里根本没有国际象棋。事实上，如果这个所谓空间光调制器（Spatial Light Modulator，SLM）能够迅速变化，并且我们能够实时记录干涉条纹，我们就能制造一部 3D 全息电影。现在我们还没有完全做到这一点，但是现在已经有廉价的液晶空间光调制器（LC-SLM）的商品。这种器件通常由液晶盒的二维有序阵列组成，液晶盒很小，排列紧凑，可以电子学寻址。此外，不用等待处理底片，全息图可以立即记录在掺铁、铈、钛的铌酸锂（$Fe:Ce:Ti:LiNbO_3$）这类晶体上。

用液晶空间光调制器产生的全息图

上面的照片是从体全息数据储存系统提取出来的。激光束经过液晶空间光调制器调制之后，把输入图像的信息变成波阵面的变化，和平面参考波在光折变晶体中相遇。产生的干涉图样，即数据，作为许多个折射率光栅储存在晶体内。然后用一个回放的激光束重建像，简单地拍摄下来。

全息干涉量度术

近来全息术的最创新也是最实用的进步之一是在干涉量度术领域中。已经证明，对于大量的无损检测情况，有三种不同方法是非常有用的，例如，我们想要研究由应变、振动、加热等因素在物体内引起的百分之几微米的形变。在双曝光法中，我们只是先制作一张未受扰动的物体的全息图，然后在底片未处理之前，使全息图再次对已形变的物体曝光。最终结果是两组重叠的重建波，这两个波将形成干涉条纹，条纹表示物体受到的位移，即光程差的变化（见照片）。折射率的变化（比方风洞中产生的）也会产生同一类图样。

在实时法中，实验物体在整个过程中留在原来的位置上；生成一张处理过的全息图，使所得的虚像精确地与物重合（图13.59）。在随后的检验期间产生的任何形变，在通过全息图观察时，显示为一组条纹，可用来研究它们的实时演变。这个方法既适用于不透明物体，也适用于透明物体。可以拍电影来得到响应的连续记录。

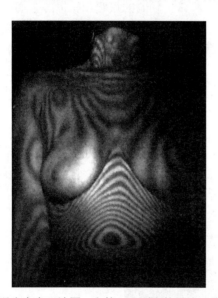

双曝光全息干涉图，和第547页上的雷达照片比较

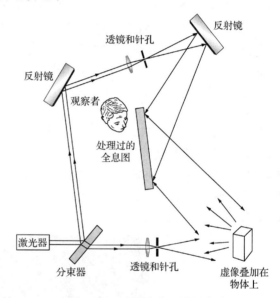

图13.59 实时全息干涉量度术

第三种方法是时间平均法，特别适用于以小振幅快速振动的系统。这时底片曝光一段比较长的时间，在这段时间里振动物体已经完成了许多次振动。所得到的全息图可以看作是大量的像的叠加，其效果是出现一个驻波图样。亮区表示未受偏转的或稳定的波节区，而轮廓线则描出等振幅的区域。

今天，机械系统的全息术测试已是工业中牢固建立的做法。它将继续在宽广的应用领域中服务，从汽车运输的噪声减小到常规的喷气式发动机检测。

声全息术

在声全息术中，起初用一个超高频声波产生全息图，然后用激光光束生成一个可辨认的重建像。在一种应用里，由淹没在水中的两个相干换能器在水体表面产生的稳定的波纹图样，相当于水下物体的一张全息图（图13.60）。进行拍照生成一张全息图，然后用光学方法照明这张全息图，生成一个可见的像。或者，也可以用一束激光从上面照射波纹，在反射光中产生即时的重建像。

声学方法的优点在于声波在稠密液体和固体中可以传播很远，而光却不能。因此声全息图能记录各种各样的东西，从水下潜艇到人体内的器官[①]。在图 13.60 的情况下，我们看到的好像是一部鱼的 X 射线电影。附图是用超声全息术生成的一个硬币的照片，用的超声频率为 48 MHz，对应于水中波长约为 30 μm。所以，每条条纹等高线显示 $\frac{1}{2}\lambda$ 或者 15 μm 的高度变化。

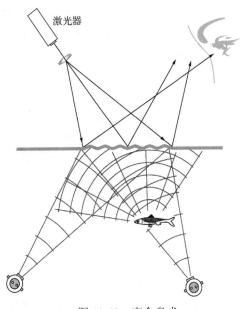

图 13.60   声全息术

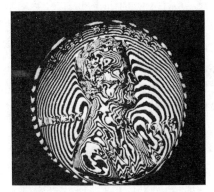

一个硬币的超声全息像

全息光学元件

很明显，两个平面波重叠时会产生余弦光栅，如图 13.52 所示。这表明全息术可以用于非图像的目的，例如制作衍射光栅。全息光学元件（Holographic Optical Elements，HOE）就是由"条纹"系统构成的衍射器件，条纹就是衍射的幅物体或相物体的分布，它可以直接由干涉量度产生，也可以由计算机模拟产生。闪辉全息衍射光栅或者正弦全息衍射光栅已经商品化，达到大约 3600 线/毫米。虽然通常比刻划光栅效率低，但是产生的杂散光少得多，这有许多主要应用。

假设用平面参考波来记录会聚光束的干涉图样。再用一个匹配的平面波照射生成的透射全息图，得到的是一个会聚波：全息图等效于一个透镜（图 13.49）。类似地，如果参考光束是从一个点光源来的发散波，而物波是平面波。它们生成的全息图用点光源照明，回放的是平面波。这样，一个全息光学元件可以完成复杂透镜的工作，同时有廉价、重量轻、系统设计紧凑的优点。

全息光学元件已经用在超市收银台的扫描器上，它自动读出商品上的通用商品代码（Universal Product Code，UPC）的条形码。激光束通过一个转盘，转盘里有一些全息透镜-

① 见 A. F. Metherell, "Acoustical holography", *Sci. Am.* **36**, 221, (October 1969)。参照 A. L. Dalisa et al., "Photoanodic engraving of holograms on silicon", *Appl. Phys. Letters* **17**, 208 (1970)，它是另一篇关于表面浮雕图样的有趣用途的文章。

棱镜的小面。它们迅速地重聚焦、移动，把光束扫描过一定的空间，保证条形码在第一次通过这个器件时就被读出来。全息光学元件也用在飞机驾驶员座舱的所谓头带显示器上。它们能够把数据反射到飞行员面前的透明板上而不挡住视线。它们也用于办公室的复印机和太阳能聚光器上。

全息光学元件在光学相关器里用作匹配空间滤波器，以找出半导体的缺陷，找出侦察照片里面的坦克。在这种情况下，全息光学元件是用靶（例如坦克的图像，或者一个印刷的字词）的傅里叶变换为物生成的全息图。例如，要用图 13.35 里那样的光学计算机在一张印刷页里自动找到一个印出的字词。即，对这个字词和页面上的字词作交叉相关。将靶变换全息图放在变换平面上并用全印刷页的变换照射。从全息光学元件滤波器输出的光场振幅正比于这两个变换的乘积。这个乘积的变换由最后的透镜产生并显示在像平面上，它就是所需的交叉相关（回想维纳-辛钦定理）。如果这个字词在页面上，就有高度相关，最后的像上有这个字词的地方都会叠加一个亮点[①]。

逐点综合出一个虚构物体的全息图是可能的。换句话说，产生全息图的最直接的方法，是通过数字计算机计算产生。所得到的辐照度分布是某一物在一段假定的记录时间内被适当照明而得到，然后把计算机控制的绘图仪画出的或阴极射线管读出的干涉图拍成照片，作为实际的全息图。用光照射，结果得到一个在这里实际上根本不存在的物体的三维重建像。更实用地，计算机生成的全息光学元件已经常规生产，常用作光学测试的参考。因为这种杂交技术原则上可以产生别的方法产生不了的波阵面，前途很光明。

13.4　非线性光学

一般说来，我们将非线性光学理解为这样的领域：在它所包括的现象中，电场和磁场强度的高于一次的高次幂起着重要的作用。折射率随外加电压的平方因而随电场的平方变化的克尔效应（8.11.3 节），是很早就知道的几种非线性效应的典型。

处理光传播的普通的经典方法——叠加、反射、折射等，是基于假定光的电磁场同组成媒质的原子系统的响应之间成线性关系。但是正如一个力学振动装置（比如一条挂有重物的弹簧），通过用足够大的力过度激励能够进入非线性响应区域一样，我们也可预期，一束极强的光束也能产生可观的非线性光学效应。

来自通常的或者传统的光源的光场太弱，使这种性质不容易观察到。由于这个原因，加上以前缺少技术上的大胆，使这个课题不得不耐心地等待激光器的出现，才在光频波段里得到足够大的场强。我们来考虑用现有技术很容易获得的这种场的一个例子：一个好的透镜可以把激光光束聚焦为直径为 25 μm 左右的一个光点，其面积大约相当于 10^{-9} m^2。例如来自 Q 开关红宝石激光器的一个 200 MW 的脉冲，会产生出 20×10^{16} W/m^2 的通量密度。因此（习题 13.37）相应的电场振幅为

$$E_0 = 27.4 \left(\frac{I}{n}\right)^{1/2} \tag{13.30}$$

在本例中，对 $n \approx 1$，电场振幅约为 1.2×10^8 V/m。这一场强已足以引起空气击穿（约 3×10^6 V/m）而有余，比把晶体结合在一起的典型场强只小几个量级，后一场强和氢原子中电子的内聚场

[①] 见 A. Ghatak and K. Thyagarajan, *Contemporary Optics*, p. 214。

（5×10^{11} V/m）大致相同。实际能得到这样的场强或甚至更高场强（10^{12} V/m）的电场，使范围广泛的重要的新型非线性现象和器件成为可能。我们将只限于讨论同无源（passive）媒质（即媒质基本上只起催化剂的作用，并不明显地显示出它们自身的特征频率）有关联的几种非线性现象。特别是，我们将讨论光学整流、光学谐波产生、混频和光的自聚焦。相反，受激拉曼散射、受激瑞利散射和受激布里渊散射是在激活（active）媒质中产生的非线性光学现象的例子，它们将其特征频率加于光波上[①]。

大家大概还记得，在媒质中传播的光波的电磁，要对结合得不紧密的外层电子即价电子施加力。这些力通常很小，在线性各向同性媒质中，产生的电极化矢量是平行于外场的，并且与外场成正比。实际上，极化矢量将跟随这个场变化；如果外场简谐变化，极化矢量也将简谐变化。因此，我们可以写

$$P = \epsilon_0 \chi E \tag{13.31}$$

式中 χ 是一个无量纲常数，叫做电极化率，P 对 E 的关系是一条直线。很明显，在场强很高的极端情况下，可以预期 P 将会饱和；换句话说，它不能无限地随 E 线性增大（正如熟知的铁磁材料情况一样，铁磁材料在很低的 H 值下磁矩就饱和了）。因此，可以预期，随着 E 的增加，总会有（但通常不大）的非线性会逐渐增加。由于在各向同性媒质这种最简单的情况下 $\vec{P}$ 和 $\vec{E}$ 的方向一致，可以把极化矢量的大小更有效地表示为级数展开式：

$$P = \epsilon_0 (\chi E + \chi_2 E^2 + \chi_3 E^3 + \cdots) \tag{13.32}$$

通常的线性极化率 χ 要比非线性项的系数 χ_2、χ_3 等大得多，因此，非线性项只在场强振幅很大时才有显著贡献。现在假设一个形式为

$$E = E_0 \sin \omega t$$

的光波入射到媒质上，所得到的电极化矢量为

$$
\begin{aligned}
P = {} & \epsilon_0 \chi E_0 \sin \omega t + \epsilon_0 \chi_2 E_0^2 \sin^2 \omega t \\
& + \epsilon_0 \chi_3 E_0^3 \sin^3 \omega t + \cdots
\end{aligned}
\tag{13.33}
$$

它可以改写成

$$
\begin{aligned}
P = {} & \epsilon_0 \chi E_0 \sin \omega t + \frac{\epsilon_0 \chi_2}{2} E_0^2 (1 - \cos 2\omega t) \\
& + \frac{\epsilon_0 \chi_3}{4} E_0^3 (3 \sin \omega t - \sin 3\omega t) + \cdots
\end{aligned}
\tag{13.34}
$$

当简谐光波扫过媒质时，它产生一个波可以想象为极化波，即在材料内响应于入射场建立一个振荡的电荷再分布。如果只是线性项有效，那么电极化波将对应一个随入射光变化的振荡电流。在这样一个过程中再辐射的光就是通常的折射波，一般以减小了的速率 v 传播，频率和入射光相同。相反，（13.33）式中高次项的出现意味着极化波的波形轮廓不是入射场那样的简谐形状。实际上，可以把（13.34）式当作 $P(t)$ 畸变后的形状的傅里叶级数表示。

13.4.1　光学整流

（13.34）式中的第二项具有两个很有趣的分量。第一个分量是直流项或恒定偏置极化项，它正比于 E_0^2 变化。因此，如果有一束很强的平面偏振光束穿过一块合适的（压电）

---

① 比本书更广泛的讨论，见 N. Bloembergen 的 *Nonlinear Optics*，或者 G. C. Baldwin 的 *An Introduction to Nonlinear Optics*。

晶体，那么二次非线性项的存在将部分表现为媒质将发生一个恒定的电极化。因此在晶体两端将出现电位差，它同光束的通量密度成正比。这个效应同它的射频对应物相仿，称为**光学整流**。

13.4.2　二次谐波产生

（13.34）式中的 $\cos 2\omega t$ 项对应于以两倍基频（即入射波频率）的频率变化的电极化，由这个电极化再辐射的光也具有这一频率（2ω）的分量，这个过程叫做**二次谐波产生**。在光子表示方式中，我们可以想象两个能量同为 $\hbar\omega$ 的光子在媒质中结合起来，形成能量为 $\hbar 2\omega$ 的一个单光子。1961 年，弗兰肯（P. A. Franken）同他在密歇根大学的同事首次在实验上观察到二次谐波产生。他们把红宝石激光器发出的 3 kW 红色（694.3 nm）激光脉冲聚焦到一块石英晶体上，差不多有 10^8 分之一的入射波能量被转换为波长为 347.15 nm 的紫外二次谐波。

注意，对于一种给定的材料，如果 $P(E)$ 是奇函数，即如果 $\vec{E}$ 场的方向反向只是使 $\vec{P}$ 的方向也反向，那么（13.32）式中 E 的偶数次幂必定为零。但是这正是在像玻璃或水这样的各向同性媒质（液体中不存在特殊的取向）中发生的情况。此外，在方解石一类的晶体中，其结构具有一个所谓的对称中心或反演中心，这时所有坐标轴倒转方向必定使物理量之间的相互关系保持不变，因此这类材料不能产生偶次谐波。然而，三次谐波产生（THG）是可能发生的并且已经观察到了（例如在方解石中）。晶体不具有反演对称性是二次谐波产生要求的条件，也是该晶体是压电晶体的必要条件。一块压电晶体，例如石英、磷酸二氢钾（KDP）或者磷酸二氢铵（ADP），在受到压力下会发生电荷分布的非对称畸变，从而产生一个电压。在 32 种晶类中，有 20 种属于这一类，因此可能在二次谐波产生中有用。简单的标量表示（13.32）式实际上并不是典型的介电晶体的合适的描述。事情要复杂得多，因为晶体内的几个不同方向上的场分量能够影响任何一个方向上的电极化矢量。完备的处理方法要求 $\vec{P}$ 和 $\vec{E}$ 不是通过单个标量联系起来，而是用排成特殊的张量形式的一组量（即电极化率张量）联系起来[①]。

产生很强的二次谐波光的主要困难在于折射率对频率的依赖关系即色散。在初始的某一点上，入射的 ω 波产生二次谐波即 2ω 波，这两个波是相干的。当 ω 波穿过晶体传播时，它继续产生二次谐波光，但是只有前面的二次谐波光和现在产生的二次谐波光保持固有的相位关系时，它们才会完全相长叠加。但是 ω 波是以相速度 v_ω 传播的，它通常同 2ω 波的相速度 $v_{2\omega}$ 不同。因此新发射的二次谐波周期性地与以前产生的 2ω 波异相。计算一块厚度为 ℓ 的晶体发出的二次谐波的辐照度[②] $I_{2\omega}$，得到

$$I_{2\omega} \propto \frac{\sin^2 \left[2\pi (n_\omega - n_{2\omega}) \ell / \lambda_0 \right]}{(n_\omega - n_{2\omega})^2} \tag{13.35}$$

（见图 13.61）。由上式可得当 $\ell = \ell_C$ 时 $I_{2\omega}$ 有极大值，其中

$$\ell_c = \frac{1}{4} \frac{\lambda_0}{|n_\omega - n_{2\omega}|} \tag{13.36}$$

它通常叫做相干长度（虽然换个名称可能会更好），一般只有 $20\lambda_0$ 的量级。尽管如此，用折射率匹配方法可以有效地产生二次谐波，这个方法的要点是去掉不想要的色散效应，设法让

---

① 物理量之间通过张量形式联系起来的情况并不罕见，如惯性张量、退磁系数张量、应力张量，等等。

② 例如，见 B. Lengyel 的 *Introduction to Laser Physics* 的第 7 章，它是不错的初级论述。

$n_\omega = n_{2\omega}$。常用的二次谐波产生材料是 KDP。它是一种透明的压电晶体，并且是负的单轴双折射晶体。此外，它还具有一个有趣的性质：如果基波是线偏振的寻常波，则得到的二次谐波将是一个非常波。从图 13.62 可以看到，如果光在一块 KDP 晶体内相对于光轴以特定的角度 θ_0 传播，那么寻常光基波的折射率 $n_{0\omega}$ 将准确等于非常光二次谐波的折射率 $n_{e2\omega}$。于是二次谐波的子波将发生相长干涉，从而把转换效率提高几个量级。二次谐波发生器（它们就是适当切割和取向的晶体）在市场上可以买到，但是必须记住 θ_0 是 λ 的函数，每个这样的器件只工作在一个频率上。最近，把一块铌酸钡钠晶体放在一个 1 W 的 1.06 μm 激光器的腔内，得到了一个连续的 1 W 二次谐波光束，波长为 532.3 nm。ω 波在晶体内来回扫射提高了净转换效率。

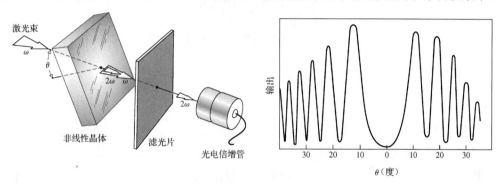

图 13.61　厚度为 0.78 mm 的石英片的二次谐波输出与 θ 的关系。当有效厚度为 ϵ_C 的偶数倍时出现峰值

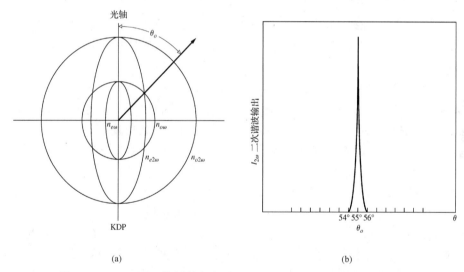

(a)　　　　　　　　　　　　(b)

图 13.62　（a）KDP 的折射率表面；（b）$I_{2\omega}$ 与 KDP 晶体取向的关系

　　光学二次谐波产生很快就失去了其最初的新鲜感，到 20 世纪 80 年代初已变成常规的商业过程了。然而，曾有过许多激动人心的技术成就，例如，为诺瓦（Nova）激光聚变计划建造的直径 74 cm 的谐波变换排列（见照片），变换效率高达 80%。它导致产生了 10 年后的欧米茄（Omega）的三倍频系统，它的任务就是把钕玻璃激光器发射的红外光（1.05 μm）变换成效率更高的高频辐射。由于尺寸巨大，变换器是由小的 KDP 单晶拼凑起来，排成两层。为了产生二次谐波（0.53 μm 的绿光），两层晶体各自产生自己的频移分量，相互重叠，偏振相互垂直。在第一层中利用相位匹配把三分之二的光束能量变成二次谐波，第二层把剩下来的红外光和第一层的二次谐波绿光混合起来，产生三次谐波蓝光，波长为 0.35 μm。

诺瓦激光器的频率变换器

13.4.3 混频

另一种相当实用而重要的情况是，不同频率的两束或多束不同频率的激光在一块非线性电介质中的混频，这个过程很容易理解，只要把形式为

$$E = E_{01} \sin \omega_1 t + E_{02} \sin \omega_2 t \tag{13.37}$$

的波代入由（13.32）式给出的 P 的最简单的表示式中。这时二次项的贡献是

$$\epsilon_0 \chi_2 (E_{01}^2 \sin^2 \omega_1 t + E_{02}^2 \sin^2 \omega_2 t + 2E_{01}E_{02} \sin \omega_1 t \sin \omega_2 t)$$

式中前二项可以分别表示为 $2\omega_1$ 和 $2\omega_2$ 的函数，而最后一项则给出和频项（$\omega_1 + \omega_2$）和差频项（$\omega_1 - \omega_2$）。

就量子图像而论，频率为 $\omega_1 + \omega_2$ 的光子就相当于两个原来的光子结合成一个新光子，正像在二次谐波产生情形下发生的情况，那里两个光子具有同一频率。湮灭的两个光子的能量和动量被新产生的和频光子带走了。$\omega_1 - \omega_2$ 差频光子的产生要更复杂一些。能量守恒和动量守恒要求，在频率为 ω_1 的光子与 ω_2 的光子相互作用时，只有频率较高的 ω_1 光子消失，而生成两个新的量子，一个是 ω_2 光子，另一个是差频光子。

作为这个现象的一个应用，设我们在一块非线性晶体内，使一束频率为 ω_p 的很强的波（叫做抽运光）同一个较低频率 ω_s 的弱信号波成拍，后者是准备进行放大的，因此抽运光转换成信号光和频率为 $\omega_i = \omega_p - \omega_s$ 的差频波，叫做闲（idler）光，现在如果使闲光再与抽运光成拍，抽运光又转换成更大量的闲光和信号光。这样，信号波和闲波都被放大了。这实际上是著名的参量放大概念在光频频段的推广。参量放大在微波波谱中的使用可追溯到 20 世纪 40 年代后期。1965年运转的第一台光学参量振荡器如图 13.63 所示。把一块非线性晶体（铌酸锂）的两个平坦的平行端面涂上敷层以构成光学法布里-珀罗共振腔。信号频率和闲波频率（都在 1000 nm 左右）对应于共振腔的两个共振峰。当抽运光的通量密度足够大时，能量就从抽运光转移到信号振荡模式和闲波振荡模式，随之而来的是这些模式的建立，以及这些频率上的相干辐射能量的发射。在一种无损耗媒质中，能量的这种从一个波向另一个波的传递是参量过程的典型特征。通过温度、电场等改变晶体的折射率，振荡器就可以调谐。从那时以来，已演化出各种各样的振荡器结构，也使用别的非线性材料，例如铌酸钡钠。光学参量振荡器是一种类似激光器的、可以在很宽的范围内调谐的光源，发射从红外到紫外的相干辐射能量。

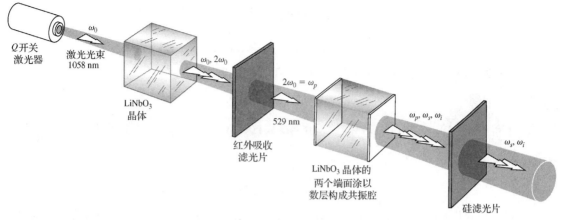

图 13.63 光学参量振荡器

13.4.4 光的自聚焦

如果给一块电介质加一个随空间变化的电场，即如果有平行于$\vec{P}$的电场梯度的话，将会引起一个内力。这个力会改变密度、改变介电常数，从而也改变折射率，在线性和非线性各向同性媒质中都是如此。现在假设把具有横向高斯型通量密度分布的一束强激光光束照射到一块样品上，感生的折射率变化将使在光束区域内的媒质的性能表现如一块正透镜一样。因此，这个光束将缩小，通量密度就更加增大，光束继续以所谓**自聚焦**的方式收缩下去。这个效应可以持续下去，直到光束达到一个细丝极限（直径约 5×10^{-6} m）而被全内反射，好像它是在被介质包围的光纤中一样[①]。

习题

除带星号的习题外，所有习题的答案都附在书末。

13.1* 炉子里的一块立方体粗钢（每边长 10 cm），平衡温度为 400℃。已知它的总发射率为 0.97，求立方体每个面辐射能量的速率。

13.2 某个典型的人体总的裸露的面积为 1.4 m^2，平均皮肤温度为 33℃。如果这个人的总发射率为 97%，环境的室温为 20C°，求每单位面积的净辐射功率（辐照度或称出射度）？身体每秒辐射多少能量？

13.3 假如用某种光学高温计测出从炉子的小孔出射度为 22.8 W/cm²。计算炉内温度。

13.4 一个类似黑体的物体，温度由 200 K 升高到 2000 K。它的辐射能量增加多少？

13.5* 你的平均皮肤温度为 33℃。假定你像黑体那样在这个温度辐射，在哪个波长辐射的能量最多？

13.6* 一个类似黑体的物体像辐射能量到室温（21℃）环境，哪个波长带走的能量最多？

13.7* 蓝白色的零等星的表面温度约为 42×10^3 K。哪个频率辐射的能量最多？

13.8* 用火箭在地球大气层之上拍摄了太阳的光谱，发现其光谱发射度的峰值大约 465 nm。假定太阳是黑体，计算太阳表面的温度，用这个方法得到的值比实际高出 400 K。

13.9* 一个类似黑体的物体每单位波长辐射的最大能量在可见谱的红端（$\lambda = 680$ nm）。它的表面温度是多少？

13.10* 温度为 T 的黑体，每单位面积、单位时间、单位波长间隔发射的能量为

[①] 见 J. A. Giodmaine, "Nonlinear optics", *Phys. Today*, 39 (January 1969)。

$$I_\lambda = \frac{2\pi hc^2}{\lambda^5}\left[\frac{1}{e^{\frac{hc}{\lambda k_B T}}-1}\right]$$

在特定的温度 T，黑体每单位面积辐射的总功率等于相应的 I_λ 随 λ 变化曲线下的面积。由此推导斯蒂芬-玻尔兹曼定律。[提示：为了清除指数，将积分变量改为

$$x = \frac{hc}{\lambda k_B T}$$

利用 $\int_0^\infty x^n \frac{\mathrm{d}x}{e^x-1} = \Gamma(n+1)\zeta(n+1)$，其中伽马函数 $\Gamma(n+1)=n!$，$n=3$ 的黎曼泽塔函数 $\zeta(4)=\frac{\pi^4}{90}$。]

13.11* 证明（13.4）式等价于

$$I_\lambda = \frac{3.742\times10^{-25}}{\lambda^5(e^{0.0144/\lambda T}-1)}\ \text{W/m}^2\cdot\text{nm}$$

其中 λ 之单位为米，T 为绝对温度，波长间隔 $\Delta\lambda$ 之单位为纳米。I_λ 单位为每秒每平方米每纳米的焦耳数。

13.12* 在原子领域，能量常用电子伏特 eV 为单位量度。若波长用纳米 nm 为单位，推出下面的光量子的能量以 eV 为单位的表示式

$$\mathscr{E} = \frac{1239.8\ \text{eV}\cdot\text{nm}}{\lambda}$$

波长为 600 nm 的光量子的能量是多少？

13.13 题图 P.13.13 是晴天太阳在天顶时射到海平面上的光谱辐照度。我们预期能接收到的能量最大的光子有多大能量（分别用电子伏特和用焦耳表示）。

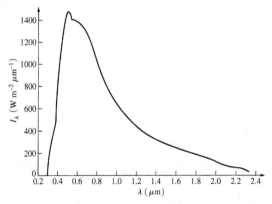

1微米 = 1 μm = 1×10^{-6} m

题图 P.13.13

13.14* 假定离一个 3 cm 直径的孔（用一快门关闭）100 m 外有一个 100 W 的黄光灯泡（550 nm），其发光效率为 2.5%。将快门打开 10^{-3} s，问有多少光子通过孔？假定灯泡发光是均匀地向四面八方发射。

13.15 以太阳为中心、以日地平均距离为半径的球面上的辐射通量密度叫做太阳常数，它等于 0.133～0.14 W/cm^2。假定平均波长在 700 nm 左右，一个正处于大气层之上的 1 m^2 的太阳电池板，每秒最多可以接收到多少个光子？

13.16 一个 50.0 cm^3 的容器充有压强为 20.3 Pa、温度为 0℃ 的氩气，绝大多数原子初始时处于基态。一盏闪光围着样品的闪光灯把 1% 的原子激发到同一激发态，其平均寿命为 1.4×10^{-8} s。随着气体发射光子（当然，发射率随时间减小），问最大发射率是多少？假定只有自发发射起作用，介质是理想气体。

13.17* 证明：一个在温度 T 处于平衡的原子光子系统，受激发射与自发发射的跃迁概率之比为

$$\left[\frac{1}{e^{\frac{h\nu}{k_B T}}-1}\right]$$

13.18* 一个处于热平衡的原子系统发射和吸收 2.0 eV 的光子。求温度为 300 K 时受激发射与自发发射跃迁概率之比。讨论你的答案的含义。（提示：参考上题。）

13.19 重做上题，这一次温度为 30.0×10^3 K。比较这两题的计算结果。

13.20* 一个二能级原子系统，能级 2 的能量比基态能级 1 高。问下面的表示式是什么意思：

$$\frac{\mathrm{d}N_2}{\mathrm{d}t} = B_{12}u_\nu N_1 - B_{21}u_\nu N_2 - A_{21}N_2$$

证明热平衡时有

$$A_{21}N_2 + B_{21}u_\nu N_2 = B_{12}u_\nu N_1$$

13.21* 一个 100 mW 的 He-Cd 激光器的发射波长为 441.56 nm。求受激发射率。

13.22* 二能级原子系统处于在热平衡。证明当高温 $k_B T \gg \mathscr{E}_j - \mathscr{E}_i$ 时，两个态的布居数密度趋于相等。（提示：从总发射跃迁速率和吸收跃迁速率之比出发。）

13.23* 地球接收到外空间大量的 21 cm 辐射。它的来源是巨大的氢气云。取空间的背景温度为 3.0 K，求受激发射跃迁速率与自发发射跃迁速率之比，讨论结果。

13.24* 想着例题 13.7，求 Nd:YAG 激光棒每立方米的平均辐射功率。已知发生跃迁时上能级寿命为 230 μs。

13.25* 参看图 13.6，那里画出 He-Cd 激光器的两个跃迁。求高能 d 态的寿命。

13.26* 氦氖激光器以发射 632.8 nm 的红光而出名。但是处于同一个高能级的电子可以向另外 9 个低能级跃迁，每个跃迁有自己的概率和频率，如表 13.3 所示。求此能级的寿命。哪一个跃迁最容易发生？哪一个是最亮的可见发射？

表 13.3　氦氖激光发射

λ(nm)	A_{ji}/(s^{-1})
60.0	259×10^5
543.4	283×10^5
593.9	2.00×10^5
604.6	2.26×10^5
611.8	6.09×10^5
629.4	6.39×10^5
632.8	33.9×10^5
635.2	3.45×10^5
640.1	13.9×10^5
730.5	2.55×10^5

13.27* 氦氖激光器的 $\lambda = 632.8$ nm 光束的最初直径为 3.0 mm，照射在距离 100 m 的竖直墙面上。给定系统是孔径（衍射）置限的，墙上的圆斑有多大？

13.28* 红宝石激光器的晶体棒直径为 5 mm，长为 5 cm。氧化铝（Al_2O_3）的密度为 3.7×10^3 kg/m^3。假定光脉冲持续 5.0×10^{-6} s。利用讨论 13.7 时的数据，每个脉冲有多大的功率？铬离子激光跃迁的光子能量为 1.79 eV。

13.29 氦氖激光器输出功率 1.0 mW，输出波长 632.8 nm 的光子能量为 1.96 eV。假定氖原子跃迁的能量都用在输出上，求氖原子的跃迁速率。

13.30* 一个固体激光器的激活区是一根直径为 10 mm、长为 0.20 m 的棒，运转效率为 2.0%。激光棒中每立方厘米有 4.0×10^{19} 个离子参与运作。激光器脉冲的波长为 701 nm。求单个脉冲的能量。

13.31* 工作在 694.3 nm 的红宝石激光频宽为 50 MHz，对应的线宽是多少？

13.32* 一个典型的气体激光器长度为 25 cm（$n \approx 1$），求谐振腔相邻轴模的频率差。

13.33* 氩离子激光器的 488.0 nm 多普勒增宽到 2.7×10^9 Hz。已知激光器的两面反射镜相距 1.0 m。求纵模的近似数目，假定气体的折射率为 1.0。

13.34* 一个气体激光器的法布里-珀罗腔长 40 cm。气体的折射率为 1.0。工作于 600 nm。求模数，即填满腔的半周的数目。

13.35* 氦氖激光器在 632.8 nm 的多普勒增宽跃迁的宽度大约为 1.4 GHz。假定 $n = 1.0$。求单轴模工作的最大腔长。画出跃迁线宽和腔模的草图。

13.36* 一个半导体激光器的损耗系数 $\alpha \approx 10$ cm^{-1}。腔长 0.03 cm。两个"反射镜"的反射率都只有 0.4。求阈值增益系数。

13.37 介质折射率为 n，辐照度为 I，对应的最大电场强度为 E_{max}。证明

$$E_{max} = 27.4\left(\frac{I}{n}\right)^{1/2} \text{ in units of V/m}$$

13.38* 氦氖激光器工作于 632.8 nm，内部束腰的直径为 0.60 mm。计算光束的全角宽度，即光束的发散度。

13.39 激光束被题图 P.13.39 所示的三叉光栅衍射后的图样看起来是什么样子？

13.40 粗略画出题图 P.13.40a 的透明片的夫琅禾费衍射图样。怎样对它滤波来得到题图 P.13.40b。

(a)

(b)

题图 P.13.39

题图 P.13.40

13.41 重复上题，但图换成题图 P.13.41。

(a)

(b)

题图 P.13.41

13.42* 重复上题，但这一次换成题图 P.13.42。

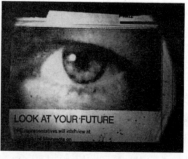

(a)

(b)

题图 P.13.42

13.43 回到图 13.37。哪种空间滤波器会产生题图 P.13.43 的图样？

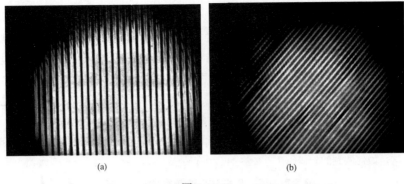

(a)　　　　　　　　　　(b)

图 P.13.43

13.44　心中想着正文中的图 13.36，证明系统的横向放大率为$-f_i/f_t$并画出光线图。画一条光线与光轴线成θ角向上穿过透镜的中心，从这条光线与Σ_t的交点画一线向下通过第二个透镜的中心，与轴线成Φ角。证明$\Phi/\theta = f_t/f_i$。用空间频率概念，从（11.64）式证明，物平面上的k_O和像平面上的k_I有关系

$$k_I = k_O(f_t/f_i)$$

当$f_i > f_t$时，上式关于像的尺寸意味着什么？输入数据的空间周期与像的输出相比较，二者有什么关系？

13.45　图 13.41 所示的光学计算机中的物是一块每厘米才 50 条线的衍射光栅。用氦氖激光器的绿光（543.5 nm）平面波相干照明。两个透镜的焦距都是 100 cm。问变换平面上衍射点的间隔是多少？

13.46*　设想有一块余弦光栅（即一张透明片，其振幅透过率在 0 和 1 之间以余弦方式变化），空间周期为 0.01 mm。光栅用$\lambda = 500$ nm 的准单色平面波照明，整个装置与图 13.36 一样，变换透镜焦距 2.0 m，成像透镜焦距 1.0 m。

　　a）讨论生成的图样，设计一个滤光片只让一阶项通过。详细描述之。

　　b）放了滤光片之后，Σ_i 上的像看起来是什么样子？

　　c）如何只让直流项通过，这时的像看起来是什么样子？

13.47　在习题的变换平面上放一个掩膜，只让$m = +1$的衍射项通过。这时Σ_i上重新生成的像看起来是什么样子？解释你的理由。现在假设只挡掉$m = +1$或$m = -1$项，重新生成的像又是什么样？

13.48*　参考上两题，让余弦光栅水平放置，画出没有滤波时沿y'方向的电场振幅。画出对应的像辐照度分布。如果直流项被滤掉，像的电场看起来怎么样？画出来。画出新的辐照度分布。放不放滤波器时像的空间频率如何？将你的答案与图 11.14 相联系。

13.49　把上题的余弦光栅换成"方"条光栅，即一系列交替的透光和不透光的等宽直条。滤波器只让零阶和两个一阶的衍射点通过。测出它们的相对辐照度为 1.00、0.36、0.36。把它们和图 7.40a 和图 7.42 比较。推导像平面上辐照度分布的普遍形状的表示式，把它粗略画出来。得到的条纹系统看起来是什么样子？

13.50　一个每厘米 50 条线的方形细线网格竖直放在图 13.50 光学计算机的像平面上。两个透镜的焦距都是 1.00 m。要使变换平面上衍射点的水平距离和垂直距离都是 2.0 mm，照明光的波长必须是多少？像平面上出现的网格的间距是多少？

13.51*　一个不透光的掩膜上面打了许多圆孔，圆孔的大小相同，有序排列在棋盘方格的角上。假定打孔的机器人出了问题，除这些有序孔阵列之外，还在掩膜上另外打了一些位置随机的孔。现在这个掩膜成为习题 13.49 中的物，它的衍射图样看来是什么样子？假定有序孔与最近的邻居间的间距为 0.1 mm，

那么像上对应的点的空间频率是多少？描述一个滤波器，可以清除掉随机孔的像。

13.52* 设想有一张大的透明片照片，照片上是一个学生，由有规则排列的小圆点组成。小圆点的大小一样，但密度不同，透过的光振幅也不同。用平面波照明这张透明片，紧接着透明片后的电场振幅可以用圆帽函数（图 11.4）和连续的二维照片函数的乘积（平均）来表示。前者像一个钝钉子板，后者是普通的照片。应用频率卷积定理，变换平面上的光分布看起来是什么样子？怎样把它的滤除以产生连续的输出像？

13.53* 题图 13.53 是把准直激光束变成球面波的装置。针孔把光束弄干净；即针孔消除了透镜上灰尘之类的东西。这是如何做到的？

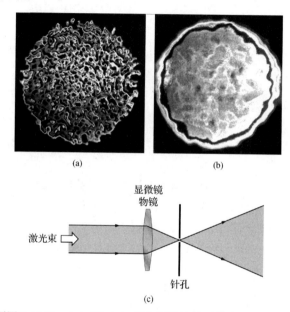

题图 P.13.53 （a）和（b）是空间滤波前后的高功率激光束

13.54 如果激光束不是照射到光滑的墙上，而是照射到像牛奶一样的悬浮物上，斑纹图样会是怎样的？

附录 A 　 电磁学理论

麦克斯韦方程的微分形式

人们称为麦克斯韦方程组的积分形式是

$$\oint_C \vec{E} \cdot d\vec{\ell} = -\iint_A \frac{\partial \vec{B}}{\partial t} \cdot d\vec{S} \qquad [3.5]$$

$$\oint_C \frac{\vec{B}}{\mu} \cdot d\vec{\ell} = \iint_A \left(\vec{J} + \epsilon \frac{\partial \vec{E}}{\partial t} \right) \cdot d\vec{S} \qquad [3.13]$$

$$\oiint_A \epsilon \vec{E} \cdot d\vec{S} = \iiint_V \rho \, dV \qquad [3.7]$$

$$\oiint_A \vec{B} \cdot d\vec{S} = 0 \qquad [3.9]$$

其中用的单位制是 SI 单位。

麦克斯韦方程组还可以写成微分形式，它对推导电磁场的波动性更为有用。从积分形式到微分形式的过渡，利用矢量微积分中的两个定理很容易做到。这两个定理是：高斯散度定理

$$\oiint_A \vec{F} \cdot d\vec{S} = \iiint_V \vec{\nabla} \cdot \vec{F} \, dV \qquad (A1.1)$$

和斯托克斯定理

$$\oint_C \vec{F} \cdot d\vec{\ell} = \iint_A \vec{\nabla} \times \vec{F} \cdot d\vec{S} \qquad (A1.2)$$

这里的量 $\vec{F}$ 不是一个固定矢量，而是位置变量的一个函数。通常总是把一个矢量写空间中每一点相联系，比方说在直角坐标系中，把一个矢量与 (x, y, z) 相联系，成为 $\vec{F}(x, y, z)$。这种矢量值函数，如电场 $\vec{E}$ 和磁场 $\vec{B}$，叫做矢量场。

将斯托克斯定理应用于电场强度，有

$$\oint \vec{E} \cdot d\vec{\ell} = \iint \vec{\nabla} \times \vec{E} \cdot d\vec{S} \qquad (A1.3)$$

比较此式与（3.5）式，得到

$$\iint \vec{\nabla} \times \vec{E} \cdot d\vec{S} = -\iint \frac{\partial \vec{B}}{\partial t} \cdot d\vec{S} \qquad (A1.4)$$

这个结果必须对回路 C 包围的一切曲面都正确。这只有在被积函数自身相等时才成立，即

$$\vec{\nabla} \times \vec{E} = -\frac{\partial \vec{B}}{\partial t} \qquad (A1.5)$$

类似地，将斯托克斯定理应用于 $\vec{B}$，用（3.13）式，得到

$$\vec{\nabla} \times \vec{B} = \mu \left(\vec{J} + \epsilon \frac{\partial \vec{E}}{\partial t} \right) \qquad (A1.6)$$

将高斯散度定理应用于电场强度给出

$$\oiint \vec{E} \cdot d\vec{S} = \iiint \vec{\nabla} \cdot \vec{E} \, dV \tag{A1.7}$$

利用（3.7）式，它就变成

$$\iiint_V \vec{\nabla} \cdot \vec{E} \, dV = \frac{1}{\epsilon} \iiint_V \rho \, dV \tag{A1.8}$$

由于这对任何体积（即对任何闭域）都成立，两个被积函数必须相等。因此，在时空中任何一点 (x, y, z, t) 有

$$\vec{\nabla} \cdot \vec{E} = \frac{\rho}{\epsilon} \tag{A1.9}$$

以相同的方式，将高斯散度定理应用于 $\vec{B}$ 场并与方程（3.9）联立，得到

$$\vec{\nabla} \cdot \vec{B} = 0 \tag{A1.10}$$

方程（A1.5）、（A1.6）、（A1.9）和（A1.10）就是麦克斯韦方程组的微分形式。对于直角坐标系和自由空间（$\rho = J = 0$，$\epsilon = \epsilon_0$，$\mu = \mu_0$）的简单情形，就回到（3.18）式至（3.21）式。

电磁波

为了推导最普遍形式的电磁波方程，必须再次考虑某种介质的出现。我们曾在 3.5.1 节看到，需要引进极化矢量 $\vec{P}$，它是介质的总体行为的量度，是每单位体积生成的电偶极矩。由于物质内部的场已被改变，我们不得不定义一个新的场量电位移矢量 $\vec{D}$

$$\vec{D} = \epsilon_0 \vec{E} + \vec{P} \tag{A1.11}$$

此时显然

$$\vec{E} = \frac{\vec{D}}{\epsilon_0} - \frac{\vec{P}}{\epsilon_0}$$

内部电场 $\vec{E}$ 是两项之差：第一项 $\vec{D}/\epsilon_0$ 是没有极化时将会存在的场，第二项 $\vec{P}/\epsilon_0$ 是极化引起的场。

对于一种均匀、线性和各向同性的电介质，$\vec{P}$ 和 $\vec{E}$ 在同一方向，互成正比。由此得到，$\vec{D}$ 也与 $\vec{E}$ 成正比：

$$\vec{D} = \epsilon \vec{E} \tag{A1.12}$$

像 $\vec{E}$ 一样，$\vec{D}$ 延伸到整个空间，绝不限于电介质所占的区域，像 $\vec{P}$ 那样。$\vec{D}$ 的力线开始和终结于可移动的自由电荷。$\vec{E}$ 的力线既可以开始和终结在自由电荷上，也可以开始和终结在束缚电荷上。如果没有自由电荷出现（在极化的电介质邻近和自由空间中就是这样），$\vec{D}$ 的力线自身是闭合的。

由于一般情况下光学介质对 $\vec{B}$ 场的响应与真空对 $\vec{B}$ 场的响应只有微小差别，我们无需细致描述这个过程。这样说就足够了：介质将会被极化。可以定义一个磁极化强度或磁化矢量 $\vec{M}$，它是单位体积中的磁偶极矩。为了讨论磁极化介质的影响，我们引进一个辅助矢量 $\vec{H}$，传统上把它叫做磁场强度

$$\vec{H} = \mu_0^{-1} \vec{B} - \vec{M} \tag{A1.13}$$

对于一种均匀的、线性的（非铁磁的）和各向同性的介质，$\vec{B}$ 和 $\vec{H}$ 平行并互成正比：

$$\vec{H} = \mu^{-1} \vec{B} \tag{A1.14}$$

与方程（A1.12）和（A1.14）一道，还有一个本构方程，

$$\vec{J} = \sigma\vec{E} \tag{A1.15}$$

叫做欧姆定律，它表述了一个实验定则，导体在恒定温度下都遵守这个规则：电场强度，因而作用于导体中每个电荷上的力，决定了电荷的流动。联系 $\vec{E}$ 和 $\vec{J}$ 的比例常量是具体介质的电导率 σ。

考虑一种线性（非铁电的和非铁磁的）、均匀和各向同性的介质在物理上处于静止这种相当普遍的环境。利用本构关系，可以将麦克斯韦方程组重写为

$$\vec{\nabla} \cdot \vec{E} = \frac{\rho}{\epsilon} \tag{A1.9}$$

$$\vec{\nabla} \cdot \vec{B} = 0 \tag{A1.10}$$

$$\vec{\nabla} \times \vec{E} = -\frac{\partial\vec{B}}{\partial t} \tag{A1.5}$$

$$\vec{\nabla} \times \vec{B} = \mu\sigma\vec{E} + \mu\epsilon\frac{\partial\vec{E}}{\partial t} \tag{A1.16}$$

如果这些表示式能够通过某种方式给出波动方程（2.61），我们便得到了关于空间变量的二阶导数的最佳形式。对方程（A1.16）取旋度，得

$$\vec{\nabla} \times (\vec{\nabla} \times \vec{B}) = \mu\sigma(\vec{\nabla} \times \vec{E}) + \mu\epsilon\frac{\partial}{\partial t}(\vec{\nabla} \times \vec{E}) \tag{A1.17}$$

这里，由于假设了 $\vec{E}$ 是良性函数，求空间导数和时间导数可以交换顺序。可以代入方程（A1.5）以得到所需的对时间的二阶微商：

$$\vec{\nabla} \times (\vec{\nabla} \times \vec{B}) = -\mu\sigma\frac{\partial\vec{B}}{\partial t} - \mu\epsilon\frac{\partial^2\vec{B}}{\partial t^2} \tag{A1.18}$$

三重矢量积可以利用下面的算符恒等式简化：

$$\vec{\nabla} \times (\vec{\nabla} \times) = \vec{\nabla}(\vec{\nabla} \cdot) - \nabla^2 \tag{A1.19}$$

于是

$$\vec{\nabla} \times (\vec{\nabla} \times \vec{B}) = \vec{\nabla}(\vec{\nabla} \cdot \vec{B}) - \nabla^2\vec{B}$$

在直角坐标系中

$$(\vec{\nabla} \cdot \vec{\nabla})\vec{B} = \nabla^2\vec{B} \equiv \frac{\partial^2\vec{B}}{\partial x^2} + \frac{\partial^2\vec{B}}{\partial y^2} + \frac{\partial^2\vec{B}}{\partial z^2}$$

由于 $\vec{B}$ 的散度为零，（A1.18）式变为

$$\vec{\nabla}^2\vec{B} = \mu\epsilon\frac{\partial^2\vec{B}}{\partial t^2} - \mu\sigma\frac{\partial\vec{B}}{\partial t} = 0 \tag{A1.20}$$

电场强度满足相似的方程。遵循与上面实质相同的步骤，对方程（A1.5）取旋度：

$$\vec{\nabla} \times (\vec{\nabla} \times \vec{E}) = -\frac{\partial}{\partial t}(\vec{\nabla} \times \vec{B})$$

消去 $\vec{B}$，上式变成

$$\vec{\nabla} \times (\vec{\nabla} \times \vec{E}) = -\mu\sigma\frac{\partial\vec{E}}{\partial t} - \mu\epsilon\frac{\partial^2\vec{E}}{\partial t^2}$$

然后利用（A1.19）式，得

$$\vec{\nabla}^2\vec{E} - \mu\epsilon\frac{\partial^2\vec{E}}{\partial t^2} - \mu\sigma\frac{\partial\vec{E}}{\partial t} = \vec{\nabla}(\rho/\epsilon)$$

这里利用了以下事实：对于不带电的介质（$\rho = 0$）有

$$\vec{\nabla}(\vec{\nabla} \cdot \vec{E}) = \nabla(\rho/\epsilon)$$

及

$$\nabla^2 \vec{E} - \mu\epsilon \frac{\partial^2 \vec{B}}{\partial t^2} - \mu\sigma \frac{\partial \vec{E}}{\partial t} = 0 \tag{A1.21}$$

方程（A1.20）和（A1.21）叫做电报方程[①]。

在非传导介质中 $\sigma = 0$，这些方程变为

$$\nabla^2 \vec{B} - \mu\epsilon \frac{\partial^2 \vec{B}}{\partial t^2} = 0 \tag{A1.22}$$

$$\nabla^2 \vec{E} - \mu\epsilon \frac{\partial^2 \vec{E}}{\partial t^2} = 0 \tag{A1.23}$$

相似地

$$\nabla^2 \vec{H} - \mu\epsilon \frac{\partial^2 \vec{H}}{\partial t^2} = 0 \tag{A1.24}$$

及

$$\nabla^2 \vec{D} - \mu\epsilon \frac{\partial^2 \vec{D}}{\partial t^2} = 0 \tag{A1.25}$$

在真空（自由空间）这种特殊的非传导介质中

$$\rho = 0 \qquad \sigma = 0 \qquad K_e = 1 \qquad K_m = 1$$

这些方程变得简单了

$$\nabla^2 \vec{E} = \mu_0 \epsilon_0 \frac{\partial^2 \vec{E}}{\partial t^2} \tag{A1.26}$$

及

$$\nabla^2 \vec{B} = \mu_0 \epsilon_0 \frac{\partial^2 \vec{B}}{\partial t^2} \tag{A1.27}$$

这两个表示式描述了相互耦合的依赖于空间和时间的电场和磁场，它们都取各种不同的波动方程的形式（进一步的讨论见 3.2 节）。

[①] 对于可以用作电报线的两根平行导线，导线有限大小的电阻将引起功率损失和焦耳发热。沿着电报线前进的电磁波的能量将越来越小。（A1.20）和（A1.21）式中对时间的一阶微商是由传导电流引起，导至耗散和阻尼。

附录 B　基尔霍夫衍射理论

为了求解亥姆霍兹方程［方程（10.113）］，假设我们有两个标量函数 U_1 和 U_2，对于它们，格林定理是

$$\iiint_V (U_1\nabla^2 U_2 - U_2\nabla^2 U_1)\mathrm{d}V$$

$$= \oiint_S (U_1\nabla U_2 - U_2\nabla U_1)\cdot\mathrm{d}\vec{\mathbf{S}} \tag{A2.1}$$

显然，若 U_1 和 U_2 是亥姆霍兹方程的解，即，若

$$\nabla^2 U_1 + k^2 U_1 = 0$$

及

$$\nabla^2 U_2 + k^2 U_2 = 0$$

则有

$$\oiint_S (U_1\nabla U_2 - U_2\nabla U_1)\cdot\mathrm{d}\vec{\mathbf{S}} = 0 \tag{A2.2}$$

令 $U_1 = \tilde{\mathscr{E}}$，一个未确定的标量光扰动［（10.112）式］的空间部分。并令

$$U_2 = \frac{\mathrm{e}^{\mathrm{i}kr}}{r}$$

其中 r 由 P 点出发测量。这两个选择显然都满足亥姆霍兹方程。P 点是一个奇点，那里 $r = 0$，因此我们用一个小球将它包围，目的是将 P 点排除到 S 包围的区域之外（见图 A2.1）。方程（A2.2）现在变成

$$\oiint_S \left[\tilde{\mathscr{E}}\nabla\left(\frac{\mathrm{e}^{\mathrm{i}kr}}{r}\right) - \frac{\mathrm{e}^{\mathrm{i}kr}}{r}\nabla\tilde{\mathscr{E}}\right]\cdot\mathrm{d}\vec{\mathbf{S}} + \oiint_{S'} \left[\tilde{\mathscr{E}}\nabla\left(\frac{\mathrm{e}^{\mathrm{i}kr}}{r}\right) - \frac{\mathrm{e}^{\mathrm{i}kr}}{r}\nabla\tilde{\mathscr{E}}\right]\cdot\mathrm{d}\vec{\mathbf{S}} = 0 \tag{A2.3}$$

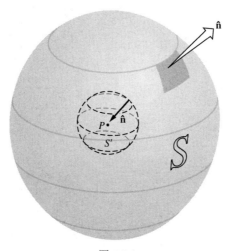

图 A2.1

现在展开积分的对应于 S' 的那一部分。在小球上，单位法向矢量 $\hat{\mathbf{n}}$ 指向位于 P 点的原点，并且

$$\nabla\left(\frac{e^{ikr}}{r}\right) = \left(\frac{1}{r^2} - \frac{ik}{r}\right)e^{ikr}\hat{\mathbf{n}}$$

因为梯度的方向是沿径向向外的。用在 P 点测量的立体角（$\mathrm{d}S = r^2\mathrm{d}\Omega$），$S'$ 上的积分变成

$$\oiint_{S'}\left(\tilde{\mathscr{E}} - ik\tilde{\mathscr{E}}r + r\frac{\partial\tilde{\mathscr{E}}}{\partial r}\right)e^{ikr}\mathrm{d}\Omega \qquad (\text{A}2.4)$$

其中 $\nabla\tilde{\mathscr{E}}\cdot\mathrm{d}\vec{\mathbf{S}} = -(\partial\tilde{\mathscr{E}}/\partial r)r^2\mathrm{d}\Omega$。随着包围 P 点的球面收缩，S' 上 $r \to 0$ 及 $\exp(ikr) \to 1$。因为 $\tilde{\mathscr{E}}$ 的连续性，它在 S' 上任意一点之值趋于它在 P 点之值即 $\tilde{\mathscr{E}}_p$。（A2.4）式中的最后两项趋于零，积分变为 $4\pi\tilde{\mathscr{E}}_p$。于是，（A2.3）式最后变为

$$\tilde{\mathscr{E}}_p = \frac{1}{4\pi}\left[\oiint_S \frac{e^{ikr}}{r}\nabla\tilde{\mathscr{E}}\cdot\mathrm{d}\vec{\mathbf{S}} - \oiint_S \tilde{\mathscr{E}}\nabla\left(\frac{e^{ikr}}{r}\right)\cdot\mathrm{d}\vec{\mathbf{S}}\right] \qquad [10.114]$$

它叫做基尔霍夫积分定理。

部分习题的解答

第 2 章

2.6 $(0.003)(2.54\times10^{-2})/580\times10^{-9}$＝波数＝131；$c=\nu\lambda$，$\lambda=c/\nu=3\times10^{8}/10^{10}$，$\lambda=3\,\mathrm{cm}$。波列延伸 3.9 m 长。

2.11 $v=\nu\lambda=1498\,\mathrm{m/s}=(440\,\mathrm{Hz})\lambda$；$\lambda=3.40\,\mathrm{m}$。

2.21 $\psi=A\sin2\pi(kx-vt)$，$\psi_1=4\sin2\pi(0.2x-3t)$

    (a) $\nu=3$ (b) $\lambda=1/0.2$ (c) $\tau=1/3$

    (d) $A=4$ (e) $v=15$ (f) 正 x

    $\psi=A\sin(kx+\omega t)$， $\psi_2=(1/2.5)\sin(7x+3.5t)$

    (a) $\nu=3.5/2\pi$ (b) $\lambda=2\pi/7$ (c) $\tau=2\pi/3.5$

    (d) $A=1/2.5$ (e) $v=\frac{1}{2}$ (f) 负 x

2.27 $v_y=-\omega A\cos(kx-\omega t+\varepsilon)$，$a_y=-\omega^2 y$。简谐运动，因为 $a_y\propto y$。

2.28 $\tau=2.2\times10^{-15}\,\mathrm{s}$；therefore $\nu=1/\tau=4.5\times10^{14}\,\mathrm{Hz}$；$v=\nu\lambda$，$3\times10^{8}\,\mathrm{m/s}=(4.5\times10^{14}\,\mathrm{Hz})\lambda$；$\lambda=6.6\times10^{-1}\,\mathrm{m}$ 和 $k=2\pi/\lambda=9.5\times10^{6}\,\mathrm{m}^{-1}$。$\psi(x,t)=(10^{3}\,\mathrm{V/m})\cos[9.5\times10^{6}\,\mathrm{m}^{-1}\times(x+3\times10^{8}\,\mathrm{m/s}\,t)]$。它是余弦，因为 $\cos0=1$。

2.29 $y(x,t)=C/[2+(x+vt)^2]$。

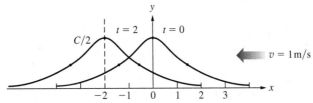

2.31 不，它不是真正二次可微的，因此不是波动微分方程的一个解。

2.34 $\dfrac{\mathrm{d}\psi}{\mathrm{d}t}=\dfrac{\partial\psi}{\partial x}\dfrac{\mathrm{d}x}{\mathrm{d}t}+\dfrac{\partial\psi}{\partial y}\dfrac{\mathrm{d}y}{\mathrm{d}t}$ 并令 $y=t$，由此 $\dfrac{\mathrm{d}\psi}{\mathrm{d}t}=\dfrac{\partial\psi}{\partial x}(\pm v)+\dfrac{\partial\psi}{\partial t}=0$ 直接得出了想要的解。

2.35 $\dfrac{\mathrm{d}\varphi}{\mathrm{d}t}=\dfrac{\partial\varphi}{\partial x}\dfrac{\mathrm{d}x}{\mathrm{d}t}+\dfrac{\partial\varphi}{\partial t}=0=k\dfrac{\mathrm{d}x}{\mathrm{d}t}-kv$，它为零，若 $\dfrac{\mathrm{d}x}{\mathrm{d}t}=\pm v$，理当如此。对习题 2.26 中的特别波，

$\dfrac{\mathrm{d}\varphi}{\mathrm{d}t}=\dfrac{\partial\varphi}{\partial y}(\pm v)+\dfrac{\partial\varphi}{\partial t}=\pi^3\times10^{6}(\pm v)+\pi^9\times10^{14}=0$ 波速为 $-3\times10^{8}\,\mathrm{m/s}$。

2.37

$$\psi(z,0)=A\sin(kz+\varepsilon);$$
$$\psi(-\lambda/12,0)=A\sin(-\pi/6+\varepsilon)=0.866$$
$$\psi(\lambda/6,0)=A\sin(\pi/3+\varepsilon)=1/2$$
$$\psi(\lambda/4,0)=A\sin(\pi/2+\varepsilon)=0$$
$$A\sin(\pi/2+\varepsilon)=A(\sin\pi/2\cos\varepsilon+\cos\pi/2\sin\varepsilon)$$
$$=A\cos\varepsilon=0,\ \varepsilon=\pi/2$$
$$A\sin(\pi/3+\pi/2)=A\sin(5\pi/6)=1/2$$

因此 $A=1$，从而 $(z,0)=\sin(kz+\pi/2)$。

2.38 （a）和（b）都是波，因为它们分别是 $(z-vt)$ 和 $(x+bt)$ 的二次可微函数。于是对（a）有 $\psi=a^2(z-bt/a)^2$，波速大小为 b/a，方向为 $+z$ 方向。对（b）有 $\psi=a^2(x+bt/a+c/a)^2$，波速大小为 b/a，方向为 $-x$ 方向。

2.40 $\psi(x,t)=5.0\exp[-a(x+\sqrt{b/at})^2]$，传播方向为负 x；$v=\sqrt{b/a}=0.6$ m/s。$\psi(x,0)=5.0\exp(-25x^2)$。

x	ψ
0.6	0.0006
0.4	0.09
0.2	1.8
0.0	5.0
−0.2	1.8
−0.4	0.09
−0.6	0.0006

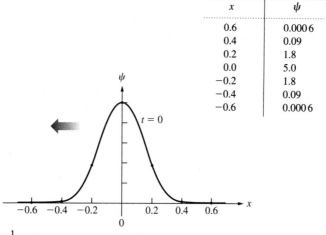

2.42 $30°$ 对应于 $\frac{1}{12}\lambda$ 或 $(1/12)3\times10^8/6\times10^{14}=42$ nm。

2.43
$$\psi=A\sin 2\pi\left(\frac{z}{\lambda}\pm\frac{t}{\tau}\right)$$
$$\psi=60\sin 2\pi\left(\frac{z}{400\times10^{-9}}-\frac{t}{1.33\times10^{-15}}\right)$$
$$\lambda=400\ \text{nm}$$
$$v=400\times10^{-9}/1.33\times10^{-15}=3\times10^8\ \text{m/s}$$
$$\nu=(1/1.33)\times10^{+15}\ \text{Hz},\quad \tau=1.33\times10^{-15}\ \text{s}$$

2.48
$$\psi=A\exp i(k_xx+k_yy+k_zz)$$
$$k_x=k\alpha \qquad k_y=k\beta \qquad k_z=k\gamma$$
$$|\vec{\mathbf{k}}|=[(k\alpha)^2+(k\beta)^2+(k\gamma)^2]^{1/2}=k[\alpha^2+\beta^2+\gamma^2]^{1/2}$$

2.52 $\lambda=h/mv=6.6\times10^{-34}/6(1)=1.1\times10^{-34}$ m。

2.53 可以通过构建方向合适的单位矢量然后乘以 k 来构造 $\vec{\mathbf{k}}$。单位矢量为
$$[(4-0)\hat{\mathbf{i}}+(2-0)\hat{\mathbf{j}}+(1-0)\hat{\mathbf{k}}]/\sqrt{4^2+2^2+1^2}$$
$$=(4\hat{\mathbf{i}}+2\hat{\mathbf{j}}+\hat{\mathbf{k}})/\sqrt{21}$$
于是 $\vec{\mathbf{k}}=k(4\hat{\mathbf{i}}+2\hat{\mathbf{j}}+\hat{\mathbf{k}})/\sqrt{21}$
$$\vec{\mathbf{r}}=x\hat{\mathbf{i}}+y\hat{\mathbf{j}}+z\hat{\mathbf{k}}$$
因而 $\psi(x,y,z,t)=A\sin[(4k/\sqrt{21})x+(2k/\sqrt{21})y+(k/\sqrt{21})z-\omega t]$。

2.55
$$\psi(\vec{r}_1,\ t)=\psi[\vec{r}_2-(\vec{r}_2-\vec{r}_1),\ t]=\psi(\vec{k}\cdot\vec{r}_1,\ t)$$
$$=\psi[\vec{k}\cdot\vec{r}_2-\vec{k}\cdot(\vec{r}_2-\vec{r}_1),\ t]$$
$$=\psi(\vec{k}\cdot\vec{r}_2,\ t)=\psi(\vec{r}_2,\ t)$$

因为 $\vec{\mathbf{k}}\cdot(\vec{\mathbf{r}}_2-\vec{\mathbf{r}}_1)=0$。

第 3 章

3.1
$$E_y=2\cos[2\pi\times10^{14}(t-x/c)+\pi/2]$$
$$E_y=A\cos[2\pi\nu(t-x/v)+\pi/2]\quad \text{来自（2.26）式}$$

（a）$\nu=10^{14}$ Hz，$v=c$ 和 $\lambda=c/\nu=3\times10^8/10^{14}=3\times10^{-6}$ m，在正 x 方向运动，$A=2$ V/m，$\varepsilon=\pi/2$，在

y 方向线偏振。

（b） $B_x = 0$，$B_y = 0$，$B_z = \dfrac{2}{c}\cos[2\pi\times10^{14}(t-x/c)+\pi/2]$。

3.2 $E_z = 0$，$E_y = E_x = E_0\sin(kz-\omega t)$ 或余弦；$B_z = 0$，$B_y = -B_x = E_y/c$，或如果你乐意，

$$\vec{\mathbf{E}} = \frac{E_0}{\sqrt{2}}(\hat{\mathbf{i}}+\hat{\mathbf{j}})\sin(kz-\omega t),\ \vec{\mathbf{B}} = \frac{E_0}{c\sqrt{2}}(\hat{\mathbf{j}}-\hat{\mathbf{i}})\sin(kz-\omega t)$$

3.6   电场在 y 方向线偏振，并且从 $z=0$ 处电场为零按正弦方式变到在 $z=z_0$ 处电场为零。用波动方程

$$\frac{\partial^2 E_y}{\partial x^2} + \frac{\partial^2 E_y}{\partial y^2} + \frac{\partial^2 E_y}{\partial z^2} - \frac{1}{c^2}\frac{\partial^2 E_y}{\partial t^2} = 0$$

$$\left[-k^2 - \frac{\pi^2}{z_0^2} + \frac{\omega^2}{c^2}\right]E_0\sin\frac{\pi z}{z_0}\cos(kx-\omega t) = 0$$

由于上式对一切 x、z 和 t 都成立，每一项都必须等于零，因此 $k = \dfrac{\omega}{c}\sqrt{1-\left(\dfrac{c\pi}{\omega z_0}\right)^2}$。

并且 $v = \dfrac{\omega}{k} = \dfrac{c}{\sqrt{1-\left(\dfrac{c\pi}{\omega z_0}\right)^2}}$。

3.15 $\langle\cos^2(\vec{\mathbf{k}}\cdot\vec{\mathbf{r}}-\omega t)\rangle = \dfrac{1}{T}\displaystyle\int_t^{t+T}\cos^2(\vec{\mathbf{k}}\cdot\vec{\mathbf{r}}-\omega t')\,\mathrm{d}t'$。

令 $\vec{\mathbf{k}}\cdot\vec{\mathbf{r}}-vt' = x$；有

$$\langle\cos^2(\vec{\mathbf{k}}\cdot\vec{\mathbf{r}}-\omega t)\rangle = \frac{1}{-\omega T}\int\cos^2 x\,\mathrm{d}x$$

$$= \frac{1}{-\omega T}\int\frac{1+\cos 2x}{2}\,\mathrm{d}x$$

$$= -\frac{1}{\omega T}\left[\frac{x}{2}+\frac{\sin 2x}{4}\right]_{\vec{\mathbf{k}}\cdot\vec{\mathbf{r}}-\omega t}^{\vec{\mathbf{k}}\cdot\vec{\mathbf{r}}-\omega(t+T)}$$

3.25 $\vec{\mathbf{E}}_0 = (-E_0/\sqrt{2})\hat{\mathbf{i}} + (E_0/\sqrt{2})\hat{\mathbf{j}}$；$\vec{\mathbf{k}} = (2\pi/\lambda)(\hat{\mathbf{i}}/\sqrt{2}+\hat{\mathbf{j}}/\sqrt{2})$；

因而 $\vec{\mathbf{E}} = (1/\sqrt{2})(-10\hat{\mathbf{i}}+10\hat{\mathbf{j}})\ \cos[(\sqrt{2}\pi/\lambda)(x+y)-\omega t]$ 及 $I = \dfrac{1}{2}c\epsilon_0 E_0^2 = 0.13\ \mathrm{W/m^2}$。

3.26

（a） $l = c\Delta t = (3.00\times10^8\,\mathrm{m/s})(2.00\times10^{-9}\,\mathrm{s}) = 0.600\ \mathrm{m}$。

（b）一个脉冲的体积为 $(0.600\ \mathrm{m})(\pi R^2) = 2.945\times10^{-6}\ \mathrm{m^3}$；因此 $(6.0\ \mathrm{J})/(2.945\times10^{-6}\ \mathrm{m^3}) = 2.0\times10^{-6}\ \mathrm{J/m^3}$。

3.28 $u = \dfrac{(\text{功率})(t)}{(\text{体积})} = \dfrac{(10^{-3}\,\mathrm{W})(t)}{(\pi r^2)(ct)} = \dfrac{10^{-3}\,\mathrm{W}}{\pi(10^{-3})^2(3\times10^8)}$

$u = \dfrac{10^{-5}}{3\pi}\,\mathrm{J/m^3} = 1.06\times10^{-6}\ \mathrm{J/m^3}$

3.30 $h = 6.63\times10^{-34}$，$E = h\nu$

$$\frac{I}{h\nu} = \frac{19.88\times10^{-2}}{(6.63\times10^{-34})(100\times10^6)}$$

$$= 3\times10^{24}\ \mathrm{photons/m^2\ s}$$

体积 V 中的全部光子在 1 秒内穿过单位面积。

$$V = (ct)(1\,\text{m}^2) = 3 \times 10^8 \text{ m}^3$$

$$3 \times 10^{24} = V(\text{密度})$$

$$\text{密度} = 10^{16} \text{个光子/m}^3$$

3.32 $P_e = iV = (0.25)(3.0) = 0.75\text{ W}$。这是耗散掉的电功率。可以变成光的功率是 $P_l = (0.01)P_e = 75 \times 10^{-4}\text{ W}$。

（a）光子通量

$$= P_l/h\nu = 75 \times 10^{-4}\lambda/hc$$

$$= 75 \times 10^{-4}(550 \times 10^{-9})/(6.63 \times 10^{-34})\,3 \times 10^8$$

$$= 2.08 \times 10^{16} \text{个光子/s}$$

（b）在体积 $(3 \times 10^8)(1\,\text{s})(10^{-3}\text{ m}^2)$ 内有 2.08×10^{16} 个光子

$$\text{所以}\quad \frac{2.08 \times 10^{16}}{3 \times 10^5} = \text{个光子/m}^3 = 0.69 \times 10^{11}$$

（c）$I = 75 \times 10^{-14}\text{ W}/10 \times 10^{-4}\text{ m}^2 = 75\text{ W/m}^2$。

3.34 想象环绕波的两个同心圆柱面，半径分别为 r_1 和 r_2。每秒流过第一个圆柱面的能量必定也流过第二个圆柱面；即 $\langle S_1 \rangle 2\pi r_1 = \langle S_2 \rangle 2\pi r_2$，因此 $\langle S \rangle 2\pi r = $ 常量，于是 $\langle S \rangle$ 与 r 成反比变化。所以 $\langle S \rangle \propto E_0^2$，$E_0$ 按 $\sqrt{1/r}$ 变化。

3.36
$$\left\langle \frac{\text{d}p}{\text{d}t} \right\rangle = \frac{1}{c}\left\langle \frac{\text{d}W}{\text{d}t} \right\rangle$$

$$A=\text{面积}\langle\mathscr{P}\rangle = \frac{1}{A}\left\langle \frac{\text{d}p}{\text{d}t} \right\rangle = \frac{1}{Ac}\left\langle \frac{\text{d}W}{\text{d}t} \right\rangle = \frac{I}{c}$$

3.39
$$\mathscr{E} = 300\text{ W}(100\text{ s}) = 3 \times 10^4 \text{ J}$$

$$p = \mathscr{E}/c = 3 \times 10^4/3 \times 10^8 = 10^{-4} \text{ kg·m/s}$$

3.40

（a）$\langle\mathscr{P}\rangle = 2\langle S\rangle/c = 2(1.4 \times 10^3 \text{ W/m}^2)/(3 \times 10^8 \text{ m/s}) = 9 \times 10^{-6} \text{ N/m}^2$。

（b）S，因而 $\mathscr{P}$，随距离的平方反比下降，从而 $\langle S \rangle = [(0.7 \times 10^9 \text{ m})^{-2}/(1.5 \times 10^{11} \text{ m})^{-2}] \times (1.4 \times 10^3 \text{ W/m}^2) = 6.7 \times 10^7 \text{ W/m}^2$，$\langle\mathscr{P}\rangle = 0.21\text{ N/m}^2$。

3.43
$$\langle S \rangle = 1400\text{ W/m}^2$$

$$\langle\mathscr{P}\rangle = 2(1400\text{ W/m}^2/3 \times 10^8 \text{ m/s}) = 9.3 \times 10^{-6} \text{ N/m}^2$$

$$\langle F \rangle = A\langle\mathscr{P}\rangle = 2000\text{ m}^2(9.3 \times 10^{-6} \text{ N/m}^2) = 1.9 \times 10^{-2} \text{ N}$$

3.44
$$\langle S \rangle = (200 \times 10^3 \text{ W})(500 \times 2 \times 10^{-6} \text{ s})/A(1\text{s})$$

$$\langle F \rangle = A\langle\mathscr{P}\rangle = A\langle S\rangle/c = 6.7 \times 10^{-7} \text{ N}$$

3.45
$$\langle F \rangle = A\langle\mathscr{P}\rangle = A\langle S\rangle/c = \frac{10\text{ W}}{3 \times 10^8} = 3.3 \times 10^{-8} \text{ N}$$

$$a = 3.3 \times 10^{-8}/100\text{ kg} = 3.3 \times 10^{-10} \text{ m/s}^2$$

$$v = at = \frac{1}{3} \times 10^{-9}(t) = 10\text{ m/s}$$

$$t = 3 \times 10^{10} \text{ s} \qquad 1\text{年} = 3.2 \times 10^7 \text{ s}$$

3.46 $\vec{\mathbf{B}}$ 是环绕 $\vec{\mathbf{V}}$ 的一个个圆，$\vec{\mathbf{E}}$ 在径向；因此 $\vec{\mathbf{E}} \times \vec{\mathbf{B}}$ 与球面相切，没有能量从球面向外辐射。

3.51 $n = c/v = (2.998 \times 10^8 \text{ m/s})/(1.245 \times 10^8 \text{ m/s}) = 2.41$。

3.56 分子偶极子的热骚动使 K_e 显著减少，但是对 n 影响不大。在光学频段上 n 主要由电子极化强度引起，分子偶极子的转动在低得多的频率上已不再有效。

3.57 从关于单个共振频率的（3.70）式得到

$$n = \left[1 + \frac{Nq_e^2}{\epsilon_0 m_e}\left(\frac{1}{\omega_0^2 - \omega^2}\right)\right]^{1/2}$$

由于对低密度材料 $n \approx 1$，第二项 $\ll 1$。只需保留 n 的二项式展开的前两项。于是 $\sqrt{1+x} \approx 1 + \dfrac{x}{2}$ 并且

$$n = 1 + \frac{1}{2}\frac{Nq_e^2}{\epsilon_0 m_e}\left(\frac{1}{\omega_0^2 - \omega^2}\right)$$

3.59 玻璃棱镜展开的光谱的正常顺序是红、橙、黄、绿、蓝、紫，红光偏折最小，紫光偏折最大。对一块品红棱镜，它在绿光频段中有一个吸收带，因此绿光两侧的黄光和蓝光的折射率（n_Y 和 n_B）取极值，如图 3.26 中所示；即 $n_{黄}$ 是极大，$n_{蓝}$ 是极小，并且 $n_{黄} > n_{橙} > n_{红} > n_{紫} > n_{蓝}$。于是光谱按照偏折增大的顺序是蓝、紫、暗吸收带、红、橙、黄。

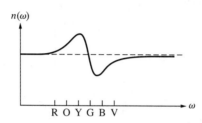

3.61 当 ω 在可见频段时，铅玻璃的 $(\omega_0^2 - \omega^2)$ 较小而熔融石英的较大。因此前者的 $n(\omega)$ 较大，后者的较小。

3.63 C_1 是随着 λ 变得越来越大 n 所趋近的值。

3.64 在吸收带之间的区域里，$n(\omega)$ 在水平方向趋近的值随 ω 减小而增大。

第 4 章

4.1 $E_{0s} \propto \dfrac{VE_{0i}}{r} = K\dfrac{VE_{0i}}{r}$；因此 $\dfrac{VK}{r}$ 必定是无单位的，所以 K 有单位（长度）$^{-2}$。唯一没有考虑的量是 λ，因此得出结论 $K = \lambda^{-2}$，及 $\dfrac{I_s}{I_i} \propto K^2 \propto \lambda^{-4}$。

4.4 $x_0(-\omega^2 + \omega_0^2 + i\gamma\omega) = (q_e E_0 / m_e)e^{i\alpha} = (q_e E_0 / m_e)(\cos\alpha + i\sin\alpha)$；对两边的大小平方，得到 $x_0^2[(\omega_0^2 - \omega^2)^2 + \gamma^2\omega^2] = (q_e E_0 / m_e)^2(\cos^2\alpha + \sin^2\alpha)$——立即就得到 x_0。至于 α，将前面第一个等式两侧的虚部即 $x_0\gamma\omega = (q_e E_0 / m_e)\sin\alpha$ 除以实部 $x_0(\omega_0^2 - \omega^2) = (q_e E_0 / m_e) \times \cos\alpha$，得到 $\alpha = \arctan[\gamma\omega / (\omega_0^2 - \omega^2)]$，$\alpha$ 从零连续变到 $\pi/2$ 再变到 π。

4.5 相位角推迟的大小 $(n\Delta y 2\pi / \lambda) - \Delta y 2\pi / \lambda$ 或 $(n-1)\Delta y\omega / c$。于是

$$E_p = E_0 \exp i\omega[t - (n-1)\Delta y/c - y/c]$$

或

$$E_p = E_0 \exp[-i\omega(n-1)\Delta y/c] \exp i\omega(t - y/c)$$

若 $n \approx 1$ 或 $\Delta y \ll 1$。由于对小的 x 有 $e^x \approx 1 + x$

$$\exp[-i\omega(n-1)\Delta y/c] \approx 1 - i\omega(n-1)\Delta y/c$$

并且由于 $\exp(-i\pi/2) = -i$，

$$E_p = E_u + \frac{\omega(n-1)\Delta y}{c}E_u e^{-i\pi/2}$$

4.11

$$n_i \sin\theta_i = n_t \sin\theta_t$$
$$\sin 30° = 1.52 \sin\theta_t$$
$$\theta_t = \arcsin(1/3.04)$$
$$\theta_t = 19° \, 13'$$

4.17　$n_{ti} = \dfrac{n_t}{n_i} = \dfrac{c/v_t}{c/v_i} = \dfrac{v_i}{v_t} = \dfrac{\nu\lambda_i}{\nu\lambda_t} = \dfrac{\lambda_i}{\lambda_t}$ 。

因此 $\lambda_t = \lambda_i 3/4 = 9$ cm

$$\sin\theta_i = n_{ti}\sin\theta_t$$
$$\arcsin\left[\frac{3}{4}(0.707)\right] = \theta_t = 32°$$

4.21

θ_i（度）	θ_t（度）
0	0
10	6.7
20	13.3
30	19.6
40	25.2
50	30.7
60	35.1
70	38.6
80	40.6
90	41.8

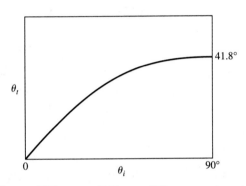

4.30　在界面上沿着 $\overline{AC}$ 每单位长度的波数等于 $(\overline{BC}/\lambda_i)/(\overline{BC}\sin\theta_i) = (\overline{AD}/\lambda_t)/(\overline{AD}\sin\theta_t)$ 。将两边同乘 c/ν ，就得到斯涅耳定律。

4.32　令 τ 为波沿着一条光线从 b_1 到 b_2，从 a_1 到 a_2 和从 a_1 到 a_3 的时间。于是 $\overline{a_1a_2} = \overline{b_1b_2} = v_i\tau$ 和 $\overline{a_1a_3} = v_t\tau$ 。

$$\sin\theta_i = \overline{b_1b_2}/\overline{a_1b_2} = v_i/\overline{a_1b_2}$$
$$\sin\theta_t = \overline{a_1a_3}/\overline{a_1b_2} = v_t/\overline{a_1b_2}$$
$$\sin\theta_r = \overline{a_1a_2}/\overline{a_1b_2} = v_i/\overline{a_1b_2}$$
$$\frac{\sin\theta_i}{\sin\theta_t} = \frac{v_i}{v_t} = \frac{n_t}{n_i} = n_{ti} \quad \text{and} \quad \theta_i = \theta_r$$

4.33　$$n_i\sin\theta_i = n_t\sin\theta_t$$
$$n_i(\hat{\mathbf{k}}_i \times \hat{\mathbf{u}}_n) = n_t(\hat{\mathbf{k}}_t \times \hat{\mathbf{u}}_n)$$

其中，$\hat{\mathbf{k}}_i$, $\hat{\mathbf{k}}_t$ 是单位传播矢量。于是

$$n_t(\hat{\mathbf{k}}_t \times \hat{\mathbf{u}}_n) - n_i(\hat{\mathbf{k}}_i \times \hat{\mathbf{u}}_n) = 0$$
$$(n_t\hat{\mathbf{k}}_t - n_i\hat{\mathbf{k}}_i) \times \hat{\mathbf{u}}_n = 0$$

令 $n_t\hat{\mathbf{k}}_t - n_i\hat{\mathbf{k}}_i = \vec{\boldsymbol{\Gamma}} = \Gamma\hat{\mathbf{u}}_n$。

我们常常称 Γ 为像散常数。$\Gamma = n_t\hat{\mathbf{k}}_t$ 和 $n_i\hat{\mathbf{k}}_i$ 在 $\hat{\mathbf{u}}_n$ 上的投影之差。换句话说，取点积 $\vec{\boldsymbol{\Gamma}}\cdot\hat{\mathbf{u}}_n$：

$$\Gamma = n_t\cos\theta_t - n_i\cos\theta_i$$

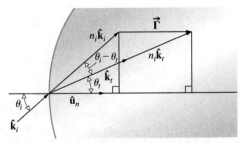

4.34　因为 $\theta_i = \theta_r$, $\hat{\mathbf{k}}_{ix} = \hat{\mathbf{k}}_{rx}$ 和 $\hat{\mathbf{k}}_{iy} = -\hat{\mathbf{k}}_{ry}$ ，并且因为 $(\hat{\mathbf{k}}_i \cdot \hat{\mathbf{u}}_n)\hat{\mathbf{u}}_n = \hat{\mathbf{k}}_{iy}$, $\hat{\mathbf{k}}_i - \hat{\mathbf{k}}_r = 2(\hat{\mathbf{k}}_i \cdot \hat{\mathbf{u}}_n)\hat{\mathbf{u}}_n$ 。

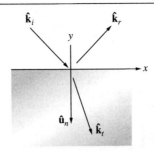

4.35 由于 $\overline{SB'} > \overline{SB}$ 和 $\overline{B'P} > \overline{BP}$，最短路程对应于 B' 和 B 在入射平面内重合。

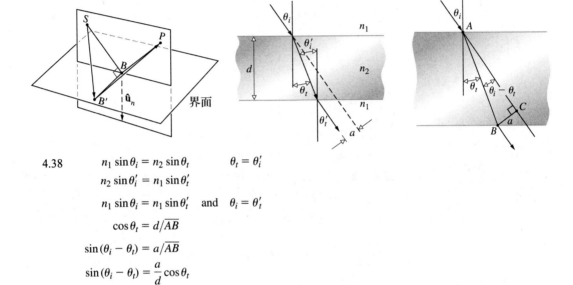

4.38 $n_1 \sin\theta_i = n_2 \sin\theta_t \qquad \theta_t = \theta_i'$

$n_2 \sin\theta_i' = n_1 \sin\theta_t'$

$n_1 \sin\theta_i = n_1 \sin\theta_t' \quad \text{and} \quad \theta_i = \theta_t'$

$$\cos\theta_t = d/\overline{AB}$$

$$\sin(\theta_i - \theta_t) = a/\overline{AB}$$

$$\sin(\theta_i - \theta_t) = \frac{a}{d}\cos\theta_t$$

$$\frac{d\sin(\theta_i - \theta_t)}{\cos\theta_t} = a$$

4.40 光线从 S 点到 P 点并不是直线传播，而是走过一条路程，与玻璃板成更锐的角。虽然这样做时空气中的路程长度略有增加，但玻璃板内耗用时间的减少，用来补偿却绰绰有余。情况既然是这样，我们可以预期位移 a 随着 n_{21} 增大。随着 n_{21} 在给定的 θ_i 下变得更大，θ_t 减小，$(\theta_i - \theta_t)$ 增大，从习题 4.34 的结果，a 显然增大。

4.42 从（4.40）式

$$r_\parallel = \frac{1.52\cos 30° - \cos 19°13'}{\cos 19°13' + 1.52\cos 30°}$$

这里从习题 4.11 得 $\theta_t = 19°13'$。类似地

$$t_\parallel = \frac{2\cos 30}{\cos 19°13' + 1.52\cos 30°}$$

$$r_\parallel = \frac{1.32 - 0.944}{0.944 + 1.32} = 0.165$$

$$t_\parallel = \frac{1.732}{0.944 + 1.32} = 0.766$$

4.43 从（4.34）式出发，上下同除以 n_i 并且将 n_{ti} 换成 $\theta_i/\sin\theta_t$，得到

$$r_\perp = \frac{\sin\theta_t\cos\theta_i - \sin\theta_i\cos\theta_t}{\sin\theta_t\cos\theta_i + \sin\theta_i\cos\theta_t}$$

它等同于（4.42）式，（4.44）式以完全相同的方式得出。为了求 $r_\parallel$ 以同样方式从（4.40）式出发，得

$$r_{\parallel} = \frac{\sin\theta_i \cos\theta_i - \cos\theta_t \sin\theta_t}{\cos\theta_t \sin\theta_t + \sin\theta_i \cos\theta_i}$$

现在有几条不同的途径可以挑选。一条是将 $r_{\parallel}$ 重写为

$$r_{\parallel} = \frac{(\sin\theta_i \cos\theta_t - \sin\theta_t \cos\theta_i)(\cos\theta_i \cos\theta_t - \sin\theta_i \sin\theta_t)}{(\sin\theta_i \cos\theta_t + \sin\theta_t \cos\theta_i)(\cos\theta_i \cos\theta_t + \sin\theta_i \sin\theta_t)}$$

因此
$$r_{\parallel} = \frac{\sin(\theta_i - \theta_t)\cos(\theta_i + \theta_t)}{\sin(\theta_i + \theta_t)\cos(\theta_i - \theta_t)} = \frac{\tan(\theta_i - \theta_t)}{\tan(\theta_i + \theta_t)}。$$

可以用相似的方法求出 $t_{\parallel}$，它的分母相同。

4.63　$[E_{0r}]_{\perp} + [E_{0i}]_{\perp} = [E_{0t}]_{\perp}$；入射介质中的切向场等于透射介质中的切向场，

$$[E_{0t}/E_{0i}]_{\perp} - [E_{0r}/E_{0i}]_{\perp} = 1, \qquad t_{\perp} - r_{\perp} = 1$$

或者，从（4.42）式和（4.44）式，

$$\frac{+\sin(\theta_i - \theta_t) + 2\sin\theta_t \cos\theta_i}{\sin(\theta_i + \theta_t)} \overset{?}{=} 1$$

$$\frac{\sin\theta_i \cos\theta_t - \cos\theta_i \sin\theta_t + 2\sin\theta_t \cos\theta_i}{\sin\theta_i \cos\theta_t + \cos\theta_i \sin\theta_t} = 1$$

4.66　　　　$\theta_i + \theta_t = 90°$ 那么 $\theta_i = \theta_p$

$$n_i \sin\theta_p = n_t \sin\theta_t = n_t \cos\theta_p$$

$$\tan\theta_p = n_t/n_i = 1.52, \qquad \theta_p = 56°40' \qquad\qquad [8.29]$$

4.68　　　　$\tan\theta_p = n_t/n_i = n_2/n_1$

$$\tan\theta'_p = n_1/n_2, \qquad \tan\theta_p = 1/\tan\theta'_p$$

$$\frac{\sin\theta_p}{\cos\theta_p} = \frac{\cos\theta'_p}{\sin\theta'_p} \text{ 所以 } \sin\theta_p \sin\theta'_p - \cos\theta_p \cos\theta'_p = 0$$

$$\cos(\theta_p + \theta'_p) = 0, \qquad \theta_p + \theta'_p = 90°$$

4.69　从（4.92）式

$$\tan\gamma_r = r_{\perp}[E_{0i}]_{\perp}/r_{\parallel}[E_{0i}]_{\parallel} = \frac{r_{\perp}}{r_{\parallel}} \tan\gamma_i$$

并从（4.42）式和（4.43）式得

$$\tan\gamma_r = -\frac{\cos(\theta_i - \theta_t)}{\cos(\theta_i + \theta_t)} \tan\gamma_i$$

4.71

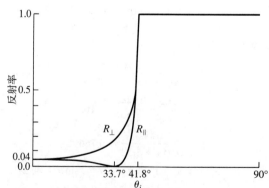

4.72　　　　$T_{\perp} = \left(\dfrac{n_t \cos\theta_t}{n_i \cos\theta_i}\right) t_{\perp}^2$，根据（4.44）式和斯涅耳定律

$$T_\perp = \left(\frac{\sin\theta_i \cos\theta_t}{\sin\theta_t \cos\theta_i}\right)\left(\frac{4\sin^2\theta_t \cos^2\theta_i}{\sin^2(\theta_i+\theta_t)}\right) = \frac{\sin 2\theta_i \sin 2\theta_t}{\sin^2(\theta_i+\theta_t)}$$

$T_\parallel$ 求法相似。

4.74 若 Φ_i 是入射的辐射通量或功率，T 是穿过第一个空气-玻璃边界的透射比，于是透射通量为 $T\Phi_i$。从（4.68）式，在正入射情况下从玻璃到空气的透射比也是 T。于是从第一片载玻片射出的通量为 $T\Phi_i T$，从最后一片载玻片射出的通量为 $\Phi_i T^{2N}$。由于 $T = 1 - R$，从（4.67）式得 $T_t = (1-R)^{2N}$。

$$R = (0.5/2.5)^2 = 4\%, \qquad T = 96\%$$
$$T_t = (0.96)^6 \approx 78.3\%$$

4.75
$$T = \frac{I(y)}{I_0} = e^{-\alpha y}, \qquad T_1 = e^{-\alpha}, \qquad T = (T_1)^y$$

$$T_t = (1-R)^{2N}(T_1)^d$$

4.76 在
$$\theta_i = 0, \quad R = R_\parallel = R_\perp = \left(\frac{n_t - n_i}{n_t + n_i}\right)^2 \qquad\qquad [4.67]$$

随着 $n_{ti} \to 1$，$n_t \to n_i$ 并且显然 $R \to 0$。

在 $\theta_i = 0$，

$$T = T_\parallel = T_\perp \frac{4n_t n_i}{(n_t + n_i)^2}$$

并且因为 $n_t \to n_i$，$\lim_{n_{ti}\to 1} T = 4n_i^2/(2n_i)^2 = 1$。

由习题 4.91，及随着 $n_t \to n_i$ 从斯涅耳定律得出 $\theta_t \to \theta_i$，我们有

$$\lim_{n_{ti}\to 1} T_\parallel = \frac{\sin^2 2\theta_i}{\sin^2 2\theta_i} = 1, \qquad \lim_{n_{ti}\to 1} T_\perp = 1$$

由（4.43）式与 $R_\parallel = r_\parallel^2$ 和 $\theta_t \to \theta_i$，$\lim_{n_{ti}\to 1} R_\parallel = 0$。同样，由（4.42）式 $\lim_{n_{ti}\to 1} R_\perp = 0$。

4.78 对 $\theta_i > \theta_c$，可将（4.70）式写为

$$r_\perp = \frac{\cos\theta_i - i(\sin^2\theta_i - n_{ti}^2)^{1/2}}{\cos\theta_i + i(\sin^2\theta_i - n_{ti}^2)^{1/2}}$$

$$r_\perp r_\perp^* = \frac{\cos^2\theta_i + \sin^2\theta_i - n_{ti}^2}{\cos^2\theta_i + \sin^2\theta_i - n_{ti}^2} = 1$$

同样 $r_\parallel r_\perp^* = 1$。

4.86 我们从（4.73）式看到，如果将因子 $k_t \sin\theta_i / n_{ti}$ 提出来，剩下第二项为 $\omega n_{ti} t / k_t \sin\theta_i$，它必定是 $v_t t$。因此 $\omega n_t / (2\pi\lambda_t) n_i \times \sin\theta_i = v_t$，所以 $v_t = c / n_i \sin\theta_i = v_i \sin\theta_i$。

4.87 由定义式 $\beta = k_t[(\sin^2\theta_i / n_{ti}^2) - 1]^{1/2} = 3.702 \times 10^6$ m^{-1}，并因 $y\beta = 1$，$y = 2.7 \times 10^{-7}$ m。

4.91 激光光束在湿纸上发生散射，大部分透散过湿纸，直到到达临界角，这时光被反射，对着光源，$\tan\theta_c = (R/2)/d$，因而 $n_{ti} = 1/n_i = \sin[\arctan(R/2d)]$。

4.92 $1.00029 \sin 88.7° = n \sin 90°$

$$(1.00029)(0.99974) = n; \qquad n = 1.00003$$

4.93 这个器件可以用作一个混波器，在出射光束中得到两个入射光波不同比例的混合。这可以通过调整间隙的宽度完成。[进一步的评述见 H. A. Daw and J. R. Izatt, *J. Opt. Soc. Am.* **55**, 201(1965)]。

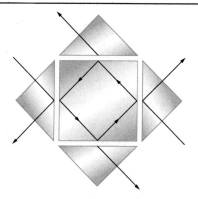

4.94 光穿过棱镜的底，作为隐失波沿着可调的耦合隙传播。当隐失波满足某些要求时，能量进入电介质薄膜。薄膜的作用像是波导，它支持特征的振动组态或模式。每个模式有给定的速度和偏振状态与之相联系。

4.95 从图4.69显然我们应当选银。注意在波长300 nm附近，$n_I \approx n_R \approx 0.6$，这时（4.83）式给出 $R \approx 0.18$。波长刚过300 nm，n_I 迅速增大，而 n_R 强烈减小，结果使得全部可见频段上（并延伸若干频率）$R \approx 1$。

4.99

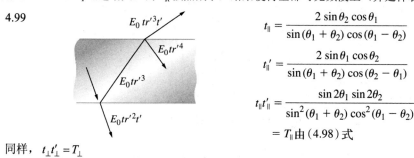

$$t_{\parallel} = \frac{2\sin\theta_2\cos\theta_1}{\sin(\theta_1+\theta_2)\cos(\theta_1-\theta_2)}$$

$$t_{\parallel}' = \frac{2\sin\theta_1\cos\theta_2}{\sin(\theta_1+\theta_2)\cos(\theta_2-\theta_1)}$$

$$t_{\parallel}t_{\parallel}' = \frac{\sin 2\theta_1\sin 2\theta_2}{\sin^2(\theta_1+\theta_2)\cos^2(\theta_1-\theta_2)}$$

$$= T_{\parallel}\text{ 由（4.98）式}$$

同样，$t_{\perp}t_{\perp}' = T_{\perp}$

$$r_{\parallel}^2 = \left[\frac{\tan(\theta_1-\theta_2)}{\tan(\theta_1+\theta_2)}\right]^2 = \left[\frac{-\tan(\theta_2-\theta_1)}{\tan(\theta_1+\theta_2)}\right]^2$$

$$r_{\parallel}'^2 = \left[\frac{\tan(\theta_2-\theta_1)}{\tan(\theta_1+\theta_2)}\right]^2 = r_{\parallel}^2 = R_{\parallel}$$

4.101 由（4.45）式

$$t_{\parallel}'(\theta_p')t_{\parallel}(\theta_p) = \left[\frac{2\sin\theta_p\cos\theta_p'}{\sin(\theta_p+\theta_p')\cos(\theta_p'-\theta_p)}\right] \times \left[\frac{2\sin\theta_p'\cos\theta_p}{\sin(\theta_p+\theta_p')\cos(\theta_p-\theta_p')}\right]$$

$$= \frac{\sin 2\theta_p'\sin 2\theta_p}{\cos^2(\theta_p-\theta_p')}, \quad \text{因为} \quad \theta_p+\theta_p' = 90°$$

$$= \frac{\sin^2 2\theta_p}{\cos^2(\theta_p-\theta_p')}, \quad \text{因为} \quad \sin 2\theta_p' = \sin 2\theta_p$$

$$= \frac{\sin^2 2\theta_p}{\cos^2(2\theta_p-90°)} = 1$$

第5章

5.1 从 S 到 P 的一切光程长度必定相等，因此 $\ell_o n_1 + \ell_i n_2 = s_o n_1 + s_i n_2 =$ 常量；从 A 点到光轴作一垂线，与光轴交于 B 点。$BP = s_o + s_i - x$，其余由勾股弦定理得出。

5.2 用 $\ell_o n_1 + \ell_i n_2 = $ 常量，$\ell_o + \ell_i 3/2 = $ 常量，$5+(6)3/2=14$。因此 $2\ell_o + 3\ell_i = 28$，$\ell_o = 6$，$\ell_i = 5.3$，$\ell_o = 7$，$\ell_i = 4.66$。注意，以 S 和 P 为圆心的圆弧，对 ℓ_o 和 ℓ_i 的有物理意义的值必定相交。

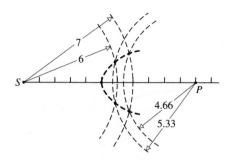

5.4 从图 5.4 看到，射到一个凹椭球面上的平面波将变成球面波。若第二个球面的曲率与球面波的曲率相同，这个球面波的所有光线都垂直于此球面，从球面原封不动地反射出来。

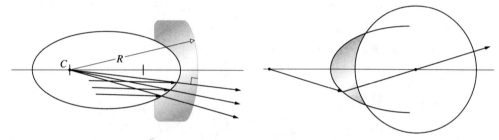

5.8 第一个表面：$\dfrac{n_1}{s_o} + \dfrac{n_2}{s_i} = \dfrac{n_2 - n_1}{R}$

$$\frac{1}{1.2} + \frac{1.5}{s_i} = \frac{0.5}{0.1}$$

$s_i = 0.36\,\text{m}$（实像，在第一个顶点右边 0.36 m）。第二个表面：$s_o = 0.20 - 0.36 = -0.16\,\text{m}$（虚物距）。

$$\frac{1.5}{-0.16} + \frac{1}{s_i} = \frac{-0.5}{-0.1}, \qquad s_i = 0.069$$

最终的像为实像（$s_i > 0$），倒立（$M_T < 0$），在第二个顶点右边 6.9 cm。

5.13 从（5.8）式，$1/8 + 1.5/s_i = 0.5/-20$。在第一个表面 $s_i = -10$ cm。像为虚像，在第一顶点之左 10 cm。在第二个表面，物为实物，离第二顶点 15 cm。

$$1.5/15 + 1/s_i = -0.5/10, \quad s_i = -20/3 = -6.66\ \text{cm}$$

最终的像为虚像，在第二顶点之左。

5.15 $s_o + s_i = s_o s_i / f$ 要使 $s_o + s_i$ 极小化，

$$\frac{\mathrm{d}}{\mathrm{d}s_o}(s_o + s_i) = 0 = 1 + \frac{\mathrm{d}s_i}{\mathrm{d}s_o}$$

$$\text{或} \quad \frac{\mathrm{d}}{\mathrm{d}s_o}\left(\frac{s_o s_i}{f}\right) = \frac{s_i}{f} + \frac{s_o}{f}\frac{\mathrm{d}s_i}{\mathrm{d}s_o} = 0$$

于是 $\dfrac{\mathrm{d}s_i}{\mathrm{d}s_o} = -1$ 且 $\dfrac{\mathrm{d}s_i}{\mathrm{d}s_o} = -\dfrac{s_i}{s_o}$，所以 $s_i = s_o$。

若 s_i 和 s_o 中有一个是 ∞，间隔将为极大值，但是二者都不可能是。因此 $s_i = s_o$ 是极小值的条件。由高斯公式，$s_i = s_o = 2f$。

5.16 $1/5 + 1/s_i = 1/10$，$s_i = -10$ cm 虚像，$M_T = -s_i/s_o = 10/5 = 2$ 正立，像为 4 cm 高。或

$-5(x_i) = 100$，$x_i = -20$，$M_T = -x_i / f = 20 / 10 = 2$。

5.17　$1/s_o + 1/s_i = 1/f$

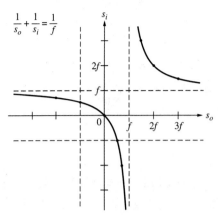

5.20　$s_i < 0$，因为是虚像。$1/100 + 1/-50 = 1/f$，$f = -100\,\text{cm}$。像也在透镜右方，离透镜 50 cm。$M_T = -s_i / s_o = 50/100 = 0.5$。蚂蚁的像只有一半大小，为正立（$M_T > 0$）。

5.23　$1/f = (n_l - 1)[(1/R_1) - (1/R_2)] = 0.5[(1/\infty) - (1/10)] = -0.5/10$

$\qquad f = -20\,\text{cm}$，　　$\mathscr{D} = 1/f = -1/0.2 = -5\,\text{D}$

5.31

（a）由高斯透镜公式

$$\frac{1}{15.0\,\text{m}} + \frac{1}{s_i} = \frac{1}{3.00\,\text{m}}$$

$s_i = +3.75\,\text{m}$。

（b）计算放大率。我们有

$$M_T = -\frac{s_i}{s_o} = -\frac{3.75\,\text{m}}{15.0\,\text{m}} = -0.25$$

因为像距为正，像是实像。因为放大率为负，像是倒像。因为放大率的绝对值小于1，像是缩小的像。

（c）从放大率的定义得到

$$y_i = M_T y_o = (-0.25)(2.25\,\text{m}) = -0.563\,\text{m}$$

其中负号反映像为倒像这一事实。

（d）仍由高斯公式

$$\frac{1}{17.5\,\text{m}} + \frac{1}{s_i} = \frac{1}{3.00\,\text{m}}$$

得 $s_i = +3.62\,\text{m}$。整匹马的像只有 0.13 m 长。

5.38　首先要求的是透镜在水中的焦距，用透镜制造者公式。取比值 $f_w / f_a = f_w / (10\,\text{cm}) = (n_g - 1)/[(n_g / n_w) - 1] = 0.56/0.17 = 3.24$；$f_w = 32\,\text{cm}$。高斯透镜公式给出像距：$1/s_i + 1/100\,\text{cm} = 1/32.4\,\text{cm}$；$s_i = 48\,\text{cm}$。

5.39　如果要求像是实像则它将会是倒像，因此这套装置必须上下倒过来，否则就得用别的设备来反转像；$M_T = -3 = -s_i / s_o$；$1/s_o + 1/3s_o = 1/0.60\,\text{m}$；$s_o = 0.80\,\text{m}$，因而 $0.80\,\text{m} + 3(0.80\,\text{m}) = 3.2\,\text{m}$。

5.40　$\dfrac{1}{f} = (n_{lm} - 1)\left(\dfrac{1}{R_1} - \dfrac{1}{R_2}\right)$

$\qquad \dfrac{1}{f_w} = \dfrac{(n_{lm} - 1)}{(n_l - 1)}\dfrac{1}{f_a} = \dfrac{1.5/1.33 - 1}{1.5 - 1}\dfrac{1}{f_a} = \dfrac{0.125}{0.5}\dfrac{1}{f_a}$

$\qquad f_w = 4 f_a$

5.44　$1/f = 1/f_1 + 1/f_2$，$1/50 = 1/f_1 - 1/50$，$f_1 = 25\,\text{cm}$。若 R_{11} 和 R_{12}，及 R_{21} 和 R_{22}，分别是第一块透镜和第二块透镜的半径，

$$1/f_1 = (n_l - 1)(1/R_{11} - 1/R_{12}), \qquad 1/25 = 0.5(2/R_{11})$$
$$R_{11} = -R_{12} = -R_{21} = 25 \text{ cm}$$
$$1/f_2 = (n_l - 1)(1/R_{21} - 1/R_{22})$$
$$-1/50 = 0.55[1/(-25) - 1/R_{22}]$$
$$R_{22} = -275 \text{ cm}$$

5.45
$$M_{T_1} = -s_{i1}/s_{o1} = -f_1/(s_{o1} - f_1)$$
$$M_{T_2} = -s_{i2}/s_{o2} = -s_{i2}/(d - s_{i1})$$
$$M_T = f_1 s_{i2}/(s_{o1} - f_1)(d - s_{i1})$$

从（5.30）式将 s_{i1} 代入，我们有

$$M_T = \frac{f_1 s_{i2}}{(s_{o1} - f_1)d - s_{o1}f_1}$$

5.47　第一镜头：$1/s_{i1} = 1/30 - 1/30 = 0$，$s_{i1} = \infty$。第二个镜头：$1/s_{i2} = 1/(-20) - 1/(-\infty)$；第二个镜头的物在镜头右边 ∞ 处，即，$s_{o2} = -\infty$，$s_{i2} = -20 \text{ cm}$，虚像，在第一镜头左边 10 cm。

$$M_T = (-\infty/30)(+20/-\infty) = \frac{2}{3}$$

或从（5.34）式

$$M_T = \frac{30(-20)}{10(30-30) - 30(30)} = \frac{2}{3}$$

5.51

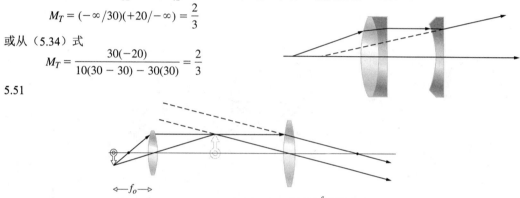

5.55　L_1 在 S 所张的角是 $\arctan 3/12 = 14°$。要求光阑在 L_1 中的像，我们用（5.23）式：$x_o x_i = f^2$，$(-6)x_i = 81$，$x_i = -13.5 \text{ cm}$。因此像在 L_1 之后 4.5 cm。放大率为 $-x_i/f = 13.5/9 = 1.5$。于是孔（的边缘）的像的半径为 $(0.5)(1.5) = 0.75 \text{ cm}$。因而它对 S 所张的角为 $\arctan 0.75/16.5 = 2.6°$。L_2 在 L_1 中的像由下式得到：$(-4)x_i = 81$，$x = -20.2 \text{ cm}$；换句话说，像在 L_1 右边 11.2 cm。$M_T = 20.2/9 = 2.2$；因而 L_2 的边缘成像在光轴之上 4.4 cm 处。于是它在 S 所张的角为 $\arctan 4.4/(12 + 11.2)$ 或 $9.8°$，因此，光阑就是孔径光阑，入射光瞳（光阑在 L_1 中的像）在 L_1 之后 4.5 cm 处，直径为 1.5 cm。光阑在 L_2 中的像是出射光瞳。因此，$\frac{1}{2} + \frac{1}{s_i} = \frac{1}{3}$，$s_i = -6$，即，$L_2$ 之前 6 cm，$M_T = 6/2 = 3$，所以出射光瞳的直径为 3 cm。

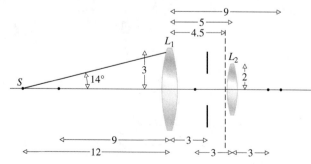

5.57　L_1 或 L_2 的周边都是孔径光阑；于是，既然 L_1 的左边没有透镜了，它的外围或 P_1 便对应于入射

光瞳。在 A 点之外（左边），L_1 张的角最小，是入射光瞳；在更近的地方（A 点的右边），P_1 标出了入射光瞳的边缘。在前一情况，P_2 是出射光瞳；在后一情况（由于 L_2 右边没有透镜了），出射光瞳是 L_1 自身的周边。

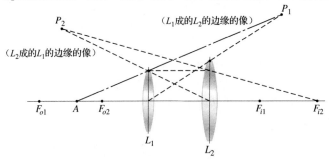

5.58　孔径光阑是 L_1 或 L_2 的周边。于是入射光瞳由 P_1 或 P_2 标出。在 F_{o1} 之外，P_1 张的角更小，因此 Σ_1 确定了孔径光阑的位置。孔径光阑在其右边的透镜 L_2 中的像，规定了 P_3 为出射光瞳。

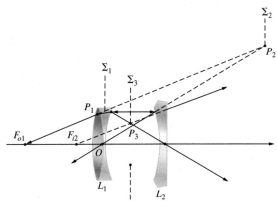

5.60　从物的顶画一条主光线到 L_1，使得它的延长线（虚线）通过入射光瞳的中心。从 L_1 它穿过孔径光阑的中心，然后在 L_2 上弯折，使其（向后）延长线通过出射光瞳中心。一条边缘光线从 S 射向 L_1，其延长线经过入射光瞳的边缘，它在 L_1 上发生弯折，刚好射过孔径光阑的边缘，然后在 L_2 上弯折，经过出射光瞳的边缘。

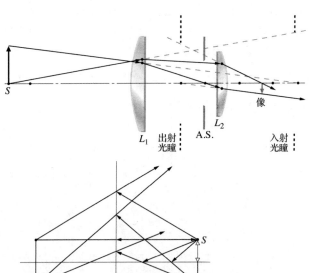

5.61

5.62　不是——不过她也许在看你呢。

5.63 镜子是平行于油画平面的，因此女孩的像应当直接在她身后，而不应偏到右方。

5.64 $1/s_o + 1/s_i = -2/R$。令 $R \to \infty$：$1/s_o + 1/s_i = 0$，$s_o = -s_i$ 和 $M_T = +1$。像是虚像，与物一样大，正立。

5.71 由（5.49）式，$1/100 + 1/s_i = -2/80$，因此 $s_i = -28.5$ cm。像是虚像（$s_i < 0$），正立（$M_T > 0$）并且缩小了。（与表 5.5 核对）。

5.74 屏幕上的像当然是实像，所以 s_i 为 +

$$\frac{1}{25} + \frac{1}{100} = -\frac{2}{R}, \quad \frac{5}{100} = -\frac{2}{R}, \quad R = -40 \text{ cm}$$

5.75 像是正立的缩小像。这意味着（表 5.3）是一面凸球面镜。

5.80 要放大的正立像，反射镜必须是凹面镜，像是虚像。$M_T = 2.0 = s_i / (0.015 \text{ m})$，$s_i = -0.03$ m，因而 $1/f = 1/(0.015 \text{ m}) + 1/(-0.03 \text{ m})$；$f = 0.03$ m 及 $f = -R/2$；$R = -0.06$ m。

5.81 $M_T = y_i / y_o = -s_i / s_o$；用（5.50）式，$s_i = fs_o / (s_o - f)$，并且因为 $f = -R/2$，$M_T = -f / (s_o - f) = -(-R/2) / (s_o + R/2) = R/(2s_o + R)$。

5.84 $M_T = -s_i / 25 \text{ cm} = -0.064$；$s_i = 1.6$ cm。$1/25 \text{ cm} + 1/1.6 \text{ cm} = -2/R$，$R = -3.0$ cm。

5.89 $f = -R/2 = 30$ cm，$1/20 + 1/s_i = 1/30$，$1/s_i = 1/30 - 1/20$。

$$s_i = -60 \text{ cm}, \qquad M_T = -s_i / s_o = 60/20 = 3$$

像为虚像（$s_i < 0$），正立（$M_T > 0$），位于反射镜后，9 英寸高。

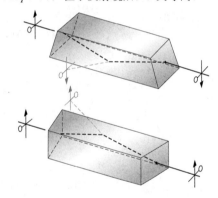

5.92 像转过 180°。

5.93 由（5.61）式

$$\text{NA} = (2.624 - 2.310)^{1/2} = 0.550$$
$$\theta_{\max} = \arcsin 0.550 = 33°22'$$

最大接收角为 $2\theta_{\max} = 66°44'$。一条成 45° 角的光线将很快漏出光纤；换句话说，很少有能量逃不出来，即使在第一次反射中。

5.95 考虑（5.62）式，$\log 0.5 = -0.30 = -\alpha L / 10$，因此 $L = 15$ km。

5.98 由（5.61）式 NA=0.232 于是 $N_m = 9.2 \times 10^2$。

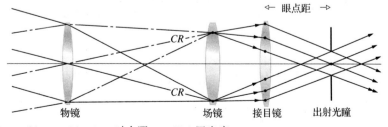

5.101 $M_T = -f/x_o = -1/x_o \mathscr{D}$。对人眼 $\mathscr{D} \approx 58.6$ 屈光度。

$$x_o = 230000 \times 1.61 = 371 \times 10^3 \text{ km}$$

$$M_T = -1/3.71 \times 10^6(58.6) = 4.6 \times 10^{-11}$$

$$y_i = 2160 \times 1.61 \times 10^3 \times 4.6 \times 10^{-11} = 0.16 \text{ mm}$$

5.103　　$1/20+1/s_{io}=1/4$,　$s_{io}=5$ m

$$1/0.3 + 1/s_{ie} = 1/0.6, \qquad s_{ie} = -0.6 \text{ m}$$

$$M_{To} = -5/10 = -0.5$$

$$M_{Te} = -(-0.6)/0.5 = +1.2$$

$$M_{To}M_{Te} = -0.6$$

5.107　　下图中的光线 1 错过了接目镜，因此到达对应的像点的能量有所减小。这是渐晕现象。

5.108　　上题中，将错过接目镜的那些光线，用一块场镜使它们仍穿过接目镜。注意场镜如何使主光线更弯折一些，使它们与光轴相交的地方稍许靠近接目镜一些，从而移动出射光瞳并缩短眼点距。（对这个题目更多的讨论，见 Smith 写的 *Modern Optical Engineering*。）

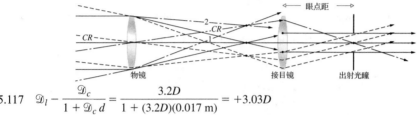

5.117　　$\mathcal{D}_l - \dfrac{\mathcal{D}_c}{1 + \mathcal{D}_c d} = \dfrac{3.2D}{1 + (3.2D)(0.017 \text{ m})} = +3.03D$

或者到两位数字+3.0D。$f_1 = 0.330$ m，因此远点在接目镜后 $0.330 \text{ m} - 0.017 \text{ m} = 0.313 \text{ m}$。对隐形眼镜 $f_c = 1/3.2 = 0.313$ m。因此二者的远点都在 0.31 m，本该如此。

5.119

（a）将透镜公式应用于物镜得到居间像的像距：

$$\frac{1}{27 \text{ mm}} + \frac{1}{s_i} = \frac{1}{25 \text{ mm}}$$

$s_i = 3.38 \times 10^2$ mm。这是从物镜到居间像的距离，它还应加上目镜的焦距，以得到透镜的间距：$3.38 \times 10^2 \text{ mm} + 25 \text{ mm} = 3.6 \times 10^2 \text{ mm}$。

（b）$M_{To} = -s_i/s_o = -3.38 \times 10^2 \text{ mm}/27 \text{ mm} = -12.5\times$，而目镜的放大率为 $d_o\mathcal{D} = (254 \text{ mm})(1/25 \text{ mm}) = 10.2\times$。于是总放大率为 MP $= (-12.5)(10.2) = -1.3 \times 10^2$；负号意味着像是倒像。

第 6 章

6.2　　由（6.8）式

$$1/f = 1/f' + 1/f' - d/f'f' = 2/f' - 2/3f', \qquad f = 3f'/4$$

由（6.9）式，$\overline{H_{11}H_1} = (3f'/4)(2f'/3)/f' = f'/2$。

由（6.10）式，$\overline{H_{22}H_2} = -(3f'/4)(2f'/3)/f' = -f'/2$。

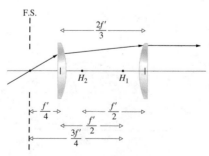

6.3　由（6.2）式，$1/f = 0$ 当 $-(1/R_1 - 1/R_2) = (n_l - 1) \times d / n_l R_1 R_2$。于是 $d = n_l (R_1 - R_2) / (n_l - 1)$。

6.5　$1/f = 0.5[1/6 - 1/10 + 0.5(3)/1.5(6)10] = 0.5[10/60 - 6/60 + 1/60]; f = +24$

$$h_1 = -24(0.5)(3)/10(1.5) = -2.4$$
$$h_2 = -24(0.5)(3)/6(1.5) = -4$$

6.7　$f = \dfrac{1}{2} nR/(n-1); \quad h_1 = +R, \quad h_2 = -R$。

6.11　$f = 29.6 + 0.4 = 30 \text{ cm}$；$s_o = 49.8 + 0.2 = 50 \text{ cm}$；$1/50 + 1/s_i = 1/30 \text{ cm}$。$s_i$ 离 H_2 75 cm 及离后表面 74.6 cm。

6.13　从（6.2）式

$$1/f = \frac{1}{2}[(1/4.0) - (1/-15) + \frac{1}{2}(4.0)/(3/2)(4.0)(-15)] = 0.147$$
$$f = 6.8 \text{ cm}$$

$h_1 = -(6.8)\dfrac{1}{2}(4.0)/(-15)(3/2) = +0.60 \text{ cm}$，当 $h_2 = -2.3$，像距 $1/(100.6) + 1/s_i = 1/(6.8)$；$s_i = 7.3 \text{ cm}$ 或离透镜的背面 5 cm。

6.22　$h_1 = n_{i1}(1 - a_{11})/-a_{12} = (\mathscr{D}_2 d_{21}/n_{t1})f = -(n_{t1} - 1)d_{21}f/R_2 n_{t1}$

由（5.71）式，其中 $n_{t1} = n_l$；

$$h_2 = n_{t2}(a_{22} - 1)/-a_{12} = -(\mathscr{D}_1 d_{21}/n_{t1})f \quad \text{由 (5.70) 式}$$
$$= -(n_{i1} - 1)d_{21}f/R_1 n_{t1}$$

6.23　$\mathscr{A} = \mathscr{R}_2 \mathscr{T}_{21} \mathscr{R}_1$，但是对平面

$$\mathscr{R}_2 = \begin{bmatrix} 1 & -\mathscr{D}_2 \\ 0 & 1 \end{bmatrix}$$

及 $\mathscr{D}_2 = (n_{t1} - 1)/(-R_2)$ 但 $R_2 = \infty$

$$\mathscr{R}_2 = \begin{bmatrix} 1 & 0 \\ 0 & 1 \end{bmatrix}$$

它是单位矩阵，因而 $\mathscr{A} = \mathscr{T}_{21} \mathscr{R}_1$。

6.24　$\mathscr{D}_1 = (1.5 - 1)/0.5 = 1$ 和 $\mathscr{D}_2 = (1.5 - 1)/-(-0.25) = 2$。

$$\mathscr{A} = \begin{bmatrix} 1 - 2(0.3)/1.5 & -1 + 2(1)(0.3)/(1.5 - 2) \\ 0.3/1.5 & -1(0.3)/1.5 + 1 \end{bmatrix} = \begin{bmatrix} 0.6 & -2.6 \\ 0.2 & 0.8 \end{bmatrix}$$

$$|\mathscr{A}| = 0.6(0.8) - (0.2)(-2.6) = 0.48 + 0.52 = 1$$

6.30　见 E. Slayter 的 *Optical Methods in Biology*。$\overline{PC}/\overline{CA} = (n_1/n_2)R/R = n_1/n_2$，而 $\overline{CA}/\overline{P'C} = n_1/n_2$。因此三角形 ACP 和 ACP' 相似；用正弦定理

$$\frac{\sin \measuredangle PAC}{\overline{PC}} = \frac{\sin \measuredangle APC}{\overline{CA}}$$

或

$$n_2 \sin \measuredangle PAC = n_1 \sin \measuredangle APC$$

但是　$\theta_i = \angle PAC$，$\theta_t = \angle APC = \angle P'AC$，折射光线看起来来自 P'。

6.31　由（5.6）式，令 $\cos\varphi = 1 - \varphi^2/2$；于是

$$\ell_o = [R^2 + (s_o + R)^2 - 2R(s_o + R) + R(s_o + R)\varphi^2]^{1/2}$$
$$\ell_o^{-1} = [s_o^2 + R(s_o + R)\varphi^2]^{-1/2}$$
$$\ell_i^{-1} = [s_i^2 - R(s_i - R)\varphi^2]^{-1/2}$$

这里用了二项式级数的前两项，

$$\ell_o^{-1} \approx s_o^{-1} - (s_o + R)h^2/2s_o^3R \quad \text{其中，} \varphi \approx h/R$$
$$\ell_i^{-1} \approx s_i^{-1} + (s_i - R)h^2/2s_i^3R$$

代入（5.5）式得到（6.46）式。

6.32

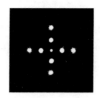

第 7 章

7.1 $E_0^2 = 36 + 64 + 2 \cdot 6 \cdot 8 \cos \pi / 2 = 100$, $E_0 = 10$; $\tan \alpha = \dfrac{8}{6}$, $\alpha = 53.1° = 0.93 \, \text{rad}$。

$$E = 10 \sin(120\pi t + 0.93)$$

7.5 $\dfrac{1 \, \text{m}}{500 \, \text{nm}} = 0.2 \times 10^7 = 2\,000\,000$ 个波长

$$\text{在玻璃中} \frac{0.05}{\lambda_0/n} = \frac{0.05(1.5)}{500 \, \text{nm}} = 1.5 \times 10^5$$

$$\text{在空气中} \frac{0.95}{\lambda_0} = 0.19 \times 10^7$$

总共 $2\,050\,000$ 个波长。

光程差 $\text{OPD} = [(1.5)(0.05) + (1)(0.95)] - (1)(1)$

$\quad\quad \text{OPD} = 1.025 - 1.000 = 0.025 \, \text{m}$

$$\frac{\Lambda}{\lambda_0} = \frac{0.025}{500 \, \text{nm}} = 5 \times 10^4 \text{ 个波长}$$

7.8 $E = E_1 = E_2 = E_{01}\{\sin[\omega t - k(x + \Delta x)] + \sin(\omega t - kx)\}$。

由于 $\sin\beta + \sin\gamma = 2\sin\dfrac{1}{2}(\beta+\gamma)\cos\dfrac{1}{2}(\beta-\gamma)$

$$E = 2E_{01}\cos\frac{k\Delta x}{2}\sin\left[\omega t - k\left(x + \frac{\Delta x}{2}\right)\right]$$

7.9 $E = E_0 \, \text{Re}\,[e^{i(kx+\omega t)} - e^{i(kx-\omega t)}] = E_0 \, \text{Re}[e^{ikx}(e^{i\omega t} - e^{-i\omega t})] = E_0 \, \text{Re}\,[e^{ikx}2i\sin\omega t]$

$\quad\quad = E_0 \, \text{Re}\,[2i\cos kx \sin\omega t - 2\sin kx \sin\omega t]$

因此 $E = -2E_0\sin kx\sin\omega t$。它是驻波，节点在 $x = 0$。

7.13

$$\frac{\partial E}{\partial x} = -\frac{\partial B}{\partial t}$$

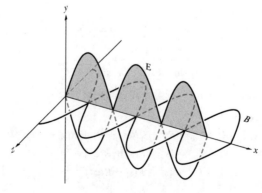

积分得到

$$B(x, t) = -\int \frac{\partial E}{\partial x}\, \mathrm{d}t = -2E_0 k \cos kx \int \cos \omega t\, \mathrm{d}t = -\frac{2E_0 k}{\omega} \cos kx \sin \omega t$$

但 $E_0 k / \omega = E_0 / c = B_0$；于是

$$B(x, t) = -2B_0 \cos kx \sin \omega t$$

7.21 $E = E_0 \cos \omega_c t + E_0 \alpha \cos \omega_m t \cos \omega_c t = E_0 \cos \omega_c t + \dfrac{E_0 \alpha}{2}[\cos(\omega_c - \omega_m)t + \cos(\omega_c + \omega_m)t]$

听觉范围是 $\nu_m = 20\,\mathrm{Hz}$ to $20 \times 10^3\,\mathrm{Hz}$。最大调制频率 $\nu_m(\mathrm{max}) = 20 \times 10^3\,\mathrm{Hz}$。

$$\nu_c - \nu_m(\mathrm{max}) \leqslant \nu \leqslant \nu_c + \nu_m(\mathrm{max})$$
$$\Delta \nu = 2\nu_m(\mathrm{max}) = 40 \times 10^3\,\mathrm{Hz}$$

7.22 $v = \omega / k = ak,\ \ v_g = \mathrm{d}\omega / \mathrm{d}k = 2ak = 2v$。

7.29

$$v = \sqrt{\frac{g\lambda}{2\pi}} = \sqrt{g/k}$$
$$v_g = v + k\frac{\mathrm{d}v}{\mathrm{d}k}$$
$$\frac{\mathrm{d}v}{\mathrm{d}k} = -\frac{1}{2k}\sqrt{\frac{g}{k}} = -\frac{v}{2k}$$
$$v_g = v/2$$

[7.38]

7.31 $$v_g = v + k\frac{\mathrm{d}v}{\mathrm{d}k}, \quad \frac{\mathrm{d}v}{\mathrm{d}k} = \frac{\mathrm{d}v}{\mathrm{d}\omega}\frac{\mathrm{d}\omega}{\mathrm{d}k} = v_g\frac{\mathrm{d}v}{\mathrm{d}\omega}$$

因为 $v = c/n,$ $\dfrac{\mathrm{d}v}{\mathrm{d}\omega} = \dfrac{\mathrm{d}v}{\mathrm{d}n}\dfrac{\mathrm{d}n}{\mathrm{d}\omega} = -\dfrac{c}{n^2}\dfrac{\mathrm{d}n}{\mathrm{d}\omega}$

$$v_g = v - \frac{v_g ck}{n^2}\frac{\mathrm{d}n}{\mathrm{d}\omega} = \frac{v}{1 + (ck/n^2)(\mathrm{d}n/\mathrm{d}\omega)} = \frac{c}{n + \omega(\mathrm{d}n/\mathrm{d}\omega)}$$

7.40 $\omega \gg \omega_i, n^2 = 1 - \dfrac{Nq_e^2}{\omega^2 \epsilon_0 m_e}\sum f_i = 1 - \dfrac{Nq_e^2}{\omega^2 \epsilon_0 m_e}$

用二项式展开，有

$$(1 - x)^{1/2} \approx 1 - \frac{1}{2}x \quad \text{对于 } x \ll 1$$
$$n = 1 - Nq_e^2/\omega^2 \epsilon_0 m_e 2, \quad \mathrm{d}n/\mathrm{d}\omega = Nq_e^2/\epsilon_0 m_e \omega^3$$
$$v_g = \frac{c}{n + \omega(\mathrm{d}n/\mathrm{d}\omega)} = \frac{c}{1 - Nq_e^2/\omega^2 \epsilon_0 m_e 2 + Nq_e^2/\epsilon_0 m_e \omega^2}$$
$$= \frac{c}{1 + Nq_e^2/\epsilon_0 m_e \omega^2 2}$$

$v_g < c$，

$$v = c/n = \frac{c}{1 - Nq_e^2/\epsilon_0 m_e \omega^2 2}$$

二项式展开

$$(1 - x)^{-1} \approx 1 + x, \qquad x \ll 1$$
$$v = c[1 + Nq_e^2/\epsilon_0 m_e \omega^2 2]; \qquad vv_g = c^2$$

7.43 $\displaystyle\int_0^\lambda \sin akx \sin bkx\, \mathrm{d}x = \frac{1}{2k}\left[\int_0^\lambda \cos\left[(a - b)kx\right]k\, \mathrm{d}x - \int_0^\lambda \cos\left[(a + b)kx\right]k\, \mathrm{d}x\right]$

$$= \frac{1}{2k}\frac{\sin(a - b)kx}{a - b}\bigg|_0^\lambda - \frac{1}{2k}\frac{\sin(a + b)kx}{a + b}\bigg|_0^\lambda = 0 \quad \text{若 } a \neq b$$

若 $a = b$

$$\int_0^\lambda \sin^2 akx\, dx = \frac{1}{2k}\int_0^\lambda (1 + \cos 2akx)k\, dx = \frac{\lambda}{2}$$

其他积分相似。

7.44　它是偶函数，因此 $B_m = 0$。

$$A_0 = \frac{2}{\lambda}\int_{-\lambda/a}^{\lambda/a} dx = \frac{2}{\lambda}\left(\frac{\lambda}{a} + \frac{\lambda}{a}\right) = \frac{4}{a}$$

$$A_m = \frac{2}{\lambda}\int_{-\lambda/a}^{\lambda/a} (1)\cos mkx\, dx$$

$$A_m = \frac{2}{mk\lambda}\sin mkx \Big]_{-\lambda/a}^{\lambda/a}$$

$$A_m = \frac{2}{m\pi}\sin\frac{m2\pi}{a}$$

7.50　　　　$$f'(x) = \frac{1}{\pi}\int_0^a E_0 L \frac{\sin kL/2}{kL/2}\cos kx\, dk$$

$$= \frac{E_0 L}{\pi 2}\int_0^b \frac{\sin(kL/2 + kx)}{kL/2}\, dk + \frac{E_0 L}{\pi 2}\int_0^b \frac{\sin(kL/2 - kx)}{kL/2}\, dk$$

令 $kL/2 = w$, $(L/K)dk = dw$, $kx = wx'$,

$$f'(x) = \frac{E_0}{\pi}\int_0^b \frac{\sin(w + wx')}{w}\, dw + \frac{E_0}{\pi}\int_0^b \frac{\sin(w - wx')}{w}\, dw$$

其中 $b = aL/2$。令 $w + wx' = t$, $dw/w = dt/t$。$0 \leqslant w \leqslant b$ 及 $0 \leqslant t \leqslant (x'+1)b$。令另一积分中的 $w - wx' = -t$。$0 \leqslant w \leqslant b$ 及 $0 \leqslant t \leqslant (x'+1)b$。

$$f'(x) = \frac{E_0}{\pi}\int_0^{(x'+1)b} \frac{\sin t}{t}\, dt - \frac{E_0}{\pi}\int_0^{(x'-1)b} \frac{\sin t}{t}\, dt$$

$$f'(x) = \frac{E_0}{\pi}\mathrm{Si}[b(x' + 1)] - \frac{E_0}{\pi}\mathrm{Si}[b(x' - 1)], \qquad x' = 2x/L$$

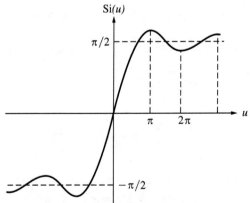

7.54　根据与（7.61）式的相似，

$$A(\omega) = \frac{\Delta t}{2}E_0\,\mathrm{sinc}(\omega_p - \omega)\frac{\Delta t}{2}$$

由 $\mathrm{sinc}(\pi/2) = 63.7\%$，而

$$\text{sinc}\left(\frac{\pi}{1.65}\right) = 49.8\%，\text{并非严格 }50\%，$$

$$\left|(\omega_p - \omega)\frac{\Delta t}{2}\right| < \frac{\pi}{2} \quad \text{或} \quad -\frac{\pi}{\Delta t} < (\omega_p - \omega) < \frac{\pi}{\Delta t}$$

于是 $A(\omega)$ 的相当可观的值在 $\Delta\omega \sim 2\pi/\Delta t$ 范围内，$\Delta\nu\Delta t \approx 1$。功率谱正比于 $A^2(\omega)$，且 $[\text{sinc}(\pi/2)]^2 = 40.6\%$。

7.55　$\Delta l_c = c\Delta t_c$，$\Delta l_c \approx c/\Delta\nu$。但是 $\Delta\omega/\Delta k_0 = \bar{\omega}/\bar{k}_0 = c$；于是 $|\Delta\nu/\Delta\lambda_0| = \bar{\nu}/\bar{\lambda}_0$，

$$\Delta l_c \approx \frac{c\bar{\lambda}_0}{\Delta\lambda_0\bar{\nu}} \qquad \Delta l_c \approx \bar{\lambda}_0^2/\Delta\lambda_0$$

或试着用测不准原理：

$$\Delta l \approx \frac{h}{\Delta p} \quad \text{这里 } p = h/\lambda \text{ 及 } \Delta\lambda_0 \ll \bar{\lambda}_0$$

7.57
$$\Delta l_c = c\,\Delta t_c = 3 \times 10^8 \text{ m/s} \times 10^{-8} \text{ s} = 3 \text{ m}$$
$$\Delta\lambda_0 \approx \lambda_0^2/\Delta l_c = (500 \times 10^{-9} \text{ m})^2/3 \text{ m}$$
$$\Delta\lambda_0 \approx 8.3 \times 10^{-14} \text{ m} = 8.3 \times 10^{-5} \text{ nm}$$
$$\Delta\lambda_0/\bar{\lambda}_0 = \Delta\nu/\bar{\nu} = 8.3 \times 10^{-5}/500 = 1.6 \times 10^{-7} \approx 10^7 \text{分之一}$$

7.58
$$\Delta\nu = 54 \times 10^3 \text{ Hz}$$
$$\Delta\nu/\bar{\nu} = \frac{(54 \times 10^3)(10\,600 \times 10^{-9} \text{ m})}{(3 \times 10^8 \text{ m/s})} = 1.91 \times 10^{-9}$$
$$\Delta l_c = c\,\Delta t_c \approx c/\Delta\nu$$
$$\Delta l_c \approx \frac{(3 \times 10^8 \text{ m/s})}{(54 \times 10^3 \text{ Hz})} = 5.55 \times 10^3 \text{ m}$$

7.60
$$\Delta l_c = c\,\Delta t_c = 3 \times 10^8 \times 10^{-10} = 3 \times 10^{-2} \text{ m}$$
$$\Delta\nu \approx 1/\Delta t_c = 10^{10} \text{ Hz}$$
$$\Delta\lambda_0 \approx \bar{\lambda}_0^2/\Delta l_c (\text{见习题 }7.55) = (632.8 \text{ nm})^2/3 \times 10^{-2} \text{ m} = 0.013 \text{ nm}$$
$$\Delta\nu = 10^{15} \text{ Hz}, \Delta l_c = c \times 10^{-15} = 300 \text{ nm}$$
$$\Delta\lambda_0 \approx \bar{\lambda}_0^2/\Delta l_c = 1334.78 \text{ nm}$$

第 8 章

8.4

（a）$\vec{\mathbf{E}} = \vec{\mathbf{i}}\,E_0\cos(kz - \omega t) + \vec{\mathbf{j}}\,E_0\cos(kz - \omega t + \pi)$。$E_y$ 与 E_x 大小相等，但 E_y 落后于 E_x 一个相位 π。因此 $\mathscr{P}$-态在 $135°$ 或 $-45°$。

（b）$\vec{\mathbf{E}} = \vec{\mathbf{i}}\,E_0\cos(kz - \omega t - \pi/2) + \vec{\mathbf{j}}\,E_0\cos(kz - \omega t + \pi/2)$。$E_x$ 和 E_y 振幅相等，E_y 落后于 E_x 相角 π。因此情况与（a）相同。

（c）E_x 超前于 E_y 一个 $\pi/4$ 相位。它们的振幅相等。因此这是一个倾斜 $+45°$ 的椭圆，左旋偏振。

（d）E_y 超前于 E_x 一个 $\pi/2$ 相位。它们的振幅相等。因此这是一个 $\mathscr{R}$ 态。

8.5
$$\vec{\mathbf{E}}_x = \hat{\mathbf{i}}\cos\omega t, \qquad \vec{\mathbf{E}}_y = \hat{\mathbf{j}}\sin\omega t$$
左旋圆偏振驻波。

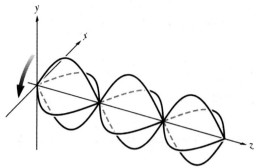

8.6
$$\vec{\mathbf{E}}_{\mathscr{R}} = \hat{\mathbf{i}}E_0\cos(kz-\omega t) + \hat{\mathbf{j}}E_0\sin(kz-\omega t)$$
$$\vec{\mathbf{E}}_{\mathscr{L}} = \hat{\mathbf{i}}E_0'\cos(kz-\omega t) - \hat{\mathbf{j}}E_0'\sin(kz-\omega t)$$
$$\vec{\mathbf{E}} = \vec{\mathbf{E}}_{\mathscr{R}} + \vec{\mathbf{E}}_{\mathscr{L}} = \hat{\mathbf{i}}(E_0+E_0')\cos(kz-\omega t) + \hat{\mathbf{j}}(E_0-E_0')\sin(kz-\omega t).$$

令 $E_0+E_0'=E_{0x}''$ 和 $E_0-E_0'=E_{0y}''$；于是 $\vec{\mathbf{E}}=\vec{\mathbf{i}}\,E_{0x}''\cos(kz-\omega t)+\vec{\mathbf{j}}\,E_{0y}''\sin(kz-\omega t)$。由（8.11）式和（8.12）式显然我们有一个椭圆，它的 $\varepsilon=-\pi/2$ 和 $\alpha=0$。

8.7
$$E_{0y}=E_0\cos 25°;\ E_{0z}=E_0\sin 25°;$$
$$\vec{\mathbf{E}}(x,t)=(0.91\hat{\mathbf{j}}+0.42\hat{\mathbf{k}})E_0\cos(kx-\omega t+\tfrac{1}{2}\pi)$$

8.9
$$\vec{\mathbf{E}}=E_0[\hat{\mathbf{j}}\sin(kx-\omega t)-\hat{\mathbf{k}}\cos(kx-\omega t)]$$

8.15　在自然光中，每个 HN-32 滤光片透射入射光束的 32%。入射通量密度的一半是处于平行于消光轴的 $\mathscr{P}$ 态的形式，实际上它根本不射出。因此，射出的是 64% 的振动方向平行于透射轴的光。在本题中，进入第二个滤光片是 $32\%I_i$，从它射出的是 64%（$32\%I_i$）$=21\%I_i$。（本题答案有点文不对题。题中间的是 4 片 HN-32 叠在一起。——译者注）

8.30　由图得到
$$I=\frac{1}{2}E_{01}^2\sin^2\theta\cos^2\theta=\frac{E_{01}^2}{8}(1-\cos 2\theta)(1+\cos 2\theta)$$
$$=\frac{E_{01}^2}{8}(1-\cos^2 2\theta)=\frac{E_{01}^2}{8}[1-(\tfrac{1}{2}\cos 4\theta+\tfrac{1}{2})]$$
$$=\frac{E_{01}^2}{16}(1-\cos 4\theta)=\frac{I_1}{8}(1-\cos 4\theta)\qquad \theta=\omega t$$

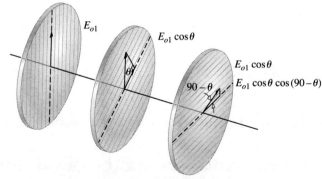

8.31　不，看不到。晶体的表现好像是两块朝向相反的标本叠在一起。两块朝向相同的晶体叠在一起时的行为将像是一块厚晶体，从而将 o 光线和 e 光线分得更开。

8.33　从纸上散射的光通过偏振片变成线偏振光。从左上的滤波片来的光的 $\vec{\mathbf{E}}$ 场平行于主截面（它是穿越第二、四象限的对角线）。因此是一条 e 光线。注意 OPTICS 一词中的 P、T 两个字母如何以非寻常方式向下移动。右下方的滤波片通过一条 o 光线，因此字母 C 不偏斜。注意寻常像更靠近钝角。

　　8.34　（a）和（c）是上一题的两种表现。（b）显示了双折射，因为偏振片的轴与晶体的主截面大致成 45°角。于是 o 光线和 e 光线都存在。

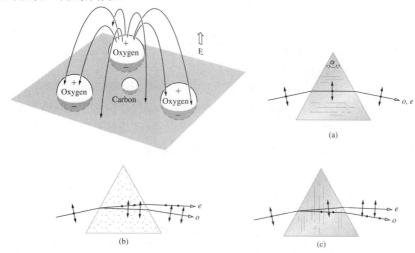

　　8.35　当 $\vec{E}$ 垂直于 CO_3 平面时，极化度比它平行于 CO_3 平面时小。在前一情况下，每个极化的氧原子倾向于减小其邻居的极化度。换句话说，如图所示，当 $\vec{E}$ 向上时感生电场向下。当 $\vec{E}$ 在碳酸根平面内时，两个偶极子增强第三个偶极子，反之亦然。减小的极化率导致更低的介电常数、更低的折射率和更高的速度。因此 $v_\parallel > v_\perp$。

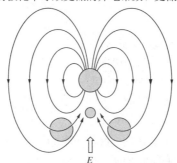

　　8.36　方解石的 $n_o > n_e$。光谱仪中采用（b）或（c）时两个光谱是可以看见的。折射率按通常方法计算，公式为

$$n = \frac{\sin \frac{1}{2}(\alpha + \delta_m)}{\sin \frac{1}{2}\alpha}$$

　　8.37　$\sin \theta_c = \dfrac{n_{\text{balsam}}}{n_0} = \dfrac{1.55}{1.658} = 0.935; \quad \theta_c \approx 69°$

　　8.40

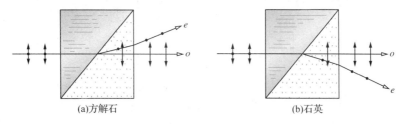

（c）可以将不想要的以一个 $\mathscr{P}$ 态形式出现的能量去掉。而不会发生局部加热问题。

（d）罗雄起偏器透射一个不偏转的光束（o 光），因此它也是消色差的。

8.52　$n_o = 1.6584$, $n_e = 1.4864$。斯涅耳定律

$$\sin\theta_i = n_o \sin\theta_{to} = 0.766$$

$$\sin\theta_i = n_e \sin\theta_{te} = 0.766$$

$$\sin\theta_{to} \approx 0.463, \qquad \theta_{to} \approx 27°35'$$

$$\sin\theta_{te} \approx 0.516, \qquad \theta_{te} \approx 31°4'$$

$$\Delta\theta \approx 3°29'$$

8.54　E_x 超前于 E_y 一个相位π/2。它们起初是同相的并且 $E_x > E_y$。因此波是左旋椭圆偏振的，在水平面内。

8.68　入射到玻璃屏上的 $\mathscr{R}$ 态（朝向光源看）驱使电子在圆轨迹上运动，这些电子再发射被反射的圆偏振光，它的 $\vec{E}$ 场与入射光束的 $\vec{E}$ 场在同样的方向上旋转。但是传播方向在反射时倒过来了，因此虽然入射光是在 $\mathscr{R}$ 态，反射光（向着光源看）却是左旋圆偏振的。因此它将被右旋圆偏振起偏器全部吸收。这示于下面的图中。

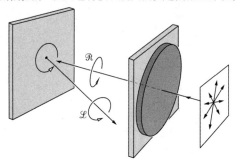

8.69　$\Delta\varphi = \dfrac{2\pi}{\lambda_0} d\Delta n$

但是 $\Delta\varphi = (1/4)(2\pi)$，因为条纹移动。因此 $\Delta\varphi = \pi/2$ 及

$$\frac{\pi}{2} = \frac{2\pi\, d(0.005)}{589.3 \times 10^{-9}}$$

$$d = \frac{589.3 \times 10^{-9}}{2(10^{-2})} = 2.94 \times 10^{-5}\,\text{m}$$

8.70　有可能。如果各个 $\mathscr{P}$ 态的振幅不同。射过一堆起偏片的透射光束，尤其是一小堆。

8.72　将光弹性材料置于圆偏振起偏器之间，让两个推迟器像图 8.59 中那样面对着它。在圆照明下，应力轴的取向没有任何一个处于优势，因此它们全都是不可分辨的。只有双折射将会起作用，因此等色线是可以看见的。如果两个起偏器不同，也就是说，一个是 $\mathscr{R}$，另一个是 $\mathscr{L}$，那么 Δn 导致 $\Delta\varphi = \pi$ 的那一区域将显得明亮。如果两个起偏器相同，这样的区域发暗。

8.74　$V_{\lambda/2} = \lambda_0/2n_0^3 r_{63} = 550 \times 10^{-9}/2(1.58)^3 5.5 \times 10^{-12} = 10^5/2(3.94) = 12.7\,\text{kV}$　　　[8.51]

8.76　$\vec{E}_1 \cdot \vec{E}_2^* = 0$, $\vec{E}_2 = \begin{bmatrix} e_{21} \\ e_{22} \end{bmatrix}$

$\vec{E}_1 \cdot \vec{E}_2^* = (1)(e_{21})^* + (-2i)(e_{22})^* = 0$

$\vec{E}_2 = \begin{bmatrix} 2 \\ i \end{bmatrix}$

8.84

$$\begin{bmatrix} 1 & 0 & 0 & 0 \\ 0 & 0 & 0 & 1 \\ 0 & 0 & 1 & 0 \\ 0 & -1 & 0 & 0 \end{bmatrix} \begin{bmatrix} 1 & 0 & 0 & 0 \\ 0 & 0 & 0 & -1 \\ 0 & 0 & 1 & 0 \\ 0 & 1 & 0 & 0 \end{bmatrix} = \begin{bmatrix} 1 & 0 & 0 & 0 \\ 0 & 1 & 0 & 0 \\ 0 & 0 & 1 & 0 \\ 0 & 0 & 0 & 1 \end{bmatrix}$$

8.86

$$\begin{bmatrix} 1 & 0 & 0 & 0 \\ 0 & 1 & 0 & 0 \\ 0 & 0 & 0 & -1 \\ 0 & 0 & 1 & 0 \end{bmatrix}\begin{bmatrix} 1 & 0 & 0 & 0 \\ 0 & 1 & 0 & 0 \\ 0 & 0 & 0 & -1 \\ 0 & 0 & 1 & 0 \end{bmatrix} = \begin{bmatrix} 1 & 0 & 0 & 0 \\ 0 & 1 & 0 & 0 \\ 0 & 0 & -1 & 0 \\ 0 & 0 & 0 & -1 \end{bmatrix}$$

$$\begin{bmatrix} 1 & 0 & 0 & 0 \\ 0 & 1 & 0 & 0 \\ 0 & 0 & -1 & 0 \\ 0 & 0 & 0 & -1 \end{bmatrix}\begin{bmatrix} 1 \\ 0 \\ 0 \\ 1 \end{bmatrix} = \begin{bmatrix} 1 \\ 0 \\ 0 \\ -1 \end{bmatrix}$$

$$\begin{bmatrix} 1 & 0 & 0 & 0 \\ 0 & 1 & 0 & 0 \\ 0 & 0 & -1 & 0 \\ 0 & 0 & 0 & -1 \end{bmatrix}\begin{bmatrix} 1 \\ 0 \\ 0 \\ -1 \end{bmatrix} = \begin{bmatrix} 1 \\ 0 \\ 0 \\ 1 \end{bmatrix}$$

$$\begin{bmatrix} 1 & 0 & 0 & 0 \\ 0 & 1 & 0 & 0 \\ 0 & 0 & 0 & 1 \\ 0 & 0 & -1 & 0 \end{bmatrix}\begin{bmatrix} 1 & 0 & 0 & 0 \\ 0 & 1 & 0 & 0 \\ 0 & 0 & 0 & 1 \\ 0 & 0 & -1 & 0 \end{bmatrix} = \begin{bmatrix} 1 & 0 & 0 & 0 \\ 0 & 1 & 0 & 0 \\ 0 & 0 & -1 & 0 \\ 0 & 0 & 0 & -1 \end{bmatrix}$$

8.87

$$\begin{bmatrix} 1 & 0 & 0 & 0 \\ 0 & 1 & 0 & 0 \\ 0 & 0 & 0 & -1 \\ 0 & 0 & 1 & 0 \end{bmatrix}\frac{1}{2}\begin{bmatrix} 1 & 0 & 1 & 0 \\ 0 & 0 & 0 & 0 \\ 1 & 0 & 1 & 0 \\ 0 & 0 & 0 & 0 \end{bmatrix} = \frac{1}{2}\begin{bmatrix} 1 & 0 & 1 & 0 \\ 0 & 0 & 0 & 0 \\ 0 & 0 & 0 & 0 \\ 1 & 0 & 1 & 0 \end{bmatrix}$$

$$\frac{1}{2}\begin{bmatrix} 1 & 0 & 1 & 0 \\ 0 & 0 & 0 & 0 \\ 0 & 0 & 0 & 0 \\ 1 & 0 & 1 & 0 \end{bmatrix}\begin{bmatrix} 1 \\ 0 \\ 0 \\ 0 \end{bmatrix} = \frac{1}{2}\begin{bmatrix} 1 \\ 0 \\ 0 \\ 1 \end{bmatrix}$$

$$\frac{1}{2}\begin{bmatrix} 1 & 0 & 1 & 0 \\ 0 & 0 & 0 & 0 \\ 0 & 0 & 0 & 0 \\ 1 & 0 & 1 & 0 \end{bmatrix}\begin{bmatrix} 1 \\ 0 \\ 0 \\ 1 \end{bmatrix} = \frac{1}{2}\begin{bmatrix} 1 \\ 0 \\ 0 \\ 1 \end{bmatrix}$$

$$\frac{1}{2}\begin{bmatrix} 1 & 0 & 0 & 1 \\ 0 & 0 & 0 & 0 \\ 0 & 0 & 0 & 0 \\ 1 & 0 & 0 & 1 \end{bmatrix}\begin{bmatrix} 1 \\ 0 \\ 0 \\ 1 \end{bmatrix} = \frac{1}{2}\begin{bmatrix} 1 \\ 0 \\ 0 \\ 1 \end{bmatrix}$$

$$\frac{1}{2}\begin{bmatrix} 1 & 0 & 1 & 0 \\ 0 & 0 & 0 & 0 \\ 0 & 0 & 0 & 0 \\ 1 & 0 & 1 & 0 \end{bmatrix}\begin{bmatrix} 1 \\ 0 \\ 0 \\ -1 \end{bmatrix} = \frac{1}{2}\begin{bmatrix} 1 \\ 0 \\ 0 \\ 1 \end{bmatrix}$$

$$\frac{1}{2}\begin{bmatrix} 1 & 0 & 0 & 1 \\ 0 & 0 & 0 & 0 \\ 0 & 0 & 0 & 0 \\ 1 & 0 & 0 & 1 \end{bmatrix}\begin{bmatrix} 1 \\ 0 \\ 0 \\ -1 \end{bmatrix} = \begin{bmatrix} 0 \\ 0 \\ 0 \\ 0 \end{bmatrix}$$

8.89

$$\begin{bmatrix} te^{i\varphi} & 0 \\ 0 & te^{i\varphi} \end{bmatrix}$$

其中在两个分量中引入了相位增量φ作为光穿过板的结果。

$$\begin{bmatrix} 1 & 0 \\ 0 & 1 \end{bmatrix} \quad \begin{bmatrix} 0 & 0 \\ 0 & 0 \end{bmatrix}$$

8.90

$$\begin{bmatrix} t^2 & 0 & 0 & 0 \\ 0 & t^2 & 0 & 0 \\ 0 & 0 & t^2 & 0 \\ 0 & 0 & 0 & t^2 \end{bmatrix} \quad \begin{bmatrix} 1 & 0 & 0 & 0 \\ 0 & 0 & 0 & 0 \\ 0 & 0 & 0 & 0 \\ 0 & 0 & 0 & 0 \end{bmatrix}$$

8.91

$$V = \frac{I_p}{I_p + I_u} = \frac{(\mathcal{S}_1^2 + \mathcal{S}_2^2 + \mathcal{S}_3^2)^{1/2}}{\mathcal{S}_0}$$

$$I_p = (\mathcal{S}_1^2 + \mathcal{S}_2^2 + \mathcal{S}_3^2)^{1/2}; \qquad I - I_p = I_u$$

$$\mathcal{S}_0 - (\mathcal{S}_1^2 + \mathcal{S}_2^2 + \mathcal{S}_3^2)^{1/2} = I_u$$

$$\begin{bmatrix} 4 \\ 0 \\ 0 \\ 0 \end{bmatrix} + \begin{bmatrix} 1 \\ 0 \\ 0 \\ 1 \end{bmatrix} = \begin{bmatrix} 5 \\ 0 \\ 0 \\ 1 \end{bmatrix}$$

$$5 - (0 + 0 + 1)^{1/2} = I_u$$

8.93

（a）
$$\begin{bmatrix} \cos^2\alpha & \cos\alpha\sin\alpha \\ \cos\alpha\sin\alpha & \sin^2\alpha \end{bmatrix} \begin{bmatrix} \cos\theta \\ \sin\theta \end{bmatrix} = \begin{bmatrix} \cos^2\alpha\cos\theta + \cos\alpha\sin\alpha\sin\theta \\ \cos\alpha\sin\alpha\cos\theta + \sin^2\alpha\sin\theta \end{bmatrix} = \cos(\theta-\alpha)\begin{bmatrix} \cos\alpha \\ \sin\alpha \end{bmatrix}$$

（b）出射光束在与水平面成α角的方向上偏振，它的振幅被减小到一个因子$\cos(\theta-\alpha)$。这正是一个理想的线偏振器要做的事，如果它的透射轴指向与水平面成α夹角的话（回忆马吕斯定律）。

（c）（举个例）。构建两个交叉的偏振片的琼斯矩阵。令第二个偏振片在$\alpha-90°$角上，使得$\cos\alpha$换为$\sin\alpha$，$\sin\alpha$换为$-\cos\alpha$。于是这个偏振片组合的琼斯矩阵为

$$\begin{bmatrix} \cos^2\alpha & \cos\alpha\sin\alpha \\ \cos\alpha\sin\alpha & \sin^2\alpha \end{bmatrix} \begin{bmatrix} \sin^2\alpha & \sin\alpha\cos\alpha \\ \sin\alpha\cos\alpha & \cos^2\alpha \end{bmatrix} = \begin{bmatrix} 0 & 0 \\ 0 & 0 \end{bmatrix} \text{（零矩阵！）}$$

第9章

9.1 $\vec{E}_1 \cdot \vec{E}_2 = \frac{1}{2}(\vec{E}_1 e^{-i\omega t} + \vec{E}_1^* e^{i\omega t}) \cdot \frac{1}{2}(\vec{E}_2 e^{-i\omega t} + \vec{E}_2^* e^{i\omega t})$,

其中 $\mathrm{Re}(z) = \frac{1}{2}(z + z^*)$。

$$\vec{E}_1 \cdot \vec{E}_2 = \frac{1}{4}[\vec{E}_1 \cdot \vec{E}_2 e^{-2i\omega t} + \vec{E}_1^* \cdot \vec{E}_2^* e^{2i\omega t} + \vec{E}_1 \cdot \vec{E}_2^* + \vec{E}_1^* \cdot \vec{E}_2]$$

最后两项与时间无关，而

$$\langle \vec{E}_1 \cdot \vec{E}_2 e^{-2i\omega t} \rangle \to 0 \quad \text{和} \quad \langle \vec{E}_1^* \cdot \vec{E}_2^* e^{2i\omega t} \rangle \to 0$$

因为$1/T\omega$系数。于是

$$I_{12} = 2\langle \vec{E}_1 \cdot \vec{E}_2 \rangle = \frac{1}{2}(\vec{E}_1 \cdot \vec{E}_2^* + \vec{E}_1^* \cdot \vec{E}_2)$$

9.2 $(r_1 - r_2)$的最大值等于a。于是若$\varepsilon_1 = \varepsilon_2$，$\delta = k(r_1 - r_2)$就从0变到$ka$。若$a \gg \lambda$，$\cos\delta$因而$I_{12}$就有许多许多个极大值和极小值，因此在大的空间区域上平均为零。反之，若$a \ll \lambda$，则δ仅仅变一点点，从0变到$ka \ll 2\pi$。因此I_{12}并不平均为零，而由（9.17）式，I偏离$4I_0$很少。两个光源的行为实际上就像单个光源，但具有两倍原来的强度。

9.4 S处的一个灯泡会产生条纹。我们可以想象它是由极大量的非相干点光源组成的。每个点光源将

产生一幅独立的图样，它们全都重叠在一起。S_1 和 S_2 的两个灯泡是非相干的。不能产生可检测的条纹。

9.9

（a）$(r_1 - r_2) = \pm\frac{1}{2}\lambda$，因而 $a\sin\theta_1 = \pm\frac{1}{2}\lambda$ 及 $\theta_1 \approx \pm\frac{1}{2}\lambda/a = \pm\frac{1}{2}(632.8\times10^{-9}\text{ m})/(0.200\times10^{-3}\text{ m}) =$
$\pm1.58\times10^{-3}\text{ rad}$，或因为 $y_1 = s\theta_1 = (1.00\text{ m})(\pm1.58\times10^{-3}\text{ rad}) = \pm1.58\text{ mm}$。

（b）$y_5 = s5\lambda/\alpha = (1.00\text{ m})5(632.8\times10^{-9})/(0.200\times10^{-3}\text{ m}) = 1.582\times10^{-2}\text{ m}$。

（c）由于条纹按照余弦平方变化，（a）的答案是半个条纹宽度，（b）的答案是 10 倍条纹宽度。

9.21 $r_2^2 = a^2 + r_1^2 - 2ar_1\cos(90-\theta)$。若

$$\frac{k}{2}\left(\frac{a^2}{2r_1}\cos^2\theta\right) \ll \pi/2$$

那么麦克劳林展开式中第三项对 $\cos\delta/2$ 的贡献可以忽略。因此 $r_1 \gg a^2/\lambda$。

9.22 $E = \frac{1}{2}mv^2$; $\quad v = 0.42\times10^6\text{ m/s}$
$\quad\quad \lambda = h/mv = 1.73\times10^{-9}\text{ m}$; $\quad \Delta y = s\lambda/a = 3.46\text{ mm.}$

9.29 $\Delta y = s\lambda_0/2d\alpha(n-n')$

9.31 $\Delta y = (s/a)\lambda$, $\quad a = 10^{-2}\text{ cm}$, $\quad a/2 = 5\times10^{-3}\text{ cm}$

9.32 $\delta = k(r_1 - r_2) + \pi$ （劳埃镜）
$\quad\quad \delta = k\{a/2\sin\alpha - [\sin(90-2\alpha)]a/2\sin\alpha\} + \pi$
$\quad\quad \delta = ka(1-\cos2\alpha)/2\sin\alpha + \pi$

极大值发生在 $\quad\quad \delta = 2\pi$，当 $\alpha(\lambda/a) = (1-\cos2\alpha) = 2\sin^2\alpha$ 时

第一个极大 $\alpha = \arcsin(\lambda/2\alpha)$。

9.34 这里 $1.00 < 1.34 > 1.00$，因此由（9.36）式及 $m = 0$，$d = \left(0+\frac{1}{2}\right)(633\text{ mm})/2(1.34) = 118\text{ nm}$。

9.38 （9.37）式 $m = 2n_f d/\lambda_0 = 10\ 000$。它是极小值，因此是中央暗区。

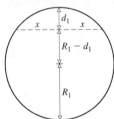

9.39 条纹一般是一系列参差不齐的带，它们相对于玻璃是固定的。

9.40 $\Delta x = \lambda_f/2\alpha$, $\quad \alpha = \lambda_0/2n_f\Delta x$
$\quad\quad \alpha = 5\times10^5\text{ rad} = 10.2\text{ 角秒}$

9.43 $x^2 = d_1[(R_1 - d_1) + R_1] = 2R_1 d_1 - d_1^2$.
类似地，$x^2 = 2R_2 d_2 - d_2^2$

$$d = d_1 - d_2 = \frac{x^2}{2}\left[\frac{1}{R_1} - \frac{1}{R_2}\right], \quad\quad d = m\frac{\lambda_f}{2}$$

随着 $R_2 \to \infty$，x_m 趋近（9.73）式。

9.47 运动 $\lambda/2$ 使一个条纹对迁移，因此 $92\lambda/2 = 2.53\times10^{-5}\text{ m}$ 和 $\lambda = 550\text{ nm}$。

9.53 $E_t^2 = E_t E_t^* = E_0^2(tt')^2/(1-r^2e^{-i\delta})(1-r^2e^{+i\delta})$
$\quad\quad I_t = I_i(tt')^2/(1-r^2e^{-i\delta} - r^2e^{i\delta} + r^4)$

9.54 (a) $R = 0.80$ 所以 $F = 4R/(1-R)^2 = 80$
$\quad\quad$ (b) $\gamma = 4\sin^{-1}1/\sqrt{F} = 0.448$

(c) $\mathscr{F} = 2\pi/0.448$

(d) $C = 1 + F$

9.55

$$\frac{2}{1 + F(\Delta\delta/4)^2} = 0.81\left[1 + \frac{1}{1 + F(\Delta\delta/2)^2}\right]$$

$$F^2(\Delta\delta)^4 - 15.5F(\Delta\delta)^2 - 30 = 0$$

9.56

$$I = I_{\max}\cos^2\delta/2$$

$$I = I_{\max}/2 \text{ when } \delta = \pi/2 \quad \text{所以 } \gamma = \pi$$

极大之间间隔为 2π

$$\mathscr{F} = 2\pi/\gamma = 2$$

9.58   在近于正入射（$\theta_i = 0$）时，图 4.52 表明，内反射光束与外反射光束之间的相对相移是 π rad。这意味着总的相对相差为

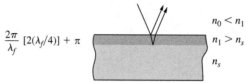

$$\frac{2\pi}{\lambda_f}[2(\lambda_f/4)] + \pi \qquad n_0 < n_1$$
$$n_1 > n_s$$
$$n_s$$

或 2π。两个波同相，发生相长干涉。

9.59 $n_0 = 1 \quad n_s = n_g \quad n_1 = \sqrt{n_g}$

$$\sqrt{1.54} = 1.24$$

$$d = \frac{1}{4}\lambda_f = \frac{1}{4}\frac{\lambda_0}{n_1} = \frac{1}{4}\frac{540}{1.24}\text{ nm}$$

两个波之间没有相对相移。

9.60   折射波将穿越薄膜两次，并且在反射时没有相对相移。因此

$$d = \lambda_0/4n_f = (550\text{ nm})/4(1.38) = 99.6\text{ nm}$$

第 10 章

10.1 $(R + \ell)^2 = R^2 + a^2$；因此 $R = (a^2 - \ell^2)/2\ell \approx a^2/2\ell$，$\ell R = a^2/2$，所以对 $\lambda \gg \ell$，$\lambda R \gg a^2/2 \therefore R = (1\times10^{-3})^2 10/2\lambda = 10\text{ m}$。

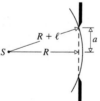

10.3 $d\sin\theta_m = m\lambda, \qquad \theta = N\delta/2 = \pi$

$7\sin\theta = (1)(0.21) \qquad \delta = 2\pi/N = kd\sin\theta$

$\sin\theta = 0.03 \qquad \sin\theta = 0.0009$

$\theta = 1.7° \qquad \theta = 3\text{ min}$

10.4   像空间中会聚的球面波被出射光瞳衍射。

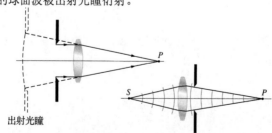

出射光瞳

10.6
$$\beta = \pm\pi$$
$$\sin\theta = \pm\lambda/b$$
$$\theta \approx \pm\lambda/b$$
$$L\theta \approx \pm L\lambda/b$$
$$L\theta \approx \pm f_2\lambda/b$$

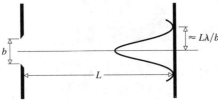

10.9 $\lambda = (20\,\text{cm})\sin 36.87° = 12\,\text{cm}$ 。

10.14
$$\alpha = \frac{ka}{2}\sin\theta, \qquad \beta = \frac{kb}{2}\sin\theta$$

$$a = mb, \ \alpha = m\beta, \ \alpha = m2\pi$$

$$N = \text{条纹数目} = a/\pi = m2\pi/\pi = 2m$$

10.17 $\alpha = 3\pi/2N = \pi/2$ [10.34]

$$I(\theta) = \frac{I(0)}{N^2}\left(\frac{\sin\beta}{\beta}\right)^2 \quad \text{由（10.35）式}$$

并且 $I/I(0) \approx \dfrac{1}{9}$ 。

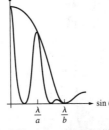 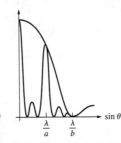

10.26   如果孔径关于一条直线对称，那么衍射图样将关于一条与此直线平行的直线对称。而且，衍射图样还将关于垂直于孔径的对称轴的另一条直线对称。这可由夫琅禾费衍射图样有一对称中心的事实推出。

10.27

10.28   三条平行的短缝。

10.29   两条平行的短缝。

10.30   一个等边三角形孔。

10.31   一个十字形孔。

10.32   矩形孔的 E 场。

10.38   由（10.58）式，$q_1 \approx 1.22(f/D)\lambda \approx \lambda$ 。

10.39

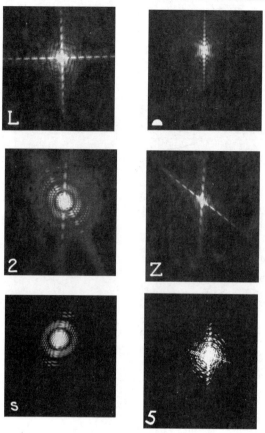

10.45   千分之一。3 码≈100 英寸（见下图）。

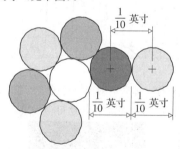

10.55   由（10.32）式，其中 $a=1/(1000 \text{ lines}/\text{cm})=$ 每条线宽 0.001 cm（中心到中心），$\sin\theta_m = 1(650\times10^{-9}\text{ m})/(0.001\times10^{-2}\text{ m})=6.5\times10^{-2}$，$\theta_1=3.73°$。

10.61   （10.32）式中 m 的最大值发生在正弦函数等于 1 时，它使等式在左边尽可能大；于是 $m=a/\lambda=(10^{-6}\text{ m})(3.0\times10^8\text{ m/s}\div4.0\times10^{14}\text{ Hz})=1.3$，只能看见一阶光谱。

10.63 $\sin\theta_i = n\sin\theta_n$

光程差 $=m\lambda$
$a\sin\theta_m - na\sin\theta_n = m\lambda$
$a(\sin\theta_m - \sin\theta_i) = m\lambda$

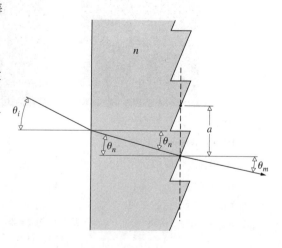

10.65
$$\mathscr{R} = mN = 10^6, N = 78 \times 10^3$$

所以 $m = 10^6/78 \times 10^3$

$$\Delta\lambda_{\text{fsr}} = \lambda/m = 500 \text{ nm}/(10^6/78 \times 10^3) = 39 \text{ nm}$$

$$\mathscr{R} = \mathscr{F}m = \mathscr{F}\frac{2n_f d}{\lambda} = 10^6 \qquad [9.76]$$

$$\Delta\lambda_{\text{fsr}} = \lambda^2/2n_f d = 0.012\,5 \text{ nm} \qquad [9.78]$$

10.66
$$\mathscr{R} = \lambda/\Delta\lambda = 5892.9/5.9 = 999$$
$$N = \mathscr{R}/m = 333$$

10.68
$$y = L\lambda/d$$
$$d = 12 \times 10^{-6}/12 \times 10^{-2} = 10^{-4} \text{ m}$$

10.70
$$A = 2\pi\rho^2 \int_0^{\psi} \sin\varphi\, d\varphi = 2\pi\rho^2(1 - \cos\varphi)$$

$$\cos\varphi = [\rho^2 + (\rho + r_0)^2 - r_l^2]/2\rho(\rho + r_0)$$
$$r_l = r_0 + l\lambda/2$$

前 l 带的面积为

$$A = 2\pi\rho^2 - \pi\rho(2\rho^2 + 2\rho r_0 - l\lambda r_0 - l^2\lambda^2/4)/(\rho + r_0)$$

$$A_l = A - A_{l-1} = \frac{\lambda\pi\rho}{\rho + r_0}\left[r_0 + \frac{(2l - 1)\lambda}{4}\right]$$

10.84

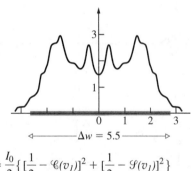

10.85
$$I = \frac{I_0}{2}\left\{\left[\frac{1}{2} - \mathscr{C}(v_l)\right]^2 + \left[\frac{1}{2} - \mathscr{S}(v_l)\right]^2\right\}$$

$$I = \frac{I_0}{2}\left(\frac{1}{\pi v_1}\right)^2\left[\sin^2\left(\frac{\pi v_1^2}{2}\right) + \cos^2\left(\frac{\pi v_1^2}{2}\right)\right]$$

$$I = \frac{I_0}{2}\left(\frac{1}{\pi v_1}\right)^2$$

10.86 光照区和影区二者中的条纹〔见 M. P. Givens and W. L. Goffe, *Am. J. Phys.* **34**, 248 (1996)〕。

10.87 $u = y[2/\lambda r_0]^{1/2};$ $\Delta u = \Delta y \times 10^3 = 2.5$。

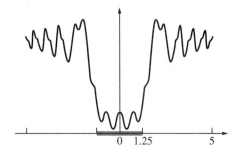

10.88

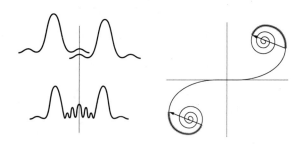

第 11 章

11.1

$$E_0 \sin k_p x = E_0(e^{ik_p x} - e^{-ik_p x})/2i$$

$$F(k) = \frac{E_0}{2i}\left[\int_{-L}^{+L} e^{i(k+k_p)x}\,dx - \int_{-L}^{+L} e^{i(k-k_p)x}\,dx\right]$$

$$F(k) = -\frac{iE_0 \sin(k+k_p)L}{(k+k_p)} + \frac{iE_0 \sin(k+k_p)L}{(k-k_p)}$$

$$F(k) = iE_0 L[\mathrm{sinc}\,(k-k_p)L - \mathrm{sinc}\,(k+k_p)L]$$

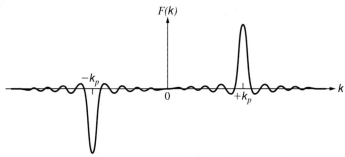

11.3

$$\cos^2 \omega_p t = \frac{1}{2} + \frac{1}{2}\cos 2\omega_p t = \frac{1}{2} + \frac{e^{2i\omega_p t} + e^{-2i\omega_p t}}{4}$$

$$F(\omega) = \frac{1}{2}\int_{-T}^{+T} e^{i\omega t}\,dt + \frac{1}{4}\int e^{i(\omega+2\omega_p)t}\,dt + \frac{1}{4}\int e^{i(\omega-2\omega_p)t}\,dt$$

$$F(\omega) = \frac{1}{\omega}\sin \omega T + \frac{1}{2(\omega+2\omega_p)}\sin(\omega+2\omega_p)T + \frac{1}{2(\omega-2\omega_p)}\sin(\omega-2\omega_p)T$$

$$F(\omega) = T\,\mathrm{sinc}\,\omega T + \frac{T}{2}\,\mathrm{sinc}(\omega+2\omega_p)T + \frac{T}{2}\,\mathrm{sinc}(\omega-2\omega_p)T$$

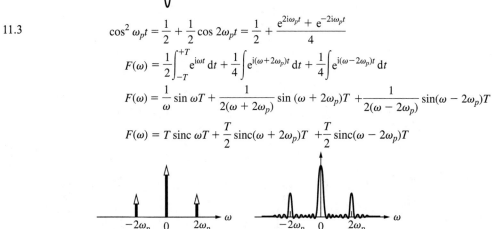

11.9 $\quad \mathscr{F}\{af(x) + bh(x)\} = aF(k) + bH(k)$。

11.11 $\quad F(k) = L\,\mathrm{sinc}^2 KL/2$ at $k = 0$, $F(0) = L$, and $F(\pm 2\pi/L) = 0$。

11.18 $\quad \displaystyle\int_{x=-\infty}^{x=+\infty} f(x)h(X-x)\,dx = -\int_{x'=+\infty}^{x'=-\infty} f(X-x')h(x')\,dx' = \int_{-\infty}^{+\infty} h(x')f(X-x')\,dx'$

其中 $x' = X - x$，$dx = -dx'$。

$$f * h = h * f$$

或

$$\mathscr{F}\{f * h\} = \mathscr{F}\{f\} \cdot \mathscr{F}\{h\} = \mathscr{F}\{h\} \cdot \mathscr{F}\{f\} = \mathscr{F}\{h * f\}$$

11.22　$f(x,y)$ 边缘上的一点，比方说在（$x = d, y = 0$）的值，将散开为一个边长为 2ℓ 的正方形，中心在 $X = d$。于是它不会伸展得比 $X = d + \ell$ 更远，因此在 $X = d + \ell$ 及以远卷积必定为零。

11.24　$f(x - x_0) * h(x) = \displaystyle\int_{-\infty}^{+\infty} f(x - x_0) h(X - x)\, \mathrm{d}x,$

令 $x - x_0 = \alpha$，上式变成

$$\int_{-\infty}^{+\infty} f(\alpha) h(X - \alpha - x_0)\, \mathrm{d}\alpha = g(X - x_0)$$

11.28

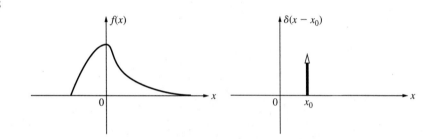

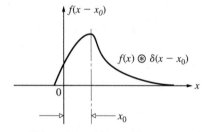

11.32　我们看到，$f(x)$ 是 rect 函数与两个 δ 函数的卷积，由卷积定理有

$$
\begin{aligned}
F(k) &= \mathscr{F}\{\operatorname{rect}(x) * [\delta(x - a) + \delta(x + a)]\} \\
&= \mathscr{F}\{\operatorname{rect}(x)\} \cdot \mathscr{F}\{[\delta(x - a) + \delta(x + a)]\} \\
&= a \operatorname{sinc} \tfrac{1}{2} ka \cdot (e^{ika} + e^{-ika}) \\
&= a \operatorname{sinc}\left(\tfrac{1}{2} ka\right) \cdot 2 \cos ka
\end{aligned}
$$

11.33
$$
\begin{aligned}
f(x) * h(x) &= [\delta(x + 3) + \delta(x - 2) + \delta(x - 5)] * h(x) \\
&= h(x + 3) + h(x - 2) + h(x - 5)
\end{aligned}
$$

11.36

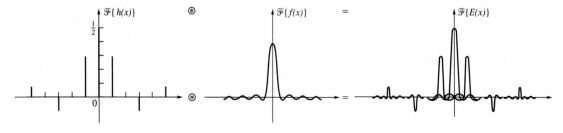

11.37　$\mathscr{A}(y, z) = \mathscr{A}(-y, -z)$

$$E(Y, Z, t) \propto \iint \mathscr{A}(y, z) e^{i(k_Y y + k_Z z)} \, dy \, dz$$

把 Y 换为 $-Y$，Z 换为 $-Z$，y 换为 $-y$，z 换为 $-z$；于是 k_Y 变为 $-k_Y$，k_Z 变为 $-k_Z$。

$$E(-Y, -Z) \propto \iint \mathscr{A}(-y, -z) e^{i(k_Y y + k_Z z)} dy \, dz$$

所以 $E(-Y, -Z) = E(Y, Z)$

11.38　由（11.63）式，

$$E(Y, Z) = \iint \mathscr{A}(y, z) e^{ik(Yy + Zz)/R} \, dy \, dz$$

$$E'(Y, Z) = \iint \mathscr{A}(\alpha y, \beta z) e^{ik(Yy + Zz)/R} \, dy \, dz$$

现在令 $y' = \alpha y$ 及 $z' = \beta z$：

$$E'(Y, Z) = \frac{1}{\alpha \beta} \iint \mathscr{A}(y', z') e^{ik[(Y/\alpha)y' + (Z/\beta)z']} \, dy' \, dz'$$

或

$$E'(Y, Z) = \frac{1}{\alpha \beta} E(Y/\alpha, Z/\beta)$$

11.39

$$C_{ff} = \lim_{T \to \infty} \frac{1}{2T} \int_{-T}^{+T} A \sin(\omega t + \varepsilon) \, A \sin(\omega t - \omega \tau + \varepsilon) \, dt$$

$$= \lim_{T \to \infty} \frac{A^2}{2T} \int \left[\frac{1}{2} \cos(\omega \tau) - \frac{1}{2} \cos(2\omega t - \omega \tau + 2\varepsilon) \right] dt$$

因为 $\cos \alpha - \cos \beta = -2 \sin \frac{1}{2}(\alpha + \beta) \sin \frac{1}{2}(\alpha - \beta)$。于是

$$C_{ff} = \frac{A^2}{2} \cos(\omega \tau)$$

11.40

$$E(k_Z) = \int_{-b/2}^{+b/2} \mathscr{A}_0 \cos(\pi z/b) e^{ik_Z z} \, dz$$

$$= \mathscr{A}_0 \int \cos \frac{\pi z}{b} \cos k_Z z \, dz + i \mathscr{A}_0 \int \cos \frac{\pi z}{b} \sin k_Z z \, dz$$

$$E(k_Z) = \mathscr{A}_0 \cos \frac{b k_Z}{2} \left[\frac{1}{\left(\frac{\pi}{b} - k_Z \right)} + \frac{1}{\left(\frac{\pi}{b} + k_Z \right)} \right]$$

第 12 章

12.8　在低压强下，汞气灯发的光强度低，频带宽度窄，相干长度大。得到的干涉条纹在开始时有高的反差，虽然亮度相当暗。随着压强向稳定值增大，相干长度将减小，反差下降，条纹甚至可能完全消失。

12.11　信号中的每个正弦函数产生一个类正弦的自相关函数，有自己的波长和振幅。所有这些在对应于 $\tau = 0$ 的零延迟点是同相的。在原点之外，各个类正弦函数就立即变成异相，产生一堆乱七八糟的东西，更可能发生相消干涉。（在用正弦函数合成一个方脉冲时，也会发生同样的事情——在脉冲外的所有地方一切贡献都消掉。）随着分量的数目增加，信号变得更复杂——就像是无规噪声。自相关函数变窄，最终变成一个在 $\tau = 0$ 的 δ 函数。

12.13 点光源在 Σ_0 上产生的辐照度是

$$4I_0 \cos^2(\delta/2) = 2I_0(1 + \cos\delta)$$

对位于 S' 点的一个宽为 dy 的微分元光源（y 从光轴算起），经过两条狭缝到达 Y 上 P 点的光程差是

$$\Lambda = (\overline{S'S_1} + \overline{S_1P}) - (\overline{S'S_2} + \overline{S_2P})$$
$$= (\overline{S'S_1} - \overline{S'S_2}) + (\overline{S_1P} + \overline{S_2P})$$
$$= ay/l + aY/s \quad \text{由 9.3 节}$$

于是 dy 对辐照度的贡献为

$$dI \propto (1 + \cos k\Lambda)\, dy$$

$$I \propto \int_{-b/2}^{+b/2} (1 + \cos k\Lambda)\, dy$$

$$I \propto b + \frac{d}{ka}\left[\sin\left(\frac{aY}{s} + \frac{ab}{2l}\right) - \sin\left(\frac{aY}{s} - \frac{ab}{2l}\right)\right]$$

$$I \propto b + \frac{d}{ka}[\sin(kaY/s)\cos(kab/2l)$$
$$+ \cos(kaY/s)\sin(kab/2l)$$
$$- \sin(kaY/s)\cos(kab/2l)$$
$$+ \cos(kaY/s)\sin(kab/2l)]$$

$$I \propto b + \frac{l2}{ka}\sin(kab/2l)\cos(kaY/s)$$

12.14

$$\mathcal{V} = \frac{I_{max} - I_{min}}{I_{max} + I_{min}}$$

$$I_{max} = I_1 + I_2 + 2\sqrt{I_1 I_2}|\tilde{\gamma}_{12}|$$

$$I_{min} = I_1 + I_2 - 2\sqrt{I_1 I_2}|\tilde{\gamma}_{12}|$$

$$\mathcal{V} = \frac{4\sqrt{I_1 I_2}|\tilde{\gamma}_{12}|}{2(I_1 + I_2)}$$

12.15 当

$$S''S_1 O' - S'S_1 O' - \lambda/2,\, 3\lambda/2,\, 5\lambda/2,\, \cdots$$

S' 产生的辐照度由下式给出

$$I' = 4I_0 \cos^2(\delta'/2) = 2I_0(1 + \cos\delta')$$

而 S'' 产生的辐照度则是

$$I'' = 4I_0 \cos^2(\delta''/2) = 4I_0 \cos^2(\delta' + \pi)/2$$
$$= 2I_0(1 - \cos\delta')$$

因此 $I' + I'' = 4I_0$。

12.18 $I_1(t) = \Delta I_1(t) + \langle I_1\rangle$。

于是

$$\langle I_1(t + \tau)I_2(t)\rangle = \langle[\langle I_1\rangle + \Delta I_1(t + \tau)][\langle I_2\rangle + \Delta I_2(t)]\rangle$$

因为 $\langle I_1\rangle$ 与时间无关。

$$\langle I_1(t + \tau)I_2(t)\rangle = \langle I_1\rangle\langle I_2\rangle + \langle \Delta I_1(t + \tau)\, \Delta I_2(t)\rangle$$

如果我们还记得 $\langle \Delta I_1(t)\rangle = 0$。与（12.32）式比较就得出（12.34）式。

12.20 由（12.22）式，$\mathscr{V} = 2\sqrt{(10I)I}/(10I + I) = 2\sqrt{10}/11 = 0.57$。

12.24 用范西特-泽尼克定理，我们可以从孔径上的衍射图样求得 $\tilde{\gamma}_{12}(0)$，它将给出观察平面上的可见度：$\mathscr{V} = |\tilde{\gamma}_{12}(0)| = |\operatorname{sinc}\beta|$。从表 1，当 $u = 0.97$ 时 $\sin u/u = 0.85$，因此 $\pi b y/l\lambda = 0.97$，并且若 $y = \overline{P_1P_2} = 0.50$ mm，则 $b = 0.97(l\lambda/\pi y) = 0.97(1.5 \text{ m})(500\times10^{-9} \text{ m})/\pi(0.50\times10^{-3} \text{ m}) = 0.46$ mm。

12.27 由范西特-泽尼克定理，相干度可以从光源函数的傅里叶变换得出，而光源函数自身是一系列 δ 函数，对应于间隔为 a 的衍射光栅，此处有 $a\sin Q_m = ma$。因此相干函数也是一系列 δ 函数，于是要使 $\mathscr{V}$ 为极大，则 $\overline{P_1P_2}$ 即二缝的间隔 d 必定对应于光源的一阶衍射条纹的位置。$a\theta_1 \approx \lambda$，因此 $d \approx l\theta_1 \approx \lambda l/a \approx (500\times10^{-9} \text{ m})(2.0 \text{ m})/(500\times10^{-6} \text{ m}) = 2.0$ mm。

第 13 章

13.2 $P/A = \epsilon\sigma(T^4 - T_e^4) = (097)(5.6703\times10^{-8} \text{ W/m}^2\cdot\text{K}^4)\times(306^4 - 293^4) = I = 76.9 \text{ W/m}^2$。$P = 108$ W。

13.3 $I_e = \sigma T^4$

$$(22.8 \text{ W cm}^2)(10^4 \text{ cm}^2/\text{m}^2) = (5.7\times10^{-8} \text{ W m}^{-2}\text{K}^{-4})T^4$$

$$T = \left[\frac{22.8\times10^4}{5.7\times10^{-8}}\right]^{1/4} = 1.414\times10^3 = 1414 \text{ K}$$

13.4 $T_2^4/T_1^4 = P_2/P_1 = 16\times10^{12}/16\times10^8 = 1.0\times10^4$.

13.13 $\lambda(\min) = 300$ nm

$$h\nu = hc/\lambda = \frac{(6.63\times10^{-34} \text{ J}\cdot\text{s})(3\times10^8 \text{ m/s})}{300\times10^{-9} \text{ m}}$$

$$\mathscr{E} = 6.63\times10^{-19} \text{ J} = 4.14 \text{ eV}$$

13.15 $Nh\nu = (1.4\times10^3 \text{ W/m}^2)(1 \text{ m}^2)(1 \text{ s})$

$$N = \frac{1.4\times10^3(700\times10^{-9})}{(6.63\times10^{-34})(3\times10^8)} = \frac{980\times10^{20}}{19.89}$$

$$N = 49.4\times10^{20}$$

13.16 先求有多少个氢原子。$pV = nRT$；$n = 4.47\times10^{-7}$ mol；因此有 2.69×10^{17} 个原子并有 2.67×10^{15} 个被激发，发射速率为 $2.67\times10^{15}/\tau = 1.92\times10^{23}$ 个光子每秒。

13.19 $h\nu/k_BT = 0.774$ 和 $\dfrac{1}{e^{0.774}-1} = 0.86$；在提升后的温度上比值是有实在意义的，两种模态是可比的。

13.29 跃迁速率必定等于 $P/h\nu = 3\times10^{15}$ s^{-1}。

13.37 $i = \dfrac{1}{2}v\epsilon E_0^2 = \dfrac{n}{2}\left(\dfrac{\epsilon_0}{\mu_0}\right)^{1/2}E_0^2$，其中 $\mu \approx \mu_0$

$$E_0^2 = 2(\mu_0/\epsilon_0)^{1/2}I/n \qquad (\mu_0/\epsilon_0)^{1/2} = 376.730 \ \Omega$$

$$E_0 = 27.4 \ (I/n)^{1/2}$$

13.39

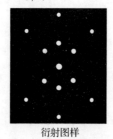

衍射图样

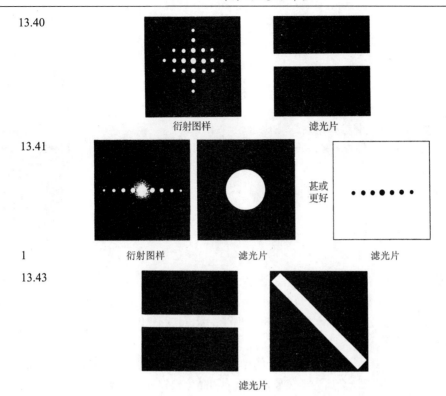

13.40 衍射图样　　滤光片

13.41 衍射图样　　滤光片　　其或更好　　滤光片

1

13.43 滤光片

13.44 由几何关系，$f_t\theta = f_i\Phi$：$k_O = k\sin\theta$ 和 $k_I = k\sin\Phi$，于是 $\sin\theta \approx \theta \approx k_O\lambda/2\pi$ 及 $\sin\Phi \approx \Phi \approx k_I\lambda/2\pi$；因此 $\theta/\Phi = k_O/k_I$ 和 $k_I = k_O(\theta/\Phi) = k_O(f_t/f_i)$。当 $f_i > f_t$ 像比物大，像中的空间周期也比物中的空间周期大，空间频率则比物中的空间频率小。

13.45 $a = (1/50)\,\text{cm}$：$a\sin\theta = m\lambda$，$\sin\theta \approx \theta$，因此 $\theta = (5000\,\text{m})\lambda$，变换平面上各级之间的距离为 $f\theta = 5000\lambda f = 2.7\,\text{mm}$。

13.47 衍射图样上的每一点对应一个空间频率，如果我们将衍射波看成是由平面波组成，它对应一个平面波方向。这些平面波自身并不携带任何有关物的周期性的信息，产生一个多少均匀的像。在各个分量平面波发生干涉时，光源的周期性在像中显现。

13.49 场的相对振幅是 1.00，0.60 和 0.60；因此 $E \propto 1 + 0.60\cos(+ky') + 0.60\cos(-ky') = 1 + 1.2\cos ky'$。这是一个在一条等于 1.0 的直线上下的余弦振动。它的值在 +2.2 与 −0.2 之间变化。值的平方对应于辐照度，它将是一系列相对高度为 $(2.2)^2$ 的高峰，在每一对高峰之间还有一些与 $(0.2)^2$ 成正比的矮峰，注意它与图 11.46 的相似。

13.50 $a\sin\theta = \lambda$，这里 $f\theta = 50\lambda f = 0.20\,\text{cm}$。因此 $\lambda = 0.20/50(100) = 400\,\text{nm}$。当焦距相等时放大率为 1.0，因此间距仍为 50 线/cm。

13.54 介质的固有运动将使散斑图样消失。

好 书 推 荐

光学原理——光的传播、干涉和衍射的电磁理论（第 7 版）

著者：（德）Max Born（马科斯·玻恩），（美）Emil Wolf（埃米尔·沃耳夫）

译者：杨葭荪

出版时间：2016-06

页数：844

ISBN：978-7-121-28932-3

定价：98.00 元

本书是一部经典光学世界名著，首次出版于 1959 年，其前身是诺贝尔奖得主玻恩的 *Optik* 一书。《光学原理》一书在国外被广泛称为"Born & Wolf"，每一个光学科班出身的人都研读过本书并深受影响。半个多世纪以来，本书一直是物理学书架上必不可少的作品，并成为光学领域的奠基性教科书。

全书以麦克斯韦宏观电磁理论为基础，系统阐述光在各种媒质中的传播规律，包括反射、折射、偏振、干涉、衍射、散射以及金属光学（吸收媒质）和晶体光学（各向异性媒质）等。几何光学也作为极限情况（波长趋于 0）而纳入麦克斯韦方程系统，并从衍射观点讨论了光学成像的像差问题。新版增加了计算机层析术、宽带光干涉、非均匀媒质光散射等内容。本书引文丰富且所涉广泛，上溯历史，下至近代，旁及有关学科和应用，故能于一专著中给读者以宽阔视野与充分求索之空间。全书共十五章，前半部分为基础内容，后半部分层次较深。本书基础性、系统性和学术性兼备，可供光学教学与研究人员包括高年级本科生、研究生等阅读和参考。

傅里叶光学导论（第 3 版）

著者：（美）Joseph W. Goodman（古德曼）

译者：秦克诚 等

出版时间：2016-10

页数：364

ISBN：978-7-121-30106-3

定价：59.00 元

傅里叶分析是在物理学与工程学的许多领域得到广泛应用的一种通用工具。本书讨论傅里叶分析在光学领域的应用，尤其是在衍射、成像、光学数据处理以及全息术方面的应用，内容涉及二维信号与系统的分析、标量衍射理论基础、菲涅耳衍射与夫琅禾费衍射、相干光学系统的波动光学分析、光学成像系统的频谱分析、波前调制、模拟光学信息处理、全息术、光通信中的傅里叶光学等。